国家自然科学基金资助项目

批准号：50078013

ARCHITECTURE OF ECOLOGY

生 态 建 筑 学

刘先觉　等著

中国建筑工业出版社

图书在版编目（CIP）数据

生态建筑学/刘先觉等著. —北京：中国建筑工业出版社，2008（2023.3 重印）
ISBN 978-7-112-10200-6

Ⅰ. 生… Ⅱ. 刘… Ⅲ. 生态学—应用—建筑学 Ⅳ. TU18

中国版本图书馆 CIP 数据核字（2008）第 096681 号

本书是国家自然科学基金资助项目的科研成果。生态建筑学作为当代一
项热门课题，它是可持续发展的宏观战略之一，书中系统地分析了研究生态
建筑学的意义，生态建筑学的概念，生态建筑学的思想，生态建筑学的理论，
生态建筑学的设计方法，当代城市生态学理论，城市生态设计理论与实践，
绿色建筑理论，生态建筑的室内环境设计理论，生态建筑的地域性与科学性，
生态技术，以及生态建筑学的拓展——建筑仿生学。本书既有理论研究，也
有实践总结，宏观与微观都给予了一定的关注，可以作为从事生态建筑研究、
城市生态研究与实践工作的参考。

*　　　*　　　*

责任编辑：吴宇江　刘颖超
责任设计：郑秋菊
责任校对：安　东　陈晶晶

国家自然科学基金资助项目
批准号：50078013

ARCHITECTURE OF ECOLOGY

生 态 建 筑 学

刘先觉　等著
*
中国建筑工业出版社出版、发行（北京西郊百万庄）
各地新华书店、建筑书店经销
北京鸿文瀚海文化传媒有限公司制版
北京盛通印刷股份有限公司印刷
*
开本：880×1230 毫米　1/16　印张：52　字数：1540 千字
2009 年 5 月第一版　　2023 年 3 月第三次印刷
定价：**180.00** 元
ISBN 978-7-112-10200-6
　　　　（39240）

前　言

　　本书是国家自然科学基金项目的研究成果，自20世纪末开始研究以来，前后已经过了近十年的时间。由于这是一个复杂而系统的大课题，本课题组特组织了一批博士与硕士有计划地进行了系统的研究，他们的研究成果经过项目负责人汇总、整理、修改、总结，形成了目前的这本专著。参加研究与撰写《生态建筑学》这本书的成员有十余人，其中刘先觉为本书主编，指导、统稿及撰写第1章和第12章第6节；林蔚、刘先觉负责撰写第2章；葛明负责撰写第3章；汪晓茜负责撰写第4章、第5章；史津负责撰写第6章；刘彦负责撰写第7章；陈晓雯、刘先觉负责撰写第8章；周浩明负责撰写第9章；朱馥艺负责撰写第10章；马银龙负责撰写第11章；陈小坚负责撰写第12章第1节至第5节。在研究、整理与出版的过程中还得到楚超超及其他一些同志的协助。

　　生态建筑学是一个新课题，也是在世界上引人注目的问题。目前国内外研究本项目的专家学者很多，也已做出了一定的成就，但在研究范围方面都还是有一定局限的。本课题组在现有条件下，力图能从宏观上提出一套比较系统而完整的生态建筑学理论。本书从研究生态建筑学的意义、生态建筑学的概念、生态建筑学的思想、生态建筑学的基本理论、生态建筑的设计方法，直到生态建筑的技术、生态建筑的室内设计和城市生态学都有涉及，其中既有理论研究，也有实践总结，宏观与微观都给予了一定的关注，虽不尽完善，却可以作为从事研究该项目的重要线索，为我们学习生态建筑学，或从事生态建筑学、城市生态学研究与实践提供参考。

目　　录

第1章 绪论：生态建筑学的新课题

随着我国改革开放政策的推动，沿海经济发达地区的城市建设已呈现日新月异的大好局面，尤其是乡镇企业异军突起，使许多小城镇得到空前的发展，它反映了我国经济的繁荣与城市正在走向现代化。

然而，就在这些城市高速建设的过程中也同时蕴含着潜在的危机，那就是生态环境中的平衡问题，现已到了不能不引起重视的地步。

1.1 城市建设面临的生态危机

各地城市发展的过程中，尤其是在经济发达地区的城市与集镇的改造与开发中，还存在着许多不尽如人意之处，有些单位对城市规划法治意识淡薄，因此违法用地、违法建设和越权审批的现象时有发生，造成了生态环境的严重破坏。目前，经济发达地区所产生的严重生态环境问题可以从以下几方面清楚地看到：

（1）土地资源浪费严重。目前许多城市在发展中，都设置有各种类型的开发区，一般都是宽打窄用，甚至连乡镇也都辟出大片良田以待开发，虽然中央已一再强调不要一哄而起，但各地仍是我行我素，少建多批土地的浪费现象相当普遍。在城市的房地产开发中，有关方面对土地价值认识不足，土地供应量也过多，不仅迫使城市无止境地扩大，拆迁安置问题也相当困难，同时基础设施也难以在短期内配套，这样既制约了新建房屋的发展，也影响了原有城市居民的生活设施。据有关方面资料表明，广东省从 1990~1993 年平均每年非农建设占用耕地为 16.60 万亩。而江苏省平均每年的建设占用农田约为 20 万亩，约合全省农田的 1.4%，10 年用地就相当于一个中等县的土地了。长此以往，本来就处境困难的农业经济，在不断减少土地的情况下将会产生难以预料的后果。这不能不引起我们的高度重视。土地是不能生长的，生态环境的破坏必将受到自然界的报复。此外，在各城市之间的公路两侧，路边店有增无减，现已自发形成长龙，不仅占用大片农田，更影响了正常的车速，甚至车祸之事也不乏其例。这些情况都有待有关部门去认真解决。

（2）水资源污染严重。由于各地经济迅速发展，工业建设不断加速，尤其是乡镇企业星罗棋布，大量污水不加处理地排入河流，致使许多水资源遭到严重污染。特别是跨省的水域更是难以控制。最突出的是横跨河南、安徽、江苏、山东四省的淮河，在 20 世纪 60 年代淮河治理收到了有史以来最好的成效，但是 20 世纪 80 年代开始污染，90 年代日渐严重，每年污染事件多达十余起，有的经济损失高达上千万元。目前已有 65% 的河段受到不同程度的污染，而且还在以 4% 的速度继续蔓延，主要原因是沿河地区急于脱贫，引进了小造纸、小皮革等污染严重的工厂，以致守着淮河没水喝，直接影响到淮河流域 1.5 亿人的生活问题。据《扬子晚报》1994 年7 月 31 日报道：由于淮河蚌埠闸下泄的 1 亿多立方米污水于 7 月 27 日抵达盱眙县城，根据 28 日环保部门检测，淮河盱眙段水质指标已超出国家地面水 Ⅴ 类标准，而且污水流速甚慢，每秒仅0.1m，盱眙自来水厂已于 28 日停止供水。继盱眙水域受污染之后，淮河又下泄 2 亿立方米污水于 28 日下午进入洪泽湖，污水在湖内以 6~8km/d 的速度扩散，且污水中污染物数量多、浓度高、毒性大、移动慢、净化难，致使江苏淮阴腹地的 8 个县（市）几百万人受到严重危害。一是造成群众饮用水枯竭；二是渔业损失惨重，死亡鱼蟹 80 万 kg；三是工业生产遭受损失，许多企业被迫停产与半停产；四是肠道病与皮肤病剧增，等等。由于这一严重事件的发生，已引起了中央的重视，国务院有关部门已经协调处理河南、安徽、江苏三省淮河流域的统一治理问题。当然，这是一起比较典型而严重的事件，其他地方类似的事件也时有发生，这不能不使我们猛醒，生态环境的破坏会造成什么样的后果。

在太湖流域，水资源的破坏也相当严重。一方面是盲目围湖增地搞工业区，缩小了太湖的蓄水容量，致使 1991 年特大水灾对太湖周边造成巨大的损失。另一方面是太湖周围遍布乡镇企业，污水流入太湖，使湖中藻类蔓延，降低了水质标准，不仅影响渔业生产，而且使太湖周围江苏、浙江两省七市 2000 万人饮用水源取水发生困难。

据 1994 年 8 月 24 日新闻媒介报道，上海嘉定区化工厂因严重污染浏河水体，直接影响人民生活与健康，致使全城居民不得不每天去提取井水饮用，自来水已有明显异味。这个长期不进行治理的污染工厂，虽是利税大户，上海市政府仍于报道当天下令将其关闭，并处以 10 万元罚款。其他城市如果不记住这些教训，难道不会再重演这一悲剧吗？

（3）大气污染严重。目前我国在工业建设的发展过程中，往往缺乏三同时的指导思想，致使大气污染长期得不到彻底的治理。例如许多大工业区煤粉尘污染相当严重，对当地居民生活影响很大，虽经治理，但效果仍不理想。又如南京大厂镇地区，由于化学工业常年排出大量有害气体，致使周围农田受到损失，不仅每年要给予农业赔偿，而且对周围居民的健康也有影响。最为突出的是近些年来兴起的乡镇企业的大气污染，它们的影响决不能低估。例如福建省晋江市素有建材之都的美称，那里主要是生产面砖和各种建筑饰面的陶瓷材料，其中尤以磁灶镇与内坑镇比较著名。由于目前尚属创业阶段，大规模先进的厂家寥寥无几，绝大部分是独自经营的私营小厂，因此这两个乡镇都有数百家小型企业在从事生产，就以内坑镇附近的情况为例，20 世纪 90 年代，在不到 $1 km^2$ 的地段上大约就集中有上千根大小不同的烟囱，平日烟雾弥漫，遮天蔽日，其"壮观"场面绝不逊色于当年英国的伯明翰工业区。我们在实地调查所见，周围树木几乎全都枯死，附近农田也都严重受损，房屋表面几乎都蒙上一层黑灰，鸟儿早已飞往他乡，工业废渣也比比皆是，路旁低矮厂房杂乱无章，部分工人居住的简陋房屋也夹杂其间，环境条件十分恶劣。如果让其蔓延下去，整个晋江的生态环境将被破坏无遗。

（4）高楼林立与道路交通拥挤的矛盾日益严重，城市基础设施也未能配套。由于城市建设急速发展，城市人口不断增加，尤其是市中心区更为密集，加上车辆数量猛增，车流频繁，致使交通日益拥挤，车辆首尾相接，但是道路容量有限，新增城市外围环线与拓宽部分干道的工程远不能适应建设发展的速度，因此，有些城市道路不得不实行单行线办法，甚至车辆也采取单双号车牌分别在单双日行驶的规定，虽然对交通稍有缓解，但对车辆行驶却带来了重重困难。此外，在给水、排水、供电、煤气、通信、停车以及生活服务设施和环境绿化等方面往往也容量不足，改造速度跟不上需要，造成整个城市生态功能失调，产生不少缺陷。城市的对外交通枢纽，如车站、码头、空港也都处于拥挤之中。

（5）经济效益、社会效益与环境效益三者的矛盾日益突出。不少城市与集镇急于发展经济，往往忽略社会效益与环境效益，特别是私营小厂更是不愿花费资金去预先考虑烟尘防治、污水处理、废渣处理、噪声防治等环保措施，只有到了万不得已时才敷衍了事。这种现象不仅造成环境污染，破坏环境生态，影响人民生活与健康，而且也在一定程度上会影响产品本身的质量。还有的城市在临街建筑上装修立面和毫无节制地布满广告，连人行道也立着广告牌，既影响行人交通，也造成了街景的混乱。此外，在有的风景旅游区中为了经济效益，已建造了过多过大的游乐设施，而且还计划不断建设，这不仅使原有的国家级风景区受到一定的损害和污染，而且也影响了景区的特色。

(6) 城市发展规模值得研究。目前城市无休止地扩大，开发区无限发展，乡镇企业盲目占地，大型项目缺乏综合利用，这些都是在经济建设过程中产生的新问题，它不仅需要耗费大量土地资源，而且直接影响到市县之间的关系，影响到工农之间的关系。例如苏、锡、常地区的城市周围土地本来就很紧张，如果任意继续扩大，必将侵占郊县的土地，损害郊县的工农业利益，这类官司已有增无减。又如许多大、中型城市都要建设自己的大型机场。其实，苏、锡、常地区的城市互相之间的距离，每段不过半小时左右路程，况且东距上海，西距南京也不算远，航班设置是否经济合理，客源是否充足，机场位置是否恰当，这些都是值得论证的课题。加上机场及其附属设施占地很大：一般小型机场也要 $2km^2$ 左右；中型机场就要 $8\sim10km^2$；真正的大型国际机场包括一系列空侧管理系统和陆侧服务设施，占地最多的可达 $40\sim50km^2$，如纽约的肯尼迪国际机场和巴黎的戴高乐机场。规划的超前性和现实性的考虑必须有科学的根据。在乡镇企业的发展方面，摊子铺得也过散。现在许多经济发达地区的大片良田中几乎就像插花似的"栽"上了乡镇企业，美丽富饶的江南水乡和珠江三角洲已快要变成"工业卫士"了。

凡此种种都足以说明生态环境是城市建设的基础，是人们生活的支柱，目前生态环境所面临的问题已达到十分严重的地步，如果不注意及时解决，城市发展就会成为问题。

1.2 研究生态建筑学的意义

生态环境对城市建设与人类生活都是至关重要的。人类的建设史都与生态环境息息相关，它反映了丰富多彩的地区特色与民族传统，同时，人类对生态环境的态度也在不断地变化。

从 19 世纪末到 20 世纪上半叶，在工业生产大规模发展的情况下，工业化给城市以生命，也引发了各种"城市病"，带来了环境的污染与破坏，人们被动地作出两种反应：一是逃避城市，在西方，上层市民纷纷前往郊区"避难"，并且也把工业向郊区发展；二是加强城市绿地系统，局部改善城市生态环境。

到 20 世纪中期以后，随着人们生态环境意识的提高和技术手段的进步，人类具备了进行大规模设计改造环境的能力，已在主动地创造高层次的人类生活环境生态系统。它有以下特点：一是新生环境的自然属性；二是整体地考虑生态、社会、文化等环境及其相互关系，强调设计每一局部、每一层次同各级环境整体的不可分割性；三是设计过程的多科学性。它是一门综合的交叉学科，为的是要处理好人与环境的复杂关系。生态建筑学就是在这一形势下产生的。

生态建筑学的产生是历史的必然，它的任务是改善人类聚居环境，它的目标就是创造自然、经济、社会的综合效益。从以上环境认知的发展过程中可以看到人类逐渐地重视环境。国外从 20 世纪 20 年代起就开始了对人类集中的聚居环境进行城市生态研究，但直到第二次世界大战后人口空前膨胀，工业化程度急剧增高，城市迅速扩展，环境污染严重，人们才普遍关心环境问题。

在这种世界性的谋求生存和发展的呼声中，从 20 世纪 60 年代开始，愈来愈多的建筑师和规划师把环境保护作为他们的一个主要职责。他们试图在尽可能不干扰环境的情况下解决功能、美学等问题，并进一步在设计的某些方面改善环境。在尊重自然的同时，积极地、创造性地使建筑环境与自然环境有机结合，以获得良好的自然、经济、社会的综合效益。

就在 20 世纪 60 年代，有位美籍意大利建筑师保罗·索勒里（Paolo Soleri）把生态学（Ecology）和建筑学（Architecture）两词合并为 Arcology，即生态建筑学。1969 年，美国著名景观建筑师麦克哈格（Ian L. McHarg）所著《设计结合自然》一书出版，标志着生态建筑学的正式诞生。至此，生态学和建筑学经过各自的发展走向结合，在更高层次上给规划和设计带来了新的思想，注入了新的活力。

1972 年 6 月 5 日，联合国在瑞典斯德哥尔摩召开第一次人类环境会议，会议发表了著名的《人类环境宣言》，把 6 月 5 日定为"世界环境日"，并且提出了一个口号："只有一个地球！"

生态建筑学是立足于生态学原理上的建筑规划设计理论和方法。建筑师、规划师、景观建筑师所关心的不是生态学的全部内容，而是一部分。其一是建筑设计相关的生态因素，那些动态的、相互作用的、有规律的、具限制性的因素。其二是要确立生态平衡观点及其两个原则：整体有序和循环再生原则。生态建筑学的目的就是结合生态学原理和生态决定因素，在建筑设计领域谋求解决工业革命后城市化发展所造成的环境问题，从理论探索、建设实践和立法措施三方面探讨如何改善人类聚居环境，达到自然、社会、经济效益三者的统一。

20 世纪 80 年代初《华沙宣言》声明：建筑学是为人类建立生活环境的综合艺术和科学，其任务就是要考察建筑作为环境科学和艺术的特征、规律，并在设计、施工实践中加以体现。现在生态建筑学的研究在世界范围内已经开始，并正在探索以全面整体的思想考察自然与人工综合的生态环境，而非仅仅是小块的建筑人工环境。同时，不少学者还在实际运用生态学等自然科学知识原理和工程技术手段创造良性的生态环境，努力解决生态环境问题。目前所取得的工作成绩是令人鼓舞的，人们的生态意识正在不断加强。

1.3 解决城市生态平衡的对策

经济发达地区的城市与集镇在高速发展过程中往往破坏了原有环境的生态平衡，造成了城市生态危机，影响了城市的生存，因此，必须在新规划中调整新的平衡，这就需要应用生态建筑学的理论。

生态建筑学认为：人类的外在环境已不再是过去的自然生态系统，它是一种复合人工生态系统。生态建筑学就是要研究运用生态学的知识和原理，结合这一复合生态系统的特点和属性，探讨合理规划设计人工环境，创造整体有序、协调共生的良性生态系统，为人类的生存和发展提供美好的城市。

应用生态建筑学来解决城市生态危机，必须走多学科综合研究的道路。由于它的研究几乎涉及自然、社会、经济各个层面，所以它是一门跨学科的边缘科学，其相关学科是：建筑学、城市规划学、景观建筑学、地理学、生态学、医学、经济学、气象学、环境心理学、美学、人类学、社会学等等。

要解决城市生态平衡问题，必须首先满足生态控制论的总体原则：整体、协调、循环、再生。具体体现在生态建筑学中则有以下几个原则：

(1) 整体有序原则：近期与远期效益的统一，自然、经济、社会效益的统一。

(2) 永续利用原则：对再生资源，保持消费量低于生长量。

(3) 循环利用原则：对非再生资源，节约利用、回收利用、循环利用，以延长使用期限。

(4) 反馈平衡原则：保持生态平衡，保持发展和利用动态平衡。

(5) 有偿使用原则：用经济法规与政策干预管理。

根据生态建筑学的原理和我国具体实际，针对当前经济发达地区城市的生态危机必须果断采取下列措施：

一是要完善城市规划设计与环境保护的立法，加强管理监督的力度。这一点必须在各级领导与群众中取得共识，以便使美好的城市规划理想变为现实。现在由于经济高速发展，规划设计滞后于建设，因此有的地方出现了先批地后规划，先开发后规划，甚至不要规划的现象，致使经济效益破坏了环境与社会效益，这种现象应该坚决纠正，以便保证城市建设朝着规划的目标前进。同时，各级政府都需要建立环境保护责任制度，坚决防止环境的继续污染。

二是必须树立坚定的生态平衡思想，以生态建筑学的理论为指导进行城镇与开发区的规划建设。努力做到局部利益服从整体利益，眼前利益服从长远利益，并努力做到经济、社会、环境效益的统一。同时尽量做到节约用地，集中用地，在建设过程中就同时考虑环保措施和基础设施的配套，调整城市功能，真正做到整体有序、协调共生的机制。

为了上述生态建筑学的理论与具体措施能够有效地实现，我们还需要对长远的城市规划与建设提出下列观点：

(1) 历史的观点——每个城市都有自己形成和发展的历史，发挥城市传统特色是城市的重要标准。如果是历史文化名城则应在不妨碍城市传统特色的基础上开发新区，以适应工业建设与居民区的现代化需要；贸易港口城市则要发挥其优美港城的环境特色和现代化的城市功能。例如苏州、杭州、厦门、深圳均能表现出不同的城市性格。

(2) 整体的观点——城市的发展必须有整体思想，首先要明确城市的主要性质，控制城市的规模，调整功能分区，局部服从整体，工业相对集中，把有污染的企业从市区向外搬迁并进行治理，疏通城市交通，增设和拓宽道路，加强基础设施的建设，有计划地开辟市中心商务区和商业步行街。例如深圳、张家港、珠海等城市在总体规划的实施方面均富有明显的成效。

(3) 共生的观点——整个世界是一个多元的世界，丰富多彩的世界，因此人工环境要与自然环境和谐结合，才能在改造自然的过程中更加美化环境，使生态环境朝着更健康的方向发展。我国自古以来就有"天人合一"之说，西方现代群众也呼吁"回归自然"，尤其最近日本建筑界明确提出了"共生论"的建筑观，这些思想都是异曲同工，表明了人与自然，建筑与环境必须共生，必须符合生态规律，使经济、社会、环境效益取得统一，不要非此即彼，要兼容，要正确处理好交通与绿化，游乐设施与风景区，建设与环境，建筑与用地，工业区与居住区，建筑形式的多样与统一等之间的矛盾。

(4) 环境的观点——必须建立生态意识，建设需要节约用地，因地制宜，充分利用自然环境，顺应地形，使人工环境与自然景色融为一体，而不是肆意进行人工改造，这是中国建筑传统的宝贵经验。因此在建设区内布局要整体有序，室外空间与绿化需要有机结合，给人以舒适清新的工作和生活环境，以便达到勒·柯布西耶所提倡的"阳光、空气、绿地"的标准。

(5) 场所的观点——就是要组织有意义的室外空间，使人工环境与自然环境有机结合，使城市广场与小区绿地成为市民的露天客厅，成为城市的标志与群众的休息场所。做得比较好的例子如大连市区广场，以及广州、深圳、珠海、常州与苏州的居住试点小区等，它们都配套齐全，环境优美，创造了清新舒适的生活环境。

(6) 人本的观点——人本思想是建筑的基础，城市建设绝不能忘记一切都是为人服务的，发展经济、提高生活水平也是为了人，如果在城市建设中污染环境，破坏生态平衡，这是与人本观点的根本思想背道而驰的。急于发财致富而不惜以破坏环境为代价，这是人道主义的丧失，应该坚决防止。有的城区就体现了人的权利，它的主人不是车，而是人，要让城市与建筑为人服务，舒适、自然、方便才是城市建设的目的。

(7) 新颖的观点——求新是人类的本性，推陈出新才能进步，这也是发展的观点。要新就要多样化，只有在比较和竞争中才能优胜劣汰。城市建设也要在统一中求变化，在变化中求统一。例如大连开发区与深圳就使人耳目一新。

(8) 结构的观点——城市犹如一个人的肌体，必须结构合理匀称，如公园就像人的肺，绿化系统就像人的呼吸管道，城市干道就像人的骨骼，城市的各种功能区就像人的五脏六腑和血管，所有这些都必须布置得当，只有这样，城市发展才不致畸形。从这一观点看，深圳、张家港的规划是比较合理的。

（9）弹性的观点——也是一种有机的观点。在城市规划建设时必须有一定的超前意识，但又必须有科学依据，否则即使大胆假设、小心求证，也会造成巨大的浪费，必须二者兼顾。规划必须为发展留有余地，但也必须严加控制规模。它必须考虑能在生态系统调节范围之内。

（10）绿化的观点——也就是要建立园林化城市或山水城市的观点。环境绿化不仅可以增加城市绿荫，美化城市，净化空气，降低噪声，而且还能使城市增加活力与生机，这是世界各国所公认的追求目标。为了达到这一理想，必须点、线、面结合，确定城市绿地的历年奋斗目标。例如南京、珠海均有较好的效果。

总之，要解决城市生态平衡问题，必须从生态观出发进行建筑与环境的综合规划设计，以便达到整体有序、循环利用、协调共生的生态平衡环境。生态建筑学是解决城市生态危机的有力武器。由于城市生态问题是一个复杂而现实的综合性系统工程，还需要多学科进行长期合作研究。

第2章 生态建筑学的概念

2.1 什么是生态建筑学

世界是大自然光辉的恩赐。在远古时代，人类曾经同大自然和谐地生活在一起。为了更好地生存，人类有史以来就开始了征服世界的历程。几千年来创造了伟大的文明，但却不曾仔细地珍惜我们赖以生存的环境，所以人类就陷入这样一种困境：无忧无虑的进步不能再以同样的方式继续下去了。具体措施是富有成效的，但整体关联却令人忧心忡忡，世界性工业化进程是生态环境恶化的根源。

2.1.1 与建筑领域相关的生态问题

20世纪90年代初，环境保护专家指出，人类居住的地球面临着十大亟须解决的环境问题：

(1) 沙漠在日趋严重。世界沙漠面积日益扩大，每年有$2000hm^2$农田被沙漠吞没。

(2) 森林遭到严重破坏，水土流失严重。

(3) 世界人口急剧增长，地球人满为患。

(4) 臭氧层被破坏，地球温度明显上升。

(5) 酸雨现象日趋严重，威胁农作物生长和人类健康。

(6) 淡水资源减少，淡水不足将成为经济发展的一个重要制约因素。

(7) 生物物种大量灭绝，动植物资源急剧减少，影响生态平衡。

(8) 大量使用农药，危害人体健康。

(9) 大量废物不经处理或处理不当，严重污染环境。

(10) 渔业资源逐渐减少，世界25%的渔场遭到破坏。

这些问题给人类敲响了环境的警钟。英国著名生态学家史密斯（Golden Smith）认为，如果让这种趋势继续发展，自然界很快就会失去供养人类的能力。

我国的环境问题由于近年来经济与社会的大发展，已成为一个突出的问题。我国现阶段的污染状况，已大致相当于20世纪60年代西方工业发达国家的污染水平。在某些重要城市，情况更为严重。如不采取有力的措施，环境问题将更加严重，它将制约生产的发展，威胁人们的健康。

生态学这个概念是1896年厄恩斯特·海克尔（E. Haeckel）首先使用的，作为"研究生物同外部环境之间关系的科学"的称谓。生态学（Ecology）这个词是由希腊文"Oikos"派生来的，意思是家或住所（home or habitat）。它确实是关于"家"的科学。这个家，就是生物赖以生存的外部环境。

生态学是研究关联的学说，它研究有机体之间、有机体与环境之间的相互关系。

相互关联的有机体与环境就构成了生态系统。按照生态学的观点，地球上最大的生态系统是生物圈。所谓生态系统（ecosystem），就是"一定空间内生物和非生物成分通过物质的循环、能量的流动和信息的交换而相互作用、相互依存所构成的生态学功能单元①"。世界由大大小小的生态系

---

① 参见金岚主编. 环境生态学［M］. 北京：高等教育出版社，1992.

统组成。每个生态系统都有自己的结构及相应的能量流动和物质环境途径。无数生态系统的能量流动和物质循环汇合成生物圈总的能流和物流，使自然界不断变化和发展（图2-1）。

生态系统有其内在的规律性，其中最重要的，就是生态平衡原理。生物和环境所构成的网络是生态平衡形成的基础。结构和功能都保持着相对稳定的关系。生态系统具有自动调节恢复稳定状态的能力。这种能量流动和物质流动的动态平衡，即生态平衡。这种调节过程由简单到复杂、单一到多样、不稳定到稳定，共生关系由少到多，由高到低，同趋向整体有序的地球上最基本的运动过程一致，保证了地球环境的生存和发展。

但是，生态系统的调节能力是有限度的。如果超过了这个限度，生态系统就无法调节到生态平衡状态，系统只有走向破坏和解体。

建筑活动对生态环境有着重大的影响。与建筑活动相关的是第二类和第三类环境问题[1]。即次生环境问题和社会环境问题。因此，正确认识环境对建筑活动有着指导性的意义。

人类从最初产生到工业化以前的漫长年代里，同自然生态环境的关系基本上是协调的，创造的建筑形式对环境是尊重的、友好的（图2-2）。

图2-1 自然界生态系统能量流动和物质循环（左）
（金岚主编，《环境生态学》）

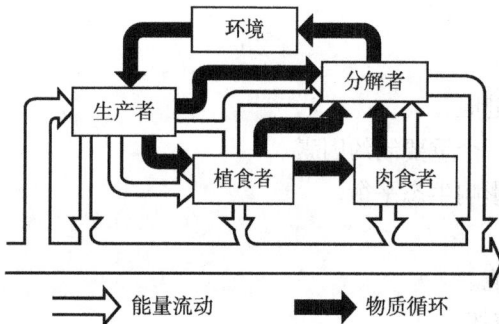

图2-2 人类尊重自然的建筑形式（右）
（刘敦桢主编，《中国古代建筑史》）

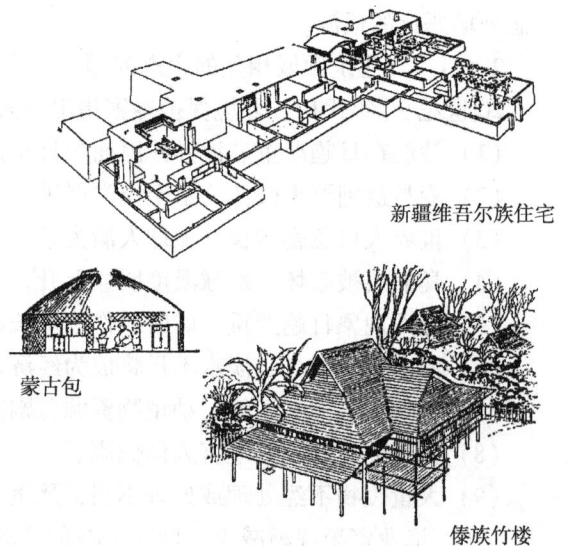

新疆维吾尔族住宅

蒙古包

傣族竹楼

19世纪产业革命以后，人类生产力大幅度提高，对自然环境的粗暴干预和破坏也逐渐加强，造成生态平衡失调。而建筑设计在某种程度上可以看成是对人的行为的规划，建筑环境构成人为环境。大大小小相对独立的建筑环境组成一级级的人工生态系统。美国南卡罗来纳理工大学的莱尔（John T. Lyle）教授将人工生态系统划分成大小七个层次：①地球（whole earth）、②次大陆（subcontinent）、③区域（region）、④规划单元（plan unit）、⑤建设项目（project）、⑥建筑基地（site）、⑦建筑（construction）（图2-3）。

---

① 同济大学，重庆建筑工程学院编. 城市环境保护 [M]. 北京：中国建筑工业出版社，1985：51.

（1）第一类环境问题，也称原生环境问题。指由于自然界本身的变异所造成的环境破坏问题。即自然界固有的不平衡性，诸如自然条件的差异、自然物质分布的不均匀性；太阳辐射变化产生的台风、旱灾、暴雨；地球热力和动力作用产生的火山、地震等。

（2）第二类环境问题，即次生环境问题。指由于人类的社会经济活动所造成的对自然的破坏作用。包括：人类工农业生产活动和生活过程中废弃物和排放物造成大气、水体、土壤、食品的物质组分变化；对矿产资源不合理开发造成的气候变化、地面沉降、诱发地震等环境结构破坏；大型工程活动造成的环境结构破坏；对森林的乱砍滥伐，草原的过度放牧造成的沙漠化问题，不适当的农业灌溉引起的土壤变质问题等。

（3）第三类环境问题，指社会环境本身存在的问题。主要是人口发展、城市化及经济发展而带来的社会结构和社会生活问题。人口无计划的增长带来住房拥挤、燃料和物质供应不足等问题而降低生活质量，城市化带来住房、交通、娱乐等问题而影响生活质量；经济发展中的资源滥用、枯竭，风景区及文物古迹的破坏等。

建筑对这些大大小小的系统都有影响。这种影响日积月累，往往要经过很多年才被人察觉到，而改善和恢复平衡就需要更长的时间。由于人工生态系统与自然生态系统不同，而其各个层次又同自然环境的各个层面紧密相联，所以建筑师和规划师的任何一个决定都对环境有着深刻的影响。例如土地的形式如何规划，这一点影响到这一地区的整个生态。城市设计、区域规划在生态方面的影响就更大。包括对大气、水体、地表、植被、气候和动植物生存环境的破坏。污染源不仅包括"三废"，还包括声光热方面以及其他美学上的污染源。例如视觉污染将造成心理失调，影响健康。事实证明，一小片合理规划设计的土地可以产生巨大的环境效益和社会效益，满足人们美学上、心理上和健康的要求，使人类能够更好地生存和发展。

图 2-3 人工生态系统七层次

(赵奕，《着眼于生态的城市设计探索》)

许多单体建筑对环境及生活于其中的人都有着同样深刻的影响。例如工厂，甚至有过之而无不及。其他建筑也对生态环境有不同程度的污染。这些污染的后果——建筑环境问题，则是显而易见的。如现代生活中的"城市病"、密斯式摩天楼的巨大能耗等，都提醒建筑师注意环境塑造时生态问题的重要性：要么创造一个良好的生存环境，要么又增加一份环境危机，一切都取决于我们的行动。

建筑活动对生态环境的不利影响如图 2-4 所示。本书介绍的生态建筑学，简言之，探讨的就是建筑活动如何尽量消除不利影响，对生态环境施加有利影响。

2.1.2 生态建筑学的产生及其任务、目标

人类对环境认知和设计的历史经历了四个阶段：

(1) 古代的适应自然为主的天人合一。人类本能地顺应自然环境。

(2) 农业社会文化和经验导向的环境设计。农业社会和谐的农耕生态文化在直接模仿和继承中得到保持和发展。

(3) 工业化生产导向的环境设计。工业生产的专业化、社会化导致生产环境和生活环境的分离、自然与城市居民的分离。工业化给城市以生命，也引发了各种"城市病"，如污染、噪声等。

(4) 生态环境设计。人类具备了进行大规模和精确设计改造环境的能力，主动地创造更高层次上的"天人合一"的人类生活环境生态系统。它有以下特点：①尊重环境的自然属性。②整体地考虑生态、社会、文化等环境及其相互关系，强调设计每一局部、每一层次同各级环境整体不可分割性。③设计过程的多学科性。没有一门学科能独立处理人与环境的复杂关系。生态建筑学就是在这一时期内产生的。

生态建筑学的产生是历史的必然，它的任务就是改善人类聚居环境，它的目标就是创造自然、经济、社会综合效益。

从以上环境认知设计的发展过程可以看到：人类逐渐地在重视环境。国外从 20 世纪 20 年代起开始了对人类集中聚居环境——城市的生态研究。但直到第二次世界大战后世界人口空

图 2-4 建筑活动对生态环境的不利影响示意

(David Pearson, *The Natural House*)

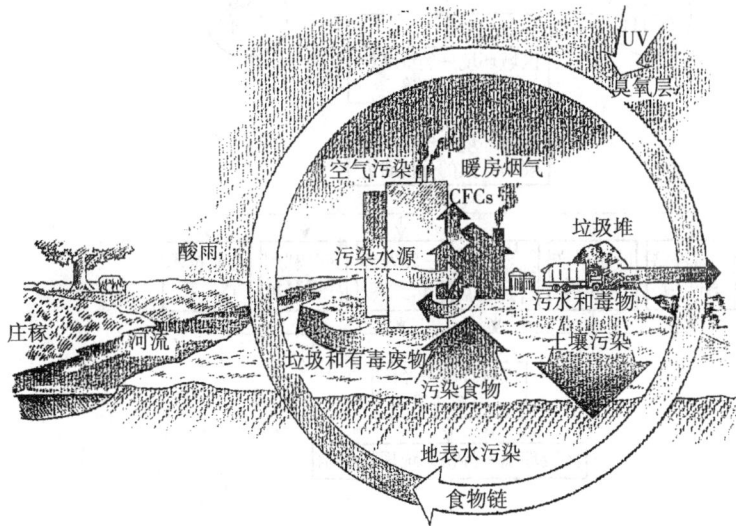

前膨胀，工业化程度急剧提高，城市迅速扩展，环境污染严重，人们才开始普遍关心环境问题。从 20 世纪 60 年代起，对城市生态的研究在国际上发展很快，1962 年美国生物学家蕾切尔·卡逊（Rachel Carson）出版了《寂静的春天》，批露了破坏生态的可怕前景。到 20 世纪 70 年代，"人与生物圈规划"出台了。1972 年 6 月 5 日，联合国在瑞典斯德哥尔摩召开了第一次人类环境会议，会议发表了著名的《人类环境宣言》，把每年的 6 月 5 日定为"世界环境日"。

在建筑领域内，美籍的意大利建筑师保罗·索勒里在 20 世纪 60 年代最先提倡生态建筑学（Arcology）。1969 年，美国著名景观建筑师麦克哈格所著《设计结合自然》（*Design with Nature*）出版，则为生态建筑学奠定了理论基础。

2.1.3 生态建筑学的研究对象和方法

生态建筑学研究的是复合生态系统中建筑的理论和实践，其研究对象是建筑与相关的各级人工生态系统及其关系，试图谋求二者协调统一。

对于各级人工生态系统的研究历来存在着四种观点：

（1）自然生态观：把人类的外在环境视为以生物为主体，包括非生物环境在内的，与人类产生作用与反作用的自然生态系统。在建筑上则偏向于研究物质景观和开敞空间，尤其注重研究在人工环境中，生物和景观、气候、水文、大气、土地、水体等物理环境对人类的影响，以及人类活动对自然生态系统的影响。

（2）经济生态观：研究人类参与下的物质流动和能量流动。研究人工生态系统从产生、发展、兴盛到衰亡的新陈代谢过程。通过对各种生产生活活动、物流能流等过程的研究，探讨生态经济效益的调控方法。以奥德姆（H. T. Odum）的生态系统能量为代表。在建筑活动中须进行环境—经济系统规划（图 2-5）。

（3）社会生态观：以人为主体，重点研究人的需求，相互作用和反应。认为生态系统是人性的产物。这类研究建立各式模型探讨人的生物特征、行为特征和社会特征对环境生成的影响。

（4）复合生态观：认为人工生态系统既有自然地理属性，也有文化属性。我国著名生态学家马世骏于 20 世纪 70 年代提出了自然—社会—经济复合生态系统，简称 SENCE（图 2-6），将社会、经济、自然这三个亚系统交织在一起，相生相克，构成了人工生态系统的矛盾运动。

图 2-5 区域环境—经济系统规划（左）
（亚洲开发银行编，《环境规划与管理》）

图 2-6 自然—社会—经济复合生态系统（右）
（引自《城市规划汇刊》）

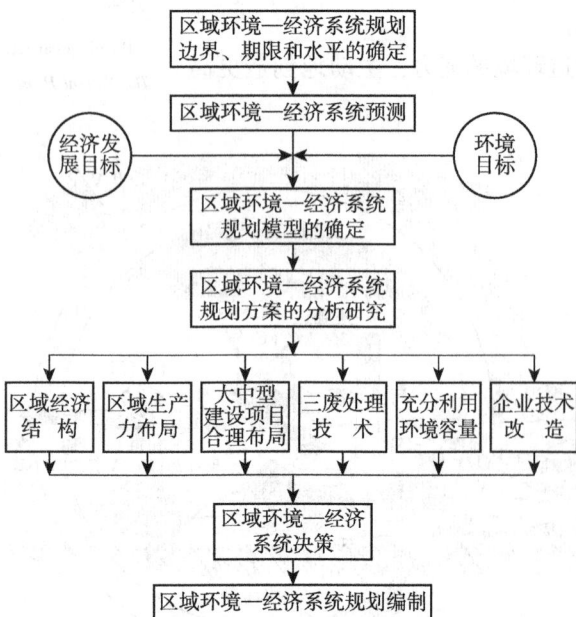

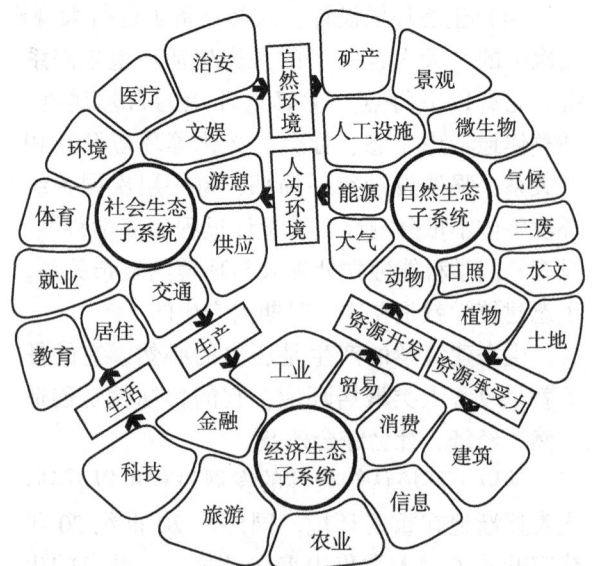

以上观点，从不同方面阐述了对于人工生态系统的理解。前三者都只分别研究了人工生态系统的一种属性，对于这三种系统之间相互作用的生态关系重视不够。而且在生态系统对人的不良影响方面研究较多，而研究人通过环境设计对生态系统的改善则较少。而这正是生态建筑学的研究重点。

生态建筑学认为：人类的外在环境已不再是过去的自然生态系统，它是一种复合人工生态系统，由三个子系统构成，即自然—社会—经济复合系统。生态建筑学运用生态学的知识和原理，结合这一复合生态系统的特点和属性，探讨合理规划设计人工环境，创造整体有序，协调共生的良性生态环境，为人类的生存和发展提供美好的栖境。简言之，生态建筑学研究的就是建筑活动与自然—社会—经济复合系统关联的理论和实践。

生态建筑学的发展必须走多学科综合研究的道路。在生态建筑学的研究过程中必须同其他专业的行家里手合作。

综上所述，生态建筑学是着眼于生态观的建筑与环境的规划设计的综合性学科。它运用生态学及其他相关自然科学和社会科学的原理和方法，对自然—社会—经济复合生态系统即人类生存发展的外在栖境进行跨学科研究。其目的在于创造整体有序、协调共生、循环再生的人类栖境。

2.2 生态观的城市设计

2.2.1 生态观城市设计的概念

城市设计古已有之。从古到今，城市的形成不外两类[①]，一类是经过规划的，另一类是自发生长，逐渐形成的。前者是"自上而下"的生成方法，强调人为意志的作用，如政治、军事、宗教、文化等，是有意识的设计。后者则是"自下而上"生成，在自然规律（生产、经济、地域条件等）作用下像有机体一样在漫长岁月中逐渐生长成型的城市，是"不自觉的、渐进的设计"。这两者由于各自符合不同的要求因此创造了不同的特色。

近代城市设计是与城市规划相区别的，它有着特定的含义。20世纪40年代，沙里宁（Eliel Saarinen）明确提出城市设计的概念，20世纪60年代开始被普遍接受。随后20年从理论到实践的发展中城市设计大致可以分为四个进程[②]。

（1）从着眼于视觉艺术环境扩展到社会环境的研究。城市设计首先是从视觉艺术方面发展起来的。西特（Commillo Sitte）1889年出版的《基于艺术原则的城市规划》一书在大量研究中世纪优秀城市设计与规划的基础上，从视觉艺术上强调城市空间是有组织的最高秩序。沙里宁倡导"有机秩序论"，主张城市的建筑要富有表现力并遵循"相互关联"的法则，强调社会环境的重要性。他指出人只有在良好的社会环境下，才能获得良好的体形秩序。凯文·林奇在《城市意象》一书中，从研究人类行为出发，强调居民对城市与场所的认知，使城市设计从重视艺术研究到注意社会使用和习俗，从社会实践中总结经验方法。

（2）从热衷于"大规模大尺度"的规划到从事小而活的规划，更加面向生活。这反映了对服务对象的认识和态度的变化。强调群众参与的重要性，为居民大众谋利益。使城市设计从主观到客观，从一元到多元，由单一走向复合。

（3）从热衷于"自上而下"设计到重视"自下而上"设计的研究及两者结合。城市设计从带有不同程度主观随意性的"自觉设计"转而重视"没有建筑师的建筑"、"历史的城市"、"乡土建筑"的研究。这种转变从一个侧面反映了近代建筑运动从与传统决裂到对传统的再认识

---

① 参见王建国. 现代城市设计理论与方法［M］. 南京：东南大学出版社，1991.
② 参见吴良镛. 城市规划论文集［M］. 北京：燕山出版社，1986.

过程。

（4）从园林绿化、环境美化到对城市生态的重视和保护。城市化进程使得环境恶化、同自然疏远，使人们逐渐认识到自然环境一旦破坏，要重新恢复，在经济上和时间上的代价都相当大。因此，在人工环境中处理自然环境，不仅要考虑城市景观，还应把保持合适的城市自然生态环境作为出发点，着重生态观城市设计的研究。

在城市设计和规划的历史上，一开始就有了考虑生态学的思想。古希腊柏拉图的《理想国》、16 世纪英国摩尔（T. More）的《乌托邦》、19 世纪霍华德（E. Howawd）的《田园城市》等著作都含有一定的城市生态学原理。近代真正地对城市生态系统、生态规划的深入研究和探讨始于 19 世纪下半叶。马希（G. P. Marsh, 1864）、鲍威尔（T. W. Paowell, 1879）和格迪斯（P. Geddes）等人关于生态恢复、生态评价、生态勘测和综合规划的理论和实践成为 20 世纪研究的基础。格迪斯于 1904 和 1915 年分别出版《城市开发》和《进化中的城市》，把生态学原理和方法应用于城市。生态规划的研究先后出现了两次高潮。第一次是 20 世纪二三十年代美国芝加哥学派的生态规划热。其主要思想是以城市为研究对象，以社会调查及信息分析为主要方法，以社区（community）和邻里（neighborhood）为研究单元，研究城市的集聚、分散、入侵、分隔及演替过程，研究城市的竞争、共生现象、空间分布、格局、社会结构和调控机制，尤其是城市景观、功能和开放空间的研究。他们已经开始运用系统的观点去看待城市，将城市视为一个有某种生命特征的有机体，一种自然、社会和其中的人相互作用的产物。马宁（W. Manning）所倡导的城市生态信息叠置法为后来麦克哈格规划法和地理信息系统（GIS）的发展奠定了基础。

20 世纪 60 年代以后，世界经济的复苏和城市化进程的加快，以及随之出现的环境能源危机带来了第二次高潮。这一时期的著作有罗马俱乐部麦道斯（Meadous）的《增长的极限》[1]（1972）、史密斯等人的《生命的蓝图》（1974）、雷切尔·卡逊的《寂静的春天》（1962）、维斯特（Vester）的《危机中的城市》及麦克哈格《设计结合自然》（1969），堪称这一时期的经典之作。这些著作阐述了经济学家、生态学家和环境设计学家对世界城市化、工业化前景的担忧和反思，呼吁人们对生态问题的重视，也探讨了一些有益的思想和方法。这一阶段在实践上首先是美国区域规划协会 20 世纪 40 年代前后的规划工作，如田纳西河流域规划，马里兰绿带新城建设等。麦凯（Benton Mackaye）和芒福德（L. Munford）强调综合协调某一地区可能的或潜在的自然流、经济流和社会流，以便为该地区居民的最适生活奠定适宜的自然基础。20 世纪 60 年代末麦克哈格在《设计结合自然》中提出的规划方法在海岸带开发、城市开敞空间规划、农田保护、高速公路建设等领域取得了很大成功，并培养出一批交叉学科的生态规划人员。1971 年联合国教科文组织（UNESCO）的"人和生物圈"（MAB）计划，对城市生态系统进行了较为系统全面的研究，涉及城市气候、生物、代谢、空间、污染、住宅、生活方式，城市压力及演替过程等。根据这一计划，罗马、东京、香港[2]、布达佩斯等许多城市在生态规划的理论和实践方

---

[1] 罗马俱乐部 1972 年发表《增长的极限》主要是采用定量分析方法，即从全球和长远角度，把经济、技术、社会和环境问题结合起来考虑的系统动力学的理论方法。用这种方法建立一个世界模型，可以指出人口增长、工业发展、粮食生产，（非再生）资源耗费和环境污染的指数增长性质。

[2] 参见 S. Boyden《一个城市及其居民的生态学》（The Ecology of a city and its people—The case of Hongkong, 1981）。澳大利亚国立大学教授 Stephen Boyden 等在香港大学和香港中文大学的协助下对香港进行人类生态调研。1981 年正式出版《一个城市及其居民的生态学》，是"人和生物圈计划"（MAB Project）最早完成的地区研究成果之一。这本书的主题是人与人，人与自然之间相互作用的格局及动态发展。包括大中小城市和县、乡、村镇所组成的人类聚居区构成的以人为中心的网络，体现了城乡生态系统的整体综合特征。探讨人的物质精神需要，环境、社会之间的人类生态学的一些重大原则，目标是使一个未来的多中心人类社会，得以稳定和持续发展。例如研究的一项调查发现，虽然香港是全球最拥挤的地区之一，但其居民并没有像美国拥挤区居民那样的"大城市紧张病"。调查小组认为，这同华人的文化背景是分不开的。大家庭的背景使香港人认为人多是正常现象。这种心理上的影响因素因难以度量往往被以往的研究人员所忽略。

面都开展了多项工作并初见成效。

20 世纪 80 年代，随着全球生态意识的提高和计算机技术的发展，生态规划的理论和方法在持续发展方针、复合生态系统思想、地理信息系统（GIS）的推动下有新的开拓。这一时期的成果如 1991 年 8 月在美国加利福尼亚大学伯克利分校国际会议中提出的《国际生态重建十项纲要》，具体从十个方面提出了重建城市生态的计划。

我国于 20 世纪 80 年代初先后成立了中国生态学会、城市生态专业委员会、中国城市生态经济研究会等全国性城市生态学术团体。通过举办国际会议、全国会议等活动推动城市的跨学科研究，加强了科研人员与城市规划、管理、决策部门的联系。在改革开放的过程中，引入生态观城市设计的观念有着现实的意义。

生态观城市设计在本质上是一种系统认识和重新安排人与环境关系的人类生态规划。它规划的是自然—社会—经济复合系统。这个系统也具有一般系统的特征，生态观城市设计的研究集中体现了生态建筑学的多学科性，需要自然科学、社会科学的专业人员及当地管理、决策人员的良好配合。

生态观城市设计既然同生态系统密切相关，就应当用所能获得的生态知识，了解生态系统的内在机能，从而使设计成为一种有目的的选择，即获得一种控制措施。因此，生态观城市设计应当包括在宏观范围内对生态问题的关注，并且把对生态问题的认知和思考在微观的城市设计中体现出来。所以，生态观城市设计在宏观范围上扩大了，它体现了人的活动参与了自然过程，并相互作用。生态观城市设计必须了解和体现这种自然过程，不是为了支配自然，而是利用生态系统潜力实现人类意图，创造性地参与自然过程。

生态观城市设计并非要割裂城市设计本身综合性的内涵，而是侧重于强调"结合"（with），目的在于横向拓宽一般概念中城市设计的基础，反映出城市设计探索性的一面。总之，生态观城市设计（Urban Design with Ecological Concepts）就是：运用生态学知识和原理，以事实和概念为依据，通过创造性地参与自然过程，把城市设计对"体形环境"的艺术布局、土地利用与自然景观结合考虑的一种人工景观的创造，落实到城市物质环境的改变上，探讨改善系统的功能及内在机制，使所建立的生态系统能实现人类与环境的持续发展。

生态观城市设计所谋求的人类聚居环境的景象，应该是一个包含庄稼、森林、湖泊、溪流、道路、沼泽、海滨、空场以及住宅、花园、公园、游憩场、办公、商场等多样性的地方，换言之就是由不同生态元素的群落聚居的集合体，其核心为城市。

2.2.2　城市生态系统的特点及组成

生态观城市设计关注的是哪一级或哪几级生态系统之间的联系。针对不同的层次，城市设计应提供相应的对策。

城市生态系统同自然生态系统已有很大不同。在城市中，原来环境的自然地貌、动植物被密集的建筑群、光秃的道路、拥挤的车辆人流所代替。没有绿色的树林、没有新鲜的空气，甚至经常得不到充足的阳光。因此城市生态系统显然是不完全的生态系统。从郊外远望城市，可以看到城市上空笼罩着一层灰蓝色的迷雾状的阴霾。这就是城市向大气排的尘埃、烟气造成的污染。它降低了空气能见度，使得城市的日照时数和太阳辐射强度比周围地区减少。这些尘埃成为水汽的凝结核，又使城市的雨量多于郊区。城市向大气散发的大气余热受高空尘埃、CO_2 等的阻挡，使城市中心区温度比郊区高出 2~5℃，形成"热岛"环境。城市密集的建筑群改变了地貌，改变了风向和风速。城市同自然已经越来越远了。

以城市为代表的人工生态系统同自然生态系统有着巨大的区别，它有以下几个特点：

（1）人是系统的主体，而自然生态系统则以绿色植物为中心，因此形成同自然生态系统相区别的营养结构（图 2-7）。这种倒置的金字塔是不稳定的结构，生产者的能力往往低于消费者

图 2-7 以城市为代表的人工生态系统（右）与自然生态系统(左)有着不同的营养结构
（金岚主编，《环境生态学》）

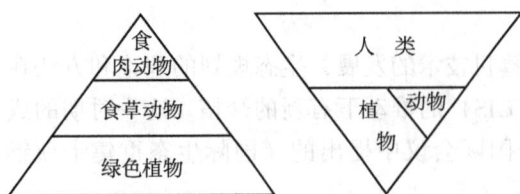

的能力。而且城市生态系统中缺乏足够的分解者，还有一些无法分解和循环利用的废物，只能通过人工解决，排放于系统之外，嫁祸环境。环境虽有一定的自净能力，但也有一定的限度，久而之就被破坏。

（2）城市生态系统需要依靠其他自然生态系统的能流和物流，它自身无法完成能流和物流的循环。自然环境内全部能量直接或间接都来自太阳能，天然是平衡的。而人工系统则还有相当部分的人工能源，这些能源及其使用后的物质废物如果不能由环境自净或未经人工处理就会形成环境问题（图 2-8）。

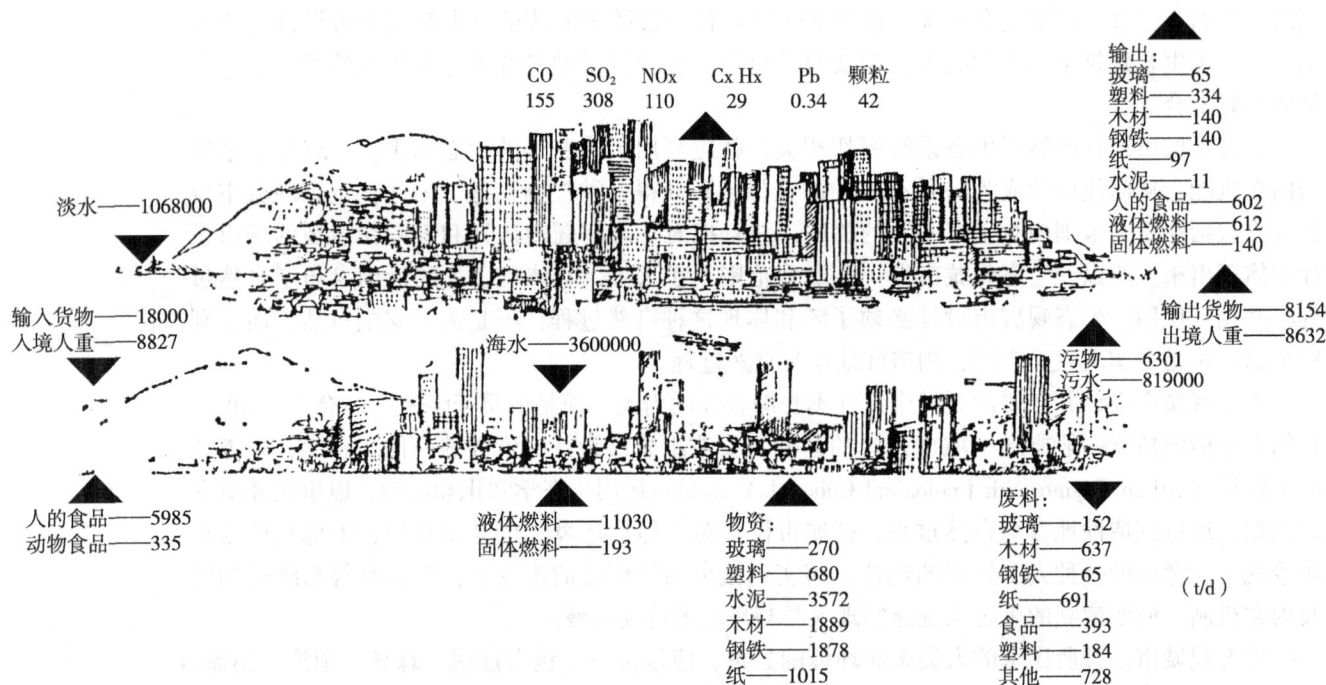

图 2-8 香港城市的物质流动和消耗
（亚洲开发银行编，《环境规划与管理》）

（3）城市生态系统改变了自然生态系统平衡也影响了人类自身。自然生态系统具有协调共生、循环再生、持续自生的能力，而人工生态系统则因持续的人为因素干预、食物链简化、系统自我调节能力小，稳定性主要取决于社会经济亚系统的调控能力和水平，因此从设计到管理都由人类来完成，因此保护环境就是保护人类自己。

生态系统是一个功能单位。各类生态系统都是由两大部分、四个基本成分所组成。两大部分是指生物和非生物环境，即生命系统和环境系统。四个基本成分是指生产者、消费者、分解者和非生物环境。

城市生态系统是复杂的复合系统（图 2-6）。

生态系统的结构有两方面的含义：一是指组成成分及其营养关系；二是指各种生物的空间分布状态。

具体地讲，生态系统的结构包括物种结构（系统内各物种种类）、营养结构（食物网及其相互关系）和空间结构（空间分布状态）。

城市生态系统的物种结构是以人为主体，营养结构如图 2-7 所示，空间分布则是指系统内各要素在水平方向的配置格局和三维空间中的分层结构。

城市生态系统的能量、物质流动大，密度高且周转快，其能流和物流都应保持适当的平衡。

这需要从熵谈起。

熵是能的不可利用的量度。在没有外界作用的条件下,一个系统的熵越大越接近于平衡状态。熵增则系统从有序到无序,熵减则系统从无序到有序。以生态学的观点来看,熵增是能量降低成为更分散形式的过程,熵减则是利用能量建立一个更复杂的物质形式的过程。在地球生物圈内,熵减始于光合作用建立的复杂生命的细胞。系统设计的机会就是创造向更高层次进化的过程,即熵减过程。物质流动的方式是在生物圈内循环;能量流动则是熵增和熵减两方面的过程。在自然界,自然选择使物流能够循环,使能流的熵增熵减基本平衡。而城市是一个能量的巨大转换器、聚集者、分配者,较少循环。几乎完全依赖于外在能源的大量输入,终将导致能源短缺,同时又造成能的沉积,即耗散的能及其副产品大量富集于城市,却无法回收利用,由此引发了严重的环境问题。

生物为了生存和健康就必须具备完善的代谢机能才能保持正常运转。同理,生态观城市设计在系统功能上的设计目标就是以较少的能流物流输入,在系统内部很好地吸收和循环后,产生较少的代谢废物沉积,而这些沉积最好在系统外部环境中能分解回收,重新循环利用。即使不能有利地参与自然界运转,也希望对自然界运转无害(图2-9)。

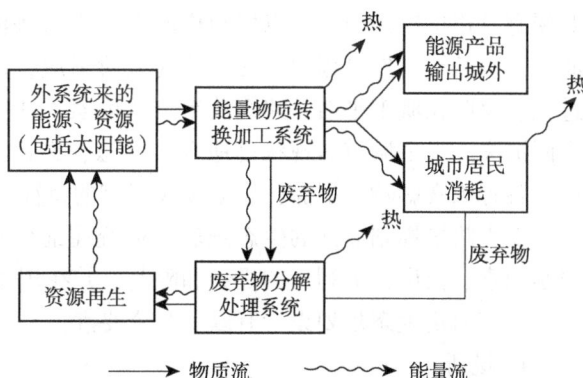

图2-9 以城市为代表的人工生态系统的合理能量流动和物质循环

(张志杰,《环境污染生态学》)

2.2.3 生态观城市设计的方法

即以什么样的设计途径来创造性地参与自然过程。生态观城市设计着重于景观的物质变化,也关注管理控制方面,主张将科学的分析性利用与创造性的开发研究两种思维方式结合起来,遵循科学合理的工作过程。

合理的设计过程应当是导致产生出最佳方案的恰当途径。由于现代城市设计趋向科学性、开放性、多元性和综合性,生态观城市设计涉及的领域更广泛,因此设计过程的复杂性相应增加。环境运动、生态意识觉醒、公众参与、环境意外事件的警示这四方面对设计过程的研究产生了很大影响,也对涉及生态系统的设计提出了四方面能力的要求:①复杂问题的处理能力;②预测能力;③辩护能力;④沟通能力。

生态观城市设计是理性和直觉经验、分析性和创造性结合的过程。第二次世界大战以来,解决复杂问题的系统方法和决策原理备受推崇。系统方法体系就是运用各种数学方法、计算机技术、模拟仿真技术和控制理论来实现系统的模型化和最优化,进行系统的分析和设计。系统方法有四个特点尤其适用于环境设计领域:①在较大的可能范围内考虑问题的来龙去脉(context);②运用模型;③反馈作用;④交叉制约的组织方式。

2.2.3.1 麦克哈格的生态规划方法

以麦克哈格为代表的生态环境设计观强调研究的实践性,谋求在实际规划及城市设计的过程中真正运用城市生态学知识原理,并且以具体的环境规划物质形式表现出来,而非仅仅局限于描述和原理研究,麦克哈格的《设计结合自然》一书集中反映了这种生态规划的思想和实践。自1969年出版,此书被誉为里程碑著作,是北美生态规划的重要文献,奠定了生态观城市设计的基础。

麦克哈格认为:生态学能建立规划设计学科同自然科学之间的桥梁,对城市规划和建筑学会产生重大的影响。他以生态规划师自居,曾被誉为生态规划之父。在景观建筑学的实践中他发展了一种科学的生态规划方法,并推广到更广泛的规划设计领域,把景观建筑学从狭隘的领域解放了出来,变成了一种多学科的、用于资源管理和土地利用规划的有力工具。其中的某些方法，如土地综合评价、保护肥沃土地、侵蚀山坡等已广为环境规划师接受。

在《设计结合自然》一书中，麦克哈格表达了这样的哲学思想，即人与自然必须是伙伴关系，必须同大自然结合才能使两者共同繁荣，一切现存的形式都是有意义的，是顺应自然过程和环境的结果。生态规划就应把自然环境与人类作为一个整体观察研究。麦克哈格将这一理论应用于分析土地的最佳利用，城市、居住、娱乐等场地选择，道路的选线，城市发展形式的确定等实际的工程问题，通过大量规划实例及研究，如斯塔滕岛（Staten Island）、伍德兰兹（Woodlands）新城规划等，说明可以将有关的生态知识和原则应用于实际环境的创造，以便更好地管理自然区及选择城市用地，保护自然特性和平衡，在城市重建人类活动的规范和提高生活的目标。

在书中麦克哈格表达了这样的观点：不仅可以用生态学的方法预测大都市地区的城市化，对现有城市也应该而且可以用同样的方法进行预测和规划。城市形式首先来自于地理和生态的演变，以若干自然过程而存在，并为人所适应，同时城市的历史发展又是一个连续的文化适应过程。反映在城市平面、建筑及组群等因素之中。那些持久的因素因适应而存在，其他因不适应而消失。一个城市的现状是地理、生态、文化演变的结果。经过长时间的自然选择和人工选择，各种因素影响、积淀，形成今天城市的特征。

麦克哈格规划设计的生态观就是研究生态学中动态的、相互作用的、有规律的、具有某些限制因素、指出人类利用的机会和限制，并在规划和设计中表达应用物理学和生物学的过程。

麦克哈格生态规划设计有以下几个要素：

1. 场所

任何场所都是历史、地理和生物过程的综合体。它们通过地质、历史、气候、动植物以及场所上活动的人类暗示了人类利用的机会和限制。因此场所上存在着土地利用的固有适宜性。它提供了设计的前提。在一个特定场所上的一切活动首先应去研究其内在特性。生态学的一个特点，就是从整体的角度，加入物理和生物学演变来提示场所自然特性的研究，进一步根据这些自然特性找出土地固有适宜性，达到最佳土地利用。例如理解了场所自然地理结构和形态以及植物的分布，就可确定农业、森林、旅游、城市化、工业、居住区、运输线等的适宜区域。

2. 生态因子（参见附录 A）的调查（图 2-10）

"生态规划是一种能获得更多更好信息的方法。"（麦克哈格，1967）任何合理的土地利用都是从研究土地及其自然过程开始。生态规划的第一步就是收集土地的信息，包括原始信息和派生信息。前者直接在规划区内获得，后者由前者产生。

资源信息调查是获取原始信息的方法，或称生态因子调查。就是在规划区内登记各种物理、生态和社会因素，即生态决定因素（Eco-determinates），调查的基本项目有气候、地质、自然地理、水文、土壤、植物、野生物和土地利用现状。根据规划目标的不同还可再增加其他有关项目。如著名景观建筑师西蒙兹（J. D. Simonds）在麦克哈格的基础上，概括了生态规划涉及的生态决定因素，包括以下三方面：

（1）自然地理因素（自然形式、自然力和自然过程）。包括地质、气候、水文、生物等方面。

（2）地形地貌因素（地表结构和特征）。包括自然土地构造、自然特征、人为特征方面。

（3）文化因素（社会、政治和经济因素）。包括社会影响、政治和法律约束、经济因素等方面。

3. 生态因子的分析与综合

收集好生态决定因子后进入分析综合阶段。首先根据具体情况把各个因素划分级别，如植

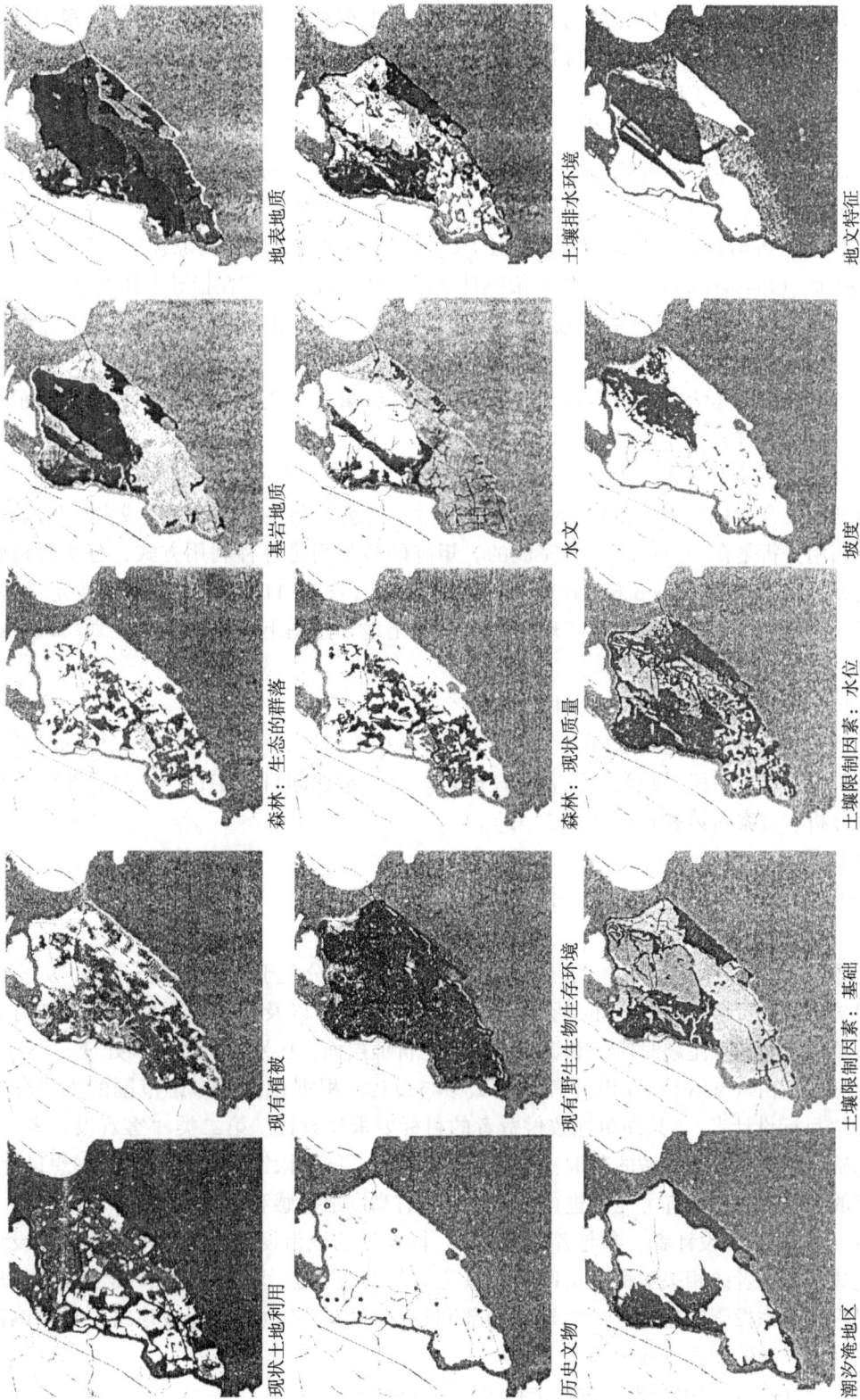

图2-10 纽约斯塔滕岛生态因子调查

（I.L.McHarg，*Design with Nature*）

物分为森林、灌丛、草丛，坡度分"＞25%"、"10%～25%"、"＜10%"三级等，并以同样比例尺用不同色块表示在图上，即成单因素图（overlays），如坡度图、植物类型图、土壤类型图、娱乐价值图等等。这些构成分析与综合的基本元素。然后根据具体项目要求，把单因素图用叠图技术（overlay technique）进行叠加就可得各级综合图（composites）。现在图的分析与综合可用计算机代替。既避免了人工反复制图，也提高了速度和精确度。

4. 生态规划结果的模型表达

由单因素图叠加产生的各级综合图逐步揭示出不同生态意义的区域。每一区域都暗示了最佳的土地利用。大体分三类：

（1）保存区（Preservation）——生态上极为敏感，景观独特。宜保持原貌。

（2）保护区（Conservation）——生态敏感性稍低，景观较好。宜在指导下作有限利用。

（3）开发区（Development）——敏感性较低，自然地形及植被意义不大。适于开发为开发区。

这三类还可根据具体情况进一步划分。所得的分区结果就是土地适宜性图。它们揭示了规划区最佳的土地利用方式。

但这仅仅是单一的土地利用方式。麦克哈格受森林群落有单优种、共优种、亚优种的启发，提出了土地利用集合（Land Use Communities）的概念，也就是共存的土地利用或多种利用方式。土地的多种利用分析是在一个矩阵表上完成的。矩阵的行与列是各种利用方式，分析时检验表中两两利用方式的兼容度（compatibility），形成兼容度表（图2-11），从该图就可确定优势的、共优和亚优的土地利用方式。最后绘在现存和未来的土地利用图上，成为生态规划的最终成果图（图2-12）。

2.2.3.2 生态观城市设计的阶段和步骤

结合控制论的有关方法论制定出生态观城市设计的四个阶段和相应内容的六个步骤[①]。四个阶段即构想阶段、精确阶段、归类阶段和管理阶段。六个步骤即目标定位、信息系统、模型表达、可能性分析、方案对策和管理（图2-13）。

1. 构想阶段

主要是决定设计主题（What）、主题意图的理由（Why）、设计者（Who）、设计途径（How）。

设计主题（What）：包括目标、问题、争论等形式。内容分关于自然价值方面的，如资源保护，自然保护；社会价值方面的，如视觉改造，文化保护等；以及经济方面的因素，如有效利用、土地效益等。在选择主题时应注意综合考虑各个价值层面，区别对待、协调处理。

主题意图的理由（Why）：即设计者为什么参与设计。根据设计者考虑范围的大小分为三类。第一类"目标设计者"，只简单地按付费者的目标要求作设计。第二类"客观设计者"，在第一类的基础上划出一些不能做的范围，如水质保护限制、能源限制等。第三类"理想设计者"注意更广泛的关系，考虑所有可能并进行影响预测，有高度道德感和使命感。

参与者（Who）：分设计者、参与者、当事者。同普通的城市设计相比，生态观城市设计过程中，原先属于参与者的相关学科人员同设计者之间的交流更加密切和广泛，而当事者的概念则不仅仅局限于考虑投资的建设方的短期、局部利益，而是广义地试图为该建筑项目影响范围内的民众的长期、整体利益服务。

设计途径（How）：根据合理性过程选择工作流程图。

---

① 参见赵奕. 着眼于生态的城市设计探索［D］. 清华大学研究生论文，1993.

		土地利用相互的兼容程度																							
		城市	郊区居住	工业	社会事业机构	采矿			采石		度假聚居地	农业			森林			游憩						水管理	
						（竖）井采的煤矿	可采的露天煤矿	废弃的煤矸石	岩石和石灰石	沙和砾石		中耕作物	可耕地	畜牧	均匀林分的软木	不均匀林分的软木	硬木	偏于咸水	偏于淡水	旷野	一般游憩	文化游憩	驾驶娱乐	水库	水域管理
城市		◓																							
郊区居住		⦶	◓																						
工业		◓	●	◓																					
社会事业机构		○	◓	●	◓																				
采矿	（竖）井采的煤矿	●	●	◓	●	◓																			
	可采的露天煤矿	●	●	◓	●		◓																		
	废弃的煤矸石	●	○	◓	⦶			◓																	
采石	岩石和石灰石	●	●	◓	●				◓																
	沙和砾石	●	●	◓	○					◓															
度假聚居地		●	●	●	⦶	●	●	◓	●	●	◓														
农业	中耕作物	●	⦶	⦶	⦶	⦶	●	●	●	●	●	◓													
	可耕地	●	⦶	○	⦶	⦶	●	○	●	●	○	◓	◓												
	畜　牧	●	⦶	○	◓	⦶	●	⦶	●	●	⦶	◓	◓	◓											
森林	均匀林分的软木	●	●	●	○	⦶	●	◓	●	●	○	●	○	○	◓										
	不均匀林分的软木	●	○	●	⦶	⦶	●	◓	●	●	◓	●	●	●		◓									
	硬　木	●	○	●	⦶	⦶	●	⦶	●	●	◓	●	●	⦶		◓	◓								
游憩	偏于咸水	○	○	●	◓		●			●	◓							◓							
	偏于淡水	○	◓	●	◓	●	●	◓	●	◓	◓	○	⦶	⦶	⦶	◓	◓		◓						
	旷　野	●	●	●	○	○	●	◓	●	●	○	●	●	○	○	◓	◓	◓	◓	◓					
	一般游憩	◓	◓	○	◓	○	●	◓	●	⦶	◓	○	○	⦶	○	◓	◓	◓	◓	◓	◓				
	文化游憩	◓	⦶	●	◓	●	●		●	●	○	○	⦶	⦶	○	◓	◓	◓	◓	◓	◓	◓			
	驾驶娱乐	●	●	●	⦶	●	●	⦶	●	○	⦶	○	◓	◓	○	◓	◓	◓	◓	◓	◓	◓	◓		
水管理	水　库	○	○	⦶	◓	●	●	⦶	●	●	◓	●	○	○	○	◓	◓		◓	◓	◓	⦶	◓	◓	
	水域管理	●	●	●	⦶	●	●	◓	●	●	⦶	●	○	○	●	◓	◓		◓	◓	◓	⦶	◓	◓	◓

		自然因素限定条件													结果				
		坡度				车辆的通达性	土壤				地下水回灌区	供水的可靠性	气候		空气污染	水污染	河流的沉积	泛滥和干旱控制	土壤冲蚀
			0%~5%	15%~25%	超过25%		砾石	沙	壤土（粉质黏土）	粉砂（淤泥）			雾的易受影响程度	极端湿度					
城市		◓	⦶	○	●	◓					●	◓	○	●	●	●	●	●	●
郊区居住		◓	◓	⦶	○	⦶					○	◓	○	○	⦶	○	●	●	●
工业		◓	○	●	●	◓					●	◓	⦶	○	●	●	○	●	○
社会事业机构		◓	◓	⦶	○	⦶					⦶	⦶	○	○	◓	⦶	⦶	⦶	⦶
采矿	（竖）井采的煤矿	○	⦶	◓	⦶	◓					●	◓	◓	◓	◓	○	○	◓	○
	可采的露天煤矿	○	◓	◓	○	◓					●	◓	◓	◓	◓	●	●	○	●
	废弃的煤矸石	◓	◓	⦶	●	●					●	●	◓	◓	◓	⦶	⦶	⦶	○
采石	岩石和石灰石	○	◓	◓	●	◓					◓	●	◓	◓	◓	◓	⦶	⦶	⦶
	沙和砾石	◓	◓	○	●	◓	◓				◓	⦶	◓	◓	●	◓	⦶	⦶	⦶
度假聚居地		◓	◓	◓	⦶	○					⦶	○	◓	⦶	⦶	⦶	○	○	○
农业	中耕作物	◓	⦶	●	●	◓	●	◓	◓	◓	●	◓	◓	●	◓	●	●	⦶	●
	可耕地	◓	⦶	○	●	◓	●	○	◓	⦶	⦶	⦶	◓	○	◓	⦶	○	○	○
	畜　牧	◓	◓	◓	⦶	⦶	○	⦶	◓	◓	◓	○	◓	⦶	◓	⦶	⦶	⦶	⦶
森林	均匀林分的软木	◓	◓	⦶	○	⦶	◓	◓	◓	◓	◓	●	◓	⦶	◓	◓	○	⦶	○
	不均匀林分的软木	◓	◓	◓	◓	○	⦶	◓	◓	◓	◓	●	◓	◓	◓	◓	◓	◓	◓
	硬　木	◓	◓	◓	◓	○	⦶	⦶	◓	◓	◓	●	◓	◓	◓	◓	◓	◓	◓
游憩	偏于咸水					⦶						◓	◓	◓	◓	◓			
	偏于淡水					⦶					◓	◓	◓	◓	◓	◓			
	旷　野					●					◓	●	◓	◓	◓	◓	◓	◓	◓
	一般游憩					⦶					◓	●	◓	◓	◓	◓	◓	◓	◓
	文化游憩					◓					◓	○	◓	◓	◓	◓	◓	⦶	◓
	驾驶娱乐										◓	●	◓	◓	◓	◓			
水管理	水　库	●	●	⦶	◓	●				●	◓	◓	◓	◓	◓	◓		◓	
	水域管理					●		◓	◓	◓	◓		◓	◓	◓	◓	◓	◓	◓

● 不兼容的
○ 低度兼容的
⦶ 中度兼容的
◓ 充分兼容的

● 不兼容的
○ 低度兼容的
⦶ 中度兼容的
◓ 完全兼容的

● 坏
○ 差
⦶ 较好
◓ 好

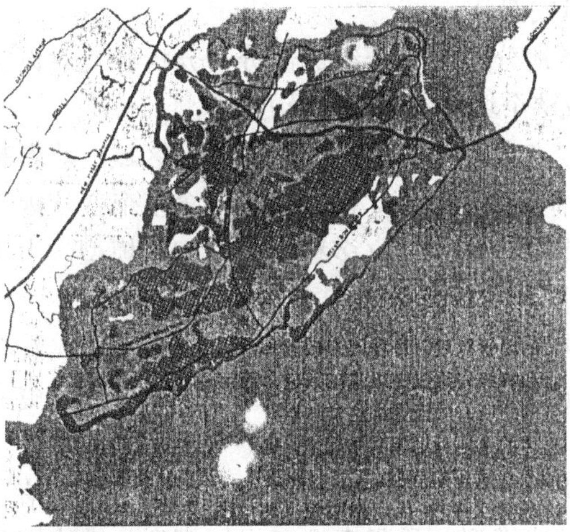

保护地区

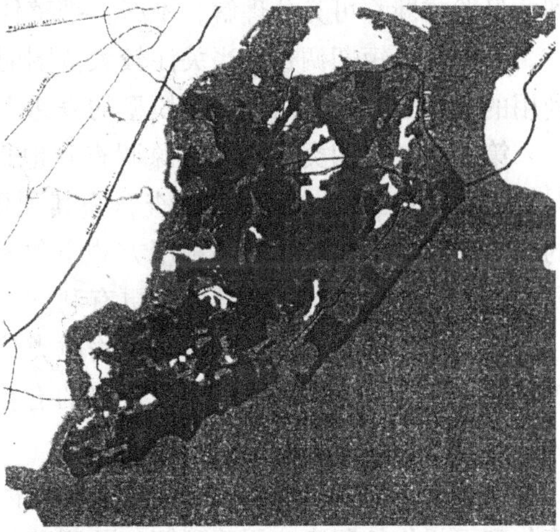

游憩地区

图 2-11　土地生态因子相互兼容度表（上）
（I. L. McHarg，*Design with Nature*）

图 2-12　斯塔滕岛保护地区与游憩地区分析图（下）
（I. L. McHarg，*Design with Nature*）

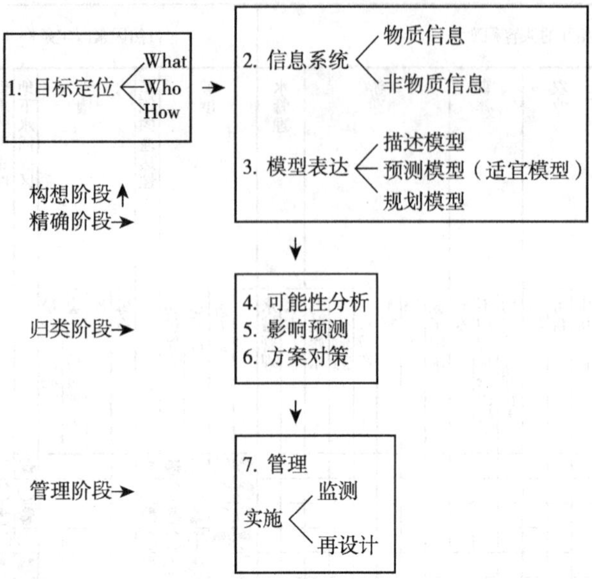

图 2−13 生态观城市设计的阶段和步骤

1. 目标定位
What
Who
How

2. 信息系统
物质信息
非物质信息

3. 模型表达
描述模型
预测模型（适宜模型）
规划模型

构想阶段 ↑
精确阶段 →

归类阶段 →
4. 可能性分析
5. 影响预测
6. 方案对策

管理阶段 →
7. 管理
实施
监测
再设计

生态观城市设计的合理过程在城市设计的目标中引入自然目标因子，包括阳光、土壤、空气、气候等，并给予足够的重视，而不仅仅是重视三维形体空间的创造。根据目标的不同性质确定不同的设计过程。

（1）主要目标已经明确，如研究范围较小的某一设计层次（图 2−14）。

（2）如果设计目标领域有时有争议、目标相互并列，则要考虑多种可能性的反馈（图 2−15）。

（3）有时目标很难说清楚是什么，甚至各方面的目标存在着矛盾，例如经济效益和生态效益的矛盾。有时很难确定谁更重要，则需要通过分析、比较、选择、取舍，目标才有可能明确（图 2−16）。

（4）城市设计是动态的设计，如果设计中有些因素是阶段的，则应考虑时间的因素（图 2−17）。

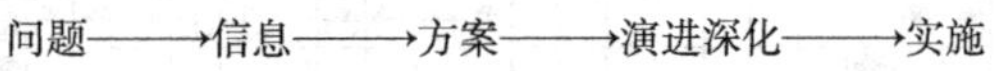

图 2−14 流程一（上左）

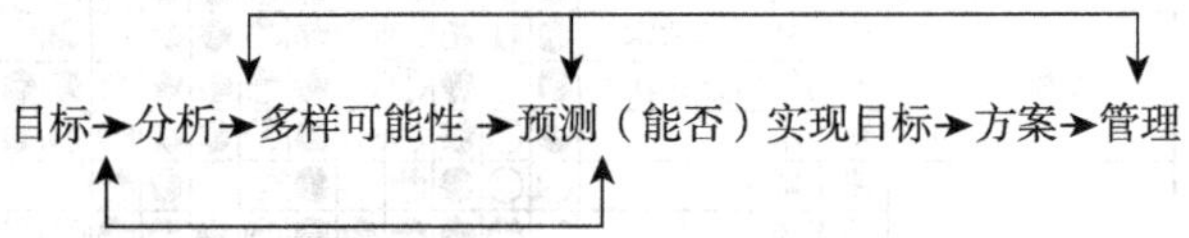

问题 ——→ 信息 ——→ 方案 ——→ 演进深化 ——→ 实施

图 2−15 流程二（上右）

目标 → 分析 → 多样可能性 → 预测（能否）实现目标 → 方案 → 管理

有争议的问题 → 分析 → 多样可能性 → 对影响预测 → 方案 → 管理

持续性目标 ——→ 信息系统
阶段性目标 ——→ 分　析 → 可能性 → 预测
对策结构
方案 → 管理

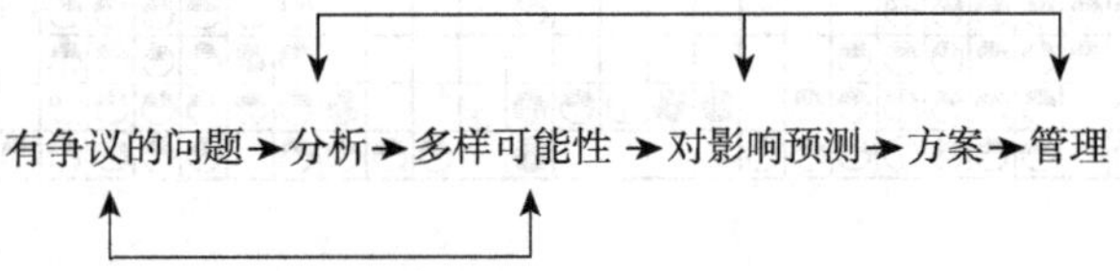

图 2−16 流程三（下左）

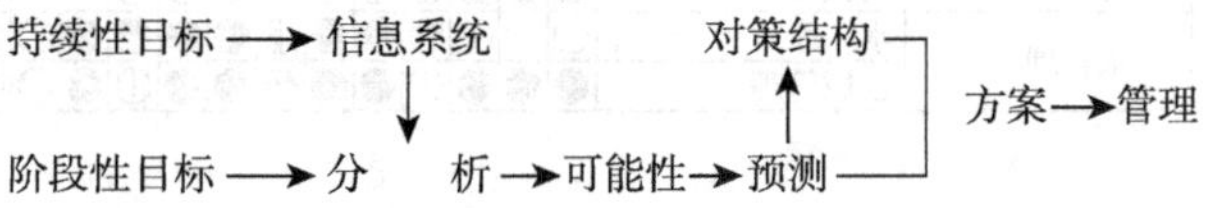

图 2−17 流程四（下右）

2. 精确阶段

信息系统：包括物质组成和非物质因素现状分布信息。主要是土地资源清单，可分四类：

第一类：直观调查，又称格式塔调查。适用于较小的关注范围，如建筑单体。关注范围小到凭经验推断都可充分理解，不必再把整体分成各组成部分。

第二类：短期调查。当关注较大范围时，常把场地分解成各个组成部分，分析各自对设想利用的承受力，然后以适宜度模型的表达方式叠加成整个场地的全部承受力。

第三类、第四类：特殊资源调查和地理信息系统 GIS 建立。适用于较大范围区域，前者是对某一具体资源（如水）的调查，为其利用和影响前景提供预测。而 GIS 则包含多个变量因素的调查。通过分析不同土地利用方式下每种分布状况的变化，建立多种土地适宜度模型。由于研究范围大，使用计算机技术就更有利。

以上四类都属于物质信息。非物质类信息则是由不可见的因素如经济、社会、政策、观念等组成。对生态观城市设计尤为重要的有：特殊土地利用要求、土地价格、法律因素、历史文化因素、社会经济构成。

模型表达：如草图、流程图、图表等都是关于现实有用的信息的抽象表达。把巨大的信息简化到可操作的程度，用于理解、预测和控制，即描述模型、预测模型和规划模型。描述模型描述环境现状和特征，对运转过程是一个总体的把握。预测模型表达对分析的一个最佳判断，多由专业人员完成。其中一种叫适宜度模型，用来处理大范围空间分布方式及计算环境对不同人类利用方式的承受能力。规划模型是把合理性设计过程经过线性策划，发展和演进成多种可能，并且选出最高分值的那一种。

3. 归类阶段

可能性分析：要考虑每一个有助于产生最佳方案的可能性。一般说来，往往是选择温和、折中、协调的可能性，而避免那些极端利用开发的可能性。尽量利用，但又不竭泽而渔。另一种方法，是建立在环境影响预测、经济投入和资源消耗基础上的可能性比较分析。从积极和消极两方面影响设计决策。

影响预测：研究因素的改变，主要是建立"影响预测模型"。这方面的代表人物是卡尔·施坦尼兹（Cowl Steinits）及其哈佛大学横向联合研究组。施坦尼兹方法的最大特征在于用大量模型定量化和整体化模型来预测影响，并主要使用计算机处理资料。这需要大量各专业人员横向合作，把用于城市规划的经济模型方法与用于区域规模的生态方面关注的类似方法结合起来考虑。在其代表作波士顿都会区城郊发展研究中，施坦尼兹采用了 28 种数学模型来预测城郊增长的不同方式所产生的结果，他的预测模型包括定量化和整体化两方面的信息系统。

施坦尼兹在波士顿案例中，将预测模型分为分配性模型（allocation models，把特定土地利用依一定法则分配到特定的分布方式中）和演进性模型（evolution models，预测这些分布在环境、财政收入、人口统计方面的影响）两种基本类型。

分配性模型包括六种土地利用形式，住宅、工业、商业、公共研究机构（学校）、保护和游憩。例如住宅模型代表居住开发最获收益的分布方式，而这又由投资和住宅销售价格决定。再如保护模型考虑的是最关键的环境方面的影响，包括岸线和岸线内陆湿地、水滨、河口、不稳定土壤、重要的生态系统、水源保护、风景历史保护，尽可能保护最多的资源。

演进模型主要用于预测对土壤、水质、植被、野生群落、关键性资源、视觉质量、交通、空气质量、噪声水平、历史资源、土地价值、收入统计和人口统计等方面的影响。

4. 管理阶段

生态观城市设计的管理阶段有两个任务。一方面要控制人类活动对自然过程的干扰，另一方面要控制自然过程使其为人类服务。

管理阶段的实现，通过监测手段反馈信息作为再设计的基础。它不是维持和保存，而是不断地变化。由于自然界是不断变化的，从局部个体到整体都是如此。因此有必要进行动态调控、反馈和再设计。这是城市设计发展的必然结果，也是生态观城市设计的一个重要特征和环节。

生态观城市设计所产生的新的生态系统，应当是城市过程和自然过程象征性的反映。这个系统仍然依赖于人给其输入能量和创造才能维持其稳定。假如所有模型正确、设计完善、实际管理又落于实处，那么人工过程和自然过程将融合成一个有机整体，产生最佳感觉的城市生态系统。这就是生态观城市设计所追求的目标。从模型方案到管理，它体现了现代城市设计的动态性、过程性和整体性。

2.2.3.3 生态观城市设计的重要手段——适宜度模型的分析

生态观城市设计研究系统的空间分布，目的是为把握聚居的空间分布提供一个基础性依据。它反映的是环境的内在适宜性。它的关注范围包括四个方面：灾害（自然灾害等）、资源（静态和动态资源）、时空过程、消耗。主要的设计手段就是适宜度模型，即表明土地对以上四种使用及其不同使用程度的承受力的图表。

1. 适宜度模型的种类

目前已经设计出的适宜度模型有很多种，将来还会有更多。由确定适宜性和叠加方式的不同大致分为以下几种：

（1）筛选作图法（Sieve Mapping）：根据上文提到的地块的四个属性（不兼容的、低度兼容的、中度兼容的、完全兼容的），通过一系列的筛选过滤，把不适宜的区块从考虑中删去。保留下来的就是满足使用意图的部分。并在设计方案中将这种反映土地内在适应性的特征同其他特征（经济、社会、能对土地分布产生影响和作用的特征）协调考虑。

（2）景观单元法（Landscape Units）：同筛选作图法正好相反，先把土地按一系列物质特征进行划分，从自然特征开始，而不是从困难和问题入手。把景观单元分类后，让每个单元都有一套相同的分布属性，然后分析评定每个地块的局限性和潜力，导出适宜的利用方式。在单元不多和只考虑几种有限利用的时候，才是一种简单、直接、有效的方法。

（3）灰度法（Graytones，图2-12）：灰度使用色影灰调或打分的方式来表达适宜度，因此它比前两种方法能表达更细微的利用可能性的变化。通常色调由深到浅表示适宜度由低到高，最后叠加生成的最亮的区域就是要寻找的适宜区域。有时为了提高灰度法的灵敏度，又对每种可能进行加权评估，以衡量其相对重要性。

灰度法虽然简捷、直观、易懂，但也有几个缺点。其中之一就是从多个变量中选择相对重要的进行分析，在涉及变量较多时就非常复杂了，确定和汇聚有价值的因子既麻烦又费时，虽然计算机能提高效率。另外，将多种可能叠图或相加，也意味着这多种可能只是各自独立分开的，没有考虑到它们之间的相互作用。再者，一个灰度与另一灰度与其说是量上的差别，不如说是顺序上排列。用加法叠加灰色调时，也就不能精确地反映各区块的差异程度。用加权的方法对每种属性的相对重要性打分，也往往存在信息不完备的问题，易造成误差。

（4）复合变量法：是试图把多种可能的变量复合在一起，避免了复杂的数字和不同色调。例如，把居住开发这种利用可能性作为一种变量，把坡度是否超过25%和是否洪泛平原作为一个变量因素。是，则不适合居住开发，否，则适合居住开发。同样，把其他变量因素也依次用于几种利用可能性（即变量）的考虑。这样叠图后，就可以定出符合这种复合变量因素的是哪些地块了。但要求变量较少，把多种可能性限制在最重要的几个种类内，否则又非常复杂。

（5）聚类分析法（Cluster Analysis）：聚类分析法是先把土地分成格网细胞。在这些小块用地上，从多样可能中辨别出属性相同的组合——聚类。假设这类地块在相同的利用情况下表现出相同的特征，在适宜度图纸上，聚类就被当作均匀同质的地块，按属性把各聚类对不同利用的承受能力分析出来，得出适宜度图。聚类法的主要优点在于免去了权重和比较评判这两个麻烦，缺点则是复杂的计算要求。

（6）模糊定性法（Fuzzy Set）：吸取直觉判断和不太精确的定量化专业评判，用一种有序合理的方法，转化为定量的表达方式。首先，给每个用地或分布按其满足标准的程度打分。其次，确定某种可能性的重要程度，然后用一种叫特征分析（Eigen Analysis）的方法。把判别值分配到对于标准的相对重要性的权重分里。平均值是1，更重要的因素打分高于1，差一些的小于1。这些权重分作为指数加到第一步完成的判分中。最终，所有地块的适宜度不是由每个平均分或总分确定，而是由最低得分来决定。被判为最低适宜度的因子决定了适宜度的层次水平，而无论该因素的其他分值多么高。

2. 适宜度模型的相对性

适宜度模型并不表示一个绝对的事实，而是相对的判定。它需要假设、选择影响土地的因子来判定四类关注方面的相对重要性。在实际实施控制时，还有许多灵活的处理。例如通常认为在冲击平原上搞城市开发是不适宜的，但是，可以建排水沟或采取其他措施来防止洪水，在一定条件下，房子也可以建在水线以上的支撑物或土丘上，虽然这将需要部分额外投资。但如果城市土地奇缺，土地价值的重要性足以超过这部分花费。再如某些危险的城市用地，只要有足够资金投入就可以改造成安全的，而很多对资源造成很大影响的，也可以通过设计加以控制、操作和改良。在适宜度模型的后期制作中，常用可调和的和不可调和的影响来判定规划和设计的指导原则。

3. 敏感度模型（Sensitivity Models）

敏感度高是指土地容易在人类开发中严重地受到改变。

敏感度模型用量值（高和低）和调和可能性（不利影响是否能调和缓解）来表达。每种分布属性都被分配到四个敏感度分类（高、中、低、不适）中的一个，每一个地块又按最敏感的属性分类，这样预测潜在影响以进一步演进方案和衡量小规模设计的调和性。

敏感度模型比适宜度模型更能给人们以警示，通过它可以知道我们的破坏可能有多严重，而破坏的环境又是多么重要。

4. 手工叠图和计算机技术

早期运用手工叠图技术，后来逐渐采用计算机辅助技术。手工叠图比较适宜于一次或短期的土地资源调查和要求较简单的叠加情况，将土地的分布属性各种限制因素绘成透明图然后以一定法则叠加。它的主要优点是能在工作过程中随时评判、调整、研讨。

运用计算机辅助，虽然本身的计算十分精确，但往往无法掌握手工叠图那样有意识的小修改和调整。使用格网细胞时，误差还容易被放大。因此在编码和数字化之前，需要把所有资料图片用统一比例绘一遍，调整不一致的地方。

不论是手工还是计算机辅助，在叠图过程中往往精确度下降，多张图纸的误差可能是每张误差之和。为了保证最后完成的精确度不低于原图纸中最低的一张，需要不断调整。如一些作为边界的地理特征，如岭脊线、谷地，不一定每张图纸中出现，因此，最好把准备好的图纸都放到一个带有全部精确地理特征的参考图上制作，以保证精确性。

2.3　生态建筑的发展与多样性

生态建筑学最早研究的单体建筑类型是住宅，研究最多、成就最大的也是住宅。然后再将住宅这一单体形式的研究成果推广应用于其他形式。

2.3.1　生态建筑发展脉络

2.3.1.1　生态建筑产生的两个基石

现代生态建筑产生的两个基石是环境保护和先进的技术已经蓬勃发展。

人类对于自然环境的保护历史悠久，从 19 世纪开始（1872 年的黄石公园）到 20 世纪 80 年代中期的 Gaia 运动。拉夫洛克（James Lovelock）的《Gaia：重新看待地球》把地球上所有的生命系统看成一个整体，即 Gaia（原指古希腊土地女神），它是自给自足的，像一个有机体。20 世纪 80 年代深层生态学（deep ecology）则把住宅视为一个微型生态系统，是宇宙生态系统的一部分，接受来自太阳的光、热、宇宙辐射，以及地面产生的地表辐射和磁场，还有天空中的雨和风。它像一个活着的有机体一样，消耗能量、材料、空气、水，并且向环境排出废物。

现代生态住宅的开始可以从赖特的自然住宅（有机住宅）算起。赖特的有机建筑体现了生态学的内涵。它强调了建筑对环境应有的态度，对现代生态建筑的产生起到了不可忽视的作用。他要求自己的建筑融入自然，"从地上长出来"。他提出的"有机建筑"不仅有根据自然条件设计之义，而且还指出建筑本身是一个有机整体，就像一个有生命的机体组织一样。正是由于这种"生命"的存在，所以他认为"有机建筑设计没有终结的时候"——它是一个过程。设计是动态的而非静止的。建筑一直继续受到环境及其使用者的影响。在他的著作《自然住宅》中，他强调了整体性的重要——一座建筑必须同基地、周围的环境及其使用者结合为一个整体。

另一方面，基于生态学的建筑技术同样由来已久。例如对太阳能的收集。1908年美国发明家弗兰克·舒曼（Frank Schuman）发明了太阳能收集"平板"模型——这就是今日太阳能电池的基础。在1937年的芝加哥世界博览会上，凯克（Keck）兄弟设计了"水晶住宅"——外墙为玻璃和吸热石料。1939~1961年，MIT系统地研究并建造了四幢实验性的太阳能校园建筑。这一时期仍处于研究实验阶段，实用的很少。但是自1973年世界石油危机以来，能源问题得到重视，太阳能建筑迅速走向应用。在威尔士，"特种技术中心"作为一个自给自足的建筑，很好地起到了宣传"软"能源①和循环系统的广告作用。20世纪70年代和80年代有更多的专业人员从事生态住宅研究。1990年完成的美国亚利桑那州沙漠中的人造生态系统——"生物圈Ⅱ号"也许是当代最伟大的生态技术成就。它是人类自行设计、制造的第一个全封闭式生物系统（"生物圈Ⅰ号"指地球）。它复制了地球的七个生态群落，并有多个独立生态系统，包括一片小型的海洋，几块沼泽地、潟湖、一片沙质的海滩、一片热带雨林及一片草场。上面覆盖着密封玻璃罩，只有阳光可以进入。"生物圈Ⅱ号"占地1hm^2，其框架结构所用钢管长度超过100km。容纳着8名科研人员、3800种动植物和1000万升水。植物为动物提供氧气和食物，动物和人为植物提供二氧化碳，人以动植物为食，泥土中的微生物使空气保持清新。

在这些新技术发展的同时，还导致了对于传统建筑材料的复归，如木、石、泥土以及砖，甚至纸板。因为这些材料是不污染环境的"绿色"产品。在这一时期出现的现代覆土建筑（earth-sheltered homes）同样是尊重、利用自然的体现。当然它们同时也是现代科技的结晶。

由于意识上的觉醒和技术上的改进，生态建筑终于稳步地发展起来了。这是社会需要的结果。意识上的觉醒提出了新的建筑形式的要求，技术的发展为新建筑形式创造了条件。从赖特到德国的生态住宅到威尔士的配套技术，从澳大利亚的覆土住宅到美国的"生物圈Ⅱ号"规划，新的建筑形式愈来愈显示出强大的生命力和生存优势。几年以前显得非常革新的思想和技术逐渐推广，绿色产品也越来越实用。生态建筑蓬勃发展。

2.3.1.2 生态建筑的追求目标和原则

人们首先研究的是住居建筑形式。住宅对健康的损害是逐渐认识到的，1980年美国A. V. Zawm博士出版《为什么您的住宅损害了您的健康》，警告人们注意避免室内污染。D. L. Dald的"无毒住居"提出了一些改变材料的方法。但在生态住宅方面研究最多、应用最广的是德语国家。出于对第二次世界大战后住房情况的不满和对化学污染的重视，Baubiologie（建筑生态学）成为建筑领域的一个新名词。建筑被当作一种组织，它是人的第三层皮肤（图2-18），满足基本的生活需求，保护、隔离、呼吸、吸收、蒸发、调整、交流。其组成、质感、功能、色彩、气味必须同人以及环境协调，满足物理、生理、精神的需要。而室内和室外的物质能量交换必须通过建筑来达成，创造一个健康的、有生命的室内气候。但是我们现在的住宅都是封闭的单体。塑料的气味，混凝土的地面，密封不透气的办公楼门窗，泡沫绝热材料，过去使用的木、石等自然材料都被合成材料所代替。它们不仅释放有害气体，而且由于无法循环利用而危害了环境（图2-19）。

---

① "软"能源即可再生的能源或永久性的能源，如太阳能等。

我们的皮肤对我们的健康和舒适至关重要，它那独特的"呼吸"能力，以及同神经末梢、血管、腺体的联系，使我们的机体得以保持温度、湿度、生物电平衡。我们的第二皮肤层——衣服——也必须能够"呼吸"。我们的第三层皮肤——建筑——如果想创造健康的室内环境的话，也必须能够呼吸。

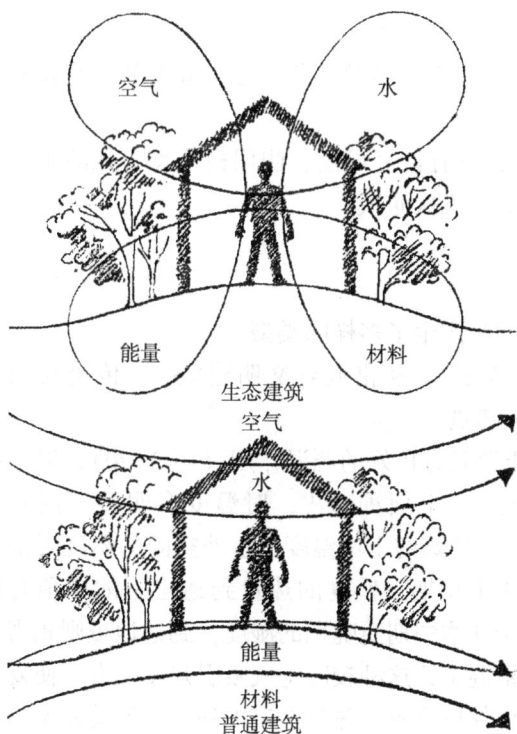

普通建筑在浪费了资源的同时，也污染了环境。基本的生活资源、水、能量、物质的流动是"通过式"的、单向的。水和空气被污染。能量和物质被浪费。这种危害范围广、影响时间长。但是如果使整个建筑的资源都循环起来，每一样东西都被仔细地、经济地利用，那么它就像最开始一样成为当地生态系统的一部分，保证了健康要求和永续作用。

因此，生态住宅有三个追求目标和设计原则。

1. 设计追求同地球的协调统一

（1）基地、方位和覆盖物的选择必须保持再生资源，使用太阳能、风能、水能作为全部或主要能源。尽量少用或不用紧缺的、无法再生的能源。

（2）使用"绿色"产品和"绿色"材料——无毒的，无污染的，持久的，可再生的，能量、环境、社会代价较少，易于循环利用的材料。

（3）设计的建筑应该在使用资源和自然动力方面具有智能，当有足够的能量时，可以组织能流、气流、加热、制冷、用水和采光。

（4）将建筑同自然生态系统融为整体。因此要求种植环境特有的花木品种，处理有机废料，有机地管理花园，并且不用杀虫剂，用生物控制法循环不清洁水，使用低成本厕所。收集、储存雨水用来冲洗厕所。

（5）设计应防止污染室外空气、水、土壤系统。

2. 设计追求精神的舒适

（1）使建筑同环境相结合——呼应周围的社区、建筑风格、尺度及材料。

（2）同不同阶层的人在多种层次上都进行合作，将个人的见解同群体的技术合在一起，创造完整的具生命力的建筑。

（3）采用那些协调的形式和比例，创造优美、舒适的建筑。

（4）利用自然材料的色彩和纹理，自然的染料、油漆、色块创造富于个性的、优美的色彩环境。

（5）将建筑同地球、自然世界及其韵律、季节、时间紧密相联。

（6）使"家"成为一个放松、充实心智的康复环境。

3. 设计追求健康的体系

（1）创造一个允许建筑"呼吸"的健康环境，使用自然材料控制温度、湿度、气流和环境质量。

（2）选择基地时避开输电线的有害电磁辐射及有害地球辐射，设计避免家用电器的静电和电磁，避免阻碍有益的宇宙辐射和地球辐射。

（3）提供安全、卫生的空气和水源，没有污染，具有良好湿度，阴阳极平衡，从灌木、材料、涂料上散发出宜人香味，使用自然通风为主，避免机械通风。

（4）使阳光能够进入，以减少人工照明。

2.3.2 生态建筑类型的多样性

生态建筑经历了一个不断的发展完善过程，这期间产生了多样的类型。

图 2-20 土壤的调温作用
(David Pearson, *The Natural House*)

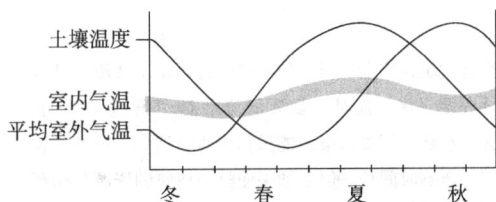

土壤温度
室内气温
平均室外气温

冬　春　夏　秋

图 2-21 覆土建筑具有良好的调节室内气候的功能
(David Pearson, *The Natural House*)

阿尔及利亚沙漠中的村落

斯堪的纳维亚的传统建筑物，屋顶覆草

2.3.2.1 从窑洞到文明建筑——传统与现代的覆土建筑

土壤具有良好的调温作用（图2-20），以土壤覆盖屋顶，上面种草皮，对温度有明显的调节作用。覆土建筑的土壤温度比室外空间的温度要推迟15~24个星期，盛夏的热量到达土下的屋顶时只相当于秋季中期至晚期的湿度，到达地板则相当于冬季室温了，这种较冷空气吸引热量上升，使夏季的室内保持凉爽。热量在室内的这种流动使室内温度让人感觉舒适。

土壤的这种调温作用早就被人们注意到，并应用于建筑实践，产生了形形色色的覆土建筑（图2-21）。它们都有良好的生态环境效益，是一种生态建筑的典型形式。

生土窑洞是黄土高原上极富特色的一种覆土建筑形式（图2-22）。它既经济实用，又利用、保护了生态环境。

目前，中国经济虽有很大发展，但城市用地紧张、能源短缺、生活环境恶化、城市扩展等问题有增无减，利用窑洞作为黄土地区的一种建筑形式，符合当地的气候、自然条件。

随着农村经济条件的好转、科技水平的提高，对传统的窑洞建筑不断改进，将产生很有生命力的现代窑洞。

图 2-22　窑洞——黄土高原上的覆土建筑
（荆其敏，《覆土建筑》）

图 2-23 覆土建筑设计的尝试
（荆其敏，《覆土建筑》、及 David Pearson, *The Natural House*）

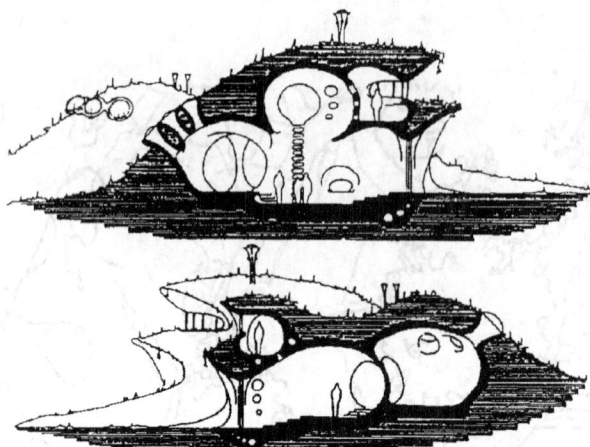

沙利文设计的地下沙居

澳大利亚 Sydney Bagges 设计的一座覆土建筑。建成后房顶的草皮同周围草地长在一起，自然环境得以保存。在50年的时间里，由于这种建筑形式蓄积的能量，以及较少的维护费用，使它比地面建筑节省了 40%~70% 的开支。

一些国家针对目前生态环境与人为环境的恶化、能源短缺等方面的问题，发展了一种新型的覆土建筑，称为"Earth-sheltered Architecture"，以屋顶覆土绿化为其标志。因其考虑生态环境，建筑显示了文明性，因此又被称为"文明建筑"（Gentle Architecture）。这种现代化的建筑在具有高强度和良好防潮系统的建筑结构上覆土种植，可以在任何地理条件下建造，并具有良好的通风采光条件和现代化的生活设施。

覆土建筑因为局部或部分深入地下，因此具有地下建筑的某些特征。在气候、能耗、建造费用、维持费用、土地使用、环境影响、安全性、健康方面较之地上建筑有明显的优势。加上它还有极佳的环境效益，因此备受青睐，出现了许多有益的尝试（图 2-23）。

另一方面，人们对于地下住居有一定的心理偏见。想到地下生活，就存在一种否定的印象，会联想到原始文化或经济地位低下、阴暗潮湿、设计施工不好、对健康不利、有孤独感等，但这些问题大多可以用精心设计来克服。事实上，丰富多彩的覆土建筑形式已经出现在地球上，将来还会有更多，并且同城市设计结合，甚至出现地下城市网。

总之，覆土建筑是对所在环境的极好调节，同当地资源、材料相结合，对自然环境、风景、生态系统的损害都远比地上建筑少。尤其适用于气候恶劣的地区，如干冷或干热区。同时还需注意将覆土建筑与科学技术相结合，结合规划要求，适应环境条件，借鉴前人经验，才能满足现代设计的标准和要求，更具生命力，成为大众喜爱的建筑形式。

2.3.2.2 各种类型的太阳能建筑

节约能源是生态建筑的一个重要特征。建筑节能无非有两种途径：一是开源，即利用可再生能源或永久性能源（如太阳能）；二是节流，即在用能过程中通过减少消耗来获得能源效益。生态建筑学节能还多一条原则，不能污染环境。因此太阳能、风能等能源的利用受到重视。太阳能由于稳定性、效益、适用范围都超过风能，因此成为生态建筑的首选用能。

太阳能利用，主要是指热能利用，其次是光能利用。

1. 太阳能建筑在我国推广的可行性

我国地域辽阔，南北纬度跨越35°。气候差异大，全国需要采暖的地区约占总面积的60%。建筑采暖耗能量大而广。城市民用建筑中约有40%需要采暖，其中70%是居住建筑。城乡建筑存在外围护结构热工性能差、耗能大而采暖水平低的状况，节约潜力大。广大农村能耗约占全国总能耗的40%，生活用能占全国的70%，其中一半用于采暖。全国城乡2亿多吨标准煤的采暖耗能势必给能源供应和国民经济发展带来严重影响。此外，在人口稠密的城市，每年煤炭燃烧、垃圾处理以及燃料运输，不仅浪费能源，而且污染环境。广大农村采暖主要依靠柴草、秸秆、畜粪，多年来造成森林植被破坏、水土流失严重，继续下去势必加剧生态环境的不平衡。

我国能源供应很不宽裕，人均耗能仅占世界平均能耗的 1/4。国民经济水平迅速提升，能源供应不能满足要求，其不足部分只能靠节能和开发利用新能源来解决。我国目前建筑耗能大，热工环境比较差。表现在两个方面：一是围护结构热工性能差，房屋漏热严重。在相同纬度下，我国围护结构传热系数是日本的 1.56 倍，是美国的 1.41～1.92 倍。门窗气密性也很差，冷风渗透量大于国外 1.5～2.0 倍。空气渗透造成的热损失占建筑物全部能耗的 25% 以上。二是在集中供热系统中，相当一部分锅炉运行效率不高，输热管线保温性能差，漏热现象严重。三是城乡还有成千上万小火炉以 10%～15% 的热效率直接燃烧柴草和煤炭。如果在建筑设计保温、通风和遮阳上采取一些措施，如妥善设计建筑形体、朝向，改进外围护结构热工性能，加强门窗气密性，就可节约 36% 的能源，以增加较少的费用获得较好的经济效益。但要从根本上解决问题，还必须开发新能源，利用被动式太阳能采暖技术。

在国外，自 20 世纪 30 年代美国建成第一座太阳能建筑以来，经过几十年的试验研究，太阳能建筑发展迅速，设计水平不断提高，技术日益完善。美国、日本等国在建筑设计和热工计算程序方面已有成熟的经验。现有许多从事太阳能产品生产的公司，用于太阳房建设的各种材料、构件甚至房屋已达到商业水平。

我国太阳能建筑起步较晚，始于 20 世纪 70 年代中期，但进展很快，大致可分为三个阶段：①20 世纪 70 年代中期至末期为试验研究阶段，主要对太阳房进行热工机理探索、测试分析和热工计算研究。②20 世纪 80 年代初期至中期为应用研究阶段，除继续进行上述工作外，加强了太阳房建筑设计、采暖形式、建筑构件和材料的实用化研究，建造了一批试验示范房屋。③从 20 世纪 80 年代中期开始，太阳房进入实际应用阶段，重视了太阳房适用经济、使用方便、便于推广的工作，开始进行太阳房集热、保温材料和构配件的工厂化生产。由于太阳能建筑节能效果明显、居住舒适、使用方便、技术可行，在我国节能潜力大，所以经实践证明是符合我国国情的。

2. 太阳能采暖有主动、被动两大类

被动式太阳能建筑主要是指从阳光射线得来的热量，在房屋内部的传递是以自然对流方式进行，不依靠任何机械设施推动，也不需要用于推动这些装置所需的动力。

主动式太阳能建筑其主要采暖装置也和被动式太阳能建筑差不多，不过它还附设一套机械装置，是为保证在不利的气象条件下可以开动该套装置为房间提供热量。

被动式太阳能建筑大致可分为五种形式（图 2-24）：直接受益式、附加阳光室式、集热蓄热墙式、蓄热屋顶式、对流环路式。蓄热屋顶式因造价较高，结构复杂，较少应用。

主动式太阳能建筑也有五种形式：液体平板型集热器式、空气平板型集热器式、聚焦型集热器式、热泵型集热器式、太阳能热泵式。

因主动式太阳能建筑增加了能耗及成本，因此被动式太阳能建筑应用较多。或者将二者结合，以被动式为主。

被动式太阳能建筑采暖的基本原理，是让阳光穿过建筑物的南向玻璃（集热面）进入室内，经密实材料（贮热体）如砖、土坯、混凝土和水等

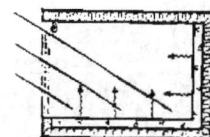

图 2-24 被动式太阳能常用的四种形式（王玉生等编选，《被动式太阳房建筑图集》）

直接受益采暖方式

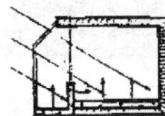

附加日光间采暖方式

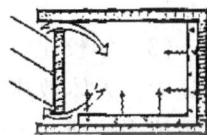

集热墙对流环路采暖方式

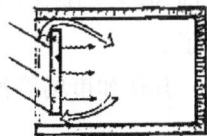

集热蓄热墙采暖方式

吸收太阳能而转化为热量，并将建筑物主要房间妥善布置、紧靠南向集热面和贮热体，从而使其被直接加热。

这里主要利用了玻璃的"温室效应"。它具有通过"短波太阳辐射，而不透过长波红外辐射"的特殊性能，所以一旦太阳辐射通过了玻璃，并被材料所吸收，则由这些材料再次发生的热辐射，就不会通过玻璃再返回室外环境，而是被限制在房间内部加以利用。因此，玻璃是一种收集太阳能的最理想的材料（图2-25）。

3. 其他太阳能建筑

（1）多层住宅楼利用挑檐、阳台作为阳光室，同时阳台错落布置，可以减少对下层的遮挡。集热墙设在每户阳台上，可实行分户管理、简化构造、便于清扫，但阳台仍对窗有遮挡，只是可减少对集热墙的遮挡。加大南向窗，减小北向窗。达到采光窗地比1：8~1：10即可，以减少散热。

（2）办公建筑：与住宅相比较为有利的是主要在白天使用，与日照时间同步。此外平面布局也较灵活，便于采取太阳能措施。主要问题是早晨室温较低，因而宜采用直接受益式，使室温能迅速提高。图2-26为一北欧办公楼，周边式布置，中央大厅的玻璃天棚可节能20%~30%，而且改善采光，塑造空间，由于中庭绿色植物等配置还可提高工作效率。

图2-25 日光间具有良好的热效应（左）
（David Pearson, *The Natural House*）

图2-26 北欧某办公楼（右）
（引自《太阳能》）

日光间是一个被动式太阳能收集器。这些太阳能由地板下混凝土板存储，到了晚上再释放出来。

（3）学校建筑：学校建筑本身需要良好采光，所以十分适合太阳能利用。而且教室中人较集中，人体散热大，因此可以减少对辅助热的要求。但阳光直射是不利于视力的，因此可选用控光玻璃，不仅使室内照度均匀，还可使学生免受窗外景物的影响，集中注意力。如美国圣乔治郡中学（图2-27）。教室全年温度变化只有4℃，太阳能系统为房屋提供采暖所需能量的50%，其余由电灯和学生们身体散热提供。原先安装的采暖系统从未使用过，后来被拆除了。

其他如市场等各类公共建筑的中庭等都可广泛采用太阳能技术。

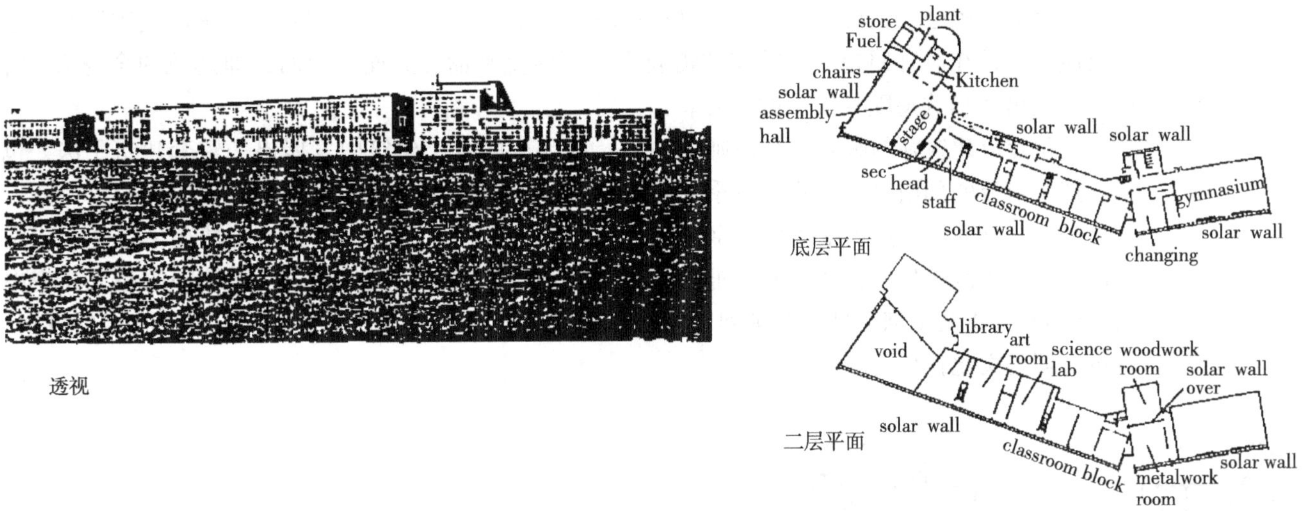

透视

底层平面

二层平面

图 2-27　美国圣乔治郡中学
（引自《太阳能》）

2.3.3　新型生态建筑的设计特点

2.3.3.1　平面布局和剖面设计

平面和剖面设计要求充分利用自然要素，改善室内小气候，节约能源，以体现生态建筑平面布局的合理性。其革新之处主要体现在利用建筑手法处理热环境组织上。

1. 平面设计

（1）采暖组织为了充分利用太阳能，首先要解决朝向问题，使朝向有较大的集热面，能最大限度地接收冬季太阳能。

其次，要合理安排房间。一般都选择南向作为集热的阳光间，但这并不一定是最好的做法。例如奥地利某独户太阳能住宅（图 2-28）是根据不同用途的房间在一天中的使用时间来布置的。它的起居室、卧室等主要房间均布置在东南或西南向，北面车库阻挡北风南侵。起居室南向开门，通往一个大温室，温室在竖向连通楼层。在冬季，上午厨房、餐室、主卧室能得到太阳热量，而西南向的起居、儿童卧室则在下午得到加热。这些热量由蓄热材料和装置贮存，维持晚间室温。此外，傍晚的阳光射到起居室给人一种温暖、放松的感觉。

由此可见，根据房间的功能与东南、西南采光，不仅扩大了建筑物冬季的受热面，而且有利于根据不同房间的使用时间来控制室温，充分利用太阳能。

（2）通风组织：新德里穆纳公寓（图 2-29），每户 90m^2 左右，平面设计保证了足够多的交叉通风。既有相对开敞阳台产生的穿堂风，又有内部通风井产生的交叉风。半露天平台为家庭生活带来了方便，相当于一个半露天起居室，夏夜露天休息，冬日晒太阳。

2. 剖面设计

在建筑内部热环境组织中，印度建筑师柯里亚（C. M. Correa）的经验很有启迪性。尤其是他的剖面设计，完全用建筑自身的语汇来达到目的。

印度气候湿热，白天需要遮蔽，而夜晚则最好在露天空间中度过甚至室外睡眠。另一方面，印度和中国同为发展中国家，不可能像西方国家一样主要依赖机械技术手段来控制室内的采光和通风。柯里亚认为这正是第三世界国家建筑师所面临

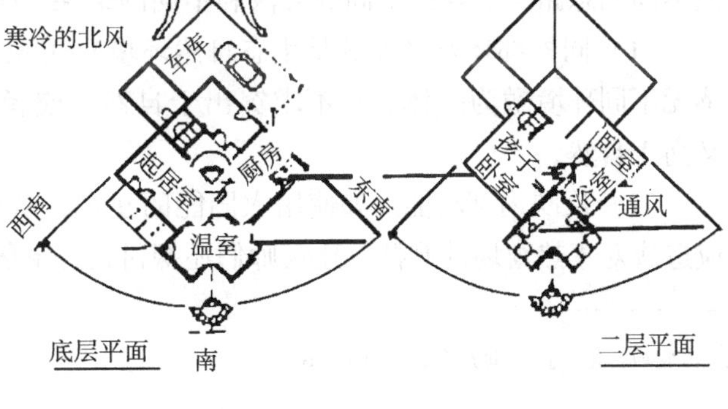

图 2-28　奥地利某独户太阳能住宅
（引自《太阳能》）

的巨大挑战和机会。"这意味着建筑自身通过其真实的形式来产生使用者所需求的气候调节。这种反应不仅是在对日照角、百叶窗的需要上，还涉及平面、立面、剖面，即建筑的全身心"①，他甚至提出"形式追随气候"的口号。

柯里亚以建筑师的眼光、经济师的头脑，从印度的乡土建筑中发展出一整套建筑手法，包括：产生对流的剖面（夏季式和冬季式）、内部小气候带、台阶式平台、顶上篷架。

夏季式剖面是指室内空间呈金字塔形，顶端拔气，开口小，用于炎热的情况下。冬季式则敞向天空，呈倒三角形，开口大以求得日照，用于寒冷的季节及夜晚。在建筑师的私人住宅中（图2-30），将两个剖面呈线性排列以适应不同时间的需要，也丰富了空间，形成特定的氛围，具有鲜明的文化特色。

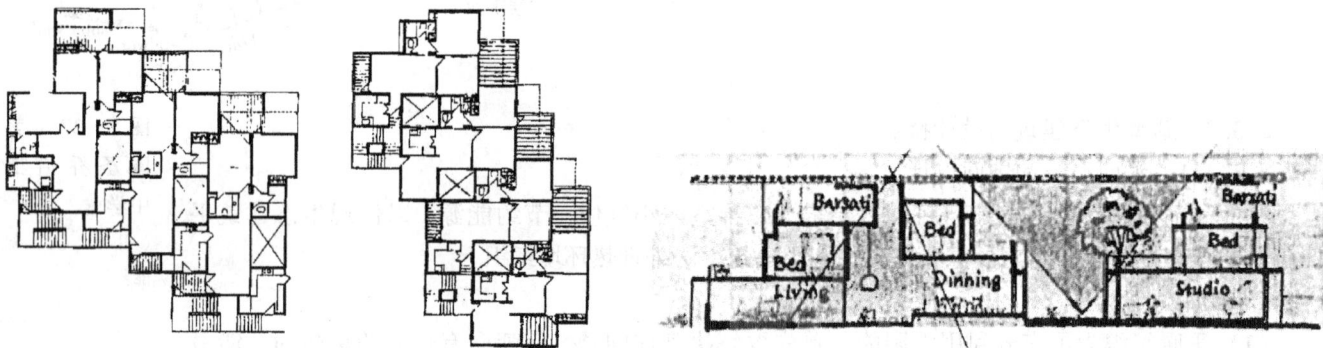

图2-29 新德里穆纳公寓（左）
（引自《世界建筑》）

图2-30 柯里亚自宅方案夏季式剖面（左）冬季式剖面（右）
（引自《世界建筑》）

2.3.3.2 室内空间塑造

生态建筑的室内设计强调利用自然要素，如光、植物、水、空气等，创造空间的舒适与合理使用，避免有损身心健康的做法，包括生物污染、化学污染以及因视觉污染（室内陈设不美观、布置不合理、色彩不和谐等设计问题）造成的心理失衡。

首先，水作为调节室内气候的一个因素，可以参与通风、采光等过程。

其次，改善建筑热环境的另一个重要方法就是充分利用绿色植物调节室内温度，并减少温度波动。应利用一切可以绿化的空间加以绿化：屋顶、墙、阳台等。这就是所谓立体种植。

最后，生态建筑强调选择无污染的绿色材料，如木、泥土、草藤、石膏、玻璃、金属、砖、陶、瓷、瓦、天然材料的纺织品，对人体无害的油漆和染料等，总之应维护人的健康和环境的生态效益。

2.3.3.3 建筑外形设计

生态建筑学的设计，不是简单形式上对生态学有关内容的模仿或类比，而是原则方法上的一种借鉴。在外部形象上没有符号类的东西，而借鉴了自然科学客观、理性的态度和分析综合的方法，使设计更具科学性，是人对自身、对整个生态界、社会环境及其相互关系的理解结晶。但不同的思路必然导致不同的方法和不同的结果。生态建筑其外观形式上有以下几个特点：

（1）同外部环境（尤其是生态自然环境）关系融洽，如覆土建筑的美感、材料、色彩、质感无不同环境融为一体。它不求突出于自然，或者以自然为陪衬，而是融入其中，来自自然，又高于自然。

（2）反映内部功能。如使用太阳能的建筑，从外观上就可以看出（图2-31），而且立面不应造成对集热窗墙的遮挡。建筑师们还探讨在外形的处理上节能。

---

① 参见柯里亚. 转变与转化 [J]. 世界建筑：1990 (6).

（3）达到目标的原则：以真实的建筑形式，即建筑自身，来包含建筑同自然协调、经济性、材料、循环发展的眼光、良好生态效益等内容，达到创造优良生活环境的目的。

2.3.3.4 建筑基地的选择及适应

选择建筑基址时，除规划等限制条件外，还需要考虑对人和自然的保护，包括保持再生能源，使用太阳能、风能、水能作为全部或主要用能，尽量少用或不用非再生的能源；避开输电线和有害的电磁辐射。中国古代风水对建筑基址选择的原则是"因地制宜"，它把人的需要同现实中的自然联系起来，达到人与自然运动的共融、和谐，即"天人合一"。从某种意义上可以看到一种从整体上思维、从大自然出发、系统地利用自然、处理人与自然冲突的现代生态思想的雏形。

2.3.3.5 材料与技术

建筑材料应对环境和人类无不良影响，或有好的影响。人们出于本能，在对待环境污染与人体健康的关系时，往往只注意室外环境质量而忽视室内环境污染。事实上室内空间质量对人体健康有着更大的影响，人的一生大约有 70% 的时间是在室内度过的，而室内往往存在着无法忽视的污染源：各种人工合成建筑装修材料对空气的污染、厨房污染、电器电磁污染等。目前国内普遍使用的地板革、壁纸、内墙涂料，大多是化学纤维制品或人工合成涂料。使得空气中甲醛、甲苯、二甲苯等有害物质浓度明显提高。虽然每一种污染物的含量不太高，但各种污染物综合作用于人体，就可能对人眼睛、皮肤、血液、呼吸系统和神经系统都产生不良影响。例如油漆、涂料等含苯，影响造血功能，造成血细胞减少，胶合板、纤维板、合成纤维地毯、窗帘、塑料墙纸等都易产生有毒有害气体。在这些致病空间中许多人都抱怨头痛、头晕、疲倦，人们称之为"不良建筑综合症"。

图 2-31 生态建筑外观真实地反映内部功能

（David Pearson, *The Natural House*）

Everrett Barber住宅，由查尔斯·穆尔事务所设计，主动被动结合式太阳能住宅。外形反映出内部的功能。太阳能和厨房、壁炉、人体的热能通过地板下的岩石储存，再向室内供热。

建筑师Arthur Quarmby自宅，覆土建筑形式、插入约克郡的山峰区中央公园。玻璃覆盖着中央的游泳池，为住宅引进了阳光和倒影。

建筑师Malcolm Wells设计的Cape Cod住宅，屋顶局部覆土，建筑外观同环境非常协调。

还有一类危害极大，但要很长时间才显示出来的材料，例如石棉。作为一种"不可燃纤维"，石棉是一种常用的建筑材料，广泛用于屋面板、墙壁、房顶等，此外还用于电线、汽车刹车器等。在高层建筑以及公共建筑的拆除现场、干线公路沿线及高层建筑和造船厂的绝热工程中，石棉四处飞散。$0.02\sim0.03\mu m$ 的石棉微粒随呼吸进入肺部，经过 $20\sim40$ 年的潜伏期，诱发肺癌。石棉还会造成矽肺和石棉特有病症，在腹膜和胸膜上形成恶性肿瘤，症状显现后不到一年，大部分患者都将死亡。因此国外称石棉为"隐蔽的定时炸弹"。美国正在研究如何实施全面禁止，有关的限制规定也日趋严格。在瑞典和丹麦，除了少数用途以外，石棉已被全面禁止。其他国家如日本等也在积极探索替换材料，争取全面禁止使用。

创造适宜室内空间环境，保持人体健康应注意：①选择合适装修材料，建议使用"绿色材

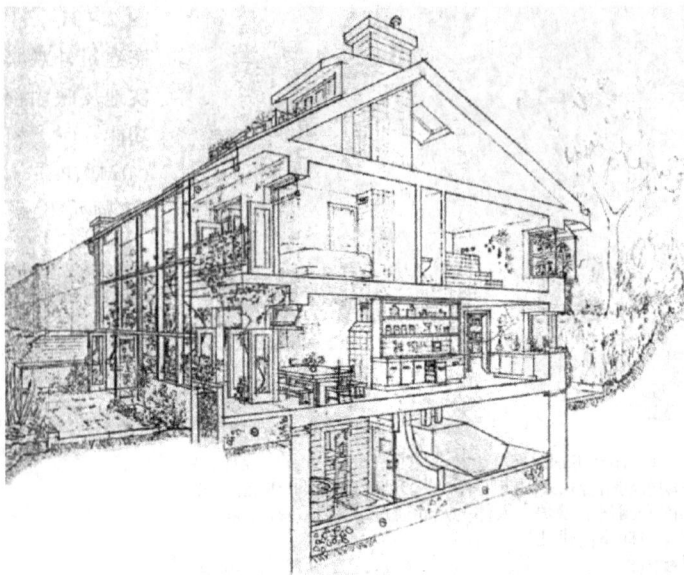

图 2-32 生态住宅原型（David Pearson, *The Natural House*）

料"；②能够进行充分的通风换气；③栽种适宜的花草，净化空气、杀灭病菌。其中最根本的办法就是改进装修，减少污染源。我国现在经济正在大发展时期，建筑业也呈现一片繁荣景象，但在发展的同时不应该忘记发达国家曾经有过的教训。这需要各行业的共同发展和密切配合，研究新材料、应用新方法，需要提高全民的生态意识，保护环境就是保护人类自己。

2.3.3.6 新型生态建筑设计的主要模式总结

图 2-32 是一个生态住宅的原型，代表未来住宅的一套模式，它既可建在都市，也可建在农村，可以是新建的，也可以由旧房改建而成。在住宅临街的一面，乔木、灌木、草地、厚实的挡土墙合力抵挡冷风、交通噪声和污染。在建筑背面，即向阳的一面，有一个两层高的太阳间，在这里坐一坐，休息一下，是一个舒适的生活空间。

建筑是无毒的，其构件、装修、隔断都采用自然材料，墙面、屋面、楼面以及所有内表面、细部都允许建筑在环境中"呼吸"。采暖、降温尽可能使用自然动力。在太阳间和屋面都可以收集太阳能，后备热源由地下室的高效加热器提供。有一个中央供热通道直通到顶层，这个通道夏季有通风、降温的作用。多余的热能都传递并储存到住宅下面的岩床深处。

人和厨房产生的有机废物由地下室的堆肥池收集，供花园及绿化空间使用。其他废物则存到废物箱中，以备循环利用。

现将新型生态建筑设计的主要模式总结如下：

(1) 平剖面组织自然通风（配合机械通风和热回收系统）；

(2) 平剖面组织太阳能、风能以及其他可能的能源；

(3) 节能的造型设计；

(4) 地板、墙体、屋面门窗的高标准保温；

(5) 设置阳光间、玻璃中庭；

(6) 蓄热物质，如卵石、混凝土、水等；

(7) 增大南向窗，减少北向窗；

(8) 采用后备热源；

(9) 自然采光、低能耗采光和低能耗灯具；

(10) 采用可调式遮阳百叶窗板、篷架等遮阳措施；

(11) 地下室设垃圾处理装置、冷热水井、管道网；

(12) 合理选择基地及朝向；

(13) 循环水系统、利用中水及热水储存系统；

(14) 屋顶、阳光间、平台上覆土种植；

(15) 结合地形设计、基地种树挡风，设防护土坡；

(16) 室内设计选用"绿色材料"，内外协调；

(17) 室内用密封空气层和绿色植物来吸声减噪；

(18) 设天井院落使阳光进入房间。

本章参考文献

[1] 金岚主编. 环境生态学 [M]. 北京：高等教育出版社，1992.

[2] [德] H·萨克塞. 生态哲学 [M]. 文韬，佩云译. 北京：东方出版社，1991.

[3] 张志杰. 环境污染生态学 [M]. 北京：中国环境科学出版社，1989.

[4] 王华东等. 环境规划方法及实例 [M]. 北京：化学工业出版社，1988.

[5] [美] J.O. 西蒙兹. 大地景观：环境规划指南 [M]. 程里尧译. 北京：中国建筑工业出版社，1990.

[6] 林亚真等. 城市环境与规划 [M]. 北京：中国建筑工业出版社，1987.

[7] 同济大学，重庆建筑工程学院编. 城市环境保护 [M]. 北京：中国建筑工业出版社，1985.

[8] [日] 高原荣重. 城市绿地规划 [M]. 杨增志等译. 北京：中国建筑工业出版社，1983.

[9] 亚洲开发银行编. 环境规划与管理 [M]. 北京：中国环境科学出版社，1992.

[10] 吴良镛. 广义建筑学 [M]. 北京：清华大学出版社，1989.

[11] 王如松. 高效、和谐——城市生态调控原则和方法 [M]. 长沙：湖南教育出版杜，1988.

[12] 王其亨主编. 风水理论研究 [M]. 天津：天津大学出版社，1992.

[13] 王建国编著. 现代城市设计理论和方法 [M]. 南京：东南大学出版社，1991.

[14] 王玉生等编选. 被动式太阳房建筑图集 [M]. 北京：中国建筑工业出版杜，1987.

[15] 陆雍森等编著. 环境评价 [M]. 上海：同济大学出版社，1990.

[16] 荆其敏. 覆土建筑 [M]. 天津：天津科学技术出版社，1988.

[17] I. L. McHarg. Design with Nature [M]. N. Y.：Natural History Press，1969.

[18] David Pearson. The Natural House [M]. N. Y.：Conran Octopus Limited，1989.

[19] Gideon S. Golany. Earth-shelted Habitat [M]. N. Y.：Van Nostrond Reinhold Company Inc.，1983.

[20] Chareles G. Woods. Natural Architecture [M]. N. Y.：Van Nostrond Reinhold Company Inc.，1983.

[21] Michael Hough. City Form and Natural Process [M]. N. Y.：Chapman and Hall Inc.，1989.

[22] Frederick Steinert. The Living Landscape [M]. N. Y.：McGraw-Hill，1991.

[23] Al. Gore. Earth in the Balance [M]. Penguin Books USA Inc.，1993.

[24] 王如松. 走向生态城——城市生态学及其发展战略 [J]. 都市与计划，1991，18 (1).

[25] 赵奕. 着眼于生态的城市设计探索 [D]. 清华大学研究生论文，1993.

[26] 吴伟. 生态理论对城市规划的影响 [J]. 城市规划汇刊，1992 (2).

[27] 陈伟. 沈阳开发区生态园林规划研究 [J]. 城市环境与城市生态，1993.6 (1).

[28] 李宇松. 节能型小康住宅浅析 [J]. 住宅科技，1993 (4).

[29] Urban Ecology [C]. Ecocity Conference 1990. Berkely California，1990.

第3章 生态建筑学的思想

3.1 为什么需要生态建筑学

昨天和今天的人们，几千年来在自然的基础上持续不断地建构着自己的社会和文明——千千万万人群栖息并穿梭的城市和乡村就是历史的见证。许许多多大大小小的景观和建筑自始至终都反映着社会的兴衰起落，它们同时也推动着自然与社会的变迁转换，因为它们本身就是一种物化了的自然力与社会力。在新千年的转折点上，希望正在滋长，危机也同时困扰着我们——在已经拥有毁灭自己力量的今天，人类面对着层出不穷、彼此矛盾着的问题不断地感到惶惑。

一旦自然的状况与社会的发展出现窘境，那么建筑学产生深刻危机的缘由也必将因此而萌发。

那么，什么是困扰我们的危机根源呢？

建筑学领域又应作出什么样的反应呢？

毫无疑问，我们生活在一个遍布矛盾的世界里，生态危机——这一从环境危机一直延展到整个自然与社会的综合危机，正日益成为我们时代的一个特征。可惜的是，在多元的论调下，一种玩世不恭式的"漠视"和一种蓄意精致化的"理性"总是在试图调和甚至掩饰它们，尤其是后者，如威廉·莱斯（William Leiss）提出的那样："在探寻社会衰败原因的时候，那些表现巨大集体希望的活动依然未受怀疑。精致复杂的理性化过程以开明的公共政策的声明作为伪装。"① 这是什么意思呢？

众所周知，20世纪的生态危机难题真正引起普遍的关注是被动的，是在西方发生石油危机之后产生的——人们突然醒悟，资源是有限的，其短缺会影响到自己的要求，才开始关心"增长的极限"，进而理解蕾切尔·卡逊（Rachel Carson）、巴里·康芒纳（Barry Commoner）、霍尔姆斯·罗尔斯登Ⅲ（Holmes Rolston Ⅲ）、E·F·舒马赫（E. F. Schumacher）、奥德姆兄弟（Eugene and Howard Odum）② 等人的呼吁。人们开始寻找解决危机的途径，答案似乎显而易见，因为生态运动的逐渐兴起，迫使官方机构采取了行动，使原有不管公共环境与自然生态的"黑色政策"中渗入了"绿色"，并在西方已有的资源保护主义基础上发展了"国家职责主义"③。此外，经过与"罗马俱乐部"等悲观论者的论争，技术乐观主义也开始占据了上风，近年来，随着"可持续发展理论"④ 的提出，人们更是以为已经获得了根治生态危机的哲学基础——所有这些使得生态危机一下被简化了，它成为了发展系统中的一个逆因子，它与发展之间"二律背

---

① 参见 W·莱斯. 自然的控制［M］. 岳长龄等译. 重庆：重庆出版社，1996：1. 莱斯本人为法兰克福学派马尔库塞的学生，美圣迭戈博士。

② 蕾切尔·卡逊、巴里·康芒纳、霍尔姆斯·罗尔斯登Ⅲ、E·F·舒尔赫、奥德姆兄弟俱为杰出的生态学家，分别著有《寂静的春天》、《封闭的循环》、《哲学走向荒野》、《小的就是美好的》、《生态学基础》等名作。

③ 国家职责主义原先是自由主义对环境问题的理论阐述和政治选择，以后又以生态极权主义为极端表现，体现了自由与权力的悖论性倾向，实际是当今大多数国家所用的策略和大部分人所持的心态。

④ 可持续发展理论建立的标志性事件是布伦特兰夫人领导的世界环境与发展委员会于1987年发表了《我们共同的未来》一书。

反"的深层原因被有意无意地模糊了，"资源保护"、"环境保护"被赋予了拯救的角色。

但正如海斯（S. P. Hays）指出，目前普遍通行的资源保护主义的教义核心，其实是"效用"，它试图为"大多数人在获取最大个人利益时得到平等竞争的自由"建立利用自然的秩序，这种"利用导向下实行保护"的南辕北辙式的方式，面临真正的冲突时，常常以牺牲保护目标而告终；① 而另一种生态保护的策略"国家职责主义"其实也是建立在经济自由主义基础上的一种政治选择，典型口号就是"经济靠市场，环保靠国家"——它多少认为只要完善市场，强化控制，就可以实现生态复兴与经济增长的协调。此外，技术乐观主义②作为启蒙时代以来的一贯信仰之一，它认为技术的进步最终将克服作为工业文明"副产品"的生态危机——但它与日俱增的异化力量又如何加以控制呢？关于"可持续发展"，它是否能拥有自己的辩证法，现在更是无法判断。

可以看出，在对待生态危机的态度上，一直有两种操纵我们已久的社会机制在作祟——"经济取向标准的普遍性和对工业技术革新能力的崇高信仰"③。在跨入消费社会和核能社会的今日，这种"官方理性化的烟幕"更是得以顺利地推广，从而掩饰了生态危机的真正根源，它所提出的一些改良主张，始终属于浅层生态学的范畴，从而无法导向积极的未来。

人们在寻找问题根源的时候，常常又陷入另一个陷阱，受由来已久的浪漫主义影响，或社会批判理论的影响，转而把现代生产与现代科学技术视为诅咒的对象。后者的辩词是现代生产是伴随资本主义的产生而不断发展起来的，而资本主义意识形态又具有马克思、恩格斯所指出的痼疾——资本积累的推动力及资本主义的不均衡发展促使自然环境破坏与社会贫穷成为必然现象——所以现代生产对生态危机有着不可推卸的责任。现代科学技术经法兰克福学派霍克海姆（M. Horkheimer）、阿多诺（Th. W. T. Adorno）的论证建立在一种坏的形而上学基础上，只关心手段与效用逻辑，从而强化了笛卡尔式的二元分裂，使整个世界成了可以操纵的集合体，从而肢解了生态的整体性，因此在启蒙过程中发展起来的现代科学技术对生态危机也难逃其咎。

这些批判比起泛泛而论的环保主义无疑要深刻得多，它们开始触及到"生态"的本体论与认识论以及自然、社会与技术之间的复杂纠结，只是错把征兆视作根源，从而也无法梳理出形成危机的内在脉络——以至于常常成了虚无主义与悲观论调的渊薮。

事实上，经由马尔库塞（H. Marcuse）、哈贝马斯（J. Habermas）、莱斯等人的努力，形成危机的成因已开始慢慢显露。他们指出"控制自然"（the domination of nature）才是形成生态危机的深层根源之一，生产、技术正是投入了这一巨大的社会过程产生了"生产矛盾"与"技术悖论"，从而成为"控制自然"与"控制人"（the domination of man）这一宏大谋划的工具。那么它们是如何导致了危机的产生呢？控制自然与控制人，也就是裁天与役人之间又有什么历史的、逻辑的联系呢？

通过历史的考察，我们可以发现现代社会始终存在着对自然的控制、对人的控制和随之而来的社会冲突现象，它们被霍克海姆称之为人类历史的三个特征④。其中"控制自然"这一观念是互相矛盾的，它既是进步性也是其退步性的根源。"控制自然"培养了现代发展最重要的历史动力；但同时它也带来了两个相互联系的灾难性后果：广泛威胁一切有机生命的供养基础、生物圈的平衡以及不断扩大的人类对于统一全球环境的激烈争斗。控制自然作为一种意识形态

---

① 参见 Robyn Eckersley. Environmentalism and Political Theory: Toward an Ecocentric Approach [M]. State University of New York Press, 1992: 35.

② 技术乐观主义以 Herman Kaln, William Brown, Leon Martel 针对《增长的极限》所著的《未来 200 年》为代表。技术主义中的实证论者维纳（控制论发明者），K·斯泰因布赫与未来学者 A·托夫勒等人都富于基于科技进步的乐观主义气息，发展至极端则有 Gerard o'Neil 所著的《高边界：人类在太空的殖民地》，其主张从书名不难看出。

③ 参见 W·莱斯. 自然的控制 [M]. 岳长龄等译. 重庆：重庆出版社，1996：12.

④ 参见霍克海姆的《社会学和哲学》与《启蒙辩证法》等书。

的更危险之处还在于它实际上"悄然掩饰了对于人际关系新发展的控制形式的觉悟。"① 也就是说，它始终与"控制人"纠集在一起，从而发展出了一种"历史诡计"，② 为什么呢？

这是因为"控制自然"本质上是一项广泛的社会任务。它实际上已经先入为主地承认了社会与自然的分离，并视自然为社会的附属物。同时从"控制"的本意来说，也体现了"控制人"的内涵。按黑格尔（G. W. F. Hegel）《精神现象学》中的说法，它的基本特征是承认为主人的权威而斗争，其相关物是那些必然服从他人意志的服从意识，也就是说，只有人才是真正可能控制的对象，于是在"控制自然"的过程中，"控制人"也因此而悄然实现。③ 在"控制人"的社会冲突之网中，技术不由自主地扮演了"工具理性"的角色，在人外部表现为控制自然，在内表现为适应生产过程所需的个人控制，从而把"控制人"与"控制自然"联结了起来。

这样，自然与社会以一种不合适的方式组合在一起，在"控制"中引发了真正的"生态危机"。人们以集体的社会事业为名，以科学和技术为工具，使自己的欲望获得了控制自然的力量，充分占用自然资源而满足自己的需要，实现所谓的人类命运。人们把全部自然（包括人的自然）作为满足人的不可满足的欲望材料而加以占用，使生产机构的无限扩张成了信条，使一切关于人价值的合理标准受到了破坏。在社会统治阶级的引导下，对自然和人的控制内化成了个人的心理过程而形成了人的自我毁灭。消费和行为的强制性破坏了人的自由，也真正地否定了如马尔库塞所说的人类从外部强制中获得解放的漫长而艰难的努力，从而使得"生态危机"演变成了人类"生存状态"的危机。④

生态危机揭示了自然、社会、技术之间的不合理形式，它急切地要求我们改弦更张，批判自我以达成危机的缓解，它同样急切地要求我们审视所有的人类知识和经验，包括建筑学，采取行动并寻求"合理形式"，投入到时代的变革中来。

在这一背景下，生态学这个特殊的研究领域，"突然以一种即使在我们这个已经打上科学印记的时代也是极不寻常的方式应邀登场，来扮演一个核心的理智的角色。"⑤ 它表现为一种知识、一种思想、一种方法，甚至拥有一种预言般的力量。它的主要特点就在于可以提供一种整合的姿态去直接检验自然、社会、技术的关系，从而缓解人的危机与自然的危机。

建筑学是与整个时代的生活息息相关的学科，一直反映着时代特有的限制、需要和目标，毫无疑问也需要经受生态学的检验和洗礼，从而完善自身，加入扭转危机的洪流。实际上，建筑学自己的危机也早已产生并加速了"生态危机"，只是常常由于各种原因而表现得比较暧昧，隐藏在整体的危机之中。至关重要的环境、城市化、设计创造力的挑战性要求迄今没有得到全面合理的应答；人类如何才能在更好地栖居的同时又不丧失自我进步的理想，这些根本性问题迄今仍然模糊不清；建筑学所能激发的自然感染力与社会推动力更是不断弱化。

S·吉迪恩（S. Giedion）早在30多年前即已在《空间、时间与建筑》第五版中指出："当代建筑中存在着众所周知的迷乱、停滞甚至消耗殆尽的现象，内容不定、方向不明的情形使人疲倦并形成不安，于是产生了逃避的倾向——逃避到各种不能触及本质的表面解决办法。"⑥ 怎么会形成如此局面呢？关键在于建筑学缺少了一种自我批判的能力和思想方法的健康源泉，从而总是被"各种忽然判断和先验的意识形态或每个时代的焦虑不安所战胜，总受制于时代，实

---

① 参见 W·莱斯. 自然的控制 [M]. 岳长龄等译. 重庆：重庆出版社，1996：4-9.

② "历史的诡计"语出黑格尔，意指历史朝一个方向前进，却通过几种行为者到达目的，它使人思考历史在利用个人与群体到达了什么程度，个人的真正动机是什么，此外，黑格尔还说明历史具有主体的多重性，不知不觉人们都被自我圈住了。"控制人"的过程实际上类似于它。

③ 参见黑格尔. 精神现象学 [M]. 贺麟等译. 北京：商务印书馆，1996：122-131.

④ 参见 H·马尔库塞. 单向度的人 [M]. 张峰等译. 重庆：重庆出版社，1993：3-18.

⑤ 参见 T·沃斯特. 自然的经济体系 [M]. 侯文蕙译. 北京：商务印书馆，1999：13.

⑥ 参见 S. Giedion. Space, Time and Architecture——the growth of a new tradition [M]. Cambridge：the Harvard University Press，1996：1.

际上很少具有自主性"① ——这使它在生态危机到来之际，更是表现得无所适从、目标混乱。在消费文化的冲击下，在官僚文化的影响下，建筑学正在逐渐退化，不断成为附庸；另一方面，在"主观性交融"的掩饰下，建筑师和规划师常常像滑稽演员一样发展自我风格，挖掘自己的表演方式——使建筑界充满了"时尚"和"趣味"，从而导致整个行业缺少了使命，缺少了"真诚"——即求真的意志和诚实的伦理。

在此情形下，生态建筑学——这门学科如果可能的话，会起到什么作用呢？

从发生学的角度来看，生态建筑学的父系来自建筑学——建筑学是研究特定技术形态与文化形态的一门综合学科，其研究对象是一种人工化了的自然，也就是一种社会化了的自然，因而本身就是联结自然与社会的一条纽带；它的母系来自生态学——更是一门研究自然、社会、技术关联的学科。因此生态建筑学的研究取向自然也体现在对这三个相关领域的关注之中，它意味着一个生态的视角在建筑学中出现了，它将促使我们面向形成生态危机和建筑危机的深刻矛盾作出思辨，也同时促使建筑学科自身开始全面的反思。这也许就是生态建筑学的意义之一。

面向如此开阔的领域——这是生态建筑学的一个特色，但绝不意味着生态建筑学研究要穷尽建筑学的所有领域或者取而代之。此外，建筑学虽然生存于各种外在的条件之中，但是一旦形成，本身便是一个独立的机体——所以，生态危机是如此的普遍而深沉，但建筑学只能反映并解决其中的部分，而且这一部分有着独特的自我形式。因此，生态建筑学因"生态"而密切地折射着社会、自然的形式，也因"生态"而取得了一种建筑学研究中的独立性，也就是说生态建筑学将有一套自己的思考范围和方法基础，它们在区域、城市、建筑研究中逐一显现。

它的方法基础会不断丰富其生态思想，它的生态思想则因其独特的方法而彰显。这一辩证的过程无疑会为建筑学的进展提供一种新的"范式"（Paradigm），或许这就是生态建筑学的又一个意义。

那么，在生态建筑学研究中首先需要思考什么呢？从而才能充分地显示其意义？

其中，自然是进行生态思辨的原点——它促使人们思考建筑学——与自然是什么关系？它能从自然中学习什么？又能为自然做什么？这些如何才能成为可能并以什么为界限，以什么为法则？社会内涵的探求，是生态建筑学思想研究的另一支点，当 20 世纪初人类生态学的触点深入到社会领域之日起，就显示了这样一种研究取向：视城市与建筑为人类活动的物化，它们是人类活动的表现形式，其空间分布的特性更是体现了人类社会的关系网络，它要求建筑学更充分地融入社会，促使社会的协调发展。最后生态学还提示我们，在自然与社会的两极之中，技术处于中心位置，因为它一方面把人同自然联系起来，甚至连我们所了解到的自然形象也主要是由技术介绍给我们的，技术研究了自然并帮助我们利用它们；另一方面，技术本身所需要的合作与专门化促使人成为社会的动物，从而推动了社会形式的变迁，并在很大程度上控制了社会本身，拥有了技术自己的意识形态，② 这些都是生态建筑学的技术方法所需面临的状况。

所有的一切研究都必须建立在反思自然与社会之间新关系的基础之上，这是对建筑学发展所昭示的方向——当然作为一门学科，它首先需要在自己独特的领域中对这些命题作出响应，然后再融入到全体的努力之中去。

3.2 生态建筑学可能是什么

生态建筑学如果要成为一门学科，那么它的独特性可能是什么？

---

① 参见 F·沙士林. 建筑评论的现状 [J]. 世界建筑，1999（6）：60-66.
② 参见 H·萨克塞. 生态哲学 [M]. 文韬等译. 北京：东方出版社，1991：45.

生态建筑学的独特性首先表现在它的知识源泉上。它试图结合生态学与建筑学的知识和经验、思想和方法来形成新的学科。

生态建筑学的独特性还表现在它的方法上，这种方法按照康德的说法去理解，既是一种综合判断，表示学科的知识内容得到了扩展；也是一种分析判断，表示学科的知识内容得到了新的诠释。

因此，它并不只是泛泛而论的所谓"生态视野中的建筑学"。它也不只是简化的"生态建筑"或"建筑生态"。因为"生态建筑"只是它研究中的一个分支，而且迄今没有确切的涵义——其明晰实际上有待于生态建筑学研究的深化，而"建筑生态"同样也只是生态建筑学研究中的一个维度和侧面，无法充分地表达生态建筑学所蕴有的内涵。

另外，"生态建筑学"与目前流行的"绿色建筑学"及"可持续建筑学"也有所不同。主要的区别在于后两者的名称主要是社会思潮在建筑学中的直接延伸①。从目前来看，"生态建筑学"与"绿色建筑学"以及"可持续建筑学"的研究大同小异，但是从长远来看，具有严实的理论基础将使它们产生分化。"生态建筑学"与"进化建筑学"②、"有机建筑学"、"仿生建筑学"之间也存在着不尽相同的地方。从广义的角度而言，后三者正是生态建筑学中的不同组成部分。因为"进化"、"有机"、"仿生"本身就是生态学研究中重要而有争议的视点。

任何学科所提出的问题，都围绕着"是什么"及"为什么"来展开，那么生态建筑学的特定状况到底如何才能形成呢？它是建立在哪些特定的基础之上的呢？

3.2.1　生态学思想

生态建筑学的一个重要基础就是生态学，那么，什么是生态学呢？这一独特的领域又如何给建筑学带来教益呢？

事实上，这门学科早已不再是一门狭义的科学，而是关于"生态学思想"的一个更大的结合——它是如此的复杂，以至于它现在已经家喻户晓，却始终不易说清它的内涵，也许"多样性"这一术语正是它自身的写照，也是它富于启发性的地方。或许只有在文化与科学的双重脉络中，才可能真正地接近它，我们将发现，它的概念史与思想方法史中已经蕴含了建筑学所需要的源泉。

从字面意思理解，生态学（ecology）是关于栖息的科学，研究生物的聚居地或生境。此外，生态学与经济学（economics）词源相同，词义亦有共同之处——生态学亦可理解为有关生物的经济管理，所以有人把生态学也称为自然经济学，如美国 D·沃斯特（Donald Worster）的《自然的经济体系——生态思想史》（Nature's Economy-A history of Ecological Ideas）就是生态思想研究的名著，这似乎昭示了生态与经济之间的复杂关系。③

生态学作为一个学科定义，由德国博物学家厄恩斯特·海克尔（E. Haeckel）于 1869 年在《普通生物形态学》（Generelle Morphologie der Organismen）一书中首先提出，它是研究有机体与其周围环境——包括非生物环境和生物环境相互关系的科学，这一定义又由雷特（H. Reiter）于 1885 年作了发挥。此后生态学家 V. E. Shelford（1907）、E. Warming（1909）、Elton（1927）、J. E. Weaver、F. E. Clements（1929），J. Braun Blanquet（1932）、G. A. Kehhep（1933）、A. Wartha（1945）等分别以生物为基础提出了植物生态学、动物生态学的各种定义。与此同时，

---

① "绿色"一词现在已经成为一个通用语，它与环保、节能、健康、效率等词语密切相联，在建筑学中的使用更多地体现了语义的类比。"可持续"一词泛指既满足当代人的需要，又不对后代人满足的能力造成损害，它对"时间序列"的侧重，对"空间序列"的忽视已引起了人们的反思。参见牛文元，毛志峰. 可持续发展理论的系统解析 ［M］. 武汉：湖北科学技术出版社，1998：8.

② 进化建筑学作为口号早已有之，近年以 Eugene Tsui（崔悦君）所著《Evolutionary Architecture》为代表，有集生态仿生于一体的思想，但过于简单化。

③ 参见李博. 普通生态学 ［M］. 呼和浩特：内蒙古大学出版社，1993：1.

人类生态学、社会生态学、景观生态学等各门学科也不断建立起来，使生态学的定义日益庞杂起来。

20 世纪 50~60 年代之后，生态学研究走向了现代生态学，开始系统关注 PRED（人口、资源、环境、发展）或 POET（人口、组织、环境、技术）生态复合体①等各方面的问题。与此呼应，奥德姆（E. P. Odum）在其名著《生态学基础》（Fundamentals of Ecology，1953）中定义生态学为"研究生态系统的结构和功能的科学"；我国马世骏也认为"生态学是研究包括人类在内的生物系统与环境系统之间物质循环和能量转化规律的科学。"② 巴耐特（Barnett）于 1978 年甚至提出了一个新的术语：noosystem（noo——意为智慧性），并以它作为生态学研究的基本单位。20 世纪 80~90 年代以来，众多学者发现，广泛流行的生态系统概念无法像以往认为的一样能充分表达世界的变化与秩序，于是积极引入干扰、混沌、错综的研究，从而使生态学的定义又一次含混起来。

可以发现，尽管生态学的定义形形色色，不尽相同，却并非没有规律可寻，我们发现它们主要可以分成四类：第一类的重心在于自然；第二类的重心在于社会中的应用；第三类的重心在于思想；第四类的重心在于方法。正如奥德姆于 1972 年所说，最好的定义可能是最简明和最专业化的，由此来看海克尔和雷特的定义非常富于价值——首先它具有通融性，它明确指出以研究"关系"为己任，这似乎使它成了没有任何特殊研究对象的学科，而实际上正是这一点形成了它的独特性。其次，它暗示了贯穿学科的主题和构成其思想核心的"生物的内在依赖性"。对于这一特质的"更富有哲学性而非纯科学性的领悟"，③ 就是人们通常所说的"生态学观点"。它表明了生态学既是一种科学，还是一种强调内在联系的哲学这一双重身份。这是因为"相互依赖性"的实质往往可以转换成一个相应的问题：它究竟是一个自然经济组织系统，还是相互容忍和支持的道德共同体？它实际上提出了关于人之间，人与自然之间的本质命题。

生态学定义的复杂性提示了我们这一个学科的思想方法的复杂性，事实上它们的发展过程常常伴随着人们对自然、社会认识的变化而变化。

生态学源于博物学，在 17 世纪之前是其萌芽期。人们为了生存，必须观察动植物的习性和自然现象，从而获得了最初的生态知识，并形成了朴素的生态思想与生态方法，亚里士多德（Aristotle）和他的学生就曾进行了大量的描述性研究，并初步确立了自然的概念。

生态学作为一门专门的科学并萌发独特的思想方法体系，是在欧洲的 17~18 世纪，由博伊尔（Boyle，1670）、里默（Reaumur，1835）等人开始，他们奠定了生物生态学研究的基础，"自然的丰饶"、"食物链"与"平衡"的概念开始汇集起来。生态学中的两大传统也出现在这一时期，第一种传统是以英国自然博物学者 G·怀特（Gilbert White）为代表的"阿卡狄亚式的态度"（Arcadia），这种田园主义观点倡导人们过一种简单和谐的生活，从而恢复到与其他有机体和平共存的状态。第二种是"帝国传统"，它是由林奈（Carolus Linnaeus），一个杰出的生物学家所提倡的，他主张通过理性的实践和艰苦的劳动建立人对自然的统治，这一流派作出了那个时代最为重要的学术贡献。④ 这样，理性的时代把一套互不一致的思想传到了我们手中。

19 世纪是生态学思想的真正创立世纪，A·洪堡（Alexander von Humboldt）建立了新地理学，并于 1807 年把它牢牢地嵌在生态学的发展历程中。他所提出的群落概念形成了生态学研究

---

① PRED 指 Population（人口）、Resource（资源）、Environment（环境）和 Development（发展），POET 指 Population（人口）、Organization（组织）、Environment（环境）和 Technology（技术），由邓肯于 1959 年提出。

② 参见徐汝梅等. 展望宏观生态学 [M]. 武汉：湖北教育出版社，1998：2.

③ 参见 T·沃斯特. 自然的经济体系 [M]. 侯文蕙译. 北京：商务印书馆，1999：545.

④ 阿卡狄亚主义（Arcadianism）又可称为田园主义，反映了与自然亲密相处的简朴的乡村生活理想；帝国传统（Imperialism）则认为人在地球上的适当角色就是尽量扩大控制自然的权力。

中重要的相互联系的思想。另外一位对生态学产生无与伦比影响的大师就是 C·达尔文（Charles Darwin），他在 A·洪堡、C·莱尔和 T·马尔萨斯（Thomas Malthus）的影响下提出了进化论，从而在各个方面都引起了革命性的变化。他的学说被后人衍生为达尔文主义——当然也同时包括达尔文身上的两种矛盾着的道德内涵：占主流的支配自然的维克多利亚道德观与来自田园主义和浪漫主义价值观的生物中心论。有意思的是他以"机械论"式的方法获得了"有机思想"发展的厚实基础。在 19 世纪以研究生态而著名的自然学者还包括给予这门学科名称的海克尔，以及沃明（E. Warming）、希姆珀（Schimper）等人。在生态学逐渐成为一门严密科学的同时，它在思辨方面也取得了长足的进展。保罗·西尔斯曾说过，生态学是一门具有颠覆性的学科，那么它要颠覆的是什么呢？它们是科学所形成的既定概念；不断膨胀的资本主义的价值和结构；西方宗教反自然的传统偏见，这些就是 H·D·梭罗（1817~1862）等浪漫主义者想要颠覆的对象，他们考虑是的关系、依赖和整体，这些传统来自怀特、歌德与爱默生（Ralph Waldo Emerson）。此外梭罗还有一个著名的"提示"：现代人不可避免地要使自己与自然界关系紧张起来，但仍可以有一种如何创造性地利用那种紧张关系的思想———种双重特性的生活，在不切断自然根源的同时，完成人类的最高使命。①

生态学在 20 世纪初至 20 世纪 50 年代，得到了大幅度的拓展，沃明、希姆珀、格迪斯（P. Geddes）、坦斯利（A. G. Tansley）、克莱蒙茨（Frederic Clements）等人首次以职业"生态学家"自称，界定了生态学这门近代学科的界限。尤其是克莱蒙茨以演替到顶级状态的概念，建立了新的生态模式，在此基础上，坦斯利从论证的角度提出了另一个关键词汇——"生态系统"。他为了取代那个比较神人同一化的"群落"而发明的术语，揭示了自然内在联系的又一个模式，呈现了环境作为一个整体的两个方面，此外他开始重视系统中的营养循环和能量流。事实证明，他这一点为以后的生态学革命吹响了号角。这种新生态学表现了一种以热力学与近代经济学为基础的环境模式，从而最大限度地推动了生态学研究中的功利主义色彩。与坦斯利的工作几乎同时，贝塔朗菲（Ludwig Von Bertalanffv）在其《理论生物学》中首次用"开放系统"来描述生命体②，从而揭示了生态学之外又一门科学——系统学研究的序幕。在科学领域取得进展的同时，人们也开始重视这门学科，它形成了人对其自身在自然中的位置的看法。生态学在道德上的双重性深深地影响着它的发展。在功利意识与生态学依据之间，它左右摇摆。1945 年以后，A·利奥波德③（Aldo leopold）以其"大地伦理学"为生态学奠定了新的伦理基础。在道德与科学之外，生态学与 20 世纪哲学、社会学、政治学等各门学科均产生了纠结。摩根（C. L. Morgon）的"层创进化论"④、A·N·怀特海（A. N. Whitehead）的"有机哲学"、⑤H·斯宾塞（Herbert Spencer）的社会生态理论、⑥ H·柏格森（Henri Bergson）的创造进化论、⑦E·迈尔（Ernst Mayr）的生物学哲学⑧以及著名的芝加哥学派如帕克（Robert E. Rark）、伯吉斯

---

① 这种思想可参见 H·D·梭罗·瓦尔登源. 徐迟译. 上海：上海译文出版社，1997。

② 贝塔朗菲（1901~1972）系统科学的开创者，同时是杰出的生物主义者，终身探讨生命、进化、人性的问题。

③ A·利奥波德（Aldo Leopold）的"大地伦理学"主张可参见其名作《沙郡年纪》（吴美真译，三联书店，北京，1999）。

④ 摩根与亚历山大以《实现进化论》（1925）、《空间、时间和神》（1920）中提出以层创进化观来弥合机械论与活力论之间的裂缝，它与前期的物质运动形态转化说，与以后的宇宙自组织论形成了现代自然哲学中的三个重要阶段。

⑤ A·M·怀特海（1861~1947）为英国哲学家，以《过程与实在》阐述了自己的自然哲学体系。

⑥ H·斯宾塞（1820~1903）为英国社会学家与哲学家，是社会进化论与社会有机论的代表人物，其突出点在于将社会与生物有机体进行类比，集中反映在《社会学原理》第 1 卷之中。

⑦ H·柏格森（1859~1951）法国哲学家并获 1928 年诺贝尔文学奖。他的生命哲学主要体现在《创造进化论》之中，充分展现了对生命行进的关注。

⑧ E·迈尔（1904~2005）是进化生物学的代表，提倡综合进化论。

（Ernest W. Burgess）的研究①都使得生态学获得了深层次的内涵和广阔的研究背景。美国 20 世纪 30 年代著名的"尘暴"则首先把生态学的预言力量展示给了公众，生态运动的种子就此埋下。

经过两个世纪的准备之后，生态学突然在 20 世纪 60 年代登上了国际舞台，生态学家以脆弱生命与环境的保护者身份出现在公众面前，1970 年第一个"地球日"活动更是带来了"生态学时代"的说法。它表达了一种希望——生态学将为保证地球维持生存的行动计划而奋斗。奥德姆兄弟为生态系统生态学和系统生态学研究开创了方向，从而前所未有地把生态学推向了前进。与此同时，后拉马克、后达尔文主义也加入进来。蕾切尔·卡逊、康芒纳、罗尔斯登Ⅲ——他们通过环境运动的方式使生态学成为社会中尽人皆知的名词，尽管"生态学"与"环境保护"是两个不同的词语。舒马赫、卡普拉（F. Capra）、拉塞尔（Lassell）② 他们通过通俗化的哲学思考与生态学结合的方式使生态学成了挽救地球生存的一门中心性学科。除了这些个人之外，罗马俱乐部、世界发展共同委员会等各种组织以及欧美出现的形形色色的"绿色组织"使生态运动不断掀起。以上所有的一切，都表明了现代生态学所赢得的一切。

但与此同时，生态学也越来越失去了它的内部一致性，理论上的精深缜密，学术上的突出地位和资金上的逐步保证都无法取代这些争论——什么是威胁地球的最大力量，平衡是否是自然界的决定性特征，什么是健康正常的环境……所有这一切都把生态学从纯科学的研究中拉了出来，使它带上了更为浓厚的，也更为原始的哲学色彩：人、自然的本来面貌究竟如何？它们的发展是否存在有秩序？

我们发现置身于一个动荡的认识史的发展脉络之中，无法得到一个完全公正的结论，但仍可以透过生态学看到：第一，自然与社会的发展有着各自的方向，但都得按相互依赖的原则来运转；第二，过去的研究已经在揭示我们可以加以学习获得成功的适应模式；第三，历史表明变化不但是真实存在的，也是多样的——历史已形成为一种"历史剧"，每一出历史剧都需要空间来充分演出，展示其故事情节，同时也需要留下大段的空余，以便让全部丰富的地球上的"历史剧"能同时上演③。这种试图保持多样性的策略似乎是困难的，但是，它建立在有把握的思想基础之上，那就是我们都要适应变化而生存，要通过合适地联结自然、社会、技术来发现哪些是有价值的，哪些又是该防备的。

这些或许就是生态学为建筑学发展所提供的思想基础。

3.2.2　生态学结合建筑学

生态学发展的迂回曲折，似乎暗示了生态学与建筑学的结合将并不那么容易。它们在一些基本点存在的暗合是它们联姻的基础，但学科的差异性在它们之间也是显而易见的。

当我们在建筑学中引进生态学时，首先，意味着引入一种对人与自然关系的整体思维方式，而生态学在承认这个大前提的背后存在着无数的论争和激辩，这无疑会给生态建筑学的走向带来影响。其次，引入生态学之时，也意味着引入了一门相对思想发展毫不逊色的方法科学，它在景观、系统、群落、种群、个体各个层次都具有丰富的研究手段，从而充分地揭示出生物之间及其与环境的相互关联，而建筑学发展到今日，也已包含了各种层次，这样便形成了两门学科在空间幅度及组织层次上的对位与尺度把握问题；更重要的是，生态学的方法本身往往并不是生态学结合建筑学的方法论基础，真正的方法论基础在于从双方学科的形而上学深处所能抽取的共同性，这一点是非常困难的——在后文我们将尽其可能展开它的辨

---

① 芝加哥学派即人类生态学派，由 R·帕克、E·伯吉斯等人于 20 世纪 20 年代兴起，对于城市社会生态的研究素享盛名，见后文。

② 卡普拉与拉塞尔分别著有《绿色政治——全球的希望》、《觉醒的地球》等书。

③ 参见 T·沃斯特. 自然的经济体系［M］. 侯文蕙译. 北京：商务印书馆，1999：497-498.

析。最后,生态学虽然包括了丰富的时间维度——如进化、变异、发展,但若要它体现在富于历史感的建筑学之中还显得略为牵强。究其原因,主要是生态学的成熟之处在于它对自然特质的把握之中,虽然社会生态、文化生态的研究也已有了多年的储备,但更多的也是在揭示人类社会中的一种自然性——这一点毫无疑问是极其重要的,但面向建筑学这样高度人文化了的学科,它并不能全然提供启示,我们的意思是说,建筑学与生态学的结合将会有很大的局限性。

但是无论如何,在建筑学的真善美各个领域之中,生态学的确可以以其生态伦理、生态方法和生态美学提供无数的教益,历史已经证明了这一点。我们所关心的是:生态学如何与建筑学结合呢?从双方学科之间的辩证法角度出发,什么是它们结合的最好方式呢?或许通过考察"生态建筑学"这个词的来源以及原初之义是最直接的方法吧。

保罗·索勒里被誉为富勒(R. Buckminster Fuller)之后最杰出的建筑幻想大师。索勒里1919 年出生于意大利都灵,在都灵工业大学获建筑学博士学位后到达美国投奔赖特,一年半之后于 1956 年在亚利桑那州创建了阿科桑底(Acosanti,来自两个意大利单词,意为"在事物之前")基金会①,开始了他漫长的理论与实践探索。1969 年,索勒里在其名著《生态建筑学:按人类意象设计的城市》(Arcology:the city in the image of Man)一书中首次阐述了生态建筑学的理论,从而勾勒了建筑学与生态学结合的远大前景。书名也就是他的原初本意,他的建筑学显然是大尺度的建筑学,他尤其关心一种密集"社区"——城市的规划设计,为此他在书中收集了 30 多个他设计的未来主义城市,充分展现了他的理想和天赋。随着时间的推移,他的生态建筑学构想也不断地发展,并集大成式地体现在阿科桑底城的实践之中(图 3-1、图 3-2)。

图 3-1 索勒里设计的阿科桑底城远景
(宋晔皓,《保罗·索勒里的城市建筑生态学》)

图 3-2 阿科桑底城的建筑单体之一
(宋晔皓,《保罗·索勒里的城市建筑生态学》)

自 1950 以后,索勒里构想了许多理想城市,包括各种各样的"仿生城市"(如 1968 年的树状城市)和"微缩城市"(如 1965 年的 Babel Ⅱ——以巴贝尔通天塔为隐喻),其共同之处在于它们基本上都是将城市包容在一座巨型综合建筑之中,从而充分地体现出索勒里对高缩微、高节能、高综合的追求,并表现了他所坚持的一些生态建筑学原则,如"缩微化——复杂性——持续性"、"居住自容纳性"② 等等。

在《生态建筑学:按人类意象设计的城市》中,索勒里详细描述了他的理想城市。首先,他根据土地、气候、城市目标来确定人口的规模和密度,并按照集中布置的原则设计了一系列

---

① 参见高亦兰. 保罗·索勒里和他的阿科桑底城 [J]. 世界建筑,1985 (5).
② 参见 Paolo Soleri. the City of the Future, Earth's Answer [M]. New York. 1977,转引自宋晔皓. 保罗·索勒里的城市建筑生态学 [J]. 世界建筑,1999 (2):63.

"城市建筑"。它们的高度从 300 英尺至 1 英里不等，所占面积也不相同，最大约 140 英亩——其中最大的一座可容纳 17 万人居住生活（这一数字在他于 1971 年设计的 Babel noah 理想城中大大突破了，人口数达至 600 万，成了他最宏伟的"集成化"构想），人口密度为 1200 人/英亩，即使考虑到人口的垂直分布，还是十分惊人。另外，这些"城市建筑"是按"人类形象"来进行设置的，具有许多人体的特征。其城市的外层布置住宅区，模拟眼睛、耳朵和皮肤，从而可以直接与外部世界接触，并使居民方便地进入自然。城市向内的一层布置了公共设施，如文化中心、散步场所、商店、剧场和博物馆，可使人们聚在一起体会城市的丰富性，按照模拟人体的设想，这一层是城市的核心，拥有"头脑"和"控制中心"。城市的最里一层是"社区的管道"，布置有发电厂、仓库和重工业基地，类似于人体的内部器官以及消化、血液系统，形成了城市系统的工作基础，"帮助完成城市的基本生活过程"。[①]

按照这种"集中化"、"拟人化"的特征，索勒里设计了适合于海边、沙漠、山区、农业地带各种地域的城市，甚至包括一个太空城——一颗容纳 7 万人生活的小行星。如果说这些构想还只是表现了索勒里对城市与自然之间的辩证关系的一种态度，那么他在此基础上发展起来的"巨构建筑"设计与阿科桑底城实践就无疑更具有一些实在感。

索勒里的所有探索之中，阿科桑底城的实践是最为引人瞩目的，这使他成了某种意义上的当代欧文、傅立叶。他于 1971 年开始动工兴建阿科桑底城。它位于亚利桑那州凤凰城北 70 英里处的玄武岩山崖边，占地约 860 英亩，是附带有大型温室的一处城镇建筑综合体。其建筑与暖房占地面积仅 14 英亩，目前已建成的规模可容纳 5000 人。其设想中的城市主体安置在一座巨大的 25 层（75m 高）的建筑物内，其主要建筑朝南，剖面呈新月形，按春分秋分进行倾斜，便于冬季收集阳光而夏季不受烈日照射并得到遮荫。该建筑下方为 4.34 英亩的大片暖房并顺坡倾斜，同时为居民提供太阳能及蔬菜。主体建筑之外的 800 多英亩土地用作种植农作物和开展文化娱乐，形成了环绕城市的绿带。该城市的用地指标体现了索勒里的一个思想：人类可以和自然共同生活，同时不引起伴随现代城市建设而带来的对自然的破坏及浪费，它的用地仅占一个标准城市用地的 2%；城市内部没有汽车，全部食物、热源、冷源和生活需要可用建筑设计与某些物理效应来获得；所有这些既使阿科桑底带上了乌托邦色彩又充分体现了索勒里探索生态建筑学的勇气。

目前为止，阿科桑底城在近 30 年，数千名志愿人士的工作下，已建成了铸造半圆厅、制陶半圆厅、南北穿拱、东西部住区、手工艺餐厅、温室、东新月住区、剧场、索勒里夫人音乐中心。在城市的"能源围裙"温室里，索勒里与设计小组综合了各种技术，对当地气候、温室园艺学以及薄膜支撑结构进行了深入的分析和研究。他们把温室埋入地下约 1.2m，最高点 5.4m，每座面积约 150m²，包括四层呈台状布置的种植区，其下依次为储藏室、太阳能农作物烘干室和集水池。总之他们使系统共同运作，争取获得索勒里所追求的生态效果。

所有以上的设想与实践都表现了索勒里的哲学和文化价值观，那么它们具体又是些什么呢？

索勒里的阐述常常包含了许多复杂和难以理解的主题，这些都明确地体现在他的《生态建筑学：按人类意象设计的城市》一书之中。它表明了这样一种思想：人造城市环境和未开发的自然环境都是"理想"的，都利于人类健康。由于社会、文化、经济和共同性等理由人们需要城市，但同时也需要原始的自然美。索勒里接着指出为了兼具这两种需要，就应该保持人造环境与自然环境的分离，使它们成为截然不同的场所，既不要污染也不要破坏另一方的本质，这样使城市就是城市，自然就是自然，各有其生存的舞台。当然一个城市的设计应该使人能迅速地进入自然，那是又一种需要。另外该书的副标题——"按人类意象设计的城市"还表达了生

---

① 参见欧·奥尔特曼等. 文化与环境 [M]. 骆林生等译. 北京：东方出版社，1991：450-451.

态理论的两个重要方面。首先，城市必须服务于个人的需要，城市的设计主要不是为宗教、政治或经济目标服务，而是应该为居民服务并有利于普通居民的个人发展和健康，他指出关心市民是城市的原动力。① 其次，索勒里提到了关于城市设计的生物学理论。他提出生态建筑的概念，要求城市以人或其他生物体为模式。城市应该像生物体一样成为立体，垂直面是它们结构的关键——这些方式绝非简单的人的"形象"，它们是对机体的模仿和更高级的生活方式的表现。

索勒里还在城市设计中充分应用了进化的概念。对他来说，进化论说明更高级的生活特性就是"密集性"，或叫"微缩化、紧凑与效率"。索勒里认为大型而无明确形状与明确组织的城市如同进化史中的恐龙一样是没有活力的，只有非常密集的物种才有更强的生存能力。他以人脑来说明变异与微型化的重要性。②正是由于这些理由，索勒里在城市设计中反对扩展、膨胀并散布在地球表面，而是主张以"紧凑"原则来实行更适合的进化过程。当然增加城市人口的密度，又必须以能提高居民的生活或有利于个体发展的有效方式来实现。

怎样才能做到这一点呢？索勒里认为：第一，自然是必须确保城市能提供一切必要的生活设施。第二，人们必须有效地行动，像人体一样是一个有效的系统。效率既意味着减少污染和土地、能源浪费，又意味着一种高效的"密集性"，从而使"复杂性越高的地方生活越丰富"。③

在20世纪60年代形成的这些思想经阿科桑底城的持续建设，不断得到了深化，为此，索勒里又提出了"两个太阳的生态建筑学"（2 Suns Arcology）来涵盖他的生态含义。"两个太阳"一个是物质性的太阳，是人们生活的能源；另一个是精神性的太阳，通过人类的意志和精神这一生命进化的极致来表示，它是第一个太阳的产物。为了实现理想，他应用了一系列的"效应"。它们包括四种无机效应：温室效应、烟囱效应、半圆顶效应和蓄热效应，这些是物理规律作用的结果；两种有机效应：人有意识介入自然发展过程的园艺效应和城市效应。索勒里在阿科桑底的试验中对这些效应均作了尝试。④

索勒里的学说无疑兼具时代的针对性与预见性，他以殉道者的姿态赢得了人们的赞赏。在他的带领下，数以千计的志愿者加入了他的试验，他们甚至认为，他的阿科桑底尽管有其缺点，但仍是在这个星球上较之其他更值得他们全力以赴的事业。那么，在这种未来主义式的探索中，生态建筑学是否已具有了自己的学理基础呢？

我们可以发现，索勒里的学说与生态学一样充满了希望也充满了悖论，这种学说的背景和衍生无疑具有太多值得审视的地方。有人直截了当地指出：索勒里在人道主义立场与技术立场上虽然有着鲜明的新姿态，但在实质上是消极逃避的，在传统社区充满矛盾的今天，生态建筑学的主体无疑应当是现实主义的，它不能满足于发现一个矛盾，然后设想新的方式来取消这种矛盾从而回避矛盾，甚至引发新的矛盾。

首先，毋庸讳言，索勒里的思想糅合了大量的类生物论与机械论。他强调城市是"有机体"，或者是有其自己的协调性的完整统一体——为此他主张对称、完整、各部分的合并以及整体。P·柯林斯（Peter Collins）曾指出，像这种将建筑比拟于生物的起源可以追溯到1750年左右，而第一次给予"有机"以经典表述的科学家是泽维尔·比查特（1800）。实际上我们发现生物学现象中可以直接与建筑比较的项目是具有一定界限的，否则会流于庸俗。维克·达兹尔把有机功能分为八类：消化、营养、循环、呼吸、分泌、骨化、生殖、过敏与感觉——似乎只有循环还可类比于建筑的功能；另外，其他一些分类法的形态学体系，如林奈体系（基于一个特

①② 参见 Paolo Soleri. Arcology：the city in the image of Man ［M］. Cambridge：MIT Press, 1969.
③ 参见欧·奥尔特曼等. 文化与环境 ［M］. 骆林生等译. 北京：东方出版社，1991：452-458.
④ 参见宋晔皓. 保罗·索勒里的城市建筑生态学 ［J］. 世界建筑，1999（2）：62-67.

定的标准），居维埃体系（基于内部相关的整体结构）或冯贝尔体系（基于有机成分）都很少能与建筑物沾上边——这些比拟常常失之笼统和抽象。柯林斯以为建筑与生物共同具有的特点主要有以下四个方面：有机体与环境的关系、器官之间的相互作用、形式与功能的关系、生命力本身的原理。① 索勒里的生态城市在这四个方面显然都表现得十分暧昧。首先一方面他的形式是自我想象的一个空间结构——虽然比拟于人体，其实与人体并无多大关系，毋宁说是他自我构想的纪念碑，这与机体、环境之间的复杂关系相比，显然采用的是一种富于对抗性的姿态。当然建筑物是否非要像植物一样盘根于环境之中——这本身是需要对"人工化自然"作出思辨的一个说法，但无论如何索勒里这种"形式在先"的方式总是很难说成是"有机的"，按通俗含义讲，它并不是"有机"地结合环境，其内部作用、功能与形式也并没有采用"有机的"方式。另一方面，索勒里喜欢运用"进化"来说明问题——如果说用进化推导出生物体必须"缩微"，从而推导出建筑物缩微还带有一种伦理的色彩与节能的吸引力的活，那么他的建筑本身是无法"进化"的，也按通俗含义讲，他的建筑综合体非常强调效率与逻辑，已经全然设定了具体的规模与界限，从而不具有继续发展的可能性——这说明索勒里的建筑对社会内容的发展也是先入为主确定了的，而在生态学中达尔文学说的意义之一就在于指出，正是变异引起了世界的不确定性与进化。② 此外，索勒里的思想带有强烈的机械论气味——他实际上把生态城市设想成了一个高效率的，自我完备的城市机器。他的这一思想既受早期生态学十分盛行的机械方法的影响，又受现代生态学超级系统思想的影响，从而走向了生态与机械之间的乌比利斯怪圈。

其次，索勒里生态建筑学的理论核心是节能，但它是否就是生态建筑学的全部？与索勒里尺度巨大的建筑体形相比，未来之城内部非常狭小拥挤，正如有人疑问的那样："在这样一个相信自由和开阔空间的国家中成长起来的人民会自愿接受这种高密度结构的束缚吗？同样，由于人和活动高度集中在相对较小的面积上，环境问题会不会比想象的要大？"③ 在此，我们可以引出一系列沉重的问题：人类的建设是否本来就是一种破坏呢？如何界定破坏了、干扰了、改造了自然呢？在人类自我发展了数千年之后，已不再只有生理需要、心理需要，还有了文化的需要，而这些是否就等同于欲望呢？若不是，它们是否有其界限，在建设中又如何加以实现呢？总之，在满足人的需要与破坏之间是否存在一个交集，一个折中点，一个界限或一个默契之所呢？如果有，那么会呈现出什么样的形式呢？

在这么多的问题之间，节能——尽量保护自然的一种方式无疑有着重要的地位，在今天甚至成为建筑学能为生态危机的缓解作出努力的一个最重要的指标——但显然并不是自然、社会、技术对于建筑学所要求的全部内容，我们甚至提及，如果只是出于经济核算的需要，那么它将永远是一种治标而不治本的方法。

无疑，以严格的目光来审视索勒里的工作，不难发现他思想中的两难与内容中的阙如，甚至有理由说索勒里作为 20 世纪后期的思想家，他的影响将会比一个世纪之前的霍华德逊色许多——因为后者的探索似乎更能切中时弊，似乎更富有一种技术与伦理的双重色彩④，似乎……事实果真全是如此吗？

实际上，索勒里所遇到的难题同样是科学的难题。自然是如此变化多端以至于它从来不是它表面的平静均衡的形象，社会也自古以来就如此地多姿多彩或者动荡不安——以至于科学，

① 参见 P·柯林斯. 现代建筑设计思想的演变 [M]. 英若聪译. 北京：中国建筑工业出版社，1987：174-184.

② 参见 P·J·鲍勒. 进化思想史 [M]. 田洛译. 南昌：江西教育出版社，1999：1-16.

③ 参见高亦兰. 保罗·索勒里和他的阿科桑底城 [J]. 世界建筑，1985（5）.

④ 霍华德的概念与 18~19 世纪的乌托邦思想有着类似之处，出发点之一即是调和资本主义社会两个对抗性阶级的矛盾。参见 A·B·布宁等. 城市建设艺术史 [M]. 黄海华译. 北京：中国建筑工业出版社，1992：19-21.

也绝不是一种单一的、庞大的、永无止境发展的力量；它不是有人宣称的那样一如既往地沿着"真理的边缘"方向发展，它与任何人类活动一样充斥着许许多多的分歧、冲突、争论和个性差异，否则它无以包容如此之多的思想和如此之多的自然模式，正是由于科学的内在多样性，它才大大扩展了我们关于自然世界以及我们在其中的位置的视野。生态学正是这种兼容并蓄的科学探索中富于意义的分支之一，它已经提供给我们关于大自然与社会变化的广泛而丰富的见解，而且所有这些见解都能体现某种程度的真理——基于同样的理由，索勒里的生态建筑学获得了可辩护的证据，也就是说他学说中的消极性、矛盾性、贫乏性都事出有因。无论过去、现在还是将来，所有的思想都基于特定的历史内容，这种认识可以称之为历史主义原则，只有它才能使我们对以往的评价更为客观，也同时会使我们尽力避免相信当前的看法——从这种意义上讲，任何科学包括生态建筑学都有相对的有效性，必须扎根并批判它们所处的时代。

坦率地说，生态建筑学迄今还无法给出一个明确的定义，因为生态学结合建筑学的说法从思辨来看毕竟是一种同义反复，也就是说我们目前还无法简明地回答什么是生态建筑学？它可以依据什么原则？但是它毕竟已形成一门独立学科，根据索勒里所做的工作，就不难感受到这一点。他矛盾而又特别地探讨了建筑学与自然、社会、技术的复杂关联；极为自然地通贯研究了区域、城市、建筑不同尺度的领域，所有这些都表现出了生态学带来的光辉。我们或许以后可以仿效地理学大师哈特向的做法，在他研究的末了重新提问："地理学是怎样一门科学？"

正因如此，在检讨索勒里的思想之后，我们依然得到了对生态建筑学这门新学科的全新领会，尽管轮廓还不很清晰。现在的关键是，面对这一门一开始就已经矛盾重重的学科，如何保持一种批判，使它不轻易地滑变为其他意识形态的附庸或一种现代意义上的"泛神论"？也就是说，获得它自己的学理基础——回到原命题，即如何使生态建筑学在生态学与建筑学的理想结合中获得发展？

3.3 如何使生态建筑学研究成为可能

康德指出："制订纲要这往往是一种华而不实、虚张声势的精神工作，人们通过它来表现一种有创造性的天才的神气，所要求的是连自己也给不出的东西，所责备的是连自己也不能做得更好的事，所提出的是连自己也不知道在什么地方可以找到的东西。"[1] 但是如果我们不把一个基本的框架建立起来，那就更会一筹莫展。因为，任何外部的东西都不能订正我们内部、当下的判断，否则就会错失良机。当然在冒险之前，必须确定我们的方法论，而方法论的研究又首先应该从以下问题的设问作为开始。

生态建筑学如何可能？生态建筑学的研究又如何可能？以上这两个问题可以并存而且互相生成么？

我们的基本解决思路是与其将生态建筑学视为一语词，不如说它是一组命题，如"生态学结合建筑学"，又如"生态学之于建筑学"。维特根斯坦早期称"命题是实在的图像"，[2] 于是在成像的水平上，生态建筑学研究成为可能。

而两门已有的学科，当人们只从原来的联系中把它们提出来，给它们穿上一套式样新奇的服装并且冠上一个新名称时，它们又如何才能转化为新的有效的知识呢？尤其对于建筑学而言，如何因此而扩大水平域，又获得新的独立性呢？简言之，我们的方法论基础何在呢？

① 参见：康德. 未来形而上学导论 [M]. 庞景仁译. 北京：商务印书馆，1995：13.
② 参见：维特根斯坦. 逻辑哲学论 [M]. 贺绍甲译. 北京：商务印书馆，1996：24.

3.3.1 方法论基础

可以确定的是，其中的一个基础必然是历史学，它可以提供纵向的视野。历史学本身并不是我们关心的主体，其关键在于它能揭示可加以学习的"适应性模式"。我们曾从自然界学习了居住的模式以及保护自己的模式，甚至正是通过生物进化的过程，才充分发现了生命的智慧，我们可能不会把这些模式看作历史中得到的教益，但它们的确都是经验的产物。同样，环境史为人类社会的发展也提供了许多现成的模式，它一直提醒我们——一个持久性的社会，一定要创造各种规则制约自己的行为，这些规则，有时需要有意识地制定，有时会体现在习俗之中，但都是基于熟悉的局部经验而形成。怎样利用来自其他时期的或地方的模式来帮助我们建立合适的价值和标准是一件非常困难的事情，显然从生态学的角度上讲，有些模式非常不健全，但是不可能使现有的村庄变成野草丛生的草原，也不可能使数千万人口的城市连绵带变回到古老的山庄或土著的露宿地——从这个意义来讲，我们是"时间的囚犯"①。但是我们能够以更尊重的态度看待历史的记录，要承认，最新进行的变革大部分可能都不长久，而现存的某些古老的东西事实上都值得尊重和模仿。

那么另外的基础呢？它们必然与建筑学、生态学同时有关，却又能独立于它们，这样才能提供一种批判标准，从而提供横向的关照——在此意义上，广义的物理学（Physics）与现象学（Phenomenology）② 是探讨心、物的形而上学，也是生态建筑学研究必须面临的事实——但这在以往只是被反复描述的一种事实，那我们又将认为如何呢？

第一个启示来自于其中的哲学观——一种类似于现象学的方法。在此意义上，我们试图充分发挥胡塞尔（E. Husserl）关于"直观"与"面向事实本身"的话语，引导"身体—地方"与"生活世界"，形成生态建筑学研究的线索。胡塞尔曾把意识的意向活动范围及其造成的周围环境、区域、关系称为"水平域"（horizon），而生活世界（Lebenswelt）则是这个与人联系在一起的具有意义的"水平域"，它包括我们所相遇的，我们与之打交道的一切人、事物、时间、空间，包括我们通过情感、思想、想象和任何自然力所知道的东西。③ 这一方法具有四重价值，一是强调人所独有的世界，但又反对科学，没有确实可靠的基础。二是它可以使人们无需涉及伦理判断（并不是指脱离伦理），即可从容地对待自然与人的关系，因为它虽然是通过人本主义的方式来获取关于事物本质或本原的知识，但是它实际上要求摆脱一切预先的假设，通过悬置法转向事物本身，因此这种立场本身便提供了一种"科学"的可能。④ 三是它直接地涉及我们的心理边界与物理世界，从而能发挥生态学在二元论背景中的另一种解释能力。四是它具有真正的知识开启力，实际上现象学的内容经过梅洛—庞蒂（Maurice Merleau-ponty）转化为知觉现象学，经过海德格尔改造成了存在主义，在许茨、卢曼、加芬克尔等人的手中形成了社会学现象学，而它们又分别启发了建筑心理学、建筑现象学、建筑社会学，深化了建筑学中人与环境、人与人、人与社会的关系研究。基于以上理由，我们能以之为研究的支持，通过它来透视生态建筑学中所表现的科学与人文的交织，尤其透视生态建筑学的具体社会特质。

第二个启示来自新的自然观，如"复杂性"，"可怕的对称性"，又如"相似与自相似"，其中前者曾经为系统模拟奠定了基础，而后者则来自分形——在非线性分析世界的时代，分形（fractal）和混沌（chaos）对秩序与演变作出了相应的解释，一起描述了"复杂"的空间形式与"混沌"的运动形式。自相似性是相似中的一种特殊情况，表现为整体与部分之间的相似，黑格

① 参见：T·沃斯特. 自然的经济体系［M］. 侯文蕙译. 北京：商务印书馆，1929：497.
② Physics 译物理学，一般意义上的讨论都以亚里士多德《物理学》中的所蕴之义作为基础；phenomenology 译现象学，在哲学中的最初使用来自 H. 拉姆贝特的《研究与描述真理以及区别错误与假象的新工具或新观念》（1764）一书。
③ 参见 E. 胡塞尔. 欧洲科学的危机与超越论的现象学［M］. 王炳文译. 北京：商务印书馆，2001：125-137.
④ 参见 E·胡塞尔. 现象学的方法［M］. 倪梁康译. 上海：上海译文出版社，1994：22-31.

尔、马克思提起过的个体发育对群体演化历史的"重演律"就是相似与自相似的一个代表。关于相似与自相似有几条规律：①事物都是由相似的单元、层次排列组合而来；②相似的基因、相似的条件和环境产生相似的结果；③事物包含的相似功能越多，作用越大，应用越广；④大系统中往往由一个或几个相似功能较多的系统为首，它们往往决定了系统内部的相似规律与系列。① 这些观点为生态建筑学中的相关性研究揭示了一种可行性，为什么呢？

我们知道，在建筑学的研究对象之中，始终存在着自然与社会的交织，在两者交互作用的过程中，自然系统常常受到干扰，并以隐性的方式出现，但它的独立性并不会因此而稍减，它或是"投射"到社会之中，或是在"三时段"中发挥效力②。它的独立性状常常以自相似的方式顽强地出现在不同尺度范围的区域中，另外通过普遍性的投射，使事物包含的相似功能越多，从而使整体系统与原有系统间的相似性程度也不断增加。以往在芝加哥学派的工作或斯宾塞的社会进化论之中，自然与社会的类比性往往确立在"人性"——自然性、社会性兼具的普遍发挥基础之上；在马克思主义的研究中，人的自然化与自然的人化通过实践这一环节联系起来，从而透析了自然与社会的纠结。从这些意义上来说，相似与自相似使得生态学丰富的自然内容在社会中的"投射"就显得更为重要了——"投射"的理性程度也直接会影响到生态建筑学的成熟度。当然系统的相似与自相似都持有一定的范围和时效，确切地说是时空幅度越大，相似性与自相似性的特征越是显著。区域一级水平中，景观特征、系统的稳定与受干扰特征都深刻地烙有两个系统的共同作用的痕迹，常常无法分清各自的作用效果，也因此相似性状与自相似性状最为明显。城市一级水平清晰地表现为一种集中的"社区"形式，从而适合于生态系统分析的方法，但是它们作为"自然的产物"常常被掩盖。R·E·帕克（R. E. Park）甚至描述它为一种心理状态，是各种礼俗和传统构成的整体，是礼俗所包含并随传统而流传的思想和情感所构成的整体。③ 这种特点使它无法成为一个典型的生态系统，必须用一定的载体来进行表面性状研究从而补充系统研究的不足。在建筑一级水平中，仿生或模拟是设计的自然起点，但并不意味着生态个体与单体建筑之间可以进行简单的类比，实际上建筑是如此丰富地体现着人的技艺和灵感，所以只有对此作深刻的理解，才可能在"类型"与"模式"④ 的意义上体现出与自然的相似与自相似的丰富意义。

我们所受的第三个启发来自"范式"（Paradigm）——库恩（Thomas S. Kuhn）在《必要的张力》中所提出的一个术语，这一概念在其《科学革命的结构》（1962）中得到具体的解释，并在科学哲学中引起了瞩目。库恩的"范式"论把科学看成是人类的一种社会活动，因此它是一种可以加以历史地描述的经验事实，范式论则是以这些描述为基础的一套科学理论。正因如此，范式论融入了人与社会的因素，包含了以下三个方面：①理论体系；②运用理论体系的心理认知因素；③指导和联系理论体系和心理认知的自然观。这种观点使科学不再仅仅被看作一种知识体系，而是知识体系和创造体系的活动的集合。这种观点同样还表现为一种动态模式。在"范式"解释科学现象获得成功之时，其效应扩展到了诸多带有"学科性"的研究领域。G·瑞泽尔（G. Ritzer）甚至指出范式可以是存在于某一学科领域内关于研究对象的基本意向。它可以

① 参见童天湘，林夏水. 新自然观 ［M］. 北京：中共中央党校出版社，1998：89-132.
② "三时段"的说法详见费尔南·布罗代尔. 15 至 18 世纪的物质文明、经济和资本主义 ［M］. 顾良等译. 北京：三联书店，1992。他以长时段——地理时间——结构，中时段——社会时间——局势，短时段——个体时间——事作为解释工具，这种层次分解法对于估量生态力的影响同样是富于价值与启发意义的。
③ 参见 R·E·帕克. 城市社会学 ［M］. 宋俊岭等译. 北京：华夏出版社，1987：1.
④ "类型"与"模式"在建筑学中因为"类型学"与"模式语言"而闻名，与"范式"不同，它们的内容有相似之处，又有所不同，其实，类型的概念最初即来自生物学，模式则是个宽泛意义上的生物用语，如果能遵循这一线索发展，还是有望推导出建筑学中的自然语言的，而不止是目前"类型学"和"模式语言"所包括的内容。

用来界定什么应该被研究，什么问题应该被提出，如何对问题进行质疑以及解释我们获得答案时该遵循什么样的规则。总之，它可以是一个学科领域内获得最广泛共识的单位。

这样一个模糊而又先验的概念①，又如何能丰富生态建筑学呢？首先，诚如伯恩斯坦（Richard L. Bernstein）指出，库恩思想的真实动机是要获得一种新的科学合理性，即"实践合理性"。在一门学科尚处于胚胎时期，如生态建筑学那样，各种学说互相渗透或互相挤压，因此尤其需要亚里士多德描绘的实践智慧——它是一种与选择有关的包含深思熟虑的推理形式，也是由相关的科学共同体的社会实践塑造而成。在此基础上，学科的"实践合理性"才能超越客观主义与相对主义的制约，也因此才拥有自己发展的相应准则。其次，库恩指出，只有"足以空前地把一批坚定的拥护者吸引过来，使他们不再去进行科学活动中各种形式的竞争。同时，这种成就又足以毫无限制地为一批重新组合起来的科学工作者留下各种有待解决的问题"，② 这才可以逐渐形成"常规科学时期"的范式。如果以此衡量，生态建筑学显然迫切需要"扩大那些可能的范式中能加以说明的事实的知识，加强这些事实同范式预测之间的配合，进一步详细表达范式的本身。"③ 最后，范式不止是一种认知活动的模式，按照福柯对认识型的理解，它甚至是一种思想基础，一种支撑我们特定时代的所有知识理论思想的基础结构，这样可以便于发现目前知识领域中不易看见的高度相似性，这对于一门一开始就立足研究"关联"的可能的学科——生态建筑学就十分重要了。那么，生态建筑学将可能呈现出怎样的范式表现形式呢？

3.3.2　生态建筑学的可能范式

生态建筑学的一个基本立足点是自然——它在建筑学中的隐没与再现自始至终形成了一条脉络。如何才能在自然与建筑学中采用一种语言共同体，并拥有生态的含意？我们在物理学（Physics）的基础上可以引入"空间——生态空间"这一概念，当然这组概念具有更为丰富的内涵与联结的方式。之所以选择空间，首先是它本身就是自然最直接的表现方式之一；同时，空间也是思维的产物，但又不同于精神，按 M·邦格（Mario Bunge）的说法是"概念客体"，此外空间还是一种心理物体——蕴藏为人对于外在的经验与感觉，甚至正是因为方位感而产生了空间的概念；在形而上的意义来说，空间与亚里士多德所说的"实体"相伴而来，"实体"不仅是"是什么"，而且为"存在"（existence），于是，"实体"首先遇到的一个问题是在"哪里"？"实体"以占据"空间"的形式"存在"，并以"显现"来表示"本质"，这种空间显然更多地意指"地方"（place)④，也是在此基点上，海德格尔探讨了世界的空间性现象与空间的存在论问题⑤——从而为 N·舒尔茨用"空间"与"特性"把建筑学"建筑在具体的、实在的和存在的领域加以理解"——建筑现象学建立了基础。最后，空间在康德的理解中是"纯粹直观形式"——如果回避他对于物自体与现象的限定，我们可以用它联结"实体"与"纯主观的东西"，⑥ 从而赢得方法论的意义。

在空间所展现的多种可能性基础上，我们尝试联结自然与建筑学的一条途径，这条途径为社会的接口也是敞开的，也在此基础上，我们把生态空间作为研究的一个基本范式。它起源于自然生态空间——后者是建立在物理空间基础上的与生命现象和生物现象密切相关的空间，包

---

① 参见达德利·夏佩尔. 理由与求知［M］. 褚平，周文彰译. 上海：上海译文出版社，2001：54-64，98-105. 夏佩尔是针对逻辑经验主义与历史学派所作的总体评析中来探讨库恩的历史主义科学哲学的。

② 参见 T·S 库恩. 科学革命的结构［M］. 李宝恒等译. 上海：上海科学技术出版社，1980：8-9.

③ 参见 T·S 库恩. 科学革命的结构［M］. 李宝恒等译. 上海：上海科学技术出版社，1980：19.

④ 参见叶秀山. 亚里士多德与形而上学之思想方式［M］//吴国盛编. 自然哲学. 北京：中国社会科学出版社，1996：35-45.

⑤ 参见海德格尔. 存在与时间［M］. 陈嘉映等译. 北京：三联书店，1987：126-144.

⑥ 参见康德. 纯粹理性批判［M］. 蓝公武译. 北京：商务印书馆，1985. 空间在康德心中是先验存在的，他曾用反证法加以证明。

含着生物与环境的双重关系。它同时是一个"概念客体"，形成分析的载体，并由于其特化，产生了不同层次的区域生态空间及不同的生态空间过程。它还具有形而上的意义，因为它隐含了对自然生态空间的人化与物化：它狭义上指人类通过栖居行为营建人工场所，使定居的空间与行为合为一体；广义上还包含了广大的自然环境与空间自身的"存在"性。人们通过历史的过程，逐渐体会了"被掌握的规律性"，从而实现了自然的人化和人的自然化。

人类在聚居的过程中，改造外在与内在的自然，营建公共栖居（public dwelling）和私密栖居（private dwelling），[1] 把他们的社会性与生物性同化在其中，从而形成了人类的生态空间。在人类生态空间中，建成环境（built environment）形成了主要的一部分；其空间状态的集聚和分散反映了人类的行为状态；其功能组织由人类安排而充满了人性。因而它具有社会文化的特征，成为人类文明的载体，但它始终具有生命的特征，如生长与进化，从而可以为生态建筑学研究成功地引入自然的方法。

生态建筑学的另一个基点是社会，表征这一"人类生活的共同体"是建筑学研究的又一条脉络。又如何才能在社会与建筑中采用一种语言共同体，并拥有生态的含义？我们在现象学方法的引导下，使用"身体—地方"与"生活世界"作为本底，探讨身体—地方的不同特征与策略，透析生活世界—系统的双元机制，并以具体的生活形式与公共领域加以探讨，而公共领域的表现形式之一即共同体（community，也称社区）[2]。

直观的"身体—地方"与"生活世界"又如何能充分体现生态的意义呢？其实正是社会生态的独特性赋予它们以存在的价值。一是它们"直观"地指明人与世界体系的关系，从而恢复了经验主义对社会生态的重要意义。二是它们可以内在地体现出社会之间的关系。社会学具有四个关键性概念，分别是"行动"（agency）、"系统"（system）、"理性"（rationality）、"结构"（structure），[3] 它们各自独立又彼此交涉，其中"行动"属于主体性领域，它以身体在社会世界中行动开始的意识作为开始——与自然生态研究的方式恰好相反，当它与独立于主观意向的集体社会逻辑相结合时，便可形成以它为起点的"生活世界"与"系统"的结合，从而整体地把握社会；另外"理性"作为切入主体思维的工具、"结构"作为自我经验的分析性抽象方式，也同样以"行动"作为展开的基点。从上面的论述可以看出，身体—地方关系的确立和生活世界的形成方式使它们成为整合社会生态的内在脉络又同时不排斥来自物理学的影响。三是它们一旦形成范式，也就超越了主观意向的范围，按哈贝马斯的理解它们一方面代表着一种规范人类互动的整合准则，另一方面又可理解为一个研究框架，代表着研究者同时是社会参与者，采取了介入自己价值判断的思路。这样身体—地方、生活世界也就蕴藏了个人和社会脉络"交往"（communication）的可能[4]。

可以发现，通过对自然、社会范式的探究，才可能深化与丰富1898年E·霍华德在《明日的田园城市》中所倡导的社会理想（图3-3、图3-4），1969年麦克哈格（Ian. L. McHarg）在《设计结合自然》中所倡导的自然理想（图3-5、图3-6），富勒（R. Buckminster Fuller）以其仿生的短线穹隆所倡导的技术理想（图3-7、图3-8），从而充分揭示生态建筑学的意义。

---

① 公共栖居、私密栖居的说法参考了N. 舒尔茨的理论，是其栖居形态的简化。
② 共同体与社区的用法在各自的语境中略有差异，在后文中根据不同的文脉酌情使用。
③ 参见M·沃特斯. 现代社会学理论［M］. 杨善华等译. 北京：华夏出版社，2000；12-16.
④ 哈贝马斯的理论核心即在于交往（communication），亦可称沟通理论，是近30年来最具建设性的社会学、哲学理论之一。他以此建立一个普遍性的规范基础来描述、批判、建构现代社会的结构。

图3-3　生态建筑学先驱——霍华德

（［英］埃比尼泽·霍华德，《明日的田园城市》，金经元译）

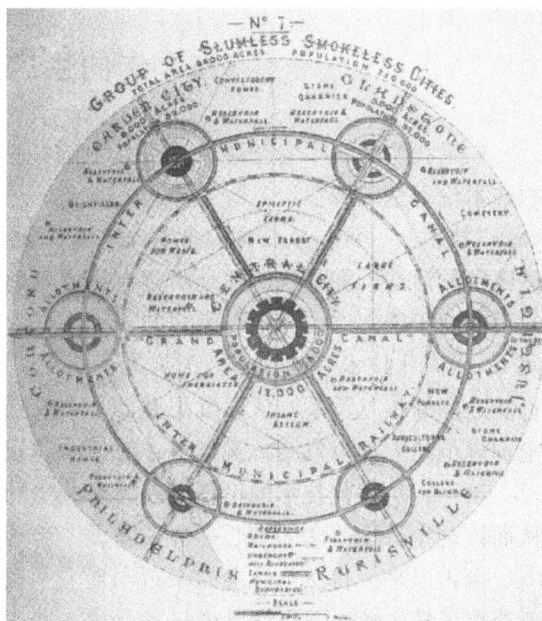

图3-4　霍华德的田园城市

（［英］埃比尼泽·霍华德，《明日的田园城市》，金经元译）

图3-5　生态建筑学先驱——麦克哈格

（［美］卡尔·斯坦尼兹，《景观规划思想发展史》，黄国平译）

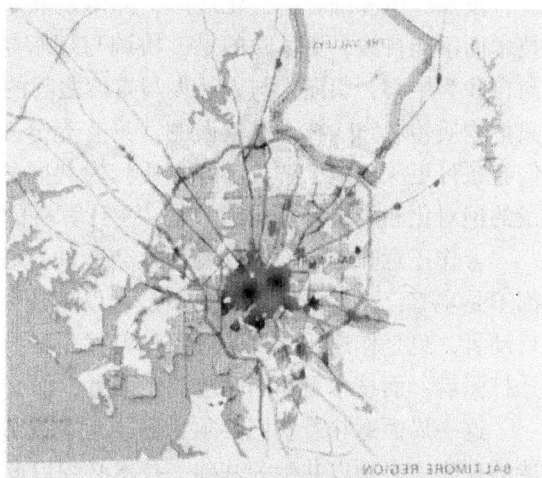

图3-6　麦克哈格的生态规划

（［美］卡尔·斯坦尼兹，《景观规划思想发展史》，黄国平译）

图3-7　生态建筑学先驱——富勒（左）

（Lloyd Steven Sieden, *Buckminster Fuller's Universe*）

图3-8　富勒仿生构想：用多面体张力杆件穹隆覆盖纽约（右）

（Lloyd Steven Sieden, *Buckminster Fuller's Universe*）

3.4 走向生态建筑学的技术伦理

如果我们承认了生态建筑学研究中的一些可能范式，那么能否引入它们所能容许的更具体的技术伦理基础呢？

"技术"一词，从其词源学意义来看，源自希腊语 techne，它可以表示为一种与自然相关而又区别的活动，如果说自然是出于自身原因而使事物呈现的方式，那么技术就表现为通过技能，使事物由于外部原因而得以表现的一种方式。[①]

"生态化技术"的提出，正是为了使我们面临技术时代沉沦的危险，再度审视技术与人以及自然之间的相互关系，从而反思建筑学的内涵。那么，它又如何才能加以表现？又如何才能在伦理规范之中加以发展？又如何才能拓展建筑学的技术伦理？

第一，生态化技术的伦理表现为对共生的尊重，它试图引导建筑学与自然、社会进行合作，从而体现生态学概念的核心——关联。

自古以来，自然与社会的亲近与对立、融合与疏离始终缠绕在一起。技术因介入其中而逐渐获得了自主性——也就是说技术是由人类使用物质对象而创造的事物，这意味着它归根到底不应是人类中心论的，它同时服务于自然与社会。它要求实现自己的同时，为生物和人类的生命形式留有余地。对于我们自身，技术既为生存创造了可能也带来了不少困难。随着历史的发展，按照分析和综合的进化规律，群体发展了，个体专门化了，区别扩大了，我们越来越依赖技术而不能自拔，更危险的是，协调与理解越来越困难了。在许多情况下，异化更是将我们引向自我为中心，引向人与人、人与自然之间的相互隔绝。因此，只重视技术的工具化是偏颇的，只把物质领域归入技术是错误的。只有充分发挥生态化的作用，使技术创造自由，才可能使我们有条件更深刻地了解自己的本质，为共同的事业和广泛的参与而开放自己，从而避免技术力量的绝对化和个人自由的绝对化——计算机的发展实质上已明白显示了这两种趋向。

合作还意味着我们一旦展开社会劳动过程，便应服从生态关联网的严格限制。人类与技术都不是主宰，无论如何自然并不是可以随便摆布的物体。这是一种微妙的关系，其中人类既是行动者，也是作用所涉及的对象；自然也同样既顺从又暴虐地呈现在我们面前，它既是伙伴又是扩张者；而技术更是同时起源于两者，而又能游离或控制两者。

这一局面意味着我们必须承认，生态化技术的特定意义就包含在意义的关联之中——被创造的现实中必须以共生为基础，技术必须以此为目标，否则会导致意义混乱。

第二，生态化的技术伦理意味着需要重视整体与局部关系的协调，它表达了生态建筑学对"大地共同体"的关注。

大地伦理提示我们，生态关系决定着机体的性质。整体，即广义的生态系统本身，完完全全地创造并塑造着它的组成部分。大地伦理还提示我们，道德并非全部来源于人的理性和契约，因为如果不对生存竞争的行为自由作适当的限制，我们就无法成为社会存在物。因此大地伦理并没有公开地把同等的道德价值授予共同体中的每个个体，而是视共同体本身的"好"为确定其构成部分的相对价值标准。

当然，大地伦理并非只是狭义的整体主义从而可能导致对个体的压制，它并不是某种特定的行为，而是我们应当培养的品性。它是一种道义主义类型的伦理学，它提倡多样性以提高共同体的稳定性，它提倡新的实践智慧。这需要我们爱护大地和资源。人类可以繁殖，地方可以变迁，而大地是永恒而不可再生的。因此需要我们重视技术对大地的尊重。它应当受到我们现

---

① 参见［德］M·海德格尔. 技术的追问［M］//孙周兴译. 海德格尔选集. 上海：三联书店，1996：924-934.

实的各个方面——即自然、社会、经济、美学、公正和宗教的规范性的引导，从而体现生态建筑学的丰富性和整体性。

第三，生态化的技术伦理意味着需要重视稳定与变化之间的辩证法，从而引导生态建筑学中的各种平衡。

自然告诉我们，生命的形式不仅仅是存在着而且发生着，始终表现为一种动态的平衡。它既是环境的产物，又是组成机体的物质与能量流动的表现形式。因此生命系统的基本特征是开放，它通过适应与自我调节形成稳定与变化。其中稳定不只是因变化而形成的固定状态，而且是机体的自组织反应；它与变化一起形成了时间的痕迹，表现了长期在环境中生活而形成的某种体系。

这种体系表现了平衡，也寓示了平衡是环境表现的结果，也是创造者自我发现的结果。于是我们可以通过它而形成人与人之间的沟通，并为自身以及周围的环境作出适当的安排，从而发挥生态化技术的生成能力，使建筑学拥有种种发展的可能性。因此，生态化技术的未来是开放的。

第四，生态化的技术伦理意味着新的实践取向。它实际上关注在建筑学中，生态化技术又能关注到什么程度？并以什么为依托？

我们不可以让技术任意发展下去，也不能寄希望于通过试错的方法来避免现代技术主宰一切的发展。简而言之，需要技术的规范化，而这规范化的前提条件是外在于技术的。只有对自由加以保护以及对自然的源泉加以保护与节约的双重肯定，我们才可能发现技术附属于生命，而没有这种附属，生命也就被摧毁了。在这种意义上，生态化技术才可能得以表达。

这意味着对于建筑师与规划师来说，必须迫使自己不断地接受自然规范的指导。建筑活动的关键之一在于寻找——或不如说是投射与事物相联系的自然规律，模仿自然中的结构、形态与功能。

这意味着需要反思技术的交融性与自主性意义。规划与设计不仅仅在图表和公式这些符号规范中得到体现，它还必须包含与技术设计及构筑有关的所有人和所有力量之间的融合。

这意味着需要反思规划与设计的社会意识，它表现在设计期间的配合之中，表现在设计者、生产者和消费者的利益分享之中，也表现在促进社会理解交往和促进自由的协调之中。但是一旦社会意识被绝对化，自然与技术的潜力就容易被忽视，平均化和僵硬化也会出现——规划设计无论趋从于体制还是时尚都会如此。

这意味着需要反思技术的经济性。我们需要培养深层生态学提倡的生活方式——防止浪费，克制不断上扬的私欲，追求技术的最适利用；除此之外，必须坚持设计者与构筑者的个性——个人化与人性化并不纯粹为了文化稳定，本身就具有经济上分化与多样化的优势，这实质上也是"自然的经济法则"的体现。

这意味着需要反思技术的公正性。一方面技术因此而被赋予合法机会，另一方面公正保护人们。此外公正也反映在技术的"妥协"中，为什么呢？正如我们看到的，对规划、设计、构筑进行完全的理论性控制是绝无可能的，起码完全消除自然方面的抵触是不可能的，即使控制论完全实现了自动化过程时也是如此。

这意味着需要反思技术的美学。它出现在同规划、设计与构筑发生关系的所有和谐之中，它在对材料与结构的适当选择中，在自然与技术的协调之中，也在共同体之间的熟悉感之中得到体现。

所有这些都表现了生态化技术实践的道德规范。当建筑师出于爱心工作时，就可能获得美好的收获，并使爱心在作品的艺术呈现中得到表现，这就应该是我们的信仰。

当我们根植于信仰，根植于未来的幸福世界而生活时，就可能自由地和负责地接受建筑学的任务，协助人们摆脱因控制自然而使自己深陷其中的困境，促进新的可能性的发展，创造新的幸福生活世界和生态空间。

本章参考文献

[1] [德] 哈贝马斯. 后形而上学思想 [M]. 曹卫东，付德根译. 南京：译林出版社，2001.

[2] [德] 汉斯·萨克塞. 生态哲学 [M]. 文韬，佩云译. 北京：东方出版社，1991.

[3] [美] H·罗尔斯顿. 环境伦理学 [M]. 杨通进译. 许广明校. 北京：中国社会科学出版社，2000.

[4] [法] 埃德加·莫兰. 方法：思想观念——生境、生命、习性与组织 [M]. 秦海鹰译. 北京：北京大学出版社，2002.

[5] [苏] T·Ф·库采夫. 新城市社会学 [M]. 张叔君，尤艳琴译. 北京：中国建筑工业出版社，1987.

[6] [美] 丹尼尔·A·科尔曼. 生态政治——建设一个绿色社会 [M]. 梅俊杰译. 上海：上海译文出版社，2002.

[7] [英] 齐格蒙特·鲍曼. 后现代伦理学 [M]. 张成岗译. 南京：江苏人民出版社，2003.

[8] [法] 昂利·柏格森. 创造进化论 [M]. 肖聿译. 北京：华夏出版社，2000.

[9] [美] 蕾切尔·卡逊. 寂静的春天 [M]. 吕瑞兰，李长生译. 长春：吉林人民出版社，1997.

[10] [美] 巴里·康芒纳. 封闭的循环——自然、人和技术 [M]. 侯文蕙译. 长春：吉林人民出版社，1997.

[11] [美] 丹尼斯·米都斯，等. 增长的极限——罗马俱乐部关于人类困境的报告 [M]. 李宝恒译. 长春：吉林人民出版社，1997.

[12] [比] 伊·普里戈金，（法）伊·斯唐热. 从混沌到有序——人与自然的新对话 [M]. 曾庆宏等译. 上海：上海译文出版社，1987.

[13] [英] 罗宾·柯林武德. 自然的观念 [M]. 吴国盛，柯映红译. 北京：华夏出版社，1999.

[14] [德] 狄特富尔特，等. 人与自然 [M]. 周美琪译. 殷叙彝校. 北京：三联书店，1996.

[15] [美] 唐纳德·沃斯特. 自然的经济体系——生态思想史 [M]. 侯文蕙译. 北京：商务印书馆，1999.

[16] [美] N·T·格林伍德，J·M·B. 爱德华兹. 人类环境和自然系统 [M]. 刘之光等译. 陈静生等校. 北京：化学工业出版社，1987.

[17] [美] I·L·麦克哈格. 设计结合自然 [M]. 芮经纬译. 北京：中国建筑工业出版社，1992.

[18] [日] 岸根卓朗. 环境论——人类最终的选择 [M]. 何鉴译. 南京：南京大学出版社，1999.

[19] [比] P·迪维诺. 生态学概论 [M]. 李耶波译. 北京：科学出版社，1987.

[20] [日] 中野尊正，等. 城市生态学 [M]. 孟德政等译. 石树人校. 北京：科学出版社，1986.

[21] [苏] 马尔科夫. 社会生态学 [M]. 雒启珂等译. 北京：中国环境科学出版社，1989.

[22] [德] H·哈肯. 协同学——大自然构成的奥秘 [M]. 凌复华译. 上海：上海译文出版社，2001.

[23] [英] 埃比尼泽·霍华德. 明日的田园城市 [M]. 金经元译. 北京：商务印书馆，2000.

[24] [美] K·哈里斯. 建筑的伦理功能 [M]. 申嘉，陈朝晖译. 北京：华夏出版社，2001.

[25] [美] R·瑞吉斯特. 生态城市——建设与自然平衡的人居环境 [M]. 王如松，胡聃译. 北京：社会科学文献出版社，2002.

[26] 王如松，周启星，胡聃，等. 城市生态调控方法 [M]. 北京：气象出版社，2000.

[27] 孙濡泳，等. 普通生态学 [M]. 北京：高等教育出版社，1993.

[28] 李博. 普通生态学 [M]. 呼和浩特：内蒙古大学出版社，1993.

[29] 金岚. 环境生态学 [M]. 北京：高等教育出版社，1992.

[30] 马世骏. 现代生态学透视 [M]. 北京：科学出版社，1990.

[31] 沈清基. 城市生态与城市环境 [M]. 上海：同济大学出版社，1998.

[32] 何怀宏. 生态伦理 [M]. 保定：河北大学出版社，2002.

[33] Vincent Scully：Architecture：the Natural and the Manmade [M]. New York：ST. Martin's Press，1991.

[34] George F. Thompson，Frederick R. Steiner（editors）. Ecological Design and Planning [M]. New York：John Wiley & Sons，Inc.，1997.

[35] James Steel. Sustainable Architecture——Principles，Paradigms and Case studies [M]. New York：the McGraw-Hill Companies，Inc.，1997.

[36] Tom Turner. Landscape Planning and Environmental Impact Design [M]. UCL Press，1998.

[37] Klaus Daniels. the Technology of Ecological Building [M]. Basel：Birkhäuser，1995.

［38］　Catherine Slessor. Eco-Tech——Sustainable Architecture and High Technology ［M］. London：Thames and Hudson Ltd.，1997.

［39］　Pierre Terrail. Architecture for the Future ［M］. Paris：Finest S. A. Editions，1996.

［40］　Otto Riewoldt. Intelligent Space——Architecture for the Information Age ［M］. London：Laurence King Publishing，1997.

［41］　Baruch Givoni. Climate Considerations in Building and Urban Design ［M］. New York：Van Nostrand Reinhold，1998.

［42］　David Lloyd Jones. Architecture and the Environment——Bioclimatic Building Design ［M］. London：Laurence King Publishing，1998.

［43］　Jeffrey Cook. Seeking Structure from Nature——the Organic Architecture of Hungary ［M］. Basel：Birkhäuser，1996.

［44］　J. Crosbie. Green Architecture ［M］. Rockport：Rockport Publishers，Inc.，1996.

［45］　Brenda & Robert Vale. Green Architecture Design for a Sustainable Future ［M］. London：RIBA Publication，1991.

［46］　Sophia and Stefan Behling. Sol Power——The Evolution of Solar Architecture ［M］. Prestel，1996.

［47］　Fuller Moore. Environmental Control Systems——Heating cooling lighting ［M］. New York：the McGraw-Hill，Inc.，1993.

［48］　G. Z. Brown. Sun，Wind，and Light——Architectural Design Strategies ［M］. New York：John Willey & Sons Inc.，1985.

［49］　Stephen R. Chapman. Environmental Law and Policy ［M］. New Jersey：Prentice-Hall，Inc.，1998.

［50］　Graham Haughton and Colin Hunter. Sustainable Cites ［M］. London：Jessica Kingsley Publishers Ltd，1994.

［51］　Rodney R. White. Urban Environmental Management——Environmental Change and Urban Design ［M］. New York：John Wiley & Sons Ltd.，1996.

［52］　Kisho Kurokawa. Each One a Hero——The Philosophy of Symbiosis ［M］. New York：Kodansha International Ltd.，1997.

［53］　Franco Archibugi. the Ecological City and the City Effect——Studies in Green Research ［M］. Aldershot：Ashgate Publishing Ltd.，1997.

［54］　Laura C. Zeither. The Ecology of Architecture——A Complete Guide to Creating the Environmentally Conscious Building，Whitney Library of Design ［M］. New York：an Imprint of Watson-Guptill Publications，1996.

［55］　Kisho Kurokawa. Intercultural Architecture——The Philosophy of Symbiosis ［M］. London：Academy Editions，1991.

［56］　Peter Pearce. Structure in Nature is a Strategy for Design ［M］. Cambridge：the MIT Press，1990.

［57］　Klaus Daniels. Low，Light，High Eco——Building in the Information Age ［M］. Basel：Birkhauser，1998.

［58］　Chris Zelov，Phil Cousineau，Brian Danitz. Ecological Design：Inventing the Future ［M］. New Jersey：Knossus Publishing，1997.

［59］　Ken Yeang. Design with Nature——the Ecological Basis for Architectural Design ［M］. New York：the McGraw-Hill，Inc.，1995.

［60］　Architecture Design. The Architecture of Ecology. 1997，67.

［61］　Sustainable Architecture. A+U，1997，320（5）.

［62］　James Wines，Green Architecture，Taschen，2000.

［63］　Seymour J. Mandelbaum. Open Moral Communities ［M］. Cambridge：the MIT Press，2000.

［64］　B. Wasserman，P. Sullivan，G. Palsermo. Ethics and the Practice of Architecture ［M］. New York：John Willey & Sons，Inc.，2000.

［65］　K. Williams，E. Burton，M. Jenks. Achieving Sustainable Urban Form ［M］. London：E & FN Spon，2000.

［66］　Robyn Eckersley. Environmentalism and Political Theory：Toward an Ecocentric Approach ［M］. New York：State University of New York Press，1992.

第4章　生态建筑学的理论

4.1　当代国际生态建筑设计研究进展

建筑师和规划人员重视生态环境，提倡创作对社会负责早已有之，生态设计思想也并不是一种全新的观念，迄今为止它已经历了一系列阶段性成果，从近代的"自然生态保护"，20世纪60年代"自维持"和"减少污染"，70年代关注"可再生能源"、"节能"或"回收利用"，80年代的"全球环保"和"智能建筑"，90年代早期的"建材内含能量"和"全寿命周期分析"，直至当代的生态问题还包括人类心理、文化多元性及解决贫困等更深层次的内容。可见生态设计的内涵和外延正日趋扩大，并试图协调人与建筑、人与自然、人与生物以及人与人之间各方面的关系。

4.1.1　学者与建筑师的理论探讨

可以说，当代西方建筑师健康的生态观或者说生态思维已经普遍建立起来。除了专业领域内生态设计理论的不断发展和成熟，许多非专业人士亦从生态和环境共生的视角审视人类的建造智慧，有助于在更高层面及更大学科范围内认识生态设计的意义和技术途径。

欧美建筑界对生态建筑的关注得到政府和众多民间组织、个人的有力支持。美国前副总统戈尔就是其中一位坚定而热情的人物，他于1992年所著畅销书《濒临失衡的地球——生态与人类精神》中在"全球环境计划"一节专门就"建筑技术"作了讨论，主张改进设计降低能耗，如提高围护结构的保温性能，安装防雪窗，采用被动式太阳能技术来降低采暖费用；植树遮阳降低建筑空调需求；门窗设计有利于自然采光与通风；墙体厚度及建筑物自身系统设计组合与节能关系；使用新型节能灯具，同时戈尔提议加强包括建筑业在内的产业效率标准建设。[①] 可以看出，戈尔的呼吁代表着那些非专业人士的心态与呼声，反映出由全球环境恶化引发的社会对人类聚居环境建设前景的担忧和反思。

随后以1993年UIA的《芝加哥宣言》为标志，生态建筑、绿色建筑等开始成为欧美环境战略计划的一部分，许多国家相关的设计组织、协会发表生态设计、绿色建筑或可持续设计的提纲、指南供设计人员学习、参考，以此推进建设领域为全球持续发展作贡献。如全球环境设计业协会（ICED，Interprofessional Council on Environment Design）发布宣言（1991），试图强化生态设计的小组合作制工作方法；美国国家公园局印刷出版《可持续设计导则》（1993）提供了有关可持续设计的细则；日本建筑师学会（JIA）发表了"可持续设计指南"（1996），就硬件和软件配置、指导原则、方法等提供了颇为详细的解释，共分13个方面54个要点。该学会更明确地指出建筑师的业务应服务于节约能源、资源，并以此为基础，在社会的理解和支持下，重新确立建筑师的业务资格。

在此情景下，学术界掀起了探讨生态设计的热潮。影响较大的专著包括：布兰达和罗伯特·威尔（Brenda & Robert Vale）的《绿色建筑——为可持续的未来而设计》（1991）；理查德·L·克劳兹比（Richard L. Crosbie）所著《绿色建筑》（1994）；西姆·范·德·莱恩（Sim Van der Ryn）的《生态设计》（1995）；劳拉·C·兹赫（Laura C. Zeiher）的《生态建筑》（1996）；克劳斯·丹尼尔

---

① ［美］阿尔·戈尔. 濒临失衡的地球——生态与人类精神 ［M］. 陈嘉映等译. 北京：中央编译出版社，1997.

斯（Klaus Daniels）的《生态技术——基本原理、实例和方法、构思》（1994）；詹姆斯·怀恩（James Wine）的《绿色建筑》（2000）等等。多数学者先回顾历史上建造活动与环境间的关系，指出片面追求纪念性和艺术效果是造成资源浪费的起因。作者们忧心忡忡地用大量篇幅论述了当今世界和地球在大气污染、全球变暖、资源耗竭等方面的困境，评价了西方人过度糜费的生活方式及目前的一些转变，从而得出结论：正是无节制地追求物质享受才令人类坠入目前的窘境。①

从以上论著看，生态设计大致遵循以下原则：①节约能源。建筑设计中综合运用各种手段节约能源。②结合气候设计。即充分利用气候和地域条件，创造自然采光、降温、取暖环境。③尽量多开发可再生、可循环和替代资源。④尊重使用者。有的学者提出人也是资源，人应当受到尊重，不要用有毒的化学品去包围人类。⑤尊重场地。"轻触大地"被视作处理场地关系的一项基本原则，尽量少改造场地，少向场地排泄废物。⑥整体主义。全面、综合运用生态学方法，与各类研究人员、工程师进行充分合作，建筑师可以充当设计小组组长，但不要强调其主角地位。

具体措施上，多数学者提出应对可再生资源技术予以重视，大力提倡利用生物能、地热能、水力能、潮汐能和风能等可持续清洁能源。要创造有生态意识的建筑，在以下方面需注入精力：①前期准备。实行小组工作制，要确立环境目标。②工作方法要正确。③环境经济学。提出全寿命周期成本预算。④场地选择与设计。⑤能源保护与效率。⑥注意供热、制冷和通风系统效率。⑦人工和自然光照明结合。⑧电气设备与用具安全和环保。⑨室内生态学。认真对待室内污染和有毒物防治。⑩节水。⑪保护资源，利用旧材料。⑫对废料进行再循环与生物降解。⑬维护与运行中的节能环保工作等。

有学者针对建筑创作中的技术表现趋向，指出高技设计已从当初相当注重形式表达转而关注技术的功能发挥，创造中性、灵活、可扩展的性质，其不断增加的复杂风格中糅进了生态环保观念，形成所谓的 Eco-Tech（绿色技术、生态技术）。这种环保观念包括了场所创造、社会责任、能源利用、城市主义和生态等方面意识。从无尽地炫耀先进性到更精心选择技术来达到某一特定目的，如建造可预测和满足使用者需求的环境控制系统，利用日光反射材料、光控遮阳构件及各种控制阳光辐射和热量进入的新颖外墙做法，达到节能功效等，这些创造性结果产生的关键是许多以前独立的学科，如结构与电子、材料、计算机和生态学等都整合起来，参与建筑创作，这在以前是难以想象的。

许多专著中还论述了历史上值得借鉴的与生态设计相关的建筑探索，比较突出的有：18 世纪末某类功能建筑（如医院、监狱、议会）的环境调节措施，如自然通风（图4-1）；19 世纪末的自然主义趋向和维奥莱特·勒·杜克（Eugene Viollet-le-Duc）、约翰·拉斯金（John Ruskin）的思想；从新哥特主义（Neo-Gothic）到工艺美术运动；从赖特到阿尔托的有机建筑；社会乌托邦主义的社会构想，如查尔斯·傅立叶（Charles Fourier）的法朗吉（Phalansteres）；拉尔夫·厄斯金（Ralph Erskine）和柯布西耶那些适应地域气候的住宅设计（拜克墙小区和北非迦太基别墅）等等。②

图 4-1　伦敦议会厅的通风设计

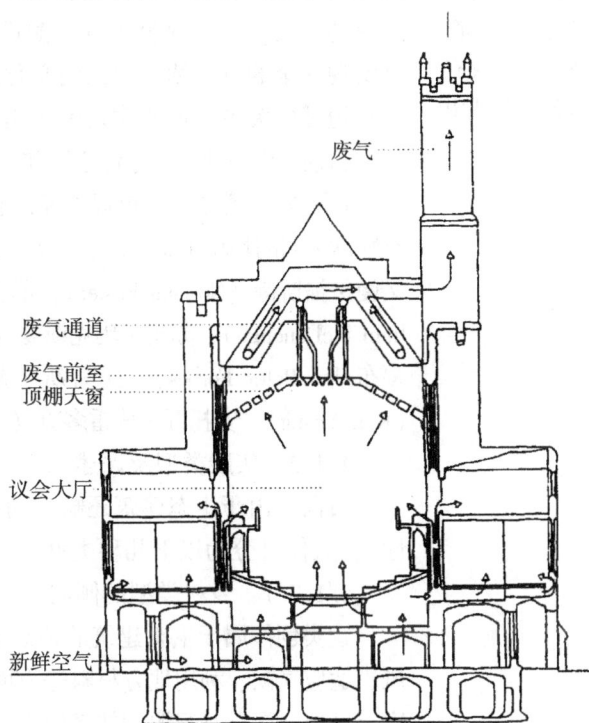

废气

废气通道

废气前室
顶棚天窗

议会大厅

新鲜空气

---

① Laura C. Zeiher. The Ecology of Architecture［M］. New York：Whitney Library of Design，1996：21.
② 参见王朝晖. 中国可持续建筑理论框架与适用技术的探讨［D］. 清华大学博士论文，1998：14-18.

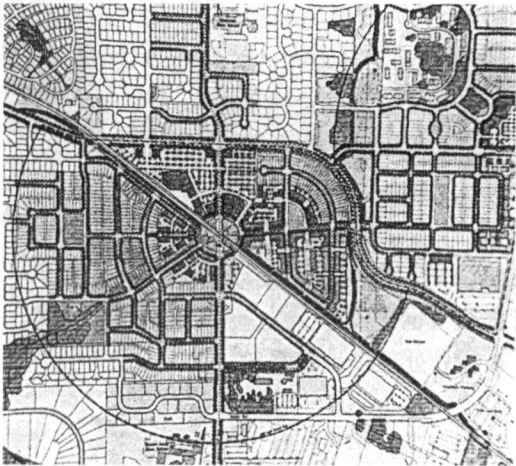

图 4-2 卡尔索普的新城规划强调郊区城镇的发展极限，适度的建筑密度、公共交通和城镇社区中心，该方案以轻型车站为焦点，结合其他公共和商业建筑形成有特色的公共中心

有的学者则以为最好在群体范围运用生态手段才见成效，包括社区与城市新模式的建立。如彼得·卡尔索普（Peter Calthorpe）为加利福尼亚州伯克利提出的"步行者组团"规划，措施包括密集的多功能居住区，步行至地铁站距离不超过 5 分钟等。该规划被视作美国新城市主义（Neo-urbanism）的最早作品。新城市主义的特点是：传统式、高密度、小尺度和亲切近人，其中建立紧凑的以步行为主的社区及混合功用的思路公认为可持续发展和生态思想在社区设计和发展、邻里改造和城市规划方面的具体体现。作为美国后现代城市设计的主流和代表，新城市主义引发了关于彻底改造城市模式的讨论。重要的成果就是呼吁发展紧凑型城市（Compact city），有别于美国式的分区明确、商务区集中于市中心，而居住和购物中心则分布于城市外围或郊区的浪费模式，主张大力发展公共交通，适度集约城市中心的人口密度，创造富有人性尺度的外部空间以促进交往，建设含多种活动的多功能叠合生态社区等（图 4-2）。肯尼斯·弗兰姆普顿（Kenneth Frampton）则力主在发达国家和发展中国家都要有计划地发展新型的集约的大地聚居形式——低层高密度住宅。

一些世界性权威建筑杂志也组织出版了关于生态建筑、绿色建筑和可持续建筑的专辑，包括：《建筑设计》（AD）1997 年第 1~2 期；《建筑与都市》（A+U）杂志 1997 年第 5 期；《建筑实录》（AR）2000 年第 5 期等。其中约翰·沃尔默（John Warmo）撰文论述了走向绿色建筑的难点，他认为选择合适的材料并进行合理安排比一个好的构想要复杂得多。彼得·伯契纳（Peter Buchanan）则批判了当今对"可持续"一词的滥用，"它和所有东西都挂点钩，但又无实质性内容，而建筑师理解的和政治家理解的可持续性有区别。"① 他认为应扩展到像内含能量和寿命周期成本预算等更广泛的领域，从"绿色建筑"演进到更完整的"生态建筑"，如加上文化多元性问题的讨论，则可实现完全的可持续。他强调文化的作用，认为传统文化和地方建筑长期稳定，很好地处理了人和地球的关系，这些建筑中运用地方材料，适应地方气候等方面的措施值得学习。

目前，生态建筑、绿色建筑和可持续建筑的实践工作已全面展开，类型有住宅、展览馆、办公建筑、房屋改建、学校、城市规划等，地点遍及全球。从事的建筑师包括一长串名单，既有明星建筑师也有默默无闻的环境生态关注者，如理查德·罗杰斯（Richard Rogers）、伦佐·皮亚诺（Renzo Piano）、诺曼·福斯特（Norman Foster）、尼克拉斯·格里姆肖（Nicholas Grimshaw）、威廉·麦克唐纳（William McDonough）、苏珊·玛克斯曼（Susan Maxman）、迈克尔·霍普金斯（Michael Hopkins）、彼得·福布斯（Peter Forbes）、托马斯·赫尔佐格（Thomas Herzog）、加藤义夫（Yoshio Kato）、杨经文（Ken Yeang）、安托万·普雷多克（Antoine Predock）、崔悦君（Eugene Tsui）、SITE 事务所等等。

4.1.2 实践类型及评述

目前，由于生态建筑还缺乏明确的概念内涵，故全球范围内的实践活动呈现出一种"合成性"，大体可分为以下几种类型：

4.1.2.1 乡村类型的倾向②

这类创作属于生态建筑的传统范畴。偏重于借鉴、挖掘乡土建筑、传统建筑在节能、自然通风、适应气候、利用地方材料等方面的经验。起初的实践多在非城市地区进行，后经技术改良后推广至城市。根据其起源和技术层次，有人又称之为"原生态建筑"或"低技术生态建筑"。③ 就形

① Peter Buchanan. Green Architects [J]. Architectural Record, 2000 (5): 201.
② 清华大学建筑学院等编著. 建筑设计的生态策略 [M]. 北京: 中国计划出版社, 2001: 22.
③ 胡京. 建筑的进化: 从原生到自觉的生态建筑 [J]. 建筑学报, 1998 (4): 6.

式而言，能突出地方、传统特色，因此所携带的文化信息更多，对地方建筑文化的延续有重要贡献。

乡村类型的创作一般有以下做法：①挖掘传统、地方建筑技术，并适当改造，如干旱地区利用"捕风塔"效应进行蒸发制冷。②就地取材，如生土、木材、石材。其生态效果在于这些材料取之自然，最终归于自然，无污无废，在低层次上达到高效率。③形式上与地方文化、自然背景相融合。④强调群众参与。

乡村类型倾向的生态建筑往往造价不高，技术要求较低，很适合在广大发展中国家推广。事实也证明近年来亚非拉地区进行的此类探索工作成绩十分突出，在国际建筑界赢得很高声誉。如印度的柯里亚（charles Correa）、A·多西（A. Doshi），埃及的哈桑·法赛（Hassan Fathy）、E·瓦克尔（E. Wakil），哥斯达黎加的 B·斯达格诺（B. Stagno），伊拉克的马基雅，斯里兰卡的巴瓦（Jeffery Bawa）等人（图 4-3）。他们的工作思路相似：尊重地方自然环境和文化传统，发掘传统建筑语汇的要素和历史上的地域技术，并以当代方式表达出来，从而在低能耗和维持地方文化方面对持续发展作出积极响应。其中的代表人物就是柯里亚和法赛。

图 4-3 亚洲的原生态建筑

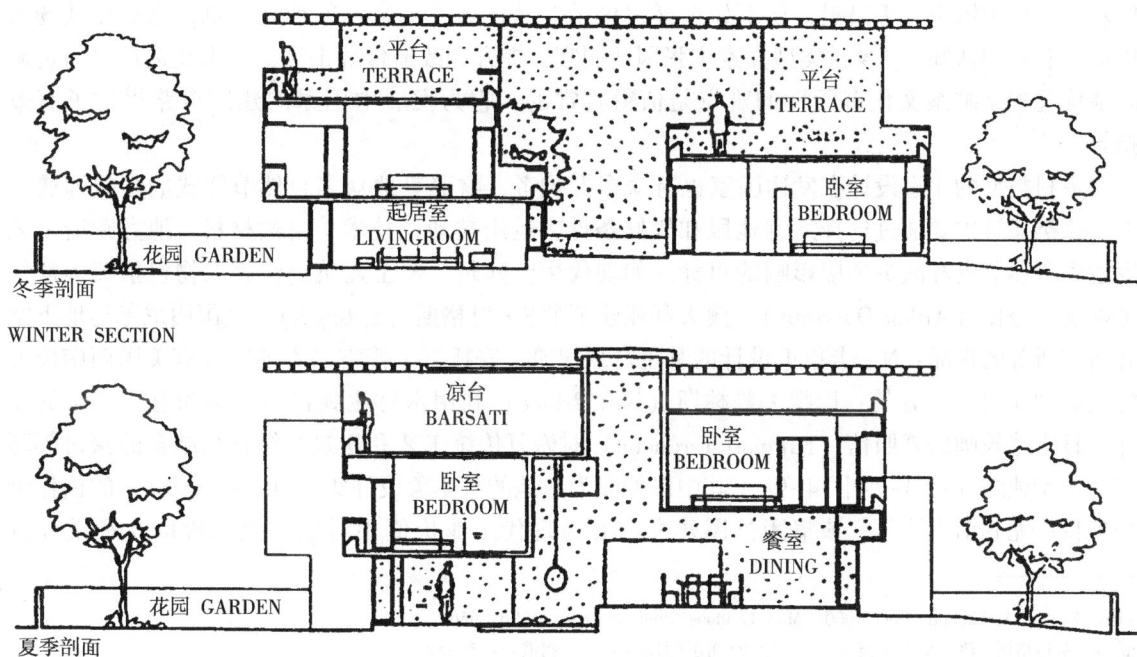

柯里亚的设计以善于利用地方资源，紧密联系地域环境特点，尤其是气候条件著称。他对印度所处的亚热带和热带气候条件下建筑的通风、遮阳、视野问题进行了统一考虑，总结出"形式追随气候"（Form Follows Climate）的设计理论。所提出的"管式住宅"（Tube House）范例是在北印度民居狭长单元基础上变形而来，其原理是将烟囱拔风效应用于住宅剖面，加上自然遮阳，使之特别适合于炎热干燥气候，不使用空调，极省能源。在帕雷克住宅（Parekh House）设计中他为冬夏两季配备两套管式空间，正立的金字塔形空间利于避开夏日的热量，倒转的金字塔形状构成"露天空间"来获得冬季的太阳辐射（图 4-4）。管式住宅的自然通风原理

图 4-4 柯里亚：帕雷克住宅剖面

平台 TERRACE
平台 TERRACE
起居室 LIVINGROOM
卧室 BEDROOM
花园 GARDEN

冬季剖面
WINTER SECTION

凉台 BARSATI
卧室 BEDROOM
卧室 BEDROOM
餐室 DINING
花园 GARDEN

夏季剖面

还被其用到现代高层建筑上，如印度干城章嘉公寓（图4-5）。柯里亚对气候之于建筑影响的认识不仅限于物理方面，更深入至文化、习俗，并认为："在深层次结构上，气候条件决定着文化和它的表达方式。本源意义上，气候是神话之源。"① 充分反映出他对地方生态的深刻理解。

法赛的贡献在于通过改良阿拉伯传统建筑技术为平民阶层提供廉价住宅。尽管一再重申西方思维的局限性，坚持创造应保护地方文化的真实性，但他从不保守地固执于旧例，而是引入多学科的现代研究成果，科学地评价传统技术和方法，然后再选择和改造这些设计策略。他所评价的传统材料——土坯砖，传统构造方式——木板帘、捕风塔，传统结构形式——拱顶和穹顶等，既满足干热地区人体生物舒适性要求，又同特定环境氛围相协调。他长年执著于以埃及传统的灰泥代替水泥砌筑土坯建筑的技术研究，在鹿克桑大峡谷的新古尔那村（New Gourna Village）项目中，建筑师、村民和工人一起用灰泥夹杂稻草制成轻型砖，以扁斧砌拱顶和穹顶，当地人由此也学会这种改良的土坯建造方式，工程造价降低50%（图4-6）。法赛试图教会穷人以自力更生为基础，适当借助外来帮助，解决住房问题，这为发展中国家开展乡村建设提供了榜样。他的工作实际上反映出现代建筑师对建筑发展的深层次生态问题——解决贫困的关注。

图4-5 柯里亚：干城章嘉公寓（左）

图4-6 哈桑·法赛：改进型土拱住宅（右）

总之，当摩天楼、玻璃幕墙的丛林在全球蔓延的时候，柯里亚等人已成功探索出一条游离于所谓"现代化"之外的道路，哥斯达黎加建筑师斯达格诺的见解颇具代表性：要抛弃"智能"建筑所展示的建筑迷信，因为控制气候和保障安全的电力机械把建筑与环境隔离开来，而且它们对于发展中国家过于昂贵，还不如选择"傻瓜"式的或率直自然的地方建筑，它们在其场所更适宜和得到认知。② 乡村类型探索主张因地制宜，提升和改造传统手法，寻求建造环境与资源间最优配置又维系文化多元性的观点是值得赞赏的，它为发展中国家的建筑道路提供了有效指导。

乡村类型的生态设计在发达国家也有众多拥护者，欧美等地众多自然节能式的建筑即属此类。这类建筑主要通过选择适宜地段和气候条件，运用被动式技术、自然材料、地方营造工艺等达到节能节资和减少环境影响的目标，如现代生土建筑、覆土建筑，代表人物包括英国建筑师阿瑟·夸比（Arthur Quarrnby）、澳大利亚建筑师S·巴格斯（S. Baggs）、美国明尼苏达地下空间研究所等的作品；N·卡里里设计的黏土穹顶建筑，安托万·普雷多克那些具有美国西南地方特色的"干打垒"建筑；巴特·普林斯（Bart Prince）利用木材达到自然协调和有机形态的设计，日本建筑师藤森照信（Fujimori Terunobu）对恢复传统工艺和建筑与绿化相结合的探讨等环境共生型建筑（图4-7~图4-9）。其中以冲绳为基地的日本象设计集团（Atelier Zoo）的创作十分独特，尤其引人注目。该集团试图建立一套与现代工业价值相对立的生态价值观和设计方

---

① William Jr. Curtis. Modern Architecture since 1900 [M]. London：Phaidon Press，1996：650.

② ［哥斯达黎加］B. 斯达格诺. 热带地方建筑 [C] //第20届国际建协大会分题报告：51-52.

法，以实现人性对自然的体验和回归。他们借助于冲绳气候、风物、民俗特点，设计了一系列适应当地自然特征和文化背景的现代建筑。冲绳名护市厅舍是该集团的重要作品之一，基于对冲绳地区亚热带湿热气候的理解，借鉴民居采光、通风和空间布局特点，构思了棚架式的通透造型和"风的通道"，有效解决降温去湿问题，形象上也反映浓郁的地方特色，体现了建筑与自然场所相融的设计思路（图 4-10 ~ 图 4-11）。而像伦佐·皮亚诺（Renzo Piano）设计的新喀里多尼亚吉巴欧（Tjibaou）文化中心那样以现代技术表达传统形式的做法如今也越来越多，正成为这一倾向的重要组成。

图 4-7 覆土建筑（左）

图 4-8 藤森照信：蒲公英住宅（右）

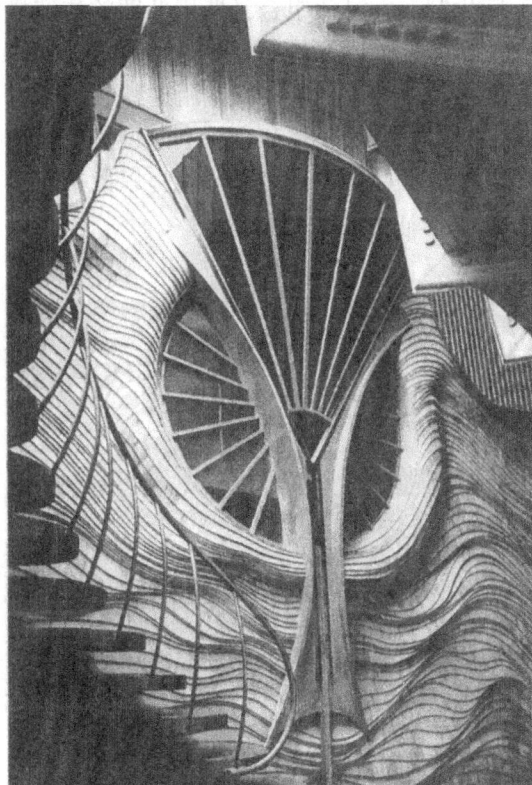

图 4-9 美国建筑师普林斯的作品突出木材的有机形态（左）

图 4-10 日本象设计集团：冲绳名护市厅舍外观（右）

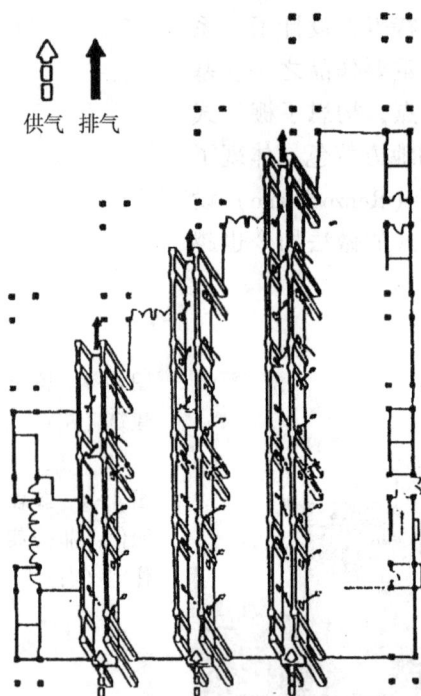

供气　排气

图 4-11 冲绳名护市厅舍，风道与建筑的关系

4.1.2.2　城市类型的倾向

从技术角度看，这是与前者截然不同的一类实践活动。尽管目标相似，都力图平衡建筑与环境保护间的平衡，都考虑减少不可再生资源的耗费，但实现的途径却不同。前者主要采用较低技术含量的适宜技术，侧重于对传统地方技术的改进来达到保护原有生态环境的目的，而后者的特点是关注高新技术的应用，侧重于技术的精确性和高效性，通过精心设计的建筑细部，提高对能源和资源的利用效率，因此又称作"高技型生态建筑"或"自觉型生态建筑"。

乡村型生态建筑的本意多少表现出回归自然，心理上返璞归真的倾向，某种程度上反映了西方建筑师对科技文明的痛苦回忆及对科技进步的悲观态度。城市类型的创作情形恰好相反，建筑师笃信技术改造自然的能力，他们相信科技尽管是柄"双刃剑"，可以带来灾祸，也可以给人类创造福祉，是福是祸，在乎舞剑人的心手之间。这两种实践的出发点再现了西方当代科学技术价值观念的分化。①

当代城市类型的生态设计深受 20 世纪早期现代设计科学大师巴克明斯特·富勒（Buckminster Fuller）影响。富勒的主要观点就是用先进的工程技术和发明创造提高资源使用效率，解决环境问题。对生态设计创作而言最富启发性的就是他于 1922 年提出的"少费多用"（Ephemeralization）思想，即使用较少的物质、能量追求更加出色的表现。这种思想的前提同系统论的整体协调思想是一致的。它代表着人类的最高理想之一，也是生态建筑最具意义的探索方向。狄马西昂（Dymaxion，富勒新创名词，意为动态主义+效率）住宅概念和短线穹隆（Geodesic Dome）是其设计哲学的实践体现。前者寻求一种可以脱离市政管网、独立运作，并且能像汽车一样进行工厂化制造，灵活组合又费用低廉的住宅模式。狄马西昂成为富勒一系列中央化结构中的首个实验性设计，研究最终成果是导致了一种以最小消耗获得最大空间及高度可靠结构体系——短线穹隆的诞生（图 4-12），用这种"人类发明的最坚固、最轻、最高效的围合空间手段"② 分别建造了著名的 1967 年蒙特利尔博览会美国馆和密苏里州植物园大温室，他还设想以这种结构覆盖曼哈顿，全面控制其环境，以此推广至极端气候条件下（如北极圈）生活生产的可能性（图 4-13）。③

图 4-12 富勒：经济高效结构——短线穹隆（左）

图 4-13 罩在穹隆下的曼哈顿意想图（右）

---

① Peter Buchanan. Steps Up the Ladder to A Sustainable Architecture [J]. A+U, 1997 (5)：6.
② 1975 年 AIA 金奖授予富勒时的评语，转引自：赖德霖，富勒. 设计科学及其他 [J]. 世界建筑，1998（1）：61.
③ [美] 肯尼斯·弗兰姆普顿. 现代建筑——一部批判的历史 [M]. 原山等译. 北京：中国建筑工业出版社，1988：299，360.

富勒的这种将人类发展需求与减少全球资源耗费、环境影响及科技水平结合起来，用最高效手段解决最多问题的思想与实践备受当代技术乐观主义者们的推崇，反映在当前的创作中，即发达国家颇为盛行的城市类型生态设计。

如今，这类创作的技术表现已并非简单组合各类人工设备和新型材料，而是综合生态学、新型材料、环境工程学、地理学、空气动力学、人工智能等诸多学科原理，以高信息、低能耗、可循环性和自调节性的设计理念去创造一个节能环保系统。罗杰斯、赫尔佐格、格里姆肖、霍普金斯等人在欧洲的许多作品即属此类。

此类设计过程，建筑师往往只扮演一种协调者的角色。因为高技术成分加大，绝大部分工作由各类工程师完成，建筑师统领的地位弱化了。如果初期预算中内含能量合理的话，这类实践最具可持续意义，因为它几乎能达到在极低消耗下实现控制微气候、获得舒适健康环境，而同时对自然影响极小的目标。这也说明生态建筑的发展始终要依赖技术、经济的进步。

综合来看此类表现主要有两点特征：

（1）工作方法上突出合作的必要性。建筑设计过程需要有关学科技术人员的参与，有的细部设计更服从于技术要求。设计中需进行一系列试验和计算机模拟，如风洞试验、热环境模拟等。

（2）技术实际运用中逐步摆脱依靠厚重墙体、蓄热体减少能耗之类的被动式手段，而是根据能量循环原理进行主动式设计，例如建筑外围护结构设计成中空或多层，能发挥遮阳、透光、蓄热、通风，建立热传递、空气循环与置换的综合控制系统；配备光热发电设施；废水废物处理系统等。这些系统将由人和计算机共同控制，而非由机器操纵一切（图4-14~图4-16）。

图4-14 计算机控制的太阳光追踪住宅

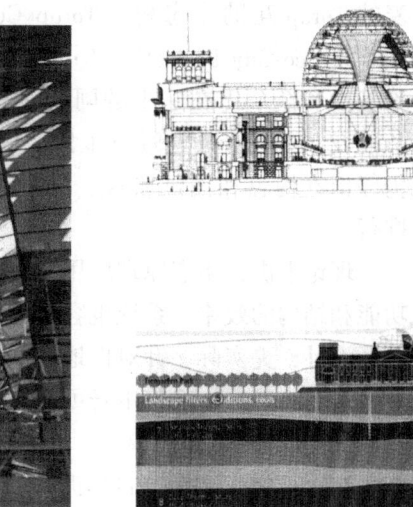

图4-15 柏林国会中央大厅由几百镜片反射进行自然采光（左下）

图4-16 柏林国会设计中的通风分析（右下）

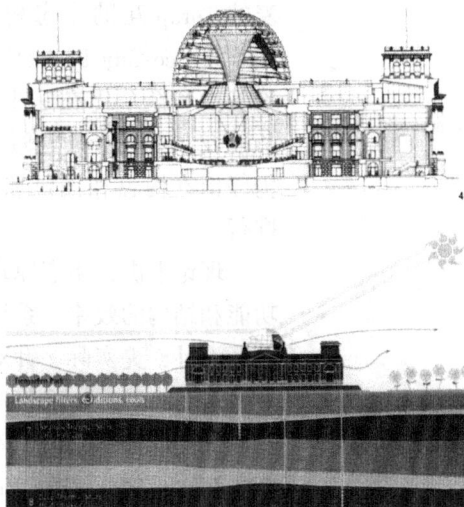

这类探索不着重给建筑附加硬件，而通过软件研究，如热在建筑体内传导途径，建筑物四周气流分布的规律等引导出建筑形式。当然，过多的技术参数也令设计变得十分复杂。

由此可见，城市类型的生态建筑设计理论基础是"现代主义"的延续，美学上是率直、无风格的。设计的核心是利用当代技术促使建筑内外物质和能量高效循环流动。同时也预示着生态建筑发展的趋势，即生态问题的解决不能仅凭良好的愿望和个人经验，这是个学科间协同合作的系统工程。

4.1.2.3 城乡集约社区型

该类实践系指基于生态系统原理对区域内城市、居住社区进行能源、资源的自循环和集约化设计。实践的理论源泉来自生态学知识和近代乌托邦思想。集约型社区的发起人和设计者不少都持生态主义哲学政治观，笃信环境问题的真正解决建立在按生态理性创立的绿色社区上，并以先进基层生态社区为示范，推动整个社会的生态化变革。

集约社区的努力无一不是以一种乌托邦姿态，试图通过相应技术来解决当前人口集中与城市化带来的拥挤、污染、失业、文化丧失等问题，具体做法包括：

（1）适度规模。一般人口数量分布在3000~30000人，工作的通勤距离控制在适于步行或自行车行范围内，以利于适宜的发展。

（2）土地功能混合，减少交通和市政负荷，优先利用废地，以实现集约化。

（3）建立社区农、林、水、渔用地，住宅开发与农场整合，如屋顶平台兼作苗圃，为居民提供一定的务农用地，以保证城市食物自给、田园风光和生态平衡。

（4）强调社区物质及能量多级循环利用，如雨水储留和污水治理回用，积极开发再生能源技术。

（5）发展现代通信及公共交通手段，提倡就近及在家就业，从而缓解基础设施压力，减少能耗与污染。

（6）鼓励居民互助，依靠家庭分担城市老龄化问题。要求住宅平面设计灵活，适于两代及三代共同居住。

（7）在自主自愿前提下结成绿色联合体或联邦，在交换各自部分剩余产品的同时分享文化的多样性。

近年来，集约社区型生态设计有较大进展，涌现了一批影响颇大的项目，如英国的希望镇规划（Hopetown）、罗杰斯的西班牙马约卡岛规划（Majorca plan）（图4-17、图4-18）、丹麦的 Torup 互助生态村（Torup Cooperative Eco-Village）、澳大利亚哈里法克斯生态城（The Halifax Eco-City Project）、J·T·莱尔（John T. Lyle）建立的加利福尼亚理工大学景观生态实验基地和至今仍在建中的阿科桑底城。这些项目都对土地集约化、水资源利用、食物自给、节能及某些社会问题进行了比较深入的研究，但从实践效果看，还不够理想，其中一些措施仍停留在构想和图纸阶段，因而或多或少带上试验色彩，还不能作为一种成熟的做法广泛推行。

理论上讲，生态原理应用于较大尺度的建造环境（中、大型生态系统）才能充分发挥系统功能和结构的效率，系统也容易稳定。单体建筑作为这一系统中的一部分，在更大的背景下被重新设计，更实际、针对性地解决问题，这无疑是生态建筑发展的最佳出路。但正是因为必须具备这一大背景，建筑本身可能反而无所适从。

4.1.2.4 环境派

有人称之为"第二自然派"或"极端绿色派"。① 从设计手法上看，似乎是前三者的综合。与原生态建筑因借自然（地理环境、自然材料）的方式不同，这类建筑更多的是通过覆土、绿化

---

① James Wines, Green Architecture [M]. Kölh: Benedikt Taschen Verlag GmbH, 2000: 108.

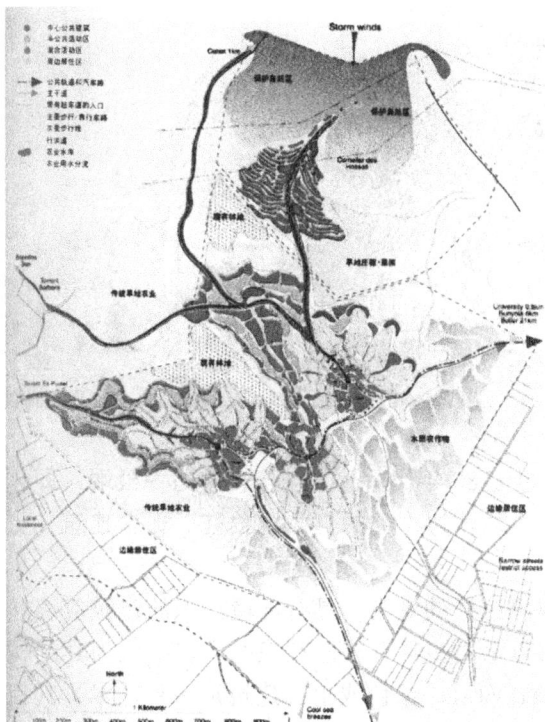

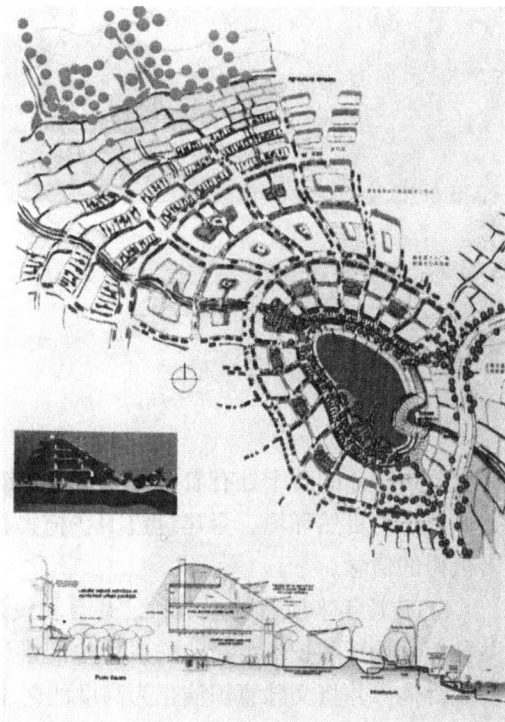

图4-17　马约卡岛规划：生态空间分析（左）

图4-18　马约卡岛规划：以节能建筑形式散落于山丘的邻里单位来同持续发展的农业相匹配，盆形地收集雨水（右）

等手段将自然移植进建筑环境。迄今为止，这一方面的努力与集约社区型一样带有浓重的试验色彩，还未能摸索出一种既能保护生态环境，又具有商业潜力和应用前途的建筑模式来。

比较典型和突出的"环境派"生态设计师包括美国的埃米利奥·安巴兹（Emilio Ambasz）和SITE事务所，从他们的理论和实践可以大致了解这类设计的特征。

安巴兹是知名的美籍阿根廷产品设计师和建筑师，长期致力于以技术重新诠释自然的探讨工作。他在建筑创作上的观点就是强调保存自然景观和节约能源。由此他主张采用覆土建筑形式，恢复地面上的植被和景观特征，同时他还构思名叫"绿城"（Green City）的城镇模式。

安巴兹认为信息时代使大量从业人员在家或世界各地办公，因而城市中心"总部大楼＋一群精英"模式已无必要。新建城镇将控制在1~3.5万居民的规模内，因为这种规模可以产生合理的集体需求来支持一系列社会生活。"绿城"意味着以绿色覆盖灰色（建筑物）而非传统的绿色围绕灰色和绿化间隔用地。他宣称其设计将建筑变为绿地融入自然，因此可还给建筑用地100%的绿地，这是一条简单但有意义的创造新型城镇的方法。[①]

巴尔的摩世界桥贸易与投资中心设计基本反映了他的思路（图4-19）。主立面设计成倾斜跌落式的花园、瀑布面层，非对称构图，人可沿坡道而上，建筑内部从地下三层起向上挖出一个通高的倒碗状空间，由此处向上可看到面层上的流水、山石和植物。异乎寻常的做法令安巴兹的设计表现出浓重的幻想色彩，加上高造价投入使其实际建成的作品并不多，日本北九州福冈市中心综合楼"Acrop福冈"是另外一例（图4-20）。

环境派另一代表是SITE事务所（SITE意为"环境中的雕塑"，Sculpture in the Environment的缩写），其名称就鲜明地表达他们的设计原则和中心。SITE早期的创作刻意制造人为新环境来嘲讽工业化，反抗现代主义纯净完整的美学观，代表作为20世纪70年代为美国贝斯特（Best）

---

① James Wines. Green Architecture［M］. Kōlh：Benedikt Taschen Verlag GmbH，2000：70.

图 4-19 巴
尔的摩世界桥
投资与贸易中
心（左）

图 4-20 福
冈 Acrop 大厦
（右）

百货公司设计的若干处有着破碎立面的展销厅。20 世纪 80 年代后，其创作转向另一极端，即创造城市中的自然环境，令建筑包围在植物覆盖之下，并认为人类的自我拯救基于更少建筑，更多植树的信念。

SITE 近年来所有的建筑和公共空间设计都反映出这样的观点：具有环境意识的建筑应表达某种美学选择和技术革新的联系，他们推崇中东和印度那些具有气候意识的城市，认为其结构美观得体，并将文脉意识演化为高度的艺术。对 SITE 而言，绿色或生态建筑是一种艺术，其目的是继续寻找一条使建筑和空间模拟环境的道路。他们设计的"贝斯特公司森林之所"隐身于密林中，不破坏植被，树木植入建筑结构，以表现建筑被自然吞噬——"来自自然的报复"（图 4-21）。①

1993 年该事务所设计了位于美国田纳西州夏特努加市的"水之殿"展馆，整个建筑群呈圆形，以不规则的纵向间隔分割出 13 条平行空间，点明水和地球的主题，中心包含了展览、研究用房、图书馆、剧场、健康中心和餐馆等，在分隔开的"条纹带"中种植各种花木，因此外观上建筑是半隐半现的，并不刻意显露，而主要突出植物的存在和覆盖（图 4-22）。次年，SITE 为英国威尔士地区某核电站改造提供了一个十分简单明确的方案：两个巨大的核电站房外表全都种上爬山虎之类的藤蔓植物。进一步的建议则是把电站做成地穴或半地穴式，设计的预想是成为具有"高度环境敏感性"的建筑群，其对植物在现代建筑中作用的探讨达到了极致，集中体现着他们的环境派立场。

图 4-21 贝斯
特公司"森林
之所"展厅
（左）

图 4-22 夏
特努加市"水
之殿"展馆
（右）

---

① Laura C. Zeiher. The Ecology of Architecture［M］. New York：Whitney Library of Design，1995：61.

4.1.2.5　评述

以上的实践成果并不能完全涵盖当今国际建筑界生态设计探索工作的各个层面，只是归纳了其中比较典型的几类，但基本代表着发展的大致动向，由此亦可以看出生态建筑实践的特征与过程性。

就实践的广度来看，以偏重于地域做法的第一类实践最多，也最接近生态建筑的传统范围，在第三世界及特殊气候条件（如干热、湿热、高寒）地区得以广泛应用。这类建筑由于使用天然材料，运用传统或改良的建造技术，建筑形态上类似乡土建筑，因而有利于维护文化多样性。当然，这类实践常游离于城市环境之外，当它们向城市建筑过渡时就会遇到两个障碍：传统技术的适用性和大都市的社会问题。传统的直觉思维在大都市受到禁锢，继而代之以理性思维，由直观感受到的遮阳或纳凉，通风或挡风等环境控制经验转化为物质、能量的循环分析，于是，隐藏在直觉背后的底层文化消失了，那种原生的震撼力不见了，变成诸如技术、经济之类的现实问题。

第二类实践采用当代最先进的材料、光电技术和人工智能技术，依靠热力学和空气动力学原理等实现资（能）源的高效利用，将工程技术人员的作用提升到重要地位，产生"无风格"的低能耗建筑。建筑运行的最终节能效果是令人满意的。但初期投入和内含能量颇高，因此有人认为以高技术方式建造低能耗建筑，仅仅计算使用过程的节能量，而不考虑生产、运输阶段的能源消耗，整个建筑生命周期内不能维持低成本运行，故不属于可持续性的建筑。[1] 另外，这类作品常见到多层透明表皮和暴露结构、设备等纯功能构件的做法，虽无损美观，但造就出机器般冷峻的质感，而失去了属于"文化生态"的内容。

事实上，介于第一、二类生态设计实践类型间还存在一种折中方案。根据其建造地点，可划入城市类型的一类探索，只不过技术层次稍低。这类实践偏重立足现代建筑手段、方法论，进行切实可行的技术革新，如改造外墙保温隔热性能、太阳能利用技术、无毒可循环材料的使用、中水技术等，代表作品包括荷兰的 NMB 银行大楼（图 4-23）、东京煤气公司港北 NT 办公楼和清华大学设计中心等。由于所用技术成熟度较高，易于掌握，因此最有可能成为城市建筑生态设计的主要模式。其中，建筑师仍能扮演主要角色，前提是他对有关技术信息有一

图 4-23　欧洲著名的生态建筑实例——荷兰 NMB 银行总部

定的了解。从外观看，其艺术风格是现代原则下的千姿百态。就其生命周期成本预算而言，较第二、三、四类实践更为经济，当然，初期造价的增加（至少 5%~10%）是否为公众和业主接受，还有赖于大力宣传和政策法规的引导。从技术构成看，所含的生态做法和非生态成分共存，这也决定了它的缺陷，还不是完全意义上的生态建筑。

第三类实践的问题在于，建设回避了城市特有的环境状况，而常选择在城乡结合地区或科研用地内，对象从开放的巨系统转向相对封闭的小环境，某种意义上更像是一场乌托邦式的试验。为实现食物的自给需占用相当大的土地和资源，这对许多地区而言无法承受，此外，项目要求参与者和居民具备强烈的道德约束意识，改变浪费的生活方式，诸如放弃使用汽车，居住在像阿科桑底这样高密度巨型结构中等。理想化的追求和激进的做法令其难以广泛推行。这类实践最有价值的地方在于提醒我们：生态设计的群体实践会比单体建设产生更大的综合

---

① Peter Buchanan. Steps Up the Ladder to A Sustainable Architecture [J]. A+U, 1997 (5)：6.

效益。

第四类实践的设计出发点正如 SITE 事务所承认的那样："生态学意识在最终设计中应有清楚的视觉表达。"① 设计的结果常常将环境问题（意识）转化为形式问题（美学），而这种表面文章的做法正为不少建筑师所效法。也许其最初的目标是追求人们向往的花园城市、人与自然的融合，某种程度上与生态建筑的宗旨相似，形式表达至少在视觉上是一种贡献，但其最终目的和经济预算却根本不是生态建筑的方向。

4.1.3 小结

很明显，建筑内涵是随时代发展不断更新的。从把建筑作为人类庇护所这一最初理解演进为当作人类机体功能的扩展，到从整体角度考虑作为人与自然中介物的建筑，与其他两者间的交互作用与影响，使得生态建筑不仅是交叉学科的方法扩展，更深层次包含着由工业文明占主导的价值观向万物共存思想转变的重大变革，从而在新世纪成为再次推动建筑真正向前发展的动力。

经过多年的探索和研究，生态思想已在全球业界得到公认。从本节所论述的国际上生态设计的种种表现看，反映出各地技术方式和解决问题的多样性。尽管许多并不属于完全意义上的生态建筑，但点点滴滴的努力将汇成系统化可操作化的实践并最终形成一套可供参考的设计原则和框架。实事求是地说，现有的生态建筑实践中，尚无一类能完全符合发展中国家既要发展又要可持续的苛刻要求，有的太昂贵，有的实验性质过浓无法普遍推广，有的则步伐较慢，易出现阶段性淘汰产品等，因此单一和绝对的方式恐难应付，多样化的技术组合是解决这一困境的思路。

4.2　生态建筑设计原理

4.2.1　生态建筑相关概念辨析

由于长期以来生态建筑定义的模糊性，使得与之相关的概念也有多种提法，譬如：绿色建筑、可持续建筑、节能节地建筑、建筑生态等。

4.2.1.1　绿色建筑

"绿色"一词如今已成为一个十分通俗的用语，它既不深奥亦非为建筑所独有。当我们使用这个词汇时，很容易将之与环保、健康、节能、讲求效率等方面的意义联系在一起，即说明该词有了约定俗成的含义。

而环保和健康作为绿色的内涵无疑源自对绿色植物生命力的理解。有学者总结，"绿色作为文化，是指人类仿效绿色植物，取之自然又回报自然，而创造的有利于大自然平衡，实现经济、环境和生活质量间相互促进与协调发展的文化。"② 它包括绿色思想及在其指导下的绿色产业、绿色工程、绿色产品、绿色消费等。

作为绿色文化在建筑界的延伸，绿色建筑是基于绿色思想的人居环境的产物。尽管众说纷纭，但多数人明确或潜在地肯定了这样一种关系：生态学原则是绿色建筑的理论基石。比如叶耀先总结了绿色建筑遵循的三项原则：③

（1）资源经济原则：在建筑中减少和有效利用不可再生资源。

（2）全寿命设计原则：建筑寿命期内，在材料、设备生产和运输、设计、建造、运行和维

① Michael J. Crosbie. Green Architecture—A Guide to Sustainable Building [M]. Rockport：Rockport Publishers, Inc., 1994：118.
② 西安建筑科技大学绿色建筑研究中心. 绿色建筑 [M]. 北京：中国计划出版社，1999：1.
③ 叶耀先. 21 世纪建筑展望 [M]. 建筑学报，1997（2）：39.

护、拆除和材料再利用方面减少消耗和环境影响。

（3）人道设计原则：人一生 2/3 的时间在室内度过，必须考虑人的生活质量和健康问题。

威尔夫妇（Robert & Brenda Vale）提出的五个原则是：节约能源、适应气候、最小程度利用新资源、尊重使用者和尊重场地。[①]

由此看出，绿色建筑的设计原则基本来自生态学的内容，就目标而言它和生态建筑基本一致。若仔细区别，可以认为生态建筑反映了建筑发展的宏观层面，它将建筑包含的多种要素加入到自然、社会、经济、文化的大循环中，使建筑业与其他方面相互融合渗透，并最终形成类似生命循环的结构。而绿色建筑偏重于微观层面的技术与设计方法，且更强调协调人与自然的关系，充分重视绿色植物和其他生物在建筑中的伴生，促进物质与能量合理流动。

可以说，没有生态学的背景，绿色建筑就失去了行动的依据。

4.2.1.2 可持续建筑

与多少有些文学意味的"绿色"，以及有着科学背景的"生态"等词相比，"可持续"一词显得颇为宽泛和暧昧，是用于策略描述的词语。

"持续"（sustain）一词来源于拉丁语"sustenere"，含有"维持下去"或"保持继续提高"的意思。可持续概念最初由生态学家提出，即"生态持续性"（ecological sustainability）。国际生态学联合会（INTECOL）和国际自然资源保护协会（IUBS）从自然属性出发，将其定义为"保护和加强环境系统的生产和更新能力。"也就是说可持续发展是不超越环境系统更新能力的发展，表明了一种对资源的管理战略。世界环境与发展委员会于 1987 年在《我们共同的未来》宣言中明确了官方的解释："可持续发展是既满足当代人的需要，又不对后人满足其需要的能力构成危害的发展。"它是对 20 世纪六七十年代生态决定论"增长有极限"和技术决定论者"无极限的增长"观点的辩证统一。自国际上正式提出全球可持续发展的总目标以来，其概念和内涵都有了明显的发展。据统计，目前关于可持续发展的定义，已多达 98 种。这些定义概括起来，可以从以下几个角度进行描述：[②]

（1）从经济学角度——在环境得以持续的制约条件下，使环境资源的利用效益达到最大化。

（2）从社会学角度——在生存不超过维持生态系统承载能力的情况下，改善人类生活质量。

（3）从生态学角度——寻找一种最佳生态系统和土地利用空间形态，以支持生态的完整性和实现人类愿望，使环境持续性达到最大。

（4）从科技的角度——建立极少产生废料和污染物的工艺或技术系统，尽可能减少能源和其他自然资源的消耗。

显然，作为 20 世纪 80 年代后确立起来的全球发展模式，其产生过程深深地打上了政治活动的烙印，解决问题的层面更多地与经济和社会发展方式相关，各国在运用这一概念时亦遵循多元指导的原则，总体而言，这是个宏观、策略性的框架。

可以简单地认为，"可持续建筑"是建筑学对可持续发展思想的回应。因此，可持续思想所牵涉的范围亦应成为可持续建筑所要考虑的内容，结果是一种宏观战略概念本身的松散性、语义的模糊也带入了可持续建筑的讨论之中。由此可见，与生态建筑研究的传统范围相比，可持续建筑的内容要广泛和复杂得多，其结果倾向于综合成本与环境负荷的折中方案。在操作层面上，可持续建筑可看作是生态建筑、低能耗建筑、地域建筑等以往各类"环境友好"观念与技术的合成。

但近年来，随着生态学内容对各种人为系统的渗透，生态建筑与可持续建筑间的界限已愈

① Brenda & Robert Vale. Green Architecture—Design for A Sustainable Future [M]. London：Thames & Hudson Ltd，1991：Chapter 3.
② 王祥荣. 生态与环境——城市可持续发展与生态调控新论 [M]. 南京：东南大学出版社，2000：109.

发不明显，因此，有人亦提出"可持续建筑其实质就是生态建筑，是生态学方法用于人为环境及物质空间方面的具体化。"①

严格来说，可持续建筑不能算作一种建筑流派，只能是一种建筑思潮，它所包含的宏观控制原则对各种建筑流派都可以渗透，"可持续性"就成为一种修辞，一个定语，正如辛斯利（Hinsley）指出的，"可持续性，一个包罗万象的语汇，将渐变为毫无意义、陈词滥用和充满矛盾的措施。"②

4.2.1.3 节能节地建筑

这是我国学者针对当前突出的人口与资源矛盾提出的建筑发展思路。发展节能节地建筑预示着将不断以新科技手段来充分利用清洁、安全、永存的太阳能及其他新能源，并以适宜的密度，地上地下和海上陆地相结合的建筑群为人类创造美好舒适的栖居环境。"节能"的含义指有效利用能源，开发新能源；"节地"的含义是建房活动应最大限度少占地表面积并保持足够绿地，但决不意味着要人们生活在低标准的狭窄空间内。③

在中国节能节地建筑研究中，技术应用的切入点是适宜技术的选择，体现的是舒马赫倡导的"中间技术"思想，与追随这种思想的设计实践存在类似之处，即中国节能节地建筑研究中，倾向"少输入"能量和物质材料的流动模式。此外中国节能节地建筑研究对土地资源的关注，是由中国自身国情决定的，这是研究中的关键问题。

4.2.1.4 建筑生态与生态建筑

目前，绝大多数的文献都没有将这两个概念区分开来，经常混为一谈，实际上两者有着本质的学科差异。

建筑的内外环境构成"微环境"（针对广义环境），建筑生态学就是一门研究建造活动对微环境影响的科学，又可称作"建筑环境生物学"。由此看来，它与生态建筑是两回事，而主要侧重于生物学与环境学的内容，根据 E.P.奥德姆（E.P.Odum）在《生态学基础》一书中的论述：生态学是研究生态系统结构与功能的科学。考察建筑与环境的关系，可以认为建筑生态学的核心内容是研究建筑与环境形成的生态结构与功能，具体包括：

(1) 建筑周围环境内生物的种类、数量、生活史及空间分布；

(2) 该地区营养物质和水等非生命物质的量和分布；

(3) 温湿度、光、土壤等因素受建筑影响后产生的变化及对生物的作用；

(4) 建筑与周围环境形成的生态系统中的能量流动和物质循环；

(5) 建筑及其周围环境对生物的调节和生物对建筑及其环境的影响。

建筑生态学研究的意义在于通过描绘与住区环境相关的生物、非生物环境状态，促使建筑师选择和塑造一种真正繁荣并与自然和谐共生的空间形式。

通常在该领域作出突出贡献的是一些环境学家、医务工作者和地理地质学家。他们以各自专业工作对建筑与其外部环境关系进行客观分析，从而弥补建筑师对单向改造环境造成整体失衡缺乏认识的不足。其中更有一些专家直接提出符合生态的建造原则和方法，早期的先驱有约翰·托德（John Tod）及其"活的机器"设计观。近年来，法国生物医学界的权威彼得·普莱特（Peter Plat）博士则以他在病理、毒理研究方面的经验，探讨了建筑中材料、电磁辐射、噪声等对人、动植物生理方面的不利影响，并从生物学角度研究全球住区环境的策略，其还构思了名为"PENTA G2000"的试验性住区：一方面建构与地段环境融为一体的新型生物气候学住

① 朱馥艺. 生态建筑的地域性与科学性 [D]. 南京：东南大学博士论文，2000：24.

② H. Hinsley. Sustaining Architects, AA File No. 32 [M]. Washington DC：AIA Press, 1996：67.

③ 夏云，夏葵. 节能节地建筑 [M]. 西安：陕西科学技术出版社，1994.

宅；另一方面，以整体性理念，对材料选择、电磁辐射防护、抗震、防噪声给出专门指导，以创造一种有利于身心健康的人居环境。普莱特认为自己并未打算越俎代庖，去从事建筑师应做的事，而是期望以他的研究成果推动建筑师在通往生态建筑的路上更进一步。[①]

建筑师搞生态建筑旨在运用自然运行规律去协调建造和保护间的平衡，而对建筑施之于地球生态系统的影响，大多基于自己对生态学的猜测和领悟，不免有隔靴搔痒甚至是主观臆断之嫌。事实上，建筑生态的研究是一个巨系统的任务，需要生物学、环境工程学、地理学、建筑学等诸多学科的配合，进行长期定点观察和试验，且资料分散于各类学科书刊杂志中，要大海捞针似的查找，工作难度可想而知，但毫无疑问其成果应视作生态设计和生态评估的重要依据。

4.2.2　生态建筑的基本特征

从生态学角度来看，生态系统中人的元素与其他物质要素交叉再生，构成建筑的组群，其组分几乎全部来自于生态系统内部，因此，理想的生态建筑系统应该反映出自然生态系统正常运行的一般规律和特征，这就为生态设计目标和原则的确立提供了可靠依据。

4.2.2.1　系统整体

生态系统是个有层次、相互联系的整体，任一层次的环境变化都会波及并影响着其他层次的环境。从当今的技术条件来看，我们已足以营造一个舒适的人工环境，然而单纯追求人工环境效果的做法并没有体现人工环境与区域自然环境乃至生物圈相互作用和相互影响的整体性，在很大程度上，大多数现代建筑的建造方式是以牺牲大的环境质量为代价。而一个符合生态平衡的建筑系统应是一个整合了自然、建筑、社会等各方面因素的协调统一体。在决策和规划设计中需要强调宏观与微观环境互动响应，各因素间建立普遍关系，使建筑近期与远期效果统一，自然、经济和社会效益同步增长。建筑只有将自身的价值融入自然整体价值中，才具有真正的生态意义。如能主动综合场所中的物质因子特性如地形、植被、水系等进行设计，形成多样化空间，则有助于整体性的获取。

4.2.2.2　最适功能（生态阈值）

建筑作为一个生态子系统存在着最适功能或生态阈值（ecological threshold），即建筑的规模、开发强度受生态子系统中的各种制约因素限定，必须控制在合理的限度之内。加拿大生态学家哈定（Garrett Hardin）和理斯（William Rees）提出"生态足迹"概念，认为要保持一定地区现有消费水平，就必须提供相当数量的生产用地和水域，才能维持该地区人口长期生存。理斯把包括这些生产用地和水域在内的相关地域称作"生态足迹"（ecological footprint），形象说明区域和城市人口规模、建设和用地的关系，提醒人们"无限扩张和密度压力往往会导致种群大部分毁灭而重新回到低密度退化状态或跳跃到组织更高层次迫使种群改变性状"。[②] 工业文明和人工系统发展要充分了解这一生态知识，了解资源的有限性，"量入为出"。应该明确这样的观点：系统演替目标在于功能的完善，而非组分的增长。

4.2.2.3　循环再生

生物圈中的物质是有限的，原料、产品和废物的多重利用和循环再生是生态系统长期生存并不断发展的基本对策。为此，生态系统内部必须形成一套完整的生态工艺流程，其中，每一组分既是下一组分的"源"，又是上一组分的"汇"，没有"因"和"果"、"资源"和"废物"之分。这一特征启示着建筑设计和营建过程要注意物质循环再生、能量多重利用、新能源方式的挖掘、时间生命周期以及关系网络、因果效应等循环。

---

① ［法］P. 普拉特. 面向人居环境的全球环境生态途径［C］. 王鹏译，20 届国际建协大会论文集，1999：83-91.

② 康慕谊编著. 城市生态学与城市环境［M］. 北京：中国计量出版社，1997：31.

4.2.2.4 协调共生

共生系指不同有机体或小系统间合作共存和互惠互利的现象。哈肯（Herman Haken）在《协同学——自然成功的奥秘》中指出："对自然生态系统来说，良好的协调共生关系是生物种群构成有序组合的基础，也是生态系统形成具有一定功能的自组织结构的基础。"[①] 对建造系统而言，共生的结果会使所有组分都大大节约原材料、能量和运输，使系统获得多重效益并导致稳定有序。相反，单一性质的土地利用、功能关系和建筑模式，条块分割式的管理系统，其内部多样性程度很低，共生关系薄弱，生态经济效益也就十分低下。同时，共生特征还提醒人对环境的依赖性，设计师必须全面完整地理解和把握环境各层次间的相互关系，以求不以建筑师个人好恶和表现为转移，善于因势利导，既尊重环境的自然和文化特性，又与之协作，共同发展。

4.2.2.5 开放性

开放是一切有机体在生态圈中与环境协调、交流的基础，是有机体适应环境变化，保持可持续生机和活力的基础，是其不断进化所必备的结构特征。因此，生态建筑应是一个开放体系，以动态思维来设计，使建筑具有足够的弹性，既满足现实需求，又为一定时期的未来留有余地。完整的建筑规划和设计所关注的问题不应止于建造完成阶段，还应预见包括运作阶段新的需求变化，直到建筑终结之后的拆除再利用及对环境的影响。建筑使用过程中会出现功能变迁、结构老化、技术过时、设备系统废弃等多种变化，设计时要重视和预测以上变化，避免和减轻不利影响，具体措施体现在结构、空间、设备等的可调整上。

4.2.2.6 反馈平衡

生态系统中任何两个相关组分间可能存在两种不同类型的生态关系：一类是促进关系或称正反馈机制，通过该种关系，前一因子的增强（或减弱）将导致后一因子的增强（或减弱）；另一类为抑制关系或称负反馈机制，即前后关系相反。生态系统结构和功能之稳定就在于这种双重关系的均衡作用。我国古代阴阳五行学说就体现了这一原理。建筑系统也存在着这种关系，经济因素、文化传统、人的活动、自然环境无疑是一个互相作用的组合，相互决定和制约，从而产生了建筑空间这种物质表象。德国城市生态学者范斯特（Frederic Vester）教授认为："人为系统要实现有效调控，负反馈应超过正反馈，即充分重视和发挥那些限制性因素的作用。"[②] 这对长久以来忽视自然系统条件负反馈作用和约束控制的建造活动显得尤为重要。实施反馈机制的途径有：公众参与、用户调查、评估和传媒监督等，既是提高设计质量的手段，又促进建筑系统的平衡和进化。

4.2.2.7 高效性

生态学的规律之一就是现存生命体形式总是向着有效占用资源的方向不断演化。自然界漫长的演替过程中，通过严格竞争和自然选择，不能充分有效利用环境所提供资源的物种往往被逐步淘汰。生态建筑在设计建造、使用方面皆有高效性要求，主要指物质、能量要素的高效利用。高效性特征促使我们采取一种灵活和因地因时制宜的方法，善于利用现有力量来控制和引导系统，例如建筑材料的选用应本着可耐久、环境亲和、就地取材的原则，又如建筑师是否考虑到同一空间在不同时间段重复使用以避免资源浪费等。

4.2.2.8 保持和扩大多样性

生态学生物多样性的特征揭示出，众多生物物种组成的复杂生态系统能保持较好的稳定发

---

① ［德］赫尔曼·哈肯. 协同学——自然成功的奥秘［M］. 戴鸣钟译. 上海：上海科学普及出版社，1988：12.

② 见 Vester 的《危机中的城市系统》一书，转引自：王如松. 高效·和谐——城市生态调控原则和方法［M］. 长沙：湖南教育出版社，1988：34.

展状态。霍夫（Hough，1990）指出："如果健康被描述为抵抗压力的能力，那么多样性也意味着健康……在城市背景下，多样性既能产生社会意识，也能产生生态意识。健康也意味着有能力在一地与另一地、一种生活方式与另一种生活方式之间作出选择。"① 建筑本质上应视作生态系统，这一系统中建筑形态、建筑文化的多样性与生物多样性一样，对建筑的健康发展起促进作用。多样性带来巨大的兼容性，能满足人类日趋复杂多变的物质与精神需求。在全球化带来的文化趋同现象愈发明显的状况下，保持和扩大多样性意味着城市和建筑专业人员自觉地对城市和地区特色进行维护和创新，保护城市的文化遗产，注重建筑文脉的延续，鼓励多元化的建筑创作。

4.2.2.9 自组织和调节能力

生态系统是一个自组织系统，在一定的生态阈值范围内，系统具有自我调节和自我维持稳定的机制和能力，可以用"序"的概念来体现。哈肯认为："无论什么系统，从无序到有序的变化，都是大量子系统相互作用又协调一致的结果。"② 因此可以推导出任一子系统有序的程度对其外部系统的平衡状态有很大影响。建筑系统亦是如此，其自我组织和协调能力越强，有序程度越高，对外部系统的压力就越小，这将有助于外部系统有序，可称之为建筑加入环境的适应过程。

建筑系统的自组织和调节能力包括建筑的自我净化能力，即尽量减少污染物排放，能量物质循环利用能力，调节自身采光、通风、温湿度的能力，并为可再生能源利用提供机会。建筑师应从建筑的平面组织、空间布局、交通流线、剖面设计、设备控制等角度着手，使建筑成为类似活的有机体，这也是强调生态循环的自足型生态建筑创作的出发点。

4.2.3 从系统理论出发的生态建筑设计目标

表面上看，生态设计旨在解决建造和保护间的矛盾，实际上这种矛盾是建筑系统内部组织运行无序的外在征象。现代系统生态学为我们揭示出现存建筑方式的弊端，并暗示了改造的机遇和目标。

根据系统原理的解释，有序是生态系统的属性之一，这种平衡状态体现在系统结构与功能上，因而，要理解建筑系统的秩序，就需要从这两方面入手。

4.2.3.1 建筑系统的结构

建筑系统乃是人向大自然系统传递影响的中间步骤之一。它不仅仅指建筑的物质表象，还包括自然和社会两方面的结构，而人这一生命要素则成为二者联系的焦点，因此，我们称建筑系统为"自然—人—社会复合生态系统"。自然结构以生物和物理结构为主线，包括建筑物（空间、场所）和周边自然环境（水文、土地、气候、景观等），它以人与自然环境的协同共生及建筑环境对外部环境的支持、容纳、缓冲及净化为特征。

社会结构以人为中心，包括经济条件、地域文化、生活方式及心理结构等，它以社会环境对人的活动制约为特征。

建筑正是自然结构与社会结构共同作用于人产生的结果。于是生态设计目标就有了两重含义，建筑系统的有序不仅体现在自然结构的硬层面上，也体现在社会结构的软层面上。

4.2.3.2 建筑系统的功能

建筑系统功能运转的状况，直接决定建筑系统有序的程度。而建筑系统的功能靠其内外连续的物质流、能量流、信息流来维持。如果我们能弄清这些流的动态机制和调控方法，就能基本掌握建筑系统中各要素的生态关系，因此，我们可以称这些流为建筑生态流。

---

① 王祥荣. 生态与环境——城市可持续发展与生态调控新论［M］. 南京：东南大学出版社，2000：360.

② ［德］赫尔曼·哈肯. 协同学——自然成功的奥秘［M］. 戴鸣钟译. 上海：上海科学普及出版社，1988：25.

物质流——进出建筑系统的物质流包括人、自然物质流（水、氧气、土壤等）、产品流（建筑材料、设备、生产资料等）、物质信息流（社会、经济、生活信息流）和废物流（废水、废渣、废气等），借助于这些流的输入、转移、变化和输出，建筑进行新陈代谢，以维持系统活力。

能量流——建筑系统的能量包括可耗竭能源（煤、气、油、电等）和可再生能源（太阳能、风能、生物能、辐射能等）。进入建筑的各种能，因使用目的不同而具备各种形态，并在使用过程中改变形态，转变成不同形态的能，而最终几乎都成为热能，也有一部分以声、光、电波形式排出系统之外。目前，建筑系统多以消耗可耗竭能源为主，使得建筑系统的运转必须依靠导入更多能量来维持，这是与生态系统自组织自我调节的特点相悖，同时在消耗能源后，排出一些有害物质和废能，更给外部环境增加了压力。

信息流——建筑系统的信息流是通过思维及感觉来传播的，体现着建筑"寄情"这一功能。信息流的表达与传递受到社会环境、文化习俗、宗教观念、自然环境等诸多因素影响。建筑的形式在时空范围内体现着人的思想、感情、时代精神，同时也影响着人的思维与感受，这些都是信息流所包含的内容。

建筑系统对外部系统负面影响可视为建筑系统无序的体现。所谓无序，归纳起来实际上就是两方面：一是结构不合理；二是功能不顺畅。结构不合理，即指建筑系统这一自然和社会结构交织的超维人文空间常常被单一的惯性思维简化，微观、局部、固定的眼光导致设计只关注形式，不考虑整体环境；或是只考虑建筑经济效益等一系列不完整、片面强调某一层面的思想。生态设计观力求用一种网式而非线性的思维方式来研究问题。所谓功能顺畅，则包括两点，一是资源低效利用问题。正如前述，一味消耗能量和物质，排出废能和废物，输入过多，输出物又滞于系统内，形成严重污染；二是自我调节能力低下。[①]

由系统原理对建筑系统结构、功能及存在问题的分析，我们可以提出生态设计的目标，即通过设计来调控建筑系统运行，体现出物质能量的高效利用及信息的合理表达与传递，其结果是提高系统的有序程度。通俗地说，从生态出发的设计思想探讨的是在已经改变状况下（指人与自然平衡被破坏），争取建造和自然界形成最优化关系，创造一个高效、和谐、无废无污、良性循环的人工生态系统。其价值应体现经济、社会和生态效益的综合。

1. 经济目标——高效

人们常把生态学与经济学对立起来，认为生态学是一门束缚经济发展的保守学科。其实生态学（ecology）与经济学（economics）的英文词根都是"eco"，它们源于同一希腊文词汇"oikos"，即住所的意思，"logy"的意思为研究，而"nomics"则指管理。因此，从词源上说，生态学是研究住所的学问，而经济学则是管理住所的学问。两者之间最大的共同点就是都要"勤俭持家"，即追求高的资源利用率，生态学称作生态效率，经济学称之为经济效率。前者注重自然界资源流动的整体循环效率，后者则集中关注这个大循环中被人所利用的那部分效率，而不管外部资源或环境的价值。因此，有人把传统生态学叫作自然经济学（the economics of nature），认为它是经济上的成本会计在自然环境及资源管理中的应用，而将传统的经济学称作社会经济学（the economics of society）。[②] 从这个意义上来说，生态建筑设计的经济目标可以用建筑系统的经济效益来衡量，但包含了自然的价值，提出高的资源利用率、最小人工维护成本、时空生态位的重叠（如居住与工作空间合一、立体绿化等）以及适度消费的生活方式等方面的要求。

① 参见华黎. 从生态出发的建筑设计理念及方法学研究 [D]. 北京：清华大学硕士论文，1997.

② 参见：经济学家弗兰克–多米尼克·维维安答关于生态经济学的三个问题 [N]. 参考消息，1999-10-16（3）.

我国作为发展中国家，其资源和环境有着特殊的制约条件，应以不过度消耗非再生资源、少牺牲环境为前提，进行适度发展。西方城市建筑，尤其是美国，走的是高能耗、高消费、低容量的道路，这不应成为我们仿效的对象。我国的生态设计要体现低能耗、高效率、集约化的经济效益。

2. 社会目标——和谐

生态设计的社会目标就是使建筑获得更佳社会效益，它应包括文化内涵的体现、心理结构的对应、地域特征的反映、生活方式的体现等等，在这一任务中，建筑师偏重于从形式、功能角度寻找人的活动与社会环境的对应关系，而生态学家更强调人的活动对自然环境的影响和自然的反馈效应。因此和谐应当体现在局部与整体、眼前与长远、资源利用与环境保护以及人与人的关系上。

社会指标不同于经济指标，一般不容易定量，也很难定义最优值，生态设计可以通过把握及调节社会和自然环境的和谐程度，通过完善建筑功能，将社会效益和环境效益控制在一定范围内。

3. 综合目标——良性循环

建筑经济效益、社会效益、环境效益的统一是我们追求的建筑的生态效益，也是生态设计的根本目标。这里的生态效益是一个多维的变量，评判生态效益的高低不能用简单的排序比较法，它是个复杂的决策过程，需要运用系统分析方法，对建筑的自然环境条件、经济技术力量、社会关系和外部资源及政策法规等因素加以综合考虑。

高效与和谐是相辅相成的两个侧面，二者统一才能协调发展。生态设计目标就在于利用一切机会，提高物质、能量利用效率，令系统综合效益最高，社会、经济、环境得到协调发展，形成良性循环。

4.2.4　生态建筑设计的内涵

4.2.4.1　生态系统和整体设计思路

环境的生物和物理要素相互作用形成一个主体或空间的单位，即生态系统。这是一个很广的概念，它在生态学思想中的主要功能在于强调必需的相互依存和因果联系，从而得出"有机体与无生命环境彼此不可分割地相互作用"的命题。

对生态系统概念的准确理解在我们进行与环境有关联的设计之前必不可少，也启示我们必须认真分析项目场地生态系统及其组成部分，进行整体研究，使建筑设计的过程与发展考虑到生物圈引起的反应和关联性，以便将介入活动的影响控制在合理范围之内。

当我们以生态眼光感知建成环境是整个生物圈中的一部分，建筑是所处生态系统的组成要素时，便确定了建筑与环境间新的联系视角。从范围界定的方面来看这是建筑与外围环境的关系，那么仍以生态方法分析，似乎可以得出这样的判断，即建筑是它所处生态系统的组成元素，其本身亦为一个生态系统，具有普通生态系统的特征。一定程度上，建筑类似于活性系统（有机体），因为它的存在与有机体一样，以某种方式从环境摄入能量、物质，经消化后再输送回去。以生态方法观察，可让我们重新认识建筑，将之理解为与环境间物质、能量管理的形式或物质、能量流动的一种组织方式。其实，把建筑视作具有动态反应能力的有机体并非什么新鲜见解，1857 年，戴利在对伦敦巴里俱乐部（Barry Club）改造的评述中指出："建筑物并非一堆毫无生机的砖、石、钢铁，它也算得上是一具有其自身循环系统及神经系统的生命体。在那些看来似乎不动的墙体中，流动着气体、水蒸气、液体和流质，人们仔细研究一下就可以发现烟道、管网与线路就是这一新型有机体的动脉、静脉与神经。通过此系统，冬季可以输入热量，夏季可以引入新鲜空气，并且，在全年中，光线、冷热水、人体营养物及高级文明社会的无数附属物全部通过此系统得以处理。"①

由此可见，仅仅考虑建筑本体内容进行设计是远远不够的，生态学方法的分析表明，建筑内部要素及其相互关系，与外部环境的关系都属于建筑系统的范畴。故而，建筑与环境关系的基本结构方式在设定边界范畴时大大延伸了。可以引用杨经文的研究图概括建筑系统构成的生态学特性（图4-24）。②

图 4 - 24 建成环境输入输出的结构模式

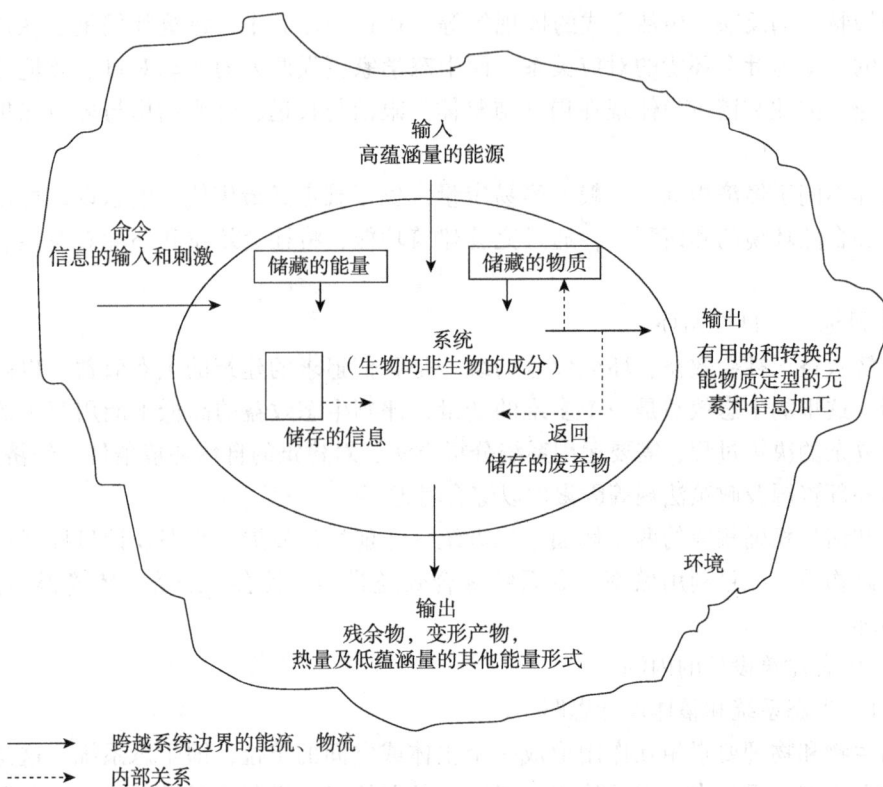

(1) 系统的非生物要素——包括能量、物质、信息；
(2) 系统的生物要素——如动物、植物、人；
(3) 环境与建筑间的能量和物质通过边界进行交换；
(4) 能量与物质的流动构成系统的反馈——即反馈输出；
(5) 信息资源来自外部环境，或者出自系统内部——即监测系统；
(6) 输入能量和物质要么立刻用掉，要么储存待用——即系统的代谢。

显然，上述分析为复杂多变的设计系统提供一种结构，证明那些关联同时相互作用。

综上所述，建成环境的许多特征和方面具有生态学的含意，这必然导致我们对整体设计的推断，强调建筑形成过程中多因素的交互影响。整体设计思路首先启示我们在决策管理和规划设计中着眼于自然与社会环境、功能与形式、能源与材料、设计与评估等对建筑的综合影响，同时考虑建筑实施后对这些因素的反作用，即将建筑视作有机系统，其内外的多种因子是互动的，而不是单向的决定模式。

此外，建筑系统还与社会、经济系统有着十分复杂而密切的联系，只有考虑更大范围的生态环境及区域社会与经济，才能防止系统的无序和混乱。

---

① ［英］T·A·马克斯，E·N·莫里斯. 建筑·能量·气候［M］. 陈士骖译. 北京：中国建筑工业出版社，1990：19.
② Ken Yeang. Designing with Nature：The Ecological Basis for Architectural Design［M］. New York：McGraw-Hill，Inc.，1995：21.

同时，设计师在用生态方法进行设计时，不仅要关注人们的需求和使用生态系统、地球资源的层次和范围，而且要考虑这个方法的各要素是如何被提取、运输、储存、使用以至最后降解回到生物圈中去的，在分析物质能量流动的同时，我们可以预先采取措施防止对生态系统产生压力。

4.2.4.2 物质循环与再生设计

物质使用有两种基本模式：线性使用模式和循环使用模式。现在人工环境中普遍采用线性模式或称一次性模式，大致的过程是：资源——加工——使用——废弃，体现了物质材料的单向流动。这种模式相当于从资源到废弃物的一次线性转换，随即产生污染和稀有材料的耗竭问题，有必要进行强制性消费保护。这种消费保护的途径包括减少稀缺或不可更新资源的使用，以再利用、再生及再循环方式利用资源。很明显，在目前人口和消费水平的压力下，后者将是一条主动积极的出路，即要求建成环境中的物质使用模式是循环模式或称环形模式。

环形使用模式是通过再利用、再生和再循环等恢复作用，以最小资源输入为代价使各种物质材料得以一定程度的回收利用，从而减少建成环境的物质流通量，减少废弃物的产生，保护全球资源（图4-25）。如果能保证自然资源从产品至使用完毕可转换为另一种资源，且这样的使用模式所形成的环路是完全闭合的话，即可将资源消费、废弃物的产生及行为过程中的损失减少至最小，那

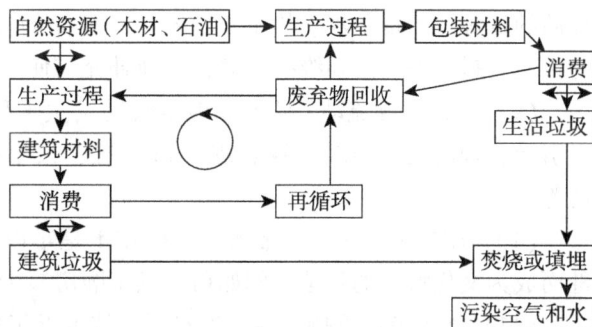

图4-25 材料循环利用模式示意图

么就接近于一个理想的解决方法。当然，由于资源生产和使用过程中，总会有内部损耗，彻底的封闭循环模式是不可能实现的，但设计伊始就对建筑系统回收潜力给予足够关注，有助于将这种损耗降至最小。

生态系统重要特征之一就是物质在不断循环，成熟的生态系统对资源有着较高的利用率，生物链的原理启示着建筑在设计、营建、使用过程中要注意物质和能量的多层次分级利用，包括尽可能多利用可再生资源，在利用过程中防止再生循环的中断及污染的产生。对不可再生资源的利用则应创造更多机会，使其尽可能被循环利用，延长使用环节，使其中蕴含的价值、能量完全释放，减缓人们的利用速度，防止不必要的资源浪费，并且促进不可再生资源在使用中产生的废弃物尽快加入其他物质的循环中去。建筑系统的循环模式反映着对生物圈物质运动过程的功能模拟，所以，设计应当关心资源的利用方法，为将来的利用确保潜力和自由度，同时又不导入额外的环境负荷，这也是"可持续发展"的核心表现。

物质循环规律影响着资源供应、环境平衡，从而直接关系人类生存质量和发展前景，理应成为社会生产的主要目标。对于耗资巨大的建筑系统而言，目前探讨较多的实现物质循环的方法就是再生设计。美国加利福尼亚理工大学的莱尔（J. T. Lyle）教授提出了11条再生设计策略：[1]

（1）让自然发挥作用：利用植物调节微气候；利用地形引导水流；相生相克的种植可防疫。

（2）将自然当作典范及文脉：从更广义范围的文脉影响而言，任何自然景观都是长期进化的产物。时间发展了其复杂的能流和物流的网络关系，所形成的进化系统界定出特定的性质和功能。这样就为将来的发展提供了模式或范式。例如实践项目所处在半干旱地中海气候，必然

---

① J. T. Lyle. Regenerative Design for Sustainable Development［M］. New York：John Wiley & Sons, Inc., 1994：40.

会要求重视用水效率，特别是水的重复使用。

（3）集合而非孤立：对待复杂过程的各项要素不能单独地去看，而应视其相互影响，即整体思路。

（4）寻找多重功能的最适宜条件：这一条是第三条策略的延伸，通过各因素相互作用的整体效益来判断，不能厚此薄彼。

（5）技术与需求一致：即技术层次与需求层次相匹配。

（6）信息调整能源利用效率：通过诸如光电感应器等来感知内外环境变化，如温湿度、光照强度，便于使用者调节设备，达到节约资源的目的。

（7）多重途径：比如能源可来自太阳、风、水力等，采用何种方法或组合方式取决于使用价值和方便程度等，而不是单一来源。开放的系统有利于提高面对灾害时的应急能力，表现出更好的适应性。

（8）管理好存储资源是可持续的关键：存储可能是工业社会发展过程中最为低估的环节。存储的资源包括地下水、热量、植被等，存储的目的一方面维护全球资源量平衡，另一方面则为再利用提供条件。要维持存储，平衡补充与使用速度是关键。

（9）形式引导流动：物质和能量流动发生于环境的物理媒质中，通过精心的规划和塑造可以引导合理流动，如以建筑表皮开口位置、大小控制气流；地面坡向、坡度将雨水汇入蓄水池等。

（10）塑造显示过程的形式：再生技术是难以隐藏的，因为它自然而然地与环境和谐一致，甚而成为文化特征的延续，例如荷兰风车磨房多少年来就是当地独特的景观要素。

（11）优先考虑可持续性：虽然再生技术近年来发展很快，但现代工业技术仍将在很长时间占据主导。一个完全的再生世界尚是个遥远的梦，现阶段的社会是二者的混合，或并行相互关联的结果。但以整体眼光考察社会，可持续性必须拥有高度优先权。

物质循环的生态学观点落实在建筑实践中，既有单项资源的再生技术应用，如中水回用、城市垃圾资源化处理等，也应有综合性的再生建筑体系的探索，如自维持住宅的试验。其中不少建筑师均强调材料再生的重要性，例如杨经文指出："生态设计需要同时考虑建筑在运营过程中材料输入与完成使用过程后材料输出问题。在建筑的使用寿命结束后，用于建筑结构的材料自身也应该能再循环、再利用或回到环境中去，这就影响了材料的使用原则和其在建筑中的使用与固定的方式。"[①]

以上的策略思想和设计实践中，都突出了循环再生这一生态学重要观点，这大大不同于以往高耗高产出的生产模式。建筑技术的发展中将这一思想实物化尚需长期研究与探索，然而可以确信无疑的是它必定会成为生态设计的主要途径之一。

4.2.4.3 能量流动和节能设计

能效概念是西方研究生态设计、分析及评价建成环境运行效果的一个常用概念，指以尽可能少的能量消耗及尽可能少的环境破坏带来更多的效用。与富勒"少费多用"的做法不谋而合。传统节能设计一般会关心建筑运营阶段的能耗问题，却忽视这样一个事实：每一建筑元素的生产都需在加工过程的各个步骤中供给能量和材料，这也给环境带来压力。整体思想提醒我们不能忽视建筑全寿命周期内各阶段潜在的恶性循环，需要早期规划预防和有效管理。"内含能量"的引入要求在构筑阶段准确掌握材料和能量的运行路径，并成为规划和设

① 杨经文. 绿色摩天楼的设计与规划［M］. 单军摘译. 世界建筑，1999（2）：28.

计的依据。①

生态学知识除了提醒我们节能设计的意义外，还为节能途径提供了积极的思路。首先是能源的多样性。大自然的生态规律从不倾向单一的选择，热力学定律表明稳态必须在低熵状况下才能保持，就是说多样性在相互平衡、制约方面的作用十分重要。人类长期大规模消耗化石能源不仅造成该品种资源的渐近枯竭，也使其产生的污染形成累积效应，直接伤害人类本身。因此，生态设计中应调整能源利用框架，考虑可再生且少污染的能源品种，包括太阳能和直接源自太阳能的初级能源，如风能、地热能等，以及以太阳能为来源但需进行转换的生物能。

生态系统发展的对策是获得"最大保护"（即力图达到对复杂生态圈结构的支持），而人类的目的则是"最大生产量"（即力图获得最高可能的产量），这两者常常是矛盾的。在能源利用上体现出，一方面努力开发多种能源保障供应；一方面充分的供应会助长消费的奢侈倾向，对舒适度的追求往往超过了正常生理要求。在制定室内热环境的舒适标准时，几度的差异将对一个地区、一个国家大量人口的能耗状况产生巨大的改变。欧美国家普遍将室温空调控制的上限定在26℃左右，而实际上很多其他国家的经验证明，30℃以内都是宜人的。如果室内设计温度增加1℃，全空调建筑冷负荷可降低10%左右。② 如今北欧部分国家已开始提倡修改温控标准，将下限调低，比如从20℃降到15℃或12℃。而人从单衣加至一件毛衣就足以御寒，既简便又节省大量能耗，可见调整人的行为方式本身就能为资源、环境保护提供巨大的支持。建筑能流输入得到控制，也就意味着总体能耗降低，这是节能的重要手段。

当然能流输入得以控制并不是与低生活水准联系在一起，而是改变浪费的生活模式。除了源头上节制外，通过技术手段使单位能量发挥最大作用，才能真正使能流节制得到相应回报，实现输入输出平衡。建筑所散失能量的90%是由门窗、墙体、屋顶及结构缝隙造成，因此改进建筑构造是保护能量的重要措施。能量管理的设备系统是高效节能的主要技术：结合节能控制管理系统（BEMS）安装如光敏器件、空调自控系统、日光监测系统等，能及时阻止热能、电能的浪费。而能效建筑真正的飞跃则需要我们超越建筑材料和构造、设备的层次，延伸至设计领域去。人类营造住所漫长的历史经验，包括近期大量的实验，都证明了通过被动式太阳能制冷制热在建筑设计上是可以达到舒适要求的，又可少用或不用化石燃料。此方法几乎不需机械设备，主要关注与太阳、空气运动的相互关系，由设计景观和建筑形式来完成。在这样的层次上，我们找到了人类住所的真正形式，它不为时尚和风格的教条所束缚，而更多得益于自然进程，并重新成为大地的一部分。

4.2.4.4　动态发展观与生命周期的设计思路

生态学家认为，环境进程（诸如侵蚀、沉降等地质活动或气候变迁等）将整个生态系统维持在一种地质时间下的流动状态，即生物圈中所有系统都是动态系统。这样，所有建成环境均会发生在人与建筑系统之间、系统与基础设施之间、建筑系统与场地生态系统之间，以及这些生态系统与生态圈中其他生态系统之间相互作用下一系列动态的变化，

---

① "内含能量"（embodied energy，或称蕴能量）是1979年由斯泰恩（R. G. Stein）和塞伯（D. Seber）提出的概念："所谓物质材料的内含能量系包括物质材料从原材料提炼到生产过程中完成所消耗的能量，转化为建筑元素所消耗的能量和进行装配所消耗的能量的总和。"在斯泰恩和塞伯所列出的内含能量数据表中，单独给出了物质材料运输至特定地段所消耗的能量，作为对内含能量概念的补充。后来许多研究者得出的材料内含能量值不尽相同，估计是计算方法和统计数据差异所致，但高低关系总体上是一致的，如金属的内含能量值就远远高于木材和砖石。研究内含能量就可以大致估算出建筑系统的能量输入。内含能量概念启示材料选择时必须考虑建材在使用过程中的节能量与生产、加工和运输装配中的耗能量结合起来辩证地看待。

② 杨经文. 绿色摩天楼的设计与规划 [M] //单军摘译. 世界建筑，1999 (2)：26.

完整的规划设计，不能把建成环境当作静态不变的系统，使其关注的问题终止在建造完成阶段。当一个建筑系统建成，并投入运营，它将与环境不断相互影响，终其整个生命全过程。按生态学的方法，设计者还应预见包括使用运作阶段及运作阶段新的需求变化，直至使用寿命终结之后的拆除再利用及对环境的影响。生态设计要求用一个整体和全面的方法管理建筑元素的能量和物质，所以有必要从概念上将每一个建成系统视作具有生命周期模式的设计系统。举例来说建成环境的物质流动就经历这样一个周期：提取—运输—加工—使用—再循环—分解。因此可以建立一个典型建成环境的全寿命周期模式，它由以下阶段构成：

（1）生产阶段的进程和活动包括今后用于建成环境的能源形式和原始材料的提取、准备和分配。

（2）营建阶段的活动从空间上讲发生在建成环境的场地上，包括建筑元素和各组成部分的装配、集合、施工，在构筑过程中材料和能量的使用以及当场的生产过程。

（3）运行或消费阶段指建成环境及其使用者在建成后的活动，包括运营、维护、修改及其他消费过程。

（4）回收阶段完成物质使用的周期循环，包括拆除、降解或再生的过程。

图 4-26 一个建成系统生命周期内费用分配

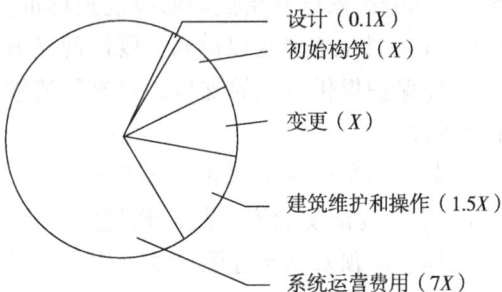

设计（0.1X）
初始构筑（X）
变更（X）
建筑维护和操作（1.5X）
系统运营费用（7X）

一幢建筑生命周期内费用分配情况如图 4-26 所示，可以看出，系统运营开销在整个生命进程中远远超过了其他阶段费用，所以这一阶段应得到特别关注。① 前期投入较低可能带来的不合理性，会引起建筑物整个寿命期内高得多的成本，其中包括环境成本。而建造前在节能、环保等方面适当增加投入或留有余地，合理预算投入与产出的关系，则可能带来更高的效益。这不仅是为用户算经济账，而且是涉及地球资源继而关乎全人类生活质量的长远打算。它也启示建筑师在建筑前期设计中要在环境效益和经济成本之间仔细权衡。

由上述可知，生态设计方法要求建筑师突破传统角色的定位，即从负责前期的规划设计，有时也包括材料的装配、房屋建成后的调整和改动任务，进一步延伸至以贯穿全部物质生命周期的设计系统与环境的生态关联来考虑问题。尽管目前实施起来还很困难，但建筑师总体负责是必须树立的目标。

重视建筑系统动态发展规律，另一方面则要求建筑能够适应时间延续所带来的变化，建筑师的设计能保证建筑"生命过程"的延续，这就直接导致对建筑灵活性的探索。借鉴汉德勒（Handler）及杨经文的研究，我们发现建筑的使用寿命受到物质性变化和功能性变化的限制。物质性变化包括结构老化、设备老化、服务系统废弃，功能性变化则包括周围环境的变化、场地废弃、技术过时、使用者需求变化等。因此，我们的建筑形式、安排、功能和立面应有能力回答运行过程中的变化并将其作为建筑表达的一部分。这既是建筑经济性的要求，也是环境经济性的要求。事实上，现代建筑发展史上出现过许多探索与建筑生命历程相关的理论和方法，比较突出的包括日本新陈代谢学派、荷兰 SAR 体系和罗杰斯主张的"适应性过程"的设计哲学等。这几种理论尽管在表述和侧重点上有所差异，但出发点基本相似，都借鉴生物学的生命系统观点，将建筑师的责任从设计初始延伸到建造和使用的各个过程，突出设计和建造的适应性和灵活性，强调使用者的参与，同时作品风格也呈现多样化。罗杰斯则从社会生态学角度清楚地阐述了这一做法的意义："更大的灵活性不可避免地使现代建筑远离既定的完美形式——如果

① 宋晔皓. 结合自然整体设计——注重生态的建筑设计研究 [D]. 北京：清华大学博士论文，1998：72.

一个社会需要的是能够适应变化的建筑，我们就必须找寻新的形式来表达变异的力量和灵活性——僵化的建筑形式扼杀了新的观念，从而阻碍社会的进化。"[1]

4.2.5　生态设计的基本原则和一般技术措施

在生态建筑的研究工作中，目标与原则的分析与把握具有重要的实践意义。生态建筑设计应具备下列基本原则：经济高效原则、环境优先原则、健康无害原则和多元共存原则。事实上，很少有建筑能对所有方面作出深入响应，而绝大多数生态设计实践都是根据其所在地域的经济条件、气候特征、文化传统等具体因素，对不同方面有所强调和侧重。

4.2.5.1　经济高效原则

对人口激增、资源衰减的形势，在所有人类活动领域内采取节约和有效利用资源的措施十分必要。建筑环境是人类活动对资源影响最为显著的领域之一，世界上约1/6的净水供应给建筑，建筑业要消耗全球40%的材料和近50%的能量，在美国，建筑生产、运行就占据了约50%的国家财富。[2] 作为资源消耗大户的建筑业采取节约高效措施是全球资源节约的重要一环，也符合生态设计经济目标的要求。

经济高效原则即指高效利用空间资源，力求建筑低成本和低能耗，概括起来包含两方面内容：节约化和集约化。

1. 节约化

对资源的节约包括开辟新资源和提高资源利用率两大部分，即"开源"和"节流"。节约化是全过程的，即这一原则贯穿从原材料的生产、运输到建筑设计、建造、运行、维护乃至拆除的每一个环节。

（1）节约能源

针对生态建筑而言，做到节约建筑制造能源（即内含能量）、节约建筑施工能源、节约运行和维护能源、节约拆除建筑的能源。针对生态化社区和城市而言，还包括节约交通能源、各类运输能源等等。

与节能相关的技术主要集中在提高能效和可再生清洁能源的开发上。前者包括改进建筑物热工性能；挖掘被动式设计手段（自然通风、采光等）促进建筑系统低能耗运营；引入新型材料、节能设备（节能照明措施、变频空调等）和智能控制系统；适当选择低内含能量建材（如木、竹、石材等）；多层次循环利用能源（废热、余热回收）等等。后者则通过再生能源，如太阳能、风能、生物能等替代传统非再生型能源的消耗，并减轻污染。

节约能源还应从源头抓起，适度降低过高消费层次，减少能源和物质材料输入，如降低采暖区集中供热下限温度，提高中央空调制冷上限温度等，都可能导致大幅度降低能耗。

（2）节约其他资源

主要包括节水、节材、节地。节水措施有：雨水储留再利用、中水回用技术，使用节水设备，选择制造时耗水少的建材等。节材措施有：重复利用旧材料、使用循环再生材料，减少无可持续来源材料的使用，使用地方材料及耐久材料等。节地措施的意义在于减少建筑物占有的生态基区，在人多地少国家是需重点考虑的内容，包括因地制宜地利用坡地、荒地，立体用地等。

延长建筑使用寿命亦是节约资源的重要出路，日本就提出以世纪为单位的时间尺度，这就促使要进一步研究抗震、抗老化、空间可改性等一系列提高房屋耐久性的技术手段。

另外，国际上流行的3R原则，即reduce（减少使用），reuse（重复使用）和recycle（循环

---

① 理查德·罗杰斯专辑 ［J］. 世界建筑导报，1997（5-6）：24.

② Brenda & Robert Vale. Green Architecture—Design for A Sustainable Future ［M］. London：Thames & Hudson Ltd.，1991：15-32.

使用）被视作节约化的重要措施。① 重复利用主要指对旧建筑进行更新、改造后再利用，对某些建筑材料、结构部件和设备进行重复利用，有效节省了材料制造、拆除建筑和运输能耗，还减少了废物量。循环利用虽需消耗一定的能量和物质，但总体上还是有利于节能节资的，因此在选材用材时要注意可循环或带可循环成分材料，同时对建筑废弃物进行处理时，重视循环的可能性，使废物资源化，如空调废热回收、废水净化回用、垃圾处理资源化等。

2. 集约化

生态设计主张精确计算、安排建筑中的各类要素，通过各专业协调和一定的智能化、高技术手段达到集约利用各类人力、物力和财力。集约化的手段主要有以下几个方面：

（1）全寿命周期原则

通过生命周期成本预算，对各类建筑元素的原始价格、运行消耗进行测算，论证生态建筑初期在节能、环保等方面适当增加投入或留有余地的合理性，预算投入与产出关系可能获得的长远效益。以上工作可以确保大众根据数字定量化的表达来接受生态设计思想。

（2）开放设计

包括专业组成的开放化和建筑设计面向未来发展的足够弹性。前者意指改变过去以建筑师为主体的设计队伍组织，而将建筑师变为协调者。设计小组将由建筑师、结构工程师、设备专家、计算机专家、环境学家，甚至业主、使用者等相关人员组合而成，每一项目组的人员构成都可能不相同，应依据工程背景、设计目标不断调整；后者则体现出一种动态设计思想，反映在技术措施上就是对建筑空间、结构、设备等要素灵活、多适性安排。总而言之，开放设计意味着专业合作、面向群众且灵活持久的设计。

（3）智能化

这是生态建筑高效运行的技术支撑，通过对各类建筑电力、安保、消防、能控、交通等设备的智能管理，形成节能、无废、安全的人工生态环境。智能化可以作为城市型生态建筑的最终目标之一。

4.2.5.2　环境优先原则

尊重自然是生态建筑设计的基本准则。建筑师要调整自己的心态，以谦逊的姿态处理自己作品与环境的关系。生态设计的环境优先原则从实际操作层面来看，包含两方面内容：人工环境的因地制宜和减少外部资源输入。

1. 人工环境的因地制宜

因地制宜意味着设计应结合场地的自然条件，最大限度地利用自然能量，趋利避害，节约土地、资源，减少人力、财力消耗。从心理上讲，这种追求与人类寻求和自然融合、创造优美景观的一贯目标相一致。气候和景观形态是共生型设计所需考虑的主要因素。

（1）设计结合气候

选择和创造与场地气候相适应的材料、构造、建筑形式和自然能利用方式。由于传统上营造人工环境是以巨大的能量消耗为代价，生态建筑技术措施中将重点突出气候调节被动系统的设计，并从更高的技术起点来增强对自然能的利用。

（2）设计结合自然景观形态

建筑物所处基地环境的地形地貌、植被动物、水体等自然因素本身就是一种资源，其中蕴含了经济、美学和环境质量等多方面价值。生态设计的环境共生观主张建造应尊重场地特点和价值，维护环境及景观要素的完整性。生态设计将从土地的成分、结构分析入手，并对坡度、

---

① 从认识论层次来讲，国际城市生态学界在 3R 原则上还增加了绿色消费（reevaluate）和保护生境（rescue）两项内容，进一步拓展了研究范围，形成更为全面的"5R 原则"。

地下水、土壤侵蚀、场地动植物资源等进行研究，以确定适当的土地利用格局、建筑分布、造型和材料、设备，以求达到顺应和改进微环境，与自然融为一体。其中结合地形、选用地方材料的做法也能起到节地、节材的作用。

2. 减少外部资源输入

减少外部能量物质输入也就意味着减少环境负荷。除了建筑系统内部采取措施优化资源利用效率外，建设自循环或部分自循环建筑系统是比较理想的出路。如近郊或农村住宅考虑将种植与养殖结合，屋顶设太阳能集热器，收集有机肥处理后作沼气燃料，雨水、废水处理后再回用，垃圾进行生化处理后供肥田等；城市地区则为住户提供大小适宜的庭院，种植花木、果蔬，发展城市园艺，达到部分的自给自足。城市自足型设计的核心是再生能源利用技术和物质循环再生技术。

4.2.5.3　健康无害原则

健康无害是生态设计另一重要原则，其关注的范围已突破以人的需求为基准的传统模式，还包括了对地球生态、场地环境生态质量的考虑。

1. 对地球生态无害化

主要是通过材料设备、能源形式和运行方式的选择等，达到缓解温室效应、酸雨、森林减少等地球环境恶化现象的目的。如节约常规能源，发展清洁能源，选择内含能量少的材料；减少热带森林木材使用量，使用木材代用品；重复利用旧材料；选用制造时排放 CO_2、SO_2、H_2S、CFC_s、N_2O 及其他有毒物质少的材料；选择工业废弃物生产出的建材；设计循环系统使建筑运行中多一些循环，少一些废物排放；提倡节俭、循环的新生活方式，反对物质至上，如增加公共交通、步行、自行车出行量，少用一次性产品，垃圾分类回收等都将有利于地球环保目标的实现。

2. 对场地环境生态的无害

关注场地价值，精心处理建造对场地的可能影响，对植被、动物、水系等进行深入安排，如布置植被和可渗透性铺地，补充地下水；尽量不大挖大填去改造地形，实现土方平衡，根据条件设计地下、半地下的覆土建筑；在生态敏感区进行施工时少用大型机械；保护当地特有的物种和生态系统；施工中采取措施减少固体垃圾和废气、废液排放等。[①]

3. 健康舒适的人居环境

建筑环境的品质直接关系到人们生活、工作的质量，生态设计在考虑与外部环境和谐共处时，对使用者应给予足够的关心。设计的措施主要体现在以下几个方面：

（1）输入无害化：选择无毒性和少挥发成分的材料，防范和降低建筑物供热制冷和空调系统使用中可能造成的污染。

（2）输出无害化：包括良好的通风系统，及时排出浊气，生活废弃物无害化处理，合理配种室内绿化以吸收过多的 CO_2 和有毒气体等。

（3）被动式设计优先，结合环境控制设备创造宜人的室内温、湿度和光、声环境。

（4）合理的空间布局，注重人的心理需求，营造符合人性人情的空间环境。

（5）满足多层次使用者的要求，设计中尤其关注那些弱势人群，如老人、儿童、残疾人。

（6）关注人类自我控制环境的能力，设备和装置应方便操作。

（7）有效的安全系统和便利的通信系统。

（8）结合景观生态进行设计，实现人工环境的自然化。

4.2.5.4　多元共存原则

该原则主要反映生态设计的文化观。吴良镛先生曾指出："21世纪的建筑在面临着两大危

---

① 王朝晖. 中国可持续建筑理论框架与适用技术的探讨 [D]. 北京：清华大学博士论文，1999：18-23.

机——生态危机和精神危机的状况下，其发展有两种基本趋势：首先是人与自然和谐共处，其次是科学技术与人文的结合——注重新技术对推动建筑发展的积极作用的同时尊重文化，弘扬文化。"① 生态建筑作为实现可持续发展的具体措施之一，有责任为延续地方文化、实现全球文化多样性作贡献。其手段包括：传统街区、乡土聚落特色的保护和继承；适宜的传统和地方建造技术的延续；利用地方建材表达地区特色；吸引当地居民参与设计、建设；创造多样化的人口结构、生活方式，保持社区活力等等，见表4-1。

生态设计考虑维持文化多元性的措施　　　　　　　　　　　　　　　表4-1

	概念	措施
继承历史	①对城市历史地段和乡土聚落特色的继承 ②与传统建筑技术结合	• 对有历史价值的古建筑妥善保护 • 传统街区、地段和民居的保全和再生 • 对具有地方特色的景观进行保护和利用 • 保护和继承适宜的地方建造技术 • 传统建筑材料的再利用 • 传统建筑文化中朴素的生态思想和有价值的设计原则的继承和发扬
新旧融合	①与城市肌理融合 ②对标志性景观及风景名胜区进行保护和利用	• 与历史城市环境尺度和轮廓线相协调 • 维持原有城市街区和乡村自然生长的有机性 • 适度的容量开发 • 对土地、资源、交通适度利用 • 城市标志性景观共享 • 继承的同时积极创造城市新景观
复兴地区文化	①尊重当地居民的生活方式 ②鼓励居民参与设计 ③创造多样化的人口结构和生活方式，保持城市活力	• 考虑当地传统生产方式、贸易方式 • 尊重传统风俗、伦理制度、信仰及日常生活习惯 • 更新过程中，保护居民对原有地区的认知特征物（建筑、景观、标志物） • 创造各种形式的城市交往空间 • 鼓励居民参与设计，使方案更贴近当地文化和生活 • 继承传统和地方特色，创造有归属感的建筑环境

4.2.6　生态建筑设计研究的层级关系

任何事物都是普遍联系的，生态设计所涉及的对象，如区域、城市、组群、单体建筑等都并非孤立存在，既各自相对独立又处在相互关联而构成的网络中。任何规模的建造，只有将其置于更大的范围去认识，才能辨清彼此间的关系，这就是设计的层级问题。

生态设计层次划分并非是唯一的，如可按服务对象，按设计阶段，按地理尺度等去划分。多样性的划分有助于我们从不同角度探讨建筑系统的本质。

美国加利福尼亚理工大学的莱尔教授将人文生态系统划分成从大到小七个层次：①地球（whole earth）；②次大陆（subcontinent）；③区域（region）；④规划单元（plan unit）；⑤项目（project）；⑥场地（site）；⑦建造（construction）等，可作为基于生态观的设计不同层次的关注范围。② 谈及生态系统，最宏观的范围往往是全球性战略，拿资源来讲，考虑的终极是基于"只有一个地球"的认识，因此以地球作为生态设计关注范围的最大关系框架是恰当的。从项目到场地再到建造层次，逐步深入到更细致、更特殊的形式和细部的改变，中间的次大陆、区域、规划单元层次，对应于通常的大尺度概念。

就狭义的单体建筑而言，这一尺度的设计以工程和产品为取向，比较微观和具体，涉及人

---

① 吴良镛. 广义建筑学 [M]. 北京：清华大学出版社，1989.
② J. T. Lyle. Design for Human Ecosystems [M]. New York：Van Nostrand Reinhold Company，1986：5.

文生态系统中的项目、场地、建造三个层次。

有学者则根据城市设计的对象和地理范围，将城市生态设计的空间分为三个层次，即区域—城市级、分区级和地段级，分别对应于城市化地区的物质形态和空间设计、城市中功能相对独立街区的规划设计及特定建筑项目的开发设计。①

生态设计层级构成的特点在于突破以往单向"线性设计"方法，以一种由整体到局部，从局部看整体，全面联系的观点对待建筑活动。正如 AIA 会长苏珊·玛克斯曼（Susan Maxman）女士所说："建筑学远非建筑物形象设计，我们需要一张大的环境图，透过树木看到森林，我们必须面向未来，致力保护这些森林和每一株树。建筑师的任务不止于设计单幢房屋，而要设计整个环境。"②

由宏观看，生态建筑放眼全球环境，放眼国土和区域，同时又直接关注与人密切相关的小环境，关注人的健康，但处处体现环境与整体优先原则，服从全球生存需要。

综上所述，可以初步确定生态设计所涉及的基本层次：

（1）全球级设计对策：主要从全球环保角度考虑建筑寿命周期内的设计对策；

（2）区域级设计对策：从国土合理化使用和提高区域环境质量的角度来确定生态设计对策；

（3）地段级设计对策：从建筑实体、细部及周围微环境塑造方面着手。

生态设计的三个层次各有其响应的具体对策：全球级设计对策包括控制温室气体排放、建立绿色生活规范、高效利用资源等；区域级设计结合地域生态保护，进行废弃土地的生态恢复、水域开发和保护、开敞空间的生态工程建设等；地段级生态设计着眼于建筑单体如何给使用者带来生理、心理影响，注重空间、小气候、视觉因素的研究。

这三个层次隶属于宏、中、微观三个方面，由高及低，是一种整体与部分、系统与要素间的关系，其中高层次作为整体制约着低层次，低层次构成高层次，但有自身的相对独立性。生态设计首先立足于全球环保目标，只有大环境条件改善，才能直接利于建立良好的区域环境，并最终提供适宜的小气候环境和健康的居住条件。例如，我国目前90座主要城市空气中 CO_2 含量年均值小于 $0.02mg/m^3$ 的城市只占1/9，华中地区酸雨出现频率达80%以上，这种背景下，很难保证建筑基地有良好的空气品质，这说明了高层次对低层次的制约。当然不能否认可以通过微观层面上的技术手段，如构造手段建立气候缓冲层，屏蔽外界某些因素的不良影响。

因此，创造一个好的人居环境，需要考虑多层次、多要素的协同整合作用。如就改善空气品质而言，就可以通过生态设计三个层次的对策来实现：从全球环保角度出发，倡导绿色生活方式，遏止大量垃圾产生，限制某些设备的使用，改善能源结构和严格施工规范以减少硫化物、烟尘及氟利昂含量，此外要控制天然林木制品使用量，尤其要慎用对全球生态保护有重大意义的热带林木；从区域级的角度出发，应注意城市原生及次生自然绿地系统的保存，水系的维护和利用；地段级层次的设计应保护基地原有绿化，并结合室内外绿化配置，净化空气。三个层面统一作用，才能有效实现目标。

显然，研究生态设计层级性的目的，在于寻找有效的认识途径，并针对不同层次选择相应的设计方法和技术措施。

4.2.7 小结

就具体实施途径来说，生态设计并不是很新的思维，从人们认识南向开窗获得舒适温度开始它就已存在。真正让我们感到有新意的是将这种"绿色方式"作为一个整体运用到设计中去，考虑如何建造一个有利于维持与自然平衡关系的建筑。尽管我们周围的许多建筑都包含生态化

① 董卫，王建国. 可持续发展的城市和建筑设计 [M]. 南京：东南大学出版社，1999：32.
② Laura C. Zeiher. The Ecology of Architecture [M]. NewYork：Whitney Library of Design，1996：46.

的特征，却很少有建筑真正从整体的观念去把握它。

受社会、经济、政治宗教、价值观及技术发展水平诸方面因素影响，世界各地建筑师目前在探寻建筑生态化道路中，所选择的方法不尽相同，严格意义上讲，其中多数作品并不能称作生态建筑，只是从不同侧面和不同手段出发考虑了相应的生态对策。到底什么样的建筑才算作生态建筑，迄今为止国际上并无统一标准，较为客观的看法是，在相对固定的基本原则下，评估项目和指标选择根据各地具体背景而定，不追求全球一致。

本节所论述的四项生态设计原则，在实际工作中应视作一个整体来考虑，直接的表现就是技术的合成。建筑设计的思路和措施起码在以上原则的某方面或某几方面有所反映，而其他方面又无重大缺陷，才有可能产生生态建筑。同时为有效推广这一营建新方式，可以像智能建筑和住宅性能评估那样进行分级，如根据建设目标、技术状况、资金条件等设立基本型或提高型标准，鼓励分阶段渐进式的发展。

4.3 当代中国的生态建筑设计理论与实践

中国建筑界对生态建筑（包括可持续建筑，绿色建筑）的研究和实践至今仍处于初级阶段，既未形成完整体系，又缺乏系统的方法论的指导，进而导致实践的滞后。尽管如此，当代不少学者和建筑师并不缺乏生态敏感性，对建筑师所应承担的社会责任的认识也是清醒的，在他们的不懈努力下，已逐步在专业领域和社会范围内引发了对建设与环境关系的再思考，并最终确立了以可持续发展为指导的中国建筑的方向。

4.3.1 理论研究

我国有关生态设计的理论和应用研究一开始就带有强烈的实用性和经济性。自20世纪70年代起至20世纪80年代中期，研究的主题首先集中于太阳能应用和建筑节能方面，明显受当时全球能源危机及国际建筑界此类创作的影响。有关大学、研究所在政府支持下，取得了一定成果，如制定《民用建筑节能设计标准》（JGJ26—1986），三北地区农村太阳房试验，研制新型墙体保温隔热材料等，并在20世纪80年代初期形成一股节能研究热潮。建筑技术人员进行的研究工作实在、具体，操作性强，但局限于能源消耗层面的探讨而忽略了对建筑与环境关系的全面把握。

4.3.1.1 学者的工作

1982年清华大学李道增在《世界建筑》上发表《重视生态原则在规划中的运用》一文，这是我国建筑师第一次全面关注生态问题。而当时中国理论界普遍热衷于改革开放后西方各种建筑艺术思潮的介绍和引入，极少有人去思考有关人类生存的基本问题。文章首先介绍了中国川西农村和菲律宾马雅农场的基本生态循环，指出两者利用生产和生活废物（粪便、肉类加工厂排出的废水）转化为能源（沼气）或再生物质（肥料）而加以充分利用，形成类似自然界物质与能的密闭循环系统，不仅投资少，技术简单易行，对环境污染也最小，是解决能源、改善环境一举两得的极好措施。作者又举例论证西方近代文明的人为体系所造成的严重环境问题，指出由于人们违背了自然规律导致"技术圈"对"生态圈"的冲击，即：技术本身发展的方向缺乏生态观的引导。这些问题今天看并不新鲜，但在当时却很少有建筑师感兴趣。在介绍了国外学者对现今人为体系的看法后，作者引介和论证了八项生物控制原则，指出它普遍适用于从单细胞生物直至大的生态体系，并认为作为生物圈一个部分的人为体系，也应遵循这些原则：①需要以负反馈来控制事物的生长；②生长是为了达到其发挥功能的最佳状态；③功能也要能按需要进行转换而非只面向几种产品；④东方传统拳术可采用的原则；⑤一箭双雕，多用途原则；⑥循环原则；⑦共生的原则；⑧保证人与大自然的健康是根本，这些原则无疑与生态设计思想有许多共同之处。李道增最后指出："生态学是涉及战略性的大问题，而城乡规划、建筑设计作为环境改造的战术始终要服从于战略，我们必须对生态原则在规划中的运用加以重视。"①

继李道增之后，高亦兰则向国内学术界全面介绍了当时美国最前卫和大胆的生态设计试验——保罗·索勒里的阿科桑底城规划。索勒里试验的核心在于通过建立高度密集的按三度空间堆积的城市结构和发挥太阳能的资源作用，使城市功能效益增至最大，同时将能源和原料的消耗和土地占用减至最小，并促进居民间的密切交流。② 文章所描述的解决城市生态环境问题的独特途径和各种被动式环境控制技术引起不少人的兴趣。然而此后，相当长时间内这一话题却又走向沉寂，建筑论坛上甚嚣尘上的是各类"主义"、"思潮"和"流派"，探讨的是艺术形式和哲学思辨的内容。与此同时，大规模基本建设刺激下极度膨胀的设计市场狂热追逐着经济利益，根本无暇去思考建筑师的社会责任和关注环境问题，国内建筑界刚刚萌发的生态意识在理论和实践上都失去了进一步发展的机会，客观上导致许多无可挽回的建设性破坏。

直至20世纪90年代中期，针对前一阶段无序建设所产生的严重的资源浪费和环境破坏，有远见的学者大声疾呼："我国城市建设正面临着严重的生态危机，这将直接影响城市的生存，迫切需要生态学的指导以期实现新的平衡。"③ 严峻的形势和全球可持续发展目标推动着我国学术界开始加快生态建筑学及其相关领域研究的步伐，在借鉴国外先进成果基础上，结合我国国情，掀起了新一轮研究热潮，其广度与深度，都是前所未有的。

1994年我国政府发布了《中国21世纪议程》，表明中国在促进环境保护和发展方面的决心与行动。以环境改造为专业实践对象的建筑界对此作出了积极的响应，希望以此为契机推动建筑业健康发展。国家自然科学基金陆续资助了一批与人类居住环境、城市更新与发展、地区建筑环境、自然景观开发等相关的科研项目，并组织召开多届青年学者人居环境科学研讨会，汇集我国建筑界在城市、生态、建成环境问题和可持续发展方面的研究成果，在国内引起相当大的反响，客观上推动了该领域研究工作的发展。

国内不少学者进行了杰出的理论探索，他们凭借开阔的视野、扎实的理论功底和强大的科研能力，为建立中国自己的生态建筑（可持续建筑、绿色建筑理论）体系进行着不懈的努力，其成果往往在国内起到了引导和示范作用。

东南大学刘先觉早在20世纪90年代中期就捕捉到这一学科发展的前沿课题，经过系统研究总结后，率先明确了生态建筑学的概念内涵和跨学科研究的专业范围，指出生态建筑学关心的不是生态学的全部内容，而是其中的一部分，即：①建筑设计相关的生态因素，那些动态的相互作用的、有规律的、限制性的因素；②要确立生态平衡观点及其两个原则：整体有序和循环再生原则。生态建筑学的目的就是结合生态学原理和生态决定因素，在建筑设计领域谋求解决工业革命后城市化发展所造成的环境问题，并从理论探索、建设实践和方法措施三方面探讨如何改善人类聚居环境，达到自然、社会、经济效益三者的统一。④

张钦楠将20世纪末中国建筑创作的几项重要选择第一条列为环境，号召"把环境与社会的持久性列为我们职业实践及责任的核心"。在论述了全球气候环境、居室卫生及人文环境的现状后，指出从国际经验看，中国可以作的选择主要有：①树立"持续发展"观念，掌握有关的环境设计的知识及方法；②坚持并改善各种建筑节能的措施，提高建筑物的能源利用率；③妥善

---

① 李道增. 重视生态原则在规划设计中的应用 [J]. 世界建筑，1982（2）：67-71.
② 高亦兰. 保罗·索勒里和他的阿科桑底城 [J]. 世界建筑，1985（5）：80-83.
③ 刘先觉. 现代城市发展中面临的生态建筑学新课题 [J]. 建筑学报，1995（2）：11.
④ 刘先觉. 现代城市发展中面临的生态建筑学新课题 [J]. 建筑学报，1995（2）：11.

选择建筑及装饰材料，配合建材部门发展各种无害材料；④在城市及建筑设计中，推行合理的多功能组合，防止片面地强调单一的功能分区，各种建筑内部，也根据需要和条件考虑便利人民生活的多功能化；⑤做好绿化设计，保护原有的自然及生态环境；⑥制定更完善的室内外环境保护及建筑节能规范。①

鲍家声提出，新的发展观（可持续发展观）要求我们建立新的建筑观——可持续发展的建筑观、生态建筑观。我们的实际行动则是要走向尊重自然的建筑，改变人的中心论，尽量少伤害地球；走向集约化设计，建筑行业必须从粗放型走向集约型，提倡设计的高效性、经济性和科技含量；走向开放的建筑，建筑是有机的活性体系，为了适应环境变化，一定要具有灵活可变的适应性体系；走向跨学科的建筑设计，跳出传统专业知识的封闭，走向学科交叉网络等等。②

吴良镛则提出应跳出就建筑论建筑的传统模式，广义地看待建筑问题，把建筑与城市、社会发展作为整体来关注。建筑应从地域规划走向全球空间观念与规划，城市化必须从属于以下原则：讲求空间的经济性特别保护肥沃土地，讲求社会时间的经济，能源的经济，材料特别是稀有材料的经济；绿色系统的发展与节约水的耗费；探求区域城市化模型，以保证环境的和谐，并制止过分集中；技术与社会基础设施的合理布局。③

针对20世纪城市与建筑发展存在的问题，张祖刚提出要落实综合系统的持续发展，其主要内容可用12个字概括："平衡生态、适宜人民、富有文化"，三者要三位一体，只落实某一方面的内容，是达不到可持续发展目的的，强调21世纪要着重解决大多数人生存的工作生活环境问题。④

4.3.1.2 研究型设计

除了基本概念、原则层面的理论架构外，国内学术界还开展了一系列针对性的应用设计研究，比较突出的就是对生态化设计的地方性、本土化问题的探索和推广。

吴良镛经过多年研究，就北京这类有着丰富历史遗产的大城市更新改造中的种种问题，提出了"有机更新"的可持续城市发展理论，即采用适当的规模和尺度，根据改造的内容和要求，妥善处理当前需要与未来发展的关系，不断提高规划设计质量，使每一片的发展达到相对的完整性，集无数相对完整之和，即能促进北京旧城整体环境的改善。⑤吴先生根据这一理论，在分析城市结构、聚居形态和居住模式基础上，提出了符合北京历史风貌的"类四合院"和"合院体系"，将"有机更新"非常自然地引向"有机秩序"，在城市的肌理上使继承和发展得到了有机的统一。其实践作品菊儿胡同改造的成功标志着中国可持续发展理论指导下人居研究工作已经逐步展开。

西北地区有着丰富的建筑文化和形态，其独特的气候、地形特点，孕育出对自然环境、气候特点非常敏感、非常吻合的建筑观。以此为基地的西安建筑科技大学结合窑洞改造在建筑节能、节地方面进行了引人注目的研究。夏云、夏葵所著《节能节地建筑》一书，陈述了我国当前人口、用地、建筑能耗面临的严峻形势，提出了未来的建筑出路：上天、下海、入地，发展节能节地有利于生态平衡的新型建筑。实现这一目标的途径是：综合用能与绿化相结合，加强节能与自然空调相结合，发展掩土建筑与地下空间，同时指出发展节能节地建筑是中国的实际需要，但决不意味着要人们生活在低标准狭窄的空间里，"而是预示着人类将不断以新的科技手

① 张钦楠. 环境·效益·形式——世纪末中国建筑创作的几项重要选择 [J]. 建筑学报, 1994（1）：15-19.
② 鲍家声. 可持续发展与建筑的未来 [J]. 建筑学报, 1997（10）：44-47.
③ 吴良镛. 开拓面向21世纪的人居环境学 [J]. 建筑学报, 1995（03）：14.
④ 张祖刚. 城市与建筑发展趋势 [J]. 建筑学报, 2000（1）：10.
⑤ 方可. 当代北京旧城更新 [M]. 北京：中国建筑工业出版社, 2000.

段充分利用洁净、安全、永存的太阳能及其他新能源取代终将枯竭的常规能源，并以美观的形象、适宜的密度、地上地下和海上陆地相结合的建筑群为人们创造美好的生活空间与环境。"[①]全书介绍了节能节地建筑的基本原则和基础知识，对建筑中多用途应用太阳能、被动式太阳房的改进措施、建筑绿化、能量贮存、掩土建筑、节能节地建筑优化组合系统进行了分析探讨。

将这一思想发展，夏云、夏葵进而探讨了生态建筑与建筑的持续发展问题，提出可持续建筑的10条40字原则：综合用能、多能转换、立体用地、自然空间、立体绿化、生态平衡、弘扬文脉、素质培养、持续发展、美观、卫生、安全，这可视作国内首次对可持续建筑概念内涵提出构想。[②]

令人欣喜的是，已有愈来愈多的学者和机构开始关注这一课题，并推出一批有价值的研究型设计成果，如香港地区结构紧凑型建筑生态模式（图4-27）、欣怡花园（香港房屋建筑署）；上海北外滩都市形态设计资源利用方案（同济大学）；生态型办公楼、绿色里弄（图4-28，清华大学）；多功能立体生态楼（赵冰）；夏热冬冷地区住宅被动式技术研究（重庆大学）；喀斯特地貌区城市与建筑发展的生态优化（吴继武、毛刚）；环保住宅（张永和）（图4-29）等，表明我国此类研究正朝着解决具体问题和实证操作的方向发展。

图4-27　香港将军澳生态村模型（远处）（左）

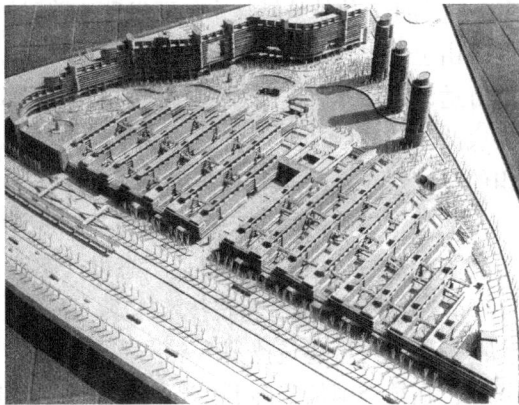

图4-28　绿色里弄：上海住区国际竞赛获奖作品（右）

4.3.1.3　高校与出版界的贡献

在理论研究的大军中，高等院校是中流砥柱。近年来，清华大学、东南大学、同济大学、天津大学、华南理工大学、西安建筑科技大学、重庆大学等国内知名高校建筑院系，纷纷投入雄厚师资和财力、设备对建筑与环境关系开展广泛研究，不少研究生以此为题撰写学位论文，反映出这一方向后继有人。所涉及的内容丰富，包括：

图4-29　张永和：竹宅

居住建筑节能设计理论、地方建筑学、欠发达地区传统民居集落改造模式、发达地区城市化进程中的环境保护与发展、中国人居环境研究、太阳能建筑设计、气候与建筑形态研究等等。国家自然科学基金立足这一学科前沿，于1996年资助了西安建筑科技大学申报的"九五"重点课题——"绿色建筑体系与住区模式研究"，表明国家对建筑业要在保护资源与环境前提下寻求持久发展观点的肯定，并以此作为学科定位和发展方向，也标志着中国绿色建筑的研究已正式开始。

---

① 夏云，夏葵. 节能节地建筑基础 [M]. 西安：陕西科学技术出版社，1994.
② 王朝晖. 中国可持续建筑理论框架与适用技术的探讨 [D]. 北京：清华大学博士论文，1999：83-84.

各类建筑学科杂志上，有关生态建筑、绿色建筑、可持续建筑的论文层出不穷，《建筑学报》、《世界建筑》、《华中建筑》等行业内核心期刊都曾数次编发专辑，对国内这股研究热潮起到了推波助澜的作用。就目前总的形势来看，尽管尚未形成完整的体系，但理论上的全面探讨已经展开。

4.3.2　设计实践与技术应用状况

与如火如荼的理论探讨相比，生态设计的实践工作则相对滞后。理论建构、学术梳理与实证操作、案例试验的脱节势必会影响理论的深入和实践的推广，这是国内生态设计研究面临的难点，但同时也是研究的生长点和突破点。

中国生态设计实践的起点是有关节能、低能耗建筑和农村太阳房的试验，一方面受 20 世纪 70 年代国际建筑界环境与能源意识兴起的影响；另一方面则是结合中国的资源状况、经济条件所进行的选择。但这一实践方向远未引起足够的关注。大量借鉴的依然是西方一些高能耗、高污染、重形式的建筑模式。对外来形式生吞活剥式的吸收，完全不顾本土环境、资源及文化特征，其后果是相当一段时间内创作思路混乱及由此带来的建设性破坏。20 世纪 80 年代中期后，随着城乡侵占耕地严重，能源、土地、人口之间矛盾激烈，节能节地逐步成为建筑设计所考虑的重要内容。同时，建筑师们开始利用现代技术手段对传统民居进行改造，获得不少经验，掀起民居研究的热潮，另外，也注意到传统民居中合乎生态理念的方面，试图通过挖掘、利用其中的合理内涵，为现代生活服务。这期间，传统地域技术的开发和改善民居的生活条件成为研究和实践的主要内容。

由上看出，早期的实践基本还是潜意识的，主要局限在节能节地或运用合理经济的手段创造舒适的生活条件，触及的仅是生态建设部分层面的内容和技术手段，靠这种常规思路并不能彻底改善建造活动与环境、资源保护间的矛盾关系，必须树立一种新的基于资源与环境危机意识的设计观。

随着世界范围内生态运动的普及和我国建筑理论界研究的逐步深入，生态设计实践的步伐加快了，范围也拓宽了，目前生态设计实践在以下几个方面表现较为突出：

4.3.2.1　节约型建筑技术体系

发展节约型建筑技术体系，实现低度消耗资源，一直是我国注重生态的设计所坚持的传统领域，在结合国情基础上，节能、节水、节地、节材的工作开展比较深入。

节能实践重点集中于开源与节流两大方面。开源指积极寻找替代能源、清洁能源进行太阳能、风能、水力能和地热地冷等开发利用的试验工程。太阳房是一种技术较为成熟的利用可再生能源、有可持续发展前途的手段，我国目前在东北、西北、华北及西南等地区建设了大量太阳房、节能房、掩土太阳房等，建筑类型包括住宅、学校、办公楼、游泳馆等。在设计理论（含 CAD）、新材料试用（含相变贮热、选择性吸热涂层）及实践效果上均取得可喜的成绩。经过近 20 年的研究和开发，风能发电在风力资源丰富地区如西北部和西部，尤其是少数民族地区发展势头强劲，已成为常规能源外第二大能源，为这些地区分散化、自足型民宅提供了方便、有效的能源供给。我国华北、东北、闽粤沿海一带中低温地热资源丰富，利用地热和地冷来降低采暖制冷负荷，甚而直接取代空调设备，改善室内热环境是近年来发展起来的新技术，在天津、番禺、徐州、福州等地已陆续建成一批试点工程。

节流方面的探索包括进一步改善围护结构热工性能，推广热泵、供热采暖计量系统等节能设备，改进建筑规划与设计方法等。建筑节能技术已成为我国生态建筑技术中最主要的部分，如果善于结合其他生态化设计手段，将能更好地发挥其对保护资源、改善环境所起的积极作用。多年来，有关科研单位在单一材料墙体保温和开发新型外墙复合保温材料方面取得多项成果并加以推广。建材领域大力发展多孔砖和以粉煤灰、煤矸石、浮石、陶粒为原料生产的混凝土空心砌块及加气混凝土，取代实心黏土砖用作单墙体材料。由于外保温能有效防止热桥现象，提高保温隔热效果，因此近年来对外墙外保温和倒置式屋面的构造和材料也加大了研究和实践力度，如由冶金系统所属单位研制的纤维增强聚苯乙烯复合板用于旧房改造、建筑物加层、工业与民用建筑外保温，其材性和构造都达到国际同类做法的先进水平。节能墙体屋面材料发展的关键是研制和推广一种由结构材料、廉价的高性能保温材料和耐久性好的护面材料形成的"三明治"式复合材料制品，技术上是可行的，关键在于实现产品由实验室向市场的转化。推广具有节能、密封、隔声等性能优良的 PVC 全塑窗、彩色涂层钢板窗、注胶阻断型保温铝合金窗、铝塑共挤节能保温窗及门窗密封条、保温窗帘等产品。为提高供暖系统热效率，开发了计算机控制水力平衡技术，缓解因管网水平水力失调造成的室温不均，还在部分地区推广智能采暖系统量化管理、供暖按户计量系统、供热管道保温技术等，"九五"期间将采暖地区能耗在 20 世纪 80 年代初住宅通用设计能耗水平的基础上降低 50%。

在采暖区城市，兴建了不少试点节能小区，如北京恩济里、方庄居住小区、安苑北里北区、天津谊景小区、哈尔滨嵩山小区、沈阳泽工里小区、西安秦宝小区等。许多省市建起了节能试点建筑，哈尔滨、北京等地还组织了旧建筑节能改造试点。

我国已正式全面推行"中国绿色照明工程"实施方案，有关部门开展了卤钨灯、荧光灯（含直管型、环型、紧凑型和异型）、高强度气体放电灯、灯用电器附件（镇流器、变压器）、灯具、配线器材及控光设备和器件等多项研究，推广了 T7、T8 直管型荧光灯、电子镇流器等，开发出中国小康型城市住宅系列节能照明灯具。某些智能办公楼的楼宇自动系统（BAS）中还开始尝试使用各类先进的传感器、调光设备和控光器，以求综合高效节电。

目前，建筑节能的实践已由传统的"减少能源消耗量"、"在建筑中保存能源"逐步转向"提高建筑中能源利用效率"这种积极的方式。

在节水方面，部分城市正在逐步推广中水回用系统，有的城市（如北京、深圳）还对中水设施的设计、施工作出了规定。此外，雨水冷却水循环利用系统进行试点，由中德合作的"北京城区雨洪控制与利用"项目已进入具体实施阶段，已在海淀区天秀园、双紫园小区及地质工程勘测院内建立了示范区，于屋顶、庭院、绿地和道路上建立雨水收集、传输、处理和利用系统，示范区经监测合格后，争取 3 年内在全市普及。北京市民将能够用雨水循环利用系统实现雨水冲厕、喷洒路面、洗车、涵养地下水。据称，该项工程全面实施后，可减少 40% 用水量。国家还大力推广各类节水设施，如节水型龙头、一次冲洗量 6L 的坐便器等的使用。①

节约土地尤其是耕地是我国一项基本国策，国家已颁布有关城市规划、国土规划中节约耕地的标准和法规。在规划设计中，有多种节约土地的做法，如探讨低层高密度、高层高密度、集约式住宅、地下浅层空间开发等设计方案。向天空要地，屋顶绿化还绿于民、还地于民的做法已有不少。另外，国家试点住宅小区中节地探索成果也颇为丰富，如合肥琥珀山庄小区、北京小营四区、昆明西华里小区、广州江湾新城、上海三林苑等，采取了缩小面宽、加大进深、北向退台、降低层高、空间垂直利用等多项措施。针对建材行业烧砖毁田严重的现象，国家有关部门已正式发文规定自 2000 年 6 月 1 日起逐步限时禁止在新建城市住宅中使用实心黏土砖，是保护耕地资源的重大举措。

与国际建筑界资源重复利用和再生利用的水平相比，我国建筑界此类意识普遍不强，做法少，水平低。20 世纪 60 年代广州搞的北园和泮溪酒家，曾利用旧装修门窗材料，是资源循环利用的好实例，可惜相当长时间内没有得到普遍响应。近两年，这种情况有所改观。建材生产中，各类用废渣制成的砌块、骨料、玻璃、水泥的用量正逐步加大；除了废旧建筑的木材、橡胶、钢、铝等材料进行回收再生外，建筑结构、空间经过改造装修重新利用的实例亦开始增多。

---

① 以上材料参考：中国建筑业协会居住节能专业委员会编著. 建筑节能技术［M］. 北京：中国计划出版社，1996；柳孝图. 城市物理环境与可持续发展［M］. 南京：东南大学出版社，1999；顾国维编. 绿色技术及其应用［M］. 上海：同济大学出版社，2000 等.

4.3.2.2 传统民居开发

我国广大区域的民居形态，是就地取材、造价经济、技术可行、节地节能、生态良性循环的典型范例。但特定生产力条件和经济、技术背景下产生的民居如今面临着诸多与现代生活需求相冲突处，开发目的正是为了合理解决这些矛盾，保障民居可持续利用。作为中国生态建筑设计实践的重要内容，我国建筑师一直就十分关注传统民居布局和技术改造这一课题，并已累积了丰富的理论和实践经验，如传统窑洞建筑再利用和改造、福建资源生态型土楼研究、上海新里弄、皖南村落生态环境保存和改善研究等，采取的手段多种多样，主要的切入点在于提升和改造地域设计手段。

以传统窑洞为例，其主要缺陷表现在：①通风性差，潮湿，采光日照不足；②建设周期长，缺乏整体规划，造成土地浪费；③基础设施不完善，道路交通不成系统；④结构上不利于抗震。西安建筑科技大学有关研究小组，在多年窑洞改造实践基础上，于1996年提出了"黄土高原绿色住区模式"，致力于全面改善黄土高原的建筑生态环境（具体参见本书10.4.4.4 中国黄土高原住区的探索）。研究的目标是从黄土高原住区入手，以基本聚居单位为突破点，为更大的全方位的战略部署提供理论依据和思维方式，主要方法是控制论。基于我国国情，提出"节约资源、适度消费、注重内涵开发、实施总体调控、大力保护环境、贯彻生态建筑"的黄土高原住区发展模式总方针。研究将建立起绿色住区生长的良性循环机制，用构造设计学的概念改善居住标准，综合运用的适宜性绿色技术包括：地上与地下联合开发以缓解人们长期居住地下而形成的心理偏见和不易交流状况；充分利用地能、风能、太阳能的自调节体系，用构造方法设计自然空调系统，如"隔污除湿换气自调节系统"达到建筑物具有保温、隔热、蓄能、物质供给和调节小气候的功能；强化绿化系统，用蛭石锯末等轻质材料掺适量黄土铺设成种植层。同时还引入了特隆贝（Trombe）集热墙间接得热系统进一步改善室内热环境。陕北枣园村规划中，就综合上述观念及技术进行了典型院落和单体窑洞的设计。[①]

厦门大学的研究人员在对福建永定承启楼的改造中，探索了民居资源型改造利用的途径。方案将内通式走廊改为单元式公寓，底楼改作厨房餐厅，增加私密性；在结构、节能、防火方面，除吸取土楼固有优点外，还利用当地盛产的石灰和壳灰以1∶1.5~1∶2.5的灰砂包于固有墙体配料方法配制的生土墙体外面一起夯筑，结硬后形成一层类似水泥固化表面，使其不但能抵抗暴风雨侵袭，延长土楼寿命，还可令土墙吸水量减少，降低居住空间的湿度；组织对流风；设置水塔、过滤池、水井、蓄水沟，既净化了水质，又对院内气候起到调节作用；屋顶设养鱼池；每户2m²的太阳能集热板可供一家六口一天洗澡用，而每户6m²的沼气池可供日用炊事和照明。改进后的土楼，夏季白天平均气温比室外低3~6℃，冬季夜间比室外高5~10℃，可谓冬温夏凉的资源型生态圆土楼（图4-30）。[②]

由于我国传统民居多集中于欠发达的农村，受各种条件制约，这类地区居住建筑的生态化建设中，本着花钱不多，就地取材原则，从低技术改造和运用入手，达到逐步改善、发展目的，从中可以反映出我国生态化设计理论与实践（尤其是实践）所特有的务实态度。

4.3.2.3 地域性新建筑与生态化措施

长期以来，不少建筑师致力于创作反映时代特征的地域性新建筑，其中包含着众多具有生态意识的设计观念。正如吴良镛先生所言："提倡乡土建筑，不仅着眼于建筑艺术问题，更有合理利用人力物力和资源的因素。"[③]从这个角度出发，生态建筑应当是地方性十足的建筑。

① 王竹，周庆华. 为拥有可持续发展的家园设计 [J]. 建筑学报，1996（5）：33-38.
② 蔡济世. 资源型生态圆土楼 [J]. 建筑学报，1995（5）：42-44.
③ 吴良镛. 世纪之交的凝思——建筑学的未来 [M]. 北京：清华大学出版社，1999.

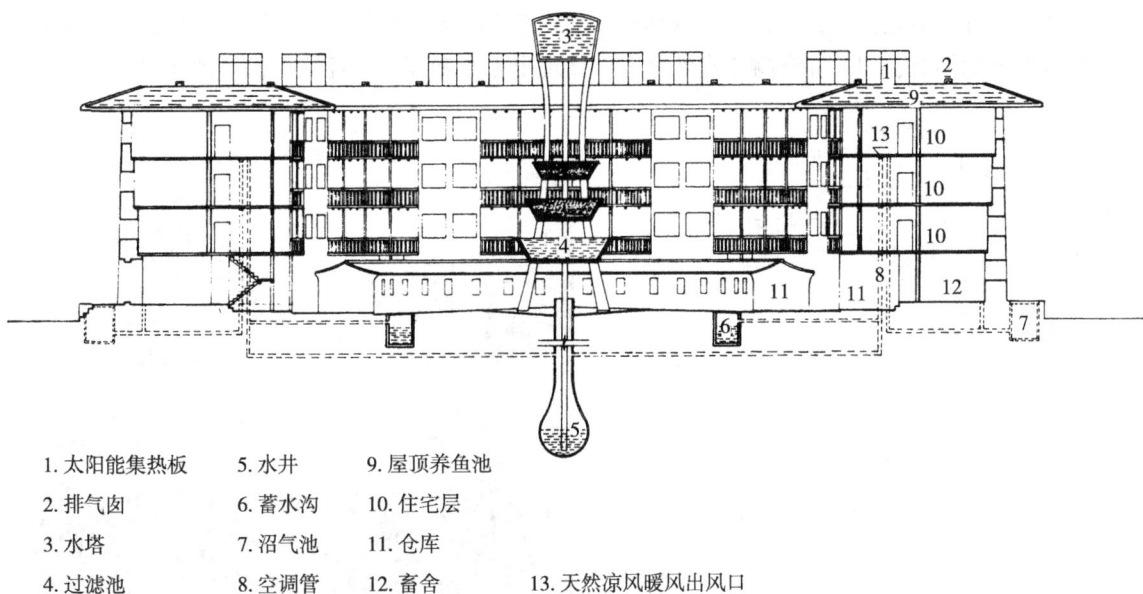

图 4-30 资源型生态圆土楼

1. 太阳能集热板	5. 水井	9. 屋顶养鱼池
2. 排气囱	6. 蓄水沟	10. 住宅层
3. 水塔	7. 沼气池	11. 仓库
4. 过滤池	8. 空调管	12. 畜舍
		13. 天然凉风暖风出风口

这些作品普遍关注挖掘传统地方性建筑中的绿色技术，降低能耗，减少污染，其布局和形态呼应当地的自然和文化背景，表现出极好的适应性。新疆库车县龟兹宾馆运用地方生土建筑"细胞繁殖式"高密度和小庭院布局方法，解决干热气候地带通风降温问题，同时，在色彩、形体、细部方面反映当地民族、宗教、文化特色，是因时因地因材制宜的作品（图4-31）。甘肃敦煌航站楼设计则借鉴河西土堡、内天井民居布置，有效阻挡风沙、热辐射，同时内外装修集中体现汉、回、藏、维吾尔民族杂居的人文景观（图4-32）。

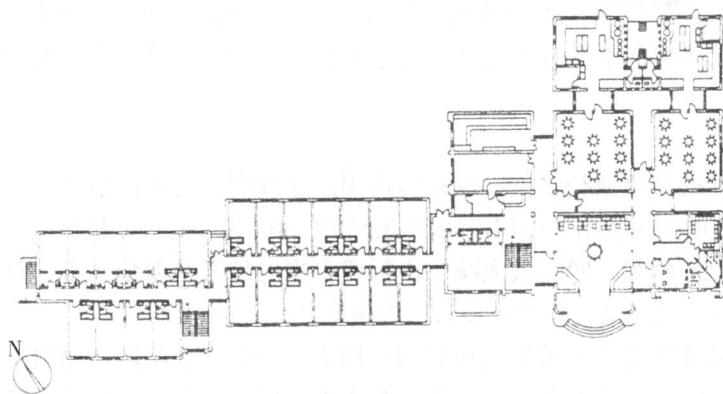

图 4-31 新疆龟兹宾馆

虽然我国尚未全面展开建筑生态学的研究，且对建筑作用于场地周边环境产生的影响知之不多，但在巧妙结合地形地势设计和施工方面，已有不少成熟的做法，客观上起到了减少场地损害和防止水土流失的效果。黄山云谷山庄的设计者更是设计伊始便将"保石"、"护树"、"疏溪"、"导泉"看作规划和布局的重要目标，做法是：查石记树，标牌立号，然后划线定桩，

图 4-32 甘肃敦煌机场航站楼

再开始构思设计。原则是能让则让,需退则退,随丘壑而起承,依折曲而婉转,由此形成山庄分散式,傍水跨溪的体态,建筑完全融于自然之中,体现出创作者强烈的环境意识(图4-33)。[①]

图4-33 黄山云谷山庄平面和外观

图4-34 山东荣成北斗山庄

尽管当今建筑材料的应用已呈全球化态势,我国城市建筑中建材的地方性特色愈加少见,这方面的探索仍在顽强进行。利用山石、草料乃至泥土等内含能量极低的地方材料,减少运输量,且这类技术常和地方建筑特色形式相结合,更延续了建筑文化,可谓一举多得。戴复东先生设计的山东荣成北斗山庄,采用了当地独特的民居样式——海草石屋,发挥地方特产建材海草与花岗石取材方便、耐久长寿、防火阻燃特性,使建筑物不仅冬暖夏凉,舒适宜人,更与胶东半岛沿海自然与文化背景有机融合起来,是地域性新建筑创作的出色作品(图4-34)。

4.3.2.4 旧建筑再利用

旧建筑再利用是实现生态化设计的重要途径之一,也是国内国际业界探讨的热门话题。它可以缩短建设周期,节约占总额1/3的结构费用,不仅能实现经济价值再转移,而且可从整体上维护原有的城市格局、体现文化价值的延续,同时大大减少由拆建带来的垃圾和粉尘污染,对于自然资源的有效利用和保护环境(自然与文化环境)而言,无疑有着重大意义。

我国对旧建筑(广泛意义上的非文物建筑)改造的研究与实践大体经历三个阶段:起初集中于室内装修和立面改造,20世纪80年代末开始进行节能与整体改造探讨,范围包括使用功能、内部结构、材料设备、外部环境更新。近几年这方面的探索更延伸至全面关注资源、环境、社会持续性这样的深层次问题上。实践中也涌现一批佳作,如原纺织部大楼加固、加层和改建,原北京手表厂多层厂房改建成"双安商场",纺织厂改建的北京远洋艺术中心,中山市旧船厂改造为歧江公园,利用民居改建为文化休闲之地的上海新天地广场等。

旧建筑改造在维护城市总体风貌的基础上,还注重追求时代感,追求新功能条件下的经济效益。如北京牡丹园工程系原东风电视机厂,按需要将两幢厂房改、扩建为写字楼及高级公寓,改建设想如下:①临街三层厂房改为写字间,扩建南北翼作高层公寓,三者围合的主广场下新

① 汪国瑜. 黄山云谷山庄设计构思 [J]. 建筑学报,1988(11):7.

建两层地下室为车库、设备用房；②西边6层厂房改为高级公寓楼；③修复厂区内古嵩祝寺，建筑上为协调风貌，设备用房与多功能厅在原平屋面上做局部坡顶，丰富轮廓线，与旧城建筑呼应；④色彩上，屋顶灰色，墙面浅色调以尊重古城"有机秩序"；⑤入口立面采用现代材料和手法，主入口用玻璃幕墙强化；⑥在结构上，主入口处拆除二层楼面上的四开间楼板，与扩建部分形成一个有加廊的中庭。该项目充分考虑改建和保护相结合，增加了该建筑的经济、社会、环境甚至是文化效益（图4-35）。①

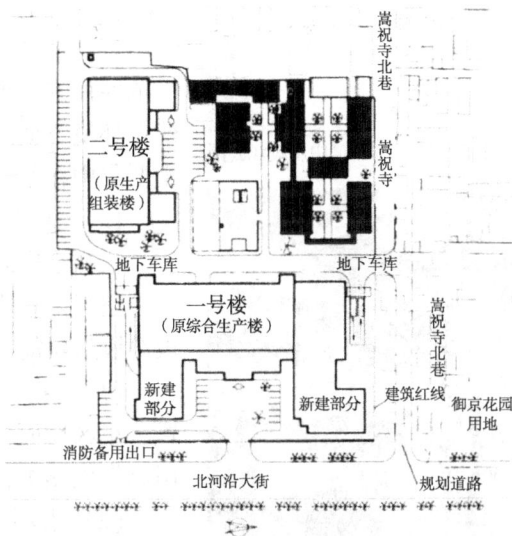

图4-35 北京牡丹园改造工程

1999年6月北京国际建筑师协会大会上，以"21世纪的住区"为题目的学生设计竞赛将一等奖颁给了清华大学选送的名为"重赋活力——从废弃厂房到居住社区"的方案，尽管是个研究性设计，却反映出创作者对建筑与自然、社区、居民关系的综合思考，是一个颇有新意、措施较为全面而深入的设计方案。

设计构思是重新利用大批建于20世纪50年代现已废弃的军工、化工厂房，将这些规模、结构类似，又很坚固的厂房改造为居住区。方案中，每栋条形厂房改造成容纳500户居民，及带有商店、社区中心、老人活动中心等设施的居民区。以三跨条形厂房为例，两边跨被设计成居住单元，中跨部分

图4-36 废弃厂房的再利用构想

围合成院落，栽种植物，顶盖玻璃，形成可调节温度、净化空气的"生物气候缓冲层"。每8跨厂房的住宅之间，有一跨是公共空间，作为社区入口，天桥把不同的条形厂房连通。公共空间将垂直交通和一些商店、停留空间、绿化结合起来，形成社区户外活动及居民交往的中心。对于具体的单元房，设计中也预留出住户对居住空间进行主动调整的可能性（图4-36）。作者试图通过这样的新住区找回已丢失的人与自然、人与人之间原始的亲近。

值得惊喜的是，类似的产业类旧建筑再利用的构思已逐步引起国内设计师的关注，上海苏州河沿岸旧仓库改造为艺术工坊、广州芳村水泥厂改建为主题公园、中山歧江公园等就是其中较突出的工作（图4-37）。

4.3.2.5 新型住区建设

受现代社会在能源、环境、经济方面变化的影响，我国规模最大，同时也是最落后的行

① 参见邓雪娴. 旧建筑的改造与更新——北京城市建设的新课题 [J]. 建筑学报, 1996 (3): 41-45.

中山歧江公园

上海苏州河沿岸艺术工坊

图4-37 产业类旧建筑再利用

业——住宅产业正发生着深刻变化，由粗放地追求数量增长转向精心设计、深入科研，实现质量的全面提高。住宅标准从实施安居工程向小康居住、康居工程方向发展；优质的节水、节能、新型住宅产品开发成果丰富，初步形成了以钢结构、新型门窗生产技术、石膏空心砖、分质供水、智能化系统、节能建筑材料为骨干的成套技术体系；住宅设计不光满足舒适性、安全性、耐久性、经济性要求，"四新"技术、节能、外部景观环境、社区文化等亦成为考虑的内容，特别强化了小区环境质量的保障。上海、北京、广州等地示范性住宅在创造高效、节能、环保、健康舒适、生态平衡的居住建筑环境方面进行了有益的尝试，目前涉及生态化设计的基本工作主要集中在小区环境质量、空间利用和节能设计这三个方面：

1. 小区环境质量

包括小区自然要素和社会环境要素的质量，前者包括小区内水、空气、日光、植物等要素，后者为供水、供热、供气、环卫垃圾等设施功能。

（1）空气环境：选址远离污染源，道路分级清楚，道路绿带设置，小区地面尽可能增加软质铺装，保证黄土不见天。推广小型家用燃气供热炉，减少污染。

（2）水环境：包括饮用水与观赏用水。饮用水方面加强管网设计、选材和卫生管理，消除水质二次污染的可能性。供水系统积极推广节水型设备，如节水型水嘴、小便冲洗控制器、节水型淋浴装置、延时自闭装置等。废水循环利用及处理系统亦得到初步开发。

（3）绿化环境：道路侧边、挡土墙、停车场等处采用透水性材料铺地，增加绿地面积，合理选择适应当地环境的植物种类，提高绿化成活率及经济性，使植物充分发挥其改善环境的生态功能。我国现行小康住宅规划要求示范小区绿化率接近或超过40%。

（4）卫生环境：采用多种方法收集垃圾，减少污染。我国小区普遍使用垃圾桶和人工收集法，部分城市已开始推行垃圾分类回收，但效果不显著。

2. 长效、多适应性空间设计

住宅建设中，能够满足使用者的多样需要并可通过自我调整以适应未来生活的发展是实现住宅系统动态平衡的关键，我国建筑界较早就开展了此类研究。20世纪80年代初，荷兰SAR体系理论和设计方法引入国内，无锡于1984年建成的支撑体住宅试验工程就是这方面的早期探索，其目标在于探索新住宅模式的可变性：填充体由个人需要决定，具有可变性、灵活性、多样性等特点，是个人消费品，通过市场购买获得，各个家庭、个人根据自己的生活方式产生完全不同的单元平面布置，而且填充体的安装可以由用户自己完成；支撑体掌握在社会一方，作为城市基础设施提供给用户，它能够决定社区人口密度、城市空间形态，并且可以大规模标准化生产。这一理论中的许多内容，如居民参与、灵活设计、潜在功用等不仅是对生产效益的一种追求，更深层次反映了对人与宅互动关系的思考。这种建设思想的进一步研究和实践如今已同我国住宅商品化改革结合起来，产生诸如支撑体与填充体的概念与住宅建筑投资方式的结合，填充部件的开发与建筑制品部件市场的建立等。

这之后，又出现一系列诸如"大开间住宅"、"应变型住宅"、"复式住宅"、"跃层错层式住宅"、"动态住宅"等探讨高效利用空间，适应多种需求的新形式。除了发展这种开放性、应变型住宅外，深入研究我国未来家庭人口构成和行为方式，开发针对特定人群的住宅类型也是提高空间利用效率减少资源浪费的途径之一。例如有关专家认为，我国城镇居民家庭结构大致为：一代型占 9.2%，生活在两代核心家庭的占 55.4%，三代核心家庭占 35.4%。[①] 因此，主干家庭和核心家庭符合我国国情，在未来相当长时间里仍会延续这一格局。因此在确定"安居住宅"的合理建筑面积时，充分考虑了这一因素，限制过大面积，70%套型面积控制在 100m² 以下，减少浪费。同时，考虑到独生子女成年后赡养老人的情况，不少住宅设计已注意到邻近套型组合的可能性。随着社会信息化程度的日益提高，可以预测城市中所谓的 SOHO 人群（Small Office Home Office 的缩写，即在家办公人群）将会不断增加。这种新生活方式有利于减轻交通等社会基础设施的压力，节省大量资源。与此相应，将生活与办公功能合并的新住宅类型悄然而生，这种住宅利用时间生态位的重叠，充分发挥空间效益，是住宅发展的新方式。目前，北京、深圳、上海、杭州、南京等地都出现了此类实践，如北京的 SOHO 现代城，其崭新的设计概念和在材料、能源、信息等方面的革新措施，在国内住宅市场产生了不小震动。

3. 住宅节能设计

这是我国住宅产业现代化的关键主题，也是建筑节能的重要组成部分。住宅节能设计重点在新科技运用和改进建筑规划设计方法。其中后者主要考虑从建筑选址、群体布局、单体形态、间距、朝向、绿化等方面采取合理措施，营造良好的微气候环境，减少对主动式设备的依赖，降低能耗。重庆天奇花园在探讨夏热冬冷地区建筑节能方面，进行了有益尝试，涉及被动式环境控制技术的有：选择南北朝向呈线状局部锯齿形布局，利于采光通风；控制各套型平均体形系数和窗墙比分别为 0.29 和 0.313，降低外围护结构夏季冷负荷；屋面采用蓄水覆土种植屋面，防止顶层房间过热；阳台位置考虑可升降、旋转并起反光、引风、防护作用的垂直遮阳等。可以说，住宅被动式节能设计不仅考验了建筑师的环境意识，更对其职业素养提出了更高要求。

4.3.2.6　综合性实践

目前国内常见的生态化实践往往仅涉及生态设计目标的单一方面内容，综合性探讨较少，已有实践地点也多集中在非城市化地区。早期有初级生态村建设，这是中国独有的事物，在古代先民创造的模式基础上加以现代化改良。它们有的以庭院为单位（如四川崇州农村民宅），有的则以整体为单位（如北京大兴留民营能源村），结合农业系统建设，按种植、养殖、加工形成的食物链、加工链的循环模式进行综合经营，形成充分利用光能、空间、土地，良性循环的"立体生态庭院"系统，使经济和环境发展得到有机结合。20 世纪 80 年代浙江永康县种橘专业户吕新岩自建的三层砖混住宅就是这样一个基本完备的小型人工生态系统。它占地 120m²，以地下沼气池过滤井和净水井为中心，屋面覆土 20cm，种植蔬菜瓜果兼作保温隔热层。五根室内水管集中在一起，分别连接屋顶水塔、小水池和底层小水泵等，把沼气池、猪舍、厨房、卫生间和屋顶菜园连通起来，使围绕住宅进行的生活、生产活动形成了首尾相接的物质、能源循环系统，这使我们初步领略了较完整意义上的生态住宅范例。

另一类则结合传统民居改造，综合考虑自然资源利用、节能节材、居民参与设计、地方文化延续等多方面技术措施的合成。如天津大学建筑学院完成的"内蒙古土牧尔台生态城镇发展"课题，设计以节能与维护生态平衡为宏观指导，因地制宜地进行生土居住建筑的社区规划。地坑院及风能、太阳能、热能之运用，积肥于厕，自然通风，无不取自传统经验，同时也引进了国际生土建筑中心（CRATERRE）提供的先进设备以保证建造技术的快捷与高质量（图 4-38）。清华大学单德启教授领导"人与居住环境"课题组进行的广西融水干阑式苗寨木楼改建的做法有：农民参与自建；建设公司代售旧木料充作资金；充分利用木楼瓦顶旧料，就地取砂石制作

---

① 经济适用房设计应考虑哪些因素 [N]. 经济参考报, 1998-10-6.

图4-38 内蒙古土牧尔台新生土民居

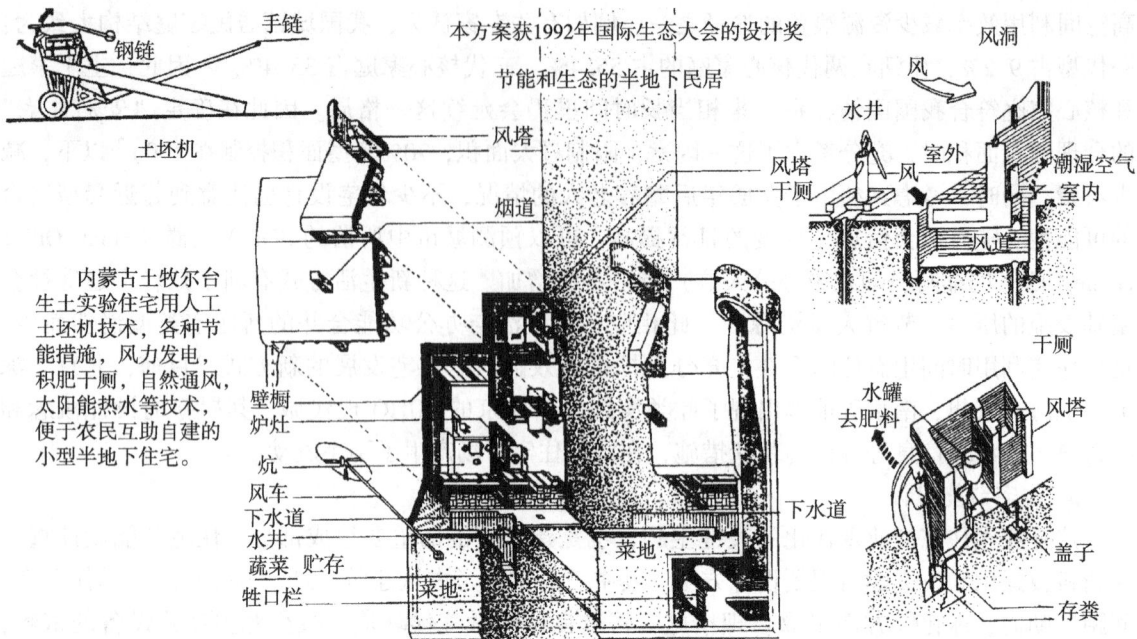

内蒙古土牧尔台生土实验住宅用人工土坯机技术，各种节能措施，风力发电，积肥干厕，自然通风，太阳能热水等技术，便于农民互助自建的小型半地下住宅。

图4-39 广西融水苗寨改建

水泥空心砖砌成砖混小楼；木楼扩大面积，改善内部设施和外部环境，提供沼气技术；形式继承和发扬地方风格，保留传统环境中的寨门、图腾、芦笙坪、风雨楼等标志性元素（图4-39）。结果是不仅保护了环境、节约木材和土地，也提高了当地居民的减灾防灾能力，对维护生态平

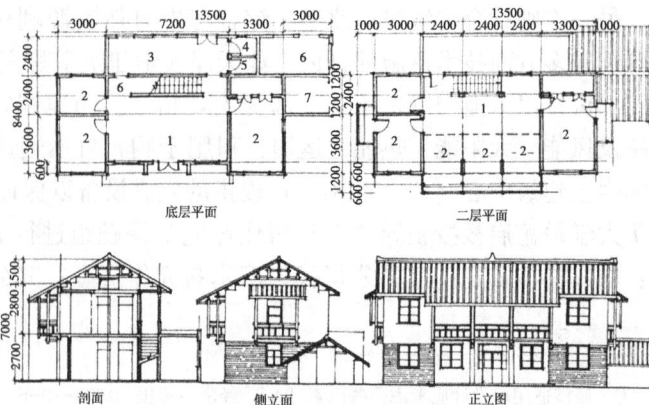

衡、提高当地群众的现代意识等都起到积极作用。以上
两个案例，都立足于偏远地区农村基本的经济、社会、
自然现状，进行务实的研究和实践，着重采用相对较低
的、朴素的技术，鼓励居民自建和互助共建，节约投
资，同时由政府组织传授先进技术，帮助提高生产率，
摸索出一条以低造价、低技术改善农村低收入者生活环
境的可行之路。后者因此在第 6 届阿卡·汗建筑奖大会
上得到了一贯重视低收入社区改造的基金会人士的一致
好评。①

图 4-40　清
华大学设计中
心楼（伍威权
楼）

　　清华大学设计中心楼是少见的城市型综合实践作
品，通过设立边庭、防晒墙、架空屋顶和遮阳板形成气
候缓冲层，引进日本太阳能光电系统、深井水用作冷（热）源的空调方案以及在自然通风、室
内绿化、材料无害化、水电节约化管理等方面集中体现近年来我国科研人员对生态设计策略和
技术集成研究的成果。可以看出，该作品基本立足于现有较成熟技术之上，并适当考虑先进技
术和产品的应用，因此在国内具有一定的示范效应（图 4-40）。

　　生态建筑实践还从单栋房屋扩展到住宅小区。1999 年接受验评的 6 个"建设部城市住宅试
点小区"中北京北潞春小区与莲花小区已进行了生态开发的试点，2001 年 5 月南京亚东花园咏
梅山庄通过了建设部"绿色生态住宅小区试点"的初评，生态小区的研究和建设如今已不仅仅
限于绿化率加简单几项环保技术，而是力求在环境保护与资源利用效率方面得到全面提升。

4.4　当代中国生态建筑学的问题

　　建筑活动是人类作用于自然生态环境的重要生产活动：建筑物所占用土地及空间，建材生
产、加工、运输及建成后维持功能必须消耗的资源和能源，建筑使用过程中产生的废弃物，以
及解体后仍需要的空间和能源，无不来自于自然生态，并对环境产生重大影响。

　　建筑活动还是人类社会重要的经济活动。以住宅为例，受其影响的部门高达 30 个左右，影
响系数 $f=1.16$，高于其他行业 $f=1$ 的平均水平。住宅产业每增加 1 亿元产值会使国民经济增加
2.9 亿元的总产值，建筑业的增长方式将直接影响相关产业的增长方式及资源、原材料配置和利
用效率。②

　　建筑活动也是人类重要的社会活动。建筑活动投入大量人力物力，需要分工协作，一个富
有创造性的社会会把生活的要求、社会的理想和对美好事物的渴望都凝固到这部"石头史书"
中去。

　　因此，建造活动对自然生态、社会、经济平衡持续的发展有着不可推卸的责任，而现实是
"我们的设计正产生困境、疾病，过度的消费和污染，使产出减少。我们的社区设计有助于形成
孤立、分离和恐惧等束缚和无益于我们社会的现象。"③ 无论现代建筑在外观上如何新颖独特，
功能上如何尽善尽美，装修上如何美轮美奂，换上生态角度去考察，则可能是错误百出：过度
渲染形式产生资源浪费、视觉上的不协调以及对地方文化粗暴的干涉；功能上细致入微则可能
造成日后调整的不便，影响建筑物使用寿命；豪华装修材料有可能散发致命气体。这些错误源

　① 单德启. 欠发达地区传统民居集落改造的求索 [J]. 建筑学报，1993（4）：15-19.
　② 邓楠. 可持续发展——人类关怀未来 [M]. 哈尔滨：黑龙江教育出版社，1998：11.
　③ Michael J. Crosbie. Green Architecture——A Guild to Sustainable Design [M]. Rockport：Rockport Publishers, Inc. , 1994：5.

自建筑本体意识的极度膨胀，脱离与地球生态系统固有的从属关系。我们丝毫不否定建筑为人类遮风挡雨，容纳工作生活的伟大功能。建筑是容器，但这个容器必须完全对地球生态系统开放，成为其一分子，并加入自然循环的过程。

人们一般会认为建筑与普通构筑物不同，建筑应感动使用者，这就是建筑的艺术性问题。因此有人以为"真正的"建筑为达到美观或个性目的，可超越资源的现实可靠性。西方古代建筑的发展史一直受到这两种因素的制衡。古希腊神庙使用大块大理石搭建梁柱结构，这种保守主义做法主要是满足外观而非内部空间及使用要求。罗马人懂得要用少的资源养活更多的人，发展拱券体系无疑节省了材料（资源），中世纪欧洲普遍凋零的经济和匮乏的资源状况，迫使人们研究用更少的材料建造大空间，此后历次的复古主义又是在对抗资源有限这一现实。西方古典传统试图平衡自然与人类关系，而寻求的突破点总脱不开形式的框架，结果一次次陷入两者对立的境地。

4.4.1　我国建设走生态化道路的必然性

目前，我国经济高速发展，工业化的后发优势本可使中国跨越历史，不致重蹈发达国家工业化失误的覆辙，但现实是诱发了工业化的后发劣势，造成我们在较低发展水平和发展阶段就遇到了严重的生态破坏、环境污染和过度消费等矛盾。

研究生态设计，必须紧扣我国国情，仅仅停留在概念认识，将对我们的建设毫无意义。权威机构对我国国情现状的基本评价是：人口过多，底子过薄，文化、技术素质低（规定了现代与未来的消费基础）；资源极为紧缺，能源严重紧张，资金十分短缺（规定了对资源及能源的制约条件）；环境基础脆弱，保护与恢复能力不强（规定了环境的压力程度）。[1] 了解这些情况是每位建筑师认清建筑走生态化、可持续道路重要性的基本出发点，也是业界负起社会责任，以专业研究和实践为中国及全球可持续发展作出贡献的必然过程。

4.4.1.1　建筑与环境负荷

1. 温室气体和大气污染

可以断言，每一种及每一次建筑行为都与地区和全球环境发生着关系。

造成温室效应和臭氧层破坏的气体（CO_2、CH_4、CFC_s等六种）中，有约50%的氟里昂产生自建筑物中的空调机、制冷与灭火系统及一些绝热材料，约50%的矿物燃料消费与建筑行业相关。

正因建筑与其相关活动在能耗总量中所占的高比例，建筑行业内节能增效对全球减少温室气体排放有着重大意义。由于能源需求绝对数量激增和能量设备效率低下，导致能源消耗量巨大，中国的CO_2释放已在全球产生显著效应。据哈佛大学中国能源研究组的报告，1998年中国的碳释放已占全球第二位，达8.1亿t。[2] 可以说，中国的可持续发展战略选择将对全球产生举足轻重的贡献。

我国还是CFC_s（氯氟烃）排放第二大国和SO_2排放第一大国，是全球空气质量最差的地区之一。因为主要能源来自于燃烧低质高硫煤，大气污染呈现煤烟型污染，酸雨、SO_2和烟尘危害十分严重。我国酸雨主要分布在长江以南、青藏高原以东和四川盆地，尤以华中地区最为严重，达到酸雨如醋（pH<4）的地步；北方采暖区大气总悬浮微粒（TSP）年日均值达392μg/m³，SO_2接近120μg/m³（1998年），冬季多数城市空气质量接近重度污染，对居民健康产生极大危害。[3]

① 中国科学报社编. 国情与决策 [M]. 北京：北京出版社，1991：2.
② 中国科学院可持续发展研究组. 2000年中国可持续发展战略报告 [M]. 北京：科学出版社，2000：125.
③ 曲格平. 我们需要一场变革 [M]. 长春：吉林人民出版社，1997：219.

因此，无论是全球生境维系还是个人健康保障都迫使我国建筑业必须加大节能改造的步伐，积极研制、推广节能与清洁能源技术。

2. 建造场地的影响

建设活动是改造自然环境最为剧烈的人工行为，从生态学角度看，直接导致建造场地处生态系统固有的物质、能量和信息流动的平衡状态被打破。

由于现在的建造活动大多改变了古代就地取材的方式，从外界调入各类原材料和产品，同时向自然环境排放废物，由此改变了当地的物质流，导致系统内熵增加。建造和实体无疑大多为生态系统粗鲁的外来者，它所携带的信息肯定会改变原有生态系统的信息流向和质量，城市化地区贫乏、单调的自然景观就是信息流被驱赶所致。作为生态系统运转动力的能量流动也受到建设行为巨大影响，一方面，建造活动对原有地表形态进行改造，建筑对风向、日照的影响，使能量反射率会相应变化，从而改变小区域（即建筑周边环境）内能量输入；另一方面，作为能量消费者，建筑将生态系统浓集的能源耗散，即从外界输入化石燃料，向大气释放各种物质，阻挡长波辐射的散失，从而改变大区域（城市甚至全球）的能量流动。

具体而言，建筑环境的效应主要表现在对地形地貌、土壤、水、生物群落、气候等自然因素的影响上。如今的建筑师很少会关心建筑场地中真正在发生些什么，更多考虑的是间距、用地面积、交通流线、艺术形式和外观等建筑本体内容，总图设计因此变得极为简单和程式化，往往产生负生态效应。例如，不顾现有地表地貌形态，大规模开挖土方，引起土壤侵蚀、塌方、滑坡；大量高层建筑和地下工程、不透水的硬质铺装，从而切断地面和地下水的正常径流，使地下水补给失调，造成地下水位急剧下降，从根本上改变了建造区地下水文地质条件，是引起地面沉降的重要因素；人为建筑、硬地铺装代替树木、草地、农田，破坏生物栖居环境，导致城市生物系统的简化等。

建筑对地球生态系统的影响是一个广泛且深入的问题。建筑师需要树立生态伦理观，慎重对待每片场地的原有特性，了解建造中自然所提供的限制或利用因素，合理构筑人工环境，实现人与自然、人工环境与自然环境共生的可持续目标。就我国建筑界此方面的研究现状、建筑从业人员的意识及相关建筑实践的开展情况来看，达到这一目标任重而道远。

3. 建材工业对环境的影响

建材工业对环境同时具有正反两个方面的影响，一方面，它是地球上传统资源用量最大，破坏土地资源最多，且对大气污染最为严重的行业之一；另一方面建材工业又是可以大量使用其他工矿业产生的废弃物作为原料，废物利用，从而对环保作出巨大贡献的行业。

（1）我国建材工业对环境的不利影响①

中国的建材工业包括了水泥、砖瓦、石灰、砂石、平板玻璃、建筑陶瓷、混凝土砌块等4000多个品种，全国共有30多万家企业，整个工业产值占 GDP 的比重在 2%~3%。长期以来，由于重视不够，建材工业给环境所造成的负面影响十分严重。据统计1996年全国建材工业消耗原料总量达 50 亿 t，占用土地 40 亿 m^2，同时破坏绿地 5 亿 m^2，排出 CO_2 3 亿 t，SO_2 100 万 t，粉尘和烟尘1200 万 t。如果以此为基数，按环境负荷年增量8%计算，到 2010 年，建材工业原料累计使用量将达到730 亿 t，由此破坏和占用的土地总面积将达到 190 亿 m^2，相当于台湾省面积的一半以上。累计排出 CO_2 89 亿 t，SO_2 3500 万 t，粉尘和烟尘 3.5 亿 t，这些数据令人触目惊心。特别是破坏绿地还会直接影响粮食产量，照每 1 万 m^2 的耕地生产50t 粮食计算，如果建材生产不能有效解决破坏耕地的问题，至 2010 年，仅此一项就会使粮食年减产近 1 亿 t。

---

① 参见崔源声，邢世俊主编. 绿色建材与家居装修 [M]. 北京：中国建材工业出版社，2001：25-26.

（2）我国建材工业对环境的有益影响

建材工业并非只会对环境带来不利影响，如果善于开发利用，它也会对环保作出贡献，不但实现与环境的和谐共存，同时有助于消除其他行业产生的环境危害。这主要体现在对其他工业废渣及生活垃圾的利用方面所发挥出的重要作用。我国每年产出的工业废渣和生活垃圾多达 20 亿 t，占地 1.6 亿 m^2，已形成污染环境的公害。而利用 12t 废渣就可解放 1 m^2 的土地，同时彻底消除这部分污染源。由于建材工业产量巨大，是大量消除固体废弃物的理想行业。过去，我国在这方面已经做了大量工作，例如以火力发电厂产生的粉煤灰为原料制造墙体材料，利用煤矸石、电石渣、铝厂废渣等生产水泥。其次可以固化很多有害物质，如果针对性地将废水、废渣、废气中一些有害物质引入建材工业，就会变废为宝，化害为利。以水泥生产为例，其流程中一个重要工序就是要在 1300～1450℃的高温下煅烧，有害物质如二噁英等将发生化学分解，形成无害的新物质，有些重金属元素，也将固化在水泥熟料中。此外，由于建筑通用水泥呈碱性，所以当燃煤或工业废渣中含一定量的硫时，也会被吸收，不会排出对大气质量有危害的 SO_2。

因此，有理由相信，建材工业应该在新世纪成为环保产业的有生力量。实现这点，一方面依赖于生产企业大力进行技术改造；另一方面，建筑从业人员必须补充相关知识和信息，主动选用绿色建材，引导和促进该项事业的发展。

4.4.1.2　建筑与资源、能源消耗

中国资源的数量和品种，总体而言在世界上居于前列，但人均资源量却居于世界的显著后列，资源的质量如品位、均衡度、匹配度等，也存在很多问题，从而对中国未来发展和国家财富的积累，造成很大压力，节约和增效应视作所有行业生产共同遵守的基本原则。

建筑业是个典型的立足于大量消耗资源及能源的产业。有资料表明，全球整体建筑业约用掉世界资源与能源的 40%，2000 年我国基本建设规模超过 1000 亿美元，接近 GDP 的两成，其中土建工程就占 60%～70%。[①] 目前，稀缺资源中与建筑业关系最为紧密的是土地、水和能源三项，也是生态设计高效利用环节所着力解决的方面。

1. 土地资源的压力

我国仅有占世界 7% 的农田，20 世纪 50 年代中期大力开垦荒地一度使农田总面积达最大，但随着经济发展和管理失控，耕地面积急剧减少，据统计在过去 30 年间，约有 2.25 亿亩可耕地转为非农业用地。目前广东人均耕地 0.52 亩，浙江为 0.58 亩，江苏 0.92 亩，全国平均 1.2 亩，不足世界人均水平的 1/2。[②] 据国家土地局《全国土地利用总体规划纲要》所示，1998 年全国耕地 19.78 亿亩，规划至 2010 年至少保有耕地面积 19.4 亿亩，即每年平均减少 300 万亩，但"九五"期间实际年均减少耕地 522 万亩，耕地面积总量减少是必然趋势，矛盾只会加剧。

根据国家统计局和国家土地管理局统计：1991～1995 年，全国城镇建设平均每年占用耕地 88 万亩。尽管城市发展占用耕地在全国耕地减少总量中只占一个小的比例，但城市郊区的耕地都是良田，影响极大。另外，我国城市人均用地约为 102 m^2，按驻地人口算，集镇人均用地是设市城市的近 3 倍，土地利用率远低于城市。因此，小城镇、大地域、大范围战略意味着资源尤其是土地资源的浪费，我国政府曾提出"严格控制大城市，合理发展中小城市，积极发展小城镇"政策，后又改为"控制大城市，加快发展中小城市"，这表明有关指导小城镇建设思想的变化。从土地利用的经济性和节省角度看，加快城市化进程是必由之路。

除城市建设占用耕地的因素外，建材行业每年占用绿色土地 5 亿 m^2，烧砖毁田达 10 万亩，相当于夺走 8 万人的耕地（1996）。

①②　国家统计局. 中国统计年鉴 2001 [M]. 北京：中国统计出版社，2001.

面对已临极限状态的生存空间，从可持续发展角度探讨节约土地已成为我国建筑设计领域一大挑战，也是历史赋予我们的责任。目前，在村镇与城市建设中节约土地、开发浅层地下空间和开发节地建筑材料是迫切需要探讨的三条途径。

2. 稀缺的水

中国总体上属于贫水国家。尽管中国水资源总量在 27500~28000 亿 m^3，居世界第 4 位。但人均淡水资源拥有量仅约 2410m^3/人，不足世界平均水平的 1/4，列入世界 13 大贫水国之一。如今，全国 670 个建制城市中，有 400 座不同程度缺水，其中北京、天津、大连、沈阳等 108 个城市严重缺水，地处水乡的上海、南京、杭州等地也属水质型缺水城市。[①] 2000 年夏季受水资源匮乏与水污染问题双重影响，京、津、济南、沈阳等北方大城市已开始实行居民生活用水定额供给制。同时，由缺水引发过量开采地下水，北京市地下就形成了 3100 多平方公里的大漏斗，苏锡常沪所处的巨型沉降区都直接诱发并加剧地面裂缝、塌陷，严重影响当地生产生活和地区的可持续发展，可以说，我们正面临着威胁自身生存的缺水环境。

建筑业是个耗水大户，从建材生产开始，制造 1t 干水泥粉需要 3.6t 水，制 1t 钢需用水 300t，水资源年消耗量仅计算钢材、水泥生产用水就达 200 亿 t，单位产品用水量比发达国家高 5~10 倍。[②] 建造和房屋运行过程中也需消耗大量的水，特别是用水设施工艺粗糙、质量差所造成的漏水耗费惊人：一只关不紧的龙头一个月可以流掉 1~6m^3 水，足够一个人一个月的生活所需；一个漏水马桶一个月流掉 3~25m^3 水，以某市 60 万只水龙头、20 万只马桶计算每年白白浪费上亿吨水，相当于 90 多万人每年占有的水资源总量。[③]

建设行业节水护水的途径很多，应贯彻到整个生命周期内。除了材料制造过程中的节水工艺，大力推荐符合节水标准用具外，建筑设计中，在适当尺度内考虑中水回用、雨水循环利用、住区废水无害化处理资源化利用等措施亦是积极的行动。

3. 我国建筑业节能的要求和潜力

能源紧张一直是我国经济发展的瓶颈之一。从大的方面看，我国的不可再生能源——煤和石油储量仅占世界总量的 10.91% 和 2%，按人均计算极其贫乏，这从根本上决定了能源紧张一直是个无从回避的问题。此外，能源消费结构不合理是另一制约因素，中国煤炭消费比重过高，约占总能源量的 75%，是世界上比重最高的国家，而美国仅为 27.4%，日本 23.6%，法国 10.6%，这也是中国空气污染物排放量居高不下的主要原因。在能源生产中，利用可再生能源如水电、太阳能发电、潮汐发电、地热发电占能源结构的比重非常小，尽管拥有丰富水电资源（占世界总量的 13.22%，而美国仅占 2.58%），所提供的能源仅占总量的 4%。我国既是缺能大国，又是耗能大国。一方面，我国近年来 GDP 增长率均在 11% 左右，而一次性能源生产的增长率平均不足 3%~4%，明显供不应求；另一方面，我国的劳动生产率只相当于先进国家的 1/7，产业化为 15%，增值率仅为美国 1/20，生产效率低下导致能耗比率高于先进国家 3~4 倍。[④] 2000 年上半年，国际原油价格飞涨，涨幅达 3 倍，为十年来最高，引发全球经济震荡，进一步表明世界化石能源储量已近枯竭。多重压力下的中国能源消费形势更为严峻，进一步要求各行业，尤其是能耗大户行业加快节能增效的改造步伐，保障经济持续发展。

作为消耗近一半能源的产业，建筑业的举措无疑非常关键。首先是采暖能耗的控制。我国采暖区城镇用能约消耗全国总能耗的 9.6%，这是个不小的比例，且这一比例仍在扩大，同时制

---

①　王祥荣. 生态与环境——城市可持续发展与生态调控新论 [M]. 南京：东南大学出版社，2000：238.
②　姚兵. 我国建筑科技的基本状况和展望 [J]. 建筑技术，128：457-462.
③　参见：中国节水用具发展 [J]. 北京青年周刊，2000 (6)：30.
④　中国科学院可持续发展研究组. 2000 年中国可持续发展战略报告 [M]. 北京：科学出版社，2000：126.

冷耗能面积增加迅速。目前，我国居住建筑采暖能耗过大，约占建筑采暖用能的 25%。这与建筑物在隔热、密封、设计、材料、砌装等方面的低质量有关。仅就建筑物的平均热损失而言，中国是发达国家的 4~5 倍（表4-2）。

北京、哈尔滨、加拿大一般城市公寓建筑的平均热损失（W/m²）　表4-2

		外墙热损失	窗户热损失	屋顶热损失
北京	现状	1.57	6.40	1.26
	采用新标准	1.28	6.40	0.91
哈尔滨	现状	1.28	3.26	0.77
	采用新标准	0.73	3.26	0.64
加拿大	现状	0.36	2.86	0.23~0.40
	采用新标准	0.27	2.22	0.17~0.31

（资料来源：中国科学院可持续发展研究组，《2000年中国可持续发展战略报告》.）

由表看出：外墙热损失，北京为加拿大的 4.3~4.7 倍，哈尔滨是加拿大的 2.7~3.5 倍；窗户的平均热损失为 2.2~3 倍，1.2~1.5 倍；屋顶则为 4.1 倍和 2.6~3 倍，可见采暖节能是很有潜力的。另外，采暖住宅室内温度定得偏高，则会明显增加采暖能耗，若由25℃降至20~22℃，采暖每降低1℃，可省燃料10%。[1]

建筑制冷节能也大有潜力可挖。在夏季需降温的季节，若采取合理的设计方案，将会产生明显的节能效果。台湾能源委员会曾调查台湾四栋外墙形式不一，设计水平不一的建筑有关能耗，得出的结论是全玻璃幕墙大楼全年空调可能是一般钢混外墙大楼的 4 倍，换言之建筑外壳设计的节能效果可相差400%，潜力巨大，而其他工业产品如机械、电子、汽车生产的节能效果要达到30%~40%的目标已非易事。[2]

美国落基山学会（Rocky Mountains Society）比尔·布朗宁（Bill Browning）的报告指出，减少能耗50%相对容易做到，好的设计可达80%~90%。对业主而言，节省初期投资很重要，但按环境消耗的长期节省来看，进行必要的节能设计和设备更有价值。一个普通家庭如减少80%能耗，不仅节省资源，且可在建筑全寿命周期内减少近 $4086kgCO_2$ 排放。[3]

在能源生产相对严峻，环保要求不断提高的情况下，只有大力提高建筑设计、施工水平，才能达到上述要求。

我国于1986年颁布第一个采暖居住建筑节能设计标准，这已落后于发达国家近20年，如英国在1963~1973年执行的标准，外墙传热系数为1.6W/（m²·K），大体与北京传统砖墙情况相当，能源危机后降至1.0W/（m²·K），经过1983年、1988年两次降低系数，现已达0.45 W/（m²·K），我国在执行第一阶段节能30%的标准后，才到1.28 W/（m²·K）。按照建设部《建筑节能"九五"计划和2010年规划》的目标，首先把第一阶段节能30%的工作切实做好，并尽快转入再节能50%的第二阶段，接着还要进入进一步节能30%的第三阶段；从居住建筑开始，再扩展到公共建筑节能；从新建筑节能开始，然后逐步开展对既有建筑的节能改造；采暖推行节能建筑，抓紧在非采暖区开发节能型"冬暖夏凉"建筑；从大城市和城镇开始抓起，并逐步向农村发展。这里所说的节能措施，不光指房屋围护结构，还应包括采暖、空调系统降低能耗在内。

① 中国科学院可持续发展研究组. 2000年中国可持续发展战略报告 [M]. 北京：科学出版社，2000：156-160.
② 林宪德. 热湿气候的绿色建筑计划——由生态建筑到地球环保 [M]. 台北：詹氏书局，1996：35.
③ Bill Browning. A Primer on Sustainable Building [M]. Aspen：Rocky Mountains Institute，1995：33.

4.4.1.3　建筑的文化、风格趋同

尽管有学者认为，文化问题的"全球化"同时具备消解全球化的双向发展，但是文化的一体化和冲突的趋势似乎更为突出。塞缪尔·亨廷顿（Samuel Huntington）更直接预言文化对抗文明的冲突将不可避免演化为政治斗争。[①] 正当有人为全球一体化趋势欢欣鼓舞之时，而另一些人士则忧心忡忡：人类正向着世界唯一的文明靠近，它一方面呈现了巨大进步，另一方面则预示着要吞没个别的传统。在一个平衡的生态系统中，文化多样性与生物多样性一样对进化起促进作用，文化一旦走向大同，多样性消失，文化系统的平衡失调，就不会进步。[②]

图 4-41　当前我国建筑创作中日趋雷同的表现

建筑作为一种文化现象，在我国正表现出与文化全球化相同的趋势，被形容为正逐步迈入"建筑的后殖民时代"。[③]

"南方北方一个样，城里城外一个样，国内国外一个样"。城市建筑的趋同即指在建筑形态与总体风格上的类似性十分明显，表现出形式趋同、材料趋同和设计思想趋同。我们的城市中到处充斥着抄袭而来的西方式符号和样式：KPF 的小帽沿、后现代的架子和山花、大玻璃幕墙、西方古典三段式立面等等，如今最时髦的舶来品包括倒扣的帽子、可有可无的避雷针、密集的金属遮阳薄板和象征高科技的构件（图 4-41）。[④] 这些打着现代主义精神旗帜，对西方流行建筑式样进行简单模仿，常常忽视了对城市软件（环境、资源、文化）的考虑，有人斥之为"低级组合和文化退缩的综合症"。[⑤]

交通运输条件的发达，客观上推动了材料的全球化。而文化心理的崇洋、商业化使用，追求的趋同和奢华使建筑材料尤其是外墙材料日益单调，商业和办公建筑用金属板、干挂石材和镀膜玻璃作外墙，住宅三段式立面从下向上依次用真石漆或仿石面砖、涂料和彩瓦等，刻意回避使用乡土特色浓的地方材料。

城市规划领域也在发生着令人痛心疾首的趋同现象，国际化的建筑组成无地方性特色的街区，破坏着许多历史悠久的古城千百年来形成的城市肌理。亚洲建筑师协会早在 20 世纪 80 年代初已经在大声疾呼：亚洲城市与建筑正面临"特色危机"（Identity Crisis），呼唤有灵魂的城市与建筑捍卫自己的文化。这种现象的形成，抛开社会、经济、政治的原因，单说城市规划和建筑设计，这样的技术行为本身也负有不容推卸的责任。北京市某设计院一次性对全市 300 多平方公里（包含旧城 62.5km²）进行控制性详规，不仅令人吃惊地开创了一次性大范围详规的先例，更可怕的是竟然将极其复杂的工作如此简单化。[⑥] 建筑设计中简单处理由城市规划所确定的各项控制指标，老生常谈式的创作也是形成雷同和平庸建筑和街区的原因。

建筑特色隐退的主要原因是忽视地域性对建筑文化的影响，深层次则反映出在当今世界强

---

① ［美］塞缪尔·亨廷顿. 文明的冲突与世界秩序的重建［M］. 周琪等译. 北京：新华出版社，1998.
② Roland Roberston. Globalization［M］. Sage Publications，1992：12.
③ 吴家骅. 论空间殖民主义［J］. 室内设计与装修，1995（2）：15-16.
④ 王朝晖. 中国可持续建筑理论框架与适用技术的探讨［D］. 清华大学博士论文，1999：125-126.
⑤ 林少伟. 当代乡土——一种多元化世界的建筑观［J］. 世界建筑，1998（1）：61.
⑥ 王朝晖. 中国可持续建筑理论框架与适用技术的探讨. 清华大学博士论文，1999：128.

势文化支配下，对西方物质文明和财富虚幻追求的暴发户心态及现代化的片面理解。

建筑本是地区的产物，这是其基本属性和赖以存在发展的基本条件之一。拉卜卜特（Amos Rapoport）就认为客观的气候环境或社会的技术力量对建筑形式具有决定性或最重要的影响。[①]我国南北横跨温、热两个气候带，冬季南北平均温差40℃，东西干燥和温润悬殊，降水量幅度差异在50~1500mm。地形地貌亦丰富多彩，各地区文化特色鲜明，它们是建筑文化随地点而变异的最活跃的元素，给创作提供足够充分的施展余地，成为建筑形式无限多样性的源泉，正如柯里亚所说，它可以构成作品的深层结构，单靠现代通行技术手段来与如此多样化的自然与文化背景相呼应，可以说既浪费又苍白。克里斯·艾贝尔（Chris Abel）的四种文化划分法将生态文化描述为"朝向全球综合的更为积极的进化"，它以区域和国际文化相补充，走向文化多样。此文化的建成表现为：建成形式反映当地文化和材料相结合，吸收了适应当地条件的引进技术。生态文化并不排斥国际的、通行的技术，只要它不一手遮天，能与地域性技术和平相处，形成多样化的技术特征，这也是生态文化追求的目标。[②]

因此，过分强调区域性、国际式两者中的一种都有局限，应该把握"世界文明的多元化与地区建筑文化扬弃、继承与发展矛盾的辩证统一"，提倡发展"全球—地区建筑"（Glo-cal Architecture）。[③] 简言之即"乡土建筑的现代化，现代建筑的地区化，殊途同归，推动世界和地区进步与丰富多彩"。[④]

鉴于上述分析，在资源、文化、环境危机的强制约下，我们必须考虑一种非传统的建筑发展模式，其核心思想是：节约资源，适度消费，注重内涵开发，实施总体调控。大力保护环境，贯彻生态建筑的总方针，逐步形成并完善以节约和良性循环为中心的建造体系，这将从根本上改变我国目前在城乡环境建设中的恶性循环状态，这应包括：

（1）实行低度消耗资源：严格采取节约型建筑技术体系。

（2）适度消费的生活体系：过多依赖或追求建筑设备达到生活的"超度舒适"，既对人的健康无益，又造成浪费，须予以压缩和限定。

（3）合理优化的时空体系：主要在网络结构、空间布局、物质与信息流通上提高功效、降低投入。

（4）保障社会、经济和环境效益正常发展的管理体系，从防止决策失误、加强协调能力、提高规划设计水平出发，建立一套和谐流畅的管理体系。

4.4.2 我国生态建筑研究走向实践需解决的核心问题

尽管我国已全面开展了有关生态建筑的理论研究，并取得不少成果，但实践工作依然举步维艰，理论建构与实证操作脱节已是一个显著问题。现有的实践几乎依然集中于建筑节能技术的进一步深化、农村初级生态单元建设和传统民居改造等几个有限方面，面对大量性的城市建筑尤其是住宅设计中体现出的反生态问题则显得束手无策，缺乏令人信服的作品。以至于在业内造成这种印象，即实现建设和生态间的平衡是一种理想主义的空谈或是环保部门的职责，生态建筑、绿色建筑在中国似乎总是与古老的窑洞、低生活水准或地方材料、技术联系在一起，

---

① ［美］A·拉卜卜特. 住屋的文化与形式［M］. 张玫玫译. 台北：境与像出版社：5.

② 即传统文化，相对隔绝、保守、高度有机的文化类别，适应当地气候和其他生态条件。殖民文化，在统治和附属相互关系中并存的文化，相当程度地凌驾于其他文化之上。消费文化，产生于帝国主义联合的中心效应、大规模生产技术、联合控制和全球通信。生态文化，基于生态价值和相对自足的不同地区文化，这些文化在相容基础上互相作用。传统文化的内部单质特征代表了与消费文化全球消费文化单质特征完全不同的结合形式，消费文化代表了倒退势力，殖民文化代表了相对复杂的全球进化。

③ 日本建筑师长岛孝一（Koichi Nagashima）提出该词，由全球的（global）与地方的（local）两字拼接而成，表明通过再诠释地域条件同时结合全球的敏感性，建筑师可以获得既保护文化传统又解决同一性的方法和策略。

④ 吴良镛. 世纪之交的凝思——建筑学的未来［M］. 北京：清华大学出版社，1999：9.

而无法在城市中推广。这样的认识相当程度上削弱了生态建筑改善人居环境的普遍、积极的意义，与当代中国建筑师应具备的责任感和承担的使命极不相称。究其原因，除了生态建筑本身多学科交叉的复杂内容，缺乏一套切实可行的设计方法指导外，在城市建设领域推行基于可持续发展战略的生态设计事业，还面临学术界和社会等方面的六大问题：

4.4.2.1　经济可行性问题

生态建筑的产生是专业领域对生态伦理和生态主义价值观觉醒的反映，从觉醒到占据主流的地位，这种自觉意识的确立恐怕还需经历相当漫长的时间。现阶段，在工业文明的人类中心思想依然占主导时期，生态建筑的发展不能仅仅建立在道德基础上，经济杠杆此时此刻恐怕在推动生态建筑发展抑或阻碍其前进的道路上会扮演着十分重要的角色。

生态建筑得以存在的经济理由在今天看来，莫过于运行费用的节省（包括低廉的管理和维护费用、长寿命、节约资源等）。一次性投入的回报将是长期的，积累的结果将大大超过初次投资成本。这应该算作是吸引人的理由，也是开发商有兴趣搞生态建筑的出发点。因此从微观经济学角度动态地考察这一问题，个体最终的长远获利成为推动生态建筑向应用领域进展的有利因素。同时从宏观角度来看，生态经济学理论告诉我们，任何对自然界的破坏与对资源的糜费，都应以成本形式计入经济评价体系中，那么依生态原则设计的建筑物前期投入与它所节约的无形的生态成本相比，恐怕是微不足道的。

以上的分析似乎令人欢欣鼓舞，找到了推动生态建筑研究和实践的经济推动力，然而情况远非这么简单。根据欧洲国家的经验，生态建筑是需要更多前期投入而利益回收速度又相对较慢的一类项目。不难发现，无论是"长期回报"还是"生态成本"在当前看来都是虚无缥缈的。对大多数投资者而言，任何形式的远期平衡表或是成本核算评价，与初期投资及直接利润相比，恐怕难以使人为之心动，更为重要的是，生态设施投资所带来的回报，最终并不一定落入投资者的腰包，而常常为社会和使用者共享，这些都有可能使发展商和决策者望而却步或力不从心了。例如清华大学曾尝试于设计中心楼开发和利用地下深井水作天然冷源，全封闭循环使用，选用的设备为山东海阳富尔达地温中央空调设备以大大降低空调能耗，是一种相对成熟、可行的环保技术，但考虑到需打三口深井，加上几百米地下封闭管道和地下泵房等一次性投资，结果作罢，这就充分说明了工作的复杂性。[①]

要彻底解决这一问题，就应当在可持续发展原则基础上建立一套新的价值观和行为规范。例如使用节能设备与材料、环保材料、各种节约资源的措施成为设计规范中的内容，并通过政府在立法、税收等方面的政策调整，加强生态建筑在经济上的可行性。特别在开始阶段，没有一套良好的经济、社会和道德方面的激励体制用以补偿开发商由于额外投入所带来的损失，生态建筑的推广就是一句空话。

4.4.2.2　职业利益和道德价值的矛盾

这是一个在规划、建筑设计领域普遍存在的事实。正因为生态设计比以往任何理论和思潮都更明显地与道德、伦理相联系，这就使得当代规划师、建筑师的职业操守和社会责任问题变得尤为重要，由此也预示了与个人利益必然的冲突。

实事求是地说，近年来，面对如此严峻的环境破坏、资源危机以及全球浩大的可持续发展声势，更在国内理论界积极倡导之下，行业内人士多多少少对发展生态建筑的重要意义是有所感悟的。但观念的初步建立并没有转化为积极的行动，作为生态设计实践主力军的各专业设计院的设计人员，特别是中青年建筑师普遍缺乏对生态建筑实践的热情。原因是多方面的：首先，建筑设计在中国还是个收低费行业，这就决定了得靠大量业务来维持单位运转和个人的基本收

---

① 宋海林，胡绍学. 关于生态建筑的几点认识和思考 [J]. 建筑学报，1999 (3)：14.

益，在如此压力之下，快快出活，增加产值是首要考虑的事情，建筑师恐怕就很难分出精力去琢磨建造环境的生态优化，这是个现实问题；其次，由于体制问题，建设者和设计者都无法从生态设计实现后运营中节省的费用或提高的效益中得到额外收获，因此，虽然大家都明白乱占耕地浪费，大玻璃幕墙耗能严重，求洋求古破坏城市建筑文脉，但在个人利益驱动下，这些错误行为似乎找到了合理的理由，这种现象是经济学中"囚徒困境"的典型表现；牵扯到的第三个方面则是，可持续发展的道德原则还未在建筑设计生产行业正常发育起来。

解决的办法包括从外部环境入手，利用市场体制建立良性的利益驱动机制，规范设计市场，从业方式和收费制度，这应该算作比较理想的做法，收效最大，但要和国家政策和行业规范的调整紧密相连，因此短期内恐难实现；另一方面则是从建筑师自身做起，面对问题建筑师应坚持良好的职业操守，绝对的精英意识或是放弃责任的消解都不是事业所需。此外，建筑师应树立接受终身教育的观念，能经常关注学术界的动态和研究成果，通过设计业和学术界的共同努力，解决理论研究和实证操作脱节这一难题。

4.4.2.3 技术运用的层次性和适用性

生态实践工作重要一环就是技术措施的选择和应用。根据来源、发展水平、科技含量、造价等综合因素考虑，目前国际建筑界将生态建筑实施中包含的技术大致分为三个层次：地域技术、中间技术和高技术。其中前两者都属于普及型技术，高新技术属研究型技术。

技术运用的效果不仅取决于其本身功能发挥的水平，而是一个多方面整体协调追求效益最大的问题。因此尊重特定场所的自然、经济和技术状况及当地文化传统，根据整体适用原则，选择恰当层次的技术路线是我国生态设计实践遵循的指导思想。

具体的实施可着重从以下方面入手：

第一，现实性入手，注意中国建设的起点特征。我国生态建筑的研究与发展起点低，进展缓慢，因经济水平限制，技术上很难采用像发达国家那种一次性高投入带来长期高回报的方式，更多的是走生态化改造的渐进模式，选择现代化与本土化结合的道路。现代化不等于高技术，低技术也并不意味着低标准。因此，鉴于目前国情，技术应用首先考虑符合生态的传统及地方环境控制技术，适应自然环境的当代城市的低技术扩展改进，多运用地方材料等简单直接的方面入手，着重开发基于空气运动、光反射、材料适用性等基本物理原理的运用，包括诱导式（被动式）构造技术、绿化技术、被动式太阳能利用技术等；其次选择高效又成熟的机械与人工技术，如太阳能热水技术、节能照明、机械的恒温换气技术、中水回用技术等。有学者曾提出有必要将研究性技术组合与实用型技术组合区别开来，认为科学研究的意义上，生态建筑依赖许多相关技术的最新发展及根据具体条件而对这些技术的最佳搭配，但在实际运行方面，生态建筑则主要建立在现有的成熟和经济合理的技术上，即实用型技术组合，包括地域技术和中间技术。① 据此观点，建造实用型的生态建筑并非一件难事，关键在于建筑师的观念，有了这种观念，建筑师只要深刻地理解地方条件和需求，将一些简单做法与技术加以组合，就产生一般意义上的生态建筑。此外，地方技术的挖掘与改造还担负着延续建筑文化的使命。

第二，决不回避高技术的引进、开发和应用，防止技术应用的惰性。一方面，我们立足于国情，以实用型技术为切入点，加快在全行业推广生态意识和生态观念；另一方面，也要防止形成低层次技术应用的惯性和惰性，导致技术形式的单一化，不利于建筑师的选择和技术本身的进化。

我国幅员辽阔，资源条件迥异，各地发展水平不一，无法强求统一的步调。生态设计技术

---

① 董卫. 略谈生态建筑 [J]. 世界建筑，1998（1）：15.

探索必须配合各地的现实特点，施行不同的发展战略。尤其在开放与经济发达地区可适当超前，应用诸如太阳能发电、垃圾生化处理回收利用、智能系统等复杂程度高的技术。

此外，我国生态建筑的技术探索可能具备一定的跳跃性。有的地区尽管落后，却因具备良好的生态和资源优势，经过适当扶持，反而可以超前地运用高新技术，如我国西藏和云南等地的太阳能发电技术，新疆地区的风能利用等。任何技术的发展都具备阶段性，通过不断提高、改进，我国生态建筑技术不会永远只停留在某个水平上，而是动态向前发展，生态建筑的发展最终要依托先进技术。

第三，技术组合的整体适用性。尽管技术有层次之分，但在实际操作中不应沉醉于"高技术"与"低技术"之争，而应只关心"适用技术"，即决定采取何种技术时，要根据当时当地的实际情况来判断，而不论其"高""低"与否。因此，生态建筑应当是地方性十足的建筑，这种地方性主要不是指形式，而是指符合地方的自然、社会、经济、资源等条件所构成的发展可能性，生态建筑的技术组合及其形成将会随着这种可能性的变化而变化。对于建筑这个动态非线性的大系统，应强调各类技术的系统集成，突出整体效果，通过提高协同程度达到实际运行效果和效益的最大值。

4.4.2.4 法律与政策保障及行业支持

一般来说，当道德基础与经济杠杆在某个特定时期都无法有效发挥作用之时，政府的干预行为至少在某种程度上可以成为推动一个新生事物向前发展的支撑手段。目前，依靠像当年现代主义运动出现时自发的原动力，生态建筑恐怕很难向前走得更远，除非真的有一天生态人本主义取代了代表工业文明的人类中心论，成为社会价值的主流；除非人类社会的财富积累到足以使人们不计代价地去换取生态效益。因此，生态建筑从产生之初就需要一种强制性的对社会和后代有益的官方措施的保障：政府对于建材选择、每平方米耗能标准等方面作一些必要的规定乃至立法；对生态技术研究，对新的洁净高效能源和可再生能源开发、利用的研究等方面投入增加力度等，都将成为推进生态建筑运动发展的重要动力。这方面正反的例子都有，如日本政府对采用太阳能发电技术的楼宇给予 50% 的资金补助；荷兰是欧洲最重视生态环境的国家之一，政府在建房政策上积极向生态化、健康化对策过渡，譬如现行法规条件下不允许建造没有可开启窗户的办公建筑，住宅必须采用太阳能、屋顶绿化、高性能保温材料，室内需用仪器检测有无危害健康的建筑材料后方能入住等。而加拿大政府曾允诺 1996~2000 年所产生的 CO_2 量保持不变，但实际已上升 13%，主要原因除了大企业、有关行业不愿马上改变现状外，政府鼓励自愿而无强制性法律措施是主要原因。因此自愿与引导、强制的不同结果表明制定政策与法规的重要性。

又如欧洲的燃料价格是美国的三倍，因此其有很强的经济吸引力发展生态建筑，包括政府计划、研究、新技术的开发等。在美国则要困难一些。只有当具有环境意识的建筑具备利益、产出和全社会的关心时才会成为主流。在环境与资源问题上，"胡萝卜加大棒"政策已成为许多国家政府的一种共识。

我国在这方面的工作才刚刚开始，如出台有关标准规定了 1996 年和 2000 年建筑能耗分别在 1980 年通用设计标准基础上节约 30% 和 50% 的目标。除此之外，在《宪法》、《环境保护法》、《建筑法》、《城市规划法》等基本大法和行业法规中也涉及生态建筑或绿色建筑倡导的某些内容诸如保护土地资源和环境，鼓励节约能源的设计，控制和处理建造场地处的各类污染和危害，为环境建设安排相应的评估等，但不少政策和规范无法考虑各地实际情况而仅仅是推荐、建议性。总体而言，无论是广度、深度、约束力还远远跟不上时代进步的要求，亟待加强。

4.4.2.5 生态设计教育的普及

生态设计系统的理论从诞生至今不过30年左右时间，对中国当代建筑师而言，这是一种新颖且从观念上易于接受的设计理论，如何站在设计角度看生态学以及站在生态学角度看城市、建筑等的设计，从而发现人与自然的本质关系并不难理解，可在现实中常常难以实现，究其原因，除了行政上的干预、经济的束缚、手段上的落后等诸多客观因素外，设计专业人员的职业操守和知识结构是影响生态实践进程重要的主观因素。

目前，建筑界存在这样的现象，知道生态建筑、绿色建筑等概念的人很多，但知其所以然的人就很少。概念作为言语的修辞，常常被挂在嘴上，但行动起来却茫然无措，甚至产生认识上的混淆，如将生态设计等同于绿化、净化废水、减尘吸尘等环保措施，推卸建筑师通过合理途径改善人居环境的责任。要改变这种状况，除了积极全面地发展生态建筑学科的研究工作，探索切实可行的应用方法外，作为专业基础支撑的建筑学教育重点必须进行大的调整。长期以来传统教育模式存在重技巧轻理论、重感性轻理性、重细部轻整体、重形式轻技术、重单体轻环境的不足。开展可持续发展与生态建筑的教育，从艺术造型为主转向全面关注环境与生态问题。要求树立立足资源危机认识的教学体系，把资源危机、全球生存困境当作常识来进行教育，通过生态伦理观念重建建筑师的社会责任感，在学生中灌输成为为人类可持续发展作贡献的一分子而非建筑造型家、空间艺术家的思想。同时利用高校优势，通过合适途径对在职设计人员进行再培训，补充有关生态学、地理学、环境卫生学、景观设计等方面基础知识，促进知识结构多元化。肯尼斯·弗兰姆普顿认为，如今建筑师要想在建筑业中保持统领地位，就必须在最广义层次上全面掌握建筑技能。① 作为参与可持续发展建设的建筑师不只是简单地"画房子"，还必须从思想方法上进行一次彻底变革，从建筑策划、建筑设计、环境设计到材料选择、运输、施工及运营管理、成本核算等方面，大力推介新的方式，在新技术和重新再利用传统技术支持下，开创一种新的建筑文化。

4.4.2.6 评价体系的建设

张钦楠先生曾提出，一种新的设计观走向实践，必须具备以下四个基本条件：观念、体制、指标和途径，缺一不可。② 进而联系到生态建筑，这是个高度复杂的系统工程。要实现这一工程，不仅需要建筑和环境工程师运用相关的设计方法和手段，还需要决策者、管理机构、社区组织、业主和使用者都具备环境意识，共同参与营建的全过程。这种多层次合作关系的介入，需要在整个程序中确立一个明确的建筑生态环境评价结果，形成共识，并使其贯彻始终。因此，迫切需要现代科学评价方法作为实施运作的必要支撑。

目前一些相关的评价体系已被借鉴，如全寿命周期分析、生态数据库、生态模型、环境影响评估（EIA）及其他信息系统、评判方法等手段。这一类环境评价方法主要是基于环境学家的角度，而非建筑的角度研究分析，并不完全适用于建筑营建中的相关因子和实践活动，尤其是数据采集困难，模型制作复杂，可操作性低，需耗费专业人员大量时间与费用，所以一种简单易行针对性强的评价工具是目前最需要的。这一评价工具应当同时考虑社会、经济、历史文化等多元因素，并涉及建筑环境综合评判中各种构成因子的质量标准，如建筑性态、使用方式、设施状况，考虑营建过程、建筑材料、使用管理等对外部环境的影响，以及舒适、健康的内部环境营造等等。所以对生态建筑的评价实际上是对环境认识的一种全新方式。

由此看出，生态建筑评价是针对这一复杂系统的决策思维、规划设计、实施建设、管理使用等全过程的系统化、模型化和数量化，是一种定性问题定量化，定性与定量相结合的决策

① ［美］肯尼斯·弗兰姆普顿. 千年七题——一个不合时宜的宣言［J］. 建筑学报，1998（8）：12.
② 张钦楠. 论效益设计［J］. 建筑学报，1992（11）：4.

方法。

由于生态建筑客观上涉及多科学、多角度、多要素，故其指标选择、评价体系的建构过程极为复杂，它应是多学科综合努力的成果。这种评价体系还面临着区域性和时段性的问题，城市建筑领域内的评价操作一直是定性多于定量，模糊多于明晰，这种评价方法是否依然有效？或许统计学的发展可以为这种新型的评价体系提供相应的技术参考，而体系的建立则有待学科间的融合及研究者间长期通力合作。

本章参考文献

[1] 牛文元. 持续发展导论 [M]. 北京：中国科学出版社，1994.

[2] [美] 蕾切尔·卡逊. 寂静的春天 [M]. 吕瑞兰，李长生译. 长春：吉林人民出版社，1997.

[3] 张美珍. 为了绿色的地球 [M]. 北京：世界知识出版社，1995.

[4] [美] E. P. 奥德姆. 生态学基础 [M]. 孙儒泳等译. 北京：人民教育出版社，1991.

[5] [美] J. O. 西蒙兹. 景园建筑学 [M]. 王济昌译. 台北：台隆出版社，1982.

[6] 佘正荣. 生态智慧论 [M]. 北京：中国社会科学出版社，1996.

[7] [意] 丹尼斯·米都斯等. 增长的极限 [M]. 李宝恒译. 成都：四川人民出版社，1984.

[8] [美] 阿尔·戈尔. 濒临失衡的地球——生态与人类精神 [M]. 陈嘉映等译. 北京：中央编译出版社，1997.

[9] [美] 丹尼尔·贝尔. 后工业社会的来临 [M]. 高恬等译. 北京：商务印书馆，1984.

[10] [美] 阿尔美·托夫勒. 未来的冲击 [M]. 秦麟征等译. 贵阳：贵州人民出版社，1985.

[11] [英] A. T. 马克斯，E. N. 莫里斯. 建筑物·气候·能量 [M]. 陈士驎译. 北京：中国建筑工业出版社，1990.

[12] 林宪德. 热湿气候的绿色建筑计划——由生态建筑到地球环保 [M]. 台北：詹氏书局，1996.

[13] [美] I. L. 麦克哈格. 设计结合自然 [M]. 芮经纬译. 北京：中国建筑工业出版社，1992.

[14] [比] P. 卡普拉. 转折点——科学、社会、兴起中的新文化 [M]. 冯禹等译. 北京：中国人民大学出版社，1989.

[15] [英] P. 沃福德. 世界无末日：经济学、环境学与可持续发展 [M]. 张世秋等译. 北京：中国财经出版社，1996.

[16] 曲格平. 我们需要一场变革 [M]. 长春：吉林人民出版社，1997.

[17] 崔源声，邢世俊主编. 绿色建材与家居装修 [M]. 北京：中国建材工业出版社，2001.

[18] 王祥荣. 生态与环境——城市可持续发展与生态调控新论 [M]. 南京：东南大学出版社，2000.

[19] 董雅文. 城市景观生态 [M]. 北京：商务印书馆，1993.

[20] 夏青主编. 中国环境标志 [M]. 北京：中国环境科学出版社，2000.

[21] Laura C. Zeiher. The Ecology of Architecture [M]. New York：Whitney Library of Design，1996.

[22] Michael J. Crosbie，Green Architecture—A Guide to Sustainable Building [M]. Rockport：Rockport Publishers，Inc.，1994.

[23] Victor Olgyay. Design with Climate：Bioclimatic Approach to Architectural Regionalism [M]. Princeton NJ：Princeton University Press，1963.

[24] James Wines. Green Architecture [M]. Kö Ih：Benedikt Taschen Verlag Gmbh，2000.

[25] Brenda & Robert Vale. Green Architecture—Design for an Sustainable Future [M]. London：Thames and Hudson Ltd.，1991.

[26] J. T. Lyle. Regenerative Design for Sustainable Development [M]. New York：John Wiley & Sons，Inc.，1994.

[27] Ken Yeang. Designing with Nature—The Ecological Basic for Architectural Design [M]. New York：McGraw-Hill，Inc.，1995.

[28] Daniel Klaus. The Technology of Ecological building—basic Principles，Examples and Ideals [M]. Basel：Birkhaus Verlag fur Architekltur，1997.

[29] Daniel Klaus，Low-tech Light High-tech—Building in the Information Age [M]. Basel：Birkhauser

Publishers，1998.

［30］J. Steele. Sustainable Architecture—Principles，Paradigms and Case Studies ［M］. New York：McGraw-Hill，Inc.，1997.

［31］Cedric Pugh，Sustainability—The Environment and Urbanization ［M］. London：Earthscan Publications Ltd.，1996.

［32］清华大学建筑学院等编著. 建筑设计的生态策略 ［M］. 北京：中国计划出版社，2001.

［33］王朝晖. 中国可持续建筑理论框架与适用技术的探讨 ［D］. 清华大学博士论文，1999.

［34］宋晔皓. 结合自然整体设计——注重生态的建筑设计研究 ［D］. 清华大学博士论文，1998.

［35］华黎. 从生态出发的建筑设计理念及方法学研究 ［D］. 清华大学硕士论文，1997.

第5章　生态建筑的设计方法

古语云："一法得道，变法万千"，设计哲理是共通的，但形式途径却千变万化。为此，一方面要追根溯源，另一方面要巧于创造，反映在生态设计方法研究中，即重视基本规律、共性原则如方法学的深入探讨，更应立足因时因地条件，进行针对性的多样化研究。

5.1　生态建筑设计的若干方法

成功的生态设计，在于对生态设计原理的正确把握和灵活运用，以及实践的可操作性，这是前述理论和实践的联系桥梁。设计方法本身并不提供确切的解题答案，而是通过提出问题，并为寻找问题的答案提供路径。

美国设计师西姆·凡·德·莱恩和考文（Sim Van der Ryn & Stuart Cowan）合著的《生态设计》（Ecological Design）一书中提出了与自然共生融合的五种方法和途径，可作为确定生态设计方法类型的参考：①

1. 设计成果应是地方环境的产物（Solutions Grow From Place）

生态设计应从对地方详细了解开始，设计是小尺度和直接地对当地环境条件和人的反应。只有敏锐地察觉和感受地方的细微差别，才能做到和环境相融而不是抵触。

2. 让自然环境显现（Make Nature Visible）

使自然循环过程显现。生态设计有助于提高生态环境意识，使人们关注和爱护我们生存的环境。

3. 设计结合自然（Design With Nature）

与自然共呼吸同命运，尊重其他生物的生存需求。注重使环境再生而不是简单地消耗后再废弃。

4. 以生态效益指导设计（Ecological Accounting Informs Design）

了解设计对环境的可能影响，并利用这些信息决定生态深层设计的可能性。

5. 人人参与（Everyone Is A Designer）

在设计过程中听取来自各方的声音。生态设计是开放的，需要公众的积极参与。

5.1.1　气候设计方法

勃罗德彭特著名的四类建筑设计方法中，实效性设计是最原始的方法。早期人类建房的理由就是改变自然气候的影响，以利方便舒适地进行活动。实效性设计方法在人的需要和特定地理气候之间寻求平衡，由此产生建筑是环境"过滤器"的观点。②

适应气候的设计作为一种古老而常新的设计理念，对建筑学领域多方面的探索均能提供有益启示。无论是原始的巢居、穴居，还是文明时代的地域建筑都表现出适应气候要求的特征，它在"自力更生"最大限度庇护人类的同时，也顺应和保护人类生存的环境，因此从根

---

① Sim Van der Ryn, Stuart Cowan. Ecological Design ［M］. Washington DC：Island Press, 1996：5.
② ［英］G·勃罗德彭特. 建筑设计与人文科学 ［M］. 张韦译. 北京：中国建筑工业出版社, 1990：28.

本因素上说，气候是生态建筑的原点。[①] 气候设计的生态意义在于影响建筑的舒适度和能源利用方式。

5.1.1.1 生物气候设计方法[②]

20世纪60年代，生态方法正式引入气候建筑研究，最突出的当推Ⅴ·奥戈雅的《设计结合气候：建筑地方主义的生物气候研究》一书，首次系统地将设计与气候、地域和人体生物舒适感受结合起来，提出通过建筑设计、构造措施控制一些气候因素对建筑及使用者不利影响的生物气候设计原则。

设计遵循气候——生物——技术——建筑的过程，分别是：①调研设计地段的各种气候条件，如温湿度、日照强度、风力、风向等构成地域年平均气候特点的因素；②评价每种气候条件对人体生物舒适度的影响；③采取技术手段解决矛盾，如选址、定位、建筑阴影范围评价等；④结合特定地段区分各条件的重要程度，选择相应技术手段进行建筑设计。

奥戈雅认为生物气候设计的出发点是人体生物舒适要求以及特定设计地段的气候条件，通过设计以自然的而非依赖机械空调的方式协调上述二者关系。奥戈雅同时指出，空调设计所依据的舒适标准往往过于敏感，而忽视人们可以随冷暖变化酌情增减着装的可能，因此恒定的温、湿度舒适标准并不必然是人们实际体验的最舒适感受。

图5-1 奥戈雅提出的"生物气候图"

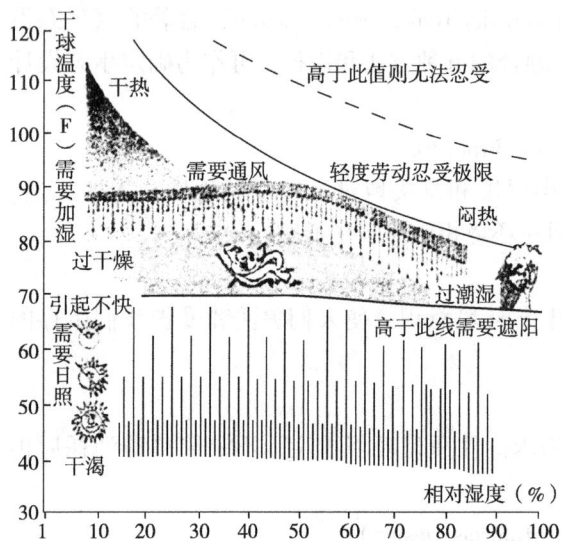

这种方法基于一种"生物气候图"的分析（图5-1）。该图包括与周围的空气温湿度、平均热辐射量、风速、太阳辐射强度以及蒸发散热等因素有关的人体舒适区。图表的纵坐标是干球温度，横坐标是相对湿度，图表的中部分别标有冬夏季的舒适区范围。依照具体的气候条件与舒适区的相对位置关系，确定需要采取的设计策略。例如，如果室外温度处于舒适水平以上的范围内，图中标有恢复舒适所需要的风速。图表上，舒适区的低限将气候条件分为两类：此界限以上部分称为"过热"期，应采取遮阳、通风降温等手段，在低限以下的部分为需要日照的"低冷"期。这样确定气候类型之后，根据图上标示就可以判定通风、遮阳、蒸发散热或日照等方面为满足舒适的需要量。

20世纪80年代初吉沃尼对奥戈雅的方法进行了改造，他认为上述方法存在一定局限：即对于人体生物感受的分析是基于室外的气候条件，只适用于潮湿地区，因为潮湿地区的通风必不可少，导致室内外温差不大。为正确反应人体室内的生物感受，他以炎热气候地域和地中海气候地域为研究对象，采用热应力指标（I.T.S）来评价人们对舒适的要求，由此确定相应的设计策略。[③]

吉沃尼针对不同的温度变化幅度以及水蒸气压力组合成的环境条件，将凭借通风、降温、蒸发散热或空调等方式的适用范围均表示在一张图上，即所谓的建筑生物气候图（图5-2）。图中边界N表示夏季舒适区，边界线N'表示可接受的范围。如当水蒸气压力为20mmHg和

---

① 朱馥艺，刘先觉. 生态原点——气候建筑 [J]. 新建筑，2000（3）：69.
② 清华大学建筑学院等编著. 建筑设计的生态策略 [M]. 北京：中国计划出版社，2001：6-9.
③ 宋晔皓. 结合自然整体设计——注重生态的建筑设计研究 [D]. 清华大学博士论文，1998：12.

5mmHg 时，温度上限分别为 26℃和 28℃。边界线 M 和 M′分别表示在没有通风时，单凭调整室内温度可达到的舒适范围，其中 M 和 M′两区内的上限温度和水蒸气压力成反比关系，分别由水蒸气压力为 17mmHg 时的 31℃和 33℃，变为 50mmHg 时的 37℃和 39℃。边界线 V 和 V′表示用通风的方法可以达到的舒适范围，其中 V′适用于由中等热阻到高热阻、外表刷白的建筑物。此二区所扩展的范围分别是 25mmHg 时，温度分别为 28℃和 30℃，在 5mmHg 时分别为 30℃和 32℃。

吉沃尼认为，如果气候条件超出了所有这些可以用通风、建筑材料选择、构造或蒸发散热的办法来保证室内热舒适的范围，就必须采用机械制冷或空调措施。

奥戈雅和吉沃尼提出的方法并没有本质的区别，都是从人体的生物舒适性出发分析气候条件，进而确定可能的设计策略，只是二人采用的生物气候舒适标准有所差异。正如吉沃尼自己承认的那样："建筑生物气候图"本身是不精确的，当实际的气候条件与拟制图表所假设的条件有出入的时候，其中的温度变化幅度就

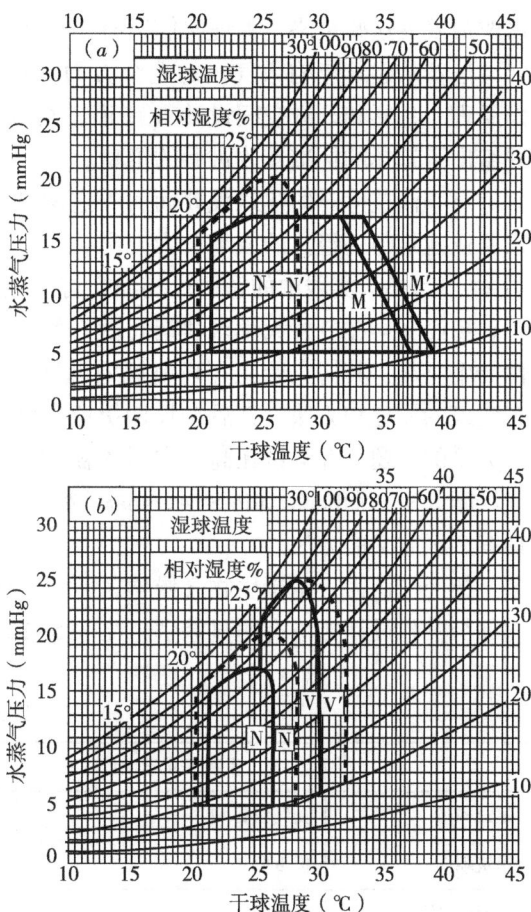

图 5-2 吉沃尼 的 修 正 图——"建筑 生物气候图"

可能超出图表中所标示的范围。因此，图表上各个区域的界限只是提供各种可能和适用的热控制方法。[①]

奥戈雅和吉沃尼的方法都倚重于从建筑物理知识和数据分析中寻找解决问题的途径，并试图建立起一种通用的设计模式，具有科学化、理性化的特点。但对建筑师而言，操作过程比较复杂且仍然存在对环境多样性估计不足的缺陷，因此，气候设计方法的另一条途径，则是通过对传统经验和地方做法的重新挖掘和评价，找到典型气候区适应性设计的模式。

5.1.1.2 经验式气候设计法

气候因素相对于文化、经济等而言是较稳定的外在条件，气候大变迁在人类发展史上极为少见，因此适应气候的设计作为长期经验的积累是能长久传承的。剖析历史经验，即分析传统建筑可以帮助理解建筑气候设计的流传，为同一地区或相似地区现代建筑设计提供良好的参照。贯彻此类做法的代表性建筑师有柯里亚、斯达格诺、巴瓦（湿热地区），厄斯金（高寒地区）和法赛（干热地区）等人。他们的思想和作品根植于地方文化、技术的同时，突出对气候因素的关注。以法赛为例，这位学院派体系教育下的世纪同龄人，没有追逐国际建筑界的种种时尚，终生探索"欧洲中心论"之外的乡土建筑，以科学、客观的手段评价埃及传统建筑技术和方法的作用，来确定它们对当地气候条件的适应性。他的结论是：与一些现代技术手段相比，传统设计策略往往能够同人体的生物舒适要求相协调，同生命环境保持协调。

具体方法步骤是：①在采用新设备之前，借助于现代物理学和人体科学的成果，如材料技术、空气动力学、气象学、生理学，充分评价传统建筑解决上述两个问题的设计策略；②采用、

---

① B·吉沃尼. 人·气候·建筑 [M]. 陈士驎译. 北京：中国建筑工业出版社，1982：273.

修改或发展这些策略，保证它们适合于当代生活需要。①

法赛从建筑影响微气候的七个方面：建筑的形态、建筑定位、空间设计、建筑材料、外表面肌理、色彩和开敞空间设计（街道、庭院、花园、广场等）分别对传统设计策略进行评价，并给出了选择的标准及改进后的策略。

对于注重生态的建筑设计而言，这两种方法都值得借鉴，近年来在该方面的实践探索中马来西亚建筑师杨经文的成果最为突出。

5.1.1.3　实践中的领悟：杨经文与"生物气候摩天楼"

杨经文早在剑桥大学求学期间就开始关注建筑和环境关系问题，并对生态学和生物系统特性产生兴趣，其博士论文《环境规划设计中考虑和生态学研究结合的理论体系》初步探讨了生态建筑的原理和方法。其后在长期执业生涯中，杨经文集中研究地域性自然气候与高层建筑设计关系的课题，并尝试在高层中引入被动式节能设计和建构舒适的微气候环境，提出了"生物气候摩天楼"（Bioclimatic Skyscraper）概念。多年的理论研究和丰富的工程经验使他总结出一套具有实践意义的方法。

杨经文认为，基于生物气候学的设计并不等同于生态设计，前者是后者的一部分，当然它们都与其他设计方法有明显差别，见表5-1所列。②

设计方法比较　　　　　　　　表5-1

	生物气候学设计	生态设计	其他
建筑构形	受气候影响	受环境影响	其他影响
建筑朝向	极重要	极重要	相对不重要
立面/开窗	与气候相关	与环境相关	其他影响
能量来源	常规的/周围环境的	常规的/周围环境的/当地的	常规的
能源损耗	极重要	极重要/再利用	相对不重要
环境控制	机电控制/人工控制	机电控制/人工控制	机电控制
舒适度	可变的/恒定的	可变的/恒定的	恒定的
低能耗的方式	自然能源/机电供能	自然能源/机电供能	机电供能
能量消费	低能耗	低能耗	一般是高耗能
材料来源	相对不重要	减少对环境影响	相对不重要
材料输出	相对不重要	再利用/再循环/再重组（3R）	相对不重要
场址的生态	重要	极重要	相对不重要
景观设计	气候因素的重要性	生态的重要性	美观的重要性

（资料来源：《世界建筑》1999年第2期）

杨经文对生物气候设计方法意义的理解不同于奥戈雅等人以人体舒适性为基础的角度，而是突出生物气候设计方法在解决建筑运营阶段主动式和被动式的能源保护问题上所发挥的作用。所以他认为摩天楼在设计之初的规划十分关键，一开始就要在布局、外形设计上采

①　H. Fathy. Natural Energy and Vernacular Architecture：Principles and examples with reference to hot arid climates ［M］. Chicago：Chicago University Press，1986.

②　杨经文. 绿色摩天楼的设计与规划 ［J］. 单军摘译. 世界建筑，1999（2）：23.

取有利于被动式的手法，后设的主动式机电设备可以改善室内舒适度，而无法弥补附加的能耗。

结合热带气候特点，杨经文总结的高层设计被动式策略可以概括如下：

1. 建筑平面形状的选择

选择平面形式要根据当地纬度的太阳运动轨迹来考虑。热带地区为减少大面积曝晒，平面宜为长轴东西向布置的矩形，多数窗户面向直接日晒最少的方向；高层建筑的服务核心宜布置在建筑物的一侧或两侧，利用辅助空间的实墙遮蔽东西日晒；方形楼层平面具有较小周边面积，也有利于对太阳能控制，空调负荷相对最少。

2. 立面设计

摩天楼外墙应被视作一种环境过滤器来设计，而非密闭的表皮，它应该有可以调节的开口，并形成融通风、采光、遮阳、蔽雨、降噪、御寒和隔热多功能为一体的表皮。

（1）了解当地的太阳运动规律，外加遮阳装置；

（2）有色玻璃在日射量达 $500\sim1000W/m^2$ 的炎热或温带地区的夏季不能替代遮阳设施；

（3）外墙选择反射率大的色彩和墙材；

（4）"两层皮"外墙，形成复合空间或空气间层，既隔热又可利用浮力通风原理创造自然通风；

（5）沿高层建筑外皮设置不同深度凹入的过渡空间和空中开敞庭院，起到遮荫、绿化景观和加大表面通风的作用，还可为未来扩建提供可能。

3. 第五立面的设计

屋顶由蓄热能力低的材料构成，在无遮阳的地方设反射能力强的外表面材料，可考虑优先使用双层结构，上层表面要能很好地反射阳光。

4. 关于自然通风的考虑

（1）平面形状上最大限度面向主导风向展开，并设计成进深相对较浅的平面（如外墙到外墙14m的进深）以利于组织穿堂风；

（2）建筑局部墙体构件顺应风向起导风作用；

（3）自然通风可以通过在建筑表面形成风压差获得，如立面局部开洞，当墙体开洞占整个墙面的15%~20%时，穿过墙洞的平均风速可提高18%；

（4）高层建筑底层留作自然通风空间对外开放，但需注意这些空间应能避免飘雨和大风的紊流；

（5）公寓楼设置独立的单元，只有少量公共墙，用公用走道串联，形成很多通风的空隙。

5. 竖向景观的降温和生态作用

沿高层表面和开敞空间、屋顶设置竖向绿化景观，并尽可能形成相互联结的植物系统。城市高层建筑外表面积很大，立面绿化所起的降温作用对减少城市热岛效应有重要意义。

值得注意的是杨经文事务所设计的许多高层建筑，尽管主要采用现代材料如玻璃、铝合金、索膜和现代结构，外形却呈现出与欧美不同的特征，发展了新的地方建筑模式。显然，杨经文把具有"全球化"意义的建筑技术放在地区气候与环境条件所提供的特定框架内进行筛选，根据地方可能性选择恰当技术，使其成为支撑地区性生态建筑发展的有利因素，更高层次上体现出西姆·凡·德·莱恩关于"设计成果应是地方环境产物"的论断。

5.1.2　生态断面法

芬兰的P·霍维勒（Pekka Huovila）提出了在设计过程中创建环境及生态数据库、制作生态断面的方法。他主张采集生态断面的数据，并发展相应的生态影响计算办法能把不同的设计决策所导致的环境负荷转化为相应的费用支出，就像在设计中通常所采用的预算计算工具和预算的调整优化方案一样。此方法可以使建筑师及设计小组的其他工程师能对不同的设计决策进行比较，从而形成最优化的设计结果。

5.1.3 仿生设计与进化的建筑

由前述理论可知，自然生态系统是生态设计普遍使用的模型，与人造系统相比，自然系统有很多优越的机制值得学习和借鉴，如在其进化过程中形成高度有序、丰富的信息流、日益增强的自组织能力、多样性、共生关系、反馈调控、阈限、能量物质高效利用等重要的生命规律，这些都可以选择作为富有价值的设计构思。因此，某种程度上，生态建筑可视作仿生设计的成果。

20世纪60年代初西方出现仿生学（bionics）概念，即模仿生物系统原理来构筑技术系统或使人造系统具有或类似于生物系统特征的一门科学。仿生已被当代设计界视为重要的灵感源泉。建筑仿生设计系指在建筑创作中应用类比方法从自然界吸取生物成长规律，结合建筑自身创作特点营造人工环境，其目的不仅是为了建筑创新，更主要是为了与自然相协调。从这个意义上讲，仿生已成为生态设计借鉴的重要方法。仿生建筑的表现与应用方法归纳起来有四个方面：城市与环境仿生，使用功能仿生，建筑形式仿生，组织结构仿生。[①]

生态设计所涉及的是仿生的深层次内容，即模仿生物界正常运转的机制，通过生态工艺与建筑学的结合使人工环境变成一个微生态系统。其特点之一就是最大限度实现物流、能流和信息流自足供应、自我循环，减少对外部压力。托德夫妇的"新炼金术研究所"（New Alchemy Institute）以及西姆·范·德·莱恩等人创办的"法拉隆斯研究所"（Farallones Institute，后更名为EDI——生态设计研究所）的工作是这类趋势的代表。前者发明了一套名为"活的机器"的生物技术来净化城市中的自然水生环境，并以此进一步推广阐释"设计应该遵循生命规律和服从生态系统"的观念。EDI研究所1994年负责起草的"国际生态设计协会"宣言中，列出六项仿生原理来实现生态设计目标：①依靠太阳能；②保护生物多样性及支持它的具有地方适应性的文化及经济；③废物等于原料，创立物质循环机制；④整个系统协同工作；⑤设计追随自然，使能源及材料的置换保持在生态系统自我恢复能力之内；⑥建立完整的生态开支概念，以全寿命周期内的环境影响来评价设计。

近年来，生态型设计中仿生倾向表现最为显著的创作就是美籍华裔建筑师崔悦君（Eugene Tsui）的"进化建筑"（Evolution Architecture）。他认为：应该严格地研究、分析和综合自然界进化实践和内在规律，将各种原理运用于眼前需求、环境现状及建筑形式、功能和用途中。[②]崔悦君是首位将自然现象当作一种设计基础的建筑师，并深入研究、分析和实施这一工作原则。他认为，自然界运用着一些放之四海而皆准的实用原理，如：

（1）最小限度使用材料；

（2）通过选用合适的形式来分散和有侧重地分布内力，最大限度发挥材料的强度；

（3）以最小表面积创造最大容量；

（4）联系构造的目的用途来选择颜色、尺度和质感；

（5）所有细部保持形式的连续性来达到均匀分布内力的目的，并创造出尽可能高的强度质量比；

（6）形态中运用空气动力学原理来辅助建筑的冷却、升温等温度调节；

（7）形式与外界环境的自然力和居住者的需要直接相近，并且以大体上使栖居地和环境同

① 刘先觉. 仿生建筑文化的新趋向 [J]. 世界建筑，1996 (4)：55.
② 崔氏设计研究公司专辑 [J]. 世界建筑导报，2000 (3).

时受益的方法共生。

　　崔悦君的进化建筑全面学习了这些基本原理，并以有益于周边人工和自然环境的方式得到实行，同时，还与科学技术的高速发展保持一致。他认为进化建筑除了关注生态方面的问题，还在以下两方面补充生态设计的内容：一是寻找有效方式来解决结构、材料和技术上抗震、防水防火、空气动力学等项要求，使建筑造得更经济，更省时也更简单；二是创造有功能的艺术作品，即鼓励形式上的革新发明，让建筑表达出高效、五彩缤纷和轻快、幽默等让人情绪高昂的品质。显然，它是生态设计理论的进一步深化，或走得更远。

　　以下14条原则构成了崔悦君进化建筑的基础：

　　（1）实行自给自足的循环系统、净化系统和动力系统；

　　（2）尽可能使用再生材料；

　　（3）使用无毒材料，在室内消除污染；

　　（4）高标准的防火、防水、防震和防虫害设计；

　　（5）选择有效的结构体系来均匀分布和传递内力；

　　（6）让建筑表达其所在地自然循环的过程；

　　（7）不断探寻科学和技术上的先进方法，并贯彻在建筑和基地设计中；

　　（8）将建筑视作一个能对气候及其内部变化作出反应的活的有机体；

　　（9）去除多余的构造措施和构件；

　　（10）将建造"脚印"降至最低，考虑跨越在基地上方或竖向发展的建筑以保护自然环境；

　　（11）结构特征统一，而且表达方式应与设计合一；

　　（12）认识并表达结构、形式和材料的效率；

　　（13）将空间视为多层次、有活力、运动的连续体，而不拘泥于静止的平面网络；

　　（14）尝试发现新的可能性，并对设计者的假设、预计和状况敢于提出质疑。

　　崔悦君善于利用自然手段，达到改善环境的目的。加利福尼亚某住宅屋面设一循环瀑布，通过调节水量及流速，控制建筑的温湿度和日照强度（图5-3）。其作品还十分注重学习自然界生物的结构方式，结合新技术令建筑更安全、坚固。如崔悦君住宅椭圆形平面和抛物线似的顶部即模仿节肢动物的形态（图5-4）；事务所设计中，二层所有结构都由不锈钢索悬挂支撑，地震时，悬挂的楼层将在波动中"漂浮"并保持弹性，以此来保障安全（图5-5、图5-6）。

图 5-3　生态教育展示住宅（左）

图 5-4　加利福尼亚崔式住宅拟态的形象（右）

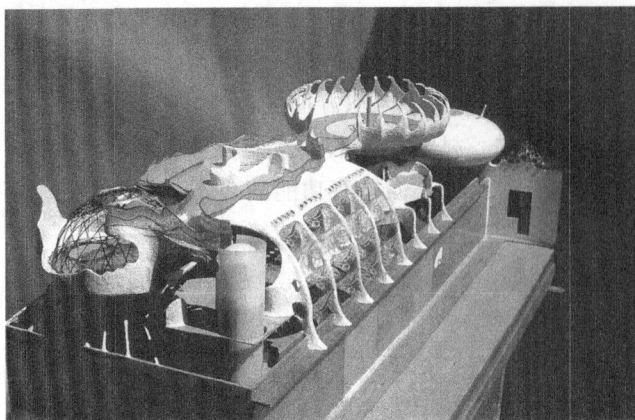

图 5-5 加利福尼亚崔式设计公司模型（左）

图 5-6 加利福尼亚崔式设计公司室内（右）

虽然自然生态系统是个很好的参照模型，但利用仿生原理进行设计绝非对自然简单模仿和生物学上的拟态这么简单，自然技术的直接移植远未能解决复杂人工系统的种种问题，更何况还存在着技术移植的适应性问题。因此，在实践中，自然技术的适当改造不可避免，同时实践范围、系统复杂程度也影响着操作性，一般规律是"系统规模越小，构成元素越简单，生命规律应用的操作性越强"。所以，迄今为止，此类工作大多集中在住宅和景观设计领域，"自维持住宅"（Autonomous House）是其中突出的成果。这项研究自 20 世纪 60 年代就已开始，英国建筑师布兰达和罗伯特·威尔夫妇为当前此类设计的代表，他们认为"自维持住宅是除了接受邻近自然环境的输入外，完全独立维持其运作的住宅。"其特点有：住宅不与煤气、上下水、电力等市政管网联结，利用太阳能、风能和雨水维护自身运作，就地处置各种废弃物，甚至食物也要实现自给。两人将其称作"可以提供适于生命生存环境的陆基的宇宙空间站——不与现有的任何地球生命支持结构发生联系"。① 这种思想直接追随富勒"狄马西昂住宅"构想。如果用生态系统观点进行解释，自维持住宅就是力图将住宅构筑成一种类似封闭的生态系统，能维持自身能量与物质材料的循环。

不过目前有关自维持住宅的看法仍有歧义。德国《建筑细部》杂志的编辑克里斯蒂安·施蒂希（Christian Schttich）就认为："单栋分离的住宅，无论如何不能称作生态可持续的设计，因为它过度占用土地，且大量的外墙面积会导致热量损失，这需要高质量建材来抵消由此带来的不利影响。德国近期在这一领域进行的大量研究项目，例如弗莱堡的零能耗住宅，不得不依赖联邦补助。"② 这一评价既有中肯的批评，也有偏激之处，不能因此而否定设计者对生态建筑目标的追求，同时提醒我们孤立系统的"自维持"不成立，但作为一项研究，将"少费多用"和"自足性"思想体现在建筑设计的实用化过程无疑推动了生态设计的探索。

5.2　生态建筑设计的辅助方法

5.2.1　公众参与设计

公众参与规划设计实质上是通过一定的方法与程序让众多居民能够参加到与他们生活环境息息相关的政策与规划设计的制定及决策过程中。在具体建设中，公众参与意见是使设计合理化、满足使用者需求并避免浪费的有效途径，更深层次上，它则是追求社会公平、融合、正义和稳定的反映，因而具有积极的生态意义。

① Brenda & Robert Vale. The Autonomous House：Design and Planning for Self-sufficiency [M]. New York：Universe Book，1995：7.

② C. Schttich. Thoughts on Ecological Building [J]. A+U，1997，5（320）：19.

　　许多生态建筑研究者都将公众参与视作生态设计走向实践的重要途径。西姆·范·德·莱恩和威尔夫妇于各自著作中都突出了"生态设计过程应最大限度地考虑使用者参与其中的可能性"这一观点。日本建筑师协会（JIA）环委会主席野沢正光为《可持续设计指南》（Sustainable Design Guide）的发刊词中写道："建筑可被重新定义为一项协作性工作，应该尽可能鼓励更多的专业人士、普通市民和企业家们参与到建筑创作中来，在建筑计划的前期阶段，忽略当前建筑的见解、惯例甚至有关法律、规范，提出各种讨论和建议，换句话说，在创作的起始阶段，任何固定的陈规均应暂不作考虑。"①

　　西方国家，公众参与早已是城市规划设计理论与实践的基本原则，不少国家还在立法上给予保障。完整的公众参与过程应当包括：制定规划设计前必须收集有关的公众意见，进行公众调查；公众有权对规划设计草案进行充分的验证和评议；最后的规划设计内容必须根据公众意见进行修改，将完整的公众参与过程作为规划附件报审；规划设计审批时必须首先进行公众审查，经充分协商后，再作出最后决策。公众参与是个循序渐进的过程，随时代进步逐步扩大其范围。"公众参与"除了在城市、区域这类大尺度环境建设项目的决策中发挥作用外，实践中最广泛和直接的应用就是住区建设中的居民参与。20 世纪 70 年代初查尔斯·穆尔（Charles Moore）首先倡导居民参与住区建设的观念。此后，瑞典建筑师拉尔夫·厄斯金的实践活动完整诠释了这种工作方法的过程和优势，而他运用这一观念于英国纽卡斯尔设计的"拜克墙"小区（Baker Wall）成为第二次世界大战后欧洲最成功的住区之一。厄斯金的"参与设计"之所以能在真正意义上实现，关键在于该社区具有一级自治政府，一种实实在在的足以与中心城市抗衡的地方力量。②为了支持这一原则，建筑师将事务所搬至建造现场。他允许居民挑选地点、邻居和公寓的平面形式，某些重要的旧建筑如教堂、健身房、商店等都保留下来，因此与历史的联系比任何一座典型的现代主义新镇要强。约 70% 的住房为平房，有半私密的花园和小径，即使是小区一侧起屏障冬季风和区外交通噪声的蛇形住宅楼（"拜克墙"），外轮廓也采用一段段断开，以使各户拥有自己的种植面积。现场的事务所由一所废弃的殡仪馆改建而成，还兼作出售树木花草的小店和失物招领处，靠着这类非建筑事务，他和当地群众熟悉起来，并鼓励他们参与到整个设计过程中来，结果是获得了亲切和谐的居住环境（图 5-7、图 5-8）。

　　国外住户参与按参与者在设计过程中的作用大小可划分为全过程参与、部分过程参与、咨询参与和间接参与四类。在我国，居民参与设计基本为后三种，所作的尝试主要体现于规划设计初期和建成后的住户行为。前者主要通过召开公众集会，进行各种形式的社会调查，或问卷法，印刷发行有关开发设计的想法等手段向居民咨询等（图 5-9）。1996 年清华大学城市规划系为清华、北大教师规划设计的蓝旗营住宅区，可算作住宅研究走向较正式的住户参与。规划之前，先对两所高校教师的构成，如家庭结构等进行调查，整理出相应的几类教师模型。以此为依据，做出三个代表性方案，运用模型、图纸和各方案数据比较，邀请教师代表参加讨论。讨论结果是：青年教师偏向高层为主，老年教师则喜欢多层的，而开发商则要求沿街店面的面积和经济效益。这种参与结果正反映了参与中住户因素的重要性：不同住户代表的利益不同。贾倍思还提出长效型住宅设计程序应分为五个步骤：行为研究→确定目标→体系设计→参与设计→诊断和更正，突出住户参与在设计任务和结果间的中介地位。③

---

　　①　JIA. 可持续设计指南，第一卷，1996.
　　②　20 世纪 60 年代末，欧洲出现了由专业和志愿者组成的以促进居民参与环境建设为目的的新组织形态。尤其是英国，许多城市出现同一社区团体相互联合的倾向，形成了诸多以地区为单位的自发的"社区政府"，从而掀起体现"准直接民主"的公众参与社区建设和管理的热潮。
　　③　贾倍思. 长效住宅——现代建筑新思维 [M]. 南京：东南大学出版社，1993.

图 5-7 英国
拜克墙小区总
平面

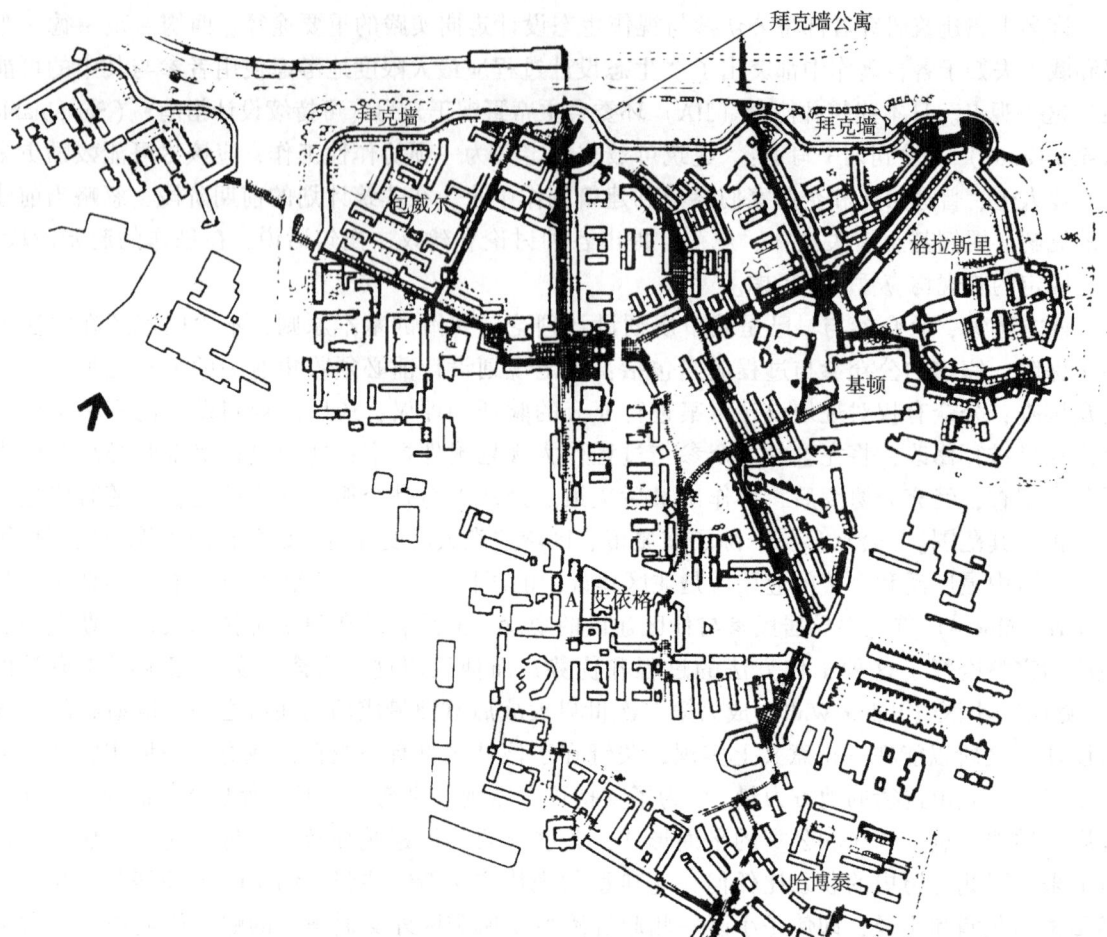

图 5-8 屏障
噪声和冬季冷
风的拜克墙公
寓：外观高低
不一的阳台反
映用户参与的
结果（左）

图 5-9 建筑
师借居民参与
方式除建立共
识和认同外，
也更深入地分
析设计前的资
料和需求（右）

而住宅建成后的用户行为则反映出对住宅设计适应性和可调性的要求。住宅属于耐用商品，一般使用期限都在 50 年以上，而设计时住户不确定，以及入住后家庭结构可能产生的动态变化，都要求考虑为未来变动留下余地。这种耐久性和适应性之间的矛盾，受到普遍重视，各国都在不断尝试适应性更强的住宅体系，使设计走向主动。于是可变住宅体系及适应发展的空间应运而生。可变住宅体系技术上是指那些工业化住宅主体结构已经确定，内部布局可以改变的住宅。许多国家都在此方面进行了大量的理论和实践探索工作，比较著名的有荷兰 SAR 体系和马托拉（Matura）填充体系、法国主动适应性住宅、日本 CHS 体系（百年住宅体系）、德国可变式住宅和支配权调整式住宅等等。我国在此方面也进行了积极研究和实践，如常州红梅新村住宅、无

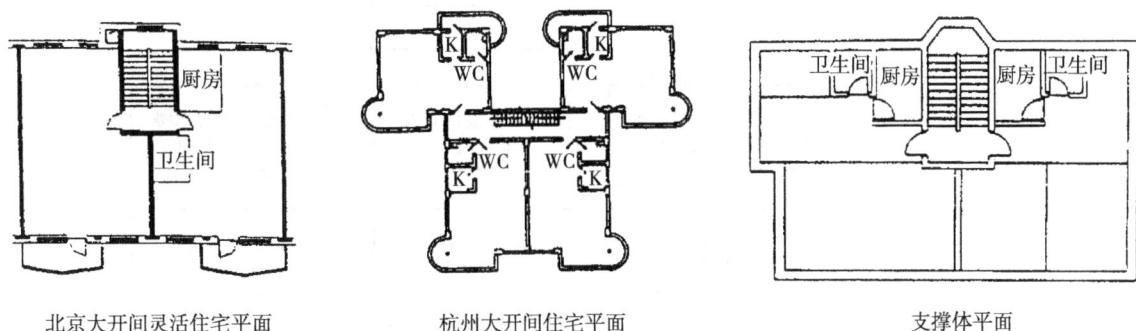

北京大开间灵活住宅平面　　　　　杭州大开间住宅平面　　　　　支撑体平面

图 5-10 我国适应型住宅平面

图 5-11 居民动手做地面装饰用的马赛克拼图

锡支撑体住宅、天津友谊公寓、上海国际广场商品住宅等，皆采用了适应性很强的布局方式，为住户参与设计和选择提供了条件（图 5-10）。此外，在公共设施和外部环境设计等方面，均应考虑居民参与的可能性以形成一种社区文化（图 5-11）。

住户参与也有可能产生负面影响，必须加以合理引导。目前我国多数商品房都为"毛坯房"，以降低造价，便于住户进行个性化装修。但另一项问题则不可避免了，即"毛坯房"交付使用后 3 年内整幢楼房都处于装修期，噪声和建筑垃圾造成严重污染，私拆私改房屋结构引发安全问题。面对这些弊病，也许日本的经验可以给我们一些启示。日本新神户公寓采用框筒结构，平面有很高的自由度，设计者列出多达 31 种的各种隔墙布置方案的菜单，可供住户选择。同时，室内装修也采用"菜单式"，套型内装修用各种门把手、厨卫设备与台板材料，墙、地面做法均可由住户自选，施工单位统一操作，这样既满足了住户的各自需求，又避免各自为政导致的种种问题。

我国农村地区普遍存在自建和共建房屋的现象，这些"没有建筑师的建筑"延续了民间造屋的经验和技术，是因地制宜、因材施用的范例。但在施工效率和功能、空间、设施安排上常落后于现代生活要求，所以在低收入农村地区鼓励低成本自助或互助建房的同时，建筑专业人员参与设计、改造，以提升房屋质量和技术水平十分必要。印度的柯里亚就提出"可延展的建筑"模式（malleable building）：在农村建宅时利用设计师提供的建筑形式来满足特定的环境要求，并力求施工尽量简单，再由用户自建完成。因此我国农村地区"参与设计"所需乃是专业人员的关注和介入。图 5-12 为广西融水苗寨改建工作流程，显示建筑师与村民合作的具体步骤。

当然，公众参与是有代价的，它可能需要更多时间和经费，可能会降低政府部门的工作效率，也可能由于一些个人偏狭的利益观念导致自私的行为，从而产生尴尬的境地——参与没有促成双方的合作而是加剧了对立。但可以通过适当控制公众参与的普遍性、参与途径和程度来将这些不利影响降至最低。对不同层次的规划设计来说，地方政府、专业规划设计机构和人员同社区组织、群众团体或个人代表一样，都可以作为公众参与的一部分。

对于公众参与我们也必须持客观的态度，无论是参与设计决策、管理甚而亲自动手建造，其范围和深入程度都应视具体情况而定，且在有组织有指导的条件下进行，我个人十分支持在适当条件下凸显居民的角色，甚而把它视作是生态设计成功的必要条件，但它绝非是解决生态

图 5-12 广西融水苗寨改建工作流程图
（资料来源：单德启. 欠发达地区传统民居集落改造的求索. 建筑学报，1993（4））

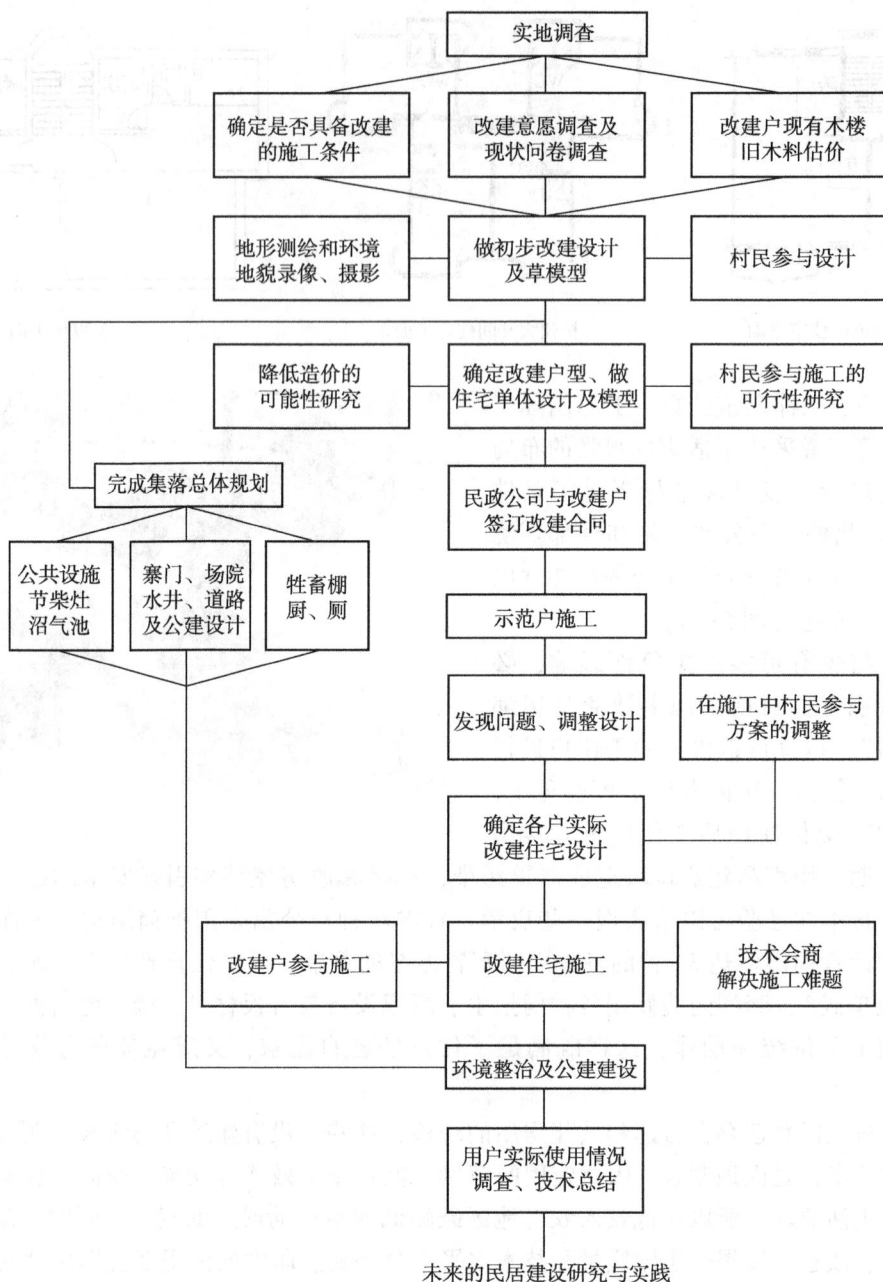

实地调查

确定是否具备改建的施工条件　　改建意愿调查及现状问卷调查　　改建户现有木楼旧木料估价

地形测绘和环境地貌录像、摄影　　做初步改建设计及草模型　　村民参与设计

降低造价的可能性研究　　确定改建户型、做住宅单体设计及模型　　村民参与施工的可行性研究

完成集落总体规划

公共设施节柴灶沼气池　　寨门、场院水井、道路及公建设计　　牲畜棚厨、厕

民政公司与改建户签订改建合同

示范户施工

发现问题、调整设计　　在施工中村民参与方案的调整

确定各户实际改建住宅设计

改建户参与施工　　改建住宅施工　　技术会商解决施工难题

环境整治及公建建设

用户实际使用情况调查、技术总结

未来的民居建设研究与实践

设计错综复杂现象的万灵药，我们必须十分清楚它在建筑专业中发挥作用的局限性及适用范围，这也决定了其可以作为生态设计方法重要的辅助手段，而无法成为一种系统的、独立的设计方法。

5.2.2　计算机模拟技术

生态设计借助计算机所能提供的最重要的服务就是建筑生态环境和节能效果的模拟和评价，牵涉到的关键技术较多，如建筑热环境模拟、计算流体力学、建筑日照分析与采光技术、噪声控制以及建筑材料技术等。西方在对生态建筑的研究中大量采用了计算机模拟模型作为重要的能源分析方法和工具，为节能措施实施和评估奠定基础。美国能源部及加利福尼亚州电力研究所合作开发了早期的热工模拟软件 DOE-2，该软件可以帮助设计者模拟在建筑位置、朝向、天气、自然采光、开窗及室内光反射系数变化的情况下，建筑保温、隔热及设备系统的热负荷状态，还能进行运行成本及寿命周期成本分析。

在 DOE-2 的基础上，许多升级版本也随之产生，目前较为通用的是 DOE-2.1E 软件，由加利福尼亚州伯克利实验室开发，它提供了一个基本测量工具以检测能源及环境的有关数据。在美国能源中心项目中，建筑师威廉·麦克唐纳（William McDonough）及其小组采用该软件来计算建筑物每小时的采暖、制冷负荷，并对运行的经济性和寿命周期进行分析，最后在设计报告中提交了包括所有设计评价、计算机模拟分析的结果，不同图表反映的数据以支持其结论和建议。类似的软件还有 BLAST、NBSLD 等，都是面向设计人员的程序。

SOLPATH 商业建筑能源分析软件是新近研制的一种易操作又全面研究建筑耗能量的工具。软件不仅考虑了典型的构件如玻璃窗、墙体和屋面的热阻，而且还涉及材料的储热能力、太阳方位改变及其他影响年运行费用的因素。进行分析的第一步是将反映建筑状况的各种数据输入计算机，包括房屋的几何尺寸及细部做法如墙的外形、朝向，墙、楼屋面构造，建筑的运行环境等，一旦完成这些，建筑采暖和制冷的负荷、电力油料消耗均可模拟出来。此外，运用此软件还可对单一效果的节能措施，如墙屋面的隔热效果、机械系统运行效益、自然采光、房屋体型系数等方面进行节能、投资方面的分析判断，同时还能进行另一层面的分析，即将单一效果的措施组合成复合效果的节能措施。通过这种工具，设计小组可以将各种措施优化组合以达到最佳效果。[①]

事实上，国内相关领域的研究也有相当大的进展。例如，清华大学建筑学院规划系与计算机系共同研制的清华日照环境分析型软件 THSEA-2，可为各地区、各种季节、任何层数、体型的房屋及任何形式布局的建筑群绘制全天的等时日影图和瞬时日影图、天空图，从而形象易懂地表现了建筑与场地的日照情况。此外，工程绘图中常用的 ABD 软件系列中也有热工环境分析的部分，虽精度低一些，但简单易操作，很适合设计人员使用、分析和判断。很可惜，这一工具长期以来为建筑师所忽视，关键在于设计中缺乏能源分析和节约的观念。

5.2.3　生态评估

5.2.3.1　指标、结构框架和相关因素

1. 制定评估指标体系的原则

（1）科学性原则。指标选择、确定权重、数据选取、计算与合成必须以公认的科学理论为依据，在合理的研究范围内对社会、经济、环境、人文诸方面的相互关系作出准确、全面的分析和描绘。指标体系的建立既反映标准化要求，又包容特性化要求。

（2）客观性原则。要求所设计指标必须以客观事实为基础获取数据与资料，定性问题尽量争取定量化分析。

（3）简便性原则。要求指标体系的设置避免繁琐，特别在开始阶段，应抓住系统中的关键因子，忽略不重要的细节，加强可操作性。此外，指标体系所涉及的数据应该是目前国内外统计制度中具备或可以获得的。

（4）公正性原则。在建筑活动中有利害关系的不同群体应该共同参与评估和指标的建立，意见不一致之处要反复论证，以达成共识。最终的评价建立在综合意见基础之上，以保障评价结果有更大的可信度和公正性。

（5）引导性原则。指标体系的设置和评价的实施，目的在于引导被评估建筑沿着可持续的道路前进，故指标及权重应体现与可持续发展的总体战略目标相一致的政策引导性。

2. 指标设置方法和评估的基本结构框架

设置指标体系，首先要确定综合性目标及预期结果。生态设计的评价体系应该纳入到可持续发展的整体脉络中，即生态效益目标包括自然、社会、经济三方面内容。综合性目标往往是

---

　　①　绿色建筑技术手册［M］．王长庆等译．龙惟定校．北京：中国建筑工业出版社，1999：213．

一种定性概念，为了建立与定量指标的联系就必须将综合目标分解为较为具体的目标，即准则。这些准则从某一侧面反映了建筑的系统结构特征和综合目标对建筑的要求，再经过逐层分解准则层，最后由具体的指标层来反映。指标尽可能定量化，以便更准确反映目标。

指标的设置过程如下：

目标层 → 准则层1 → 准则层2 → …… → 指标层

根据以上方法再结合生态设计制定目标和纲要时的重点内容，生态建筑评估体系框架可以构筑如下：

（1）综合目标：建筑的可持续性——环境、社会、经济效益。

（2）目标层：由四个方面内容组成——①全球环境目标；②区域环境目标；③社区和地段环境目标；④使用者要求目标。

（3）准则层：每个目标层下依据项目具体状况分析若干准则，若需要可逐步分级。这一层面要考虑以下几方面内容：资源利用、生态负荷、室内环境质量、文脉和成本预算。

（4）指标层：最基层指标尽量由定量数据来控制，如室内有毒气体的抑制通过甲醛、氨、氡等的浓度值来反映。

生态建筑评估体系的建立，应采用宏观与微观、定性与定量相结合的方法。

3. 生态评估相关因素辨识

为了保证生态评估方法的一致性和实用性，尚需考虑以下问题：

（1）定性和定量评判

1）对于定性和定量评价的份量应考虑相均衡。如果实践中难以操作，则最好排除那些具有较少细节的定性部分，而依靠那些描述性的评价。

2）一些定性打分指标非常模糊，最好不作为指标评价的一部分，但可以作为描述评价的一部分。

（2）权重

评价的权重是一种机制，通过它可以在适用的范围内大幅度减少操作因子，并使可把握因子数量增加。权重的确定虽然是一个主观过程，但在评价体系中是非常重要的环节。它融合了评价因子或亚因子的重要度和获取它的困难度，使指标体系的建立既反映标准化要求，又反映特性化要求。在评价系统中权重判断应建立在评价因子或亚因子对环境和人类健康重要性的基础上，如以工业为主的城市和区域，应加大空气污染及水污染控制指标的权重。当某些指标之间出现矛盾时，应确保重点，合理取舍。例如美国某个州在讨论由一次性尿布引起的垃圾填埋压力时，曾禁止使用一次性尿布，但立即导致清洗尿布的用水量剧增，而该州是美国最干旱的地区之一，水源极为紧张，但幅员辽阔，人口稀少，垃圾填场地容易寻找。在这种情况下，可以舍去垃圾控制指标而加大节约水资源的权重。

（3）评价工具的适用性

生态评估应该满足两方面的要求：第一，客观、真实、可靠；第二，对建筑使用者有较大吸引力，使他们看到有利于环境方面的指标能收到积极效果。这样必然导致评价指标与环境可持续发展所要求达到的基点水准间产生一种妥协。在通常的营建过程中广泛使用评估程序还不太可能，同时也很难预测是否有可能精简成更简化的系统来满足这一要求，为保障评价工具的实用性，应尽可能做到：

1）评价指标项目不可太多，性质相近的指标尽量合并，并提出一套标准的基点；

2）评估指标最好有针对性，如不同气候条件下的节能指标设置；

3）系统框架完成后应与一个软件（网络）公司联合开发技术工具。国际上目前已有一些机构来促进软件开发与调整完善，并定期升级，如 AIA 支持下的 TRACE 软件用于生命周期成本预算等。

5.2.3.2　评价方法

目前，各国和各地区针对可持续发展的建设与环境，推出一系列评价体系。尽管适用于不同环境条件、社会发展和经济状况，但在目标和原则方面是一致的，即通过评价建筑的运作方式，如能源使用率、废弃物处理等，鼓励尊重环境的设计实践。

生态建筑的评估，通常可以采用综合性评价和分析性评价两种办法。

1. 综合性评价

综合性评价是一种评估建筑总体的方法，包含时间变量，即要求评价对象的各种数据来源需经理论计算推导或相当长时间的测量才能确定。因此这种评估通常属于事后评估，有的亦可作为事前评估以达到预测控制的目的。

以下为国际上常见的几种综合评价方法：

（1）生命周期评价

在环境研究领域，生命周期评价（LCA）被公认为综合评价的基本办法及量化工具。按 ISO 组织的定义：LCA 是指汇总和评估一个产品体系在其整个寿命周期内所有投入和产出对环境造成的和潜在影响的评价。生命周期评价将帮助使用者以数量的形式表明对环境的影响，以便从环境角度对产品作出正确的决策和选择。

生命周期评价长期以来被用于诸如化工、包装等行业领域。这类工业产品大多短寿易耗，产品构成简单，进行生命周期评价是一个相对直接而简单的过程。而对于一幢包含了成千上万组分，寿命多在 50 年以上的建筑，评价过程就复杂多了。因此有必要发展和研究对方案设计优化有帮助的简化的 LCA 工具。由于在生命周期各阶段包含在材料中的环境负荷的种类很多，如能耗、CO_2、SO_2 和释放的其他气体、微粒等，通常 LCA 强调以有代表性的能量消耗和温室效应负荷——CO_2 释放量作为生命周期评价的主要环境指标。国际上很多研究机构致力于这一工具的发展。其中英国环境署钢结构研究所（SCI）进行的办公建筑 LCA 研究和生命周期成本预算是比较突出的成果。

1）办公建筑 LCA 研究[①]

研究立足于两类办公建筑：简单的四层建筑（建筑 A）和比较复杂的 8 层带中庭建筑（建筑 B）。将两类建筑更换成 5 种不同的结构体系，并结合使用各类服务设施，其范围从自然通风到不同种机械通风或 HVAC，进行能耗和释放 CO_2 测算（表 5-2、表 5-3）：

不同结构体系下，建筑 A 内含能量和 CO_2 比较　　　　　表 5-2

结构体系类型	包含的能量（GJ/m^2）	包含的 CO_2（kg/m^2）
A1 钢框架、预制混凝土板、薄板梁	2.6	251
A2 钢框架、复合梁板结构	2.6	241
A3 现浇钢筋混凝土梁板结构	2.5	286
A4 钢框架、格构型梁复合板结构	2.9	59
A5 钢框架、预制混凝土空心构件	2.7	333

---

① 西安建筑科技大学绿色建筑研究中心，绿色建筑 [M]. 北京：中国计划出版社，1999：127-131.

建筑 B 寿命周期内能量消耗和 CO_2 的比较　　　　　　　　　　表 5-3

组成	能量（GJ/m^2）	CO_2（kg/m^2）
钢框架、楼板和基础中的内含能量和 CO_2	2.6	241
剩余结构部分最初的内含能量和 CO_2	6.3	482
寿命周期内增加消耗的能量和 CO_2（更新）	14.6	1091
采光和小型动力运作消耗的能量和 CO_2	33.6	295
供热和通风运作消耗的能量和 CO_2	36.0	2239

（资料来源：西安建筑科技大学绿色建筑研究中心，《绿色建筑》.）

研究的总结论或与现代办公建筑相关的成果如下所列：①钢结构办公建筑的环境运作（根据内含能量、CO_2 释放量及运作时耗能、CO_2 释放量）与混凝土结构的办公建筑相比，并无明显差异；②研究中发现，自然通风的办公建筑，其运作中能耗大约是机械性服务设备能耗的 1/3，释放 CO_2 对应值也为 1/3；③对简单的多层办公建筑来说，当运作能量等于内含能量时，其周期一般为 8 年（通过机械通风）或 11 年（通过自然通风）；对于使用 HVAC 的建筑，其周期为 4~5 年。

该项研究成果的意义在于：①为建筑系统能量和环境改善提供参考；②为钢结构建筑创造一种能量和环境模式，这种基于科学事实之上的模式消除了那些认为钢是不利于环境的建筑材料的偏见；③对钢的循环利用作出评价。

2）生命周期成本预算

生命周期成本预算（life-cycle costing）包括：①考查所有建筑部件的整体生命周期成本，对其从开采到原材、运输、制造、组装、使用年限和维护，直至降解或再利用过程中产生的能源、环境影响以及对人体健康、社会的影响等进行考察测算；②考察建筑运行成本。

生命周期成本预算可看作是对建筑成本、时间和质量的综合系统考虑，是生态设计质量和评估工作的基础。因为生态建筑中关注环境的设计措施一般都需附加一些造价比普通建筑高一些的技术措施和设备，因此对建筑生命周期成本进行预算，就能揭示其长期的经济效益，使人确信该措施可行。同时进行测算可以有效了解设计所产生的生态负荷，从而加以改正，促进提高设计质量。

AIA 曾颁布指南提供了计算整栋建筑一般年花费的方法，并推荐了将预算结果结合进整个建设过程的方法。有的公司已开发了相关软件，如 TRACE 软件，可预算使用不同燃料的各类建筑中各类系统的费用，并为初步投资、投入使用和每年支出费进行估算（图 5-13）。

由于各国能源价格、劳动力成本等状况各有不同，因此在制定这一系统时，可以参考他国已有的体系框架、指标类型，而具体数据则应根据本国实际进行调整。

（2）BREEAM 评估方法

BREEAM（建筑科学研究院环境评估法）是 1990 年始英国建立的一种简明的建筑环境评估体系。现行共有三个版本：1/90 用于新建办公楼，2/91 用于新建商业建筑，3/91 用于新建住宅。[1]

该评估方法考虑房屋建筑生态影响的三个层面：全球性环境影响、邻里环境影响及室内环境影响。所有这些影响被分解成分类的问题，如针对全球性环境影响和资源利用方面，评估内容包括：能源消耗过程中的 CO_2 排放、引起酸雨、由于使用氟利昂而破坏臭氧层、利用自然资

---

[1] 现代智能建筑设计方法 [M].尚继英编译.北京：中国气象出版社，1997：13.

Life-Cycle Costing Estimate — General Purpose Work Sheet

Study Title: *Building Layout*
Discount Rate: 10%　Date: ___
Economic Life: 25 years (constant dollars)

Life-Cycle Cost Analysis Using Present Worth Costs

			Alternative 1 (Describe: sketch)		Alternative 2 (Describe: sketch)		Alternative 3 (Describe: sketch)		Alternative 4 (Describe:)	
			Estimated Costs	Present Worth	Estimated Costs	Present Worth	Estimated Costs	Present Worth	Estimated Costs	Present Worth
Initial/Collateral Costs										
A. Structural			10.74/sf	$472,600	9.30/sf	$404,200	10.74/sf	$472,600		
B. Architectural			16.10/sf	709,400	15.20/sf	660,800	15.26/sf	671,700		
C. Mechanical			12.40/sf	515,600	12.03/sf	520,900	12.40/sf	515,600		
D. Electrical			6.50/sf	286,000	6.50/sf	286,000	6.50/sf	286,000		
E. Equipment			0.25/sf	11,000	0.25/sf	11,000	0.25/sf	11,000		
F. General Conditions			6.82/sf	300,000	6.47/sf	283,500	6.70/sf	292,800		
G. Site			9.00/sf	396,000	8.80/sf	387,200	9.00/sf	396,000		
Total Initial/Collateral Costs				2,719,600		2,573,600		2,677,400		
Replacement/Salvage (Single Expenditure)	Year	PW Factor								
A. Carpeting/Interior	8	0.466	177,100	82,500	167,200	77,900	167,900	78,200		
B. Lighting System	10	0.385	50,600	19,500	50,600	19,500	50,600	19,500		
C. HVAC System	12	0.319	193,000	61,600	184,800	59,000	193,000	61,600		
D. Carpeting/Interiors	16	0.218	177,100	38,600	167,200	36,400	167,900	36,600		
E. Lighting	20	0.149	50,600	7,500	50,600	7,500	50,600	7,500		
F. Roofing	20	0.149	58,500	8,700	63,100	9,400	58,500	8,700		
G.										
H.										
Salvage (Resale Value)	25	0.092		NIC		NIC		NIC		
Total Replacement/Salvage Costs				218,400		209,600		212,100		
Annual Costs	D.H. Esc. Rate	PWA w/Esc.								
A. Energy-Elec (Expend.)	1%	9.894	71,500	707,400	69,000	682,700	68,000	672,800		
B. Energy-Nat Gas (Expend.)	7%	10.819	15,000	162,300	13,000	140,600	13,500	146,100		
C. Maint-Custodial	0%	9.077	35,000	317,700	30,000	272,300	33,000	299,500		
D. Maint-Architectural	0%	9.077	11,000	99,800	10,500	95,300	11,000	99,800		
E. Maint-Mechanical	0%	9.077	15,400	139,800	14,500	131,600	15,000	136,700		
F. Maint-Electrical	0%	9.077	8,800	79,900	8,800	79,900	8,800	79,900		
G. Maint-Site	0%	9.077	4,400	39,900	4,200	38,100	4,400	39,900		
Total Annual Costs				1,546,800		1,440,500		1,474,700		
Total Present-Worth Life-Cycle Costs				4,484,800		4,223,700		4,363,700		
Life-Cycle Present-Worth Dollar Savings				—		261,100		121,100		

PW – Present Worth　PWA – Present Worth Of Annuity　(1)Note: Staffing, insurance, taxes, etc are the same for all schemes

Reprinted with permission from McGraw-Hill Companies, Life Cycle Costing for Design Professionals by Dr. Stephen J. Kirk and Alphonse J. Dell'Isola, 1995.

图 5-13　美国某建筑生命周期成本预算表
（资料来源：王朝晖. 中国可持续建筑理论框架与适用技术的探讨. 清华大学建筑学院）

源和材料的循环使用、可再生材料的综合利用、建筑寿命；对邻里环境影响的评价内容包括：交通方式及其转型，垃圾管理，噪声，地区风环境，建筑物遮荫，建筑构件、材料及受污染土地的再利用，基地的生态价值；对室内环境影响的评价因素包括：有害材料、自然采光、人工采光、热舒适度、自然通风。感到满意的问题将采用"信任奖励"的方法。大多数问题采取是非题方式，满意的方面可以得到一个独立的"信任票"，那些有关能源消耗影响的问题得到更多关注，达到要求的可给予多个"信任票"。该方法具有明显的市场导向性，凡通过评估的建筑都被认为是对"环境友好的建筑"而获得相关的环境标识及奖励。这种引导方式以建造者和使用者两方面的利益为切入点推动生态建筑进入市场，对促进生态建筑发展的作用是显而易见的。

BREEAM 方法的测试是非常定性的，这种方法既不同参照建筑物作比较，也不反馈到建造过程中去。"信任投票"系统简单易行却又过于笼统、绝对化，可能会影响对建筑物性能做出客观准确的评价。

（3）LEED™ 建筑分级系统

这是"美国绿色建筑委员会"（American Green Architecture Committee）领导下制定的一个从总体角度评估建筑生命周期内环境表现的分级系统，试图指明绿色建筑应符合的标准。该评估系统的分值主要基于"可接受的能源和环境原则，并重视已知有成效的实践与不断涌现的新概念之间的合理平衡"① 来确定。不同于现存的其他分级系统，这是个公共开放系统，吸收了包括

---

① LEED——Leadership in Energy and Environment Design 能源与环境设计指导，资料来源：US Green Building Council 的官方网址：http://www.usgbc.org.

建筑产品生产部门、环境组织、建筑用户、地方机构、高等院校、设计部门等几乎所有与建筑工业相关方面的参与，适用于新建与已建的工、商业建筑和住宅建筑的绿色分级和自我认证。该系统根据不同情况，按不同标准评价，对满足所有必要条件并获得总分2/3分数的申请项目评定不同等级。

由于其简单，可操作性强，LEED™绿色建筑系统在建筑领域内具有广泛的应用前景，是综合评价的一个典型例证，另外其引导作用也十分突出。

（4）台湾绿建筑评估体系

这是台湾"内政部"建筑研究所颁布的岛内强制性规范，该体系依据低环境冲击的生态设计目标并针对台湾自然背景、资源条件和建设现状，重点在绿化、基地保水、CO_2减量、日常节能、废弃物减量、水资源保护和污水垃圾改善七个方面制定指标评估表（表5-4）。

绿建筑评估的指标群与地球环保的关系   表5-4

气候	水	土地	能源	资材	指标群	评估项目及单位
*	*	*		*	绿化指标	CO_2 固定量（kg/m^2）
*	*	*			基地保水指标	保水率（–）
*				*	日常节能指标	ENVLOAD、PACS 及其他节能措施
*		*	*	*	CO_2 减量指标	建材生产 CO_2 排放量（kg/m^2）
	*			*	废弃物减量指标	营建空气污染量、废土量、房屋拆除废弃物
	*				水资源指标	节水量（L/人）、节水器材事业比例（–）
	*			*	污水垃圾改善指标	杂排水及垃圾储放处理

（资料来源：台湾"内政部"建筑研究所，《绿建筑解说与评估手册》）

这一评估指标体系的编撰依据了下列原则：①评估指标要确实反映能源、水、土地、气候等地球环保要素；②评估指标要有科学量化计算的标准，未能量化的指标暂不纳入评估；③评估暂不涉及人文方面的价值；④评估指标必须适用于台湾的亚热带潮湿气候；⑤评估指标应可作为设计阶段前的事先评估。[①] 很显然，该体系具有简化和本土化的特征，其评估指标的确立过程和量化指标的内容值得我们借鉴。

台湾有关部门规定，自2002年起，工程造价在5000万元"新台币"以上的项目，应先对照该评估表进行自查，取得候选绿建筑证书，才能申请施工执照，这就从政策上保证了评估作用的真正发挥。

2. 分析性评价

这是一种在实质性设计之前进行的系统化模拟评估，它以某一方面为目标，权衡各种方法的可行性而定取舍，以便选择有效而经济的方案，属于事先评估形式。分析性评价的步骤为：

（1）确定目标；

（2）确定实现目标的几个主要途径；

（3）选择同一途径不同的方案；

（4）对不同情况组合下各方案的最终目标参数进行评估；

（5）选择最优方案。

台湾电力公司营业处大楼，兴建于1995年。原方案考虑主立面朝向西侧马路，结果长50m

---

① 台湾"内政部"建筑研究所. 绿建筑解说与评估手册（2001版）：7.

的立面空间引入了不利的东西日晒，形成极为耗能的建筑物。改进方案中确定设计的主要目标是节能，并拟通过平面配置、外立面遮阳、玻璃材料、屋顶隔热四方面途径来解决节能问题。各个途径下的不同方案选择如下:①

（1）平面配置（图 5-14、图 5-15）。将原有一字形配置改成 L 形大楼，使大部分立面由不利的东西向改为有利的南北向，将楼梯间、厕所及空调机房等非空调间置于日射较强的东边，缓和大量日射节约空调用电。采取中廊形式，使动线简洁并容许弹性化的空间分割，同时可节省送风管道设备，对于送风系统亦有相当大的节能助益。

（2）外遮阳设计（图 5-16）。东、南、北向采用水平为主的格子遮阳。为了避免强烈日晒，西向除用格架遮阳外，还采用了部分折板遮阳以挡低角度日射。大楼西向立面巧妙地由上至下退缩并留设深带花圃阳台以阻挡西晒，同时在阳台下再加装水平塑钢羽板遮阳以阻挡低角度的西晒。

（3）玻璃建材选用。一般 5mm 厚度的平板透明玻璃日射透过率 η_i 值 = 0.85，若采用同厚度的热反射玻璃，其日射透率 η_i 值 = 0.71，可降低很多的日射负荷。

（4）屋顶根据 $U = 1.02W/(m^2 \cdot K)$ 的指标进行隔热处理。

然后就各种不同的节能设计方案组合，对其效果进行定量评估。根据"台湾现行节能有关规定" ENVLOAD 指标评估，该大楼建筑各部分外壳节能计划之效果如表 5-5 所示。

若以原设计方案 ENVLOAD = 184kW·h/(m²·yr) 为 100% 的话，上述平面配置、外遮阳、玻璃、屋顶隔热等各项节能计划改善后的 ENVLOAD 值为 128、81.6、79.4、77.9，各占原设计的 69.6%、44.3%、43.2%、42.3%。由此可知，平面配置的节能效果极为惊人，达 30.4% 效果。外遮阳的效果亦颇为可观，其他在玻璃材料及屋顶隔热上的效果则相对有限。

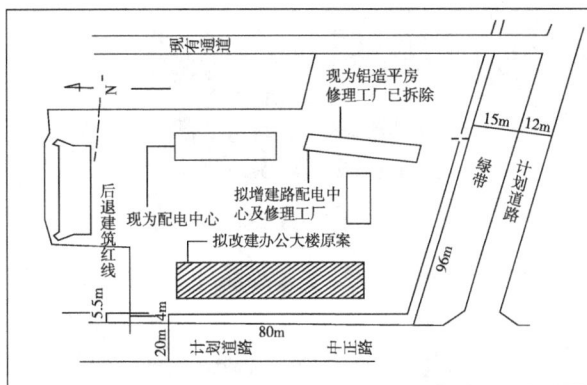

图 5-14 台湾电力公司新营业楼改建原设计总平面和调整后的总平面

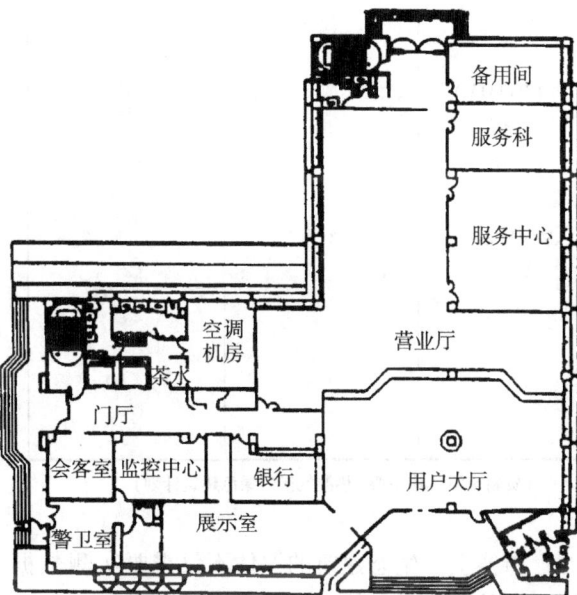

原设计方案

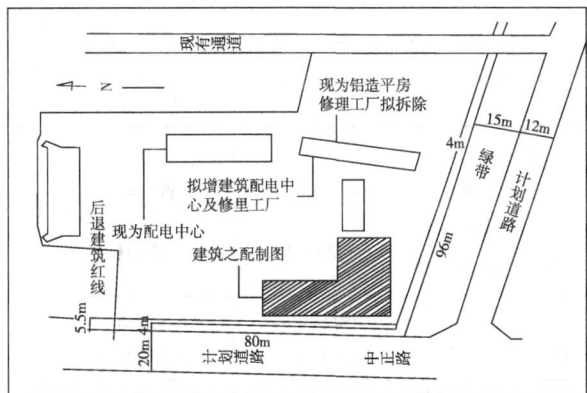

调整后的方案

图 5-15 改建后的一层平面

---

① 林宪德. 热湿气候的绿色建筑计划——由生态建筑到地球环保 [M]. 台北：詹氏书局，1996：51-55.

图 5-16 改建后的外观和遮阳措施

综合评价表　　　　表 5-5

平面形状	▭	⌐	⌐	⌐	⌐
立面处理 玻璃性质	5mm 普通玻璃	5mm 普通玻璃	5mm 普通玻璃	5mm 吸热玻璃	5mm 吸热玻璃
遮阳处理	无遮阳处理	无遮阳处理	有遮阳处理	有遮阳处理	有遮阳处理
屋顶隔热情形	一般情形 ($U \approx 1.2$)	一般情形 ($U \approx 1.2$)	一般情形 ($U \approx 1.2$)	一般情形 ($U \approx 1.2$)	隔热处理 ($U \approx 1.02$)
ENVLOAD 值比较 kW·h/m²·yr	184	128	81.6	79.4	77.9

（资料来源：林宪德. 热湿气候的绿色建筑计划）

　　事实上，生态建筑的评估不仅需要实测数据，也可通过科学预测和计算，得出结论。结合综合评估与分析评估，从而确定最佳方案。

　　如今，解决建筑、城市这类复杂人工系统存在问题和困境的设计方法已不可能借助于单一的学科和理论，而只能得之于多学科和理论的交叉和融合。此外，生态建筑未来的着眼点或许将更倾向于针对整个系统或子系统而言，但就某个单元看，为实现设计目标，必须结合实际情况，考虑方法的可行性、经济性、耐久性，逐一解决所遇到的具体矛盾和问题。以上一些重要的应用型设计方法中，有从气候适应性角度探讨资源有效利用的途径，有的则考虑建造活动如何降低环境影响，还有通过模拟生物功能和有机形态来获得高效、新颖的作品，都是在不同环境背景下针对性解决问题的探索，没有既定的、四海皆准的方法模式。

本章参考文献

［1］［德］J·约迪克. 建筑设计方法论［M］. 冯纪忠，杨公侠等译. 武汉：华中工学院出版社，1983.

［2］张钦楠. 建筑设计方法学［M］. 西安：陕西科学技术出版社，1995.

［3］康慕谊. 城市生态学与城市环境［M］. 北京：中国计量出版社，1997.

［4］马光等编著. 环境与可持续发展导论［M］. 北京：科学出版社，1999.

［5］［英］G·勃罗德彭特. 建筑设计与人文科学［M］. 张韦译. 北京：中国建筑工业出版社，1990.

［6］B·吉沃尼. 人·气候·建筑［M］. 陈士辚译. 北京：中国建筑工业出版社，1982.

［7］尚继英编译. 现代智能建筑设计方法［M］. 北京：中国气象出版社，1997.

［8］渠箴亮编译. 被动式太阳房建筑设计［M］. 北京：中国建筑工业出版社，1987.

［9］许雨保主编. 建材环保概论［M］. 武汉：武汉工业出版社，1992.

［10］蔡君馥等. 住宅节能设计［M］. 北京：中国建筑工业出版社，1991.

［11］中国建筑业协会居住节能专业委员会编著. 建筑节能技术［M］. 北京：中国计划出版社，1996.

［12］顾国维编. 绿色技术及其应用［M］. 上海：同济大学出版社，2000.

［13］清华大学建筑学院等编著. 建筑设计的生态策略［M］. 北京：中国计划出版社，2001.

第6章 当代城市生态学理论

6.1 当代城市研究的生态学方法

作为人类物质及精神文明的综合表征，城市造就出一种文化，贯穿于整个世界的生命历程中。城市的形成，对人类自身世界的发展以及社会和经济活动的繁荣具有决定性的积极意义。正是城市促进了人类经济的发展，并赋予地区、民族乃至世界文化以鲜明的特色。

早期城市的发展，实质上是人类自分散迁居到固定聚落的一个自然渐进的过程，主要体现着自然状态下"市"的功能，以及在保护自由交易的前提下"城"的形象。这可以从早期聚落城市及其位置分布、形态构成及内部结构的研究中得到证明。而自近代当这种自然渐进的状态为工业革命的强大力量所破坏，城市的性质及主要机能也随之发生根本性的变化，城市成为巨大的工业基地，成为人类向自然挑战的有效手段。我们看到自工业革命以来，在战胜未知与改善科技知识的热潮中，我们的周围生长出一个从未有过的"新"世界。人们越来越热衷于对自然界的征服，为着不断出现的各种发明物而自鸣得意，误以为是文明的进步而欣喜若狂，很少有人意识到我们赖以生存的环境正随着这种文明的进程而逐渐恶化，更少意识到悲剧的诞生早已伴着文明的产生而开始了。实际上，文明的萌芽便是一种最初的破坏力，"人主宰自然这种狂热，一直是西方科学思维中最具破坏性的特点之一"。① 在工业文明的影响下，现代城市规划及发展理论，完全出自一种片面的功利企图，盲目洗涤任何于工业效益"无用"的东西（功能主义），宣扬一种机器主义的美学价值观。如同科幻故事中所描绘的场景一般，城市似乎演变成一个庞大的经济动物，似乎快捷、高效便足以构成城市存在的全部意义，人性被拘束在狭小的空间范围之内，受自己创造出来的所有文明的奴役，无论如何也逃不出这个自缚的圈套⋯⋯

可悲之处在于，尽管人们已经清楚地意识到现代城市中的种种严重问题，也已经开始从各个方面探讨解决城市问题的有效途径，然而在片面追求经济发展思想观念的束缚下，任何已有的城市改良手段似都显得苍白无力。我们相信，对城市问题的研究、探索，必须建立在一个更新了的正确观念的理论基础之上，认真研究分析各种城市组织结构和各种城市现象。唯其如此，才有可能从根本上解决现代城市问题。否则人类将永远陷于目前这种进退两难的境地之中。

应当看到，新的理论和方法也许在解决现阶段城市问题的同时会带来新的问题，这也许是不可避免的。但事物总是在辩证中发展，这就需要我们吸取以前的经验教训，对可能产生的后果作出充分的预测，寻求最佳的解决方案。

6.1.1 令人瞩目的新课题

毋庸讳言，伴随着工业文明的产生和发展，城市已逐渐丧失了早期文明中某些自然的属性，产生出强大的负面效应。当代城市问题日趋严重，体现在人口无限集中、城市恶性膨胀、机能紊乱、环境污染以及诸多的社会弊端方面。在世界经济发展的同时，全球却面临五大危机：人口膨胀、粮食不足、能源短缺、资源枯竭、环境污染，或称 3P 问题：人口（population）、动力

---

① 转引自司马云杰. 文化社会学 [M]. 北京：北京出版社，1980.

(power)、污染（pollution）。概言之即是城市整体发展的极不平衡。城市问题作为城市生存现象的映射，也是城市各种矛盾交织的表面格式化。为追求某种狭隘的权势利益，是城市的整体性遭受破坏，发展失调的根本原因。工业的发展、技术的进步及"人主宰自然"的思想固然是形成此种狭隘主义的重要因素，然而从理论上分析，现有的城市发展理论，对目前的偏执狂热现象是否也起到某种带有倾向性的误导作用呢？城市的现状促使人们不得不对城市发展的理论提出合理性怀疑。

受系统论及整体观念的启发，人们试图发现一种理论，能够以系统的观点，从相互作用的角度全面而宏观地把握城市的发展。另一方面，现有的城市理论也并不是空泛之谈，它们只是更侧重于城市系统中某些方面的具体研究，而且卓有成果。问题是能否有一种理论，将这些枝节的成果串联起来，形成对当代城市的整体性研究？城市科学及城市学家族中，最具此种功能的当属城市生态学理论。城市生态学（urban ecology）是近20年来率先在西方兴起的一门崭新的城市科学，它是在传统生态学的基础之上，汇聚了众多城市相关学科的理论而发展起来的。它强调和提倡整个系统的平衡协调发展，其基本的主导思想便是世界上任何事物与其他事物之间都存在着密切地联系。[1] 因此，生态学方法的首要目的，就是要描述和分析同一场所环境中不同的元素之间的共生共存关系。[2] 从本质上说，城市生态学研究的范畴涉及到城市环境的各个方面，包括对城市内部结构组成关系及城市与其腹地（hinterland）之间的关系的研究，以求获得对当代城市环境模式、机制、问题及变化的综合性认知。城市生态学家要研究城市的许多不同方面，如内部的生态关系及外部空间的表达方式、城市分布、城市结构及组织、土地利用、形态变化及各种城市景观的组合。[3]

6.1.2 传统人类生态学

生态学最初的概念和方法主要是应用于植物学和动物学的研究领域，用来探求动植物之间及它们与其周围物质环境之间的相互关系。了解这一点，对我们理解城市生态学的基本概念和基本原理是极为关键的。如今，生态学研究的领域不断拓展，从个体生态到群体生态，从生物生态到人类生态，从生态系统到"人与生物圈"计划，而"普通生态学"（general ecology）则将其概念外延拓展至极限。泰洛尔（W. P. Tylore）指出，"普通生态学"已经成为一个神奇的字眼，成为研究"所有有机体与所有环境之间所有关系"的学科。[4] 事实上，促成达尔文（Darwin）"生存竞争"法则的"生物圈"概念是生态学研究的起始点。19世纪诸多的生态学家关于竞争、平衡、演替、纲目分类的概念和理论原理都是从达尔文的研究中引申出来的。

以生态学方法研究城市问题的最早尝试则始于1921年芝加哥学派的城市社会学及人类生态学理论。帕克（R. Park）的《城市》一书是人类生态学形成的一个初始的促因，[5] 书中沿袭了达尔文的"生物圈"概念。此后，生态学研究经历了一个曲折的发展过程，1938～1945年间，人类生态学及社会生态学的理论框架及实践研究一直受到批判，而20世纪50年代则可称为人类生态学发展史上的一个黑暗时期。传统人类生态学家受城市社区的生态现象与社区本身的社会色彩的不断冲击，曾试图通过对城市"生态秩序"与"道德秩序"的讨论，把这两种观察联系起来。而这两者之间的关系却是极不稳定、难于把握的。因此，当后来人类生态学家把重点由"道德秩序"上转开时，立即遭到众多的专家学者，如阿利罕（M. Alihan）、戴维（M. R. Davie）、

① B. Commoner. The Changing Circle of Nature［M］. Man and TechnoLogy, 1971：39.
② N. P. Gist and S. F. Fava, Urban Society, N. Y.：Thomas Y. Crowell Company, 1974.
③ C. S. Yadav ed. Contemporary City Ecology［M］. New. Delhi：Concept Publishing Company, 1986.
④ W. P. Tylore. What is Ecology and What Good is it Ecology（Ⅷ）［M］. 1936, 335.
⑤ R. Park, "City", 1925, Human Communities, N. Y.：Free Press, 1952：14.

盖提斯（W. E. Gettys）、法瑞（W. Firey）和哈特（P・Hart）等人的责难[1]。他们针对传统人类生态学的空间关系理论发动猛烈的抨击，尖锐地揭露出传统生态学理论的种种缺陷，指责他们忽略了在控制生态关系方面，社会道德文化可能扮演的角色，并且对传统生态研究方法的效用提出质疑。他们指责伯吉斯（Burgess）关于芝加哥城市生长理论模型中的大量生态学概念仅仅是一种不切实际的理论空想。[2] 阿利罕指出传统生态学把自然区域系统同社会伦理道德系统混为一谈，而其中有关的基本概念却是相互排斥、相互矛盾的。或者说传统生态学研究仅仅把城市当作是一个自然的有机体，而忽略了其中文化和人文因素的影响。法瑞对此提出一种观点，并且证明了场所中的情感与象征精神应当成为整个生态系统中的一个重要的组成部分。法瑞在《情感与象征的生态作用》一文中评论道："自从研究范围确定的紧急事件发生后，生态学已经发展出一些确定的原理，其中每一条都试图把观念的秩序由人类与物理空间的关系中寻找出来。当这些原理被小心地分析时，它们之间大部分的区别只是社会与空间关系单一观念上的变样。简而言之，这个观念推广到空间对人类行为的分布的决定性与不变的影响上。空间的社会相关性被认为全取决于这些性质。除了偶尔一闪的意识之外，对于社会价值可能赋予空间某些性质，与空间实质现象完全相反的东西一事，一概不予承认。而且在对于社会行为与物理空间的联系将有何先决条件并无任何说明。"[3] 与此类似，盖提斯同样攻击传统人类生态学对人类行为的研究带有某种宿命论的倾向。按照他的观点，人类生态学始终未能摆脱生物生态学的影响，他认为人类生态学家应该立即抛弃对自然科学的依赖，并建议把研究的重点转向对社会、文化要素的时空分布方面，对其加以描述、度量、分析及诠释。

这场抨击运动之后，人类生态学家们开始摒弃其关于城市社区结构的传统研究，把重点转移到对城市空间场所中的社会及文化因素的分析方面。塞奥多尔森（G. A. Theodorson）用生态学方法研究了城市中的某些社会文化现象，第一次试图以系统的方式来描述人类生态领域；[4] 奎恩（J. A. Quinn）对社会文化及亚文化作出层次上的等级划分；[5] 而霍利（A. H. Hawley）的理论则着意强调人类聚落及与其周围物质环境之间的功能关系。[6] 霍利的一个基本观点认为分化（differentiation）的概念乃是形成生态组织和团体的基础，没有分化，组织和团体则无法形成。霍利的著作《人类生态学：社区结构理论》一书的出版，可以看作是现代生态学复兴的一个开端，其基本理论也成为当代生态学家理论研究的一块踏板。在此基础上，多恩坎与施诺尔（Duncan & Schnore）对生态组织的关系作出了精密的论述。他们提出一种关于生态学研究的经验主义的度量标准，极大地深化了城市社区结构与功能关系的科学分析，使得城市的研究体系中增加了一种理智的成分，[7] 而场所理论的出现则使得人类生态学理论逐渐地同地理学研究相互

---

①　M. Alihan, Social Ecology: A Critical Analysis, N. Y.: Columbia University Press, 1938.

M. R. Davie. The Patterns of urban Growth [M]. //George P Mardock, ed. Studies in the Sience of Society, New Haven: Yale University Press, 1937: 133–161.

W. E. Gettys. Human Ecology Theory [J]. Social Forces, 1940, 18: 469–476.

W. Firey. Sentiment and Symbolism as Ecological Variables [J]. American Sociological Review, 1945, 10 (2): 140–148.

P. Hatt. The Concept of Natural Area [J]. The American Sociological Review, 1946, 11 (4): 423–427.

②　参见 E. W. Burgess. The Growth of the City: An Introduction to a Research Project [M]. //R. Park, E. Burgess, R. D. Mckenzie, eds. The City. University of Chicago Press, 1925: 47–62.

③　转引自 A. Strauss. 生活方式与都市空间 [M]. //陈泰年，载汉宝德. 环境心理学：建筑之行为因素. 台北：境与象出版社，1986: 19.

④　G. A. Theodorson, ed. Studies in Human Ecology, N. Y.: Harper and Row, 1961.

⑤　J. A. Quinn. Human Ecology [M]. New York, 1950.

⑥　A. H. Hawley. Human Ecology: A Theory of Community Structure [M]. N. Y.: Ronald Press, 1950.

⑦　参见 Duncan and schnore. Cultural Behavioral and Ecological Perspective in the Study of Social Organization. American Journal of Sociology, 1959, LXV: 132–146.

结合起来。①

6.1.3　城市生态学界定

科学的发展遵循由简单而复杂，单一到分化，再由分化到综合的规律。城市科学亦不例外。作为人类城市活动在观念上的反映，城市科学一直伴随人类认识的深化而不断发展。

早期的城市结构简单、功能单一，人们对城市的认知也较肤浅，因而最早研究城市的学科仅仅是建筑学及由它派生出来的城市规划学。工业革命后的现代城市与古代城市相比，规模增大，结构和功能也趋于复杂多样化，并且随之产生了各种城市问题。由此可见，城市不仅是建筑的集合，更主要的是人口和人的活动的集合。于是到19世纪90年代，德国社会学的主要理论家们首先产生了对城市研究的兴趣；20世纪20年代，美国芝加哥学派的工作，使城市研究成为社会学的重要领域；与此同时，人们还认识到，城市的兴衰是与其所处的地理位置和环境条件相关的，这样就从地理学中分化出一门城市地理学（urban geography）；第二次世界大战前后，城市人口的增长和房地产交易的活跃，刺激了城市地价和地租差异的研究，因而出现了城市经济学；20世纪60年代以来，城市规划从以建筑学为主，发展到多种学科的综合规划。一种新的趋势就是把城市规划（urban planning）和城市设计（urban design）加以区分，前者侧重于社会经济规划，后者则侧重于建筑工程设计；与城市规划相应合，出现了城市管理学。20世纪70年代以后，随着城市问题和环境污染的加剧恶化，人们越来越意识到城市乃是一个以人类为主体的生态系统，城市生态学由此应运而生。

以上可以看出，城市科学是以城市为研究对象，从不同角度、不同层次观察、剖析、认识、改造城市的各种学科的总称。它是一个学科群（urban sciences），而不是一门学科。而城市生态学正是这一学科群中的一门分支。

现代城市系统的错综复杂性，迫切要求城市科学各分支之间建立起一种内在的牢固的联系，以便为各种城市技术科学提供全面、系统的理论基础，这就有必要创立一门综合研究城市的独立学科。日本城市学家矶村英一于1975年提出"城市学"（urbanology）的概念。② 在1979年英国韦氏（Webster）大辞典中，关于城市学的解释是：The Study of Urban Problems（城市问题的研究）。1985年我国著名学者钱学森提出"关于建立城市学的设想"。③ 他指出城市学是一门中间层次的应用理论科学，它是城市规划的理论基础，但同包括城市生态学在内的自然科学和社会科学相比，它又是应用性质的。其理论原理的核心就是城市是一个全面的人类生态系统，其主要研究方法就是系统控制论的方法。

城市生态学作为一种理论，属于城市学及城市科学的一个基础分支，仍具有一定的局限性和片面性。然而当它作为一种方法，与城市研究的其他学科理论相结合，则有巨大的应用价值和理论潜力。因此研究城市生态学的根本意义，并不在于其生态理论，而是它一整套关于城市生态系统的基本概念和基本原理。从学科性质角度来看，它具有自然科学及社会科学的双重性，既有严密的逻辑层递关系，又有相应的经验的判断。城市生态学关于系统、整体平衡的观念，将为当代城市问题的探讨提供一种新的思维方式。

城市生态学的产生发展，实际上是一个渐进的过程，如果硬要给它的产生作出一个时空上的标志，我们可以说1977年联合国教科文组织主持开展的"人与生物圈"（MAB）计划在世界

---

① B. J. L. Berry. Internal Structure of the City. Law and Contemporary Problems，1965（b），30（1）：111-119.

② 矶村英一，1903年出生于北平，1928年毕业于东京（帝国）大学社会学系。历任东京都丰岛区（1939），牛逸区（1941），涉谷区（1951）区长；1953年受聘于东京市立大学教授；1966年转为私立东洋大学教授；1970年任东洋大学校长。"城市学"一词最早见于其著作《城市学》，良书普及会，1975——参考江美球、刘荣芳、蔡渝平. 城市学［M］. 北京：科学普及出版社，1988：48.

③ 参见《城市规划》，1985年第4期。

各地的推广实施，标志着城市生态学的诞生。①

6.1.4 理论基础及研究体系

城市生态学研究并不是沿着一条清晰的线索单纯地发展。前文所述表明，关于城市基本问题的研究汇聚了众多方面专家学者的理论及实践探索。作为城市学和整个城市学科群中的一个分支，城市生态学的形成有其广泛的理论基础。

生态学理论，特别是生态系统理论和人类生态学，是城市生态学形成和发展的主要基础。1859年，在达尔文发表《物种起源》的同时，德国人希赖尔（G. S. Hilaire）首创"oikologic"一词，1869年德国生物学家海克尔（E. Haeckel）将这个词定义为"研究生物与环境之关系的科学"。19世纪末，日本学者三好学将"Ecology"译为"生态学"，意为"生存状态的科学"。1915年中国学者张挺首次将"生态学"一词引入我国。② 1921年，芝加哥学派的帕克、伯吉斯等人主张，生物学家借用此词描述"生物与环境的关系"，社会学家则应按其本意，把它理解为"人类与环境的关系"。为避免同生物生态学相混淆，帕克在《社会学导论》一书中提出"人类生态学"（human ecology），旧译"人文区位学"。1926年，帕克与伯吉斯合编《城市社区》文集，进一步阐述了城市居民与城市环境的关系，提出人文区位的三个要素：空间、时间和价值。在理论方面，人类生态学注重分析人及其空间场所之间的相互关系，而城市生态学家则特别关注这种关系于城市中的表现。帕克的城市概念基于"社会组织"（social organism）原理，研究组织与组织、组织与环境之间的相互关系。帕克是从生物学研究中继承和推演出这套理论系统的。他确信影响城市模式及内在关系的两大要素是人口和土地使用。他从生物学中继承下来的第一个基本原理便是竞争的法则。

传统人类生态学研究大致可以概括为三种不同类型。第一类是借鉴生物生态学的某些概念和原理，从竞争、演替及生态优势的角度研究和分析人类社会系统的状况，此方面的代表人物除帕克与伯吉斯之外，还有麦肯齐（R. D. Mckenzie）；第二类主要是以佐尔鲍和沃尔斯（Zorbaugh & Wirth）为代表的对诸如社会区位、经济区位和居住区位等某些特定区域外部形态特征的分析；第三类如肖尔（Shaw）、法里斯（Faris）和多恩海姆（Dunham），主要是针对城市犯罪、心理失调等社会问题的探讨③。

1935年，英国生物学家谈斯勒（A. G. Tansley）提出"生态系统"（ecosystem）的概念。他认为生物与环境是个整体，生态学的任务不仅要揭示环境对生物的影响，更主要的是要探讨生物与环境这个整体的相互作用关系。1942年，林德曼（R. Linderman）发表了生态系统的能量流动和物质循环的研究论文，提出食物链和营养级的概念；1953年，奥德姆（E. P. Odum）出版《生态学基础》一书，把生态系统的概念从生物界推广到人类社会，并发展出城市生态系统的概

① 1971年，联合国教科文组织主持了"人与生物圈"（简称MAB）计划，提出从生态学角度来研究城市，指出城市是一个以人类活动为中心的人类生态系统（The City: So human an ecosystem）。在巴黎召开了MAB国际协调理事会第一次会议，确定了热带、干旱、山地、城市地区四个重点研究课题。1973年在原联邦德国巴德瑙海姆（Bad Nauheim）召开第11课题专家小组会，提出从系统的、整体的多因子角度来研究城市系统。1975年"人类居住地综合生态研究"工作会议和1977年波兰的第11课题协调会议。总结了城市生态研究的开展情况。1977年在维也纳召开MAB国际协调理事会第五次会议上，正式确认"用综合生态方法研究城市系统及其他人类居住地"。至1977年6月，已有12个国家和地区开展了城市生态研究，目前这些研究已取得了初步的成果——参考江美球，刘荣芳，蔡渝平. 城市学 [M]. 北京：科学普及出版社，1988：34-35.

② 1915年，中国学者张挺首次在武昌高等师范学院（武汉大学）开设《植物生态学》课程，"生态学"一词从此被引入我国。——参考江美球，刘荣芳，蔡渝平. 城市学 [M]. 北京：科学普及出版社，1988：29.

③ 有关文献资料详见：

R. D. Mckenzie. Ecological Succession in the Puget Sound Region. Publication of the American Sociological Society, 1929, 23: 60-80.

H. Zorbaugh. The Natural Areas of the City. Publications of the American Socicological Society, 1926, 20: 188-197.

L. Wirth. Urbanism & as a Way of Life. American Journal of Sociology, 1938, 44: 18-19.

C. Shaw. F. M. Zorbaugh, H. Mckey and L. Cottrell, Deliverey Areas, University of Chicago Press, Chicago, 1925.

R. E. I. Faris and H. W. Dunham, Mental Disorders in Urban Areas, University of Chicago Press, Chicago, 1939.

念；而哈立克（S. W. Havlick）在《城市生态学》的论文中，把食物链、营养级的概念也应用到不同规模和各种功能的人类聚落的分析之中，把城市规模级差同消费级别联系起来。[1]

城市地理学研究是城市生态学理论的又一基础。贝瑞和哈顿（Berry & Harton）在《城市系统的地理学观点》一书中曾表明："19 世纪末 20 世纪初，随着社会科学的逐渐形成，对城市问题的研究也开始发展起来。"[2] 从而使得地理学家对城市产生浓厚的兴趣。尽管对城市的研究可以上溯到古希腊时期，但作为一门学科分支，它却仅仅只有 30 余年的历史。20 世纪以前的地理学研究重点集中在城市的位置、规模和形态理论方面，最初的研究成果，如哈瑟特（K. Hassert）和布兰查德（R. Blanchard）的研究，更多的是基于观察的角度进行新闻记者式的描写，带有强烈的主观意识色彩。[3] 此后，他们的观点受到了奥罗西乌（M. Aurouseau）和克洛（P. R. Crowe）等人的批判。[4] 他们认为，城市并不是大地景观中的无生物体，而是涉及人类及其活动的有机要素。1960 年，形态学家们将进化论的本体思想引入地理学领域，并用来研究城市建成环境的组构。[5] 斯马尔斯（A. E. Smails）建立了城市地理学的原始基础，其主要观点对地理学的发展产生深远的影响。区域经济学及统计学的强力影响使得城市地理学领域的研究发生迅速而巨大的变化，同时也使其研究方法开始走上数量化的道路。[6] 源于库勒（C. H. Cooley）、韦伯（A. F. Weber）和霍尔德（R. Hurd）等人的经济学理论，区域经济学对土地价值和租赁价值的综合分析促进了城市形态的合成及分解。[7] 而贝瑞则以统计学的方法分析城市尺度、区位及空间秩序；史密斯（R. M. T. Smith）将居住系统的层级以数量化的方法表示出来；加里森（W. L. Garrison）则检验了等级尺度法则于城市人口的影响。[8]

在城市体系研究方面，赖利（W. J. Reilly）的"零售引力规律"，康维斯（P. D. Converse）的"断裂点"理论，吉夫（G. K. Zipf）的"秩序——规模"理论，特别是克里斯塔勒（W. Christaller）的"中心地"理论，为城市地理学的研究和发展提供了坚实的理论基础。从城市结构上，伯吉斯的"同心圆学说"，霍伊特（H. Hoyt）的"扇形结构"理论，哈里斯和乌尔曼（Harris and Ullman）的"多核心"理论，则为城市空间结构的研究提供了具体的理论模型。而谢夫吉和贝尔（E. Shevky & W. Bell）从文化行为角度提出的社会区域分析，以及在此基础上形成的"因子生态学"（factorial ecology），和林奇（K. Lynch）、多乌森（Dowson）、斯蒂（D. Stea）等人从行为学角度关于城市知觉意象和领域认知分析的研究，则将城市地理学的研究进一步充实和完善起来。[9]

① 参考江美球、刘荣芳、蔡渝平，城市学. 北京，科学普及出版社，1988：146-147.

② Berry and Harton, Geographic Perspectives on Urban Systems: With Integrated Readings, New Jersey, Printice Hall, Inc., Englewood Cliffs, 1970.

③ K. Harssert, Die Stadte Geographisch Betrachect, Leipzig, 1907. R. Branchard, Grenoble: Etude de Georaphic Urbanine, Paris, 1911.

④ M. Aurousseau. Recent Contributions to Geography: A Review. Geographical Review, 1924: 14, 444.

P. R. Crowe. On Progress in Geography. Scottish Geographical Magazine, 1938: 54, 1-19.

⑤ M. R. G. Conzone. The Plan Analysis of an English City Centre. in Norkorg（ed.），Proceedings of I. G. U. Symposium on Urban Geography, C. W. K. Gleerup, Lund, 1962.

⑥ A. E. Smails. The Urban Mass of England and Wales. Transactions and Papers, Institute of British Geographers, 1946: 11, 65, 101.

⑦ C. H. Cooley. The Theory of Transportation. Publications of the American Economic Association, 1894: 9, 5-7.

A. F. Weber, The Growth of Cities in the Nineteenth Century: A Study in Statistics, New York, 1899.

R. Hurd, Principles of City Land Values: New York Record and Guide, 1903: 19-21.

⑧ R. M. T. Smith. Method and Purpose in Functional Town Classification. Annals of the Association of American Geographers, 1965: 55, 539~548.

W. L. Garrison. Applicability of Statistical Inference to Geographical Research. Geographical Review, 1956: 46, 427-429.

⑨ E. Shevky and W. Bell, Social Area Analysis [M]. Stanford: Stanford University Press, 1955.

B. J. L. Berry（ed.）. Comparative Factorial Ecology [J]. Economic Geogrphic（Supplement），1971: 47.

K. Lynch, Image of the City [M]. Cambridge: Massachusetts, 1960.

Dowson and Stea. Image and Environment [M]. Chicago and London, 1973.

Johnston. Urban Residential Pattern [M]. Bell, London, 1971.

通过对生态学和地理学研究发展的分析比较，我们发现，两者在解决城市矛盾的诸多方面存在着许多相似之处。许多重要的概念相互交叠，例如，当代生态学家所着重分析的一个关键问题，即人类聚居究竟是如何组织形成并不断变迁以适应环境的变化？而同样地，现代城市地理学家也在试图解释城市的环境知觉如何影响人们在环境中的场所及空间行为，这就表明生态学家与地理学家有着类似的基本概念，并由此而导致许多课题的研究方法上也出现交叠的现象。如对大城市的区域研究，都建立在对行为区域和社会区位这两个方面研究的基础之上。事实上，地理学家与生态学家的研究几乎在所有方面都是相似的。因此，巴罗斯（H. Barrows）曾认为地理学研究应当借鉴人类生态学理论；贝乌斯（J. S. Bews）更进一步指出，大量的地理学研究工作都可以归属到人类生态学研究领域。[1]

由于城市生态学的理论基础如此庞杂，这在一定程度上也决定了其研究方法体系的复杂和兼容性。1921年人类生态学产生以来，这一理论直到50年后才重新发展起来。1971年开展的MAB计划使它进一步从纯正的自然科学向社会科学过渡，并从哲学思想体系上，开始从"物本位到人本位"的转变。由于其短暂多变的历史，研究目标分散化以及方法论体系的多样化，其于城市问题的探讨，基本上属于一种介于各传统城市学科之间的中介的方法。作为一个方法论体系，其理论及应用方法必须综合和吸收各相关学科的研究方法。事实上，这些学科采用生态学方法研究城市问题的历史，甚至比城市生态学本身还要长久一些。城市生态学受其"血缘关系"的影响，其研究的途径既有遵循传统生态学方向的，也有探索现代综合道路的。但总的说来，城市生态学主要的研究方法就是"系统论"的方法，或者说"协同学"的方法。具体说就是结构功能分析法，研究城市内部结构组成之各子系统在城市中的地位、作用和它们之间的相互关系，通过定性及定量分析，确定其协调发展的比例控制关系。归纳起来，城市生态学的研究体系可以分为三大部分，即生物环境研究、生态系统研究和系统生态研究。

所谓生物环境研究，即是从传统的生物生态学理论出发，把城市作为一种特定的生物环境，研究此种环境中各种生物生态问题。如城市的动植物区系分布，城市工业环境污染条件下的植物群落特点，鸟类行为变化等。这类工作如法兰克福的敏感度模型，邦卡姆（R. Bornkamm）的《城市生态学》[2]，试图以城市中植物生长及动物行为变化来揭示城市环境的状况，找出解决污染，改善环境条件的策略。严格说来，仍属于生物生态学范畴，或属于环境科学的内容。

所谓生态系统研究，即是把城市作为以人类活动为主体的人类生态系统来加以考察研究。生态是一种用以表明生物与环境相互作用的内在关系性，这种关系在一般生物界，大多表现为消极被动的适应性。而人与环境的关系则不然，往往表现为更积极主动的改造关系。这种改造的集中体现便是城市。故此，当代城市生态学的一种研究途径就是从生态系统的理论出发，研究城市生态系统的特点、结构、功能的平衡，以及它们于空间形态上的分布模式与相互关系。强调城市中自然环境与人工环境、生物群落与人类社会、物理生物过程与社会经济过程之间的相互联系及相互作用。这一方向可以说是城市生态学研究的主导方向。

然而，以上两类研究尚只停留在城市本身层次上，从下而上地把握城市。但城市并不是孤立地存在，每一座城市都是在特定的地理环境中生长和发展起来的。它首先是一个地区中的特定产物，亦即它从属于一个更大的系统。因此，系统生态的研究即是从区域和地理概念的高度来观察城市本身，站在历史发展的高度来考察城市问题。把城市作为整个区域范围内的一个有机体，通过研究城市的兴衰，揭示城市与其腹地在自然、经济、社会诸方面的相互关系，分析

---

[1] H. Barrows. Human Ecology. Annals of the Association of American Geographers, 1923, XIII: 1~47.
    J. S. Bews. Human Ecology [M]. London. 1935.
[2] 参考江美球，刘荣芳，蔡渝平，城市学 [M]. 北京：科学普及出版社，1988：36.

同一地区的城市分布与分工合作（种群生态学）；以及规模、功能各异的人类聚落间的相互关系（群落生态学）；研究城市在不同尺度范围内的中心作用、吸引力和辐射作用；分析城市有机体于生态系统中的生态位势。这是目前世界上广为流行的一种城市和城市群研究途径。

随着城市的发展，城市化的进程也逐渐加快，世界许多地区都出现了"城市群"（megalopolis）。这一术语是 1957 年法国地理学家戈特曼（J. Gottmann）提出来的。在我国，目前以上海为中心，浦东开发区为龙头的两大城市群带已经初步形成。因此研究城市在地区城市群带中的作用及发展变化，是具有普遍而现实的意义的。

以上三种途径，实际上也就是城市生态学研究的三个不同层次，即对自然生态系统、城市社会、经济生态系统以及城市与城市宏观系统之间的相互关系的研究。这三种途径相互配合、互为补充，必将进一步充实和完善城市研究的生态学理论。

6.1.5　城市生态学研究趋向

如今，城市问题普遍地被认为是一种错综复杂的生态问题，众多的专家学者都已经把他们研究的重点转移到对城市系统的生态学分析上。在此背景下，城市生态学研究的理论、内容和方法不断得以深化和完善。

从历史发展的角度来看，应用生态学理论和方法分析城市发展，探讨城市问题的研究，在短短的 70 年中，其方向与重点曾经历了相当大的变动。据此我们可以将这一学科的发展划分为三个阶段。20 世纪 20~50 年代的传统人类生态学，主要发展了描述与分析城市区域活动，包括社会活动、经济活动、居住活动的概念和工具模型，建立起区域与区间的模式，并从一般均衡分析的观点来分析城市社会状况。而 20 世纪 50~70 年代，可称之为"操作性理论"阶段。这段期间的重点方向在于对传统人类生态学基本理论框架及研究方法的重估与验证。这一时期的主要成果大量反映在环境心理学及行为学研究之中，其主要特点是在大量的个体行为特征与心理态势计量化分析的基础上，研究城市环境与人及各种经济、社会活动之间的互动关系，从而发展出城市生长、分布及规模尺度的经验模式。第三阶段，自 20 世纪 70 年代以后，即我们所称的"城市生态学"。此阶段研究的主导方向朝向城市政策与城市计划目标系统，包括价值、权数与标准的建立，进一步分析这些目标系统如何产生、如何作用的内在结构，以期能达成城市人口、资源与人类活动的合理空间分布，避免造成空间冲突与空间不合理现象。此阶段研究的一个突出进展是因子生态学理论的发展与完善，以及生态学与地理学、社会学、经济学等其他城市学科的广泛融合。近 20 年来西方学者的研究状况表明此阶段城市生态学研究的广度与深度，远非前两个阶段所能比拟。从这类研究中我们可以大致归纳出当代城市生态学研究的一些主要内容：

（1）将城市或城市系统作为一种动态有机体而加以研究；

（2）综合分析影响城市区域或城市空间的经济、社会、政治、文化与心理等要素；

（3）研究城市区域内人类的各种活动及其时空发展；

（4）研究人类行为与社会活动空间分布的各种组织与机制；

（5）探讨人类聚居地的空间机制；

（6）分析研究各种有意义的空间范围，如中心区、居住区及工业区的特点；

（7）确立空间组织的基本原则——即空间组织的效率、公平、福利等均衡原则；

（8）探究各种空间体系、城市体系、区位问题、人类聚居模式、产业经济活动、就业所得分布、自然资源的分布与利用，以及所有与物质环境有关的现象；

（9）协调各种社会、经济、政治、文化等活动的空间分布，以避免造成各种活动之间的空间冲突现象；

（10）以系统化的观点研究时空模式，并有效地解决社会问题；

（11）研究一个城市或城市系统内社会、政治及经济行为个体与物质环境之间的互动关系（joint interaction）。

鉴于上述情况，目前西方城市生态学研究的内容大致反映出这样两个基本的趋向：一个是关于人类活动空间相互作用与区位理论的探讨；另一个是城市区域系统分析技术的发展与人类心理、行为等生态原则的探讨。这两者均基于现有的及新发展的社会科学理论研究与数理模式、计量化方法，以及其他各种分析技术。相信随着这项研究的普及与发展，其理论目标和研究内容将进一步科学化、精确化，并具有极现实的指导意义。

城市生态学的发展方兴未艾，根据目前国内外的研究方向，今后城市生态学将主要在以下几个方面开展工作或出现突破性进展。

（1）干扰和受害城市生态系统的特征判定。城市生态学所研究的干扰主要是社会性的压力，即人为干扰。事实上大部分人为干扰与自然干扰的结果并不相同。自然干扰对环境的影响是局部的和偶然的，而人为干扰的影响却极为深远，从全球性三大环境问题的剖析可以清楚地认识到这一点。但如何判定一个城市生态系统是否受到人为干扰的损害及其程度，受害系统的结构和功能变化有何共同特征等，目前尚存在着不同的看法。受害城市生态系统特征判断或"生态学诊断"的标准、方法问题的研究会继续深入下去。

（2）人为干扰与生态演替的相互关系。受害城市生态系统的恢复与重建的重要理论基础之一是生态演替理论。自然干扰作用总是使生态系统返回到生态演替的早期状态。但是人为干扰是否仅仅是将生态系统位移到一个早期或更为初级的演替阶段？各种人为干扰的演替能否预测？在什么样的条件下人为干扰后的演替会出现加速、延缓、改变方向甚至向相反方向进行？这些重要的理论问题将成为城市生态学的主要研究内容。

（3）受害城市生态系统的恢复与重建。受害城市生态系统的恢复和重建常因管理对策的不同而产生不同的结果。如何使受害的城市生态系统在自然及人类的共同作用下，尽快地根据人类的需要和愿望得以恢复、改建或重建，这既是一个理论问题，也是个实践问题。它将成为城市生态学中颇具吸引力的研究领域。

（4）重视生态规划和生态效应预测研究。生态规划是指按照生态学的原理，对某地区的社会、经济、技术和生态环境进行全面综合规划，以便充分有效和科学地利用各种资源条件，促进城市生态系统的良性循环，使城市社会及经济持续稳定地发展。这是人类解决所面临的城市问题的正确途径。生态规划所要解决的中心问题之一，就是人类社会生存和持续发展的问题，这是涉及许多领域的极其复杂的问题。因此，高度综合、从定性描述的分析方法向定量化的综合分析方法过渡，由"软科学"向"软硬结合"方向发展也将成为城市生态学的主要发展方向。

6.2 城市生态学基本原理及生态机制

6.2.1 总论

前文已经表明，传统人类生态学理论主要是建立在竞争概念的基础之上，而当代城市生态分析则主要关注于事物之间的相互依赖关系。从某种意义上说，传统生态学研究是从对象的本体属性及其与其他对象之间的不容性——即相互排斥作用的角度出发的。而当代城市生态学研究则基于对象之间的共容性及相互依赖的关系。这就使得当代城市生态学研究较之传统的生态学理论更为积极、主动。其研究方法必然是采用一种动态的且横向联系更为广泛的科学手段。社会学研究人类互动及人与社会环境的调适过程，如人的社会角色、社会风俗习惯、传统的道德规范与价值取向及其对个体和群体行为的影响，而城市生态学则更强调不同地区、不同群体之间目标与价值取向的差异性。人类学虽然也强调人与环境的相互作用，但是却偏重于对人类生物特征和种族特性的描述与说明，而对于人类学与社会、经济及自然科学的相关性研究则相对较少。对于城市——这个由经济、社会、政治、地理、文化等因素相关联，且经过长期的相互作用而形成的综合体系，确不易也不可能仅依赖于单一的线索即得以有效的处理。

我们发现当代城市生态学研究的中心是建立在一种人类社会组织对其周围各种环境的集体适应性原理之上的。这一集体是通过大量的个体为获得某种类似的功利需求而采取某种一致的行为而聚合形成的。从生态学研究的基本观点出发，当代城市生态学研究表明，当社会发展形成一个有效的组织，它将对其所赖以生存的环境加以改变，以完善其生活条件。由多种不同性质的社会组织团体占据一定范围的空间从而形成地表各种场所，此过程实际上是较大的地理空间分化成为土地利用的小空间的过程。空间的分化（spacial differentiation）正是空间结构研究的基点，空间分化过程的结果即是空间的结构。而这些分化出来的地理空间的尺度、模式及生长情况，并不是一种偶然性的产物，而是由一系列的社会、经济、政治、文化及家庭状况的度量所决定的。这些因素与空间的处理密切相关，并以非常严格的地域性分化与隔离的形式促动着城市的发展。依上分析，我们是否可以反推出这样一套逻辑，即空间结构的内部存在着上下层次的层级组织（hierachical organization），城市是由一系列次级的空间区位集合而形成的，其本身也是构成更大范围体系的一个组成单位。城市整体的协调发展，取决于各空间区位之间及其内部各种相关因素的综合平衡与动态的稳定关系。因而，当代城市生态学研究的核心即是场所中各类不同因素的相互作用关系。

当代城市生态学研究包含三个主要的基本观点，分别体现在以下几个方面：

（1）对共生与共栖的研究；

（2）对整体的城市社会系统的研究；

（3）城市各组成部分之间相互作用关系的研究。

芝加哥学派的人类生态学家曾指出，为居住和各种经济、社会活动而竞争一定的空间范围及所需的场所区位，乃是人类的天性。按其属性，城市可划分为不同的居住、经济或其他区位。这种"同质的存在"被称作为"自然的区域"（natural area），① 城市中人类此种对于区位的竞争行为，影响着中心商务区（CBD）的土地价值及居住区的住宅租金。广泛的竞争使得城市分化隔离成为许多小的空间区位。人类生态学家关于区域成长及城市生长的另一基本原理是与植物学中"顶端优势"概念相近似的"统领"（dominance）的概念。在不同的植物群落中，某一物种可以发挥其生态优势限制或促进其他物种的发展。同样地在城市中，中心商务区在众多的城市区位中起着至关重要的统领控制作用，制约着城市中其他区位的土地价值与利用。在此基础上，伯吉斯、克莱塞（Cressey）和麦肯齐等人进而提出"侵犯"（invasion）和"演替顺序"（succession seguence）的概念。② 由此我们可以提出合理的假设，某一城市中心区域或区域中心城市的发展最终将带动城市其他区域或区域中其他城市的共同发展，但在这种协同进步的初期，由于中心区的统领作用及其对外围地区的侵犯，现实的情况总会表现出中心区对周围地区的资源、人口、智力财富侵犯和掠夺。因此城市的发展是一种集中、聚合与分散、扩张不断交替变化的过程。

① R. Park. Human Communities [M]. N. Y.：Free Press, 1952：14.

② 参考 E. W. Burgess. The Growth of the City：An Introductior to a Resarch Project [M]. //R. Park, E. Burgess and R. D. Mckerzie, eds. The City. Chicago：University of Chicago Press. 1925：47-62.

Cressey. Population Succession in Chicago, 1898~1930 [M]. The American Journal of Sociology, 1938, 44：59-61.

R. K. Mckenzie. Ecological Successior in the Puget Sound Region [J]. Publications of the American Sociological Society, 1929, 23：60-80.

当代城市生态学理论则把共生与共栖（symbiosis and commensalism）的相互关系看作是构成整个社会结构系统的基础。共生关系是一个系统中整体结构分化和各种组织与功能得以结合的基础。如各种社会劳作的分工即可表明这种共生关系彼此依赖的作用；共栖关系与共生关系相类似，它似乎可以表明这样一种观点，区域中按照功能分布的各种组织成分，将以区域整体的平衡发展和协同进化为基础，从而结合形成一种协调发展的组织结构，其中的每一分子都可以扮演多种社会角色。

当代城市生态学研究的第二个基本观点是认为城市社会是一个有组织的整体和庞大系统。其基本原理表明，社会系统作为一种表明其内部结构特征的实质存在，受整个系统中多种功能之间相互作用的结果，即有组织的行为模式的影响。毋庸置疑，城市的发展，其内部机制的运行以及各种城市问题和矛盾，最终将以可见的物质形态反映在城市的土地利用模式和空间结构模式上。法瑞在1947年对波士顿市中心土地利用模式的研究中，发现人们的行为因素是建立和改变城市土地利用模式的一个关键变量（variable），土地的使用方式是按照城市居民的价值观念以及为达到这种观念而采取的择地行为而形成的①。

当代城市生态学的第三个基本观点表明城市社会系统的不同组成部分之间不断地相互影响，以达到一种平衡的状态②。这种平衡表现在人类活动及人口分布等方面，组成系统的各种元素不断地变化以适应环境条件，从而形成一种相对稳定的关系。多恩坎曾于1959年提出了城市生态系统的四种变量，即人口聚居（population）、组织（organization）、环境（environment）和技术（technology）③。当代城市生态学家们将此四种变量（POET）加以概念化，认为所谓人口是指作为整体而活动的人类集聚。在对生态系统作出分析时，人口不仅仅指个体的特征，同时也包括整体的规模、流动性、替代性及内部变化性等使人口适应环境变化的特征；组织的概念与系统相近义，是系统内部相对独立的次级系统。这个变量可以体现出共生与共栖的关系，它是相互联系着的整体的外在象征。环境变量是联系其他三种变量的一个中间环节；而技术的概念则是指一系列被人用来改善环境条件，以使组织生存的人工造物、工具及手段。毋庸置疑，这四个变量是依靠人类的活动而相互联系起来的，其中任何一种变量性质上的改变，都将不可避免地引起其他三种变量的变化。当代许多生态学家的研究都是针对上述四个变量之间的相互关系的。如贝莱与穆拉欣（K. D. Bailey and P. Mulahy, 1972）、卡萨尔达（J. O. Kasarda, 1971, 1972a、b., 1974）、斯莱（D. F. Sly. 1972）、施维安（K. P. Schwirian, 1974）、福雷斯比克和波斯顿（Frisbic and D. L. Poston, Jr., 1975, 1977）④。

① W. Firey. Land Use in Central Boston [M]. Harvard University Press, 1947.
② A. H. Hawley. Human Ecology [M]. //International Encyclopaedia of Socio Sciences. Vol. 4. N. Y.：Mcmillan；1968：328-337.
③ Duncan, O. Dudley and L. Schnore. Culture, Behavioral and Ecological Perspectives in the Study of Social Organization [J]. American Journal of Sociology, 1959, 65：132-146.
④ 详见 K. D. Bailey and P. Mulahy. Socio-Cultural Versus Neo-Classical Ecology：A Contribution to the Problem of Scope in Sociology [J]. The Social Quarterly, 1972, 13：37-48.
J. D. Kasarda. Economic Structure and Fertility：A Camparative Analysis [J]. Demography, 1971, 8：307-317.
——The Impact of Suburb and Population Growth on Central City Service Functions [J]. American Journal of Sociology, 1972 (a), 77 (b)：1111-1124.
——The Theory of Ecological Expansion：An Empirical Test [J]. Social Forces 1972 (b), 52：165-175.
——The structural Implications of Social System Size：A Three Level Analysis [J]. American Sociological Review, Feb 1974, 39：19-28.
D. F. Sly. Migration and Eclolgical Complex [J]. American Sociological Review, 1972, 37：615-628.
K. P. Schwirian. Some Recent Trends and Methodological Problems in Urban Ecological Research [M]. //K. P. Schwirian, (ed). Comparative Urban Structure：Studies in the Ecology of Cities. Lenington, Mass, D. C., Health and Company, 1974：3-31.
P. Frisbic and L. P. Dudley. Components of Sustenance Organization and Non-Metropolitan Population Change：A Human Ecological Investigation [J]. American Sociological Review, Dec 1975, 40：773-784.
——Sustenance Organization and Population Redistribution in Non-Metropolitan America [M]. Sage Publications, Berkely Hills, Calif, 1977.

6.2.2　因子生态学

城市是一个以人类社会为主体的巨大开放系统，它以人类及其活动为主体，以地域空间和各种设施为环境，是整个城市社会与城市空间的对立和统一。它的稳定和发展取决于整个系统中多种功能因素之间的相互作用和综合平衡。城市生态系统包括自然生态系统、经济生态系统和社会生态系统三个层次。从城市环境系统中分离出来的各种要素或条件单位，可称为城市环境因子。如自然环境因子、经济环境因子、地理环境因子、文化环境因子等，这些因子对城市的形态、结构、生长发展及生态分布等产生一定的影响，城市正是在这些因子的共同作用下形成和发展起来的。而对这些因子的作用及其规律的研究分析，则正是因子生态学的主要内容。

从城市演进的历史来分析，经济的发展是刺激城市生长与变革的一个主导因素，对于城市的分布、格局及功能有着重要的生态作用，可以说是维持城市生命的一个基本要素。一个很有说服力的论据是18世纪中叶的工业革命，带来了城市发展历史上一个崭新的时期。工业革命引起了城市本质的变化，同时随着资本、工厂、人口向城市的迅速集中，极大地带动了城市化的进程。一个普遍的事实是世界上任何地区的城市分布和城市发达水平都与当地的经济发达水平相适

图6-1　北美的城市群

应（图6-1）。工业革命始于英国，在工业革命的带动下，整个英国国土上的城市化极为迅速，利物浦、伯明翰、曼彻斯特等一批新的工业城市蜂拥而起。从1801~1851年的半个世纪中，英国5000人以上的城镇，由106座增至265座。到1900年城镇人口所占比例为75%，是世界上第一个城市人口超过农村人口的国家。在我国随着经济的发展也促成许多新的城市，如自从京广铁路和陇海铁路交会后，郑州市迅速发展成为取代开封的河南省会，进而成为近百万人口的大城市。近年来，随着我国改革开放活动的不断深化，以及社会主义市场经济体制的逐步完善，涌现出大量的各类经济技术开发区。它们一般总是出现在具有一定经济基础的城市地区，同时也带动了许多地区城市的发展，甚至改变了原有城市的性质、形态及格局。如上海浦东开发区及苏州新区与工业园区的建设，对原有的城市分布、格局均产生了积极的影响①。

引起城市变革的另一重要因素便是人们的思想意识形态和生活方式等文化因子。作为人类文明的象征，城市在孕育文化的同时，其本身即成为这一文化的载体。正如斯宾格勒（O. Spengler）所指出的："人类所有的伟大文化都是由城市产生的。第二代优秀人类，是擅长建造城市的动物。这就是世界史的实际标准，这个标准不同于人类史的标准，世界史就是人类的城市时代史。国家、政府、政治、宗教等等，无不是从人类生存的这一基本形式——城市——中发展起来并附着其上的。"② 在某种意义上，城市是通过历史来传递文化而形成的复杂多义的有机体，在城市的发展过程中，某些基本主题被保留下来，其他的则受到修饰，不断变形，甚至被淘汰。经过长期的自然渐进的过程而积淀下来的各种"历史印记"，如那些个性化的空间场所以及传统的风俗习惯，往往通过某些具体的社会活动行为表达出来，并最终以可见的物质形态固定在包括建筑在内的各种城市空间环境之中，形成城市的固有传统，显示出城市独特的个性，并且在城市居民的深层意识中形成某种信念与价值观，给人们的生活和观念以重大的影响，

---

① 参见史津. 浅谈苏州的古城改建与新区开发 [J]. 新建筑，1995，3：51–55.

② O. Spengler. 西方的没落 [M]. 齐世荣，田农译. 北京：商务印书馆，1991.

成为城市生存和发展的动力之一；另一方面，随着社会的进步、科学技术的发展，人们对客观世界的认识不断深化，更加充实和完善，进而引起生活哲学及美学观念上的变化。高技术成果以及各种高效的物质手段，为人们享受更高级的物质和精神生活提供了保证，促使人们去追求新的、现代化的生活方式。凡此种种，都会形成一种新的文化模式，在与原有的文化印象的不断冲撞、弥合作用中，规范制约着人们的社会行为方式。而旧有的城市无论从规模、功能、结构和空间布局上，都不会完全适应新的形势，而必然会有所变化和发展。

至于自然因素及地理因素对于城市发展的影响，人们很容易理解。但在很多时候在很大程度上，这一因素的作用却极易为人们所忽略。我们可以负责任地说，当代城市及环境危机，在很大程度上正是由于人们对城市自然系统的功能作用漠视不顾的结果。众所周知，早期的城市主要分布于自然条件优越，有利于农业灌溉和便于向四周征集农产品的地带，特别是城市与河流有着不解之缘。这是因为城市是在人类固定的居民点——聚落的基础上发展起来的，而这些聚落必然是处于适于人类生存的自然环境地带。尽管如今人类正掌握足够的技术手段来改善其居住环境的自然条件，甚至可以让沙漠变成桑田，但这并不意味着自然环境条件对人无关轻重。城市只是联系着人与自然环境的一个中介点，而不是一个封闭的外壳。现代人类作为动物学中的一个物种——智人（Homo Sapiens），是从类人猿进化而来的，人类是大自然的产物，或者说是与大自然相互作用的产物。人类的生活和行为不可能脱离大自然而独立存在。人类是地球生物圈中最重要的组成部分，但它也受着生态系统中其他要素的制约和影响。我们已经为我们的无知和狂妄自大付出了惨重的代价，或许人类只有在经过大自然反复的严厉惩罚和教训之后，才会意识到人类并不是大自然的主宰，而只是其一部分，应该在符合自然规律的基础上不断创造与进步。早期城市的发展及演变过程表明，人工环境是建立在自然环境的基础之上的。优越的自然环境条件对形成良好的城市形态，及创造优美的城市景观，提高环境品质均有着重要的作用。自然条件为人工环境的创造规定了一种无形的极限，并始终要求人类与之适应、与之平衡。人类的创建与改造环境的过程永不会超出这个极限，否则将会引起环境的崩溃，人类将面临其生存的最大危机。因此，城市问题的一个关键方面在于人工物质环境的过度"社会化"，而使生态环境的平衡遭受破坏。

城市环境中的各种生态因子不是孤立存在的，而是彼此联系、互相促进、互相制约，任何一个单因子的变化都必将引起其他因子不同程度的变化及其作用（图6-2）。生态因子所发生的作用虽然有直接和间接、主要和次要、重要和不重要之分，但它们在一定的条件下又可以互相转化。所以生态因子对城市的作用不是单一的而是综合的。如经济因素是城市形成和发展过程中起决定作用的因子，但它也只能在适当的地理环境中才能发挥作用。而城市居民在选择居住地及居住模式时，不仅要考虑到便利、舒适和效率等功利因素，同时这种居住行为还将受到文化模式和自然环境条件的制约和影响。

经济因素在诸多的环境因子中，对城市的发展起着决定性的作用，是城市系统中的一个主导因子。根据其性质上的区别，城市可以划分为多种生态类型，如工业城市、港口城市、交通城市、旅游城市和金融贸易城市等。

而自然生态要素对于整个城市系统的生长发育来说，则是一个重要的限制性因子（limiting factor）。即城市其他因子的发展，如经济的发展，一方面受自然资源环境的促进，另一方面也受其限制。人类所有的创造生产性行为，均不能超出其所

图6-2 城市与环境之间的相互作用
实线表示城市与环境因子的相互关系；虚线表示因子间相互作用；时间为环境向量

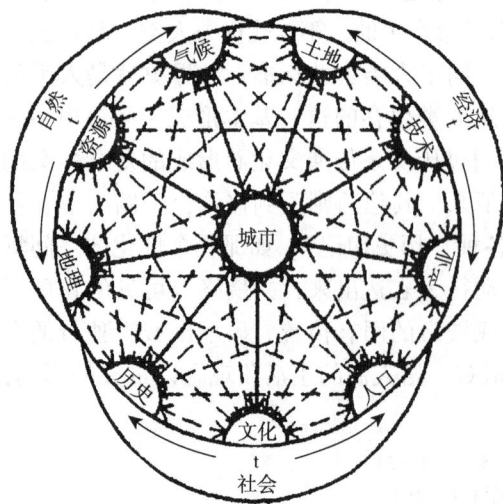

规定的极限，否则城市的发展将受到限制，甚至衰败。

区分生态因子的直接作用和间接作用对研究城市的生长及分布非常重要。如经济因素的发展，通过对人口、资源、智力、技术等要素的聚集及分配，直接影响到城市本身的布局、规模、性质和内部设施的完善。而文化因子则是通过一系列的价值观念和行为态度，影响着城市的土地利用模式、人们的生活方式及行为方式，从而间接地影响着城市的发展。环境中自然资源条件对城市的作用一方面直接影响着城市内部的环境格局，同时也通过向城市提供必要的经济资源，从而间接地影响着城市工业及经济的发展。

环境中各种生态因子对城市的作用虽然不尽相同，但都各具其重要性。尤其是作为主导因子的经济要素，如果缺乏便会影响到城市的生存和发展。从总体上说，生态因子是不可替代的，但是局部可以得到补偿。如在一定条件下，多个生态因子的综合作用过程中，由于某一因子量的不足，可以通过其他因子来补偿以获得相似的生态效应。以威尼斯为例，由于具有优良的自然景观条件和丰富悠久的历史传统，同时也由于缺乏充分的工业资源和经济设施，因此可以大力发展旅游服务事业，以最大限度地发挥城市的经济效益。生态因子的补偿作用只能在一定的范围内作部分的补偿，而不能以一个因子代替另一个因子，且各因子之间的补偿作用也不是经常存在的。

由于城市生长发育的不同阶段对环境因子的需求不同，因此因子对城市的作用也具有阶段性。这种阶段性是由更大范围的生态环境的变化所造成的。当城市发展同其他城市共同形成某一地区的集合城市（conurbation）或城市群落，由于整个区域城市系统的综合平衡作用，某些城市的性质和外部功能将会有所转变。此时，支配其原有功能和性质的因子将不再发挥重要的生态作用。

我们发现，城市发展水平的高低不是受其开发程度高的因子的影响，而是受其开发程度较低的因子的影响。如同人的生长发育不是受需要量大的营养物质的影响，而是受那些处于最低量的，如微量元素等营养物质的影响。此种城市现象可称为"最低量"规律。此现象同生态位的概念是紧密相关的。我国内地的一些城市，如西安、太原、开封，尽管有着悠久的历史传统和丰富的地质资源，但由于其地理环境、交通运输的不发达，从而影响了整个地区城市的发展水平。据此规律，我们对一个地区的城市发展可以作出某种预测。如在我国长江三角洲地区，根据目前整个城市群落的分布及发展状况及对城市发展要素的分析，我们可以预计，将来地区城市的发展，将以开拓长江水利及水运为基础，进一步带动地区经济的腾飞。

很容易理解，环境生态因子在最低量时可以成为城市发展的限制性因子。但由于城市的发展是各种生态因子的协同作用，相互竞争，共生共利的结果，因此某种因子不协调的过量发展也会形成阻碍城市发展的限制性因子。换句话说，城市对每种因子都有一个生态上的适应范围，即"生态幅"（ecological amplitude）。城市在最适点或接近最适点，才能很好地发展，趋向两端时就会被削弱、然后被抑制。从西方城市的发展来看。单方面强调经济和工业的发展所带来的环境污染和各种社会问题，已经使城市的发展出现阻碍或解体的危险。

以下我们将对城市环境生态因子的几种主要作用方式进行深入的分析。

6.2.3　竞争与统领

城市生态学理论研究中，城市生态系统各组织成分之间的相互竞争关系乃是支配系统发展与变化的一个最基本要素。城市作为人类社会的各种经济、文化活动于地理空间上的实质表现形式，其社会性竞争关系，如资源竞争、劳力竞争、市场竞争、成本竞争等，必然会反映在城市在地理空间的竞争关系上，表现为城市生长的竞争及区位竞争，从而引起空间的分化，影响着城市生态系统的结构模式及其发展变化。换句话说，经济的竞争促使人口、资源、智力、技术等在空间上集中，以至形成大小不等的社区。

在一个高度发展的社会系统内，最适合的社区即形成一般所称的城市。那么，为什么人类的社会经济活动中的竞争现象会导致城市的形成与扩张？根据城市生态学家的看法，其理由大致有三：首先，在经济竞争的压力下，人类有聚居于一定的空间范围之内，以满足相互依赖、共同发展的需要。例如早期城市社区内的劳力分工协作，即是在经济竞争的压力下所采取的一种适应方式。其次，人类社会、经济以及文化活动的集中，可产生规模经济和聚集经济，以帮助人类达到其所追求的各种目标。最后，人类群居于一定的社区范围之内，可以减少空间摩擦或减少运输费用和运输时间，提高生产和生活的效率。

然而，如同自然生态系统中的生物种群不能长期按照几何级数增长一样，城市生态系统在有限的空间环境内进化发展的过程中，随着城市密度的不断上升，对有限的空间资源及其他生存条件利用程度的限制，两个生态特征上相近的城市之间必然会产生激烈的竞争，从而会影响到城市自身的生长和发育。比较我国长江三角洲一带的城市发展过程可以发现，几座主要城市之间存在着激烈的竞争关系。像苏州、杭州、南京等城市，历史上一直是经济、文化发达的都会城市，而上海早期不过是一个小渔村，一度只作为苏州的外港。但随着近代西方列强的入侵，上海在工商、金融贸易及科技文化方面，最早与西方先进的水平相接触，从而具备了人口、劳力、资金、技术等方面的竞争优势，迅速发展起来，迄今已发展成为长江三角洲地区城市群落中的龙头城市。而南京、苏州、杭州等城市，由于同上海在生态竞争方面的失败，同时再加上无锡、常州、南通、嘉兴等城市的竞争作用，无论其城市规模、功能，抑或城市的控制作用与辐射能力，均无法与上海相比拟，只有依靠独特的资源、文化优势才能得以生存和发展。

从理论上讲，城市生态系统内各层次组织之间的竞争是由于两者共同利用同一种资源而引起的。因此环境对于组织的生态容量或负荷量（carrying capacity，用 k 表示），即环境条件所允许的组织发展的最大值，是组织之间竞争的一个基本要素。若环境容量足够两个组织的最大化发展，则组织之间便不会发生竞争。其次，两个组织竞争系统的竞争能力（以 r 表示），也是决定其竞争胜负的主要因素。由此我们可以断定，当两座城市或城市中的两个功能组织在一起发生竞争时，可能产生四种结果（图6-3）。而实际上，竞争的结果往往是一个功能组织完全排挤掉另一个，迫使其迁移，或使其中一个功能组织占有不同的空间和生态特征上的分离——通称生态分离（ecological separation）；也可能是两者之间形成动态平衡而共存。

城市生态群落在有限的环境条件下，由于竞争的作用，其连续生长的一种最基本的形式是逻辑斯谛增长（logistic growth）① 或称之为阻滞增长。通俗地讲就是，城市的生长不是无限的，其增长曲线呈"S"形，初期的发展变化较慢，而后逐渐加快，而后又逐渐变慢，直到环境容量的极限（图6-4）。但这只是关

图6-3 两个组织之间竞争可能产生的四种结果（参考 Smith 1980）（*a*）1取胜；（*b*）2取胜；（*c*）两者共存；（*d*）暂时平衡（都有可能取胜）

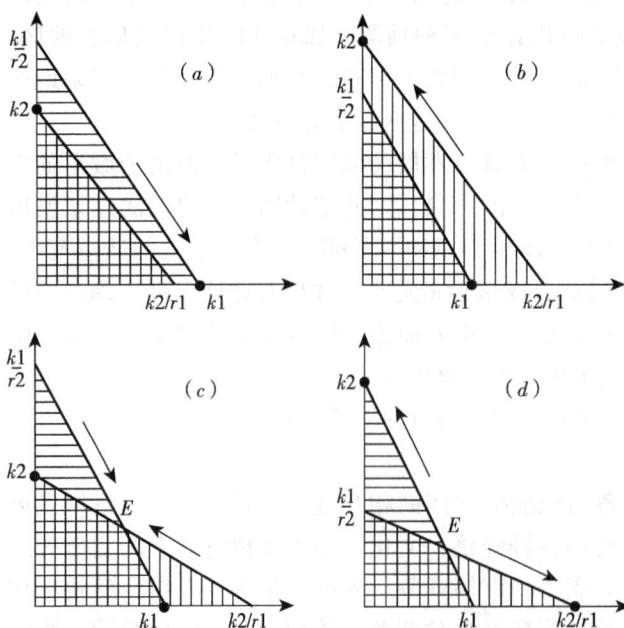

----

① 逻辑斯谛增长（logistic growth），源于生态学种群生长的概念，也称阻滞增长。它表明种群在有限的环境条件下连续增长的曲线呈"S"形，而与指数增长的"J"形曲线有所区别。——参考金岚主编. 环境生态学 [M]. 北京：高等教育出版社，1992：78-80.

于城市增长的一个理论和数学模型。自然界及现实的城市生态系统的发展相当复杂，实际的增长曲线会有很多的变型。例如，从我国解放后城市化水平来看，会发现从 20 世纪 60 年代到 70 年代末，我国的城市发展实际上是在倒退，这主要是由于当时我国的"左"倾思想，上山下乡以及城市政策上的反城市化倾向所人为造成的。而在城市发展的初期以及 20 世纪 80 年代以来城市发展的情况来看。便可以发现逻辑斯谛增长的趋势（图6-5）。尽管如此，这个理论模型还是能够说明城市增长的发展趋势以及某些竞争的调节机制。

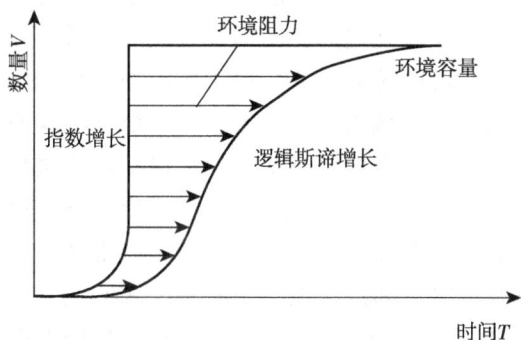

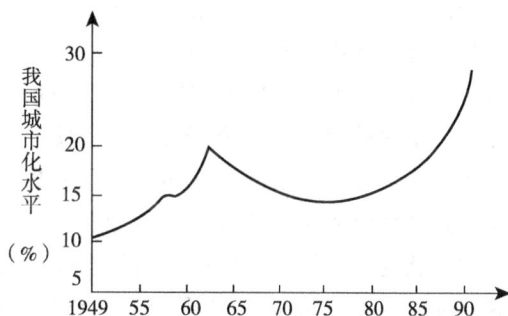

图 6-4　城市增长型曲线（参考 Kendeigh 1974）（左）

图 6-5　我国解放后城市化水平变动状况（右）

　　前文提到，城市生态系统的空间结构形成的基础乃是系统内部的空间分化的结果。而城市生态系统内部的空间分化是随着城市机能和组织的多样化而逐渐形成的。城市地域内的区位分布及配置之趋于复杂化、多样化，这种过程并不能仅仅看作是城市机能的多样化所造成的。实质上，城市地域内空间分化的过程，乃是通过城市机能组织之间的区位竞争而进行的。这是因为经济是由经济行为所反映于地表空间上的物质结果，而经济行为的一大特点，就是在若干种可能性之中进行选择，以促进最大经济效益的产生。

　　经济生活的实质乃是占据地表空间上一定的土地地块，把它当作一种手段而加以利用（land use）。如果把它限定在生产过程时，不管是对何种形态的生产而言，土地都是必需的生产要素或生产手段。然而，将土地当作生产手段加以利用，亦即生产过程必须占据一定范围的土地，此种地块称为该生产过程的区位（location）。在同一场所进行的各种生产过程中，企业间对于同一区位的竞争，称为区位竞争（locational competition）。这种竞争过程，如果从经营主体选择地点的行为来看，也可以视为该场所生产过程形态的选择。同一企业在现有的区位上，选择最适当的生产过程，称为区位适应（locational adjustment）。这种区位适应从某种意义上可以被看作是区位竞争的一种特殊情况①。

　　区位竞争并不是在任何场所都会出现的。即使存在，其竞争的程度也会因场所的不同而有所区别。一般说来，在没有资源竞争的环境中，或者由于竞争的区位在发达程度上的各种差别，从而降低了竞争的紧张程度。但是在资源紧张的环境中，发达水平较高的区位之间的竞争将异常激烈。例如在现代的大城市中，由于第二、三产业的活动频繁，因此它们之间普遍地存在着区位竞争，且随着城市化进一步发展而愈加激烈。由于城市内第二、三产业均属于土地集约型产业，一般均以城市中心区为有利的区位条件，故而它们对城市中心区位的竞争就更加激烈。

　　在广泛的竞争作用下，城市生态系统的机能和组织逐渐多样化，其彼此之间的关系也日趋复杂。相应地，从地域空间的角度来看，城市整体也被分化隔离成为许多小的空间区位。由于这些相对独立的次级系统在各自的发展水平及对城市整体的控制作用方面存在着一定的差别，因此它们所发挥出来的功能作用也不尽相同，故而形成城市结构体系的层级化和系统化。其中

---

　　① 参考严胜雄. 都市经济区位的聚集与机能区的形成 [J]. 成大规划师，1980，7：26-32.

层级较高，具有较强生态优势的区位，对它次级的区位系统的生长和发育将会起到抑制或促进作用。此种现象如同植物界当中的"顶端优势"作用，可以称作为生态学上的"统领"现象。例如，一座城市中心区（CBD, central business district）的功能组织在竞争过程中取得了生态优势，它便会根据自身发展的需要对城市其他类型功能区位的生长和发育作出选择，或促进其中某些区位的发展，或抑制另一些区位的竞争强度。

　　一般说来，在市场经济环境中，在未实施土地分区使用管制以及各种规划管制之前，经济活动区位的选择主要是基于经济方面的考虑。在这种情况下，工商业、服务业及金融贸易行业将倾向于向中心城市或城市中心集中。而当它们建立和发展起来之后，随即便会改变或增强城市与邻近地区以及有关居民的原有特性，而且逐渐成为城市的统领中心。由于城市的统领作用将会改变其影响范围内的居民生活以及城市的空间结构，因此城市生态学家认为，统领的现象在本质上是社会性的。统领力量将会使一个原本单一的人口集中地区转变成一个包括若干次级统领中心（subdominant centers），而且成为范围颇为广大的人口聚居地区的核心。城市生态学家非常强调城市的统领和次统领现象。例如麦肯齐曾认为，城市原本是一个人口稠密的地区，统领力量将促使该地区形成一个由具有领导能力的中心城市以及邻近的城市中心所组成的超大社区（super community）。他更指出，城市社区成长的主要特性有两个方面：第一是总人口增加以及城市地区的扩张；第二是商品服务以及人口的移动增加，每个人的选择机会较多，城市专业化程度较高，城市社区内各中心间的关系更为密切等①。基什（L. Kish）则认为每一统领中心均具有其一定的城市影响范围，且该影响范围的大小由中心城市的规模所决定。靠近中心城市的次级统领中心，其内部功能的专业化程度必然比离中心城市远者为高②。

　　根据上述强调统领与次统领关系的理论，城市的成长发育表现为中心城市对其腹地输出各种功能，并在其腹地内创造出新的城市中心，以及侵占原有的城市中心，限制其功能发挥的过程。城市生态学家把这种城市中心称为"城市化核心"。城市化核心一般坐落在中心城市的外围，但与中心城市之间的交通便捷的地区，其在行政方面虽具有相当程度的独立性，但是在社会经济活动方面则与中心城市密切关联，并且依赖中心城市提供较高级的商品和服务。因此，城市化核心不应被看作是独立的城市社区，而是构成城市生态群落的重要组成部分。从目前我国城市化的发展水平来看，在华北平原以北京为中心城市，长江三角洲地区以上海为统领中心城市，以及东南沿海以广州、深圳为中心城市的三大城市化核心已初步形成，特别是长江三角洲地区，随着上海经济建设的腾飞和浦东地区的开发，再加上苏南地区和浙江东部地区次级统领中心的发展，这一地区最有可能率先形成完善的城市生态体系，有望达到更高的城市化水准。

　　城市生态系统不仅仅是一个经济系统，而是一个包含整个人类社会各种社会活动的开放系统。某一地区的城市群落的生长发育不仅仅由本地区内经济增长所决定，它同时还受到地区以外乃至整个国家及全球经济气候的影响。城市生态学的观点认为：一个区域或国家的经济成长将会首先影响到城市生态群落中中心统领城市的区域性功能，进而影响到城市的生长及其空间结构的调整。因此，从城市生态或城市社会的观点出发，探讨城市经济与社会的功能关系及其在地域空间上的分布与变化，将有助于了解城市的生长及其内部空间结构的发展和变化。

　　6.2.4　侵犯与演替

　　城市群落或者城市内部各功能区位在竞争作用的原则下，随着环境因素或时间的变迁会发生变化。城市生态群落的变化，首先是因为组成群落的城市及组成城市的各个功能区位，都有其生长、发育、传播甚至衰败的过程。它们之间的相互竞争关系则直接或者间接地影响着这个

① 参考 R. Park，E. Burgess and R. D. Mckenzie. The City［M］. Chicago：The University of Chicago Press, 1925.
② L. Kish. Differentiation in Metropolitan Areas［J］. American Sociological Review, Aug, 1954, 19：388-398.

过程。同时，城市的外部空间环境条件以及政治、经济、文化等社会因素也在不断地发生变化，这种变化也时时影响着城市变化发展的方向和进程。城市生态群落虽然具有一定程度的稳定性，但从本质和总体上看它随着时间的推移而处于不断变化之中。它是一个不断变化着的动态体系。一般说来，在城市的发展过程中，排除偶然性的自然破坏，如地震、水灾，一个原被某种组织集团或组织功能所占据的城市区位会由于其竞争能力的衰弱，而逐渐地被另一种更强大的组织或功能所渗透、侵犯，以至最终被完全排挤、取代。例如在城市中心区周围的那些居住区、工业区，在城市的扩张发展中，往往会被具有更高经济效益的商业、金融等三、四级产业所排挤取代，而迁入其他的"自然区域"（这一过程同样也是由竞争排斥和渗透侵犯机制来完成的）。这样一个城市区位被另一个城市区位所取代的过程，称为城市区位的演替（locale succession）。

演替的概念是生态学中重要的概念之一。这个概念首先是植物学家瓦尔明（E. Warming）等在研究美国密执安湖边沙丘演变为森林群落时提出的[①]。后来，克莱门茨（Clements）等人对此加以完善。他们把演替描述为：一种可以预见的群落发展顺序过程，即有规律地向一定的方向发展；它是由群落引起物质环境改变的结果，即演替是由群落所控制的；它以稳定的生态系统为发展顶点，即演替顶极（succession climax）[②]。而自20世纪70年代以来，由于因子生态学理论的发展和完善，一种以个体的、进化的、种群中心观点为核心的个体演替理论逐渐发展起来。此种理论认为，系统是由大量的个体组成的，系统的发展和维持乃是个体的发展和维持的结果，系统的现象完全依赖于个体的现象。从而演替是个体替代和个体进行的变化过程。个体演替理论强调生活史特征、物种对策及干扰的作用。尽管这一理论对生态系统的演替提出了批评，但却不能否定演替的生态系统概念的适宜性和优越性，而且系统演替理论同样也指向种群中心途径对演替的价值和有效性[③]。总之，演替的概念和理论对我们研究城市生态群落的变化发展，具有极大的启发。它把人们研究城市群落的视线由静态引入动态，并且把竞争、侵犯、干扰等作用结合到演替过程中，由此人们可以清醒地看到城市群落发展的非平衡性。

只要我们承认在城市生态系统中各个组成部分和各项社会、经济功能之间存有普遍的竞争现象，那么可以说城市的生态演替便是自然和极为普遍的事实。事实上，历史上任何城市的扩张发展过程，以及城市内部空间结构和组织结构的变化，均反映出城市区位演替的现象。从系统的角度来看，由于城市化作用的影响，城市的郊区及外围地区，逐渐为城市中心区的组织和功能所替代，而成为城市市区的一部分，表现在城市面积的扩大及城市人口的增长方面。比较伦敦不同历史时期的城市地图，即可清楚地了解此点（图6-6）。1801年伦敦为100万人口，主要

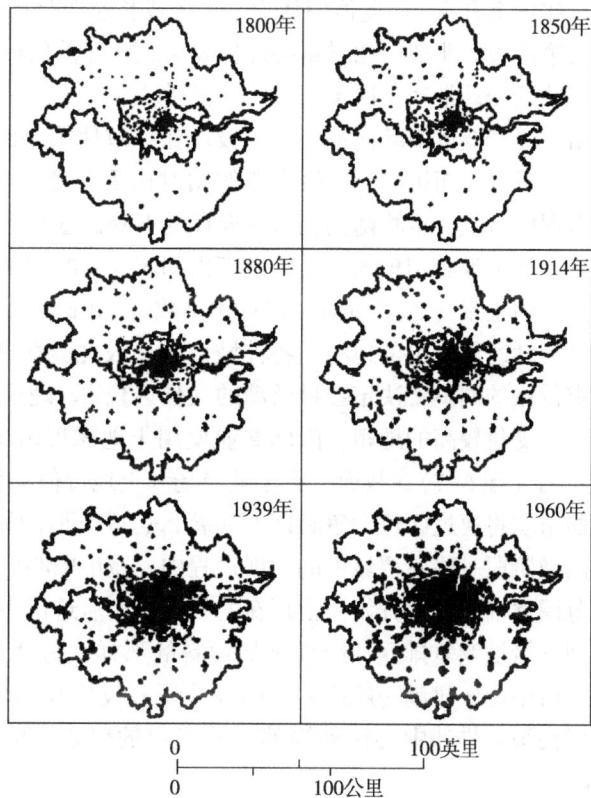

图6-6 1800~1960年伦敦的发展。直到1860年建设城郊铁路时为止，伦敦用地一直是相当小的；1800~1850年期间，当人口增加一倍时，接近中心的密度确实是提高了。然后，特别是1914~1939年期间，在电气火车和公共汽车的影响下，城市开始扩展。1939年后，绿带限制了伦敦的发展

---

① E. Warming. 以生态地理为基础的植物分布. 1895——参考金岚主编. 环境生态学［M］. 北京：高等教育出版社，1992：16，119.

② 参考金岚主编. 环境生态学［M］. 北京：高等教育出版社，1992：119.

③ 参见：Bormann，1981——参考金岚主编. 环境生态学［M］. 北京：高等教育出版社，1992：120.

部分是在一个距中心约 2mi（约 3.39km）半径的范围内；到了 1851 年，人口增加了一倍，半径并未超过 3mi（约 4.83km）。而在 1914 年，由于以早期的蒸汽火车为主的"早期公共交通"代替了以马车为主的"前公共交通"，因此为市民在离市中心 15 英里距离内提供了非常方便和快速联系的条件。在两次世界大战之间的这段时期，伦敦城郊发展和城市疏散的进程大大加快，其方式也有所改变。这个时期促使城郊化运动发展的动力，既有经济性的，也有社会性和技术性的因素。如初级产品价格下跌，中产阶级队伍的扩大，以及交通运输技术的发展。这使得城市的有效面积比过去的限度扩大了 4~5 倍。地下铁道的发展使得城市进一步扩大化。

在城市内部各经济部门和功能部门之间，同样也存在着区位演替的现象，而且此种演替过程较之城市群落的演替，速度更快，周期更短，频率更高。从根本上说，它是与城市土地使用以及城市内部产业结构和空间结构等问题密切相关的。城市内部各部门区位之间的演替过程，正是形成良好的空间结构，合理调整产业结构及其分配，合理使用土地，追求生产效益及消费效益极大化的基础。

众所周知，影响区域成长的要素很多，错综复杂，诸如区域内的供给面因素、需求面因素，以及区域间劳力、资本、技术要素的迁移和区域间贸易等。因此经济活动在空间上并非均匀分布，通过市场机能的调节，经济活动在空间上呈现不连续的点状分布，且各点的发展水平与速率，也互为迥异[1]。良好的空间结构可使经济活动在空间上有效分布，达到最大的聚集经济，而聚集经济的形成在很大程度上是由区位间的竞争、侵犯、演替作用，集约化使用土地所决定的。

克拉克及费舍尔（C. Clark and A. G. B. Fisher）通过观察发现，在区域成长过程中，区域每人所得或生产的增长，必定伴随着区域内第一级产业人口比例下降，而第二、三级产业就业人口比例上升[2]。因此他们认为，区域成长主要是由于第一级产业部门的相对重要性下降，而次级及第三级产业部门相对重要性提高所致，即部门理论（sector theory）。也就是说，是部门相对重要性的变动带动了区域的成长。随着人们对二、三级产业产品需求弹性的增加，生产要素会从第一级产业逐渐转向第二、三级产业，致使第一级产业不管是在产量、就业人口等方面的相对比重下降，而第二、三级产业的相对比重上升。反映在空间区域上，一些原本被第一级产业所占据的区位，也将随其相对重要性的下降而逐渐为第二、三级产业所替代。

从土地利用模式来看，城市内部区位间的竞争演替乃是由土地的使用价值及地租所支配的。根据阿伦索（W. Alonso）的竞租函数（bid rent function）理论，城市各种活动的区位决定于该种活动所能支付的地租，各种城市活动彼此竞争使用土地，通过土地市场的供给及分配，则需求价格的调整将决定各种活动的最佳区位[3]。理论上，商业使用在市中心具有较高的竞争能力，可以支付较高的地租，因此商业使用土地靠近市中心，其次是工业，再次是住宅，最后是农业使用（图 6-7）。故而，在土地市场和土地价值与租金等因素的影响支配下，城市各部门、各功能组织将通过区位竞争和区位演替，达成类似的城市区位空间结构和土地利用模式。例如在我国现阶段一些主要城市的发展过程中，城市中心区的商业、金融企业的土地利用呈上升的趋势，范围逐渐扩大，开始去占据新的领域；而靠近市中心区地块上原有的个体零售商业及住宅功能，则大量被竞争排斥。结果正如预料的那样，房地产投机和城市拆迁改建的巨大浪潮接踵而至。在市中心区建起一座座大型的商业服务设施和高层办公楼；而普遍地，通过拆迁、房改，城市居民被安排到中心区外围的一些新建的住宅小区之中；工厂企业也开始大量迁出中心区（图 6-8）。

① 参考唐富藏. 区域成长［M］. //于宗先. 空间经济学. 台北：联经出版事业公司，1986：2685.
② C. Clark，A. G. B. Fisher，1930——唐富藏. 区域成长［M］. //于宗先. 空间经济学. 台北：联经出版事业公司，1986：2865.
③ W. Alonso. Location Land Use：Toward a General Theory of Land Rent［M］. Harvard University Press，1964.

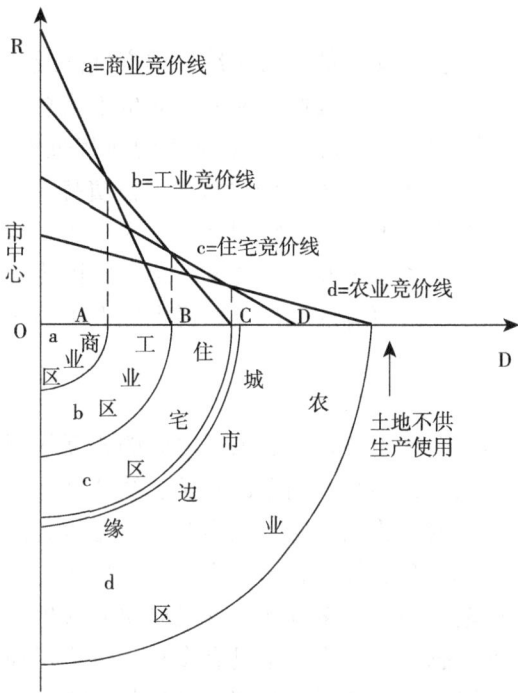

图6-7　地租对土地利用模式的影响（左）

图6-8　南京市中心商业区扩张演替（1992～1995年）（右）

　　城市群落及城市区位间的演替是一个经历了从量变到质变的长期过程。任何一个群落或区位，都有一个发育的过程。初期随着组织种类和功能项目的增加与集中，群落或区位的特征逐渐形成且不断增进，但其结构尚未定型，尚未形成强大持久的竞争力；而至成熟期，组织功能多样性达到最大，群落或区位的特征处于最优状态，统领作用明显，结构已经定型，表现在空间层次上有了良好的分化。此时才是一个演替的最终状态，即已达到演替顶极，被替代的群落或区位的原始特征才会完全消失。具体说来，演替过程一般分为三个阶段。

　　（1）侵犯或迁移（invasion and immigration）：是指某一组织集团或功能进入以前不存在此种集团或功能的新生境过程。侵犯或迁移是城市群落或区位竞争过程中的一种空间领域的变化形式，它不仅仅是引起群落或区位结构变化和演替的基础，同时也是群落或区位形成的首要条件。这种组织的侵犯或迁移，总是由侵入组织中最具竞争力，适应力较强的部分开始，而后逐渐带入其他部分。此种率先侵入新生境的组织称为先锋组织（pioneer organization），通过先锋组织逐步建立起来的群落或区位，称为先锋群落或区位（pioneer community or location）。它对以后环境的改造，对相继侵入的同种或异种个体起着极其重要的奠基作用。

　　（2）定居（establishment）：指侵入新生境的组织集团或功能的生长、发育获得生态优势，达到统领地位的过程。定居过程是演替作用的一个重要环节，只有在新的生境中定居、发展起来的组织，才能取代原有的组织或功能。在先锋组织侵入并形成先锋群落或区位过程中，由于不存在资源利用上的利害冲突，因此这一阶段组织之间相互关系方面，是互不干扰甚至彼此促进的共生共栖关系，不存在竞争现象。但随着定居组织的不断增加及次级组织的侵入，空间密度加大，资源利用出现激烈的竞争。获得优势或占据统领地位的组织得到发展，而其他一些组织则被排斥。

　　（3）替代（substitution）：随着竞争的作用，侵入的组织的地位愈加巩固，其生长和发育逐渐进入成熟期，从不同的角度利用和分摊资源，其主要的组分在群落或区位中能够正常地更新，达到相对平衡，从而进入协同进化。竞争失败的组织，由于无法获取足够的资源以维持其生存，因而无法获取效益的极大值，其空间地位也就为其他的组织所取代，从而完成群落或区位的演替过程。

由于城市不仅仅是一个纯粹的经济系统，也是一个社会和文化的综合系统，城市群落或区位之间的竞争结局也并不是绝对的，即不是一方永远战胜另一方。因此演替的方向也不是总指向一个固定的方向。我们把沿着从先锋群落或区位经过一系列的阶段，达到顶极的演替过程，称为进展演替（progressive succession）；反之，如果是由顶极群落向着先锋群落或区位演替，则称之为逆行演替（retrogressive succession）。后者主要是在人类的社会、特别是文化活动的影响下发生的。如在北京、苏州、杭州等著名历史文化名城，为了保护和延续古老而优秀的民族历史文化遗产，而限制古城区内工商企业的发展，甚至将古城内原有的工厂及妨碍古城保护的各类机关、企业迁出，此种演替就带有逆行演替的性质。

6.2.5 共生与共栖

城市生态系统的生长和发育是一个极为复杂的过程，系统中各种生态因子之间的相互作用关系异常复杂，具有多种表现形式。城市群落及区位之间，并不只是简单的竞争、演替这样一种副作用方式，而且也存在着彼此间相互协调，共同发展的正作用关系。激烈持久的竞争和演替作用，将最终促使城市群落及区位中各种组织成分的单一化、简单化。而实际上正如我们所见到的，随着城市的发展，其中的组织集团和功能是逐渐复杂化且多样化。这足以说明共生和共栖关系的强大作用。正是由于此种作用，才使得城市生态系统成为一个具有多种组织集团和各种不同功能的综合整体。当代城市生态学理论认为，城市群落及区位之间的共生与共栖关系乃是构成整个城市生态系统社会结构及经济结构的基础，同时也是城市空间整体结构的分化及各种组织集团与功能得以结合的基础。

城市是一个由多种组织集团和功能所组成的综合系统。一个发育完善、进化到成熟期的城市生态系统内，组织集团和各项组织功能达到最大化，且彼此之间关系协调而统一，形成生产和生活功能上的各种劳作分工。当两种组织集团或功能在生长发展过程中存有一种彼此促进，互相依赖而生存的关系时，即形成了两者之间的共生关系。两者便可以长期共存，生活于同一生境之中。如果其中一方的发展受到限制甚至被消灭，则另一方的生存和发展也将受到影响。此种作用在生态学上被称为"互利共生"（mutualism）。例如城市中的居住区位和个体零售商业之间即有此种共生关系。一般说来，在城市的各个居住小区内都分布着许多个体零售和服务商业，而且随着居住区的增大或减小，个体零售商业的规模分布也呈现相应的变化。而一旦居住区位为其他组织功能侵犯演替而迁移，这种个体零售商业网点也会随之迁移。另一方面，每个零售商业中心都有一定的服务范围，这也是城市居住区规划设计中经常考虑的问题，即服务半径。换句话说居住区的大小以及居民日常生活的效率和质量，在一定程度上受到个体零售商业网点分布密度的影响。处于服务半径范围以外的居住组织，其生活的便利条件和效率下降，表现为居民对生活设施不完善的种种意见。有条件的居民将通过各种方式迁入其他居住区，从而对居住区位的发展产生不利的影响。

共栖关系——生态学中称为"偏利共生"（commensalism），则是指两种组织集团或两种不同功能之间，彼此不发生资源竞争的利害冲突、共存共处或者是相互之间的作用结果仅对一方有利，对另一方无影响。城市群落中的中心主领城市与各个次级统领中心之间就是一种典型的偏利共生关系。一些次级地方城市依附于中心城市而发展，从中心城市获取其自身发展的动力因素，但是对中心城市的发展并无多大影响。例如从苏南地区的城市群落的结构布局来看，无锡、苏州、常州等次级城市的发展在很大程度上依赖于主领中心城市——上海的发展，即是说上海的城市生长发育，将带动这一地区内上述城市的进化。然而无锡、常州作为轻工业城市，苏州作为重点风景旅游城市，它们的发展过程中并不存在与上海这座以金融贸易为主体的城市竞争自然资源的现象，因此对上海的城市发展并无不利影响，反之对上海城市部分功能组织和人口的有机疏散却具有积极的意义。

依赖于共栖关系结合在一起的两个城市或城市中的两种组织集团，随着环境系统的进化及自身的生长发展，彼此间有可能形成关系更为密切的共生或寄生关系。许多城市生态学家认为，多种共生和寄生关系都是由共栖关系演化而来的。在共生和共栖关系中，还有一种特殊的情况，即原始协作（protocooperation）。是指两种组织或功能相互作用，彼此促进。但是协作关系松散，彼此分离后，双方仍能独立生存，甚至在一定程度上双方发生竞争或演替关系。众所周知，早期的工业生产总是聚集了大量的劳力人口，适时必然也会出现一些商业和服务功能。充分完善的商业服务设施将为工业生产吸引足够的劳力，而众多的工业劳力又会使得商业服务部门获得一定的效益，两者之间彼此促进。但随着城市的扩大和发展，商业服务功能有向具有更高效益的城市中心区聚集的趋势，而成为城市的统领区位。此时，由于土地使用及土地价值的影响，中心商业区位将会同工业区位在人口和其他资源方面发生竞争，且将逐渐排斥取代工业区位。彼此间早期的原始协作关系解体，而演化为竞争和演替作用。

共生及共栖关系是在城市群落或区位生长发育成熟，即其内部组织和空间结构完善化、多样化，并达到一定的稳态时期出现的一种因子作用关系。此时城市群落及区位之间的竞争演替作用已基本完成，系统整体达到一定的生态平衡。系统整体的进一步发展，将依赖于其各个组成部分之间的相互协调、相互依存的协同进化。系统内任何一种组织或功能的不完善，均将影响到其他组织的生长和功能的发挥，破坏系统间的生态平衡，进而影响到整个城市生态系统的生长和发育。

从城市的空间形态和格局来看，最令人感兴趣的是共生共栖关系在空间上是如何一种表现形式？即在两种或两种以上的物质体系、能量体系和功能体系之间所形成的"界面"（edge）以及围绕该界面向外延伸的"过渡带"空间域（ecotone），城市及其区位将呈现怎样一种格局？这一问题，一直被视作是界面理论在城市生态环境中的广延和发展，它对于城市空间结构的形成及领域研究具有重要的意义。

Ecotone 是国际生态界最近定义的一个基本概念，一般译作"生态环境交错带"。它实际上是指两种或两种以上不同性质体系之间的过渡区域。通过对大量城市的调查分析，此种过渡带大小不一，且形态各异，但基本上不外乎"断裂状边缘"和"镶嵌状边缘"这两种模式（图6-9）。

城市交错区形成的原因很多，既有自然演替引起环境条件的变化，也有人为的建筑活动所造成的空间隔离和生态景观分割。交错区或者两种城市体系的边缘同两个体系内部的核心区域，环境条件和性质往往有着明显的差别。应该说，赋予整个城市体系以丰富的生态景观，形成复杂多样化城市生活，使城市具有活力的因素，正是来源于此种城市交错区。在交错区内，单位面积内的组织集团和功能项目的密度较之相邻的区域有所增加，且其多样化程度也较高，这种现象可以称之为"边缘效应"（edge effect）。边缘效应的形成需要一定的条件，首先是必须在两个具有独特性质的区位或环境之间；同时还需要一定的稳定时间。发育较好的城市交错区，其区位特征将同时具有相邻区域的共有特征，以及交错区自身的特征。

如果我们从城市居民的社会组织结构和空间结构来分析，此种交错区的概念便被人格化，成为一种复合领域（multiple territoration）。在被设计过的城市环境中，我们把空间看成是被物质隔离物所限定的范围，它们限制了人在生理（视听感受）上的一些刺激和活动。事实上，空间同时也被定义为生物活动时所占有的地方，即空间领域。实验证明，

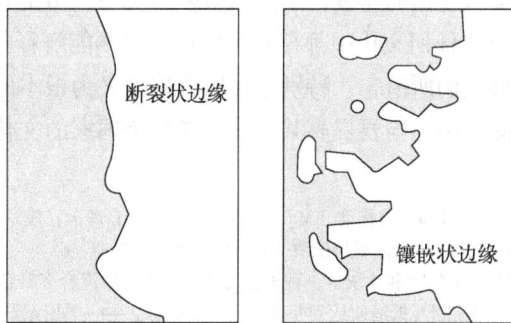

图6-9 生态环境交错带边缘类型（仿Smith 1980 年）

图 6-10 领
域层次划分
（仿 Stea 1986）

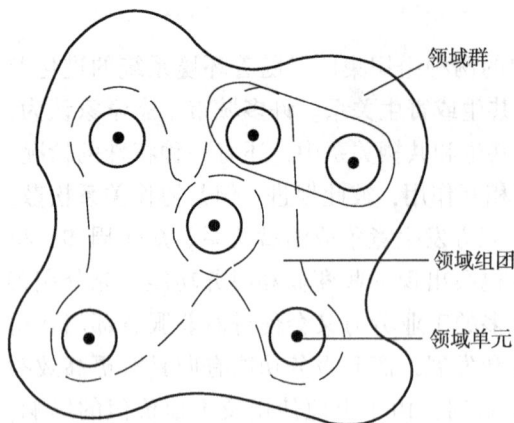

如同生物界一样在文明的人类中同样充满了保存和占有一部分空间的欲望，只不过人类的语言交流代替了动物的野蛮攻击方式，而更多的是通过一种较为文明温和的方式排除他人对自己所属领域的侵犯。

斯蒂（D. Stea）按照社会组织结构于空间上的分布，将领域单元（territorial unit）划分为三个层次：个人空间、领域组团（territorial cluster）和领域群（territorial complex）[1]。他把个人空间定义为一个小的圆形实质空间，以个体为中心，文化上的因素影响着半径；领域组团包含了多个个体空间及其间交往频繁的通道；而每一个群体中的个体同时都具有自己所属的其他组团，包含这些组团的集合则定义为领域群。在领域群中，即使个人空间也会被集体成员视作"我们自己的领域"（图6-10）。

城市居住区内往往聚集着多种社会集团和各种职业的居民。出于文化素质、生活习惯、民族或职业行为的不同，居民之中将形成各具特色的领域组团。这些空间领域的形状、面积、边界及个人所属领域组团的变化，都会影响到个体的行为和空间使用方式。在城市设计中，对领域交错区的处理是极为重要的一个环节，它直接影响到个人或社会组织集团的空间结构形式和彼此间的共生和共栖关系，是确保相互作用的领域组团或领域群私密性和安全性程度的先决条件，同时也是城市社会组织结构和空间结构协调稳定的基础。

20 世纪 70 年代中期，以福冈银行总行设计为起点，黑川纪章开始从早期的"新陈代谢"理论转向共生论的时代。黑川在分析对比了西欧和日本的城市空间之后提出：欧洲传统的社会交往空间是城市广场，而中国和日本等东方国家的生活中心则在街道之中[2]。实质上，无论广场或是街道，均是处于两种不同的空间体系——私密空间和公共空间，居住空间和城市空间——之间的一个不定的空间存在，即空间交错区。它是一种兼有多种功能的"中介空间（media space）。黑川纪章借助于佛教中的"空"的概念来解释这一点，像《易经》一样说明阴阳之间还有人的存在，人和阴阳共存。说明在人们赋予明确功能的公共空间和个人空间之间还有第三个过渡空间，而正是这种过渡空间的存在，才保证了城市之间的综合平衡和共生共栖关系的发展。如同 1977 年《马丘比丘宪章》中所提出的，新的城市化概念追求的乃是建筑环境的连续性，意指每一座建筑物不再是孤立的，而是一个连续统一体中的一个单元，需要同其他单元进行对话，从而使其自身形象完整这一理论一样，"灰空间"及共生理论强调了自然和城市，建筑与空间之间的连续性。

黑川纪章引用"利休灰"[3] 这个词十分得体地说明"将矛盾的东西加以融合"的多元论共生思想。他致力于从美的意识、空间感受和生活方式等方面来考察日本和西方的城市及建筑，通过环境和建筑的连续，个体和整体的统一，历史和现代的共存，技术和人的调和等方面进行创作。他认为"任何文化中都存有一些理论上不能解释的某种气氛。由于它们无法表达的特性，使得它们易于被人们所遗忘；特别是在以合理主义为根本的现代文明中，那些难以解释的东西往往被从历史上排除掉……当要提高某个设计或某个国家的文化质量时，要高度注视那些在经济、产业、技术这些合

① D. Stea. 空间、领域和人的移动 [M]. //汉宝德. 环境心理学：建筑之行为因素：台北：境与象出版社，1986：157.
② 马国馨. 走自己的路——记黑川纪章 [J]. 世界建筑，1984，6.
③ 西田正吉. 日本的美."利休灰，一种无色无感的色素，由混合多种色素至排斥了彼此的色感而成". 在城市和建筑上，指各种矛盾的包容，用以描述一种对应因素相互抵消而达到并存和连续的状态.——黑川纪章. 灰的建筑 [J]. 世界建筑，1984（6）.

理的物质社会实体后面的看不见的哲学或精神……在这样的过程中，如果一种文化能吸收其他的文化，以创造出新文化，这样就可以产生更加暧昧、多元以及更富精神性的设计"①。

6.2.6　集中与分散

按照城市在有限环境中的逻辑斯谛增长原理，某一城市的各种社会和经济组织或功能在进入新的生活环境之后，组织集团的数量和功能项目也随之增长。但到一定时间后，由于遇到各种环境的阻力及环境容量的限制，组织集团的数量和功能项目的增长常常会出现波动，从而引起其在空间位置分布上的变动。对城市群落或城市区位而言，这种变动表现为各种组织集团和功能由早期的向城市某中心地集中的趋势转化为从分布区向外扩散。引起这种扩散变动的原因很多，其中主要是由于组织集团的密度上升过高，接近或超过环境的最大容纳量，从而使得随拥挤效应出现的组织压力和攻击行为加强；此外，组织级别较低及领域性较弱的个体经常被排挤，它们只好去寻找尚未被高级别个体所占有的、条件较差的生境。集中及集中后的分散现象乃是城市多种组织功能的一种普遍的生态特征。

城市空间的利用方式可分为两类，即分散的利用和集约共同利用。这两类空间利用类型各具特点，而且也与组织的形态、结构及生态特征密切相关。所谓分散利用，是指某一组织或组团占有一小块城市空间（文化上称之为领域或领域组团），并且通常在该空间领域中没有同种的其他个体同时生活。这种空间利用方式多见于早期城市生长时期和初级产业结构之间。其中，组织集团的领域性行为是限制组团在最适生境中的最适密度调节行为。此种对空间的分散利用方式保证了组织生长的需要，保证了充分的资源利用并能调节组织集团的空间密度，促使组织分散，不至于因过分的拥挤而产生竞争危害。

集约化利用，是指诸如第二、三产业结构等以集群方式生活的组织集团对空间资源的共同利用方式。这在任何高级社会经济组织结构中均可见到。集约化利用有着重要的生态学意义，它有利于改变次生境的环境条件，有利于共同利用资源，加强竞争能力，有利于组织集群的生长和发育，从而产生规模经济。

阿利（Allee）认为，集群有利于组织的生存与生长，但随着组织个体数量的增加，将对整个组织集群带来不利的影响，如抑制组群增长等。阿利提出，组织集群有一个最适密度（optimal density of population），组群过密（over crowding）和过疏（under crowding）都是不利的，都可能产生抑制性影响。这一规律称为"阿利氏规律"（Allee's Law）②。按照这一原理，我们得知城市组织集群的生长与其密度之间的相互关系（图6-11），即当城市群落或区位中原组织数量分布低于最适密度时，城市呈集中化发展趋势；到达最适密度时，组织的数量达到极值；当组织密度超出最适密度时，将产生组织分散、城市扩张现象。

如果从城市和区位成长的过程和差异上来看，可以发现城市的集中与分散现象是与区域成长的不同发展阶段相吻合的。胡佛和费舍尔（E. M. Hoover and J. Fisher）在他们的"区域经济成长研究"一文中，提出一个区域的发展通常要经过五个发展阶段：③

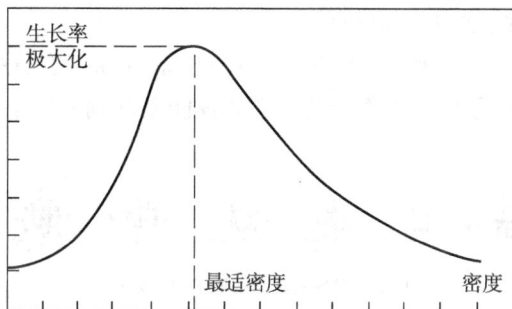

图6-11　密度对城市组织集群生长的影响

① 马国馨. 走自己的路——记黑川纪章［J］. 世界建筑, 1984（6）.

② P. Odum. 生态学基础［M］. 北京：人民教育出版社, 1971.

③ E. M. Hoover, J. Fisher. 区域经济成长研究. ——参考唐富藏. 区域成长［M］. //于宗先. 空间经济学. 台北：联经出版事业公司, 1986：2686.

（1）自给自足的经济阶段：此发展阶段的区域投资以及区域间的贸易较少，区域的产业几乎全部为农业。以农业为主的人口和经济活动均随农业资源呈均匀分布。

（2）乡村工业崛起的经济阶段：随着交通运输设施的完善，产生了单纯的乡村工业以及与乡村工业有关的产业人口。由于乡村工业的原料、市场及劳力仍源于农业区域，因此乡村工业的区位分布，与农业人口的分布相对应。

（3）农业生产结构变迁阶段：随着区域间贸易逐渐加强，区域的农业生产趋向于由较粗放的农作物生产转向较集约型和专业化的初级加工和副食品生产，即逐渐由粗放型农业生产改变为集约型农业生产。

（4）工业化阶段：由于人口的增加，以及农业生产至相当规模后产生规模报酬递减现象，迫使一个区域不得不谋求工业化，谋求制造业与矿业的发展。工业化前期以农、林、矿产的加工制造业为主，后期则转向金属、冶金、化工制造业为主。

（5）服务业输出阶段（成熟阶段）：区域经济发展的最后阶段。是以服务业，如资本、技术以及专业性服务的输出为主的发展阶段。换言之，如果一个区域的经济发展是以资本、技术以及专业化服务输出为主时，则其发展可谓臻于成熟。

上述即为城市区域的成长过程。然而在区域成长过程中，区域内的空间结构将如何变化？即空间各点（各等级城市）的成长过程是倾向发散（即不同等级的城市成长规模差距扩大），还是倾向收敛（即不同等级的城市成长规模差距缩小）？至今尚无学者从实证研究中获得定论。威廉姆森（J. G. Williamson）认为："在国家经济发展的早期阶段，区域间成长的差异将会扩大，即倾向不均衡成长，之后随着经济成长，区域间不平衡程度将趋于稳定；当达到发展成熟阶段，区域间成长差异将渐趋缩小，倾向均衡成长。"① 这也是由于城市及区域的各类成长因素于空间上的集中与分散作用的结果。在产业革命之前，少数区域或为原料所在地，或位处要冲，或历史文化因素等使其具有区位利益，故成为人口聚集中心。产业革命后，经济急速发展，人口及产业活动则向这些已具区位利益的中心聚集，而形成区域的主领城市，空间各结构之间的差异程度也因之扩大。所以说，早期区域成长的不平衡现象乃是由于其成长要素不断向着区位利益中心集中而造成的。当主领城市形成之后，由于主领城市的聚集效果继续增强，其力量足以使工业化、城市化的过程借助于外部需求与技术知识传播等成长决定因素传递到其他各空间点，因而促成次级中心（如卫星城镇）的兴起。次级中心则借助另外一种集中过程，以增强聚集力量，并波及分散到其他更低一级中心，从而逐渐使得区域的成长过程趋于平衡。因此，分散作用表达了一种传播力量，以中心统领城市的发展带动了次级统领中心的发展。

伊利尔·沙里宁（Eliel Saarinen）在分析 19 世纪和 20 世纪许多城市的用地扩大过程时，得出了大城市作为统一整体仅能发展到一定限度的结论②。他认为随着城市的发展，在老的、密度高的城市核心周围将出现一些新的独立的城市构成，而老城的"物质结构"逐渐趋于衰落并要求根本改造。因此，沙里宁认为应按照"有组织分散"的原则来合理地调节发展中城市本质所具有的自发过程（图 6-12）。他提出的"分散城市"结构，是由一系列间隔不到一公里的绿化带隔开的半独立城区联盟——沙里宁称之为"功能集

图 6-12 伊利尔·沙里宁分散城市，作者假定 50 年内大约有 50% 的城市建筑将有物质及精神折旧。在这一期间城市通过形成新区可能扩大一倍城市的修复与扩大过程分为 5 个十年期

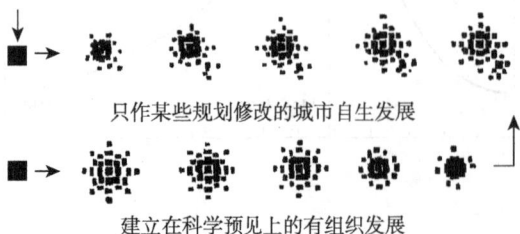

只作某些规划修改的城市自生发展

建立在科学预见上的有组织发展

① J. G. Williamson——参考唐富藏. 区域成长 [M]. //于宗先. 空间经济学. 台北：联经出版事业公司，1986：2694.
② Eliel Saarinen. 城市 它的发展、衰败与未来 [M]. 顾启源译. 北京：中国建筑工业出版社，1986.

合"——所组成的既集中又分散的城市机体。沙里宁的理论同霍华德（E. Howard）的"花园城体系"及佩里（C. Perry）的"邻里单位"主张有着本质上的区别。所谓"功能集合"，既不是一个卫星城市，也不属于小区的范畴，它是以在职业性强的居民住址内配备各种劳动、商业场所为基础的，并通过城市高速交通来加强城市联盟之间的联系（图6-13）。

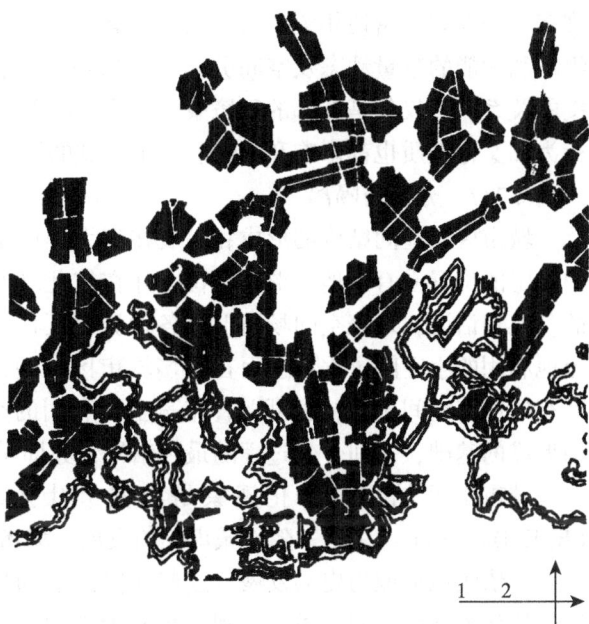

图6-13　伊里尔·沙里宁大赫尔辛基设计方案1918

"分散的城市"是两次世界大战期间城市建设的重要理论思想。20世纪二三十年代关于"城市有机疏散"的理论思想异常丰富，尽管其中许多城市主义的预测都是先验论的，在城市建设空想中没有改建城市的具体建议，但这一时期的探索对其后城市建设理论和实践的进一步发展具有很大的影响。

概括地说，城市的分散包括多种内容和形式，如人口的疏散，企业及组织功能扩散和空间的扩散等。其中人口的疏散是城市分散的根本动因，而空间扩散则是各种组织和功能扩散的具体表现形式。

城市系统各种组织数量和功能项目的变动具有一定的规律性，在不同条件下也各有其变异性。其主要标志就是区域内组织数量的增加或减少的变化过程，以及迁入迁出的相互作用的综合结果。因此，凡是影响上述因素的，都对组织的数量和功能项目有影响。由于各种因素的影响，城市的组织功能不可能无限地增长，最终将趋于相对平衡。密度因素则是调节其生长平衡的重要因素。我们把随组织本身的密度而变化的，诸如竞争、演替、共生共栖、分化隔离等因素，称为密度制约因素（density dependent）；而把诸如地理气候、污染媒介以及其他环境的物理化因素等与组织本身密度无关的因素，称为非密度制约因素（density independent）。

生态学中的种群平衡理论是城市生态系统中组织调节的基础。城市中不同的组织集群在某种程度上均属于一种"自我管理"（self maintenanace）系统，它们可以根据自身的性质及其环境的状况调节其自身密度以减少相互竞争。当组织密度过高，调节因素的作用加强；反之调节因素的作用就减弱。调节因素的作用必须受到被调节组织集群的密度制约。城市各种机能组织的特征具有稳定性、连续性的变化。组织密度始终围绕一个特征密度而变化。特征密度本身也是可以改变的，不同的组织类型具有不同的平均密度，而同一类组织的平均密度也随不同的环境而改变。因为当组织离开平衡密度时就有返回平均密度的倾向。因此，围绕平均密度的集中与分散的变化就是自然平衡。一种普遍的观点认为，调节组织密度的最有效、最基本的因素始终是组织间的竞争作用。

而非密度调节则是指环境条件及人为作用对组织数量大小的调节。如在条件较差的生境内，由于资源的缺乏及空间范围的限制，或者是组织本身生长机制的不健全，从而限制了组织数量的增加；而在条件适合的生境内组织却可以充分发展。此外，人为因素的影响有时也直接影响到组织集群的密度分布。如在人为控制之下，城市某一区域内某种组织的密度可能超出其自然的平均密度，但它也可以通过人为的调整，从该区域向其他区域分散，从而降低组织的密度。

城市组织调节理论，是城市生态学理论中最关键的问题之一，也是解决城市群落与城市生态系统中许多生态问题的核心，而且它还与城市的生长发育和规模分布以及城市的空间结构等许多实践性问题密切相关。组织调节问题也是极为复杂的生态学理论问题。因为城市或其各类组织和功能的数量动态及空间分布，与城市的生长发育以及各种社会、经济、文化活动都有直接的关系。不仅仅是外部的环境条件变化影响着城市的组织密度，而且构成组织的成员的心理、行为和文化性质也都影响和制约着城市区域的组织密度和功能调节。

6.2.7　分化与隔离

城市区域空间结构的形成和发展在很大程度上是由于城市各类组织集团和功能项目在城市中特定的位置占有土地，形成区位，并在彼此之间达成相对稳定的共生与共栖关系状态所决定的。换句话说，地表空间场所形成各种城市区位的过程，实质上乃是较大的地理空间分化成为土地利用的小空间过程；进而在许多城市区位中，具有类似特性的功能区位，集合而形成若干特有的城市空间过程，也可以看作是土地利用的空间分化过程。因此，空间的分化乃是空间结构形成的基础，空间分化过程的最终结果，亦即是空间结构。

城市空间结构的分化现象是与城市社会结构的组织分化与隔离相对应的。狄更生（R. E. Dicklnson）认为，随着城市化的发展，城市内形成明确的功能区位，不仅形成城市中心，而且不依赖地形或历史的发展。这些功能区位的性质各城市均有不同，但其间存在着一般的共性。他认为城市内同种类土地利用与同种类的人类集团的空间集合，乃是担任同种类功能区位的空间集合。而城市中各种特有功能的自然区域，乃是由于同种土地利用与人类集团的分离所造成的①。所谓组织，既是指不同的产业机构和利益集团，如工厂、商业服务机构、政治文化团体等；同时城市的组织概念还包括由不同年龄、性别、种族、家庭、职业和阶层的社会成员所组成的人类集合，如教师、工人、富商、少数民族等。总体上讲，城市组织是指城市中的人类集群或城市各种经济、社会和文化活动的载体。其中每种组织在其空间分布上都具有其独特的时空特征，从而形成各种不同的经济或社会区位，彼此间通过空间上的交往而联系。各种组织集团在空间上和功能上彼此作用，并且与整个城市系统总体组织概念发生关联，进而形成一套完整的组织结构层次系统。小到邻里间的组织结构，大到整个城市的空间构成。因此，城市社会中的各种经济、社会及文化因素，乃是城市空间结构分化的根本动力。

从城市空间经济学的角度来看，空间的分化乃是城市生长过程中的一种必然现象。它是由城市功能项目的多样化、区位价值（locational value）的不同以及企业功能的调整等因素所决定的。一般说来，任何城市都具有多种综合的功能。城市形成初期，功能极为单纯，而随着城市的发展，规模的扩大，城市的功能项目也随之多样化。不仅如此，城市功能的质量也随之多样化，随即出现城市功能性的区位分化，亦即空间分化。因此城市的生长，也可以看作是各种功能区位集中于相应空间的过程；其次，由于场所或区位的不同，区位因子（locational factors）中的费用因子，包括运输费、劳务费、原料费等，也会有所差别，反映在区位价值（即相对于某一区位经营体，其生产利益值与投入资金之比）也会有所不同。在同一城市内，同一经济组织选择有利的区位地点，可以节省费用开支且增加收入；但产业不同时，即使在同一地点，其节省费用或增加收入也不一定相同。所以，区位价值概念是相对于某一特定经济组织而言的。对某一产业来说，区位价值高的区位，也许并不适合另一种经济产业的生长和发展。不同经济组织选择有利于自身发展的区位的过程，也就是城市整体空间的土地使用空间分化过程；最后，对于企业，特别是大企业而言，由于各种功能的活动量增加，所需的用地也相应增加，同时对经济合理性的追求甚为敏感。所以大企业往往会各就有利的区位条件，分散设立个别经营体，以使该项机能充分发挥其合理性。如某些大公司或集团往往把工厂设在郊外或生产便利之处，而把营业部门设在大城市的商业中心。这种现象的产生，海格（R. M. Haig）认为是由于空间压

---

①　R. E. Dickinson. City and Region [M]. Routlege and Kegan Paul, 1964.

力所造成的①。此种空间压力，是由地价或地租昂贵所引起的。对各企业来说，为了尽可能减少这种经济负担，才促成该企业各种功能的土地使用空间分化现象。

引起城市空间分化的另一个主要原因，来自于城市社会组织集团中的分化与隔离作用，即城市居民由于种族、宗教、职业、生活习惯、文化圈层和财富差异等关系。相类似的集居于一特定地区，组织集团之间彼此分开，关系比较疏远，产生隔离作用，有的甚至彼此产生歧视或敌对的态度。城市社会组织集团的分化与隔离作用，反映在他们的空间利用方式及领域要求方面，即形成了城市空间的分化与隔离。

芝加哥学派的帕克、伯吉斯和麦肯齐等人最早采用一种植物生态学的观点来研究城市社区。他们把城市的生长看作是"从简单到复杂，从普遍到特殊，初期呈集中化增长而后期倾向于分散化"②的进化过程。他们认为社区的生长是伴随着土地使用空间分化和隔离作用而进行的，每一"自然区域"或"精神领域"都发展出其自身的生态特性以吸引同种组织的聚集而排斥其他。他们从社会组织结构的分化与隔离角度，分析了城市犯罪及对人类行为的影响。认为在大城市中，以封闭的单元住宅为特点的社会及空间环境中，传统的人与人之间的社会交往和共同的道德标准被强大的物质世界所隔绝分化，社会及组织的约束力丧失殆尽，个人主义、自由主义迅速膨胀。人性的社会化隔离，使得越来越多的人，特别是青年一代，置社会整体的道德标准及组织团体利益于不顾，借助于刺激与冒险的方式追求心理平衡，或通过"白日梦"的妄想，或通过盲目的偶像及物质崇拜来填补空虚的心灵，抑或是以自杀的方式摆脱难以承受的孤独。

自从芝加哥派首次提出城市内部分化的概念，越来越多的学者开始了对城市内部社会区域的研究，并取得了大量的研究成果。扎尼托（G. Zanetto）采用因子生态学的方法，从社会经济发展水平和历史文化的作用两个方面，对威尼斯的城市社区进行了分析③，发现由于此两种因素的分化隔离作用，威尼斯的城市区域可以划分为四种明确的生态区域，即中心区A——形成城市的三个核心，集中了大量的商业、服务和办公集团，是城市中最富裕的区域；蓝领阶层住宅区B——经济条件较差的地区；历史城区C——由许多古建筑形成，组织密度较大，且集中了大量的非生产性人口；城市外围地区D——包围在城市周围的尚未完全城市化的地区（图6-14）。

聚居（neighbouring）的概念与其说是社会地理学上的概念，倒不如说是一种理想的意图。在有限的领域范围内的聚居组织实际上分化为许多社会层级组织，而邻居（neighbourhood）的概念恰好更能反映出区域内各种社会阶层的相互关系，因为它并不是仅仅依靠择地定居的物质关系而形成的居住模式，同时还包括文化和生活方式等因素的影响。沃克尔（G. Walker）通过对多伦多城市西端的工薪阶层的居住状况的分析，发现聚居的概念包含了许多理想化的聚合成分。而实际上，社区中人们的居住生活并没有形成理想的聚居形式，而是存在着大量的次级社会圈层，居住模式明显地受到组团中种族及宗教因素的影响④。因此，城市内人类的聚居行为并不是一种先验的理想化模式，而是通过社会关系网络（Social network）的分化与隔离作用，形成不同的居住模式和领域要求，表现为各种社会层级组织不同的空间利用方式（图6-15）。

---

① 严胜雄. 都市的空间结构 [M]. //于宗先. 空间经济学. 台北：联经出版事业公司, 1986：2763.

② 参考 R. Park, E. Burgess, R. D. Mckenzie, The City [M]. Chicago：The University of Chicago Press, 1925.

③ G. Zanetto. Factors and Forms of Social Area in a Conurbation [M]. //C. S. Yadav. Contemporary City Ecology. New Delhi：Concept Publishing Co., 1986：123.

④ G. Walker. Social Structure of Neighbouring, Working People in the West End, Toronto [M]. //C. S. Yadav. Contemporary City Ecology. New Delhi：Concept Publishing Co., 1986：129.

图 6-14 威
尼斯城市区域
划分及判别图
式（B. Racine &
H. Reymond，
1973）（左）

图 6-15 影
响人类聚居模
式的要素(右)

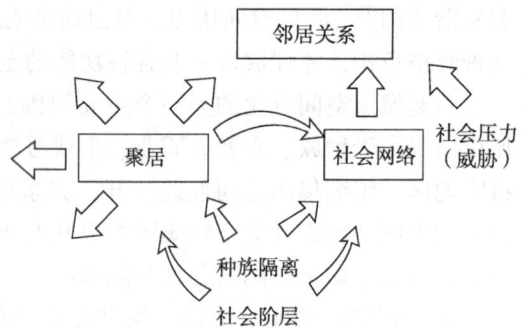

图 6-14 威尼斯城市区域划分及判别图式（B. Racine & H. Reymond，1973）（左）

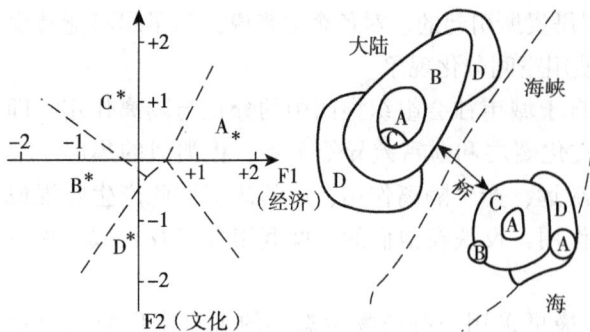

图 6-15 影响人类聚居模式的要素(右)

　　与早期芝加哥学派的机械生态观点不同，谢夫吉和贝尔（1955）更倾向于从文化行为论的角度来探讨城市社区的发展及分化隔离问题。他们采用社会经济状况、家庭状况和种族状况三方面因素，分别用以度量分析城市社会组织阶层，城市化和种族隔离，并着重探讨社会区域与人类行为之间的关系。社会区域乃是一种文化上的概念，存于社会的各层级组织之中而非具体的地理环境之中。贝尔认为，城市区域由不同的经济、家庭和种族特征所决定的社会特性决定和影响着个体的态度、行为、亚文化模式及社会组织的构成[1]。与此同时，当代城市地理学家也从认知论角度来研究城市的空间结构对人类行为的影响。贝瑞（1977）指出，人类为适应环境而采取的空间行为"乃是由于城市维持稳态的空间调节机制、逐步进化的空间生长机制及彻底改变环境的空间改造机制所决定的"[2]。

　　综上所述，除了大量有关种族隔离的研究之外，尚有许多关于城市隔离的决定因素未被加以全面的探讨。总的说来，由于美国城市在 20 世纪 60～70 年代之间不断强化的居住隔离趋势，许多研究的重点都集中在城市居住隔离模式方面，分析隔离所形成的根本原因，而且所依据的基本资料大多是 20 世纪 60 年代以前的情况调查。利姆（G. C. Lim）采用 20 世纪 70 年代早期 43 座城市的资料数据，着重分析了居住隔离的内部变量关系，并建立起理论模型。他认为隔离现象是由被隔离成员的经济状况、态度、住宅市场（housing market）和诸如人口规模、人口增长等统计学（demographic）要素所决定的[3]。他认为，其中态度要素和住宅市场因素是决定种族隔离的两大主要因素，而经济状况对种族居住隔离并无甚影响，这与陶伯（K. E. Taeuber）、汤姆林森（R. Tomlinson）及凯恩和奎克利（J. Kain and J. M. Quigley）等人的观点相似，他们把种族歧视（ethnic discrimination）看作是形成种族隔离的主要原因[4]。利姆同时还认为，有色人种的规模及相对总人口的增长率等因素与种族隔离亦无实质上的影响。由于在隔离与住宅市场及住宅条件之间很难确定明确的因果关系，只能从资料显示的结果来看，居住隔离在短时期内是与住宅的价格相联系的。利姆认为仅仅从改善被隔离对象的经济状况出发似乎尚不足以降低隔离程度，应该颁布更有效的公共政策以消除种族歧视。

　　结合我国的国情来看，并不存在种族歧视的现象，然而由于政治、经济、文化等社会因素所造成的城市分化与隔离现象还是非常严重的。此方面的问题集中体现在现代的居住生活模式

---

① W. Bell. Economic，Family and Ethnic Status：An Empirical Test ［J］. American Sociological Review，1955，22，45-52.

② B. J. L. Berry，J. D. Kasarda. Contemporary Urban Ecology ［M］. N. Y.：Macmillan，1977.

③ G. C. Lim. Residential Segregation：An Empirical Analysis of Intercity Variation ［M］. //C. S. Yadav. Contemporary City Ecology. New Delhi：Concept Publishing Co.，1986：207.

④ K. E. Taeuber. Residential Segregation ［J］. Scientific American，1965，213：12-19.

——The Effect of Income Redistribution on Racial Residential Segregation ［J］. Urban Affairs Quarterly，1968，4：5-14.

R. Tomlinson. Urban Structure：The Social and Spatial Character of Cities. N. Y.：Random House，1969.

J. Kain，J. M. Quigley. Housing Markets and Racial Discrimination：A Microeconomic Analysis ［M］. New York：National Bureau of Economic Research，1975.

上，认真研究城市分化与隔离对个人及群体行为态度的影响，对进一步改善城市的生产及生活环境，创造更丰富、健康的城市生活，增强人际交往，消除隔离及冷漠，增强组织凝聚力，都具有重要的意义。

6.3　城市生态系统理论

6.3.1　城市及其演进

城市是很难确切定义的，它包括了地理的、行政的、经济的、文化的、社会的种种现象。它既是一种景观，一种人造空间，一种人类社区，又是一个活动中心，还可能是一种特殊环境。对于不同历史阶段和国家或地区的城市，不同学者因出发点的不同，观察角度各异，而众说纷纭、莫衷一是。

"城市"作为一个现代名词，从语源上说是由"城"和"市"两个部分组成的。"城"在古代指的是在一定地域上用于防卫而筑起的城墙；"市"则是指交易的场所。早期的城市就是兼有防卫和进行交易的两种职能，其实质上乃是人类自分散迁居到固定聚落的一个自然渐进的过程。

现代城市的发展，一方面是城市数目的不断增加，另一方面是城市规模的扩大，城市的中心作用不断增强，城市总的人口急剧增长。今天的城市已不再是简单的"城"与"市"的总和，而是从古代的"以土地财产和农业为基础的城市"过渡成为现代"经济、政治和人民精神生活的中心"①。

概括西方学者对城市的定义，计有以下几种：

(1) 聚民点的概念，即以居民人数或居民密度的大小作为城市概念的标准；

(2) 行政区域，即以行政区划的建制作为标准；

(3) 经济区域，以拥有第二、第三产业的比重作为标准。

日本学者山因浩志等人将城市的一般性质概括为：①密集性——大量的人口和高度的密集；②经济性——非农业土地的利用，即第二、三产业等非农业活动的集聚；③社会性——城市中许多"人与人"之间的社会关系和相互作用明显地不同于乡村。具有以上三个性质的地域叫作城市②。

我们认为，城市是聚集着的人类社会及其社会经济活动并与特定的自然及人工地域空间紧密结合的整体。人类社会与地域空间，两者不可分割、缺一不可。在两者之间，以人为主体乃是城市的基本本质。

早期的城市，是在原始的固定居民点——聚落的基础上逐渐发展起来的。聚落虽不等于城市，但却成为早期城市的胚胎。当世界上第一次出现了不直接依靠土地而生存的产业——手工产业，那些从事加工产业的手工业者便脱离了土地的束缚，可以自由地寻求一些地理位置适中、交通方便、利于交换的地点集中居住，以手工业品换取生活必需品。这样的聚落已经具备了城市的雏形。因此我们可以说，城市产生的原始状态，是作为手工业者与周围地区进行产品交换的固定场所而出现的，它体现着自然状态的"市"的功能。在这种聚居过程中，人类的聚集行为因素和环境因素也起着重要的作用。人与人的社会属性决定人类需要聚集，这种聚集是以血缘、家庭、种族关系为媒介，以共同需求为目的。即城市社区是在人类社会属性和行为因素的共同作用下形成的。

另一种情况是随着私有制的产生，奴隶制度的确立，城市在享受权利、扩大疆域、控制地盘、保护经济方面，具有诸多优越之处。于是在政治、军事、宗教的目的下，众多的城市相继

---

① 马克思全集 [M]. 第46卷. 480.

② 江美球，刘荣芳，蔡渝平. 城市学 [M]. 北京：科学普及出版社，1988：4.

兴建起来。城堡、教堂、宗庙、圣地构成了这类早期城市的重要特色。在此基础上，以一个城市为中心，加上周围的村庄，即构成了早期的城市国家——城邦（polis）。如古希腊的雅典、斯巴达，两河流域的巴比伦。我国春秋时期的那些诸侯小国，如曲阜故城——鲁，曾是曲阜城的七八倍，以山梁为界，自然河流为城濠，内含耕地农田，明显地具有城邦的性质。

中古时期（公元5~17世纪），随着世界封建制度的产生，城市内部自然经济逐步向商品经济转化，城市必需品的主要来源，不再是早期城市那种野蛮的掠夺和强制性征收，而主要是通过贸易方式取得的。城市的发展不再仅仅局限于统治者集中的政治中心，而是在农业生产发达、交通方便的其他地区兴起，如我国长江中下游的苏州、扬州即是如此。军事、政治功能只能使城市对周围产生一个明显的势力范围，而商业、服务职能，却使城市在更大的范围内形成一个潜在的影响环带，即所谓"郊区"（suburb）。城市对环带以外的周围腹地的人口也产生更强大的磁力吸引作用。故而城市的外貌、形态、人口规模及扩展速度与方式，同早期城市相比均有很大的差异。此时中国的许多城市，如唐长安、北宋的汴梁、南宋的临安，人口均超过百万，城市规模宏大，城镇等级齐全、经济发达，对整个世界均产生重大的影响。

值得一提的是，中世纪的欧洲，相对于东方来说，城市建设曾经历了一个衰落时期。自罗马帝国的解体，许多城市在战争中遭受破坏，南下的日耳曼人，以农业耕作为主，对城市的依赖作用较小。自给自足的农业经济，使欧洲分裂成许多小国。统一的政治中心消失了，中心城市大多数以神权维系着，以宗教圣地的形式而存在。如东罗马帝国的首都君士坦丁堡就是当时欧洲宗教文化的中心。

现代城市的形成和发展，完全是基于工业化和城市化的基础之上的。工业革命结束了城市中工厂手工业的生产形式，代之以机器大工业的生产，使城市中经济活动的社会化和生产的专业化向着更广泛的范围发展。工业企业为寻求协作利益，增强竞争能力，在地域上出现了相对集中的现象。随着资本、工厂、人口向城市的迅速集中，英国的兰开夏（Lancashire）地区、美国大西洋沿岸等个别区域，集中了高密度的人口和工业，使城市人口和工业企业出现了分布上的严重不均衡。

随着以煤代替水能成为工业的主要动力，城市发展便与能源分布紧密联系在一起。甚至一座小而偏僻的村庄也会因此在几年之内成为一座新型工业城市，同时那些既不是煤田也不是港口的城市却在工业发展上停滞不前。一些历史上建立的中古城市，或由于它们非常接近煤田，或者由于处于通航河道上，或者由于它们在铁路通行后成为铁路枢纽，都被改建成了新工业的主要中心。如英国的利物浦、莱彻斯特和诺丁汉就是最好的佐证。随着这种"雨后春笋"般的城市增长，大量人口由农村涌入城市。一个现实的问题是，城市工业虽然为没有专业技能的劳动力提供了充裕的就业机会，但是城市的社会设施在满足其住所、公共服务及卫生保健方面都是极其低劣的。特别是那些从村镇飞跃发展起来的城市，实际上除了工厂之外一无所有。在此种情况下，城市人口拥挤、交通阻塞、城市服务缺乏等一系列社会问题日益严重。由此派生的种族矛盾、城市用地与农业用地的矛盾、环境恶化、就业问题等形成一种"城市综合症"，给城市生活和城市管理带来了极大的困难。人口与土地利用集约化、功能的"机械性"分离组合、环境污染、布局松散而缺乏景观价值的"非人性化"的巨大工业区，集中与分散相交织的城市地域演化，形成"工业城市"的基本形态特征。故而许多西方学者认为第二产业创造的城市不能算是真正的城市，而只是一片"松散无序的工厂群"。①

在两次世界大战之间的这段时期，许多专家学者针对城市存在的问题提出一系列城市对策，

---

① 孔令龙. 城市规划发展的理论源泉［J］. 新建筑，1993（3）.

如有机疏散、卫星城理论、集中主义、郊区化、新城运动、城市更新等。城郊发展和城市疏散的进程都加快了速度，它的方式也起了变化。促使城郊化运动发展的动力，既有经济性的，也有社会性和技术性的因素。其经济因素是从1929~1934年的世界性经济萧条，使初级产品的价格普遍下跌，因而意味着建设方面的劳动力和建筑材料都很便宜。同样社会性变化是经济发展所造成的：愈来愈多的工人成为从事办公室工作、商业或其他非工业性职业的"白领"雇员，他们享用固定的工资，能够得到信用贷款，从而跻身于日益扩大的中产阶级的行列。这些人开始渴望借助抵押贷款买一所自己的住宅。最后也许最重要的是交通运输技术的发展，提供和保证了有效的通勤距离，使城市的有效面积比过去的限度扩大了4~5倍。

世界性产业结构的变化已经、正在或将要使不同社会经济发展状态中的地区和国家的城市产生又一次质的转变。由于土地有偿使用机制的逐步引入，以及土地利用的投入产出和房地产开发的经济规律的作用，我国城市的土地利用布局和功能-结构形态正在与第三产业的发展统一结合起来。新时期的城市发展建设中，经济的发展、空间环境的改善、城市质量的提高、形态的转变等被纳入一个良性循环的系统。而以高科技为主要职能的各种"科学城"、"科学园区"及"高新技术开发区"，则是城市适应科技发展的形态特征之一。

作为人类聚落的一种形式，城市具有各种不同的规模和发展阶段。美国著名城市学家芒福德（L. Mumford）曾根据格迪斯（P. Geddes）早期的分类，将城市的兴衰与发展过程分为epolis，polis，metropolis，megalopolis，tyrannopolis和nekropolis六个阶段[①]，这一过程可以看作是城市生态系统的演替系列，也可以比喻为有机体的生长发育过程。因为有机体生长的特点是体积增大，占据的空间扩大，有机体发育的特征是组织功能渐趋完善，机体具有增殖能力。生态系统演替的特点是在同一空间范围内系统组分、结构和功能发生变化，并渐趋复杂和稳定。而在城市的发展演化过程中，既有体积和空间的扩大，也有组织和功能的日趋完善，甚至还有增殖能力的发生。如大城市周围出现的卫星城镇，它们的关系就被喻为母城与子城的关系。此外在城市化过程中，系统内部更有组分、结构和功能的变化，如从农产品集散地，到手工业作坊和集市贸易中心；从大规模工业生产基地，到对外贸易和国际金融中心等。城市的发展，一般说来是越来越复杂，但却不一定是越来越稳定。发展的各个阶段所需的时间是前长后短，越来越快，而不像生物生态系统的演替过程那样越来越慢。那么城市发展到什么规模，演化到哪个阶段就会更不稳定呢？据芒福德所论，在城市发展的六个阶段中，第一阶段epolis是指最早期的社区（community）、聚落（settlement）或村庄（village）以及环绕在其四周的有系统的农业地带，他认为城市最早起源于农庄（agricultural village），而不是市场。

第二阶段城邦（polis）即是由邻近的村庄或血缘团体结合在一起，以共同防御外来的侵犯。世界上许多城市便是由各个村庄集合而成的。

第三阶段metropolis是当一地区内的某一城市从众多的分工程度较低的村庄或乡镇中脱颖而出，成为该地的"母城"时，便出现了此种所谓的大都会。

第四阶段megalopolis一词是古希腊人将阿卡迪亚（Arcadia）山区的许多小城市联合成一个大城市，作为他们的行政及文化中心时，由希腊将军伊帕敏诺德斯（Epaminodes）于公元前371年所创[②]。而芒福德则认为：在资本主义下的城市规模越来越大，权力愈加集中，这种大城市便出现了。此一阶段的出现也正是城市衰败的开始。现代所谓的megalopolis是由地理学家戈特曼用以描述多重及复杂的城市体系（urban system），如美国东海岸从波士顿、纽约、费城到巴尔的摩及华盛顿等主要城市组成的城市群；我国以上海为中心沿长江两岸由苏州、无锡、常州、南京、扬州等城市组成的城市带，亦属此类。

---

①② 庄如松. 大都会［M］//于宗先. 空间经济学. 台北：联经出版事业公司，1986：2571.

第五阶段 tyrannopolis 是当城市充满了商业主义气息，夸大虚伪及不负责任等弊端丛生，且犯罪到处横行时，便是此一阶段。

第六阶段 nekropolis 也就是最后一个阶段，是当城市的有形建筑只剩一个空壳，届时即宣告城市的死亡，而成为墓园。鉴于史实，不乏此类城市兴衰的例子。

以上对于城市的发展与演进过程的简要论述，其目的并不在于城市发展史方面，而主要是想表明这样一种观点：即首先，城市是一个以人及其各类活动行为为主体、以地域空间为环境的复杂的生态系统；其次，城市的发展变化受各种环境因素如政治、经济、社会、自然等条件的共同作用；最后，城市的由小到大、由低级向高级、由兴盛到衰落的发展历程，可以比拟为生态系统中有机体的演替及发育过程。生态学中的某些基本概念及原理对城市生态系统的研究具有一定的理论适用性。

城市由最初的一个小聚落，经过长期的成长与演化，逐渐由小聚落到大聚落，由小城市变成大城市，有些城市更生长为超级城市、城市群；有些城市则盛极而衰，走向衰败没落。到底是哪些因素造成这种差异？如何解释这种差异？一直都是城市研究领域中的一个重要课题。从城市生态学的观点出发，城市的生长因素可以分为三类——经济因素、社会因素与环境因素，分别从属于城市经济、社会和地理范畴。其中经济因素中包括就业量（employment）、所得（income）、投资（investment）、储蓄（saving）、运输（transportation）等；社会因素有人口（population）、迁徙（migration）、技术创新（technical innovation）、地区偏好（location preference）、公共设施的配置（public service distribution）等；环境因素有位置（location）、景观（screen）、资源（resource）以及分布准则（distribution criteria）等。

6.3.2　城市化

一般的共同观点认为，城市化现象是在工业革命之后才出现的。因为在此后，城市才大规模发展起来。持此种观点的人认为，城市化是工业革命影响下的一种社会变动现象，是由于工业化对经济规模（scale of economies）的需要，引起人口及产业迅速大量集中于少数地区，其结果则是造成社会、文化、经济、政治等方面的种种城市问题。

此种观点所反映出来的对于城市的认知是否过于片面和狭隘，的确值得商榷。从城市化的最低层面上的意义去理解，所谓城市化，即意味着人群被吸引到城市地域内，并被纳入城市生活组织中去的过程。即人类社会逐渐向城市方式的生存状态不断推进的过程。而事实上，随着人类的进化、社会的进步，人类自穴居到宅居，从分散居住到固定聚落，直至流入城镇或城市聚居，乃是一种自然的且不可避免的趋势。故此我们认为，城市是滋生于地表空间的一种渐变的人文现象。城市产生之日，也就是城市化产生之时。此种观点与前面的观点并不矛盾，而恰恰将两者统一于一个完整的概念之内。一个是广义的城市化，一个是狭义的城市化。换句话说，假使没有工业革命的出现，人类向城市迁移集聚的现象依然存在，只不过工业的产生，使得这种集聚现象突然之间由一种自然渐进的过程转变为受某种特别力量支配的强化过程，从而使得城市化现象的性质和表现形式发生极大的变化。

比较几种关于城市化的概念或许可以为我们的论点找到一些根据。厄德瑞基（H. T. Eldrige）将城市化定义为一种人口集中的过程，集中的过程则以新的集中点的增加及原有集中点的扩大两种方式进行。城市化是由于所采用的生产技术方法的改变而引起的，其结果是使采用该技术方法的地域能够增加其接纳人口的容量[①]。

米切尔（J. C. Mitchell）将城市化定义为一种人口移向城市，由农业活动转向城市职业（行

① H. T. Eldridge. The Process of Urbanization [J]. Social Forces, 1942, 20 (3): 311-312.

政、文化、商业、服务），及对应的行为形态的改变的城市形成过程[①]。

而美多斯（P. Meadows）则将城市化定义为：由于技术与社会的相互影响而产生城市文明的一种过程[②]。

从这些叙述中我们可以了解，城市化是一种人口由乡村移向城市，使城市人口增多或城市规模扩大，因而引起个人行为、经济活动及其他许多方面发生改变的一种动态的生态过程。这一过程可以有多种表现形式：如人口的集中与迁徙过程；移居城市的人口调适城市生活的过程；城市扩张过程；城市文化对乡村及其腹地、郊区的影响过程；城市人口比例逐渐增加的过程。

城市化现象乃是上述诸种形式的综合体现。任一单独的过程均无法完全表明城市化的真相。如仅从人口集中的比例及过程来看，人口除向城市集中之外，同时也向外扩散，而将城市的某些特征传播到城市外围，使城市外围变成城市的形态，从而也具有城市特有的物质或非物质文化，包括行为模式、组织体制及观念等。因此，将城市化看作是城市文化及社会心理的复杂影响过程似乎更为恰当。否则仅以人口数量为衡量标准，则会忽略城市生活的质的方面。

城市化的形成原因多而复杂，因历史背景及文化发展阶段的不同，所受因素的影响也不相同。但从总体上看，社会经济的发展、产业结构的变化及与之相关的就业人口由第一产业向第二产业，进而向第三、第四产业[③]的转化（图6-16），正是人口向城市转移的基本作用力——其中农村作为一种"推的因素"而排斥人口；城市作为一种"拉的因素"而吸引人口——是导致城市化的根本要素。而此两者又互为因果关系。正因为产业结构的变化吸引了大量的人口迁移，从事城市职业，而随着城市人口的增加更促进了经济产业结构的发展和变化。

由于科技水平及医药卫生事业的发展，大规模的传染病得到了有效的控制，世界人口的增长速度大大加快（图6-17），而随着农业机械化、劳力过剩及可耕农地的相对减少，农业的发展难以支持如此的增长。而相比之下，城市区位优越、适于专业分工、生产效率高、能提供较多的就业机会，且薪金较高，吸引了大量的劳力。此外，城市有较多的正式及非正式的教育、

图 6-16　产业结构的变化趋势（左）

图 6-17　世界人口与城市人口的增长（右）

年代 产业	1880		1980		趋势
	产值（%）	就业（%）	产值（%）	就业（%）	
第一产业	67.1	82.3	4.5	10.9	下降
第二产业	9.0	5.7	29.1	33.7	上升
第三产业	23.9	12.0	66.4	55.4	上升

日本产业结构的变化

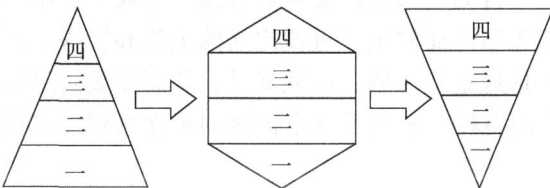

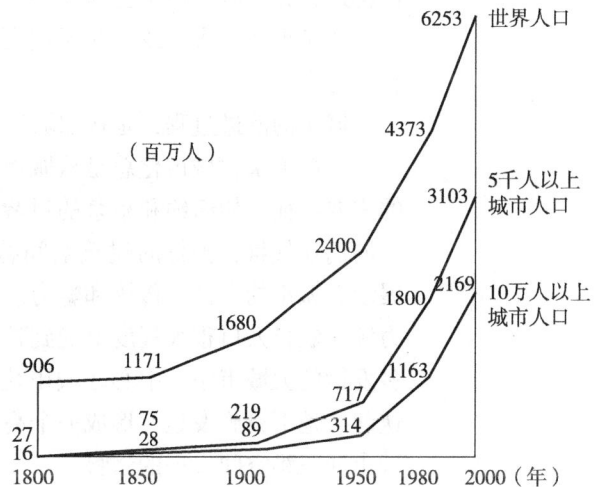

---

① J. C. Mitchell. Urbanization, Detribalization and Stabilization in South Africa: A Problem of Definition and Measurement［M］//Social Inplication of Industrialization and Urbanization in Africa South of the Sahara Paris: UNESCO, 1956.

② P. Meadows. The City, Technology, and History［M］//P. Meadows and E. H. Mizruchi, (eds. Urbanism, Urbanization and Change: Comparative Perspectives, Addison-Wesley Publishing Co., 1969.

③ 第四产业是指第三产业中的信息、金融等专门职业和公务职业。

文化及娱乐机会，也是吸引农村人口移入的重要原因。因此随着农村人口的大量移入，城市人口的社会增长即成为城市化的重要动力。

除此之外，交通运输条件的改进以及建筑技术的进步，在缩短空间距离、加强城乡联系、提高城市居住密度等方面，对城市化的形成和发展也起到一定的积极作用。

有计划地实现国家工业化，是城市化的另一种特殊的动力因素。如前苏联在十月革命后，为了战略上的纵深布局，合理开发、利用资源以及消除地区间社会经济的过大差异及不平衡状况，除在原本经济基础较好的欧洲部分进行大规模建设外，也在乌拉尔以东，有计划地配置生产力，从而带动了西伯利亚和远东地区的经济发展和大批新城市的建设。可以说，前苏联及东欧国家的城市化，是在国家总体发展中，有计划地进行人为干预的结果。

城市化是一个多因素交互作用的复杂生态过程。以生态学的观点，一般城市化的过程有六种现象：

（1）集中（concentration）：指一个城市地区因为某些有利条件，人们向其聚居的数目日益增多。人口密度愈高的地区表示集中的程度愈高。一般的趋势是城市中心区人口密度较高，由此向外围渐渐降低。

（2）集中化（centralization）：当集中过程开始后，个人、工商业、服务业等密集于人口集中的某一点，即人们聚集在某一点以满足需要或从事某些特定的社会经济职业。

（3）分散化（decentralization）：指人口由中心向外迁移的趋势，如工厂、住宅区疏散至郊外。这种现象牵涉到人口的流动性，也是城市人口过于集中后而必然发生的反作用。

（4）隔离（segregation）：指城市中由于种族、宗教、职业、生活习惯、文化水准或财富差异等因素，使相类似水准的人群集居于某一特定地区，形成相对封闭的独立系统，彼此分离，关系比较疏远，有的甚至还存有互相歧视或敌对的态度。

（5）侵犯（invation）：指一个城市区域原为某种人或某种功能所占据，却由另外一种人或功能所渗透。此一过程中体现着生态竞争的原则，也是所有生态过程中最为普遍的一种。

（6）演替（succession）：指原有地区的人口或事业完全被别的人口或事业所替代。通常在侵犯过程完成后，便发生演替的现象。随着时间的推移与地区情况的变化，已经演替的地区将来可能又被别的人口或事业所侵犯、演替。所以，这两种过程在城市化地区似乎总是处在循环状态之中。

城市的演进过程，是按照城市范围的扩大和城市数目的增多两种方式具体表现出来的。

一般说来，城市化总是从城市的中心最先开始的。这里街区繁华、人流稠密，表现出城市的主要特征；如纽约和东京的世界贸易中心，亚特兰大的桃树中心，上海的外滩，无不以其繁华的商业气氛，独特的建筑空间特征及特定的人文历史文脉，而成为城市的一大标志性区域，展示着城市的个性、传统和魅力。这里既是城市自身的生长极，也是对腹地产生吸引作用的磁力源。农村人口很大程度上受到这里繁华气氛的吸引，而滋生了进城定居的欲望和要求。在许多发达的大城市中，中心区城市化的加强，使该地区地价飞腾，房租暴涨，从而促成高层建筑迭起、地下设施发达，形成一个高密度、巨能量的内核，改变了城市传统的平面景观，表现出城市向三维空间发展的趋势。

如果说内部市区的城市化，使城市产生了立体的、质的充实，那么外围市区的城市化，则使城市发生了平面的、量的扩大。此种现象，是城市化的基本表现，是引起城市外围其他地域社会发生质变的起点。外围市区的城市化，是由内部市区的一些职能部门的空间位移，即其对外围地区的侵犯和演替来完成的。而一个部门迫于市内的压力向外移动，也会牵动其他有关部门的渐次外移，如此城市不断地扩张膨胀起来。而城市化的最优方向，在很大程度上受城市对外交通干线的引导，在城市的整体发展过程中，沿主要交通命脉的地区将优先变为市区的一部分。

城市附近的农村地域的城市化，第一步是在城市的迅速逼近中迫使它质变为郊区，然后质变为市区。这种质变是靠量变的积累来完成的。具体表现为农村农作物商品化——近郊劳动力商品化——市区土地商品化三个阶段。这说明城市化的演进乃是一种渐变的现象。

近二三十年来，西方发达国家的城市化进程中出现了一种远郊卫星城和人口向郊区流动的现象，尤其是在一些特大城市郊区出现了地域职能及空间结构变化的新动向，从而导致城市人口和各项城市功能，包括商业、服务业纷纷向郊区迁移，使郊区迅速成为一个具有多项市区功能的地域综合体。这个过程有些学者称之为"郊区化"（suburb-anization）。

从本质上看，郊区化实质上也就是郊区城市化的一种表现形式，是城市化在地域上的扩展和郊区城市化程度的加强。20世纪60年代以来以郊区的迅猛发展为主线，又以市中心的衰落、停滞或发展为标志，分为三种不同的类型。其中的西欧、北欧、北美等工业发达国家明显出现城市中心区衰落的迹象，如伦敦和纽约的市中心，有逐渐成为贫民、下层工人和少数民族集中地的趋势，而富人的高级别墅则大量建于郊外。德国、日本等后起经济大国，由于受战争的破坏，大城市尚处于恢复重建状态，中心区发展缓慢，但郊区城市化水平几乎与英、美同步。而前苏联、东欧的一些国家，以莫斯科、华沙为代表，郊区建设与市区建设同步，两种城市环境平行发展，其彼此间差距日益缩小。我国北京、上海、天津等特大城市的发展则与此相像。

郊区化的产生，使原密集于特大城市中心区的人口，开始向外围疏散，人口和产业布局逐渐向均衡方向发展。而随着小汽车的普及以及高速公路的发展，此种现象愈演愈烈。郊区化过程逐渐为"逆城市化"（counter urbanization）所代替。20世纪70年代以后，在西欧和北美，外国移民大量涌入，并且多集中于大城市和工业区，而本国居民则往远郊或农村迁移。特大城市和工业城市群，受这种非聚集化（deglomeration）进程的影响最大，即逆城市化的表现最为强烈。

引起逆城市化的原因非常复杂，我们仅仅从一个简单的角度考虑，发达国家城市制造业的衰落，产业结构的变化以及环境意识的弘扬，为逆城市化潮流的发展提供了可能性和必要性。国外有人把逆城市化称作是"第三次城市转变"也不无道理。我们说，其本质依然是郊区城市化，可以把它看作是城市化发展的一个新阶段。从某种意义上说是人们对工业化过度发展的一种逆反心理的作用结果，也是人们追求早期城市的秩序性和向往田园生活的一种行为反映。当然对由此而带来的城市衰落及种种社会矛盾，我们也应有充分的认识。

在城市化的进程中有两种极端的现象必须予以高度重视。一种是反城市化（antiurbaniza-tion），一种是超城市化（over urbanization）。我国在十一届三中全会以前所执行的发展政策，基本上反映出反城市化的倾向。1958年"大跃进"时期，大批农村人口涌入城市，出现了1960年的城市化高峰，而三年自然灾害及知识青年上下乡，机关干部下乡锻炼，兴办农场等，又使得城市人口向农村倒流。历史事实告诉我们，这种"左"倾城市发展理论或许在培养青年人吃苦耐劳的品质方面有其相应的作用力，但对于经济和整个人类社会的发展，却是有悖于历史的自然发展规律的。

与此相反，20世纪70年代以来，一些发展中国家，因为急于工业化，大批劳动力从农村狂涌而进入个别大城市，致使大城市人口急剧膨胀，超过了城市设施、地区资源和周围环境的负荷能力，从而带来就业困难、住房拥挤、交通阻塞、环境污染、治安恶化等一系列社会问题。这种现象可称之为"超城市化"。其典型代表，是墨西哥首都墨西哥城。1950年，墨西哥城人口为200万，而今已超过1300万，预计本世纪末将达3000万人，城市问题也日趋严重。据报道，政府正在考虑迁都的问题。在我国，超城市化的威胁也是同样存在的。如解放后由于对首都城市的性质认识不足，曾盲目发展重工业，致使北京成为仅次于沈阳的第二大重工业城市。如不及时刹车，沿这条道路走下去，不仅将严重影响首都作为政治文化中心的作用发挥，同时对古老而优秀的历史文化遗产和大批古建筑，也将起到不可弥补的破坏作用。

6.3.3 城市生态系统的结构组成

生态系统这一概念是由英国生态学家谈斯勒于1935年率先提出的。他认为生态系统的基本概念是物理学上使用的"系统"整体，这个系统不仅包括有机复合体，而且也包括形成环境的整个物理因素复合体。因此生态系统可以定义为在任何规模的时空单位内由物理——化学——生物活动所组成的一个系统。不难看出，谈斯勒定义的实质强调的是生态系统各组分之间功能上的统一性。奥德姆1971年曾指出，生态系统就是包括特定地段中的全部生物和物质环境的统一体。他认为，只要有主要成分，并能相互作用和得到某种机能上的稳定性，哪怕是短暂的，这个整体就可视为生态系统。具体说，生态系统又可定义为一定空间内生物和非生物成分通过物质的循环、能量的流动和信息的交换而相互作用、相互依存所构成的生态学功能单位。按照生物学谱（biological spectium）划分的组织层次，生态系统是研究生物群落与其环境间相互关系及作用规律的。所以，生态系统是一个功能单位而不是生物学的分类单位①。由此可见，此功能单位的空间边界是不确定的，其空间范围的大小往往根据研究对象、内容、目的或地理条件等因素加以确认。它可以是一个很具体的概念如一个池塘、一片森林，同时在空间范围上它又是抽象的。可以小到含有藻类的一滴水，也可以大到整个生物圈（biosphere）。而城市恰恰是这种开放的生态系统中的一个重要环节。

城市生态系统（urban ecosystem）是城市居民与其周围环境组成的一种特殊的人工生态系统，是人们创造的自然—经济—社会复合系统。严格地讲，城市只是当地自然环境的一个组成部分，它本身并不是一个完整的、自我稳定的生态系统。但按照现代生态学的观点，城市也具有自然生态系统的某些特征，尽管在生命系统组分的比例和作用发生了很大变化，但系统内诸种要素的相互作用机制及其与周围的自然生态系统之间的关系，在很大程度上可以从系统生态学的角度来加以研究。

所谓系统，就是由相互联系的各个局部组成的有机整体。它不是各个局部的算术总和，它具有各子系统相互作用而产生的特殊功能。如果整体内各个局部的关系比较协调，整体的性能就比较好；如果各子系统之间的关系失调，系统总的功能也随之衰弱。我们强调城市是一个复杂的人工控制的巨大开放系统，即是强调城市整体的平衡发展，着眼于其内部各要素之间的协调关系。

而所谓生态，我们可以把它理解为"生物或人类与环境的关系"。从其希腊语源"oikos"来说，这个词始终包含着"人"和"住所"两个方面的含义，即人类与环境。环境是一个相对的概念，相对于主体而言。任何事物都有其存在的环境。确切地说，环境就是围绕某个主体占据一定时空，构成主体存在条件的所有物质实体和社会因素。这些因素与环境主体交互作用，彼此通过各种方式相互渗透影响，形成一个多层次的参照系。它不仅仅是一个既成事物的结合体，而且更主要的，是一个不断发展的过程的结合体，不断生成、不断消逝。而人类对于环境的认知总是局限于一定的时空范围之内。自然环境自生成以来，一直处在自然生态、地理地貌和气候转变这一层次上，根据一种天然的力量平衡发展，直至出现了人类。这里所说的人的概念，既是指单一的生物的人，同时也包括社会意义上的群体和民族。由于人的出现，由于人类特有的认知与思维能力，环境的发展也因此而变得生动、复杂起来。人作为认知的主体，对客观存在的自然环境进行反观自照，产生了自然观，并由此辩证地发展而产生一系列的哲学思想、

① 金岚主编.环境生态学［M］.北京：高等教育出版社，1992：138.

风俗习惯、社会意义及构成、伦理道德规范、宗教信仰及价值体系等等，这些构成了自然环境被人所内化的层次；与此同时，人类在社会生活中，为了物质及精神上的享受而对自然界的模拟以及按照自己的意念和欲望进行的各种生产与改造活动的结果，即包括城市建筑在内的一切技术与艺术成果，应属于外化的层次。换句话说，所谓内化过程就是人对自然界的认知，外化过程就是人对自然界的改造与实践活动①。自然环境、人以及外化的结果，作为一种感觉环境因素（sensative environment），彼此之间依靠一种引力的方式相互作用；而内化环境则是一种依靠心理活动才能理解的相对深层的知觉环境因素（perceptural environment）②，它对于环境系统的作用是通过一种无形连续的影响这样一种"场"的方式，借助于人这一唯一的能动因素来完成的。由此我们看出，人工生态系统与生物生态系统之主要区别，即是由于人的活动，包括内化及外化两个层次所造成的。生态是指主体与环境这一对矛盾、一种关系。生物与环境之间，大多表现为消极、被动适应的关系；人类与环境之间，则往往表现为积极、主动的改造关系。城市作为一种人工生态系统，其环境组分包括自然环境、人以及内化环境和其他外化环境因素，即前面所说的自然、经济、社会三大层次。自然生态系统主要考虑人的生理性活动，即人体与自然环境（包括原生环境与次生环境）组成的系统，也可以称作生理生态系统；经济生态系统主要考虑人的生产性活动，即人力（劳力和智力）与人工设施及自然资源组成的系统，也可以称作生产生态系统；社会生态系统主要考虑人的物质生活和精神生活，即人口与生活服务设施、文化娱乐设施及社会环境组成的系统，也可以称作是生活生态系统。这三个层次是相互联系彼此叠加的，它们共同构成了不可分割的城市整体。

从更大范围的地理空间的意义上来看，每座城市或每一个城市生态系统又只不过是更大城市体系中的一个有机成分。城市与城市之间如同自然生态系统中各物种、各种群一般，也存在着紧密的关联。因此我们所称的城市生态系统具有两个方面的含义，首先是指一座具体的城市及其周围的环境组成，同时也包括广泛意义上的城市体系。

城市作为一个生态系统，其结构基本包含两个方面的含义，一是组成成分及其之间的共生关系，二是人类各种经济社会活动的空间配置（分布）状态。换句话说，城市的结构包括城市社会与城市空间两大部分，即社会学意义上的人及人类的各种活动，还有地理学意义上的与人类活动相匹配的地理空间。除此之外，由于城市是整个自然生态系统中的一个分支，即自然生态亚系统（subsystem），故而城市结构中的另一方面就是自然环境。从本质上说，城市的发展及演进，其最终表现形式在很大程度上是城市空间及土地利用方式的发展和变化。但是这种发展和变化并不是一种偶发现象，而是由一系列错综复杂的社会经济、文化尺度所决定的。如人们对于居住地的选择一般说来能够反映出城市空间中的社会层级组织。这种地域上的社会隔离现象实质上是由一系列不同的要素所决定的，如经济水平和受教育的程度、种族起源和家庭规模等等。再如城市规模分布，为什么在一座大城市附近很难再迅速崛起另一座大城市，而只能发展次一级的中小城市？这种地理学上的城市规模分布现象实质上反映出资源结构、产业结构及人口结构的控制作用。

因此，城市可以被看作是一个复杂的生态系统，它由三个子系统组成：①自然生态亚系统；②城市居民及其他人口成分；③资本及财产（图6-18）。而这三个子系统又以各自不同的方式

① 史津. 环境与心理结合的探索——评介《环境心理学：人及其物质环境》[J]. 新建筑, 1993（3）.
② 按照心理学的观点，人与环境之间的"刺激—反应"现象并不是简单的机械关系，而是一个经过生理和心理的双重历程。生理历程得到的经验为"感觉"（sensation）；而心理历程得到的经验为"知觉"（perception）。感觉是将信息传达到大脑的手段，而知觉则可以看作是对信息加工的过程。

通过其在地域空间上的分配而影响着城市的发展①。

前面已经提到，城市生态系统的结构包括两个方面的含义，一是其组成成分及其之间的相互作用关系，二是人类各种类型的活动在地理空间上的反映。具体地说，城市生态系统的结构包括组织结构、功能结构和空间结构（图6-19）。其中空间结构是组织结构的实质存在的表征，而功能关系结构在这种实质化的过程中起着至关重要的作用。由于城市生态系统是一个功能单位，强调的是系统中的物质循环和能量流动，因而在结构方面也主要是从功能关系上划分的。而城市生态系统中的功能关系则体现出基本的生态学原则。要想按照城市生态系统中的每一组分来完整地描述和研究其关系结构几乎是不可能的。因此我们认为可以借助于一个新的概念，即同资源集合，以使复杂的关系更为条理化。所谓同资源集合就是指由生态学特征很相似（以类似的方式利用共同资源）的组织组成的种团，例如许多工业、企业就可以称为一个同资源集合，以此还可以分为居民、商业、文化、行政等同资源集合。同资源集合中的各种组织处于同一功能地位上，在生态功能上具有等价性。如果有一个组织由于某种原因从集合中消失，集合内的其他组织可以取代其地位，执行相同的功能。可见，同资源集合的划分有助于研究城市生态系统关系结构的稳定性。

图 6-18 城市系统组成成分（左）

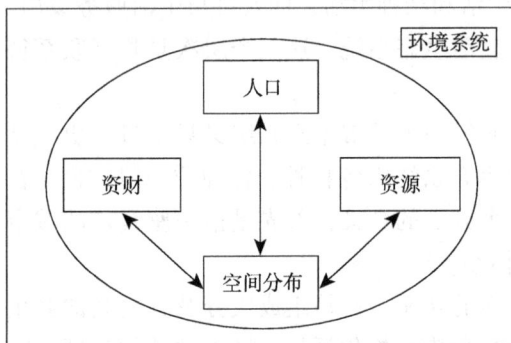

图 6-19 城市生态系统的结构组成（右）

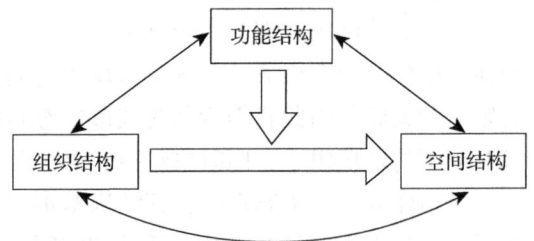

从社会学意义上来看，同资源集合的形成无非两大原因。一是基于经济目的；二是遵从于某种共同的文化爱好。因此关系结构的两大作用方式亦就是经济和文化。

城市的空间结构主要表现为各种区位（土地利用）及其之间的关系，而此种区位又是与城市组织结构一一对应的。

城市作为一种特定的聚居形态，其空间组织以及城市的结构方式同其他类型的聚居形态有着本质的区别。每座城市都成为周围地理、经济及文化环境的磁力中心。这表明了城市与其环境系统之间的一种相互依存、相互影响的关系。因此对于城市发展演变的研究分析必须依靠一种动态的、发展的理论及模型。环境系统的变化，如技术手段、自然条件、社会文化印象及道德价值体系的变化，都会对城市的发展产生重大的影响。城市的演进是一个漫长的历史过程，其后果的优劣往往要经过一个长期的过程，才能通过城市生态系统各组分之间的相互关系而表现出来。

6.3.4 城市生态系统的功能及特点

任何系统都是具有一定的结构，各组分之间发生一定联系并执行一定功能的有序整体。从这种意义上说，城市生态系统与物理学上的系统是相同的。但生命成分的存在及人类的主观能

---

① R. H. Funck, U. Blum. Process of Urban Develpment [M] //J. H. P. Paelinck, ed. Human Behaviour in Geographical Space. England：Gower Publishing Co., Limited, 1986, 166-167.

动性决定了城市生态系统具有不同于机械系统或一般生态系统的许多特征。首先，城市是以人类及其活动为主体的生态系统，它与自然生态系统中以绿色植物为中心的情况断然不同，使自然生态系统中依靠营养关系形成的生态锥体（ecological pyramid）呈现出倒置的状况。在生物数量和活质总量的关系上，动植物都居于微不足道的地位，单位面积上的人类活质总量远远超过动植物活质总量（表6-1）。

北京与东京的人类与植物活质总量比   表 6-1

	A-人类活质总量 （t/km^2）	B-植物活质总量 （t/km^2）	A/B
北京（城区）	976	120	8/1
东京（市区）	610	60	10/1

其次，城市是以人工化环境为主的生态系统。在城市生态系统中，那些自然生态系统中的主体——生物群，包括所谓生产者、消费者和分解者——受到限制和抑制，代之而成为主体的是人类社会。少量的绿色植物、稀少罕见的动物以及受抑制的微生物，共同构成人类主体的有机环境。即使那些自然生态系统中的无机环境因素如土地、水体、大气，也都受到人工的改造，并且增添了许多自然环境中所没有的东西。大量的人工设施叠加于自然环境的背景之上，形成了显著的人工化特点，如人工化气候（热岛）[1]、人工化地形（建筑）、人工化土壤（沥青混凝土）及人工化水系（给排水系统）等等。

第三，城市是一个与外界各种生态系统进行广泛交流的巨大而复杂的系统，是一个开放的"外维持系统"。自然生态系统中，能源供应及物质循环是通过生产者对光能的"巧妙"转化，消费者摄取植物，而动、植物残体以及它们生活时的代谢排泄物通过分解者的作用，使结合在复杂有机物中的矿质元素又归还到环境（土境）中，重新供植物利用。这个过程循环往复，从而不断地进行着能量和物质的交换、转移，保证了生态系统发生功能并输出系统内生物过程所制造的产品或剩余的物质和能量，基本上属于自给自足的"自维持系统"（self-maintenance system）。其功能连续的自我维持基础就是它所具有的新陈代谢机能。这种代谢机能是通过系统内的生产者、消费者、分解者三个不同营养水平的生物类群完成的（图6-20）。与此相反，城市生态系统则是一个依赖性很强的、独立性很弱的生态系统，其能量流及物质流的强度与速度是自然生态系统所无可比拟的。据沃尔曼（A. Wolman）的统计，发达国家百万人口的城市生态系统的代谢量是惊人的（表6-2）。

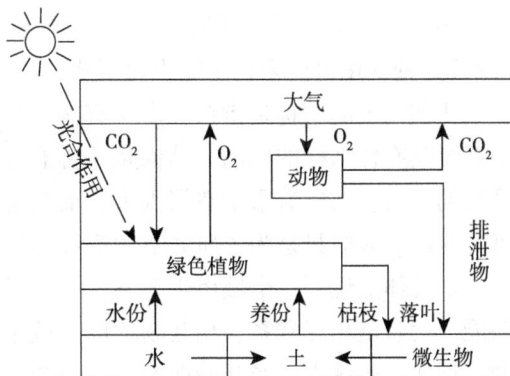

图 6-20 自然生态系统的新陈代谢

---

[1] 热岛，指大量的人工建筑物，特别是高层建筑，使得太阳辐射在建筑物之间来回反射，再加上城市中人体及某些热源的散发热量，使得城市的气温比其周围地区高出 1~2℃，而且在晴稳天气下，使周围空气产生微弱的局部环流，从而阻碍了城市有害气体向大气层的消散及稀释。——江美球、刘荣芳、蔡渝平. 城市学 [M]. 北京：科学普及出版社，1988：151.

百万人口城市生态系统的代谢（1965 年） 表 6-2

物质	输入（t/d）	输出（t/d）	物质	输入（t/d）	输出（t/d）
水	625000	废水 500000	煤	3000	SO_2 150
食品	2000	固体废物 2000	油	2800	NO_x 100
燃料	——	颗粒尘埃 150	气	3700	CO_x 450

图 6-21 城市生态系统的新陈代谢

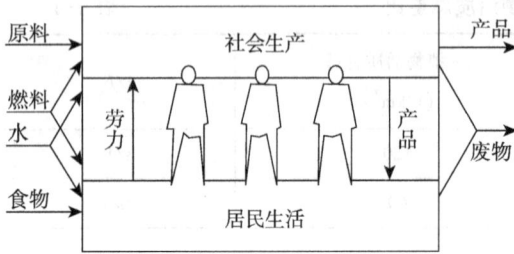

因此城市是一个巨大的开放系统，它的输入输出，对周围其他生态系统产生着重要的影响。同时，由于城市生态系统中物种多样性的减少，以及人类所占的绝对比重，其能量流动及物质循环的方式、途径也与自然生态系统有很大的不同，从而使得系统具有很大的依赖性，系统受外界环境系统影响很大。自然生态系统的自我调节（self-regulation）、自我修复（self-repair）、自我发展（self-development）等功能难于发挥。其稳定性主要取决于社会经济系统的调控能力，而其反馈机制亦主要取决于城市规划、建设和管理部门对于系统内外关系变化的反应能力。因此，城市生态系统实质上是一个完全的外维持系统（图6-21）。

最后，城市是人类自我驯化的系统。在城市生态系统中，人类一方面为自身创造了方便、舒适的生活条件，满足了自己在生存、享受和发展上的许多需求；另一方面由于抑制了其他生物的生长和活动，恶化了自然环境，反过来又影响了人类的生存和发展。人类被圈在人工化的城市环境中，受工业文明和城市文明的影响，迫于城市拥挤、竞争、压力、污染等问题的困扰，不得不实行"规范化"的自我调节，以适应环境而求生存，从而忘记了人类的所有改造环境的行为，都不过是一种普通的生物行为。

所有的有机体与其周围环境之间都存在着某种互动关系。这种互动对于生命的维持至关重要，并且其本身即构成生命概念中的一个组成部分。人类及其活动同环境的关系是一个非常复杂的问题。很显然，地球上的各种生命形式之间存在着一种微妙的生态平衡，每一生命形式都从其环境中有所获得，同时也对其有所奉献，以求从整体上维持这种平衡。生态平衡的变化（尽管这种变化可能来自于非生命形式）将对人类及其行为产生巨大的影响。

所谓系统的结构是指系统内含有哪些部件子系统，而系统的功能则是指这个系统及其各个子系统具有什么样的作用，结构是从静态方面来分析系统的组成，功能则是从动态方面来分析系统的运行；结构着重于空间因素，而功能则重于时间因素。应当意识到结构与功能始终是不可分割的。人们只是为了研究上的某种方便，才把两者分别开来。

从总体上说，一个城市生态系统必须具有两方面的功能，即城市的外部功能和城市的内部功能。两者是相互联系、相互制约的。城市的外部功能完全是靠其内部功能的协调运转来维持的。现代一些城市已经开始向专业化方向发展，形成具有某种固定性质的专业化城市，如重工业城市、港口城市、旅游城市等等，但这并不意味着其功能的单一化，而只能说城市的外部功能反映出城市内部的结构特征。它们表现为城市系统内外的各种输入、转化和输出。从某种意义上说，城市内部结构愈趋于合理、完善，则其对外的功能则愈不稳定①。

生态学上把输入—转化—输出的过程喻为"流"（flows），指物质及能量通过生态网络在系统内外的传递及耗散过程。整个过程包括物质及能量形态的转变、转移、利用和耗散。分析城

① 参见：L. Mumford. 城市发展史 ［M］. 倪文彦、宋峻岭译. 北京：中国建筑工业出版社，1989.

市生态系统的功能，也就是分析各样的"流"，分析城市人口、劳力、智力的变动和物质、能量、信息、价值的流动。实际上，如同自然生态系统一样，城市生态系统中的能量也包括动能和势能两种形式。城市各区位及不同城市之间以传递和对流的形式相互传递与转化的能量是动能，而通过生态网络在其间发挥辐射及调控的能量则是一种势能，它是由于城市经济、文化水平发达或城市具有独特的特色而形成的转化于城市居民及城市设施、活动形式上的一种积蓄能量。

城市生态系统是通过生产及生活的供求关系而使物质及能量发生转移的。这是因为城市生态系统中最重要、最本质的联系是通过生产及生活关系实现的。这种仿佛自然生态系统食物链的供求关系，亦即是城市生态系统的能量及物质流通渠道。然而它不同于食物链之处乃是它并不是一种链索式单向联系，而是一种网络状的双向乃至多向的网状结构（图6-22）。

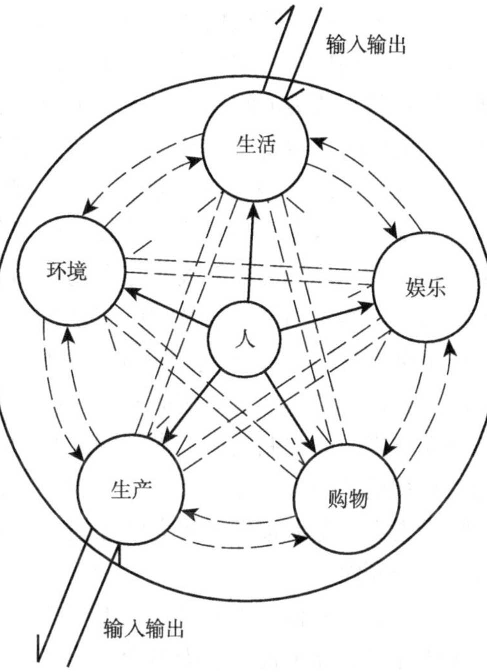

图6-22　城市生态系统物质及能量流通

生态学中把具有相同营养方式和食性的生物归为同一营养层次，并把食物链中的每一个营养层次称为营养级（trophic levels），或者说营养级是食物链上的一个环节。与此相类似，在城市生态系统中，按照能流转移方式，城市也可分为不同的规模等级。哈立克在《城市生态学》的论文中，把食物链和营养级的概念也应用到了不同规模和各种功能的人类聚落的分析之中，把城市的规模级差同消费级别联系起来。他把农业村庄、林业村镇、渔业村庄、矿业集镇等从事自然资源开发工作的人类聚落看作是"一级消费者"，把从事再加工和生产中间产品的中、小城市看作是"二级消费者"，把从事深加工和生产最终产品的大城市、特大城市看作是"三、四级消费者"。在这里，"十分之一定律"[①] 和"生态锥体"等生物生态学基本原理，似乎也同样适用。但是在上述系统中一般没有"分解者"，有限的"三废处理"设施，远远没有自然生态系统中的分解者那么强有力。因此，这个系统的循环是不彻底的，许多"中间副产品"往往是有害物质，分解率很低，以至造成了环境的污染。而实际上，如果我们从整个城市生态系统的运作及能量利用方面来分析，还会发现，城市固然可以按照消费级别分为许多不同的营养层次，但也可以按照生产级别来划分为不同的规模等级。即是说，城市生态系统中每一级别的消费者同时又是与该消费级别相应的生产者。因此，城市生态系统中各营养层次之间的物质及能量流动不是单方向性的，而是彼此交互发生的。

正是由于城市生态系统物质及能量循环的不彻底性，抑或说其对于环境系统的依赖性，从而使得城市生态系统能量及物质流动的基本模式同生物生态系统相比，有着本质的区别。生物生态系统的能流从初级到高级呈逐渐递减，直至最后完全散失。而城市生态系统从单层的营养关系来看的确遵循此种自然生态规律，但若从综合的整体的营养关系来看，其物质及能量的流

---

① 美国生态学家林德曼（R. L. Linderman，1942年）在能量流动方面的开拓性研究中，根据大量的野外及室内实验得出了各营养层次间能量转化效率平均为10%，这就是生态学中所谓的"十分之一定律"，也叫做"林德曼效率"。事实上，各类生态系统的能量转化效率有很大差别。就消费层次而言，变化范围就在4.5%~20%之间。但林德曼的工作，用实际的定量研究结果证实了生态系统的能量转化效率并非100%，因而食物链的营养级不能无限增加——金岚主编. 环境生态学 [M]. 北京：高等教育出版社，1992：151.

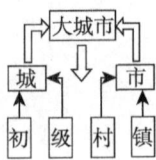

图 6-23 城市生态系统营养级差

动却呈逐渐累积，逐级增加的趋势（图6-23）。换句话说，自然生态系统的能量流动模式可简化为生产—利用—耗散的形式；而城市生态系统的能流模式为生产—积累—利用（再生产）—耗散的过程。这表明城市生态系统中每一营养层次或城市等级，在不断吸取其次营养级的能量和物质的同时，自身也不断生产出新的能量和物质以供其上下级营养层次的利用。这种能量流动的双向性决定了城市生态系统能流关系的复杂性。从城市生态系统的这种能流模式研究中，我们至少可以得出两点结论。首先，由于能量由初级聚落向高级城市的不断积累转移，在城市生态系统中，最能发挥巨大功能作用的乃是具有巨大能量和积聚了众多物质财富的大城市、特大城市，它们对周围地区及城市腹地具有巨大的控制吸引作用。其次，由于城市的发展是依靠它的次级聚落物质及能量积聚而为基础的，故而其发展水平及数量、规模亦不是无限增长的。同时大城市、特大城市的快速发展，必然会影响和制约着次级聚落和城镇的发展，而这种限制最终反过来又会限制大城市本身的成长和发展。除此之外一个突出的问题是城市积聚了大量的能量和物质，但由于分解还原者的缺乏，此种能量和物质如何还原于环境系统，这部分能量究竟哪里去？这是城市发展研究中普遍被忽略的一个问题，也正是造成当今世界环境问题日益严重的一个原因。

从以上的分析不难看出，城市生态系统的能量流动符合热力学的基本规律。热力学第一定律表明能量的守恒性，它既不能凭空产生，也不会被消灭，但可以从一种形式转变为其他形式或从一个体系转移到别的体系。因此，城市生态系统中的能量流动关系是以热力学的基本定律为其基础的。这一规律为我们正确认识城市发展的内在活动关系，树立生态平衡的思想观念提供了科学的思维方式。

6.3.5 城市生态系统位势分析

城市群落与环境之间存在着密切的联系。环境影响着城市群落的形成和发展，城市群落适应环境。两者之间保持着相对稳定的平衡，以获得协同进化。两者之间存在着相互依存的关系。

城市群落具体生长的环境可视为其生境（habitat）或生态环境（ecotope）或城市群落生境（city biotope）。它是相互作用的物质因子和人文要素的综合体，为城市群落的生长和发展提供条件。然而，任一城市或城市区位对其生境中的资源利用都是不充分的。为了明确地表达城市发展水平并进一步挖掘其发展的潜力，我们有必要引入生态位（niche）的概念。

通俗地讲，生态就是人类生存的状态，"位"就是水平或条件，"势"则是指两个位之间的差。城市生态位势就是城市生存状态的水平高低或条件好坏。城市生态位则是指城市为满足人类生存和人类活动所能提供的各种条件的完备程度。城市的兴起、发展、停滞、衰落，是有其内在的客观生态规律的。寻找良好的生态位是人们的生理和心理本能。人口总是向生态位高的地区聚集，例如我国东南沿海地区，由于在历史上一直是西方高科技资金和中国劳力、资源的结合处，生产条件、生活条件都要优于内地地区，因而出现了许多工商业发达的大城市。为获取较高的经济效益，企业迁往生产位高的地区；而为了过上舒适的生活，居民都向往迁入生活位高的城镇，这就是城市发展的客观生态规律。

分析城市生态位势的目的，是为了对比不同城市的生产条件和生活条件的差异和优劣，为城市的发展及经济建设项目的合理选址提供科学的依据，以便取得较佳的经济效益、社会效益和环境效益；同时也是为了改善和提高城市的生态位，发掘城市的巨大潜力，寻求切实可行的途径。此外，随着我国城市群带的逐渐形成和迅速发展，在特大城市的郊外和腹地发展卫星城镇的建设中，更必须考虑生态位势的高低，才能确定在哪里优先建设卫星城，从全局上统一规划布局，合理利用地区资源，促成一个健全的、高效且有机的城市生态系统。

生态学中关于生态位的概念定义大致可以归为以下三类。格林奈尔（Grinnell，1917）的"生境生态位"（habitat niche），他认为生态位的定义为物种的最小分布单元，其中的结构和条件能够维持物种的生存；埃尔顿（Elton，1927 年）的"功能生态位"（role niche or functional niche），他认为生态位应是有机体在生物群落中的功能作用和位置，特别强调与其他种的营养关系。他指的生态位主要是营养生态位；哈奇森（Hutchinson，1957 年）的"超体积生态位"（hypervolume niche），他认为生态位是一个允许物种生存的超体积，即是 n 维资源中的超体积，是对"生境生态位"的数学描述。他认为在生物群落中，若无任何竞争者和捕食者存在时，该物种所占据的全部空间的最大值，称为该物种的基础生态位（fundamental niche）。实际上，很少有一个物种能全部占据基础生态位。当有竞争者时，该物种必然只占据基础生态位的一部分。这一部分实有的生态位空间，称之为实际生态位（realized niche）。竞争种类越多，使某物种占有的实际生态位可能越来越小[①]。

我们认为，城市生态系统作为一个特殊的生态系统，同样在某种程度上也会遵循自然生态系统的基本规律。城市生态系统中存在着不同的空间组织层次，小到单个的功能区位，大到整个城市地理系统。我们把所有的具有一定生态学结构和功能的城市单元，称为生态元（ecological unit or ecounit）。而在一定的时间和空间范围内存在的各种资源分布，即构成其相应的生态元的生态位。在生态因子的变化范围内，能够被生态元实际占据、利用或适应的部分，称为生态元的实际生态位；而那些尚未被生态元实际占据、利用或适应但却有助于生态元进一步发展的部分，称为生态元的潜在生态位；而

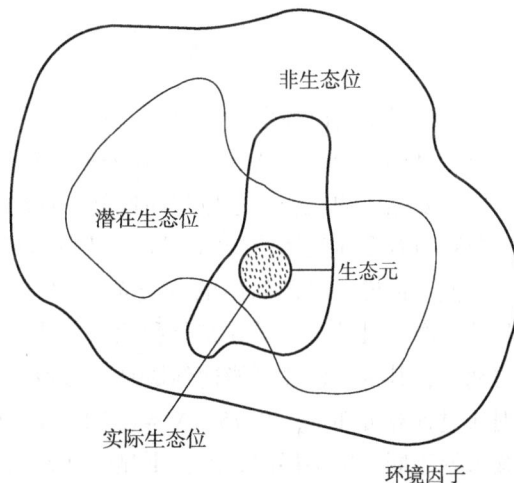

图 6 – 24　系统生态位构成

不能被生态元实际和潜在占据、利用或适应的部分，称为生态元的非生态位（non niche）（图6-24）。

当两个城市或两个同级的生态元在同一资源位上相遇，抑或说在同一资源位上分布多种生态元，即多种城市功能共同占据、利用或适应同一种资源时，生态位相互重叠[②]，生态元或城市之间即会发生竞争作用。城市或生态元之间即会产生相互抑制、排斥以求自身充分发展。

在自然形成的城市群落中，在不稳定的环境中，生态元之间不能达到平衡；没有资源竞争的环境中，城市聚落之间以及环境的改变使得竞争的方向有所改变，在这些情况下不会出现竞争排斥，但在相近生态元之间最可能出现激烈的竞争。由于竞争的生态元形成各种差别，特别是生态位上的差别，从而降低了竞争的紧张程度。而现代城市的发展，特别是受城市化和工业革命的影响，城市的功能、性质在追求极大经济效益的目标下，有逐渐趋同的趋势，对生态位资源的共同利用情况愈加严重。因而也使得城市之间彼此的竞争程度愈加剧烈，从而使得城市的发展受到影响。因此，对生态位的合理分配，及对城市规模及生态级别的控制、布局的研究，便显得尤为重要。

从以上的叙述中不难看出，城市生态位的影响因素和作用非常复杂，牵涉到实际生态位与潜在生态位，即生态单元对各种各样不同资源的利用情况；生态位的重叠，即同一资源位上生态元的分布状况；以及对城市外部时空范围资源的利用，即资源传递和流动状况等多项综合指标。一个城市生态位的高低，可以用生态位宽度（niche brendth）来加以衡量。这是一个城市生态元利用资源多样性的综合指标。生态位宽度，也就是城市生态单位所利用的各种各样不同资

---

① 参见：金岚主编. 环境生态学 ［M］. 北京：高等教育出版社，1992：99.
② 赫尔伯（Hurber）认为生态位重叠是两个种在同一资源位上相遇的频率；而波洛（Pielou）则认为生态位重叠即为资源位上种的多样性——参考金岚主编. 环境生态学. 北京：高等教育出版社，1992：101.

源的总和。在现有的资源谱中，能利用少部分的，就称为狭生态位的生态元。而能利用其很大部分的生态元，则称为广生态位的。城市生态位势的高低，具体表现于生产位和生活位两个方面。因此生态位宽度的计算也可以从城市的生产及生活条件的完备程度来进行。人力、财力、物力、土地、淡水、能源、原料资源、交通设施、厂房设备等，为生产所必需，是构成生产位的重要因子；而就业、供应状况、收入、住房、娱乐、文体教育、医疗卫生、通信及环境与污染等，则是生活位的主要因子。综上所述，影响城市生态位的主要因子可归纳为如下若干方面：劳力/人口、收入/产值、生产资源、交通状况、基础设施、文化设施、通信、环境。通过调查记录并进行评分测定，以确定城市利用此类资源的等级数值（0~1），即可计算出其生态位的宽度。计算公式如下：

$$N_i = \frac{(8-\sum R)\ (\sum Ru / \sum R)\ +\sqrt{\sum R \cdot \sum Ru}}{8}$$

式中，N_i 为 i 城市的生态位宽度，R 为 i 城市资源利用的数目，Ru 为其资源利用的等级数值。生态位宽度的变动范围从 0 到 1，0 表示没有利用，1 表示对所有的资源同样地利用了。

需要强调的是，生态位的高低是一项综合指标，它体现出城市整体发展的水平。我们认为，资源数目众多而利用较少的情况同只利用有限几种资源的情况一样，都不能说明城市生态位较高。换句话说，在已列出的八类资源中，对各资源利用率较低的城市，其生态位较低；同时，若其资源数目较少，虽其充分利用，其生态位也属于偏低。只有在对上述八类资源均加以充分的利用，其生态位才可能达到最高。假设 A、B、C 三城市的资源利用等级数值如表 6-3 所列，则通过计算可知 $N_A=0.75$，$N_B=0.72$，$N_C=0.39$。故城市生态位排列顺序为 $N_A>N_B>N_C$。若此三城市处于同一生态层次之上，则显然 A 城市的发展最快，而 C 城市则较为落后。

假定三城市资源利用情况　　　　　　表 6-3

	城市 A	城市 B	城市 C		城市 A	城市 B	城市 C
劳力/人口	0.80	0.80	0.30	基础设施	0.50	0.30	0.10
收入/产值	0.40	0.80	0.20	文化设施	0.30	0.00	0.05
生产资源	0.70	0.40	0.10	通信	0.40	0.00	0.10
交通	0.80	0.80	0.20	环境	0.60	0.00	0.20

分析城市的生态位势，首先要理解生态位势的涵义及内容，以确定影响城市生态位的生产位和生活位的指标体系；其次，在进行各项因子的分析对比及评分测定中，应有一个固定的标准，既要看到其绝对数量和质量，还要看到其相对数量（人均拥有量）及分布情况；最后，在定量化分析的基础上，就可以判断生态位势的高低，为抉择安排某建设项目的优选城市或市内优选区域，提供科学的依据。

6.3.6　城市生态系统的平衡与稳定

生态平衡（ecological equilibration）作为一个科学的概念是在现代生态学的发展过程中形成的。从根本上讲，生命的各个层次都涉及到生态平衡的问题，它所表达的乃是生命有机体自身内部及其外部环境诸要素之间的相互调节、制约的作用和结果。从城市生态学的角度来看，城市系统的生态平衡就是某个城市主体与其周围环境的综合协调。

国内外众多的生态学者对于生态平衡的概念，有着不同的理解，甚至存在着许多争议和分歧。最早提出生态系统概念的谈斯勒认为，生态平衡仅存在于顶极群落，即生态系统的成熟期。显然他主要是从生态系统的结构状态来定义生态平衡的。但有些学者从系统的输入与输出，从生物与其生存环境相统一的原理，或者从生态系统的热力学理论出发，对此提出不同的见解。另外也有一些人根本不承认有什么平衡存在。而对于生态平衡概念的表述，有些人强调为一种状态，有些人既肯定是一种状态，同时也考虑了维持这种状态的机制，还有些人则侧重于生态系统的结构和功能过程。归纳起来，分歧的焦点在于，生态平衡指的是一种状态、一个过程，抑或是维持系统自身稳定的一种机制？

由于目前人们对生态平衡这个概念的理解存在争议，有些学者便以稳定性代之。而特罗杰（Trojan）则指出，平衡和稳定性之间有着重要的区别[1]。例如种群研究中，出生率和死亡率的平衡是由对种群起相反效应的两个因素——出生和死亡的平衡实现的。此时稳定性只表现为一个组分，即数量丰度。这就是说，所有的平衡现象，包括生态平衡，至少应含有两个作用相反的组分，而稳定性则是这些组分作用的结果。

综观生态平衡思想的发展。各种定义及表述实际上都主要依据下列四个方面的理论为基础：

（1）以生物与其生存环境相统一原理为基础。持此种观点的生态学者如田尼曼（Thienemann）的《个体生态学》。后来此一原理被扩展引申到一个种群乃至群落与环境的统一。根据这种观点，生态平衡是"主体与其环境之间的协调的稳定状态"，即"在一定时间内生态系统中的生物和环境之间，生物各个种群之间，通过能量流动、物质循环和信息传递使它们相互之间达到高度适应、协调和统一的状态"。[2]

（2）以生态系统的输入和输出为基础。以这种观点为基础最早提出生态平衡定义的是奥德姆（1959年）。他把生态平衡定义为："生态系统中物质和能量的输入和输出两者之间的平衡"。这类定义指出了评价生态系统平衡的基本因素，而且人们可以无需详细分析生态系统内众多组分之间的关系，便可判定系统是否处于平衡状态（图6-25），即所谓的"黑箱理论"。[3]

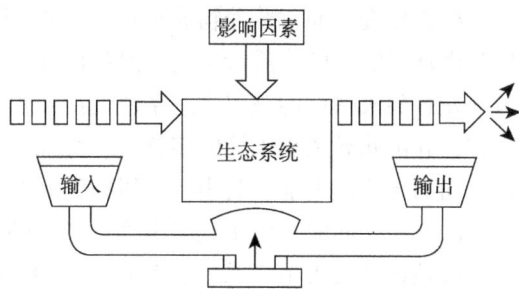

图6-25 判断城市生态系统平衡"黑箱理论"示意

（3）以生态系统热力学理论为基础。斯图格林（Stugren）以热力学原理为基础，在研究群落平衡问题时，认为所有的生态系统都是开放的实体。这种实体包括不可逆过程和熵的增加（entropy increasing）。从热力学观点来看除非稳定因素起作用，否则这样的系统不能达到平衡。因此，生态系统是热力学的不平衡系统，或者说在大多数情况下仅仅是瞬时的平衡。[4]

（4）以生态系统结构成分和稳定性原理为基础。以麦克阿瑟（MacArthur）为首的许多生态学家都强调生态平衡应该用生态系统内部结构的稳定性来表达。按照此种观点，生态平衡是群落内各组分之间相互作用的结果，组分数量趋于稳定的生态系统比波动的生态系统更平衡。因此可以得出结论，生态系统的平衡是随着群落组分数量的增加而增加，即"多样性增加稳定性"。[5]

因此，我们认为生态平衡是非常复杂的生态现象。无论是何种生态系统，由于受生态系统最基本的特征（生命成分的存在）所决定，生态系统始终处于动态的变化之中，其基本成分都在不断地变化。即使当生态系统进化到顶极阶段，演替仍在继续进行，只是持续的时间更长久，形式更加复杂而已。因此生态平衡，特别是城市生态平衡，首先应理解为动态平衡（dynamic

① P. Trojan. Ecosystem Homestasis［M］. Warszawa：Pwn-Polish Scientific Publishers, 1984.
② 金岚主编. 环境生态学［M］. 北京：高等教育出版社，1992：159-160.
③ 金岚主编. 环境生态学［M］. 北京：高等教育出版社，1992：160.
④ 金岚主编. 环境生态学［M］. 北京：高等教育出版社，1992：138.
⑤ 金岚主编. 环境生态学［M］. 北京：高等教育出版社，1992：161.

equilibration）；此外，生态平衡的表达应该反映不同层次，不同发育期段的区别。各类生态系统都应把结构、机制、功能的稳态，自控能力和进化趋势作为衡量平衡与否的基础。各类生态系统或同一生态系统的不同发育阶段，在无人为严重破坏的条件下，只要与其存在的空间条件要素相适应，系统内部各组分得以正常发展，各种功能得以正常进行，系统的发育过程和趋势正常，这样的生态系统就可称之为生态平衡的系统。否则，生态平衡的重建、人类生态环境的改善以及城市生态系统的高效和谐就无从谈起。

生态学中，一个生态系统从初期到成熟期的发展过程称为生态系统的发育。而一个城市生态系统在不同的发育期，其结构和功能是有很大区别的。一个生态平衡的城市生态系统，其生态发育的自然结果是结构更加多样化、复杂化，各组分之间的关系协调稳定，各种功能渠道更加通畅。换句话说，城市生态系统平衡与否，主要表现在能量、物质循环，结构特征与稳定及环境品质若干方面。

处于发展初期的城市生态系统，其能量的贮存大于消耗，能量的流通渠道，即供求关系网络较为简单，甚至会出现直链型。而成熟期的城市生态系统则与此相反，输入的能量几乎完全被消耗掉，其流通网络亦更加复杂。

初级城市生态系统与成熟期城市生态系统相比，两者在物质循环功能上的差异表现为，后者的循环方式更趋于"闭环式"，即系统内部自我循环能力较强，组分之间及组分与环境之间的物质交换较慢，而对营养物质利用的程度很高。这是系统自身结构复杂化的必然结果。功能表现是由环境输入的物质量与还原过程向环境输出的物质量近似平衡。

发育到成熟期的城市生态系统的组织结构多样性增加，表现为层级组织多样化且呈均匀性分布，并由此导致小生境的多样化。城市各功能组织成分增加，分层布局合理，从而也使得城市空间的异质性增加。其中，层级组织及功能组织的多样化——均匀性是基础，它是组织数量增多的结果。同时，由于创造出多种多样的小生境，也为其他组织的迁入创造了条件。

成熟期的城市生态系统，其稳态（Homeostasis）——即其自身的调节能力较好。这种能力主要表现为系统内部各组分及各层级的关系复杂，内部共生关系发达，稳定性及抵抗外部干扰的能力较强，信息量大而熵值偏低。这是城市生态系统发育到成熟期时在结构和功能上高度发展和协调的结果。

成熟期的城市生态系统的环境品质较好。由于此时期城市生态系统的能量及物质循环的效率颇高，因此对于系统外部环境资源的利用相对减少。而且由于城市系统的各项功能正常运转，人居环境条件比初期有很大改善，各种设施完备。当然我们所描述的乃是一种理想的平衡状态。事实上，很多城市在其生态发育过程中，由于过分追求方便、舒适的生存条件，满足人类生存、享乐和发展的需要，从而造成自然生态环境绝对面积的减少并使之在很大区域内发生质变甚至消失，引起一系列严重的生态环境问题，进而也影响到城市生态系统本身的发展。应当看到，城市经济的高效益并不是与城市的规模成正比。城市的规模受供水、交通、能源、环境等诸多因素的制约，良好的环境品质与经济效益相统一的思想，已经越来越为更多的人所接受。

城市生态系统发育过程特征变化指标见表6-4。

当外界施加的某种压力（如盲目发展工业）超过了系统自身调节能力或代偿功能后，将造成城市生态系统结构的破坏，功能受阻、正常的生态关系被打乱以及反馈自控能力下降等，这种状态总称为生态平衡失调。城市生态系统对外界的干扰具有自动调节能力才使之保持了相对的稳定，这种能力在很大程度上来源于人类社会的各种经济活动，因此此种能力极为有限。生态平衡失调就是外干扰（此种干扰同样源于人类社会的各种经济活动）大于系统自身调节能力的结果和标志。不使城市生态系统丧失调节能力的外干扰及破坏作用的极限强度称之为"生态平衡临界限"（ecological equilibrium threshold limit）。临界值的大小与城市生态系统的类型有关，另外还与外干扰因素的性质、方式及作用持续时间等因素密切相关。生态平衡临界值的确定是自然生态系统资源开发利用的重要参量，也是城市生态系统规划管理的理论依据之一。

城市生态系统平衡失调的基本标志可以从功能和结构两方面进行度量。城市生态系统的结构中存在着严格的层级关系和共生共栖关系，平衡失调的城市生态系统从结构上说就是出现缺损或变异。当外部干扰巨大时，可造成系统中一个或几个部分的缺损而出现结构的不完整，从而引起整个城市生态系统中各层级组织的变化和迁移，这些变化又会直接造成营养关系的破坏，结果造成生态多样性减少，系统趋于"生态单一化"。目前世界范围内城市污染、环境品质恶劣造成城市生态问题便是这方面的例证。

城市生态系统平衡失调在功能上的反映表现为系统的功能受阻或功能下降。城市是一个具有多重功能的综合体，且各项功能之间紧密联系、相互影响。某一功能在物质及能量上受阻，必然也会影响到城市其他各项功能的正常发挥。例如，自然环境在城市生活中起着重要的作用，而随着环境污染问题的日益严重，城市中的自然生态环境已遭受严重损害，其应有的美化、净化功能也已丧失殆尽。此种破坏将引起一系列的变化，如热岛效应、生活方式的改变等，这对人们的影响都是长期的、潜在的慢过程。随着生活环境的恶化，许多"文明病"或"公害病"相继产生，城

城市生态系统发育过程特征变化指标　　　表6-4

城市生态系统特征	发展期	成熟期
能量学		
1. 总量/消耗量	自养演替　>1 异养演替	=1
2. 总量/现存生物量	高	低
3. 净生产量	高	低
4. 供求链	简单网络，直线状	复杂网络
城市结构		
5. 总物质	少	多
6. 营养物质贮存	环境库	系统库
7. 组织多样性	低	高
8. 分布均匀性	低	高
9. 分层和空间异质性	低	高
生活史		
10. 生态位势	低	高
11. 城市规模	小	大
12. 生活史	短，简单	长，复杂
物质循环		
13. 物质循环	开放	闭环
14. 组织环境间变换	快	慢
15. 再利用程度	低	良好
稳态		
16. 内部共生	不发达	良好
17. 物质保存	不良	发达
18. 稳定性（对外部干扰的抗力）	不良	发达
19. 熵值	高	低
20. 信息量	低	高
环境品质		
21. 自然环境质量	高	低
22. 人工环境质量	低	高
23. 组织竞争力	低	高
24. 组织生长力	生长迅速	反馈控制

市居民的生活质量迅速下降，城市的居住功能难以发挥其应有的优势。城市污染及众多的环境问题造成城市生态系统生活位的下降，已是世界上许多城市，特别是超大城市所面临的首要问题。

6.4 长江三角洲地区城市发展的生态分析

长江三角洲地区，历史上一直是我国经济、文化高度发达的地区之一。其得天独厚的自然地理条件、丰富的自然资源及优越的人文历史环境，造就了该地区卓越的城市文明。沿长江两岸，分布着许多大大小小的城市和村镇，是我国城市密度最高的地区，而诸如上海、南京、杭州、无锡、镇江、苏州、绍兴、扬州等城市，一直是地区乃至全国的政治、经济中心或历史文化名城。自改革开放以来，特别是随着市场经济体制的逐步建立和完善，这一地区愈加显示出其旺盛的城市发展势头，有效地带动了地区经济和文化的发展。上海及浦东的开发和苏州工业园区的建设，更为这一地区经济的持续、高速发展注入了新的活力。同时，经济的迅速腾飞也更加促进了地区城市的生长和城市体系的发展，加快了城市化和工业化的进程。我们看到，随着大量新兴城镇的崛起，以及原有城市内部结构秩序的变化重组，长江三角洲地区以上海为核

图 6-26 长
江三角洲地区
城市体系分布

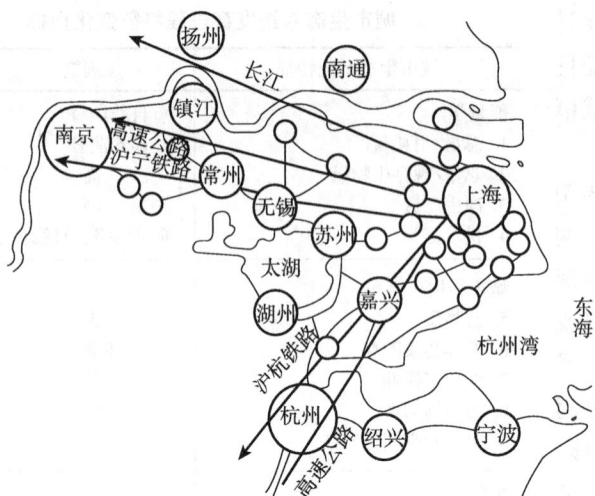

心、浦东开发为龙头，沿长江下游黄金水道南北两岸，以及向南沿浙东海岸线伸展的两大城市群带已基本形成（图6-26）。它与我国南方珠江三角洲地区及北方环渤海地区等城市群带交相呼应，形成新时期我国城市发展的显著特征。大范围、跨地区的城市群带的形成和发展，大幅度地提高了我国的城市化水准，有利于城市经济和城市生活的发展，为我国逐步向城市化国家过渡打下了坚实的基础。从政治、经济、文化、技术以及城市的数量、规模等级、职能分工和中心地位等多方面因素的综合情况来看，长江三角洲地区，特别是苏南地区的城市发展，无疑将会成为新时期中国城市发展的代表，其城市体系的各种动态和趋势，或许将成为今后一段时期内中国城市发展的主要方向。因此对这一地区城市体系的发展动态从生态学的角度作出分析，发现一些基本规律，对我国今后城市发展问题的研究和策略制定，将具有重要的意义。

6.4.1 城市群带现象及城市体系

近年来，我国城市科学界越来越重视对城市体系的发展研究，因为他们发现任何一个城市都不是孤立地存在并发生作用的。一个城市的发生和发展将对整个区域及其他城市产生影响；同时也受区域条件和其他城市的发展所制约。国外现代城市的发展进程也表明，当城市发展到一定阶段，必然会引起区域性城市布局的变化及总体结构上的重新组织，在促进某些城市加速发展的同时，抑制另一些城市的生长，达成城市区域整体上的最优化，形成一个有机的城市群落体系，以利于在地区乃至国家的政治、经济和文化生活中，发挥更大的作用。如美国东海岸以波士顿、纽约、费城为中心的城市群；英国以利物浦、曼彻斯特为中心的兰开夏城市群；日本沿东海岸分布的东京、横滨、大阪、神户城市带；以及德国以莱茵和鲁尔为中心的城市群等，几乎控制了各个国家的经济命脉。以美国为例，纽约控制了对外贸易、轻工业；匹兹堡控制了煤炭、钢铁；底特律控制了汽车制造业。在现代社会中，特别是经济发达地区，城市与城市之间、城市与乡村之间存在着错综复杂的关系，一个地区内大城市、中等城市和小城镇之间是一种相互依存、相互促进的关系，它们按照等级规模秩序所组成的网络关系，是地区经济进一步发展的基础。这种在一定区域范围内相互间密切联系的城市群体，称为城市体系。研究城市的发展，必须从城市体系的研究开始，从总的体系的发展线索中去发现个别城市的运动规律。

任何一个区域内必须具有两个以上的城市才能构成城市体系。它们具有不同的等级规模和功能作用。一般说来，那些众多城市中，对区域影响最大、辐射范围最广、功能项目最全，与区域经济、文化联系最为密切的综合性城市，在整个区域城市体系中占据着主导的地位，成为中心城市。它对于组织和协调生产活动，组织物资集散和商品流通，为地区各项经济活动提供综合服务，促进社会、经济、文化的现代化，都起着主要的控制作用；而那些次级和低级的中小城市和小城镇，则构成了城市体系的面状网络，对整个城市地区经济、文化的发展起着重要的补充作用。主要表现为：①联结和沟通城市和乡村的物资交流，带动农村经济的发展，加快其城市化的步伐；②完善地区城市等级序列，加强各级经济中心的层次性，改善不合理的经济结构；③调整工业布局，促进产业分流，均衡布局，减少环境污染及交通拥挤等问题；④顺利解决劳动就业问题，从而避免大量人口盲目流入大城市，缓解和减轻大城市的人口压力；⑤对地区科技文化知识的普及，提高农村地区人口文化素质，丰富其文娱生活，具有极大的推动作用。

城市体系是一个复杂的有机系统，从国外现有的城市群落及城市体系的发展来看，它具有整体性、结构性、层次性和动态性的特征。

所谓整体性即是指城市体系虽然是由若干不同规模、不同功能的城镇组成，但它决非只是作为"点"的城镇的简单集合，它还具有"面"的属性。因为体系强调的乃是各城市之间的相互联系，而这种联系是在一定的地域内，一定的经济和文化环境中形成和发展的。换言之，某一地区内几个大城市的充分发展，必将带动地区城市整体上的发展；同时，只有当体系在整体上发展到一定的程度，地区具有足够的经济实力，个别城市的发展才有可能。如上海、南京等大城市的发展，实际上有赖于长江三角洲地区城市和文化的发展水平，有赖于其下属的次级城市，如苏、锡、常、镇、扬等城市的发展和城市化水准；同时，上海、南京等城市的开发，也会引起上述城市在功能、结构和形态上的一系列变化，从而带动这一地区城市体系的发展。因此城市体系中一个城市或一个组分的变化，会通过城市间相互制约的依赖关系，影响到其他城市的发展。城市间这种影响具有因果关系和反馈关系的特点。

城市体系内部各个城市即子系统之间广泛的相互联系和相互作用，形成了系统整体上的结构秩序。城市体系的结构性主要表现为两点，首先是系统内各个城市之间存在着严格而完善的等级规模和功能分类，大、中、小规模及不同功能的城市具有适当的比例，各自占有相应的地位，分工合理，相互协调，共同发挥作用；其次，各个城市按照等级顺位法则在时间、空间和功能上的秩序性，形成合理的城市空间结构，体现为不同等级和层次的城市在地域上的合理分布和镶嵌关系。

城市体系的整体发展进化并不代表其内部各个城市也是均等发展的，即其内部存在着个体发展上的层次性。在城市体系内，大、中城市和小城镇之间的关系，主要表现在经济上，其次是表现在文化上。由于各个地区经济或文化发展的不平衡，造成了各个城市或城市地区发展水平上的差异。如我国东南沿海地区、东北、华北地区及西北、西南地区，其城市发展水平处在几个不同层次上。应当指出，城市体系发展的层次性与计划经济体制下由行政干预所形成的城镇之间的行政隶属关系有着本质的区别。在市场经济体制下，由于行政干预的相对减弱，且这种干预必须遵循市场规律，因此城市体系的形成和发展往往会超越行政区划范围及行政隶属关系，而依照经济、文化的联系范围或共享某种自然资源与生产方式组成多层次的城镇体系。同时，随着市场化区域经济的建立，各种经济因素——人口、资金、资源等——具有可以自由流动的特点，那些经济活跃、交往频繁、资金流转快的高生态位地区，具有较大的吸引力，使经济活动不断向此地区聚集，而城市作为经济活动流向的硬质表征，也具有不同的发展层次。以长江三角洲地区为例，江苏省的苏南、苏北和淮海地区，安徽省的皖南与皖北地区，浙江省的浙东、浙西地区，其经济、文化和资源上的差别巨大，因此虽同属以上海为中心的城市群落，但却形成了不同层次的城市体系。如苏、锡、常可组成苏南体系，它同上海和浙北的杭、嘉、湖地区的关系非常密切；宁、镇、扬可组成苏中体系，它是以南京这座大城市为核心的，实际上皖南、皖北的一些城镇也应列入这一体系之内；南通、淮阴、盐城三个地区可组成苏北体系；而徐州、连云港及安徽省淮河以北，河南省商丘，山东菏泽与枣庄地区，则可组成以徐州为中心的淮海体系。

另一方面，从中心城市的辐射范围及某一地区与中心城市的联系程度（交通运输成本和距离），城市体系也可划分为多个层次。如以上海为中心的城市体系，其辖区范围内的上海、宝山、嘉定、青浦、松江、金山、奉贤、南江、川沙等郊县的城镇，属于内部层次；苏、锡、常、杭、嘉、湖及南京、镇江、扬州、宁波、绍兴等城市属于中间层次，而苏、浙、皖、赣四省和上海市共同组成的上海经济区的所有城镇，则属于外部层次。

城市体系是一个巨大的开放系统，它与外部环境系统及其内部各子系统之间存在着广泛且深刻的物质、信息与能量交流，各种经济因素的流动性决定了城市发展的动态性特点，随着社会经济、文化的发展和技术进步，地区性工业及区位结构的不断调整，各城市的等级规模和职能作用将会发生变化，从而引起城市体系的结构变化。此外新城镇的崛起及城市内部结构的重组，还源于人们价值观念上的一系列微妙的变化。这些观念涉及个人及社会整体对田园生活与城市节奏的同步追求，涉及人们对自然及城市文化与其他活动的多重需要。同时它还与环境的影响及交通方式有关。故此，各种经济、文化及自然因素相互交织，形成错综复杂的城市关系网络，在集合城市的发展进程中起着各不相同，甚至截然相反的作用。它们会促使一些城市人口增加，而同时又使得另外一些城市人口减少；促使某些城市的经济改善，又导致其他城市经济的萎缩；某些城市的秩序等级将会有所提高，而某些城市将会失去其原有的重要地位。因此城市的发展并不是一个严格的连续单向生长过程，随着整个城市体系内部结构的调整，各个城市的规模、性质和职能也将根据其生态环境而发生动态变化，或在某一发展方向上戛然而止，以维持城市体系整体上的动态平衡。

城市体系的发展趋势从总体上看主要有两种，一是分化的趋势，一是中心化的趋势。反映在城市形态方面，即分散的城市形态和更为集中的城市形态。

分化的趋势是指各个城市具有相对独立性，整个体系的功能由它们分别承担。其结果是形成分工明显的城市体系结构。如美国东部的华盛顿、巴尔的摩、费城、纽约、波士顿城市地带，华盛顿作为首都即政治中心，巴尔的摩、费城是重化工业基地，纽约是世界贸易和金融中心，它们共同组成了美国政治经济的中心地区。

中心化的趋势是指城市体系内的某一个城市发展成为主领中心，而其他部分却成为被控制的对象，其结果导致中心城市的形成。在城市体系内，有一个属于主领地位的中心城市和许多受它影响和控制的中、小城市。我国大部分的城市体系，如长江三角洲地区实际上就是以上海为中心的这样一种城市体系。

近30年来，西方许多发达国家的城市发展普遍呈现一种分散化的趋势，大量的居民、工厂、商业机构迁往城市郊区，城市的结构和范围急剧扩展，形成超大的集合城市或城市地区。这种趋势的最终结果和形态尽管尚不十分明显，但从其一些主要的运动特征中[1]，不难发现现代城市空间运动已经获得远郊化的动量。

(1) 20世纪50~60年代，大量的农村人口迅速向城市集中；

(2) 20世纪70年代，人口不断由市中心迁往郊外地区，城郊人口达到高峰；

(3) 20世纪80年代，在分化的基础上再次形成人口向市中心集聚的现象；

(4) 城市的经济结构、空间结构及人口结构和社会结构不断发生变化；

(5) 城市的行政管理级别在大范围的城市等级秩序中重新定位。

西方城市结构形态的这种分化趋势是由其经济发展水平所决定的。罗斯托（W. W. Rostow）曾提出著名的经济发展进化序列模型。[2] 他认为从经济结构、文化属性、消费水平、生活方式等因素综合研究，世界经济发展主要有五个序列发展阶段：传统社会经济阶段；经济发展准备阶段；经济起飞阶段；持续发展阶段；高消费阶段。目前，西方发达国家处于第五个阶段，这一阶段的城市，西方称为"后工业化城市"。这类城市均已由聚集经济功能转入信息经济功能，即城市由生产型转入经营型。城市的主要产品是非物质化的信息、技术、控制、决策等。城市的经营活动表现为复杂的高信息、高技术的脑力劳动，不需要像传统制造业一样在一定区域内聚

① R. H. Funck, U. Blum. Processes of Urban Developmen [M]. //J. H. P. Paelinck. Human Behaviour in Geographical Space. Gower Publishing Co. Ltd. . 1986：165.

② 武进. 中国城市形态：结构、特征及其演变 [M]. 南京：江苏科学技术出版社，1990：327.

集大量劳动力，城市的各种活动从本质上表现出明显的分散化趋势（图6-27）。

同时，城市经济、社会文化及政策管理机制的综合作用，为城市的分化创造了必备的条件，促进城市走向分散。

（1）区域经济的迅速发展导致城市间经济发展的相互依赖与横向联系；

（2）城市土地超负荷使用，缺少足够的发展空间；

（3）私人小汽车及高速交通系统的发展，缩短了空间距离和时间感，提供了更高的可达性，减少了出行时间；

（4）电子通信技术的发展减少了对空间移动的需要；

（5）产业结构的调整和发展大大摆脱了以往空间布局的限制；

（6）高技术企业的迅速发展，由于没有协作关系，不需要相互集中，使得其区位的选择更为灵活；

（7）政府有意识地限制中心地区的发展，促进了郊区经济的发展；

（8）城外低密度、低地价，提供了良好的生活环境。

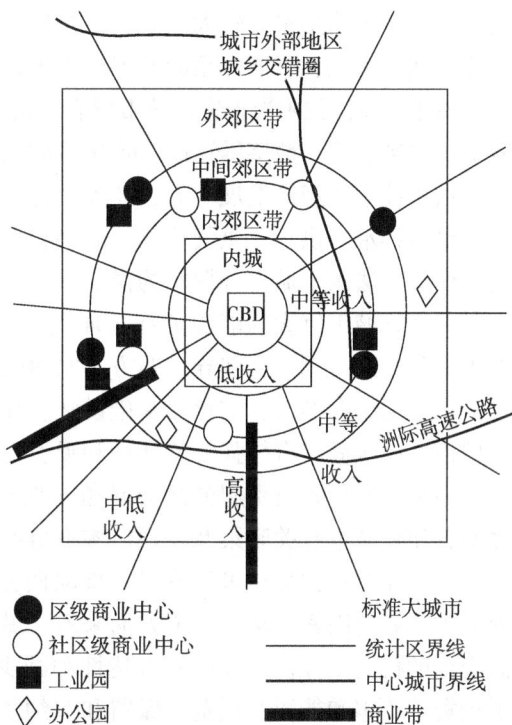

图6-27 D. Clark 后工业社会城市空间形态

除了上述经济形态和结构的变化，人们追求更好的自然生态环境条件和生活质量，远离城市污染、拥挤、逃避城市犯罪、压抑等社会灾难的意识，都使得城市的生产和生活向分散化趋势发展。

从长江三角洲地区的城市发展来看，目前尚处于经济的起飞和持续发展阶段，大多数城市仍以制造业为主要的发展动力。该地区的首位城市——上海，正处于向经营型城市转化的过程中。尽管近年来金融、贸易等经济类型发展迅速，有望成为亚洲及泛太平洋地区的重要经济中心，但仍未完全摆脱其作为我国重要的工业基地的作用。同时，它对该地区的所有城市起着绝对的控制作用，因此西方发达国家的城市分化现象在这一地区并不明显。全面分析各种经济、社会、文化和政策及管理因素，可以发现在今后一定的时期内，城市将仍以分散的集中发展为主。

传统城市的水平向发展模式使得城区内建筑高度和密度较低，土地集约化程度不高，中心城区还有大量的空地等待填充开发或改建。如南京在1979年以前城市几乎没有垂直扩展，城中60%的房屋为平房。近年来随着城市建设进入高峰时期，这一现象有所改善，但综合城市的经济实力，短期内的城市建设将主要集中于城市中心地区，尚无法迅速向外扩展。

促使城市分散化的主要物质基础——交通的发展在我国20世纪内还不会发生更大的变化。据中国汽车联合会提供的数据，当时预计到20世纪末，只有北京、上海、广州等少数特大城市小汽车拥有量在10万~20万辆，普及率可达15‰[①]。而西方发达国家城市发展表明，只有当私人小汽车普及率达到160辆/千人水平时，所谓郊区化现象才开始出现[②]。因此在一定时期内，我国城市将仍以大运量客运交通及自行车为主要出行工具，这就限制了人口的地域流动。同时，

---

① 参见：扬子晚报，1988-04-27。
② 参见：赵锡清．发展小轿车与城市建设的关系和对策［J］．城市规划，1998，4．

城市间高速公路虽将有较大发展，但还难以形成高速交通系统，地铁也只有少数几个特大城市才能修建。可见，交通体系的发展尚不足以促使我国城市的分散化。

电子、通信技术尚未进入城市所有经济阶层，以南京为例，1993年城市住宅电话为每百户拥有18.7部①，这一数字尽管较以前有了成倍的增长，但预计还不会对城市的分散产生重要影响。

城市技术和经济发展实力，还无法保证城市分散化所要求的高效能基础服务设施（包括信息、给水排水、供电、供气等）。城市管理、商品供应、文化教育、社会服务及就业、治安、防灾工作也无法跟上城市分散化的需要。

分散化城市巨大的能源消耗、环境污染及交通费用，已使得市中心——边缘往返居住模式发生变化。这一因素，曾导致西方国家20世纪80年代的人口重新向市中心集聚。

由于无论在经济、文化、基础设施、社会服务方面都存在着较为明显的城乡差别，因此传统城市中心区尚具有较强的象征性和吸引力，促使大量农村人口的涌入。

城市无限蔓延所引起的社会问题（拥挤、混乱、发展失调）及西方发达国家此方面的前车之鉴，使得城市有关政策及管理机构不得不考虑为此而付出的代价。

从上述的对比分析可以看出，推动西方城市分散发展的主要因素，恰恰也正是中国城市发展的主要制约因素。从另一个方面来看，城市功能与活动的集中发展为人们提供了更多的面对面交往的机会，提供了较高的可达性和减少了出行时间，使得城市的服务范围相对缩小，减轻了投资的负担和能源的耗费，保留和节约了大量农田及自然生态景观，有利于建设有中国特色的新型山水城市，使城市担负起促进文明的任务。

故此我们认为在短时期内我国城市还不能出现大规模向郊区扩散迁移的现象，城市将继续以集中发展为主。同时，以若干交通干线串联的、由规模较大的生产、生活综合区所构成的城市群带将有进一步的发展。组成城市群带的各城市仍以紧凑集中的形态为主，以适应交通发展和对中心位置的需要；各城市在区域上是分散的，其间保留蔬菜田和绿地，在功能上组成整体，分工协作。各城市在城市群落中的等级地位，首先将取决于其交通职能，其次才是其传统的工商业职能。城市区域间的经济合作关系将进一步加强，处于城市等级序列两端的城市发展迅速，并带动中间层次城市的发展。同时，各种类型的经济、技术开发区的建设，将对地区城市的发展起到一定的促进作用。

图 6-28 中国历年城市数量变化曲线

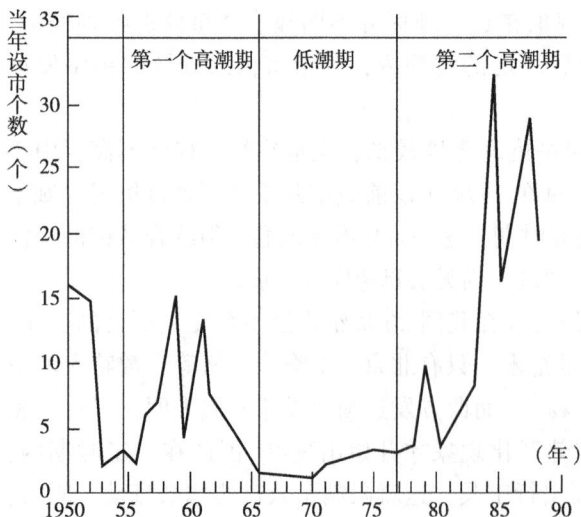

6.4.2 城市人口动态及发展趋势

自改革开放以来随着城市经济、文化的进步，我国城市建设的规模和速度得到空前的发展。20世纪80年代初出现的商业现代化趋势已经取代了传统的工农业对城镇形态、结构和功能的作用而占据了主导地位。城市体系内部广泛联系、深入发展的一系列变化，标志着中国城市进入了与地区高度综合的整体化阶段，城市的发展进入了一个新的高潮时期（图6-28）。其特征为跳跃性不连续发展，形成以中心城市为核心，连同毗邻地区及腹地的城市群，并涌现出大量的各类经济开发区。从总的趋势来看，城市建设的发展

---

① 1993年南京市经济工作会议提供. 扬子晚报，1994-01-11.

主要表现于两个方面：一是城市经济结构的改变，高新技术产业的兴起和发展引起城市平面上量的扩大化。这主要是因为包括开发区在内的高技术产业的生产特征完全不同于传统的制造业生产方式，它需要良好的城市环境，而与具体的城市关系并不密切，因此这些高技术产业常常选择城市的边缘地区，那里有充分的廉价土地可供选用，可以人为地创造良好的生产和生活环境。相对而言，城市中心区内的竞争程度甚为激烈，在经济基础设施较为薄弱或已达饱和的地区更是如此。同时由于城内就业机会的限制，大量的工业企业逐渐向外迁移，从而带动了城市边缘地区和近郊地区的发展。另一方面，随着各类高级经济活动不断向中心城市聚集，人口大量向城市集中，内城（指城市中心地区）在人口、经济和社会结构中的中心控制作用得到加强。而我国传统城市一直是以水平向发展为主要模式的，城区内建筑物的高度和密度均较低，城市土地集约化程度不高、基础设施落后，无法有效地发挥城市中心区的统领作用。在土地市场和级差地租机制的影响下，以房地产开发为先导带动了内城地区城市改建、扩建活动的发展。以上两种趋势，若以生态学的观点来分析，也是合乎生态系统的自然生长规律的。任何一个生态有机体，包括城市生态系统，其机体发展总的趋势即是体积、数量上的增长和内部机能的完善。因此适时适当地发展城市内核及外围地带，对城市系统的发展会起到积极的促进作用。

通过对长江三角洲地区城市人口、经济、技术、文化发展的综合分析，我们大致可以了解其城市体系发展的一般概况。首先城市人口的动态仍然呈向心的聚集趋势，向中心城市集中，而没有出现像西方发达国家的那种郊区化、分散化现象。城市中心区人口与周围郊县人口的比例——即聚集化程度正在逐年上升。比较长江三角洲地区的13座中心城市1987年及1993年的聚集比例及苏州市1980年、1983年和1985年的聚集程度（表6-5）即可发现，在地区人口迅速增长的同时，市区人口的增长速度要快于郊县人口的增长。从一般的城市化速率的分析比较也可以表明这一事实。

苏州城市人口聚集比例　　　　　　　　　　　　　　　　　　　　　　表6-5

年份	市区人口（万）	郊区人口（万）	聚集度
1980	53.9	10.4	5.18
1983	57.4	10.7	5.36
1985	61.0	9.9	6.61

其次，苏浙两省总的县级以上城市数目由1987年的41个增加到1993年的69个，市辖镇数目由367个增至453个。从城市等级数量上看，1987年长江三角洲地区人口千万以上中心城市（大市辖区，下同）1个，500万~1000万人中心城市4个，300万~500万人城市4个，300万人以下城市2个；而1993年上述比例则为1：6：4：2。以1993年的数据分析，长江三角洲13个城市地区共有人口2073.8万，平均每个城市160万人，比1987年的134万有了明显的提高。然而在增长幅度上，各城市地区之间却存着显著的差异（表6-6）。目前上海作为该地区的首位中心城市，5年间城市人口增长45.2万，增长率为3.6%，而其统领下的一些次级中心城市人口增长率均超过4%，其中500万人以下城市人口增长率达7%（表6-7）。这表明城市人口的增长不仅限于已有的城市地区，同时早期未形成中心城市的地区的人口也有显著的增长。在上述新增加的城市中（28个），有些城市仅仅是由于其人口聚集超过了城市规模界限，或是由于行政区域划分所致，而有些城市其规模等级的提高乃是由于其附近大城市经济发展的影响。很明显许多新增城镇都出现在几个大城市的边缘地带，在乡镇企业经济的基础上发展起来。这在某种程度上表明了该地区在大城市稳定发展的同时，一些中小城市正在迅速发展，形成该地区城镇体

系分散的集中化发展模式。我们可以此来预计一种面状的整体化城镇体系的发展趋势。

长江三角洲中心城市数量及人口变化（1987~1993 年） 表 6-6

城市规模（万）	城市个数	人口变化（万）	城市化速率（%）
>1000	0	45.2359	3.6
500~1000	+2	113.3231	4.1
400~500	-2	149.4761	8.4
300~400	0	30.4473	4.8
<300	0	22.1120	4.5

长江三角洲地区人口统计资料 表 6-7

城市	1987 年			1993 年		
	总人口（万）	市区人口（万）	郊县人口（万）	总人口（万）	市区人口（万）	郊县人口（万）
上海	1249.5078	721.7737	527.7530	1294.7446	948.0074	346.7372
南京	479.7736	239.0681	240.7055	514.7381	258.5632	256.1749
杭州	557.6322	129.1632	428.4699	587.7381	138.3310	448.7724
苏州	546.1380	73.6246	427.5134	569.2841	87.2546	482.0277
无锡	400.8618	87.8000	313.0618	426.5348	95.5281	331.0067
常州	313.2144	63.3083	249.9061	329.3336	69.3855	259.9481
南通	755.7490	42.8191	712.9299	781.2048	59.6983	721.5065
镇江	250.5228	43.0758	207.4470	261.5437	50.9868	210.5569
扬州	898.6503	40.8439	857.8064	933.8922	45.9070	887.9852
宁波	498.1467	104.8493	393.2974	519.9834	111.8412	408.1422
嘉兴	308.2442	70.8994	237.3448	322.5723	75.4189	247.1534
绍兴	402.6139	26.4656	376.1483	419.6158	29.0256	390.5902
湖州	238.2694	98.5489	139.7205	249.3605	103.8843	145.4762
总计	6899.3250	1742.2390	5157.0860	7209.9158	2073.8337	5136.0821

（《中国分县市人口统计资料》1987~1993 年）

中心城市附近大量的乡镇企业和县级村镇的发展，已经开始超越了单纯的行政区划关系，而以相互间经济和文化的关联为基础。早期的由某些单独的行政区组成的城市地区，如上海地区、南京地区、苏州地区等，如今已经成为限制城市经济发展的一个因素，城市地区的概念则包含了更广大的城市及非城市地区，如苏南地区、浙东地区、三角洲地区等。这表明城市经济横向发展的进程正在加快，成为新的经济体制影响下的一种新的城市动态，构成了大范围城市体系及城市群落形成的物质基础。

城市人口的增长及其等级规模的提高，在很大程度上是由于城市经济的改革和发展所造成的。长江三角洲地区深厚的商业传统及近代工业的迅速发展，导致了城市强大的吸引力，也使得城市人口迅速增长。从苏州历年的人口变动曲线可以看出（图 6-29），20 世纪 80 年代以前城市人口的增长较为缓慢，一段时期甚至出现了大幅度减少。而自改革开放以来，城市人口的增长速度急剧加快，仅 1978~1985 年的七年时间的人口净增数就超过建国以来的人口增长总量。同时从城市内部人口变化动态来分析，自进入 20 世纪 80 年代以来城市人口的机械增长率比以前大幅度提高，而市区内人口也开始出现向郊区流动的趋势（图6-30）。这在一定程度上表明了城市经济和人口结构的发展变化，另一方面也表明城市中心区改建及人口规模的控制取得了一定的成果。

最后，人口不断向中心城市聚集的现象在某种程度上也表明了人口就业的趋势。随着市区人口的增加，企业的调整优化和迁移，市中心就业机会必然逐渐减少；而同时乡镇企业的发展将使得中心城市周围地区，包括一些中小城市的就业机会显著增加。因此有计划地加强一些次级城镇的发展建设，将有利于人口及劳动力的结构布局，且有助于地区经济、社会的稳定和发展。

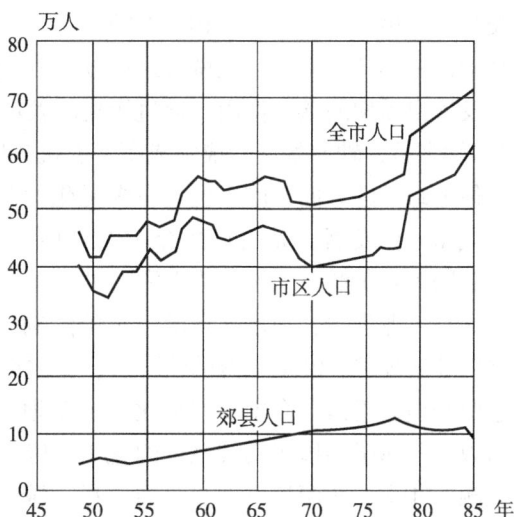

图 6-29 1949～1985 年苏州历年人口变动曲线

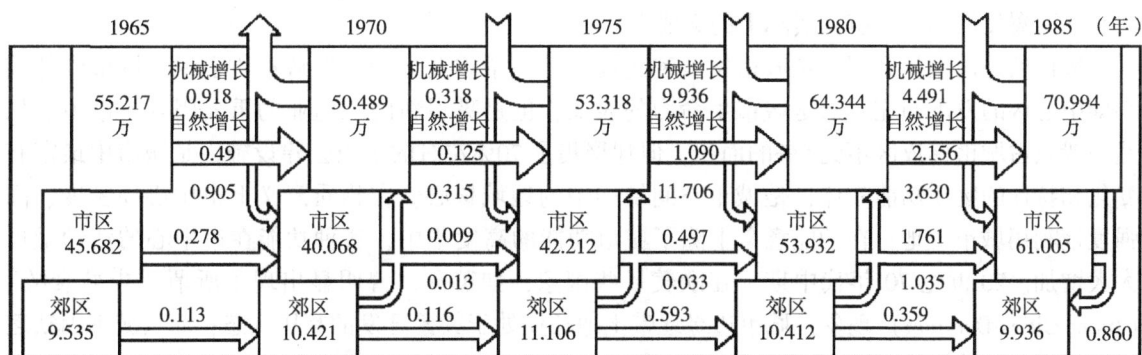

图 6-30 苏州城市人口变化动态（1965～1985 年）

综上所述，我们认为在今后一定时期内我国城市发展和建设的重点应从两个方面入手。一是大力发展城市周边地区和具有一定经济基础的小城镇，以补充和完善城市体系的面状网络，疏解和分散中心区的人口，调整地区经济产业结构；二是积极进行旧城改建，完善基础设施建设，充分发挥中心区的巨大潜能，使之成为一个集中、高效的城市内核。

城市的周边地区，即城郊或城乡结合部，虽已不属于严格的城市范畴，但无论从地理意义或经济意义上，它都是联系城市与乡村的纽带，它最深刻地影响着所包围的城市，同时又最深刻地被这个城市所影响。其实质乃是城市化地区自然扩展的产物，我们可以借用西方地理学中"跨界的城市"来形象地描述这种实质。从行政关系上讲它更多地依附于城市，在发展中更多地受城市行政管理和政策影响；从经济地位上说，它与城市中心和乡村具有最普遍、最密切的联系，成为城市经济和乡村经济相结合的区域，具有独特有区位优势；就产业结构而言，其变化和发展速度比一般的乡村地区更为显著。单一从事农业生产的情况已不复存在，主要以二、三产业为主，具有大量的非农业劳力人口。可见，城市外围地区已经以其独特的区域位置、非常的行政地位，以及经济聚集性强、乡镇企业发达、生产环境较好等特点，而成为一种极具开发价值的经济地理区位，为中心城市的疏解提供了良好的条件。

中心城的膨胀现象，其本质上是工业、人口与住宅的不合理无限集中造成的，因此中心城的疏解必须将工业疏散、人口分流和住宅疏解三者结合起来，这就要求从中心区土地使用管理、产业结构调整、卫星城建设、基础设施完善和具体疏解政策等多方面综合考虑，形成必要的离心力机制与动力。例如，上海在20世纪50年代后期，先后在城郊地区建立了高桥、五角场、彭浦、北新泾、漕河泾、长桥、周家渡、庆宁寺等八个工业区，同时在闵行、吴泾、松江、嘉定、安亭、金山卫、吴淞（宝山）建立了七个卫星城，但由于投资分散，导致各卫星城镇规模过小、基础设施不齐，而且与老城区之间缺乏快速交通网络，因此使得大部分人仍居住在市中心，没有发挥出预期的疏解作用。通过历史的教训，20世纪90年代以来上海城市规划部门正确提出了"多轴多核、轴向发展、成组成团、有机疏散"[①] 的城市布局方针。今后上海中心城工业、人口及住宅疏散的方向，应当建立在多元化的基础上，主要向浦东与地处重要交通轴线交叉点的卫星城镇方向发展，如南翼的金山石化城——漕泾——星火工业区和北翼的宝山——吴淞地区。这是因为：①浦东地区作为上海对外开放的窗口，其产业结构应以第三产业和适当高技术化的外向型工业为主，加之其环境容量的限制、人口容量的限制，浦东的开发并不能完全满足中心城的疏解要求；②从上海的情况看，需要疏解的主要产业乃是化工、冶金、轻纺等工业，而上述两个地区正是上海主要的重化工业基地，具有一定的发展潜力；③随着外资的引入，必有相当数量的属于环境污染较严重的化工、轻纺行业，这些设在浦东显然与城市发展的总体规划相抵触；④南、北两翼以大企业为依托，城市基础设施建设已有一定基础，如果能够发展它们与中心城之间的快速交通网络，则与中心城的距离会相对缩短。因此以旧城及浦东为核心，企业向南北两翼发展的布局有其实际上的必要性。

城市的外向型扩展固然是城市发展和建设中的一个重要方面，但从本质上说，城市内部核心即中心区的发展与完善乃是城市生命力的表征，也是吸引新的工商业的重要因素。市中心虽然一般只占城市建成区不到5%的面积，但却聚集了70%左右的市级公建设施，是城市中最富有变化和特征的物质功能实体，是城市空间结构中的地域核心。在物质意义上市中心高密度、高强度地利用城市土地；在功能意义上除了城市功能的高度集中，各种功能在市中心的活动量也大大增加。20世纪70年代中期，在欧美一些国家，如英国，曾明显出现了所谓"内城衰败"（Inner Cities Decliner）现象，城市边缘地带土地长期处于频繁开发的高压状态；而内城则因缺乏开发投资和其他社会经济原因而引起企业倒闭、人口流失、土地废弃等恶果，城市环境质量明显下降。历史证明，无论是一座城市或一个城市地区，在其社会、经济的整体综合发展的同时，必须具有一个起统领和带头作用的内核，它必须具有强大的物质基础和文化基础，具有相应的凝聚力和辐射力。内核发展的迟滞、削弱必将引起整个城市和城市地区发展的混乱和结构秩序的散漫。为避免重蹈西方国家内城衰败的覆辙，在进行城市有机疏解的同时，必须坚持城市中心区的改建与改造，完善其各项基础设施和综合服务功能，保持其社会经济水平的稳定持续发展。

我国由于历史的原因，内城的开发建设一直未能达到其应有的程度，城市布局混乱，工业与人口发展失控。其中一个重要原因便在于长期的土地无偿使用，未能利用级差地租调节城市产业和人口布局，造成土地浪费和土地不当使用。我国的许多城市中都存在一种"摊大饼"的现象，城区的范围日益扩大，占用了大量的可耕用农田，而内城的密度、基础设施相对来说则显得建设不足，资金分散，中心区的控制作用因其平面范围的扩大而显得力不从心。如迄今为止南京市城区面积比解放初期扩大了近四倍，而城市的垂直扩展却刚刚起步，中心区土地集约化程度较低。1988年法国规划师P·葛莱孟在参观了南京后认为，南京城即使今后不再向郊区扩展，按照目前的建设速度，要达到巴黎的建筑密度要在5个世纪后才能将城市空地占满[②]。这种说法固然有其一定的片面性和主观夸大之嫌，但同时在某种程度上也可以说明我国城市内部发展的余地很大，尚有很高的再开发潜能，那种认为城市面积越大效益越高的想法是带有根本性错误的，单纯地依靠扩大城市用地来解决人口增长问题的方法也是失策的，它只能进一步增

---

① 参见：厉璠、邵纪泉，戴二彪. 九十年代上海中心城疏解研究 [J]. 城市，1990，4：35.
② 参见：张在元. 在城市中建设城市——P. 葛莱孟论中国城市规划建设 [J]. 城市规划，1988，4.

加城市的负担和矛盾。同时也会造成巨大的土地、能源浪费，引起城市就业等一系列社会问题。因此加强城市中心区各项基础设施的建设，提高土地集约化使用程度和空间密度，提高其人口和环境容量，加强旧城改造对我国城市的发展建设具有特殊的意义。内城的开发建设，应立足于土地有偿使用制度，逐步完善和强化土地市场，让级差地租和土地市场机制发挥其调节城市布局的作用，以此更新产业结构，改善投资环境，完善城市设施，达到城市经济目标、社会目标和环境目标的统一。

表面上看来，城市的外向型扩展与内城的开发是相互矛盾的两种观念和活动，城市的扩展动力来自于内核的分化；而内核的发展来自于外部地区物资、人口的聚集。而实际上这正体现出两者之间相互影响、相互制约的共生共存关系，两者是同一事物的两个不同方面。内城的开发建设本质上要对其周围地区施以更有效的控制作用；而只有当内城的功能、结构相对完善的前提下，城市的外围地区才有可能具有一个可依赖的核心。没有内城的依托，城市周围地带也就失去了其发展的基础。故此，正确处理好两者之间的关系，使之相互促进、互为补充、相辅相成，乃是城市开发建设活动的一个根本目标。相对于我国国情来说，一方面可以通过发展城市周边地区带动地区和国家城市运动的进步；另一方面通过内城改造开发可以改善城市的生产生活质量，提高其中心地位和辐射作用。

6.4.3　城市开发建设中的问题及生态学对策

随着我国改革开放政策的推动，城市基础建设，特别是沿海经济发达地区的城市建设已呈现日新月异的大好局面。1985～1991年平均全社会固定资产投资约占国民生产总值的29.4%，1993年更达39.8%[1]，这意味着我国每年有几十亿的投资，进行几亿平方米的各类建筑开发建设，规模之巨大，成效之显著前所未有。尤其是乡镇企业异军突起，使许多小城镇得以空前的发展，充分反映出我国当前的生产力和技术发展水平，也反映出经济的繁荣与城市正走向现代化的进程。然而就在这些城市高速发展的过程中同时已蕴藏了巨大的潜在问题与危机，表现在环境、经济和社会几个方面，到了非下大的决心，花大的气力予以彻底解决不可的地步。

从城市的外向型扩展来看，城市无限制地蔓延，"摊大饼"的现象及城乡结合部发展过程中的某些盲目性，已引起严重的资源和环境危机。目前许多城市在发展中都存在着严重的土地浪费现象，甚至某些乡镇企业也都辟出大片良田以待开发，一些地方进而单纯地以土地作为优惠条件拉项目、求合作。城市的房地产开发过热，有关方面对土地价值认识不足，竞相压低地价，土地供应量过多，不仅迫使城市无止境地扩大，同时基础设施的落后和不完善也影响了原有的生活质量。另一方面过多的开发土地为某些单位和个人提供了炒卖土地发财谋私的机会。我国的土地资源十分宝贵，人均耕地面积远远低于世界平均数字（表6-8），但是目前大量的耕地继续为非农业活动所占用。据世界银行的调查报告，1959～1987年间我国非农业用途所占耕地大约100万hm²，其中一半以上用于城市建设[2]。而至1993年，江苏省平均每年建设占用农田约为20万亩，约合全省农田的1.4%。土地是不能生长的，长此以往原本就十分艰难的农业经济，在可耕农田不断减少的情况下将会产生极为危险的后果。就城乡结合部及一些小城镇来说，其产业类型的选择往往并未树立全局的观念，从地区的特点出发立足当地、依托城市、服务城乡，而是在随机性的行业选择和企业组建过程中自发地形成模式，盲目仿效大城市的生产方式和产业结构模型，对农业的重视程度普遍降低，以工补农、以商促农的方针难以真正落实。区域内部相互间的协调、配合较差，各自为政，横向联合过程中以自我为中心的地方保护主义现象严重，以片面追求自身强大和高速发展的目标取代了整体发展、协同共进

① 参见：中国统计年鉴，1994.
② 参见：世界银行1984年经济考察团. 中国：长期发展的问题和方案［M］. 北京：中国财经出版社，1985.

的正确目标。这些狭隘的观念和短期行为，严重地限制了城市地区整体效益的发挥，极大地浪费了土地资源及各种环境资源。

我国自然资源与世界人均比较　　　　表 6-8

国家	土地面积（hm^2/人）	耕地面积（hm^2/人）	林地面积（hm^2/人）	草地面积（hm^2/人）	森林覆盖率（%）
中国	1	0.1	0.13	0.34	12.7
世界	3.3	0.37	1.03	0.76	22.0

　　乡镇企业作为一股新生力量，在城乡结合部的经济发展中发挥着重要作用。但是当我们对其考察时却发现，这些企业大多数认识不到环境效益、经济效益与社会效益的统一，不少城镇为了急于发展经济往往忽略了社会效益和环境效益，舍本求末地追求高产值，不愿花精力和财力去考虑烟尘防治、污水处理、噪声防治等环保措施。这种产值至上的错误观念同前一时期国家缺乏宏观控制、放松计划管理的现实相复加，导致了某些地区乡镇企业发展的盲目性，致使自然生态环境遭到严重的破坏，环境品质迅速恶化[1]。同时反映在城市景观上，街道秩序混乱，广告商标林立，各种档次、风格的装潢门面鳞次栉比，各种游乐设施或世界公园过大过多。据调查，目前国内以深圳世界公园为摹本，大小不一但风格雷同的"世界乐园"不下十余座，广泛分布在北京、上海、天津、成都、无锡等城市，而且武汉、西安、佛山等地也在积极筹划，苏州也拟在天平山与灵岩山之间兴建以高科技为特征的农林大世界，建设热度有增无减。这种耗资巨大，占地颇多的"世界公园"，其社会效益、环境效益甚至经济效益究竟有多大，的确是值得探讨的问题。然而毫无疑问，它们对整个城市的景观特色将发生一定的影响。

　　城市内部功能完善及旧城改造开发过程中也存着许多问题需要予以认真的解决。目前许多城市的基础设施建设不足，功能服务系统不完备，如住房缺乏、道路、管线、给水排水、供电供暖及垃圾处理系统不敷要求，在这种情况下很难确保城市的生活质量，提高其人口容量，充分发挥其功能作用。例如，苏州市自 1949 年以来由于城市经济与旅游事业的发展，交通车辆增长迅速。1990 年城区机动车辆比 1949 年增长了 223 倍，自行车增长 194 倍，每天过境车辆 12500 辆，可是道路、停车面积只增长 1.17 倍。尽管 1981~1985 年间已有 492 条小街巷的弹石路面得到改造，1986 年以来以每年改造小街巷 50 条的速度发展，且现已基本打通干将路主干道，但是从整体上看仍未能形成有效的城市交通网络，交通拥挤的矛盾仍旧存在。从居住情况来看，古城内人均居住水平并不低，但是住宅的质量、功能和内部设施却很不完善，旧、老、危房很多，据 1992 年统计有 85% 以上需要加以不同程度的改造，面积达 450 万 m^2 以上。同时住宅内部的卫生、采光通风条件及住宅密度、环境绿化等指标也需进一步的提高。居住环境的绿化作为城市绿地系统中最广泛、使用率最高的一部分，直接影响着居民的生活质量甚至生活方式的改变。早在 1969 年，联合国即已提出居住绿地人均面积定额为 28m^2，市区绿地人均面积为 60m^2[2]；欧美一些国家近年建造的大批居住区，绿化数量和质量都达到相当高的水平。然而相比之下，苏南地区 20 世纪 80 年代以来部分新建居住区绿地面积却少得可怜（表 6-9），人均绿地率大多集中在 1~2m^2 之间。城市绿地的贫乏在很大程度上使得环境污染问题更为突出。

① 参考刘先觉. 现代城市发展中面临的生态建筑学新课题 [J]. 建筑学报, 1995, 2：9.
② 黄晓鸾. 居住区环境设计 [M]. 北京：中国建筑工业出版社, 1994：37, 6, 5.

国内外居住区绿地指标比较   表6-9

居住区名称	总用地面积（hm²）	绿地面积（hm²）	绿地率（%）
日本东京都户山小区	24.30	9.30	38.27
英国伦敦巴比干小区	15.20	3.85	25.32
瑞典斯德哥尔摩丁格小区	14.80	5.10	34.46
波兰华沙别兰居住区	32.02	12.70	39.66
中国常州红梅西村	14.86	2.45	16.49
中国无锡锡惠里小区	4.29	0.33	7.69
中国苏州彩香小区	18.86	2.02	10.71
中国苏州桐芳巷街区	3.61	0.15	4.16

　　某些城市在旧城开发改造过程中与古城保护的关系处理欠佳，有的盲目追求高、新、怪，任意提高建筑密度和容积率，迁就开发商对自身经济利益的要求，历史文化遗产、生态环境受到一定程度的破坏。随着城市大规模的开发建设，城市的固有传统特色正经受着现代化与外来文化观念的冲击，面临着一系列严重的挑战。许多城市的形态、外部空间、街道组织、居住环境及人们的生活方式都已发生了巨大的变化，城市的面貌焕然一新。从现代化的角度来看这确是经济发展、物质生活水平提高的一种表现。然而现代化并不意味着一种恒定的模式，更不等同于西方化。如若抛弃传统的立场，那么目前的一切似乎只能表明一种危险的征兆，喻示着现代化的理想或许要以城市失去其固有的个性和特色，失去世代相传的生活基础为代价。因此在新形势下，如何协调和解决城市大规模开发建设与创造和延续城市传统特色的矛盾，正确对待传统与现代，处理好城市"保护、更新与开发"三者之间的关系，正是摆在规划师和建筑师面前所要解决的严峻任务。

　　在城市基础设施落后，需大力发展的同时，房地产开发的盲目、超前现象却给城市开发建设带来沉重的包袱。这种超前现象反映在近期建设与城市总体规划脱节；注重经济效益忽略基础设施和环境建设；开发公司过多过滥，队伍资质良莠不齐；以及大量商品房滞销，住房困难难以缓解等若干方面。据统计目前各类商品房空关现象达70%以上，有些开发公司甚至以解决户口等优惠条件促销，导致一部分城郊农民涌入城市，加剧了城市人口矛盾，同时也带来社会隔离、就业与失业等严重的社会问题。而城市中的房地产开发公司，少则几十家，多则上百家，一哄而起，它们有的层层转包，坐收渔利；有的唯利是图，搞短期行为；个别的还存在对土地征而不用，转手炒地皮现象。因此房地产开发市场必须加以强力整顿，对其各种开发行为也须加以限制和引导。

　　随着城市的迅速发展，地区的行政划分已逐渐为经济上的关联程度所取代，城市中心的税收相对减少，城郊人口迅速增长，形成独立发展、各自为政的郊区。它们之间的矛盾，对各个地段管辖权的争执，都为城市规划的制定和城市建设的实施制造了重重障碍，造成了一定的混乱。

　　从城镇体系发展的整体上来看，城市的发展规模、功能和性质值得深入研究。应当承认每一类型城市的发展是有一较为合理的规模的，其指标的确定应受自然、经济、政治、文化和技术诸因素的综合制约，不可能有一个统一的硬性指标，而只能确定其发展的极限。同时作为一个区域经济整体，城市的类型、功能和级别应有一定的层次划分。如长江三角洲地区，上海作为首位都市，南京、杭州作为其下属的两个次统领中心，统辖着一系列中小城市和乡镇，每座城镇在这个地区城镇体系中都有自己确定的规模、功能地位。然而目前许多中型城市都要建设自己的大型机场，这种发展是否经济合理，的确值得论证。此外在城市功能和性质上，不顾自身的特点，盲目追求国际化大城市的产业结构和城市组织结构；乡镇企业发展过散，占用了大片良田，也必将造成地区资源的浪费，引起不必要的内部竞争和关系矛盾，难以使系统整体发挥其有效的作用。

从以上分析可以看出，城市发展过程中的种种矛盾和问题，从本质观念上反映出城市现代化过程中城市化与工业化发展水平的差距。众所周知，城市化与工业化乃是人类现代化的两大主要潮流，工业化乃是物质的进步；而城市化则是人的精神的发展。因此仅仅以城市人口的比重来衡量判断城市化水平的高低显然是带有片面性的，它应由一种综合的指标，包括人口素质、精神文明、物质基础等综合确定。正是由于城市化问题涉及到人类深层的思想意识的进步，因此这一过程的发展远比工业化的进程缓慢且复杂。我们看到目前我国经济的飞速发展已带动了工业化进程的飞跃，然而城市化进程却未能与工业化水平保持一定的水平差距，而且随着大量农村人口涌入城市，这一差距仍在继续加大。这种物质水平的急剧扩张与精神领域相对保守之间的差异，是造成一系列城市问题的思想渊源。

为此我们主张欲求城市问题的根本解决，必须以城市化水平的大幅度提高为基础，强调城市系统的整体有机发展，强调物质与精神的共生共存，彼此促进；必须坚持整体有序的原则，坚持近期与远期效益的统一，自然、经济与社会效益的统一。针对当前经济发达地区的城市危机必须果断采取有效的措施。

首先应注重系统的观点。城镇体系的发展应有整体思想，明确城市的性质和功能，控制其发展规模，合理调整城镇体系的等级规模和功能分布，充分发挥自身的特点和资源优势，在统一全局的观念下加快城市建设的步伐。

注重平衡发展的观点。坚持控制大中城市，积极发展小城镇的城市发展方针；加强城市的基础设施建设和精神文明建设，保证城镇体系总的发展水平上的协同进化和动态平衡，努力达到经济、社会和环境效益的统一。

注重历史的观点。尊重城市发展的线索和脉络，充分发掘城市演进的历史原型，发挥城市的固有传统特色。加强城市改建过程中的保护意识，在解决城市矛盾的同时，努力把传统优秀的人文场景组织到城市空间中来，使得传统与现代有机结合，创造出既有传统精神，又有时代气息的新的城市空间。

注重环境的观点。建立生态意识，节约土地因地制宜，使人工环境与城市自然景观融为一体，而不是肆意地改造和盲目地洗涤。加强环境的综合治理和对污染的防治，提倡综合开发的原则，引导和迫使开发商在追求经济目标的同时，为改善人居环境和提高城市环境品质作出贡献。

注重控制的观点。加强城市的控制和管理完善，理顺各管理机构及其相互关系，明确职能权限；完善土地市场机制，加强城市系统的自组织能力；整顿城市开发市场，建立和完善各项法律和规章条例，铲除各种违法违纪现象，提倡平等竞争。

注重弹性发展的观点。城市的发展具有明显的周期性，这种周期性又是与经济发展的阶段性特点密切相关的。从前些年我国城建发展的过程来看，每隔3~5年总有一个城市建设的高潮时期，为此城市的规划建设须有一定的预见性，但又必须建立在科学的基础之上。规划必须为发展留有余地，但又必须严格控制在城市系统的自身调节范围之内。

结合长江三角洲地区城市发展的主要趋势，我们认为该地区城市体系深入发展的一个主要潜在因素在于对长江水运资源的进一步开发。从国内外的城市发展历史可以看出，大凡在主要江河流域都形成了以优良港口为依托的完善的外向型城市群带，并遵循着"点-轴-面"的递进发展模式，如莱茵河流域经济及密西西比河下游的港城体系，这在很大程度上是由于水运交通的高度经济性所促成的（图6-31）。然而江苏省沿江地带，东西绵延400km，具有良好的发展条件，但地区经济差异和文化特点以及各自为政的行政区划，使得城市的发展仍处于点的状态，个体发展有余而体系发展滞后，未能有效地发挥地区经济的巨大优势，这意味着我国城市发展

"弓箭模式"的箭尚不够锐利。而沿江地带港城体系的发展和完善将有助于形成强有力的轴向辐射，进而波及到整个长江三角洲流域。以系统的观点结合沿江地带的自然区划，沿江城市群带的发展似应分为三个相对独立的体系，依托上海-浦东全国经济中心和国际化大都市，以港城体系发展为联结纽带，采用不同的途径分段开发。其中东段包括南通、苏州及其所辖市镇，形成环沪的反磁力体系，在外向型经济发展中作为大上海地区对外开放的补充；中段包括苏锡常及其所辖市镇，充分发挥其农业基础稳定、工业加工能力强、横向联系发达、乡镇企业突出及旅游资源丰富的地区优势，以吸引国外技术资金为目标集中力量进行沿江窗口地区建设，形成"出口异向型"经济区；西段以南京为主，包括宁镇扬及其所辖市镇，应以外向型经济的消化传递为目标，加强城市沿江轴向辐射，成为联结内地与沿海地区、内地经济与外向型经济的一个中间环节。此三段开发相辅相成、互为补充，这一战略构想将有助于避免沿江开发中各自为政、分散布点、一哄而上、盲目发展的状况，充分发挥区域综合效益。形成南京港、镇江大港、江阴-张家港、浏家港四座大型对外港口和区域性口岸及卞港、高港、魏村-圩塘、浒浦、如皋等中小型地方港口群，与江口外吕泗和上海港相呼应，形成一个高度发达的经济带和港城群体（图6-32），与沪宁铁路轴线经济带和三角洲地区城市群相连接，互为依托，从而带动整个长江三角洲地区城市体系的发展，形成新的生产力布局及城市体系的新格局。

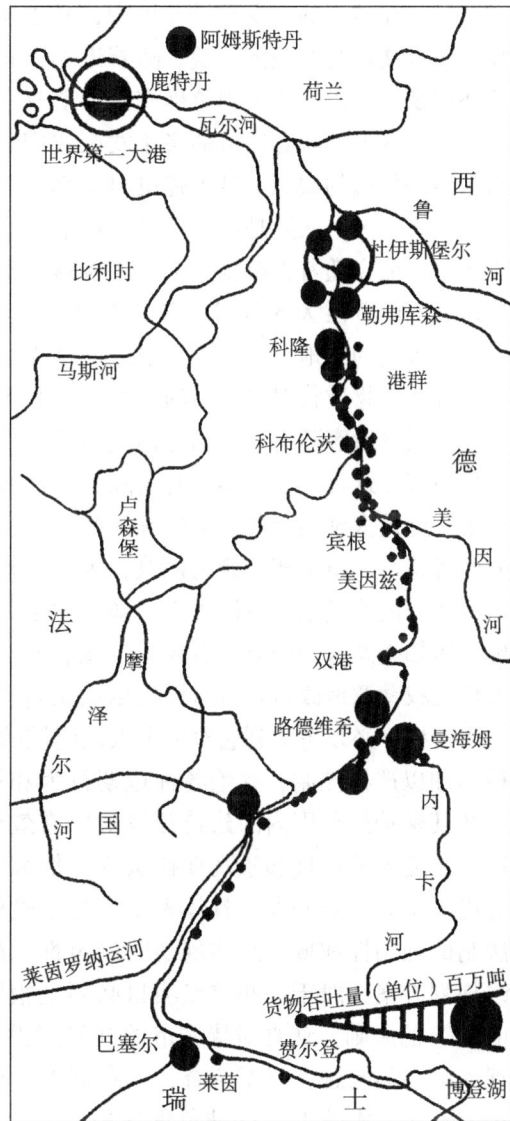

图 6-31　莱茵河及其沿河港口分布

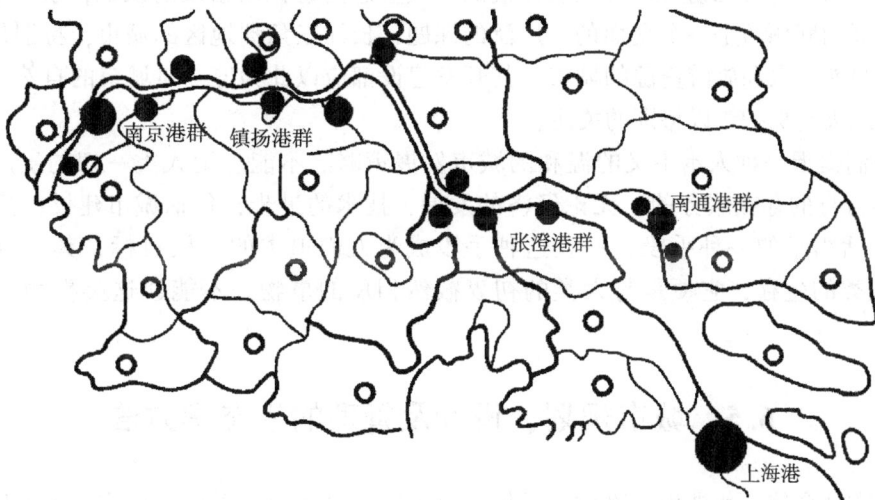

图 6-32　长江沪宁段河港分布

此外在城市的开发建设过程中，必须切实树立起牢固的生态意识，注意发挥城市自然景观和历史人文景观的经济效益。随着近期大批专家学者的呼吁以及政府有关政策的颁布，肆意破坏环境及污染源排放等现象确实比以前有所减少，但这并不能说明城市生态问题从根本上得到解决。事实上，随着经济的飞速发展我们看到另一种破坏生态的现象正在抬头，这就是在单纯追求经济效益的观念下城市建设对自然景观资源及历史人文景观的一种破坏性行为。以无锡市为例，太湖风景区乃是这座风景名城的一个重要象征，是其自然风景和旅游资源的一个重要组成部分。而今随着旅游服务事业的发展，加之城市景观管理和规划上的一些问题，这一宝贵的资源正面临着巨大的危机，破坏严重。首先是各种各样的世界乐园、城堡、游戏场过多过滥，占用了大量的土地，在规划上缺乏明确而统一的安排，而有些项目如高尔夫球场每天释放的杀虫剂等化学物质将对景区内的自然生态系统产生不利的影响。其次由于旅游管理和服务设施的缺乏，大批游客随意抛弃的污物造成严重的污染。目前太湖的水质已严重恶化，水体混浊且漂浮物极多，这种现象如不及时消除，不仅对自然环境甚至对旅游事业本身也会造成相当严重的后果。此外太湖周围地段乱建现象严重，建筑质量低劣，原古建筑的点缀和统领地位已被湮没，处处皆是与环境不相协调的建筑，极大地损害了原有的城市景观。我们认为造成这种现象的一个重要原因就是生态整体意识薄弱，缺乏综合开发观念，盲目地追求经济目标和效益。应当明确，诸如太湖这种国家重点风景区域，它是一种公共财产，不属于任何地方和个人所有，任何人均无权肆意地改造和盲目开发以满足自己的利益，对其开发、建设必须以社会整体和公共利益为目标，必须考虑到它对整个太湖流域的整体生态作用。为此，必须对其基本建设的规模和种类加以严格控制，杜绝各种短期行为和局部利益，同时必须从城市规划上对太湖景区的设计及其保护区范围内的建筑开发加以有效的管理，并按照统一的总体规划来实施。此外还必须建立完善的环境和景观保护法规，加大管理力度，在改善人居环境和提高城市环境品质的前提下实施综合开发。具体来说，为了确保太湖风景区生态环境的良性发展，首先必须加强法制的强制性和城市总体规划的严肃性，严格控制建设立项，不能以投资项目为借口随意修改规划方案，对于一些重点项目必须上报国家级有关部门审批。应该本着"积极谨慎，小步前进"的原则，认真对待城市的开发建设。其次，尽管无锡市多次要求国家投入大量资金治理太湖污染问题，但据调查，太湖周围污染源数目却以无锡为最多。因此必须处理好责任承担的问题，本着谁污染谁负责的原则，严格执行"三同时"方针，使污染治理成本内部化，否则应立即停止批建各种项目。唯其如此才能保证社会整体效益的平衡分配，保证各个地区在发展机会上的平等竞争。

以上我们只是针对无锡市城市开发建设的一些生态问题提出粗浅的认识，事实上，生态环境保护及发展的问题乃是一个全面的、广泛的课题，长江三角洲地区的城市，特别是苏南地区具有优越的自然风景和旅游资源的城市，其开发建设都应以此为鉴，对城市的自然景观及历史人文景观的发展与保护予以特别的关注。

总之我们提倡一种人本主义的温和的城市发展策略。不能忘记人类一切的生产生活活动都是为人类自身的存在服务的。无论经济的发展，技术的进步，包括城市建设，都不过是为满足人的生活需求的一种手段，一旦这种手段成为人们追求的终极目标，其自身发展影响或威胁到人类的生存，它便是与人类的初衷截然相反的事物。不能让这类事物主宰人类的生活。

6.5　城市规划、设计及管理的生态学方法

随着人类社会的不断进步，物质产品极大地丰富，科学技术手段日臻完善，人们的思想意

识水平和观念也发生了重大的变化。作为这一切影响下的物质空间结果，城市系统的发展与以往也有着本质上的差异。这种差异性表现于人类聚居活动的各个方面，如经济生产结构组织布局和秩序的重组，人类文化观念结构和聚居方式的变异，以及人与自然环境相互关系的根本改变等等。现代城市发展的一个显著特征乃是其内部各种构成要素之间的相互关系愈加密切，以高度发达的技术信息手段为基础共同组成一个高效、有机的整体系统，其中每一局部或每一组分的细微变化都深刻地影响到整体功能的发挥和系统的发展。此外，人们对自身文化和生存意义的本质反思以及日趋严重的城市问题，使得人们愈加清醒地认识到城市并非一个理想化的人工物质环境，自然环境的资源容量，人与环境的整合作用及人类物质、精神生活的现实决定了城市发展的客观性和科学性。总而言之，随着城市发展的日趋复杂化、多样化，其内部发展要素也日趋复杂，不能以任何单一的或简单的关系来认识和处理城市的发展问题，而必须采用一种整体的、结合的观点。因此，现代城市的规划、设计和管理工作必须牢固地建立在系统控制论的基础之上，在全面、综合地分析城市各种经济、社会和自然发展要素的同时，注重其整体上的有机协调发展；在平衡原则和共生观念的引导下，改善城市环境品质，提高人们的生活水平和文化素质，促进城市经济的进步，达成城市经济、社会和环境效益的高度统一，使之成为一种高效的人居环境，这便是当代城市规划、设计和管理工作的生态学方法。

6.5.1　持续发展观念下的城市规划

考察城市规划思想的发展历史便不难看出，城市规划的发展是同整个人类社会的物质和文化进步及观念的革新紧密相关的。在产业革命以前实行的基本上是一种追求几何完美思想的"权威派"规划，这种规划根源于古代先哲们对宇宙图式的现象描述。从希波丹姆（Hippodamus）的方格网规划到中国《周礼·考工记》中所定义的都城规划，都体现出严谨的几何构图原则，目的是为了表现出统治者至高无上的尊严和权势。在以后相当长的时期中，权威派规划思想一直占据着统治地位，如奥斯曼（G. E. Haussmann）的巴黎改建计划，P·郎方的华盛顿规划以及中国历代王城建设，充分体现出上述思想特点（图6-33）。

而在19世纪和20世纪初这段工业大发展时期，传统的城市规划思想受到严重的挑战，权威派规划完全限制了生产的发展，成为大生产的桎梏，因此产生了一种"功利派"的规划思想。它是以反封建、反传统的面目出现的，与当时新兴资产阶级的自由经济思想相吻合。它认为一切形式上的纯几何的规划都是封建的象征，有碍于自由资本主义的发展，其思想实质是放弃对城市的控制，听凭自由企业和工业经济的自然发展，其结果导致许多大城市发展的混乱和各种严重的矛盾。与功利派同时还产生了许多"空想派"、"浪漫派"、"技术派"和"有机派"的规划思想。如霍华德著名的"田园城市"理想，西提（C·Sitte）的艺术城市和格迪斯的"进化中的城市"[①]。总的说来，这些规划师绝大多数关心的是编制蓝图，陈述他们所设想（或期望）的城市（或地区）将来的最终状态。多数情况下，"他们对于规划是一个受外部世界各种微妙的和变化着的力量所作用的连续进程这一点，是很不关心的"[②]，他们不受约束地创造新的城市形式，同时破坏着旧的；他们的蓝图很少允许不同的选择和变化；而且很明显，他们都是从物质环境的角度来看待社会和经济问题的。他们所采取的是把各类工程建筑物在空间地域作一定组合布局的规划方法，其总的任务是为各种活动提供方便合理的空间结构，而这在今天则属于城市设计的范畴（图6-34）。

---

① 参见：P. Aeddes. Cities in Evolution [M]. Benn, 1968.
② 参见：P. Hall. 城市和区域规划 [M]. 邹德慈，金经元译. 北京：中国建筑工业出版社，1985：76.

图 6-33 华盛顿市中心城市结构布局（左）
1—国会山；2—白宫；3—华盛顿纪念碑；4—林肯纪念堂；5—杰克逊纪念堂；6—车站

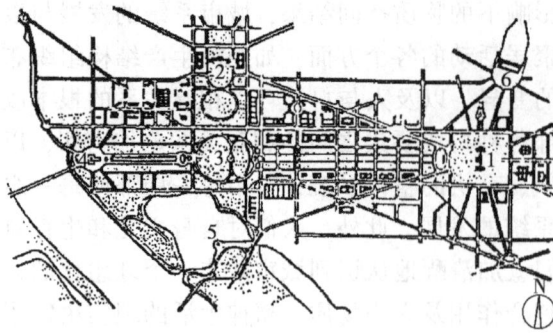

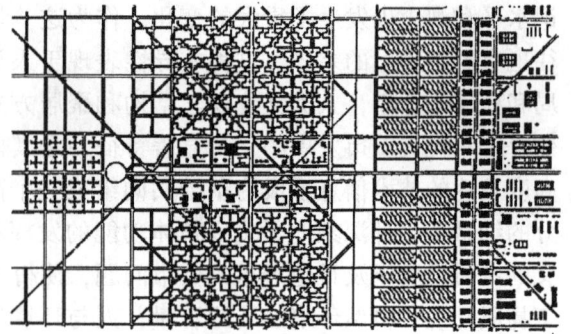

图 6-34 1931年柯布西耶"光明城"平面（右）

上述的批评对霍华德和格迪斯可能是个例外，霍华德的思想看来是"乌托邦"式的，但他却从未回避过如何付诸实践的细节，且其基本的思想乃是基于"社会城市"概念之上①。格迪斯则更进一步，他明确地提出应该按照客观世界的本来面目进行规划，而且依照经济和社会的趋向进行工作，不要把自己对于客观世界的武断看法强加于规划。格迪斯的贡献在于把规划牢固地建立在周密分析地域环境潜力和限度对于居住地布局形式与地方经济体系的影响关系上。这促使他突破了城市的常规范围而强调了把自然地区和巨大的城镇集聚区（urban agglomeration）作为规划的基本框架。我们从艾伯克隆比（P. Abercrombie）的大伦敦规划中可以看到霍华德和格迪斯规划思想的影子（图 6-35）。他们所提出的连续监控和结构规划直接孕育了现代城市规划的理论和方法。

第二次世界大战以后，由于系统论和控制论思想逐渐进入了规划领域，越来越多的人认识到城市作为一个有机整体，作为一个系统来研究的重要性，系统分析和系统调控成为规划工作中的有力手段。而且基础学科如社会学、经济学、地理学研究的深化和计算机技术的迅速发展，使城市规划有可能建立在一系列科学理论的基础之上。与过去的城市相比，今天的城市系统日益复杂多元化，各项经济的、社会的、文化的事业繁多，各项活动之间存在着相互制约的关系，必须从更多、更全面的角度综合预测或设计城市的未来，而不能仅仅通过工程

建议的卫星城
实际建设的新城
高速干道
干道

大伦敦规划界线
伦敦郡界线
外乡村环
绿带环
近郊环
内城环

0　　　15英里
0　　　20公里

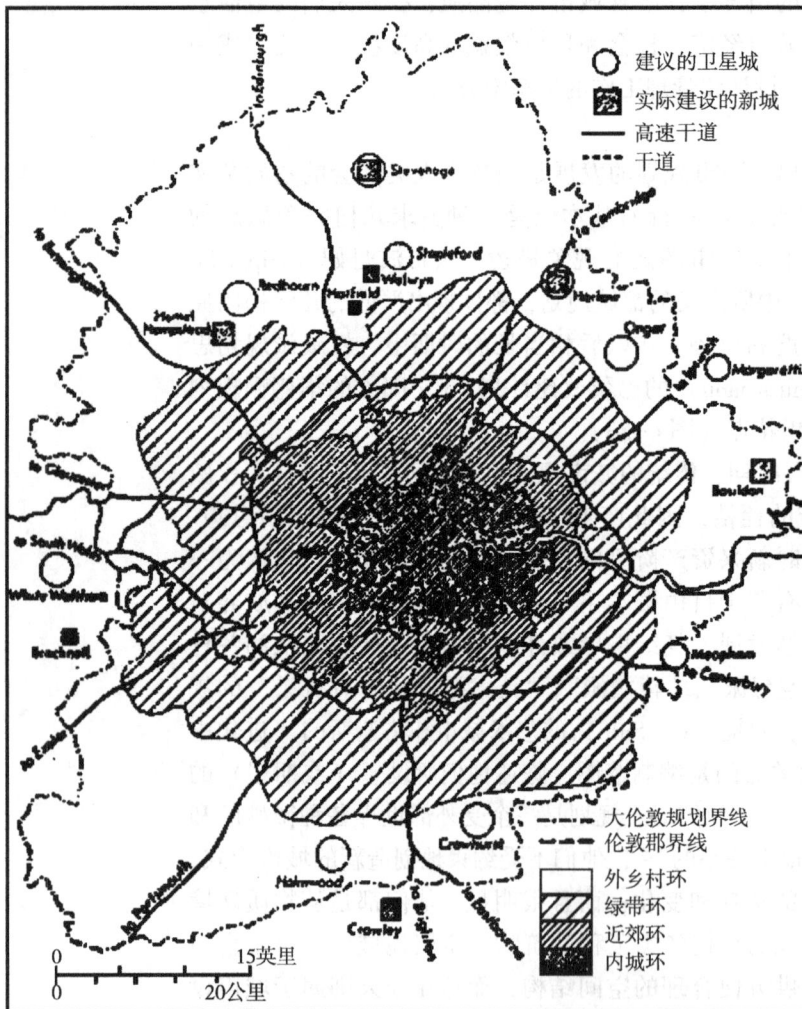

图 6-35 艾伯克隆比的 1944 年大伦敦规划方案。在他的大胆的区域规划方案中，有计划地从拥挤的内城环疏散出 100 多万伦敦人，他们跨越限制城镇集聚区进一步蔓延的绿带，进入有规划的卫星城——著名的伦敦新城

① 参见：P. Hall. 城市和区域规划 [M]. 邹德慈，金经元译. 北京：中国建筑工业出版社，1985：48-49.

建筑物的空间安排。现代城市规划理论认为，城
市规划实质上乃是一种特定的人类活动，目的是
为了控制和引导城市这种特定系统的发展，使之
成为一个全面的、有效的机体。因此新时期的城
市规划思想是建立在系统控制论基础上的一种动
态的综合性社会规划，必须综合考虑城市经济、
社会、环境等多方面的发展要素。新的城市规划，
无论从思想原则、内容和方法及手段上，与传统
的习惯截然不同。它所关注的乃是城市发展的一
个总体目标以及为实现此目标而采取的各种途径，

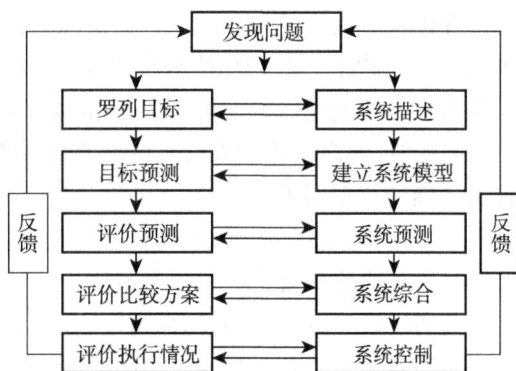

图 6-36
B. Chadwick，
现代城市规划
程序

其主要成果表现于文字而非图纸上；倾向于一种复杂的反复验证和调整的程序（图 6-36）。这
一规划概念来源于系统控制论（systematic cybernetics），其中心思想认为，各种现象，无论其性
质如何，都可以被看作是一个复杂的相互作用系统。当施以适当的控制手段，系统的行为就会
朝着特定的方向变化，以达到预期的目的。同时系统中任一部分的变化，终将引起系统的整体
变化。因此城市规划是涉及到广义空间概念的规划，不仅限于三维的形体空间，而且还要延伸
到经济空间和心理空间等概念中。必须从城市的多种发展要素，如经济、文化、政策、人口、
资产等各个方面进行综合规划，着重考虑其间的相互影响和制约关系，才能确保城市朝着正确
的方向发展。

　　目前我国城市的发展普遍进入新的历史时期，其主要特征是，首先正在从计划经济逐步走
向社会主义市场经济；其次，由国民经济成分的单一化逐步向多元化过渡，区域经济的发展得
到加强；由单纯追求城市经济效益向追求经济、社会、环境的综合效益过渡；产业结构的调整
使得城市土地市场逐步健全和完善。总的来看，我国城市经济已进入起飞阶段，正在向持续、
稳定的发展阶段迈进。"从某种意义上说，朝着后工业化的转变是一个世纪前马克思所分析的革
命过程的继续。技术的新发明，伴随着生产的社会组织的变化，给社会与经济的各个方面带来
了深刻的变化。然而当工业化继续向前发展而走向后工业化时，二者有着显著的不同。明确地
说，在技术、消费需求及生产的社会组织方面都有变化"。[①] 这些变化对于城市规划与设计方法
的改变起着决定性的作用（表 6-10）。

工业化与后工业化社会差别　　　　　　　　　　　表 6-10

工业化社会	后工业化社会	工业化社会	后工业化社会
货物的生产	服务业生产	集中化决策	分散化决策
大宗的生产	电脑辅助生产	各级官僚主义	某一层级官僚主义
物质资本（机器）	人力资本（技巧）	半技巧的工人群众	少量高技巧工人
长期资本	短期资本	可预见的	灵活的
大规模市场	专业化货物与服务	稳定的	动态的

　　市场经济及第三产业的发展，对城市的影响首先表现在对商贸、金融等第三产业类用地的
需求上。以上海为例，第三产业的结构比例由 1978 年的 18.6% 上升到 1989 年的 28%，其在国民
生产总值中的比例上升了 10.2%，就业劳动者比重及用地规模，相应地也有大幅度的提高。第

---

①　J. Stern，C. Seward. 后工业化与城市规化——来自美国的教训. 转引自林志群. 科学技术对城市发展的推动作用 [J]. 城市，1991，3：12.

三产业的发展促进了人口、资金、信息、物质等在城市中心的进一步集聚，改变了传统市中心封闭的"购物中心"的功能本质而成为开放的城市核心地区（CBD）。第三产业的发展同时促进了城市人口的流动，如上海市仅浦东越江就业人口即达 18.5 万人；同时浦西越江就业人口达 11.38 万。[①] 众多的流动人口对城市公共服务设施和基础设施的规模、数量、标准及其布局，都提出了新的规划要求。

市场经济的发展有效地带动了城市土地有偿使用制度的改革，也使得如何合理运用土地级差地租和使用价值规律，优化城市用地结构和布局，促成城市土地功能的组合与调配及结构的不断完善，以发挥土地的最大效益，成为城市规划的一个核心内容。通过出让或转让土地的手段引进投资项目能够为高速度、高标准的城市建设带来蓬勃生机。如上海闵行 1986 年作为经济技术开发区以来，建设项目总投资以将近逐年翻番的速度增长，区内投资企业的总产值及经济效益也有很大的发展（表 6-11）。同时，进入 20 世纪 90 年代以来，我国房地产开发产业也有了极大的发展。1992 年全国完成房地产开发投资 731 亿元，比上年增加了 117%，[②] 这种冲击潜力大大促进了市场体系的发展和城市投资环境的改善。但同时应该看到，正如前面所分析的，在土地市场尚不完善的前提下，引进外资、出让土地及房地产开发过程中尚存在许多客观的问题和矛盾。这就使得在城市规划的统一指导下的房地产开发、开发区设置、城市土地分等定级工作，成为现代城市规划所面临的一个重要课题。随着我国改革开放的逐步深化，在规划布局合理的条件下，大量吸引外资、实行优惠政策，开办各类高新技术开发区，实践证明对我国经济的发展具有良好效果。但是前提是必须认真制定开发区规划的指导思想、原则、内容和编制方法，使其真正为社会主义经济服务，补充和带动地区城市的发展，避免土地的不当使用，甚或"借鸡生蛋"的现象出现。这也是我国城市规划审查和管理所应注意的问题。

上海闵行城建发展 表 6-11

年份	已批准开业和签约企业	项目总投资（万美元）	外商投资（万美元）
1986	9	5000	3000
1987	26	12000	5900
1988	47	23000	11000
1989	61	30300	14500
1990	63	30710	14700

城市社会的变化不仅仅体现在物质生产方面，社会的整体意识及人们的生活观念也发生了根本性的变化。随着城市发展的日趋成熟，人们对城市的根本性质和发展方向也有了清醒的认识。20 世纪 60 年代以来，随着工业化程度急剧提高，城市迅速扩展，环境污染问题严重，人们才认识到城市空间的真义乃是人类赖以生存的环境。城市不是一种静态的、理想的空间物质环境，它是整个自然生态系统中的一个重要组成部分，与自然环境的各种生态因素有着千丝万缕的关联，城市盲目地发展建设必然会引起生态环境的破坏，从而对人类造成灾难性的后果。据国家环保局测算，我国目前每年环境污染造成的经济损失达上千亿元[③]，而恶劣的环境对人们生活的影响则难以估量。同时从整体上看，环境污染有进一步恶化的趋势。因此必须及时采取有效措施，使城市环境得到新的生态平衡，这是城市生存的根本要素。从人类生活的进步来看，

---

① 统计年份至 1990 年。赵民，严华. 浦东新区产业、环境和规划的综合研究［J］. 城市规划汇刊，1993，3：4.
② 许鸣天，董扬. 发展社会主义市场经济过程中的中国城市规划［J］. 城市规划汇刊，1993，5：2.
③ 参见：刘先觉. 建筑文化的深层课题——生态建筑学探讨［J］. 华中建筑，1995（1）：29.

随着物质水平的提高，人类的精神与文化生活需求愈加迫切，人们已不单纯满足物质的丰富程度，而且对良好的生活条件、健康的环境品质及清新优雅的自然景观和田园化的生活方式也有着越来越强烈的追求。欲达成此种综合效益，除了对现有的环境污染现象进行全面综合的治理之外，还必须从城市规划的角度，对城市企业和生产布局进行适当调整，合理组织城市的空间结构，对企业生产加强宏观的控制和引导，完善城市的基础设施和环境规划，最终建立起社会主义的山水城市。这是现代中国城市规划所面临的一个崭新课题，关系到城市的精神面貌和景观特色。

此外，从全国的经济发展战略上看，在继续大力发展沿海经济发达地区的同时，国家有关政策已开始向中、西部倾斜，在稳固大中城市发展的基础上，加快了小城镇的发展步伐；沿海地区为弓、内陆地区为弦、沿江地带为箭的"弓箭发展模式"已初露端倪。这些相关的发展政策都直接或间接地影响着城市发展的战略方针、产业结构组织和空间布局，需要城市规划从宏观上指导生产力和城市的总体布局，带动区域经济的发展。

通过上述分析，我国城市规划必须切实转变观念以适应时代的进步，革新规划方法，完善规划内容；将城市规划与部门规划紧密衔接；高度重视环境生态问题；运用新技术的发展潜力充实城市规划。以前的城市规划关注的是一个详细的未来土地利用方案，停留在对物质空间的静态的理想构图设计上，主要成果大多是一张完美的图画，而且规划倾向于采用一种调查—分析—制订方案的简单的机械程序（图6-37），规划一经制定，则可调整的可能性较少。这种方法显然已不适用于当代城市多元、变化的发展需要。

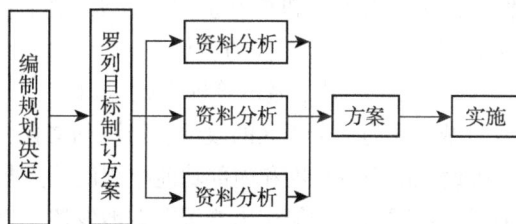

图 6-37　机械的城市规划程序

故此新时期的城市规划首先要从过去高度集中的计划经济的观念中解放出来，强化市场经济意识，充分运用市场经济这只"无形的手"来指导城市规划工作，扩展城市规划视野，开拓城市规划领域，积极主动地参与城市各项经济活动，如经济区域规划、城市土地分等定级和地价的制定以及房地产开发和土地开发投入产出的预算，促进城市规划事业的发展。

要强化区域、开放意识。市场经济下的区域经济是一个突破了行政区划界限、多领域、多层次、多形式的联合与协作，城市发展的辐射力影响和推动着区域经济的发展，而区域经济发展则是城市发展的基础。因此必须转变孤立地研究城市的狭隘观念，树立从一定区域范围来探讨城市发展的区域观念，从较高的层次把握城市体系的合理布局。同时鉴于城市体系是一个开放的控制系统，彼此间集团化、互补化的横向联系较强，故而城市规划必须增强开放意识，在研究城市经济结构、产业结构和发展战略等重大问题时，不仅要立足本地，而且要面向整个城市体系，树立全局观念以促进我国城市多层次、全方位的开放格局。

要强化综合和动态发展意识。现代城市是一个日趋复杂的多系统、多层次高度有机的综合整体，除了物质经济因素之外，社会和文化等精神因素对城市的发展也起着积极的作用。城市规划要打破过去那种偏重于工程技术的单纯特质环境规划观念，要重视对经济、社会、文化等方面发展问题的综合研究，规划的内容不仅是建设和用地规划，而且要逐步深入到经济、文化、科技、政治、社会等各个领域，此外，要改变一味追求终极目标最优化、不留余地的静态规划观念，要使城市规划成为一种既有长远战略设想，又有分阶段实施的目标，并可及时补充或调整的动态规划以增强城市规划的弹性和应变能力。

要强化环境和生态意识。城市作为人类的聚居地首先是一个生活系统，应具有良好的生活基础设施和宜人的自然生态环境。必须改变过去盲目发展生产，追求单纯的经济效益，忽视生活环境品质的片面思想，树立牢固的环境保护意识。城市产业结构、组织结构的布局应尊重城市的自然景观条件，因地制宜；或采取综合开发，配套建设的措施来发展城市生活服务设施，完善城市绿地系统，对环境的污染进行综合治理，达成城市经济、社会和环境效益的统一，建设有中国特色的社会主义新型山水城市。

要强化竞争和法治意识，竞争是市场经济的基本特征之一，市场经济体制的建立就意味着竞争机制的引入，优胜劣汰是市场竞争的法则和结果。采用竞争的办法不仅可以自发地调整城市用地结构和产业布局，而且可以不断提高城市建设的水平和质量。因此应在把住资源管理的前提下，逐步开放市场，鼓励国有、集中、合资、民营等多种所有制单位共生共存，平等竞争以活跃市场体系。但是市场经济是以法律为规范的，失去法律规范作保证，市场就会陷入混乱、无序的状况。因此国家需要通过法律、法令、条例等手段进行合理的必要的行政干预和宏观调控，依靠各种行政的、技术的、经济的环境的法律法规来协调各方面的关系，以"法治"代替"人治"，从而保障城市的整体利益和长远利益。

综上所述，中国当代城市的发展和进步对城市规划和管理提出了更高的要求，城市规划工作正面临着新的发展机遇和挑战。需要我们从根本上转变城市规划的观念，完善规划内容，革新规划方法，以适应时代的步伐。

6.5.2　新时期城市管理模式探讨

城市作为一个地区的政治、经济和文化中心，其控制作用的强弱一方面取决于其规模的大小、基础设施的完备程度和内部功能组织的特点与辐射能力，同时城市内部管理得好坏也决定了其内部关系是否顺畅、功能作用能否有效地发挥。这对于城市本身的发展和城市地区的进步都具有相当的影响。所谓城市管理就是对城市的社会生产（包括物质生产、精神生产和人口生产）和社会生活（包括物质生活与精神生活）进行合理调节，使之顺利发展的过程，而城市管理模式则是对不同城市管理行为在体制上、运行上所体现的基本特征以及组织方式的理论概括。

按照系统论的观点，一定的城市管理模式乃是某种社会历史环境的一个组成部分，有各种行政的、经济的、法律的、文化的、自然的因素共同制约着城市管理模式的选择和运行。而其中起主要作用的因素有三：一是城市经济的发展阶段，它实质上是指一定时期城市社会生产力发展的状况和水平，包括城市经济规模、经济聚集程度和社会化、商品化水平方面。自然经济阶段、工业化生产阶段与商品化经济阶段的城市管理模式显然是有着巨大的差别的。二是社会制度及政府公共目标，不同的社会制度和公共目标会造成城市管理在目的、重心和方法上的本质差别。三是城市的历史文化基础，城市发展的历史表明在不同历史文化背景下的国家或地区，由于大众思维定势和心理文化意识的差异，尤其是人们的管理方法和作风的不同，导致城市管理模式出现不同的特征。

欧美现代城市规划管理的一个最大特点就是以现代土地使用控制的新技术取代了以前单纯依靠建筑建造控制的传统方法，从而使城市规划的观念发生了巨大的改变。建筑控制主要着眼于建筑单体，在控制技术上千篇一律；而土地使用控制则考虑到建筑物与城市结构的相关性，有区别地引导和控制土地的使用。因此土地使用的控制技术乃是现代城市规划和管理的技术核心，它应当建立在现代科学理性主义规划思想之上，以城市功能分区为基础，以"合理发展"为目标，通过各种行政的、经济的、法律的和规划的手段对城市土地使用系统，而不是局限于某一具体的建筑进行严格控制；控制的内容应包括土地使用的性质、容量、建筑规模、环境品质、相邻建筑与土地使用的关系，以及控制实施的技术手段及细则等等。此种规划和管理方法反映出一种生态学意义上的综合观念，即不单纯地依靠某种单一的要素解决城市问题，而是采用综合的手段对城市整体进行控制，它是一种注重社会性而非物质性的规划和管理技术。

在西方某些发达国家如美国和日本，由于其私有化制度下强大的市场经济基础，导致城市管理主要采取一种"市场主导型"的间接管理模式（图6-38）。政府管理的重心偏重于城市经济、社会生活的外部环境条件，即侧重于社会管理，一般不直接涉入微观的经济组织和企业的行为管理，而主要是通过运用经济和法律机制来调控市场运行及社会活动，管理和经营城市公用事业，协调各个企业和团体、个人的行动。在城市土地使用管理方面主要采用法规控制型模式，即采用严密而完善的城市立法对土地使用进行控制，使城市规划管理完全纳入到法制管理的轨道。

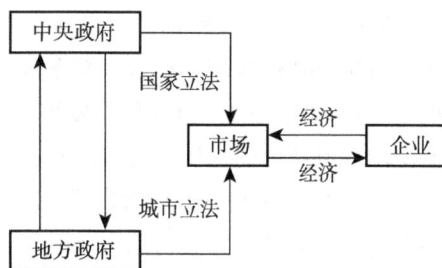

图 6-38　市场主导型城市管理模式

它剔除了城市规划的一切非理性因素，以最为精确和严密的语言阐述规划目标，因此它具有一整套完整的法制体系及法规仲裁和执行组织机构。以美国为例，区划法（zoning）已经成为绝大多数城市进行土地使用控制的基本手段，以区划法为首，再辅以土地细分管理（subdivision）、建筑法典（building code）、地价法则（Land value）等一系列城市法规则构成了美国城市土地使用控制的法规体系。日本和台湾地区虽然也有各自的城市规划体系，但在城市土地使用控制方面，基本上是参照美国区划法的管理技术，因此也属于法规控制下的"市场主导型"管理模式。这种管理模式在管理机构的设置上层次、环节较少，管理机构直接面对市场中的企业和团体；着重于社会管理方面，经济管理职能弱化；没有直接管理企业行为的行政机构，主要由经济组织用经济和法律手段来调控企业活动。同时，"市场主导型"城市管理模式在某种程度上反映出商品经济发展和城市现代化的客观要求，既利于保证商品生产者的经营自主权，使其自由发展，也能通过政府对社会市场环境的管理、调控，为其提供一个公平发展和竞争的秩序环境，从宏观上保证微观经济行为的协调、稳定发展。

但是此种管理模式由于过分依赖企业个体的运作，因此城市宏观上的经济发展速度和结构变化往往难于控制；其次各种经济利益关系难以有效协调，容易出现社会分配不公和机会不平等现象。美国的区划控制虽制定了明确的规划目标和可靠的法规保证，但由于过分强调法规的严肃性，造成了区划法的刻板和僵化，束缚了建筑师和规划师的手脚。此外美国的综合规划（comprehensive plan）并不是通常意义上的总体规划，它相当于城市公共政策和城市发展计划，涉及面相当广泛，包括城市功能分区、城市经济、劳动就业、城市交通、犯罪等各个方面，因此区划法常常不能反映综合规划的目标，甚至相互矛盾，这是美国城市规划和管理的一大结症。这种区划和规划的分离，削弱了城市规划的整体和有机性，自由主义和无政府主义造成一定的社会问题。

与上述规划管理模式相对的，是一种以行政或立法手段对企业经济行为进行直接干预的"计划主导型"城市管理模式，其明显特征是偏重于政府直接的干预和管理（图6-39）。如苏联、东欧及我国的城市经济管理对企业的物质供给、资金调拨、人员配备、产品供销诸方面实行严密的、直接的组织和协调。这一方面是受传统的社会主义经济理论的影响，过分强调政府对经济活动的支配作用；另一方面也同社会主义生产力水平较低，城市经济、法律体系不完善有关。在城市土地使用控制技术上采用一种以英国为典型代表，法国、德国和意大利等资本主义国家普遍采用的规划控制型方法，即城市规划和管理立足于城市规划，通过对土地进行细致的分析和研究，制定出系统而完善的城市规划方案，并借助于行政干预和规划立法对城市建设施行有效的控制和管理。这种管理模式以国家对城市土地的使用拥有较大的支配权力为基础，具有完善和系统的城市规划体系，并有切实可行的规划实施和规划管理机制。这种规划管理体系一般自上而下，层层深入，具有较强的指导性。如英国的"结构规划——地方规划"体系以及俄罗斯的

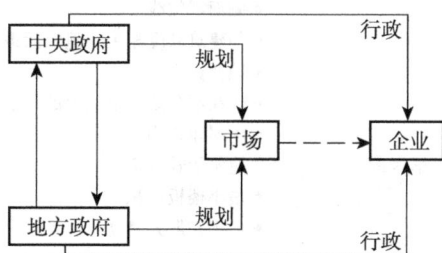

图 6-39　计划主导型城市管理模式

"总体规划——分区规划——详细规划"体系等，充分强调和发挥了城市规划的预见性和整体性。特别是英法等国在行政干预的基础上，进一步对规划成果进行立法授权，如英国的《城乡规划法》和法国的"市区优先发展地段"与"协议整备地段"制度等，都是确保政府对城市土地使用控制的法律保证，并且通过地方当局利用行政手段直接干预城市规划的制定和实施。然而在"计划主导型"城市管理模式下，企业在各级行政机构指令性计划、政策和行政命令的束缚下活动，容易丧失经营的自主权，成为行政机关的附属，因而有时会出现"统得过严，卡得过死"的状况，再加上繁冗的管理机构之间配合失调情况，难以对城市建设和发展施行科学的、有效的管理，特别是在规划法规缺乏或不完善的条件下，随着商品经济和社会化大生产的发展，难免出现城市结构失衡、效益低下等问题，造成规划目标的落空。

图 6-40 综合型城市管理模式

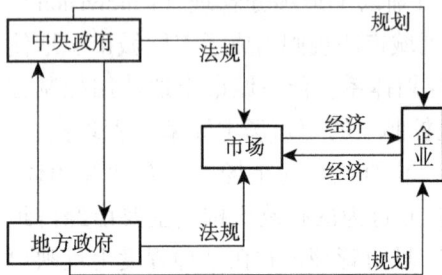

而加拿大和香港特别行政区等地的城市规划和管理则采取一种综合型的管理模式。这种控制形式是将规划控制和法规控制结合在一起，并通过适当的行政管理手段对城市土地的使用进行综合控制和调节，以达到改善城市环境，促进城市发展的作用（图6-40）。其主要特点是同时使用城市规划和城市立法，并使它们相互配合、协同运作。这就要求既要有较为完善的城市规划体系，又要有比较健全的城市立法机制，此外还要有一个能够相互配合的规划、管理控制系统。如加拿大的大多数城市都有规划编制机构，负责制定较为详细的发展计划；同时各城市也有完整的区划法直接控制城市的土地使用。尽管各省之间的区划法有所差异，但无一例外地均要求地方立法的用地区划必须符合城市规划的要求，因此这种区划法实际上是实现规划目标的有效工具（图6-41）。香港特别行政区也属于综合控制型管理模式，但它与加拿大的控制技术有所区别。加拿大是一种竖向型综合（规划——区划），城市规划

图 6-41 加拿大区划法规文本目录

第一章	管理条款		• 最少与最多楼数
	• 土地管理		• 最少与最多住户数
	• 以前的变更（若有）		• 建筑，对称，外观
	• 将土地划分为区块（规划）		• 材料
	• 实施		• 搬迁，拆除和用途的改变
	• 处罚	第七章	土地位置规定
第二章	术语		• 院落的使用
第三章	建筑和使用分类		• 汽车的通道
第四章	应用于每一用途区的条款		• 停车
	• 每一用途区建筑物和使用的管理		• 挖掘和台地
	• 补充与有条件地使用		• 景观
	• 补充与附属建筑物		• 栅栏
	• 临时性使用		• 装卸场
第五章	建筑位置规定	第八章	特定用途的建筑占用
	• 建筑覆盖率		• 住宅中的办公室
	• 楼板面积系数		• 建筑中许可的使用
	• 前院，侧院和后院		• 用途的改变
	• 侧面零位线		• 住宅细分
	• 与建筑高度相关的建筑后退		• 与法规不一致的使用
	• 地面标高	第九章	自然限制
	• 建在不合规定地块上的建筑物		• 洪水淹没区
	• 附属建筑物位置		• 斜坡
第六章	建筑形式规定	第十章	标牌（广告）控制
	• 最小楼板面积	第十一章	路外停车控制
	• 最小和最大高度	第十二章	室外堆场控制

通过用地区划来实现对土地使用的控制调节；而香港特别行政区则是属于横向型综合（规划+区划），城市规划和城市立法同时对土地使用进行控制。其中土地使用性质由"分区计划大纲"控制，土地使用强度则由"建筑法规"进行控制。综合型城市管理模式由于采用了多种形式的管理手段，包括行政裁决、经济调控、公共参与法律程序等，因此可以有效地提高管理的效率，在一定程度上弥补了规划控制型和法规控制型模式的不足。但由于它对城市规划和城市法规两方面的要求均较高，因此城市管理体制需进一步完善和改进。

上述分析表明三种类型的城市管理模式都有各自的特点，也有一定的不足（表6-12）。从总体上看，"计划主导型"城市管理模式虽然在一定时期和一定范围具有积极的意义，但对于城市经济、社会的发展却是不能适应的；同样"市场主导型"城市管理模式也有其一定的局限性，特别是在我国市场经济体制尚未充分完善，城市的经济、法律机制尚不健全的情况下，盲目照搬西方的模式，必有损于中国城市的健康发展。为此，在我国目前特定的经济、社会和文化环境下，变革我国的城市管理模式，首要的选择只能是市场型和计划型相结合的综合控制型模式，即政府在把握城市经济建设和社会发展相协调的情况下，把管理的中心放在运用经济和法律手段对城市经济、社会发展的规划、调控方面，实现城市经济效益、社会效益和环境效益的统一。

城市管理模式类型　　　　　　　　　　　　　　表6-12

控制类型	国别	控制技术	主要控制依据	特点
规划控制	英国	规划立法	《城乡规划法》开发许可证制度	• 以规划为主导 • 通过行政干预和规划法规控制 • 政府对土地具有较大支配权
	德国	规划立法	联邦建筑法 建筑使用限制条例	
	法国	规划立法	城市规划 协议整备地段制度	
	苏联	规划制定与实施	总体规划·分区规划·详细规划	
法规控制	美国	城市立法	区划法·土地细分建筑法·地价法则	• 以规划为主要控制手段 • 通过法律程序控制建设 • 土地私有制程度较高
	日本	区划法规	土地使用区划法 《建筑基准法》	
	台湾地区	区划法规	《都市计划法》 土地分区管制法	
综合控制	加拿大	规划——区划	区划法·开发控制 开发协议·基地规划	• 规划与区划相结合 • 采用多种控制手段
	香港特别行政区	规划+区划法规	分区计划大纲图 建筑（设计）法规	

在新的管理模式下，城市经济管理的行政手段将日益削弱，规划手段、经济手段和法律条例将成为政府规范城市经济活动的主要工具，并通过城市产业政策、技术政策和环境政策调节市场运行，引导企业行为。同时在各种形式的管理手段中必须以立法作为城市规划和土地使用的控制性要素。只有在法制的前提下城市规划和土地使用控制才能发挥真正的作用。

在新的管理模式下，市场经济体制需进一步完善，加强对城市土地使用和地租地价的管理，完善市场机制，充分发挥市场机制在城市发展和建设中的重大作用。

在新的管理模式下，政府管理的另一重心将是社会的发展，加强对城市公用事业和基础设施及生态环境的管理，合理调节各类社会利益的分配，实现城市公共目标，保证城市公共利益，提高城市生活环境的质量。

此外为提高城市人口素质，实现城市的现代化发展，对科技、文教、卫生事业的管理也应提到重要的地位。

总之，在新的城市管理模式下，政府机构、功能、职责、权限和利益都应进行重新界定，城市管理将依商品经济的发展和城市经济运行的规律，适当加以计划性引导和行政干预，实现具有中国特色的现代化城市管理模式。如果我们把城市看作是一个不断运动、变化和发展的生态有机系统，对于它的管理就必须依照一些基本的生态原理，如系统原理、协同原理、网络原理、反馈原理和能级原理等。

城市是一个复杂的有机生态系统，是各种物质及文化要素按照统一的城市发展目标而组成的整体，其县、镇的自然生态系统、经济系统、文化系统等，对城市整体功能的发挥均起着重要的作用。若使城市系统的状态达到最佳，就必须采取系统分析和管理的办法，强调系统的整体性、相关性（系统内部各要素的相互关联）、目的性（整体利益大于局部之和）及环境适应性（系统与环境的协调），达到城市整体功能的完善与最优化。

城市管理工作错综复杂、头绪很多，如果没有各部门的分工及在分工基础上的有效协调合作，就不能达到高效率。因此城市管理必须依循协同原理分工合作。分工的目的在于合作，要在各职能部门如行政、经济、规划、法律之间建立起密切的联系，这样才能保证政策的顺利实施，收到事半功倍的效果。但同时应指出，在上述各管理职能和技术之间应有主次之分，必须在坚持综合控制的前提下，加强城市立法的重要地位。从国外有关国家的城市管理经验来看，虽然方法各不相同，但在法制为基础这一点上却是共同的。只有在法制的前提下，城市规划和管理措施才能得到充分的尊重和保护。

由于现代城市建设的复杂多变，要想事先对它进行完全准确的预测和控制几乎是不可能的，因此城市规划和管理本身除了具有绝对的严肃性之外，也应当保持适当的灵活性与应变能力。它是一个连续的动态过程，其自身发展也不是一个静止的结果。城市规划管理的灵活性一方面通过规划本身所具有的弹性，另一方面是通过对规划成果进行及时的修正与改进而获得，这就要求我们在城市规划和管理的动态过程中引进反馈的机制，不断调整城市系统的状态。这一机制意味着早期城市的"限制型"管理转化为现代的"引导型"方法。所谓反馈，就是将控制信息输入控制系统之中，再把产生的结果作为输出，通过一定的环节返送回来，并与输入前比较，根据两者的差异来判断系统的状态是否改善，进而对控制信息和控制系统作适当的修改和调整，从而使输出达到最佳的过程。城市管理中的反馈过程包括控制系统对控制信息的反应、信息系统对反馈信息的分析和决策系统对分析结果的判断这样一系列连续的过程。其中任一环节出现问题都会造成中间阻塞现象，易产生管理混乱、指挥不力的情况。因此必须强化人民群众的参与意识，广泛开展对话活动，开辟更多的反馈渠道，诸如广播、电视报纸、民意测验等多种方式，增加反馈信息，使城市的发展建设更好地为人民服务。

城市规划和管理的程度并不是一种单向的自上而下或自下而上的过程，而是一种呈网络状的横向组织、调节过程，各种管理手段如机构、人员、法规必须构成一个联通的网络。换言之，一个完善的管理程序中必须有决策机构、执行机构、监督机构、信息机构及反馈机构几大部门，缺少其中任何一个部门都会使整个管理程序难以正常运转。这些机构在协同原理支配下要相互配合、共同发挥作用。其中决策及执行机构是制定城市发展计划及具体操作运行的机构；信息机构、反馈机构是为决策机构提供准确真实的理论和现实依据的部门；而监督机构则是对执行机构的工作进行监督和检查的部门。如果我们仅仅在某一机构中施行严格的制度管理，忽略其他机构的作用，则很难达到预期的管理效果。

最后，从城市管理的部门机关和人员组织配备上看，任何一个机关都有能量级上的差别，对于法和人来说存在着能量级的差别。只有当一个机关部门或一个人的工作岗位与其实际能力相适应时，才能达到"物尽其用、人尽其才"，较好地完成任务，如果把不适当的人才安置在不适当的岗位，或者在不适当的位置安排不适当的机构，就会造成人才的浪费或引起不必要的内部消耗，这同样也是对城市资源的一种浪费。因此现代科学的管理模式就是要将相应的机关和人才安排在相应能级的岗位，这样才能建立一个合理的能级体系，使管理的内容和权限动态地处于能级系统中，形成稳态的管理体制，保持系统的高效运转。在城市生态系统的组织结构中，高能级、高位势的决策层，相对来说规模较小、人员较少；而下属的执行层和操作层人数要大得多，这样的结构才合理，反之管理肯定是难见成效的。

因此，现代城市科学的管理模式必须在上述基本原理的支配下，通过各种组织、计划、协调、控制、法律、监督、咨询、规划等多种途径，对城市生态系统实行全面的、统一的、综合的控制和协调，以最低的代价和成本、最高的效率和效益以及最为明确和坚决的措施，保证整个城市系统的迅速有机、平衡发展，达成城市经济效益、社会效益和环境效益的三位一体。

在考虑和分析苏州城市开发建设的基础上我们发现，苏州的城市无论是规划、设计或管理上都不是局限于城市本身和其中某个局部，而是从整体上全盘考虑，具有区域规划和设计的特点。从宏观上，城市的发展同整个苏南地区的经济和地理大环境相协调，进而同整个长江三角洲地区乃至沿海地区的城市群发展紧密联系；微观上，城市中每个区片的设计都是全城总图规划的有机组成部分，每组建筑开发都同其周围的环境设计结合在一起。其次，城市的保护及改建规划也是相互协调配合，对于保护、更新和开发都有通盘的考虑，并且从政策和开发设计管理方面，强调了综合开发和整体的观念。从城市的结构和布局来看，苏州可分为东、西、中三大区块（图6-42）。其中以古城墙和护城河为界为约 $16km^2$ 的古城区；城西至天平山及灵岩山东麓为约 $52km^2$ 的新区；城东沿沪宁高速公路向东为约 $70km^2$ 的苏州新加坡工业园区。三个区块分工协作、相互配合，有效地缓解了城市经济发展的矛盾，加强了城乡内外不同层次的横向经济联系，共同构成了苏州城市的整体结构体系。新区的建设虽以有机疏散人口及工业设施为目的，但实质上也是对整个城市功能结构布局的一项综合调控。它是一个相对独立的系统，内部各类设施完善，避免了简单的卧城或工业基地的概念。以发展的眼光来看，它甚至会成为苏州一个新的市级中心，而原古城中心将成为城市的一个重要的人文区位。

而古城内的开发同样体现出综合开发的整体观念，在充分发挥土地经济效益的同时，也使得城市各项基础设施和环境质量得到改善。如南园54号街坊约 $49.3hm^2$ 土地的开发，其中用于

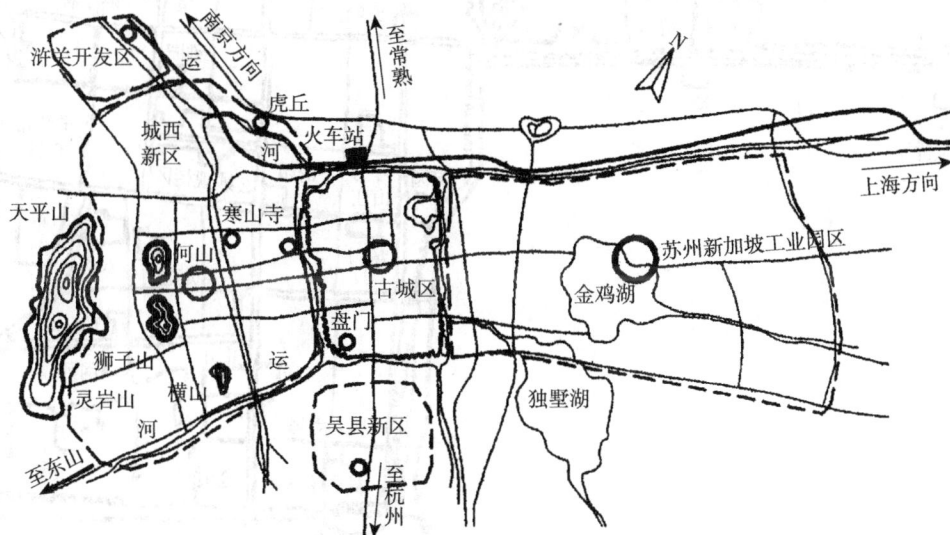

图6-42　苏州城市发展结构示意图

商业开发的面积为 13.3hm²，其余则由开发商按照总体规划要求，在政府适当补贴政策下，投资建设三路一园的城市基础设施。综合性整体开发的观念，极大地促进了城市的全面平衡发展，土地得以合理利用，环境得以改善，从而也加强了城市内部各个部分之间的有机联系。

　　再如苏州古城的保护，主要是从保护范围和内容两个方面强调了古城保护的整体性、综合性及在此前提下古城环境和生活设施的改善。从保护范围上，以护城河内苏州古城为重点，包括沿山塘街、山塘、沙和枫桥路、上塘河两线，以及虎丘、寒山寺和留园、西园三个区片。古城内还划定了三片不同类型的面积较大的保护区，即平江河东 50m 范围内，城河以西，白塔东路以南至萧家巷约 37hm² 的民居和水乡风貌保护区；玄妙观、观前街和北局形成的 11.6hm² 的传统商业步行区及古建保护区；古城西南角外城河北至梅家弄，东至东大街共 24.7hm² 的盘门古迹保护区（图 6-43）。然而城市毕竟不同于一般的历史文物，它是一个不断发展变化的有机体，对保护之意须正确理解。拘泥于复原和维持现状而不求发展，与盲目发展致丧失传统，同样是一种偏激。控制城市容量、人口规模及对文物古迹的修缮，固然是古城保护的积极措施，然而保护之更深层含义，乃是对城市环境的宏观控制及对传统空间场所构成手法与内在精神实质的继承。换言之，保护与发展是一对相关的概念，没有发展，保护亦无从谈起。苏州城市保护根据对象本身及其对环境的要求划分为三个部分，即对象本身、环境控制区和环境协调区。此三部分构成对象保护的核、质、膜（图 6-44）。其中控制区是指保护对象周围一定距离的范围；协调区则是指临近控制区的地带。三者之间通过层级传递，逐步实现了保护对象与整个城市空间环境上的过渡关系。在这个过程中，对象本身及环境控制区的保护主要以法规的形式来完成，而对于环境协调区，则更多地依靠规划的手段加以控制。

图 6-43 苏州古城保护总体规划

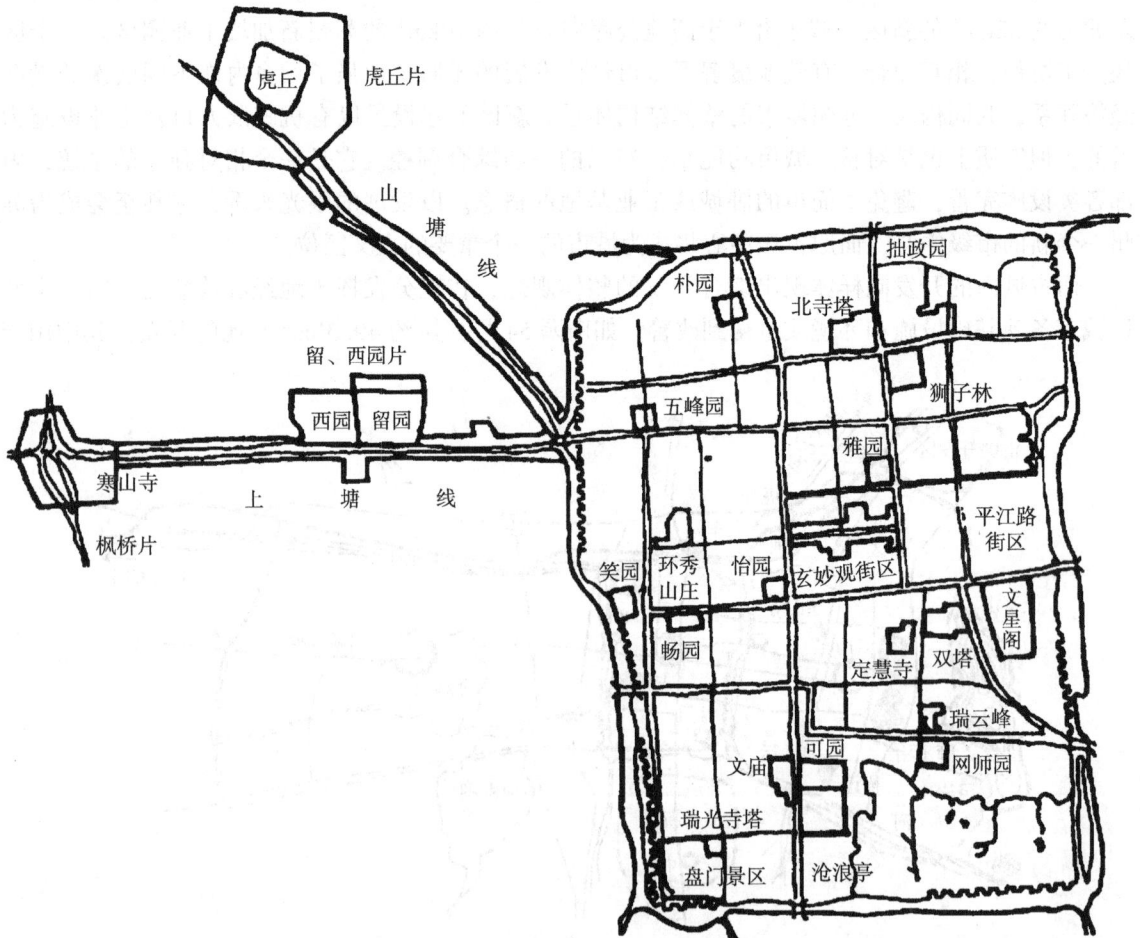

当然，苏州的城市规划、设计和管理工作中也存在着某些不足之处，如就城市总体关系来说，古城与新区的联系颇为有机、协调，两者之间相互促进的作用能够顺利发挥，相对来说，无论是规划、设计和管理上，工业园区似乎都显得独立性较强而与古城及城西新区的联系较为松散，这固然是其自身的特点所造成的。然而它作为整个苏州城市发展的一个组成部分，与整体的脱节将造成自身和整体发展的两害。尽管目前干将路的拓宽改建使得苏州城市东西向的联系大为加强，但是还必须从整体观

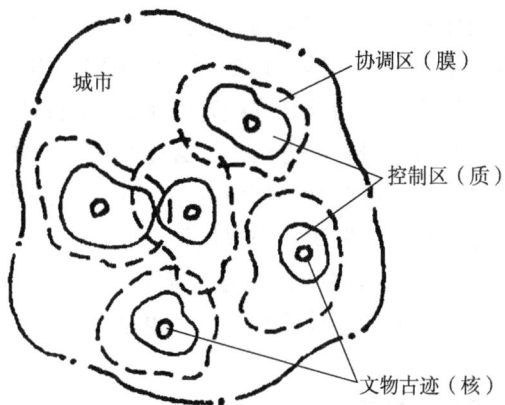

图 6－44　苏州古迹保护对象及范围

念上对苏州古城、新区及工业园区的发展统筹安排，建立完善、一贯的法律及规划法规，统一规划、管理，促进城市整体的有机、平衡发展。

在我国，以生态学的观点和方法研究城市的形态、变迁和发展，将城市置于相对的时空环境结构中加以剖析，探寻其演变规律，这仅仅是近几年的事情。

作为人类聚居活动的一个重要方面，各种有形的城市活动和建设都不过是一种生物进化过程，均无法摆脱自然环境条件的制约和影响，城市的演进和发展乃是在特定的社会发展阶段中人类各种行为活动与自然因素相互作用的综合结果。然而人类的主观能动性及建立在物质基础之上的文化观念和理想，使得城市的建设从本质上区别于普通的生物行为而成为一种复杂的自然、经济、文化现象和社会过程。城市的时空结构离不开自身特定的人文条件，自然环境给予城市以巨大的影响，但决定性因素仍然是人的创造因素。

城市的发展从本质上说是一种动态的整体协同进化过程而不能将其认作是一个静态、简单的变化。各种自然、经济和文化因子影响着人类的城市活动，进而促使城市在地域上的动态变化和网络体系的形成，它们自身的生长、相互作用及内部更新机制，周而复始地起着质的变化，从而促成城市体系内部的自组织系统和形态上的自相似性特性。而在所有的发展因素中，经济进步是城市演变的决定性因素，经济活动的内容和方法决定了城市空间结构的秩序和形态特征，自然和文化因素则对这一特征起着补充和修正的作用。因此研究城市活动演变及其规律，不应只是研究形体环境的变化，对于其本质的特征、结构和形制，应深入到人类的社会组织活动的内在机制和经济、文化关系中去寻找。

影响和制约城市形成和发展的主要生态机制有如下五个相对的方面：竞争与统领、侵犯与演替、共生与共栖、集中与分散、分化与隔离。我们认为城市活动的各种关系矛盾及形态上的变化特点均可经由上述五种机制来加以说明。它们之间的相互配合与综合作用，形成了城市发展历史中的复杂性和多样化形态，也可以从更大的时空范围和更高的整体层次上对地域城市空间体系的发展予以更严密、更科学的阐释。

城市的规划、设计和管理实在是一项严谨、逻辑的科学事务，对于城市发展方针和总体战略布局，不能简单地采用某种形态优越的偏执观念公式，而应合乎规律地选择与当时当地具体条件相适应的形式。它不是自由主义者和城市唯美主义者们幻想的天堂，而是与普通居民真实的现实生活紧密相关的场所，不能脱离具体的景观要素去组织安排空间，必须综合考虑城市的发展条件，达到社会、经济和环境效益的统一。城市生态学的研究为城市规划、设计和管理提供了一个重要的启示，那就是能动地分析城市和控制城市，在不同的发展阶段探求其所显现的矛盾，使城市向着良性循环发展。

从长江三角洲地区城市体系发展的动态趋势来看，20世纪内城市的发展继续呈分散的集中化发展，即一种区域上分散布局而功能上联成一体的城市群组空间形态。城市发展的重心应主

要集中在城市内部结构和功能的完善与更新，以适应区域中心位置的需求，增强中心城市的统领和辐射作用。然而到 21 世纪，随着我国经济的迅速发展，某些局部可能出现一定程度的向郊区扩散现象，为此必须统筹安排，合理布局生产力。

从城市研究的方法上，必须突破传统的以城论城的单一和片面的观念，将城市置于更广泛的自然、经济与社会环境的参照系中，从人与环境的整合作用及系统平衡的观点，多因素、全方位地探讨和解决人类聚居活动中存在的各种生态问题，确立一条"进程、整体、分层、活动、超前"的分析路线，并通过定性与定量分析相结合的方法科学地把握城市的发展。这就是城市生态学研究的整体系统观点，也是当代城市生态学研究的主要趋势。

本章参考文献

[1] W·奥斯特洛夫斯基. 现代城市建设 [M]. 冯文炯译. 北京：中国建筑工业出版社，1986.

[2] W·鲍尔. 城市的发展过程 [M]. 倪文彦译. 北京：中国建筑工业出版社，1981.

[3] B·康末尔. 环境危机 [M]. 宋尚伦译. 台北：巨流图书公司，1976.

[4] 董雅文. 城市景观生态 [M]. 北京：商务印书馆，1993.

[5] 丁鸿富，虞富祥，陈平. 社会生态学 [M]. 杭州：浙江教育出版社，1986.

[6] 顾朝林. 中国城镇体系——历史·现状·展望 [M]. 北京：商务印书馆，1992.

[7] 高佩义. 中国城市化比较研究 [M]. 天津：南开大学出版社，1991.

[8] 江美球，刘荣芳，蔡渝平. 城市学 [M]. 北京：科学普及出版社，1988.

[9] 金岚主编. 环境生态学 [M]. 北京：高等教育出版社，1992.

[10] R·克里尔. 城市空间 [M]. 钟山译. 上海：同济大学出版社，1991.

[11] 凯文·林奇. 城市的印象 [M]. 项秉仁译. 北京：中国建筑工业出版社，1990.

[12] W·莱斯. 自然的控制 [M]. 岳长龄，李建华译. 重庆：重庆出版社，1993.

[13] 马世骏. 现代生态学透视 [M]. 北京：科学出版社，1990.

[14] I·L·麦克哈格. 设计结合自然 [M]. 芮经纬译. 北京：中国建筑工业出版社，1992.

[15] J·奈比斯特. 大趋势——改变我们生活的十个方向 [M]. 梅艳译. 北京：中国社会科学出版社，1984.

[16] K·波普尔. 客观知识——一个进化论的研究 [M]. 上海：上海译文出版社，1987.

[17] D·普林茨. 城市景观设计方法 [M]. 李维荣译. 天津：天津大学出版社，1989.

[18] R·E·帕克，E·W·伯吉斯，R·D·麦肯齐. 城市社会学——芝加哥学派城市研究文集 [M]. 宋峻岭，吴建华，王登斌译. 北京：华夏出版社，1987.

[19] 孙儒泳，李博，诸葛阳. 普通生态学 [M]. 北京：高等教育出版社，1993.

[20] 王如松. 高效、和谐——城市生态调控原则和方法 [M]. 长沙：湖南教育出版社，1988.

[21] 朱文一. 空间·符号·城市——一种城市设计理论 [M]. 北京：中国建筑工业出版社，1993.

[22] 宗跃光. 城市景观规划的理论和方法 [M]. 北京：中国科学技术出版社，1993.

[23] K. G. Brooks. Site Planning：Environments, Process and Development [M]. New Jersey：Printice-Hall, Inc., 1988.

[24] B. J. L. Berry, F. Harton, F. H. Geographic Perspectives on Urban Systems：With Integrated Readings, New Jesey, Printice-Hall, Inc., 1970.

[25] M. R. G. Conzen. The Urban Landscape [M]. England：Acadamic Press, 1981.

[26] G. Chadwick. A System View of Planning [M]. New York：Pergamon Press, 1978.

[27] M. Clark, J. Herington. The Role of Environmental Impact Assessment in the Planning Process [M]. London & New York：Mansell Publishing Ltd., 1988.

[28] C. Donna, P. E. Rona. Environmental Permits, a time-saving guide [M]. Van Nostrand Reinhold Co. Inc., 1988.

[29] Dowson & Stea. Image and Environment [M]. Chicago and London, 1973.

[30] P. Geddes. City in Evolution [M]. Benn. 1968.

[31] F. Hirsh. The Social Limits to Growth [M]. London：Routledge-Kegan Paul, 1977.

[32] A. H. Hawley, Urban Society: An Ecological Approach [M]. New York: Ronald Press, 1971.

[33] J. Jacobs. The Death and Life of Great American Cities [M]. New York: Random House, 1961.

[34] Johnston. Urban Residential Pattern [M]. London: Bell, 1971.

[35] W. F. E. Preiser, Environmental Design Research, Vol. 2, Dowden, Pennsylvania: Hutchinson & Ross Inc., 1973.

[36] H. W. Richardson. Regional Growth Theory [M]. London: Macmillan, 1973.

[37] J. L. Jr. Rodgers. Environmental Impact Assessment, Growth Management and the Comprehensive Plan [M]. Ballinger Publishing Co., 1979.

[38] C. S. Yadav, ed. Contemporary City Ecology [M]. New Delhi: Concept Publishing Company, 1986.

[39] C. S., ed. Yadav. Urban Research Methods: Central Place, Hierarchical and City Size Models [M]. New Delhi: Concept Publishing Company, 1987.

第7章　城市生态设计理论与实践

7.1　城市生态设计的概念

生态是未来城市设计的基础，本章将通过下面几个基本问题来展开这个论点：什么是生态设计？为什么要进行生态设计？生态能够被设计吗？这些是进入生态设计研究所必须回答的问题。生态伦理观奠定了生态设计的道德规范，人类有责任维护地球环境，在城市设计中树立科学的生态价值观和伦理观显得尤为必要和迫切。从当前的科技发展，信息时代的变革，以及城市生态设计的发展历程和未来的发展趋向中，我们判断生态不仅可以被设计，而且生态化是设计发展必然趋势。通过传统设计和生态设计的比较，我们可以明确生态设计的概念，了解不断涌现和发展生态设计的新概念和新理论。

7.1.1　生态伦理：生态设计的道德规范

文丘里说：我爱建筑的复杂和矛盾①。复杂和矛盾是建筑所固有的，与生俱来的。城市亦是如此。自古以来，真实和充满活力的城市是复杂和矛盾的。但现代城市面临环境污染、水资源缺乏、交通拥挤、住房奇缺、用地紧张等生态困境，却不是城市发展的必然产物，而是对生态环境忽略的结果。城市在空前发展，城市化进程速度不断加快，由于缺乏正确的价值伦理观念，人的城市让位给了汽车，汽车成为城市的主宰，为汽车设计的观念越来越盛。再加上一味地为物质的增长而增长等错误观念，形成的恶性循环是：城市道路越建越宽，汽车越来越多，而城市内移动的速度却越来越慢（交通拥挤）；建筑越来越漂亮，而城市越来越不适合人居住（污染严重）；城市草坪越来越大，而越来越缺乏人的活动空间（忽视生态）；建筑越盖越高，而树木却越种越少（缺乏绿化）；城市里空的房子越来越多，而没房子住的人也越来越多（草率建设）……因此，我们需要反省当前的价值伦理观念，我们需要新的社会规范来规范城市建设行为。

现代城市建设受机械论世界观的影响，以人统治自然为特征，以人类中心主义为价值取向，虽然取得了物质财富的极大丰富，但也破坏了人类赖以生存的地球生态环境。当代世界的生态危机实际上体现人类自然存在的本质属性的缺乏和偏离。人类合乎理性的生存和发展导致了人类极为不合理性地对待自然、征服自然和控制自然，结果必然是导致人与自然关系的严重矛盾和冲突。解决目前生态危机问题，必须在自身的生存观念和发展观念中进行一场深刻的变革，把自身赖以生存和发展的资源、环境、人口、资本和技术等诸方面要素整合到一个新的目标框架之中，寻求和建立一种以保护人类的地球家园和实现人类自身可持续性的生存和发展的新的战略和行动。

美国生态学家，大地伦理观的倡导者利奥波德（Aldo Leopold）认为人的伦理规范要从调节人与人之间和人与社会之间的关系扩展到人与大地的关系，他在著作《沙郡年鉴》中颇令人醒悟地提到："当一件事情趋向于保护生物群落的完整、稳定和美丽时，它就是正确的。否则，它

---

① 文丘里. 建筑的复杂性与矛盾性 [M]：1.

就是错误的。① " 伦理道德的要求是重新确定人在社会、在自然中的地位，要达到一种在精神上同大自然的交流境界。他还指出："大地伦理学改变人类的地位，从他是大地——社会的征服者转变为他是其中普通一员和公民。这意味着人类应当尊重他的生物伙伴，并且也以同样的态度尊重其他社会。② "

挪威著名哲学家奈斯（Arne Naers）提出"深层生态学"理论，在对待自然的态度上比一般生态学更进一步，对于传统的生态思想有革命性的改进。如一般生态学认为：自然的丰富多样，对人类是一项有用的资源；对人类有用的东西，才有所谓价值；保护植物种属，是为了保存基因，以为人类农耕育种及药材使用；公害防治如果妨碍经济成长时应减缓；"资源"泛指能为人类所用者；发展中国家的人口激增威胁到生态平衡。与此相对应深层生态学认为：自然的丰富多样，有其自身存在的价值；以人类价值为主的传统，是一种偏见；保存植物种属，是为了该种植物自身存在的价值；公害防治的价值超过经济成长；"资源"泛指能为万物所有者；过多人口威胁到生态体系固属实，而工业国家人们的消费行为，对环境为害尤烈（表7-1）。

几种主要环境伦理观的特征及其城市观 表7-1

范式	一般特征	城市观
环境保护（environmental protection）	主要观点：环境和经济增长之间的平衡；强调人类中心主义 主要问题：污染影响健康	强调功能分区；强调卫生，基本服务设施和家庭环境质量
资源管理（resource management）	主要观点：可持续力是增长的主要限制；弱人类中心主义 主要问题：资源保护，贫困和人口增长	资源保护和废物减量；城市结构紧凑，用边界制约城市增长；减少城市生态足迹
生态开发（ecodevelopment）	主要观点：人与自然的共同发展；趋向生态中心 主要问题：减少生态扰动和环境冲击	资源管理观+城市绿化；自依赖方法如城市农业；将城市用地返回到以前的"自然"状态
深层生态学（deep ecology）	主要观点：反增长，所有生物种类拥有均等的生存权利；生态中心论 主要问题：快速的人口增长和消费模式导致生态系统崩溃	停止城市化；取消城市，用自给自足的村庄取代，使用适当技术；人口负增长

（来源：Naess 1992，摘编自 Leitmann，Josef. 1999. Sustaining cities：environmental planning and management in urban design. McGraw-Hill. p33.）

"深层生态学"重视地球生命的价值和多样性，认为"地球生生不息的生命，包含人类以及其他生物，都具有其自身的价值，这些价值不能以人类实用的观点去衡量；生命的丰富性与多样性，均有其自身存在的意义，人类没有权利去抹杀大自然生命的丰富性与多样性，除非它威胁到人类本身的安全和基本需要③ "。

生态伦理学以环境学、大地伦理学、深层生态学等学说为理论基础，认为：当代人对于后代人的生存可能性负有不可推卸的责任；主张地球整体主义，即无论个人还是国家的利益都应该服从全球利益，个人主义和自由主义的原则只有在"无限空间"中才有可能实现，因为个人的自由必须以不给他人带来危害的前提作保证。在空间和资源都是有限的地球上，个人的行为与环境构成"图"与"底"的关系，个体的行为不可能不对周围产生影响。因此必须对个体、集团以至国家的自由加以限制。关于自然生存权认为，不仅人类，而且生物的种、生态系统、

---

①② 转引自余正荣. 生态智慧论［M］. 北京：中国社会科学出版社，1996：69.
③ 引自冯沪祥. 人、自然与文化——中西环保哲学比较研究［M］. 北京：人民文学出版社，1996.

景观等也具有生存的权利，不容随意否定。如果只承认人的生存权而不承认自然的生存权，那么大多数破坏自然的行为都可以在保证人的生存的理由下得以正当化，其结果必然导致整个人类的生存受到威胁。因此，在对待人与自然的关系上，只有抛弃"以我为中心"的立场，把人与自然当作命运共同体来考虑。

现代生态伦理学的发展代表了社会进步的价值趋向，显示了从人与自然的对立到人与自然协调共生的发展轨迹。树立正确的生态伦理观思想，人类与自然是互相尊重的伙伴，设计应当对人类和地球上的其他生命负责。城市主体是人，而生态健康发展的城市才是对人的真正的理解、尊重与关心。

现代城市建设要"少一点铺张，多一些伦理"，将生态伦理观作为城市规划设计的道德规范，将生态伦理学作为城市生态设计伦理观的立论基础——体现人与自然的共生与和谐，地球是人与自然万物的共同家园。

因此，设计应遵循以下生态设计伦理观：

（1）为较长远的未来设计。胸怀地区、国家、世界的全局，综合考虑过去、现在和未来。从过去中吸取经验教训，保留有价值的文化积淀，并为城市在区域乃至全球较长远未来设计。

（2）走中间技术道路，将社会价值和当代技术实践结合。各种技术不可削减或排除其社会价值，不可忽视形成我们周围环境的力量，及其平衡社会、经济、物质和气候的力量。城市生态设计的伦理使命是在技术和社会价值的融合中寻求平衡。

（3）富有创造力和想象力。用富有幻想的观点看待未来城市，可以强化环境的伦理和道德意识。

（4）用新的科学、研究、学科和艺术来建设城市，开拓新的城市领域。因为城市必将不断向前发展，必须以一种创新的和非传统方法，来设计确定一个新的城市待开发领域。

（5）综合性。综合应作为环境伦理的基本准则，组织新的有机生态社区联合。

7.1.2　新的走向：生态设计的发展趋势

城市总是迎接未来的先行者。在城市化进程中，生态学、可持续发展观念、环境伦理学、信息技术等蓬勃发展，思想不断创新，改变着我们的思维方式，更影响了我们生活的方方面面。新技术、新发展、新观念越来越渗入城市规划与设计领域，为未来城市发展提供了新的选择。

图 7-1 可持续发展强调经济、环境和社会可持续性的统一

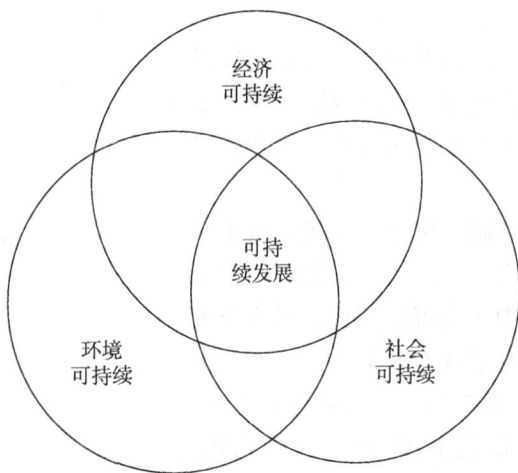

英国伦敦大学学院奈杰尔·哈里斯（Negel Harris）教授认为，所有城市的价值都在于它是变革和新思想的策源地[1]。城市引发了新的变革，也为新的变革所改造。今天的可持续发展理论和新技术革命，让我们看到了未来世纪美好与壮观的前景。

7.1.2.1　可持续发展

"可持续发展"已成为时尚化的词，这反映了人类对自身以前走过的发展道路的怀疑和抛弃，也反映了人类对今后选择的发展道路和发展目标的憧憬和向往。《我们共同的未来》一书中关于"可持续发展"的定义是："可持续发展是既满足当代人的需要，又不对后代人满足其需要的能力危害的发展。"[2] 目前普遍认同的观念是可持续发展是经济、环境和社会可持续发展的统一（图7-1）。也就是说，可持续发展以自然资源可持续利用和良好的

① 城市时代，1998，6（2）：9-11.
② 世界环境与发展委员会. 我们共同的未来［M］. 北京：世界知识出版社，1989：19.

生态环境为基础；以经济可持续发展为前提；以谋求社会的全面进步为目标。健康的经济发展应建立在生态可持续基础上，达到社会全面进步。因此，可持续发展可以理解为在社会、经济和环境等方面维持和提高人们的生活质量，并不超出维持生态系统平衡和资源稳定的承载力。

"可持续发展"的概念最初来源于生态学，源于人类对地球资源的有限性认识，可持续结合了经济发展和环境的生态理念，强调只有维持健全的环境才能支持长久的经济发展，这与传统发展模式在环境系统、城市系统、能源系统和技术系统等方面有本质的不同（表7-2）。

传统发展模式与可持续发展模式的比较   表7-2

	传统发展模式	可持续发展模式
环境系统	人类支配环境	人类与环境相互依赖
	环境是丰富的资源	自然资源是会耗竭的
	环境冲击对经济是外部性	环境冲击对经济是内部性
	复原导向	预防导向
城市系统	城市-集中型的工业区位	区域-分散型的工业区位
	制造导向	社区导向
	注重短期的经济增长	注重长期的经济发展
	商品导向	保护导向
	消费为主	消费与保护的平衡观
	资源视为生产投入要素	资源视为有限且敏感因此必须加以管理
	资源密集，经济优先	资源保育，多目标
	经济成本为第一	经济成本与社会/环境成本的均衡
能源系统	矿物燃料为基础	替代性能源为基础
	强调充裕且便宜的供应	强调资源保育与再利用
	供给来源的多样化	降低能源密度
	燃料为基础的价值	社会/环境成本为基础的价值
	以技术为焦点	以保育为焦点
	经济生产的效率	终端利用的效率
	强调规模经济与技术集中	强调技术分散的观念
技术系统	大规模	适当规模
	集中式系统	分散式系统
	基础设施趋向的技术选择	使用者趋向的技术选择
	以经济成本支配技术决策	以社会/环境成本支配技术决策
	忽略环境的冲击	重视环境敏感性的设计

（资料来源：李永展. 永续城乡发展.）

总的来说，可持续发展包含两大方面的内容：一是对传统发展模式的反思和批判，二是对规范的可持续发展模式的理性设计。就理性设计而言，可持续发展具体体现在：工业应当是高产低耗，能源应当被清洁利用，粮食要保障长期供应，人口与资源应当保持相对平衡等许多方面。

可持续发展是一种划时代思想，对城市建设有着深远的影响。城市的可持续发展就是要从根本上处理好城市与自然的关系，节约利用有限的土地资源，城市开发建设中注重对土地、历史文化、水源 、旅游资源、自然景观等的合理利用和保护，发挥经济、社会和生态可持续性三者的统一。

联合国第二届人类住区大会将城市的可持续发展提到一定的认识高度。1996 年联合国在土耳其伊斯坦布尔举行的联合国第二届人类住区大会（简称"人居二 Habitat 2"或"城市高峰会议"）提出为实现可持续城市而努力。在会议通过的《人居议程》中探讨了两个具有同等全球性重要意义的主题："人人享有适当住房"和"城市化进程中人类住区的可持续发展"。为可持续人类住区勾画了确切的设想——人人享有适当的住房、健康而安全的环境、基本服务、富有成效且自由选择的工作。对于可持续发展，人是关切的中心，包括要使人人享有适当住房和建立可持续的人类住区，使人类有权享受与大自然和谐、健康而充实的生活。

具体来说，城市可持续发展涉及以下四个方面：一是资源。资源是城市发展的基础，包括土地资源、水资源、矿产资源、人才资源。资源的状况是体现城市能否可持续发展的基本条件。城市的人口规模、地域空间规模都不能脱离自身的资源状况。二是区域经济基础。一个城市的发展不可能是孤立的。城市发展状况是区域经济的反映。有良好的区域经济基础，城市才能可持续发展。三是生态环境。生态环境是城市可持续发展的外部条件和内在基础。四是城市建筑和城市形象特色。这是城市辐射力和吸引力的外部条件。

从人类和城市发展的历史长河来说，我们每个人都只是匆匆过客，而城市却将存在下去，成为后代人繁衍生息的场所。在人类通向未来城市文明的进程中，不仅要考虑现时的短期或中期的持续发展，更要着眼于未来的远景发展，今天的建设不要给子孙后代的发展设置不可逾越的障碍。因此，建设可持续发展的城市，应当成为 21 世纪城市的规划设计目标。

7.1.2.2 数字时代：设计的非物质化趋向

社会在进步和发展，我们正进入具有"速度"、"联结"、"无实体"等全新概念的数字时代，也就是说我们正从工业时代进入信息时代。人类从农业时代过渡到工业时代（1760~1950），已经造成人类在生活与工作环境上非常大的变迁，比如批量生产，环境污染及城市化等；而互联网络的革命迫使我们改变思考模式，新经济活动所面临的挑战是不再只想生产制造，而是知识经济和知识管理，知识财富将成为新时代的主要通货。

历史的进步创造着新的思维方式，新的思维方式又成为社会历史前进的催化力量。如近年来在欧美和日本广泛讨论的非物质设计思潮，其研究涉及哲学、社会学、经济学等诸多领域，非物质主义及其相关的许多新概念正在酝酿着一场设计的新变革和新设计运动。非物质（immaterial）主义是一种哲学意义上的理论，正如马克·第亚尼在其著作《非物质社会——后工业世界的设计、文化与技术》中非常贴切地指出的那样："设计一向处于主导我们文化的两极之间，一极是技术和工业现实，另一极是以人为尺度的生产和社会乌托邦。浪漫主义与理性主义之间的旧役重新开始了，只不过这次是以后现代对现代主义的形式出现的。也许我们现在正进入一个新时代，在这个时代，对真理的追求是通过幻想的命令进行的……超现实来自于对自然的模仿或来自于被感知为自然的现实，设计却永远是从非自然的行动中制造出来的。[1]"

设计对非物质性的表达是社会后工业化或信息化的结果。信息社会是一个"基于提供服务和非物质产品的社会"，是物理现实和社会现实充分信息化的社会，也是一种基于计算机和网络系统的信息社会（图 7-2）。"非物质"不是物质，但"非物质"是基于物质的，只不过是脱离了物质的层面。

向信息化社会的转变与以往的技术革命或由技术创新引发的革命有很大不同之处，它不只是限于传统的物质生产领域，而同时又导致文化领域中的深刻革命。人类的社会进步，不只是

---

① 马克·第亚尼. 非物质社会——后工业世界的设计、文化与技术［M］. 成都：四川人民出版社，1998：9-10.

物质资料生产的增长，而且还有文化的发展，包括交往的发展、精神生活的丰富、智慧和创造力的发挥，道德水平的提升，选择空间的扩大和日常生活质量的提高等。

面对这些变化，城市规划设计当然也应该调整它的思维方向与所扮演的角色，信息化对城市规划设计带来的影响至少包括以下几方面：

首先，信息化导致城市空间的非物质化。自动化、免中介化、在线购物、无物流通、及时速递，以及新的工作观念，SOHO 模式①的出现等导致商业建筑、工业建筑、办公建筑的非物质化。城市规划作为远近期的物质性规划，也必须适应非物质化倾向。

图 7-2　信息网络空间是人类生活空间的延伸

（图片来源：《城市时代》1998/1）。

其次，计算机网络技术为实现工作环境分散化、工作过程个性化趋势提供了可能，远距离通信可以替代旅行，SOHO 模式使人们在家中工作，使用一个调制解调器就能和他们的老板进行联系。利用信息技术，人们在工作中可以较少地消耗物质资源，减少旅行次数。信息高速公路将地球变为"一个村庄"运转起来。

第三，重视人的精神——文化生活的丰富和智慧的创造，公正、有序的竞争与合作，追求人与自然和社会的和谐、协调。也许人不必去办公室上班、开机器或批阅文件，或其他事务，设计必须相应创造人性化的居住空间，加强人与人正面接触，去购物、看戏、听音乐、看拳击；周末去海滨、访友、参观名胜。注重人与人交往中那种细致入微的表情、关怀和动作，和人与人之间的微妙情感。因此，信息时代的城市设计更应反映人性的需求和美好。

第四，生态社区的观念开始显现。因为电视使形象均质化，网络使场所均质化，将城市分隔为居住区、商业区、中心区的传统规划观念受到挑战。综合的混合多种使用功能的社区概念得到重视。因为，信息社会里人的邻里关系也将随之改变，人们更加乐于选择令人愉悦的邻里社区环境。

第五，信息化的挑战将导致分散化和集中化并存的两种形式。分散还是集中不再是孰优孰劣的争论，而是不同的地域气候条件和经济活动会导致不同类型的城市环境，城市的地区特色与吸引力将变得更为重要。

正像托夫勒在《创造一个新的文明》中所描述的：人类正面临着有史以来最深刻的社会巨变和创造性的重建，虽然我们还没有清楚地认识它，但我们正在建设它。

7.1.2.3　城乡一体化：城乡融合的发展走向

当城市化成为锐不可挡的时代潮流，城市面临来自各方面的问题和挑战，然而核心的问题将是如何在城市和乡村之间取得更好的平衡。我们必须采用新的土地利用和规划政策来减缓城市区域的扩展，因为每年城市的发展都要侵占成千上万平方公里的耕地和荒地。

当前城市和乡村出现了新的发展态势，城乡的差别正在逐渐消失，曾经相互对立的两极——城市与乡村是两个相互对立又互为补充的世界：一是城市农业的兴起和发展，使"有农

---

①　SOHO 是英文 "small office home office" 的缩写，意为小型化办公和家庭办公模式。

的"城市成为规划建设的目标①，在城市布局中，城乡结合部预留下大片的农田。城市与乡村整合为一体化的发达地区。二是城乡一体化，即城乡融合的观点，体现一种新型的、集约了城市和乡村的优点的设计思想。

E. F. 舒马赫（Schumacher）在其著作《小的是美好的》中也曾经论述到："不是去寻找加速农村外流的手段，而是应该寻找重建农村文化的手段，开拓土地为更多人（不论是全劳力还是半劳力）提供有收益的职业，把我们在土地上的一切活动集中到健康、美好和持久三个理想上。"②

实际上，早在 20 世纪 20 年代费孝通在乡村调查的基础上写成的《乡村·市镇·都会》③ 一文中就指出：市镇并非生产基地，乡村是传统中国的农工并重的生产基地。乡村和城市在同一生产的机构中分工合作，应当相辅相成。改革开放以来，我国乡镇企业的兴盛为城乡一体化提供了平台。因此，消除城乡差别、削弱城乡壁垒是城市化地区形成的基本条件，城乡一体化、城乡融合是城市化地区的基本特征。

城乡融合，工厂从传统的城市中心分散到更贴近自然的乡村，人类在自然与技术交融的环境里找到自己的归属。城乡融合，城市的乡村规划就不能因袭传统做法，而应将两者有机地融合在一起，统一考虑，相互渗透、补充，创造一种崭新的人类聚居的生态环境。

城市的生存必须以乡村为依托。从生态学的角度来看，城市是一个人工的不完全的生态系统，其存在必须以乡村生态系统作为基础和支撑。美国生态学家 E. P. 奥德姆也指出："城市依附于农村是为了它的所有生活资源（食物、水、空气等等），农村依附于城市是为了经济资源。④"

人类未来的聚居环境应该是一个集当前城市与乡村优势于一体的环境，既要能体验自然空间的意境，又能充分享受人类技术所带来的繁荣和辉煌。因此，探讨城市的发展也必须将乡村纳入讨论范畴。就此而言，城乡发展规划应以整体系统方法来统一考虑其发展定位与策略构想，并同时将环境、社会、经济三个系统予以整合。

7.1.2.4 设计学科的生态化趋势

新发展、新观念和新思维孕育着我们处理物质世界的新方式。基于全球性生态危机对人类生存和发展的严峻威胁，各门科学都不同程度地涉及解决生态问题的研究。当代科学发展呈现"生态化"趋势⑤。这种生态化趋势主要表现在两个方面：第一，以生态问题为中心，产生了研究自然规律和社会规律相互作用的各类交叉科学，如城市生态学、人类生态学、文化生态学、生态伦理学、生态美学、景观生态学等等，几乎所有城市科学都与生态学交叉，形成了城市规划、建筑学、风景学与生态学综合的态势，并与生态学综合化、系统化的过程中，加强了学科间的融合。第二，生态学融合了其他自然学科的研究方法，形成的新的方法论范式，对建筑环境学科的发展产生深远的影响，促使学科产生大的变革。

在建筑领域，建筑科技的全球化与建筑文化地域化，导致建筑文化在共生与交融中发展。刘先觉教授认为当代建筑文化呈现先进技术的全球化，建筑理论的多元化，场所精神的地域化及建筑环境的生态化倾向。"建筑环境不仅要以单体建筑的生态设计来进行改善，更重要的是还要在城市总体规划与群体设计中奠定生态观念，它不仅能改善城市物理环境，而且可以在景观

① 张曾芳，张龙平. 运行与嬗变 [M]. 南京：东南大学出版社，2000：83.
② E·F·舒马赫. 小的是美好的 [M]. 北京：商务印书馆，1984：76.
③ 费孝通. 乡土中国 [M]. 民国丛书. 第三编 14. 上海：上海书局.
④ [美] E·P·奥德姆. 生态学基础 [M]. 北京：人民教育出版社，1981：422.
⑤ 佘正荣. 生态智慧论 [M]. 北京：中国社会科学出版社，1996.

与美化方面取得宜人的效果"。①

城市的复杂性和矛盾性使我们认识到，如何实现城市——这个地球上最大的人造物的健康和持续发展的设计途径，成为当前急需系统研究的领域。而生态设计作为一种开放的、有机的设计观念正在形成，并渗透到城市规划设计的各个领域。

7.1.3　生态设计：前进中的设计新思维

当前对可持续城市的设计研究，有三种不同的研究思路：第一种是绿色城市设计，这一定义突出了"绿色"的含义，强调城市环境保护和城市绿化；第二种是可持续设计，从字面上看，这个定义主要强调了可持续性；第三种为生态设计。这三个概念基本上是相同的，只是从不同的角度来描述，侧重点有所不同。生态设计更能强调设计开放性、多元性、包容性，作为动态开放的设计过程，融合在城市规划设计和管理的各个环节，它超越传统的城市设计思路，是适应时代发展的设计体系。生态设计应当超越"可持续"的概念。因为如果试图维系一个垂危的病人的生命也叫作可持续的话，而生态设计则是使之康复。

7.1.3.1　生态设计概念的内涵

生态学成为设计思想的重要部分，这是设计思想的重大变革。设计师按照生态学思想或生态学原理，按照自然环境存在的原则和规律设计人类的居住形式和居住环境，预先构想事物应该是怎样的，从而拟订所设计事物的蓝图，我们称之为生态设计。

生态设计作为一种设计手段，采用自然世界中的智慧来解决人类社会的问题②。

生态设计所包含的观念并不是十分新鲜的东西，从原始聚落到现代化大都市建设，都或多或少地包含了生态设计思想。但与传统设计有着根本的不同（表7-3）。

传统设计与生态设计的比较　　　　　　　　　　　　　　表7-3

项目	传统设计	生态设计
衡量标准	经济回报	人与自然的健康
设计形式	标准设计在全球千篇一律	设计应反映区域生态、地方文化、需要和社会环境
能源利用	偏向不可再生的矿物燃料和核能	偏向可再生能源和减少温室气体
材料使用	产生大量的废物，以及空气、水和土壤退化	强调可以回收利用、重复使用，容易维修、适应性和耐用
时间限度	短期	长期
空间尺度	局限于一处	综合考虑各种空间维度及其相互关系
与环境的关系	设计是利用自然以便更好地控制；自然退隐	设计与自然是伙伴关系；自然显现
知识基础	知识面窄	多学科交叉
制定决策	自上而下的和专家评议	多方面参与

（资料来源：摘编自 Van der Rye and Cowan 1996, 26-28.）

近10多年来，生态学理论的飞跃发展创造出许多新概念、新理论，如尺度、时空异质性、生态系统的开放性、复杂性、动态性、过程论等，为生态设计注入新的理论，并对传统设计有革命性的进步。当前世界性生态设计潮流是以现代生态学为基础和依据的设计思维方法。其主要特点是强调人与自然界的相互关联与相互作用，保持和维护人类与自然界间的和谐关系。生态设计主要目的在于利用自然生态过程与循环再生规律，达到人与自然和谐共处以及发展的可

---

① 刘先觉. 论当代世界建筑文化的共生与交融 [J]. 世界建筑, 1999 (1).
② 沈克宁. 生态城市和'绿色'社区的设计原则 [J]. 建筑师, 1999, 8 (89)：17.

持续，从而提高人类居住、工作、休闲、学习、娱乐等方面的质量①。

城市生态设计是城市设计的一部分，是以生态学、城市学的理论为指导，对城市的社会、经济、技术和生态环境进行全面综合的设计，以便充分有效地和科学地利用各种资源条件，促进城市生态系统的良性循环，使社会经济能持续稳定地发展。

城市生态设计是生态技术与城市设计的结合。生态技术是人类学习大自然的智慧，模拟自然界物质生产过程创造的一种新的技术形式。城市生态设计是一个完整的设计概念，将城市人的生理上、心理上的需求结合起来，注重经济、文化交流和精神上的创造。

7.1.3.2 西方生态设计理论研究进展

城市生态设计的概念来源于盖迪斯、芒福德和麦克哈格的哲学思想，建筑原理产生于赖特的"有机建筑"思想，但植根于城市生态系统，以威廉·莫理斯（William Morris）的社会公平概念为基础。

自20世纪20年代以来，城市生态设计已经有了近80年的历史。生态设计处于快速的进化之中。目前，生态设计已经形成了一个具有不同层次特征的设计体系。一批著名的专家和学者，如盖迪斯（Patrick Geddes）、富勒（R. Buckminster Fuller）、迈克瑞迪（Paul McReady）、索勒里（Paolo Soleri）、卡尔索普（Peter Calthorpe）、怀恩（James Wines）、麦克唐纳（William McDonough）、麦克哈格（Ian McHarg）、波根（Andro Pogon）、培根（Edmund Bacon）、鲍德温（Jay Baldwin）、贝特森（Mary Catherine Bateson）、亨德森（Hazel Henderson）、勒奈尔（Jaime Lerner）、科伯特（Michael Corbett）、H·罗文斯（Hunter Lovins）、A·罗文斯（Amory Lovins）、托德（John Todd）、罗杰斯（Rechard Rogest）、西姆（Sim Van der Ryn）、布兰德（Stewart Brand）、杨经文（Ken Yeang）等等，他们对生态设计研究作出了杰出的贡献。

盖迪斯的思想从不同方面对城市生态设计启蒙，他从一个生物学家的立场来研究城市生态问题，强调要把自然地区作为城市规划的基本框架和背景。他的思想后来经芒福德等人的发扬光大，开创了对区域规划的综合研究，揭示了决定现代城市生长和变化的动力。

但最早将生态原理应用到城市规划和设计领域的可以追溯到芝加哥学派的创始人帕克（Robert E. Park），他在1916年发表了论文《城市：对于开展城市环境中人类行为研究的几点意见》，帕克和他的学生们基本上是运用自然生态原理分析城市问题，他们的思想在50年后在麦克哈格的著作《设计结合自然》（McHarg，1969）中再次得以发扬。该书通过许多美国城市规划的实例，运用现代生态学理论，研究了人类与大自然的依存关系，强调了人工环境与自然环境的适应问题，明确了城市规划必须研究自然的演进过程，规划必须和自然结合，分析城市应将其置于所处的自然环境之内，致力于生态系统基础上的规划设计。麦克哈格运用层级地图分析城市环境问题和生态敏感地区的保护，是现代城市地理信息系统（GIS）的雏形。

20世纪70年代，生态系统概念在城市中得到进一步运用，这个时期注重城市资源和能量代谢、资源保护。1975年罗杰斯（Rechard Rogest）在美国加利福尼亚成立了城市生态组织，提出"重建与自然平衡的城市（rebuild cities in balance with nature）"（Roseland 1997）。1975年联合国教科文组织"人与生物圈"计划（MAB），提出一系列针对城市生态系统的研究，包括能量流分析、粮食生产与林业、城市规划的生态模式、绿化植被和城市气候，以及用绿化代表城市的环境变化等。

20世纪80年代，城市生态研究进入缓慢发展时期，但这时候资源保护、生态设计原则、能源更新利用等在设计中得到运用。如新城市主义，是美国针对郊区设计出现的一种设计模式，

美国后现代城市设计的主流和代表，体现了可持续发展和生态思想在社区设计和发展、邻里改造和城市设计方面的影响。新城市主义的最先实践者是加利福尼亚伯克莱的规划和建筑师卡斯洛普（Peter Calthorpe），20世纪80年代DPZ设计的佛罗里达州滨海城的规划设计是新城市主义的早期杰作和典范。新城市主义的特点是：传统式、高密度、小尺度和亲近行人。

20世纪90年代，可持续发展思想的普及再次推动了城市生态的综合研究。如威特尼（Whitney）将承载力理论运用到城市开发中，并涌现出一系列对生态设计研究有重要价值和影响的概念[①]：

（1）输出入分析（Input-output analysis）：可以通过测算粮食、能量、信息和废物流，部分地了解城市与自然环境的关系。

（2）营养循环（Nutrient recycling）：城市废弃物应当视为资源，可以被城市周围生态系统再利用，城市经济系统也是如此。

（3）多样性-弹性的关系（Diversity-resilience relationship）：城市多样化系统（如资源利用、交通方式、废物处理等）越多，则越容易成功应对类似物价上涨的突然变化。

（4）环境与城市边界（Environmental versus city boundaries）：城市占据的环境生态位几乎都不与为城市政治、管理和统计服务而划定的城市边界相吻合。

（5）年轻与成熟的城市（Young versus mature cities）：城市与生态系统相类似，年轻的城市注重生产、增长和数量；而发展成熟的城市总是注重保护、稳定性和质量。

（6）承载力（Carrying capacity）：承载力是城市周围环境提供资源和吸纳废物的能力，受城市系统营养，并反过来影响城市的生活质量。

（7）整体与合作（integral and synergy）：很多问题可以采用同一个办法解决，而个体的行为相互作用可能产生一个结果：整体大于部分之和。

（8）城市新陈代谢（Urban Metabolism）：生态系统理论在城市层次的运用，可以概念性地理解城市物流、城市改造过程、废物流和生活质量之间的相互作用。

总结以上分析，城市生态设计是在追求可持续城市和生态适应性的经典规划和城市设计方法论上的又一次思维转变，是通向城市可持续发展的必然途径。它的产生是社会发展的需要，也是科学发展对城市结构和功能认识的必然。

7.2　城市生态设计的基本原理

在创建一个可持续城市的过程中，我们会涉及许多问题，而这些问题又会涉及许多领域。微观上，可持续城市的生活质量取决于洁净卫生的生活环境、友好融洽的邻里关系，拥有良好的住房和娱乐空间，市民有责任感和义务为维护环境的健康而努力；宏观上，可持续生活环境的维持需要关注区域乃至全球生态环境的健康。

城市生态设计是针对当前城市面临的困境以及人们环境意识的觉醒而产生的，因此城市生态设计研究带有强烈的危机意识和紧迫感，研究的内容也相当丰富，并带有学科交叉的性质。城市生态设计所面临和需要解决的问题千头万绪，追求社会、经济和环境的协调持续发展是研究的核心，而环境、经济和社会的可持续是城市可持续性的三大支柱[②]。本研究以此三大支柱为基础，从城市学、环境学、社会学、生态学等多学科领域的交叉融合，衍生出城市生态设计的

---

① Josef Leitmann. Sustaining cities: environmental planning and management in urban design [M]. 1999: 37-39.

② 1994年联合国人居环境中心（UNCHS）召开的"重新评价城市规划过程作为可持续城市发展和管理手段"的UMP（城市管理方案）国际会议。

五项基本原理，作为本研究的基本理论框架。这五项基本原理分别是：整体设计原理、生态平衡原理、生态技术原理、生态价值原理、社会需求原理。

7.2.1　整体设计原理

"生态学（Ecology）"是研究生物与生物之间，以及生物与环境之间的相互作用的一门科学。因此，从生态学的观点而言，无论是分解者、消费者或生产者，每一种生物都有其独特的"生态位"（Niche），承担其特定的生态功能，但它也直接或间接地影响其他生物，或受其他生物影响。

从系统的观点来说，生态具有广泛的含义。现实世界中的所有事物，都是由具有一定数量的变化着的各种内在因素及其联系、关系，按照一定的规律组合而成的有机整体。这个整体存在于一定的外部环境与时间条件之中，发挥其系统的独立功能作用。系统对于外部环境作用是交互进行的，并随着时间的迁移和环境的更动而变化。这类系统的构成作用现象，在自然界和社会界都是普遍存在的。由于它是自发的过程，其起因和后果都超越人们的主观意志范围，故称作"自然系统"或"自在系统"。"人工系统"是人们为了一定的生产、生活目的，通过自己对自在系统的认识，并在这个基础上，利用自己所掌握的生产技术手段而构成的系统，都是人们自觉思想活动的结果。

城市生态系统是多层次的，其子系统有：生物（人）——自然系统，考虑人的生物性活动，由人与其生存环境的气候、地形、食物、淡水、生活废弃物等构成；工业——经济系统，考虑人的经济（生产、消费）活动，由人与能源、原料、工业生产过程、交通运输、商品贸易、工业废弃物等构成；文化——社会系统，考虑人的社会活动和文化生活，由人的社会组织、政治活动、文化教育、康乐服务等构成。以上各子系统通过自己的能量流、物质流和信息流与外界保持联系、相互作用。

整体观可以从"盖娅"（大地之母）理论得到引证，即认为整个地球可以看作一个生命体，环境影响生物的演化，而生物的活动也逐渐改变环境。由"盖娅"学说来看，地球好比是一个活生生的有机体，在各种状况都会自我调整。因此，自然环境的状况实际上反映了各种各样自然过程动态平衡的结果。少量的负面改变，地球可以以渐变和调适的方式，逐步达到另一种平衡，但急剧的人为变化，却可以导致或刺激地球的反扑，使人类和其他生物遭到浩劫。所以，人必须尊重自然环境（地球），不能一味地以人类的需求为导向，主宰自然环境和资源的开发利用。

整体性包括空间上的整体性、功能上的整体性和实践上的整体性。空间上的整体性强调把城市置于一定的区域空间来考虑问题，不能以牺牲周围地区生态环境为代价；功能上的整体性强调各个城市功能的差异性，尽可能避免无序竞争；实践上的整体性强调发展的连续性和资源的持续利用，强调城市发展的质量，实现资源的优化配置。

整体设计原理从生态的整体性出发，达到系统的高效性、合理性和可行性。包括"共赢"原则、整体原则、适应原则、多学科配合原则、区域整体原则等。

7.2.1.1　"共赢"原则

人与自然是不可分的整体，人是地球生态系统的一部分，应与自然界其他生物一样服从相同的"自然法则"。当人和其他生命体拥有相同的权利时，自然才受到尊重。我们置身于自然之中，不存在作用者和被作用者之分，因为人是自然这个互相锁定之网的一部分。每个部分都重要，且结合在一起组成整体。

而文艺复兴时期承袭的传统的均衡观认为，人与自然是二分的，在人与自然之间存在对人类最有利的均衡点，即考虑对自然资源的最优化利用，这导致了自然资源的无节制利用和衰竭。如果人类采取对自己有利的行为，而不了解整个系统会如何对此做出调整，就会受到大自然的报复。比如滥伐森林，就会导致流域水土流失，出现洪涝灾害。

从系统整体出发，我们必须放弃二分法的观点，由人与自然的对立，转变为人与自然的和谐共存。建立人与自然"共赢"的思想，使人与自然结成"伙伴关系"。人与自然之间没有最优利用选择，不是考虑最优化的问题，而是考虑如何与自然和谐共处、相互适应，成为永恒变化、互相制约、非线性运动的世界的一部分。

人是大自然的一分子，不能脱离自然环境而存活。阳光、空气和水，是人类与其他众多生物维系生命所必需的资源，说明了人类存续必须仰赖与消耗自然资源，因此城市与自然不但十分亲近，其互动更为频繁。为了维系与增进人类的福祉，保护自然环境与生态系统的平衡运作，城市与自然的互动关系有必要进一步厘清和掌握，才能对生态环境提出适宜的对策。

7.2.1.2　整体原则

"整体大于部分之和"（贝塔兰菲），反对整体可以简化为各组成部分的观点，又反对断开各组成部分去谈论整体的观点，主张从各组成部分之间的相互关系中把握系统整体。

现实中我们往往关注问题的结果而忽视问题的根源，特别是当根源问题还没有暴露出来的时候。如果总是孤立地看待一些问题，将导致处理问题的途径并不能根本解决问题，新的问题、更难解决的问题又产生出来。

这种传统的分析方法是线性思维的，完全集中于效率或局部程序的整体性及其特殊目标，而很少考虑系统需要的输入和输出。传统方法主要是解决问题本身，而孤立于社会、文化和环境背景之外——将庞大而复杂的系统问题分解为零碎的小而简单的问题。不可避免地造成问题积聚和难于从根本上解决问题。大系统是由各个细小部分组成的，仅仅关注局部解决问题，但大的社会系统的问题仍然存在，并越来越走向失衡。当把局部的平衡当成一种方法来孤立地解决来自大环境问题，达到局部的完美的均衡，仍然不能解决大环境存在的问题。

正如波兰科学院院士萨伦巴教授指明，自然和人的因素之间的空间关系会影响小气候和对社会生活条件起决定性作用。一个过度拥挤的城市，在连绵不断的建成区内部搞些小片规模的绿化，对整个环境的改善是起不了多大作用的。许多零星的改善环境措施，不能从整体上创造出一个被人接受的环境；整体环境效果，大多数情况下，不是依靠局部的改善措施获得的，而是在综合的整体构思基础上产生的。分散的措施会使局部地区得到一些改善，但是不能改变一个不合理的城市结构。①

现代城市生态学研究表明，城市整体的持续发展取决于城市各空间区位之间及其内部各相关因素的综合平衡和动态稳定的关系。整体生态思想，正如自然世界是复杂多样的，也是稳定的，解决环境问题的办法必须将相互作用的过程和长期可持续性的主题一并考虑。

因此，必须确立区域整体发展观念，即各种开发必须同区域整体目标一致，这不仅是理论问题，更是目前发展过程中亟待解决的实际问题。合理确定与区域生态环境相适应的城市发展形态和城乡一体化的城市发展体系；特别对一些大型基础设施，要充分考虑区域间的联系与合作，避免各自为政、各行其是而造成决策上的失误和不必要的资源浪费。

7.2.1.3　适应原则

人与自然应当是适应而不是争斗。生态设计要变对抗为利用，变征服为驯服，变控制为调节，以退为进，化害为利、顺应自然，尊重自然，因地制宜。

城市就是人类的化身，是人类社会内部平衡，也是人与自然平衡的产物。"城市的主要功能是化力为形，化能量为文化，化死物为活灵灵的艺术形象，化生物繁衍为社会创新。"② 自然环境有其自身和谐、稳定的结构和功能。人为地设计必须适应自然的原有规律，使人为引入的元

---

① 萨伦巴. 区域与城市规划. 城乡建设环境保护部城市规划局, 1986：114.
② 刘易斯·芒福德. 城市发展史［M］. 北京：中国建筑工业出版社, 1987, 419.

素带来的副作用最小，以保证整体生态结构和功能的完整性。

7.2.1.4 多学科配合原则

解决当前城市困境的设计方法不可能产生于单一的理论、学科，而只能得之于多种学科、理论的交叉和融合。只有联合多学科共同工作，才能保证整体生态系统的和谐与稳定。

整体设计还要求多专业工种的配合，规划师、建筑师、景观设计师们等面临的问题是不同领域的零碎的、片段的知识和专业实践。他们表现出各专业关注环境的不同侧面，每个领域都有自己不同的专业知识和不同的要求。需要不同的专业之间的合作，将各方面的不同意见结合起来。例如设计的评价可能完全让步于建造工序和忽略使用者的要求；市场和制度上更趋向于采用分散的和以汽车为主的土地利用模式。这需要将经济利益、社会利益和生态利益调和到一个目标上来，但达到这个目标需要坚持不懈地努力。需要环境、能源、水、交通、规划和开发等不同利益之间的统筹高效的安排。这是跨部门多学科共同协作的目标。

7.2.2 生态平衡原理

所谓生态平衡是生态系统在一定时间内结构和功能的相对稳定状态，其物质和能量的输入输出接近相等，在外界干扰下，能通过自我调节（或人为控制）恢复到原初的稳定状态。

原则上，城市的生态平衡与自然生态系统的一个重要不同点是，自然生态系统趋向于以内部的废物和资源的循环的方式保持自身平衡。城市生态系统中，一般通过向外部大量供应产品和排放废物，城市是物质、能量、信息的流进和流出系统（图7-3），这是城市的开放特性所决定的。因而不能简单地将自然生态原则套用作为城市生态设计法则。

生命是相互对立的平衡。对这个简单而古老的哲学的简单回应就会创造出丰富而深沉的令人满意的生存环境。旧与新的平衡，有序和无序，轻与重，封闭与开放，高技术与低技术，分权与普遍性。

近代人类学的研究表明，早期的文明部落，特别是野生资源丰盛，且位于主流文明发展势力的边缘，在封闭的限制下，可能发展出"与生态环境"保持"平衡"的文化规范。一些人类原生文化（Permaculture）可以通过自维持的农业系统与环境达成"平衡"，通过调控资源，原生文化可以避免资源耗尽。这些原生文化的特征与当代主流文化有很大的差异，但原生文化的系统原理可以参考和借鉴。本奈特（Bennett）将原生文化的"平衡"社会与当代"不平衡"社会进行了对比（表7-4）。

与"生态环境"保持"平衡"的社会，以及"不平衡"的社会特征的比较　　　　　表7-4

项目	保持"平衡"的社会	"不平衡"的社会
1. 人口变动	小，且稳定	大，且扩张的
2. 与环境的接触	直接，且是大部分人都有	只有少部分人有
3. 资源的范围	使用自有区域内的	有外来资源的供应
4. 维持生存需要	接近最低；以生理需要为基准	最大；大部分是因文化的需求
5. 报酬的期望	低	高；持续增高的期待
6. 科技能力	弱	强
7. 文化控制力	有调控资源使用的功能	促进资源的使用和消耗

（摘译自：Bennett（1976）的 Fig.8（p.139）。转引自《空间》。）

原始的与环境保持平衡的部落是很难保持闭关自守的，除非这个部落位于强势文明的极度边缘，且有天险，一般人很难到达的地区。但这样的体系对传统生活的承载力相当低，可承载的人口量也低，传统的生活也相当艰苦。

在现代文明生活下，与生态环境保持平衡，是极为困难的挑战。返回原始生活状况是不可能的，除了与人们的意愿相违外，现实中也是不可能的，因为原始生活的环境承载力相当低，而现今的人口已经是原始承载力的数百倍甚至是数千倍。如何能维持目前的人口量，既能维持现代化的生活品质，又能维持生态环境的健康、舒适与安全，是生态设计面临的重要课题。

7.2.2.1　动态平衡

生态平衡是不同于物理上的平衡和其他单项事物的平衡。所以，平衡不等于静止，静止不等于平衡。生态系统的平衡是行进中的平衡，是来自不同方面的作用力相互作用，此消彼长，不断运动的过程。

一个自然生态系统是从来不是静态平衡的，虽然其各部分总是趋于平衡，但总是未能达到。因为平衡没有冗余——不能自我补救，不能容忍错误。这就像现代工业生产的流水线一样，即使一个小小的错误或中断都可能造成系统的崩溃。

城市是动态平衡的生态系统，表现在城市具有生命的特性（图7-3）。城市和自然界的动植物一样，拥有生命的产生、成长、进化和衰退的历程。城市也会生病，如城市病。如一些城市弊病甚至如癌症一样，如果不加遏止，就可能像癌细胞扩散一样，侵噬城市的生命机体。有的城市，特别是一些大城市积重难返，正是基于此种原因。

生态系统处于永恒的变动之中，其过程比结果更重要。生态系统是极其复杂的，其结构和功能取决于大量的变量，这些变量互为网络，它们之间的关系基本上是非线性的。城市系统亦是如此，整个系统处于动态之中，系统生态过程和相互作用的结果不再重要，重要的是行为的过程，以及什么样的过程实质性地决定系统的结构和轨迹。

城市作为动态的生态系统，突变性总是打破渐进的状态而实现。看起来顺理成章、理所当然的规划，也常常因突如其来的变化而全盘改变，这种改变是不为设计者所预料，也不依设计者的意志而转移。虽然许多规划设计都试图以法律条文所确定，但既定的规划往往被突破和改变。事实上，变是绝对的，不变是相对的，关键是如何去适应突变。解决的途径是规划要加强整体生态系统的开放性，将突变更多地消纳在自身结构组织的进化和形态的变更上，而不应以生态平衡的破坏和环境的退化为代价。

城市化的急速发展，造成种种城市生态环境问题，如交通问题，水系平衡破坏、污染等。维护城市生态平衡，将城市作为一个水系和物资资源可以循环利用的系统，达到能源有效利用，保护和创造城市中的自然生态，达到自足、安定的生态系统循环，并形成良好的城市生活环境。

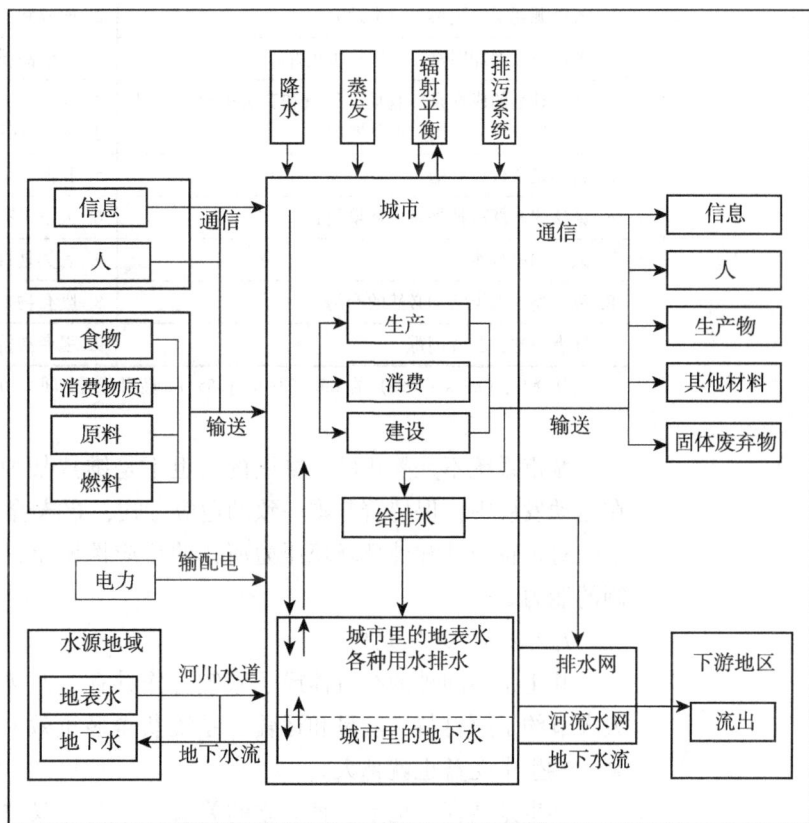

图7-3　城市内外部物质、人、水流状况

7.2.2.2 持续自生

混沌理论指出每个个体与组织都有其"自我组织"在进行运作，透过组织内的负反馈（斥力）与正反馈（吸力）创造出个体或组织的平衡；例如一群飞往南方的大雁，每只个体都会保持与彼此之间"最小与最大"的距离，虽然它们中间并没有一套固定的模式可去遵循或一个统一发布命令的系统来领导，整个雁群在行进中的飞行路径便是一组吸力与斥力的正、负反馈的平衡。

混沌学中所论及的"蝴蝶回线（Butterfly loops）效应"表明：微小的因素或事件有时会酝酿并造成重大的改变与影响。所谓"混沌（Chaos）"是指在显然毫不相干的事件之间，存在潜伏的内在关联性。每个城市在当地环境中持续较长一段时期自然地产生一种寻求平衡的过程。当这种动态的过程遭到外在的或内在的大的破坏后，将产生新的平衡或城市将恶化或衰落。城市像自然生态系统一样运作，系统整体的健康是最主要的，因为每件事情都是相互关联的。

城市系统的自我设计和自组织能力对于解决生态破坏和环境污染问题起到重要的作用。一般来说，组成生态系统的层次越多，结构越复杂，系统越趋于稳定，受到外力干扰后，恢复其功能的自调节能力也越强。相反，越简单的系统越是显得脆弱，受外界影响后，其恢复能力也较弱。

持续自生能力旨在恢复自然生态系统本身的活力，人必须融于自然而非驾驭自然。在考虑到城市土地、淡水、能源等资源状况的条件下，在一定的阈值范围内，使系统保持具有自我调节和自我维持稳定的机制（表7-5）。

"拓荒心态"（frontier mentality）和"持续原则"（sustainable principles）的比较　　　表7-5

拓荒心态	生态持续原则
1. 地球拥有无限的资源	1. 地球的资源是有限的
2. 若资源耗竭，则换另一个地方	2. 回收和使用可再生资源，以避免耗尽
3. 若能持续增加财富，生活将可更好	3. 生活品质并不等于银行存款的总和
4. 任何计划的成本是以物质、能量和劳力的投入量计算。是否"经济"则是最重要的	4. 投入的成本不只是物质、能量和劳力。外部成本，如：对健康和环境的伤害或负担，必须加入计算
5. 自然是要被征服的	5. 我们必须了解自然，且与自然合作
6. 新法律和新科技将解决环境问题	6. 天下没有白吃的午餐，节约和保育才有出路
7. 人类超越自然	7. 人类是自然的一部分，在自然法则中生活
8. 废弃物是人类活动必然的产物	8. 废弃物是难于承担的，每一个废弃物都应该有用途
9. 强者得吃，弱者倒霉	9. 强者扶持弱者，增进共同福利

（摘译自：Chiras（1985）的 Table 23-1（p.551）。转引自《空间》102。）

城市系统不是静止的、凝固的，也不是维持某种没有实质变化发展的既定格局，系统结构在运动发展中，保持着基本一致的适应方式，意味着系统功能和行为特征的确定性和抗干扰性。系统对来自内部和外部环境压力所作的反应性调整，意味着系统随环境变化而改变内部运作机制的能力。

7.2.2.3 共生原则

共生是不同种的有机体或子系统合作共存、互惠互利的现象。共生的结果使所有共生者都大大节约了原材料、能量和运输，系统获得多重效益。共生者之间差异越大，系统的多样性越高，共生中受益也就越大。

共生是共存，也是一种对立的关系，对立的双方在斗争中相互依存；是一种包容关系，相互尊重，互不侵犯，并努力扩大共识和相互理解；是一种共有关系，能够创造出不能独立完成的创造物；是一种互补关系，依靠给予和获得而存在；是一种互助关系，通过生态循环而结合。

共生也是一种平衡状态，每个城市都应当培植自身的文化体系，创造特有的城市活力和共同的平衡点。实现历史与当代的平衡，自然和人文的共生，部分与整体的共生，各种文化的共生，艺术和科学的共生，以及地方性和全球化的共生等等。

城市的共生性强调城市各项人类活动与周围环境间相互关系的动态平衡，包括城市的生产与生活，市区与郊区，城市的人类活动强度与环境负荷能力，城市的眼前利益与长远利益，局部利益和整体利益，以及城市发展的效益，风险与机会之间关系的动态平衡。

当今在所有知识领域正在进行一个重大的转变，较少采用所谓不二的真理，而注重较多地提出新问题，不是非此即彼，而是共生。这个新思想试图理解存在于整体中的复杂性、部分的独立性、自发的生长秩序和偶然性等。生态城市也被看成共生系统、复杂系统或免疫系统，或更通俗地说是新技术的产物。例如，达尔文进化论的适者生存和自然选择，共生进化的理论。如同西医采用破坏细菌和毒素的理论，外科切除损坏的器官，而中医寻找适当的中草药和其他非侵入性的方法，寻找与毒素共生的方法，达到健康和长寿。延续性，尊重历史才能得到未来的尊重，在继承基础上的完美改造，才能使城市的资源发挥最大的价值和效益。

城市的共生性还表现在，城市是以人为生命主体的生态系统，人类总要为自身创造日益完善舒适的生活环境和生态环境，通过合理的人工调节，保持和发展城市内人与物之间、人与环境之间的平衡，使城市居民具有充足而且干净的饮水条件，能呼吸到较新鲜的城市大气、能吃到无污染的食品和副食品，能休息在较安静舒适的居住空间中，能有方便和安全的城市公共交通条件，能较方便地接触到大自然，等等。

7.2.2.4 多样性与稳定性

生物多样性是维持城市生态平衡的基础。按照联合国《生物多样性公约》① 的定义，生物多样性是指"所有来源的形形色色的生物体，这些来源包括陆地、海洋和其他水生生态系统及其构成的生态综合体"。简而言之，生物多样性就是地球上所有形式的生物——植物、动物和微生物及其所构成的综合体。地球上的生物多样性包括生态系统多样性、物种多样性和遗传多样性三大组成部分。对于城市系统，主要是指物种的多样性，而在小区或社区水平上，则体现为生态系统的多样性。

生物多样性原理表明，一个由众多生物物种组成的复杂生态系统总是比一个只有少量几种物种组成的简单生态系统，更能承受人为的干预或自然突变的打击，从而保持较为稳定状态。生物多样性是维持生态平衡的关键因素。

生物多样性保护重视栖息地的维护、复育，与物种的永续利用。必须意识到生态多样性的价值，生物多样性及其组成部分的生态、遗传、社会、经济、科学、教育、文化、娱乐和美学价值。

多样性是系统通过各子系统协调作用的非线性反馈，以实现系统自我调节控制机制的具体化。生物多样性对稳定和改善环境，起着不可估量的作用，具体表现在：保护水源，防止水土流失；防风固沙，调节气候；绿色植物可以净化环境、减少污染物毒害。

生物多样性是生物进化的结果，是人类赖以生存的基础。西蒙兹指出，"我们行星上的一切生命的基础，是依靠绿色植物的光合作用，使太阳能转化为有机物的过程。继而，这种功能依

---

① "生物多样性公约"对"签署国家"的要求：采用国家生物庞杂度策略和行动方案；建立全国保护区体系；采纳可以产出对提高保育和生物资源持续利用的诱因；恢复恶质化的栖息地区；保育陷入危机的物种和生态体系；尽可能的减低或是避免生物资源的使用对生物多样性造成冲击；尊重、保护和维持当地和原住民的知识、创新和风俗；确保生物科技产品应用的安全性。

赖于一种无限复杂和精巧平衡的、维持生命的系统，这个系统包括我们的整个宇宙在内。我们每一个人，都是一个活的有机体，从这个系统（生、死、再生的永久循环）吸取生命力。①"

生态系统的多样性不仅是自然的特性和生态稳定性的基础，而且还促使生活方式和文化的多样化。文化多样性促进人类对生物多样性整体性的认识、利用和管理。反之，保育生物多样性则加强文化的完整和价值。

为了保存生物多样性，可以采用支持"另类"的发展，采取对环境比较友善的做法。如"生态旅游"（ecotourism）是一种在自然地区欣赏本土生物环境以及传统文化的活动，这是比较容易接受的另类经济活动，可以用最小的伤害从自然资源获取价值。"生态旅游"在泰国的普吉岛（Phuket Island）已经激励当地社会保护珊瑚礁。在哥斯达尼加（Costa Rica）"生态旅游"是赚取外汇最多的行业，同时也帮助国家保护自然资源。

生态多样性也是保持城市生态可持续的重要特征。因此，设计不仅应当满足人的需求，而且必须不危害地球上其他有生命物质的健康②。对于一个持续发展的城市来说，多样性就像基因的多样性对于生物一样重要。

7.2.3　生态价值原理

城市发展中不同类型的矛盾冲突，对城市生态环境产生不可逆影响，需要从不同层次分析问题。为更有效地规划城市生态环境，必要的经济学分析有助于解决遇到的现实问题。

现代城市远不是一个自由的系统。物质经济发展的根本目的是为了文化的繁荣昌盛。这是因为社会导向的社区经济和环境导向的生态经济是相互联系的、再生的系统。因此，在设计过程中必须尊重和体现自然的生态价值，这包括一切城市开发和建设必须在城市的生态承载力范围之内，最大限度地利用城市空间，有限地利用土地资源和能源。

7.2.3.1　自然价值与资源利用

自然生态具有"内在价值"和"外在价值"。内在价值是指自然界对自身的价值。自然界是一个自我维持的系统，它按照一定的自然程序（规律）自我维持和再生产，从而实现自身的发展和演化。外在价值是指自然界作为他物的手段或工具的价值，自然界能够满足人和其他生命的生存和发展需要。

西方效用价值论认为，某种物质的价值来源于它的效用，并把该物质的边际效用定义为价值。价值大小是由某种物质的有用性和稀缺性共同决定的。从这个观点看，物质资源由于其有用性和稀缺性而具有价值是毋庸置疑的。大气、水、土壤等不直接进入生产过程的环境要素，可以通过容纳、降解、消化生产过程中产生并输入自然系统的异物，维持自然生态系统正常功能来辅助生产过程，也是有价值的，即为环境容量资源。环境容量资源是一种功能性资源，在一定限度内可以重复利用，但一旦超过一定的阈值，这种功能性资源就会降低、退化甚至彻底丧失。

资源保存是要达到最大限度利用资源，最小程度影响环境。这包含两方面的含义，一是资源需求的最少化，二是废物产生的最小化。资源需求最少化意味着减少资源消耗，最大限度地再利用和循环使用资源，更大程度上依赖于恢复、修补，而不是弃旧图新。

成熟稳定的生态系统对资源有较高的利用率，形成各生物体之间、生物与环境因子之间有机的联系，并可以相互间相应调整，构成一种既有序又很稳定的开放系统，对外流冲击有较强的缓冲能力。

在现代社会，人们仍将可持续理解为"保存"。所有保护做的是减慢毁坏的速度，并不是长

---

① J·O·西蒙兹. 大地景观——环境规划指南 [M]. 北京：中国建筑工业出版社，1990：3.

② Sim Van der Ryn and Stuart Cowan. Ecological Design [M]. Island Press, 1996.

期的持续生存方案。自然应作为设计的前提而不是背景。

"要尽量保存稀有资源"可能是衡量一种设计成功与否的一条重要标准，但空气和淡水资源是人民生活和生产不可缺少的资源也不可忽视，近地面大气层中，到处充满空气，人们不易觉得空气是最宝贵的资源。淡水资源有限，在时间和空间上分布不均匀，常成为城市发展，特别是沿海城市发展的限制因素。因此，淡水资源在城市生态系统中居于重要地位。它决定城市规模、人口总数；决定城市结构、工业组成、规模和分布。

再生资源是指生物资源和非生物资源，即它们的数量和储量在人类合理利用后，可以逐渐地得到恢复和再生，如森林、草原、野生生物、鱼类、农作物、土壤、水源、空气、太阳能、风能和潮汐能等。

尽可能利用可再生资源，如太阳能、地热来满足人对能量的需要，在利用过程中防止再生循环的中断和污染的产生。对于不可再生资源的利用则应创造出更多的机制，使其尽可能多地被循环利用，延长使用环节，使其中蕴涵的价值、能量尽可能多地释放，减少对资源的利用速度，防止不必要的资源浪费。

资源在产业或部门间的分配，应在满足社会对各种产品市场需求的基础上，将资源分配给资源产出率较高的产业或部门，以谋取较高的资源利用效率，这便是资源配置得当。在资源配置得当和资源利用空间布局合理的基础上，用最适宜的技术、最佳的利用目标组合在最有效的管理手段，来实现资源利用的经济、社会和生态等综合效益的最优化。

同时，设计必须考虑近期和长远的时间维度，就像短跑和马拉松赛跑一样，长远性的问题应得到长远的社会反馈。一个短跑运动员可以暂时忽略其身体的长远需要，作竭尽全力的冲刺；但没有一个马拉松运动员能在身体的耗氧率大于吸氧率的情况下持续地跑下去，他必须首先调整到需要的准平衡状态，并在比赛过程中始终保持这样的状态，直到终点。城市也是如此。

7.2.3.2　城市生态承载力与"生态足迹"

承载力是指"在一个特定的栖居地，能无限期地支持的最多人口，而不会永久地削弱这些人口赖以生存的生态系统的生产力"。人口承载力最终受制于能量和物质输入及其效率，后者指的是生产代谢和再循环的功效。"城市新陈代谢"将居住区和有机体进行类比，都是物质能量的消耗、转换和释放。显然，城市作为主要消费者、环境资源代谢者，生态承载力的作用应得到特别重视。

与承载力相关的概念是"生态足迹"。针对区域与城市人口规模及用地的关系，加拿大生态学家里斯提出"生态足迹"的概念(图7-4)，认为要保持一定地区现有的消费水平，一定要提供一定数量的生产用地和水域，才能支撑该地区人口长期生存下去。里斯把包括这些生产用地和水域在内的相关地域叫作"生态足迹"。那么，一个城市范围内的人口所"消耗"的土地常常会比它的建成区或行政划区要大得多。如住在温哥华及其弗雷萨河谷流域下游（Lower Fraser River Valley）的 170 万人口，实际上要"消耗" 870 万 hm² 的土地，而弗雷萨河谷流域下游才仅有 40 万 hm² 的土地，由此他得出结论，本地区从别的地方"进口"了大于自己土地 22 倍以上的生产能力，

图 7-4　"生态足迹"：一个城市范围内的人口所"消耗"的土地常常会比它的建成区或行政划区要大得多

也就是进口了"承载力"，原则上讲，这样的发展是不可持续的发展。

很多环境保护论者从地球提供资源和容纳污染的能力出发，认为地球有"自然的"限度；简单地说，在一个有限的系统中不可能有无限地增长。《增长的极限》报告也指出："如果以现有的增长趋势持续不变，世界人口、工业化、污染、食品供应和资源消耗维持不变，在下一个100年将达到人类增长的极限，很可能出现突然和无法控制的人口骤减和工业产量下降。①"

环境可以限制人的某些活动，有些情况下的"商品交换"以环境资源为代价或损害其他资源的潜在优势和利益。环境持续力，如资源供给、吸纳废弃物和提供基本"维持生活"的服务（如保暖和防太阳辐射）对人的健康和生存是非常重要的。如果我们没有足够的新鲜空气呼吸，没有足够的水饮用，没有大气层保护我们不受辐射损害，没有适宜的土壤和气候长出丰富的农作物，我们不可能用其他方面来弥补我们失去的一切。

人的活动必须在自然环境的适当限制之内进行，通过减少或改变需求方向，而不是单纯满足这些需求，或在对立的需求之间寻找最适宜的平衡点。

城市密集的人类活动，对全球生态承载力产生巨大的影响，主要来自以下几方面：①城镇建筑、经济活动和交通运输中矿物燃料以及相应的温室气体和其他污染物的排放；②物质资源的消耗和废弃物的大量产生；③诸如臭氧消耗物质（如氯氟烃）和重金属等全球有害物质的释放。

生态承载力概念和生态足迹理论，给我们的启示是必须尊重和接受环境与生态限制，否则必然与可持续发展背道而驰。目前有很多建设都喜好集中在生态环境敏感的地区进行开发建设，长此以往，令人十分堪忧。因此由自然环境的角度而言，城市开发和经济发展如何兼顾，生态环境保护和城市开发统筹兼顾，显然是摆在专业设计人员和决策者的最重大课题之一，也是我们面临的极大挑战。

7.2.3.3 多用途、接近和适当的密度

划分节约和浪费的标准是价值，而设计关注的主要是使用价值。城市空间使用价值上的浪费主要是设计问题。由于设计和组织不当，土地利用效率不但没有提高，反而下降了。城市空间的利用率不高，如城市里枯燥单调的广场，由于功能单一或设计不当，导致使用率低或实际使用期短，大部分时间都是空荡荡的。

又如一些城市的所谓别墅区，由于密度过高，建得"别墅不像别墅，农村不像农村"，大量的空置说明这是"穷人买不起，富人看不起"，这种浪费是显见的。有的城市由于规划的失误或设计的局限，导致城市过早地二次开发，所造成的浪费也是惊人的。

提高城市空间价值，可以通过多用途设计、接近规划和采用适当的密度。

多种用途体现了设计的经济性，综合性。赋予城市环境以多种使用功能，可以提高环境的利用效率，增强城市活力。

接近规划，将公交站点设置在靠近小区中心位置，便于人们步行到达，方便乘车；将学校和办公地点靠近居住地，减少对机动车辆的需求，鼓励公共交通；接近还有利于集中供热和制冷，减少对自然资源的消耗。

采用适当的密度。高建筑密度，并不一定达到提高土地利用率的目的，必须和多种用途混合使用结合起来。当前的设计误导还在于，建筑密度指标无法真实地体现土地（空间）利用率。

7.2.3.4 混合使用（Mixed uses）

混合使用已经得到人们的广泛认可。混合使用这个词乍看一目了然，但有时使用不当却容

---

① 引自 ［美］丹尼斯·米都斯等. 增长的极限 ［M］. 李宝恒译. 长春：吉林人民出版社，1997.

易造成混乱。在同一个地理范围将各种不同功能的
土地利用混合在一起，这越来越被看成规划政策的
一个进步。人们希望，通过土地利用的混合，特别
是居住用地，居民将采用更"可持续"的生活方
式，较少使用小轿车。另外，城镇将变得更加富有
吸引力，生活和工作环境更有活力、更安全。实际
上，政府是鼓励城市化和提高城市的密度。混合使
用得到各级政府的推崇，主要因为通过混合多功能
的社区建设，可以达到图7-5所示目标。

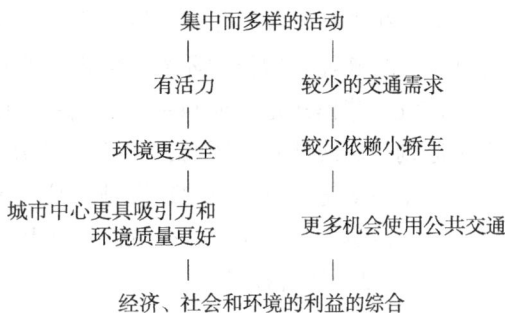

集中而多样的活动
|　　　　　　　　　|
有活力　　　　较少的交通需求
|　　　　　　　　　|
环境更安全　　　较少依赖小轿车
|　　　　　　　　　|
城市中心更具吸引力和　　更多机会使用公共交通
环境质量更好
|　　　　　　　　　|
经济、社会和环境的利益的综合

图7-5　混合
使用的目标

美国著名的城市理论家简·雅各布斯（Jane Jacobs）非常推崇城市的多样性。她认为，城市
是人类聚居的产物，成千上万的人聚集在城市里，而这些人的兴趣、能力、需求、财富甚至口
味又都千差万别。因此，无论从经济角度，还是从社会角度来看，城市都需要尽可能错综复杂
并且相互支持的功用的多样性，来满足人们的生活需求，因此，"多样性是城市的天性"（Diver-
sity is nature to big cities）。她在著名的《美国大城市的生与死》一书中提出了提高城市多样性的
四点补救措施：保留老房子从而为传统的中小企业提供场所；保持较高的居住密度从而产生复
杂的需求；增加沿街的小店铺从而增加街道的活动；减小街区的尺度从而增加居民的接触。

实际上，混合功用也是有争议的，就像一个事物的正反两面，表7-6列出了混合功用的优
缺点比较。混合功用应是相容功能的建筑混合利用，如在调查中某住宅楼底层的农贸市场，住
户反映凌晨三四点钟菜农即开始上菜，噪声干扰楼上居民休息，而且还存在环境卫生问题。

混合功用的优缺点比较　　　　　　　　　　　　　　表7-6

	优　点	缺　点
明确的	1. 多样性而富有吸引力和生命力，实现全天候城市； 2. 利用多余的或废弃的房产，包括列入文物保护单位的建筑； 3. 排列式利用方式，可以分开出租	1. 较难快速处理房产； 2. 要求灵活的房产管理； 3. 难于提高租金，还可能丢掉一些可能的住户
可能的	1. 减少交通（缩短往返，更加多功能），因此减少污染排放； 2. 可持续性； 3. 减少犯罪，更有活力，更多用途，街道观察	1. 获得较低的租金； 2. 种族隔离问题； 3. 每一种用途之间有干扰； 4. 各种活动之间的冲突：噪声、交通等（如建在啤酒屋之上的住宅）

（Andy Coupland. Reclaiming the city：mixed use development［M］. 1996：4. ）

但总的来说，混合功用优点也是明确的，特别是办公和商业服务设施应尽可能集中混合在
城市和地区中心。如西方国家城市郊区化而建在城市边界的大型零售商场和办公园区，周围是
巨大的停车场，事实证明这种布局是与步行化和公共交通运作相对立的。我们可以借鉴传统的
地方商业街模式。老城区的商业街往往线性集中了各种不同的零售、社会、文化和商业活动，与
集中的商业中心相比，"商业大街"的各种便利之处在于：从住家到购物点更方便；可以随时或顺
便购物消费，公共设施的服务范围更富有弹性；临街住户可以利用临街空间，充分利用房产的价
值；主要考虑行人、公共汽车和自行车线路；混合功用的线形模式方便各种管线综合布置。

7.2.4　生态技术原理

生态技术是生态设计的基础。生态技术是人类学习大自然的智慧，模拟自然界物质生产过
程创造的一种新的技术形式。

城市生态技术主要强调能量的有效利用和节能。我们面临的挑战是通过技术的发展和经济的好转，打破经济增长和环境污染之间的必然联系，创造具有良好生活的空间。

传统工艺模式是"原料——产品——废料"，其设计原则是线性的和非循环的。生态技术的组织原则是非线性和循环的，在单个环节或单个过程看，可能不是最省的，但从整体上看，则实现了整体最优。每个新的建设项目应当有一个清晰的能源利用策略，达到经济上节省，技术上可行，减少燃料供应，减少资源消耗和废物排放。

7.2.4.1 适宜技术

传统理论选择技术的标准是效率，即利润最大化。而生态理论认为技术的选择应注重公平原则和技术的人性问题。生态设计技术选择的核心是适宜技术（appropriate technology），能满足广大人口的基本需要的同时，创造较多的就业机会，并节约资金。在技术选择中应着眼于未来，因地制宜，注重地方特色和产品。因此适宜技术毋宁是一种技术的具体形式，而是一种技术的决策思想。在技术上，使用适当的技术，适当的低技术"平台"可以在任何地方建造，可以随经济或实际天气而变化，也可以应用复杂技术。

适宜技术也称为"中间技术"（Intermediate technology），是一种介于发达国家资本密集技术与发展中国家原始的、土生土长的技术之间的技术。中性技术主要依赖于本国本土的材料和技术，是重视和现有生产要素水平相适应的技术。中性技术进步对规模大或规模小的生产过程都同样可以应用。因此，舒马赫认为，这是一种"具有人性化的技术"①。这种技术能够充分利用现代的知识和经验，能够适应生态学的规律，能够为人们服务，而不是使人成为机器的仆人。

适宜技术具有以下代表性特征：是有利于有效使用人力资源的技术；是利用可再生资源的技术；是开发利用地方材料的技术；是用最经济的手段获得所需材料的技术；是有利于建筑使用过程中的维修、改建和扩建的技术。

城市建设应充分利用现有技术，采用随手可得的技术，而不是采用外来引进的高能量或高技术。适宜技术是高技术与低技术的平衡。高技术作为一个知识密集型的产业，通过各种高新技术渗透到其他产业之中，如绿色食品，无污染的生物农药，净化空气和水体污染的技术，太阳能、核能以及海洋技术，无氟技术及新材料技术等。因此在设计中应采用适当的技术，降低技术层次，以利于使用者进行维护，如主动式和被动式太阳能系统的利用，废物处理（如沼气技术）、能量储藏技术等。

图7-6 物质循环代谢示意图

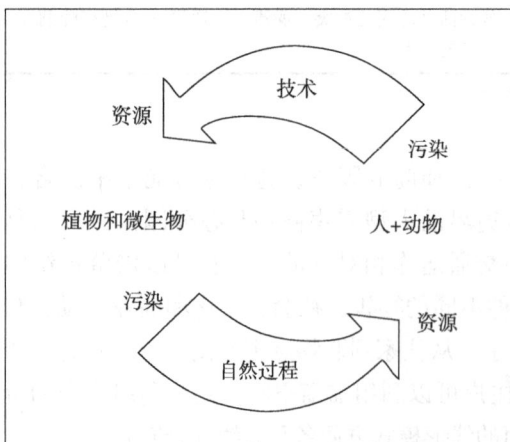

7.2.4.2 循环与再生

生态设计强调物质的循环与再生是为了减少环境污染效应以节约自然资源，特别是非再生资源的消耗。生态系统中的任何物质，都以循环的方式不断进行运动，物质循环促进了系统的进化和生命的活力。

在"循环式新陈代谢"的生态系统（图7-6）中，每一种产出都尽可能再成为原料，重新投入生产体系中，这样从大自然中索取的资源便可以减少，而生产过程会影响到的地区相对地就小，也因此将比没有循环使用资源，而积累大量无用废弃物的"线性新陈代谢"系统更符合可持续发展目标。

① E·F·舒马赫. 小的是美好的 [M]. 北京：商务印书馆，1984.

人类的需要应保持在一个合理的限度内，维持人与自然协调发展，从而实现较小的资源满足人类生存与发展的需要，可持续地提高人类的生活水平；提倡一种新的消费和财富观念，在设计中体现为，要利用最优化原理，用最少的材料，最小的人力和能源消耗，实现产品的最大功能，利用一切工艺，尽量提高产品的耐久性，从而达到节约的目的，要注意可再生材料产品的生产。材料的反复利用，不仅能实现价值的不断增值，而且可以避免对环境的直接污染。

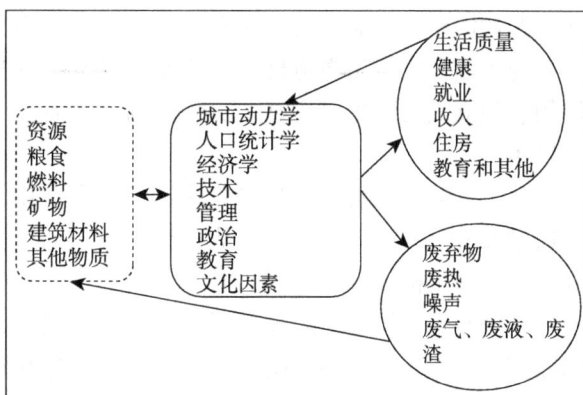

图7-7　城市循环式新陈代谢系统

在社区使用新陈代谢的方法寻求资源输入和废物输出，以达到循环利用的原则。图7-7是将新陈代谢基本概念应用到居住区的资源循环过程。

7.2.4.3　环境优先

自然生态环境保护的最终目标，是兼顾当代和后代人的需求，对资源与环境作最为明智的使用，以追求人类环境的持续发展。

高能耗、低产出的粗放式经济增长模式只注重物质财富的快速积累，而忽视了环境污染、资源衰退和生态破坏造成的巨大代价。对城市来说，人们都期望一个具体的开发项目能带来全面的经济效益、社会效益和环境效益，但大多情况下，开发和环境之间会面临矛盾和冲突。必须对两者进行评估和权衡，并始终将环境保护作为城市规划建设中首要的考虑因素。若开发对环境的影响是有益和可以接受的，则应通过综合的规划协调使不利因素减到最小，如果它有可能对现有的环境造成不可挽回的破坏，即使对经济发展再有好处都是不可取的——长远来看，破坏环境也就意味着破坏了投资环境，将导致城市中没有更多新的产业加入，甚至原有的产业也因环境条件的恶劣而迁出。

因此，当人类的建设行为会对环境造成破坏，而现在又没有可以弥补的办法的时候，所谓"先污染后治理"等托辞是极端盲目和不负责任的，因为城市建设对人类生存环境的影响最大，后果最严重，城市建设所犯的错误也是最难补救的。

7.2.4.4　优化能源绩效

能量效率随着时代技术发明的进步而提高，使得城市的物质循环、能量转化、价值增值、信息传递等功能发挥前所未有的高效率。

高效率利用能源和材料，采用节能技术。重点利用可再生能源，如太阳能、风能，减少矿物燃料的消耗。设计"太阳能"建筑，有适当的日照、通风和隔热，减少能源消耗。所有生态开发应考虑能源自给自足。然而，有些活动需要使用大量的能源，可以采用集中的太阳能发电站。开发的初级能源必须来自可更新能源。太阳能利用，一般情况下：有利的场地是朝向太阳，通常避免北坡，设计建筑平面和树木，减少遮阳此外可以阻止过多的阳光照射，建筑朝向在南45%以内，最好在30%以内，并合理安排门窗布局，以利根据室内外气温状况合理调节舒适的温度。但"太阳能设计"并不适合所有地点和建筑，必须因地制宜。

通过适应气候的设计减少能源消耗，采用低能量转换，尽可能采用当地材料生产的能源。鼓励使用再生材料，缩减废物和不必要的能源浪费。因为开采、运输和生产建筑材料需要花费能量，加上施工阶段的能量耗费，大约占一幢相当节能的建筑的"全寿命"能量需求的1/4。为了减少建筑物化能量，而不减少寿命或能效：尽可能再利用现有建筑和结构（假使这些建筑的能量消耗能够减少在可接受的范围内）；建筑建造中应考虑整体或部分构件是可再生利用的，用适当的功能和全寿命周期的材料建造；设计长寿命的建筑，容易维护并适应不同要求；建筑和基础施工尽可能使用当地材料和低能量材料，寻找减少能源浪费和材料废弃物的办法；减少高层的、独立式的或单层建筑开发的比例；平面设计有利于减小车行道宽度和有利于每栋建筑的管道布置。

从更广的范围看，围绕现有能量供应和使用，每个城市和街区要有一个能源规划。能源规划通过开发规划贯彻实施。其他机构将参与研究，如能源供应业、主要工业用户、住房和社会利益、环境机构。

促进有效和持续的能源利用。高效利用能源，鼓励使用可再生和安全能源，并提高能源利用效率，研究、开发和使用非机动或耗能低的交通运输系统，以及使用可再生能源和技术，如太阳能、风能和生物物质能源；分阶段消除含铅汽油，可以着重通过使用生物乙醇作为环境友好的代用品；采用节能型和环境友好的技术；减少和停止在能源生产、运输和使用中排放污染的废气；回收、再利用和减少能源消耗；鼓励使用太阳能取暖和冷却以及发电技术、节能型设计，以及改进建筑通风和隔热，以降低建筑物的能源消耗。

7.2.4.5 废物减量化和生态化

随着经济和科技的进步，各种城市生活频繁，以及消费物质的多样化，使得城市的物质代谢发生巨大的变化和复杂化，如何将城市的废弃物减量化和生态化是当前城市面临的主要问题。

废弃物处理的相关问题较多，垃圾填埋场或焚化场用地选择较困难，沿河岸丢弃或任意焚烧，影响环境卫生。垃圾填埋场渗出水，以及填埋场不正确使用，往往造成土壤污染及臭气问题，甚至污染水源。城市废弃物利用，应从4R入手，即减量化（reduce）、回收利用（recycle）、重复使用（reuse）、再出售（Rebuy）。这应作为健全城市物质循环的努力方向。

废物减量化和生态化是为了改善环境品质，提高环境效益。大自然的字典里没有废物这个概念。生态开发中，所有系统资源、能源和材料使用应考虑设计或建造减少或没有废品。

环境效益要求每个单位资源利用和废物产出均获得最大利益，可以通过几个方面得到增强：增加耐久力，环境成本可以根据需要有一个较长的使用寿命；增加资源转换的技术效益，例如，通过增大能量效益或回收废热；避免以快于自然系统补充的速度来消耗可再生的自然资源，如水和能源；实现资源循环。例如，通过增加重复使用、循环利用和废物回收（和减少污染）；简单化和避免使用不可再生的自然资源。对环境来说，最好的方法是简化生产过程，或避免使用不可再生资源。

在废物处理过程中，废物减量化，一是减少生产和使用过程中自然资源的浪费，二是降低工业废弃物和生活垃圾的输出。

根据生态优化理论设计和改造城市工农业生产和生活系统的工艺流程，疏浚物质、能量流通渠道，开拓未被有效占有的生态位，可以提高系统的经济、生态效益。其基本内容包括：能源结构的改造、生物资源的利用，物质循环与再生，共生结构的设计，资源开发管理对策，化学生态工艺以及景观生态设计等。

改变生产消费结构的清洁生产有助于减少对自然的有害的废物。所谓的"无废工艺"是不准确的，任何生产都不可能无废物，清洁生产的任务在于使环境中最终只有比较无害的废物，能够通过自然净化得到分解，而将有害物变成生产性消费的对象，改变废物的成分。

清洁生产是关于产品的生产过程的一种新的、创造性的思维方式。清洁生产意味着对生产过程、产品和服务持续运用整体预防的环境战略以期增加生态效率。减少和减低产品从原材料使用到最终处置的全生命周期的不利影响，节约原材料和能源，取消使用有毒原材料，在生产过程排放废物之前减降废物的数量和毒性，并将环境因素纳入设计和所提供的服务中。

生态工艺设计以城市主要污染物（废物）为对象，采用切实可行、技术合理、经济有效的污染治理技术，并尽可能将污染消纳在生产工艺过程中，包括：污水处理与循环用水设计，烟尘防治工艺设计等。

7.2.5　社会需求原理

7.2.5.1　基本需要原则

满足人的基本需要是城市建设的根本目的。所以，我们必须确定的是：究竟什么是人的需要？需要是人类行为的发动者，但是只有合理的需要，才是应该满足的。但传统城市开发体制中往往忽略了这一点，以人类中心论为指导，认为凡是人类需要，都是合理的，应该予以满足。开发商也只注重于经济上的投入和产出分析，而较少考虑资源的持续利用和生态环境质量，因而造成当前城市开发中的经济短效行为和城市长远效益和公共利益的丧失。因此，我们质疑：生产是为了满足人们日益增长的物质和文化的需要吗？更多、更高、更大、更强、更好吗？

按照 Manfred Max-Need 的需要系统理论，人类的需要是一个系统，由九个基本需要组成：持续生存、受保护、仁爱、理解、参与、闲暇、创造、个性和自由，基本需要满足的人才是一个健康的人。健康是物质、精神和社会生活的完美结合，而不只是没有疾病和身体强壮。

人作为有生命的生物从一开始就有两种需要——生态需要和社会需要。也就是说，人的生物（生理）需要包含对水、空气、太阳能等的需要。人通过创造社会化环境是为了努力满足自己的社会经济需要。

城市生活引起的紧张，以及由此紧张而产生的心理和医学上的影响，其主要问题是指城市环境通过物理刺激或者社会心理刺激而施加给市民的紧张。

但城市里的人并不总是幸福的。紧张的城市生活节奏是导致各种疾病的前因，甚至引起所谓的城市文明病，图 7-8 为城市文明病形成示意图。

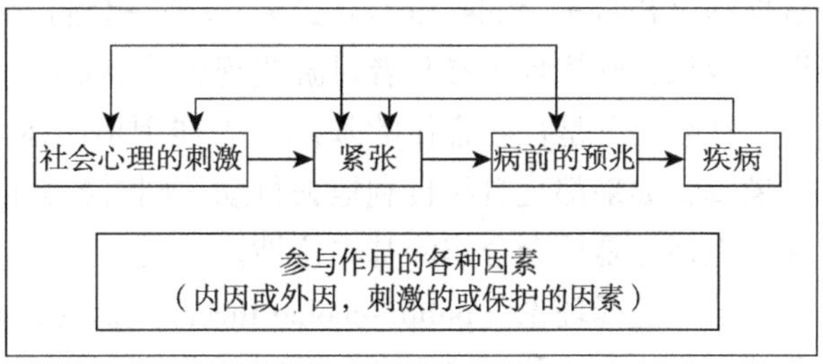

图 7-8　城市文明病形成示意图

人们在城市中产生紧张并引起疾病的原因可能有以下几点①：①社会的变化：城市化的发展；工业化的发展。②城市环境：居住区拥挤；人口稠密；城市结构原因：道路密集，交通堵塞。③信息媒体的发展。④小汽车的增加。

城市的规模、稠密度、多样性对人也有影响，城市的不同生态性质和亚文化群的作用之间存在着复杂的相互作用。因此，设计必须满足人对住所、舒适、健康、工作、公共设施和愉悦的环境等的基本需求，社会目的和环境目标是常常互相促进的，需要不断提供广泛的政策支持。例如，在邻里街区提供各种不同种类、不同尺度和不同所有权的住宅，满足不同阶层的社会选择；节能住宅在总量上缓解能源缺乏，确保供暖，以及节约使用能源和减少污染；改善当地环境，减少交通总量，使步行更舒适，增强健康和美的享受。一个富有魅力的、安全的和管理良好的步行环境可以促进社会稳定和提高公众意识。

7.2.5.2　促进社会公平

追求社会的公平、融合、正义和稳定，对建立一个文明进步和谐发展的城市具有重要意义。社会公平是比较抽象的概念，涉及到道德和伦理价值。

广义的社会公平包括调整贫富差距、建立社会福利与社会保障制度、创造就业机会、减少失业人口、治理贫困、消除犯罪、保护环境等等。乍看起来，设计作为一种环境的布置和安排，

---

① Carlestam 和 Levi，1997，转引自 P·迪维诺. 生态学概论［M］. 北京：科学出版社，1974：322.

不可能解决所有的社会问题，但是在实现社会公正、缓和社会矛盾、追求社会发展方面，承担着重要的作用。

社会公平的含义是平等的权利和公平获得公共服务、公共设施和信息的机会。作为一个社会问题，设计影响到公共空间和私人空间的平衡。

《人居议程》中指出："在公平的人类住区中，所有人——不分种族、肤色、性别、语言、宗教、政治或其他观点、国籍或社会出身、财产、出生或其他地位——均有平等享有住房、基础设施、保健服务、充足的食物和水、教育和空地的机会。此外，这种人类住区还为富有成效、自由选择的生活提供平等机会；在这种人类住区中，能够平等取得经济资源，包括继承权、土地和其他财产所有权、信贷、自然资源和适用技术；能够获得个人、精神、宗教、文化和社会发展的平等机会；能够获得参与公共决策的平等机会；能够获得保护和使用自然和文化资源的平等权利和义务；而且，能够平等使用各种机制确保各种权利不受侵犯。壮大妇女力量，让她们平等地充分参与城乡社会所有方面的活动是实现人类住区可持续发展的基本条件。①"

社会公平是通向城市生态健康的大门。以开发为基础的城市，邻里之间的相互信任与合作是最基本的。富人和穷人之间的鸿沟，以及高犯罪率，将阻碍城市的健康发展。

社会公平必须综合考虑社会各种力量之间的利益平衡，当代人之间，当代和后代人之间的公平效益，以及远景的策划与近期的发展之间的平衡。

社会公平依靠适当的经济基础。意味着建设基于行为道德和社会责任之上的文化和经济。政治上，生态致力于以人为本、分权社会和生活和谐的政治在三维空间的表达。正如罗伯特议事规则（Robert's Rules of Order）② 只是一套洞察人性而力求公正与效率的技术性设计。良好的设计效果，则依赖于参与者对游戏规则的尊重。

社会公平是社会合作的基础。囚徒困境暗示着这个事实：没有相互依赖的羁绊，只有得失的逻辑，如果都是自私自利地去行动，则对各方面都有损失。多数表决困境③表明效率性、稳定性、人性化是社会合作的基本特性。

公共选择理论（public-choice theory）认为，自利引导所有个人行为，而政府是无效率和腐败的，因为人们利用政府办自己的事④。因此市民的作用极为重要。自上而下的官僚主义运作的观点在将来的城市是行不通的，因为忽视了社区的作用。正如建筑创新需要业主的支持，生态意识、民主化思想对城市创新是本质的思想，各种变化的需要和安全的需求，将转化为推动社区进步的创造力。

缓和贫困和提供就业，在开发过程中包含所有层次的社区，提供负担得起的住宅。为普通老百姓提供的不是大量的生态、社会和经济问题，而是简单地选择住在哪里，买或租屋。办公或商业不是简单的房地产交易，而是意味着城市变为健康生命机体的一部分。金融、官僚和政治结构越来越明显地与环境有关，与节能适应气候和环境无害的设计相关联。

---

① 《人居议程》，第二章，第 27 款。

② 美国人亨利·马丁·罗伯特编定的会议议事规则，这个议事规则成为美国国会、法院和大大小小的会议的议事规则。详细的技术细节能够有条不紊地让各种意见得以表达，用规则来压制各自内心私利的膨胀冲动，找到求同存异的地方，然后按照规则表决。规则保障了民主程序的效率。

③ 多数表决的困境描述了这样一个假设：在太平洋上，客轮失事，两男一女漂泊到无人岛。因失事的打击丧失记忆，偶然说着共同的语言，在得失判断上没有障碍，共同地作出合理的判断。救生船没有希望了。三人开始了共同生活。女性 A 主张最先应进行衣服的整理；肥胖的男性 B 认为吃饭的问题最重要；而健壮的男性 C 主张居住最优先。协商破裂了，在三人完全同意下，付诸多数表决。三人的选择如下：A：衣>食>住；B：食>住>衣；C：住>衣>食。最后，他们看到了多数表决的困境，对于个人的选择问题采用多数表决是毫无意义的。不用搞优先顺序，A 担当衣，B 担当食，C 担当住，基于与每个人的适应性和选择一致的合理分工，开始互惠的合作。

④ [美] 迈克尔·P·托达罗. 经济发展 [M]. 北京：中国经济出版社，1999：695.

财富的公平分配与可持续性紧密相关。穷人受环境问题的影响最严重，也没有能力解决问题。另一方面，财富能够使人消费更多的物品，去更多的地方旅游，住更大的房子等，导致更大的自然资源和能源的消耗，增加废物量。富人却负担得起他们的行为造成的环境后果。那么，财富的不公平分配导致不可持续行为，并使其更难于改变。正如布鲁特兰报告中公认的一样，现在人民生活的平等必须伴随对后代人平等的关注。

7.2.5.3　为公众设计

当前的设计在一些奇思妙想的浸润之下，建筑大师和商业巨头们心心相印起来，他们更愿意冥想杰出人物的生活，而不关注也不愿为平凡的人效劳。

要激发起公众参与的积极性和主动性，首先通过各种方式提高公众的觉悟，使每一个人都能认识到自己的行为同整个社会的利益相关联，同子孙后代的幸福息息相关。其次，应创建与市场经济相适应的新的社会公众组织机制。

因此要让所有居民都有机会参与社区开发，所有社区都参与城市中心区开发，保证公共参与，使社区纳入到公共经营和管理中去。

7.3　城市生态设计的内涵

气候和技术是城市形态布局的两大影响因素，前者表现为自然对城市活动的持久影响，后者表现为技术进步的强大作用。城市生态设计必须结合两者的力量，以生态理论设计适宜的城市环境，同时达到对生态环境的有效利用和改善。气候和技术的交互作用，使人们在紧凑与分散之间难于选择，本文提出了城市非均匀布局的思想。从社会文化、生态环境、经济等因素的协调，提出多元、混合的生态城市的结构模式：由社区（混合使用、多功能、一定程度上的自立自足）、绿地（公园、生态绿地、基本农田）、交通网络（外围交通干线、社区间轻轨交通、社区内步行绿道）构成。提出以生态社区设计为城市生长的基础元，以生态绿地为营养基，以交通网络为生命线，以信息网络为神经元的城市生态结构构成。

7.3.1　城市空间生态格局

城市格局是指城市内部实体空间的分布状态。如建筑、交通、绿地、基础设施等的布局和安排。众所周知，如果城市的布局和选址考虑不周，就会破坏生态平衡，特别是工业城市，造成极大的损失，如我国兰州、长春、吉林等城市在这方面有着深刻的教训①。这里就不再赘述，而重点讨论在特定的地域环境里气候和技术对城市格局的影响。

7.3.1.1　气候与适宜的城市基本形态

城市人口的高度聚集和建筑的高层化，造成城镇的气候往往与周围乡村地区的显著差异。城市化改变了当地的大气环流，使当地气候发生了可以识别的改变，包括太阳辐射、风速、湿度、降水等。城市用砖瓦、水泥、玻璃和金属等人工表面代替了土壤、草地和森林等自然地面，城市改变了下垫面的组成和性质，改变了反射和辐射面的性质，以及近地面层的热交换的地面粗糙度，从而影响大气的物质状态。城市大量排放各种气体和颗粒物。改变了大气的热量状况，并释放出大量热能，形成城市热岛效应。城市中运输以矿物燃料为主，大气受一氧化碳、氢氧化物、光化学烟雾、烟尘、碳氢化合物等的污染日益严重。因此，城市中的气温、云量、雾量、雨量增加，城市大气中烟尘、碳氢化合物、氮氧化物、硫氧化物以及多种有机有害气体含量增加，造成环境污染，如图 7-9 所示。

---

① 王祥荣. 生态与环境 [M]. 南京：东南大学出版社，2000：379.

图7-9 城市及其周围复杂的物质交换

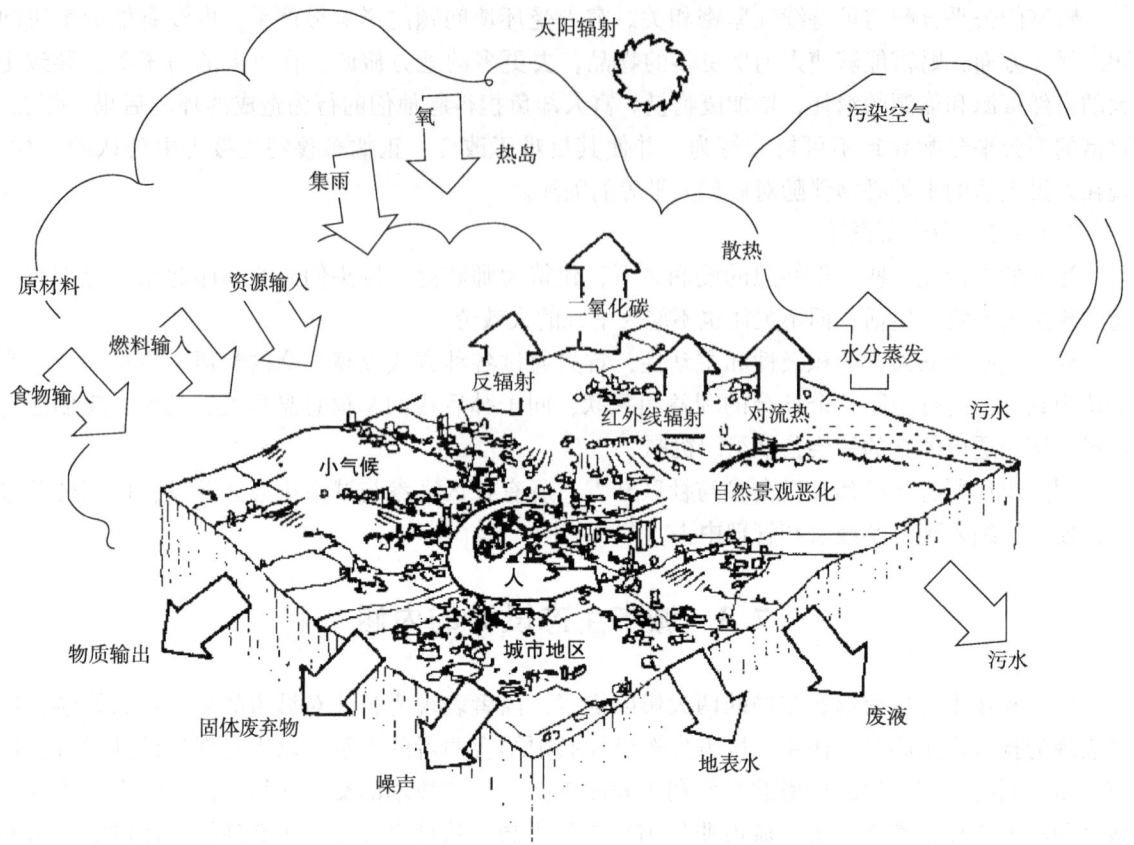

合理的城市布局和适宜的绿地空间组合有利于缓解城市热岛效应的负面影响，如华沙为了保证良好的生物气候条件，规定要保护有利于空气流动的"通风地带"和能够促进生物再生的"气候区域"。位于这些"通风地带"和"气候区域"范围内的大部分土地，将加以绿化并消除污染空气源①。

图7-10说明了绿地空间对净化空气，缓解热岛效应的作用。

城市必须适应大自然，气候对城市形态的影响已引起各国学者的广泛关注。芦原义信先生在其著作《隐藏的秩序》中写道"正如世界上一个地区与另一个地区之间的气候有所不同一样，国家与国家之间的建筑与城市的特征也不一样。……任何国家的城市景观……是由历史上长期定居在这里的人们创造的，是随着事件的推移，通过居民与所处环境之间的相互作用演变而成的，因为这是历史的遗产。"②

格兰尼教授（Gideon S. Golany）在《伦理学与城市设计》中分析了不同地理气候带的城市特征，通过大量的实例说明：不同的气候类型有各自不同的地域特征和地表环境，因而不同的地域气候，其适宜的城市形式也是不同的（表7-7），如紧凑、分散、混合、簇群等。这都是城市适应自然的结果，因为适宜的城市形态有利于缓解特定气候条件的不适，并利用气候因素而化害为利。气候和城市形态之间的关系表明，任何用极端化的手法和使城市空间标准化的方式去追求视觉上整齐划一和紧密的城市形态，都是不现实和有害的。

---

① 参见W·奥斯特罗夫斯基. 现代城市建设［M］. 冯文炯等译. 北京：中国建筑工业出版社. 1986：234.
② 芦原义信先生在其著作《隐藏的秩序》中，列举了大量实例，说明气候因素对建筑和城市观念的影响和限定，除了文化因素外，气候对城市形态的作用是首要的。他分析了日本房屋的材料、朝向、设计、美学，是如何由气候、历史和日本人的日常生活方式决定的。气候对于世界上不同地区的人们生活方式起着决定性的作用。

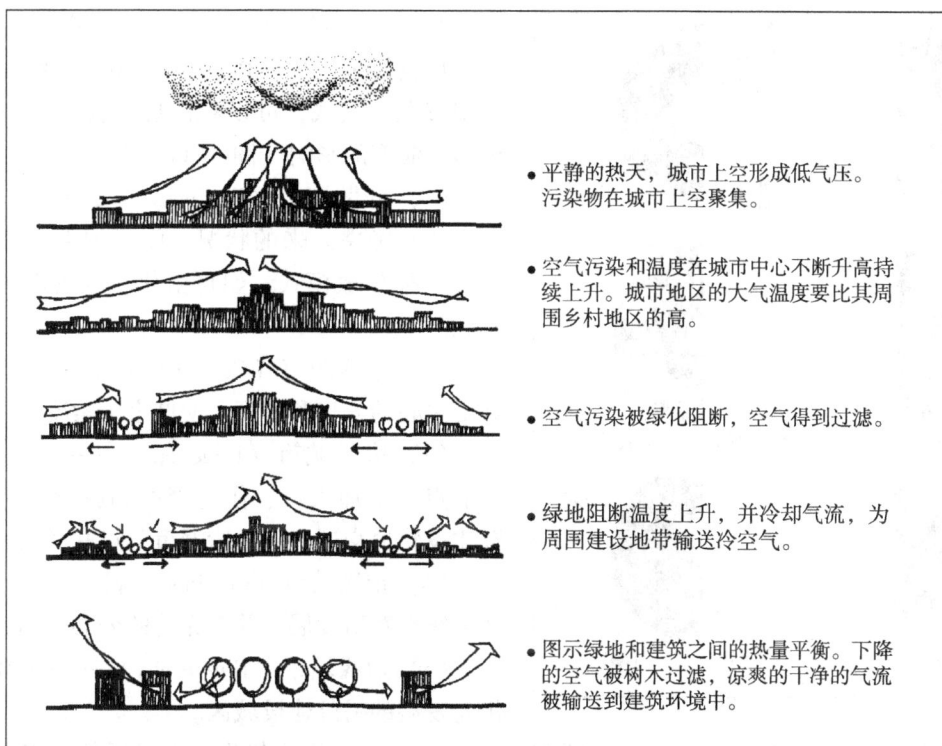

- 平静的热天，城市上空形成低气压。污染物在城市上空聚集。

- 空气污染和温度在城市中心不断升高持续上升。城市地区的大气温度要比其周围乡村地区的高。

- 空气污染被绿化阻断，空气得到过滤。

- 绿地阻断温度上升，并冷却气流，为周围建设地带输送冷空气。

- 图示绿地和建筑之间的热量平衡。下降的空气被树木过滤，凉爽的干净的气流被输送到建筑环境中。

图 7-10 "城市热岛"效应对空气流动的影响，以及公园和绿色空间的缓解作用 (Moore, Fuller. Environment Control Systems: heating cooling lighting [M]. New York: McGraw-Hil, Inc.: 1993: 59.)

主要气候类型、基本特征和适宜基本城市形式 表 7-7

气候类型	举例	基本特性	适宜的城市形式
湿热气候	赤道地带	炎热，日、季温差极小 大雨 高海拔地区较舒适	分散式结构，尽端开敞以利通风
湿冷气候（温和的）	美国北部和加拿大南部	多雪 多风，暴雨雪条件 夜间非常冷	开放式（适合夏季条件）和可调节闭合式（适应暴风雪的影响）结构的混合
干热气候	中东和北非，澳大利亚大部，美国西南部	强烈的太阳能辐射 日、夜之间的大幅度温差 沙尘暴 骤雨 缺乏多云天气 严重脱水 高盐碱化 蒸发量超过降雨量	紧凑式结构
干冷气候	内陆高原、中亚、中西伯利亚	恶劣、不舒适 强烈的干冷风	紧凑和混合形式、簇群形式
沿海狭长带	特别存在于沿着秘鲁和北智利的沙漠海岸线，非洲西南的卡拉哈里，摩洛哥的撒哈拉的大西洋沿岸，东非的索马里和墨西哥的西北海岸	多风与风暴 微风系统 高的湿度 易侵蚀性	在潮湿地区：适度的分散式，特别是接近有暴风雨的海岸；在干燥地区：紧凑式，向内陆方向防护、向海滨方向开放
山坡	缓坡，中坡，陡坡	多风，加速的空气循环 比低地有较高的相对湿度 有益健康、舒适宜人的气候 引人注目的美丽风景	半紧凑式结构：紧凑式与簇群式混合

（本表主要根据 Gideon S. Golany, Ethics and Urban Design: Culture, Form, and Environment, John Wiley & Sons Inc. New York，整理。）

图 7-11 城市形态基本模式图

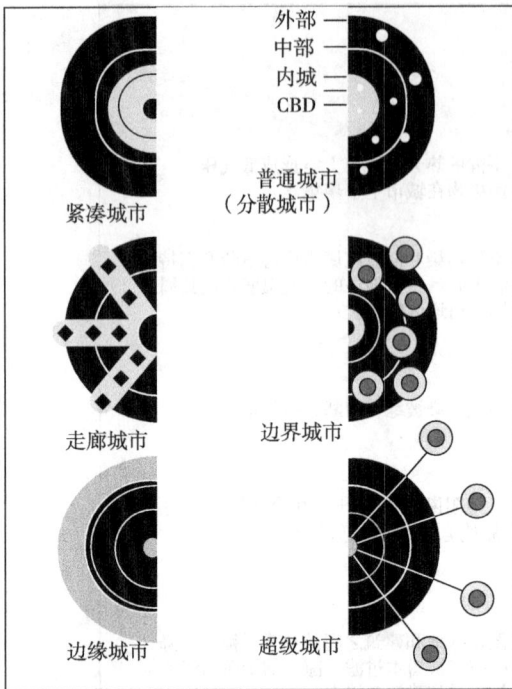

外部
中部
内城
CBD

普通城市（分散城市）

紧凑城市

走廊城市

边界城市

边缘城市

超级城市

7.3.1.2 技术与城市形态的演变

从彼德·纽顿（Peter Newton）总结了六种现代城市发展模式，可以看出现代技术的发展对城市形态演变的影响（图7-11）：①

（1）分散城市（Business as usual）——对城市发展不考虑未来的状况，而不加控制并任其发展的一种分散模式。如自由化、低密度、分散化发展。

（2）紧凑城市（Compact city）——适度集约城市中心的人口和密度，使城市更紧凑。

（3）边界城市（Edge city）——在城市内选择节点，增加人口、住宅密度和就业机会，并投资建设轨道交通，将边缘城市节点联系起来。

（4）走廊城市（Corridor city）——从CBD向外沿线性廊道发展，并有完善的公共交通支持。

（5）边缘城市（Fringe city）——在城市边缘优先发展的另外建设城区。

（6）超级城市（Ultra city）——在重要城市的100km范围内优先另外发展的城市，以高速铁路相连接。

图 7-12 分散化：美国郊区式发展

7.3.1.3 城市形态的疏与密：非均匀布局

城市空间的疏与密一直是设计师，甚至是大师们争论的焦点。疏散与集中代表了现代建筑学派的两大针锋相对的阵营，如分散论可以首推沙里宁（E·Saarinen）的有机疏散理论，沙里宁认为，应当把密度过高的城市人口和就业岗位分散到远离中心的可供合理发展的地域，彼此之间用保护性的绿化地带隔离开来，这样，城市就既可符合人类工作和生活的需求，又不脱离自然环境。

但分散导致了城市的郊区化蔓延，对其弊端已众所周知，许多城市为了眼前的发展需要，以一种浪费的方式使用周边土地，另一方面中心区现有的服务配套的用地和基础设施却可能得不到充分地开发和利用。所以看似追求生态化的目的，却导致了反生态的结果（图7-12）。

对分散化弊病的批评使集中论再次引起人们的关注和研究，集中论首推代表人物是勒·柯布西耶（Le Corbusier）。勒·柯布西耶除了在现代建筑领域一系列惊人成就外，他的城市规划思想中关于"拥挤的弊端可以用提高密度来解决"，启发了后来的城市设计，并影响深远。勒·柯布西耶通过建高层建筑腾出周围大量空地，

---

① 转引自 Josef Leitmann. Sustaining cities：environmental planning and management in urban design [M]. McGraw-Hill, 1999：368.

"城市景观将是有大量的绿地分隔穿插在摩天高楼之间。能获得很高的密度，而同时却使多数土地不被建筑物所占用。"①

同时，勒·柯布西耶提出城市内部的密度可以用整个城市实际上的平均密度来代替，从而将减弱和消除中心商业区的压力，人流将较均匀地分布于整个城市。他还认为人口的局部密集有助于保持一个有活力的频繁不断的交通系统。关于密度勒·柯布西耶有很多精辟的论述，这些看似很简单，又很难理解的问题，我们还很难能够充分地明白它，但错误地理解或一知半解勒·柯布西耶集中论，也导致了现代城市过分聚集，环境恶化等弊端。

非均匀分布理论综合了分散论和集中论的观点，认为应将技术和地域气候特征结合起来设计城市，扬长避短，发挥各自的优势而减少弊端。如用高密度发展的优势可以节省用地、缩短到工作地点的距离、节约能源、防止城市蔓延、保护自然环境等。

但高密度也会导致拥挤、社会病态等种种弊病，可以通过局部分散缓解高密度发展需要的压力，通过先进公共交通快速输送人口，降低拥挤的感觉可以通过良好的城市规划和管理形成美好的生活环境，如提供足够的绿地空间、优秀的城市和建筑设计、充足的市政服务设施。

要避免不平衡、不健康和不可持续的发展，就必须尽量减少交通需求、节约能源和保护绿地的土地使用方式。而适当的城市密度和混合使用土地是至关重要的。同时，人类不仅仅因为节约用地而高密度地建造，而是因为有密度的聚居表达了人类的行为方式，它提供一个可识别的空间领域，在其中人们不仅仅生活，而且可以集体生活，不仅能在住屋中独善其身，而且能有邻里环境"兼济天下"。

虽然，集中发展和较高的人口密度有利于形成能源使用更为高效的土地利用格局，有利于减少不得不需要进行的旅行以及对私人交通的依赖性，有利于减低来自交通的空气污染。但紧凑城市有其自相矛盾之处。如公共交通规划和开放空间廊道却必须是线性的而非集中紧凑的。因此，局部的紧凑（如社区）必须与适当的开放空间相配合，并通过公共交通网络连成为整体。

高层建筑的规划布局和设计，应借鉴先进国家及地区的经验。纽约、东京、香港等地高层建筑虽然鳞次栉比，但拘囿一地。纽约主要集中在曼哈顿岛，但也并非全是"水泥森林"，岛中设置了一个数倍于人民公园的中央公园，有效地调节了气候。日本东京中心区高楼与绿化保持一定比例，人均绿化可达 $7m^2$，城市宛如处在自然空调中。香港是高密度发展的城市，但香港的人均交通消耗能源是全世界大城市中最低的。维多利亚港给城市带来一个开敞的空间，低密度的山区也有助于降低心理上的拥挤感。香港高层建筑沿海而建，宽度不超过 5km，海风依然能长驱直入。

因此，适当的低密度分散和高密度集中结合有利于维持良好的城市生态环境。同时，应对建筑物外部环境和内部环境控制，前者包括良好的规划与设计、交通管理、从有限的空间中创造空间、大规模的房地产开发、采用新技术和公共教育。后者包括建筑物管理、建筑设计、交通联系和电梯设计。

7.3.1.4 "明智生长"（Smart Growth）

不加控制的城市增长影响了城市的经济发展和城市生活品质。针对郊区化扩张对城市和自然环境的破坏，西方规划界提出"明智生长"的城市生长对策。城市明智生长是寻找妥善管理城市扩张的途径，并促进城市整体的生活质量。

但"明智生长"并不仅仅针对城市扩张，还在于发现郊区城镇和农村的新的经济增长点，保护自然景观和其他已经逐步引人注目的旅游、度假和休闲开发的环境资产，使衰退的城市和

---

① 参见 P·霍尔. 城市与区域规划 [M]. 邹德慈，金经元译. 北京：中国建筑工业出版社，1985：70.

旧区恢复生机和活力。"明智生长"承认发展与生活水平提高之间的联系。

"明智生长"不是要杜绝所有的城市开发，而是使每一个社区开发是明智的、精明的。通过用新的生长来改善社区，"明智生长"更注重恢复城市中心区的活力和旧区的生命力，以交通和步行为导向，将住宅、商业贸易和小商店等多种用途混合起来。同时注重保护开放空间和其他自然美景。虽然没有"放之四海而皆准"的解决办法，但成功的社区都有一个共同点，就是他们明白要达到的共同目标以及社区的价值，并在开发和规划过程中反映这种价值观。

7.3.1.5 范例研究：保罗·索勒里与阿科桑底城①

美籍意大利建筑师保罗·索勒里1969年提出来的生态建筑学（Arcology = architecture+ecology）是一种包含建筑学与生态学融合的城市建筑学概念。索勒里认为，要用生态建筑学来解决城市问题，用新的符合生态原则的城市模式取代现有模式，设计一种高度综合、集中式的三维尺度的城市，以提高能源、资源利用率，减少能耗，消除因城市扩张而产生的各种城市问题的负面影响。为此他主张兴建能居住几百万居民的非常巨大的高层建筑。

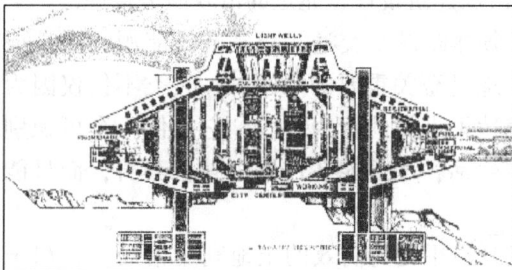

图 7-13 巴别塔生态城市方案

索勒里认为，高度密集的按三维空间来堆积的城市结构，可以加强人口、资源和多样的城市功能之间相互依赖性，同时它也是一种社会体制，能够给人类物质、精神和美学享受提供较高的质量。如索勒里于1969年提出的巴别塔生态城市方案（图7-13）②，意在重新获得与自然秩序的联系，保护土地，确保城市、国家和全球资源的持续性，利用小型化为人们建成一个与自然秩序一致的复杂的、紧凑的环境。

阿科桑底城（图7-14~图7-19）是索勒里的一个大胆实验，一个正在实现的梦想。这个实验性城镇1970年开始兴建，位于美国亚里桑那州凤凰城以北70英里的沙漠地带。建成以后，阿科桑底城将容纳7000人居住，以示范的方式改善城市环境，减少城市建设对地球的破坏性影响。它的巨大的、紧凑的结构和大尺度的太阳能温室只占地25英亩，其节约能源的效率等于保护了4060英亩的土地，可以保存城市周围附近自然的农村景观。

图 7-14 阿科桑底城东南向外景（左）

图 7-15 拱顶处成为聚集的场所（右）

城市化、郊区化引起垃圾、挫折感和土地资源的流失，而过分依赖汽车增加污染、拥挤和社会问题，使这些问题更加急剧恶化。阿科桑底城通过建设三维空间、步行导向的城市来解决这些问题。因为这个规划摈弃郊区扩张式城市蔓延，城市和自然环境可以保持各自的完整和繁荣。

---

① 资料来源：http：//www.arcosanti.org，除注明外本小节图片均取自该网址。

② 引自 Peter Wolf. The Future of the city ［M］. New York：Whitney Library of Design：130.

在这个复杂的、创造性的环境，住宅公寓、商业经营、产品、技术、开发空间、工作室、教育和文化活动都可以顺利进行，整体设计则非常注重私密性。

阿科桑底完全是以索勒里的生态建筑学的概念来设计的。生态建筑学理论中建筑和生命的互动就像有生命的高度进化的有机体。也就是说，系统相互运作，人与资源的高效循环，多用途的建筑，以太阳能提供照明、取暖和降温。温室为公共和

图 7 – 16　阿科桑底 2000 模型（左上）

图 7 – 17　阿科桑底第三代模型（1979）（右上）

图 7 – 18　阿科桑底第二代模型（1976）

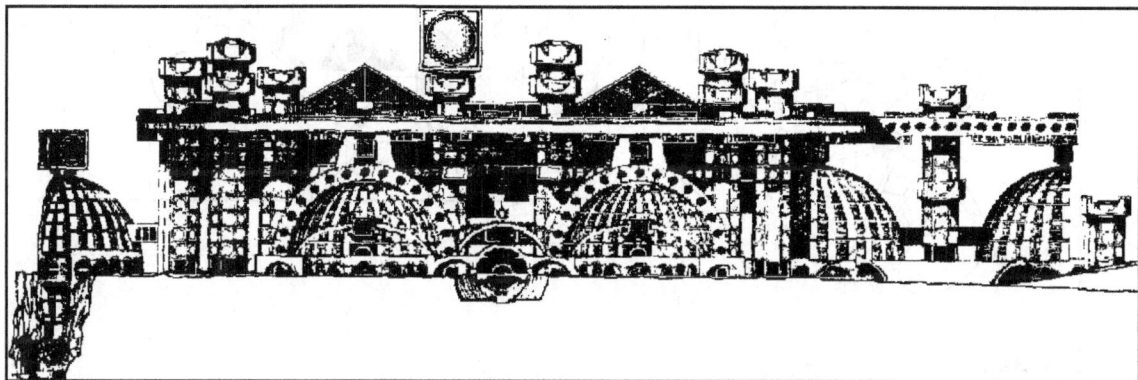

图 7 – 19　第一代原创阿科桑底城立面图

私人使用的园艺空间，在冬季还可以作为太阳能收集器。整个设计中还采用一定的效应来运行：如"烟囱效应"，所搜集的热空气上升时通过它可以通向各处；"蓄热效应"，利用材料来储存热量，当周围温度降低时，它可以释放出热量以保持舒适；"半圆形室效应"，一些朝南的 1/4 球形结构，冷季节可作为太阳能收集器，而热季节时，则提供凉快的荫蔽处，等等。

7.3.2　生态社区设计

7.3.2.1　生态社区的概念

社区（Community）一词是由德国著名社会学家滕尼斯（F. Tonnies）于 1887 年提出来的。广义的社区是占据在一块被或多或少明确地限定了的地域上的人群的汇集。大的社区里可以包含若干小的社区，较大社区又包含更小的社区。每一个单独的社区往往是一些较大的、包容

更广阔的社区的一个组成部分。完全独立、隔离的社区是不复存在的；所有社区都在经济上、政治上与另一些社区相互依赖。所以，最大的社区就是广阔的世界。

狭义的社区概念是社会生态学研究的一个基本单位。R·D·麦肯齐在《人类社区研究的生态学方法》中将社区分为四类[①]：

（1）基本服务社区：如农业村镇、捕鱼、采矿、林业社区等；

（2）商业社区：在生活资料分配过程中履行次要功能的社区；

（3）工业城镇：是商业制造业中心。工业制造业占据着支配其他功能的地位；

（4）那些缺乏自身明确的经济基础的社区，在经济上依赖世界其他地区求其生存，并且在商品的生产以及分配过程中不负担任何功能。

城市生态学研究社区的社会和空间组织，社区有生态隔离、入侵、演替等过程[②]。城市生态社区从城市生态学出发，因为"城市的本质特征就是社区原有的潜在属性，而这个属性又发端于人的生物学本性。[③]"生态社区与一般的住宅小区有着最大的不同在于生态社区将社区的经济属性、生态属性和社会属性融合在一起，促进了社区的有机、平衡和持续发展。

格迪斯通过对中世纪城市和现代城市的分析中对城市居民的工作、居住、公共活动和休憩场所进行了研究，提出了具有社区结构城市的研究（图 7-20）。但格迪斯的社区城市由于时代的局限，显然缺乏对综合交通的考虑，生态化城市不仅是设计的产物，还是与自然共同作用的结果。因此，理想城市结构应包括生态社区、综合交通网络、生态绿地以及各种基础设施（图 7-21）。

图 7-20 格迪斯社区城市研究（左）

图 7-21 以生态社区为基础的城市结构图（右）

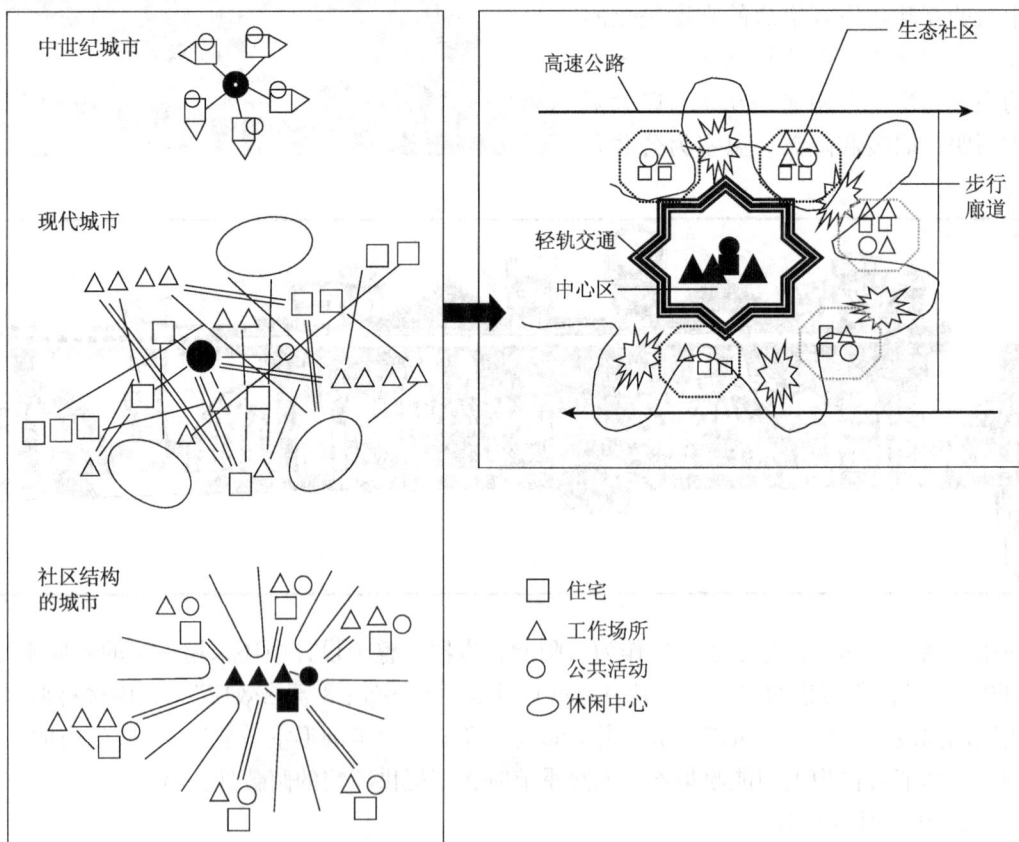

① 参见：R·E·帕克，E·N·伯吉斯，R·D·麦肯齐. 城市社会学 ［M］. 宋俊岭等译. 北京：华夏出版社，1987：66.
② "生态隔离"指在土地使用、服务和人口方面，一个城市的不同地区日趋专门化的过程。"入侵"指某一社会群体或某种土地使用方式进入现在由他人或其他土地使用方式所占据的区域。"演替"指某一社会群体或土地使用方式在某一区域内取代其他竞争对手而占据统制地位。
③ 戴维·波普诺. 社会学 ［M］. 第十版. 北京：中国人民大学出版社，1999.

7.3.2.2　生态社区构成特征

传统的城市开发与生态开发有显著的不同，传统城市开发受贪婪驱使，追求最大利益；生态开发受公共观念驱使，追求社区整体长远发展利益。这表现在开发的目的、方法、资金、材料利用和政策等方面（表 7-8）。

生态社区开发与传统社区开发比较

表 7-8

	传统（受贪婪性驱使）	生态（受公共性驱使）
目标	仅仅为获得大的利益	满足社区的需求和愿望
方法	土地买卖和社区开发	土地保育和社区授权
资金	从别处借得资金开发	地方投资—将资源返还社区
材料	方便获得的任何资源——市场驱动、唯利的、资金密集	仔细选择健康的，对环境负责的本地生产的，劳动密集型材料
政策	政策上排外，有时腐败、权宜和利己	政策上是包容的，尊重道德伦理、过程开放的，以生态为中心
服务	自然和人被当成经济活动的燃料	经济为社区和生态服务

生态社区的理想特征是紧凑，特别是富有人性尺度的（半径在 5km 内，容易骑自行车的距离），但总密度不能太高，否则这意味着缺乏开放空间，缺少多种选择的机会和变化的弹性，不能满足休憩空间的要求。

混合功用（Mixed use）是生态社区的另一个重要特征。阿瓦尼原则（The Ahwahnee Principles）[1] 中指出："所有社区均需综合设置，必须将住宅、商店、工作单位、学校、公共设施等居民生活中不可缺少的各项设施和活动场所，形成多功能的综合体。"

新城市主义者卡尔索普还认为，高密度生活环境的一个生态目的是使得步行在生活中重新出现[2]。密集居住的人群使得商店有利可图；各种设计密度高，同时利用率高，因而步行成为现实。步行的实现可以减少对车辆的使用，减少对能源、土地的需要，也就减少了污染。这是一个良性循环。

生态社区可以有多种形式。如

（1）以太阳能为基础的可再生能源社区：采用低层高密度，提高能源的利用效率；重复利用和再生利用资源；保护地球上的生物物种的多样性。

（2）紧凑的以步行为主的社区：能源限制将导致更紧凑的社区，其中，住宅和商店都位于步行或骑自行车的距离之内。

（3）SOHO 社区：远距离通信可替代旅行，许多人可在家中或在办公室里工作，等等。

7.3.2.3　生态社区设计要点

城市社区的总体目标，即社区须致力于环境魅力、安全性、社区活力和社区互动。城市以生态社区建设为基础，可以帮助减少对环境与资源的负担，促进社区经济发展，增加人们的社区意识和合作精神。一是要减少资源消耗，二是要改进生活品质和调整生活方式。达到既减少资源消耗又改进生活质量的目的。

1. 混合使用，使社区充满活力

基于社区层次的混合使用，可以有三种基本内涵：一是建筑或设施功能多样化，社区内的

---

① 1991 年秋，六名美国建筑师 P·卡尔索普、M·科伯特、A·杜厄尼、E·P·西伯克、S·保莱索斯、E·莫勒发表了"阿瓦尼原则"，总结了城镇建设必须遵循的基本原则，共 21 条原则，分为社区原则、区域原则和实施原则。

② 沈克宁，马震平. 人居相依——应当怎样设计我们的居住环境 [M]. 上海：上海科技教育出版社，2000：142.

各种建筑或公共设施承担多种使用功能，从而提高其使用频率，如一栋综合楼可以有住宅、商店、办公等，社区绿荫广场设计时应考虑使用的多功能，如早晨锻炼，白天可以作为社区活动场所，以及节假日的多种使用要求；二是使用者的多元化，社区内的一些公共氛围是来自各方面的共同参与和运作，并为各个层次的人服务；三是社区组成成分的多元化，生态社区设计的关键是社区能满足居住、商业、办公、休闲、工作等多种需求，将住宅、商店、工作单位、学校、公共设施等居民生活中不可缺少的各项设施和活动场所综合，形成多功能的综合体。

社区的混合使用的优越性可比之为古老原始森林里各种植物之间错综复杂的关系，而单一整齐划一的人工林场是无法与之比拟的。因为前者是活力和可持续发展的象征，后者是单调的，不可持续的。

2. 保护和维护人与自然融合的绿色环境

因为污染，城市里洁净河流、湖泊、池塘都变成了昨日的梦想。很多城市只能将已经变臭的水沟填平，取而代之的是路面、建筑或绿地，原有的城市水系平衡遭到破坏。

应保护开放空间和农田，许多在城市、郊区或农村的社区开发模式导致开放空间和农田的减少。开放空间和林带是人们娱乐和休闲的场所，是人与自然的联系之所。农田除了提供我们的食物，这些自然空间还有许多不同的环境生态效益，如防洪、地下水回灌，优美的景观和野生动物的栖息地等。

社区绿地必须考虑：有人行道、自行车道的开放空间网络；提供公园、运动场，零星地块；有野生动植物保护区和廊道；就地处理污水和地面水；有防护带和矮林可以吸收污染和减弱噪声等。

3. 确保街区安全

确保街区安全对社区里的每一个人都很重要。防火、防盗、防劫、防病、防雷击、防电击，住宅不能再像鸟笼、兵营，在住宅小区里的居民应有充分的安全感。加强安全保卫的社区管理，提倡新的信息技术运用，如远红外监控，社区网络报警等智能化安全措施。

社区安全性要求落实包含社区安全管理、没有死角的外部空间处理、无障碍环境设施及夜间照明等，掌握环境现况，精心规划。

确保环境无害化，提供健康和安全性，确保社区在无毒不会引起过敏的环境中发展。鼓励减少污染和环境改善，固体废弃物收集、回收和再利用，确保安全卫生的水源。

4. 便捷的公共交通网络、鼓励步行和自行车交通

可以通过部署道路、步行道和土地利用，有效确定公共交通。一个较便捷的公共交通是为各部分发展提供的线路最少的整体设计模式。线路交汇的节点成为工作和服务的集中地段。社区建立在交通枢纽附近，人们在住所附近上班、购物、就学、娱乐。将尽可能多的设施安排于相互可以步行抵达的范围之内。建立全新的适应可持续发展的城市交通格局的社区。

社区内的街道、步道、车道等各种道路，应作为整体形成网络，且必须形成有趣味的道路系统。在这些道路周围的环境，如房屋、木栅、路灯等应凝聚匠心；这些道路应通过细微之处的设计减少汽车的使用，促进步行或使用自行车。

新建社区的场所和性格必须与包括社区在内的更大范围的交通网络取得协调。传统的尽端路住宅布局，以小路连接各街区，减少出入口，确保小区安全。需要密集的小路网渗透到小区内部，以极大地方便交往。好的规划平面布局应确保尽端路布局之间的联系，方便居民维护治安和避免盗窃，避免视线盲角或浓密的灌木丛。创建安全、愉悦的邻里单位，让散步成为自然的和愉快的活动，这样有人在路上行走，也提供了一定的安全性。

5. 建设学校和会所等公共活动场所

学校不仅是学生受教育的场所，社区中心学校可以鼓励家长和社会参与教育。会所是居民

交流、认识和讨论个人和公共问题的场所。

让环境富有魅力，包含社区居民的文化环境、活动（运动）设施及具有魅力的社区景观、人与自然共生的系统建立及道路的绿地轴等。让社区充满活力，应着力于社区活动空间的规划（含社区活动广场），这个空间是居民大家都喜欢去的场所，但活力的展现需要通过各种活动带动公众的热心参与。

6. 保护文化传统，保持文化多样性

优美的景观使我们每天的生活变得优雅。而我们的文化传统，过去的成就和历史的辉煌是当地的骄傲，也使每一个地方拥有不同的文化烙印而独具个性和魅力。而这种社区的精神以其文化价值可以吸引旅游者并创造经济价值。

将发展、保护和恢复的目标结合起来，承认历史和文化遗产是重要的资产，使具有重要历史和文化意义的遗址在社会、文化和经济上能继续保存；保持被继承下来的有历史意义的住区和园林形式，同时保护有历史意义的城市建筑的完整性，以指导在有历史意义地区进行的新的建设。

承认文化多样性，尊重具有较长历史的居民地。注重社会文化的特性和延续性。古迹、古物以及具有文化、科学、象征、精神和宗教价值的物品是社会文化、特性和宗教信仰的重要表现形式。特别是在迅速变化的世界里，因为需要保持文化特性和延续性，所以，它们的作用和重要性必须予以加强。具有精神和宗教价值的建筑、空间、地点和园林是人类社会生活稳定和增强社区自豪感的重要内容。保护、恢复和以尊重文化的方式利用城市、农村和建筑遗产，也应与自然和人造资源的可持续使用相一致。

应当支持和鼓励社区文化和艺术网络、展览、庆祝和典礼，开展当地的庆祝节日，鼓励开展多种形式的艺术活动。

7. 增进社区自给自足的能力

一个社区应当是一个生态系统——就像一个活的有机体有能力繁殖和自我再生，需要减少对更大环境的资源依赖和减少废物污染。

将每个开发项目看成一个有机体或微型生态系统。一所住房，或一个街区，或一个城镇是一个生态系统，为人们提供基本的生活栖息地，创造自己的小气候环境，并尽可能提供舒适的生活。一个居住区就像一个有机体，有能力自我更新；摄取大量的食物、燃料、水、氧气和其他原料；排出废能、垃圾和废气。从住宅到区域的不同范围，设计师和决策者都应努力提高生活质量，加大生态环境的自我循环能力。这意味着，减少对更广域环境资源的依赖，减少对更广域环境的污染，减少对更广域环境的生态侵扰。

像对待环境一样对待经济发展。保持健康的工作环境，鼓励可持续工业的发展，开发外向型"绿色技术"，支持适当的信息技术创造。

任何级别的地方自足能力增强，意味着告别当代流行的单一生产模式。单一的均匀性为丰富的多样性所代替；分区使用变为混合使用；以小汽车为主变为有多种选择的交通模式；单一的土地使用模式变为多种形式并存；单一经济作物变为多种形式耕作；贫瘠环境的物种为地方或区域的生物多样性所代替。

提高社区自治的原则是：将当地工作和设施聚集在地区的中心位置；供应多种住宅种类；建筑能源需求管理；在可能情况下使用地方能源；节约用水和使用地方水源；就地处理污水和地表积水；局部养分再循环。

8. 增强住宅设计的适应性，提高社区的适居性

提高住宅环境的适居性。适居性是指在人的尺度和更广域环境，满足人对社会舒适、健康和福利（包括个人和社区的福利）的要求。城市可持续性不是仅仅减少新陈代谢资源的流进和

流出，必须还要增加人的适居性——社会舒适和健康。所有有关方面充分参与空间规划、设计和实践，达到可持续、高效率、方便、易于进出、安全、稳定、美观、多样性和社会整合；发展和维护文化设施及通信设施；为所有的人提供充分的可承受得起的住房。

高造价成本虽然能堆砌出一定质感的高品质集合住宅，但却未必能创造高格调、有品位、有社区意识的住宅社区。高品质的住宅区需要好的社区环境，甚至是好的城市环境来衬托，才能彰显居住环境并确保房屋价格。而优良的城市居住环境需要好的住宅社区来对周边的住宅群起示范作用，进而由点至面，透过社区更新及改造，而对城市的实质空间作出贡献。因此如何降低不必要的建材成本及不合理的利润，减少住宅社区建筑物的体量，不要一味用尽建筑法规所设定的建筑容积率极限。通过有前瞻性、对城市住宅环境有贡献的住宅社区的规划与设计，适度提高因建筑容积率少而增加的成本负担，减少新辟住宅社区对邻近既成社区的冲击。

9. 社区智能化

社区智能化是信息社会发展趋势，是提高居住质量的重要手段。采用各种智能化的设备与系统，要有助于建立社区的各种环境，也可以借助高科技的手段，提升生态环境质量。

如多媒体信息共享环境，信息以多媒体方式任由住户选择，以实现与外部世界的交流。社区智能化实现的方案也还随着设备的技术进步与用户需求增长而逐步发展。因此在建设中应把握这样的原则：规划设计适度超前，网络建设标准可高一些，布线完善一些。实施方案谨慎选择技术成熟、投资与运行收费合理的设备与系统。

10. 修复被抛荒土地（brown fields）

由于前几年开发热，废弃地或未开发土地成为很多城市边缘的一大"景观"。为了恢复和再生土地价值，需要补充、完善和促进空气、水、土壤、能源、生物量、食品、生物多样性、动植物的栖息地、生态链、废物循环。

城市开发应在开发和土地承载力之间取得平衡，通过生态土地利用，在满足开发的使用要求的同时，保护所有现存的生态特征，保护环境中其他有生命物质的生存场所，建立和完善城市生态网络。

11. 公共参与，促进社会平等

生态社区在设计、开发和决策制定的过程中，必须平衡所有关系。社会公众和开发地段的居民对开发过程的介入是根本。最简单直接的办法是在现场设立规划设计开发办公室，通过展示设计模型、图纸，听取和反馈公众意见。保持政策和有关信息的开放性，使公众对规划抱有信心，也更有信心接纳新的或不同的意见。

安全、宁静、整洁、舒适、方便的社区，回归自然的环境；优秀的人文环境。还应当能培育公民意识和认同感，能为大众利益而进行合作与对话，能发扬自愿和公众参与的精神，能鼓励所有人并使他们有平等的机会参加决策和发展。

基本上一处良好的住宅社区，对外能有带动良好街区景观环境功能，使街区的环境品质提升；对内则是提供住户有良好的外部活动空间环境，以凝聚社区居民意识，提升居住空间品质，提高生活素质。

建立和谐的人际关系，居民彼此尊重，共同学习。有良好的社区管理维护外，以及有自主性、创造性的文化活动，带动社区活力，促进人际交流。良好的社区设计在实体环境设计中应考虑有利于创造和建立社区社会，促进社区互动，使居民能洋溢在人与自然共生的社区环境中。

7.3.2.4 范例研究：西雅图（Seattle）的城市村庄

西雅图为了可持续发展的要求，制定了以城市村庄为基础的城市结构发展蓝图（图7-22），其要点如下：

在邻里中心0.25英里半径内提高居住建筑密度。在相对密集的地区，邻里的聚集形成城市中心。增加密度与现有邻里密度相联系。重点在商业中心采取混合使用（如住宅下面是商场，也可以是杂货店），采用多户型，自市政中心向外逐步进行小片用地分片开发。在邻里中心减少停车需求，将资金转移到改进交通和步行设施上。

加强社区邻里之间的交通联系。以快速公共汽车将各邻里中心、商务中心和区域系统联系起来。转乘站点设置在商业网点附近。

投资建设为城市村庄服务的图书馆、学校和开放空间、社区公园和娱乐设施。建设富有魅力的环境空间，使居民户外即为赏心悦目的美景，使人们有步行活动的愿望，并增加了邻里商店的营业额。

对城市村庄外围的广阔区域进行环境评价，来支持社区邻里发展的决心。

设计多类型住宅满足多人口家庭和商业发展的要求。

邻里规划项目允许居民自己参与运作来满足他们的要求。

西雅图总体规划意在引起城市周围地区市场对新的住宅开发和职业的注意力和吸引力。不是为了城市的增长寻找理由，而是意在使城市中心在区域发展战略中发挥作用，保护生存环境的质量。

西雅图通过以步行为主导的城市设计及其建设投资策略来增加城市的吸引力，使居民可以在都市村庄中自由地走动而不需要驾车出行，并在中心建设丰富的社区环境。

7.3.3 城市绿色空间设计

绿色空间是人与自然连接的纽带，人与自然的关系可以用这样的话来描述："就像儿童需要关怀和保护，需要家庭的爱和陪伴，如果他要自由健康地成长的话。同样，人类也需要接触自然，接触土地，接受自然之美的安抚和补充。"[1]

城市的绿色空间包括公园、城市广场、文物古迹等公共场所、河道、水面、户外商业娱乐设施、未开发生态敏感地，以及城市周围或内部镶嵌的农田等（表7-9）。

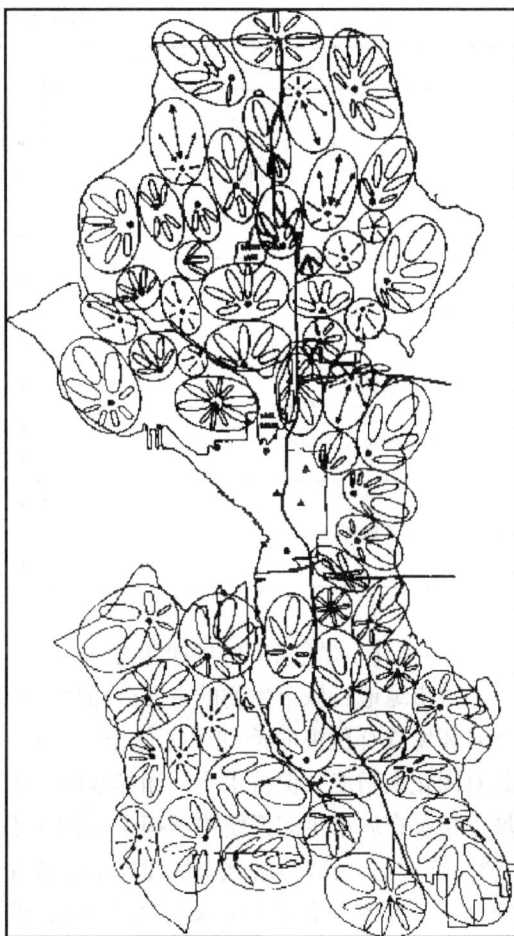

图7-22 西雅图城市村庄结构示意图

① Brenda Colvin. Land and Landscape [M]. London: John Murray, 1970: 4, 转引自吴家骅. 景观形态学 [M]. 叶南译. 北京: 中国建筑工业出版社, 1999: 22.

绿色空间的组成和主要特征 表 7-9

构　成	特　征
主要公共自然保护区、公园和广场	● 公共性、开放性 ● 通常情况下，以休闲为目的的公众容易到达 ● 自然或半自然环境的服务设施和娱乐场所 ● 具有安全保障 ● 文物保护机构
以河流为主的廊道	● 公共性 ● 保护区、公园和运动场之间的理想联系 ● 确保娱乐和居住地联系的重要用地
户外商业娱乐设施	● 包含赛马场，高尔夫球场和主题公园等
有生态价值的未开发地区	● 受到未来城市化的威胁 ● 通过城镇规划予以保护或有限制开发
乡村和半自然地区	● 包括农田 ● 一般低密度居住点或社会公共使用 ● 通过城镇规划，保持开放特征

7.3.3.1　绿色空间的多重功能

城市绿地是城市生物的主要分布区、生态、生物多样性的定位区、生物多样性的载体。绿化对环境具有积极的治理和优化作用，是构成城市的主要自然因素、城市生态的积极生产者，具有固化太阳能、保持水土、涵养水源、维护城市水循环、调节小气候，缓解温室效应等作用。城市植被在城市生态系统中承担重要的生态功能（表 7-10）。同时，城市绿色空间还承担一定的社会功能，可以缓解城市快速发展过程中出现的生活和环境问题，创造现代都市生活所期盼的舒适、方便、富有人情味的活动空间；改善城市空间，提高景观质量，有机组织城市空间和人的行为；增强城市活力，塑造现代城市氛围；改善交通，便利运输；保护周边文物古迹；提高城市防灾能力等。

城市绿化在城市中的生态作用是无可估量的，应作为城市基础设施建设的重要内容，是由绿色生命组成的城市基础设施，亦可称为生态基础设施，是城市的第二自然，是环境建设的基础。

城市植被的十大功能效用 表 7-10

	功能	作用与方式
1	景观及美学	装饰室内外空间
2	建筑及环境设计上	刻画空间，引导、规限和控制人车流，装饰
3	调节小气候（遮荫）	减少直射阳光、降低温度和缓解强风
4	减轻空气污染和噪声	过滤污染悬浮微粒，光合作用和呼吸作用吸收有害气体；枝条茂密的隔声林可以减低噪声
5	调节眩目刺眼的光线	在适当位置栽种适当品种的花木能调节光线，遮盖、过滤和阻隔令人目眩的光线
6	康乐和精神满足	为远足、散步、休闲、运动观赏大自然及其他活动提供理想的场所
7	调节水循环和水土保持	减弱暴雨冲击，改良土壤结构，防止土壤侵蚀，降低洪流，减少水灾
8	生物多样性保护	为多种野生动植物提供粮食和栖息地
9	环境教育	树木园、植物园为环境和生态自然教育提供场所
10	经济价值	直接从林木及其副产品中获利和间接经济价值（提升环境品质、环保、减灾等）

7.3.3.2　当前绿地建设存在问题分析

但目前国内城市绿地建设存在以下不良倾向：

（1）绿地用地不足，仅作为规划总图中的填充，而不是从生态整体角度考虑用地位置、形状和面积。

（2）种植设计偏重美观，而不注重生态效应，用视觉美感代替生态功用和社会功用。

当前园林设计有一种不良倾向，仅仅关注园林的美学效果，而不顾及植物的生态适应，普遍存在植被生长不良、频繁更换、容易病虫害或长期维护费用高等问题。这些缺乏科学运用生态关系的园林绿地，仅仅是赏心悦目，而没有达到自然与人关系的友善。受"草坪风"影响，有的地方似乎在一块地上铺上草坪，点缀一些花草，就完成了公园的设计，甚至有的地方以砍伐上万棵树木为代价，造就一个"阳光公园"①。

（3）一些"花架子"工程造就一批"平、大、空"式的城市公园。占地很大，平坦开阔，不利用原有地形，空寂无人。造成绿地越来越大，可以让人们活动的空间越来越少。

（4）不重视建筑环境绿化。建筑越盖越高，树木却越种越小。

（5）不重视绿地的区域环境特点。一般的绿地建设很少考虑生态过程，而规划设计人员在设计过程中也较少考虑地段的主要自然功能，这一方面反映了设计者生态知识的贫乏这种忽视，而主要考虑建筑的要素和视觉美，导致了景观的生态压力。

因此，研究符合生态伦理和现代人的生理及心理需求的生态设计是非常迫切和很有必要的。在园林设计开发过程中，与植物种植、园林工程建设相比，园林的生态设计具有更多的不确定因素，对此我们至少可以从以下几点去分析研究。

（1）注重对原有自然资源和地形的利用。

（2）城市绿化必须从纯观赏、点缀与美化的认识中解脱出来，转变为多元化的格局。充分利用现代技术成果，探索园林设计新形式，并使园林成为人接触自然的"第一教室"。

（3）将有限的绿地发挥多种功能。

如上海浦东外环100m绿化带，对上海城市的可持续发展及生态环境的改善产生巨大、积极的影响。整个外环线全长98km，浦东段长达42km，规划面积3707.9hm²，占整个上海市环城绿地规划面积的47%。现在浦东新区外环线100m林带已经完成约9km。根据规划，至2010年，新区将全面建成外环线42km的"绿色长城"。外环城绿带100m采用防护绿地、苗圃、公园相结合的思路，巧妙地运用了生态多功能的概念。密密的意大利白杨矫健挺拔，下层是各种灌木，局部地段适当结合地形点缀山石亭树。既是城市宽带式防护林带，又可以为城市绿化提供后备的苗木，还可以适当开辟园路为公园向市民开放，充分体现生态效益、社会效益和经济效益的统一。

（4）重视利用乡土树种。

在众多种类的植物中，作为地方优势树种更具特殊的地位。因为地方树种是土生土长的，经过若干年代的淘汰和选择而适合本地的生存环境，因此乡土树种比外来树种与环境更密切。

（5）环境的自然度和亲水性的追求。

绿地和水是居民喜欢的重要生态要素，实际上反映了人类的亲水天性，环境优美、自然度强的区域是城市经济发展的推动力，应努力创造有绿地、有水、有特色的景观文化空间，促进社会发展。

园林的生态设计是个复杂的系统，可以相信，园林的自然化成分越多，人工维护费用越少，

---

① 据《广东建设报》2000年1月29日第3版，建在广州白云山脚的公园砍树1万多株，然后大面积铺上昂贵的台湾草，造出了一个"太阳公园"——市民进入无树木遮荫。这对于一年中大部分为炎热天的广东气候来说，是不合时宜的。

对城市的生态效益就越大，生态设计也对设计者素质提出了更高的要求，这种要求不仅是技术上的，也是思维上的，这无疑也是对设计师素质的一种挑战。

（6）注重城市整体环境质量。自 1992 年住房和城乡建设部提出"园林城市评选标准"以来，已有 20 个城市（区）被评为国家园林城市（表 7-11），对提高城市绿化建设水平，改善城市生态环境起到了很好的推动作用。

国家园林城市现状绿地指标统计表 表 7-11

序号	城市名称	建成区人均公共绿地（m²）	建成区绿地率（%）	建成区绿化覆盖率（%）	命名时间	统计数据年份
1	北京	7.08	33.56	33.8	1992.12	1995
2	合肥	7.30	25.19	30.51	1992.12	1993
3	珠海	20.07	32.2	39.9	1992.12	1996
4	杭州	5.56	40.8	44.1	1994.4	1996
5	深圳	36.2	36.3	44.1	1994.4	1996
6	马鞍山	8.2	33.0	36.0	1996.5	1996
7	威海	14.9	33.0	37.0	1996.5	1996
8	中山	9.39	32.6	35.5	1996.5	1996
9	大连	6.45	38.0	39.0	1997.8	1996
10	厦门	9.42	32.7	35.2	1997.8	1996
11	南京	8.0	37.6	40.0	1997.8	1996
12	南宁	6.72	30.94	36.43	1997.8	1996
13	秦皇岛	6.6	36.6	44	1999	1999
14	三明	6.9	30.94	36.03	1999	1999
15	十堰	10.1	43.8	59.5	1999	1999
16	烟台	7.33	33.41	35.8	1999	1999
17	佛山	6.1	30	35	1999	1999
18	濮阳	7.2	33.6	38.5	1999	1999
19	青岛	6.6	31.81	35	1999	1999
20	上海浦东	8.46		35.44	1999	1999

（7）立体绿化。屋顶、墙面也可作为绿色载体，进行立体的、多层次的绿化。

7.3.3.3　生态绿地保护与利用

自然山系、河川等城市依托的自然环境、林地、农牧区相沟通，形成城市自然生态绿地的主体，人民游憩休闲活动的主要载体和创造城市特色风貌的主导因素。绿地作为不同性质用地之间的隔离空间，必须规划开放绿色空间网络，为隔离污染、保护野生动植物、保护水资源，以及限制城市无序蔓延，为城市提供开放的绿化生态环境。

城市和城市周边地区的绿地及植被对保持生物和水文的平衡以及经济发展都是必不可少的。应将健全和有益于环境的农业活动以及公共用地的供应纳入城市和城市周边地区的一体化的规划中。

用宽阔的绿带控制城市边界无序增长，如美国早期的生长边界理论（Urban Growth Boundary），英国的绿带（Green Belt）、荷兰的绿心（Green Heart）。其中英国的绿带政策是成功之例。绿带思想起源于霍华德的 1898 年的"花园城市"理论。是 50 年来英国规划的最重要的组成部分。自 1938 年颁布绿带法（Green Belt Act）以来，英国大约有 1556hm² 用于批准作为绿带，占英国国土的 12%。但绿带并不被看成反生长的工具，而是作为"生长形成"（Growth shaping）的方法。在英国有很强的公众支持，1989 年的一项调查显示，80%公众支持保留绿带（图 7-23）。

英国制定"绿带政策"的初衷，是控制城市规模的扩张，防止城市日益膨胀导致的城市交通、生活质量的恶化，而今天绿带在对整体环境的维护上又显出了更深远的意义。如制止大规模建设区的无限制的蔓延、防止相邻城镇溶合在一起；保护乡村自然生态地区，保护乡村免于被蚕食。鼓励重新利用丢弃的城市用地；同样绿带为伦敦居民提供享受开放的乡村环境（表 7-12）。

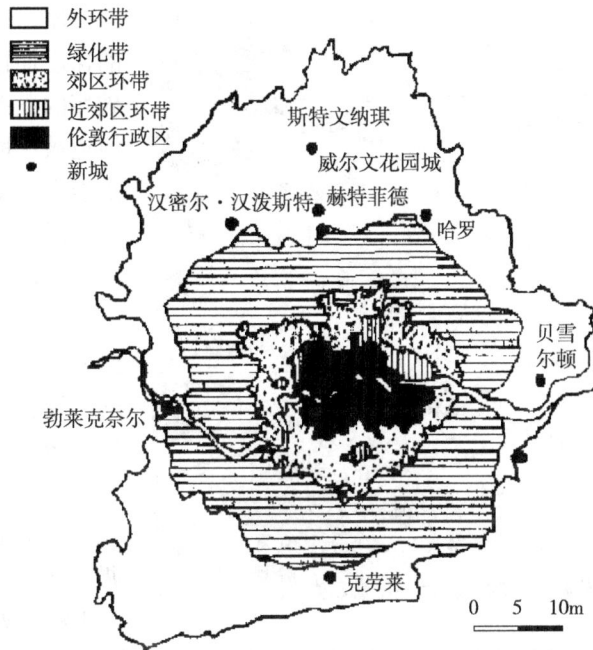

图 7-23 大伦敦绿带圈图

外环带
绿化带
郊区环带
近郊区环带
伦敦行政区
新城

斯特文纳琪
威尔文花园城
赫特菲德
汉密尔·汉泼斯特
哈罗
贝雪尔顿
勃莱克奈尔
克劳莱

0 5 10m

伦敦公众可进入的开敞空间的类型　　　　　表 7-12

周末访问、汽车、公共交通	区域公园和开敞空间大都市公园	400hm²、3.2～8km 的出行距离，60hm²、3.2km 或更大的出行距离
周末或间中访问汽车、短途公共汽车、步行者	地区公园、地方公园	20hm²、1.2km 出行距离，2hm²，0.4km 的出行距离
老人、小孩、步行者	小的地方公园和开敞空间	小于 2hm²，小于 0.4km 的出行距离
步行参观者	线形开敞空间	可变的

7.3.3.4 城市水环境平衡

城市里各种类型的水体，藉由自然过程中的蒸发、降水、渗透、涵养和再释出等复杂多样的方式，在大自然中维持着相当稳定的"水平衡（Water balance）"。所以，土壤含水成分、各地降雨量、森林涵养水源，以及水体的补注地下和汇聚入海，都是生态循环的一部分。如果生态循环中，有任何一个环节受到阻滞，都会带来自然环境和生态系统的不利影响。

然而，许多人类建设活动，对于这个循环有不同程度的侵扰（图 7-24）。城市化增加了房屋和道路等的不透水面积和排水工程，特别是暴雨排水工程，从而减少了雨水的渗透，增加了流速，地下水得不到地表水足够的补偿，破坏了自然界的水分循环，导致地表总径流量和峰值流量增加。由于城市里人口密集，工厂增多，水的用量增加，往往导致水源枯竭，供水紧张，地下水过度开采，引起地下水面下降和地面下沉。

图 7-24 城市化与水环境的主要影响

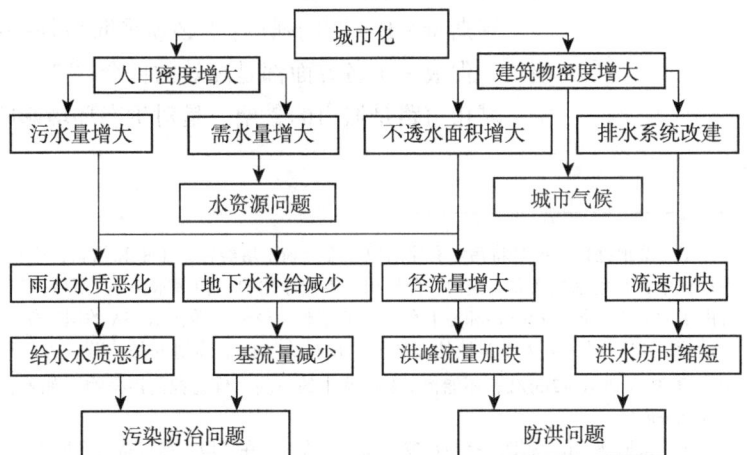

图 7-25 透水间草的铺地

城市范围的不透水面积逐步扩大，使暴雨污水汇集的速度加快，洪峰流量加大，洪峰出现时间提前，洪水破坏的概率增大。城市各种给排水管网的兴建，将原有河道截弯取直以及人工化的岸坡，增大了城市地区的泄洪能力，使暴雨径流等尽快就近排入水体，汇流速度加快，滞时缩短。随着城市的扩展，防洪和排水设计的标准需要调整，基础设施需要扩建和改建。

植被能创造自然生境，它能使雨水更好地通过天然方式被吸收，也就意味着通过水管理达到节约的目的。绿化和植被在减少空气污染和创造更适宜的气候条件方面也可发挥重要作用，从而改善城市的居住环境。

城市里的河流、湿地对于维持生态平衡，蓄洪防旱，调节气候，降解环境污染，控制土壤方面有重要意义。人工湿地处理系统[①]高效率净化污水的机理，主要是因为系统中的微生物与植物根系之间，存在着一种共生关系，对降解和去除污水中 BOD 的有机毒物起到协同作用。

可以通过有绿化植被的土壤渗透除去水中化学污染的杂质。通过减少消耗，鼓励就地渗透和水处理。采用适当的技术净化和利用屋面水，利用苇塘、渗滤坑、沼泽和贮存池都是好办法。

采取设置开放空间的奖励政策，可以提供更多向公众开放的空间。拓宽城市广场建设的主体和渠道，也要明确制定鼓励投资者、开发商兴建开放空间项目的政策与措施。

对于城市广场或停车场除了减少路面铺地，一些设计措施可以改善环境，如：

（1）采用天然湿地就地进行雨水收集和渗透；

（2）增加绿地面积，特别是多种大树；

（3）注重美观；

（4）采用可以透水间草的铺地（图 7-25）。

7.3.4 交通格局设计

道路是城市的骨架，理想的城市道路系统必须满足交通、生态、景观等多方面要求。高速公路从城市外围穿过，内部交通采用轻轨式交通，绿地由生态绿道连接，社区内部是供行人或骑自行车人的安全步道……

莱斯特·R·布朗强调："必须采取另外一些步骤来重新改造城市、交通运输系统以及工业模式，促成一个各方面都是高效的社会。[②]"

城市道路是城市的骨架，是对生态环境影响颇大的构筑物，会产生一系列的生态效应：

---

① 湿地处理系统是将污水有控制地在投配到土壤经常处于饱和状态，生长有芦苇、香蒲等沼泽生植物的土地上，污水在沿着一定方向流动过程中，在耐水植物和土壤的联合作用下得到净化的一种污水土地处理系统。可以将湿地处理系统归纳为三类，即自然湿地（简称 NWS）、自由水面人工湿地（FWS）和地下水流人工湿地（SFS）。美国 NASA 的国家航天技术实验室（NSTL）于 1987 年报道，他们在密西西比州建立和运行了 15 年的一处人工湿地处理系统，在石块滤床上栽植的是芦苇、香蒲等植物，能在 $12 \sim 24h$ 内，将生活污水中的 BOD_5 浓度从 $110 \sim 50mg/L$ 减少到 $10 \sim 2mg/L$；还能将工业废水中的一些"优先控制污染物"如苯、甲苯、二甲苯等快速去除。例如在 24h 内，苯可以由 9mg/L 降到 0.05mg/L。

② 莱斯特·R·布朗. 拯救地球：如何塑造一个在环境方面可持续发展的全球经济 [M]. 北京：科学技术文献出版社，1993：16.

1. 廊道效应

从区域范围看，道路为城市与城市之间的连接以及人的移动提供了便捷，但道路的分隔使景观破碎，将自然生境分隔成孤立的块状，形成生境岛屿化，使生活在其中的生物变得脆弱，不利于生物多样性保护。

2. 接近效应

道路使地区的可达性增强，人与货物的流通加快，而自然保护区的易于进入，也对珍稀资源保护构成巨大威胁。

3. 城镇化效应

道路促进沿线的城镇化，城市景观代替乡村景观或自然景观，促使生态环境的巨变。

4. 小气候效应

裸露的沥青和水泥路面热容量小，反射率大，蒸发耗热几乎为零，下垫面温度高，升温快，粉尘和 CO_2 含量高，形成一条热浪带，恶化局地小气候。种植行道树可以起到降温、降低风速、减少土壤水分蒸发和风蚀，以及减少污染物传输的作用。

为了实现可持续的交通运输，应采取综合全面的交通运输政策，探讨各种技术和管理办法；协调土地使用和交通运输规划，使城市的空间布局能方便各种基本需要，如工作场地、学校、保健、宗教、货物和服务以及休闲，从而减少出行的需要。因此，在城市交通设计中应注意以下几点：

7.3.4.1　公交优先

现代城市是以汽车为主的城市，而不是以人为主。生态设计应将城市还给人，改变为以公共交通为主。莱斯特·R·布朗认为："汽车时代延续了差不多有一个世纪，然而我们现在发现，以汽车为中心的高能耗的交通体系并没有做到其所许诺的具有无限灵活性的特点。相反，这种交通体系效率甚低，这不仅表现在能源使用方面，同时还表现在汽车造成的交通拥挤，以及劳动力的使用方面。[①]"

有效率地规划能源的总支出，并减低到最小值。在交通方面最好的办法是减少交通量和尽可能将目的地集中设置，理查德·罗杰斯把这称之为"接近规划"。接近规划将行人放在首位。人与货物机械运输和其他移动方式将作为最后的选择。

改进技术和更充分地利用公共交通，两者相互结合有可能使公共交通成为消耗资源最少的交通运输方式。所以，汽车的数量看来将减少。在城市里，看来未来仅允许采用高效的和净化的汽车。家庭可租用大型交通工具去度假。

城市中应当大力提倡"公交优先"，提倡"环保"出行。改变一味依靠新修、扩建路面或者仅把目光盯在一两条路上的交通整治手法，在充分发挥现有道路资源潜力的基础上，全面细致地优化交通要素的组织和分配，通过各种手段适应城市道路交通的增长趋势，提高交通"易达性"和"可靠性"。城市道路建设必须兼顾城市环境承载力和社区生活质量要求，可以把建设方向更多地放在区域性路网以及一些不起眼的实质性配套改善上。倡导"公交优先"，进行必要的交通影响评估和交通需求管理，避免汽车交通无限制的增长对城市环境和社会生活造成严重冲击。

交通设计和平面规划中，应当考虑小汽车、货车、卡车等进出的要求，以及交通安静的管理方式。车辆通行应予限制：紧急车辆应该能到达每家每户的门前，而小汽车却不一定开到门口。停车场应尽可能小，并考虑到周围其他活动的要求。停车场设计可以考虑多种用途。

---

① 莱斯特·R·布朗. 环境经济学［M］. 55.

图 7-26 穿行在城市的三轮车队（北京）

大部分现代开发规划以交通路网为主要结构模式，生态设计主张从步行者、骑自行车和公共交通效率为出发点，减少对小汽车的依赖程度、减少交通需求，为所有人提供交通机会和增强地区安全和社会利益。公共交通规划原则确定出规划区到公交站点和区域吸引中心在轨道交通系统的位置。

规划和开发纲要应特别明确地方交通网络的方式，必须与周围地区的交通网络紧密结合，满足对服务设施、工作地点和休闲设施的需要。

7.3.4.2 改善步行环境和自行车交通

汽车文化不应成为主导文化，寻求减少对汽车的依赖的各种途径中，除了发展更加先进的公共交通体系，可以更多地提倡近距离步行和发展使用自行车交通。在城市，自行车是一种理想的交通工具，不仅舒适而且几乎不用能源，除了耗费自身的体力之外。

在市区观光游玩路途不远，"打的"不便，三轮车成了边走边看的首选交通工具。三轮车经过改进，外观美丽统一，已经成为城市一道流动的风景线和短距离的便宜、方便的交通工具。人力三轮车是一种"绿色"交通工具，可以为人们提供健康、安全、清新、便捷的出行。据初步调查目前国内重新发展起来的以人力三轮车为交通代步工具的城市主要有北京（主要为观光使用，图 7-26）、杭州、苏州、黄山（屯溪）、绍兴、成都、蚌埠等。人力三轮车不紧不慢，全无遮盖，极目四眺，悠悠然，使人心旷神怡，适合穿街走巷，所以三轮车在一些城市再度应运而生。如苏州 1995~1996 年两年间，又赶制了五百多辆新型旅游观光三轮车投放市场，用以满足中外游客的需求。又如黄山市目前有 600 辆人力三轮脚踏车，服务和管理相当好，既经济、灵活，又无污染。

安徽省蚌埠市还从解决下岗、失业人员就业出路和生活实际困难出发，规范三轮车管理。

鼓励步行（使用自行车）和使用公共交通：将街道视为公共空间，而不仅仅是各种机动车辆通行的大道；鼓励建设公共公园和广场；建设交通环岛代替普通的十字交叉。关心步行人，建设更多的人行便道；采用方格网街道布局代替尽端路和干道。沿街建筑居住和商业混合使用，住宅和公寓与商店和办公区接近，允许建底层商店式综合商住楼。建设绿色林荫道，设计自然化园林代替人工化草坪，将住宅设计朝向景观并有利于接受阳光。改变汽车为主的空间设计，限制房地产开发项目中汽车道的宽度而拓宽人行步道，人行道铺面设计为透水式路面。

7.3.4.3 改善交通政策，提高交通网络的能量效率

塞车是一个世界性问题。道路畅通、不塞车当然是城市交通要解决的问题，但要做到这一点，不是花钱建几条路、几个立交桥可以解决的。急功近利的整治方法只能以牺牲城市环境为代价。为解决塞车，很多城市在内城架起了高架桥，并不能很好地解决交通问题，反而把城市切割得支离破碎，破坏了城市原有的风貌。

莱斯特·R·布朗指出："在城市范围内来看，汽车和城市是有冲突的。这种冲突可以从城市的交通拥挤、空气污染、噪声，以及农田变为街道、公路及停车场这些事实上得到印证。"恰当地处理好人与车、车与车的关系，对整个城市的路网情况、车流数量作精心的规划，才能根本地对交通作出整体调控。不能把交通规划简单地理解为路网规划。

全封闭道路等于人为地在城市中间划出一条河流一样的"门槛"，如广州东风路只能南北行走，穿过东风路的车辆，就要修无数的天桥、立交桥，或者要绕很大一个圈，于是东风路的压力非常大，而连接东风路与其他路段的小路车辆又非常少。与其花大量金钱去修新路，不如想

办法把这些小路利用起来，建立一个完善的路网。

依靠改进交通政策与交通管理而不是单纯扩建交通设施来改善交通状况。英国的交通阻塞问题也比较严重，伦敦仅小汽车就达到200多万辆，街道车速约20km/h，因交通阻塞一年浪费100~150亿镑。但一味增加交通设施，将引发更多的城市问题：修路扩路造成的大量拆迁破坏了城市原有建筑和街道景观，破坏了城市发展的延续性，空气污染也日益严重，因而会引起公众的广泛反对，而且，路越多越宽则会引来更多的车辆涌入，更严重的阻塞状况可能又随之出现，更重要的是资金难以长期维持……靠被动地修路、扩路，是难以从根本上解决交通问题的，最可取的办法是通过改善交通政策，限制市区汽车数量尤其是小汽车数量的增长，并加强交通管理，通过对不同的交通方式的合理组织，改善通行状况，提高交通效率。英国的交通规划得严谨，汽车同样大量增长的情况下，城市历史依然完好地保存下来。为了保证城市的宁静和空气质量，不会无限制地任由车辆进入城市。

7.3.4.4　完善整体化交通格局

未来城市生活的质量在很大程度上取决于未来的交通状况。良好的城市交通是良好的生态环境的基础，而重新规划城市交通实质上就是重新规划城市。

采用交通运输方式的优化组合，包括步行、骑自行车、私营和公共交通工具；控制私人机动化交通的不断增长，减少交通阻塞，采取定价、交通法规、停车、用地规划和缓解交通的方法，以及提供或鼓励其他有效的交通运输方法；提供或推动有效的、可承受得起的、便利的和有益于环境的公共交通运输和通信系统，优先考虑集体交通运输方式，这种系统应有足够的运载能力和运行频率，能满足基本需要和主要的交通量；推广、管理并加强无噪声、使用效率高和污染少的技术，包括节油发动机、废气排放控制以及污染的废气排放量低和对大气影响小的燃料及其他能源形式；鼓励并推动公众获得电子信息服务。

对待全局观念和整体意识，总是在交通拥挤的地段修建高架路试图缓解交通，但局部的修补。如广州城区的高架路，不仅没有改变广州的交通状况，反而恶化了城市环境，道路系统"肠梗阻"更加严重。与此相比，上海采用内环和南北高架系统（图7-27）将各个交通集散点联系起来，较好地解决了城市交通难问题。广州又将原来的直线网络改为环状网络，建成内环高架路系统（图7-28），试图改变交通格局，改善交通状况。尽管如此，广州的城市交通仍然问题重重。

7.3.4.5　范例研究：库里提巴（Curitiba）的公共交通①

位于巴西南部的城市库里提巴以其生态环境的保护和可持续发展而受到世界银行和世界健康组织（WHO）的嘉奖，它的高效创新的公共交通系统、能源保护和循环利用受到联合国环境中心和国际能源保护协会的表彰。许多著名学者甚至认为库里提巴是全球城市开发和规划最好的城市，因而有巴西的"生态之都"的美称。人们还普遍认为这是库里提巴连任四届的市长Jaime Lerner（也是建筑师、规划师）20多年来推行的整体规划（Integrated Planning）、设计和管理的结果。

20世纪60年代末，库里提巴已是拥有80万人口的大城市，正在即将变成交通拥挤、空气污染、城市扩张和基础设施缺乏的特大城市。但库里提巴选择了一条截然不同的创新之路：优先选择公共交通代替私人小汽车；亲近自然而不是破坏自然；采用适宜技术代替高技术；改革公众参与代替总体规划。其中最主要和突出的成就是高效的公共交通系统和交通与土地利用的整合。

---

① 资料来源：巴西库里提巴官方网站 http：//www.curitiba.pr.gov.br/ 及 http：//www2.rudi.net/ej/udq/57/csd.html.

图 7－27 上
海内环线高架
道路和南北高
架道路示意图

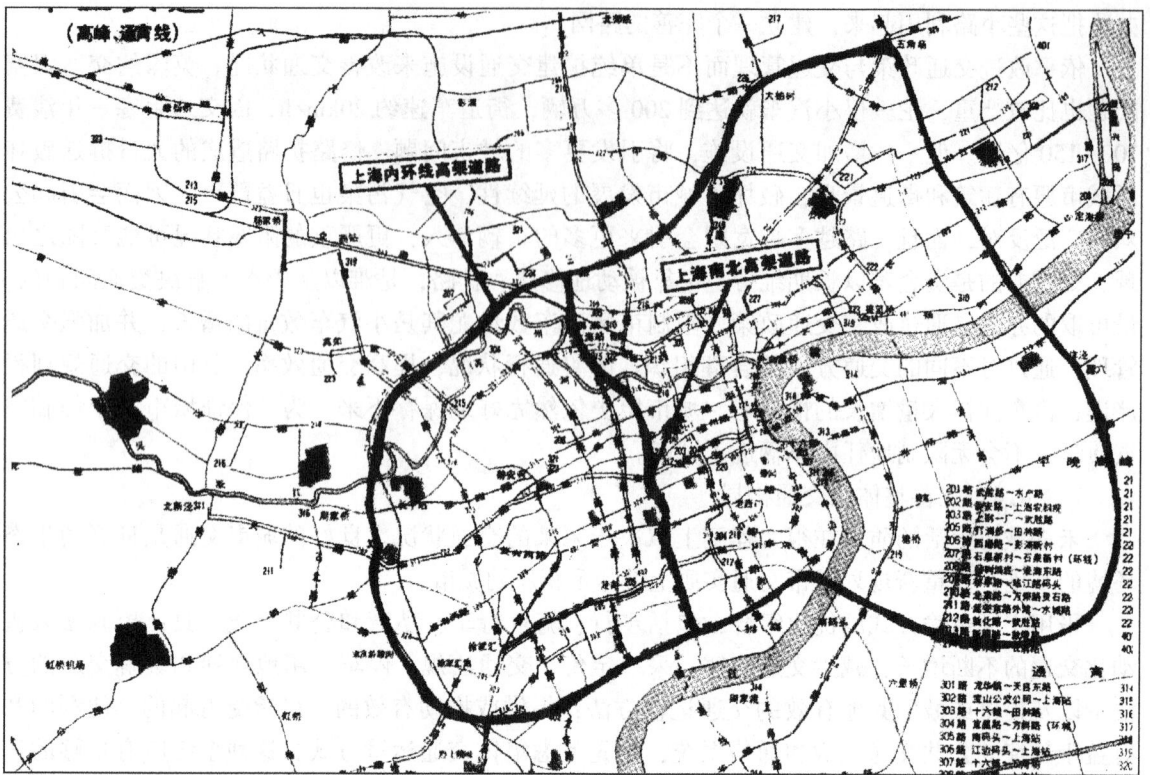

图 7－28 广
州市内环路高
架道路示意
图①

① 据《广东建设报》2000 年 1 月 29 日第 2 版。

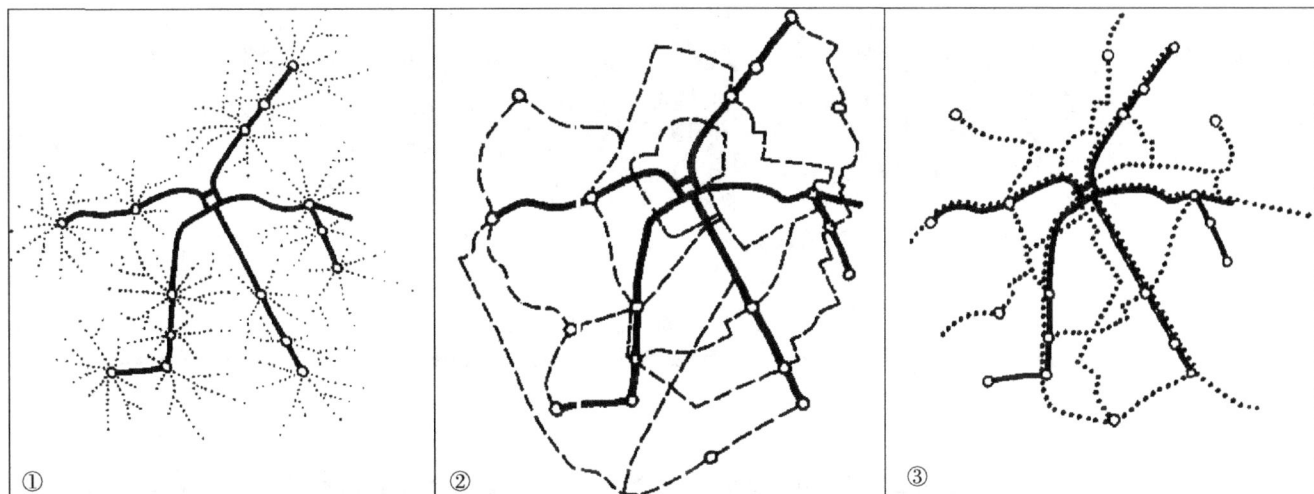

库里提巴的交通布局（图 7-29）是：

（1）快速公交沿结构轴线行驶在专用道路，支线巴士可以到达道路尽端。

（2）各尽端路之间由小区内公交线连接。

（3）直达公交可以直接穿越城区，急救车有专用快速道路。"地面地铁"贯穿南北主轴线。

主要交通走廊上都有快速公交线；每条交通线组合为整体便于快速换乘，这个交通系统比巴西其他城市的都要快且便宜。公交运载 70% 的通勤量，日载客 130 万人。

库里提巴将交通布局当作开发政策的手段，并且将土地利用和交通规划结合起来。土地利用立法要求在主要交通走廊两侧的用地推行高密度。从 1974 开始，强调沿着一系列的结构轴生长的城市设计结构开始推行。每个轴线由"三重"道路系统，三条道路和一个分车带组成。主轴路的中间车道为高等级快速公交专用道，与其他车道不同，这是为了满足未来城市发展的需要的更为复杂的大容量轻轨交通系统预留的，这个车道两边的公交车道为地方通道和停车，两侧的道路可以是单车道或双车道。

库里提巴规划是基于线形城市的概念，意在加强地方的通达性，也是现代城镇规划历史上 1894 提出的马德里（Madrid）一个再现。城市得益于一个阶段的快速发展，有充分的空间宽大的交通廊道适应快速公交路线的需要。

库里提巴 1991 年开始运行一种新的直线限制停靠的快速公交线，这个新的交通网络的特征是运行乘客预先购票上到公交车的停靠站（图 7-30，图 7-31）。新快速公交线采用一种三节联体的长型

图 7-29　库里提巴交通系统发展

图 7-30　预先购票上下公交车的停靠平台

（a）

（b）

图 7-31　带有升降设备的管道式上下平台

图 7-32
Ligeirinhos 公
交车

公交车，巴西人称之为"Ligeirinhos"（图 7-32）。这种公交车载客量大，可乘 270 人。这种"地铁型"的公交系统提高了运行效率，快速地将乘客送达目的地，且不需要随车售票，在同样的城市道路上，快速公交车载客量是一般公交车的双倍，而速度则提高了三倍。这种新的快速公交网络负载着全市 30%～40% 的交通需求。更为重要的是这些乘坐直线公交车的人其中有 28% 以前是乘小汽车的。

公交车文化在库里提巴得到普及，不同道路上运行的不同层次的公交车都用不同的颜色区分开来。这些公交车就像市民的仆人忠实地为城市服务，并且在工作 10 年后就"退休"。这些退休的公交车被漆成绿色，在周末市民可以免费乘坐往返市中心和公园，或在低收入社区作为成人教育的移动教室或托儿所。

库里提巴优秀的交通结构轴系统缓解了城市中心区的商业压力，使旧城得到复兴。有利于提高环境质量，保护地区的文化传统。中心区很多街道已经步行化，并和广场结合。历史建筑得到保护性利用，旧工业建筑改造为商业中心、剧院、博物馆和其他文化设施。中心街道覆顶后成为全天 24h 营业的商业街。

库里提巴的"公交优先"的交通模式引起国际社会的重视，并建议在发展中国家推广。特别是公交专用道的做法可以在很多城市地区运用，以城市外围主要道路及现有城市内部道路为基础，审慎地将高密度混合土地利用规划与交通系统规划结合起来，使高密度开发不必集中在拥挤的城市中心区，也不是郊外的副中心，而是用公共交通方式将城市有机结合成为整体。

7.3.5 城市旧区复兴

城市随着经济、生产力的发展而逐步发展，每一时期，它的街道、生活区等等的分布都充分见证了当时人们的生活习惯、喜好与如何处理自然的关系。这是一个城市的肌理，而城市规划设计者能否把握这种肌理，在新的城市建设中融入旧城中值得保留的元素，是决定一个城市是否令市民喜爱、具有长久活力的重要因素。

城市集中了各种生态危机，也必须集中在城市里解决。自然世界和人设计的世界能够通过生态设计而得到复兴。

信息时代的发展使产品的折旧速度加快，建筑也不例外。建筑的快速折旧对城市规划将产生巨大的影响和挑战。变化的速度即更新的速度太快，我们不可能强迫它，必须顺应它。

而城市更新（Urban Renewal）就是城市的返老还童，恢复生机和活力。城市更新的目的在于消减和防止城市衰退，而代之以适当的设计，使其能重现繁荣。城市衰退的原因是旧城区存在的时间太久，未能配合发展迅速的现代城市工作生活的环境要求，所以，城市更新的目的也在于建设生态健全的城市，以增进居民舒适幸福的生活。

城市更新分为三类：①城市再开发（Redevelopment）：以美观为重点，拆除破旧建筑，进行有计划的更新重建；②城市复兴（Rehabilitation）：整旧建新，改善正在衰退的旧城区，辅以有计划的设施改善，或局部拆除重建；③维护保护（Conservation）：维护保护，对于有历史价值的并维护较好的建筑物或街区，按保护法有效地维修改善，以保持良好的历史价值。

7.3.5.1　重建与自然平衡的城市

城市现代化的进程，是不断改造空间环境的过程，也是不断适应变化的过程。变化的都市生活，新旧建筑的交替与共存，促进了城市空间环境的改造与进步。

西蒙兹（J·O·Simons）认为："改善环境的意思，不应该仅仅指纠正由于技术与城市的发展带来的污染及其灾害。它应该是一个创造的过程，通过这个过程，人与自然和谐地不断演进。在它的最高层次，文明化的生活是一种探索的形式，它帮助人重新发现与自然的统一。①"

当前对于旧城更新颇有争议，旧城改造究竟是渐进的，还是激进的？是成片大规模的，还是零星改造？城市再开发虽然可以在一定程度上给城市带来新的生命力，但总体来说不是十分有效。不少批评者指出，城市再开发都常常是将低收入居民赶出他们自己的家门，却没有让他们在别的地方得到像样的住房。有如治病，这种方法比疾病本身还恶劣，因为城市再开发耗竭了城市的活力和多样性，也就是耗竭了城市赖以生存的血液。

城市生态复兴是要保存已有地区，而不是铲平重建。城市生态复兴的意义在于：重新确立传统的价值和地位，恢复城市的地位和新的生命力，重建和复原城市里的被污染和退化的土地，拓展城市绿色空间。

城市特别是中心城市，往往是一个地区的人口密度最大、经济活动最强、资源消耗最多、环境污染最重的地点。但是我们又必须承认老城市的价值。老城市就像旧鞋子一样舒服。传统城市有多样性、紧凑性和步行网络等优点。

必须珍视民间的、朴素的、自发的、乡土的、自然的建筑形式的生命力和历史城镇的价值。除了战争、天灾带来的损害，传统的城镇乡村经历了几百年的自然演变。这种演变过程跨越时空、文化和政治事件，赋予历史栖息地以独特的地方性、文化品质、特定时代的建筑空间形式。

生态复兴反对采用当前的旧城改造沿用的推倒重来的做法，旧城不应被当作破烂扔掉，也不应被当作古董供起来，而是应该作为一个有机体，真实地记录自己生长、衰老和更新的历程。不适当的开发可能导致环境的恶化和建设的混乱。

对历史的回顾，我们可以看出，自发性的城市发展常击败经过缜密规划控制下的发展，当人类具有无限企图心去进行城市扩张时，却又敌不过经济危机及人口成长迟缓而必须改弦易辙，对城市未来发展的前瞻，应如空想主义时所期望的一样，城市是让人类生活更好的场所。

创建于1975年的城市生态组织（Urban Ecology），以理查德·罗杰斯为首，提出"重建与自然平衡的城市"，制定重建生态城市的十条原则②，值得借鉴：

（1）改变土地利用优先秩序，在邻近交通节点处，创建紧凑的、富于变化的、绿色的、安全的、愉悦的和富有活力的多用途的社区；

（2）改变交通优先秩序，有利于行人、自行车、人力车和汽车通行，并重点在于"接近"；

（3）修复被破坏的城市环境，特别是溪流、海岸线、山脊线和湿地；

（4）创建适当的、便宜的、安全的、便利的，多种族和多经济的混合住宅；

（5）培养社会公平，为妇女、有色人种和残疾人提供机会；

（6）支持当地农业发展、城市绿化规划和社区园艺；

---

① Rene Dubos. Environmental Improvement（Air，Water and soil）[M]. Washington，D. C.：The Graduate School，U. S. Department of Agriculture，1966. 转引自［美］J·O·西蒙兹. 大地景观——环境规划指南 [M]. 程里尧译，北京：中国建筑工业出版社，1990：198.

② Mark Roseland. Dimension of the eco-city. Elsever Science Ltd.，1997.

（7）鼓励循环利用，以及创新的适当技术，和资源保护，以减少污染和有害废弃物；

（8）与企业合作，支持生态健康的经济活动，防止产出污染、废弃物，以及生产和使用有害物质；

（9）提倡朴素，反对过分消费物质产品；

（10）增强对当地环境和区域生态保护的警惕，通过组织活动和教育计划，增强公众对生态可持续问题的重视。

7.3.5.2　循序渐进的生态复兴过程

在城市生态复兴的发展序列中，每个阶段都是下一个阶段的必要条件；这与森林的自我再生功能是相同的。三个阶段——节约利用（reduce），再生利用（reuse），循环利用（recycle）——将同时以斑块的形式发展，其原理同一片森林一样，森林总是因为风灾、火灾、生病或人的干扰而改变，而城市斑块改变是因为社会或人口变动和生态意识的扩展。

1. 节约利用阶段

这是向生态城市化的第一个阶段——节约利用和快速修复阶段。世界上很多城市的居民通过改变生活消费方式来减少对生态的影响，如合伙使用汽车、随手关灯、住房隔热，垃圾回收，使用无毒洗涤剂，在庭院中使用废水、堆肥等。

节约利用这个阶段在生态、经济和环境教育上的作用都是无价的。在这种新的伦理观引导下，向进一步的再生利用和再循环利用阶段发展。

2. 再生利用阶段

再生利用是对再生资源的开发利用，既要考虑现实需要，又要考虑其自身的生存和发展，对资源的消耗量低于生长量。

再生利用阶段使现有的建筑、道路、风景和市政网络得到更新利用。例如，商业建筑可以部分修改为商店和居住综合体；屋顶，不仅可以用来遮风避雨，还可以用来种植和收集能源；现有公路将可以同时通行电车和自行车；商业街道可以改建为步行街和慢行道；装饰性绿地可以结合果园利用等等。

再生利用阶段比节约利用阶段更进一步，同时也将为改造后的建筑、道路和市政设施与其后的循环利用阶段结合起来。

3. 循环利用阶段

对非再生资源的开发利用，必须根据非再生资源储量的有限性和枯竭性等特点，采取节约利用、回收利用和循环利用的办法，延长使用期限，推迟枯竭期。

循环使用阶段的目标是采用一个城市的绿道系统，将日常工作、运动、购物和娱乐的需要集中在步行范围内。

为了达到这种理想状态，可以采取更集中灵活多变的土地利用模式，如国外一些城市地区开始恢复农场、牧场、森林和野生动植物开放空地。这种转变需要少量地拆除一些街道和建筑。拆除下来的建筑碎片可以再加工成混凝土、沥青、钢、玻璃和其他建筑材料。花岗石的边角料可以用来铺地，拼贴出自然、美丽的图案。

采用最新的科学技术手段，用生态的方法处理城市污水和垃圾，利用温室原理和植物、生物技术处理污水等。

一个成功生态复兴过程有相当重要的社会和生态利益，与减少对小汽车的依赖一样有助于全球和地方的可持续问题。丹麦在城市生态领域处于世界领先地位，并在城市生态复兴上有突出的创新。

在丹麦，考丁（Kolding）可能是城市中心区进行生态设计的最引人注目的地区城镇。这里一个有145栋公寓住宅的衰落的市中心街区得到改造，不仅更新了住宅，而且建设了一个在

"玻璃金字塔"上的奇妙的水循环系统。

废水从地下小型初级和二级污水处理厂处理后，这些水仍然含有大量的有机物和养分，采用太阳能抽水泵入玻璃塔。在玻璃塔里，水流经过一系列的地下池，这些地下池含有大量的海藻、浮游动物，最后是养鱼池，通过这样一系列的水生物吸收了残留的杂质，然后水抽上玻璃塔的顶端，通过滴灌养殖大量蔬菜卖给当地的托儿所。这个玻璃塔就像一个奇异的温室。

水然后流向一个小的湿地，然后是流淌的小瀑布通过一个公园和儿童游戏场。这个水流还混合了从屋顶收集并储存在水塔的雨水。通过瀑布暴露在空气中，可以在建筑中用来冲洗洗手间或作为洗衣机用水。剩余的水渗透到地下。

这里还有一个固体废物回收中心，用蚯蚓降解堆肥，处理来自污水处理过程中产生的污泥。这个项目是当地社团和政府共同参与的结果，设计、规划和工程人员希望考丁成为全球城市可持续中处于领先的地位。

在国内，同样的原理已首次应用在成都府南河整治工程中，名为活水公园。其建设的意义已不仅仅是一项生物净化工程，甚至成为环境保护和生态教育的活的课堂。

7.3.6　自然生态的恢复

城市应成为生态恢复之所。

一般的城市开发很少考虑生态过程，而规划设计人员在编制各种规划时也较少考虑地区的主要自然功能；这种忽视区域生态特点，而主要考虑建筑的要素和视觉美，导致了城市的生态压力。特别是，规划设计人员在处理郊区和乡村景观的时候，并不考虑利用地方的自然要素，不考虑营造"人的社区"以及开发建设对更大范围的生态区域的影响。

传统景观设计现在在国内各城市随处可见，并且常以"草坪景观（lawnscape）"出现。生态景观设计采用完全不同的方式，它根植于生态伦理，不是将艺术表达置于生态景观之上，而是在规划设计过程中重视和具体落实生态过程。

城市与其周边的自然环境，因城市化和城市扩张而改变面貌，最显著的问题包括：城市周边的面貌改变，自然环境消失；林地、草地面积减少，土地硬底化，不透水面积增加，城市水循环改变；城市的生物相趋于单纯化，城市周边的林地、草地、水塘等多种形态因城市化而改变和消失，直接影响到城市生物相和生态平衡。

7.3.6.1　生态恢复的意义

生态系统的相对稳定是人类赖以生存与发展的必要条件。维护与保持生态平衡，促进生态系统的良性循环和健康发展，是关系到人类前途和命运的重大课题。

自然生态系统是在长期的历史发展中形成的。组成一个生态系统的生命系统和非生命系统的各种因素之间是相互协调的，从而形成一个完整的生态单元。从外部加进或减少其中某一重要环节，使物质和能量的输入与输出发生改变，或超出它本身的自动调节能力，就可能使生态系统的微妙精巧平衡遭到破坏而引起严重的后果。

20世纪以来，特别是近20年，随着科技的进步和社会生产力的提高，人类创造了前所未有的物质财富，加速了文明发展的进程。与此同时，人类正以前所未有的规模和强度影响环境，损害和改变自然生态系统，使全球生命支持系统的持续性受到严重的威胁。这主要体现在人们在寻求发展经济和开发自然资源的同时，采取短视行为，忽视了生态系统的支持能力，一方面对有限的自然资源进行掠夺性的开采，另一方面又将生产过程的副产品（污染物）大量排放到自然环境中，使许多原本健康或一些本来就十分脆弱的生态系统急剧退化和受损，其中包括江河湖海污染严重、土地荒漠化、水土流失、森林面积减少、植被破坏、生物多样性丧失等等一系列生态灾难（ecological disaster），致使自然生态系统的健康或完整性（integrity）受到越来越大的损害。

恢复自然生态的意义在于：恢复和重建被损害的系统，使达到或接近它受干扰前的生态环境状况。恢复可以采用两种途径：恢复生态设计和生态景观开发。

恢复生态设计遵从生态设计哲学，对已退化的地区，如城市废弃地、抛荒地进行生态恢复。在这个环境质量日益恶化的世界，我们必须维持自然的过程。

生态景观开发以自然生态为本，是指将生态过程与建立地形和乡土植物群落结合，模仿相同的自然系统，模仿原生的植物群落、自然地形和生态质量。

7.3.6.2　生态景观开发：自然化的植物群落

传统景观设计遵循以人为中心的建筑美学观，采用工程开发的方式，忽视自然发生的水文、生物和其他景观模式和过程。特别是，草坪成为植物配置的主体。雨水被迅速收集引导到最近的沟渠或路边地下排水系统，常采用外来引进的不常用植物品种来表达所谓的"自然"，而外来引进品种常经不住自然考验，或需要大量的资金维护。

注重景观或地区的生态设计只有经济上有强制命令时才被实施。植物被作为某个设计人员的艺术表现，而不是为这个生态社区的居民服务。

乡土树种比非乡土树种更适应当地的环境条件。虽然许多种类大范围出现，但因为土壤、高差、降雨和其他相关因素不同，每个景点在群落和生态系统中的种类也是不同的。在景观设计与规划中，常移植区域乡土树种群落来表达。除了使用群落植被外，适应环境条件，尊重和运用生态方法是非常重要的。

另一个方面是水循环。虽然传统方法可以用雨水管和河道疏浚有效地快速将暴雨疏散，但正确的生态恢复设计方法是利用自然水文学模式的预防措施，采用生态暴雨利用技术，这种方法包括利用分散的池塘、沼泽地，沟渠渗透，或其他增进自然水循环的方法，增加自然水循环的机会。

设计乡土植物群落有益于不同层次的生物多样性。在景点层次，移植群落为植物种类之间的自然联系提供机会，这在传统设计中是不可能的，因为典型的根茎草排除了竞争，需经常割草和使用杀虫剂，以及有限的各种普通庄稼种植依赖于机械和化学制品的投入，形成人工化的群落。

同样，在传统设计中一些植物种类的生长机会也被当作杂草除去。在景观层次，自然景观提供更丰富多变的群落类型。在草地、道路和房屋的栽培景观内镶嵌恢复和移植系统，在景观中补充自然（即便非原始的）系统。

规划设计应考虑生态过程的动态性和区域场所层次的特定性，在组织这些层次时考虑结构、功能和变化。通过景观和景点植被、水文状况和野生动植物表达组成这些过程的基础以及效果。影响景观生态的首要的文化过程包括经济、美学和污染。

一些关键的概念形成生态规划和设计的基础。首先，也是最重要的，生态开发不能带着能够"重建（rebuilt）"的观念，来验证罕见的和危险的自然系统的破坏。当这些敏感地区遭到开发的威胁时，保存这些地区是唯一的合乎道德规范的行为。此外应减缓或限制对敏感系统的开发冲击。这意味着承认景观并尽可能的努力避免或缓和不利的环境影响，这包括保护土壤免受侵蚀，尊重水文学模式，并且一开始种植良性植物，不至于侵略和破坏周围自然系统。城郊土地利用模式，应当认识和允许动物在廊道中的自然移动模式，通过保留和创造生态绿道和其他自然联系。保存和恢复自然多样性的价值，与自然群落大小、形状和斑块之间的连接相关。在观念上，大的、连续的斑块和异质的栖息地比单一的同质的栖息地维持更多的种类。

生态开发要求人们在实施中，认识时间因素在系统运作过程中的作用。通常在一定的时间段内自然系统的运作与人类系统是不同的。一个森林系统的根本的结构和功能超出人理解的能力，但我们确实知道它们的外形和气味，什么树长在哪儿以及它们的特征是什么。如果我们注意技术手段以及留意其复杂性，我们能够更改现存的景观特征，最后达到按自然的规律，成功地重建"自然"系统。

7.3.6.3　重建自然系统：恢复生态设计

在生态开发中应优先考虑再生资源利用，以及优先考虑废弃地的再生恢复。恢复生态设计益处还包括一些最小规模的生物学过程。对干扰的反应能力和返回到生态平衡的能力主要与生态系统中个体的遗传贡献有关。正是传统景观中的遗传单一性导致植物易受侵袭，遗传性增加生态系统恢复的弹性。这意味着倘若属于当地因子部分的植物汇聚，通过使用150m半径范围内的植物来保持生态类型，虽然这样做不能确保保存。很难知道长满植物的标准苗圃的基因来源。

恢复主要在于使用自然乡土群落的品质和特征，作为景观规划和设计的模型。这些群落是植物连绵区的抽象的组合。然而为了研究、理解、描述和模仿这些系统，必须对此归类。以群落为基础的方法注重于植物组合，因为它们形成了固定的景观自然结构，为其他陆地生命形式直接或间接地利用。优势种群是要考虑的最重要的群落要素，因为他们创造的结构为其他群落所共享。优势种群是支配性的，因为它们比其他种类利用更多的群落资源。生境的湿度状况、朝向、土壤结构、养分标准以及其他因素，决定何种种类将成为优势树种。这些种群出现的群落反映了局部或区域整体的环境的条件，并反映气候上的、土壤的和养分的变化状况。群落存在的状况的理解有助于生态恢复项目的成功。

自然生态过程所体现的生态效益在传统景观设计中是不可能获得的。在水文学，生物学和美学上的受益也是大量的，并常常与传统景观设计效果相反。恢复生态设计的根本是种植群落模式。这个群落基于的方法与传统设计方法不同在于，典型群落的主要植物适应于景点的环境强制，并自然地趋向分组。植被的强调是自然产生的，或者是景点的功能产品同人的使用是关联的。相反，传统景观设计用植物材料的视觉特征来达到某个艺术效果或表达一个设计概念。

"自然的"这个词由于存在的情况不同而有多种定义，如国家公园是"自然的"；而闹市区的停车场是"非自然的"。自然的可以被视作或多或少地远离人的影响一个过程、位置或系统，并且自然甚至可以科学地定量。建议三个集中系统特性的"自然的指数"（indices of natural-ness）：

（1）无人的情况下系统的变化程度；

（2）保持现有系统状况需要的栽培数量；

（3）在一定范围内当前乡土树种补充与预先安排整套种类的比较。

人的影响对保持生物多样性非常重要。多种的景观往往导致区域层次的更加多样化。不管自然的过程如何进行，无不与人的作用有关，地表水返回地下水位速度与未被改变的生境相同吗？养分在系统内循环吗？

人们喜爱"自然"景观，超过人设计的景观，尽管审美反应受观察者的文化、职业、种族、年龄和家庭环境影响。"自然的"景观，比恢复（restored）或自然景观（依赖群落恢复），达到视觉品质效果，如复杂和神秘往往更容易实现，因为人直接在生态过程和植物结构中受到影响。

自然化（Naturalistic）景观的其他好处是增加对乡土植物的重视和喜爱。如果自然化更频繁使用，并加强人类对自然景观的影响，普通大众可能会丢弃主宰当代景观的高尔夫球场式美学观，转而更喜爱自然，更多感受我们居住的城市和乡村的地方性。

自然化景观开发比传统设计能提供具有更大变化潜力的栖息地。一个更多样化的野生动植物群落，主要是因为野生动植物要求生存的植物更丰富和多样化，即使最简单的野花草地也比一片草坪在结构上和植物学上要更复杂，将适合于更多的动物种类。恢复景观在食物链中所有的营养级提供基本的栖息地。野生动植物是健康的生态系统的不可缺少的一部分，所以植入和恢复必须考虑栖息地的目标。自然化和修复生境的最明显努力是减少割草和化学制品的应用。

正如前面论证的，维护这些非自然化的人工景观在燃料、设备和劳力方面付出的费用不是小数目。一个经过适当设计的本地野花草地比草坪需要较少的维护费用。例如，维持自然化景观需要的技术（如按规定燃烧，极个别地方使用除草剂等）比坐在割草机里需要的技术要高，但就自然资源消费和劳力而言则少得多。

对于恢复生态设计，需要了解一些微妙的概念差别。"经过设计了的草坪景观"这实质上是没有人的高尔夫球场。虽然一些公园式景观有稍微多的结构和差异，在自然的景观之上独具特色地包含自然和一些不自然的植物的自然组合，常常在这些地方并不会出现"恢复的"景观。

举一个例子说明恢复生态设计的不同，如大型建筑的庭院中种植的森林树种，其实是人工作用的结果。一个自然的种植绿化，群落级的活动被强迫保持整齐，没有养分和保养，植物群落不可能耐久。虽然维护管理上不像传统设计那样强烈，但如此对植物隔离是非自然的。在一个用来处理城市化地区雨水的人工沼泽，可以恢复生态过程，如减缓水流或建立栖息地，但非自然因素如堰和管道系统是功能系统的关键部分，没有它们系统不可能工作。通常，植物群落恢复只有在较大的空间才有可能。如自然森林系统工作的时间和空间尺度与景观交叉，并在区域内承担真正的"重建"。恢复重建不可能在小范围出现，因为大部分自然系统依靠各个级别物质和能源的移动，从遗传级到生态系统级。区域级基因库、材料和营养流等的联系，是生态恢复的关键。

生态设计提供一个可供选择的植被系统，不仅要考虑美的愉悦，而且反映文化对生态的影响，实现生态多样性。生态设计可以帮助人们从长期的环境和经济中获利。恢复生态和本土景观美化可以减轻传统设计对环境的不利影响。

但普通大众往往不喜欢"杂草"。生态设计应评估使用者的要求、空间关系、审美、安全和自然条件。在恢复自然系统时，应当考虑文化功能和生态功能之间的冲突。

在一些比较引人注目的公共场所，植物应有整齐和经过"精心设计"的景观。因为这些地区景观位置的重要性或公众的审美要求，植物种植的美学考虑应放在首位，而采用符合生态学要求的"正确"的群落结构和功能，应放在第二位考虑。因为传统景观美学已经根深蒂固地深入公众意识，公众可能会喜欢或欣赏大自然或森林公园的自然和原始景观。然而，如果真的采用很原始的未经人工整理的景观反而会影响周围地产的价值，因而不提倡在城市景观中完全自然化的生态设计。

7.3.7　城市生态设计方法

成功的城市生态设计在于对城市生态设计原理的把握和灵活运用，以及实践的可操作性。也就是前述理论和实际实践的联系桥梁。生态设计与以往传统设计的显著不同，在于生态设计具有以下特征：

一是再生循环性。生态设计是基于再生的、循环的过程的设计方法。在设计过程中，可以利用各种标准、概念、信息、材料、组织或程序。在生态设计过程中，可能有大量的尝试和错误，在程序完成之前，在从局部到整体每个层次会有很多尝试或放弃，很多尝试被放弃不是因为本身有什么错，而是因为它不能很好地和其他部分协调。一个设计可能在各方面考虑得都很周到，最后可能因为一个难以运作的关系而放弃。这在设计过程中是正常的事情，但这意味着这个寻求平衡的过程还要继续下去，直到圆满完成。

二是非物质文明的转变。信息技术和高科技的发展将为生态设计提供新的方法和选择。如工业设计与后工业设计在产品、过程和设计者有着相当的不同（表7-13），反映了从工业社会的物质文明向后工业社会的非物质文明（immateriality）转变，将是设计发展的总趋势。新观念的融入将为城市带来新的发展契机，观念变化的显著特点是随着科学技术特别是计算机和网络技术的发展而不断探询未知，为信息社会城市寻找新的设计语言和设计理念，研究科学技术对环境与人的生存方式的影响。

三是体现多学科、理论的交叉和融合。生态设计是交叉学科的研究，这要求人们抛弃现成的思维方式，打破各学科之间的边界，去面对实践和理论中提出的大量来自不同的时间、空间和文化领域的问题。

城市生态设计方法必须反映生态设计的特征，如再生、低能耗、高信息、自调节性强、多用途、多样性、注重生态美学等，生态设计观应实现以下基本转变：

（1）从片面追求经济回报转变为注重人与自然的健康；

（2）设计形式由遵照统一的标准设计，转变为设计应反映区域生态、地方文化、公众需要和社会环境；

（3）应偏向利用可再生能源，并减少温室气体排放；

（4）时间上是考虑长远的经济、社会和生态效益的统一，避免短视；

（5）综合考虑区域或更大空间范围的影响及其相互关系，避免仅考虑局部；

（6）由设计是利用自然以便更好地控制，忽视自然，转变为设计与自然是伙伴关系，重视和保护自然；

（7）由单一学科转变为多学科交叉；

（8）设计决策由自上而下的和专家评议转变为多方面参与。

这在美国建筑师西姆（Sim Van Der Ryn）与考文（Stuart Cowan）合著的《生态设计》中有较集中的论述，该书提出了与自然共生融合的五项方法和途径，可作为确定设计方法的参考：

（1）设计的成果应是地方环境的产物（Solutions Grow From Place）

生态设计应从对地方详细的了解开始，设计是小尺度和直接地对当地环境条件和人的反应。如果我们敏锐地察觉和感受地方的细微差别，我们才能够和环境相融而不对环境造成损害。

（2）让自然环境显现（Make Nature Visible）

使自然循环过程显现，设计环境回归生活。生态设计有助于提高生态环境意识，使人们关注和爱护我们生存的环境。

（3）自然的设计（Design With Nature）

与自然共呼吸同命运，尊重其他生物的生产需求。注重使环境再生而不是简单地废弃，使我们的环境更具活力。

（4）以生态效益指导设计（Ecological Accounting Informs Design）

了解设计对环境的可能影响，并利用这些信息决定生态深层设计的可能性。

（5）每个人都是设计者（Everyone Is A Designer）

在设计过程中听取来自各方面的声音。生态设计是开放的，需要公众的积极参与。

因为解决复杂的城市问题和困境的设计方法不可能产生于单一的学科和理论，而只能得之于多种学科和理论的交叉和融合，所以没有既定的、可以解决所有问题的方法模式，有的只是在不同的环境背景下的各种探索。同时方法本身并不提供确切的解决问题的答案，而是通过提出问题，并对寻找问题的答案提供路径。

以下是对生态设计方法的探索性归纳总结。

7.3.7.1　植入式生态设计

植入式设计是以自然式单元为基础的设计方法。植入（implantation）的概念就是通过植入良好的生态社区，在环境中培育壮大，进而繁殖，并影响周边领域趋向生态化。

工业设计和后工业设计性质上的比较

表7-13

	工业时代	后工业时代
产品	专门性的 目的单一的 短命的 以旧换新的 批量生产的 标准化的 适宜的	普遍性的 多种目的的 长命的 可修理的 短期的 用户化的 满意的
过程	独裁的 内在化的 排他的 集中的 僵硬的	民主的 外在化的 包容的 多方面的 灵活的
设计者	独创性的 个人的 专业的	合作性的 匿名的 供人分享的

图 7-33 自然的启示：有机体与周围环境的和谐

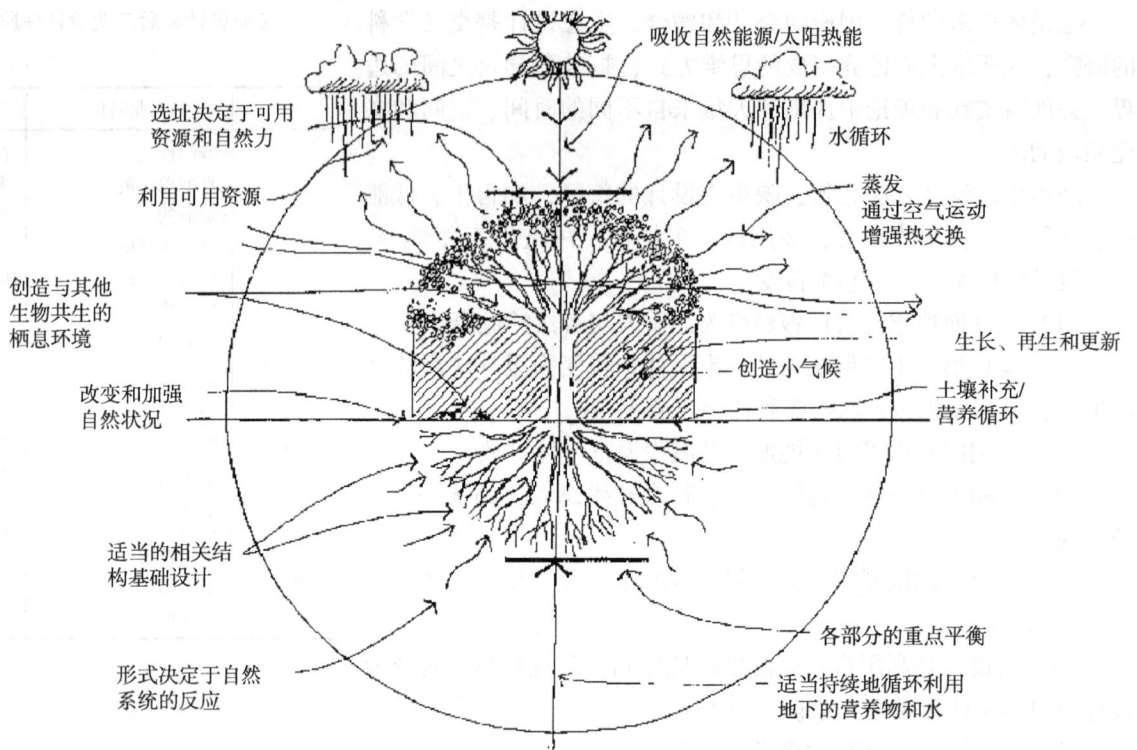

自然生态系统是生态设计普遍通用的模型。大自然无私地供养人类，并无保留地提供维持人类生存和交换的物质基础，但同时人类的人造系统——城市却似乎总是破坏它的维持系统甚至危及自身。

在自然界，有机体可以经济、高效地利用和直接获取有用的材料和地方资源（图 7-33）。大自然从来不浪费任何东西，一个有机体排出的垃圾就是另一个有机体的食物或养分。

自然系统和人造的系统比较，自然系统有很多优越的机制值得人类学习和借鉴。如有机体通过本能的反应和生长繁殖过程来适应环境，而人类通过合理化和机械化的力量适应心理和生理上需求，却很少考虑与环境和谐。有机体通过建立需要和可以利用的能源之间的平衡，达到与环境的和谐。同样生态设计通过调节需求、生活方式、开发技术等来达到自然和文化系统的协调平衡。

将生命原理作为设计关键构思的基础，以自然为本，许多不同的类型部分交叉地表现生态思想，如新陈代谢、生态学、新陈代谢的循环和再循环、突变、变形、信息、中间空间、多样性、矛盾性、非确定性、共生等重要的生命规律等都可以选择作为富有价值的设计构思。

生态设计中有两种基本的模式或方法：功能生态模式和生态隐喻。前者是以生态功能原理创造环境；后者在设计和思考过程中渗透大量的生态思想。这两种模式的共同特性是它们遵循部分或整体的生态特性。

功能生态模式是将生物学特性应用于建筑环境。通过生态工艺学与建筑学结合在建筑环境中形成一个小型微生态系统。托德（Todd）1971 年设计的 New Alchemy，是这种趋势的典型案例，其中列出 9 项原理来实现这个目标[①]：①现存世界是所有设计的基质；②设计应当顺从而不是反对生命的规律；③生物平等决定设计；④设计必须体现生态区域；⑤规划必须以可更新能源为基础；⑥设计必须通过综合生命系统达到可持续；⑦设计必须与自然世界共同进步；⑧建

---

① Todd, John. Bioshelter, Ocean Arks, City Farming：79.

筑和设计必须有助于地球；⑨设计必须服从神圣的生态学原理。

建筑学中的生态隐喻是一种有机体的隐喻，可以追溯到赖特的有机建筑理论。生态隐喻在设计过程中应用生态学作比喻，如将建筑比作有机体，而不是把建筑仅仅视为一堆水泥砖瓦。一幢建筑是个有机体，一组建筑就可以看作为生态系统，这种隐喻的转移意味着与传统设计完全不同的设计程序和方法。

但上述生态模式的局限性在于，生态功能模式和生态隐喻在现实中很难操作。就如我们虽然有自然生态系统和历史城市生态系统这两个非常好的参照模型，但却很难在现代城市系统中实施。因为发展的自然生态系统很难用分析的方法建模，而历史上的城市是长期形成的人造生态系统，但在本质方面也与复杂的自然生态系统一样。

7.3.7.2　生物气候设计

气候是影响城市布局的决定要素。从本质上讲，城市生态设计是为地方设计的，它必须反映当地的气候特征、土地类型、水资源状况和风俗民情。

生物气候设计从生物气候舒适性出发分析气候条件，将满足人类的生物舒适感作为设计的出发点，注重研究气候、地域和人类生物感觉之间的关系。

在勃罗德彭特（Geffrey Broadbent）著名的四类建筑设计方法①中，实效性设计是最原始的设计方法，最早人类建屋的基本理由是改变自然气候的影响，以利方便舒适进行一些人类活动，实效性方法在人的需要和特定地理气候之间达到平衡。而修正自然气候和文化气候的同时，反过来也被"修正气候"所修正。对此勃罗德彭特还进一步阐述："城市是人们为提高生产、改善生活而开拓自然过程中的产物，属于人类生态系统。人们为了能居住在"人工系统"的建筑中，大量地开拓并破坏了自然环境系统，产生了环境污染问题，这是自然系统和人工系统之间相互作用的结果。把建筑当成人类活动的容器，当成物理气候的调节器，当成土地价值的变值器，但还得考虑其文化上的内涵。取决于某种社会、政治、经济，甚至道德上的压力，以及审美因素，这些共同构成文化气候。建筑师也在这种气候中设计，其影响将是双向的。人们的感知过程是一系列作用于人们感观的真实世界中的外部事物，是人们先天习得，尤其是后天习得的观念与思想之间的交往汇合。人与建筑之间的这种感知关系是一回事，如何运用到设计实践中去则是另一回事。运用时先要建立一些概念，作为评价建筑的准则，通过这些概念把有感觉的机体与被认识的环境联系到一起。"②

马来西亚华裔建筑师杨经文（KenYeang）在高层建筑设计中，采用满足人的舒适和精神要求以及降低建筑能耗的设计。其处理手法有，在高层建筑的表面进行绿化和设置凹入空间，在屋顶上设置固定的遮阳格片，创造室内通风条件和把交通核设置在东西侧以防房间日晒等。印度建筑师 C·柯里亚结合自己的设计实践，提出"形式追随气候"的设计概念。柯里亚认为过去和现在很多乡土建筑，体现了对气候的适应，他以一种从传统印度建筑中发掘出来"开放向天"（open to sky space）的空间为中心，形成了很多适应气候的设计策略③。

现代技术的法则使建筑可以采用空调设备调节室内环境，即使采用空调设备降温，但通过合理的生态设计可以减少和节约能源。气候影响建筑的舒适度和能源利用方式，通过理解地区环境大气候，确定形成场所小气候的物理环境特征，通过设计建筑周围景观和建筑外部围护结构可以达到节能和提高建筑舒适度。采用适当的建筑形式（如独立式的、坡顶或平顶的），可

---

① 即实效性设计（Pragmatic Design）、象形性设计（Typological Design）、类比性设计（Analogic Design）、法则性设计（Canonic Design）。参见勃罗德彭特. 建筑设计与人文科学［M］. 北京：中国建筑工业出版社，1990：27-39.

② G·勃罗德彭特. 建筑设计与人文科学［M］. 北京：中国建筑工业出版社，1990.

③ 世界建筑，1989.

以影响热损失。建筑坐落的位置与风向、严寒和"热岛"效应有关。例如，防风林和堤岸可以减缓建筑的风力，从而减少人为损失。为确保长期地最大限度降低燃料消费，在建筑布局中可以考虑：

（1）隔离住宅，控制通风，降低空间加热要求；

（2）在规划中增加低层和联排式住宅比例；

（3）采用植物种植，改善建筑室内外空间的小气候；

（4）避免布局造成加剧"风洞"效应；

（5）避免在非常暴露的地方选址开发，如山顶，或在狭窄谷底的袋形寒冷区。相反，好的地点常常有地形或森林保护。

因此，应用地域气候条件进行生态设计，可以创造城市形态使之形成更节能的、更符合生态的城市格局（表7-14）。

主要气候区域、主要问题与生态设计的基本对策　　　　　　　　　　　　表7-14

主要气候区域	主要问题	生态设计的基本对策
湿热气候	●过量的热 ●高湿度	通风尽端开放和分散式结构： ●街道广阔开口的，以支持风的移动 ●广阔的阴凉 ●分散的高大建筑，以利通风 ●将不同建筑高度相互结合 ●宽阔阴凉的开放空间 ●阴凉的、有规划的植树区
湿冷气候（温带）	●低湿度 ●冬季和夏季的降雨量大 ●多风	供热（被动或主动的供热）： ●开放式和闭合式结构的混合 ●冬季迎风面设防护带（由建筑或树木组成） ●均匀的建筑物高度 ●开放空间开放适中 ●圆形或交叉的林带
干热气候	●过于干燥，且日间温度很高 ●灰尘与暴风	紧凑式结构： ●遮阳阴凉 ●蒸发冷却 ●在热风向设置城市防护带 ●城址接近水域 ●狭窄弯曲的邻里道路和小巷 ●混合不同的建筑物高度，改善城市遮阳情况 ●小型、分散和防护型的公共开放空间 ●环型的交叉的绿带 ●应用地下空间城市概念
干冷气候	●温度过低且干燥 ●疾风	紧凑和集中式结构： ●城市防护带 ●狭窄弯曲的邻里道路和小巷 ●均匀的城市建筑高度 ●小型分散和防护性的公共开放空间 ●环型和交叉的防护林带 ●应用地下空间城市概念
海滨狭长地带	●高湿度 ●多风	在潮湿地带： ●适度分散的结构 ●开放式的城市边缘 ●道路与海岸线垂直，以获得更多的微风 ●高大建筑分散布局，以利通风 ●建筑高度参差错落

续表

主要气候区域	主要问题	生态设计的基本对策
海滨狭长地带	● 高湿度 ● 多风	● 宽阔的公共开放空间 ● 多植高大林木，便于遮荫 在干燥地带： ● 向海面开放，面向陆地的一侧密集和防护 ● 高大建筑和低层建筑相混合 ● 小规模分散和防护性公共开放空间 ● 多植高大林木，便于遮荫
山坡	● 多风	半紧凑式结构：紧凑结构和分散结构相混合 ● 建造水平的街道和小巷 ● 小型分散的公共开放空间 ● 无阻挡的防护林区 ● 采用地下空间城市的概念

7.3.7.3　立体化设计

"立体化"设计包含四层含义：

（1）为了在有限的基地上，提供尽可能多的活动场地，如同多层造房占天不占地、变平地为起伏地、设置多层活动平台等立体化的景观环境；

（2）为了提高土地利用效率，在同一地块上，采用立体化的空间布局；

（3）为了解决用地矛盾，各种活动在空间上立体交叉的布局；

（4）为保护立地环境，在功能上或形象上的立体化。

位于美国俄勒冈州西南部的原始森林中的"林冠"（Canopy）方案采用的是一种功能上立体化和空间上立体化相结合的设计方法。为了保护雨林，此处已禁止伐木，但依靠森林维持生计的当地经济发展也受到严重影响。为了既照顾当地居民的生活和收入，又达到对森林的保护，当局同意利用当地森林发展生态旅游。

该方案创意在于吸引生态旅游者到这片原始森林，使他们真正能够鸟瞰森林的树冠。设计在保护森林不被破坏的基础上进行，一方面考虑作为体验自然森林体验生态教室，另一方面要保护森林的原始环境，减少旅游活动的侵扰。采用吊桥、悬梯等环绕树木，旅游者可以由悬梯环绕巨大的古树登高，达到树冠的顶部，鸟瞰整个森林植被面貌。在其中还设置电脑等视听设备，向人们展示雨林的历史和现状（图7-34、图7-35）①。

图7-34
Canopy方案剖面图

图7-35　走进森林（Canopy方案局部）

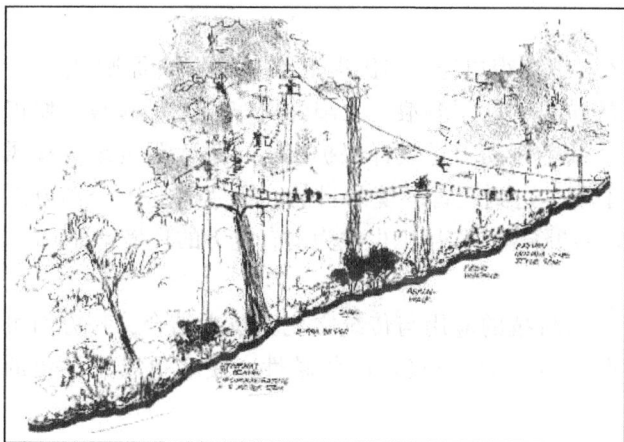

---

① 参见 Alicia Rodgeiguez. Into the Woods [J]. Landscape Architecture, 2000, 2：44-47.

图7-36 崔悦君（Eugene-eTsui）设计的Catanaria

（来源：《世界建筑导报》，2000年第3期）

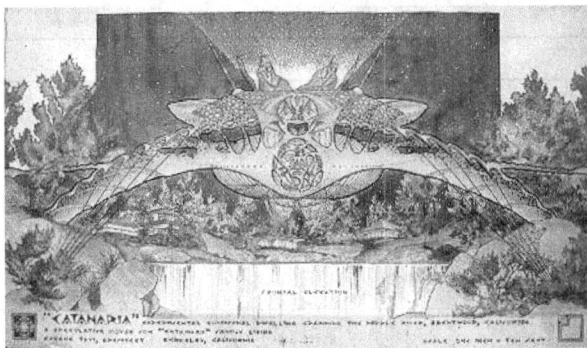

图7-37 崔氏设计的海上城市

（来源：《世界建筑导报》，2000年第3期）

分层是立体化利用城市空间的另一种方式，这是日本建筑学家针对城市中"土地"和"住宅"两大问题提出的。分层建造是指分层次、分台阶，充分利用城市空间，构造人造土地，然后在人造土地上建造各种各样的集合式住宅系统。一种分层建造用巨型钢管作斜杆，这样能使构件种类减少，简化系统设计。分层建造能跨越公路、铁道、河流和房屋等，可在每一个台阶上安置独立住宅并配以独家花园，在附近空间还可设置上下交通、站房、商店、办事处等公共设施。

立体化设计特点是：可以具有分层次的土地；具有可装配的系统空间；容易进行水平活动；具有高度的安全性；绿化覆盖好；可创造巨大的内部空间；可巧妙组合大小空间；能跨越大的对象；具有较高的空间适应性，如适于倾斜地形；容易控制气候等。

7.3.7.4 仿生设计

仿生学（bionics）就是模仿生物系统的原理来建造技术系统，或者使人造系统具有或类似于生物系统特征的科学。建筑仿生学是有效寻找和利用自然界生物的成长规律来适应人类社会发展对建筑的需求。建筑仿生学的表现与应用方法归纳起来有四个方面：城市环境仿生，使用功能仿生，建筑形式仿生，组织结构仿生[1]。

进化（Evolutionary）建筑是美籍华裔设计师崔悦君（Eugene tsui）提出的，他认为设计是在气候和生态要素的基础上生存和发展的，正如科学技术的进步一样。设计近于一种富于生命的有机体，像是由自然力所形成的结构（图7-36）。

进化建筑是对生态设计理论的进一步深入，或走得更远。崔氏提出了14条设计原则[2]：

如崔悦君设计的海上城市是个自给自足的城市，利用海浪、太阳和风车产生足够整个城市的电力。该设计针对处于多风和较冷的气候，按空气动力学设计保护结构，最大限度地发挥风的作用（图7-37）。崔悦君善于利用自然的手段，达到改善环境的目的。如"天龙"公寓方案设计（图7-38）中东立面采用落水瀑布起到冷却降温的作用，也成为富有魅力的环境特征。

7.3.7.5 高科技与传统结合的设计

优秀的传统建筑技术是生态设计的起点。高科技的应用与传统文化和技术结合，一方面可以体现对传统文脉的尊重和延续，另一方面，可以体现新技术的优越性，使之更具人性化的特点。

---

① 刘先觉："仿生建筑文化的新趋向".《世界建筑》，199604.

② 参见本书5.2.3的相应内容。

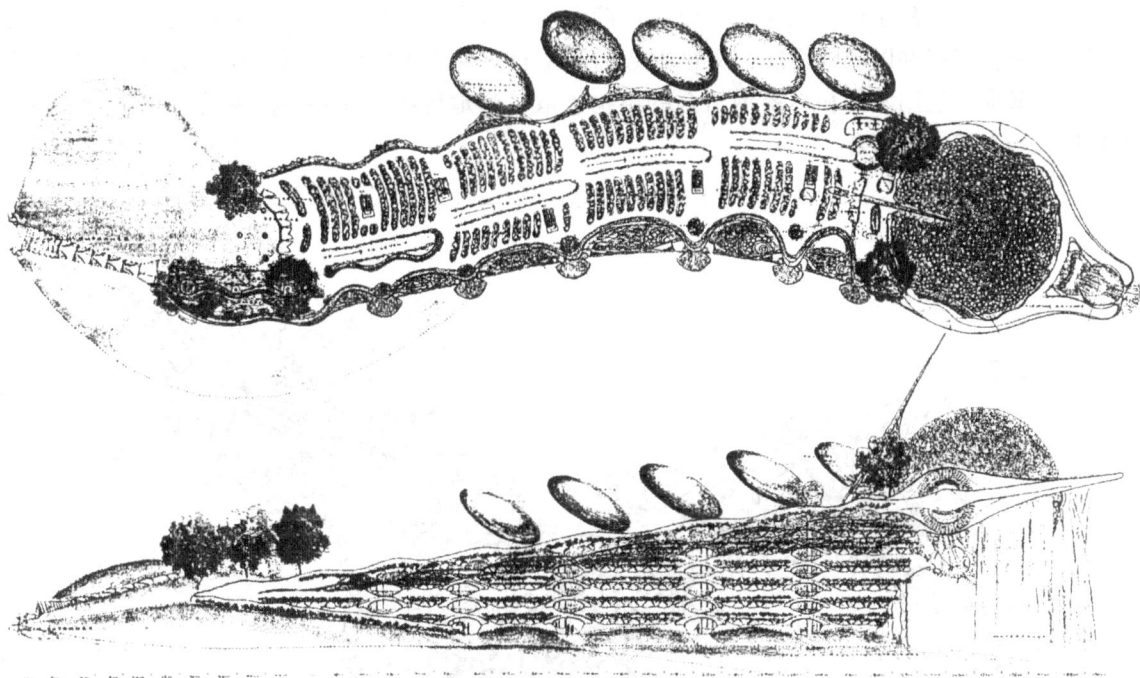

图 7-38　"天龙"公寓综合方案

（来源：《世界建筑导报》，2000年第3期）

屋顶平面和南立面

正剖面

背剖面

东立面

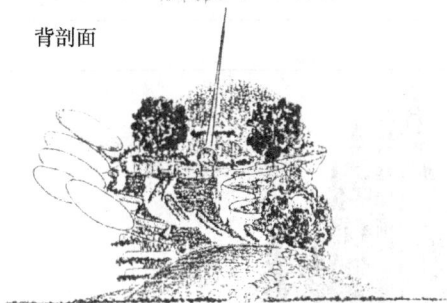

西立面

　　甚至还可以从一些手工艺中吸取教益，如编结技术，是来源于手工编织的概念，是将不同的事情彼此联系并且缠绕在一起。编织的东西重新松开后，可以重新利用。传统的手工编织作为民间传统工艺，是对材料的一种可持续利用，其概念可以引介到设计中来。

　　皮亚诺（Renzo Piano）在新卡里多尼亚设计的特吉巴奥（Tjibaou）文化中心（图7-39，图

7-40），借鉴了村落的布局，10个平面接近圆形的单体顺着地势展开，根据功能的不同，设计者将它们分作三组并以低廊相连。文化中心的造型有些像未编完的竹篓，鲜明地表达了尊重文化传统的倾向，运用木材和不锈钢组合的结构吸取了当地传统民居——棚屋的特点，同时巧妙地将造型与自然通风结合。

图 7-39 特吉巴奥（Tjibaou）文化中心平面图

图 7-40 特吉巴奥（Tjibaou）文化中心剖面图

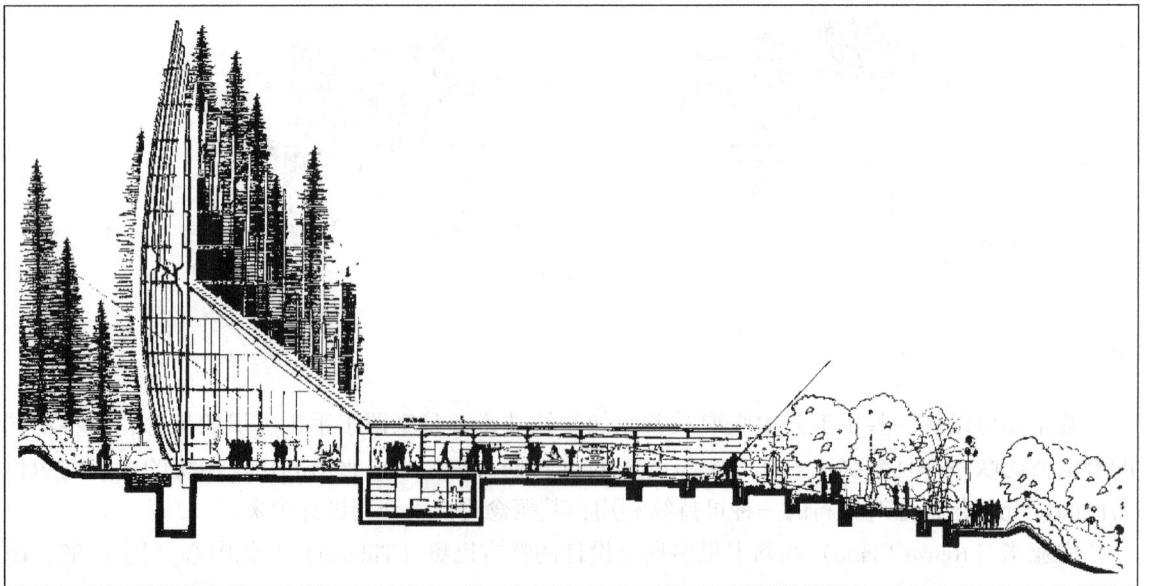

7.3.7.6　景观生态设计

美国著名景观建筑师西蒙兹（John Ormsbee Simons）在《大地景观规划——一部环境规划手册》中，全面阐述了景观生态方法，从土地、空气、水、景观、噪声、社区、动态保护等方面，理论与实践结合提出了系统而富有现实意义的生态景观设计策略①。由于其自成系统性，将其整理后归纳成表7-15。

城市景观生态设计策略　　　　　　　　　　　　　　　　表7-15

生态设计要素	生态设计策略
土地：生命物质的载体	保护表土，阻止侵蚀和沉淀作用，土地开发与自然流域形态结合保护地被
	恢复被剥离的和开采完的露天矿的土地
	恢复、更新：制定挖方、填方和整平的方法，重新建立自然植被，恢复挖土坑、填土和废物堆，改变风景的不利条件使之成为社区的特征
	维持一个整洁的施工建设场地
	保护鱼和野生动物的栖息地
空气：生命呼吸的要素	减少污染物的排放和集中，避免受污染的空气沉积
	隔离污染源，利用盛行风和微风布置污染源和道路的方向
	保护对空气（噪声）最敏感的地区（如居住区、医院、学校等人流集中的地方）
	改良交通道路和车辆，规划较高效率的运输系统
	对空气质量的控制及保护策略
水：生命之本	保护高地水源：恢复覆盖物，贮水灌溉调节洪水
	河流与溪流：把河流作为风景特征进行保护，保存现有河流的自然状态，交通道路平行河流布置，在紧靠河流的地方提供水边的环行小路，提供水边的公共土地，利用河流疏导洪水，保持河流清洁
	保存湖泊水库的自然特性，充分利用岸边土地，尽可能安排住宅面向较大水面地区，防止淤积和浑浊，杜绝一切形式的污染，保护水体健康恢复水体活力，将城市临水地段保留作为公共赏景和娱乐之用
	保护池塘和沼泽
	保护海滩和沙丘，建立适当的退后线，考虑临水建筑和树木阴影的影响
景观：风景是社会的发源地	提供公园和开放空间，创造新的公共广场，建设水滨公园
	在街道上种植成荫与开花的树，设置为居民方便舒适享受的街道小品，用绿化遮蔽停车场
噪声	减弱噪声：消灭噪声，降低噪声源，增加噪声源和受声点之间的距离，遮断噪声通道，遮挡受声点，反射声波，吸收余声
道路	公路的平交，修建风景道路，规划娱乐性的公园道路系统
	绿道（Greenways）
	蓝道（Blueways）
社区	有规划的社区开发，簇群规划（Cluster planning）
	适应当地气候，同时注意小气候
	在邻里中提供绿道和开放空间
城市化	按照生态系统的承受能力限制开发
	建设立体化的花园式城市

---

① ［美］J·O·西蒙兹. 大地景观——环境规划指南［M］. 程里尧译. 北京：中国建筑工业出版社，1990.

续表

生态设计要素	生态设计策略
区域规划	生态调查
	土地利用的分配，保护基础耕地
	公园、娱乐和开发空间
动态的保护	综合规划
	自然和风景资源；保护荒野地区，拯救原始河流，保存水道

(本表主要内容根据 J·O·西蒙兹《大地景观——环境规划指南》整理)

城市生态设计方法的探索是没有止境的，还有一些如未来主义对未来城市的构想、无形设计、合作设计等，这些将作为对传统设计方法的革新，对新的设计方法论的形成和发展产生深远影响。

7.4 面向生态城市的管理与决策

生态设计将管理与决策纳入研究范畴，将生态学的基本理论和思想贯穿于城市管理过程，使管理工作生态化。因为管理和决策对设计本身的影响起着决定性的作用。

城市生态设计研究的主要意图是改进当前的设计思路和设计方法，并进而影响规划管理和建设决策。基于生态规划和设计的管理措施，应为城市建设提供预先参考和缓冲。因而本文在探讨改革现行城市管理体制的基础上，提出了建立公众参与的管理架构、科学民主的决策机制、开放透明的信息网络、灵活多元的投资渠道。

7.4.1 现行城市管理体制改革

传统的城市规划管理①是按照一定的规范条例来进行的，而这些规范往往是法律化、规范化了的规划决策成果。人们通过规划确立城市发展目标与方向，而管理则努力使这些目标与方向变为现实。规划与管理的关系实际上是一种"目标确立"与"目标实现"的关系。

生态设计原则如何形成法律性文件和实施策略，如何在时间、空间、现实设计条件中合理处置，以及如何在实施中正确处理等，是当前生态设计需要解决的实际问题。传统的设计思想不能解决生态和环境领域的诸多问题，而现行管理模式又堵塞了生态设计思想的贯彻和落实。

随着经济体制的变迁，当前国内规划管理体制由于受各方面条件的制约，其主要特点归纳如下：

7.4.1.1 市场经济条件下决策体系的多元化

决策体系的多元化是因为市场经济条件下呈现决策主体多元化，决策因素的多元化，参与者的多元化等倾向。

由于投资主体已经改变，省市各级政府不再是城市建设发展的唯一投资者和组织者，由于投资主体的多元化和社会化，城市发展的决策受到多方面利益的影响。

决策因素的多元化，参与者的多元化必然影响决策价值取向。政府经济部门较多从城市总体的社会经济发展考虑；开发商则注重以最小的代价获取最大利益；规划师从其专业角度出发，目标倾向于维护公共利益和生态平衡；而公众则在各种城市开发活动中注重维护其私有权

---

① 城市规划管理，是指按照法定程序编制和批准城市规划，依据国家和各级政府颁布的规划管理有关法规和具体规定采用法制的、社会的、经济的、行政的和科学的管理方法，对各项用地和当前建设活动进行统一的安排和控制，引导和调节城市的各项建设事业有计划、有秩序地协调发展，保证城市规划实施。

益……多元化的价值目标倾向使得城市发展目标常常陷于矛盾之中，即使是在城市规划专家中，决策方面往往也存在分歧。

7.4.1.2　管理与决策失误导致城市病态发展

城市规划决策受到多方面的冲击，其失误是导致许多大中城市病态发展的根源之一。

原有的城市规划管理体制越来越不能适应社会经济的变革，城市规划管理往往未能有效地将宏观、抽象的城市发展目标和战略落实到具体的操作过程中，现有的城市规划管理模式在社会转型过程中、市场经济所带来的负面作用逐渐显露。在实际操作中，从宏观上看城市规划所制定的目标往往与具体项目操作脱节，导致城市发展脱离规划方面。从微观上看，城市规划管理工作中不确定因素太多，行政干预，开发中的具体问题都可能使规划管理工作脱离原先既定方向。因此，当前必须转变思想观念，特别是领导者，转变观念以适应时代发展的要求①。

当前规划设计和管理存在的主要矛盾表现在以下几个方面：

1. 管理与规划脱节

管理不按照规划，开发不服从管理的现象时有发生，这些问题一方面可以归结为规划不合理、规划管理不完善、法制不健全、规划师的敬业精神不够等。另一方面旧的规划管理体制已不能适应市场经济对规划的冲击，需要新的理论、新的方法；城市规划应向更广阔的领域发展，不但要包括规划的制定，而且还要包括规划的实施及信息反馈。

城市规划设计照搬旧有的套路，城市规划管理缺乏系统性的思想指导，缺乏实际性的目标方向。现实工作中的许多脱节问题说明规划管理过程中各阶段紧密联系的重要性。

2. 缺乏协调监督机制

上下级间缺乏监督机制，省对市缺乏监督手段，规划批了如何执行难于监控，市对县、市对镇等也缺乏监督机制。区域间缺乏协调监督机制，缺少规划的协调，建设各自为政，难以衔接，环境保护措施难以实施。城市内缺乏权威的协调机构，机构混乱。

3. 设计与管理分离

城市规划是一个永远没有终结的过程这已成为规划界大家的共识。现实设计与管理的分离使"规划是一个过程"仍停留在静态的模式和口号上。不论是物质型的规划，还是管理控制、政策引导型的规划，在规划文本完成后都会受到社会经济等多种因素变化的影响而需不断地进行自我调整和修正。规划编制与管理部门的分离使得规划的这种"不断研究"的特性在实际实施操作中得不到体现。规划院可以在文本完成和被审批后对其不予理睬，管理部门也可以在拿到规划文本后，照章办事。

从规划管理的角度来讲，任何开发项目开发商不可以唱主角，地方政府要担负起规划全过程的责任。因此，要培养有新型意识的政治家和官员；此外，公众参与开放的规划管理过程亦同等重要。规划管理是一种权力的运用。而权力的分析应该从权力的应用出发。城市是现代文明和社会进步的标志，是经济、社会发展的主要载体。如何科学、有效地开发利用城市？一直是人类社会发展的重要课题。

7.4.2　公众参与管理

7.4.2.1　开放管理的基础

由于设计对象的公众性，对设计过程中的复杂问题就应当面向公众寻求解决的途径，应建立面向公众的设计体制。实现生态可持续性和美好的生活环境，其中一个重要方面就是公正，

---

① 城市研究专家叶耀先教授撰文指出，当前城市领导者应转变的6个观念：从城市就是问题转变为城市是创新和经济增长的源泉；从乡村支持城市转变为城市支持乡村；从城市太大不好转变为城市越大机会越多；从限制城市规模转变为使城市运转得更好；从政府和专家解决问题转变为最有创见的方案是自下而上，而非自上而下；从政府为穷人提供住房和就业转变为非正规行业是住房和收入的主要创始者。

是生态城市的一个重要方面。这不应简单地视作民主和平等的问题，也不应以国情和民众的素质相推脱。在我国，虽然个别城市率先实施公众参与，也仅仅是"广泛征询了广大市民的意见，获得了普遍关注和好评"，尚未能将公众参与纳入城市管理体制。

所谓公众参与是指市民直接参与公共决策。在规划文本确定之前应公开征求公众意见，同时公众与设计师和管理者就共同关心的问题应取得一致意见，并达成共识。

寻求经济、社会、环境之间的协调有机发展，必须依托公众的智慧。没有经济支持，再好的规划也是一纸空文；同样，没有公众参与，再好的规划在实施过程中也会扭曲变形。但是在观念上，我们似乎忽视了公众参与的力量。这并不意味着对行政干预、法制管理等规划管理体系的排斥和轻慢，恰恰相反，它们是相辅相成，相得益彰的。

让每个人参与，让每个人说三道四，只有公众参与成为规划设计和管理过程中必不可少的一部分，设计才能真正走向大众。

7.4.2.2 规划过程中的公众参与

城市建设的目的是满足市民的需要，市民是城市的主人和使用者，同时又是城市的投资者、建设者。城市规划不仅仅是设计人员的事，也是城市全体市民共同的事。因此在规划设计过程中，只有"公众参与"才能体现设计的广泛性、公开性、公平性。没有公众参与的规划不是完整、合理的规划。

国际环境署关于"地方21世纪议程"的五个要素①也将公众参与置于重要地位：

（1）伙伴关系（partnerships）：制定"地方21世纪议程"的目的，即是建立一种"伙伴关系"，实现城市与人、人和环境、社区与社区、人和人之间的和谐共存。

（2）社区为基础的问题分析（community based issue analysis）：包括如何创造可持续的社区，如何体现制定委员会的公众性等。在英国，委员会中除政府部门和专业人员外，社区代表的人数日益增多，从1994~1997年，"地方21世纪议程"的参加人员中社区代表由15%增加到了50%。

（3）行动规划（action planning）：关于环保、交通、居住、就业、教育、民主等今天人们普通关注的生活、社会问题的具体行动计划。

（4）运用与控制（implementation and monitoring）：政府、社团、大众共同参与行动，政府行动需要大众配合，政府要有措施让大众行动起来。

（5）评估和反馈（evaluation and feedback）：是对"地方21世纪议程"实施效果的检讨。如英国有70%的地方议会制定了《地方21世纪议程》，90%的公众支持这一行动计划。

公众参与是西方城市规划理论和实践的一个基本组成部分。西方的民主是建立在"有限的政府权力"和"有效的公众监督"的原则基础上。市民作为社会公共意愿的代表被当地政府或法律机构认可为规划机构的成员，任何愿意参加规划者，包括地方政府、专业规划机构和人员、地方社区组织、群众团体、私人企业或个人，都可以作为公众参与的一部分，并有专业的规划人员和规划顾问对此机构负责。

在西方国家，规划过程中公众参与行为已经渗入每一个规划环节中，其中"公众审查"环节是一项新的手段，与传统的"公众调查"或"公众咨询"（Consultation）完全不同，公众审查是以一种小型的专门小组的形式，对规划的内容进行"质询"（Inquisition），具有审定的意义，而非一般意义上的讨论。完整的公众参与过程应当包括：制定规划前必须收集有关的公众意见，进行公众调查；公众有权对规划草案进行充分的验证和评议；最后的规划内容必须针对公众意见进行修改，将完整的公众参与过程作为规划附件报审；规划审批时必须首先进行公众审查，

① 帕金森，马丁林. 英国城市规划体系与规划管理. 广东省建设委员会，英国文化委员会，1997.

经充分的协商后，才能作出最后的决策。

英国城市规划专家韦伯提出的规划制定过程的完整的公众参与过程如下①：

第一阶段 决定制定规划

　　确定制定规划的程序

　　通告公众：制定规划和规划程序

　　征询意见

第二阶段 收集资料

　　进行公众调查

　　——经济状况

　　——交通状况

　　明确规划的关键议题

　　通告公众：调查分析的结果及规划所要解决的关键问题

　　●总结

　　●详细的调查报告

　　●安排官员和不同团体交换意见

第三阶段 确定比较方案

　　通告公众：总结/详细报告

　　确定公众评选（反对）的期限

第四阶段 通过地方规划草案

　　公众咨询：至少半年

　　就不同意见进行协商/协商失败——继续公众咨询

　　监察官员向当局汇报

第五阶段 当局就报告作出决策，并给出原因

　　公众否决/公众提出修改

　　当局裁决，如果修改是必要的——公众咨询

　　规划认可

"公众参与"是一个循序渐进的过程，应随着时代进步逐步扩大"公众参与"的范围。

从当前国情来说，建议采取以下公众参与方式：

（1）参与规划设计目标的议定：在设计前公开征集公众意见；

（2）在设计过程中参与提出意见：邀请相关专业部门共同编制规划、举行专题听证会、专家咨询等；

（3）设计的接受与宣传：规划设计方案展示，开辟规划热线，收集公众意见；

（4）规划实施的配合与管理运作：邀请市民代表、利益相关团体或个人参与规划方案的讨论。

信息产业的发展将为公众参与提供广阔的空间。城市地理信息系统的建立、"虚拟现实"的表现、信息高速公路等现代化公共信息网络将使得公众参与的方式更加灵活和便捷。

公众参与是利益平衡的过程。这是因为，一方面城市开发项目及相关的规划管理将对当地居民生活产生影响，并影响到社会公众的利益；另一方面，城市开发多与政府（部分或全部）资助的建设项目有关，包括交通运输计划、环境设施建设、住宅计划等，这涉及到绝大多数公众的利益，需要由公众参与决策如何支配这些资金。另外，规划的实施不仅需要政府的投资，

---

① 韦伯等. 规划与可持续发展高级研讨班. 广东省建设委员会，英国文化委员会，1996.

也需要私人的投资，作为开发投资商，在开发投资前要对土地使用规划方案有所了解，需要知道周围地区的土地使用性质以及其投资地区附近所进行的经济和社会活动是否有利于开发、经营和获取利润。通过公众参与可以从中获得解决问题的新观念和新方法，可以获得一个能够更好地实施的最佳方案和过程。

当然，公众参与是有代价的，它可能需要更多的时间和经费，可能会降低政府部门的工作效率，也可能由于市民偏狭的利益观念导致他们的自私行为，这正是市民的介入可能导致的尴尬境地——参与没有促使双方的合作而是加剧了相互间的对立。

但是，公众参与者的普遍性、参与的途径和程度，都可将这些不利影响减至最低。对不同层次的规划来说，地方政府、专业规划机构和人员同社区组织、群众团体或个人代表一样，都可以作为公众参与的一部分。地方有权参与各层次规划决策，个人有权发表意见，也有权评价规划。市民参与的素质也将不断得到锻炼和提高，显示他们有能力在规划过程中提出决定性的、富有建设性的建议。

7.4.2.3 设计程序

传统的设计程序往往是单一的设计人员注重单一的设计内容，因而疏于考虑场所、内容、能源、资源之间的制约和相互关系，传统的设计程序明显不可能产生和导致生态设计追求的原则和目标。因此生态设计注重多学科、多任务、多工种之间的配合，明确生态设计的准则，充分考虑各种设计要素之间的相互作用。

格迪斯曾经强调"把规划建立在研究客观现实的基础之上：即周密分析地域环境的潜力和限度对于居住地布局形式与地方经济体系的影响关系。"他对区域调查的研究影响了芒福德和其他后来者。芒福德认为，城市和区域构成一个完整的有机生态系统[①]。将规划分为调查、评估、编制方案，实施（调整）等四个阶段。提出把规划作为社区教育的一种手段。在实施规划的全过程中，如果没有群众创造性的参与和理解，规划就不能发挥作用。

生态设计应包括以下内容：

（1）生态调查：这是生态设计前期必不可少的程序，内容包括历史生态环境状况、地方植物材料、动植物状况、水资源状况等。

（2）分析或解析：理解、确定城市生态系统的基本特征，包括历史与发展、物理与社会结构、交通线路与路标、优势与劣势。

（3）初始设计：根据生态调查，制定生态设计的三维构想，建立设计目标、生态设计标准、开展研究等。

（4）实质设计：确定生态设计准则，包括建筑高度、临街空地设计、人行道、开放空间、树木栽植，居室布局和公共安全设计，并制定项目生态预算。

（5）公众参与：听取业主、公共部门、投资商、普通社会公众对设计的支持和反映。

（6）反馈调整。

生态设计程序是自然循环往复的。设计师常需要反复研究同一块地，每一次都会有细微的火花、思想、材料、组织和设想，在解决问题的时候，每个步骤是程序性的和正确的。但在进行设计时，没有一个可以确定为正确的步骤，直到设计完成。从分析的观点看，这个设计直到它完成并可能是正确的之前，都可能是错误的。甚至当它完成后，可能接受不同人的评价，标准也常常是相互矛盾的，设计的成功与否也是看法不同的问题。

让公众有机会参与设计过程，设计师才能从反馈信息中完善城市。城市规划、设计者需要充分的自省。成功的城市生态设计过程包括：

（1）分析和解析。理解、确定城市生态系统的基本特征，包括历史与发展、物理与社会结构，交通路线与路标、优势与劣势。

（2）想象。提出城市发展的三维形态与生态设计目标。

（3）战略。提出城市生态设计的战略，在诸如交通、公共场所、建筑高度、路标的位置等更为广泛的领域建立当地生态设计决策的原则。

（4）准则。提出生态设计的准则，表明当地的活动如何能够支持战略方针，这些生态设计标准包括建筑高度、临街空地设计、信道、开放空间、树木栽种、街道设计、居室布局、公共安全等指导细则。

（5）概述。用直观的方法画出更为详细的城市生态设计背景材料。

景观生态规划强调水平生态过程与景观格局之间的相互关系，把"斑块—廊道—基质"作为分析任何一种景观的模式。

7.4.3 生态决策

基于生态标准的规划管理决策是规划的灵魂，它涉及到长远利益和近期利益的综合考虑，是辩证思维的具体表现。生态决策的探讨重点，乃是政府决策的整体问题，其探讨可分为：决策机制、制度条件、决策视阈以及评价标准。这些并非独立的议题，而是相互作用的关系。

7.4.3.1 决策机制

决策机制是指形成与推行政府决策的组织、人员、法令及机关文化等组合。我国目前既有的决策机制具有多元分散、缺乏目标导向及欠缺经常性反省等缺点。基于可持续发展责任政策的建立及具有反省能力的决策机制，应将可持续发展纳入基本国策、建立可持续发展的监督机制及强化决策者的可持续生态理念。

首先从政策制定中，需要全面检查城市用地、交通、建筑密度中存在的问题：

应该有些什么样的政策来减少能源和材料的消耗？

如何运用行政权力，来保障与加强居民的平等的生活与居住权利，即在已有的城市交通与文化娱乐设施的条件下，适当增加密度，在低密度区建更多的高质量又负担得起的居住单元？

如何利用土地利用政策，来重新规划与设计城市，以便减少城市交通需求、土地消耗，以及对城市基础设施的扩大需求？

如何在增加城市密度的同时，仍能保证城市已有的生活质量、适当的开敞空间和不断改善的城市环境？

通过什么样的经济手段可用来促进高密度住宅的开发，包括充分利用已有的城市基础设施和减少对农业用地的需求？

如何发挥城市公共交通的潜力，以创造出快速、舒适、方便、清洁和有效的城市交通？

现行的发展模式与人们所希望未来展现的生态城市与社区差距在哪里？如何让人们互相关照，共享共识未来生存空间和生活方式？

7.4.3.2 制度条件

制度条件即迈向决定决策适当的条件因素。在现实的决策环境中，决策者往往面临信息不足或信息冲突的情形，但在决策的时间压力下，又不得不作出决定（包括不作决定的"决定"）。在不确定情形下作决策（decision-making in uncertainties）成为决策者常处的困境。与环境有关的决策，相较于其他类型的决策，所面临的信息资料不足或冲突情形，更为频繁且激烈。如何在不完美的决策环境之下，仍能作出整体而且合乎生态的决策，乃是对生态决策最大的挑战。

在现实的决策环境下，城市建设决策与领导者（决策者）的好恶有关，而外围的影响势力也相当复杂，因此往往形成使决策陷入矛盾，而不当地扭曲决策的本质，增加生态决策的实施难度。

此外，城市建设不仅涉及的面广，也不仅仅关乎当代人的利益，还必须考虑对下一代的利益。一位英国专家讲了一个例子，有一条高速公路需要穿越一片森林，虽然有来自各方面的反对之声，但已经势在必行，当伐木者来到这片森林的时候，却看到当地的小学生把大树围了起来：未来是我们的，请不要破坏我们的生存环境。在这种情况下，政府只好修改决策，高速公路改线，森林保住了。这个例子说明，我们不能吃子孙饭，要为后代人留有发展的空间，决策应倾听来自各方面不同的声音。

决策的机制必须纳入多元价值，对科学、民主、经济及法律面面衡量，并认识到其间互补的重要性。基于既有决策机制对隔代平衡的先天困境，在决策的理性判断上，更需要充分发挥预警原则（precautionary principle），在决策的动态上随时有踩刹车的机能。在做法上，首先应强化决策机制或可持续发展监督机制的各方代表性，并通过信息公开与参与机制的设计，实现决策民主化与公开化。在经济层面，对任何资源配置的决策，必须考虑到外部成本的内部化，更在认同资源有限的前提下，充分尊重市场机能。科学的基础是求真求实，因此，必须建立有效的监督机制，阻挡不当介入。在法治面上，决策者应排除人治思想，充分建立任何决策的制度性，并提供充足的法治基础。

7.4.3.3 决策视阈

视阈是一种变化的视野。企业的视界可能只有数年；而个人安排时视界则可能长至20年。当考虑自然资源，如森林、郊野、水域时，有关决策的视阈就显得非常重要，因为如果今天的决定并未考虑未来，未能妥善关联，将导致资源的损耗或不可弥补的损害。

规划设计应视为一个过程，鼓励人们为决策提供意见，有助于建立他们所期望的未来社会。最有效、有意义的参与是让有关联和影响的所有人参与，让他们为自己作出决定。任何参与策略应包含这样的元素：即政府不应独自承担领导的责任。设计者、使用者、管理者、政府和开发机构均需积极共同参与。

7.4.3.4 评价标准

理性的决策一定要有良好的评价才能比较出评价城市或社会是否是符合人们理想的，是否是可持续发展的。但在讨论评价标准之前，我们首先要问的是：什么是人类美好的未来？什么是我们追求的理想社会？美国宾夕法尼亚州艾莫斯再生计划中心（Emmaus Regeneration Project）指出，一个理想的未来世界应该具备下列九项特质：①丰富性：生存不再受到资源匮乏的威胁，人的基本需要应妥善利用丰富的区域资源而获得满足。②再生性：以再生的方式生产和分配资源，使自然体系保持生机。③可靠性：资源的供应无论品质数量都稳定可靠，没有剧烈波动。④安全性：所有产品和服务都不危害生产者、消费者和自然环境。⑤适合性：每一区的生产方式都能与该区的文化、地理环境、经济以及当地人的生活需要相配合。⑥公平性：资源产品和服务都能公平地提供给所有人使用。⑦弹性：容许提供产品和服务的体系实验、创造、变迁和成长。⑧效率：生产与分配都尽可能维持长期的效率。⑨心灵的开放。

品质不是一个静止的状态，而是一群变项的组合体。一般人的生活品质经验，通常有些项目高，有些项目低，而不一定是全部都高或是全部都低。一般而言，当一个人具有下列经验时，我们便可以说他享有高品质的生活：①幸福感：指长期对生活感到喜悦，而不是一时的快感。②健康感：这种感觉也不一定要四肢健全，身体健康才能获得。③成就感或生命的满足感：这是一种即将达到或已经达到个人生命目标的感觉。④对未来生活的企盼感：即对每天的生活都抱着希望和信心。

相对而言，生活品质低落的情形则是：①无望感与绝望感：经常处于恐惧和忧虑之中，感到无力掌握自己的生命；②挫败感：感到未能达成自己的期望，或是感到生命的失败；③不健康感：生病、受伤、饥饿以及身心等其他不舒服的感觉；④长期和无边的不幸福感。

这跟现在一般政府单位使用 GNP 或能源消耗量作为生活品质的主要指标有着相当明显的差异。人类的幸福生活品质与生活圈的运作密不可分。我们希望建立一个能让每个人都能追求良好生活品质的社会和环境。因此，不论政府在制定政策时，或个人在追求生活品质时，都必须将生态体系和社会体系的价值列入考虑。

需要确立新的伦理价值尺度，要制定新的伦理道德规范制约人和社会对自然的破坏行为。过去人们只是从经济学的价值为标准评价自然的作用、自然保护的意义等，这种单一的评价，往往把许多从经济角度看来毫无价值可言或者价值不大的自然物任意毁灭、消灭，致使自然系统破坏了完整性和系统性。

以城市生态系统的观点，对生态城市策略建议采取可持续指标的研究，而后针对城市整体发展拟定了十大指标群，分别为①自然系统指标群；②农业系统指标群；③水资源指标群；④城市系统指标群；⑤生活服务指标群；⑥输入资源指标群；⑦城市生产指标群；⑧城市废弃物处理及产出指标群；⑨资源循环回收指标群；⑩环境管理指标群等十项。由此类指标可知，环境可持续性所涉及的因子相当庞杂。

国外文献对可持续性指标探讨数量相当多，对于实际应用发展以 1993 年西雅图市所研究的指标最为著名，也最为完备（表 7-16）。联合国人居中心（UNCHS）与世界银行在 1995 年提出一套城市发展相关的关键指标（表 7-17），是一套详细且可供其他城市制定可持续性指标的参考。

美国西雅图市的可持续性指标 表 7-16

一、环境指标	二、人口与资源指标
地方溪流中野生鲑鱼的孵育 区域范围内生物多样性 每年在污染标准的报告中，空气品质良好的天数 城市中优良土壤流失的面积 城市中湿地保留的面积 城市中道路具亲善性人行道的百分比	城市的人口数（每年人口成长率） 每人所需水的消费量 每年每人固态废弃物产生吨数及再循环吨数 每人交通工具里程数及每人石油的消耗量 每人可再生及不可再生能源的消耗量 每人土地使用范围内的面积（包括住宅、商业、开放空间、交通、保育） 城市食物成长量、食物进出口量 面临危险的土地作为非危险目的的利用
三、经济性指标	四、文化与社会指标
前十个最热门工作的员工劳动率 平均薪资下能维持生计的基本需求所需工作的时数 因种族、性别的不同，失业的现况（包括不愿工作） 因种族性别的不同，个人收入的分配 每个家庭单位平均储蓄量 经济上对可更新资源或地方性资源的依赖度 贫穷家庭儿童百分比 提供中、低收入家庭的住宅率 每人花费于健康医疗照顾的支出	出生婴儿中体重不足的比例 中小学文化教育课程 中小学每周教授艺术课程的时数 双亲或监护人注重学校活动的百分比 青少年犯罪率 年轻人参与社区服务的百分比 高年级学生从高级学校毕业的百分比（包括种族、性别、收入的水准） 参与地方性选举投票人口的百分比 成人识字率 在邻近地区平均熟识的居民（可叫出的名字的数字） 在司法审判系统中，公平判决的比例 花费于防止麻药、酒精滥用以及花费于因麻药、酒精被逮入狱金钱的比率 从事园艺、种植人口的百分比 图书馆、社区中心的使用率 公共参与艺术比 成人愿贡献时间于社区服务的百分比 满足、良好感官的个体

资料来源：Sustainable Seattle（1993）.

UNCHS 的城市环境指标　　　表 7-17

度量基准 0：背景资料	度量基准 1：社会经济环境	度量基准 2：公共设施	度量基准 3：交通运输
指标 1：土地使用 指标 2：人口 指标 3：人口成长 指标 4：女人当家 指标 5：家庭平均人口 指标 6：家庭人口成长 指标 7：所得分配 指标 8：城市生产量 指标 9：住屋形态	指标 1：贫穷线下的居民 指标 2：非正式或未申报的职业（工作） 指标 3：医疗服务 指标 4：幼童意外 指标 5：学校教室数 指标 6：犯罪率	指标 7：家庭普及率 指标 8：饮用水普及率 指标 9：水的消费 指标 10：缺水期的水价	指标 11：交通运输工具形态的区隔 指标 12：工作旅程时数 指标 13：道路公共设施的支出 指标 14：汽车拥有率
度量基准 4：环境管理	度量基准 5：地方政府	度量基准 6：购屋能力	度量基准 7：住宅的供给
指标 15：废水处理 指标 16：固态废弃物 指标 17：固态废弃物的处理 指标 18：定期固态废弃物的收集与清运 指标 19：住屋损坏状况	指标 20：地方政府收入主要来源 指标 21：资产的资本支出 指标 22：公债服务费用比例 指标 23：地方政府雇用员工状况 指标 24：人事支出 指标 25：契约经常性支出 指标 26：各级政府的公共服务 指标 27：地方自主性	指标 H1：房屋价格相对于收入 指标 H2：房屋租金相对于收入 指标 H3：每人占有的楼地板面积 指标 H4：耐久性资产 指标 H5：住屋承诺	指标 H6：土地开发乘数（增值） 指标 H7：公共设施支出 指标 H8：抵押债券（有价债券） 指标 H9：住宅供给量 指标 H10：住屋投资

资料来源：UNCHS（1995）.

在可持续性指标的区分形式上，可由单一的环境、经济及社会指标所区分，其特性包括综合性指标、前瞻性指标、分配性指标，以及来自地区内各类型及团体的投入开发，而且所有指标将由最后一个特性所支配掌握。虽然分类上有所不同，内容或有重复之处，但其共同的目的皆在提供检验规范的量化标准，以整合经济、自然及人文社会等信息，不仅可测度环境现况是否接近可持续发展的目标，也是未来规划设计的有效指引。

我们现在已经认识到既有的 GNP 或经济增长率，不注意环境成本或不讲究长期环境后果的经济增长指标，对城市可持续发展的评价不但没有助益，反而会造成扭曲的效果。

通过指标可以使目标具体化、明确化。既有的 GNP、经济增长率或国家竞争力，均无法合理呈现出城市可持续发展的状况。为了能正确评价生态环境建设对城市社会发展和经济进步的影响，有必要建立一套切实可行的评价标准。

另一方面，生态环境影响评价作为对人类开发建设活动可能导致的生态环境影响进行分析与预测，并提出减少影响或改善生态环境的策略和措施。但现行的环境影响评价以污染影响为主，对生态环境影响评价的内容不全、深度不够，需要在诸多方面予以改进（表 7-18）。

现行环境评价与生态环境评价比较　　　表 7-18

	现行环境评价	生态环境评价
主要目的	控制污染，解决清洁、安静问题，主要为工程设计和建设单位服务	保护生态环境和自然资源，解决优美和持续性问题，为区域长远发展利益服务
主要对象	污染型工业项目，工业开发区	所有开发建设项目，区域开发建设
评价因子	水、大气、噪声、土壤污染，根据工程排污性质和环境要求筛选	生物及其生境，污染的生态效应，根据开发环境影响性质、强度和环境特点筛选
评价方法	工程分析和治理措施、定量监测与预测、指数法	重视生态分析和保护措施，定量和定性方法相结合，综合分析评价
工作深度	阐明污染影响的范围、程度，治理措施达到排放标准和环境标准要求	阐明生态环境影响的性质、程度和后果（功能变化），保护措施达到生态环境功能保持和可持续发展的要求

续表

	现行环境评价	生态环境评价
措施	清洁生产、工程治理措施,追求技术经济合理化	合理利用资源、寻求保护、恢复途径和补偿、建设方案记替代方案
评价标准	国家和地方法定标准,具有法规性质	法定标准、背景与本底、类比及其他,具有研究性质

对具体开发建设项目应酌情增加以下指标:

1. 污染容纳力指标

强调总量管制与容纳能力的概念。由广义而言,总量控制的对象,不仅是污染物,也包括土地使用或人类活动的密度与强度。在环境评价上,除了开发规划的内容(或引进的工业种类)的类型、数量,废物排放的质与量外,自然环境条件下气体或水体的容纳能力(assimilative capacity)应特别注意。

2. 区位适宜性指标

开发的区位与其对环境的冲击息息相关。在开发之前,都应进行周详的调查,区分和判断重要性或敏感度,分级分区进行整体规划,同时强调优先保护生态环境或人文意义上重要资源,减少生态环境的负面影响。

3. 生态代表性指标

由生态系统的角度,生态独特性、稀有性、原生性、多样性、完整性和观赏性等,都是常用和可以考虑的指标。

4. 公众接纳性指标

强调生态环境变迁对于社会经济的冲击,社会民意接纳的程度也是开发项目必须考虑的因素或指标。

7.4.3.5 城市发展指标

可持续发展指标的建立,系整合科学技术与信息,并配合社会制度环境的变迁,研究一套作为评估可持续发展达成程度的准则,以作为未来政府拟定相关政策、计划与建设方案时的重要依据。可持续性指标准则的制定应是全面性的,涵盖范围较传统经济指标广泛。因此,可持续性指标的拟定往往有下列准则:

(1)具有时间变动的敏感性;

(2)具有跨越时空变动的敏感性;

(3)具有跨越社会分布的敏感性;

(4)具有可逆性;

(5)具有可控性;

(6)具有预测性;

(7)具有整合性;

(8)资料应易于汇集;

(9)指标应易于应用。

其重点除了着重效率与公平的讨论外,同时不忽视整合性及容易办理的原则。建立可持续性指标时,至少包括污染、资源及生物多样性等三项内容,追求最适度的环境使用量,可持续性指标将提供可持续发展在操作上的定义,把保护理念纳入政府所推行的政策中,更重要的是提供客观的数据供市民了解,共同为可持续发展尽一份心力。

影响城乡可持续发展的因素相当广泛且众说纷纭,各种因素的选择很难有定论,相关的研究在评估项目亦因定义而不同;事实上指标的选取的确会因人、因时、因地而异,且其间关系复杂，无一标准，因此根据文献资料及其他地区的实施经验，依据目前城乡发展的现况与课题，以及现有信息，研拟城乡可持续发展原则及可持续性指标群。

以经济效率、公平与环境整合三大可持续发展目标作为国土资源体系的实施目标，因此初步归纳出以"环境"（环境整合）、"社会"（公平）、与"经济"（经济效率）三个向度作为建立指标体系的基本架构。根据上述分析，城市发展指标依据原则有：

1. 可评估是否符合循环式新陈代谢生态系统的指标

"循环式新陈代谢"的生态系统是指环境中的每一种产出都尽可能再成为原料，重新投入生产体系中，如此，从大自然中索取的资源便可以减少，而生产过程会影响到的地区相对地就非常小，也因此将比没有循环使用资源、将累积大量无用废弃物的"线性新陈代谢"系统更符合可持续发展目标。而可持续性指标的选取则希望能评估是否符合循环式新陈代谢的生态系统，以评估可持续性程度。

2. 资料较易取得、易于分析的指标

可持续性指标所依据的基本资料希望能够容易获得，且容易进行分析，否则空有指标项而无法取得资料，将流于空谈。

3. 可看出可持续性程度变化情况的指标

可持续性指标应可以呈现时间动态的特性，以较长时期的时间变动来判断可持续性程度变化情况。

4. 具预测性或回顾性效果的指标

预测性指标指可提供未来发展及状况的信息；回顾性指标则代表过去发展成果的信息。可持续性指标应具有预测或回顾性效果，以作为政策改善的依据。

如前所述，关键是要改变我们已往的思维与态度，且方法上要有创新。一般认为，任何以生态为依据的城市设计与规划，关键是要建立自身的规划基本原则，还是要制定规划实施战略。

7.4.4 开放透明的信息网络

西蒙（Simon）的认识学认为，人们在解决复杂问题时存在着许多局限性。没有一个决策过程完全符合理性的原则。人类并不需要完全的信息和同时考虑所有可能方案后，再作决策。人类并不追求最优，而是追求满意的，并且基本上是可行的途径[1]。

当代人类实践的规模、范围空前扩大，其复杂性也愈益增加。现代社会的任何一项重大的实践活动，都要涉及大量的技术、经济的以及环境、社会心理和伦理等问题，其中一些还跨越了国界并且对未来产生影响，它打破了传统分工的界限，要求我们的思维方式适合于对复杂事物的整体分析。20世纪科学技术的发展也是以跨学科的综合研究为特征的。信息技术和社会的信息化是实践和社会的发展所要求的。当我们的活动规模、复杂性和变化速度增长时，产生稳定性并支持开放的发展所需的调节信息就更多。信息技术是多种技术的集合，多媒体即是"对两种或两种以上媒体的有机、完整的利用"；信息基础结构是一个由物理设备、数据库、应用系统和软件、网络标准和传输编码，以及开发应用上述结构的潜力的人五个部分整合而成的多层网状结构；信息网络空间的设计更需综合运用迄今为止的一切人类文化成果。信息技术和社会的信息化还为现代的整体性、综合性思维提供了新的基础，把它推向了新的发展。这种新的综合性思维的特征在于把自然科学、技术科学和人文社会科学的知识、人的智能和才能与各种类型的信息、资料及信息基础设施有机地结合起来，跨越层次也打破空间界限和层次界限地解决开放的复杂巨系统问题。

以GIS为基础的规划决策支持系统，以决策的有效性为目标，支持决策的全过程，包括信

---

① H. A. Simon. Models of Man, Social and Rational, New York：Wiley, 1957.

息、设计、选择、实现四个阶段。

（1）建立综合的信息系统，确定并评估灾害易发区的危险，并将其纳入人类住区的规划和设计之中。

（2）推广和支持成本低及易操作的解决问题的办法，以及富于新意的措施，为此，特别应绘制风险图，并制定以社区为重点的降低易受灾害程度的方案，以解决处理易受伤害社区的关键性风险。

（3）鼓励、推广和支持低成本和易操作的解决问题的办法，富于新意的措施和适当的建筑标准，着重通过绘制风险图和制定以社区为重点的降低易受灾害程度的方案，解决有价值社区的关键性风险。

（4）明确划分各主要职能部门和行为主体在灾前管理、减灾和备灾活动方面，例如风险和危害分析、监测、预测、预防、救济、重新安置和应急反应等方面的职责，并在各部门及行为主体之间建立通畅的联系渠道。

（5）促进和鼓励社会各方参与备灾规划，例如储水存粮、燃料和急救，并通过各项建立安全文化的活动，参与防灾工作。

（6）加强与建立全球、区域、国家和地方的早期警报系统，以向居民就即将发生的灾害发出警告。

为了加强信息的透明和开放，建议采取以下方法：

（1）公众识别的方法。注意对公众感兴趣的事物或存在问题的识别，重视、考虑城市本身的发展问题，而不是来自与开发项目有密切关系的委托人或用户的意见。

（2）广泛合作的方法。在整个生态设计和城市建设过程中，联合各个领域的专家，组合各个学科的知识，应用各种先进的经验。

（3）创造性设想的方法。城市生态设计中鼓励专业人员和城市居民的创造力和想象力。

（4）交换观点的方法。用各种形式的媒体以及三维设计，交换各种城市生态设计的观点和设想。

（5）普及知识的方法。对于那些成功的或不成功的城市生态设计以及已知的设计过程，应该推广教育，让每位公众和决策者知道。

7.4.5　生态城市的规划与实施

7.4.5.1　生态城市的目标

当前还没有一个生态城市的统一的、明确的目标，但是"生态城市"已成为许多城市的理想。据资料检索和不完全统计，国内先后有上海、成都、昆明、宜春、深圳、中山、顺德等城市提出建设生态城市的目标。

"生态城市"的目标面临理想化和现实性的质疑，但理想化可以成为一种信仰，也只有信仰才能引导人们向上，充满希望地生活并为之奋斗。生态城市不应当仅仅视为是乌托邦的设想，或作为久远的未来的梦想，而应当作为现实的可以推动的目标。正是来自底层的看似微弱但很强大的社会力量，推动着生态城市从理论到实践向前发展。

生态城市的目标大致有以下几方面：

（1）生态城市是一个开放的系统。它是与周围城市郊区及有关区域密切联系。

（2）生态城市是生态系统、经济系统、社会系统相互协调运作的结果。是一个以人的行为为主导、自然环境系统为依托、交通网络为命脉、社会体制为经络的"社会—经济—自然"的复合系统。

（3）生态城市寻求创造建筑形式与自然程序相结合的人类居住模式，并满足人们生活系统的动态的生态平衡需要。城市有良好的建筑环境与空间环境，在城市中应用和推广生态建筑。

（4）生态城市与当前可持续发展思想、绿色建筑运动、生态区域主义等前锋意识是相关联的，存在一种全息的关系。这些引导世界潮流的新思维虽然彼此之间没有必然的明确的联系，但它们共同构成了生态城市理念的基础。

（5）生态城市是高效节能的城市，即在生态城市的经济系统中，更强调资源和能源的有效利用和系统过程的高效运行。这需要有合理的产业结构、能源结构和生产布局，使城市经济系统和城市生态系统协调发展，良性循环，实现城市经济社会与生态环境效益的统一。

（6）生态城市在于建立一种开放的观念。当我们的视线不再仅仅关注于局部，而是面向全局和整体，才能真正解决生态问题。生态城市是渐进的过程，是社会公众通力合作自我完善的过程。公众参与是关键因素。生态城市也在于改变人们的思考问题，寻求与可持续性相兼容的价值。

（7）生态城市要满足居民的基本需求。这不仅仅指足够的粮食，而且也包括良好的营养状况、住房、供水、卫生、能源消费和舒适、方便的生活环境等，使城市规模同城市地域空间的自然生态环境资源供给相适应。

（8）生态城市是环保城市。从自然环境获取的资源不能超过环境再生增殖能力，排入环境的废弃物不能超过环境的容量，尽量减少生产和生活环节中废弃物的排放，尽可能高地利用再生资源；经济、社会发展从技术、资金和公众意识等方面提高对环境的改善和治理能力。

（9）生态城市是生态平衡的城市，拥有安全、公平、稳定的社会系统。

因此，生态城市应作为未来城市的出发点和归宿，并通过推动生态城市开发的力量逐步实现。生态城市开发的推动力主要来自以下三个方面：

生态城市开发的第一推动力来自社会自下而上的自发力量，依赖于对开发我们生存的生态系统的理解，人与自然之间的关系，以及付之行动的自发性。

生态城市的第二推动力，要求企业之间能互相联合，促使产生新的消费者。这将包括按生态要求重新组合城市肌理，规划和建设新的城市基础设施。这些企业将是协同运转的，例如，利用废水的企业需要另外一个企业生产无毒的清洁剂；一个电动汽车厂商需要购买高效无毒的电池；节能公司需要无毒的、绝缘和高效的屋顶太阳能板；农民和园丁将购买再生工厂生产的薄膜和混合肥产品等。

生态城市第三种推动力是自然环境和人的生存、繁荣和生活质量之间的联系。环境破坏是不可避免地伴随健康和生活质量恶化，最终导致经济健康的衰落。优美的生活环境是向往和追求的目标。

7.4.5.2 生态规划的特征

生态规划注重土地利用，体现土地本身的内在价值，即自然的地质、土壤、水文、植物、动物和基于这些自然因子层的文化历史，决定了某一地段应适合某种用途。叠加技术（overlay），麦克哈格形象地称之为"千层饼"模式。但千层饼模式忽视景观中的水平生态过程，只能反映类似从地质—水文—土壤—植物—动物—人类活动这样单一的单元之内的生态过程与景观分布及土地利用之间的关系。

一项现实的城市规划往往既是设计的产物，又是自然的结果。城市生态规划（Urban Ecological Planning）是一项为现代和未来子孙后代保证高质量生活的长期环境策略。它不同于传统的单一规划政策。成功的生态规划是涉及广泛的，通过与社会主要部门共同运作，需要考虑城市环境的各个方面。生态规划将社会的、智力的、科学的和经济的资源组合在一起，形成一个有责任的可操作的规划，达到环境的繁荣。

生态并非理想化，生态代表一个生机勃勃的均衡的环境，可以维持强盛的经济和高质量的生活。生态规划可以在国家、地区和城市应用。任何好的规划都必须是长期的和广泛为公众理解的。生态规划不仅考虑环境，而且考虑经济情况。没有标准的生态规划，每个国家或地区可以根据自己的需要和情况编制生态规划的基本原理和思想。

生态城市规划具有以下特征：

1. 动态性

生态规划是一个动态的、长期的规划过程，需要政府的强有力领导。生态规划的目标，是通过一个长期的过程保证环境保护问题得到不断地、有效地解决。政府是公共利益的保护人，是资源和权利的代表，来促进对话和贯彻生态规划。

2. 公众性

生态规划关心公众关注的敏感问题，公众广泛参与探讨生态规划过程并提出建议，支持其实施。相关利益集团和政治团体分别陈述其观点、重点，并且听取其他人的意见。成果并不是通过一个规划文本，而是寻找综合不同需求和关注的途径，生态规划应作为政府政策的基础。

3. 长期性

生态规划需要几十年甚至几代人的努力，因而需要有短期的目标，如总规划的指标。用现代信息系统可以更有效衡量环境政策，并且使公众共享这些信息。

生态规划是由现代信息系统支持的清晰的目标和计划。一个好的生态规划有一个明了的长远实施目标和计划，以及达到目的的进展机制。

生态规划需要政府和工业部门结成伙伴关系。经济效益可以通过政府和工业部门的伙伴关系获得。在生态规划指导下，政府依然负责制定环境标准，工业部门获得更多的自由去开发技术或研究革新来满足要求。

生态规划需要足够的资金投入。在可以预见的未来恢复和保持国家自然资源。这是对健康环境的长期的经济投资。政府和工业部门需要有足够的资金投入，来使他们的政策得到有效贯彻。

如前所述，关键是要改变我们已往的思维与态度，且方法上要有创新。任何以生态为依据的城市规划，关键的是：一要建立自身的规划基本原则，二要制定规划实施战略。

7.4.5.3　生态规划的实施

前苏联城市生态学家 O. Yanitaky 于 1987 年提出的一种生态城（ecopolis）和生态村（ecovil）模式理论中，将生态城的设计与实施分成三种知识层次和五种行动阶段，即时空层次、社会功能层次、文化意识层次和基础研究、应用研究、设计规划、建设实施、有机组织结构。

时空层次：城市人类活动的自发层次，是城市生态位的趋适、开拓、竞争和平衡过程，最后达到地尽其能，物尽其用；

社会功能层次：重在调整城市的组织结构及功能，改善子系统之间的关系，增强城市的共生能力；

文化意识层次：旨在增强人的生态意识，变外在控制为内在调节，变自发为自为。尊重生态过程是城市生态规划设计的核心。

生态规划要求政府开发长期的目标和流畅的政策机制。制定生态规划后应反复检查现有规章的冗余和不一致。生态规划与城市经济政策和商业经营相协调。事实上，通过客观的应用同样标准观测商业经营准则，在经济开发与合作机构中，通过规划的推进可促成经济的快速增长。

生态规划是政府的主要责任。1992 年联合国环境与发展大会（UNCED）上，国际社会承认需要国际行动，会议的主要内容是 21 世纪议程。各个国家的政府必须采纳可持续发展的国际战略。

生态规划应鼓励商业团体的联合，政府提出规划目标，可以由不同的投资集团实施，但要求这些集团各自提出可行的措施来实施这些目标。

生态规划追求广泛、长期的支持。生态规划过程保证，持续、长期的环境政策能幸免于政治的变迁。生态规划不是政治和理想化文件；它们是多利益团体的联合。它们不能由任何个人或利益集团实施和推翻，因为没有任何单一的政策利益拥有这个规划，没有人有权来删改它。因为所有社会成员都参与了这个规划并了解规划，人们将监督政府完成这个规划。

具体的规划过程要考虑的因素有：

（1）确定规划的范畴：即需求的目的，所指的地理范围，谁应该参与规划过程，重要问题是什么；

（2）确定参与者的作用与责任；

（3）评估生态系统的现状、局限与价值；

（4）设计与评估规划与发展战略的多种可能性；

（5）谋求公平与合理的规划与发展结论；

（6）确定如何去实施这些结论；

（7）监督规划与发展的实施过程；

（8）评价与修正规划与发展方案。

图 7-41 是台北市提出的生态城市规划框架，可供参考。

7.5　珠江三角洲地区城市生态环境分析

作为改革前沿的珠江三角洲在城市化进程中，城市数量、规模迅速增长，城市用地突破了常规的发展形态，区域问题日益严重；城市功能和作用，由单一的生产基地转向流通、金融贸易、科技教育、文化信息、生产、旅游休闲等多功能的城市；城市社会经济发展动力由过去仅依赖国家投资和国家企业建设的局限性，转为依靠国家、集体、私人、外资等多元化的投资主体；土地利用，由无偿转为有偿，区域发展由封闭性转为开放性；实施方式由行政为主转为依靠法律、规章为主等。在新的形势下如何发挥优势，开拓进取，实现城市可持续发展，是本节讨论的主要问题。

7.5.1　整体生态脉络分析

珠江三角洲地区以广州为龙头，以深圳、珠海、佛山、东莞、中山、江门、惠州、肇庆为支点，全区有 28 个市、县，面积 4.5 万 km^2，人口约 2120 万。港澳两地虽属珠江三角洲范围，以前很多有关珠江三角洲的研究并没有将其列入。考虑到回归后的香港和澳门与三角洲地区的联系更加密切，在该地区经济网络中担当重要的核心城市，本文采用的珠江三角洲的定义，除珠江三角洲经济区确定的范围外还包括香港和澳门，但主要侧重分析九市，即广州、深圳、珠海、东莞、中山、佛山、江门、惠州、肇庆，参见图 7-42。

7.5.1.1　生态环境状况

本地区为热带、亚热带海洋性季风气候，年平均气温为 22℃，本区域太阳高度角大、太阳辐射强度大，炎热时间长，夏季多雨，春夏季湿度大，冬季主导风向为北风，夏季为东南风与北风。因此夏季自然降温，成为设计的主要任务。

珠江水量大，密如蛛网的大小支流遍布在珠江三角洲上，使这三角洲平原呈现稠密水网交错分割大地的特殊地貌。珠江三角洲地区河网密集，水资源丰富，但分布不均匀，且工业发展带来的水体污染严重，有水不能用的问题日益突出。地下水资源丰富，但大部分地下水都含有氨态氮，以氨离子形式存在于地下水中，含量普遍超过饮用水标准，不能饮用。有的地方则含有过量的铁离子，也不宜饮用，一些城市缺水但不能饮用地下水，主要靠调水。因此三角洲潮区界以下的地区，如何引用西江和北江上游淡水资源，是关系到城市发展的技术问题。

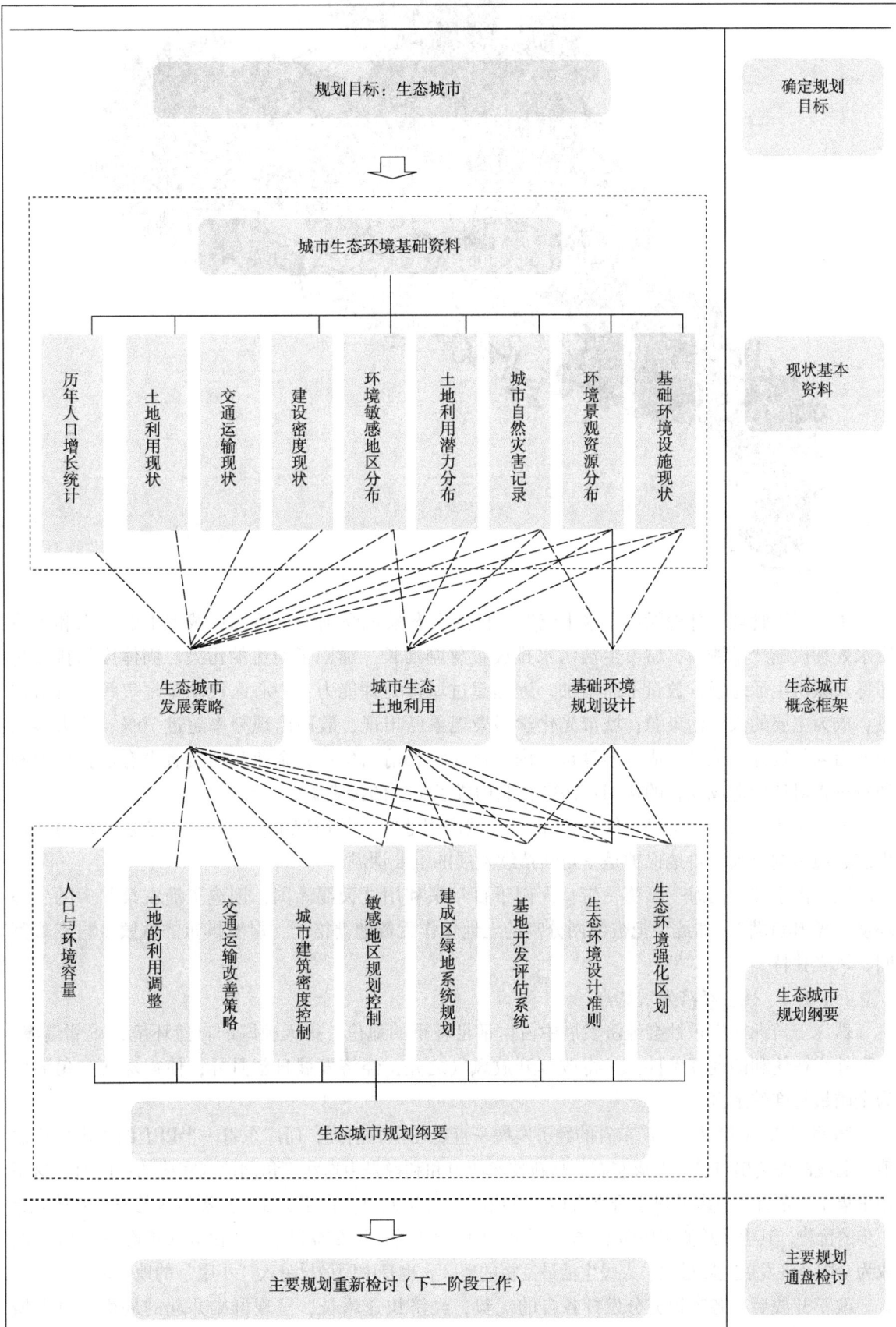

图 7 - 41　生态城市规划概念框图（根据台北市生态城市规划整理）

图 7－42　珠
江三角洲城市
区位图

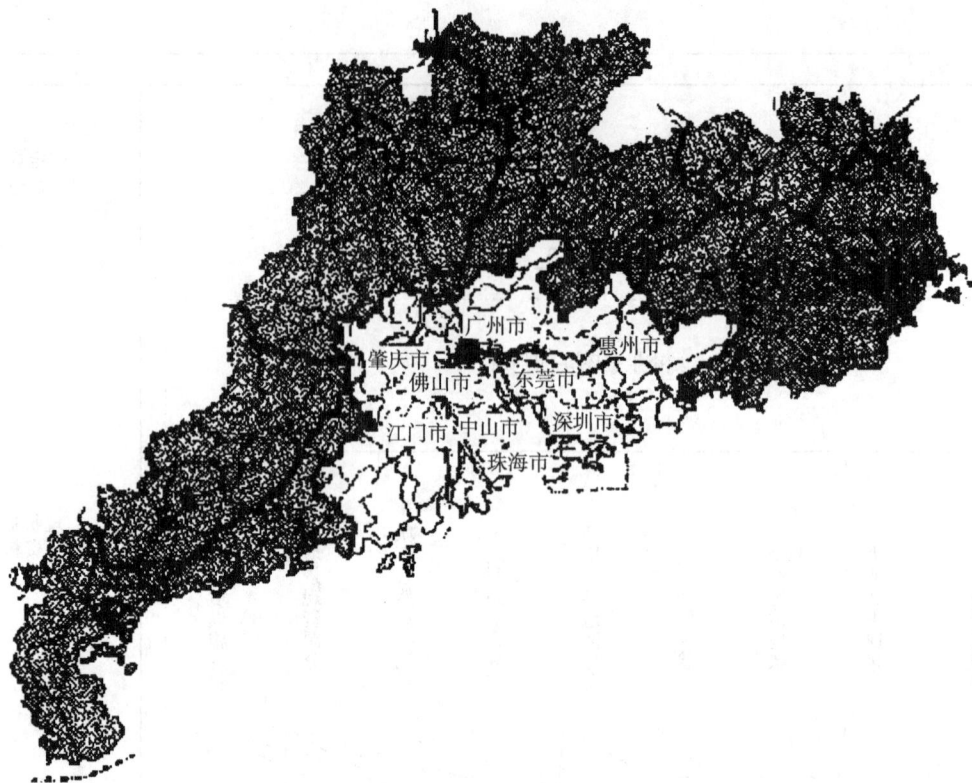

由于疏于管理，林地毁坏，水土流失，自然生态景观受到严重破坏；城市生活污水和工业废水处理设施严重滞后，城市生活污水排放量急剧增长，加剧了河流的污染。固体废物排放量超标，城市生活垃圾排放量不断增加，远远超过城市处理能力；中心区机动车尾气污染日益严重，成为主要的大气污染源；城市光化学污染现象已出现，酸雨出现频率超过 70%；绝大多数企业尚未将资源环境打入成本核算范围内，也未实行清洁生产，企业和消费者没有承担生产和消费过程对环境造成损害的费用；污染企业构成了主要的污染源。

人地矛盾突出，人均耕地仅 0.52 亩。在城市用地紧张的情况下，土地是否合理利用对城市生态环境影响重大。耕地保护是三角洲持续发展的重要课题。

三角洲中部如南海、顺德一带，人们千百年来利用这天赐泽国，创造了渔农桑并举的生态环境"桑基鱼塘"，如此又把被河网分割的土地化作无数池塘格子，星罗棋布的城镇乡村点缀其间，风光独特。

7.5.1.2　社会经济发展特点

珠江三角洲在广东社会经济发展中占据举足轻重的地位。得天独厚的自然环境，毗邻港澳，与海外交往便利的地理条件，又得改革开放风气之先，经济发展日新月异，使得珠江三角洲成为全国最富庶的地区。

20 世纪 80 年代以来，广东省的经济发展一直走在全国前列，而广东省一半以上的国内生产总值、七成的外贸出口量、九成左右的高新技术产值和利税是由珠江三角洲地区完成的；同时，这里还聚集了广东省七成多的科学研究机构、八成多的科技人员。由于珠江三角洲地区的改革开放先行一步的优势，其生产总值年均递增 16%，外贸出口额年均递增 27% 以上，居民收入年均递增 18% 多，成为全国经济发展速度最快、人民生活最富裕的地区，也是中国最早跨入"小康"的地区之一。

改革开放后，各市镇充分发挥各自的优势，经济快速增长，呈现群雄并起的局面。每个城镇的社会总产值都在 1 亿元以上。中心城市广州，重点建设国际化大城市，发展金融、贸易、科技、信息、商业、服务等第三产业及交通、能源、电信等基础工业和新技术产业；深圳、珠海两个经济特区发挥"对外窗口"的作用，在技术引进、产品出口方面起示范作用，并发挥大机场、大港口的交通枢纽作用。近几年来，珠江三角洲的中山、东莞、顺德、南海四个中小城市，1996年国内生产总值都达到了200亿元左右。

然而，从城市群整体观察，珠江三角洲城市之间缺乏必要的协调，城市职能分工不明确，产业和企业呈现出小型、分散、结构趋同、重复布点、恶性竞争、规模效益不高。

改革开放所开创的城镇快速发展时期经历了三个阶段：1978～1990年间的工业发展主导阶段；1991～1996年间的综合推动快速发展阶段和1996年起的注重城镇环境与质量阶段。

改革开放以后，由于经济稳定且快速的成长，珠江三角洲的经济结构早已跨越由农业转变为工业的发展形态，逐渐朝向工商服务业发展并进的趋势迈进，但也加速了人口城市化，加深了城乡发展的差距。

随着经济发展所造成的社会经济环境变迁的影响可说是正负两方面的：在负面影响上，由于人口与经济活动不合理的分布、重大建设区位的不当，造成资源的误用、滥用或不当利用，对城乡可持续发展造成威胁。有鉴于此，省建设委员会（现改为建设厅）在1998年组织编制了珠江三角洲城市群规划。城市群规划为珠江三角洲地区提供政策性指导，着重区域发展政策的拟定，并进行环境敏感地的研究分析、保护开发政策及规划的拟定（图7-43）。展望21世纪珠江三角洲地区城市化现象将更趋明显，对生活环境品质的要求亦将随之提升，如何均衡城乡的发展，避免因高度城市化而扩大差距，使城乡维持可持续发展应有的活力，是当前探讨三角洲城乡建设应深入思考的课题。

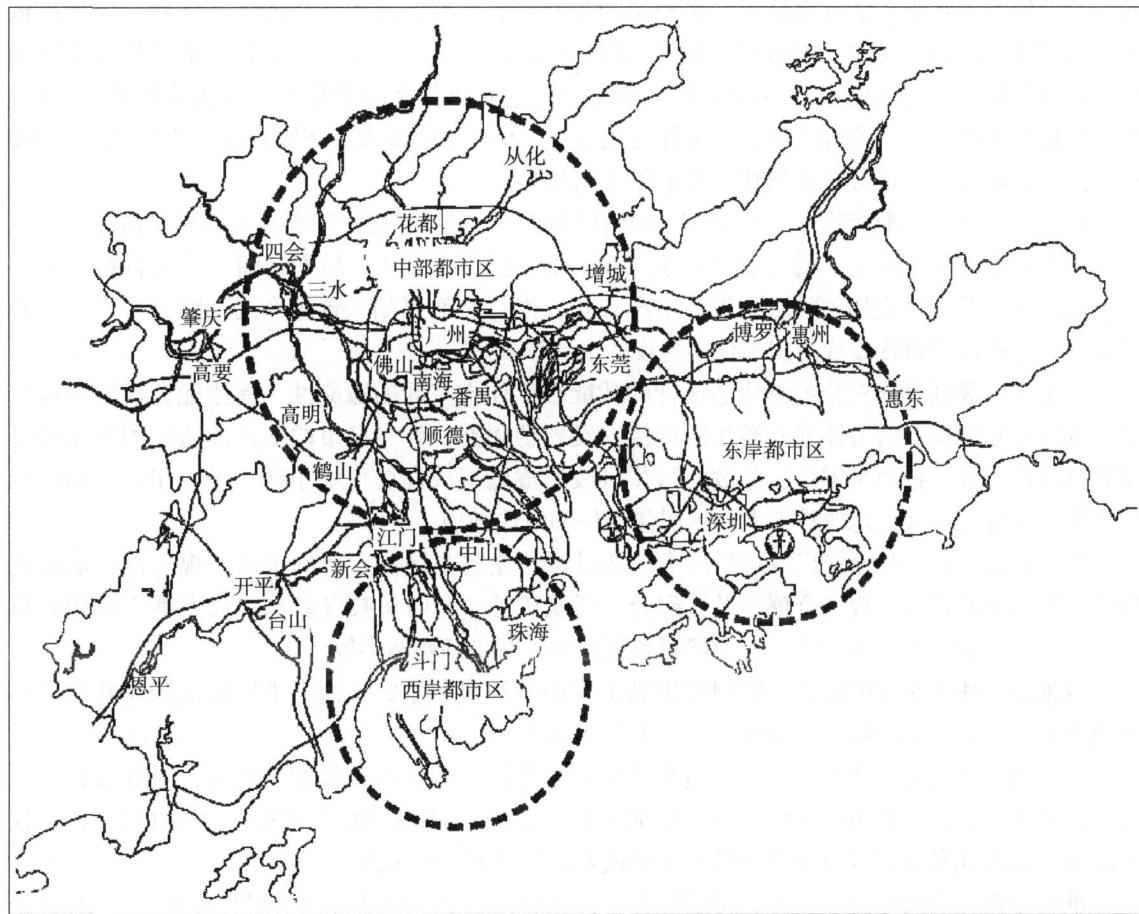

图7-43　珠江三角洲三大城市区分布图（资料来源：《珠江三角洲城市群规划》）

图 7 - 44　翠湖山庄环境设计

7.5.1.3　城市环境的改善

随着社会经济的发展，在近 20 年迅猛扩张的基础上，珠江三角洲城市已逐步进入注重环境质量的新阶段。这一阶段主要具有以下特征：

城市居住区更加注重环境质量，"生态环境好"已成为房地产开发的新卖点，反映了社会对高质量生活的追求，涌现了一大批优秀住宅小区（图 7-44）。

各地城市注重城市开放空间建设，涌现出"城市广场"、"城市花园"、"步行街"等建设热潮。城市市民服务的城市开放空间建设，成为改善城市环境、塑造城市特色的重要手段，并得到广泛认同。

追求城市的可持续发展已成为共识，广东省建委组织编制了《珠江三角洲经济区城市群规划——协调和持续发展》，将可持续发展作为区域城市协调的总体战略。

注重对城市规划师和建筑师的可持续发展知识培训，省建委多次举办中英合作城市规划高级研讨班，分别以"规划与可持续发展"、"规划体系与规划管理"、"城市交通规划与可持续发展"为专题，聘请国外知名专家教授讲授和研讨，通过研讨活跃了广大设计人员的设计思维，并将可持续发展的思想贯穿到城市规划和建筑设计的各个层次。

在社区建设方面，精品楼盘不断涌现，城镇住宅建设成绩斐然。提高城镇人均居住面积达到 12.5m²，比 1979 年增加了 8.85m²。深圳市较早借鉴经济发达国家和地区的住宅发展模式，按居民不同收入水平，供应商品房、微利房和福利房，较好解决了居民的居住问题。中山市近年致力解决居民居住问题，1996 年底城镇人均居住面积达到 20.2m²。广东住宅的建设与发展得到国内及国际有关方面的好评。1991 年，深圳市住宅局获联合国颁发的"人居荣誉奖"；1996 年，佛山市获联合国"全球人类住区最佳范例奖"；1997 年中山市长获联合国"人居奖"。1998 年珠海市获联合国"国际改善居住环境最佳范例奖"。

推行综合开发、配套建设。20 世纪 80 年代以前，广东住宅建设基本是零星和分散建设，谈不上配套设施和环境绿化，而且成套率也很低。20 世纪 80 年代中后期，随着广东日益改革开放，政府致力改变过去那种陈旧的住宅生产方式，推行全面规划、合理布局、综合开发、配套建设。住宅小区建设逐步成为广东住宅建设的主要形式。

住宅小区规划设计充分考虑住宅设计的功能性，住宅空间的适应性，周边配套设施和园林绿化的完整和协调，努力体现人类住区可持续发展的思路。许多城市的旧区改造也积极实行了综合开发的方式，把原来零星、分散的居住点改造成低层或高层住宅小区，配以相适应的配套设施和园林绿化，极大地改善了人们的居住条件和居住环境。

实施精品工程，积极推广应用新技术、新材料。住宅小区注重质的提高，规划设计起点比较高，做到精心设计、规划合理、设施配套、环境优美。同时科技含量高，大力推广使用新技术、新材料、新工艺、新产品，节约能源和原材料，减少环境污染等。

各地还在住宅小区的建设中限制使用黏土实心砖和袋装水泥，大力推广使用轻质新型墙体材料和散装水泥，节约能源和原材料，保护生态环境。

农村居民建公寓式住宅，节约土地和改善居住环境。采取各种鼓励的政策，引导农村居民建公寓式住宅。如广州市横河村兴建了 8 幢公寓式住宅，解决了 400 多户拆迁户的住房，占地仅 2 万 m²。如果用传统方式兴建单家独户住房就要用地 7 万多平方米。

推行专业化的物业管理，为居民创造整洁、文明、安全、生活方便的居住环境。自 20 世纪

80 年代初开始，广东引进香港物业管理经验，在居住小区中逐步推行，然后扩大范围。早期居住区，只有环卫部门或街道清洁队负责收倒生活垃圾，此外就没有其他管理和服务项目。所谓专业化管理，就是由专门从事物业管理业务的物业管理公司，受业主的委托，对住宅小区内的房屋建筑及其设备、市政公用设施、绿化、卫生、交通、治安和环境等进行维护和整治。目前，深圳市物业管理覆盖面积超过 90%。通过实施专业化物业管理，一是保持小区各项市政公用设施，包括道路、供水、排水、供电和房屋外墙的完好和正常使用；二是管理花草树木，创造清新、美丽、协调的园林风景；三是负责清除小区内的垃圾，打扫道路，保持小区内环境卫生的整洁；四是管理小区内交通秩序和居住安全；五是受业主委托的其他服务项目。

7.5.1.4 城乡生态环境问题剖析

珠江三角洲经济的蓬勃发展，创造了举世瞩目的"经济奇迹"，但在同时，也赔上了惨痛的代价——土地抛荒、河流湖泊的污染、空气品质的恶化、垃圾问题，再加上传统城乡规划及建设缺乏可持续发展的观念，使三角洲的生态环境更加恶化。例如：传统规划对解决交通问题的手段不外乎拓宽道路或新辟道路，但这么做就可以解决交通问题吗？还是会吸引更多的车流造成更大的拥塞及空气污染、浪费更多的资源？而许多开发建设大多各自独立作业，但许多个别工程对环境所引起的冲击远大于整合的工程所造成的冲击，却往往不受重视。

随着国民收入的提高，人们的价值观有很大的变化，环境品质也逐渐受到重视，例如 1998 年编制通过的"珠江三角洲城市群规划"以持续发展为主题；一些城市提出了"环境也是生产力"的口号，而在一些城市的总体规划中，也显示了对生态、生活、生产环境的重视。但整体上，珠江三角洲的发展在规划设计及实施面上仍有许多"不可持续发展"的问题存在，主要问题如下：

（1）城乡规划缺乏可持续发展的理念。

我国城市规划法内容已相当老旧，无法配合时代需要及环境变迁，更遑论纳入可持续发展的精神；而区域规划也徒有法律地位却缺乏实际执行的单位，无法有效指导区域土地资源的可持续利用。简言之，城乡规划忽略可持续发展的理念和内涵，以致人口过度集中在城市，造成资源不合理使用的现象，不仅破坏资源循环使用系统的平衡，更阻碍城乡与社区的可持续发展。

（2）城市规划的密度过高，公共设施不足。

珠江三角洲地少人稠，城市地价昂贵，因此，城市规划多朝高密度发展，但发展密度过高，却没有提供足够的公共设施，或缺乏良好的维护管理，以致城市生活品质日益低落。

（3）城市交通问题严重。

（4）非城市土地缺乏总量管制计划观念及制度。

由于城市土地昂贵，愈来愈多的开发行为往非城市土地集中，但非城市土地使用往往缺乏总量管制的观念与制度，以致单一基地的开发虽然能达到营造环境品质的理想，但对整体城乡环境而言，却无法塑造城乡一体的可持续发展。

（5）城市建设呈"线状"发展，布局失控。

部分城镇建设密度偏高，有的沿公路两侧建设，城市形态呈"线状"畸形发展。部分城镇对于资源的有效利用及地方特色传统的保护等不重视，大量有价值的、反映本地历史与文化的建筑物被拆去，城市中心区面目全非，许多城市几百年沉积形成的城市特色和风貌轻易地被"现代化"景观所替代，而这些匆忙中制造出来的"现代化"景观往往缺乏自身特色与文化内涵，难以经得起时间的考验。

盲目发展、布局失控。城市建设沿公路无序蔓延，形成沿路一张皮。受"要想富，快靠路"的价值观念影响，广东省内相当部分城镇盲目地沿高等级干级公路一字铺开，占用国道、省道两侧搞建设的现象不断涌现。违法建设不仅严重影响交通干线的畅通与安全，而且往往导致被迫改道或二次改造。而由于居民点无序地蔓延，使城镇的配套设施，如供水、供电、排水等设施得不到完善，造成城镇发展恶性循环。此外，大量的各类建筑物分布在区域性交通干道两侧，使沿线自然景观和田园风光丧失，生态环境受到严重破坏。区域整体形象受到极大损害，不利于功能组织和基础设施配套，破坏景观，影响环境，给长远发展带来后遗症。盲目发展导致城市房地产积压。仅珠海，目前闲置土地 3876hm²。

（6）城市改造频繁，忽视城市的文化延续。

城市老旧地区在发展的过程中往往逐渐衰败老化，然而由于没有旧城改造法规且无实质奖励或强制更新的规定，造成城市更新推动迟缓、过度开发、环境恶化。城市在新区开发和旧城改造中，开发商受利益驱动，无视国家关于日照间距、通风等方面的城市规划技术规定，违法建设，建筑过密，甚至连消防间距也不够，成了"握手楼"。城市绿地被占、市政公用设施用地被占，环境恶化。近十年来，被侵占的城市绿地达 3000 多公顷，相当于每年新增城市绿地面积的 10%。

（7）城乡不均衡发展，城乡结合部混乱。

由于城乡不均衡发展，使得大量人口及资源集中到城市内，垄断了大部分的财富及发展机会。城乡发展的不均衡连带使得地方人文特质丧失、城乡风格难以塑造，这种不重视城乡环境管理及城乡设计的不可持续做法，使得珠江三角洲的城乡发展成为"城不城、乡不乡"的病态发展。

城乡结合部建设往往土地管理失控，建设秩序混乱。首先是由于"自留用地"的土地性质使城市规划管理部门往往管不到，而村、镇的管理又不力，村民乱搭乱建成风。其次，管理混乱问题是由于政出多门，往往使城乡结合部成为城市的问题地带。第三是村民的发展造成城中村与城乡结合部的问题越来越突出。

（8）环境污染严重。

珠江三角洲垃圾污染严重，9 个市除了深圳、佛山市采取焚烧或卫生填埋方法，使垃圾达到无害化处理外，其他城市大都还没达到卫生处理的要求。仅停留在简单的填埋处理，二次污染严重。由于污水和垃圾污染，使流经城市的河流无一不受污染。破坏大地景观、侵占城市园林绿地、随意砍伐树木现象依然存在，特别是在一些城市的周围地区，采石场、采土场林立，大地景观和生态环境受到破坏。部分城镇建设密度过高，人口密度过大，绿地率不足，也使建成区生态环境质量下降。

污水处理率低，只有广州、深圳、佛山建成了污水处理厂。污水处理率最高的深圳市不含特区外才达到 28%，如果含特区外仅达 18%，低于全国 32.62% 的平均水平；由于污水和垃圾污染，城市的河流受污染导致水资源缺乏。目前用水问题则突出表现为水质性缺水和水源性缺水。东江流域水源供求矛盾日益突出；大部分城市面临着水质性缺水，珠江水已经不能饮用，广州、佛山等城市已经面临着开辟南部水源的问题。

建筑施工污染环境，影响生活品质。珠江三角洲建筑相关产业的产值约占全省总产值的48%，而建筑产业的广义二氧化碳排放量占全省排放量约 33.5%。人们进入广州像进入一个"大工地"，由于常年修路和高架桥建设，环境负荷对市民生活和出行产生很大冲击；而建设工程噪声已严重影响附近居民的日常生活。

（9）城市职能趋同，建设用地规模偏大，基础设施建设各自为政。

由于缺乏有效的区域规划作依据，以及宏观调控手段不力，一些城市从自己的发展需要出发，去确定自己的区域地位，选择城市的性质和职能，出现了不同规模等级城镇间纵向分工不明显及同一规模等级的城镇间竞争多于合作的不协调现象。此外，一些城镇出现贪大求全的发展倾向，造成城市职能和规模的盲目攀比。1990～1993 年期间，部分地区大量无计划征地和过量过廉出让建设用地，导致土地开发热，对城市的健康发展带来严重影响。

区域重大基础设施布局缺乏衔接，在珠江三角洲纵横 200km 的范围内，有 8 个机场，其中 4 个国际机场：香港、澳门、广州、深圳，4 个地方机场：珠海三灶机场、惠州平潭机场、佛山沙堤机场、江门机场。

不少城市缺乏与相邻地区的协调，盲目追求基础设施和公共服务设施的自成体系，造成项目布局不合理、重复建设、分散建设，规模小，综合效益低。如东莞市全市 33 个镇，共有自来水厂 83 个；深圳市（含特区外）共有自来水公司 27 家，水厂 49 个。由于规模小，投资大，效益低，水价不一，矛盾重重。

（10）管理机构层次统筹协调不力。

由于长期实行"条条""块块"管理制度，城市经济资源的使用、分配被肢解，使得政府难以统一协调、组织经济系统的运行，无法按照可持续发展目标实现城市产业结构和空间布局的优化发展，导致经济低层次粗放式运行，建立在优化利用资源环境基础之上的产业体系过于薄弱，产业结构的可持续性严重不足。

由于政出多门，各个部门的规章又多有冲突。如果政策不明、缺乏共识，统筹协调极为不力。

（11）忽视环境承载力，使土地与资源超限使用。

由于城市发展迅速，一些城市的边际土地如山坡地、海岸地区、风景湿地等环境敏感地区的开发压力日渐增加，由于忽视生态环境的理念，未能从生态环境保护的角度作审慎的"适宜性分析"，使许多地区土地与资源超出生态承载力或环境条件，被破坏性地超限使用。同时，由于近年来以开发为主导的政策，很多项目盲目上马，而缺乏正常的规划研究，生态环境遭到严重破坏。

（12）未能尊重生态法则，规划管理难见成效。

由于大规模城市开发，推山填湖填海，改变地形地貌，经常忽略城市水系循环、物质能量循环、气候调节、生命循环以及土地使用完整的生态系统运作过程，以致规划管理难以从整合性观点全局考察，致使相关措施无法周密有效。城市开发也只是考虑当代人或少数人的眼前利益，而忽略了大多数人的环境利益，以及后代人长久享用的权利。

产生上述问题的原因是多方面的。主要是缺乏和谐和协调发展意识，缺乏资源意识、生态意识和环境意识。一方面，人们通常认识不到资源环境和生态的价值，导致大量资源被浪费和任意开发取用；另一方面，国民经济核算体系存在重大缺陷，即把自然资源和生态环境排除在核算体系之外，这种核算体系对经济发展产生错误的导向作用，引导人们不顾资源损耗、生态破坏和环境恶化，而一味单纯追求经济增长，但是环境的严重破坏终将阻碍经济的发展。

7.5.2　珠江三角洲城市群的协调发展

7.5.2.1　珠江三角洲城市群发展背景

珠江三角洲的城市化程度达到了很高的水平，境内共有 28 个建制市，420 个建制镇，城镇密度为 108 个/万 km^2，属于我国五大块状集聚的大型城市群之一①。但与其他四大城市群相比，珠江三角洲城市群的形成和崛起的时间最短，只用了 10 多年的时间，其余城市群大都经历了数十年至上百年时间。珠三角城市化进程虽然迅速，但存在着发育不健全和粗放化的问题。

珠江三角洲的城市化、网络化是一个渐进的过程。在三角洲开发之初，在封闭的自然经济条件下，以广州为单中心发展，明清时，广州、澳门发展较块，鸦片战争后香港取代澳门；改

---

① 五大块状集聚的大型城市群，即以沈阳、大连为核心的辽中南城市群，以京津唐为核心的首都城市群，以上海为核心的长江三角洲城市群和以广州为核心的珠江三角洲城市群，以及以台北为核心的"大台北"城市群。

图7-45 珠
江三角洲城市
群发展演变示
意图
(廖伯伟等. 中国
改革开放与珠江
三角洲的经济发
展 [R] 香港:
南洋商业银行,
1992.)

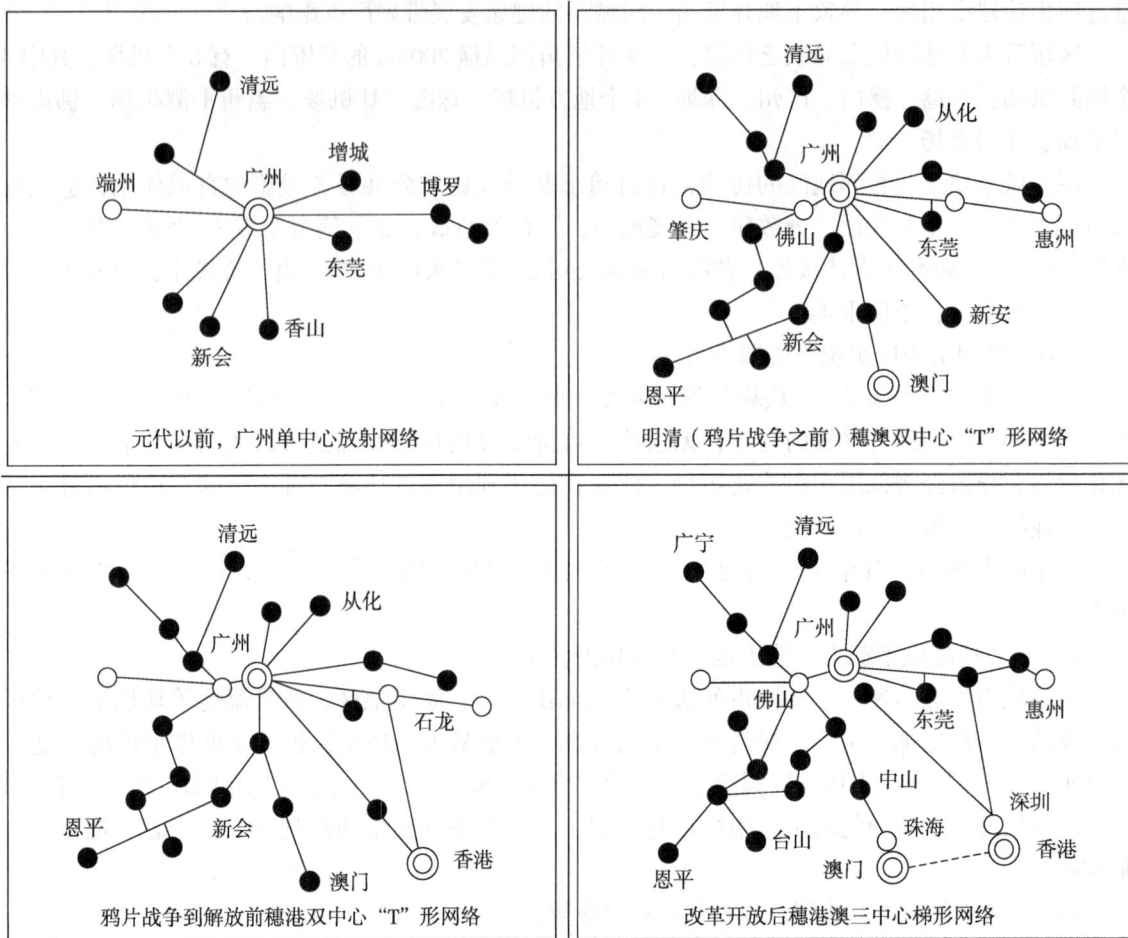

元代以前, 广州单中心放射网络

明清 (鸦片战争之前) 穗澳双中心"T"形网络

鸦片战争到解放前穗港双中心"T"形网络

改革开放后穗港澳三中心梯形网络

　　革开放后, 深圳、珠海、惠州迅速发展, 逐渐形成了目前以广州、香港为核心的大三角洲梯形城市群组团 (图7-45)。

　　1995年编制的《珠江三角洲城市群规划》对区域整体生态平衡和持续发展作了大量有益的探索, 该规划 "以整体效益原则、优势互补原则、可持续发展原则和对人关怀原则为依据, 突出了长远利益、公众利益和整体利益的协调和统一。规划以协调城镇空间发展为重点, 注重资源的合理开发与利用, 强调了协调与控制的关系, 强调了宏观规划、中观规划和微观规划的衔接, 强调了城乡一体化发展, 并把响应的标准和行政措施纳入规划, 作为协调的依据和手段①", 得到有关专家的好评 (图7-46)。

　　7.5.2.2　整体协调发展

　　珠江三角洲未来发展的趋势是形成两个中心城市 (广州、深圳)、三个都市区 (中部都市区、东部都市区、西部都市区) 为基础的环珠江口大都市圈。

　　中部都市区包括广州、佛山、南海、顺德、三水、增城和从化市等 (图7-47)。该区是珠江三角洲都市圈的政治、教育、文化、科研、金融、商贸、信息与运输中心。广州作为全省的政治、经济、文化、科技、教育的中心, 在珠江三角洲的发展中是非常重要的核心城市。因此, 广州在保持和发挥大城市的极化和辐射效应的同时, 应着力整治城市生态环境, 改善城市面貌, 特别是要采取有效措施缓解城市交通问题。

　　① 参见《珠江三角洲城市群规划——协调与持续发展》。

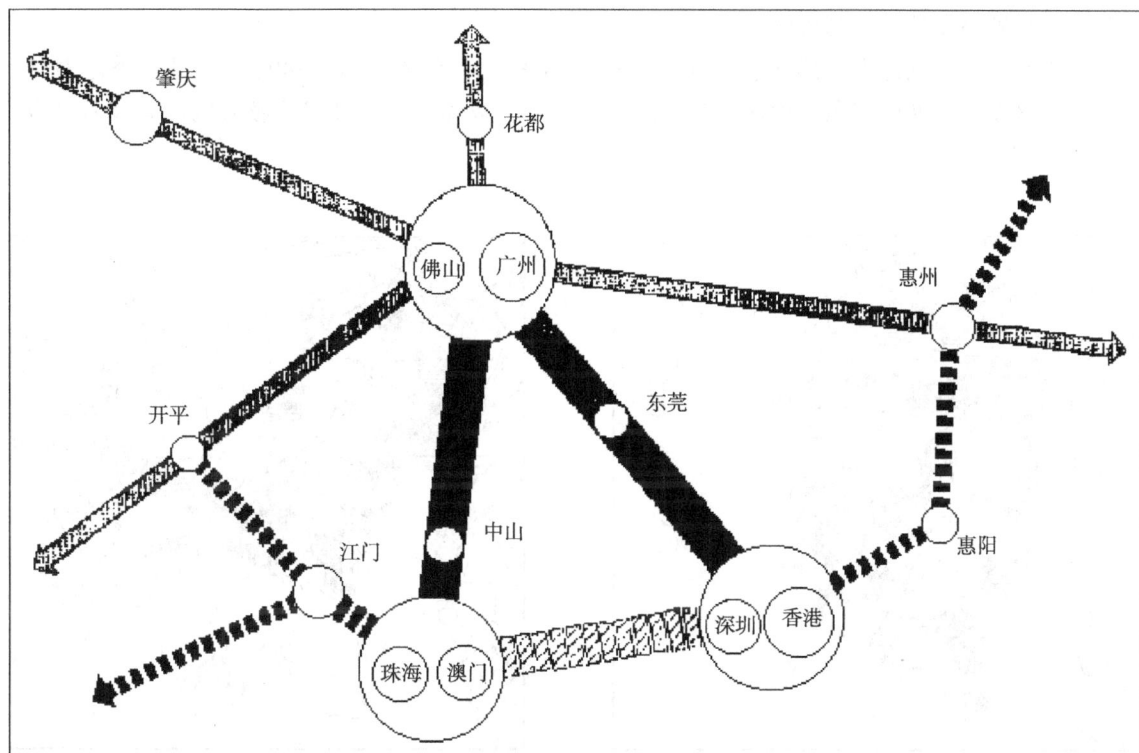

图 7-46 珠江三角洲节点轴线发展体系示意图

（据《珠江三角洲城市群规划》，第38页）

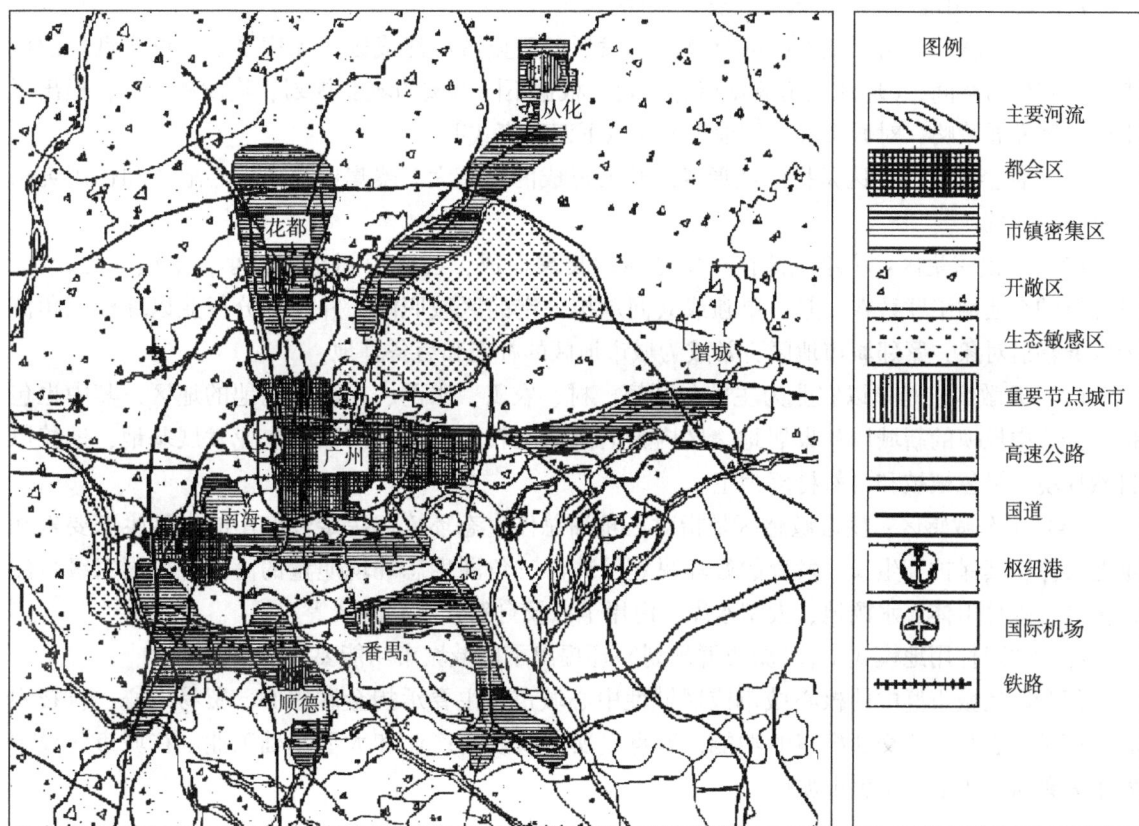

图例

	主要河流
	都会区
	市镇密集区
	开敞区
	生态敏感区
	重要节点城市
	高速公路
	国道
	枢纽港
	国际机场
	铁路

图 7-47 中部都市区分区发展策略

（图片资料来源：《珠江三角洲经济区城市群规划》）

西部都市区包括珠海、江门、中山、新会和鹤山等（图7-48），将充分发挥资金技术密集优势，港口贸易发达的大都市区。

东部都市区包括深圳、惠州、东莞、惠阳、惠东、博罗等（图7-49）。通过与香港对接，这一都市区发展为珠江三角洲地区国际化的前沿地带，成为以电子技术为核心的高新技术开发、生产、应用基地。

图7-48 西部都市区分区发展策略（左）

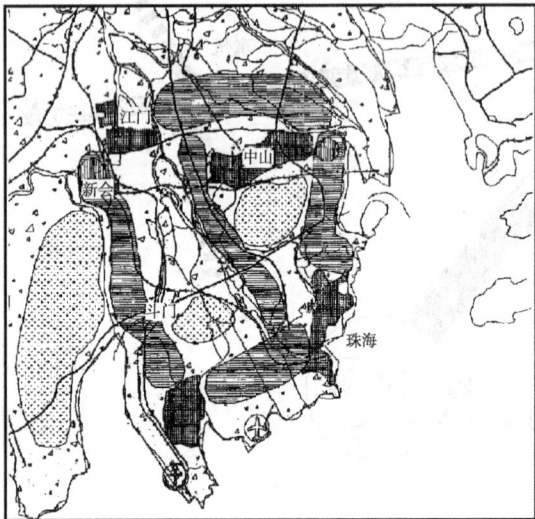

图7-49 东部都市区分区发展策略（右）

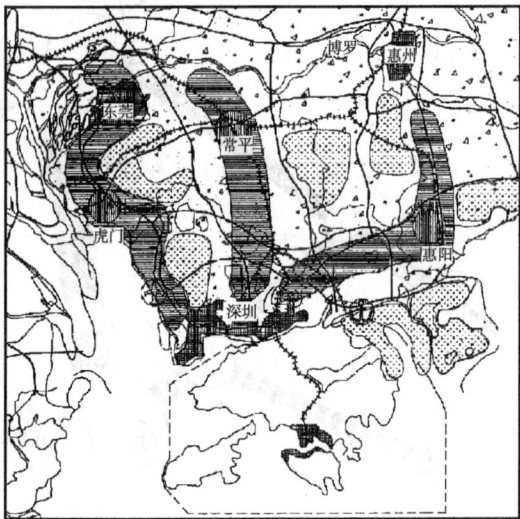

7.5.2.3 用地功能分区的生态保护策略

为了促进珠江三角洲城市群的整体协调发展，防止城市建成区的无序蔓延，形成良好的城市形态和生活空间，《珠江三角洲城市群规划》根据不同地域的城乡规划、建设和管理，提出了土地分区发展策略，对城市群的用地划分为以下四种模式①：

（1）都会区：都会区是指已经形成或将要形成的规模大、聚集度高、中心地位和作用突出的市区化区域。

（2）市镇密集区：中小城镇在一定地域内集聚而成，各城镇间距离较小，市镇密度较大，以便捷的交通网络联系在一起，单独或共同承担一定的区域职能，并有部分行业以珠江三角洲为服务辐射对象，紧邻城市地区，常成为城市地区的补充和后备基地。

（3）开敞区：是指以农业为主的包括镇、村、农田、水网、丘陵等用地的地区，其中也包括部分适中规模的新城居住聚居地。区内聚居点密度较小，是经济区的农业发展基地，地貌以自然环境、绿色植被和自然村落为主。

（4）生态敏感区：生态敏感区是指对三角洲总体生态环境起决定性作用的大型生态要素和生态实体，其保护、生长、发育的好坏决定了珠江三角洲生态环境质量的高低，如国家级自然保护区、森林山体、水源地、大型水库、海岸带以及自然景观旅游区等。

在上述四种用地模式中，《城市群规划》还提出了区域城市功能要求：

都会区是城市群中的核心城市或区域性中心城市，主要承担金融中心、贸易中心、科技中心、信息中心和综合交通枢纽的功能，着重发展高新技术产业和大型基础工业。在城市建设中着重完善城市机能，重整旧城区。

---

① 参见广东省建设委员会，珠江三角洲经济区城市群规划组编. 珠江三角洲经济区城市群规划［M］. 北京：中国建筑工业出版社，1995：48-49.

市镇密集区是众多小城市及城镇组合分布地区，应合理诱导工业在此地区适当集聚，承担工业中心及相应的各种城市功能，控制城镇群沿交通干线盲目蔓延。确保农田保护区。

开敞区是经济区主要的农业产地，应适当控制第二产业的集聚规模，限制村办工业，限定管理区一级的非农产业的发展规模，市镇适当集聚。承担农业基地的功能。

生态敏感区是区域中生存质量的共同保证。应严格控制此区域的开发强度，防止城镇建设对此区域土地的蚕食。

这四种用地划分模式有利于在合理利用区域资源的基础上，保护生态敏感区，协调城乡发展。该规划还提出以下规划要求：

都会区控制其空间规模的无序延伸，改善环境质量，完善各项基础设施建设，强化其在区域中的中心地位和服务功能。

市镇密集区严格控制各市、镇连绵地全面铺开的发展形态，保证各地基本的生活用地要求（如农田保护区，菜篮子工程用地等）；着重协调各地在用地结构、区域服务设施等方面的关系，特别是区域内重大基础设施建设项目，更需在各市镇间的用地、位置、规模等方面切实的协调。

开敞区的产业发展以提高农业的综合效益为主，控制工业企业的数量和规模；用地保持以自然环境和绿色植被为主的特征；提高各镇、村的建设质量，控制其规模和数量的发展。

生态敏感区根据国家和省有关法律、法规的要求，保护水源地，使之达到饮用水源标准，其余水体也要达到相应的国家水质标准；禁止乱挖乱伐山体和植被；逐步在珠江三角洲范围内划定一定量的、具有明确界线的生态敏感区，加以全面地、绝对地保护。可设置取水、储水、净水等供水设施，林业设施，海洋渔业设施，旅游设施等；绝对禁止工业企业、房地产开发等项目的侵入。

在珠江三角洲城市群规划的宏观发展指导下，应在具体策略上进一步深化，以便使规划得到认真贯彻落实。特别是应加强对划定开敞区和生态敏感区的管理，建议采取以下生态保护策略：

1. 保护山林和植被

（1）任何建设行为都必须对水土保持、水源涵养、天然与人为灾害、生态与景观保护进行评估，杜绝对生态环境的破坏。维护森林生态体系的完整及生物多样性，森林的管理，应结合当地条件，充分发挥水土保持、涵养水源、木材生产、休闲游憩及生态保育等多方面功能。

（2）山坡地开发应进行适宜性分析，依土地发展潜力、潜在灾害等决定可利用方式，并尽可能减少开发整地的规模，减少对环境的负面影响。开发完成后，在水土保持与管理维护，应定期监测改善。

（3）人工造林应求多样化，鼓励使用乡土树种。水源涵养地区应考虑地表覆盖性好、水涵养能力佳，以及叶面蒸发量少的树种。

（4）划为生态敏感区的深山林地应以保护既有生态及自然环境为主，积极保护城市及其周围的绿地森林，提升生活品质。

2. 保护农田和郊野环境

（1）全面调查农业土地使用现况，从水资源涵养、景观及生态保育、农业生产、传统文化、社会变迁等因素，调整农业结构、作物种类及其区位和面积。

（2）通过基本农田保护，确保大面积的优质高产良田不得用于开发建设。保护具有郊野景观和农业利用的综合功能。保留的农田或原野，应在法制上有适当的奖励或补助措施。

（3）对于有计划征用农田应确立原则，使变更后的土地能符合需求及环境条件，避免土地抛荒。

（4）保护城郊农田和城市内的镶嵌农田，创造城市和乡村交融的景观意境，并采用精耕细作的农业技术及方法，减少废弃物、表土流失和环境污染。

图 7-50 保
护野生动植物
环境（新会小
鸟天堂）

3. 保护野生动植物及保护区（图 7-50）

（1）建立完整的生态调查资料，保护具有重要意义的野生动植物。

（2）保护区的划定，应考虑野生动植物完整的生命循环，提供适当的缓冲空间，为其能包括产卵、生育、成长、栖息、觅食等有足够的空间，并确保必要的路径。

（3）加强执法。建立适当法制，谋求保护区既有权益的保障，以提高地方配合保育措施的积极性。

（4）各类土地利用规划，应能预先避免破坏既有的野生动物栖息地，以及野生植物的完整生态环境；开发行为若造成负面影响，应尽力恢复其原有自然环境。

4. 保护水资源

（1）强化珠江流域及其上游的水资源统筹管理，注意涵养水资源、保育生态资源、确保水质洁净，减少洪涝灾害。

（2）尽量避免开发行为对集水区的影响。防止对于水质、水量、水库和安全等有妨害的开发行为。

（3）城市各项建设，应注重水系平衡，减缓径流、储存雨水、循环用水、补充地下水。一定规模的建筑物或社区，应规定设置回收用水，循环利用的系统。

（4）保护湿地生态敏感地区，以及洪水平原、地层下陷及断层等天然灾害敏感地区均应调查建档，作为开发适宜性分析的参考。

（5）鼓励节约用水。

5. 海洋渔猎和旅游设施

应以区域性观点，协调海岸地区的开发规划，强调海陆一体性，并防止海岸侵淤变迁、排洪延滞、地盘下陷、海水倒灌、水质污染、景观和生态破坏等可能的负面影响。

海滩地开发应注意对于海岸地形、海底坡度、海域生物环境的冲击，采取适当规划或防治措施，尽可能减缩开发规模，并避免仓促草率的开发行为。满足未来渔业资源、海上交通、休闲娱乐及土地使用等持续需求。

7.5.2.4 城乡一体化发展战略

走城乡一体化的发展道路是《珠江三角洲城市群规划》的精髓。城乡一体化是城市群规划提出的城乡建设和社会发展的重要目标之一。

经过几年的发展，城市群规划的宏观调控力度不明显，主要是缺乏监督操作的部门。因此除了加强自上而下的宏观区域管理外，还需要自下而上的各个城市的实践推动。如顺德撤县建市后，顺德市委、市政府提出适应顺德社会经济发展需要，走城乡一体化的构想，因地制宜，走大分散、小集中的组团布局、城乡互相渗透和协调发展的一体化建设之路。顺德城乡一体化的规划体系以镇区为中心，组团式布局，改善城市的居住环境，并最大限度地减少对生态环境和自然景观的破坏，保障经济和社会的可持续发展。

顺德编制的市域城乡一体化规划主要内容包括：

对市域范围内的土地进行功能分区，即划分为城市和乡村规划建设区、农田保护区、生态保护区以及一些高品质的专用地区（包括单一的工业区、高新技术园、旅游度假区、高尚住宅区等）。

确定市域城镇体系布局以及各主要城镇的发展方向、规模、功能分区、城市中心。

市域交通干线网络规划、大型公共服务、基础设施规划。

生态与环境保护规划：这是一个远景规划，无具体年限，是市域城乡和生态环境的目标规划（概念规划），它是从市域范围合理组织城镇体系的空间布局，协调各城镇之间的职能分工、道路交通、基础设施和环境保护，探索一种城乡一体化的经济发展模式和"水乡田园型"的城市布局形态。其目的在于认清市域内各城镇的发展潜力，构筑好城市合理发展框架，预留好城市未来扩张的备用地，划定永久保护和暂不开发的用地。重点解决以下问题：

（1）形成层次分明、组团结构的城镇体系。

（2）城乡建设与生态环境保护、农业发展综合考虑，统筹安排。

（3）形成一体化的市政基础设施和公共服务设施体系。

7.5.2.5　区域可持续发展战略

珠江三角洲要实现可持续发展，有必要由生态设计的观念出发，研究可持续发展战略，并强化管理机制，加强公众环境教育和专业人员的训练。需要在以下方面作出努力：

1. 环境系统

维护与保护自然环境、鼓励绿色消费。

改变过去忽视环境系统保育，而趋向于单一的生态系统，认为环境系统是丰富、可任意撷取并受人类支配的，管理权责分散，对环境采取先破坏、后补救的开发方式。

强调统一的社区发展模式，重视多元的环境保护及管理，了解自然资源是会耗竭且无法再生的，而且环境是与人类相互依赖的，有完整的环境数据库，管理机关明确，对环境开发行为是以预防为导向，重视多元的人文、历史保存。具体应注重以下方面：

（1）划定环境敏感区并禁止开发；

（2）保留大片连续的自然栖息地块，形成野生动植物的生存空间；

（3）维持并创造可亲近的蓝带（河流）、绿带（公园绿地）系统；

（4）针对社区的自然及实际环境，建立资料库；

（5）建立城乡社区开发空间系统。

2. 城市土地使用

采用兼容的土地混合使用，对旧城区采取维护、保存、再生等措施，发展适当规模都市，积极的保护、利用蓝带、绿带，并创造其亲性，采用分散的工业布局，拥有完整的绿道系统将公园、绿地、道路串联起来，公共设施的配置及设计是以地方居民为考虑主体，采用人性化的设计。

塑造多样化、以人为主的人居环境，具体应注重以下方面：

（1）建设有地方特色的城市风貌，提升文化多样性及创造社会互动关系的建筑形式和空间形态；

（2）创造无障碍的社区生活环境；

（3）鼓励发展可以容纳不同收入、生活环境、文化及年龄层多样性的住宅型式及规模；

（4）建立城乡及社区灾害预防、抢救及重建的观念及制度。

3. 交通运输

必须改变城市因交通而引起的环境问题，可以借鉴世界上其他各大都市不同的做法，例如库里提巴设置了公共汽车专用道，对汽车行车时间、地区及车种的限制等抑制车辆造成的交通及环境问题的措施。

例如禁止大卡车驶入市中心的有巴黎、东京等，伦敦则限制为夜晚及周末。米兰则规定除周六及节日以外，在上午 7 时至下午 6 时，出租车、公共汽车以及经许可之车辆以外，皆不得驶入市中心。

新加坡则规定在上午的尖峰时段，进入市区的每部车必须坐满 4 人，否则予以征收特别费。华盛顿特区则规定主要通勤道路，在 6：30~9：00 及下午 4：00~6：30 间，不足 3 人的车辆不得行驶。而其他如雅典、圣保罗等为限制市中心区及住宅区的交通量，设有交通自动限制系统，除公共汽车、救护车之外，一般汽车不得通行。

此外，应建立与城市发展相适应的先进的交通导向系统。

4. 产业经济

产业地方化、就业地方化。以都市整体的消费、投资、进出口、政府财政、经济区域内产业的生产所得水准和就业等为主，以高耗能、石化能源为主的投入—产出产业形态发展可支持当地经济的产业，发展以替代性能源、低污染原料为主的绿色产业形态。

鼓励产业地方化，应注重以下几方面：

（1）发掘适合地方发展的产业形态，作为支持地方经济的基础；

（2）鼓励当地食物、货物的生产，服务业的提供，减少对外来输入品的依赖，获得社区自足的生产—消费形态；

（3）运用当地的人力、社会、文化资源，发展具有地方特色的产业；

（4）建立多元化的产业，维持地方经济的稳定性及提升自给自足能力。

5. 能源系统

改变传统能源开发政策，采用低污染以及着重环境保护、可持续的能源发展政策，采用多目标能源供应及利用系统，依靠当地可再生的能源，使社区能趋向自主性，以低污染性或可更新的动力来源为主。

鼓励绿色消费，开发可再生资源及替代性能源，应注重以下几方面：

（1）建立城乡及社区资源回收系统；

（2）提供经济诱导，鼓励城乡居民使用无毒性、生物可再分解的物质；

（3）针对城乡自然发展条件发展新的替代性能源（例如风力发电、太阳能利用、天然气发电）等。

6. 鼓励直接参与的民主、支持全方位教育

（1）通过城乡可持续的教育及训练计划，使公众热心于规划及公众参与，形成城乡持续发展的动力；

（2）提供居民参与社区活动的场所，加强社区居民之间的互动关系；

（3）运用当地人力及文化资源，建立城乡持续发展的终身学习制度。

7.5.3 湿热气候条件下的城市设计引导

当前在快速经济发展的推动下，城市也在快速建设中，由于缺乏对环境因素的综合考虑，暴露出的问题也很多。珠江三角洲地区为湿热气候条件，在生态原则的引导下城市设计主要应解决两大类气候因素：一是潮湿多雨；二是热环境的不适。多雨的气候因素主要需要考虑减少洪水季节对城市的威胁，快速排泄城市积雨，并在商业街道应有遮雨的行人空间。为了解决需要考虑室外活动空间应有足够的遮荫，如人行道、儿童活动场等；应利用街道、建筑之间的开敞地、公共开放空间，保持室外有良好的自然通风；为建筑物提供良好的通风条件；降低城市"热岛效应"。为了达到上述目标，以下拟从四个方面探讨：

7.5.3.1　选址定点

新建或改造社区可参考以下选址要点：

（1）居住和商业用地选址应避开洪泛区，以避洪涝之灾；

（2）居住建筑可靠近绿化、水面（如海滨或大的湖面），以争取良好的通风条件。

7.5.3.2　城市水体利用与整治

城市中应注意水体的平衡和利用，城市中保留一定的水面，一方面可以蓄水防洪，另一方面亲水是人的自然特性，广东天气多闷热，城市中的湖泊水面可以生风，而且是一道美丽的风景。广东一些城市为治理洪灾，往往开挖蓄洪人工湖，并植树栽花建设公园，如广州的流花湖公园、荔湾湖公园、麓湖公园等，有的结合建设为风景区，如肇庆的星湖、惠州的西湖等。

图 7-51　下为污水渠的绿化廊（中山市）

对于有污染的河道进行整治，不宜采用简单填平覆盖的方式，应考虑保留整治污染源，将城市污水渠和雨水渠分别设置，污水集中处理，雨水汇集到城市的自然水道，并与绿化结合，建设串联城市块状绿化的绿带。目前大部分城市都是将污染的河道改造填平，很多作为公建用途，也有的覆盖后建设为林荫道（图 7-51），或建设绿带型公园，如佛山的鸿业园。

7.5.3.3　街道空间设计

本地区城市街道布局主要目标为行人提供良好的通风环境，并为街道两旁的建筑尽可能提供良好的通风条件。但这两个目标往往不可能同时满足，必须在两者之间权衡选择。

在行人流量大的街道还必须考虑遮荫，可以采用行道树遮荫，也可以用街道两侧的建筑（如骑楼）提供遮荫。

但当通风和遮荫发生矛盾的时候，满足通风的要求往往比遮荫更重要。如果要取得街道空间最大的通风效果，可将街道平行夏季主导风向，当然这种情况下街道两侧建筑将难于获得良好的通风条件。

当街道垂直风向，应当避免将长条式建筑或大体量建筑排列在街道两侧，以免堵塞城市风道。

从通风角度考虑，建议城市主要林荫道朝向与城市主导风向呈一定的夹角，如大约30°。这一方面有利于通过林荫道使风穿越渗透到城市内部，另一方面，街道两侧的建筑也可获得良好的通风条件。

7.5.3.4　城市建筑密度与建筑高度

城市的建筑密度与城市的气温和通风（气流）密切相关。高密度建筑区导致通风条件差并加剧城市"热岛效应"。

在湿热气候条件下，最好采用分散式结构，但城市经济和社会的发展和集聚效应使城市密集式发展。

因此，在常年风向通道上，应避免兴建高大、带状建筑，以同样的高度排列在城市主导风

图 7-52 深圳中心区高层建筑群与绿化的结合

向上，应特别为城市留出通风廊。对于已经建成的高层建筑区域，则应增加生态微调功能，尽量弱化"热岛效应"和加强密集区通风（图7-52）。

高层建筑与低层建筑组合可以改善小区通风环境。

目前广东一些城市建筑（住宅综合楼）达到9层、10层，却没有按国标建筑高度①的要求设置电梯。由于管理不规范，到处千篇一律的八九层住宅楼，建筑高度拉不开层次，不利于城市环境的合理配置和小气候设计。今后应加强规范管理，7层以上建筑必须设置电梯。并按城市气候环境设计要求控制建筑高度。

图 7-53 整体保护的佛山东华里

7.5.3.5 传统建筑形式的创新

充分保护和利用有价值的城市传统建筑和传统街区，保持城市传统的延续性、强化城市特色和文化底蕴、提高城市凝聚力。旧城改造不是推倒重来而是不断更新，不是大拆大建而是细部完善，应避免孤立地保护单幢建筑，而应作为整体街区保护（图7-53）。

经过整修的传统骑楼商业街区以良好的旅游环境和特有的商业气氛，以及传统特色店面招牌和特色，吸引游人观光、购物。如广州市最近将上下九、第十甫路沿街骑楼建筑重新全面装修改造，形成古色古香具有传统特色的步行街，深受市民欢迎。中山市对孙文西路骑楼建筑进行保护和更新，建成文化旅游步行街，取得了很好的效果（图7-54）。

传统建筑是长期适应自然环境并经过时代的洗练而留存下来的，今天的建设应吸取其精华。如骑楼，取楼房"骑"在人行道上之意而得名，它是中国近代在沿海城市广泛流行的南洋风建筑形式的重要特征，结合了南方气候条件和沿街商业经营需要而发展起来的，骑楼建筑夏日遮阳，雨天挡雨，方便穿行，也是居民日常交往、休憩的场所。

目前很多新建小区采用首层架空的建筑形式，由于广东气候潮湿，住宅的首层的居住质量较差，实践证明这是适合南方气候环境的空间利用形式。住宅社区首层架空有以下几点优点：

---

① 根据国标《住宅建筑设计规范》（GBJ96-1986）第3.1.6条："七层及七层以上住宅或最高住户入口层楼面距底层室内地面的高度在16米以上的住宅，应设置电梯。"

（1）有利于防潮、卫生、日照、通风和采光；

（2）有利于改善小气候，利用首层架空绿化，作为内外环境相互渗透，丰富小区大环境；

（3）利用首层架空作为社区活动空间，为居民提供全天候的交流场所；

（4）可以利用底层架空停放车辆等。

7.5.4 小结："全球化思考，地方化行动"

"全球化思考，地方化行动"（Thinking Globally, Acting Locally.）是世界可持续发展的战略方向。未来的城市可持续发展有必要集思广益，进一步落实为具体可行的操作。如果生态设计的目标、原则和策略无法落实，持续发展将永远只是装饰规划文本的一句口号。我们期望持续发展的研究，能在珠江三角洲、在全国，由地方具体行动，得以实现和推广。世代的延续和发展，有待今天我们的共同努力。

图7-54 中山市骑楼商业街改造

珠江三角洲由于地狭人稠，城市与乡村的发展面临不同的压力，导致土地资源的可持续发展功能不畅，加上改革开放以来的经济发展，乡镇企业的崛起，城市化急剧发展，城乡空间结构也随之改变，这既有资源的利用问题，更有赖于法令的健全和管理，以及全面生态化的推进。立足"全球化思考，地方化行动"，珠江三角洲城乡的可持续发展应是跨世纪城市建设必须谨慎思考的任务。为实现此目标，至少以下方面尚需继续思考和努力：

（1）正视目前环境压力，寻求区域联合。包括港澳地区在内的大珠江三角洲地区必须共同正视目前的环境压力。环境问题已不是一个城市的问题，而是一个区域共同面临的问题。

（2）调整城市技术产业结构。改善环境状况必须从经济发展与环境保护相互促进的角度出发，着重在产业结构、技术结构、企业规模结构方面进行结构性调整。

（3）要重视可持续发展战略的研究。既要面对未来，更应该在开拓、创新上有新举措。这不仅需要领导层讨论，更要请高层次专家论证，系统研究未来战略，包括经济、社会、环境系统的统一。必须充分研究现在不可持续的因素是什么。

（4）可持续城乡发展作为一项重要工作，除了政府本身的决心与推动外，还需要社会公众在环境意识及使用行为等方面的配合，需要企业在人力、资金与技术等方面的支持。故未来应结合政府、民间及企业的力量，共同为落实城乡可持续发展而努力。

（5）倡导普及绿色生产和生活方式，提高生态意识。因为缺乏生态意识，导致在有些表面的辉煌后面存在致命的严重不足，或对整体生态环境的致命伤害，这都是我们在实践中应当极力避免的问题。向更多的人特别是很多领导干部，甚至一些业内人士宣传和倡导生态观念，提高生态意识，将良好的愿望和努力化为切实的有利于当代和将来的发展。

7.6 结 语

沧海桑田，星移斗转——从结绳纪事到电脑光盘，从钻木取火到核能发电，现代科技发展速度之快，令人目不暇接。

我们能预知未来吗？当然不能。至少不能像占卜者那样投币算命。对人类而言，未来仍是一片未知的神奇土地。现在是未来的阶梯，我们时刻要为更好的未来做准备。总结现在的经验与教训，正是希望为未来的建设提供科学的依据。

21世纪是新的"城市世纪"、"生态世纪"。城市正在从竞争转为区域合作，从集中决策转为分散决策，从追求环境质量转为追求生态和谐，即将来临的是城市生态化时代。

城市生态设计提出了许多需要重新思考的问题，为了能使城市设计与生态学理论结合，为了生态设计能解决当前遇到的环境问题，我们应有以下共识：

第一，当前并没有一个可供及时采纳的生态设计模式。虽然有一些关于生态设计的程序和策略的好例子，但它们都是为个别地区和文化背景而设计的。中国可以参考其他国家的做法，但必须按本地的文化和环境特色而制定。

第二，应把城市生态设计视为随时间而实现的过程，在实施的过程中应有来自各行各业的关注和支持。只靠单一的规划或政策是不可能产生好的成果的。

第三，必须建立合适的机制，以达到可持续发展。这方面包括：把传统分割的政策范围结合起来，包括结合经济服务和社会发展，以及土地使用规划、交通、环境保护和自然资源管理；同时应把有关的工作从政府伸延至商界和社会团体。

第四，应清楚界定设计行为所扮演的角色，不应把它视为会自动产生的产物，应为设计建立所需的架构，并为实施提供决策工具。

第五，应认识生态城市的创造过程和后来的运作都需要教育和技能培训。

生态城市建设必须符合社会规范并与城市开发的总目标协调；管理需要满足社区的要求，寻求促进与生态开发相关的业主、专业人员和施工人员的联合。所有行销、管理和联合措施都必须确保社会平等和公正。

第六，设计师的素质应不断提高。

由于城市土地可以拍卖，变成了商品。房地产开发商像是城市的主宰，利润是城市活力的唯一驱动力。规划设计师"就像是站在虚无城市门槛上的傀儡①"，不少人缺乏环境生态意识和社会责任感，因此有必要强调不断提高设计人员自身的素质，这是保证生态设计质量的重要因素。

我们需要培养有独立意志和开拓精神的建筑师、规划师、景观设计师，并促使他们在生态意识的基础上联合起来，共同为人类美好的环境而努力工作。

过去的一个世纪，许多人为改变城市生态环境倾注着心血，也有很多人为生态设计播种，并生根、发芽、结果。我们已经惊喜地看到，在珠江三角洲，在广东，在全国各地，生态意识正在觉醒，从一个城市向另一个城市传播，蔓延，发展！同时，生态设计的成熟发展还需要一个更好的环境，更完善的机制……

未来世纪是生态文明的世纪，是人类主动创造美的环境、美的城市的新世纪。新的世纪，信息化社会正改变和创造一种新的秩序，也将给我们的设计工作带来新的起点。我们关注环境，关注明天。

本章参考文献

[1] [西德] D·普林茨. 城市景观设计方法 [M]. 李维荣等译. 天津：天津大学出版社，1991.

[2] [英] P·霍尔. 城市与区域规划 [M]. 邹德慈，金经元译. 北京：中国建筑工业出版社，1985.

[3] 高佩义. 中国城市化比较研究 [M]. 天津：南开大学出版社，1991.

[4] 郭彦弘. 城市规划概论 [M]. 陈浩光编译. 北京：中国建筑工业出版社，1992.

① Domus，1999/2.

［5］ 康慕谊. 城市生态学与城市环境［M］. 北京：中国计量出版社，1997.

［6］ 马传栋. 城市生态经济学［M］. 北京：经济日报出版社，1989.

［7］ 王祥荣. 生态与环境——城市可持续发展与生态环境调控新论［M］. 南京：东南大学出版社，2000.

［8］ 于志熙. 城市生态学［M］. 北京：中国林业出版社，1992.

［9］ 宗跃光. 城市景观规划的理论与方法［M］. 北京：中国科学技术出版社，1993.

［10］ ［美］I·L·麦克哈格. 设计结合自然［M］. 芮经纬译. 北京：中国建筑工业出版社，1992.

［11］ ［美］J·O·西蒙兹. 大地景观——环境规划指南［M］. 程里尧译. 北京：中国建筑工业出版社，1990.

［12］ ［日］泷·光夫. 建筑与绿［M］. 蔡玫静译. 台北：田园城市文化事业有限公司，1996.

［13］ 董雅文. 城市景观生态［M］. 北京：商务印书馆，1993.

［14］ 李敏. 城市绿地系统与人居环境规划［M］. 北京：中国建筑工业出版社，1999.

［15］ 景园大师：劳伦斯·哈普林［M］. 林云龙，样丽东译. 台北：尚林出版社，1984.

［16］ 刘滨谊. 现代景观规划设计. 南京：东南大学出版社，1999.

［17］ 吴家骅. 景观形态学［M］. 叶南译. 北京：中国建筑工业出版社，1999.

［18］ ［比］P·迪维诺. 生态学概论［M］. 北京：科学出版社，1987.

［19］ ［比］I·普里高津，（法）I·斯唐热. 从混沌到有序［M］. 上海：上海译文出版社，1987.

［20］ ［德］汉斯·萨克塞. 生态哲学［M］. 文韬，佩云译. 北京：东方出版社，1991.

［21］ ［美］N·J·格林伍德，J·M·B·爱德华兹. 人类环境与自然系统［M］. 北京：化学工业出版社，1987.

［22］ ［美］R·E·帕克，E·N·伯吉斯，R·D·麦肯齐. 城市社会学［M］. 宋俊岭等译. 北京：华夏出版社，1987.

［23］ ［美］阿尔·戈尔. 濒临失衡的地球——生态与人类精神［M］. 陈嘉映等译. 北京：中央编译出版社，1997.

［24］ ［美］芭芭拉·沃德，勒内·杜博斯. 只有一个地球［M］.《国外公害丛书》编委会译. 长春：吉林人民出版社，1997.

［25］ ［美］丹尼斯·米都斯等著. 增长的极限［M］. 李宝恒译. 长春：吉林人民出版社，1997.

［26］ ［美］赫伯特·A·西蒙. 管理决策新科学［M］. 北京：中国社会科学出版社，1982.

［27］ ［美］莱斯特·R·布朗. 环境经济革命［M］. 余慕鸿等译. 北京：中国财政经济出版社，1999.

［28］ ［美］马克·第亚尼. 非物质社会——后工业世界的设计、文化与技术［M］. 滕守尧译. 成都：四川人民出版社，1998.

［29］ ［美］沃尔德罗普. 复杂：诞生与秩序与混沌边缘的科学［M］. 北京：生活·读书·新知三联书店，1997.

［30］ ［英］E·F·舒马赫. 小的是美好的［M］. 虞鸿钧，郑关林译. 北京：商务印书馆，1984.

［31］ ［英］彼德·拉塞尔著. 觉醒的地球［M］. 北京：东方出版社，1991.

［32］ ［英］皮尔斯·沃福德. 世界末日：经济学、环境学与可持续发展［M］. 张世秋等译. 北京：中国财政经济出版社，1996.

［33］ 何强等. 环境学导论［M］. 北京：清华大学出版社，1994.

［34］ 金岚主编. 环境生态学［M］. 北京：高等教育出版社，1992.

［35］ 马世骏. 现代生态学透视［M］. 北京：科学出版社，1990.

［36］ 毛文永. 生态环境影响评价概论［M］. 北京：中国环境科学出版社，1997.

［37］ 牛文元. 持续发展导论［M］. 北京：科学出版社，1994.

［38］ 钱阔，陈绍志主编. 自然资源化管理——可持续发展的理想选择［M］. 北京：经济管理出版社，1996.

［39］ 世界环境与发展委员会. 我们共同的未来［M］. 王之佳等译. 北京：世界知识出版社，1989.

［40］ 孙志东等. 可持续发展战略［M］. 广州：中山大学出版社，1997.

［41］ 王慧炯等. 可持续发展与经济结构［M］. 北京：科学出版社，1999.

［42］ 吴国盛. 自然的隐退［M］. 人与自然丛书. 哈尔滨：东北林业大学出版社，1996.

［43］ 佘正荣. 生态智慧论［M］. 北京：中国社会科学出版社，1996.

［44］ Doug Aberley. Future By Design-The Practice of Ecological Planning［M］. Gabriola Island，BC：New Society Publishers，1994.

［45］ Jonathan Barnett. An Introduction to Urban Design ［M］. New York: Harper & Row, 1982.

［46］ Jim Berry. Urban Regeneration: Property investment and Development ［M］. London: E&FN SPON, 1993.

［47］ Brisbane City Council. Brisbane 2011—The Livable City for the Future, Australia. 1994.

［48］ Geoffrey Broadbent. Emerging Concepts in Urban Space Design ［M］. London: E&FN SPON, 1990.

［49］ Jeffrey Cook. Seeking Structure from Nature: The Organic Architecture of Hungary ［M］. Basel; Belin; Boston: Birkauser, 1996.

［50］ Andy Coupland. Reclaiming the City: Mixed use development ［M］. London: E&FN SPON, 1996.

［51］ Michael J. Crosbie. Green Architecture: A guide to Sustainable design ［M］. Massachusetts: Gockport. Publishers, 1994.

［52］ Laurence S. Cutler, Sherrie S Cutler. Recycling Cities for People: The Urban Design Process ［M］. New York: Van Nostrand Reinhold Company, 1983.

［53］ Klaus Daniels. The Technology of Ecological Building: Basic Principles, Examples and Ideals ［M］. Berlin: Birkhauser, 1997.

［54］ Gideon S. Golany. Ethics and Urban Design: Culture, From, And Environment ［M］, New York: John Wiley & Sons Inc., 1995.

［55］ Gold Coast City Council. People, Places & Planning ［M］. Revised edition 1991.

［56］ A. B. Grove, R. W Cresswell. City Landscape ［M］. London: Butterworths, 1983.

［57］ Demnis Hardy. From Garden Cities to New Towns ［M］. London: E&FN SPON, 1991.

［58］ Donald L. Johnson, Donald Langmead. Makers of 20th Century Modern Architecture: A Bio-Critical Sourcebook ［M］. London; Chicago: Fitzroy Dearborn Publishers, 1997.

［59］ Roger Johnson. The Green City ［M］. The Macmillan Company of Australia Ltd., 1979.

［60］ Kisho N. Kurokawa. From Eco-city to Eco-media-city ［J］. A+U, 1998, 33 (6).

［61］ Josef Leitmann. Sustaining cities: environmental planning and management in urban design ［M］. New York: McGraw-Hill, 1999.

［62］ Sutherland Lyall. Design the New Landscape ［M］. London: Thames and Hudson, 1997.

［63］ Daniel R. Mandelker. Green Belts and Urban Growth ［M］. The University of Wisconsin Press, 1962.

［64］ Clare C. Marcus, Carolyn Francis. People Places: Design Guidelines for Urban Open Space ［M］. New York: John Wiley & Sons, 1997.

［65］ Fuller Moore. Environment Control Systems: heating cooling lighting ［M］. New York: McGraw-Hile, Inc., 1993.

［66］ E. P. Odum. Ecology and Our Endangered Life-support Systems ［M］. Sunderland: Sinauer Associates Inc., 1989.

［67］ Otter Riewoldt. Intelligent Spaces-Architecture for the Information Age ［M］. London: Laurence King, 1997.

［68］ Brian K. Roberts. Landscapes of Settlement: Prehistory to the present ［M］. New York: Rutledge, 1996.

［69］ Mark Roseland. Dimensions of the Eco-city. Cities, 1997. 14 (4): 197−202.

［70］ Irene Rudan. Eco-design considerations in building a Residential Dwelling, 1997.

［71］ H. A. Simon. Models of Man, Social and Rational ［M］. New York: Wiley, 1957.

［72］ Catherine Slessor. Eco-tech: Sustainable Architecture and High Technology ［M］. London: Thames and Hudson, 1997

［73］ Daniel S. Smith, Paul Cawood Hellmund. Ecology of greenways: design and function of linear conservation areas ［M］. Minneapolis: University of Minnesota Press, 1993.

［74］ Anne W. Spirn. The Granite Garden: Urban Nature and Human Design ［M］. New York: Basic Books, 1984.

［75］ James Steele. Sustainable Architecture-Principles, Paradigms and Case Studies ［M］. New York: McGraw-Hill, 1997.

［76］ Steiner, F., Young, G., Zube, E. Ecological Planning: Retrospect and Prospect ［J］. Landscape Journal 1988. (7): 31−39.

［77］Steiner, Frederick. The Living Landscape：An Ecological Approach to Landscape Planning［M］. New York：McGraw-Hill, Inc., 1991.

［78］George F. Thompson, Steiner Frederick R. Ecological Design and Planning［M］. New York：John Wiley & Sons, 1997.

［79］Sim Van der Ryn and Stuart Cowan. Ecological Design［M］. Washington. D. C., Covelo, California：Island Press, 1996.

［80］Yanarella, Ernest and Richard Levine. The Sustainable Cities Manifesto：Pretext, Text and Post-Text［J］. Built Environment, 1992, 18（4）：301-313.

第8章 绿色建筑理论

8.1 绿色建筑的概念

8.1.1 绿色建筑的产生及其发展

200多万年前，当人类诞生时，地球这颗行星就为人类创造了充足的生存条件——陆地、海洋、森林。怀着对自然的感激与崇拜，我们祖先曾将自然的结构、功能与属性，当作自己的行为准则，与大自然相濡以沫、和谐共生。随着人类生存欲望的扩张、人类征服自然的历程不断加速，在经历了自然文化、人文文化、科学文化进入19世纪工业革命时代后，对大自然不顾后果的挑战，终于打开了"潘多拉的盒子"，一系列世界性的灾难横陈于我们面前：人口爆炸、资源枯竭、环境污染……人类突然面临着失去生存环境的威胁，不得不反思工业文明时代的价值取向，呼吁人类对地球的道德责任，寻求支持现代文明健康发展的新的文化。

8.1.1.1 绿色文化与绿色运动

所谓绿色文化，从狭义上来讲，是指人类适应环境而创造的一切以绿色植物为标志的文化。它孕育于传统的农业文明阶段，包括西欧的轮作制、中国传统农业中积累的精耕细作及养地技术，以及生态农业的萌芽。从广义上说，即是人类与自然环境协同发展、和谐共进，并能使人类发展具有可持续性的文化：包括了持续农业、生态工程、绿色企业，也包括了有绿色象征意义的生态意识、生态哲学、环境关系、生态技术、生态旅游以及生态伦理学、生态教育诸多方面。它是协调人与环境关系的科学文化，具有绿色的意义[1]，其中生态原则及其思想是绿色文化的精髓，可持续发展是其研究的核心及最终结果。

绿色思想有两种典型的理论："浅绿色（Light Green）理论"认为，人类所面临的生态危机并不可怕，只要推行一些必要的环境政策并采取相应的科学技术手段便能解决环境恶化的问题。而"深绿色（Dark Green）理论"则不同意这种观点，他们认为环境危害应从改变现存的价值观念及生产消费模式，用"绿色"文明取代工业主义的"灰色"文明，用"节俭社会"代替"富裕社会"，呼吁对现阶段社会、经济及生活方式的根本性变革[2]。显然，深绿色思想更接近可持续发展观，更能直接反映绿色文化的内涵。具体地说，绿色思想体现在以下几个方面：

（1）社会方面，主张控制人口，创造节俭、和谐、健康的生活，倡导生态伦理道德。

（2）经济方面，追求经济与生态双重标准，建立一种在保证经济持续增长的同时又不破坏生态平衡的保护性经济。

（3）环境方面，维护人与自然和谐发展的原则，坚持与自然共生共荣。

（4）技术方面，倡导推广无污染、低耗能，有利于环境保护的适宜技术。

8.1.1.2 绿色建筑的产生、发展及目标

建筑作为人类进化的外显，无不打上时代的烙印。绿色革命及其思想在世界广泛传播，亦

---

① 周一鸿. 何谓绿色文化 [J]. 人类与森林，1997，1.

② 赵红州. 生态文化应急行 [J]. 人类与森林，1997，4.

深刻地影响到建筑领域。因此绿色建筑研究的兴起，首先是历史使然，是人类在生存困境中的一种生存对策；其次是由建筑活动与环境的密切关系所决定的。

建筑活动对人类生存环境有着重大的影响：首先，建筑是个耗能大户，全球能耗的50%用于建筑制造与使用过程；其次建筑行为本身伴随着环境破坏，在环境总体污染中，与建筑业有关的环境污染所占的比例为34%，包括空气污染、水污染、固体垃圾污染、光、电磁污染等；其中建材工业是地球上资源耗量最大，破坏耕地最多的行业；建筑业同时还是一个经济支柱产业，在世界经济生产总值中占有很大的比例（以中国为例，20世纪80年代中至90年代初期，城乡建设活动约占国民经济生产总值的28.94%），因此直接影响到经济发展的大目标，任何基本建设的决策错误都能导致极大的浪费……

由此，有充分的理由认为，建筑与全球环境及经济发展关系重大，绿色建筑是现代建筑为满足人类生存进化要求的必然产物，"是人类对赖以生存的自然界不断濒临失衡的危险现状所寻求的理智战略与策略"①，应成为全球环境战略计划的一个基本组成部分，是21世纪建筑可持续发展的方向。

绿色意味着生命与生长，它来自大自然，是健康、活力和希望的象征。绿色建筑是一种象征，象征着具有开放特征、节能高效、利于环境保护和人类健康的生活空间。

绿色建筑可追溯到20世纪60年代在徘徊中倡导的低技短线穹隆、软湿土砖房、太阳能住宅及自建社区零星实践，这些实践主要受到一些风景学家及生态学家理论的影响，主张抛弃任何与疯狂的工业相关的一切②。但是20世纪70年代以前，全球经济空前繁荣，市场激励消费及刺激建筑的呼声一片，现代主义建筑盛行一时，机械化、设备化的设计占据了建筑市场的主要位置。因此，绿色建筑未得到发展。

20世纪70年代的世界经济危机诱发了早期"节能建筑"，最初的目的是减少电、燃气的消耗量。当时的研究侧重于材料研制、构造改造及运用高科技硬件设备来节能，并以节能量来评估成效，这种节能建筑由于硬件设备的不稳定，监测系统的难以控制及其制造上的多能耗，加之对整体环境改善的忽略，未能发挥预期效果。随着环境的变迁，"被动式建筑"、"风土建筑"等同时启动，推动了环境设计理论的发展。

"被动式建筑"（Passive Architecture）是利用自然力，即阳光、风力、气温、湿度等，尽量不依靠机械、设备、能源之力来从事最佳居住环境规划的建筑设计，这是一种难以量化的环保设计方法，从绿化、自然通风、自然采光所获得的良好环境，使人类生活更加人性化、自然化。而"风土建筑"尊重区域特征、尊重环境和自然的观念及在长期的实践中积累的丰富的技术手段，也为环境设计提供了许多灵感。典型的案例有C·柯里亚的"管式建筑"和"开敞空间"以及杨经文的"生物气候楼"。

1980年以后，生态环境的理念更进一步地扩大至地球环保的高度。在全面性地球环保运动下，一些标榜节能、绿化、有机化、省资源、少废物的设计理念开始出炉，从建筑投资计划、施工及解体再利用过程，进行系统化的地球环保设计，遂形成今日绿色建筑的内容。20世纪90年代以后，绿色建筑进入了一个新的时期，多学科专家广泛合作，积极寻求绿色建筑更广阔的前景和更有效的技术手段。这期间，著名的绿色建筑有美国"生物圈二号"和瑞典的"生态循环城"，这说明绿色建筑研究已由着眼于建筑的物态要素延伸到社会、经济、文化等领域，从而进入绿色建筑体系的更高层面，成为一门独立的学科。

虽然绿色建筑与生态建筑都是可持续发展建筑的一种形式，两者目标一致，且都遵循生态

① 黄绳. 面对可持续发展的绿色建筑 [J]. 建筑学报，1998，9.
② Chael. J. Crosbie. Green Architecture [M]. Miockport：Rortport Publisher，1994：108.

学的基本原理。但绿色建筑与生态建筑还是有着明显的区别。首先生态建筑反映了可持续发展建筑的宏观层面，它将建筑的物态要素加入到社会经济的多产业的物质大循环中，使建筑业和其他方面相互渗透、融合，并最终构成循环中类似生态食物链的结构，从而为寻求建筑的新形式提供渠道。绿色建筑反映了可持续发展建筑的微观层面，主要解决人类在面临环境危机这一特定时期中建筑的实施问题，故侧重人与自然环境的关系研究，其目标更具体直接。通常绿色建筑与"环保、节能、健康、效率"的概念联系在一起，便于制定一系列定量化标准，利于对建筑设计的引导。其次，生态建筑的前提是必须依靠建筑自身的物态要素构成一个完整的、合乎生态循环的系统，强调物质等方面在整个系统中的封闭性良性循环。而绿色建筑更强调建筑作为一个有机生命体系的活性开放性特征，故研究的具体方法有所不同。可以说，生态建筑与绿色建筑是可持续发展建筑这同一问题的两个不同的方面，它们相辅相成，共同推进建筑的可持续发展[1]。

纵观现代建筑→节能建筑→生态建筑→绿色建筑的演变过程，我们可以发现：绿色建筑正是基于全球多种危机，结合低能耗技术，以及"被动式设计"、"生态学设计"的基本原则，融合最新的"地球环保"理念形成的全面性、系统性的设计思潮[2]，因此，绿色建筑比生态建筑"具有更强的适应性，可操作性和扩展性，是可持续发展建筑在特定时期的具体体现"[3]。它的演变过程，如实地反映了20世纪人类所经历的能源危机、生态失衡、全球可持续发展威胁的一系列困境。

综上所述，我们可以定义：绿色建筑标志着建筑为达到可持续发展的目的，需要采用符合生态原则的设计方法，用最经济的手段，把我们对环境的负面影响减少到最低程度，并为人们创造健康舒适栖境，这定义同时清晰地表达了绿色建筑的任务及其目标。

8.1.2 绿色建筑研究的对象及方法

绿色建筑研究的是由天、地、人所组成的一个活性有机生命体中建筑的理论及实践，其研究对象是建筑及其相关环境（尤其是自然环境）之间的关系，寻求在这一整体体系中建筑与环境协调发展的模式。

绿色建筑是一门以建筑学为主、涉及天文学、地理学、生态学、生物工程学、环境学、心理学、社会经济学、人类学、美学、伦理学等诸多领域的学科，具有综合性强、学科交叉多的特点。

科学技术的发展，极大地促进了物质生产组织、社会组织形式的发展变化，也使得建筑与环境的关系由以往的线性关系进入复杂的非线性关系中，众多的因素、复杂的结构、多变的形式、因果关系的反直观性、滞后效应等，都决定了绿色建筑的研究要突破过去建筑的理论模式和研究框架。从绿色建筑的形成来看，它根植生态学，与生态建筑学有着天然的"血缘关系"。因此，绿色建筑的研究方法除了来自上述各学科相关的方法之外主要应该有两条途径：一是应用系统科学；二是遵循传统的生态学。

系统科学最先是以一般系统论、控制论、信息论和系统工程为特征，后随着耗散结构理论、协同论、超循环理论、突变论、混沌学、分形学等新成就而被推向一个新阶段。这里以"系统论"、"控制论"为绿色建筑的主要研究方法。具体地说，是将建筑作为天、地、人这一系统中的一个子系统，通过对其中各子系统的组成元素和层次关系进行结构功能分析，研究建筑的内外环境与建筑的关系及相互作用，从而有效地控制建筑与其他子系统之间的合作效应，使整个系统中的各个部分都趋于平衡，得以协调发展。

① 黄涛. 生态建筑、绿色建筑在可持续发展中的定位 [J]. 新建筑，1998，2.
② 林宪德. 绿色建筑计划 [M]. 台北：詹氏书局，1996：6.
③ 魏宏森，曾国屏. 系统论 [M]. 北京：清华大学出版社，1995：201-203.

系统科学认为，宇宙是由最低层的物质系统直到最高层次的人类社会系统的不同层次组成的，其间每一层，既是众多下层系统的整系统又是上层系统的子系统，从而组成了纵横交错、相互联系的信息网络体，即由天、地、人组成的一个时空交织的多层次、多序次的复杂整体系统。在这个整体系统中，作为其组成的所有子系统都不是封闭的，它们在自身内部与外部同时存在着信息交流、相互作用；系统调节维持着整体系统及各个子系统的存在和稳定。这种系统通过自适应调节来响应内部和外部由相互作用引起的系统干扰，以维持系统本身的存在和稳定的状态，即所谓系统内稳态。但是调节是有限的，当某一系统对超过其适应能力的干扰的调节失败时，系统内稳定即被破坏。这种某一子系统内稳态的破坏，意味着一切与之发生信息联系的外部系统（即环境）受到干扰，有些干扰甚至可能超出其中某些子系统的调节能力而引起破坏。在最坏的情况下，甚至可能破坏整个大系统的内稳态。由此看来，人类系统的存在和稳定不仅是以加强内部信息交流、反馈为前提的，而且也是由外部环境的调节来保证的①。

建筑作为人类的一项基本活动是无法脱离与人发生着种种联系的外部系统的，这些外部系统就目前认知的范围包括宇宙圈、地圈、生物圈。建筑的直接目的是为创造良好的生存空间，但仅局限于人这一子系统来考虑建筑，就极有可能失顾于人的外部环境系统（如生态系统），甚至于牺牲外部系统来片面地完善人的自身系统。这种无视其他系统利益的思想就可能干扰和破坏与人休戚相关的外部环境系统，当这种破坏达到一定程度时，势必引起更大系统乃至天—地—人整体巨系统的破坏，进而过来直接威胁到人的系统，威胁到人类生存。人类的发展业已证明了这一点，为人服务的建筑一方面不能不考虑与外部环境协调、共生，以尊敬生态、尊重环境为基本出发点，另一方面应通过一种理想的居住模式来完善人的系统，进而促进天—地—人巨系统的整体进化，即既要持续，又要优化。

系统论研究绿色建筑的总体原则是"整体、共生、发展、优化"，具体表现为以下几方面的原理：

（1）整体——层次性原理：整体和部分的统一，发展的连续性和阶段性的统一，自然、经济、社会三者效益的统一。

（2）开放——闭合性原理：系统之间的四流转换（物质、能量、信息、时空）和系统内部的循环再生的统一，外给与自养的统一。

（3）自组织——目的性原理：自发形成、演化与有意识的选择调整的统一，客观事物自发运动与人的能动认识与宏观干预的统一，现实状态和发展终态的统一。

以上这些基本原理将在以后讨论绿色建筑的理论与实践方法时得到详实的论述和应用，如"系统化设计"、"全寿命周期"的概念、绿色建筑层级性模型等等。除此之外，控制论也是重要方法之一。自 1948 年美国的 N·维纳出版了《控制论》一书以来，经历了神经控制论、生物控制论、经济控制论、社会控制论几个阶段，目前正在向大系统理论和智能控制这两个方向迅速发展。控制论中所提出的关于"世界是有机体"的思想以及系统、信息、控制与反馈等概念，无不贯穿绿色建筑研究之中，其中生物控制论中"整体有序、循环利用、反馈平衡、有偿使用"的观点是指导绿色建筑设计的基本原则。

8.2 绿色建筑的理论内涵

8.2.1 绿色建筑的基本特征

建筑是人类活动内在机制与自然环境相互联系、相互作用的逻辑结果，从一开始便包含着原始的绿色思想。我们的祖先出于直觉与经验，十分重视与自然的和谐。因此，当时的建筑亦

① 黄涛. 生态建筑、绿色建筑在可持续发展中的定位 [J]. 新建筑，1998，2.

称之为原生绿色建筑。现代绿色建筑，从某种意义上说是在原生绿色建筑的基础上产生和发展起来的，但又有着与原生绿色建筑明显不同的特征。

8.2.1.1 原生绿色建筑的特征

1. 直接反映性

原生绿色建筑对自然环境的反映是直接的，包括与周围环境的物质流、能量流交换。建筑造型臣服于环境，自然环境的影响因素在建筑中可以直观地看出。譬如：墙体的厚薄、房间的开敞程度等，直接由当地冷热条件决定；屋顶的坡度和出檐深度，由降雨量和日照度决定。包括建筑上的装饰亦由环境制约下的功能要求来决定。建筑选材往往就地解决，避免运输资费；技术多半是土生的、简捷的，适宜当地的环境，表现出建筑原始的生长机理。

2. 功能的简单性

原生绿色建筑的内部组织简单，空间以集中为主，满足多样杂合活动需求。后来，因人的私密性要求提高，渐渐对空间进行了简单的分隔。

原生绿色建筑虽然孕育着早期的绿色思想，表现出对自然资源的合理利用及环境的尊重，但是，由于认识上的局限性及行为上的被动性，它与当代绿色建筑不可同日而语。

8.2.1.2 自觉绿色建筑

在人类发展进程中，建筑与环境的关系亦在不断发展、演进（表8-1）。绿色建筑是在人类进入后工业时代，向知识时代过渡的转折中，面临环境困境时寻求可持续发展的产物，它远远超越了原生绿色建筑的概念范围，在与环境的关系上表现出极大的主动性和自觉意识，有着自身明显的特征：

"建筑与环境"关系的演进及特征   表8-1

演进\状态	农业时代		工业时代		后工业时代		知识时代	
	建筑	环境	建筑	环境	建筑	环境	建筑	环境
自然资源利用	物质资源	表态平衡	能量资源	恶化	生态资源	可持续	信息资源	最佳配置
人文资源状况	村落单位	宗教宗族	城市单位	经济	地域单位	文化	地球村	知识
信息资源状况	匮乏	交流少	较多	交流增加	爆炸	交流多	信息网络	覆盖全球
物质形态构成	泥、木、石、砖	天然景观	混凝土、钢、玻璃	人工景观	轻质材料、绿色材料	生态景观	生物材料复合材料	全息景域、虚拟信息
技术水平	低技术		中高技术		高技术、适宜技术		信息技术	
科学水平	物质		分子-原子		原子核		电子	
空间观念	一维和二维		三维		四维		分维（fractal）	
生存状态	艰辛地栖居		丧失精神家园		寻找精神家园		诗意地栖居	
理性居住状态	桃花源、基督城		花园城、乌托邦		生态城市、绿色城市		智宅、智城等智所	

摘自朱文一.迈向知识时代的建筑环境[J].建筑学报,1998,9.

1. 整体关联性

自觉绿色建筑强调建筑形成过程中与多种因素的交互作用，它不再是一个孤立系统，而是一个互相作用，互相响应的整系统中的一个子系统。它本身属于环境系统，但与社会、经济系统有着十分复杂而密切的关联（图8-1），建筑对环境的反映不再是简单的因果关系。如大面积钢筋混凝土结构，改变了自然生态系统的下垫面性质，影响到空气、水汽、热量交换系统，对人与生物栖息环境产生不利的影响。故绿色建筑设计强调宏观与微观环境的相互响应，强调各因素之间的普遍联系，反映了一种整体性。

2. 开放循环性

自觉绿色建筑的实质是信息系统的首尾相接、无废无污、高效和谐、开放式闭合性良性循环。这里信息系统包括改善了物质资源、能量资源和生态资源。开放是指循环在任何时候、任何环节都可进行输出输入，闭合是指整个循环过程所有的物质都能通过"废料——原料"的方式加入循环。这种良性循环要求建筑设计和使用中产生的污染及废物能自然净化或为其他生物合理吸收，能够合理地利用生态学中各种物质与能量的连锁关系加以实现。

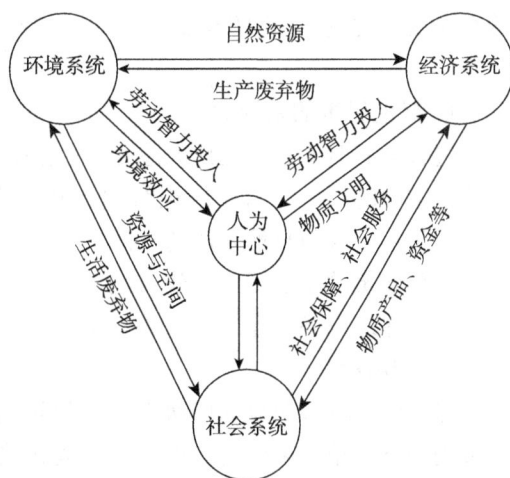

图8-1 三维复合系统及相互关系

3. 生态经济性

自觉绿色建筑是一种有生命特征的经济系统，在一定的生态系统缓冲限度即生态容量范围内合理地建设发展建筑，是绿色建筑最基本的观点[①]。合理的建设速度与规模、高效的资源与能源利用（诸如覆土技术、太阳能住宅、中水技术等），以及强调研究人类在与自然协同进化中形成的"生物性、节律性"，根据人的生理、心理正当需求营建建筑，避免浪费型建筑等等，都表现出生态角度的经济性

4. 智能反应性

在人类进化过程中，人的大脑日益发达，人脑已具有十分完善的神经系统和较强的调控能力。计算机的兴起和现代科技的无限可能性，使得这种系统和能力有可能在建筑上得以模拟，使建筑呈现出类生命的有机体特征，向智能性进化。绿色建筑在与环境交流中通过这种智能反应性，来达到节约资源，改善环境，促进健康的目的。这种智能调控反映了绿色建筑的主观能动特征。

通过原生及自觉绿色建筑特征比较，可以清楚地看到：原生绿色建筑是绿色建筑的起点和雏形，为自觉绿色建筑的发展提供了变化选择的方向。但是绿色建筑不仅强调回归自然，更强调人对自然的体验，强调充分利用自然、改造和发展自然。后者是自觉绿色建筑与原生绿色建筑的本质区别。

8.2.2 绿色建筑的设计思想

绿色建筑的设计，初期仅涉及到具体的场所、材料、能源、绿化等技术领域，后延伸到社会、经济、生态、文化等领域，从一种观念或技术上升为一种综合各种因素的整体的、动态的设计理论和方法。

绿色建筑是基于生态系统良性循环的原则，以绿色经济为基础，绿色社会为内涵，绿色技术为支撑，绿色环境为标志建立的一种新型建筑。在目标上，它追求天、地、人、建筑的协同共进，追求在美化、改善自然过程中为人类创造更理想的居所；在设计中，主张整体优先，环境优先，建筑设计是环境设计总体中的一个组成部分，在技术上提倡实用适宜，高效节约，无污染；在理论研究上，既研究现代社会人的各种活动规律和生理、心理需求，更注重在天地人巨系统中人、自然、建筑三者关系[②]。

8.2.2.1 五大基本观点

从现阶段绿色建筑理论的分析来看，绿色建筑应具有五个方面的基本观点：即绿色建筑

---

① 钟晓青. "绿色建筑"体系的若干问题探讨 [J]. 建筑学报，1996，2.

② 刘克成. 绿色建筑及其体系研究 [J]. 新建筑，1997，4.

的系统观、绿色建筑的生态观、绿色建筑的时空观、绿色建筑的经济观及绿色建筑的社会观。

1. 绿色建筑的系统观

过去人们对于建筑的研究总是用一种笛卡儿式的逐一分解的方法，建筑似乎更多的是构件组装，空间的围合。自系统论被引入建筑学中，人、建筑、环境始作为一个整体系统来考虑，建筑成为协调人与自然矛盾的过滤器。

绿色建筑的系统观认为建筑是天、地、人整系统中的一个子系统，同时又是建筑功能、建筑构造、建筑设备、建筑控制等子系统的母系统。因此，它具有以下特点。

(1) 层次性

绿色建筑具有明显的层次性，在建筑与环境的关系上的表现尤为明显，既可从宏观、中观和微观的空间角度来分析，也可从时间角度、对象角度等方面分析。其中任一层次中某一参数的微小变化，可以通过系统逐级放大或可通过系统的相互制约产生不同的后果。绿色建筑着重研究各层次之间的结构及相互作用，使其最大限度地发挥其相应层次的功能。

(2) 过程性

建筑不是一个静止的作品，而是一个在营建及使用周期内产生、发展、消亡的运动过程，具有过程性及动态性，因此建筑设计应阶段化，对不同时期采用不同的空间模式和设计原则。建筑应考虑发展变化的自然规律，应在充分论证其可能性、经济性、合理性的基础上确定各阶段建设目标，"坚持一种留有余地、富有弹性的发展状态"①。对于目前无法论证清楚的目标，应搁置起来，留在下一个阶段考虑。

(3) 开放性

开放是"一切有机体在生态圈中与环境协调、交流之基础，是有机体适宜环境变化，保持可持续生机和活力的保障，是其不断进化所必备的结构特征"②。建筑作为一个生命有机体，必须在非平衡状态下，通过与外界的"三流"交换，吸取负熵，形成新的、稳定的、充满活力的结构。因此绿色建筑设计要用不断调节、不断充实的方法进行设计。20 世纪 80 年代我国提倡的支撑体的建筑模式，便是开放住宅体系的良好实践。

2. 绿色建筑的生态观

自然系统的高效、低耗的循环利用的生存模式，是绿色建筑研究设计的一个重要灵感来源。

生态学这个概念是 1869 年由 E·海克尔（Haeckel）首先使用的，它是研究有机体之间，有机体与环境之间相互关系的学说，从生态观点来看，地球生态系统包括自然生态系统与人工生态系统，建筑及其环境都是人工生态系统的主要组成部分。因此遵循生态规律，具有生长、新陈代谢、进化（功能变化）、繁殖（扩建、增加）和死亡的生态特征，这个规律和特征为我们进行绿色建筑设计提供了重要的设计原则：

(1) 最适功能原则：建筑作为一个微型生态系统，存在着最适功能或阈限。建筑规模要由微型生态系统中的各制约因子决定，超阈限规模既无益于良好循环，也不经济。

(2) 循环利用原则：生物链原理启示着建筑设计对非再生资源的节约利用，循环再生利用，设计注重再生材料的使用和废弃物的循环再利用。

(3) 协调共生原则：生物系统中各大小系统及系统中各有机体之间相生相克，既协作又制约的关系，保证了整个生态系统的整体有序性和共同发展性，设计中注重个人生活与社会团体活动、经济发展与环境保护等关系之间的平衡。

---

① 王建国. 生态原则与绿色城市设计 [J]. 建筑学报，1997，7.
② 鲍家声. 可持续发展及建筑未来 [J]. 建筑学报，1997，10.

3. 绿色建筑的时空观

与系统观的过程性及开放性相对应，绿色建筑的时空观已突破了传统的二维静态观。建筑不仅是"凝固的音乐"，而且是在连续的时间轴上动态发展的空间形态，因此绿色建筑设计时，应结合时间与空间的辩证关系，用动态的空间观来考察建筑。

（1）建筑发展空间化。绿色建筑突破了传统人地关系，建筑可以不再仅仅依附地面，在土地资源日益紧张的制约下，"土地空间化"成为绿色建筑中的一个重要概念，未来的城市建筑应向地下、空中乃至海底、太空发展。覆土建筑是建筑浅层空间开发的初步实践。

（2）空间要素多样化。人们对空间形态产生的综合印象不仅来自光影、声音、形状、色彩、构图、界面质感，亦来自于空间中有生命性信息，诸如阳光、空气质量、绿意、水面和人及生物活动。绿色建筑设计中更注重强调空间的生命性特征。

（3）建筑设计全寿命周期化。绿色建筑除了关注建筑的成品的实物形态外，更关注整个建筑生产期及有效使用期内各设计要素对环境的影响，有意识把握各要素与各环节的链接。譬如建筑材料的选用设计要充分考虑材料的选采、加工及使用过程是否会增加环境负担，是否会释放对人类有害的污染性物质，解体后能否循环利用或还之与土。

4. 绿色建筑的经济观

发展是绿色建筑的重要原则，而追求经济效益是绿色建筑的三大效益目标[1]之一。与生态建筑相较，绿色建筑更倾向于综合成本——环境负荷的折中方案，即在不增加环境负担的前提下追求节约化、集约化设计。

（1）高效性原则。绿色建筑对建筑设计、建造、使用方面有高效性要求。空间设计需依据人体工程学分析，确定满足功能要求的最合理空间尺度，提高空间容量。

（2）节约性原则。在提倡充分利用的同时注重适可性和节约性。首先设计力求在简洁平淡中追求丰富，避免华而不实、大而无用的粗放型设计。其次应考虑节约建筑使用能耗，建造过程中力求"低蕴能量"，回收再生建筑废弃物。

5. 绿色建筑的社会观

受深绿色建筑思想的影响，绿色建筑的设计提倡健康的绿色生活：简朴自然、适宜消费，高度物质文明不等于奢靡，"奢靡之费，甚于天灾"。

生命系统具有一种非凡的能力，它表现出进化过程对环境的适应性。一切适应性都可以表达为当外部条件发生随机变化时保持某一个变量适当值的机制。生命组织系统存在着如下的"负反馈调节"机制（图 8-2），一旦系统受到干扰能迅速排除偏差恢复恒定的能力[2]。这种有机体独特的维持内稳态的能力被坎农称之为"智慧"。这就是人体体温维持 37℃ 却能在高寒酷暑下生存的原因所在。以前那种通过高能耗、高物耗设计来营建与人体反应毫无关联的浪费型建筑，其实质是违背科学的，科技带来的表面上的文明进步，恰恰破坏了生命有机体的内在调节机制，使人的健康受到极大影响。

绿色建筑通过设计手段提倡良好的生活态度及

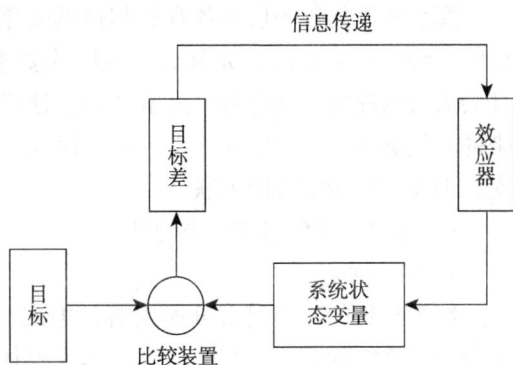

图 8-2 负反馈调节

信息传递

目标差

效应器

系统状态变量

目标

比较装置

---

[1] 三大目标效益：环境效益、经济效益、社会效益.

[2] 金观涛. 整体的哲学 ［M］. 成都：四川人民出版社，1987：11-16.

健康的消费行为。"日落而辍，日出而作"是对光热能源的最好节约；适度的消费既满足人类生存需要，又不至于给地球造成垃圾之灾；依据自然的恩赐远离人工环境使人类更加强筋壮骨、延年益寿，建筑设计应使人与自然、人与人的交往的方式更直接、更本能化。

8.2.2.2 设计基本原则

在绿色建筑的思想观点的指导下，绿色建筑应具有四个基本原则：

(1) 整体关联（环境优先）原则。建筑为自然生态系统的有机组成，应保持资源再生和自然景观的连续性，并致力改善社会环境。

(2) 经济高效原则。高效利用空间、资源，力求建筑的低成本和低能耗。

(3) 健康舒适原则。追求空气品质和其他环境质量，使建筑空间既益于人类身体健康，又具有美学价值。

(4) 广义生命周期设计原则。关注建材的选材加工、建筑设计、营建、运输、日常使用及解体再利用的整个过程对环境的影响和节能效用。

8.2.3 绿色建筑的层级关系

绿色建筑，突破以往单向的"线性设计"方法，以一种由整体到局部、从局部看整体的全面的、联系的观点重新看待建筑设计。AIA 会长 S·玛克斯说："建筑学远非建筑物形象设计，我们需要一张大的环境图，透过树木看到森林，我们必须面向未来，致力保护这些森林和每一株树。"[1] 建筑师的任务不再止于设计一幢房子，而要"设计"整个地球环境。

由宏观角度观之，绿色建筑放眼全球环境，放眼国土和区域；由微观角度观之，绿色建筑直接关注着与人密切相关的小环境，关注人的健康，但处处体现环境与整体优先的原则，服从全球生存需要。因此，绿色建筑是一种系统化、层级化的设计。

8.2.3.1 绿色建筑的层级构成

按系统论的观点，绿色建筑具有层次性。人们可以根据需要按照不同的方面来划分绿色建筑系统的层次。从时空的角度，绿色建筑可以划分为三个大的层级：

(1) 全球级绿色建筑。在地球生态系统中从全球环境保护的角度，来设计、考虑建筑全生命周期内的环境表现。

(2) 地域级绿色建筑。从合理的国土的生态化使用和区域环境价值提高的角度来确定绿色建筑的设计对策。

(3) 地段级绿色建筑。从建筑所在的基地环境的最少破坏和建设、改善基地环境的角度，为满足使用者的生活需要来考虑建筑设计因素。

绿色建筑的三个层级各有其相应的要素构成：全球环境的控制包括臭氧层保护、空气洁净保障、绿色生活规范、资源最大利用等要素；地域环境应结合地段生态保护、当地环境建设、社会人文状况的改观等方面要素考虑；地段级绿色建筑设计着眼于建筑单体给使用者的健康带来的直接影响，注重空间、小气候、视觉、声觉等方面要素的研究。这些要素虽隶属不同的层次，但又有互相密切的关联性。

8.2.3.2 绿色建筑层级的特点

1. 相对性

绿色建筑的三个层次分属宏观、中观、微观三个方面，由高及低，是一种整体与部分、系统与要素之间的关系，其中高层次作为整体制约着低层次，低层次构成高层次，但具有自身相对的独立性。

绿色建筑首先应从全球环保要求出发。只有保护整个地球的环境，才能直接改善区域环境

---

① 黄绳. 面对可持续发展的绿色建筑 [J]. 建筑学报, 1998, 9.

质量，最终提供使用者适宜的小气候和健康的居住条件。譬如，我国 90 余座主要城市中空气质量达到一级标准（每年 $1m^3$ 空气中 SO_2 的含量小于 0.02mg）的城市只占 1/9，内陆最大的工业城市重庆，年平均雾天达 270 天，在这样条件下，建筑是较难保证基地的良好的空气品质的。我国第一大河——长江的中下游，江深水阔，沿江建筑由于自然、人工、文化的共同孕育，已形成了特有的景观。近年来，因全国经济发展战略需要，沿长江中下游将建立城市中心地带。这就决定了长江中下游建筑应表现出特有的区域生态特征，并通过有效利用和开发沿江景观资源，来促使在长江中下游形成城市与产业的理想带。这些都说明了高层次对低层次的制约。但绿色建筑低层次的相对独立性也不可否认，如良好的构造处理能建立其生物气候缓冲层，屏蔽外界的不利影响，获得一个舒适的小气候条件。

2. 相关性

绿色建筑的各层次之间、各层次与要素之间，相互联系，相互影响。

过去建筑中，常依赖空调取代自然通风来改变室内小环境的温、湿度，给使用者以健康舒适的享受。但因空调大量释放的氟里昂，导致了大气层中臭氧层的破坏。据悉，目前南极臭氧空洞的面积与 10 年前相比已增加了 13 倍，达到地球表面积的 3%。这将会使大量的紫外线轻易地透过大气层辐射到人及动、植物身上，最终导致人类疾病、死亡。这显然与我们设计的初衷——创造健康舒适的居住环境是背道而驰的。从中我们可以看到设计时考虑不同层次上各因素的相互联系和作用的重要性。

因此，创造一个良好的人居环境，需要绿色建筑系统中多层次、多部位要素的协同整合作用。譬如就提高空气品质而言，就可以通过在绿色建筑设计中的三个层次来实现：从全球环保角度可以通过绿色社会生活引导遏止大量垃圾产生，通过限制某些设备的使用及严格施工规范来减少氟化物及硫化物等有害气体，减少木材使用以保护森林资源等。从地段生态角度应使建筑活动避免破坏生物生存的生境地，保证物种多样性发展，尤其是自然绿地系统。古城南京由紫金山、钟山植物园经玄武湖及毗邻的小九华山、北极阁到鼓楼高地，再延至五台山和清凉山构成的自然绿地系统，使城市及其次生的自然环境与城郊原生自然环境形成亲密无间的共生关系，为物种多样性和生态习性的保存创造了良好的条件，可惜在后来的建设中遭到了部分破坏。物种多样性尤其是植物，对于利用生态系统的良性循环改善空气质量起着重要的作用。保护基地原有绿化，"用绿还绿"，并结合建筑室内外绿化，也有效地帮助净化空气。三个层面统一作用，才能有效地实现目标。

3. 多样性

绿色建筑层次划分并非是唯一的，可以从不同的角度去划分系统的层次，譬如按服务对象、按运动状态、按设计阶段等等。设计阶段中常可划分为总规、详规、建筑设计、室内设计等层次。多样性的划分有利于我们从不同的方面探讨绿色建筑的本质。

认识绿色建筑层级性的目的，在于寻找有效的认识方法，让不同的层次发挥其不同的、特定的功能。

控制理论中，大系统的模型具有系统维数高、关联复杂、目标多样等特点，须引入"多重建模"、"分解"、"简化"的原则。在对地球级系统实施控制时，一般采用分散控制或递级控制。递级控制是建立在系统层次性基础上的。地段级的系统为直接控制层，可直接与被控对象发生联系，集中控制，从而得以实现优化高效的控制。系统对不同层次的控制都必须依靠相应信息，通过信息的传递与反馈来实施调节行为。

8.2.4　绿色建筑的评估方法

1992 年，世界环境发展大会通过了《21 世纪议程》，提出了研究和建立可持续发展的指标体系的任务。绿色建筑作为一种可持续建筑，对其评估方法的研究和指标体系的建立，与对其设计方法的研究同样重要。

8.2.4.1 制定评估指标体系的原则

建立绿色建筑指标体系，应充分体现可持续发展的内涵，因此在确定评价体系时，应遵循如下指导原则：

(1) 科学性原则。指标的选择、权重的确定、数据选取、计算与合成必须以公认的科学理论为依据，在合理的生态区域内对社会、经济、环境、人文等诸方面的相互关系作出准确、全面的分析和描绘，使指标体系既满足可持续发展的全面性要求，又避免指标的重叠。

(2) 客观性原则。要求所设计的指标必须以客观的事实为基础取得数据，作为计量与评价的基础。

(3) 简便性原则。要求指标体系的设置避免繁琐，具有较强的可操作性，即指标体系所涉及的数据应该是目前国内外统计制度中具有或通过努力容易得到的。

(4) 引导性原则。指标体系的设置和评价的实施，目的在于引导被评估的建筑沿着可持续发展的道路前进。故指标及权重应体现与可持续发展的总体战略目标相一致的政策引导性。

(5) 可比性原则。为便于相似区域或地段的比较，要求指标数据的选择和计算采取通行的口径。

总之，指标体系的建立，既要反映标准化要求，又要反映特性化要求。同样是全球环境目标，其指标项组成大致相同，但各国家或区域的具体指标项上可以存在出入，特别是权重，必须充分体现地域特征。比如我国和第三世界国家，环境状况和经济发展还很落后，因此环境、经济利益指标应处于比较突出的地位。对于以工业为主的城市群带，应加大空气污染及水污染控制指标的权重。应该注意到：同一目标下的有些指标还存在着抵触现象。因此当某些指标之间出现矛盾时，应确保重点，合理取舍。

8.2.4.2 指标选择和设置的方法

设置指标体系，首先要确定综合性目标。综合性目标往往是一种定性概念，为了建立与定量指标的联系，就必须将综合目标分解为较为具体的目标，即准则。这些准则从某一侧面反映了建筑的系统结构特征和综合目标对建筑的要求，尽管它们仍然是定性的，但相对定量指标之间的相关关系而言更直接、更简单。经过逐层分解准则层，最后由具体的指标层来反映。指标应尽可能定量化，以便更准确地反映目标。

指标的设置过程：目标层——→准则层 1——→准则层 2——→……——→指标层。

根据以上方法，结合绿色建筑的层级结构，绿色建筑评估体系框架可以构造如下：

(1) 综合目标：建筑的可持续性。

(2) 目标层：由四个方面的内容组成：全球环境目标、区域环境目标、经济利益目标、使用者要求目标。

(3) 准则层：每一个目标层下依据不同的环境状况分设若干准则，若需要可逐步分级。这里分为两级，见表 8-2 所列，□表示一级准则层，•表示二级准则层。

(4) 指标层：最低级指标层由具体的定量指标来控制，如有毒气体的抑制可通过对 SO_2、NO_x、CO_2、CH_4 微粒的定量值来反映。

由于指标涉及的内容较多，这里不作详细的叙述，仅将综合目标、目标层及准则层的项目列于表 8-2。需指出的是，这里的环境是个大概念，包括自然、社会、人文等方面，但以自然为主，经济作为另一个内容，这样便于更清晰地反映环境和经济两大目标特征。从以上分析可知，绿色建筑评估体系的建立，应采用宏观与微观、定性与定量相结合的方法。

绿色建筑评价体系　　　　　　　　　　　　　　　　　　　表 8-2

评价目标	综合目标：建筑的可持续性			
	使用者要求目标	经济效益目标	区域环境目标	全球环境目标
评 价 指 标	□ 使用空间的高效性 • 私密性与开敞性的结合 • 空间灵活可变性 • 空间的多适性 □ 健康舒适性 • 场所的空气品质 • 适宜的温、湿度 • 良好的日照 • 良好的视觉环境 • 良好的声环境 □ 室内绿化程度	□ 国民经济效益 • 总营运成本的控制 • 寿命期年成本的降低 □ 业主效益要求 • 一次性投资控制 • 建设期成本控制 • 投资回收效益（信誉、利润） • 企业形象要求 （为特定活动提供特定环境，促进环境与用户双向活力与健康） □ 用户利益反映 • 每平方米造价 • 年维修成本 • 拆建回收	□ 地段生态保护 • 土地的合理使用 • 自然生境的完整 • 地段特征性 □ 基地环境建设 • 空间活力、创造性 • 改善微观气候 • 与环境亲和性 • 对不利交通的限制 □ 人文环境建设 • 对文脉的尊重 • 活化地域	□ 臭氧层保护 • 避免一切引起臭氧消耗的产品的使用 • 结构与围护部分无臭氧消耗 • 无臭氧消耗制冷设备 □ 空气质量保证 • 空气热量交换系统的平衡 • 有毒气体抑制 • 减少污染的操作 □ 绿色生活引导 • 降低消费水准 • 减少对硬体设备依赖 • 简朴节俭生活诱导 □ 利用节约资源 • 重视国土资源 • 最大限度利用自然资源 • 节能节耗 • 建筑的经济长寿性 • 建材的合理化选用

8.2.4.3　评价方法

绿色建筑的评估，通常可以采用综合性评价和分析性评价两种方法。

1. 综合性评价

综合性评价是用生命周期分析法（LCA），全面考察建筑在各方面目标的表现状况。按 ISO 的定义：LCA 是指汇总和评估一个产品体系在其整个寿命周期内所有的投入和产出对环境造成的和潜在的影响的方法。这就要求评价对象的各种数据来源需经理论计算推导或经相当长的时间范围测量才能确定。这种评估通常属于事后评估。

美国与英国、瑞典、奥地利、加拿大、法国等其他 13 个国家合作，设立了 GBC（Green Building Challenge）国际合作项目，其秘书处设在"加拿大自然资源组织"（Natural Resources Canada）。1998 年 10 月在加拿大温哥华召开的"GBC98"国际会议成为这个项目实施进程的一个标志。该过程涉及开发评估建筑能源和环境状态的系统结构框架。这个系统具有一个反映全球问题的内容，各国可根据国情修改。会上提供了 34 个建筑项目详实的评估结果，会后又对 100 多个建筑进行评估。通过评估来测试该评估系统的价值正是这次会议的目的。

美国绿色建筑委员会正通过一个绿色建筑分级系统（LEED™）来评估建筑的全生命周期环境表现，试图指明绿色建筑应符合的标准（见附录 C）。基于评价参数、权重的难测定性，该评估分级系统的分值主要"基于可接受的能源和环境原则，并重视已知有成效的实践与不断涌现的新概念之间的合理平衡"来确定。该系统根据不同的情况，按不同标准评价。对满足所有不同条件并获得总分 2/3 的建筑评定不同的等级。

得分值>36 分（>81%）：绿色建筑白金认证；

得分值 31~35（71%~80%）：绿色建筑黄金认证；

得分值 27~30（61%~70%）：绿色建筑银认证；

得分值 22~26（50%~60%）：绿色建筑铜认证。

通过这样一个 LEED™ 绿色建筑系统，不仅可以对现行绿色建筑进行分级，而且可以自我认证。由于它的简单可操作性，因此该系统在建筑领域内具有广泛的应用前景。另外它的引导性也十分突出，这是绿色建筑综合性评估的一个典型例证。

2. 分析性评价

这是一种在实质设计之前事先进行的系统化模拟评估，它以某一方面为目标，权衡各种方法的轻重而定取舍，以便选择有效而经济的方案，属于事先评估形式。分析性评价的步骤为：

(1) 确定目标；

(2) 确定实现目标的几个主要途径；

(3) 选择同一途径不同的方案；

(4) 对不同情况组合下各方案的最终目标参数进行评估；

(5) 选择最优方案。

台湾电力公司营业处大楼建于 1995 年。原方案考虑门面朝向西边大马路，结果长 50m 的立面空间引入不利的西晒，成为极为耗能的建筑物。改进方案中确定设计的主要目标是节能，并拟通过平面配置、外立面遮阳、玻璃选用、屋顶隔热四方面途径来解决节能问题。各个途径下的不同方案选择如下（图 8-3）：

(1) 平面配置。将原有一字形配置改成 L 形大楼，使得大部分立面由不利的东西向改为有利的南北向。将楼梯间、厕所及空调机房等非空调间置于日射较强的东边，以缓和大量的日射而节约空调用电。中间走廊形式，使动线简洁以容许最弹性化的空间分割，同时可节省送风管

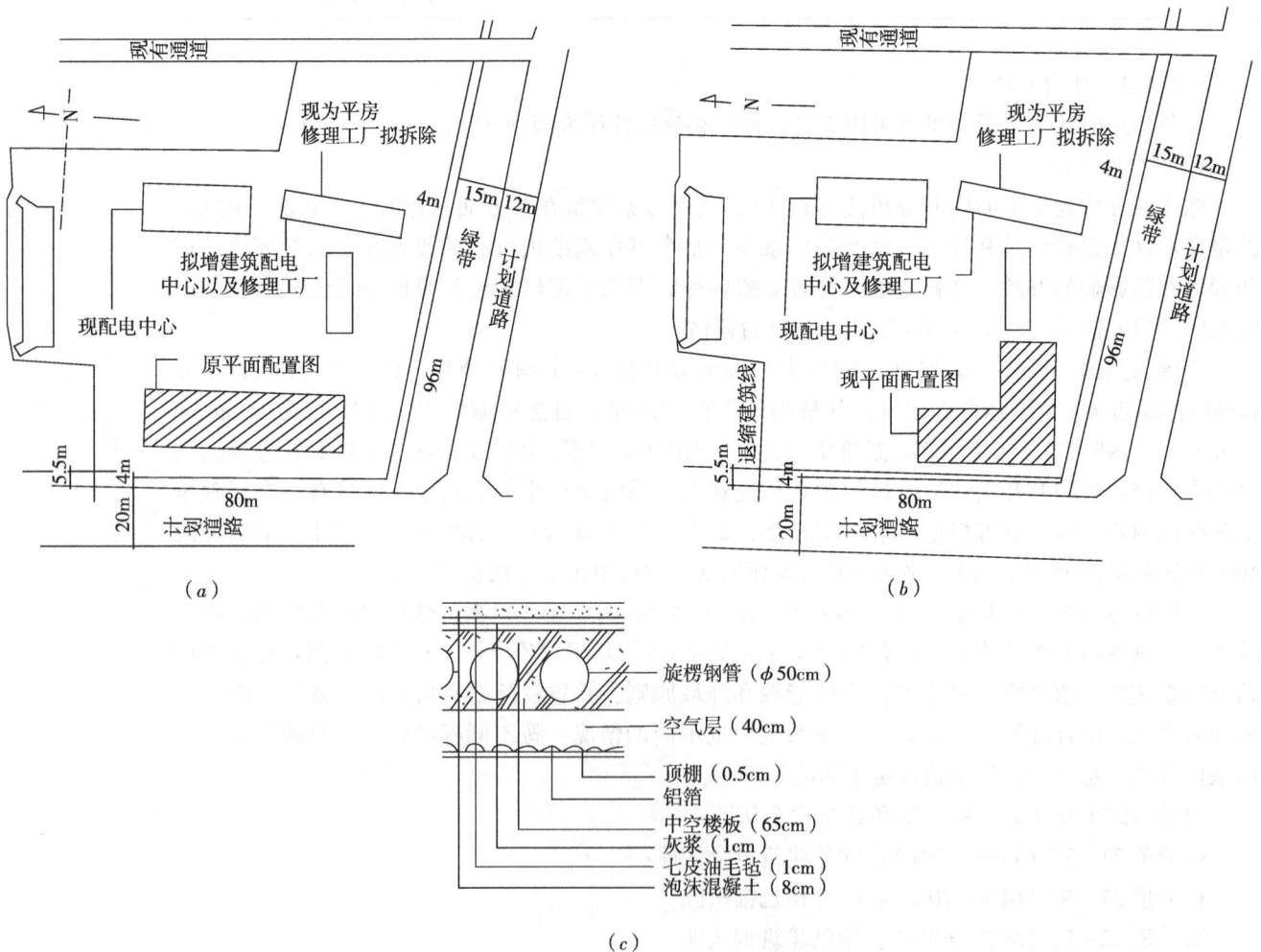

图 8-3 方案比较

(a) 原拟大楼改建方案；(b) 改建大楼方案；(c) 隔热、屋顶节能构造

(a)

(b)

旋棱钢管（φ50cm）
空气层（40cm）
顶棚（0.5cm）
铝箔
中空楼板（65cm）
灰浆（1cm）
七皮油毛毡（1cm）
泡沫混凝土（8cm）

(c)

道设备，对于送风系统亦有相当大的节能助益。

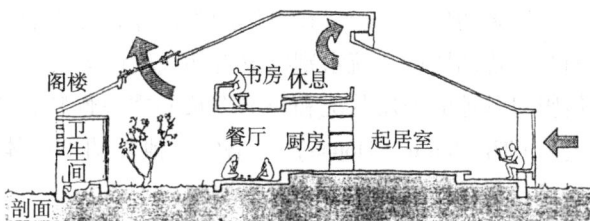

图 8-4 "管式"住宅剖面

（2）外遮阳设计。东、南、北向采用水平为主的格子遮阳。为了避免强烈的日晒，西向采用格子遮阳之外，还采用了部分折板遮阳以挡低角度的日射，西向大门有窗立面巧妙地由上至下退缩并留设深深的阳台以阻挡西晒，同时在阳台下再加装水平塑钢羽板遮阳以阻挡低角度的西晒。

（3）玻璃建材选用。一般 5mm 厚度的平板透明玻璃日射透过率 η_i 值 = 0.85，若采用同厚度的热线吸收玻璃，其日射透率 η_i 值 = 0.71，可降低很多的日射负荷。

（4）屋顶隔热处理。屋顶采用 $U = 1.02\text{W}/(\text{m}^2 \cdot \text{K})$ 的隔热水准。

然后就各种不同的节能设计方案组合，对其效果进行定量评估。根据 ENVLOAD 指标的评估，该大楼建筑各部分外壳节能计划的效果如图 8-4 所示。由此可知，平面配置的节能效果极为惊人，达 30.4%，而外遮阳的效果亦颇为可观，平面计划之后又增加 25.3% 的节能效果，其他在玻璃材料及屋顶隔热上的效果则十分有限①。

事实上，绿色建筑的评估不仅需要实测数据，也可通过科学预测和计算得出结论。结合综合评估与分析评估，从而确定最佳方案。

8.3 绿色建筑的单体设计

绿色建筑的实践具有深厚的历史根基。早在 2000 多年前维特鲁威的《建筑十书》中就论及建筑环境控制（如炎热环境、音质环境、日照、采光）以及各种水质（包括雨水）利用问题。在第一书中，专门阐述了"动物的身体与土地的健康性"关系，强调环境对人体健康的影响。事实上我们的祖先很早就懂得用"绿色"的方法营建他们的小巢："居住在平原的弗律癸亚人因缺乏森林，木材不足，所以选择了自然的山丘，在其中央挖凿洞穴，贯穿通道，在土地能允许的范围内开辟了宽敞的空间。在它的上面把圆木相互结合，造成方锥形，用芦苇和树枝把它覆盖起来，在住居上面堆积大量的土。②"掩土居所是最早的一种住宅形式，在某些地理位置和区域使用了几千年。如中国北部的黄土高原，土耳其中部的卡多西亚及位于撒哈拉沙漠北部边界的突尼斯南部等，其形式有窑洞、崖居、半下沉式村落，用途不一。在古代建筑中，利用基地条件，顺应设计的优良建筑不胜枚举，表现出与环境的共生性和较强的生命力，为现代建筑的发展奠定了基础。

8.3.1 绿色建筑的实践类型

现代绿色建筑实践是以环境保护为标志的，从 19 世纪末（1872 年）的黄石公园到 20 世纪 90 年代的绿色建筑运动，其实践大致有以下几种类型。

8.3.1.1 设计结合场地

这类思想杰出的实践者有 20 世纪初的现代大师赖特、柯布西耶等。主要观点表现为：①强调整体概念和基地环境意识；②注重现代技术和传统设计方法的结合。

赖特一生致力于"有机建筑"的实践，他强调建筑和环境的整体联系。"从地上长出来"表现出有机生命的概念，生命的活性要求建筑具有过程性和开放性，它始终持续地影响周围环境

---

① 林宪德. 绿色建筑计划 [M]. 台北：詹氏书局，1996：34.

② 维特鲁威. 建筑十书 [M]. 高履泰译. 北京：中国建筑工业出版社，1986：34.

和使用者的生活。赖特在早期的作品中就十分注重环境设计，特别注重外观、材质、色彩等方面与环境的协调，流水别墅成为环境设计集大成之作。据悉，为了使整个建筑与环境完全融合，他曾对基地的地质状况和花木生长的季节性特征作了详细的调查研究。在他的著作《自然的住宅》(The Natural House) 一书中，他强调了整体概念的重要性，认为建筑必须同所在的场所、建筑材料及使用者的生活有机地融为一体。

柯布西耶在 1925 年指出"新建筑"的五个表现中，提出了"底层鸡腿"和"屋顶花园"的设计。主要目的是为了少侵占土地，增加绿化空间，使人更多地接触自然。他在 1930 年阿尔及利亚"奥布斯"规划中，将城市建筑架在巨大的鸡脚柱上，而且机动车道占据其中一层，既减少了道路的占地面积，又保持了绿色系统的生态连续。

8.3.1.2　设计结合气候

对气候的研究主要用于通过被动式设计来达到建筑节能的目的。这方面的研究主要有两方面：一是热能利用；二是被动制冷。

热能利用最典型的是对太阳能的利用。早在 1908 年，美国发明家弗兰克·舒曼 (Frank Schuman) 发明了太阳能收集"平板"的模型。1913 年法国住宅部官员 A·雷研究了十个大城市住宅日照间距问题。1933 年，柯克 (Keck) 兄弟发明了太阳房。1939～1961 年，MIT 系统研究并建造了四幢实验性太阳能校园建筑。1963 年，V·奥戈雅完成了《设计结合气候：建筑地方主义的生物气候研究》(Design With Climate, Bioclimatic Approach to Architectural Regionalism)，提出"生物气候地方主义"的设计理论，将满足人体的生物舒适感觉作为设计出发点。设计方法为：①研究地方气候条件及对人体生物舒适感的影响；②采用相应的设计手段和技术控制来调节这种影响。

20 世纪 70 年代能源危机之后，结合生物气候原理的节能设计不乏其人，如印度的柯里亚和马来西亚的杨经文就是这种理论的杰出实践者。

柯里亚结合印度炎热干燥的气候条件，创建了"开敞空间"与"管式住宅"的住宅范例。"这是两个完全相反的命题，却自我完整，又构成了两者相互关联的子集。[1]" 1962～1964 年设计的兰姆克里西纳住宅是最早"管式住宅"的经典注释 (图 8-4)。1966～1968 年，帕里克住宅则将"管式"概念发挥得淋漓尽致：两个不同的"管式"剖面，为冬夏不同季节而设，被结合在同一连续空间内，正立的金字塔形空间避开了漫长夏日空气中不断射下来的热量；倒转的金字塔建筑形体向天空敞开，以求日照，其形式和剖面上的处理体现了"形式服从气候"的观点。节约能源，"意味着建筑自身，通过真实的形式，来产生使用者所需求的气候调节"[2]。

杨经文是马来西亚华裔建筑师，早年就开始建筑与环境的研究，曾发表《环境规划设计中考虑和生态学结合的理论体系》的博士论文，从生物气候学角度研究建筑设计方法论。与柯里亚不同的是，他着眼于城市密集发展模式中的摩天楼"回归自然界绿色之中"的问题。他的生物气候"大楼"(图 8-5、图 8-6) 操作特点如下：

(1) 将服务核布置在建筑外层，可遮阳挡风，便于动力系统维修，方便经济。

(2) 建筑墙面或中庭空间绿化，减少热岛效应。

(3) 沿全高设置不同凹入深度的过渡空间，塑造阴影效果，并结合绿化，过渡空间还可作为未来扩建的灵活间隙空间。

(4) 屋顶设置不同角度的遮阳格栅，并结合游泳池和绿化休息平台凉棚等改善热工。

(5) "二层皮"(double-skin) 的外墙，形成复合空间或空气间层。

----

① 肯尼斯·弗兰姆普敦. 查尔斯·柯里亚作品评述 [J]. 世界建筑导报, 1995, 1: 5.

② 查尔斯·柯里亚. 转变与转化 [J]. 世界建筑, 1990, 6.

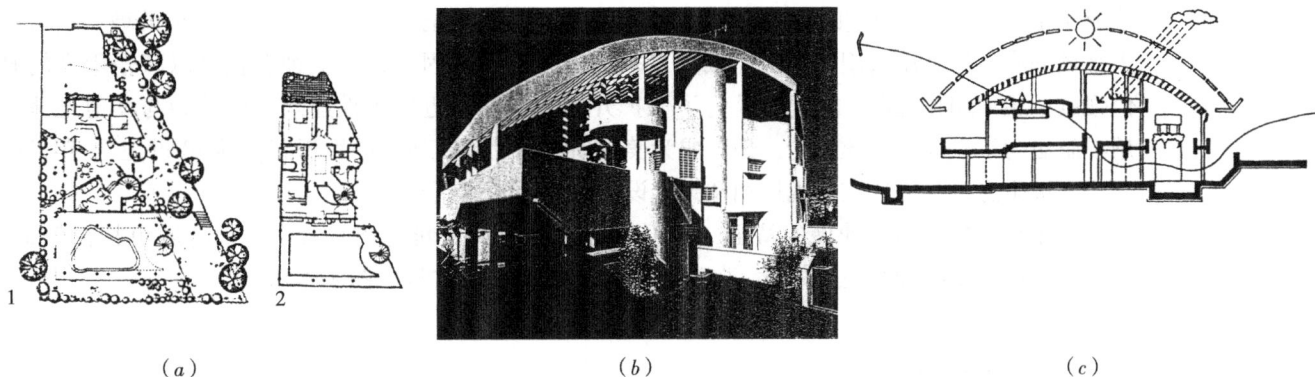

（a）　　　　　　　　　　　　　（b）　　　　　　　　　　　　　（c）

（6）创造通风条件加强室内外空气对流。如公寓中阴的空缝可以利用自然风带走热气；利用上下贯通的中庭和"二层皮"间的烟囱效应创造自然通风系统。

（7）通过墙面水花系统蒸发冷却墙面。

气候总是和地域联系在一起的，杨经文的生物气候学和柯里亚的气候设计方法的本质和历史上的地域技术如出一辙。

8.3.1.3　设计结合生态

"绿色"术语亦可追溯到"深层"生态学，其研究的重点是人类与地球关系。最早采用生态学的基本原理进行设计，主要受生物链循环、生态共生共荣的思想影响，强调在一个封闭小系统内的循环利用。早在 20 世纪 60 年代，美籍意大利建筑师索勒里就提出生态建筑的新概念，并在亚利桑那州进行小规模的生态建筑试验，创造了"城市建筑生态学"（Arcology）理论，力图用新的城市模式取代现有模式：设计一种高度综合、集中式的三维尺度城市，以提高资源、能源利用率，消除因城市无限扩张而导致的各种城市问题的负面影响。

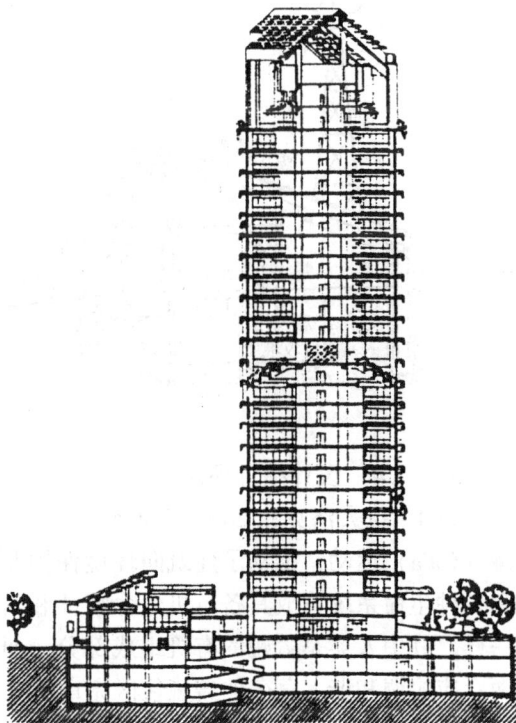

图 8-5　杨经文自宅（上）
（a）首层及二层平面；（b）住宅外观；（c）剖面

图 8-6　马来西亚吉隆坡 IBM 大厦的剖面

1974 年，E·R·舒马赫在《小的是美好的》（Small is Beautiful）一书中提出生态循环的自足性设计的哲学依据，倡导适宜技术和可再生能源的利用。这阶段有关机构展开了大量的生态住宅试验性研究，最具代表性的是 1974 年在美国的明尼苏达州所建的 Ouroboros 住宅，Ouroboros 是西洋神话中可吞食自己不断生长的尾巴而长生不死的恶魔，此住宅用此名标榜可与环境共生的自足性的住宅设计（图 8-7）。它设有太阳能热水系统，风力发电、废弃物及废水再利用等生态设计，亦利用了草皮屋顶、温室、浮力通风等被动式设计原理。在农村生态住宅中，物质循环系统大多遵循人畜食物→粪便、生物性垃圾→沼液→农作物收获利用模式；能源利用系统为：太阳能→层面植物生物能→沼气化学能→热能。这种自给自足的生态循环无疑是"生态建筑"理念的极致。

这一阶段大量兴起的还有覆土设计研究，澳大利亚的建筑师 S·巴格斯、英国建筑师 A·昂姆比、美国建筑师 M·威尔斯以及明尼苏达地下空间中心都进行过一些独特的设计实践。覆土建筑因具有良好的生态效应，而且可使自然景观与土地利用相结合，因此被广泛地开发为居住、购物中心、军事设施、停车站，甚至是学校办公建筑。美国明尼苏达大学书店及注册处办公楼，建成于1977年，是一座抵御冬季寒冷多雪、夏季多雨炎热的庭院式地下建筑。45°的玻璃墙可引入视域阳光，使冬季有阳光透入而减少夏季的阳光照射，固定百叶上种有花草以减轻阳光的峰值强度，屋顶用作花园。该建筑是为了保护开阔空间及附近历史性建筑，以及为与其他土地利用设施更为接近而如此建造的，现已成为美国新的覆土建筑运动的里程碑。继20世纪70年代以后，环境生态设计方法在景观规划和景观设计中得到了运用与推广。

由于覆土建筑向下伸展的特征，还可保持原有建筑之间的空间关系，维持城市特征轮廓，故也常常应用于特殊基地条件下，如芬兰赫尔辛基的地下教堂（图8-8）。

图8-7 美国明尼苏达州Ouroboros生态住宅（左）

图8-8 芬兰赫尔辛基伯勒堤为保留开阔的空间建于地下的教堂(右)

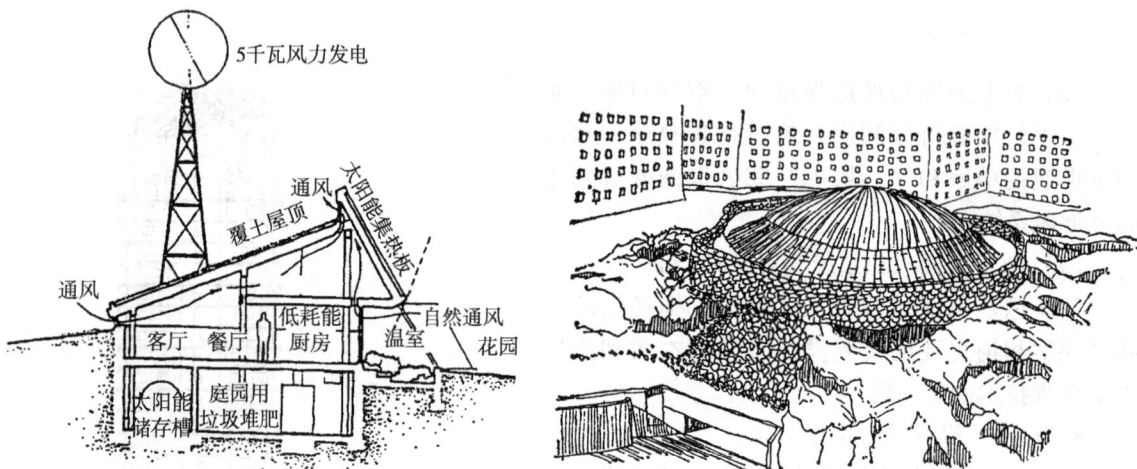

8.3.1.4 设计结合环保

以J·拉夫洛克在20世纪80年代中期发表的《盖娅：地球生命的新视点》一书为标志的盖娅（Gaia）运动，推动了建筑向环境保护及人类健康上的发展。盖娅运动的主要观点是将地球和各种生命系统看成具备有机生命特征和自持续特点的实体，就像古希腊神话中大地女神盖娅一样，其中人类是盖娅的有机组成部分，而不是自然的统治者[1]。因此地球与人类是一个整体，两者应协调和谐。著名的盖娅住区宪章中提出了三个设计原则：①为星球和谐而设计；②为精神平和而设计；③为身体健康而设计。1993年，美国国家公园出版社出版了《可持续发展设计指导原则》，提出了全球环境保护及促进人类健康的具体设计细则。美国是较早开始自觉绿色建筑运动的国家之一，它是美国建筑师学会（AIA）和国际建筑师协会于1993年6月在美国芝加哥召开的一次关于可持续发展的设计会议上确立的。成千上万的建筑师、设计者、发展开发商、制作者及供应商云集芝加哥的哥伦比亚博览会百年庆典，带来了他们探索新观念的未来计划和富有灵感的创作实践——绿色建筑：这些作品反映了他们对全球环境的假设，反映他们面对环境的挑战在设计中所采纳的新标准，以及他们通过建筑激发社会活力的希望[2]。它们对人类健康的关注，特别体现在致力于建筑与环境保护的关系研究上，尤其是对空气质量的有效控制方面。

在美国"GBC98"会议中提供的绿色建筑研究案例中，有一来自德国纽伦堡的建筑（Prisma, Nuremberg, Germany）[3]。这是由业主、建筑师、工程师、能源专家和设备专家联合建设的一个含四个单体及中庭的混合结构（图8-9、图8-10）：

① 宋晔皓. 欧美生态建筑发展概况 [J]. 建筑学报, 1998, 1.
② 黄涛. 生态建筑、绿色建筑在可持续发展中的定位 [J]. 新建筑, 1998, 2.
③ 译自 http：//green building.ca.

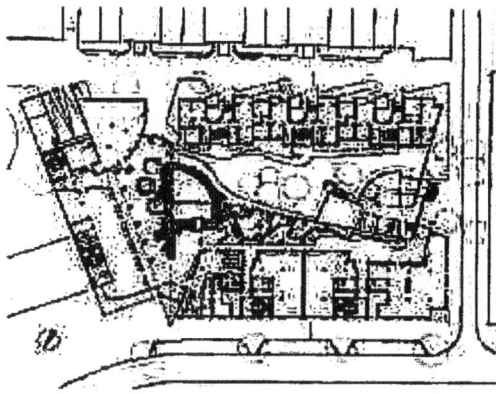
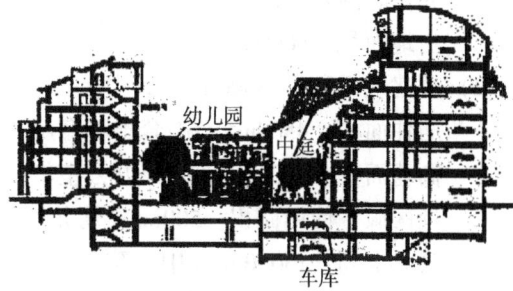

图 8-9 德国纽伦堡的绿色建筑 Prisma 总平面及剖面图

(a)

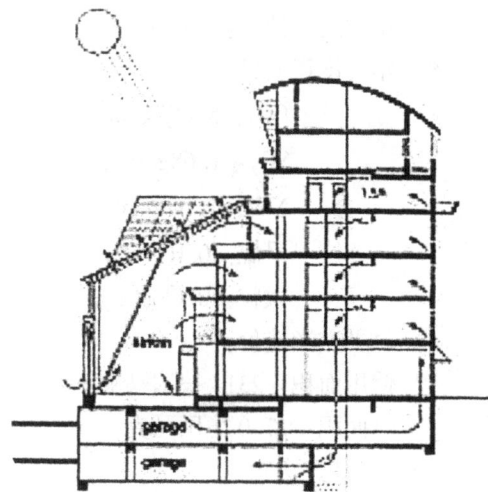

(b)

图 8-10 自然采光通风设计

(a)中庭;(b)夏季白天——中庭反光薄板可全畅开以供通风;(c)夏季夜晚——用晚上的冷空气来给建筑降温;(d)冬季白天——中庭关闭、所需空气被太阳预热

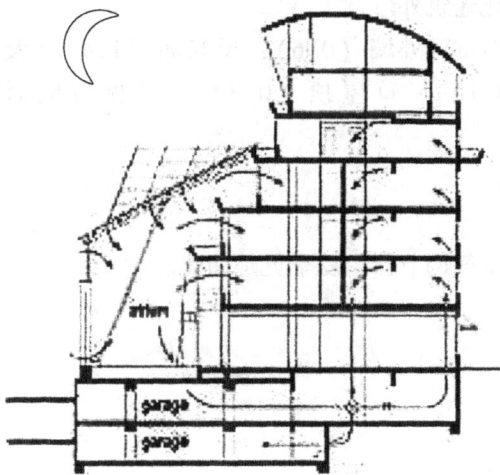

(c)

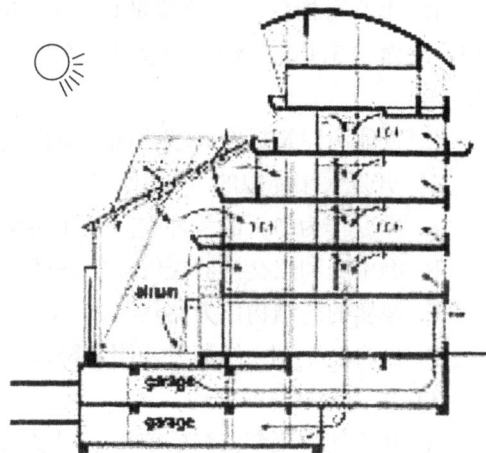

(d)

（1）设计目标：以生态与节能为原则，建造一个混合使用和社区平衡的建筑，使其成为纽伦堡市区重现城市活力的先锋。

（2）经济指标和生态指标：

1）完工时间：1997 年 7 月。

占地面积：6000m²。

2）总建筑面积：18000m²，其中：

居住面积：4500m²（61 套出租套房）；

商业面积：7600m²（32 间办公室、9 间商店、1 间咖啡屋）；

社区服务使用面积：500m²（幼儿园）；

公共空间：15000m²（中央院落）；

总使用面积：13221m²。

3）通常建筑容纳人数：500 人（包括来访者）。

通常居住时间：周一~周六（上午 7 时至下午 8 时）。

4）操作能量年需求（参考值）：27.5kW·h/m²。

初始具体能量消耗：未提供。

年饮用水消耗：3050L/人。

5）年气体释放量：

CO_2：5.60kg/m²；

SO_2：1.68g/m²；

NO_x：3.08g/m²；

甲烷：0.0g/m²；

微粒：0.08g/m²。

6）每平方米造价：

使用面积：2314 德国马克；

总面积：1700 德国马克。

（3）设计方法：

1）使能源损失、消耗最少的手段：

A. 根据太阳辐射的几何需要，建筑代码和条规优化建筑外形。

B. 建筑物构件的热学质量设计：（K-Values in W/m）外墙（0.6），反光面（1.4），天井反光面（3.0），部分反光墙（2.8），屋顶（0.19），草屋顶（0.39），基板与地面（0.30）。

C. 低能源建筑标准（德国建筑条件规定的 46%）。

2）开发太阳能源的再利用：

A. 中庭作为冬天的缓冲空间，在换季时作为室内空气调节器，夏季更是如此。

B. 经中庭和热交换器提供预处理过的新鲜空气。

C. 厚实的砖结构作为储热器。

D. 经自然空调系统蒸发或用水降温。

3）结构与材料的处理：

A. 在不使用聚苯乙烯的前提下用多孔材料实现绝热。

B. 隔热墙用石灰水泥制造，并涂以自然矿色的漆。

C. 为今后的技术、结构修改及改善留有余地。

4）减少营建过程废弃物：

A. 过滤工地上的雨水。

B. 在助水冲刷系统中循环生化水。

5）用户减少机动车使用：

A. 建设地下自行车停车场，减少汽车停车位。

B. 建筑位置有利于良好的公共交通连接。

C. 鼓励设置便捷停车场（Car-Pooling）。

6）改进室内外环境的方法：

A. 集中或独立操作的机械系统可开启80%的玻璃屋顶。

B. 可操作办公区的木质窗以获得中庭的新鲜空气。

C. 办公区域安置可置换通风装置、隔声通风口。

D. 抛弃机械空调以防大楼综合症。

E. 导向面生化墙，实现空气降温，清洁和调节温度。

F. 室内设计使用"活水"。

G. 使用具有渗透性和吸热性的自然材料。

H. 内外饰面色彩宜人。

I. 电气观念的更新：使用非有机、低导电的建材，在指定区域使用电磁绝缘的电气装置系统来使进入室内的空气电离。

J. 选择适当电源提供无闪烁照明。

7）确保建筑物耐久性的措施：

A. 屋顶局部绿化延长屋顶铺面寿命。

B. 低技术设备提供简单操作性。

C. 使用砖木建造朴素、结实和灵活的建筑系统（7.5m×5.0m）。

8）设计过程中的有趣特征：

A. 一开始就在设计和优选中采用多学科结合。

B. 由 TRNSYSS 建立建筑物的热力学模型。

C. 对热、电、热水消耗及相关的室内小气候的监控。

从近期趋于成熟的建筑个例来看，美国、欧洲及东南亚的一些国家都致力于绿色建筑及其标准的建设，综合了节能建筑、风土建筑、生态建筑等设计手法和技术的绿色建筑正在走向成熟，与其萌芽状态形式已有较大的突破，具体表现在以下三个方面：

①突出建筑环保设计的重要地位，环保已成为绿色建筑的一个防伪标志。

②引入"绿色"定量指标，不再止步于定性概念。

③设计方法及技术的多学科综合化。绿色建筑甚至摆脱了用生态学学科定义建筑而引起的设计思想上的局限性。

8.3.2　绿色建筑设计方法

8.3.2.1　用地规划

选择基地时，除了规划等限制外，主要有以下几个特点：

1. 结合生态的土地使用方式

在规划前，一般应先对地段土地作一生态分析，确定建筑、道路，外部空间，绿化地带，水体的合理位置，使建筑、道路尽量布置在对生态系统影响最小的地方。对较大地段，可运用麦克哈格"生态土地使用规划"技术，即对当地的生态系统加以图解，然后通过复合图的方法，获得一个与自然系统相关的、土地对不同开发强度和建设类型的适合度分布方案。

2. 结合地形、地貌特征

一方面尽可能不破坏地貌、植被的原状和连续性，减少生态系统压力；另一方面尽可能满足视觉上的和谐性。如美国加利福尼亚新港社区，处于环境敏感地段，规划中通过用桥梁与沟壑作为各独立块的自然分界的方式，保护了 70% 的原有环境。比尔·盖茨在美国西雅图附近的"智宅"建造中，尽可能地利用原有地形，减少植被的破坏①。另外许多著名的覆土建筑，亦较好地重现了基地原貌。

3. 结合人的健康

基地的环境、地形、方位与自然条件（尤其是气候条件）对人的身心健康有着密切联系。选址首先要考虑基地环境是否有利于形成良好的生态环境，是否有利于形成局部小气候。对建筑间距、朝向、组合方式等规划时要考虑到阳光、风、雨、日、阴影对人的生理、心理影响。德国库赛尔医院，结合平缓的地形高差，分级布置车道、绿荫车场、前庭园艺及主出入口，其后为住院部及后山密林景区；该设计对各种自然因素作了很好的调度安排（图 8-11），与我国古代医院的医、药、林相结合的"杏林"模式不谋而合。

图 8-11 德国库塞尔医院

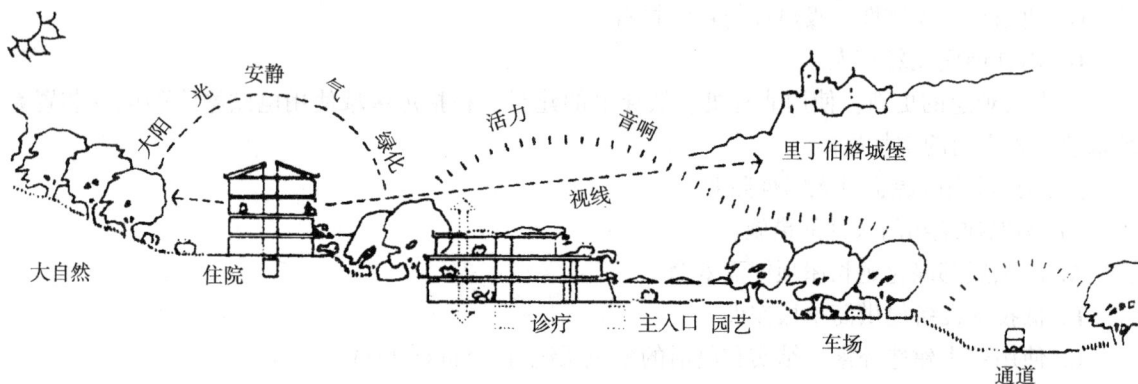

4. 结合交通组织

减少交通对基地环境的干扰，如美国加利福尼亚水桥村，2 个人工湖与 40 个以上的居住绿地之间用小径或绿化带连接，限制了车辆进入。设计着眼于提供尽量大的门前车位和到商业娱乐区的最短步行距离。我国现行小康住宅规划尤其重视交通结构设计，通常采用动、静态交通组织的方式减少由交通产生的声污染和空气污染。道路等级清楚，执行车辆不进入院落空间原则。如合肥梦园小区采用周边式环状道路有效地将汽车交通和步行交通分开，并且可就近通达居住地。主要手法还有：在规划中提供安全骑自行车的便利，缩短建筑和交通站间的距离。

8.3.2.2 外观设计

采用新概念定义老事物是一种挑战，并能给老事物带来生机。绿色建筑由于理论上的多元化，表现出造型上的不同特征：

1. 基地特征的顺应

最典型的是覆土建筑，这类大都受赖特"有机建筑"的启发，从外观、结构、材质、色感方面，无不表现建筑与环境的整体和谐性。这种和谐不只注重表面的肌理组织关系，更要求通过形式处理达到节能目标，获得良好的生活环境。美国加利福尼亚州旧金山郊外的一座山地住宅，坐落在一个面南的钵形山凹里，建筑伸入山坡减少了冷热载，低矮的轮廓使正面风顺屋顶经过，利于防风抗震，阳光由南向大片玻璃射入室内，为混凝土、砖所吸收而转化成热能，其

① 朱文一. 迈向知识时代的建筑与环境 [J]. 建筑学报, 1998, 9.

东北向覆土的自然形式很好地顺应了地貌特征。另一座圣达·罗沙（Sait Rosa）的喷泉参观中心位于茂林之中，外部木格式的遮阳，随高度尺寸渐渐变细变小，以模拟环境中树的尺度变化，体现出自然的风格。

2. 反映地域气候性

杨经文认为场所气候是最不变因素，已经成为城市规划主要基础因素[1]，这也是建筑设计的主要因素。设计者将当地的太阳运动轨迹、风玫瑰及其他建筑条件作为主要因素考虑建筑的外观形象，如柯里亚的"形式随从气候"。在印度孟买，建筑必须呈东西向，才能获得有利的海风和美丽的景观，但这一方向存在太阳热灼和季风雨的侵袭。柯里亚受老式平房居住走廊的启发，在干城章嘉公寓楼中将外墙最完整部分切成二层高的梯形花园，凹入的空间有效地遮阳蔽雨，复杂的形式和色彩使住宅楼耳目一新。

在城市高密度人口空间中，集中向上发展已成为节约土地资源的必需手段。但高楼综合症历来为人们所惧。杨经文依循生物气候原理，设计的生物气候楼不仅协调了这一矛盾，而且创造了独特的高层建筑艺术形象，表现出强烈的视觉感受，一扫传统的塔楼的单调感，如 1992 年在马来西亚雪莱峨建成的梅纳拉大厦。我国南方沿海城市多采用骑楼、悬挑、支架层的形式，也是地域气候使然。

3. 技术设备的限制

绿色建筑为了创造良好环境品质，常辅以各种技术设施，这些都或多或少地通过外观形式得到反映，同时亦为建筑提供了丰富的造型。如日本东京煤气公司港北 NT 大楼，建筑北面是壁顶一体的曲面空间"生物核"，通过玻璃"呼吸外壁"充分采光，导入通风。而南边办公室的每层顶棚都设计成折线状，以充分利用南向自然采光。即使在室外照度为 15000lx 时，中央办公桌面的自然照度也能达到 300lx，从而比一般办公建筑节约了 5% 以上的能耗，为此外观形象十分奇特（图 8-12）。美国华盛顿的 Hoagie 公寓，由于屋顶上安装了处于敏感平衡态的自动旋转盖，在微动力作用下可以昼夜不停地调节进光量，建筑外形宛如长龙。将来，绿色建筑的高技术容量将越来越多地影响建筑外观。

8.3.2.3　平、剖面组织

用建筑本身来达到节能目的，减少依赖硬件设备，是绿色建筑设计的典型方法，主要基于空气运动、光反射、形体特征等基本物理知识的开发来寻求设计手段，改善局部小气候。

1. 平面组织

（1）建筑群体的布置和建筑方位的选择首先应考虑通风性能和热性能（图 8-13）

建筑外形对热性能影响度很大：圆形平面具有最小的外表面，其次是正方形，为了减少冬季热散失，通常采用体形系数（外表面积/体积）较小的形式，如正方体。但为了最大限度地吸收太阳能辐射热，应在东南、西南向展现较大的表面积。德国建筑大师托马斯·赫尔佐格（Thomas Herzog）基于这一原理，构想了"对角正方体"的概念：近似立方体的体形，以对角线为南北方向放置，同时满足两方面要求。1987 年柏林住宅展览会上，这一设想被尝试着用到一个 8 层的住宅中。

（2）合理划分平面区域

设备区域相对集中，且布局利于提高设计和建造的效率；一般性区域可提供一个框架，由用户自行分隔，符合"多适"原则，从全寿命周期的观点来看，这样的平面计划利用节约资源。

[1]　杨经文. 热带城市作为城市规划的隐喻［M］. //椰风海韵. 北京：中国建筑工业出版社，1994：56.

图 8-12 日本东京煤气公司港北 NT 办公楼

外观

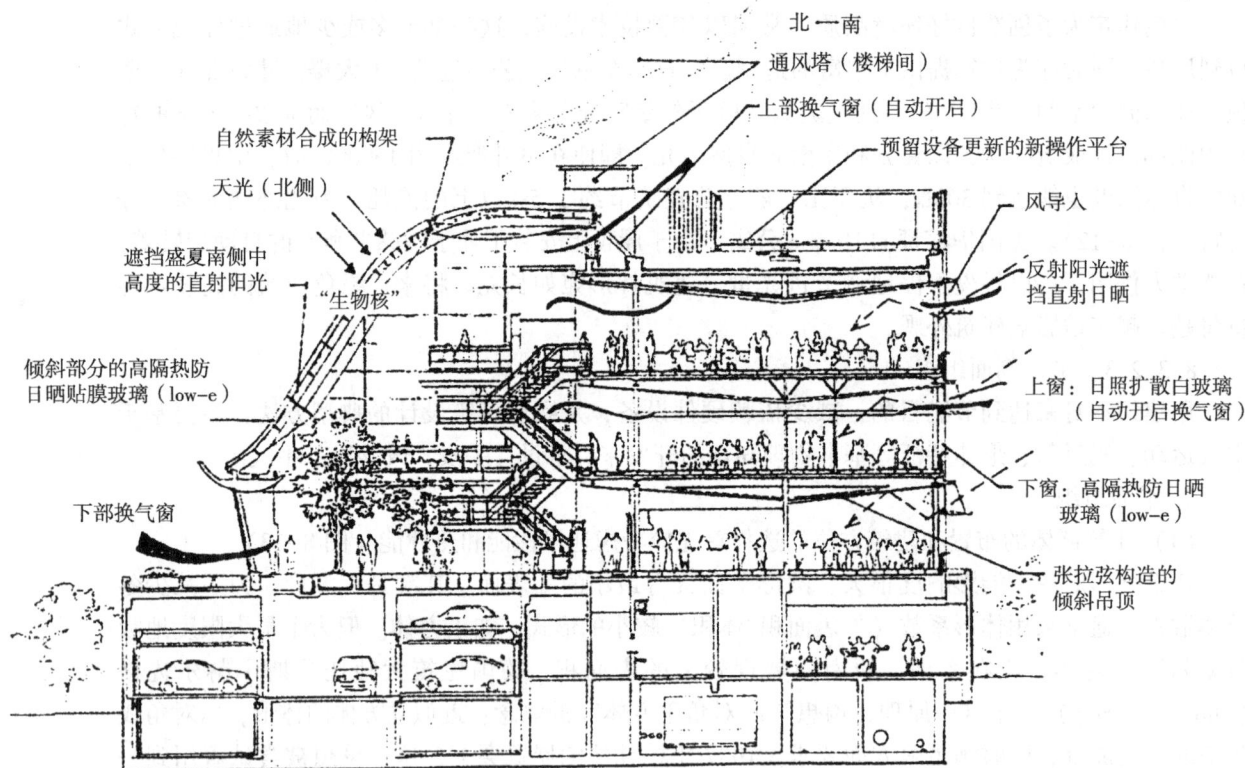

北—南

通风塔（楼梯间）

上部换气窗（自动开启）

预留设备更新的新操作平台

风导入

反射阳光遮挡直射日晒

上窗：日照扩散白玻璃（自动开启换气窗）

下窗：高隔热防日晒玻璃（low-e）

张拉弦构造的倾斜吊顶

自然素材合成的构架

天光（北侧）

遮挡盛夏南侧中高度的直射阳光

"生物核"

倾斜部分的高隔热防日晒贴膜玻璃（low-e）

下部换气窗

剖面

（3）合理安排各个空间

譬如热湿地区住宅厨房内部热度高，可置北边；浴厕考虑卫生除湿，可置西边，由西边提供日晒；主要使用房间位于南边，利于夏季通风、冬季采暖；其他辅助用房，因采光要求不高，可置内部。楼层服务核的合理定位可遮阳挡风。从图 8-14 不同服务核位置的 OTTV 值（总热交换值）中，我们可以看出：双核布置形式最优，当其分别位于东西南端、南北面开窗时，空调负荷最小。而中心核形式，东南、西南采光，空调负荷最大。

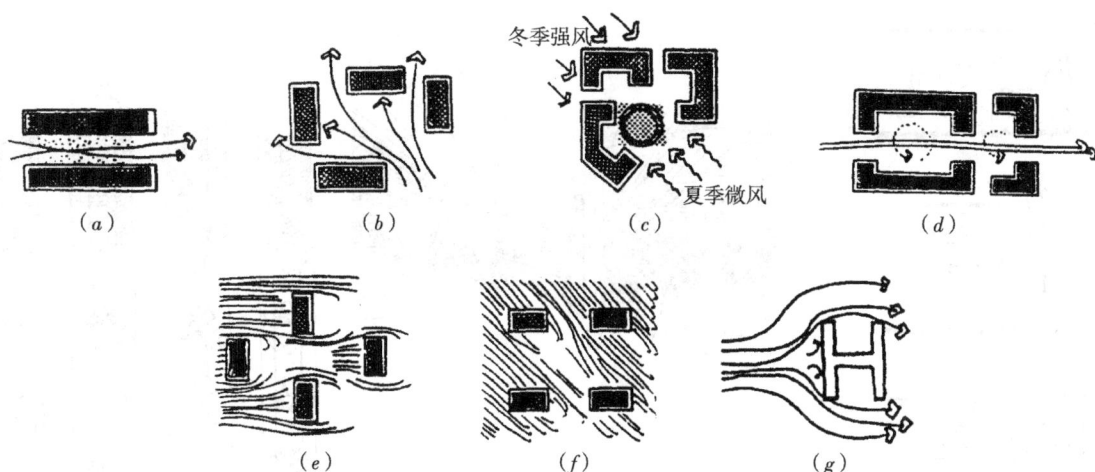

2. 剖面组织

剖面设计是处理热环境的有效手段之一。

（1）垂直流通空间如挑空夹层、凸屋顶、楼梯间及各种管道间均利用太阳辐射热，产生浮力通风（烟囱效应），达到降低室温目的（图 8-15）。寒冷地区则通过限制洞口和大空间遏止寒流。

（2）同一建筑中还可以把不同环境下的不同的剖面形式组合在一起，以应季节之变，如柯里亚的"正→倒金字塔形"的"塔式"剖面。

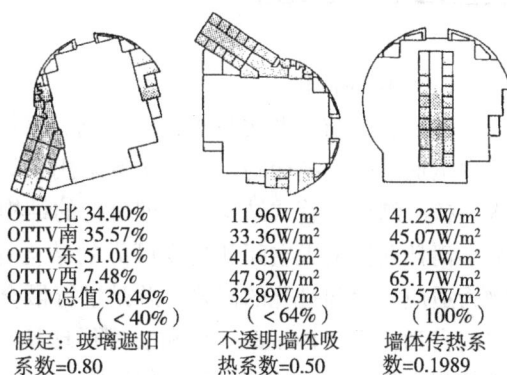

OTTV北 34.40%　　11.96W/m²　　41.23W/m²
OTTV南 35.57%　　33.36W/m²　　45.07W/m²
OTTV东 51.01%　　41.63W/m²　　52.71W/m²
OTTV西 7.48%　　47.92W/m²　　65.17W/m²
OTTV总值 30.49%　　32.89W/m²　　51.57W/m²
（<40%）　　（<64%）　　（100%）
假定：玻璃遮阳　　不透明墙体吸　　墙体传热系
系数=0.80　　热系数=0.50　　数=0.1989

（3）结合水院（绿荫院）、檐廊、风管、地下室（水池）等形成气流循环，在干热气候下降温增湿效果明显。我国南方传统建筑中庭内通常设有凉亭，浮起的亭盖不仅能遮阳，而且还与四周的组屋形成了如同气窗的开敞部分，能很好地拔风，及时散发室内热量。

事实上，平、剖面设计总是一起进行的。杨经文在 1998 年马来西亚槟榔屿州的 Menava Umno 21 层的塔楼设计中，依据风玫瑰图分析，在平、剖面设计中创造了"风墙"与"空气锁"形式，解决多层建筑自然通风问题：在有通高推拉门的阳台部分，采用"风墙"体系，使各开口处产生压力，引入自然风；两边"风墙"形成喇叭状口袋，把风捕捉至阳台，阳台内的推拉门可根据所需风量，控制开口大小，形成空气锁。巧妙的平剖面组织也带来了新颖的外观。

8.3.2.4 结构选型

不同的结构体系对能源消耗及广义二氧化碳的排放量不同，在表 8-3 中我们可以看到台湾钢筋混凝土结构建筑物和钢结构建筑物对环境的不同影响[①]。因此，选择合理可行的结构体系是绿色建筑的重要一环。

钢筋混凝土及钢结构对环境的影响　　　　　　　　　　　　　　　　表 8-3

	能源消耗量（Kcal）	CO_2^* 排放量（kg）
1994 年钢筋混凝土结构	3.15×10^{13}	12.8×10^9
1994 年钢结构	2.40×10^{13}	7.79×10^9
节能与环保贡献量	7.5×10^{12}	5.01×10^9

注：CO_2^*（为广义 CO_2）排放量：$CO_2^* = 1 \times CO_2 + 21 \times CH_4 + 290 \times NO_2$

---

① 林宪德. 绿色建筑计划［M］. 台北：詹氏书局，1996：62.

图 8-15 垂直向的流通空间降温（左）

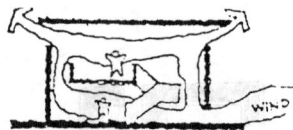

图 8-16 结构轻量化设计（右）

钢骨轻量化结构可塑造优美的造型、减少对地区的冲击

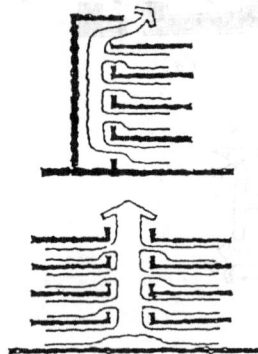

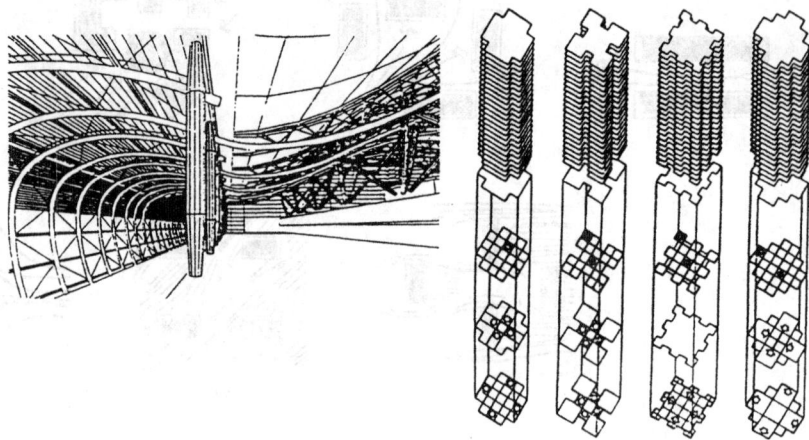

1. 结构轻量化

选择合理结构形式并使之轻量化。钢结构较钢筋混凝土结构具有更好的环保效益，因此应减少钢筋混凝土结构的使用，尽量采用钢结构或钢与其他材料的组合结构及由此产生的梁柱结构、核心结构、管式结构等合理可行的结构系统（图8-16）。富勒（Fuller）一直致力于研究以最小消耗获得最大空间和高度可靠的结构体系，他的创作灵感来自对动物结构的研究。动、植物为适应生存与进化的需要，总是进行最合理的选择，表现出最合乎自然生态规律的结构特征。他的自动住宅（Dymaxion）和装配形球架（geodesic dome）是绿色结构的有效尝试，其中1967年他与塞道一起设计的蒙特利尔国际展览会美国馆，"很可能是模拟一种深海鱼类的网状骨骼和放射虫的组织结构……它高达60m，直径为76.2m，穹隆外部用塑料敷贴，并可开启。夜间灯光照亮，通体透明，犹如星球落地。①"

现阶段结构轻量化的主要实践还有钢骨化结构和金属化外墙的设计推广。我国已提出了轻钢轻板全方位建筑体系，这种体系把建筑看成是一个完整的整体结构，是优化各种优良功能材料作为结构构件与建筑配件零部件的组合②。主要结构处理方式是：综合采用木结构、钢结构、混凝土结构的各种节点的优点制成一个钢包混凝土框架结构作为骨架；而墙体作为一种软组织，按不同地区、不同功能要求，选择不同的材料（主要是玻璃板、金属板，PVC挂板及其他无机玻璃钢板等）进行组合。楼层面用压型钢板上浇轻质陶粒混凝土制成，既解决楼板施工用模，又增加了楼板的抗裂性能。这种轻钢结构的主要特点是垂直强度高，耐腐性好，截面小自重轻，故抗震性能好，节约造价。施工以组装为主，减少对环境的冲击。

2. 长寿多适化的结构设计

结构耐久且功能灵活，适宜应变，则不仅可以大大减少重建或拆建时对空气的污染，且节省建设投资。通常情况下，建筑结构应尽可能简单，便于施工，同时结构设计应结合考虑通用性，设计时留有发展余地。如在多层住宅设计中，一般用砖混结构，随着现代家庭生活内容变化的要求，为便于用户灵活分隔，也可部分采用框架形式，虽然一次性投资大些，但从长远的角度来看，确有明显的经济合理性。

引用"生命建筑"的概念进行结构设计是延长建筑寿命的一种新方法，这个概念是1994年由来自15个国家的340个科学家在美国讨论提出的，在此之前已有成功的科学实验。美国南加

---

① 刘先觉. 仿生建筑的文化新趋向 [J]. 世界建筑，1996，4.

② 戴复东，朱伯龙. 轻钢轻板住宅建筑体系 [J]. 建筑学报，1998，12.

利福尼亚大学的罗杰斯研究小组，在建筑的梁、柱中埋入记忆合金（SMA）纤维，由电热控制的 SMA 纤维能像人的肌肉纤维一样产生形状与张力的变化，从而根据建筑物受到的震动变化，改变梁、柱的刚性及震动频率，减少振幅，延长结构的使用期。

3. 旧结构的改造利用

旧建筑的改造，可以大大节约资源和成本，美国、日本及欧洲许多国家在 20 世纪七八十年代就开始进行旧建筑改造。在巴黎，为纪念法国大革命 200 周年的九大国庆工程中，就有三项牵涉旧建筑改造：大卢佛尔宫、奥尔塞美术馆（由废弃火车站改建）及科学城（原为拍卖场）。改造包括室内外装饰的变更、部分结构的重新设计或局部扩建等等形式。我国国内也有许多这方面的优秀范例。

8.3.2.5 材料选用

传统建材给环境带来的负面效应有三方面：①资源破坏。尤其是以土地为中心的农业资源已濒临承载力临界状态。②环境污染。建材采制过程排出大量的 CO_2、SO_2、NO_X 及其他有害气体、粉尘，是温室效应的主要原因。③毒害健康。相当多材料使用过程中含有挥发性 VOC 和辐射性，直接破坏居者的呼吸、造血、神经、生殖等系统正常功能。绿色建筑设计时，须综合考虑自然生态和社会经济效益，采用低蕴能量材料，避免有毒污染，特别注重选材和加工环节。

1. 尽可能选用绿色材料

目前绿色建材大致可分三类：低蕴能力材料、智能材料、保健材料。

（1）低蕴能量材料

选用材料时尽可能考虑就地取材、就地开发，加工当地自然材料，不仅节省运资，亦能使建筑与当地环境更加协调。如美国亚利桑那州的荒凉展馆中许多墙，是用附近地带开挖出来的旧的废材砌筑的，勿需处理，其色质与当地植物相应，适应地貌。另外多用加工程度低、能耗少的钢和其他合成材料，少用混凝土。

（2）智能材料

依据外界变化的感觉（压力、声音、温度、光强、湿度、电磁波等物理量）而改变性状的材料，主要指那些能对环境产生反映的液体、合金、合成物、玻璃、陶瓷、塑料等，包括：①多功能响应材料，即热光电薄层材料、电色窗户等。如电色窗户，轻轻按动开关便会改变颜色，电流改变了夹在窗户两玻璃块之间的一层薄薄的胶片（仅头发直径的 1%）的光学特征。它所蓄能量愈多，颜色愈暗，当阳光照来时可调暗色度，云层遮蔽时可增加亮度，用于办公建筑，可节省 30%~40% 的电耗。美国伊利诺伊大学研究的智能混凝土，把大量空心纤维埋入混凝土中，空心纤维中存满"裂缝修补剂"，当结构遭遇变形时，纤维感应流出修补液，自动修复构件裂缝。②功能仿生材料，模仿生物表皮的毛细管渗透，达到冷湿自动平衡效果。

（3）保健性材料

主要侧重于对人体健康的维护，具有无害和净化双重特征。以往建筑设计中，为追求形式美的效果，常采用所谓"时髦材料"，其中某些材料运用不当，给人类带来了伤害。如风靡一时的玻璃幕墙，因能产生"温室效应"在寒带国家大受青睐。而在热带和亚热带地区，玻璃良好的吸热性能导致建筑内部需安装空调设备而产生了大量的能耗，特别是热、湿地区，封闭的玻璃盒子不利于自然通风，直接影响到人的健康。现在，玻璃幕墙所产生的其他问题如光污染、生态影响等愈来愈为人们所重视。另一类装修用建材，常含有有害成分，如油漆涂料中的甲醛、一些自然石材中的含铀系元素、易散发大量粉尘的石棉等，都是人类健康的潜伏杀手。现在欧美等国对建材的重要释放物都制定了室内浓度标准，有的国家明文禁用石棉，提倡使用无污染的健康材料。美国北卡罗来那一家儿童商店零售部，瓷砖采用无毒胶泥固定，自然油毡替代维尼龙铺地，店内油漆不含 VOC，通过 HVAC 系统阻止霉菌扩散并提供新鲜空气。目前，开发抗菌、吸臭、有利健康的材料已成趋势，现已开发出有抗菌无毒性乳胶、涂料、抗菌砖、卫生陶瓷等。

2. 遵循"3R 原则"，对短寿易耗废旧材料进行循环利用和重新开发

所谓"3R 原则，"即 Reduce（减少消耗）、Reuse（重复使用）、Recycle（循环利用）[①]。鉴于建材工业耗能巨大，对材料物耗及能耗的控制就更重要。除厉行节约外，废弃材料的再生是一积极的途径。据统计，生产粉煤灰硅酸盐砌块 1m³ 仅用煤 29.4kg，生产矿渣水泥和粉煤灰水泥，能耗比普通硅酸盐水泥节约 20%～30%，因此工业废物被积极开发。如以无机化工原料为主体，掺入工业废渣制成的福臻牌墙，强度高（600kg/m²）体重轻（14%砖墙重），墙外烧到 1000℃，墙内只有 60℃，堪称中国建筑界的一场革命。国外，工业废弃物制成的材料范围更广，美国一家商店中采用处理过的旧塑料、浸泡制成的地毯铺设在入口门廊。农业弃物也同样受到了重视。"建筑草板"是以洁净的天然稻草和麦草为主要原料，高温高压成型，外面粘贴面纸而成的新型建材，因原料主要由纤维和木质素等组成，不具有吸引害虫的营养成分，故能防蛀抗寒。由中国制造的 58mm×1200mm×（1800～3300）mm 的草板单位面积重 20～25kg/m²，表观密度为 340～440kg/m²，含水率 14%～20%，导热系数<0.108W/（m·℃），耐火极限为 1h，隔声能力 28～30dB。因其高稳定性、防火耐磨、温暖干燥，被广泛用于"框架轻板"体系中，作为内墙、屋面板，还可用外饰防水面层的草板作外墙围护结构。

8.3.2.6 营建方式

按建筑广义生命周期的观点，建筑设计应考虑对建筑营运过程的影响。在建筑过程中，据统计，单位楼地面的能源消费量为 22984.9kCal/m²，广义 CO_2* 排放量为 6.79kg/m²，可见营建过程对地球环保的重要性[②]。由设计制约施工并规范施工方法，是绿色建筑重要的一方面。

首先，设计尽量标准化，减少构件数量、类型，尽量实行建筑部件预制化，除了楼梯、隔墙等预制外，主体浴室、厨房的设计可减少现场施工污染和建筑废料。

其次，施工工艺中，尽量提高生产中的能源利用效率，比如用早强水泥、高强度水泥、采用外掺剂、提高养护设备的负荷系数、推广太阳能养护技术等。采用耐久性模板，结合脱膜剂增加模板的寿命或用组合材料如竹类胶合模板，可以减少对林木的破坏。施工过程中废弃物的再利用：譬如金属材料的回收，废混凝土和余土回收填方，减少建材的包装量及容器量。

8.3.2.7 建筑绿化

绿化是绿色建筑不可缺少的组成内容，"绿意盎然"是绿色建筑最形象的特征反映。绿化不仅可以保护环境，促进人们身心健康；而且可以美化环境，陶冶人的情操。

国内外研究表明：城市绿化的生态效应极为明显，具体表现在：①小气候效应，在热带亚热带尤为明显。广州绿化街区气温比非绿化街区气温低 2.1℃，绿地平均相对湿度高 9%～15%[③]。②净化空气。如樟树，小叶榕等树木植物能吸收空气中有害的 SO_2、CO_2 并释放出 O_2，并能通过降低风速、蒸发增湿和分泌多种黏性汁液，吸附尘粒。许多植物还具有挥发性的杀菌素，可直接杀死真菌、细菌和原生动物。③衰减噪声。形成郁闭的树林可以反射声波，植物的多孔性具有吸声效果，而且树叶密集，皮粗叶宽的树种，隔声效果最好。

建筑绿化形式多样，但须遵循一个基本原则，即根据城市地方特色与环境气氛进行绿化。在绿化的过程中应充分了解各植物的特性和功能，按需要进行合理的结构配置。

1. 基地绿化

基地绿化是基地规划的一个组成部分，一般由宅边绿化、道路绿化及中心绿化形成点、线、

① 吴良镛. 21 世纪建筑学的展望 [J]. 建筑学报，1998，2.
② 林宪德. 绿色建筑计划 [M]. 台北：詹氏书局，1996：65.
③ 符气浩. 城市绿化的生态效益 [M]. 北京：中国林业出版社，1995：49-52.

面，三者结合，占城市面积 30% 以上。绿化途径有二：一是保留基地树木和植物，尤其是老树和特种树，禁止砍伐或在树冠下地面铺装硬地路面。在维也纳、澳大利亚，未经政府允许砍一棵树，罚款 27000 美元或处以 6 个月监禁，荷兰、瑞士、芬兰也有相关规定。二是活化栽植技术，合理搭配结

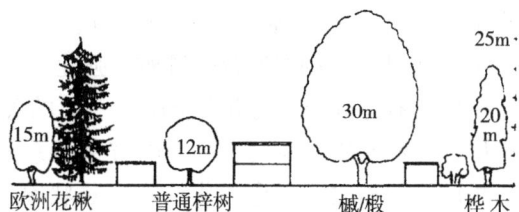

图 8-17　房屋高度和树木高度的关系

构。我国古代风水中的绿化，对结构搭配有许多特殊规定，包括树的高矮、疏密及树种选择。《阳宅会心集·树种说》中记述："村乡之有树木，犹人之衣服，稀薄怯寒，过厚则苦热，此中道理，阴阳务要冲和。[①]" 乔木+灌木+草地的复层绿化是绿化实体最理想的搭配，其生态效益最为明显。对于树种选择，应考虑其生长特性与地域气候的关系，如在建筑的西北方，最好有大树，"西北为乾，树木有精"，可以挡风保暖，保护宅主；"东种桃柳，西种栀榆，南种梅枣，北种柰杏"（《相宅经纂》）之说，至今有科学依据，既符合树木的生理特性，又满足改善小气候及观赏要求，另外房屋和树木高度要合乎比例（图 8-17）。

宅边绿化可种花植树。通常种植根系较浅、低矮的灌木和花草，保证其根系不伤墙基，亦不妨碍室内采光通风。道路绿化中主干道常配以常绿灌木，行列栽植，以防尘降噪；次路绿化常与宅边及小区公园密切结合，树木应种在宅前小路的另一侧，不至于遮挡视线。宅旁绿化向阳面通常种落叶乔木，夏可遮荫降温，冬可采光；北侧种常绿乔木以防冬季寒风；东、西侧可种落叶大乔木，减少夏季的西晒。中心则结合居民活动进行绿化，绿化以落叶乔木为主，配置花木与草坪。

2. 庭院绿化

庭院空间有限，绿化在选种时要考虑适宜的尺度。庭植观赏性要求高，讲究花木的颜色搭配、高低变化、疏密有致，且能季季成景。一般以松、桂、槐、柳等中等尺度树木配以各种花草形成多层次绿化，使夏日绿叶有阴凉，冬日艳阳满庭院，庭院绿化成为室内外空气交换的一个过滤器。另外，造树中还应考虑花木净化室内空气的能力，如柳、菊都在不同程度上能吸收 SO_2 和氟氢化物。庭院亦可孤植，通常为名贵花木，主要用于观赏。

3. 界面绿化

空间绿化是绿色建筑的一大特征。空间绿化要求建立"土地空间化"的设计观念，建筑界面也成为被绿化的对象，界面绿化包括屋顶、墙面、地面。

（1）屋顶绿化

屋顶绿化自古就有，如我国春秋时代吴王夫差在太湖边上设置的姑苏台，公元前 600 年新巴比伦的空中花园，后来在 20 世纪 60~70 年代覆土建筑中也出现过，现已大量用于其他建筑中。其优点是：①密集的植被可吸收 60%~65% 的太阳辐射，并将吸收的热能利用叶片蒸发作用降低表面温度；②土壤极大的热容量可延缓室内温度变化；③可减少混凝土板因温度变化引起的开裂，防渗抗漏。

在设计中，为减少屋顶结构的附加静载，通常选用合宜厚度（30~40cm）的透气性、排灌性好的土壤，亦可用人造轻质泡沫塑料或腐熟过的锯末蛭石土，或人工配制的轻型土壤（真壤土+多孔页砂岩+腐殖土+混凝土）[②]。此外，还需考虑排水及防止植物根系破坏楼面。为此，可在不耐根系损坏的屋顶密封层上铺一层抗穿透层，然后在其上面的基质层中种植物。屋顶绿化基本构造如图 8-18 所示。按植物方式和结构层厚度绿化屋顶可分为两种（图 8-19）：粗放型植

---

① 林海田. 住宅风水与绿化 [J]. 中外建筑，1998，4.
② 林学会. 城镇绿化 [M]. 北京：中国林业出版社，1993.

物生长层仅 2~5cm 厚，为草及低矮植物，可种在 3~5cm 厚的粗粒排水层上，这种屋顶排水坡度 5°~15°为佳，否则要安装防滑槛。强化绿化植物层次多，要求屋顶结构层次分明：植物生长层是一层具有充分养料的混合土层，下面的过滤层由特制过滤网组成，防止基质中的微粒冲进排水层。过滤层渗水性要求高，以避免根系处于过分潮湿的环境。强化绿化需安装浇洒水设备。与粗放绿化相比，强化绿化植物生长状况好。一般地说，屋顶植株宜选根浅丛生、矮小优美、抗风力强的花灌木和球根花卉及竹类等。来自于干燥气候下的树种更适于屋顶栽植。

图 8－18 屋顶绿化的基本构造（左）

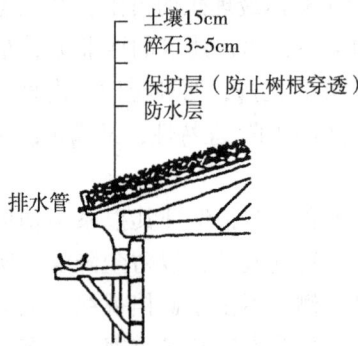

图 8－19 粗放型和强化型屋顶绿化构造（右）

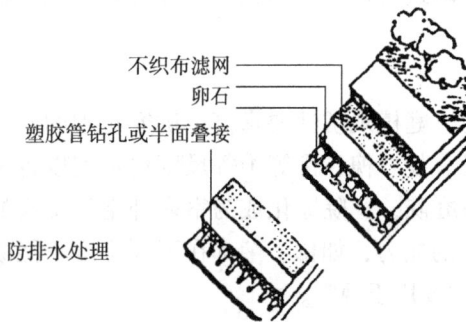

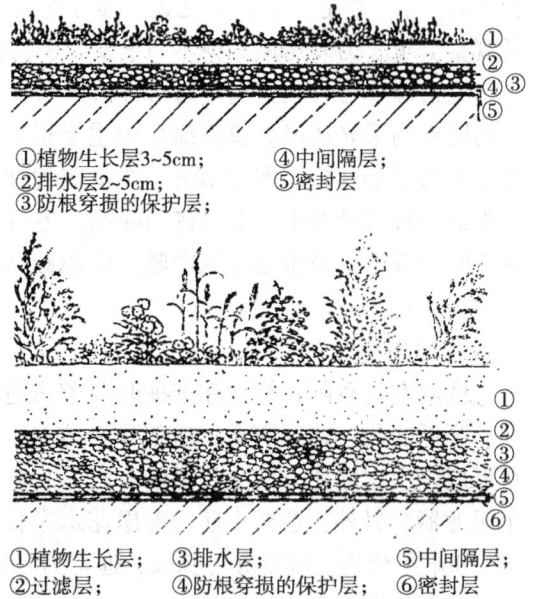

土壤15cm
碎石3~5cm
保护层（防止树根穿透）
防水层
排水管

①植物生长层3~5cm；　④中间隔层
②排水层2~5cm；　⑤密封层
③防根穿损的保护层；

不织布滤网
卵石
塑胶管钻孔或半面叠接
防排水处理

①植物生长层；　③排水层；　⑤中间隔层
②过滤层；　④防根穿损的保护层；　⑥密封层

（2）立面绿化

利用阳台、窗台、墙面甚至棚架进行垂直绿化，可以扩大绿化面积，降温滞尘、减少风压、缩小冬夏季温差。墙面绿化常用方法有：①日本采用系列空心砖内填草籽、树胶和施肥泥土，砌在建筑物外表，砖下接通浇水管；②美国新墨西哥州居民从干涸河床下切下带草根的泥土砌墙；③用铁丝制成壁网，爬满藤蔓植物。

植物根据攀缘的方式，可分为：自行攀缘植物、爬蔓植物、缠绕植物、枝杈攀缘植物、葡萄类果树、吊挂植物。如爬山虎、络石、常春藤、野葡萄、绣球花之类，靠吸盘自行攀缘，不会损坏墙面，可用于大面积绿化；野豌豆、葡萄、旱金莲等，通常有线状蔓延器，通过它稳固地蔓绕在纤细的支撑杆上，一般须在墙面上固定镀锌金属支架（图 8-20）；攀缘蔷薇属枝杈类，需用低矮的栅架或篱笆牵引。朝西的墙面受强烈的太阳能辐射，故不仅可以种植观赏植物，亦可栽植当地气候下不结果的果树，树枝可以固定在板条板上。吊挂类很多可以用于阳台上方。

我国过去十分重视阳台绿化，常用的阳台三美有：竹节海棠、天竺葵、矮牵牛。绿化的具体形式有：①槽植式，常用矮牵牛、半枝莲、美女樱、金

图 8－20 绿化墙面用的植物攀缘支架

鱼草，两侧可种爬藤植物：红花菜豆，羽叶茑萝、旱金莲、文竹等。②悬盆式，可选仙人掌，蟹爪兰、盾叶天竺、葵吊兰、常春藤。③摆盆式，摆在阳台内侧：阳面可用喜阳型：月季、扶桑、石榴；北面用耐阳型：龟背、广东万年寿、叶兰等；东面用短日照型：兰花、棕竹、花叶芋等；西面用抗阳性强的黄杨之类（图8-21）。

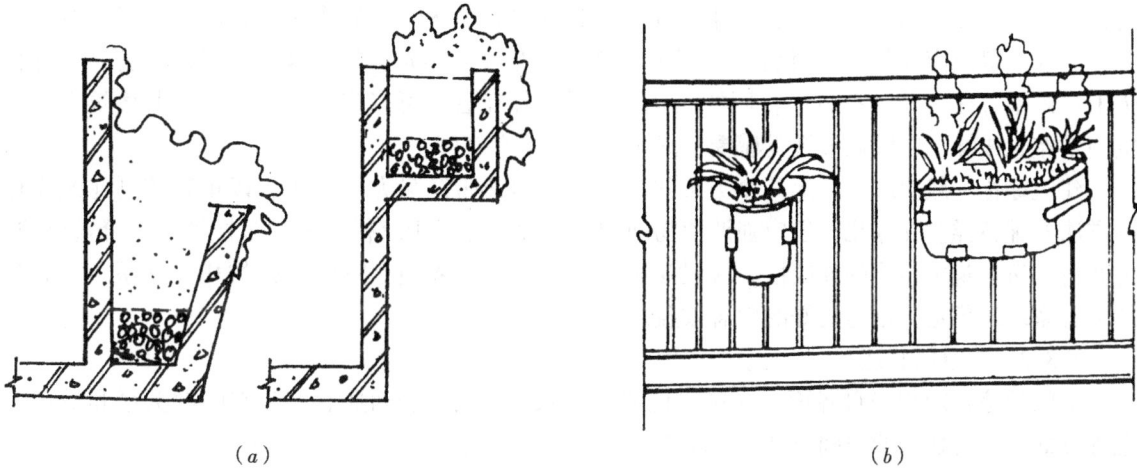

图 8-21　阳台绿化

(a) 槽式；(b) 悬盆式

总之，立面绿化要特别注意植物的生长形态、光照要求、叶子庇荫效果，土壤条件。另外还应结合墙面绿化面积、方位和绿化对象及装修性绿化形式要求选择合适的绿化方式。

（3）地面绿化

地面绿化主要形式是草坪。据统计，草的叶面比所占地面大10倍以上，可防尘再起，蒸发使草坪上方相对湿度增加10%~20%，夏季降温1~3℃，冬凉时则为0.8~4℃，另外还可固土蓄水。草种对毒气反应敏感，还可用于监测环境污染。

适用铺设草坪的草种很多，如结缕草，狗牙根、天鹅绒草等。铺设方式有自由式，多用于广场、公园中心等；规则式用于一般性建筑的周边。现在草坪选草更注重其生态效益。1986年全球提倡栽种香根草[①]，实施水土保持。香根草属不育性植物，只能无性繁殖，但可通过分根种植，在几年后能得到大量新生的草。它有极强的生命力，能在高寒酷暑条件下生长，既能在pH为3的极酸性土壤中又可在pH≥10的碱性土壤中存活，还可适应金属含量较多的土壤环境。这种草不怕水淹、火烧，3周内恢复生长。香根草还有极强的抗旱力，在长达10个月无雨的条件下可以生存，故生长条件极低。而另一方面，生态效果极佳：香根草栅篱可使雨水流失降低70%，提高土壤湿度，农作物产量增加30%。草叶埋入土中可使土壤中有机物含量大幅度提高（2年内从0.004%上升到1.8%）。另外对于稳定土方工程、翻新土地及减少污染起重要作用。

香根草采用等高种植方法，通过无性繁殖方法培育的幼苗栽种间距应为10cm，行距通常为2m。

4. 室内绿化

室内绿化在调整温湿度、净化美化室内环境及冶情养性方面起到明显作用。

室内绿化布置有三种：

（1）点。主要指独立的盆栽、乔木、灌木；通常原则是突出重点，从形态、质地、色彩各方面精心挑选。

（2）线。直挂于地面的绿篱，以考虑空间组织和构图规律为依据；

---

① 科学技术：种植香根草、防止水土流失 [N]. 参考消息, 1998-9-20.

（3）面。通常作背景，突出前面景物。

室内绿化可水平、可悬挂、可垂直。垂直绿化主要指壁花装饰，北京工艺美术厂推出一种可在室内墙上栽植观赏植物的新工艺。包括：壁挂式容器、无土栽培基质和营养液，可栽培大叶榕、绿萝、紫叶珠蕉、白鹤芋等，均长势良好。

室内绿化还需要结合房间使用特征和季节特点。如早春，以花为主，配以青叶；盛夏以芳香为主，配以绿色盆景；晚秋，以果为主，配以花叶；寒冬：以看青为主，配以花果。在住宅中，客厅一般放南洋杉、龟背竹、绿巨人、红枫，花叶万年青、仙客来；书房以文竹、观音竹为上；卧室宜摆兰花、石竹；餐厅的兰花、瑞香、桂花香，可以促进食欲。在公共建筑中共享空间常布置成绿厅，既调节视觉感受，又可充当新鲜空气库。

建筑绿化一般应综合以上几个方面进行。绿化对热带防暑尤有效果，以植物控制建筑物热的方法各种各样。在绿化时还应强调植物间的连续性，这对于获得物种的多样性是十分重要的。为获得建筑景观中植物的连续性，应设法使基地、庭院、界面、室内的植物相互联系，从而维持生态系统的稳定，创造更好的生态效益。

8.3.2.8　空间塑造

空间的综合影响来自界面、光影、色彩、形状、构图、表面质感、与空间的关系和活动信息等方面。绿色建筑的空间设计更追求对空气质量的控制。

1. 外部空间

建筑外部空间的构成形态包括界面（实体部分+基面）、开放空间、非建筑的小品设置、人的活动等，形式有：①大型建筑物入口广场；②建筑物周围的灰空间；③公共中心庭院；④屋顶花园。外部空间品质提高可以从这几方面入手：

（1）软化界面

屋顶花园、墙面绿化、水墙设置，包括人工地面的渗水性设计等，可帮助软化界面，改善空间环境和视觉感受。

（2）突出中心

中心庭院和入口通常为建筑的视觉中心，设计中要综合考虑各影响因素。通常的手法是结合视觉和听觉要求进行植物与水体的巧妙设计，并布置空间中标志性的雕塑、喷泉或山石等，构成视觉焦点，以丰富空间感受。如美国得克萨斯州圣安东尼奥市的商务广场国家银行，建筑的前面是河流堤岸部分的倾斜台地，建筑师利用这里15英尺的高差设计出跌落式的水景，建筑结构上的种植区布置了草地和巨大的橡树（图8-22）。

（3）增添生机

外部空间设计应考虑设置供人活动、休息的绿荫、石椅等场所，配备提供服务的自动售物机、橱窗报栏等。拓池养鱼，延渠种荷，引鸟入林等手段可增加空间内的生机，不仅可净化污染，而且可吸引公众，增加场所的活动信息及活力。日本大阪20世纪90年代初未来型住宅实验楼中，庭院由底层、顶层及各层阳台绿地组成的立体式庭院，树木成为蝴蝶和鸟的窝巢，为这庭院增添了无限生机。

（4）局部私密

某些外部的空间如小区公园，因其特殊性须对外具有一定的领域感、对内的私密性，设计时应注意开放与私密的结合。深圳万科城市花园采用周边式布置，形成一个向心性很强的城堡。同时自然围成5个组团，划出尺度适宜的半私密庭院，与横纵主轴既分开又关联，既避免视线过分开敞又可在组团间相互借景，延伸空间。各组团间以过街拱门相连通，令视觉在行进中抑扬有致。另外还应考虑到外部空间的某些局部私密性设计，便于公众活动中的某些较私密性交流。

2. 内部空间

人一生约有90%的时间居住在室内，故提高室内环境质量，改善空气品质尤为重要。室内设计强调光、植物、水和空气的控制。

（1）阳光与通风

室内环境的改善，关键在于充足的阳光、良好的通风。一是让自然光发挥最大化效率，把自然光作为室内主光源：裸露的屋盖结构用高反射的漆使之得到最大限度的播散；最大可能降低开放式办公室隔板高度；斜向的玻璃安装；利用中庭空间采光等。二是增加构造措施，保证良好的通风，如炎热多风的地区设置捕风窗和风塔。安置必要的设备如"自然光监测器"、风量风速检测器、冷却管等辅助采光通风，也是有效途径之一。

（2）水体与绿意

室内的水体可参与调节气候。干热地区的中庭中设有水池，可增湿降温；寒冷的地区则可利用水的蓄热性能储存太阳能。水池结合放养水生植物，释放氧气，净化空气。不仅如此，水还能用于分割室内区域——一条纵贯入口大厅的、宽阔、波动、呈跌落水面的带状水系，将建筑一分为二，表现空间分割的不规则和灵动的意趣。室内植物不仅要满足美的享受、划分空间，还要考虑其对室内空气的影响及气味对人体健康的辅导疗效：钢筋混凝土预制板建筑内，空气湿度与沙漠内相差无几，在深水槽中种上喜水植物莎草，能使沙漠变绿洲。盆栽柑橘、迷迭香、香桃木、吊兰紫会大大减少空气中的细菌和微生物；天门冬能消除重金属微粒；柏木、侧柏、柳杉能产生负氧离子，栽于庭院可减少室内憋闷感。

（3）材料控制

提倡无污染天然材料的选用。主要有天然石材、木料、草藤、玻璃、瓦、天然织物，无害涂料等。建立对建材使用的检测制度，杜绝污染材料。日本成功地设计了无化学住宅：采用防虫效果好的桧叶油，干馏木及蜜蜡来加工楼铺板材料，板下铺炭层，利用吸湿法防菌防蚁。改用湿柿子叶+米糖新配方代替油漆喷涂。墙芯以棉麻等天然纤维浆为材料，加入食用抗菌素作胶粘剂，外壁以硅酸盐材料为主，涂以微生物硅藻涂料。由此看来，天然材料的开发应用前景十分广阔。

8.3.2.9　技术

绿色建筑的技术按技术含量的高低可分为三类：①高技术，采用新型材料和先进技术，一次性投入大，但往往运转期内平均成本较低，常为欧美国家引用；②低技术，采用或开发传统地域技术，简单易行，一次性投入小，运转期内成本不一定低；③适用技术，介于高技术和低技术之间的一种技术，综合考虑全寿命周期内的经济效益和操作过程中的简单易行性。除此之外，还可按技术服务对象来分，如材料技术、构造技术、设备技术等。这里按目的要求介绍。

1. 绿色生活技术

限制空调，引导低消费。包括绿色居住、节水、雨水利用等方面。

（1）居住方式

对人居面积提出合理规定，规范生活作息，适当控制室内空调的温湿条件。夏季以 28℃、相对湿度 70%、轻便着衣为宜，配以风扇并用的冷房空调，可使风速上升 0.1m/s，空调上升 1.1℃，节约空调用电约 6%。限制消费的垃圾量，并定点分类扔弃。

（2）中水及雨水处理

过去，城市供水都采用统一给水方式，即不管什么用途，均按标准饮用水（又称"上水"）供应，这是因为以前城市用水量不大，用途较单一所致。现在，城市人口增加，城市用水激增，水资源十分紧张，而且用途发生变化，有很多地方只需低质水，如城市道路用水、建筑绿化用水、景观用水、清洁用水等等，因此，既没有必要也不可能全部提供优质水，"分质供水"已成为一种必要。

所谓"分质用水"，是按不同水质供给不同用途的用水。一些国家把废水处理再生作为更低一级的低质水再利用，构成优质饮用水与低质杂用水分别供给的复式供水系统。这种再生水主要来自工业、市政、生活用的"下水"，它的质量介于"上水"与"下水"之间，故称"中水"，而这种把"下水"循环处理再利用的设备系统，被称之为"中水道"系统（图 8-23）。高科技的净水技术与水处理设施及日益发达的计算机监控系统为中水利用、分质供水提供了保障。为经济起见，日本尾岛研究所认为：城市供水设施只提供一般标准生活用水（略优于工业用水标准），由各功能小区集中设置水净化设施。在小区或大楼内设置中水系统，监控方便，管道线短，减少误接现象。

另外，利用集水、储水设施将雨水收集储存，经简单处理后作冲厕所用，也是节约用水的一个途径。

（3）垃圾处理

在各区设置集中垃圾站，分类收集垃圾。由政府组织管理手册，公布垃圾分类排出的方法及时间、地点，由有关部门进行处理。日本筑波市就制定了分类倒垃圾时间表及废弃物处理基本计划，确定垃圾输送系统。

2. 节能技术

（1）太阳能建筑

太阳能建筑有主动及被动型。主动型因在利用能源的同时增加设备及成本，故绿色建筑以被动式太阳能设计为主，它依靠建筑物自身空间布置及特殊巧妙的处理，使热流产生自然循环，从而对太阳能进行吸收、传递和储存。在夏季又可以产生反射与阻尼太阳能的作用，产生冬暖夏凉的效果。通过采暖基本原理，利用材料、构造辅以必要的硬件设置形成自然暖房或自然冷房。具体设计手法分为三种：直接型，把太阳直接导入室内；间接型，把建筑南面接收的太阳能分不同时间导入内部；隔离型，从其他地方采热（冷）经装置导入。

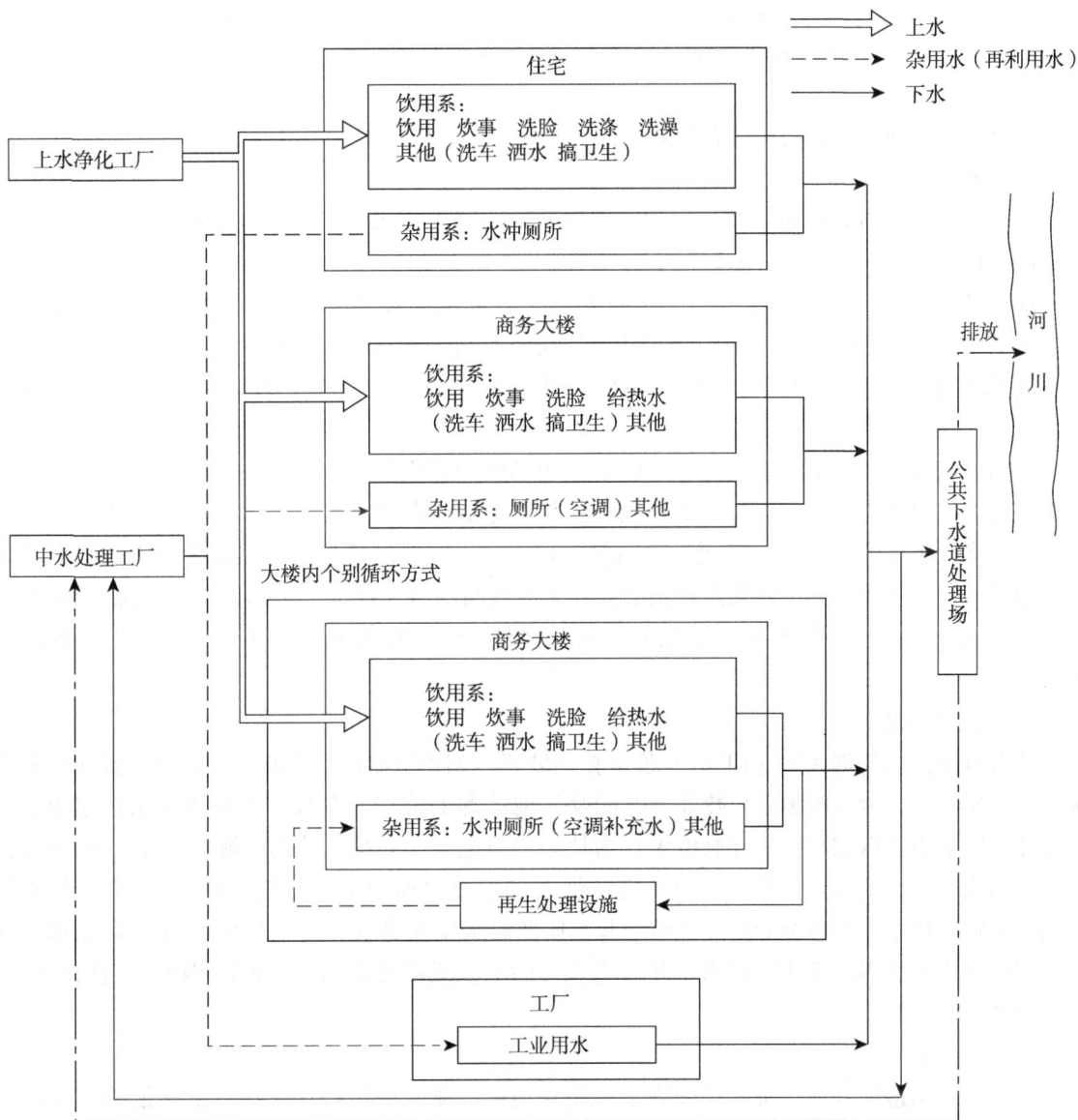

图 8-23 把"下水"循环处理成再生水的系统——中水道的概念

注意：（ ）内用水种类不确定，既可作为饮用系给水，也可作为杂用系给水

　　太阳能建筑中为了储存热量，通常把建筑物的围护结构里皮，装以蓄热材料或作为特隆布墙（trombe）。特隆布墙是法国工程师 Trombe-Michel 在 20 世纪 60 年代首先提出的一种保温墙，也称"被动式太阳能采暖墙"。它将蓄热体设置在南面窗户后，吸收太阳辐射，加热后通过辐射、对流加热房间的空气。蓄热体通常用金属管道中的水或厚混凝土板。因而特隆布墙是一种组合方式的墙与窗。该墙的顶部、底部都设可供开、关的通风孔，墙面多成易吸热的深色。寒冷地区，当阳光充足时，该墙面吸收太阳能辐射后可加热到 66℃。窗玻璃与蓄热体之间留有一定间隙，当间隙内的空气被加热后便上升，通过顶部通风孔进入房间内部，并通过底部通风孔将建筑的冷空气排出，然后再加热上升，返回房间。夜间则关闭通风孔，在玻璃窗与蓄热体之间再挂一隔热窗帘以防热量损失。

　　加拿大多伦多一幢太阳能建筑，一半埋入土中，屋顶局部外露，地下室设有自动配电盘，蓄电池可把太阳能吸来的多余电能储存在中蓄电池中。除此之外，对卫生间的粪便、污水的处理有一套控制程序和设备，它的设计原理如图 8-24 所示：

图 8－24 粪便、污水的处理流程

粪便——→封闭式蓄粪池——→蚯蚓——→食物（细菌——→分解）——→清理一次

尿水——→箱式蓄尿池——→细菌体——→分解——→净化——→过滤——→重新使用

可见太阳能建筑正在走向综合化环境设计。

（2）构造改进

建筑能量的 90%是通过门窗、屋顶、墙体及结构缝隙损失的，因此构造改进大有可为，如双层墙、保温门窗、复合墙、屋顶双层构造等等。

福斯特在法兰克福商业银行的自然通风系统中采用了双层墙，而在商务促进中心与远程技术中心中，则利用围护结构作为存储器：3 层空心墙体的最外层为单片玻璃，中间为一与建筑通高的连续腔，腔内设有计算机控制的可调百叶，内层是一个具有多度绝缘性能的材料构成。

德国的托马斯借助生物学类比、采用半透明的热阻材料系统作立面一部分：将一种两面为浮法玻璃、中间填充有半透明材料的预制板材放在涂成黑色的墙面外，阳光穿过半透明热阻材料照射在涂成黑色的墙面上，墙面吸收辐射热量，经一定时间延迟，将热辐射到室内。夏季则用半透明热阻材料遮起来，避免阳光照射，其中半透明热阻材料由聚甲基丙烯酸乙酯（PMMA）等材料制成，具有毛细管结构，管径约 3.5mm，该材料可被太阳辐射穿过，同时具有较高热阻值。

（3）设备系统

结合节能控制管理系统（BEMS）安装控制装置，如光敏器件、空调自控系统，日光监测系统、节水器具等，能及时地阻止热能、电能及其他能源的浪费。在日本大阪未来型住宅中，首次在住宅中采用了以燃料电池（100kW）为核心的热电联产系统以节约能源[1]。该系统发电时，有效地利用所产生的废热、燃料电池的热可获得 55℃热水和 160℃高温水蒸气。将 55℃热水输送到低温贮热槽中，与垃圾处理的排热一起，使低温水变成热水。另一方面，160℃高温水蒸气被送到吸收式冷热水器变成冷热水，并与烧煤气的吸收式冷热水器产生的冷热水一起用于各房间的空调。

3. 环境控制技术

通过建筑构造处理和设备系统来满足控制环境的要求。福斯特在德国杜依斯伯格商务促进中心及远程技术中心中，室内环境由分散设置的加热器、冷却系统和新风供应系统来维持。冷却水通过管网系统装在悬挂于顶棚上的金属传导网板中，由此将室内空气冷却。新鲜空气经由地板层上一个通道供应室内，在沿地面层一个不高的区带形成一个新鲜"空气湖"，随其受热升温而徐徐上升。由于传导技术要求，剖面标高被压到最低，由此断面空间体积也被减少，因此虽然采用了许多环境技术设备，而建筑造价仍保持在一般空调建筑工程水平。

环境控制还可采用生物技术，如生态墙。这是由岩石、植物、鱼和微生物构成的室内生态系统。它能吸入肮脏空气，呼出清洁空气。目前位于多伦多的加拿大人寿保险公司的一堵高 5 英尺，长 15 英尺的覆盖着藓类植物和蕨类植物的火山岩，它不间断地由装满鱼和水草的大养鱼缸提供水分和养分。这堵墙至今未探测到有害的副产品和异味[2]，与用通风设备把新鲜空气吸入建筑物内部以提高空气质量的传统方法相较，生物过滤系统完全是一个自给自足系统。

通过以上几个方面的模式分析，我们可以得出绿色建筑设计的典型特征：

（1）环保至上的设计理念；

---

[1] 柴锡贤. 哲理、技术、住区 [J]. 时代建筑，1998，3.

[2] 科学技术：治疗大楼综合症，不妨建堵生态墙 [N]. 参考消息，1998-9-27.

（2）全寿命周期的设计观点；

（3）严格量化的设计标准；

（4）传统与现代结合的适宜技术。

特别应指出的一点是：绿色建筑非传统建筑理论所能解决，它需要进行综合设计。"综合设计，作为不带常规界限的多部门的工作，是可持续设计的前提"[①]，物理学家、地质学家、化学家、生物学家，能源模拟专家与工业卫生专家是咨询或合作的对象，这些对象甚至可以扩展到所有的受益人，设计不再限于个人而是团体设计，这将成为绿色建筑的重要工作方式。

8.3.3 绿色建筑设计的主要模式小结

绿色建筑的设计模式，是指建筑设计中为达到可持续发展的目的，创造良好的生存环境所采用具体设计方法和手段，综上所述，可将绿色建筑的设计模式作一总结，列于表8-4：

绿色建筑设计的主要模式   表 8-4

		环境概念		对策及技术
一、地球环保	臭氧层保护	△避免由于 CFC_s、$HCFC_s$ 及卤素引起的臭氧消耗	建筑	• 禁止新建筑使用 CFC_s 制冷设备及灭火系统 • 旧建筑改造中 CFC_s 和 HALON 管理 • 结构与围护中无臭氧消耗的隔离
			营造	• 防止使用、施工、解体和再生过程中氟、氯、烃和氮氧化物
			材料	• 不使用 CFC_s 和 $HCFC_s$ 作为建材发泡剂
	空气质量保证	△空气、热量的交换系统平衡 △有毒气体抑制 △酸雨的抑制 △减少污染操作	外壳	• 减少高热容量、阻水性材料构成建筑 • 强化人工地面透水性设计、减少地面径流
			绿化	• 扩大绿地面积 • 优化绿化树种植物（复杂化、层次化）
			材料	• 减少使用高蕴藏能量建材，避免 CO_2 大量释放 • 使用自然材料
			营运	• 减少建筑生产解体时由于能耗产生的 CO_2 及其他有害气体 • 建筑废气无害化处理 • 多采用预制构件
	垃圾处理	△控制垃圾生产量 △垃圾处理回收	管理	• 建筑垃圾计划管理系统 • 提供垃圾隔离空间
			建筑垃圾	• 减少现场作业和建筑垃圾 • 开挖地下土方尽量回填 • 就地使用废弃品制成建筑产品
			垃圾	• 将排出物在生态系统中消化吸收 • 有害垃圾的无害化分解、处理、回收
	绿色生活引导	△限制浪费 △垃圾处理回收	规范	• 降低使用者需求与舒适的整体标准 • 限制总消费水平
			设备系统	• 减少对空调的依赖 • 安置禁烟装置 • 安置节水系统（中、雨水利用）

---

① 鲍家声. 可持续发展及建筑未来［J］. 建筑学报，1997，10.

	环境概念		对策及技术
一、地球环境保护	利用节约资源	△重视国土资源 △最大限度节约利用资源 △提高设计使用经济效益	规划	• 适度开发土地资源、节约建筑用地
			建筑	• 利用被动式低能耗设计 • 太阳能的利用 • 其他自然能源的开发利用（风能、潮汐能、生物能、覆土形式）
			结构	• 结构的轻量化设计 • 合理的结构系统：跨距、高度合理化
			材料	• 在不破坏当地自然生态系统前提下，尽量使用当地材料 • 使用低蕴藏能量材料 • 使用耐久材料 • 使用易再生材料
			施工	• 就地加工，减少运输 • 改良浪费的传统工法 • 减少或不使用木材作为建筑模板 • 减少操作过程能耗
			设备系统	• 保证设备各系统的经济运行状态 • 引入智能化管理系统 • 采用排热回收系统、水循环系统 • 安置生物废水处理系统 • 局部空调、局部照明系统 • 设备系统由中心转向外壁，利于更换
			建筑系统	• 建筑结构、设备设计时留有开发余地 • 延长建筑寿命、增加其通用性——"长寿多适" • 设计时考虑便于建筑修缮、更新 • 室内、外饰面的更新处理 • 旧结构的节能改造和改造再利用
二、当地环境建设	地段生态的保护	△维护自然生态完整 △地段特征的统一 △与城市地理的融合	规划	• 用生态的土地使用方法规划地段 • 结合地方特色的动植物群种分布设计 • 避免自然生境的中断、破碎化 • 尽量保持地貌、植被的连续性 • 适度使用城市土地、能源、交通
			设计	• 建筑模式与区域整体环境的相融性 • 采用风土环境技术 • 建筑融入城市轮廓线及街道尺度
	基地环境	△提高空间活力 △改善小气候 △加强建筑与环境的亲和性 △抑制交通的不利影响	公共空间	• 保证建设基地内开放空间的占有率（建筑底部开放） • 广场、小品、绿化、水面、光影交织性的空间效果 • 吸引公众活动的便利设施设置 • 引入野生小动物，借以达到小生态平衡丰富环境
			周边环境	• 结合湖泊山体设计 • 引入水地、喷泉，降温增湿 • 实施表土树木保护计划 • 立体绿化、软化人工环境、屏蔽嘈杂 • 建筑物布置留有开口，利于通风 • 利用落叶树木调整日照 • 恢复施工破坏区域

续表

		环境概念		对策及技术
二、当地环境建设	基地环境		建筑	● 覆土形式、草皮屋顶 ● 墙面绿化 ● 建材色彩、质地与当地环境的协调 ● 建筑造型善于利用地基特点
			交通	● 规划中提供在基地安全骑自行车的便利 ● 缩短建筑与交通站点的距离 ● 限制轿车在住宅区的使用 ● 道路分级清楚
	人文环境建设	△尊重继承文脉 △活化地域	传统建筑处理	● 保护拥有历史风貌的城市景观 ● 继承发展传统的街区景观 ● 维护古建风貌、修旧如新 ● 继承开发传统民居 ● 继承传统建筑文化和传统生产技术
			环境与生活	● 创造城市可交往绿色空间 ● 城市更新中尽量保留民居对原地域的认知特性 ● 尽量不改变居民原生的生活习性 ● 利用建筑群创造相对秘密和友好的围合性空间 ● 引导居民之间交往
三、健康生活保障		△尽量采用被动式建筑设计 △提高使用空间效率 △提高健康舒适性 △推广室内绿化技术	建筑造型及外壳	● 群体布局时结合基地条件 ● 利用覆土建筑减少热冷载，并适应气候 ● 剖面设计与自然通风、采光的结合 ● 选择最佳节能的平面形式，如圆形 ● 提高结构的抗震性能 ● 善于利用屋顶空气层或水池、草皮、屋顶降温 ● 提高围护系统隔热、保温、气密性设计 ● 外墙材料有利于保温隔热 ● 开口部位的隔热性及气密性考虑 ● 遮阳设计 ● 防止建筑间的通视
			室内空间	● 符合人体工程学的空间 ● 高效多变的室内空间（复合式、可变式） ● 用户生活私密性考虑，防止室内尴尬、通视 ● 通过室内、外空间的模糊设计，扩大室内空间感 ● 私密性与开敞性的结合提高室内空间活性 ● 入口设计地面栅格，防止尘粒进入室内 ● 采用吸声材料 ● 有效配置室内绿化和花卉，改善微环境
			设备系统	● 采用室内空气监视系统 ● 安置室内环境除异、除尘处理系统 ● 依据日照强度自动调节室内照明系统 ● 屋顶采风与排风装置 ● 保护通风系统部件不受污染

本章参考文献

［1］ Michael J. Crosbie. Green Architecture ［M］. U. S. A.：Rockport Publishers，1994.

［2］ Brenda & Robert Vale. Green Architecture，Design for a Sustainable Future ［M］. London：UK RIBA Publication，1991.

［3］David Pearson. The Natural House ［M］. Conran Octopus Limited，1989.

［4］I. L. McHarg. Design with Nature ［M］. New York：Natural History Press，1969.

［5］Chareles G. Woods. Natural Architecture ［M］. New York：Van Nostond Company Inc.，1983.

［6］J. S. Lebedew. Architectur und Blonik ［M］. Veb Verlag Fur Bauwesen Berlin，1983.

［7］［美］吉·戈兰尼. 掩土建筑——历史、建筑与城市 ［M］. 夏云译. 北京：中国建筑工业出版社，1986.

［8］［日］芦原义信. 外部空间设计 ［M］. 尹培桐译. 北京：中国建筑工业出版社，1985.

［9］［德］克劳斯·奥洛魏. 住宅绿化 ［M］. 张美贞等译. 北京：中国建筑工业出版社，1987.

［10］［英］T. A. 马克斯，E. N. 莫里斯. 建筑物、气候、能量 ［M］. 陈士麟译. 北京：中国建筑工业出版社，1987.

［11］［德］A. Brenatzky. 树木生态与养护 ［M］. 陈自新，许慈安译. 北京：中国建筑工业出版社，1987.

［12］刘先觉. 现代城市发展中面临的生态建筑学新课题 ［J］. 建筑学报，1995，2.

［13］李宝恒. 增长的极限 ［M］. 成都：四川人民出版社，1984.

［14］［美］蕾切尔·卡逊. 寂静的春天 ［M］. 吕瑞生等译. 长春：吉林人民出版社，1997.

［15］刘波. 天地人巨系统观 ［M］. 合肥：安徽人民出版社，1993.

［16］魏宏森等. 系统论——系统科学哲学 ［M］. 北京：清华大学出版社，1995.

［17］孙儒泳. 普通生态学 ［M］. 北京：高等教育出版社，1993.

［18］吴良镛. 广义建筑学 ［M］. 北京：清华大学出版社，1989.

［19］林宪德. 热湿气候的绿色建筑计划 ［M］. 台北：詹氏书局，1996.

［20］黄晓莺. 居住区环境设计 ［M］. 北京：中国建筑工业出版社，1994.

［21］天津大学建筑系. 生土建筑 ［M］. 天津：天津科学技术出版社，1985.

［22］荆其敏. 覆土建筑 ［M］. 天津：天津科学技术出版社，1988.

［23］项秉仁. 赖特 ［M］. 北京：中国建筑工业出版社，1992.

［24］窦以德·诺曼·福斯特 ［M］. 北京：中国建筑工业出版社，1996.

［25］韦湘民，罗子末，雷翔. 椰风海韵——热带滨海城市设计 ［M］. 北京：中国建筑工业出版社，1994.

［26］赵冠谦. 2000 年的住宅 ［M］. 北京：中国建筑工业出版社.

［27］中国林学会. 城镇绿化 ［M］. 北京：中国林业出版社，1984.

［28］谢秉漫. 建筑环境绿化 ［M］. 北京：水利电力出版社，1992.

［29］渠箴亮. 被动式太阳房建筑设计 ［M］. 北京：中国建筑工业出版社，1987.

［30］冷平生. 城市植物生态学 ［M］. 北京：中国建筑工业出版社，1995.

［31］孙孝凡. 住宅艺术与导向 ［M］. 北京：中国铁道出版社，1992.

［32］符气浩. 城市绿化的生态效益 ［M］. 北京：中国林业出版社，1992.

第9章 生态建筑的室内环境设计理论

9.1 生态建筑室内环境设计溯源

9.1.1 生态建筑室内环境设计产生的社会背景

生态建筑室内环境是伴随着生态建筑的产生而同时产生的，两者之间就像是一对孪生兄弟，形影不离。它们相互制约，又相互依赖，建筑是形成室内的前提，是室内实现其功能的载体；室内则是建筑的结果，是建筑的目的，也是体现其价值的真正所在。

"生态建筑"是一种可持续发展的建筑，"可持续发展"的概念，针对的是与人类生活密切相关的生存环境问题，其所包含的意思很多。"可持续发展"的建筑室内设计，主要包含"灵活高效"、"健康舒适"、"节约能源"、"保护环境"等几个方面的含义，其相似的表达还有"生态建筑室内设计"、"绿色建筑室内设计"等，只是所描述的侧重点不太一样罢了。

对业内人士来讲应该选择一种什么样的方法来建造建筑，而使我们共有的地球更具可持续性呢？草木葱绿的自然景观引发了一个问题：是否仅仅表现出了类似于郊外的景观特点，建筑或室内环境就成了绿色的了呢？回答是否定的。判断建筑是否绿色，更关键的还在于它所表现的绿色是不是符合生态学原则，因此使用"生态建筑室内环境"一词可能更能表达这层含义，而"绿色"也只能是一个比较雅致的代名词。

早在20世纪70年代初期，由于石油输出国组织成员国对西方石油输出的威胁以及随后的石油限量供应，导致了一些发达国家的能源短缺。人们开始对建筑设计、建造和使用过程中所耗费的能量进行计算和研究，它在总的能源耗费中所占的比重及其造成的环境影响引起了普遍的重视。石油供应短缺与工业化国家对进口石油的依赖之间的矛盾，以及能源危机同时所引发的国家政局动荡和社会不稳定等问题，使人们认识到迫切需要寻找到往往更加昂贵的石油替代品，并想方设法降低能源消耗。

人们逐渐意识到，在西方能经受住能源危机考验的只有那些以自给自足的方式生存的国家，还有那些尚未被发现的土著居民也依旧生生不息。于是人们开始了对人类现有的生活方式的反思，这在建筑上表现为对建筑风格和现存建筑的否定。

同时，罗马俱乐部那份名为《增长的极限》的著名报告，改变了人类的生存态度，人们开始广泛吸取哲学家和科学家的基本理论和研究方法，从各种环境影响以及最初的科学研究结论开始来控制地球的环境状况——绿色运动由此开始萌芽。在发达的工业国家里，建筑师们开始提出了"浪费型的设计会对环境造成危害"的忠告，起初人们对此还颇有疑虑，但随后事态的发展证明了这一理论是毋庸置疑的，而且此后的建筑实践本身就是有力的说明。

解决能源的保护和利用问题就是很好的一个实例。在20世纪七八十年代，一些国家政府曾通过一系列的建议提倡全社会节约能源，开始有了良好的开端。在欧洲，政府还发起过多项研究课题，形成指导书、章程甚至法律条文以促进环境的保护。诸如在施工建造中控制噪声污染等具体措施确实起到了一定的作用，但从全社会来说，依然收效甚微。事实上，大多数建筑师认为，政府所倡导解决的环境问题侧重于设计的实际功效，它早就包含在传承至今的设计理论中了，因而并未多加理会。但对关于建筑设计内涵的重提，预示着为多数建筑师所忽视的环境效益问题正日渐受到人们的关注。到20世纪90年代初，绿色问题开始在国际会议上得到更高的重视，1996年世界气候变化调查组证实全球气候变暖主要是由于燃煤引起的大气中二氧化碳浓度增加而造成的①。至此，建筑师们不得不重新评价建筑及其所包含的室内与环境之间的关系，他们从中逐渐意识到对环境因素的考虑会有助于建筑与室内的设计，诸如对建筑朝向、自然通风、自然采光、日照利用和保温隔热等问题的解决，使建筑形式和内容都变得有理有据，对以上各因素的综合处理还会为新建筑语言的出现提供契机。这对摒弃以往建筑的陈规陋习、寻找新的建筑表现形式的强烈愿望也起到了推波助澜的作用，对社会公益事业的热切关注，以及技术革新的广阔前景对绿色生态建筑的兴起更是功不可没。毫无疑问，在20世纪的最后十年里，我们看到了全世界建筑师们一改以往对环境问题的态度，开始全心全意地支持绿色运动，满腔热情地研究绿色建筑。但是，另外一些尚未引起重视但环境隐患更大的问题，如建筑材料的回收、内含能量的耗费②和废弃物处理等，还尚未被大众所广泛接受。

任何建筑与室内环境的设计都是源自于对其所在地的气候、技术、文化和用地等环境要素的反映，必须通过理智思考和反复推敲，创造性的灵感发挥和对环境因素的权衡再三，才能使建筑物犹如从大地上破土而出、茁壮成长。具备可持续性和节能特性与这些环境要素是密不可分的，而且会直接关系到建筑与室内环境设计的中心内容，这些设计过程就是生态建筑学——也就是绿色运动议程中所考虑的"为减少对环境破坏而努力"这一思想在建筑领域的确切表现。对环境措施的评价、分析和组织与场地规划、结构选型、辅助设施设计、空间形态和外观形式等在建筑设计中占有同样重要的地位——事实上在绿色建筑和室内设计中前者对后者起着决定性的作用，对于绿色的关注应该融合在建筑所有的设计过程中，甚至成为某些佳作的点睛之笔。

气候、技术、文化和场地是建筑的必要组成部分，要做到保护地球环境的建筑与室内设计，除上述几项以外，必须将环境意识贯穿于设计的全过程，这既是建筑发展过程中不可或缺的重要因素，也是生态建筑室内环境设计所要探讨的内容。

9.1.2　建筑与室内环境设计历史的绿色解析

最初的建筑形式只能算是一个藏身之处。为了在狂风暴雨、虫蛇侵害时有处可藏，人们开始建造原始形态的建筑。人们常常就地取材，运用世代相传的最基本的建造技术。

至今在尼日利亚和阿尔卑斯山地区的乡土建筑或民间建筑依然保留着较为原始的建筑形态。然而光阴荏苒，它们却曾渐渐地被政府建设机构所忽视和遗忘。直到1964年，伯纳德·鲁道夫斯基（Bernard Rudofsky）在纽约现代艺术博物馆举办了轰动一时、名为"没有建筑师的建筑"（Architecture without Architects）的展览以后，乡土建筑才得到了应有的重视。与此同时，鲁道夫斯基在他与展览同时出版的著作中尖锐地指出：在西方国家，建筑历史历来只关心某些其所认同的文化，而且常局限于对近代建筑发展的研究。按照鲁道夫斯基的观点，这就像是把管弦乐的兴起定为音乐的诞生一样荒唐③。

鲁道夫斯基认为，建筑史学家们最为关心的是那些代表着财富和权力的为少数人所拥有的建筑，因为正是财富和权力的结合才创造出了不同于"构筑物"的"建筑"，也就是说，建筑除了那些实际的使用要求以外，更重要的是建立在智慧和美学的基础上的。随着社区结构的进一

---

① 也有与此不同的意见，据新华社2001年5月10日上午专电，瑞典两位气候专家对温室效应成因作出新的解释，认为造成温室效应的主要原因是大气层中增多的水蒸气。瑞典科学家拉松和爱德华松说，地球确实像其他研究人员所认为的那样，正进入一个逐渐变暖的时期，随着气温升高，地球大气层中的水蒸气逐渐增多。因此，造成温室效应的祸首是增多的水蒸气，而不是汽车和工厂排出的二氧化碳。参见《扬子晚报》2001年5月10日。

② 指在建筑材料和构配件的制造和运送过程中所耗费的能源。详见本文9.4部分。

③ 参见：David Lloyd Jones. Architecture and the Environment——Bioclimatic Building Design ［M］. The Overlook Press, 1998.

步完善、社区机动性进一步增强、社区的进一步繁荣，他们建造的建筑变得越来越精致、越来越具纪念性，极尽奢华装饰之能事。活着时住的宫殿、百年后的墓葬、上帝的圣坛、神仙的庙宇……这些建筑的特征越来越鲜明，耐久性越来越好，令史学家们拍案叫绝。财富和权势保证了人力资源可以随意取用，建筑材料可以从更远的地域范围中搜罗并运回，可以采用更好的材料加工和建造技术，可以在室内完成包括洗涮、卫浴等日常生活内容，生活更加舒适。时代变迁，技术进步，但建筑建造与场地特性之间的联系却日益松弛，对自然资源的挥霍也日益加剧，直至最后导致地球环境的严重破坏。这一过程也导致了建筑使用者和建造者（普通民众）之间距离的加大，这一结果又反过来加剧了两者之间的隔阂。

鲁道夫斯基将我们带回到了那些虽说简单但在世界建筑宝库中仍占有一席之地的乡土建筑。当然，他还不能算开天辟地第一人，勒·柯布西耶就曾从北非和希腊的乡土建筑中汲取灵感，沃伊齐（C. F. A. Voysey）和斯科特（Baillie Scott）也从英国的乡村住宅获益匪浅，密斯·凡·德·罗则对美国中西部平原的谷仓情有独钟[①]。

对于乡土建筑的关注，不是因为它们在城市现代化的进程中渐趋消失而弥足珍贵，而是其本身所包含的生态学含义及其与自然环境的完美融合让我们肃然起敬。在此并不是哗众取宠，有意对乡土建筑夸大其词，事实上乡土建筑及其藉以存在的自然环境才应该是生态建筑史真正的主旋律。追溯往昔，其初始及发展都传承了人类对建筑与自然关系的诠释，随着社会文化的变迁，人们始终从日常建筑的建造中得到鼓舞，从自然环境中获取灵感，从而记录着建筑与自然之间的对话，我们现在的生态话题早在这种对话中就依稀可见了。

建筑和环境之间有着纷繁复杂、千丝万缕的联系，为了追溯建筑生态因素的历史，我们有必要从不同的方面作一认真的考察。

气候因素始终是建筑建造的关键。建筑史上的能工巧匠们总是能因地制宜地建造适应当地气候变化的建筑，营造居住舒适的室内环境——在炎热地区，增加室内空气的流动速度以达到降温目的，防止太阳光线直接照入室内来降低室温，选择储热性能较高的结构和构造材料用于隔热，并在日间储存热量，而在晚间温度降低时重新释放热量，以此来调节室温。在严寒地区，建筑师们则广泛地利用材料的导热性和太阳热能，采用多种手段来增强太阳的照射，用某些遮蔽的手段来抵御寒风的侵袭，在气候比较温和的地区，则综合了上述方式以适应当地的气候特点。

中东地区的风塔，使室内变得凉爽宜人；巨大的篷帆为罗马圆形剧场的看客遮阳挡雨（图9-1）；日本传统居家的屏风和移门既便于通风又便于室内空间的分隔（图9-2）。

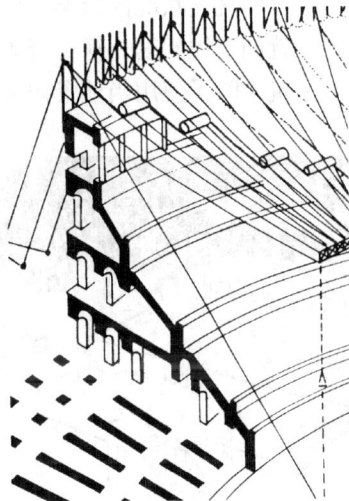

图9-1 古罗马圆形剧场的遮阳篷

对于地方气候的适应，在我国的民居建筑中实在举不胜举：中国福建的客家土楼，阻挡了外敌的侵犯，也阻隔了恶劣的气候（图9-3）；我国华北地区的四合院，分区明确、联系方便、庭院内安静，具有利于采光、遮阳、挡风、防沙等功能；东北地区冬季极为寒冷，一些地区最低气温可达零下40℃，当地居民利用炊事的余热，结合室内火炕、火墙或火地来采暖。为了采光，南窗特大，一般为双层窗，北面一般不开窗，房屋间距大，以利日照；江南水乡因夏日多雨，气候炎热，所以屋面坡度较陡，檐口伸出长，门窗相互对应以利通风。院落和檐廊是中国传统民居的

----

① 参见：David Lloyd Jones. Architecture and the Environment——Bioclimatic Building Design ［M］. The Overlook Press，1998.

图 9-2 日本和风住宅中的移门兼隔断（左）

图 9-3 福建华安沙建南阳楼（右）

平面布局的特点。院中植树起到净化室外空气、调节温度的作用；檐廊是户外活动的理想场所，也是室内外的过渡区域，还能组织良好的通风，同样起到调节室温的功效。同为院落式的民居建筑，在寒冷干燥日照少的北方，表现为南北向较长，院落空间开阔，以得到充分的阳光照射；而在湿热多雨、日照长的南方，南北向相对较短，院落空间较小，建筑的阴影正好投射在院落中，造成了阴凉的小天井，即使在炎热的夏季也凉爽舒心。

此外黄土高原的窑洞、新疆的土拱住宅、西藏的碉房、内蒙的蒙古包等都与当地的气候环境和材料相适应，与自然环境有机和谐。云南西双版纳的傣族"竹楼"，似乎蕴藏着说不完的美丽传说，殊不知那是湿热多雨气候影响下的独特建筑形式，它们大多为竹、木结构，屋顶挑檐深远，造成的大片阴影使下部房间阴凉，底层架空和带缝的木楼板，使底部较为阴凉的室外空气渗透到室内，风自然流动带走热量，也避免了雨水的浸淹和虫蛇的侵扰（图 9-4）。这些例子表明，建筑设计除了考虑室内环境的舒适以外，还必须兼顾其他的因素。可以说，每一种乡土建筑形式都是气候、文化、技术和用地环境平衡协调而形成的。对民居的深入研究及实际经验的应用都为生态建筑室内设计提供了丰富的设计思路及设计手段。

当然气候因素并不是在所有的历史建筑中都如此重要，宗教建筑偏重于营造宗教氛围，宫殿重视于展示王公贵族的权势，它们均超出了人的尺度，忽视了使用的舒适性。如今的商贸中心和航站候机楼等功能复杂的大型建筑物，其内部设施齐全，足以提供舒适的室内环境，而不会受自然气候状况的影响，但它们所耗费的能源实在令人痛心。

图 9-4 傣族竹楼剖视图

就如气候问题一样，资源问题在乡土建筑和纪念性建筑中的地位也是不同的，过去，在乡土建筑中除了使用当地资源以外，别无其他选择，人们还必须考虑以最小的用量来获取最大的利益。随着统治者和统治集团财富和权力的增长，房主和建筑师就可以征用更多的资源，其中包括脑力、人力和材料等方面，而且可以扩大到更大的领域范围。综观历史，几乎在任何一座建筑中，财富和权力的影响都决定着材料资源的使用。

由于古代交通技术的限制，一般建筑通常采用当地资源，如木材、石材、土制砖等等。只有建造皇公贵胄们的宫殿才会不远万里，广罗奇材，《阿房宫赋》有"蜀山兀，阿房出"的记载，就是这一情况的真实写照。

早期对建筑材料的加工技术是非常有限的，常常把砖坯放在太阳下曝晒制成土制砖，石灰石和白垩可烧制成水泥和石膏，庄稼收割后的稻糠和秸秆则是很好的烧制燃料。材料的准备以及建筑构件的生产只需要"低技术"和极少量的能源消耗。

铁和其他金属的使用也是十分有限的，通常只是较多地用于装饰，直到 19 世纪工业革命带来了技术的发展，才普遍用作为建筑材料，也正是工业化给全社会带来了灾难性的污染和浪费。

暂且不论现代建筑的建造需耗费多少资源，在其毁弃后，许多类型的建筑垃圾是不可降解的，也无法主动回归自然，其堆放和处理造成了很大的环境压力。因此有许多建筑师正在研究利用泥土，建造现代生土建筑。他们指出"泥土是最可利用的物有所值的建筑材料之一"，由于其实用性，世界上至今还有许多人仍生活在土屋中，他们绝大多数是在发展中国家。尽管受当地气候、环境、文化以及材料本身的自然局限性的限制，但已经成为当地传统的一种独特表现。如我国西北部黄土地带的窑洞民居，建造在地势高、土质均匀丰厚的黄土层中，当地气候寒冷干燥，又缺乏木材、砖石等建筑材料，因此，只能就地取材，房屋多以土坯为材料，大多建在地下 8m 左右深处，这一地层的温度基本上趋于稳定，利用了土的天然保温隔热特性，使室内四季温度适宜。

购买一块用地，泥土是仅有的免费的建筑材料，基地泥土的使用至少可以消除建筑基地平整土方后清运泥土带来的额外经济负担，更不用说运输还会造成环境污染。一般用地内建造过程中的景观营造、施工过程和地基开挖都会产生大量的剩余材料，利用泥土可以避免大批量地集中运入其他替代材料，避免环境质量退化和生态失衡。当然，尽管许多种泥土可以用于建造建筑，但不是每项工程都能如法炮制的，如果周围土壤资源丰厚，这里就是建造生土建筑的理想场所了。土壤特性也决定了应该选择何种建造技术，必须因地制宜，如夯土建筑一类的整体式承重结构、土坯或压制砖一类的砌体承重结构；抑或像抹灰篱笆墙一类的缝隙填实技术。那些土质不适合于上述技术的，还可加入添加剂或滤网以增加强度。

历史上早就有回收利用建筑材料的现象，埃及金字塔的外层材料曾被移作他用，罗马集市废弃后其石材被用来建造城市建筑，北非的格莱科—罗马神庙（North African Greco-Roman temple）拆除后其材料被用来建造伊斯兰礼拜寺[①]。勒·柯布西耶的朗香教堂也使用了原来教堂的石块来砌筑外墙[②]。

对于资源的可循环利用、无环境污染是必须倍加关注的。在徽州民居中有"肥水不外流"之说，即在内院屋檐下敷设砖砌雨水槽，聚敛从屋顶排下的雨水，收集利用。

生态因素的第三个方面是自然以及自然现象的社会涵义，这一点贯穿于规划选址、建筑与室内设计、景观效果等全过程。

建造建筑的第一个问题就是选择地址，在我国古代就有风水之说，阐述了建筑与天候、地域、人事相互协调的哲理，分析了地质、水文、日照、风向、气候、气象、景观等一系列自然地理环境因素，进行评价和选择，以采取相应的规划设计和建筑设计措施，达到趋吉避凶纳福迎祥的目的，创造适宜人们长期居住繁衍生息的良好环境。虽然建筑选址遵循了"左青龙，右白虎，前朱雀，后玄武"以及"万物负阴而抱阳、冲气以为和"的基本原则，但地形、地貌、山脉、河流、动植物等也会影响民居建筑的建造位置及平面组合形态，如丘陵地带的四川民居依山而建，随山势以台、挑、吊等形式，使建筑灵活多变，各具风采（图9-5）。

在西方，虽然许多古典建筑师将建筑与自然完全割裂开来，以几何学和数学为设计准绳，忽视了自然环境状况，建筑物作为人类的杰作与自然相对峙，但也不乏利用自然地形的佳例。古希腊的卫城，"建筑群追求同自然环境的协调，它不求平衡对称，乐于利用各种复杂的地形，构成活泼多变的建筑景色。"[③] 西班牙格兰纳达的阿尔罕布拉宫位于一个地势险要的小山上，设

① 参见：David Lloyd Jones. Architecture and the Environment——Bioclimatic Building Design ［M］. The Overlook Press，1998.
② 参见：同济大学，清华大学，南京工学院，天津大学. 外国近现代建筑史 ［M］. 北京：中国建筑工业出版社，1982：87.
③ 引自：陈志华. 外国建筑史 ［M］. 北京：中国建筑工业出版社，1979：24.

计师引来山上的泉水，分成几路，淙淙流经各个卧室，降低炎夏的蒸热①。

工业革命以后，钢和玻璃被大量地运用到建筑中，现代建筑运动的成就之一就是采用了玻璃，既分隔了室内外空间，又能达到内外交融，人与自然的交流。

9.1.3 现代建筑与自然环境

在人们的印象中，现代建筑通常是与自然环境、地域特性相对立的，它以令世人瞩目的技术和大一统的材料——钢、玻璃和混凝土，让建筑傲然注视世间万物。第二次世界大战后整个世界进入了百废待兴的阶段，重建工作非常紧迫，同时由于追求建筑的自我形象、商业利润和施工便利，而疏忽了对建筑环境的考虑，国际式的建筑风格流行一时。不可否认现代主义建筑中充斥着机械论的观点，尤其是德国—美国阵营中情况更是如此。孕育于包豪斯、发展成熟于美国的现代建筑理论左右了许多建筑师的个人实践，从德国的格罗皮乌斯（Walter Gropius）和密斯·凡·德·罗（Mies van de Rohe）和布劳耶（Marcel Breuer）等先驱，到美国的约翰逊（Philip Johnson）、SOM事务所（Skidmore Owings and Merril）以及其他一些大型建筑事务所等追随者，以致最终泛滥成为一种国际风格。

但是，沿着大师的足迹，寻访他们的建筑作品，我们却可以得出这样的结论，国际式的建筑风格并未主宰一切，像阿尔瓦·阿尔托（Alvar Aalto）、F·L·赖特（Frank Lloyd Wright）、勒·柯布西耶（Le Corbusier）、E·门德尔松（Eric Mendelsohn）和陶特（Taut）等杰出的建筑大师们却始终在发展着一种直观的、个性化的建筑手法，探讨着与自然环境之间的关系。事实上，尽管周围充斥着复杂的建筑语言和模式化的关系，响应自然环境、从乡土文化中汲取灵感或者探讨自然资源保护与利用的作品，在建筑的现代运动中依然随处可见，它们体现了建筑与自然的对话，犹如当代生态建筑运动的序曲。

9.1.3.1 阿尔瓦·阿尔托（Alvar Aalto，1898～1976）

芬兰建筑师阿尔瓦·阿尔托以独特的视角关注着人、自然和技术之间的关系，他讲求浪漫情感与地域特点相结合的设计理念，对当今的生态建筑有着极其深远的影响。尽管植根于现代建筑那强调整体功能要求的设计原则，他还是避开了这些抽象简化的思想体系，发现了引起他内心共鸣的设计理念。他的早期作品帕米欧结核病疗养院（Tuberculosis Sanatorium at Paimio，1929～1933），是一幢掩映在白桦树和松树林中的白色建筑，主体建筑是七层的病房大楼，整个疗养院建筑顺着起伏的地势舒展地铺开，与环境极为融洽（图9-6）。从那中规中矩的形式和有

图9-5 四川吊脚楼民居（左）

图9-6 帕米欧肺病疗养院，1929～1933(右)（设计：阿尔瓦·阿尔托）

---

① 参见：陈志华. 外国建筑史［M］. 北京：中国建筑工业出版社，1979：94.

条有理的功能布局不难看出其所遵循的现代主义建筑原则，评论界也普遍认为这是现代建筑运动发展阶段的杰出标志性建筑。同时，这也是阿尔瓦·阿尔托个人建筑生涯的转折点，在随后的设计工作中，他完全倾注于研究地域文化与建筑的关系以及建筑的"人情化"上，突出表现在与周围环境的密切配合、巧妙利用地形、布局上的使人逐步发现、尺度上的"化整为零"和与人体配合、运用不规则的曲面、变化多样的平面形式、室内空间的自由流动和不断延伸等方面，具体则表现在砖、木等传统材料的运用、对现代材料的柔化和多样性处理上，为了消除钢筋混凝土的冰冷感，在钢筋混凝土的柱身上故意缠上一些藤条，为了使机器生产的门把手不致有生硬感，而把门把手设计得像人手捏出来的一样[1]（图9-7，图9-8）。这些看起来与现代建筑的工业化要求——横平竖直、排列规则——是完全违背的，但他总是千方百计将经济性和标准化因素付诸于工程的设计中。阿尔瓦·阿尔托所设计的建筑形式、细部处理、韵律节奏都是与芬兰的自然景观——曲折蜿蜒的湖岸、突兀光滑的岩石和树影婆娑的森林——相呼应的，就如他的著名玻璃器皿的形状象征着芬兰这个千湖之国众多湖泊的湖岸线轮廓一样（图9-9）。他能满足建筑的经济性要求，很大程度上应该归功于对木材的广泛使用。由于不像钢铁和钢筋混凝土那样具备坚固耐久的结构特性，木材在现代建筑中已不再作为结构材料使用了，仅在手工制品和民间工艺品中得到运用。芬兰有着丰富的木材资源，在阿尔托的眼中，木材具有丰富的弹性和可塑性，木材变化的纹理和人情化的质感不同于工业产品而独具表现力。木材不仅成为他的建筑空间的组成元素（图9-10），而且是其设计的畅销至今的经典家具的主要构成部分（图9-11）。不可否认阿尔瓦·阿尔托的设

图9-7 缠藤条的柱子

（设计：阿尔瓦·阿尔托）

图9-8 门把手

（设计：阿尔瓦·阿尔托）

图9-9 阿尔瓦·阿尔托设计的玻璃器皿，1936(左)

图9-10 珊纳特赛罗镇中心会议室的木构架装饰，1950~1955(右)

（设计：阿尔瓦·阿尔托）

---

① 引自：宗国栋，张为诚编译. 世界建筑名家名作 [M]. 北京：中国建筑工业出版社，1991.

图 9-11 31 号样品: 曲木胶合板椅, 1931~1932(左)

(设计: 阿尔瓦·阿尔托)

图 9-12 Sunila Pulp 工厂制作的住宅区住宅室内 1936~1954(右)

(设计: 阿尔瓦·阿尔托)

设计作品中运用了现代主义的手法, 但他更注重从精神与实用两个方面对人与建筑、室内的相互间关系进行推敲, 将自然光引入室内, 静静地温柔地投射在家具上, 人的脸上、身上、背上……满屋的流光溢彩, 温情脉脉 (图 9-12)。如果说勒·柯布西耶的建筑高高在上, 令人肃然起敬, 那么阿尔托的建筑则完全融入自然环境中, 是从属于自然环境的。阿尔托是一位现代建筑师, 其建筑形式和建造方式的设计灵感根植于生于斯、长于斯的祖国, 他对当地独特的气候条件、文化背景和经济状况的熟悉和了解, 使他的设计永远不会脱离当地的人文、自然环境。

9.1.3.2 F·L·赖特 (Frank Lloyd Wright, 1869~1959)

F·L·赖特坚持着自己的设计信念, 自始至终从传统建筑及其自然环境中汲取灵感。这位出生并生长在美国中西部的建筑师, 以敏锐的洞察力和判断力了解欧洲建筑产生的根源, 而没有受到欧洲历史和文化的羁绊。日本早期的传统建筑也对他的建筑理论的形成产生很大的影响, 不仅在流动空间方面, 而且对建筑材料的选择和恰到好处的运用推崇不已。他根据实际的使用功效确定材料, 通过这种方法, 他还发掘了一些原材料的新特性和潜在作用, 当然这些天然材料对于如今的可持续设计有着不可估量的作用。家乡独特的自然景观和考古学价值是赖特主要的灵感之源, 他深知建筑应该植根于大地, 与自然环境融为一体, 而不是相互对峙。

他为匹兹堡富商考夫曼 (Edgar J. Kaufmann) 设计的周末度假别墅——流水别墅 (Falling Water) 堪称建筑与周围环境完美结合的典范, 建筑轻捷地俯卧在瀑布之上, 挑出的平台与嶙峋的山岩犬牙交错, 林木、山石、流水、建筑, 人工物与自然景互相渗透, 相得益彰。但建筑那简洁的线条、轻盈悬挑的钢筋混凝土平台让人一望便知这是现代主义建筑技术的产物 (图 9-13)。流水别墅的室内也堪称是结合自然与地域传统的典范, 壁炉前保留了一块天然岩石, 只是略加平整, 壁炉本身则是以暴露的自然山岩砌成的, 显示了土地的坚实性, 即使是壁炉前的劈柴和悬挂的铁锅, 也是经过精心布置的 (图 9-14)。在建筑的下层, 还有一个通向溪流水面的悬吊楼梯, 这个著名的楼梯, 关联着建筑与大地, 是内外空间环境妙不可言的交流媒介。赖特对自然光线的巧妙掌握, 使内部空间充满了盎然生机。在这里, 光线不但作为一种天然的资源引入室内, 照亮和温暖着室内空间环境, 而且还是创造艺术氛围的道具。光线流动于起居空间的东、西、南三侧, 最明亮的部分, 光线从天窗泻下, 一直通往建筑下方溪流崖临的楼梯。东、西、北侧几呈围合状的凹室, 相形之下光线较暗, 岩石铺成的地板上, 隐约出现它们的倒影, 流布在起居室空间之中。从北侧及山崖上反射进来的光线和反射到楼梯的光线, 显得朦胧柔美。在心理上, 这个起居空间的气氛, 随着光线的明暗变化而显现出多样的风采。

图 9 - 13 流水别墅，1936（左）
（设计：F·L·赖特）

图 9 - 14 流水别墅室内（右）
（设计：F·L·赖特）

位于亚利桑那州的西塔里埃森（Taliesin West）——赖特的私人住宅和工作室，是另一个与众不同的杰作。建筑坐落在砂石荒漠中，丰富多彩的沙漠植物是其天然的饰物。建筑就像从大地中长出来似的，粗砺的石墙渐渐地消失在地坪深处，纵横交错的木架似乎是风沙荡涤后的残存，经受着阳光的灼烤和岁月的洗礼（图 9-15），由此而形成的独特的室内空间形象也殊异于一般现代主义建筑那简单的六面体（图 9-16）。

图 9-15 西塔利埃森，1938（左）
（设计：F·L·赖特）

图 9 - 16 西塔利埃森室内（右）
（设计：F·L·赖特）

赖特的"有机建筑"理论由于其在与环境的关系上始终坚持相容而不是相对的立场，因此，自始至终蕴涵着强大的生命力，成为当今生态建筑实践的重要组成部分，这一理论概念涉及诸如动态规划、弹性形式、材料特性的充分表现以及将时间作为建筑的第四维等内涵。

9.1.3.3　理查德·巴克明斯特·富勒（Richard Buckminster Fuller，1895~1983）

另外还要提到的同样对生态建筑有着卓越贡献的现代主义建筑先锋应该是巴克明斯特·富勒。他是一位不太"安分守己"的人物，总是在设计思想和方法上另辟蹊径。从传统意义上讲，他既不能算作现代主义的旗手，也没有被认为是对可持续建筑的发展有着重要作用的人物。但他确实是一位"文艺复兴式"的全才，有头脑、有远见，但却是在业外逐渐被人所理解。多元化的视野让他具有各个学科的综合能力，这是在单一学科里无法获得的。在吸收了多学科的精髓后，产生了一系列打破常规的设计——狄马西昂住宅（Dymaxion House）、狄马西昂汽车（Dymaxion Car）、浴室（Bathroom）、短线穹隆（Geodesic Dome），以及很多具有启发性的理论及言辞。美国建筑师学会对他的评价是"一个设计了迄今人类最强、最轻、最高效的围合空间手段的人，一个把自己当作人类应付挑战的实验室的人，一个时刻都在关注着自己发现的社会意义的人，一个认识到真正的财富是能源的人和一个把人类在宇宙间的全面成功当作自己的目标的人"[1]。他所从事的工作包括设计、艺术、科学和哲学等，最值得引起重视的是他的研究理论：相对于宇宙，地球只是沧海一粟，地球上各个系统及组成部分是彼此联系，互相依存的。他的"全球一镇计划"（One Town World Plan）比马歇尔·麦克鲁恩（Marshall McLuhan）的"地球村（Global Village）"要早35年，他认为，随着财富的不断累积，交通工具、通信方式的改变，文化、艺术和教育信息互相汇聚融合，将会使全球缩小地区差异。1938年，富勒出版了他的第一本书《九链抵月》（Nine Chains to Moon），书名意思是如果世界上所有的人叠立成人梯，其总高度将是月亮到地球之间距离的九倍，强调了全球上各组成系统应该彼此依赖、和谐相处、多样共存的特性。富勒绝不是一个纯自然的人，他倡导技术先行来解决人口剧增、城市更新等问题，但从未提到过即将发生的生态环境危机，显然他认为人类的自身资源——智慧和技术进步可以缓解或避免这些危机。他合理、公正地综观全世界的资源分配利用问题，认为全世界是一个平衡的生态有机体，提出应该在全球范围内可持续发展的观点，要对有限的物质资源进行最充分和最合宜的设计，满足人类的长远需要。他的名言"少费而多用"（Ephemeralization），常令人想起密斯·凡·德·罗的名言"少就是多"，密斯是对美学内涵的表现形式的阐述，而富勒面对的则是严谨的科学和工程技术的简约精神。他的创造发明与构造施工都着眼于工程学的角度。通过精确的几何学计算加上对材料富有创造力的使用，将生产、组装、运作等方面所需资源都缩减到最少。他所创作的短线穹隆（geodesic dome）以材料省、重量轻的组合覆盖空间结构而著称于世（图9-17）。1967年加拿大蒙特利尔世界博览会上的美国馆也是这种球形架组成的多面体短线穹隆，直径76m，高60m（图9-18）。富勒还设想以这种结构形式覆盖整个城市或其他气候不利地区，以控制环境和提供适合人类生存的小环境。

图 9-17 短线穹隆，美国圣·路易斯市"Climatron"植物园，1960（左）（设计：巴克明斯特·富勒）

图 9-18 加拿大蒙特利尔世界博览会美国馆，1967（右）（设计：巴克明斯特·富勒）

富勒1929年发表的狄马西昂住宅（Dymaxion House）的概念，使富勒的名字迅速为人所知。Dymaxion（动态最大）一词是富勒将"动态"、"最大化"和"张力"三个词汇综合在一起而创造出来的，这种住宅是由一根中心柱子吊着整个六角空间而构成的，无论是外观造型还是室内空间都给人以全新的感觉。它超越了传统的捆绑在水电管网上的砖盒子的住宅概念，具有合适的模数关系，高效、灵活、舒适，重量轻，可以安装在任何需要的地点，完全采用

---

① 引自：宗国栋，张为诚编译. 世界建筑名家名作［M］. 北京：中国建筑工业出版社，1991.

自动化控制，而且可以利用太阳能和电池实现能量自给（图9-19）。这一设计对于减少建造过程对环境造成的破坏，减少资源的消耗有着十分重要的意义，它促使人们在设计中寻找利用高效率的技术手段代替传统的技术。但是，正如富勒所预见的那样，建筑业将仍然维持着以往的传统：技术革新少、劳动强度大、施工工期长、建造精度低，因而他的"少费而多用"理论首先在其他诸如造船、航空、宇航等领域得到了发扬光大，进而逐渐地为人们所接受并得到发展。

图 9-19　狄马西昂住宅模型

（设计：巴克明斯特·富勒）

　　尽管他在将理论引入传统建造业这一实践过程中困难重重，富勒的影响力仍然十分明显，他直接影响、启发了一批建筑师及结构工程师。让·普鲁弗（Jean Prouvé，1901~1984）、弗雷·奥托（Frei Otto）等都从富勒处受益匪浅，创造出了轻质的预制薄膜结构（Membreane Structure）。富勒也受到许多高技派人士的尊敬，如诺曼·福斯特（Norman Foster）、简·卡普里奇（Jan Kaplicky），他们从富勒的理论中找到了依靠技术先行来解决环境破坏问题和遏制社会不良现象产生的理论依据。

　　9.1.3.4　勒·柯布西耶（Le Corbusier，1887~1966）

　　勒·柯布西耶可以说是现代运动最典型的倡导者，他的作品是哲理、艺术与诗意的融合。他的思想复杂多变，他的作品形式多样，他的情感倾向前后不一，在对待自然的态度上，也表现出自我矛盾的特点。因此，他永远都是一位有争议的人物。

　　在勒·柯布西耶的著述中，自然一直是他言论的主题，且常常浸染着半宗教的涵义。有时他将自然视为一种与人为作品相对立的力量，混沌而充满浪漫思想；有时他又认为，自然就是秩序的化身，自然在本质上来说是一个系统，而人则是系统的一个部分。后者反映了他思想中理性的一面，这也正是他将住宅视作为"居住的机器"的思想根基，导致他对诸如远洋巨轮、汽车和飞机等现代技术奇迹的推崇。

　　自然这一主题也集中体现在他的社会目标上，他将自然看成是人类道德再生的动因，能够重新唤起工业化社会中所失去的人道主义价值。在《光明的城市》（The Radiant City），一书中，他宣称："人是自然的产物，依据自然法则创造出来，如果人能够充分了解和遵循这些法则，并使他的生活与自然的脉搏相合拍，那么他就会在意识上获得一种和谐感，这必将使人获益匪浅"①。

　　但是，勒·柯布西耶也宣称："没有自然的人而只有自然的资源，人永远都是有思想的，这些思想终将会完全偏离其起点。"② 对勒·柯布西耶来说，原始意义、由坚持理性原则而产生的美以及人道主义之间存在着千丝万缕的联系，在考虑这三者之间的关系时，他用原始的象征主义来充实现代理性，力图赋予建筑以普遍、永恒的价值。

　　早期他从理性的而非直觉的、形而上学的角度来探讨现代建筑语言，受装饰艺术（Beaux-Arts）理论的启迪，他的理论原则是将建筑与自然景观之间的传统关系进行转换，同时保持相互间的独立关系。在建筑与环境的关系上，他的早期别墅设计表现出了与帕拉迪奥（Palladio）相同的手法——白色、独立、明晰，周围环境成为建筑的背景，以此增强建筑的体验（在勒·柯

---

　　①　同济大学，清华大学，南京工学院，天津大学. 外国近现代建筑史 [M]. 北京：中国建筑工业出版社，1982：83.

　　②　转引自：David Lloyd Jones. Architecture and the Environment——Bioclimatic Building Design [M]. The Overlook Press, 1998.

布西耶的别墅中则表现为机器时代的体验）。但是勒·柯布西耶不是用基座、平台和附属建筑等来陪衬主体建筑并作为规整的别墅主体与杂乱自然的乡村景观之间的中介过渡，而是怀着将自己从建筑物的沉重感中解脱出来的热望，从纯粹主义的思想王国出发，以跳跃的思维想将他的萨伏伊别墅（the Villa Savoy）放在"鸡腿"上，强迫自然从其下流过（图9-20）。这样做与其说是为了节约自然资源，还不如说是为了不与自然发生混合，和自然两不亏欠。建筑没有向自然延伸，也不使用自然材料，它既不是像西方古典建筑那样征服自然，凌驾于自然之上，也不像中国传统建筑那样依从自然。萨伏伊与自然之间的关系是对等的。

　　他提出的"新建筑五点"中的底层架空和屋顶花园，本意就是增加绿化面积，将花园组织在建筑之中，在建筑本身之内再造一个"自然"。萨伏伊的屋顶花园是与柯布西耶的整个建筑与城市规划思想相关的。"如果人站在草坪上，就不可能看得很远。而且草地潮湿又不卫生，并不适于在其间生活。因此真正的家庭花园应该在距地3.5m处，这样的屋顶花园，土壤干燥而卫生，同时又能看到比地面上更美的乡野风光。"[1] 不管周围的环境如何，住户都可以在屋顶花园中"享受普照大地的阳光和广阔的天空"[2]。这样就使别墅独立于周围的环境，适用于一切基地。而帕拉迪奥的圆厅别墅的花园组织在建筑的外部，四个界面都相同的建筑是主体，花园只是作为陪衬出现。

　　从远处看，萨伏伊别墅就像是一架孤零零的悬着的机器。在这座建筑中，"花园"被转到了屋顶之上，就像是放置在一个向天空敞开的房间中，与建筑形体毫无关联的周围景观成为室内与屋顶的视觉对象（图9-21）。"房屋总的体形是简单的，但是内部空间却相当复杂，在楼层之间，采用了在室内很少用的斜坡道，增加了上下层的空间连续性。二楼有的房间向院子敞通，而院子本身除了没有屋顶外，同房间又没有什么区别。"[3] 屋顶花园成为建筑室内的延续，也是建筑、室内与周围环境之间的过渡。由此可以看出，勒·柯布西耶的环境观始终是处于一种矛盾的状态之中，他热爱自然，以致在建筑的屋顶上创造出"屋顶花园"；他孤立于自然，以至于他的住宅就像是一台机器，与周围环境格格不入。

图9-20 萨伏伊别墅，1928~1930（左）
（设计：勒·柯布西耶）

图9-21 萨伏伊别墅屋顶花园（右）

在柯布西耶的城市住宅设计中，也会出现类似于乡间住宅的屋顶露台，这些戏剧性的屋顶花园使建筑与环境之间的关系既分离又联系，与他的乡间别墅如出一辙。这些设计过程推动了柯布西耶对建筑与景观关系的深入研究，此后，他着力探究人与自然的关系，将建筑与自然形态诗意地融合，体现了他对原生价值的追求，也使他的实际设计超越了他激进的理论。

① 同济大学，清华大学，南京工学院，天津大学. 外国近现代建筑史 [M]. 北京：中国建筑工业出版社，1982：270-273.
② 转引自：赖德霖·富勒，设计科学及其他 [J]. 世界建筑，1998，1.
③ 转引自：David Lloyd Jones. Architecture and the Environment——Bioclimatic Building Design [M]. The Overlook Press, 1998.

以虚与实的手法与自然形成对立的理想主义的偏见，经过第二次世界大战加速了向着与自然诗意般结合的转变。印度的昌迪加尔（Chandigarh）行政中心的设计，可以说是柯布西耶考虑建筑与自然关系的一个最典型的例子，在昌迪加尔行政中心的设计中，柯布西耶使用了一系列的手法，来对付当地干旱炎热的气候条件。为了降温，议会、省长官邸和法院前面布置了大片水池，建筑的方位也考虑到夏季主导风向，使大部分房间都能获得穿堂风。在法院建筑中，为了保持室内的凉爽舒适，柯布西耶把建筑的主要部分用一个巨大的钢筋混凝土顶棚罩了起来，顶棚的横断面呈 V 字形，前后向上翻起，它既可遮阳，又不妨碍穿堂风吹过。法院的入口处有三个高大的柱墩，直通到顶，形成一个开敞的门廊，空气流通。法院的主立面是尺寸很大的混凝土遮阳板组成的巨大格子图案，上部逐渐向外探出，与巨大的屋顶相呼应，同时也有利于室外凉爽气流穿入室内（图9-22）。而昌迪加尔的省长官邸（The Governor's Palace）的设计，则体现了柯布西耶对建筑植根于周围环境思想的回归，他利用一切手段来强调两者之间的关系。大厦设计成方形，巨大的底座之上是三层的主体，上面是一个向上反翘的顶盖，在喜马拉雅山脉的背景下，它既是一个绝好的观景平台，同时又是一个遮阳设施，还可以作为收集季风雨的蓄水池（图9-23）。

图 9 - 22 印度昌迪加尔法院，1956（左）
（设计：勒·柯布西耶）

图 9 - 23 印度昌迪加尔省长官邸，1953（右）
（设计：勒·柯布西耶）

位于哈佛大学的卡朋特视觉艺术中心（the Carpenter Center for the Visual Arts），与所处自然环境的神话般的结合，颇有荡气回肠之感（图9-24）。

但其随后的作品在形式上又过于卖弄民族风格与传统文化，许多著名的建筑师如保罗·鲁道夫（Paul Rudolph），奥斯卡·尼迈耶（Oscar Niemeyer）和埃罗·沙里宁（Eero Saarinen）等都受其影响。

那时只有美国建筑师路易斯·康（Louis Kahn）仍继续着勒·柯布西耶式的建筑理论，热衷于创造神话般的建筑。他为印度次大陆的孟加拉国设计了首府达卡的政府建筑群（当时勒·柯布西耶以事务繁忙为理由、阿尔瓦·阿尔托以身体健康原因均拒绝了该项设计任务），他的设计灵感来源于建筑场地奇异的自然环境，同时兼顾世俗与宗教信仰，其中一些建筑细部，如巨大的遮荫前廊的处理完全是与炎热的亚热带季风气候相适应的，他曾这样描述道："建筑试图寻找到一种适当的空间形式，通过出挑的屋檐、深深的前廊和防护墙体使室内外过渡空间免于太阳的暴晒、强光的灼射、热浪的侵袭和雨水的淋湿。"[1] 他将建筑物与自然气候之间的矛盾融入了建筑空间和形式的设计。直至今日，所有建筑物还是以古老简单的方式迎来送往每一天的阳光和清风，没有任何一幢使用空调（图9-25）。

---

[1] 引自：David Lloyd Jones. Architecture and the Environment——Bioclimatic Building Design ［M］. The Overlook Press, 1998.

图 9 - 24 哈
佛大学卡朋特
视觉艺术中心，
1959～1963(左)
(设计：勒·柯布
西耶)

图 9 - 25 孟
加拉国首都达
卡政府建筑群，
1962～1983(右)
(设计：路易斯·
康)

9.1.4 小结

随着 21 世纪的到来，全世界的人都在思考，我们将给子孙后代留下一个什么样的地球？

进入近代以来，人类对于地球掠夺性的建设，使地球资源日趋减少，地球环境日益恶化，人们逐渐意识到，如果人类仍然按照过去的思维模式，以征服自然为荣，那么人类的生存之路必将越走越窄，自取灭亡将是人类的最终结局。于是，生态问题被提到了以前从没有过的高度，生态建筑应运而生，作为生态建筑重要组成部分的生态室内环境设计也同时产生，成为人类走可持续发展之路的一个不可或缺的重要部分。

生态建筑室内环境设计是一种可持续发展的设计，主要包括"灵活高效"、"健康舒适"、"节约能源"、"保护环境"等四个主要内容，环境要素成为生态建筑室内设计的核心问题。以保护环境为己任的室内环境设计，必须将环境意识贯穿于整个设计的全过程。

在人类建筑发展的历史长河中，曾经产生过形形色色的建筑类型与形式，其中散布于世界各地的乡土建筑，虽然并未成为正统建筑史的主要内容，但从生态建筑与室内环境设计发展的角度上来说，其本身所蕴涵的生态学含义以及与自然环境的紧密结合，使它理应成为生态建筑史的主旋律。乡土建筑无论是在对气候的适应、对资源的利用以及与当地其他自然环境的结合方面，都堪称我们学习的典范。

现代建筑以令人瞩目的技术以及钢、玻璃和混凝土等大一统材料，使建筑与自然环境和地域特性相对立，但是，综观整个现代建筑的历史发展，不难发现，在"国际式"的主流中，却仍有许多建筑师们始终在孜孜不倦地探索着建筑与自然环境之间的关系，其中尤以阿尔瓦·阿尔托、F·L·赖特和巴克明斯特·富勒最为典型。勒·柯布西耶是现代运动最积极的倡导者之一，"自然"始终是他建筑理论与实践的主题，但在建筑与自然的关系上，却时常表现出一种矛盾的、不稳定的倾向。但是他对这一问题所作的探求，对于生态建筑的理论与实践无疑是十分有益的。

通过对上述四位先驱的回顾，可以看到，所有争论的焦点都集中在环境问题上。阿尔瓦·阿尔托将简单教条的建筑语言渐变为含蓄的地方情感；赖特崇尚材料以及原始和乡土的互惠关系；富勒则洞察了地球的未来，提倡恰当有效的科技应用与资源分配方法；勒·柯布西耶始终都在探讨着建筑与自然环境之间的关系，开始时冷静、机械，结束时深奥、虚幻。

现代主义的设计师并非仅仅专注于社会工程、工业化或技术美学的信条，概括四位大师的思想体系，我们可以看到，建筑反映环境这一思想即使在今后也不会为人所弃，这可以从多方面得以论证。

9.2 生态建筑室内环境特征

室内环境一旦增加了生态的因素，其内涵也就随之而扩展。首先，作为室内环境，它仍保留了传统室内环境的所有基本特征——室内空间的安排必须满足用户的使用要求；室内各界面以及空间整体应该符合人们普遍的审美要求；室内环境必须具有恰当的安全性能，室内的物理环境必须满足人们的工作和生活需要并力求符合人体的舒适性要求等。但是，除此之外，生态建筑室内环境还必须考虑室内环境的生态特征——其建造和运行必须尽可能减少对地球资源的消耗，有利于人类生态环境的健康发展，不会给环境带来额外的负担；室内空间必须是"健康"的，它除了满足一般的生理、心理需求以外，还必须达到更高的境界，使人得到全身心的满足与愉悦。因此，生态建筑室内环境应该是一种赋予了生态精神的上升到更高境界的室内环境。

9.2.1 系统整体性

生态建筑室内环境是 20 世纪伴随着生态建筑同时出现的一种新的室内环境观念，意在限制人类的掠夺性开发，以一种尊重自然、顺应自然的态度和面向未来的超越精神，合理地协调建筑、室内环境以及整个自然环境之间的关系，使我们生存的地球环境能够永续发展。

生态建筑室内环境的理论基础直接来自于生态学。生态学是研究关联的学说，生态学的理论核心，是科学地解决生命有机体之间、有机体与环境之间的相互关系，运用现代科学来促进人、自然和生物之间的平衡发展。生态建筑室内环境，作为整个地球生态系统一定层次的子系统，作为人与自然环境、与其他地球生物之间的联系纽带，其设计的核心，则是如何使建筑室内尽可能少地出现反生态的负效应，而尽可能多地发挥出有利于生态环境的建设性效益。

按照生态学的观点，地球上最大的生态系统是生物圈。所谓的生态系统，就是"一定空间内生物和非生物成分通过物质的循环、能量的流动和信息的交换而相互作用、相互依存所构成的生态学功能单元"①。世界是由大小不同的各种生态系统所组成的，每个生态系统都有自己的结构及相应的能量流动和物质交换途径，无数生态系统的能量流动和物质循环会合成生物圈总的能流和物流，使自然界不断变化和发展。

生态建筑学将建筑与室内看成是地球整个生态链中的一个有机的组成环节。建筑与室内环境设计在某种程度上可以看成是对人的行为的规划，建筑与室内环境是人为环境的一个最为重要的组成部分，各个相对独立的人工建筑环境构成了一级级的人工生态系统。美国南卡罗来纳州理工大学的莱尔（John T. Lyle）教授将人工生态系统划分为七个层次：①地球（whole earth）、②次大陆（subcontinent）、③区域（region）、④规划单元（plan unit）、⑤建设项目（project）、⑥建筑基地（site）、⑦建筑（construction）②。如果沿着莱尔教授的思路进一步向下划分，那么就会是：⑧室内空间（interior）。根据生态有机关联性原理，虽然室内空间环境属于较低的系统层次，但室内对所有这些人工系统和其他非人工系统都会有不同程度的影响。这就要求我们在进行室内环境设计时，始终考虑室内环境设计对于整个生态系统的影响，如在室内环境设计时，尽可能地节约自然资源，尽可能地少用或不用含有害物质的材料，尽可能少地向自然排放有害气体和其他有害物质，以免对自然、对其他生物物种产生不利的影响等。

现代室内环境设计作为一门系统工程，它的创造和实施是一个涉及面很广的庞杂过程。过去我们往往把注意力放在室内的美学范畴上，在空间的构图上大做文章。然而，室内环境设计一旦进入空间物质环境的"场"，就必定与一定的社会文化背景、使用对象、周围环境甚至整个地球的生物环境发生联系，这个"场"的内涵，除了我们常说的结构原则、美学法则以及与人的生理、心理直接相关的物理因素以外，还包括了人际、公关、市场学、生态学等这些看来并不和工程建造与艺术构思本身发生直接联系的学科，按照生态建筑学的观点，它们并不仅仅是锦上添花，而是同样左右着设计的成败，只有承认并熟悉这个"场"的整体含义，才有可能完

① 参见：金岚主编. 环境生态学 ［M］. 北京：高等教育出版社，1992.
② 参见：林蔚. 生态建筑学初探 ［D］. 南京：东南大学，1994.

成设计中各个具体环节所要求的基准，取得预期的效果。

室内环境的系统整体性，包括三个方面的层次，一是室内环境与建筑的关系；二是室内环境与自然环境的关系；三是室内环境中诸因素之间的相互关系。

9.2.1.1 室内环境与建筑的整体关系

室内环境设计是建筑设计的延续，无论从室内的风格和室内的功能安排上，都必须反映建筑的使用目的，成功的室内环境设计将为建筑注入活力。

在我们的视野里，有太多因为室内环境设计和建筑设计极不协调而导致建筑失败的例子。分析起来，情形大致有两种：一种是室内环境设计较差，甚至并非是专业人士所为，于是使整个建筑品质变得低劣。另一种是室内确有设计，室内环境设计师匠心独到，尽情发挥，但却未曾理会建筑师的设计思想，建筑与室内环境设计的风格、理念和手法大相径庭。如果是商业或娱乐性等"可填充性"建筑，似无不可。但对办公、文化、纪念性等"较严肃"的建筑来说，这往往是致命的。

现代建筑的重要论点之一就是：内部空间，才是建筑的主体，才是建筑的灵魂所在。意大利建筑理论家布鲁诺·赛维（Bruno Zevi）在他著名论著《建筑空间论》中谈到建筑的定义时说："……对建筑的最确切的定义，必须是把内部空间考虑在内的定义。美观的建筑就必须是其内部空间吸引人、令人振奋，在精神方面使我们感到高尚的建筑……凡没有内部空间的，都不能算作是建筑"①，"空间——空的部分——应当是建筑的'主角'，这毕竟是合乎规律的。"②尽管没有内部空间可否算作为建筑这一问题仍有争议，但是一般说来有建筑就有室内。建筑犹如容器的外壳，表现为实体，室内犹如器皿的内容表现为虚空，两者相互依存，密不可分。这一点，我国两千多年前的老子，就已经十分明确地提出来了，他在《道德经》第十一章中写道："三十辐，共一毂，当其无，有车之用。埏埴以为器，当其无，有器之用。凿户牖以为室，当其无，有室之用。故有之以为利，无之以为用。"形象而又生动地阐述了空间的实体与虚空，存在与使用之间辩证而又统一的关系，同时也说明了建筑与室内的一体关系。

完美的建筑是由内外空间两个基本部分所组成，因此自从人类开始建筑营造的历史，建筑与室内的设计就一直由建筑师一方承担。第二次世界大战后随着经济和技术的发展，建筑的规模越来越大，室内的使用功能要求越来越高，变得日趋复杂。建筑师已经很难兼顾内外空间两个部分的设计，新的分工使室内设计逐渐从欧美等国的建筑设计中脱离出来，从20世纪60年代开始形成了一个单独的设计门类，从而又影响到世界范围的整个建筑界。在现今的商品社会中，室内设计已完全从建筑范畴中独立出来，已经成为一种对室内空间的完全崭新的解释。但是，不管建筑与室内环境设计工作的分工如何明确，不管最后由谁来负责室内环境设计工作，也不管最后的室内环境设计采用何种具体的手法、达到何种程度，建筑与室内环境设计之间的整体统一关系永远都是设计师应该重点考虑的内容。

建筑与室内原本就是构成完整空间环境的相互依存的两个部分。欧洲古典教堂的平面图上，实体的墙与围合出的空间以及外部轮廓构成了一幅幅精美的图案。土耳其的清真寺和东欧的小教堂，其外部形态直接反映内部空间，没有任何过多的掩饰（图9-26）。美国建筑师格雷夫斯的建筑平面也颇有章法，他设计的一个小图书馆，外部造型似乎就是一系列内部空间有机生长而自然形成的，没有丝毫的造作。无数精彩的范例给我们一个启示，室内环境设计不是在建筑设计之后才开始考虑，而是与建筑方案构思同时起步。建筑创作中考虑了室内环境设计，就会使建筑空间组织更有目的性，而室内环境设计从建筑方案入手，也就使其后来的创作有了一个

---

① 引自：（意）布鲁诺·赛维. 建筑空间论 [M]. 张似赞译. 北京：中国建筑工业出版社，1985：15.
② 引自：（意）布鲁诺·赛维. 建筑空间论 [M]. 张似赞译. 北京：中国建筑工业出版社，1985：19.

良好的基础。

　　建筑设计与室内环境设计的关系既相互关联又侧重
不同，但它们遵循着同样的原则和原理，使用着同样的
设计语言和手法，所研究的范畴是统一的。诸如空间的
造型、对比与协调、平衡、尺度、色彩、采光、结构等
等。我们说，室内环境设计是建筑的深化与继续，它能
组织和诱导原有建筑空间概念和形态的改变。但这并不
表明建筑设计的结束才是室内环境设计的开始，室内环
境设计不是建筑空间形成之后的装饰和点缀，而是从建
筑设计构思开始，就应随着建筑空间的形成而同时进行。
室内环境设计在构思上应刻意深化原有建筑设计的意图，
由始至终地贯彻建筑设计的构思，这是搞好室内环境设
计的基本前提。

　　要做到上述要求，就必须坚持建筑与室内的一体化
设计，即从建筑设计开始，建筑师就应该充分考虑今后
建筑的使用要求，如果由专门的室内设计师担任室内环境设计任务，那么室内设计师一开始就
应该加入设计的行列，参与到建筑设计的工作中来。以这种观点来进行建筑室内环境设计，能
够使我们取得城市环境的连续性，使建筑具有更好的可持续性。

　　室内环境设计应该是室内空间环境的再创作，它的素材应该是建筑所提供的空间、人在空
间中活动的行为特征、特定的使用功能以及与之相关的文化背景。建筑与室内之间必须在形式
上保持其一致性，相互之间不能彼此割裂，娱乐场所的建筑外观不应该像住宅，医院建筑的室
内也不应该像舞厅。

　　但是，事实却是，现今的许多建筑室内空间正在被室内设计师们打扮得与建筑的外在形式
越来越大相径庭。建筑师苦心经营的空间序列、穿插、限定、光影变幻被室内设计师改得面目
全非，而一些建筑师也越来越放弃了对室内空间的控制，仅仅满足于一张外立面的设计。至于
旧建筑的室内更新设计，室内环境与建筑脱节的情况就更为严重。这是一种并不健康的现象。

9.2.1.2　室内环境与自然环境的整体关系

　　生态建筑室内与周围环境之间也是一种有机统一的整体关系。赖特认为，建筑必须同所
在的场所、建筑材料以及使用者的生活有机地融为一体。"有机建筑是一种由内而外的建筑，
它的目标是整体性"，"有机表示内在的——哲学意义上的整体性。在这里，总体属于局部，
局部属于整体；在这里，材料和目标的本质，整个活动的本质都像必然的事物一样，一清
二楚。"①

　　符合生态原则的室内环境设计必须处理好室内与自然环境之间的关系问题，建筑室内环
境作为整体环境的一部分，作为地球总的生态链中的一环，它必须与其他各个环节协调发展。
生态建筑室内环境设计主要着眼点有两方面，一是提供有益健康的室内环境，并为使用者创
造高质量的生活环境；二是保护环境，减少消耗。然而在现实当中，这两者之间存在有一定
的矛盾，事实上往往是人们为了追求高质量的人工生活环境而向自然索取并大量消耗自然资
源，这种只有索取没有回报的做法对自然造成的是无法弥补的损失，最终将会对人类自身带
来损害。因此生态建筑室内环境设计既要利用天然条件与人工手段创造良好的室内环境，同时
又必须控制并减少人类对于自然资源的使用，不给自然环境增加额外的负担，实际上是为了实

---

　　①　引自：同济大学，清华大学，南京工学院，天津大学. 外国近现代建筑史［M］. 北京：中国建筑工业出版社，1979：105.

现向自然索取与回报之间的平衡。因此生态建筑室内环境设计应该在节能、环保等方面进行周密的考虑。

9.2.1.3　室内环境各要素之间的整体关系

在生态建筑室内环境设计中，对组成室内的各要素从比例、均衡、统一、对比、尺度、色彩冷暖、材料肌理等形式美的角度来考虑仍然是十分重要的（不管是传统的美学原理还是诸如解构主义等新流派所标榜的新的美学思想），因为人的生理和心理因素永远是一个复杂、难以捉摸而又实际存在的东西，这一点无论建筑理论如何发展，都是不可能回避的，过去传统的室内设计，大多也正是主要从这些方面来考虑的。但是，符合生态原则的室内环境设计同时也十分关注室内物理因素对人身体的物理影响，如家具、陈设的人体工学特征、室内空气品质、室内照明条件、室内防噪性能、室内温湿度等，而影响这些指标的因素是相互关联的、极其复杂的，室内整体环境是所有这些因素协同作用的结果，任何割裂其相互关系的做法都是不可取的，都会将室内环境设计引入可怕的误区。

因此，在生态建筑室内环境设计中，上述诸要素，并不是各自独立存在的点状结构，而是呈现出一种彼此紧密联系的网状结构。当我们在处理具体问题时很少出现只须解决某一因素就使问题得以解决的情况，往往会同时面对这些因素的共同影响。例如，也许在保证室内有充足的自然光线的同时，却又意外地带来了室内得热过多，而使室内温度过高的副作用；也许仅仅是出于节能目的而使用太阳能设施，但同时也产生了环保效益，并有效利用了资源，而且不会对环境造成污染。因此生态建筑室内环境设计应该是一种整体的、系统的设计，需要综合考虑各种因素的影响，做出统一规划。

9.2.2　生态有机性

按照生态学原则，建筑与室内本身也是一个有机的生命体，建筑室内的各种要素成为此生命体的各个"器官"，各"器官"之间也是相互制约、相互依存的关系，应该协调发展，任何一个"器官"发生"病变"，都会影响其他"器官"的正常工作，最终导致对生命体的损害，从而要求我们在室内环境设计时，必须协同考虑各室内环境设计要素之间的有机关系，不能偏废。

赖特的"有机建筑论"，黑川纪章的"新陈代谢论"和"共生"思想等都很好地体现了建筑与室内的生态有机性特征。

2000年6月1日至10月31日在德国汉诺威举办的2000年世界博览会更是生态建筑有机性的一次大展示。博览会的主题是"人—自然—技术"，博览会的指导方针是根据1992年联合国里约热内卢环境大会上由170多个国家签署的21世纪行动纲领所制定的。在这一主题中，最强烈的建筑表现是欧洲追求"皮与骨"（Skin and Skeleton）生态结构的新潮，其基本观念是把建筑视为有机的生物体，其进化与发展取决于建筑躯体内各部分之间适度的协同作用。建筑的支持结构构成建筑的骨骼，建筑的外表包裹层则是表皮，而建筑室内元素则自然成为"皮与骨"支撑与维护下的内部脏器。生态建筑的皮与骨也即代表着有机生物体内在的和谐与统一的关系，皮与骨、内部脏器都是构成有机生命体的一部分，外表皮需要骨架来支撑，有机的生命骨架需要外表皮来包裹，而皮与骨同时又保护着内部脏器，使内部脏器在它们的庇护下能够抵抗外界环境的各种作用力。因此生态建筑观是技术与功能的统一，提出了高生态即高科技的口号（High-bio is High-Tech）。

德国展厅的巨大空间由钢结构的骨架支撑，结构的功能造型自然而然构成的优美曲线，覆以全玻璃的外表皮，通透、和谐而统一，表现了生态建筑皮与骨的协同作用（图9-27）。更有意思的是冰岛的展厅，深蓝色的建筑立方体全部以流水罩面，展厅完全处于水幕之中。水的良好的气候调节性能，自然地调节着内部的环境温度（图9-28）。

图 9-27　2000 年汉诺威世界博览会德国展厅（左）
图 9-28　2000 年汉诺威世界博览会冰岛展厅（右）

2000 年汉诺威世界博览会甚至透出了这样一个重要的信息，即：生态建筑设计不再需要区分什么是"老"的建筑材料如木头和土坯，"新"的建筑材料如钢铁和玻璃、塑料，也不再需要关注过去传统的设计标准、二度或三度的空间，甚至连它们的荷载计算也不那么重要了。建筑师关注的焦点在于生态建筑皮与骨之间内在的和谐性能，建筑与结构有机的综合表现力，这是对生态建筑评价的唯一标准。日本展厅内部是用废纸制作的空心纸筒网格组成的拱形大

图 9-29
2000 年汉诺威世界博览会日本展厅

空间，外表覆以白色的膜结构表皮层，体现了建筑师"零废料"（zero waste）的生态设计概念。这座迷人的建筑空间的支撑骨架要素是用废纸制作的纸筒网格壳，当博览会结束之后，这些材料仍可回收再利用①（图 9-29）。

9.2.3　界面的封闭性、系统调控的人为性

生态系统有其内在的规律性，其中最重要的就是生态平衡原理。生态系统本身具有一定的调节和恢复自身稳定状态、达到平衡的能力，但是，这种调节能力是有限的，如果超过了系统所能承受的自调节能力，系统就不可能自动调节到平衡状态，最终只能走向衰败和解体。系统与系统之间是一种相互关联、相互依存的关系，一旦某个子系统遭到破坏，就会影响到整个系统的生存。

由于室内环境通常是由建筑所形成的界面围合而成，其界面一般来说是封闭的，其空间范围和形状一般来说也是确定的，因此是一个运行模式相对独立的、处于微观层次的生态系统。

室内生态系统与自然生态系统有着巨大的不同。在自然生态系统中，其环境主要是由自然地形地貌、动植物所构成，是开放式的。而在建筑室内，这些自然的要素则为墙壁、屋顶、地面等几何形的人工硬质封闭界面所替代，没有足够的绿色植物，没有新鲜的空气，没有充足的阳光。由于通风、人工调控等原因，室内温湿度等物理属性与室外自然气候之间往往形成巨大反差，室内废气也无法及时与自然界进行交换，其有害物质的浓度往往高于室外，室内空气质量严重下降，从而对人体产生危害。因此，室内生态系统已不是一个完全的生态系统。

由于上述原因，人工的室内环境系统自我平衡调控能力较差，这与自然生态系统有着巨大的差别。在自然生态系统中，绿色植物是系统的主体，其营养结构呈金字塔形，而室内生态系

---

① 参见：荆其敏. 生态建筑的新潮——2000 年汉诺威世博会建筑评价 [J]. 华中建筑，2001（2）.

统的主体是人，其营养结构为倒置的金字塔形，是一种不稳定的结构，其生产者的能力远远低于消费者，甚至根本没有生产者而只有消费者，其营养需由外界供给。而消费者所产生的废物，在室内生态系统中往往无法自行分解或循环利用，只能通过人工解决或排放于系统之外，给周围环境增加压力，一旦这种压力达到一定程度，超过周围环境的自净能力，就会使周围的环境遭到破坏。

室内生态系统需要依靠其他生态系统的能流与物流，其自身无法完成能流和物流的循环。自然生态系统内的能量直接或间接地都来自于太阳能，是自然平衡的，而人工的室内生态系统则有相当一部分人工能源，这些人工能源及其使用后产生的废物，系统本身一般也很少能够自我消解，导致系统内部环境的恶化，如果排出室外，则又会嫁祸于周围环境，造成新的环境问题。

自然生态系统具有协调共生、循环再生、持续自生的能力，而人工的室内生态系统，则因过强和持续的人为因素的干预、系统自调能力的减弱，其稳定性主要取决于社会经济技术亚系统的调控能力和水平等因素，因此从设计到管理都由人来完成。

室内生态系统的这一特点，虽然降低了系统本身的免疫能力，但同时却增强了系统的可控性，为我们对系统的人为控制提供了条件，使我们可以在室内环境的设计与使用过程中，根据生态平衡的原理，利用各种有效的人为技术和自然手段，模拟自然界的各种要素，在尽可能为系统的自我调节提供有益条件、增强系统的自调能力的同时，提高人对于室内系统控制的可能性，还室内一个既尽可能接近自然，又符合人体健康与舒适需求的环境，真正达到"虽由人作，宛自天开"的境界，同时减少对自然环境的破坏。

9.2.4 微观性及与人的亲近性

早期的人们仅满足于追求一定的空间作为栖息之地，而现在所祈望得到的是适宜于生存和行为的"场"——各种环境。环境分自然环境和人为环境；室内环境和室外环境。环境还有大小之别，即宏观环境、中观环境和微观环境，室内环境设计属于微观环境范畴的创造活动（图9-30）。

建造建筑物的目的绝大多数是要获得有用的室内环境，建筑本身只是一种手段，一种途径，建筑所围合的室内空间才是建筑设计的最终目的。因此，实际上，室内这一微观环境的优劣对人的生存与行为的质量有着至关重要的影响，同时也明确地体现了人的存在价值。今天，室内环境设计正越来越受到人们的重视。

图9-30 生态建筑室内环境与生态体系的层次关系

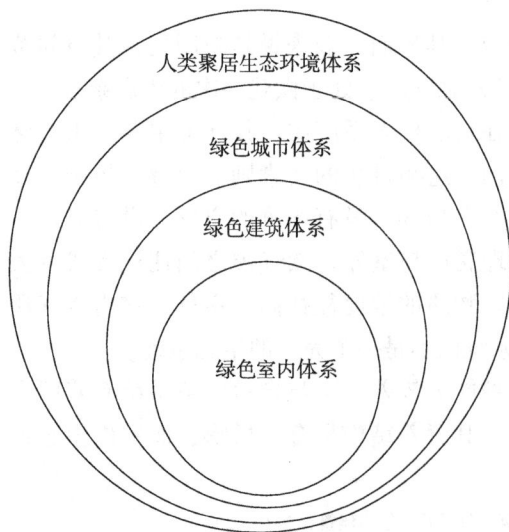

（图中同心圆由外到内依次为：人类聚居生态环境体系、绿色城市体系、绿色建筑体系、绿色室内体系）

室内环境设计的目的就是通过设计来研究和确定如何保证与提高室内这一微观环境的质量，它不仅限于贴墙纸、铺地面、装吊灯和摆沙发等内容，仅有这些并不能代表室内环境设计的全部内涵。简言之，室内环境设计就是室内环境的创造。

室内环境有两种：硬环境——室内的空间尺度、形象特点、界面处理、各类技术设施等由物质手段所组织安排成的物理环境；软环境——通过硬环境所形成的、不仅对人们生存与行为中的生理需求产生影响，而且对人们的心理，以及更高层次上的精神意念产生影响的氛围。所以室内环境就是硬、软环境的结合渗透。室内环境质量的高低就在于二者结合渗透的程度。室内环境设计就是两者之间的结合渗透过程，这一过程可有两方面的物质手段加以运用：硬件——室内的空间、界面、构件、设施及其他可以并且应当使用的材料，包括自然界的物质，如绿化、水、动植物等等；软件——光、色、声、温、湿、味等各种物理因素。室内设计师运用这些物质手段，可以在室内这块方寸之地，得心应手地创造出满足人们物质功能要求，具有相应静态或动态意境、情趣、气氛的微观环境来。这也正是室内环境设计所要达到的目的。

建筑师 W·普拉特纳（W. Platner）认为，室内环境设计"比设计包容这些内部空间的建筑物要困难得多"，这是因为在室内"你必须更多地同人打交道，研究人们的心理因素，以及如何能使他们感到舒适、兴奋。经验证明，这比同结构、建筑体系打交道要费心得多，也要求有更加专门的训练"[1]。美国室内设计师协会主席 G·亚当（G. Adam）指出："室内设计所涉及的工作比单纯的装饰广泛得多，他们关心的范围已扩展到生活的每一方面，例如：住宅、办公、旅游、餐厅的设计，提高劳动生产率，无障碍设计，编制防火规范和节能指标，提高医院、图书馆、学校和其他公共设施的使用效率。总之一句话，给予各种处在室内环境中的人以舒适和安全。"[2]所以室内环境设计是一项貌似简单，但要取得创造性成果却非常困难的工作。

首先，它要受到时间、地点、条件的影响，受到需要与可能之间辩证关系的制约，在这里，设计者往往处于被动位置；其次，室内环境设计的范围相对说来是方寸之地，形成室内空间的各个界面和部件，与在其中生存和活动的人们是那样的近，人们无时不触及、感受到它们，所以很难"藏拙遮丑"。曾经有人说过，规划师的尺子是以米为单位，建筑师的尺子是以厘米为单位，而室内设计师的尺子则是以毫米为单位。表面看来，这似乎只表示了从规划到室内环境设计在空间度量上的习惯性差异，但更深一层的含义则是规划设计、建筑设计与室内环境设计之间在宏观与微观上的巨大差异。再次，可用来作为创作手段的项目虽然不多，但各种项目的内容和变化却是那样的多，且层出不穷，令人眼花缭乱，要能既适用又经济地妥当选用，的确是一件很不容易的事。而真正选择时，却又感到可供选择的是那样少。

怎样做好室内环境设计工作，不是三言两语所能解决的，也不存在一种万能灵丹，但具备以下几点是非常重要的。首先，认识室内环境设计的重要性和它的目的、实质；其次，室内环境设计虽古已有之，但只是在近现代才发展成一门学科，除了室内环境设计这一门主课之外，还有很多相关的辅助课程，这是室内设计师应当认真努力学习和钻研的。如人类工程学、工效学、环境色彩学、环境光学、环境声学、环境温度学、工程力学、材料学、古今中外的建筑与室内设计史和美术史等等。此外还要培养和提高形象思维与用手表现存在与想象中事物的能力；再次，室内环境设计适用于广义的建筑设计范畴，它既是科学技术又是艺术，所以，提高文化艺术素养，培养对美的鉴赏能力，是非常重要而且是很难的一点。许多人仍将某些材料、部件的有无和材料的高档程度与室内环境的质量高低混为一谈。这正如一两年前人们常赞叹：某处有假山、有水池，有亭子，以为这就是搞了园林绿化，而到现场一看，却令人啼笑皆非。我国清代学者李渔早就说过："土木之事最忌奢靡，匪特庶民之家当崇俭朴，即王公贵人亦当以此为尚。盖居室之制，贵精不贵丽；贵新奇大雅，不贵纤巧烂漫。凡企好富丽者，非好富丽，因其不能创异标新，舍富丽无所见长。"[3]这段话在今天依然具有重要的现实意义。

综上所述，生态建筑室内环境体系是人类聚居生态环境体系中的微观层次，受到一定范围的局限，然而却是与人类关系最为密切的一环。因此生态建筑室内环境设计更多的是在微观上考虑人与环境的相互协调，有其相对独立的研究和工作领域。如果说生态建筑在人与环境的相互协调关系中对环境的作用非常明显，考虑了许多环境的因素，那么对于生态建筑室内环境设

---

①② 转引自：来增祥. 现代室内设计原理［J］. 室内，1992，2.

③ 引自：（清）李渔. 一家言·居室器玩部（影印本）［M］. 上海：上海科学技术出版社，1984.

计而言，除此之外，还非常关注人的因素，也就是常说的设计"以人为本"。

9.2.5 使用的动态性

室内环境从完成伊始其使用就始终处于一种动态的状况，这种动态性可以从两个方面来考察。

9.2.5.1 使用对象的动态性

建筑室内的使用对象永远处于动态的状况，随着时间的变化，建筑物室内包含的人数、人的感觉特点等永远都是一个变数，由此而导致的对室内环境的反作用也就同样是一个变数。这一点对于公共场所来说是显而易见的，即使在人员构成相对稳定的住宅建筑中，这种情况也不例外，家庭人员情况会随着时间的变化而发生变化，从而导致对室内空间需求的变化。

以住宅为例，家庭因素是决定住宅价值的根本条件。其中又以家庭形态、家庭性格、家庭活动和家庭经济等方面的关系更为重要。根据人类学家穆多克（G. P. Murdock）的解释，核心家庭乃是人类社会中任何家庭组织的基本单位，它的性质与所有生物的细胞一样。每个核心家庭的成长皆可分为：新生期、发展期、老年期三个阶段。新生期家庭是指从新婚至子女诞生前的家庭而言。它的主要特征是人口简单，家庭性格尚未定型，而且往往生活经验不足，经济能力薄弱。发展期家庭是指从子女诞生至子女另组新生期家庭为止的阶段而言，在事实上是整个家庭成长过程中最为重要的时期。老年期家庭是指第二代完全离开家庭的时期而言。家庭结构的动态变化，需要住宅的使用能随之相应调整，因此，在生态住宅室内环境设计上必须具有适当的动态性。

在一般的公共建筑室内空间中，使用对象的动态性比居住建筑要强得多，这就要求室内环境设计必须满足大多数人的使用要求，设计师所要做的工作也比居住建筑室内环境设计要复杂得多。

9.2.5.2 使用需求的动态性

建筑室内的使用要求将会随着室内人员的变动而变化，此外，随着社会生活节奏的加快，建筑室内的使用性质也会随时发生变化，一座建筑物，也许今天还是一座仓库，明天就会是一座办公楼或是一家大型舞厅。室内的使用性质变了，室内的一切也就必须随之而改变，这样才能符合新功能的要求。

以住宅室内为例，由于不同阶段的家庭形态完全不同，对于住宅环境的需要亦截然不同，即使处在某一阶段的家庭也将随社会的进步与文明的发展而产生更多的居住需求，对住宅环境产生更高要求，因此，生态住宅室内环境设计必须具有动态性以满足不断变化与增长的居住需求。

总之，每个家庭在不同阶段的需要是不尽相同的，需求也在不断增加，只有根据家庭构成的实际人口、年龄和性别的结构形态，分别采取适宜的住宅室内环境设计方式，才能够解决不同阶段家庭居住所面临的实际问题。即使受到家庭或社会条件的限制，至少也应根据家庭形态的转移，将原有住宅的室内形式作合理的调整或改变，使住宅能尽量满足各阶段家庭的不同需要。

为了满足室内环境使用的动态性要求，建筑大师密斯·凡·德·罗提出了著名的"全面空间"的概念。他认为："房屋的用途一直在变，但把它拆掉我们负担不起，因此我们把沙利文的口号'形式追随功能'颠倒过来，即建造一个实用和经济的空间，在里面我们配置功能。"[①] 这种以结构的不变来应功能的万变的做法所产生的"全面空间"，在许多方面都显示其优越性，尤其是工业建筑和展览建筑中，则更是如此。密斯设计的西柏林新国家美术馆，就是体现这一思想的范例（图9-31）。至于密斯在用钢和玻璃创造出的这些中空的、形式如水晶般纯净的玻璃

---

① 引自：同济大学，清华大学，南京工学院，天津大学. 外国近现代建筑史 ［M］. 北京：中国建筑工业出版社，1982：235.

盒子同基地、气候、保温、功能或内部活动之间关系的分离，则是有悖于生态原则的。密斯不管建筑使用的私密性要求，而将这一手法一成不变的"全面空间"使用于包括住宅在内的一切建筑之中，那更是走向了另一个极端（图9-32）。

图 9-31 德国西柏林新国家美术馆，1962~1968(左)（设计：密斯·凡·德·罗）

图 9-32 范斯沃斯住宅，1945~1950(右)（设计：密斯·凡·德·罗）

9.2.6 生态审美性

生态建筑室内既是科学的生物观、普遍的伦理观和博大的共享观在建筑室内环境中的体现，也可以说是对建筑与室内环境设计师的生态智慧的最直观的、最富有成效的一种展示。

如果把设计观大致分为两类，一类是传统的设计观，另一类是注重可持续发展的绿色设计观。我们可以将两种设计观加以如下比较（表9-1）。

传统设计观与生态设计观的比较 表 9-1

比较因素	传统设计观	生态设计观
对自然生态秩序的态度	以狭义的"人"为中心，意欲以"人定胜天"的思想，征服或破坏自然。人成为凌驾于自然之上的万能统治者	把人当作宇宙生物的一分子，像地球上的任何一种生物那样，把自己融入大自然之中
对资源的态度	没有或很少考虑到有效的资源再生利用及对生态环境的影响	要求设计人员在构思及设计阶段必须考虑降低能耗、资源重复利用和保护生态环境
设计依据	依据建筑的功能、性能及成本要求来设计	依据环境效益和生态环境指标与室内空间的功能、性能及成本要求来设计
设计目的	以人的需求为主要设计目的，达到建筑与室内本身的舒适与愉悦	为人的需求和环境而设计，其终极目的是改善人类居住与生活环境，创造自然、经济、社会的综合效益，满足可持续发展的要求

由上表的对比不难发现，和以往讲究形式、风格的传统设计观念不同，生态设计观在尊重自然、顺应自然的前提下，首先考虑的是如何更加有效地利用自然的可再生能源，减少对不可再生能源的消耗，同时创造出更为舒适的居住生活与工作环境。这就要求设计师从有效利用自然资源、保护自然生态的角度出发进行设计，而不仅仅从美观、从形象出发进行设计，生态设计观是一种整体设计观，也是符合可持续发展的设计观。相对于传统设计观来讲，生态设计观直接体现了可持续发展的两方面内容：一是强调发展，即不断提高经济、社会与文化水平，包括人的生活水平；二是强调持续，做到对不可再生资源的合理开发、节约使用以及对可再生资源不断增殖、永续利用。可持续发展的生态设计观反映了未来设计领域发展趋势的观念变革，愈来愈深刻地影响着人们的设计思维，对设计领域的重大变革产生着巨大的推动作用。

　　生态设计观的影响直接体现在生态建筑室内环境设计当中，要求设计师以可持续发展的眼光审视所有影响室内环境的因素，如结构、材料、布局、色彩、能源等，要从生态学的原则出发。正如美国绿色建筑的倡导者威廉·麦克唐纳（William McDonough）所认为的那样：设计是实现人们意图的表现形式，如果我们用我们双手所做的一切是神圣的，是对给予我们生命的地球的尊重，那么我们所创造出的一切必须不仅要在大地上出现而且同样要回归于大地——向土壤索取的归还回土壤，向海洋索取的归还回海洋，从地球索取的一切都能自由地归还给地球而不损害任何生物系统，这就是优秀的设计，是符合生态学原则的绿色设计①。因此，生态设计可以认为是在现有的传统设计方法上，增加对环境考虑的内容，其基本思想是设计阶段就将环境因素和预防污染的措施纳入设计之中，将环境性能作为设计的重要目标和出发点，力求对环境的影响减少至最小。绿色设计在注重可持续发展的今天，已经成为当前设计发展的主流。

　　不难看出，按照生态建筑室内环境设计的原则，对于建筑室内的审美判断，不仅仅在于传统的空间美学要求，还涉及更为深层而复杂的生态哲学思想。普通建筑室内在价值定向上相对地说比较单一。设计师所要解决的中心问题，就是在特定的文化氛围中，遵循传统的形式美的原则组织空间，充分表现建筑的结构美和（或）形式美，使空间富有创意，符合人的视觉愉悦的要求。相比之下，生态建筑室内环境设计所受的制约就要多得多，因此所要考虑的因素就要复杂得多。"生态建筑美学就是能够充分体现关乎生态秩序与建筑空间的多维关系的一种新的、综合的功能主义美学。"②

　　与传统建筑室内相比，生态建筑室内更细致、更深入、更全面地协调人与建筑、人与自然、人与生物以及人和建筑与未来的关系。生态建筑室内在考虑人类自身舒适的同时，还必须顾及到自然的舒适和生物的舒适，生态建筑室内会为了人类空间的建设而顾及到非人类生物空间的建设，为了人类空间的美而顾及到非人类生物环境的美。生态建筑室内的所有这些特点，是迄今为止没有任何一种类型的建筑所能比拟的。

　　因此，生态建筑所关涉的不仅仅是技术问题，也不仅仅是艺术问题，而是更深层次的文化问题、哲学问题和伦理问题。生态建筑室内不仅关心过去和现在，更关心未来；不仅关心本地区域，而且关心相关区域甚至将来可能会产生影响的区域。它们愿意把审美评判的最终裁判权留给历史，更愿意把审美评判的最终裁判权留给未来。生态建筑表现出来的对宇宙和生态秩序的终极关怀，体现了当代人的一种超越精神和宝贵的忧患意识。

　　生态建筑崇尚自然、尊重自然，而不再像以前的建筑那样，旨在于战胜自然、征服自然的基础上为人创造一种所谓的"赏心悦目"，生态建筑愿意以保持生态平衡的方式，与大自然、与其他生物保持和平友好的共生共荣关系，人类的一切营建活动都不得超出自然所给予的范围，都不允许为了满足自己的扩张欲望而侵害了其他物种的生存权利。生态建筑观表现了人类对于自然、对于地球上的其他生物所从未有过的自觉的宽容，体现人类一种全新的精神境界。

　　对于生态美学，我们很难用像对待诸如后现代主义、解构主义抑或其他什么主义之类的方法来加以评价。而且，环境问题将使建筑面临更为复杂的局面，我们将看到，对于自然的敏感反应不仅会表现在意识形态、物质形式和细部处理上，还会表现在符号内涵中，但这并不会改变美学的本质问题——空间的虚实、明暗、质感和比例这些简单内容，它不同于哥特式、巴洛克、现代主义以及以往任何一种建筑运动。

　　由于生态建筑室内具体实践手段的多样性，导致了生态建筑室内审美表现的多样性。生态建筑室内的具体表现，大致可以分为被动式和主动式两种。所谓被动式，是指在生态建筑室内

　　① 引自：Michael J. Crosbie. Green Architecture——A Guide to Sustainable Design ［M］. Rockport Publishers, 1994.
　　② 引自：万书元. 当代西方建筑美学研究 ［D］. 南京：东南大学, 2000：110.

的设计中，尽可能不用或少用现代机械设备，而是充分利用自然力来实现预期的目的，以此来达到减少能源消耗、减少人为因素对环境的破坏的目的。自然的原生态的美是生态建筑追求的重要价值之一。传统的生土建筑、覆土建筑和乡土建筑以及借助于自然方式如绿化、水体、烟囱效应、穿堂风、材料天然蓄热性能等来达到室内物理环境自然调节的生态建筑室内环境设计，都把非人工化和原生态自然美作为其生态美的重要体现。日本兵库县淡路岛的阿基拉·库素米客房（Akira Kusumi's Guest House, Awaji Iland, Hyogo, Japan, 1995, 设计：Kota Kawasaki, 图9-33~图9-35）、日本熊本县的丰村石匠博物馆（Toyo Village Mason Museum, Kumamoto Prefecture, Japan, 1993, 设计：Yasufumi Kijima &Yas and Urbanists, 图9-36, 图9-37）、日本富山谷的时间之寺（Temple of Time, Oshima, Toyama Valley, Japan, 1993, 设计：Benson and Forsyth, 图9-38）等均属此类作品。其所体现的是一种未经人工雕琢的原始美、自然美。

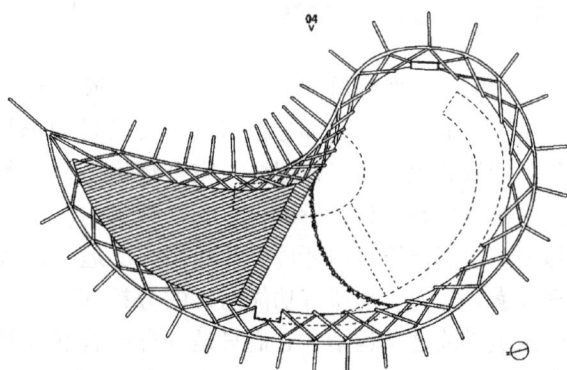

图9-33 日本兵库县淡路岛阿基拉·库素米客房,1995（左）
（设计：Kota Kawasaki）

图9-34 阿基拉·库素米客房平面图（右）

图9-35 阿基拉·库素米客房室内(左)

图9-36 日本熊本县丰村石匠博物馆,1993（右）
（设计：Yasufumi Kajima & Yas and Urbanists）

所谓主动式，是指借助于现代化科技设备与手段，寻求一种新的、更有利于保持生态平衡的方式，如智能化建筑、通过余热回收设备来节约能源等就是这类方式的典型例子。

从目前的生态建筑实践和未来的发展来看，将现代技术与生态智慧紧密结合，更能体现生态建筑的终极目标。这也是许多生态设计师正在为之付出努力的方式，他们力图充分利用人类的智慧，将先进的技术与朴实的自然方式融合起来实现一种新的生态发展途径，使生态建筑原始的朴野情趣和未来主义技术理想结合起来，使科技的光芒和自然的色泽互相交会。因此，生态建筑体现了自然美学与技术美学的互融，原始智慧与科学智慧的互渗。

图 9－37 石匠博物馆室内（左）

图 9－38 日本富山谷时间之寺,1993(右)
(设计: Benson and Forsyth)

　　然而，生态建筑室内，其本身仍然属于建筑的范畴，尽管它在整个地球的生命运动中是整体生态链的一个重要部分，但其主要的目的仍是为人创造一个安全、舒适的庇护所，因此，它不可能像其他生态工程那样，完全将生态作为其首要目标，而是在营造这个庇护所的同时，积极地参与生态建设。所以，生态建筑室内，从具体的形式上讲，仍然脱离不了建筑本身的审美体现。生态建筑室内环境设计师们广泛地运用各种技术手段，作为诠释一些建筑细部设计的表现元素。然而，对所有功能因素的分析和组合，并表现于建筑本身，这并不意味着创造了一种建筑美学或建筑运动，它们只是一种综合涵盖社会、环境、文化和精神需求的基础哲学的物化表现。不过，由于生态建筑比起传统建筑来，更注重在生态保护和舒适、健康等方面的特征，因此其形式美感方面的考察依据将会更加与这些生态特征联系起来。传统的建筑与室内形式表现，往往更多的是从人类视知觉的角度加以考虑，大到建筑的体量、整体比例，小到建筑的洞口尺寸、表面材料、构造细部都是按照人类视觉要求来推敲的。但是，生态建筑室内则可能打破这些传统的视觉要求，而更多地从如何达到生态的要求来衡量，如窗户的开设，首先考虑的可能是通风、采光、室内冷热等方面的要求，其位置、形状、大小、细部构造等很可能不是根据传统的形式美的原则来考虑，墙面的虚实也可能不是按照对比的视觉效果来安排，原本晶莹剔透的大玻璃窗外可能会被罩上一层百叶窗帘。百叶窗帘成为立面的主要构图元素，而窗户本身在视觉上退居到次要位置（图 9-39）。再如，很可能在原本不希望的地方出现了大面积的太阳能光电板或者通风口，而这可能完全是根据室内能源收集需要和保证室内良好物理环境，经过科学计算而确定的位置和形式（图 9-40）。

图 9－39 英国赫特福德 BRE 未来办公室,1996(左)
(设计: Feilden Clegg Architects)

图 9－40 根据生态要求设计的建筑立面(右)

对于生态的考虑，还可能会产生出一种全新的室内外立面或空间形式，德国赫顿图书馆与文化中心（Library and Culure Center, Herten, Germany）的折线形玻璃屋顶，实际上是一个巨大的"空气收集器"，它突出于各个立面的顶部，太阳能将进入收集器的空气加热，收集器起着热交换的作用。在建筑不需要供暖的季节，室内污浊空气从旁通管排出。在这种情况下，空气收集器起着热缓冲的作用，并储蓄大量的太阳能热量。在上层的玻璃顶和建筑本身的屋顶之间装有太阳能集热器，可为建筑提供热水（图9-41~图9-43）。美国华盛顿特区郊外的赫吉住宅（Hoagie House），其顶部形态则完全是利用计算机控制太阳光追踪装置的结果。

图9-41 德国赫顿图书馆与文化中心，1994
（设计：LOG ID, Dieter Schempp）

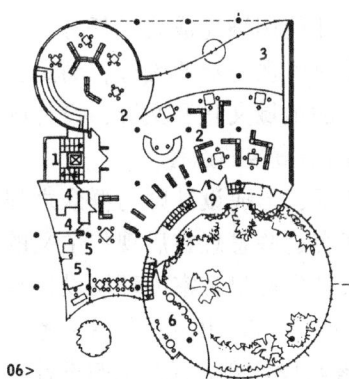

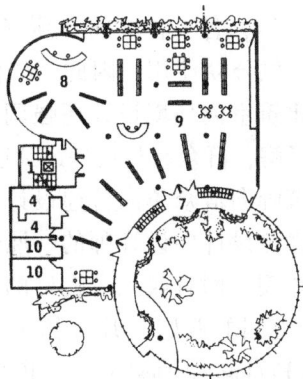

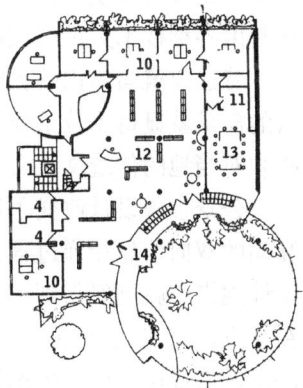

图9-42 图书馆与文化中心平面图
1—楼梯间；2—儿童图书室；3—共享空间；4—洗手间；5—工作室；6—走廊咖啡吧；7—图书馆挑台；8—音视多媒体室；9—非小说类图书；10—办公；11—厨房；12—小说类图书；13—会议室；14—走廊

2000年汉诺威世界博览会所体现的"皮与骨"的生态结构概念，进一步诠释了生态建筑的"有机"性，认为建筑的外表面也决定着生物体的各自不同的属性特征，表皮是一种能够感知和有交流作用的外层表面，不同的信息感应来自有机体的外部环境而传达至内部。建筑的外表皮也应像有机体那样成为有感知的设计。韩国展厅的外表面，四面全是彩色的遮阳装置，横向的板片包裹着内部的新型骨架，是出自"皮与骨"的设计理念，那些整体的遮阳片表皮是建筑感应外界环境气候的装置，而在视觉上，则成为体现建筑生态审美价值的重要元素。

图9-43 图书馆与文化中心室内中庭

由此可见，对于生态建筑的美学评价，比过去无论哪一种风格的建筑都要复杂得多，它除了过去的"空间——时间"四个维度，还增加了一个新的维度——生态伦理。正如法国著名建筑师让·诺维尔所说，"过去，稍微具备一点限定空间几何学形式的形态语言，就可以成为一个伟大的建筑师。但是在一切都要尝试的现代社会，建筑已经很难用空间几何学的质量和形式来解释了。"①

9.2.7 设计的开放性——公众参与

尽管室内环境相对于建筑来说，具有较强的封闭性，但与生态建筑设计一样，生态建筑室内环境设计的过程也具有很强的开放性特点，这种开放性特征主要表现在公众参与设计上。

公众参与设计甚至整个建造过程，这一主张最早是由美国的查尔斯·穆尔（Charles Moore）在 20 世纪 70 年代首先倡导的②，之后很多建筑师都提出了同样的观点。1980 年保罗·拉修（Paul Laseau）在美国出版的《图式思维论》一书中，明确提出了建筑设计中公众参与的重要性。他认为，在进行建筑设计的过程中，往往会出现许多矛盾，要解决好这些矛盾，建筑师必须明确两个基本的观点，其中之一就是，建筑师应该和人们一起去解决问题，而不是老想着帮助别人解决问题，应该让使用者与建造者共同参与设计过程，共同地全面地考虑解决方案③。

传统的观念认为，设计只是设计师的事情，群众是门外汉，他们只要把任务委托给设计师就万事大吉了。然而，事情实际上并没有这么简单。正如前面所说，建筑与室内环境设计是一项十分庞大的系统工程，光凭建筑师和室内设计师的个人力量已无法达到预期的目的，只有建立起由各种技术人员组成的设计小组，各工种之间必须密切配合，才能圆满完成设计任务。此外，营造建筑与室内的目的，就是供公众使用，因此，如何在设计中体现公众的爱好，满足公众的需求就显得十分重要。生态建筑室内环境设计还强调体现当地的地域文化和文脉，设计师必须对当地的传统文化有充分的了解，群众参与正是达到这一要求的最直接的途径。

公众参与设计改变了过去建筑师向群众单向传递设计信息的状况，形成设计师与群众之间互动的双向信息传递过程，从而避免设计中设计师的一厢情愿，其实这些思想在后现代主义的设计观点中就已经得到了很好的体现，而且收到了良好的效果，只是生态建筑室内环境设计观在这方面又进行了重点的强调。美国的西姆·凡·德·莱恩（Sim Van der Ryn）与 S·考文（Stuart Cowan）在《生态设计》（Ecological Design）一书中将群众参与设计列为五大生态设计方法和原则之一，认为"每个人都是参与者"④。1989 年，英国作家、盖娅运动建筑师戴维·皮尔森（David Pearson）在其著作《自然住宅手册》（The Nature House Book）中明确了盖娅住区宪章的设计原则，提出每个阶段都有公众参与——汇集众人的观点和技巧，寻找一种整体设计方案⑤。威尔夫妇（Brenda and Robert Vale）合著的《绿色建筑学》也指出，绿色建筑的一个重要原则是体现使用者的重要性。在设计过程中应最大限度地考虑使用者参与其中的可能性。日本建筑师协会（JIA）环委会主席野沢正光在为 JIA 出版的《可持续设计导引》（Sustainable Design Guide）的发刊词中写道："建筑可被重新定义为一项协作性的工作，在这项工作中，使尽可能多的建筑专业人士及普通市民共同参与再好不过，而且也是必要的"，"应该尽可能鼓励更多的专业人士、普通市民和企业家们参与到建筑创造中来。在建筑计划的前期阶段，忽略当前建筑的见解、惯例甚至有关法律、规范，提出各种讨论和建议，换句话说，在建筑创作的起始阶段，任何固定的陈规均应暂不考虑"⑥。

公众参与并非要改变建筑师与室内设计师的作用，而是给他们提出了更高的要求，设计师要随时备有各种解决方案，并把这些当作接受来自公众方面回应的职业前提。

① 转引自：（日）渊上正幸编著. 世界建筑师的思想和作品 [M]. 覃力等译. 北京：中国建筑工业出版社，2000.
② 参见：西安建筑科技大学绿色建筑研究中心编. 绿色建筑 [M]. 北京：中国计划出版社，1999：103.
③ 参见：刘先觉主编. 现代建筑理论 [M]. 北京：中国建筑工业出版社，1999.
④ 转引自：西安建筑科技大学绿色建筑研究中心编. 绿色建筑 [M]. 北京：中国计划出版社，1999：148.
⑤ 转引自：西安建筑科技大学绿色建筑研究中心编. 绿色建筑 [M]. 北京：中国计划出版社，1999：149.
⑥ 转引自：西安建筑科技大学绿色建筑研究中心编. 绿色建筑 [M]. 北京：中国计划出版社，1999：103.

在美国和欧洲，许多社区都建立了"社区发展协会"，共同参与社区的发展，他们正努力为他们的生活质量与环境的改进而奋斗。

9.2.8 小结

由于增加了生态因素，生态建筑室内环境除了具有一般意义上的室内环境所具有的一切基本特征以外，还具有许多不同于一般室内环境的特征，概括起来主要有：系统整体性、生态有机性、界面的封闭性以及系统调控的人为性、微观性及与人的亲近性、使用的动态性、生态审美性、设计的开放性等。

生态建筑学是建筑学与生态学相结合的一门交叉科学，生态建筑学将建筑置于整个地球生态系统之下，作为整个生态系统的一个子系统，它受到系统整体的制约，同时又对整个生态系统产生影响，它与生态系统中的其他子系统一起，共同维系着整个生态系统的健康发展。作为建筑重要组成部分的室内环境，虽处于比建筑更低的层次，但它与建筑本身之间、与自然环境之间以及室内诸要素之间都是一种相辅相成的整体关系，不可割裂。按照生态学的原则，建筑与室内共同成为一个有机的生命体，建筑的外壳是生命体的皮肤，建筑的结构是支撑的骨骼，而室内所包容的一切则是生命体的内脏，建筑只有在这三者的协同作用下才能保持生机，健康地成长。因此必须坚持室内与建筑的一体化设计，同时充分考虑室内诸要素之间的协调关系以及室内环境对整个自然环境可能带来的负面影响。

建筑室内环境一般是由建筑的封闭外壳围合而成的，因此与其他生态子系统相比，它具有更强的封闭性，处于微观层次，然而却是与人类关系最为密切的一环，因此生态建筑的室内环境设计在充分考虑其对环境的影响时，也应该考虑对人的关怀，真正做到"以人为本"。由于建筑室内环境界面的相对封闭性以及室内环境中人工因素所占的比重比在自然环境中要高得多，因而也使室内生态系统成为一个不完全的生态系统，其自身无法完成能流和物流的循环，自调能力是有限的，必须借助于人工来维持平衡，但这也同时提高了系统的可控性，我们可以借助于现代科技的力量，创造出一个既接近自然、又符合健康、舒适要求的人类生活与工作的天堂。

建筑室内的使用永远处于一个动态的过程，室内的使用对象与使用需求每时每刻都在发生着变化，这就要求我们在进行室内设计时，应该采用相应的措施，尽量满足这种动态变化的使用需求，使室内环境永葆活力。

作为艺术，生态建筑的室内环境设计必须要遵循人类普遍的美学原理，为人们提供视觉的愉悦和精神上的享受，但除此之外它还必须顾及到人类以外的一切生物的生存与发展权利，顾及到整个自然环境的可持续发展，因此生态建筑美学就是能够充分体现关乎生态秩序和建筑空间的多维关系的一种新的、综合的功能主义美学。

生态建筑的室内环境应该能够满足尽可能多的人们的需要，其设计应该是综合了大多数人的智慧的结晶，由公众参与的开放性设计方法是达到这一要求的有效途径，同时这也对设计师的职业道德与业务素质提出了更高的要求。

9.3 影响生态建筑室内环境的相关因素

生态建筑室内环境作为生态系统的一个子系统，虽然处于微观层次，但"麻雀虽小，五脏俱全"，其涉及的因素十分广泛。它不但与建筑本身有着皮、肉、脏腑的关系，还与自然、社会、政治、经济等有着密切的关系，良好生态建筑室内环境的取得，是综合处理这些因素的结果。

9.3.1 自然因素与室内物理因素

自然因素所涵盖的范围相当广泛，但从建筑的角度来分析，可概括为地理因素、气候因素、建筑周围环境等三个方面。

9.3.1.1　地理因素

建筑的室内环境与其所处的地理环境有着十分密切的关系。建筑物所处的地理位置直接关系到作用于建筑物的一些物理指标，其对建筑物室内环境的影响，正是通过这些物理指标来实现的。

首先，建筑物所处的地理位置决定了建筑物所在区域的日照环境，直接决定了一年四季的日照变化情况，如处于北极圈内的建筑，夏季白天时间极长，夜间时间极短，每天可获得比一般地区长得多的日照时间，而在冬季则恰恰相反。这一特殊情况直接影响到室内能源的获得，影响到建筑师、室内设计师对自然能源的选择和利用方式。而由地理位置所决定的太阳方位角、高度角的不同，导致太阳光线射入方向角度以及射入建筑物内深度的不同，从而影响到建筑物的间距、房间的朝向、自然采光的方式等各个方面。

此外，地理位置往往与气候、自然资源、地质条件等直接相关，从而通过这些因素影响到建筑物的室内环境。

9.3.1.2　气候因素

建筑所处气候条件，对室内生态环境的影响极大，可以根据气候特征划分为湿热、干热、温热和湿冷、干冷等不同的分区，进行室内环境设计时，必须进行具体的分析，根据室内空间的用途，对其进行缓和、加强和利用。

1. 自然气候

指由于不同经纬度、大气环境、海陆位置和区域地形所形成的区域性气候，没有经过太多人为改造的郊外气候一般较真实地反映着该地区的自然气候。显然，自然气候直接决定了该地区的总体气候趋势，如雨雪量、主导风向、日照条件、四季变化等，这些因素都是形成建筑室内环境的基础条件。

2. 城市气候

城市气候是在自然气候的背景下，在人类活动特别是城市化的影响下而形成的一种特殊气候。

城市气候的形成，主要是由于城市里昔日的林带、绿地、水面等逐渐被高楼大厦和成片的工厂所替代，城市里密集的交通系统、繁忙的交通流量、人口的高密度聚集、能量消耗的剧增等人为因素造成的。在城市化地区，人类活动对气候的影响，首先是通过对下垫面性质的改变来体现的。下垫面是气候形成的重要因素，它与空气存在着复杂的物质交换、热量交换和水分交换，又是空气运动的边界面。它对空气温度、湿度、风向、风速、风质以及环境辐射、地面反射都有很大影响，这是导致城区与郊区气候不同的重要原因之一。

城市气候虽然仍处于区域性大气候的主宰之下，但在许多气候要素上，则表现出明显的城市气候特征，这些特征将会不可避免地作用于城市建筑与室内环境，对室内环境的生态特性产生一定的影响。这种特征在各气候类型中往往是共同具备的，其中最基本的特征，可概括为以下几个方面。

（1）气温高、散射强

不管城市大小、人口多少，性质如何，但城市的高温化却是共同的。一般来说，高处的温度由市区向郊区逐渐降低，其分布呈岛状，因此称为"热岛效应"。导致城市温度提高的主要原因是"大气逆温层"和"温室效应"。"逆温层"中空气呆滞，污染物积聚而不能迅速扩散和稀释，这是造成环境恶化的重要原因之一。

城市的扩大，经济的发展，使城市高温化的情况日益严重。日本东京近100年来平均温度增加1.8℃，而且增长速率日益加速，仅自1962年以后的增长量就达1.5℃，后50年里最低气温平均值增加了 2.2℃，而最高温度平均值只增加了 0.8℃，这说明城市夜间冷却能力降低①。

（2）空气干燥化

城市干燥化是城市的出现、人口与设备增多所带来的副产品，是城市高温化的连锁反应。城市的发展、工业的繁荣、能源消耗量的增加都将加速城市的干燥化。例如日本东京的相对湿度逐年下降，特别是 1950 年以后下降更快，城市中空气平均湿度一般都较小，但在一定条件下，城市夜间的绝对湿度又会较高，易形成"城市湿岛"。

（3）通风不良

城市里鳞次栉比的建筑群和工业区的烟囱、高塔等，成为气候流动的主要障碍物，另外，建筑物墙面的摩擦力使流动空气的大部分内能消耗在克服摩擦上，这些因素造成城市范围内空气流速的减缓，使污浊空气不能及时散发而积聚起来，不仅影响到整个城市的空气质量，同时也殃及城市建筑的室内环境。

此外，由于街道走向、宽度等变化极大，再加上街道上密集的车行和人行，干扰了正常的空气流动，造成街道和广场风向风速的局部改变，而且阵性极大，不同程度地影响到建筑室内的通风策略。

（4）云、雾、降雨增多

由于"热岛"效应等的影响，城市中的云量比郊区要多，而降雨也比郊区多。在城市条件下，出现雾的概率比一般的要高，有些城市因汽车尾气排放的废气在强烈的阳光作用下，还会形成"光化学烟雾"，是主要的城市"杀手"之一。

3. 局部小气候

是指由于建筑物场地周围因受自然环境（地形、地貌、植被等）、人为环境（如邻近建筑物的布局、街道形态、走向、邻近建筑的性质）等的影响，而在建筑物周围甚至组群内部所形成的微气候。局部小气候形成的因素与城市气候在许多方面比较接近，但范围更小，与建筑及室内的关系更为密切，相应地所应该采取的技术措施也更具体。如：场地的局部风向、风力等可能因为场地周围的环境而发生变化，当地的主导风向可能不再作为场地风力因素的主要考虑依据，而应该根据场地具体的风力风向分布状况来考虑建筑及室内空间的布局、房间开口的位置与大小等。在设计室内空气处理系统或使用被动式太阳能制冷时，也必须认真地测量风荷载和风压差②。

场地所接受的雨雪情况，除了对场地的排水、建筑物的防水产生影响，也对室内利用自然资源的方式、计划、程度产生影响。

9.3.1.3　场地条件

从生态角度来说，场地上的一切特征，包括地形、地貌、自然资源、道路体系、空气质量、邻里建筑或社区环境、文化和历史资源、基础设施、局部小气候等都会直接或间接地影响建筑及其室内环境。

1. 地形、地貌

场地的地形、地貌会影响建筑物的朝向、布局、体块组合形式、室内外地坪的变化，从而影响到每个具体房间的物理性能。再者，特殊的地形、地貌会引起局部小气候的变化，从而直接影响到建筑的通风、采光、隔声、温湿度等物理指数。

位于美国北卡罗莱纳州拉莱的布朗赛尔住宅（Brunsell Residence, Raleigh, North Carolina,

① 参见：柳孝图，林其标，沈天行编著. 人与物理环境 [M]. 北京：中国建筑工业出版社，1996.

② 参见：Public Technology Inc. US Green Building Council 编，绿色建筑技术手册——设计·建造·运行 [M]. 王长庆等译. 北京：中国建筑工业出版社，1999. 第 11 章.

USA，设计：William McDonough Architects），面积 2800 平方英尺，是两位美食家的退休住宅，建筑采取现有的布局与形式，在很大程度上是考虑了当地的地形地貌与局部小气候的结果。海边小山和峭壁之间的狭窄草地，以及间歇穿插着的柏树栅篱组成了基地的全部景观。这片折角形的地块延伸至海洋的边缘，基地在整个春季和冬季都刮着来自北方的寒风。

由于建筑缩进而造成的外形，能使风向偏转并远离朝南的平台。原有草地被建筑所取代，但仍以覆土屋顶绿化的形式重新返回原处，屋顶绿化只使用了当地的植物。通过地面辐射辅助系统，建筑能有效地利用太阳能和水加热设施、自然通风以及自然采光。

地形、地貌还会影响到建筑场地的排水方式，从而影响建筑室内外及场地管线的走向及铺设方法。

2. 自然资源

自然资源包括场地及周围的动植物物种、可获得的当地材料（土、石、木、砂等），以及矿藏、风能、水能、太阳能等自然能源。应该考虑到场地的植被不被建筑物所破坏，在利用屋顶花园、屋顶草场及布置绿化时，尽量采用当地的植被资源，避免引进昂贵的外来植被，而且当地植被一般来说是在当地最具适应性的植被，容易成活，生长良好，可以降低灌溉和养护成本。在进行建筑设计时，还应该考虑到当地的动物物种，不至于因为建筑的干扰而影响动物物种的生息繁衍，影响生态平衡。

建筑的室内外采用场地上的自然材料，一般来说是最"生态"的。其一，这样做能够降低材料的加工运输成本。其二，采用出自于基地本身的材料，可以将由材料的危害对人体产生的影响降低到最小，如用采自于场地的泥土做成砖，用采自于场地的石材来砌墙，这些材料与建筑场地具有相同的成分特性，只要经过论证、检测，确认了场地的安全性，确定建筑物建造的可行性，那么，使用这些直接采自场地的材料无疑是安全的，从而避免了来自于其他地方的材料可能存在的安全性问题，如可能含有的放射性或其他有害成分。

在考虑当地大气候的同时，应该充分重视场地范围内及邻近区域的小气候，这种由场地的特殊条件，如由烟囱效应引起的局部风向的改变，可能会影响窗洞的开设位置和方式、考虑穿堂风的室内布局等。

图 9-44 爱尔兰米斯郡瀑布住宅
（设计：Paul Leech；Gaia Associates）

而场地所能获得的能源，如风能、太阳能以及由水流瀑布产生的水力等，都可以影响室内环境设计的能源策略。

由盖娅事务所（Gaia Associates）的保尔·里奇（Paul Leech）设计的爱尔兰南部米斯郡的瀑布住宅（Waterfall House，Country Meath，Southern Ireland），所处基地非常独特而且风景优美，铺满落叶的弯弯小路把人们引到一条深深的、坡度平缓的河谷，南尼（Nanny）河从这里静静地流过。总面积为 10 英亩的用地中，包括有一挂瀑布、一个磨坊的水池、一些老式的采矿工场和一些磨坊废墟。住宅就建于瀑布旁原来的磨坊废墟上，磨坊中的旧涡轮机整修后重新用来发电，为住宅提供照明和采暖（图9-44）。

住宅由两部分组成，第一部分的平面大致方形，是根据旧磨坊的基地而形成的，其中包括了主要的起居空间；第二部分是卧室，围绕着上述的第一部分，但平面和剖面稍加偏移。在住宅内部，各房间有着不同的标高，以螺旋上升的方式逐步升高，互相联系。

被动式太阳能加热器与水力发电机相互补充，在无法获得太阳能时则完全依靠水力发电。中央的石圆柱是用来作为结构支撑和储存多余的太阳能的，暖气管和集中式管道将被太阳能加热过的空气输送到生活空间的各个部分。涡轮机产生的电能可用来照明，剩余的则可用于加热大水箱中的水，然后通过热交换器和管道系统输送到整幢房子。

3. 道路系统

场地周围的道路系统会影响建筑的入口、朝向、布局、立面形式、内部空间布局等，从而也对建筑的室内环境产生影响。

4. 空气质量

建筑物或室内所处环境的空气质量，直接关系到室内环境的空气质量，如果所处环境的空气质量较差，在考虑室内环境时，则需要采取相应的空气净化、隔离措施，以保证室内良好的空气质量。

5. 邻里建筑及公共设施

邻里建筑的总图布局、建筑体量等因素，可能引起场地小气候的变化，例如密集的高层建筑群会显著改变邻近居住区和房屋建筑的日照、采光状况，城市化地区沿主干道建筑物的"障壁效应"也影响到城市交通噪声传播分布的某些特性。邻里建筑或社区的建筑性质和风格对场地上建筑与室内的格调产生影响，邻里建筑的特殊性质，如会排放出有害气体的化工厂，形成强大噪声源的娱乐场所、工厂等都会对邻近建筑室内空气质量、室内声环境等物理指数产生影响。而一些市政公用设施有时会影响室内生态环境，如高压线走廊会产生强大的电磁辐射，改变附近建筑室内的电磁场，对人体产生危险，必须采取相应的措施。

9.3.1.4 建筑自身因素

室内环境是由建筑各界面直接围合形成的，因此，其影响最为直接，这一点毋庸置疑。建筑的平面布局、立面构成、剖面形式、空间形态、使用性质、硬件设备、使用与维护质量等，可以说建筑本身的任何元素都是室内环境形成的介质，直接关系到室内环境的生态质量。因此，建筑与室内设计师必须加强学习，注重自身素质的提高，使自己除了具有广泛的建筑知识以外，对其他相关学科也有尽可能多的了解。在具体的实践过程中，也能与其他学科的专家们协同努力，只有这样才能使生态建筑与室内环境向着更深更广的方向发展。

9.3.1.5 物理因素

建筑的物理因素包括建筑的通风、采光、日照、温度、湿度、噪声影响等，这些因素直接构成了室内的物理环境，这些因素物理指标的变动直接导致作用于使用者的物理环境的变化，刺激人们的感官和心理，从而影响到人们的生理和心理健康。

物理环境对人的刺激，主要是视觉、听觉、热觉、嗅觉和纯粹的心理感觉等方面的刺激，以及冲击、振动等动力学刺激等。研究结果表明，人们正常的生理、心理功能以及能够有效地从事各种工作（包括休息和睡眠）的能力，取决于所处的环境条件，而人们对于物理环境刺激的精神和物质的调节能力都有一定的限度，所以，作为使用者直接所处的室内空间环境，必须严格控制物理环境的刺激，使室内的通风、采光、日照、温度、湿度以及噪声水平处于最佳的范围，达到最佳的组合，保证为人们提供最适宜的物理环境，使人们能够达到最满意的舒适度、最高的工作效率，最良好的健康状况，最佳的心理状态。这就要求设计师必须运用设计手段及技术手段，尽可能使室内物理环境条件对人的生理和心理的不良影响减到最小。

9.3.2 人的自身因素

影响室内环境设计的人的自身因素十分复杂，但仍可概括为生理因素和心理因素两个主要方面。

生理因素指人在体能、感官、健康，如人的舒适感、疲劳感、热感、冷感等方面的因素；由人的生理特征所决定的人体尺度所造成的在各个工作面上工作的方便程度、合理程度；人的生理健康因素等。心理因素指人在特定环境下所产生的心理感受，如惊惧、恐慌、烦躁、欢乐、轻松、沮丧、松弛感、压迫感等，这些心理感受与工作和生活的质量有着十分密切的联系，不健康的心理因素会导致生理上的损害。

人类工效学是研究特定环境对人生理和心理影响的一门学科，也被称为"人的因素"、"人类因素学"（Human Factors）、"人类因素工程学"（Human Factor Engineering）、工效学（Ergonomics）、人体工（程）学或人类工程学（Human Engineering）等。它是一门以心理学、生理学、解剖学、人体测量学等为基础、研究如何使人—机—环境系统的设计符合人的自身结构和生理、心理特点、以实现人—机—环境之间的最佳匹配，使处于不同条件下的人能够有效地、安全地、健康地和舒适地进行工作与生活的科学。

建筑的主要目的是为人所使用，而使用的实际场所主要是在室内空间。建筑室内环境中任何一个部分的尺寸，除了构造要求外，绝大部分与人体尺寸有关，因此符合生态要求的室内环境设计应该把人的因素放在重要地位，在保证可持续发展的前提下，运用人类工效学原理，以人的使用为最终目的，安排每一寸空间，积极地创造更舒适、更合理的建筑内部空间环境。

以往，对于建筑的理解，人们往往多注重其形态风格等视觉效果。现代主义认为，建筑的"空间"是建筑主角，但所讲的"空间"却是一种狭义概念上的空间，更多的是从空间的"视觉"效果上来考虑的，其所谓的"尺度"也主要是从比例、体量关系上来讲的，所以是不全面的。生态建筑室内空间环境应该是指"可使用的空间"（Workable Space），它不只是空间本身，还应包括其中的环境条件，家具、设施等的具体尺寸数据，以及室内空间中温度、湿度、通风、采光、噪声、空气品质等物理性能。从生态的角度来看，一个"中看不中用"的空间实际上是毫无意义的，它与一件陈列品没有什么两样。

在室内空间中，人类工效学的概念应从下面几个方面来理解：

（1）在人类工效学的三个主要方面——人、机、环境中，"人"是最重要的。人的生理特征、心理特征以及人的适应能力都是重要的研究方面。"机"应该是一个全面、广泛的概念，它包括使用者在空间所涉及的一切物质和工程系统，如家具、设施等建筑内部一切与人有关的物件。这些元素应该能够最好地满足人的要求，符合人的特点，而"环境"则指人们工作和生活的空间中，围绕着人周围的物理、化学、生物、社会和文化的各种因素。

（2）系统思想：人类工效学不是孤立地研究人、机、环境这三个方面，而是从系统的高度出发，将它们看成是一个相互作用、相互依存的系统，是一个有机的整体。就室内环境而言，只有当所有这些因素彼此间达到某种平衡，才可以说是"生态"的。

（3）效能："效能"主要指人在特定的室内环境中的工作效率和业绩，这里所说的效率应该是数量与质量的统一，是工作速度和工作质量的统一，只有数量而没有质量，或只讲质量而不讲数量，都不是"高效能"的，因此也不可能是"生态"的。

（4）健康与安全：包括人的身心健康和安全，近年来发现人的心理因素直接影响生理健康和作业效能，所以符合生态原则的室内环境应该同时满足人的生理和心理需求。人的健康受许多因素的影响，例如：有毒的气体、过强的噪声、过高或过低的温度、过重的劳动强度、不合理的工作面尺寸等等都会对健康产生不良的影响。因此符合生态原则的室内环境应该以人的相关要求为依据，为使用者提供满意、舒适、健康的工作和生活场所。

生态建筑室内环境设计应该充分利用人类工效学的普遍原理和研究成果，使建筑室内空间环境尽可能地趋向完美，为人们的工作和生活创造良好的条件。

9.3.3　社会因素

9.3.3.1　法律

生态建筑室内设计作为实施可持续发展战略的任务之一，正在为越来越多的人所接受，人们正越来越自觉地在建筑与室内环境设计过程中考虑绿色的因素。但是，就如任何社会生活都应有相应的法律依据一样，实现生态的建筑与室内环境也应该通过相应的法律，依靠其规范作用，以权利和义务为内容，以国家强制力作后盾，来规范人们在建筑与室内的设计、建造、使用等所有过程的活动，限制那些过激的、损害他人利益的行为，从而确认、调整、保护和发展这一领域的社会关系和社会秩序。

生态建筑室内环境设计的实践以可持续发展理论为指导思想。建筑与室内环境必须建立在生态系统的良性循环基础之上，建立在自然环境允许的负荷范围之内，要求具备"绿色"自然生态特征。建筑与室内只能有条件地满足人类的欲望，如果人类的欲望无限膨胀，人类无约束地发展，最终必将导致人类自身的毁灭。因此，我们必须将地球作为一个大家庭来看待，人类和其他一切生物都是这个大家庭的共同成员，都具有相同的权利，人类不能始终以统治者自居，凌驾于一切之上，任意地剥夺其他生物生存繁衍的权利，这样做，到头来必定会造成这个大家庭内部的失衡，引起灾难性的后果。我们在进行建筑与室内的任何活动时，必须始终牢记这一点，将人类与其他生物作为一个相互依存的整体来对待，有节制地使用自然资源，有目的地约束人类生活行为，损人利己的行为必须制止，整体环境的可持续发展是生态建筑室内环境设计研究的基本目标。

依据可持续发展的理论，建筑与室内环境在满足人类居住、工作、生产、生活需要的同时，还应对未来负责。绿色建筑与室内环境设计要保护全球生态系统、自然气候，保护建筑周边环境生态系统平衡，节约国土资源，建筑与室内应该能够充分利用太阳能、风能、无害自然资源，有效使用水资源；建筑使用无环境污染、可循环利用的材料，使用再生材料。建筑使用既经济又无公害性的材料，建筑解体时不产生对环境有害的再次污染；建筑与室内环境应该健康、安全、持久、空气优良、温度适宜、无噪声干扰；建筑融入历史与地域的人文环境等等。这些新的构思或要求，要转化为人们普遍遵守的规范，必然导致以法律手段建立的适宜建筑发展的制度框架。

综观我国目前的建筑装修市场，实际情形却实在无法令人乐观，尽管我国现有的法律中也有一些内容在大的原则上强调了坚持可持续发展原则的重要性，尤其是最近以来，国家有关部门制定并通过的一些决议、通知等也已经明确地反映出生态原则的某些需要，但距离真正可操作的程度却还相差很远。《中华人民共和国建筑法》于1998年3月1日起正式实施，其中不少条款与绿色建筑有着直接的关系①，另外其他的一些法律法规，如《环境保护法》、《土地管理法》、《矿产资源法》、《中华人民共和国水土保持法》、《大气污染防治法》、《中华人民共和国城市规划法》、《村庄和集镇规划建设管理条理》、《建筑基准法》、《全国生态环境建设规划》、《中国21世纪议程》、《建设项目选址规划管理办法》、《建筑市场管理规定》、《基本建设设计工作管理暂行办法》、《建设工程质量管理办法》、《城市建设节约能源管理实施细则》等也都有相关的条文从不同的角度来规范生态建筑的有关活动，我国的注册建筑师制度也已经开始实行。但是，直到现阶段，有关室内环境设计方面的专门法规却远远地滞后于市场的发展，更不用说相

---

① 《建筑法》以"加强对建筑活动的监督管理，维护建筑市场秩序，保证建筑工程质量和安全，促进建筑业健康发展"为目的，调整建筑活动过程所产生的法律关系，维护建筑业正常秩序。其中，第4条："国家扶持建筑业的发展，支持建筑科学技术研究，提高房屋建筑设计水平，鼓励节约能源和保护环境，提倡采用先进技术、先进设备、先进工艺、新兴建筑材料和现代管理方式。"第5条："从事建筑活动，应当遵守法律、法规，不得损害社会公共利益和他人的合法权益。"第41条："建筑施工企业应当遵守有关环境保护和安全生产的法律、法规规定，采取控制和处理施工现场的各种粉尘、废气、废水、固体废物以及噪声、震动对环境的污染和危害的措施。"等。

应的以"绿色"、"可持续发展"或"生态"命名的建筑与室内环境设计的专业法规了。

从另外一个角度上来讲，我国国民关于生态建筑室内的基本素质还需进一步提高，事实上，对于上述法律法规的有关内容，真正了解的人并不多，能自觉执行的人那就更少了。由于种种原因，如法制观念淡薄、法律本身的缺陷、执法措施的不力以及监督机制不健全等，在改革开放的今天，在商品经济的大潮中，在金钱至上思想的影响下，权力和金钱交易乘虚而入，使建筑业成为最易藏污纳垢的行业，腐败现象蔓延，殃及建筑与室内环境设计、施工与管理质量。这些不健康的行为与生态建筑思想背道而驰，严重影响了生态建筑原则的普及推广。

尽快完善现有的法律法规、加强执法力度，使绿色建筑行动有法可依、有章可循已成为我国乃至世界各国走可持续发展建筑与室内环境道路的关键之一。

9.3.3.2 伦理道德

生态建筑室内体系既要正确处理建筑室内环境与人的关系，又要正确处理与生态环境的关系，因此，在探讨生态建筑室内环境的理论与实践的过程中，除了要遵循一般的社会伦理规范之外，更应考虑人类必须承担的生态伦理的义务和责任。

长期以来，建筑领域提出了"以人为本"的思想，对于这一思想，人们的理解是不尽相同的，许多人把其中的"人"看成是凌驾于一切之上的，从人与自然的关系上来讲，将人的利益作为唯一的出发点和动力，视自然环境为人的对立面，意味着人类社会发展的历史就是人战胜自然，人征服、改造自然的历史，所谓的"人定胜天"，在人与自然的关系问题上，过于强调征服、改造的一面，而忽视了相互依赖和协调共处的一面，导致了严重的后果。事实上，"以人为本"思想中的"人"不应该是狭义概念上的人，这里的"人"并不是单个的、以出生和死亡为生命过程的人，这里的"人"与"自己"的含义不同，他不应该只是考虑自己眼前利益而不顾人类社会持续发展的人，"人"应该在更好地满足自己欲望的同时顾及他人、后人的生存权利。更进一步，这里的"人"应该尽力使后人比自己生活得更好。因此，"以人为本"思想的"人"应该是指整个人类，是涵盖了现代与将来、考虑了人类永续发展的人，这一点，也正是"可持续发展"思想的最基本内容。

回过头来审视一下，人类过去的行为体现了太多的征服与占有欲，人们把大自然作为对人的无偿恩赐，把自然资源看成是无限无价的，取之不尽，用之不竭。但是，随着可持续发展思想于20世纪80年代被明确提出来之后，其影响日益广泛。人们逐渐意识到，过去人们以"自我"为中心，只考虑自我满足，而不顾及别人和后人的思想是目光短浅的极端利己主义的外在表现，是极其错误的，人类必须彻底改变这种狭隘的"以人为本"的思想，从人类生存的长远利益出发，重新建立起新的、符合可持续发展原则的生态伦理观。目前这种生态伦理观正在从环境保护领域扩展到社会经济、政治、技术乃至文化、艺术等人类生活的各个方面。因此，可持续发展建筑与室内环境，不仅是一个生产和科学技术问题，而且还是一个伦理问题。生态建筑室内环境的推广，不仅有赖于方案的科学化、标准化、绿色化，而且有赖于人的道德自觉。

因此，要创造符合生态原则的室内环境，除了必须要有严格的立法，还必须要有符合生态原则的道德观来达到人们行为的自律，使保护生态环境、创造绿色建筑与室内环境成为每个人的自觉行动，贯穿于一切相关的活动之中，包括建筑室内的设计、建设与运行、维护直至最后的拆除、报废等任何一个环节。

目前，建立一种符合可持续发展原则的伦理观和道德规范，已经受到社会的广泛重视。1982年，联合国大会通过的《世界自然宪章》中指出："人类属于自然的一部分"，确认了国际社会对人与自然的伦理关系及其所承担道德义务的承诺，具有重要的哲学价值和伦理学价值。世界自然保护同盟、联合国环境规划署和世界野生生物基金会1991年发表《保护地球——可持续生存战略》文章，提出了人类可持续发展的原则，指出"人类现在和将来都有义务关心他人和其他生命。这是一项道德准则"，"尊重和爱护我们彼此的地球，应以一种可持续生存道德准则表示出来"。文章认为环境道德是可持续生存的世界道德，并提出了在全世界范围内所要采取的行动：①制定可持续生存的道德准则；②在国家一级宣传可持续生存的世界道德准则；③通过社会各部门的行动实施可持续生存的世界准则；④建立一个世界性组织以监督实施可持续生存的世界道德准则，并防止和克服在其实施过程中的严重违反行为。

世界环境发展委员会也指出：法律、经济和行政手段并不能解决一切问题。未能克服环境进一步衰退的主要原因之一，是全世界大部分人尚未形成与现代工业科技社会相适应的新环境伦理观，今后数十年是建立此种伦理道德的关键时期，该委员会强调，新的可持续发展的伦理道德核心是尊重自然，真正把人类看成是自然的一部分，把人类从对自然的胜利所产生的飘飘然中解脱出来。

作为人类未来生活的一部分，生态环境建设的目的就在于为人类创造适宜的居住和工作环境，既包括人工环境，也包括自然环境，要自觉地把人类与自然的和谐共处关系体现在人工环境与自然环境的结合上，尊重并充分体现环境资源的价值。具体到建筑室内环境设计上，就是要进行生态建筑与室内的实验与实践，在满足建筑与室内自身局部生态环境的同时，时刻不忘对于大自然的责任、对于整个社会的责任，不给自然和社会带来负面的影响。如在设计与建造过程中尽量不破坏或少破坏当地的植被；建成建筑不给邻里环境造成视觉或其他污染；控制建筑产生噪声或从室内排出有害气体影响邻里；不使用或尽量少使用有毒材料，以免给自然环境带来污染；在建筑室内的使用中节约用水，以减轻对自然资源的消耗；在建筑装修时，不随意敲墙开洞，以免引起结构受损，影响整个大楼的结构安全；在空调安装、室内排气、上下水管改造时，不要为了满足自己的舒适方便而影响了别人的健康安全；不要因为自己的不负责任而直接或间接地给别人、给社会带来危害。

总之，为达到人们所期待的美好生态前景，必须将人们的思想与行为置于符合可持续发展的伦理道德的控制之下，在建筑与室内的设计、建造与运行过程中严以律己，牢牢把握节能、环保、健康舒适、讲求效率、尊重自然、尊重社会的道德准则，只有这样生态原则才能健康地得到实施。

9.3.3.3 文化传统与地方性因素

随着现代社会全球化现象的日趋发展，人们看到了一些并不希望看到的后果，全球化的某些特征正引起人们的严重关注。

"所谓全球化，就是指人类的社会、经济、科技和文化等各个层面突破彼此分割的多中心状态，走向世界范围同步化和一体化的过程。全球化的现象，是人类社会经济基础和生产方式发展到一定历史阶段的必然产物。"①

文化全球化是全球化的一个重要方面，尤其是随着网络技术的飞速发展，全球文化传播日益便捷，这既给文化发展带来了有利的一面，使先进的文化能够迅速地渗透到世界的任何一个角落，但同时，这也产生了很大的负面影响——文化趋同，文化特色逐渐消失，这种影响在建筑上产生的后果是巨大的。传统文化和地区特色消失等问题愈加突出，"相似的城市"、"千篇一律的建筑"、"平庸的室内空间"与日俱增，城市不再有自己的特色，室内环境变得越来越没有人情味。

可以看出，"文化趋同"的现象对建筑的影响使建筑随着文化的传播日益依赖于技术，高技术建筑可以闯入任何一个国家，建筑逐步蜕变为一种技术性的产品与附属品。面对文化趋同和

---

① 引自：西安建筑科技大学绿色建筑研究中心编. 绿色建筑［M］. 北京：中国计划出版社，1999：108.

传统文化日渐消失的文化危机，建筑师、室内环境设计师认真反思技术非人性的问题，提出了保护历史文化遗产、尊重地域和民族文化以及强调城市"文脉"的设计观念，而且这一观念也正是"绿色"或"生态"设计不可缺少的一个重要方面。

文化趋同现象的产生所带来的"特色危机"、"文化失落"，提醒人们对地域性、民族性、传统性文化的重视，从而使当今文化发展表现出趋同与多元并存。对于今天的建筑来讲，在保持其技术因素趋同性的同时，更应该注重其文化的多元性，文化多元不仅是人类文明的精神需要，也是文脉自身发展的需要。生活的多元化，这是人们永远追求的一种理想，但生活的多元化离不开其物质载体的多元化，现代主义那种千篇一律的抽象的几何体，冷峻、陌生、空漠、了无人情，令人生厌，已完全跟不上多元文化精神生活的需要，在人与自然平衡的"生态系统"中，文化的多样性与生物的多样性一样，对文化的进化起着促进作用，如果多样性遭到破坏，生态平衡就会受到致命的影响。

传统文化和地方性是多元文化的形成基础。由于自然因素、风俗习惯的不同所发展起来的传统建筑文化，其自身就因环境、条件的不同而呈现出多元的局面，也正是这种多元，使世界文化得以发展和繁荣。

图 9-45 澳大利亚北部乌洛鲁—卡塔·丘塔国家公园文化中心，1995（设计：Gregory Burgess Architects）

图 9-46 乌洛鲁—卡塔·丘塔国家公园文化中心室内

传统文化和地方性往往是相辅相成的。传统的技术、材料与审美观念等往往都具有强烈的地方特征，由此而形成的建筑语汇，成为当地独特的意象符号，成为世界建筑多元化的重要因素。传统建筑的地域特点，能在当地居民中产生强烈的认同感、归属感，同时，优秀的地方建筑，在适应当地气候、利用当地资源潜力、表达当地居民思想意识等方面都具有独特的优点，从中我们不但可以探索历史的信息、文化的信息，而且还有许多技术上的借鉴意义。

生态建筑室内环境设计原则，要求注重对建筑历史的继承。这种继承包括建筑表象上、空间形态上的以及建筑技术上的。生态的设计原则还主张公众的参与设计，因为公众是建筑的最终使用者，公众最了解自己需要什么，喜欢什么，公众参与设计的方案往往最能尊重当地居民的生活方式，更符合居民的心理感觉，更能满足公众的使用要求，尤其是供公众直接使用的室内环境，则更是如此。

由格雷戈里·伯杰斯建筑事务所（Gregory Burgess Architects）设计的澳大利亚乌洛鲁—卡塔·丘塔国家公园文化中心（Uluru-Kata Tjuta National Park，Cultural Centre），可以说是坚持地方性和传统原则的生态设计的典范，也是设计师走群众路线、群众参与设计的杰作。

该中心位于澳大利亚北部乌洛鲁—卡塔·丘塔国家公园阿亚斯山（Ayers Rock）山脚，向人们诉说着此处土著阿那古人（Anangu）的文化及其与此神圣土地之间的渊源关系（图9-45，图9-46）。

在着手进行设计之前,建筑师花了一个多月的时间,与当地居民合作,对建筑的设计理念进行了探讨。通过对基地及其周围环境的深入了解,找出了能够传达环境要素和场所精神的各种元素。最后达成了一致的共识,即建筑应该建于沙丘与乌洛鲁当地伞状灌木林、血树和须草所构成景观的交会处,建筑主要采用当地古老的橡树作为建筑材料,应该尽可能地少破坏基地环境。中心最初的平面布局构想就是阿那古人用手指在红沙地上描绘出来的。

建筑分为南北两大部分,南侧包括主入口和主要展廊,北侧为商店、咖啡厅以及一个圆形的多功能厅,两者之间以围场和遮阳廊联结,并布置室外展区和舞场。对于当地居民来说,这两幢蜿蜒盘旋的建筑代表着神话中主宰分离和结合的蛇的形象。

建筑本身就是让游客理解场所文化的很好载体。建筑就地取材,使用低技术的方法建造。墙砖系用当地的沙土制作而成,砖墙与坚硬的沙质地面成为建筑良好的储热体。木材很大部分保持了原有的形状。建筑采用自然通风,屋顶流下的少量雨水也被收集储存起来,其中一部分经处理后作为饮用水使用。建筑成功地抓住了乌洛鲁的传统内涵,面对着商业化的冲击,该中心将坚守其文化纯洁性[①]。

注重传统文化和地域精神的建筑与室内设计,各地都不乏较好的实例,前面提到的日本兵库县淡路岛阿基拉·库素米客房(图9-33~图9-35)和日本熊本县丰村石匠博物馆(图9-36、图9-37)等都是表现地域精神和传统文化的佳作。

9.3.4 经济因素

生态建筑室内环境要获得广泛接受,必须具有经济上的可行性。经济上的可行性不但是可持续发展的一个根本因素,而且也是一个不可忽视的问题。美国建筑师协会环境委员会主席,盖尔·林赛(Gail Lindsey)就曾坦率地承认:直到最近,由于经济上的原因,绿色设计还是件奢侈的事情,是富有阶层和上流社会的特权。显然以巨大的代价和成本来利用能量或利用资源并非是对环境问题有根本意义的解决之道,生态建筑室内环境设计的细则应该同等地适用于低成本住房和高档别墅。从长远观点来看,可持续发展的建筑与室内必须是经济的[②]。

然而经济并不仅被局限于金钱方面,健康、生产率、安全性和公共形象都是现实的、而且颇具价值的利益。生态建筑室内环境设计往往是在成本、污染、能量消耗和在众多建筑材料中的耐用性之间寻求折中方案,实质上是在寻求经济上与使用上的平衡点,因此,生态建筑室内环境设计既不是因成本高而排斥那些能效高的材料和设施,也不是由于这些材料和设施能效高而不顾成本地加以使用,而是在于和谐地应用诸多现有的技术和工艺。自然采光、太阳能装置、先进的机械系统以及光电池等,都应根据气候、能量需求,以及当地能源成本等多种因数综合加以应用。

经济与生态建筑室内环境的关系可以从两个方面来考虑,其一是经济对生态建筑室内环境的制约与影响;其二则是生态建筑室内环境所产生的经济效益。

9.3.4.1 经济对生态建筑室内环境的制约与影响

正如任何其他事物一样,生态环境与经济之间的矛盾始终存在。在经济发展初期,发展水平较低,自然生态系统的破坏程度也较低,人们对生态系统遭破坏后的严重性也不甚了解和重视,因此会不惜牺牲未来的生态环境而拼命地追求眼前的利益,直到生态环境遭到严重破坏,开始明显地影响到人们的眼前利益时,人们才开始醒悟:盲目地发展经济将给生态环境带来严重的恶果,非但会影响目前的生存环境,更严重的是会给将来的环境发展带来难以逆转的严重后果。我国前几年只顾经济效益而不顾环境效益,大面积毁林开荒,盲目地填湖造田等等,导

---

① 参见:David Lloyd Jones. Architecture and the Environment——Bioclimatic Building Design [M]. The Overlook Press, 1998:149.

② 转引自:丁钰新. 现代住宅绿色室内设计中健康高效因素的研究 [D]. 无锡:江南大学,2001.

致近年来我国连续遭受各种自然灾害，尤其是大范围水灾爆发，给人民生命财产和国家经济带来巨大的损失，就是一个活生生的例子。事实上这种因只看眼前利益而不顾长远目标，导致最后自食苦果的现象也大量表现在一些微观的环境上，这几年如火如荼的室内环境设计与装修中就表现出了许多类似的问题，如为了暂时的利益而在材料选择上以次充好、在施工质量上偷工减料；在考虑能源策略时，许多工程只因为会增加少量的初期投资而放弃了利用可再生资源、在建筑室内采用节能装置等绿色做法。

随着经济的起飞，在饱尝了由于自己目光短浅的行为而导致环境退化的恶果之后，人们开始意识到问题的严重性，开始自觉地考虑生态的因素，而当经济发展到较高水平时，人们便开始把更多的注意力集中在环境的保护上。以无锡为例，改革开放以来，这个山青水美的江南"鱼米之乡"，诞生了一大批经济效益极好的乡镇企业，暂时的经济利益，冲昏了企业老板、当地农民甚至政府部门领导的头脑，他们把世世代代流传下来的大好河山早就扔到了脑后，直到河里的清水变黑、变臭，再也无法饮用，河里的鱼虾生物不复存在，就连用河水灌溉出来的庄稼也开始少收绝收时，人们才意识到问题的严重性（有些利欲熏心的人，至今仍执迷不悟）。但此时再来治理，难度是显著的，所付出的代价将是十分昂贵的，有些方面甚至已再也无法逆转了，不过亡羊补牢，为时未晚。

图 9-47 环境库兹涅茨曲线

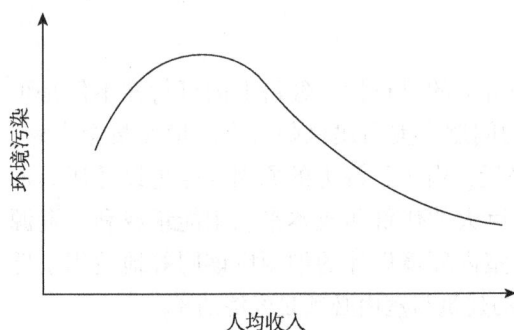

从上面的分析可以看出，随着经济的不断发展，环境状况经历了"好—坏—好"的过程，如果把经济发展水平作为坐标横轴，把环境状况作为坐标纵轴，这个过程就会呈现出一条倒"U"形曲线，这就是"环境库兹涅茨（Kuznets）曲线"[①]（图 9-47）。

要使经济对环境的影响减到最小，人们首先必须树立良好的生态伦理观，从人类发展的总体角度出发，在考虑自己目前既得利益的同时，时时把与己关系不大的未来人的利益放在心中，努力寻求一种新的平衡。

9.3.4.2 生态建筑室内环境设计的经济效益

保护生态环境所产生的经济效益，往往是在一个相当长的时间周期中体现出来的。有时，为了长远的生态效益，还会影响到目前的经济利益。在室内环境的创造中，使用无毒、无害的绿色材料，可能会增加室内装修的造价；利用可再生资源会增加技术上的难度，从而延长设计与施工的时间，增加建筑的初期投资。不过，从长远的角度来看，这种暂时的"浪费"是完全可以在今后的运行中得到回报的。而因为近期少量投资的增加而消除了对未来环境的不良影响，其间接的社会效益和经济效益却是巨大的、有时甚至是无法估量的。

被美国自然资源保护委员会（Natural Resources Defense Council）和克洛克斯顿联合事务所（Croxton Collaborative）确立为可持续发展绿色建筑领域中的标志性工程的美国纽约自然资源保护委员会（Natural Resources Defense Council）的室内更新设计就是一个很好的例子。

在这一工程中，自然资源保护委员会和克洛克斯顿联合事务所就室内更新设计中能量、资源、空气质量等方面设立了一系列的目标，包括：有效和可靠的技术支持；适合市场的设计质量；宜人的工作环境和空间标准；其中最为突出的一点就是用市场价格的建筑成本和本利分析的方法来督导方案的决策。

---

① 引自：西安建筑科技大学绿色建筑研究中心编. 绿色建筑 [M]. 北京：中国计划出版社，1999：38.

在设计过程中，环境质量问题已不仅限于建筑室内本身，而是得到了进一步的扩展，设计师和决策部门除了考虑更新改造初期的直接成本外，还预先考虑了从建筑材料抵达工地以前直到建筑最后被拆毁或转让的整个生命周期对环境的影响，考虑了今后运行过程中无限的经济效益、环境效益和社会效益。最终的方案在经过论证的本利分析范围内，建立起了商业办公空间革新设计中有效利用能源的新标准。此标准同时也体现了针对环境问题的设计原则，即探求全球变暖、臭氧枯竭、有毒物质和气体，以及室内空气质量等问题。

图 9-48 美国纽约自然资源保护委员会室内改造（设计：Croxton Collaborative）

最终，工程确实达到了自然资源保护委员所力图追求的目标：在有效控制成本的情况下实现能源的高效利用（成本降低了 50%）和空气质量的大规模改善（比推荐的外部空气质量标准提高了 5 倍），其用于照明的年度能量消耗密度降低到只有每平方英尺 0.39W① （图 9-48、图 9-49）。

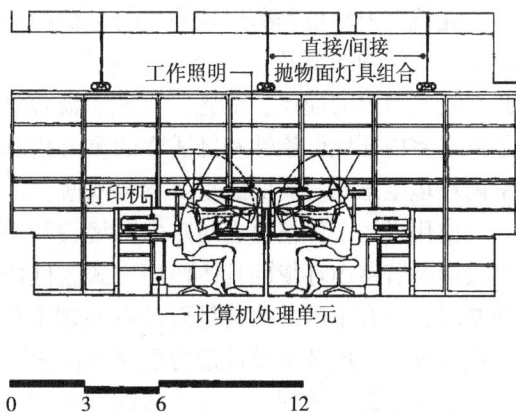

图 9-49 自然资源保护委员会典型办公室立面（资料来源：Green Architecture）

在这个例子中，对环境的考虑，已经摒弃了常规的仅考虑建筑或室内改造时从原材料的购买到建筑物交付使用这一周期内所发生的经济内容的做法，而是从包括原材料的开采和加工、构配件的制造、运输、安装，建筑与室内环境的建造、运行和维护，以及最终材料的再生利用和废弃物的管理这一"从生到死"的整个过程来考虑其环境与经济效益。在所有这些因素中，忽略任何一个因素都将是不全面的，因为这样实际上忽略了阶段特征前后全过程的影响。这种新的考虑环境特性的分析方法称为"（环境）寿命周期评价法（LCA）"。根据"（环境）寿命周期评价法"，负责任的经济与环境策略必须置于一个统一的整体中来考虑，过去那种只考虑"我的"利益，而不考虑整个环境影响的"自私自利"的做法将要行不通了。

美国测试和材料学会（ASTM）的建筑经济学专业委员会曾经推出过另一种主要用来评判建筑经济特性的评价标准 ASTM E917-93，即"度量建筑和建筑系统寿命周期成本的标准实践"②，使用了"建筑物寿命周期成本（LCC）"的概念，这一概念与"环境寿命周期"的概念不同。"环境寿命周期"开始于原材料的开采，终止于材料的回收、再生或废弃；而"建筑寿命周期"开始于材料在建筑物中的使用、安装，并在寿命周期成本的研究期间延续，这一期间的长短除取决于材料本身的使用寿命外，还与投资者的使用时间范围有关。一旦材料被安装到建筑物内，这两个寿命周期就开始搭接、重叠。LCC 方法用建筑物的寿命周期而不用环境寿命周期，是因为在这一整个时间范围内，投资者都需要不断地投入财力，投资者正是根据这些作为决策的依据。

LCC 方法涉及在初投资、置换、运行、维修和报废处置的整个研究期间的成本。研究周期

---

① 参见：Michael J. Crosbie. Green Architecture——A Guide to Sustainable Design ［J］. Rockport Publishers，1994：182.

② 参见：Public Technology Inc. US Green Building Council 编. 绿色建筑技术手册——设计·建造·运行 ［M］. 王长庆等译. 北京：中国建筑工业出版社，1999.

的选定根据使用者（或投资者）使用性质的不同而不同。例如，如果使用者租用某处作为娱乐场所，他会以合同签署的时间长短来作为研究周期，而办公楼的永久性使用业主或租户则会把建筑物本身的寿命来作为研究周期，这说明其使用时间将与建筑物的寿命相始终。所以，"环境寿命周期"是一个更长的周期，他包含了"建筑寿命周期"。对于一般的投资者，他们会更关心"建筑寿命周期"，因为这与他们的经济利益直接相关。

如何才能使人们自觉地关心"环境寿命周期"，这将是一项十分艰巨的工作，这除了可以通过立法来制定一定的规则以外，还需要依靠广大民众整体素质的提高、环境意识的加强、环境伦理观的进一步确立。

9.3.5 小结

生态建筑室内环境处于微观的系统层次，从属于自然，因此必然会受到自然条件的制约。当地的自然条件对室内环境的形成以及质量的好坏有着直接的影响，因此也是室内环境设计中考虑生态因素的最基本依据之一。这些自然因素包括地理因素、气候因素场地条件等。

建筑室内环境是藉建筑外壳的包被而形成的，因此，建筑本身的总体形态、平面布局、剖面形式、结构选型乃至一个小小的构件、一处细微的接点都有可能影响室内环境的生态特性。此外建筑室内的通风、采光、日照、温度、湿度、噪声等因素，直接构成了室内的物理环境，是体现室内环境健康性和舒适度的重要指标，这些指标能否达到相关的健康和舒适要求是衡量室内环境生态质量高低的重要参考依据。

使用者的个体情况也与室内环境设计有着直接的联系，使用者的生理特征、心理习惯等都直接影响着室内环境的具体使用方式，健康舒适的生态室内环境必须满足人的生理、心理方面的要求，只有生理上的满足而没有心理上的愉悦或者反之，都将是不全面的。因此，人类工效学也就成为室内环境设计最为重要的科学依据之一。

生态建筑学体现了一种全新的建筑观，它不是一种风格、流派或者技术上的创新，而是一种建筑思想和伦理上的革命，除了以现代科学作为其强大的技术后盾，还必须依靠广大民众和设计师的自觉和国家法律机器的强制规范，尤其是在开始阶段，这一环节显得尤为重要，国家和地方都应该制定相应的法律法规，来约束人们的思想和行为，使人们的思想和行为能够自觉地纳入到生态发展的轨道上来。此外，对于生态建筑室内环境的评价并非仅仅局限于室内设计这一环节，而是涵盖了建筑的整个生命过程，其中包括建筑的建造和日后的维护使用，生态建筑室内环境的建立并不只是设计师一家的责任，因此，加强对广大设计师和普通市民的环境教育，普及生态知识，提高民众的生态意识就成为保证建筑室内环境走可持续发展之路的重要保证。

随着社会全球化发展趋势的加快，全球文化趋同的现象也越来越明显，对建筑与室内的影响也越来越强烈，这种现象如果继续发展下去，无疑将成为建筑与室内发展史上的一大悲哀，建筑与室内设计师们有责任挽回这一局面。"民族的就是世界的"，我们必须充分尊重各地的文化传统与地域特性，使现代建筑与室内环境在现代化的同时，保持其多样性，使建筑与室内环境的大花园中始终百花盛开，欣欣向荣。了解历史、注重文化、走群众路线，这是实现这一目标的有效途径。

经济因素历来就是建筑与室内发展的重要制约因素，生态建筑与室内环境的理论与实践必须具有经济上的可行性，才能被人们所广泛接受。从经济规律和历史发展可以看出，人们对生态建筑的认识随着经济发展水平经历了一个"好—坏—好"的过程。但是，建筑与室内环境走生态发展之路，绝对不应该只考虑本人或者本部门的局部利益，而应该从人类良性发展的总体目标出发，在生态建筑的实践过程中顾全大局，唯利是图的极端个人主义、本位主义思想与可持续发展原则是相悖的。当然，生态建筑与室内环境的实践必定会带来良好的经济效益，但这种效益很可能要在很长的时间过程中才能体现出来，也有可能根本不会在局部工程中显示出来，但却由此而带来了总体效益的提高。因此，对生态建筑与室内环境经济效益的评判，不能仅以局部利益和近期利益为依据，而是应该从总体的、长远的眼光来看待，"（环境）寿命周期评价法"不失为一种较为全面的评价方法。另外，由于实现了建筑与室内环境的生态化发展，由此而带来的社会效益是根本无法用经济来衡量的，急功近利的思想是根本行不通的。

9.4 生态建筑室内环境的设计原则

生态建筑室内环境设计，作为关注自然生态环境的可持续发展的设计，所涉及的因素十分广泛，因此生态建筑室内环境设计的原则和实际的手法也是十分宽泛的，但总结起来，可概括为 3 F 和 5 R。所谓的 3 F，即：Fit for the nature、Fit for the people、Fit for the time，是从生态建筑室内环境设计的目标来讲的；所谓的 5 R，即：Revalue、Renew、Reuse、Recycle、Reduce，主要是从对生态建筑室内环境设计的重新认识和实现生态建筑室内环境设计的具体途径来考虑的。

9.4.1 生态建筑室内环境设计中的 3 F 原则

9.4.1.1 Fit for the nature——适应自然，即与环境协调原则

从狭义上讲，与环境协调原则强调了建筑室内与周围自然环境之间的整体协调关系。

建筑大师赖特提出的"有机建筑论"就是这一概念的典型代表。在《建筑的未来》一书中，赖特说："我努力使住宅具有一种协调的感觉（a sense of unity），一种结合的感觉，使之成为环境的一部分，如果成功（建筑师的努力），那么这所住宅除了在它的所在地点之外，不能设想放在任何别的地方。它是那个环境的一个优美部分，它给环境增加光彩，而不是损害它"，"有机建筑应该是自然的建筑。自然界是有机的。建筑师应该从自然中得到启示。房屋应当像植物一样，是地面上的一个基本的、和谐的要素，从属于环境，从地里长出来迎着太阳。"[①] 他所设计的"流水别墅"，无论从室内环境到建筑形式，都很好地体现了他的这一精神。

从广义上讲，与环境协调的原则还强调了建筑室内环境与地球整体的自然生态环境之间的协调关系。

尊重自然、生态优先是生态设计最基本的内涵，对环境的关注是生态建筑室内环境设计存在的根基。与环境协调原则是一种环境共生意识的体现，室内环境的营建及运行与社会经济、自然生态、环境保护的统一发展，使建筑室内环境融合到地域的生态平衡系统之中，使人与自然能够自由、健康地协调发展。我们应该永远记住：人类属于大地，而大地不属于人类，自然并不是人类的私有财产。

但是，现实却让人担忧，长期以来，人们似乎已经习惯于自己在地球上的霸主地位，对于自己"天马行空，独往独来"的行为方式，也认为是理所当然。这种强盗般的行径，无疑是搬起石头砸自己的脚，最终受害的还是人类自己。

回顾现代建筑的发展历程，在与环境的关系上，人们注意较多的仍是狭义概念上的与环境协调，人们往往把注意力集中在与基地环境在视觉上的协调上，如建筑的体量、形态等与基地的地形地貌之间的协调，建筑融于基地自然环境之中，室内环境室外化等等，这些做法无疑都是正确的。但是，对于建筑与室内环境与自然之间广义概念上的协调，却并没有引起足够的重视，许多建筑与室内环境，仅从直观形式上来讲，与周围环境非常和谐，甚至堪称"天衣无缝"——与地形结合紧密、体量得当、错落合宜、朝向良好、环境自然；室内空气清新、四季

---

① 引自：同济大学，清华大学，南京工学院，天津大学. 外国近现代建筑史［M］. 北京：中国建筑工业出版社，1982：105.

如春。但是，在这些表面视觉上的和谐背后，却往往隐藏着与大自然不和谐的另一面——污水横流，没有任何处理地随意排放，使多少清澈河流臭气四逸；厨房的油烟肆虐，污染周围空气；娱乐场所近百分贝的噪声强劲震撼，搅得四邻无法安睡，所有这些，都是与生态原则格格不入的。因此，生态建筑室内环境设计，不仅要求室内环境与周围自然景观之间的协调，还十分强调与整个自然环境之间生态意义上的协调。

9.4.1.2　Fit for the people ——适应人的需求，即"以人为本"的设计原则

人类营造建筑的根本目的就是要为自己提供符合特定需求的生活环境。但是，人的需求是各种各样的，包括生理上的和心理上的，相应地对于建筑室内环境的要求也有功能上的和精神上的，而影响这些需求的因素是十分复杂的，因此，作为与人类关系最为密切、为人类每日起居、生活、工作提供最直接场所的微观环境，室内环境的品质直接关系到人们的生活质量，生态建筑室内环境设计在注重环境的同时还应给使用者以足够的关心，认真研究与人的心理特征和人的行为相适应的室内空间环境特点及其设计手法，以满足人们生理、心理等各方面的需求，符合现代社会文化的多元多价。

有一点需要澄清的是，"以人为本"并不等于"以人为中心"，也不代表人的利益高于一切。根据生态学原理，地球上的一切都处于一个大的生态体系之中，它们彼此间相互依存、相互制约，人与其他生物乃至地球上的一切都应该保持一种平等的关系，人不能凌驾于自然之上。虽然，追求舒适是人类的天性，本无可非议，但是实现这种舒适条件的过程却是要受到整个生态系统制约的，换言之，人类的各种活动都不可能是随心所欲的，人类只允许在一定的限度内，在保证自然生态环境不被破坏的前提下追求舒适与满足。"以人为本"的人，是广义、抽象的人，是代表着过去、现在和将来不断生息繁衍的整个人类，而绝不是具体的人，即某个人或某些人，更不应该是自我意义上的人。因此，"以人为本"必须是适度的，是在尊重自然原则制约下的"以人为本"。生态建筑室内环境设计中对使用者利益的考虑，必须服从于生态环境良性发展这一大前提，任何以牺牲大环境的安宁来达到小环境的舒适的做法都是不合适的。

9.4.1.3　Fit for the time ——适应时代的发展，即动态发展原则

动态性，是室内环境的一个重要特征。室内环境中的诸要素始终处于一种动态的变化过程，不只是室内的物理环境会随着四季的更迭以及各种因素的变化而变化，而且随着时间的推移，建筑内部的各部分功能也可能发生很大的变化。另外室内使用者的情况也始终处于变化之中，这就要求生态的室内环境设计应该具有较大的灵活性，以适应这些动态的变化。

由于可持续发展概念本身就是一种动态的思想，因此生态设计过程也是一个动态变化的过程，赖特认为没有一座建筑是"已经完成的设计"，建筑始终持续地影响着周围环境和使用者的生活。这种动态思想体现在生态建筑室内环境设计中，就是室内设计还应留有足够的发展余地，以适应使用者不断变化的需求，包容未来科技的应用与发展。毕竟室内的终极目的是更好地为人所用，科技的追求始终离不开人性，我们必须依靠科技手段来解决及改善室内环境，使我们的生活更加美满，同时又有利于自然环境持续发展。

早在现代主义运动中，许多有前瞻性的建筑师就在这方面作出了有益的探索，密斯·凡·德·罗的"全面空间"，黑川纪章的"以少做多"（to do more with less）理论以及他与丹下健三的"新陈代谢"理论等都体现了这一思想。在1970年大阪世界博览会上展出的一幢由黑川纪章设计的称为 Takara Beautilion 的实验性房屋中，整幢房屋的结构是由一种构件重复地使用了200次构成的。这是一根按通常弧度弯成的钢管（图9-50），每12根组成一个单元，它的末端还可以继续连接新的构件和新的单元，是可以无限延伸的。在单元中可以插入由工厂预制的、不同功能的可供居住、生产或工作用的座舱，或插入交通系统、机械设备等等，这一实验性建筑很好地体现了黑川纪章"以少做多"的思想。"新陈代谢"思想则强调事物的生长、变化与衰亡，

极力主张采用最新的技术来解决问题。由丹下健三设计的日本山梨文化会馆（Yamanashi Press Center, 1967）就是一座体现这一思想的"抽屉式"建筑，其基本结构为一个个垂直向的圆形交通塔，内为电梯、楼梯和各种服务性设施。各种活动窗与办公室单元就像抽屉那样架在从圆塔挑出的大托架上，可以根据需要随时更换（图9-51）。伦佐·皮亚诺和里查德·罗杰斯则把它们设计的巴黎蓬皮杜国家艺术与文化中心解释为"这幢房屋既是一个灵活的容器，又是一个动态的交流机器。"[①]建筑的套

图 9-50　1970年大阪世界博览会展出的 Takara Beautilion 实验性住宅
（设计：黑川纪章）

筒与销子结构使得建筑的楼板可以根据不同的要求而升降，至于各层的门窗与隔墙，也都是可以随意取舍或移动的，因而建筑的室内空间是极端灵活的。正是为了保证它的灵活性，设计师把电梯、楼梯与设备也都全部放在了建筑的外面（图9-52）。

图 9-51　日本山梨文化会馆,1967（左）
（设计：丹下健三）

图 9-52　巴黎蓬皮杜国家艺术与文化中心, 1972 ~ 1977（右）
（设计：伦佐·皮阿诺,理查德·罗杰斯）

9.4.2　生态建筑室内环境设计中的 5R 原则

生态建筑室内环境设计中的 5R 原则，即 Revalue 原则、Renew 原则、Reuse 原则、Recycle 原则和 Reduce 原则。

9.4.2.1　Revalue 原则

Revalue 意为"再评价"，引申为"再思考"、"再认识"。

长期以来，人类已经习惯了对自然的索取，而未曾想到对自然的回报，尤其是工业革命以来，人们更是受工业革命所取得的成果所鼓舞，不惜以牺牲有限的地球资源、破坏地球生态环境为代价，疯狂地进行各种人类活动，从而导致了人类自身生存环境的破坏，直到这种破坏直接威胁到人类的生存，才开始意识到问题的严重性。人们不得不重新审视自己过去的行为，重新评价传统的价值观念。

建筑，人类的一种大量性实用活动，人们常把它视为艺术的一个分支，所谓"石头的史诗"，"凝固的音乐"、"空间的艺术"……不难看出，这些美好的称谓或比喻，都是建立在"艺术"的基础上的，从而导致了对建筑的评价也是以是否"艺术"作为最重要的标准。尽管现代建筑对此进行了拨乱反正，开始强调使用功能在建筑中的重要性，但是，事实上，在对建筑的

---

① 引自：同济大学，清华大学，南京工学院，天津大学. 外国近现代建筑史 [M]. 北京：中国建筑工业出版社，1979：269.

实际评判过程中，人们往往会对建筑的"艺术"部分给予更多的关注，对贝聿铭的卢佛尔宫扩建工程的争论焦点主要集中在其金字塔形式与原有建筑的关系上，对伍重的悉尼歌剧院的赞美也主要是因为其似风帆或似贝壳或似其他某种形式的艺术造型上。至于建筑对于环境、对于整个地球生态的影响，似乎很少有人过问，这就是现代建筑的一大误区。这种现象在国内的室内环境设计界就更为严重，导致了室内设计互相攀比、盲目跟风、堆砌材料的不良风气，而且大有愈演愈烈的趋势，其所造成的资源浪费、环境破坏、文化污染达到了惊人的程度。因此，对于新时代的建筑师与室内设计师来说，只有更新观念，以可持续发展的思想对建筑"再思考"、"再认识"，才能真正认清方向，重新找到准确的设计切入点。

作为一名有责任的建筑师、室内设计师，应该自觉地加强环境意识，像对待母亲那样对待孕育我们的地球环境，应该为我们的母亲分忧解难，而不应该再给我们的母亲增加负担；应该给母亲多一点回报，多一点关爱，而少一点索取，少一点摧残，使她能够延年益寿，共享天伦。

9.4.2.2　Renew 原则

Renew 有"更新"、"改造"之意。这里主要是指对旧建筑的更新、改造，加以重新利用。

有人讽喻前几年的中国是个"巨大的建筑工地"。由于经济的飞速发展，我国的各大城市均掀起了轰轰烈烈的建设高潮，每天都有无数的旧建筑在大地上永远消失，每天都有大量的新建筑拔地而起，这一方面说明了我国经济的发展和人民生活水平的提高，这是积极的一面，但是，透过这种现象，我们也可以看到其消极的一面，这就是在这大规模"拆旧建新"过程中所体现出来的环境意识的淡薄。

建筑是个"耗能大户"，这不仅表现在建筑材料的加工、建筑的设计与施工、建筑的维护与运行上，还表现在建筑的拆除、消亡上。拆除旧建筑，这意味着该建筑在前期建造、运行过程中所投资能量产生效益这一过程的终止，从能源的投入与产出比来看，这是很不经济的，因此，如果建筑物还没有达到彻底无用之前，就应该尽可能地加以利用，轻易不要言拆。这样才能使建筑的潜能得到最大限度的发挥。再者，拆除旧建筑必定会产生大量的建筑和装潢垃圾，而这些垃圾大部分是很难自然降解的，对这些垃圾的处理，将耗费更多的能源，垃圾填埋场的增加，将进一步造成土地的占用，这与可持续发展策略是背道而驰的。建筑拆除过程中所产生的灰尘会加剧空气的污染，使城市空气质量下降，拆除过程中产生的噪声，也会对城市环境中的噪声污染起到推波助澜的作用。

拆除旧建筑，意味着必须增加新建筑。新建筑的建造过程，又会产生新的资源和能量消耗，产生新的废弃物，还会占用更多的土地，增加新的环境负担。

由此可见，如果能充分利用现有质量较好的建筑，通过一定程度的改造后加以利用，满足新的需求，将可以大大减少资源和能量的消耗，有利于环境的保护，值得提倡。

也许，有人会对旧建筑改造的经济性提出疑问。的确，有时对于旧建筑的改造从近期投资来看，很可能是"不合算的"，旧建筑改造中开发商的成本甚至可能高于新建建筑，使许多人放弃了改造的念头。但是，这可能是一种目光短浅的想法，根据可持续发展的理论，建筑的经济效益不能只看初期的建造投资，而应该把建筑的整个生命周期乃至环境寿命周期作为考察的时间跨距，应该充分估计旧建筑改造利用所产生的环境效益和社会效益，这里所说的"社会效益"，包括对城市文脉的保护。当然，对于一些确实没有改造价值，或者其保留对整个城市建设会产生严重影响的建筑，还是要拆。

对于旧建筑的改造利用，在欧洲极为普遍，欧洲悠久的建筑文化、优秀的建筑遗产，成为利用改造旧建筑优质的绿色土壤。漫步巴黎或罗马街头，人们会发现，这里的许多街道都保留着原有的历史风貌，只是室内结合现代技术经过了必要的装修改造，这样既保护了当地的历史文脉，同时又达到了为现代生活服务的目的，而且还创造出了令人激动的建筑与室内环境形象。

像巴黎的奥赛博物馆（图 9-53）、巴黎旧铁路高架的改造（图 9-54、图 9-55）、德国柏林国会大厦的改建、芬兰赫尔辛基艺术与设计大学教学楼、法国巴黎国家自然历史博物馆（图 9-56）、巴黎毕加索博物馆等都是旧建筑改造的成功实例。

在国内，目前也有许多设计师正在致力于旧建筑改造的探索与研究。台湾设计师登琨艳先生在上海的办公楼，是一个较好的例子。该建筑原是杜月笙的一个粮仓，面积 2000 多平方米，在设计中，登琨艳拆除了该建筑 50 年来附加上去的任何一件东西，让空间恢复到它本来的面貌。尽可能向天借光，不装空调，甚至连门都没有（图 9-57）。当然，我们还可以举出无数旧建筑改造利用的实例，事实上，目前国内的大多数室内环境设计再装修均属于旧建筑改造利用之列，只不过这些建筑的改造，当时并没有被提到可持续发展的高度而已。随着生态意识在全民范围内的不断加强，旧建筑改造必定会在生态思想的准确指导下走上更为健康的发展之路。

9.4.2.3　Reuse 原则

Reuse 有"重新使用"、"再利用"等含义。在生态建筑室内环境设计中，是指重新利用一切可以利用的旧材料、构配件、旧设备、旧家具等。

相对于建筑设计而言，室内环境设计的周期性呈现出越来越短的趋势，特别是在经济发展速度快速增长、社会生活节奏日益加快、时尚潮流变幻莫测的今天，这一特点就更为突出。室内环境设计的这种特殊性导致了建筑在其寿命周期内室内重新设计、装修次数的增多，对建筑而言，这意味着运行和维护能耗的增大，就室内环境而言，则意味着室内使用寿命周期的缩短，室内生命周期中能耗与时间比的增加，能耗与产出比的实际下降，从而造成了资源的极大浪费。废物利用是防止这种浪费的最佳途径。实际上，从旧的建筑与室内拆除下来的材料，有许多是可以经过简单清理后直接利用的，砖石经过简单整理就可以直接用于新建筑之中，碎砖石和混凝土块可以用作地面的基层，旧建筑上的门窗、照明器具可以直接用在新的环境之中，一些旧钢梁、旧构架也可以用作新设计的新结构之中。只要有心，

图 9-53　法国巴黎奥赛博物馆，1986
（设计：科洛克，巴尔东）

图 9-54　巴黎旧铁路高架改建

图 9-55　巴黎旧铁路高架改建室内

图 9 - 56 巴
黎自然历史博
物馆（左）

图 9 - 57 上
海登琨艳事务
所（右）
（设计：登琨艳）

我们可以发掘出很多这样的旧元素。作为设计师，在进行室内环境设计时，首先应该尽量创造条件，使新的设计能够尽可能多地利用旧材料。其次，还应该在新设计的材料和设备选用中充分考虑它们以后被再利用的可能性。

英国赫特福德郡嘎斯顿的 BRE 未来办公楼（BRE Office of the Future, Garston, Hertfordshire, UK, 设计：Feilden Clegg Architects, 1996）就是废旧建材再利用的佳例，基地上原有建筑 96% 的构件都被回收利用——新建筑回收利用了原有建筑中的旧砖，从原有混凝土建筑中回收的碎骨料也被再用于地基、地面和一些上部结构的混凝土之中——这在英国还是首例。

加拿大温哥华不列颠哥伦比亚大学（The University of British Columbia）的亚洲研究院办公楼（C. K. CHOI Building）则是再利用旧建筑材料的另一个实例。该楼的柱子和梁来自于校园内一座废弃的军械库，大楼的一些门、窗、不锈钢洗涤槽、盥洗室内的附属装置及金属导线等则来自于温哥华某商业建筑改造过程中的废弃材料，外立面选用了市区某旧建筑的废旧红砖。而德国弗雷堡的某私人住宅（An Individual Design, Freiburg, Germany, 设计：T. Spiegelhalter 教授）则是一座除太阳能收集装置以外完全用回收的废旧建筑材料建造的私人住宅，尽管有人对这样的住宅住起来是否舒服感到怀疑，但是其废物利用的思想却是值得引起人们关注的（图 9-58）。

9. 4. 2. 4 Recycle 原则

Recycle 有"回收利用"、"循环利用"之意。这里是指根据生态系统中物质不断循环使用的原理，将建筑中的各种资源尤其是稀有资源、紧缺资源或不能自然降解的物质尽可能地加以回收、循环使用，或者通过某种方式加工提炼后进一步使用。实践证明，物质的循环利用可以节约大量的资源，同时可以大大地减少废物本身对自然环境的污染。

建筑建造、使用或拆除过程中可供回收利用的资源十分丰富，如建筑中的废水利用就是一个典型的例子，尤其是在水资源短缺的地区，这一措施更是意义非凡。室内生活中产生的生活污水经适当处理，达到规定的水质标准后，就可以用于某些非饮用用途，如厕所冲洗、植物灌溉、道路保洁、景观用水等，从而可以大大降低优质水的用量，缓解用水紧张的矛盾。生活污水经过这种适当的处理后所产生的非饮用水称为"中水"，目前，国内外已经有很多中水利用的成功例子，北京市从 2001 年开始就利用"中水"来冲洗道路；我国有不少居民在家庭生活中，将自来水经过多种用途后，最终才用于冲洗厕所或浇灌花卉，尽管这样做的动机，只是为了节约生活开支，但其所取得的实际效果，却是符合生态原则的，值得提倡。如果说这些居民的这种做法还是一种"主观为自己、客观为生态"的行为，那么国外许多生态建筑中利用中水的实践，则是一种真正意义上的生态行为。由道格拉斯·波拉得建筑事务所（Douglas Pollard Architects）设计的加拿大安大略省鲍尼河生态中心（Boyne River Ecology Centre, Canada），是一个为学生提供短期环境课程培训的基地，室内采用了非机械性可再生生态系统来处理废弃物，废弃物的处理工作由几个箱体、圆柱形的清洁器、室内水池及花房内的一片池塘所组成的设施来完成。这种生态系统可以清除和分解各种各样的污染物，由它提供的循环水几乎可以达到与首次使用的水同样纯净的程度（图9-59）。

图9-58 德国弗雷堡的个人住宅（左）
（设计：T. Spiegelhalter）

图9-59 加拿大安大略省鲍尼河生态中心室内从教室、室内的中心空间和室外均可看到这个以生物方式再生、处理废物的处理装置（右）
（设计：Douglas Pollard Architects）

9.4.2.5 Reduce 原则

Reduce 原意为"减少"、"降低"，在生态建筑中，则有三重含义，即减少对资源的消耗、减少对环境的破坏和减少对人体的不良影响。

1. 减少对资源的消耗

就建筑室内环境本身而言，其生命过程涵盖了设计、施工、运行以及它最终的再利用或拆除。建筑室内寿命周期中的费用，则主要包括设计、施工、修缮、运行以及相关的配套基础设施等直接费用，以及与建筑室内环境相关的使用者的健康和生产效率，还有诸如室内施工和运行过程中产生的空气和水污染、废弃物产生，以及生态环境破坏等造成的间接费用上。

如果将一个寿命周期确定为30年的建筑作为对象，那么，在这期间，建筑的初期投资大约只占总费用的2%，而运行和维护费则占6%，人头费占了92%[①]，由此可见，在建筑的总费用中，初期成本的比例是极小的，我们以往那种只注重初期投资而忽视运行等后期费用的做法完全是不正确的，不是对建筑成本的一种误解，就是一种"急功近利"、"自私自利"的做法。目前，人们对于生态建筑措施的误解还很深，始终存在着生态建筑成本更高的错觉，所以许多即使是只要稍微增加一点初期投资就能达到的节能措施，在实际中也很难被人接受。不过随着近几年对绿色概念的宣传，人们的生态意识不断加强，这种情况正在逐步改变，国内对于家用太阳能热水器的使用就是一个很好的说明，前几年很少有人问津的太阳能热水器，因其方便舒适、在较长的时间内能够大大地节约室内环境的运行投资，已经在普通市民的家庭装修中被广泛采用。

该引起人们反思的是，在家用太阳能热水器的推广过程中，设计师的思想和政府部门的有关规范却大大落后于市民的意识。就在普通市民积极使用太阳能热水器的同时，在现行居住建筑的设计中，却很少有考虑为安装太阳能热水器及其他绿色措施提供便利条件的，即使在南京、上海、无锡等较为发达的城市中，虽然绝大多数新建的居住建筑都为居民安装空调预留了位置，

---

① 参见：Public Technology Inc. US Green Building Council. 绿色建筑技术手册——设计·建造·运行［M］. 王长庆等译. 北京：中国建筑工业出版社，1999：6.

但有目的地预留太阳能热水器安装位置的居住建筑却寥若晨星。许多建筑因屋面承载能力等问题的限制而无法安装太阳能热水器，而对于那些非顶楼的住户来说，由于建筑设计时根本没有考虑太阳能的安装位置，为了保证建筑外观的完整性，物业管理部门也不允许居民随意在立面上添加支撑装置，因此，这些居民可能永远只能"望屋兴叹"了。

寿命周期成本分析法表明，建筑初期一味地节省投资，可能会使今后的运行成本大大增加，从而使投资者得不偿失，这一点也同样适用于建筑的室内装修上。例如，为了节省装修投资，而选用了较为便宜，但耐久性较差或者有毒的装修材料，尽管节约了初期成本，但返修的几率大大增加，使用的寿命也会大大缩短，如果因为采用有毒材料而引起员工效率的降低或身体的损伤，那么其潜在的损失就可能更大，很显然，这是一种不明智的做法。研究表明，在建筑室内的施工与修缮过程中采用绿色建筑措施，能够显著地节省建筑的运行成本，同时提高员工的工作效率，从而大大节约建筑寿命期间的费用，当然也减少了环境寿命周期成本。

按照"环境寿命周期评价法（LCA）"，建筑室内对资源的消耗应该是指与建筑室内间接和直接相关的一切能量消耗，包括原材料的开采、加工，建筑构配件的加工和制造，材料、建筑构配件的运输，建筑与室内环境的施工建造，建筑与室内环境的运行和维护，直至建筑的最终报废、拆除与旧材料的回收等过程中所耗费的所有能量，根据各阶段能量消耗的不同特征，这些能量可分为内含能量、灰色能量、诱发能量和运行能量（图9-60）。

图 9-60 建筑寿命中的能量消耗

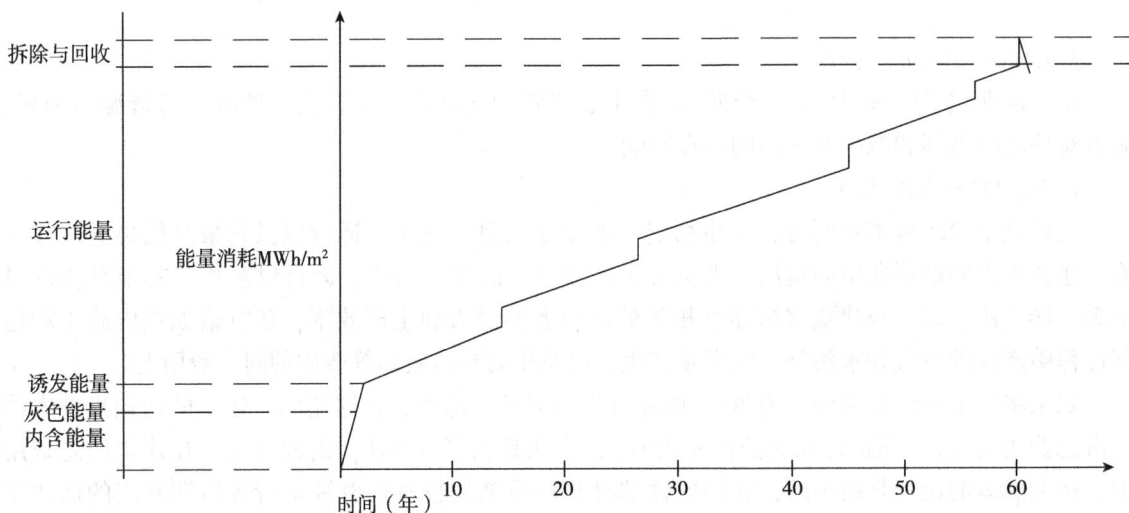

内含能量（embodied energy），即在建筑与装修材料、构配件和其他建筑系统产品的加工制造中所消耗的能量，其中很大部分为非再生矿物燃料的消耗。

灰色能量（grey energy），即材料和构件从出产地运送到施工现场所消耗的能量，这部分能量的降低可以通过发展地方工业和利用本地材料来达到，对于那些没有地产资源的地区，则需详细计算运输距离和运输方式，这是最直接的评价方法。

诱发能量（induced energy），是建造过程本身消耗的能量，与内含能量和灰色能量相比，一般不会过于突出，因而往往容易被忽视。但从整个施工现场的管理和运作来说，其重要程度不亚于施工效率和健康、安全措施。在这一点上建筑师应该监督建造者对施工过程制定完善的节能措施，包括避免材料的浪费、节约用水和生态化的废料处理，而且这些措施的采用应该贯穿于建筑与室内环境施工的全过程。

运行能量（operating energy），即在建筑与室内环境实际运行过程中所耗费的能量，包括建筑的运行和维护，建筑中各种仪器、设备使用过程中所耗费的能量，是研究者、设计师及立法者最关注的能量形式。只要房屋存在，这种能耗就得维持，有的甚至会持续几百年时间。

制造和加工建筑材料时所耗费的能量，或称"内含能量"，是评价某种材料环境特性时最为重要的参数之一。就建筑材料而论，建筑工业是最大的自然资源消耗者，从而也是环境危害的最大的元凶之一。资源消耗的主要部分，因而也是环境危害的最重要因素，来自于产品的制造，它从原材料的开采开始，直到最终产品的出产。尤其对于金属制品和一些技术密集型系统则更是如此，尽管用这种方法来评估某种材料与前面提到的"生命周期评价法"相比并不完全和确切，但确是一种有用而快速的方法，可以用来将某种材料与其他材料作比较。

要想评估某件产品所消耗的内含能量的大小是非常困难的，因为各个地区甚至各个厂家用于加工制造建筑产品的能源形式可能是完全不同的，即使采用同一种能源形式，这种能源的获得方式也可能完全不同，以电力为例，用于电站发电的"混合动力"或者燃料资源是千差万别的，在法国，核能发电是最大的能量来源，在瑞典则是水力发电，在东欧却是煤炭发电，在美国，各个地区之间也存在着很大的差异。即使是煤炭，各种不同类型的能效也是不同的，所以，在美国"能源信息学会"（Energy Information Agency）所颁布的有关数据中，各个地区的参考数据是不同的，人们可以通过其出版物来估计某个地区的参考值，从而使人们有可能计算出某种材料的产品所消耗的内含能量对环境的危害程度。此外，内含能量还与所用主要能源的使用效率有关，即使是生产同一种建筑材料，每个国家的实际情形也是不同的，旧的生产厂家可能效率会低一点，所消耗的能量也会多一点。但是，尽管具体情况存在很大差距，但对于有环境意识的建造商来说，还是可以找到足够的数据来区别哪一种材料是用对环境友好的方式生产的，哪一种材料是由对环境有害的方式生产的。

尽管很难具体确定某种材料在生产过程中所耗费的能量，但是，对于建造商和建筑师、室内设计师来讲，在建筑设计和计划、建造过程中充分考虑这些因素，尽可能地获取不同材料的有关资料，这仍然是非常重要的。

表9-2所列是一些建筑材料在生产过程中所耗费的能量。用户通过这个列表，可以在不同的材料之间作出选择①。

各种建筑材料在生产过程中所耗费的能量　　　　表9-2

建筑材料	耗费能量（kW·h/m³）	建筑材料	耗费能量（kW·h/m³）
轻质砖	700	建筑木材	180
石灰	350	硬质木材（用甲醛粘结）	2000
黏结树脂石膏（bonded resin plaster）	3300	MDF——中密度板	1400
灰岩石膏（limeston plaster）	1100	聚苯乙烯隔热材料	450
结构用钢	57000	纤维隔热材料	50

现在，有些专家们正致力于将各种材料的能量消耗结合到计算机辅助设计的软件中，建筑师可以在建筑设计时应用这些软件，专业人员可以很快地获得有关信息来确定不同的方案和不同材料在环境保护方面的优缺点。

（1）节能

建筑物在整个环境寿命周期内所耗费的能量可概括为：内含能量、灰色能量、诱发能量和运行能量四个部分。如果仅以建筑物本身来考虑，即以建筑物寿命周期成本（LCC）来考虑建

① 参见：Thomas Schmitz-Günther, Loren E. Abraham, Thomas A. Fisher. Living Space [M]. English Edition. Cologne：Könemann, 1999.

筑与室内环境的能耗，则主要包括灰色能量、诱发能量和运行能量三个部分，其中前两个部分能量的总和，即建造时在材料的运输、施工、调试等过程所耗费的能量约占建筑总能耗的50%，另外50%的能量消耗则是用于建筑物内部的后期运行投资，如采暖、制冷、通风、照明等人工室内气候的创造以及对室内的修复维护即运行能量上。据计算，一幢普通的建筑物的能耗费用大约占该建筑总运行费用的25%。因此，如果能够在设计建造时就考虑必要的节能措施，那么在日后的运行中就可以节省大量的能量耗费，从而产生巨大的经济效益和社会效益。据估算，在美国的建筑中，应用现有技术的气候敏感设计可以削减采暖和制冷能耗的60%以及照明能量需求的50%以上[1]。根据英国BRECSU机构提供的资料，一座成功的低能耗办公建筑在气候适中的年份所消耗的能量为每年70~80kW·h/m^2，依靠自然通风的普通单元式办公楼每年消耗的能量约为250kW·h/m^2，而一座豪华型的全空调办公楼的年耗能量可达600 kW·h/m^2[2]（图9-61）。

图 9-61 办公建筑中的能量消耗情况

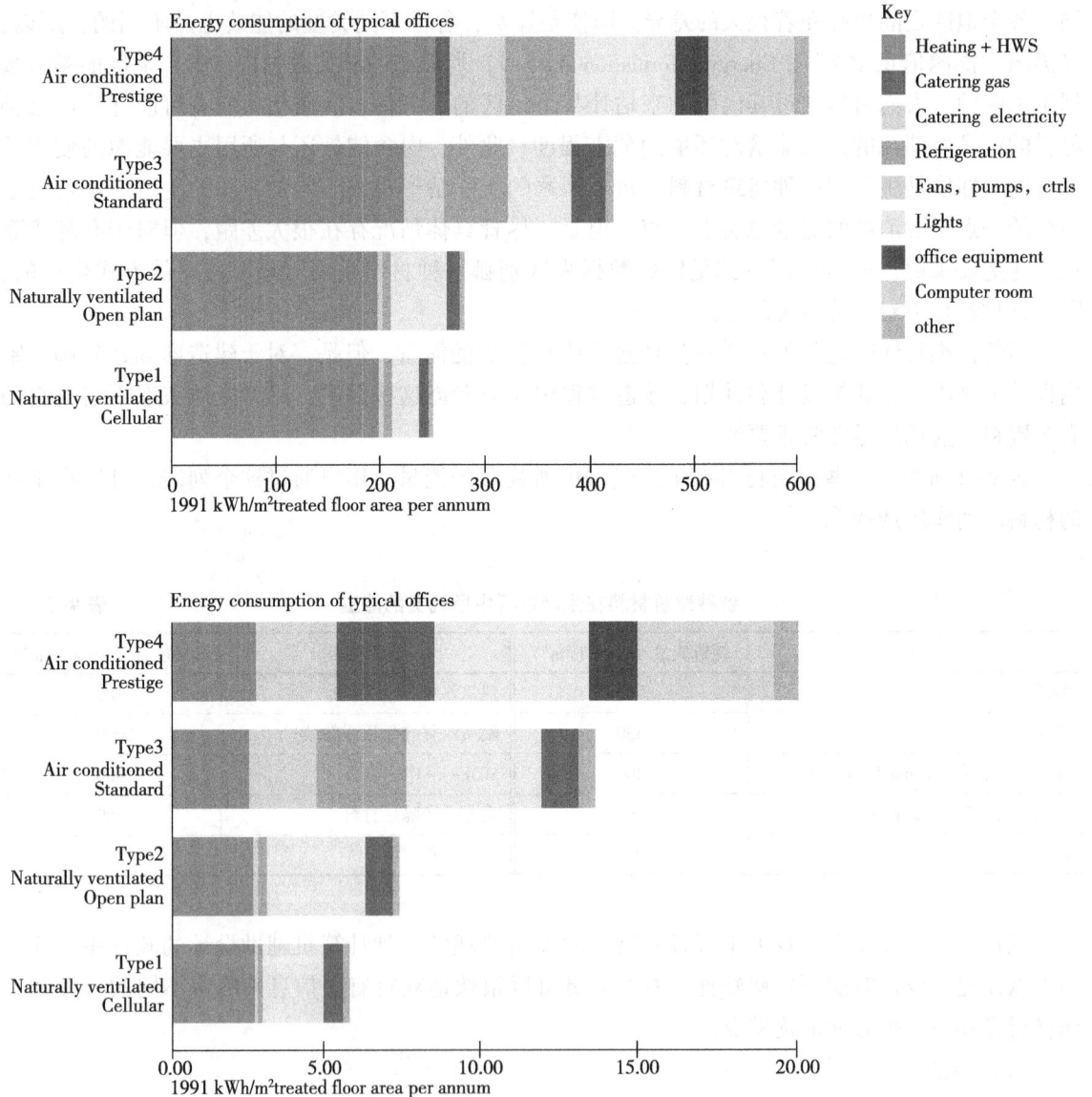

① 参见：Public Technology Inc. US Green Building Council. 绿色建筑技术手册——设计·建造·运行 [M]. 王长庆等译. 北京：中国建筑工业出版社，1999：7.

② 参见：David Lloyd Jones. Architecture and the Environment——Bioclimatic Building Design [M]. The Overlook Press, 1998.

中国是一个建筑大国，过去由于经济条件的限制，室内采用人工空调的比例相对于发达国家来讲要小得多，但随着近几年经济的发展、生活水准的提高，在室内采用人工空调的建筑的比例呈快速上升的趋势，如果在中国实行新的节能法规，要求所有新建建筑全部采用节能设计，所收到的节能效益将是巨大的，如果所有的已有建筑物也改造成节能建筑，那么节能所获得的经济效益和社会效益将是难以估量的，对于全球环境保护所起的作用将是举足轻重的。

在选择降低能耗的方案时，建筑师与室内设计师必须综合各方面因素，权衡利弊，尽可能地降低各个部分的资源消耗。第一，选择自然材料和加工过程中耗能较低的材料，有一些原材料如石材、木材和土坯可以直接或经简单加工后加以使用，还有一些可重复使用的材料如碎砖、混凝土块、旧钢梁等。值得一提的是其他加工过程产生的废弃物有些也是可以充分利用的，如发电厂产生的粉煤灰可作为填充材料加以使用等。第二，尽量就地取材，减少材料运输过程中的能量耗费。第三，坚持"少就是多"的原则，在设计中直接减少各种材料尤其是各种高档材料的用量。第四，研究与设计高效能的建筑与室内环境，建筑与室内环境设计尽量结合自然，充分利用自然力来保证室内环境的舒适度，尽量采用节能型设备，减少建筑与室内的长期运行成本。第五，加强施工管理，提高施工人员的素质，提高施工效率，减少人力、物力的浪费。第六，提高全民的节约意识，使他们在建筑的使用过程中自觉养成良好的节约习惯。多管齐下，才能切实做到对能源的节约。

（2）节水

水和空气一样是人类赖以生存的必要资源，但近年来人们对于水资源的浪费和破坏性利用，已经导致了水资源的严重破坏和可用水的严重不足，我国许多城市用水告急，不得不实行计划配给。而由于地下水的过量开采而导致的一系列问题，会引起地面下沉等更大的灾难，甚至会引起人类生态平衡的破坏，导致人类生存环境的恶化。

但是，在现实生活中，节水的迫切性尚未引起人们的充分重视，《扬子晚报》记者曾作过一项调查，其结果让人吃惊：目前大多数南京市居民"只知节电，不知节水"[1]，更有甚者，"还有不少人居然错误地认为：自来水是自来的，地下水是取之不尽，用之不竭的"[2]，事实果真如此吗？这里信手拈来身边的几份报纸，只要列一下有关报道的标题，就会知道我国水资源危机的严重程度：《水：形势岌岌可危》、《水：资源日趋紧张》[3]、《湖北全力抗伏旱；济南只剩两天饮用水》[4]、《合肥限量用水》[5]、《水危机，人祸猛于天灾：松花江主江道首次断流、烈日晒干承德避暑山庄、辽宁阜新313条河全部断流、江苏将全面禁采地下水》[6]、《我省全面规划水资源保护》[7]……作为水乡泽国的江苏尚且如此，那么在一些本来水资源就比较短缺的地区，情况就更可想而知了。

据统计，目前全世界有80多个国家和地区缺水，占全球陆地面积的60%，有13亿人口缺少饮用水，20亿人饮用水得不到保证。中国是一个干旱缺水的国家，全国水资源总量为28亿 m^3，居世界第六位，但人均占有量只相当于世界人均的1/4，是世界上13个贫水国之一。而用水地区与供水地区水资源的空间分布不均衡，更加剧了我国的水资源危机。目前全国668个建制市中，有330个城市程度不同地缺水，其中108个严重缺水。同时，全国每年废水排放量约360

① 参见：《扬子晚报》2000年3月24日。
② 参见：《服务导报》2000年5月15日。
③ 参见：《服务导报》2000年5月15日。
④ 参见：《扬子晚报》2000年8月4日。
⑤ 参见：《扬子晚报》2000年8月5日。
⑥ 参见：《天府早报》2000年7月26日。
⑦ 参见：《扬子晚报》2000年9月6日。

亿 t，使江河湖呈加重污染趋势，50%的地下水被污染，40%的水源已不能饮用。另外，地下水开发利用由来已久，由于大量开采，许多地区的地下水开采已不堪重负，江苏就是其中之一。苏锡常低沉地区地下水超量开采，导致严重地面沉降，对人民群众的生命财产安全和沪宁高速公路等重要设施构成了严重的威胁，造成防洪堤下沉，抵御洪水的能力大大降低①。

采取必要的节水措施已迫在眉睫！

建筑中的用水占了总用水量的很大部分，因此在建筑中采取节水措施，将是整个节水策略的一个重要组成部分。据推算，建筑中通过节水型的洁具和装置、用水习惯的改变，以及室内外植物灌溉方式的改变可以减少消耗量的30%以上②，对这些节水措施所带来的额外投资，可以在1~3年内收回。

从表9-3可以看出，一幢普通的10万平方英尺的办公楼，通过节水装置的安装，可以减少30%的用水量，全年可节约4393美元。安装节水和高效用水装置的投资回收期为2.5年。除了提供40%的投资回报率之外，这些装置每年还可节水975000加仑。

建筑节水措施与节水效果 表9-3

用水量	大楼使用者人数	650 人
	每人每天用水量	20 加仑
	全年总用水量	3250000 加仑
	＊全年总用水量	12296.35m³
水费	每百立方英尺水费	1.44 美元
	每百立方英尺排水费	1.93 美元
	每百立方英尺总费用（水费+排水费）	3.37 美元
	每百立方英尺全年总费用（水费+排水费）	14643 美元
节省	＊＊节水措施的初投资	10983 美元
	减少 30%用水量时全年节水	3690.32m³
	全年水费+排水费节省（以 3.37 美元计 1304 百立方英尺）	4394 美元
	投资回收期	2.5 年
注	＊100 立方英尺 =748 加仑。1 加仑 =4.5461L（升）。1 立方英尺 =0.0283m³。 ＊＊这些措施包括高效低流量的装置和配件以及自控传感器。 数字来源：数字是根据以圣地亚哥、凤凰城和萨克拉门托自来水部门的专家们的通信	

引自：Public Technology Inc. US Green Building Council. 绿色建筑技术手册——设计·建造·运行［M］. 王长庆等译. 北京：中国建筑工业出版社，1999：8

节水的经济效益将随着城市发展、人民生活水平提高带来的总用水量的增加而提高，换言之，经济越是发展，就越应该节水。应该采取节水措施的，不仅是大量建造的居住建筑与室内，还有其他的任何建筑类型，因为这些非住宅用户尽管只占总用水户很小的比例，但它们的用水量却占了总用水量的35%以上③。

建筑室内的节水措施，除了可以使居民或业主获得直接的经济节约以外，由于其减少了城

---

① 参见：《服务导报》2000 年 5 月 15 日。

② 参见：Public Technology Inc. US Green Building Council. 绿色建筑技术手册——设计·建造·运行［M］. 王长庆等译. 北京：中国建筑工业出版社，1999：7.

③ 参见：Public Technology Inc. US Green Building Council. 绿色建筑技术手册——设计·建造·运行［M］. 王长庆等译. 北京：中国建筑工业出版社，1999：8.

市供水的需求量，减轻了水处理工厂的压力，一方面减少了设施的损耗；另一方面可以使水处理更加彻底，水质提高，其带来的间接经济效益和社会效益、生态效益也将是巨大的。

（3）节约原材料

室内环境中所使用的原材料已涉及钢铁、有色金属、化工、纺织、木材、陶瓷、塑料、玻璃等各种行业，如果在室内环境设计中合理地运用室内装修材料，就可以达到节约的目的，由此而获得巨大的经济回报。

节约原材料，可以从两个途径来考虑，第一个途径是减少装修材料的使用数量。设计是否合理，是决定装修材料使用数量的关键。在这类例子中，有一部分是由于设计师不了解材料的规格、性能而导致不能材尽其用，导致浪费增多；另一部分则是由于设计师还没有树立生态设计的节约思想，而在设计中没有采取必要的节约措施。建筑与室内环境设计分离，大量建筑在使用之前必经二次室内装修，这也是导致浪费的一个重要因素。针对上述问题，1999年国务院办公厅在转发建设部等部门《关于推进住宅产业现代化，提高住宅质量的若干意见》中指出：应该"加强对住宅装修的管理，积极推广一次性装修或菜单式装修模式，避免二次装修造成的破坏结构、浪费和扰民等现象。"目前国内有些地方如广州、北京等地出现了住宅工程全装修或简化装修的做法，上海市也将继北京告别毛坯房之后，用3~5年的时间取消毛坯房，全面推行全装修或"点菜式装修"制度。该市2001年推出了住房全装修的10个项目，包括奥林匹克小区在内至少1500套试点房，遍布19个区县。"扛一个大锤进房"将成为过去，"提一个包安居"很快就要成为现实。由于全装修采用集团采购的方法，必须采用推荐目录里的材料，不但质量上可以完全放心，而且价格也因为批量购买可以大大降低。装修时全程聘用施工监理，完工后必须通过技术鉴定，另外还有保险公司对材料和质量进行保险。在广州的全装修试点工作中，到目前还没有一家对装修质量提出异议①。

普及全装修是否会造成"千房一面"？其实这个问题根本无须担心，因为除了墙面、地板等一些硬装修以外，布艺、挂件、家具等彰显个性的"软装修"仍由户主决定。其实这种做法在西方早已有之，尤其是一些公寓式住房，其室内与建筑是一体化设计的，居民购买或租用住宅之后，只要在室内根据自己的爱好和需要，适当添加、布置一些家具和陈设就可以入住，这不仅可以减少由于装修而带来的人力、物力、财力的浪费，减少对建筑结构破坏的机会，而且可以使居民把精力放在家具、陈设的个性化设计布置上，居民随时可以通过改变室内的陈设布置而改变空间的格调，使空间始终保持新鲜感。

节约原材料的第二个途径是合理选择装修材料的档次。追求"时髦"、"豪华"，正在成为我国室内环境设计中一个十分危险的倾向，如在某些室内环境设计中过分使用不锈钢、铝板、铜条、锦缎、高档木材、大理石等高档材料，这种风气不仅出现在大型公共建筑的室内环境设计中，甚至在某些住宅中也出现同样的现象，这不仅造成材料与经济的浪费，而且材料的堆砌容易使人产生庸俗之感。因此，无论是设计师也好、业主本人也好，都应该以生态节约思想作为室内环境创造的指导原则，尽量减少室内材料的浪费。对于设计师来讲，应该主动承担起自己的社会责任，尽可能地采用价廉而质优的当地材料，或者回收利用旧的材料。对于业主来说，不应该再以自我为中心，随意支配自己的行为，认为只要用的是自己的钱，随便自己怎么花费、怎么浪费都只是自己的事情，与人无关。在未来的生态社会中，个体已经不再是过去意义上的"自己"，个体是整个社会系统中的一分子，其行为必须受到社会这个整体的制约。

---

① 参见：《扬子晚报》2001年4月15日。

（4）减少废弃物

我国举世闻名的三峡工程已于 2003 年 6 月下闸蓄水，三峡工程蓄水后，库区将淹没 55 万亩土地，115 个城镇，在这片淹没范围内，有 1300 多家工矿企业，287 万吨垃圾，1500 多万吨固体废物，30 多万 m² 的公共厕所，4 万多座坟墓，4000 多处医院、兽医站、屠宰场等有毒场所，2900 多万 m² 的建筑物，100 多座桥梁，13 多万亩林地[1]。在下闸蓄水之前，必须对淹没区进行彻底清理，库底清理包括卫生防疫清理、固体废物清理、建筑物拆除和清理、林木清理和特殊清理。清理的对象主要是这些医院、厕所、坟墓、生活垃圾、工业废物、建筑物、林木、秸秆、码头等，如果不彻底清理这些建筑物、固体废物、林地、有毒有害物质及场所，三峡库区的水将受到严重污染，生产和生活用水将得不到保障，地方病、传染病将可能传播流行，航运和水产养殖也将受到影响。由此可见，任何一件人为建造物的建立，都有可能对今后的环境产生重大的影响，消除这些影响所付出的代价是巨大的。在现代城市中，城市垃圾正在给城市环境带来越来越大的压力，数据表明，到 1996 年美国 20000 个垃圾填埋场中，就有 15000 个已经达到饱和并被关闭，其中建筑垃圾占了总填埋量的 25%[2]。

建筑垃圾主要来自三个方面，一是建筑施工时所产生的建筑施工垃圾；二是建筑室内二次装修时所产生的装修垃圾，而装修垃圾比建筑施工垃圾的成分更加复杂，所含有的有毒垃圾更多，因而处理的难度与成本更大；三是建筑拆除时产生的废墟垃圾，其成分更为复杂，处理难度极大。

在装修业发展越来越快的今天，建筑垃圾占城市垃圾总量的比例正在逐年上升，最主要的原因，是建筑市场的繁荣，另一个原因则是装修这一新兴产业的发展。过去，由于经济和意识的原因，一般的建筑只要房子造好，水、暖、电接通就可以使用，但是这种情况在一些经济发展较快的地区和城市几乎已经消失，一般的建筑在正式投入使用之前，都必须经过重新装修。我国目前这种将建筑与室内装修分开的做法，更增加了装修垃圾增加的可能性。许多建筑由于在设计时根本没有或很少考虑建筑建成后室内的使用要求，往往导致二次装修时对建筑物本身的大量改造，如拆除分户墙、改变通道口位置或大小、除去楼板等等，从而人为增加了大量的建筑垃圾。据笔者调查，在无锡地区一些新建的居民小区，几乎 90% 以上的居民，在装修居室时都会不同程度地改变原有布局。装修垃圾中有很大一部分是由敲墙开洞所产生的，如果能在旧建筑改造与新建筑设计中，充分考虑建成后的实际使用要求，采取建筑室内一体化设计的绿色方法，使改造装修或二次装修时对建筑的改动达到最小，就可以大大减少建筑垃圾的产生。

目前，我国的室内环境设计普遍存在着过于追求时尚的倾向，而时尚的周期正变得越来越短，从而导致室内装修寿命周期的缩短，室内装修寿命周期越短，在整个建筑寿命周期中重新装修的次数就会增加，所产生的垃圾量就会增多。

设计与施工组织的不合理，也是导致建筑装修垃圾增多的重要原因。比如，室内装修施工时，工人不能根据材料的规格特性来合理裁剪用料，由于施工人员责任性不强而造成重复用材，或因质量问题或施工错误而导致返工等等，都直接导致了装修垃圾的大量增加。

建筑与室内垃圾的增加，给运输、处理等带来了巨大的压力，造成了经济的巨大损失。要解决上述问题，必须从设计、选材、施工组织、施工质量等每一个环节都采用绿色的方式：

1）建筑与室内一体化设计，鼓励设计的群众性参与，使设计更加合理。

2）充分了解材料的各项性能与安装要求，使设计更加合理化，能够充分适应材料的规格特

---

① 参见：《扬子晚报》2002 年 1 月 20 日。

② 参见：Public Technology Inc. US Green Building Council. 绿色建筑技术手册——设计·建造·运行 [M]. 王长庆等译. 北京：中国建筑工业出版社，1999：8.

点，为施工时合理使用材料提供良好的前提。

3）认真做好施工前的准备工作，严格做好材料预算与施工组织管理，尽可能地利用材料的边角料，做到物尽其用。

4）杜绝施工过程中的质量问题，避免返工。

5）尽量再利用或回收利用旧的建筑材料或构件。

6）减少施工对周围环境的破坏，合理规划垃圾及材料的堆放与搬运，降低现场清运的费用。

除了建筑垃圾，人们在日常生活和工作中也会产生各种生活垃圾，这些生活垃圾的成分十分复杂，尽管与建筑垃圾相比，其数量要小得多，但对于环境的危害却也是不能忽视的。根据联合国教科文组织公布的资料，有些日常生活垃圾如玻璃瓶等在自然状态下，可以保存4000年之久，一个普通的烟头过滤嘴，也需要1~2年才会彻底降解（表9-4）。对于这些日常生活垃圾，除了应该遵守公共准则，不随地乱扔，设计师在进行建筑设计与室内设计时，也应该对建筑物中的垃圾回收系统作认真的考虑，使得系统既便于使用者使用，又可以便于垃圾的分类处理，还应该使使用者扔垃圾和垃圾的输送路径均达到最短。

各种日常垃圾在自然状态下的寿命　　　　　　　　表9-4

名称	寿命	名称	寿命
无过滤嘴的香烟	3个月	玻璃	4000年
餐巾纸	3个月	口香糖	5年
水果核和烂蔬菜	3~6个月	铝质罐头盒	10~100年
报纸	3~12个月	海绵	1000年
火柴杆	6个月	塑料袋	100~1000年
香烟过滤嘴	1~2年	塑料信用卡	1000年
塑料打火机	100年		

引自：UNESCO. A Didactic Guide to Agroecology and Cleaning the Environment. 2nd Edition in English，November 2000.

2. 减少对自然的破坏

环境保护是一个很大的范畴，几乎涉及人类活动的一切方面。作为人类最基本活动的建筑与室内环境的营建与运行，构成了人类活动的一个主要方面，其对环境所产生的影响是巨大的，因此要搞好环境保护，减少对自然的破坏与影响，就必须抓好建筑与室内环境的营建与运行这一环节。

生态建筑体系唤起了人们新的生态意识，使人们按照生态原则调整自己的行为模式，人们重新意识到，不管人类技术发展到何种程度，人类永远属于地球生物圈中的一个部分，都脱离不了与生物圈中其他部分之间的关系，更不可能凌驾于其他部分之上。根据生态学原理，生态系统具有一定的自动调节恢复稳定状态的能力，但是，生态系统的自调节能力是有一定限度的，如果超过了这个限度，那么系统就不可能恢复到平衡状态，就会导致系统走向破坏和解体。人类是不同于其他生物的高等动物，人类的生存不可能离开对自然的改造，作为人类改造自然活动的一个重要组成部分的建筑与室内系统，是属于次级的系统，依存于一定地域范围的自然环境之中，是生态系统中连续的能量与物质流动的一个环节和阶段，这种改造活动，只要不超出一定的量和度，一般不至于对自然界造成损害，如果把握得好，还有可能促进自然环境的合理发展。因此，减少建筑与室内对环境的损害，并不意味着停止人类的建设活动，而是要自觉地调控这种改造行为的量与度，使之不超过生态系统自我调节的阈限。

图 9-62 办公建筑中能量使用与二氧化碳释放量之间的关系

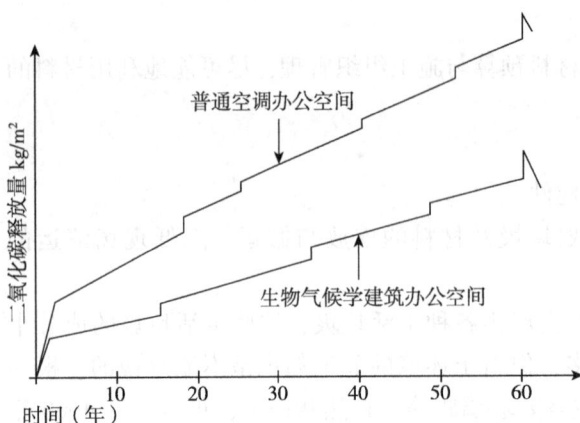

减少室内环境对自然的破坏，首先必须从建筑入手，因为建筑是室内赖以存在的物质载体，建筑与室内环境之间是一种有机统一的整体关系，只有保证了建筑与环境之间的友好关系，才能够为室内环境提供良好的前提。当然，室内环境设计可以在某种程度上弥补建筑的不足，但这种弥补是有一定限度的。就室内环境本身而言，则应注意室内不向或少向室外排放有害的气体、废水和其他废弃物、不向周围环境释放有害的光污染或噪声污染，建筑与室内的营建与运行不对周围的生态环境如植被、动物物种等造成影响。在施工中严格施工管理，制定完善的施工计划，减少材料的浪费，减少施工垃圾，以降低垃圾处理的压力。采用无毒或低毒的建筑与室内装修材料，减少对自然环境的污染等。

在建筑室内环境中减少能量消耗，实际上也是减少对自然破坏的一个重要途径。一方面，节约能源可以减少自然资源尤其是不可再生的矿物资源（煤炭等）的消耗，从而减少对自然的破坏。另一方面，减少矿物资源的消耗，实际上减少了二氧化碳的释放量，由此减轻因二氧化碳浓度增加而导致的温室效应等一系列对于自然的不良影响，这一点是很多人所认识不到的。从图 9-62 可以看出，传统的全空调办公建筑所耗能量折合成二氧化碳的释放量将是设计良好的生物气候学办公建筑的 5~6 倍，建筑节能对于自然环境的重要程度由此可见一斑。

在设计中尽可能采用可再生资源，是减少对自然破坏的有效办法。自然界的可再生资源可分为两类，一类是由地球上某些自然作用力所产生的能量资源或来自于宇宙空间的能量形式，属于不可耗尽资源，如太阳能、风能、潮汐能、地热能、水力能等。由于地球生物圈系统的封闭性，形成这些能量形式的介质如空气、水等资源的总量不会减少，但是如果受到一些永久性的有害影响如污染等，则可能会变得不适于生物的生存。另一类则是可替代或可维持资源，包括特定场所的水资源和动植物群落如木材、植被等，如果条件适合，这些资源可以得到再生，但如果再生条件遭到损害，这些资源的再生就会受到影响甚至终止。因此，一旦自然环境的某些方面遭到破坏，就可能影响某些可替代资源的生产，而这反过来又会加剧环境的破坏程度，形成恶性循环。

（1）太阳能

太阳照耀着大地，哺育着世间万物。地球和太阳是生死与共的，因为太阳提供了维持地球生命所需的唯一的基本能量来源。

太阳主要是由热气层组成的，其中以氦气和氢气为主。太阳核心的温度高达 40000000℃，表面温度为 6000℃，其能量来自于氢原子组合形成氦时的原子核聚变，这一过程释放了巨大的光和热能量，光和热从太阳传到地球大约需要 8min。有将近一半的能量和大部分的有害辐射被地球大气层散射或吸收，传到地球的能量中有 90% 以上是被海洋和生活在地球表面的有机物所吸收的，剩余部分则被植物通过光合作用吸收。相对来说，为人们所直接利用的太阳能是极少的。地球从诞生之日起就伴随着持续的进化过程，物质与气体混合产生微生物赖以生存、繁衍的原始环境，由微生物不断演化出现生物物种，并逐渐进化产生更为复杂、高级的生命形式，随着时间的推移，世间万物发展演变，直到我们现在所看见的一切。

阳光普照大地，主宰着地球表面的一切生物。太阳的热能，给地球送来了温暖，海洋和陆地由于地球的自转而出现表面温度的冷暖变化，从而影响到地球上空的气流运行状况，出现了风、雨、雪等气候变化；太阳的光能，是植物、藻类和一些细菌的生命之源，通过光合作用将太阳能储藏转化为化学能。

众所周知，慷慨、温暖的太阳也具有中断性和不适时的缺点。在夜间和云雾遮挡时，我们会看不到太阳，而且在世界多数地区，还有漫长的酷暑或严寒季节。尽管适量地穿着衣服能在一定程度上起到凉爽和御寒的作用，但很多时候，人们还是不得不借助于人工方式的取暖、照明或降温，以满足生存需求。人类不断提高生活质量的欲望，既是社会技术发展的动力，也是索取自然资源的根源。为此，人们在短时期内开采了地球储存了几百万年的大量矿藏资源，有肆意挥霍用于生活取暖的，也有用于工业提炼或加工制造产品的，还有为交通工具提供燃料用于运送食物、货品的……而这些资源消耗最终所产生的废气、废渣、废物肆虐着地球的环境，困扰着生活在地球上的人们。

如果说以前的人们由于技术的原因而只能被动地接受太阳的恩赐，那么今天我们却完全可以凭借强大的科技力量，主动地收集、利用太阳能，技术已不再成为太阳能利用的主要制约因素，倒是人们的生态意识成为能否高效、合理地利用太阳能的主要因素之一，因为只有具有了较高生态意识的人，才可能真正地将太阳能利用作为己任。因此，生态思想的普及、生态意识的确立、生态素质的提高成为当前可持续发展战略能否顺利实施的关键。

（2）其他不可耗尽的可再生资源

除了太阳能，其他不可耗尽资源还包括：水力能、风能、潮汐能、地热能等能源形式。可以说世界各国都拥有形式不同的丰富的不可耗尽资源，我国幅员广大，地质、地理与气候类型多样，不可耗尽资源的蕴量也十分可观，但真正得到利用的却微乎其微。仅江苏境内，江河湖海众多，水力资源丰富，江苏处于东南沿海地热带，有丰富的地热资源，如南京的汤山温泉和江浦温泉，泰州和盐城等地还有大面积的地热田和非常珍贵的含碘地热井，这些资源一旦开发，必将会带来无比的经济效益和环保效益。

与太阳能相比，室内环境与这些能量资源之间的关系相对要间接一些，这些资源的获得与利用往往体现在更大系统层面上的能量策略之中，但这并不意味着它们与生态建筑室内环境之间没有任何关系。我国云南、贵州等地的少数民族自古以来就利用当地充足的水利资源用水力带动水车作为磨坊的主要动力；我国蒙古草原的广大牧民们也早就在技术人员的帮助下利用草原丰富的风力资源发电，为蒙古包的室内照明和家用电器提供电力；而荷兰的风车更是举世闻名，成为该地区的独特景观。应该说，人类早就认识到了这些资源的巨大价值并自觉地利用它们为人类服务。

在现代生态建筑室内环境的实践中，自觉、充分地利用这些可再生资源的作品也不乏其例。英国伦敦的 ZED 工程办公楼（Office building, Project ZED, London, Great Britain, 设计：Future Systems，时间：1995 年）就是这些自觉利用可再生资源作品中的佼佼者。该办公大楼的设计是"零耗散开发计划"（Zero Emission Development）的一部分，建筑中部的"风道"以及"风道"中巨大的风力涡轮成为该建筑最主要的外部特征（图9-63），建筑的朝向确保它能最大限度地利用

图 9-63　英国伦敦 ZED 工程办公楼,1995 设计：Future Systems

主导风向，气流通过建筑中部的"风道"引入建筑的内部，"风道"起着文丘里管（Venturi Tube）的作用，能增加空气的流速，从而显著地增加"风道"中两个竖向风力涡轮的流量，以达到对风能的最大利用。建筑底层平面的布局形态使大厦的每一个房间都能最大限度地得到充沛的阳光，立面的遮阳装置上安装有太阳能电池板。办公室设置在建筑的外侧，具有良好的自然通风。

（3）其他可再生资源

1）木材　木材在建筑中的使用，也许与建筑具有同样长的历史。这是一种自然的、可再生的建筑材料，其生长过程能够吸收二氧化碳释放出氧气，因此对空气质量有着积极的影响，是一种对环境友好的建筑材料，因此应该有限度地使用这种自然材料。

近代以来，全世界的森林资源遭到了越来越严重的破坏。在美国，到19世纪末，森林的储备已达到了历史的最低点。由于发展农业而进行的土地开发以及为满足日益增长的城市和工业中心对木材的巨大需求而进行的大规模砍伐，已使得大约85%~90%的原生森林遭到毁灭，由此而引起的一系列环境破坏，使人们对这种滥用木材资源的行为开始觉醒，一些相应的公共政策开始出台，并在20世纪初得到贯彻实施，有效地保护了原生森林，激励了对森林管理科学的研究和开发。自20世纪70年代早期，可持续发展林业的概念，已经逐渐地得到人们的认同和青睐，但是直到最近，才开始从"可持续发展的产出"这一思想中获得进一步发展。根据这一思想，大面积的砍伐方式仍是允许的，但木材的收获量不能超过森林的自我替代恢复率，这一精神更全面地强调了对生态体系的保护和再创造。

我国的情况目前也不容乐观，过去的几十年中，由于生态意识的淡薄，再加上人们"靠山吃山"传统思想的影响，森林被大面积无节制地砍伐，造成严重的水土流失，导致生态失衡，各种自然灾害频频出现，造成国家经济与人民生命财产的严重损失。严酷的事实告诉我们，保护森林资源，维持生态平衡已刻不容缓。目前，国家已经制定出相关的政策和措施，包括绿化荒山、退耕还林等，但是由于种种原因，这些政策的落实很难得到保证，某些人出于私利，置国家政策和生态保护于不顾，以至于植树造林也出现了"豆腐渣工程"。由此可见，保护森林资源的工作在我国仍然十分艰巨。

鉴于森林这一宝贵资源在维护生态平衡中所起的重要作用，国外一些先进国家已经制定出一系列相应措施，来规范森林开采与木材市场的管理与运作，包括森林开采的审批制度、用一些标准的方法来标明木材的产地和质量等级等，还有一些则认为应该更深入一步，提出了使用"生态证书"的建议。一些国际性的环境组织如"世界自然基金会"（Worldwide Fund for Nature，WWF）和"地球之友"（Friends of The Earth），以及各类木材商组织和研究机构如"林业成员委员会"（Forest Stewardship Council，FSC）等已经制定出了"对环境友好的森林"的国际性标准，试图为以没有或几乎没有环境危害的方式开采的木材资源建立一种证明体系。

尽管目前世界木材市场上只有不到1%的木材拥有这类证书，但有关的验证组织的数量却在稳步增加，它们的目的就是要为木材资源和木材市场提供第三者的客观评价，使消费者能够区别出那些用非破坏性方式采伐加工的木材产品。热带雨林联盟（The Rainforest Alliance）是迄今世界上最大的木材验证机构，通过其"漂亮木材（Smart Wood）"证书计划，制定有关的原则和指南，根据这些原则和指南，对木材和木材产品进行检验，对严格按照"漂亮木材"要求进行操作的木材开发商发给"可持续发展"证书，对严格遵照"漂亮木材"原则和指南进行管理的木材资源发放"管理良好"证书。其他一些相关的验证还有："绿十字证书（Green Cross Certification）"（原名：Scientific Certification Systems，科学证明体系）机构、可持续林业研究院（The Institute for Sustainable Forestry）、劳格生态学院（The Rogue Institute for Ecology）、英国土壤协会（The Soil Association of the U.K.）等，另外还有一些木材零售商如史密斯与豪肯公司

(Smith and Hawken）等。

热带森林基金会（The Tropical Forest Foundation，TFF）已经建立起了一套完整的"热带森林管理识别程序（The Tropical Management Recognition Program）"，由专家检查委员会根据国际木材组织（International Tropical Timber Organization，ITTO）的指标和其他相关标准对木业开发公司的可持续性进行评估，从而保证每一棵树木只有在经过仔细选择并在符合可持续发展森林原则的情况下才会被砍伐，同时也可严格控制化肥、喷雾杀虫剂和木材保护剂等有毒物质的使用。使用者则可以通过有关验证机构发放的证书了解木材的确切产地以及该材料的开采对环境的影响①。

从上面的分析可以看出，木材这一传统材料，虽是一种性能良好、加工方便、视觉感受优良的可再生建筑材料，但由于其再生是有条件的，因此，对于这种材料的运用也是有条件、有选择的，而并非像有些人想象的那样，只要是在建筑中使用木材，就必定是环保的。在一些木材资源短缺的地区，应该尽量少用或不用木材作为建筑与室内装修材料，即使是在那些木材资源丰富的地区，也应该有计划地开采和选用木材资源。我国实际上是一个木材资源并不富裕的国家，但是，近年来，随着人们生活水平的不断提高，装修业的逐渐兴盛，人们对木材的需求量正在逐年提高，再加上近年来人们对目前装修市场上常用的一些人造装修材料所具毒性的认识得到了普遍的提高，人们更加热衷于使用天然的材料，于是木材这种几千年来一直为人们所使用的建筑与室内装修材料益加受到人们的青睐，近年来我国家庭室内装修中席卷南北的"木装修"风被冠以"原木屋"、"小木屋"等各种美名应运而生就是一个很好的说明。表面上看这种时尚趋向于可再生材料的运用，是一种注重环保的表现，而且也是对于过去室内装修中高档材料堆砌之风的一种反叛，但是，从保护生态环境的总体要求来看，这种大量使用木材资源，尤其是进口高档实木材料的做法是不可取的。许多生产厂家正在积极寻求开发新的替代型环保材料，目前市场上已经出现了一些具有各种环保证书的人造复合型装修材料，如无毒环保型人造复合地板、各种环保型的人造贴面板材等，这些材料具有良好的环保性能，其耐磨性、强度、抗污性等物理性能等于或高于天然木材，其外观也可以模仿各种天然纹理，装修效果良好。但是，由于受传统观念以及价格等因素的影响，这些材料仍然没有得到很好的推广。

在北美，有一种策略正在变得越来越流行，那就是采取单一品种的经营模式生产人工合成的木纤维产品，如定向纤维板，用于外包装和格栅。这种做法的主要优点就是提高木材的生产和使用效率。事实上，在木材的加工过程中，所开采的木料有1/2或2/3在锯切、落料、铣刨、选料等过程中被白白浪费，采取这种方式加工木纤维产品，可保证材料的浪费达到最小。此外，一般的实木材料由于纹理方向和各种疵点如节疤等的影响，其结构特性不可能完全统一，但用这种方式制成的合成材料在结构特性上是同质的，具有良好的受力性能。木材浪费的减少也相应地减少了木材的砍伐量。

现在，许多人正致力于对木材性能及用途的研究，以促进对木材资源的有效利用，其中爱德华·库里南建筑事务所（Edward Cullinan Architects）就是其中的一员，由他们设计的英国多赛特郡的威斯敏斯特小屋（Westminster Lodge）在这方面作了有益的尝试。该建筑是在威斯敏斯特（Westminster）公爵的慷慨资助下建造起来的，是霍克·帕克学院（Hooke Park College）中供学生住宿、进行课程训练的场所。建筑体现了生态住屋的发展趋势与方法，它是用木材下脚料——林业生产中的副产品所建造的（图9-64、图9-65）。

---

① 参见：Thomas Schmitz-Günther, Loren E. Abraham, Thomas A. Fisher. Living Space［M］. English Edition. Cologne：Könemann，1999.

图 9 - 64 威斯敏斯特小屋, 1996
（设计: Edward Cullinan Architects）

图 9 - 65 威斯敏斯特小屋室内

该建筑是研究圆木在建筑结构中的特性的实验性建筑，是由工程师布洛·哈泊尔德（Buro Happold）、巴斯大学（the University of Bath）的科学家们与在霍克·帕克的施工队通力协作完成的研究项目。

这座小屋的关键之处在于创造性地利用当地出产的圆木所产生的下脚料作为建筑构件这一全新的概念。这些结构用木材的下脚料在悬挂部分和拱跨之间形成独立的空间，在木屋中还划分出一些小的单元空间，这些隔墙对加强结构的整体性也起到了很重要的作用。

建筑主要由八个房间和一个中心空间组成，各房间之间由圆木框架隔声墙体分隔开来，所有的房间都建在一个架空的林间平台上，舒适、安全、温馨的卧室围绕着宽敞的起居室、厨房和会客室，中心区域上空的屋顶由细木材支承，弧形构架搁置在分隔墙上，中央部分则根据工程计算采用双层构架。所有房间都处于植有草皮的屋顶之下，这个庞大的弧形屋顶仿佛漂浮在森林的参天大树之中。

2）羊毛　羊毛具有良好的隔热性能，而且不易燃烧，是良好的保温隔热材料，也是地毯等地面铺垫物最为合适的原材料之一。但是，值得注意的是，一般的羊毛及其制品的加工、储藏和运输等过程中，都会使用大量的化学杀虫剂，这些杀虫剂的成分会长时间地留存在羊毛制品之中，在日后的使用过程中慢慢释放出来，对人体造成一定的危害。在选用室内羊毛地毯时，应尽可能选用无毒地毯，无毒地毯是以纯净的未经污染的羊毛制成的，制造时用于防蛀的合成除虫菊酯的量极小。

3）作物的秸秆　作为建筑材料，作物的秸秆在美国西南部、澳大利亚和新西兰的半干旱地区使用非常普遍。在加拿大、美国加利福尼亚、新英格兰、美国东南部和大西洋中部地区也正在得到越来越多的应用。这种产于当地的农作物资源，具有致密、耐久、高阻热、低成本以及无毒、可再生等优势，是很好的环保建材。它在视觉上也是一种令人愉悦的建筑装饰材料，既可以直接使用，也可以用它加工成壁纸等各种表面装饰材料，用于建筑的室内外装饰。其独特的柔软特性，使其可以适用于建筑物的各种弧形表面上。作物的秸秆还可以用来制造隔板，广泛运用于建筑的隔墙、屋顶和地板等。在英国，使用稻草做成的板材来做轻质墙体已经十分普遍，这种墙体无须额外的加强筋，又有良好的隔热性能和吸湿性能，是一种十分理想的可持续材料。

4）芦苇和茅草　用芦苇和茅草等野生植物作为建筑的屋面材料，这在北美已有几个世纪的历史，在殖民地时期之前，当地居民就一直都用芦苇来做屋顶。用茅草等盖的屋顶，隔热性能好，寿命长（最长的可达50～70年）。在亚洲，在建筑中使用芦苇、茅草等野生作物的情况就更为普遍，居住在我国西南的许多少数民族，如傣族、苗族、景颇族、佤族、德昂族、傈僳族等基本上都以茅草作为建筑的屋顶材料，厚厚的茅草可以很好地隔绝亚热带的强烈阳光所带来的热量，使室内保持舒适凉爽（图9-66）。在日本，芦苇也是传统民居建筑中常用的材料，广泛运用于各种隔墙和遮阳设施（图9-67）。

图9-66 我国云南少数民族茅草屋顶

全世界许多地区都有广阔的沼泽地，生长着具有广泛商业用途的野生芦苇，在美国的东北部和大西洋中部地区，有一种称为Phragmites的专门用来盖屋顶的芦苇，被认为是一种外来的侵害性植物，换句话说，是一种杂草，被有些州列为被清除的杂草之列，如果能将清除杂草和杂草利用结合起来，作为一个整体策略来考虑，那么肯定能收到很好的生态效益。

很显然，芦苇和茅草作为一种可再生的建筑材料，无论在国外还是我国，都还是一种待开发的资源。现在芦苇制成的系列建筑产品如窗帘、篱笆和室内镶板等都从亚洲输入美国。

图9-67 日本和风住宅中的芦苇遮阳

5）竹子 竹子是芦苇的近亲，是建筑中除木材以外使用较多的一种自然植物材料。竹子种类繁多，其较强的结构强度使其可以直接地广泛应用于各种小型建筑的结构构件，也可以用作建筑施工的脚手架或者其他支撑材料。由于竹子特殊的纤维组织和良好的可弯曲特性，它还可以被加工编织成各种形式的竹制品，最为典型的是各种竹制家具和各种形式的席子，这些制品用于室内，具有别具一格的效果（图9-68）。竹子还常被加工成地板，是一种质地坚硬、耐久性好、既舒适凉爽又清新美观的铺地材料。

图9-68 云南傣族竹楼室内

6）亚麻 亚麻是可用于建筑的另一种可再生的植物材料，在欧洲，亚麻很早就被投入商业开发，原因之一是因为它很容易生长，其种子是生产亚麻子油的原料，亚麻子油是亚麻油毡铺地和许多油漆的必不可少的成分，其纤维可用于生产隔热材料。亚麻制成的室内装饰材料如亚麻墙布等具有极好的透气性能和调节室内湿度的性能。亚麻材料能在空气湿度较大时，吸收室内空气中的水分，待到空气湿度下降后，再慢慢释放出来，从而有效地调节室内空气湿度，防止由潮湿而引起的室内霉菌孳生，保持室内空气的新鲜。亚麻织物还具有极好的质感和纹理，因此也是很好的室内装饰用品。

减少对自然环境的破坏，还必须做到对非再生自然材料的合理使用。

7）石材 除了可再生的有机材料，矿物材料被认为是天然的建筑材料。天然石材就是一个重要的例子。自古以来，各种各样的石材——砂岩、石灰石、花岗石、大理石和板岩等被用作建筑基础、地面、墙体、门窗洞框和其他室内外结构和装饰部件以及庭院小品的基本材料。这种天然的建筑材料，其耐久、美观、无毒的特性是许多其他材料所无法比拟的。

但是，石头的开采可能会带来十分严重的环境代价，包括径流的破坏以及由采矿造成的污染等。石料从加工、成材到运输都消耗大量的能量。因此应该尽可能地使用当地石材，以减少运输的耗费，同时也为地方建材市场的繁荣打下基础。

目前，国内的室内装修业流行着一种不太健康的风气，那就是盲目地追求石材的高档化，进口化。许多来自于国外的高级石材，尽管纹理精美，装修效果较好，但由于运输、销售等方面的原因，因而价格较高，从生态的角度上来说，这是非绿色的。

石材的放射性污染应该引起人们的足够重视，有些石材含有放射性元素氡，人体暴露于这种元素的放射性之中会造成严重的健康损害。因此严格来说，只有那些经检测不含有放射性元素或其他有害物质的石材才真正适合于生态建筑室内环境的营造。

8）泥土　如果说石材具有显著的地域性特征，那么泥土就基本上不存在这个问题，在世界的任何地方泥土都是一种传统的天然建筑材料，不管是承重墙还是非承重墙，都有其用武之地。

用泥土烧制的各种类型的砖瓦是最为基本的建筑材料，这些材料尽管其成分是天然的，但在烧制过程中需要耗费相当多的燃料，所以严格来讲，它们并不是天然材料。另外，砖材烧制过程中会取用大量的泥土，造成可耕种土地的大量减少，从而可能导致生态失衡。因此，砖这种使用了几千年的传统材料，正日益受到生态保护的挑战，我们需要寻求更多的替代材料，近年来所研究开发出来的煤渣砖等就是既有利于环保，又具有良好物理性能的新一代建筑围护材料。

泥土与石材一样，也有可能含有放射性元素，因此，当选择一块地基时，研究地基土壤的特性就显得非常重要，我们可以通过检测，确定土壤是否含有放射性元素，是否被污染。

3. 减少对人体的伤害

健康的生活只能在健康的环境中才能实现，而健康的环境只有遵循生态原则才能获得，生态建筑室内环境是生态环境的重要组成部分，它与人类生活特殊的密切关系，决定了它在为人类健康生活提供健康环境的过程中所起的举足轻重的作用。据统计人的一生中有70%以上的时间是在室内度过的，因此室内环境质量的好坏，与人的身体健康有着密切的关系。室内环境对人体的伤害，可概括为生理损害和心理损害两个方面。造成损害的途径主要来自于以下几个方面，一是不良的室内空气质量。二是较差的室内物理环境，如温湿度条件、照明条件、噪声水平等。三是不符合使用要求的功能安排和违背人体工学要求的室内设施设计。减少室内环境对人体的伤害，必须从以下三个方面来着手：

（1）提高室内空气质量

在过去的20年中，大量建筑装修材料，包括油漆、浸渍剂、密封胶、混凝土和灰泥等都得到了"改进"，使它们干燥更快，防水性能更好，应用起来更加方便。例如油漆就是一种典型的含有许多添加成分的材料，这些添加成分包括防霉剂、抗凝剂、固化剂、塑性树脂、用于改善流动性的添加剂、用于增加不透明度的化合物以及各种填充材料。不幸的是这些"有用的"材料同时也能危害人体健康，而且在许多情况下还很严重，这是当时材料科学家们所未能预料到的。溶剂、胶粘剂及保护剂会释放有毒气体和细微纤维进入空气，刺激和伤害呼吸系统。因此，研究其成分和含量及其相应的危害（如已知的或怀疑含有致癌作用的物质、已知的诱变物质等）是制造商和消费者义不容辞的责任。

室内环境中的日用物品，如家具、室内陈设、地毯、电器等也会伤害我们的健康，我们正在接触越来越多的化学物质，它们会对我们的免疫系统造成不可恢复的损害。许多普通的化学物质可以以诸如雌激素等荷尔蒙的形式影响身体，或者阻碍关键的荷尔蒙的接纳。这些影响与日益增长的不育症、乳腺癌、前列腺癌等各种生育缺陷、甚至注意力失常和其他的学习障碍都有着直接的关系。目前建筑工业没有规定一定要在产品的外包装上标明产品中所含的所有成分，这样，消费者要想完全避免有害物质的影响几乎是不可能的。在这种情况下，只有那些坚信生态原则、自觉遵守生态道德的制造商才会详细地标明其产品的确切成分，并努力消除已知的有害成分。但是，现在不管是在国内还是国外，这样的制造商还是太少了，一些见利忘义的制造商甚至避开有关管理、监测部门或者甚至以假冒伪劣产品坑害消费者。在一些装修材料商店里，我们很容易买到国家已经明令禁止销售的有毒产品，如107胶、有毒物质严重超标的涂料、夹板等，更有不法之徒随意使用或仿冒有关的环境标志。所以，即使外包装上没有任何有害健康的警示标志，也并不能说明该产品就是安全的。有时候，产品中有毒物质的含量很小，因而制造商并不一定要在成分清单中列出，但是，该物质对于身体的侵害却不会消失，积少成多，这是谁都知道的道理。

目前，一些欧洲国家已经通过诸如使用新的杀虫剂指标等办法着手处理这种状况。这些指标的确定，一开始就有严格的程序来掌握非农用杀虫剂产品的成分鉴定和许可证发放，这一程序直接影响着建筑工业、皮革、地毯和木材储藏加工工业等领域中杀虫剂、杀菌剂和农药的使用。

在这方面，美国的情况稍落后于欧洲，尽管一些较危险的化学产品如PCB、DDT、铅添加剂（常用作为油漆、汽油、焊锡等的添加剂）、五氯苯酚（常用于木材的储藏）、石棉以及其他一些化学品现在已经被禁止使用，对于含有甲醛的建筑产品也规定必须附有警告标志，但对于大多数建筑材料却几乎没有什么限制。

值得庆幸的是，有害物质对空气质量的影响正在受到国际社会越来越多的关注，2001年5月22日，来自100多个国家的环境部长和高级官员在斯德哥尔摩召开的联合国环境会议上通过了一项公约，决定在全世界范围内禁止或严格限制使用12种有毒化学物质。这12种持久性的有机污染物包括艾氏剂、氯丹、狄氏剂、异狄氏剂、七氯、灭蚁灵、毒杀芬、滴滴涕、六氯代苯、多氯联苯、呋喃等。其中艾氏剂、氯丹、狄氏剂、异狄氏剂、七氯、灭蚁灵、毒杀芬等七种杀虫剂将被禁止生产和使用[1]。

（2）改善室内物理环境、提高室内的安全等级

室内的物理环境往往是影响人们舒适性的最直观因素，也是影响人们心理感受的一个重要因素。不合宜的室内环境温度、过高的环境噪声、严重的室内眩光、光线不足或过亮、安全性能低劣的室内设施等都会给人体带来一定的伤害。

（3）遵循人体工学的要求

人体工学是室内环境设计的基本理论，也是室内环境设计最基本的依据，是一门集人体科学、工程技术、环境科学以及社会科学等学科于一体的交叉科学。它以人的生理、心理特征为依据，以创造宜人的人—机—环境为目的，用系统理论、信息加工理论、科学的理论与方法，研究人与产品、人与环境、人与社会之间的相互关系，把人的因素作为设计的主要条件和原则，为使工业产品或室内设施设计得更易操作、更安全、更舒适提供理论依据和方法。

最近，科学家们已建立起了能够创造舒适的室内环境的具体条件，但是，由于人的感觉千差万别，室内空间环境的具体情况也是各不相同，所以，实际上，这些具体的条件也不可能是一个非常确定的数值。这就要求我们在进行室内环境设计时，对使用者进行深入细致的研究，以人体工学原理为基本依据，以实际使用者的具体特点为基准，进行室内空间、室内设施和室内物理环境的设计，为使用者提供良好的室内环境，提高使用者的工作效率，减少或避免对人体的伤害。

---

① 参见：《世界环境》2001年第2期。

9.4.3　小结

3 F 和 5 R 诸原则从不同的角度对生态建筑室内环境设计进行了阐述，但事实上，这些原则在某些方面是交叉和重叠的，它们之间有许多方面都是共通的，因此我们可以将这些原则的具体内容概括为：经济、环保、健康和高效等四个方面。经济、环保涉及更为宏观的层面，而且经济的主要实现途径之一——节能，更多的是涉及绿色技术方面的工作，因此节能与环保，往往在相当程度上是配合建筑设计来实现的，而室内的健康与高效因素与人的日常工作和生活有着更为密切的关系，而且主要是通过室内环境设计的手段来实现的。

室内环境在整个生态环境中虽然处于微观层次，但是根据生态学原理，它与整个生态系统中各环节的所有因素都有关系，大到所处地理环境、城市形态乃至大气质量，小到建筑的一砖一瓦、室内的一桌一椅。不过有些因素如大气质量、所处地理环境等往往是建筑师或室内设计师所无法直接控制的，设计师对于单体建筑室内环境质量的直接控制一般只能从建筑开始，这包括从建筑选址、建筑设计、建筑施工、建筑运行和维护，直到建筑报废拆除或再循环利用的全过程。正如前面所强调的那样，建筑与室内之间是一种整体关系，是一种包容与被包容的互为依存、互为因果关系，有鉴于此，要想获得符合生态原则的良好室内环境，首先应该在建筑的开始阶段就做到建筑师与室内设计师的紧密合作，坚持建筑与室内的一体化设计，对于旧建筑的室内更新设计，室内设计师也应该充分了解建筑师的设计理念以及周围环境的文脉因素，真正做到室内与建筑的一体性，这是搞好生态建筑室内环境设计的必要前提。

生态建筑室内环境的设计与营造，本身就是一个十分复杂的系统工程，必须在各个不同的阶段、从各个不同的角度、采取不同的措施才能达到预期的目的。

9.5　生态建筑室内环境的使用质量

尽管建筑与室内的使用内容和形式在社会发展的各个时期有着很大的差别，但是无论何时，建筑与室内的使用要求都是建筑最基本的要求，是一个永恒的主题。

由建筑所形成的特定室内空间以及空间中的包容物，构成了特定的室内环境。室内的人为环境因素，如噪声、污染、视觉干扰、空气成分、功能布置、交通安排、空间形态等，都会直接或者间接地影响人们的身心健康。室内装修材料中所散发的有害气体无时无刻不在危害着人们的身体；失控的噪声源越来越密，越来越强烈地将人们陷入"四面楚歌"的焦躁境地。当过量噪声传入室内时，人们无异于置身在一只"共振箱"内，感觉器官遭受摧残的程度，大大超过了人体生理极限的控制能力。这比在室外接触噪声的危害要严重得多；水暖器材质量低劣，又使水质的污染雪上加霜；而直接影响人们情绪的视觉污染则完全是人为的因素；片面强调材料的堆砌，加剧了人们精神上的烦恼、不安与疲劳感。生态建筑室内环境设计应该塑造合乎人们健康、高效生活要求的环境形态，创造符合人们身心健康的环境质量，对人们的行为产生正面的、积极的促进作用。

生态建筑室内环境的质量，概括起来可以从室内环境的使用因素、技术因素和艺术因素三方面来考虑。本章将着重讨论室内环境的使用质量，具体地可以从室内的使用功能、空气质量、热舒适程度、光环境条件、声环境状况等方面表现出来，它们直接作用于人这一室内环境的主体，使人产生各种不同的总体感受，并直接影响人的身心健康与工作效率。

9.5.1　室内使用功能

希腊哲学家亚里士多德将建筑称为人类"抵抗风雨的遮蔽物"[①]，法国学者隆吉（Marc-An-

[①]　转引自：刘育东. 建筑的涵意［M］. 天津：天津大学出版社，1999.

toine Laugier）以一段野人寻求遮蔽物的佚事，来说明建筑的本质：

　　"野人要为自己造一个居所，用来保护他自己而非埋葬自己，森林中掉落的树枝，对他的目标而言是正确的材料，他挑了四根最粗壮的树枝，立起来围成一个正方形，并在上头放了另外四根树枝，在这些树枝上面，他又立起了不相同的两排树枝，让他们相互倾斜并在最高点交叉。然后他在这种屋顶上紧密地覆上树叶，使阳光和雨水都渗漏不进去，因此，这野人有房子可住了。"①

　　从这段故事可以看出，建筑的本质是为人们提供居住与活动的室内空间。但是，随着人类文明的不断进步，原始人那种只求遮风避雨的简单需求已经再也不能满足现代人日益增长的物质文化需求了，当代建筑的类型越来越多，人们对建筑与室内环境的使用要求也越来越复杂，人们对于建筑功能的理解再也不可能仅用"遮风避雨"四个字来概括了。

　　但是，对于建筑的使用功能，却直到近现代才被人们真正重视起来。现代主义认为，一个不能满足使用功能的建筑不能算作是成功的建筑，把建筑的使用功能放在了设计的首要位置，而美国芝加哥学派的支柱人物路易斯·沙利文（Louis Sullivan）则提出了"形式服从功能"的著名口号，为功能主义的建筑设计思想开辟了道路。他认为"自然界中的一切东西都具有一种形状，也就是说有一种形式，一种外部的造型，于是就告诉我们，这是些什么，以及如何和别的东西互相区别开来"，"形式永远随从功能，这是规律"，他还进一步强调"那里功能不变，形式就不变"②。现代建筑将对功能的考虑提高到了极至，随后却又引出了连他们自己可能都没有预料到的另一个结果："在反对形式主义时，过分强调功能与技术，似乎建筑的艺术形式无须多费心；在反对复古主义、折中主义时，否定了历史，似乎现代建筑与历史传统水火不相容；在反对设计的脱离实际时，过分强调建筑的客观性与时代普遍性，似乎建筑只有共性而没有个性"③。呆板、单调、雷同、缺乏人情味成为现代建筑的致命弱点，随之而起的新现代主义、后现代主义、解构主义等实际上在很大程度上都是出于对现代主义这一极端思想的提高、修正以致反叛而出现的。但是不管是新现代主义、后现代主义还是解构主义，虽然都将被现代主义所忽视的情感问题、地域性问题、个性问题进行重点强调，但仍然将建筑的功能放在非常重要的地位。

　　由此可见，建筑与室内环境除了要能满足人们日常使用的物质要求，还必须满足人们的精神要求；除了要关心人们的生理健康，还必须要能满足人们的心理健康，建筑同时具有物质与精神的双重功能，生态建筑虽然不是什么"主义"，但是生态建筑比以往的任何建筑更关注建筑室内环境对人在生理与心理上的影响，更关注建筑的使用工效，因此更注重建筑室内的实际使用功能。

　　以往的建筑与室内设计，对于空间组成、功能分区、人流组织、人流疏散等方面的强调较为充分，这一点无疑是正确的，但是建筑中的功能问题绝不仅仅限于上述范围，其他诸如室内空间的大小、形状、朝向、通风、室内采光、室内空气质量、室内声环境条件、室内热舒适状况、人体工学等都是室内功能的重要组成因素，也应该给予充分的重视。而在以往的建筑室内设计中，这些直接作用于人的因素却往往被忽视，从而造成建筑室内徒有堂皇的外表，而无高效的使用属性。生态建筑室内环境设计，则是全面考虑使用者需求的设计，对人的关怀应该是无微不至的。再者，生态建筑室内环境设计将节约能源、保护自然环境作为己任，因此，虽然生态建筑室内环境设计对于功能要求的设计原则与具体手法从总体上来说与一般建筑是一致的，

---

①　转引自：刘育东. 建筑的涵意［M］. 天津：天津大学出版社，1999.
②　参见：同济大学，清华大学，南京工学院，天津大学. 外国近现代建筑史［M］. 北京：中国建筑工业出版社，1982：46.
③　引自：同济大学，清华大学，南京工学院，天津大学. 外国近现代建筑史［M］. 北京：中国建筑工业出版社，1982：227.

但是由于生态建筑更重视对于人性的关注，更重视与环境的关系，因此具有不同于一般建筑的功能特性。

9.5.1.1 灵活性与长效性

根据前文的论述，使用的动态性是建筑室内环境的一个重要特征，这一点在瞬息万变的现代社会中尤为明显。使用的动态性主要表现在使用对象的动态性以及使用需求的动态性两个方面，要满足这两个方面的动态性需求，建筑室内环境设计就应该具有足够的灵活性和长效性。

在一般情况下，室内的使用者总是处于动态的变化之中，即使是在成员比较稳定的家庭中，这种变化也无时不有，子女们在悄悄地长大，需求和爱好也在悄悄地改变；老人们的体质会越来越差，行动会越来越不方便，脾气也大不如前；新一代的诞生，老一辈的过世，所有这些都会引起对室内功能需求的改变：儿童成长，家具已不再适用；子女结婚需要有新的房间、老人体弱多病，房间布置须更便于老人的行动和家人的照顾，如此等等，家庭中房间的分配与家具的尺度、布置的形式都应该随之改变（图9-69）。小小的家庭尚且如此，大型公共建筑的情形就更为复杂。

图 9-69 可随儿童增高而改变高度的家具

建筑室内的灵活性与长效性，既不是一种新思想，也不是一个新实践，中国传统木结构建筑就是一种具有良好适应性的建筑，梁柱式的结构方式，使得建筑具有"墙倒屋不塌"的特性，建筑的外墙可以随各地气候条件的不同或建筑使用要求的变化而取舍，江南园林中的四面厅就是一个很好的例子，在炎热的夏季，可以取下建筑的外墙隔扇，使建筑犹如凉亭般舒适凉爽。中国传统建筑的室内，也同样具有高度的灵活性，建筑的室内隔断也采用可以拆卸的隔扇，室内分隔可以根据实际使用的变化而灵活改变。因此，中国传统建筑虽然平面形式较为规整简单，但就室内的使用来讲却具有相当的适应性。对于建筑室内灵活性和长效性的研究和实践，在国内外都已取得了一定的成果，图9-70是日本的一种实验住宅，居住对象为有一个小孩的年轻夫妇，该住宅灵活地运用可移动的内墙和储藏柜（兼内墙），其室内可根据需要，日常简单地改变卧室、起居室和餐室的内墙位置，其供给系统和照明系统也作了相应的安排①。

图 9-70 日本某实验住宅，可根据需要灵活改变室内空间

① 参见：钱强．面向22世纪的集合住宅［J］．室内设计与装修，2001，4．

相对于一般建筑来说，生态建筑的室内环境设计应该更加重视这些动态的需求，尽可能地在室内设计中考虑这些因素，最好能做到"以不变应万变"，从而减少日后重新设计装修所带来的人力、物力、财力的浪费，并增加由此而产生的装修垃圾，加重环境的负担，同时有效地延长室内环境的生命周期。即使做不到这一点，也应该在设计时，充分考虑今后可能出现的变化，一旦需要变动，也可以少伤筋动骨。

9.5.1.2 人性化

建筑是艺术，但建筑又不同于戏剧、绘画等纯艺术，除了一般艺术所必须具备的观赏性以外，建筑还必须能够实实在在地供人们所使用，而建筑的室内环境则又是人们使用的真正所在，生态建筑室内的一切物件都必须符合人的使用尺度和习惯，符合人们的生理和心理需求，使人们用起来方便舒适，既达到实际使用的要求，同时又能得到某种精神的享受，应该提倡"人性化"的功能设计。

可是，在现实生活中，室内设计忽视人性化的例子却比比皆是：大型商场或展览场馆的室内缺乏必要的休息座椅；漂亮的地面没有相应的防滑措施；公共空间中没有公共厕所；虽有良好的后勤服务设施，却没有相应的导向标志等等。其实，建筑室内环境中的人性化设计往往就体现在这些细小的地方。在此，我们可以以建筑中最平常的门的设计来说明这一问题。供人出入，这是门的最基本功能，设计时，除了考虑门的坚固与美观问题，还必须考虑把手的位置，一般的位置，对于成人来讲是合理的，但对于儿童来讲，也许就会太高，尤其是在必须采用拉的方式开门时，问题就会更加突出，如果能将把手的长度向下延长，就可以很好地解决这一问题。开关方便，这也是门的基本要求，但开关的方式却有多种：有单向开关的，也有双向开关的，还有左右推拉式开关的，如何选择门的开关方向，这也是体现人性化的一个重要问题，一般情况下强迫使用者采取推或拉都是不合理的，如果有特别的需要必须限制开启方式，好的设计也应该能使使用者很容易意识到应该推还是拉，而无须再在门上贴上"推"或"拉"的警示语。此外，为了"美观"的需要，公共建筑出入口大门常采用冷冰冰的不锈钢把手，这在冬季较为寒冷的地区显然也是不合适的。

人性化的设计，还表现在对人的精神功能的满足上。现代主义建筑之所以会陷入四面楚歌的境地，关键的一点就是片面强调了建筑的物质功能，而忽视了建筑在精神方面对人的满足。对于人的精神功能的忽视，必然会导致室内环境对使用者心理上的不良影响，导致情绪低落，工作效率降低等不良后果。长期不良的心理影响，最后很可能会导致生理上的伤害。没有窗户的教室，其实在其中的学生更不容易专心，而牢房往往使犯人心智活动黯然。

勒·柯布西耶在《走向新建筑》一书中写道："建筑之意义存在于事实，但如果你为我设计的房子并未感动我的话，那么对我而言，你和铁路工程师或电信工程师对我的意义是一样的。但当我进入一个空间，当四面墙向天空升起，当我被感动，那么我便了解你内心的企图……一样是基于实际功能的考量，一样是用原始的建筑材料，但惟有让人感动时，那才是建筑。"[①] 建筑是这样，室内设计也不例外，室内设计中关于功能的含义，应该是广义的，"室内设计的机能不仅是实质上的，其实还有心理上的、象征性的以及个人主观上的"[②]。约翰·海瑟写道："你只要走入法庭，由这些家具的安排，第一眼你便可以看出谁最具权威。"[③]法庭中席位的安排、家具的位置以及家具的形式与尺度等都赋予室内环境以典型的象征意义，给人以明确的心理暗示。

因室内环境设计中对心理功能考虑的不足而引起的问题，在日常生活中随处可见。比如在设计平淡、缺乏个性的"排排坐"式布置的办公室中，人们的工作效率将严重下降，最突出的

---

①②③ 引自：史坦利·亚伯克隆比著，室内设计哲学［M］. 赵梦琳译. 台湾：建筑情报季刊杂志社，1999：15.

表现之一，就是经常性地上厕所或开水房，但实际上他并不是真的想上厕所，也并不口渴，只是忍不住想借此机会换换环境而已。从办公人员极力利用家人照片、盆栽、文具等小摆设来"个性化"自己工作区域的情形，就可以看出人们心理对于个性化的渴望。

因此，同样是满足使用功能，但怎样满足？满足到何种程度才能符合人的生理和心理两方面的需求？这是设计师必须考虑的一个重要问题，同样不能忽视。

9.5.2 室内空气质量

室内空气质量指室内空气污染物（颗粒状或气体状）的聚集程度及范围，是衡量室内空气对人体影响的重要指标，目前许多国家对室内空气中主要有害成分的含量都有明确的规定，美国供热、制冷及空调工程师协会（ASHREA）标准规定了此类空气污染及相应暴露程度的最低标准。该标准规定可接受的室内空气品质为："空气中不含有关当局所规定的达到有害聚集程度的污染物，并且80%以上的人在这种空气中没有表示出不满。"

从生态系统的角度来看，室内的空气环境是通过室内与室外及室内自身的物质流动而取得的。一方面，室内的污浊空气通过门窗、通风管道等设施排出室外；另一方面，室外的新鲜空气通过门窗、新风补给系统等流入室内，同时，室内的所有包容物，如人、动植物、水体、各种电器、设备、各种建筑与装饰材料等均以不同的方式，参与室内空气的流动与成分波动。这一物质循环流动必须达到某种平衡，室内空气质量才有保障。因此生态建筑室内环境设计应该仔细地研究室内所包容的各种元素以及它们对室内空气环境的影响程度，以设计的或者技术的手段，来保证符合标准的优良的室内空气质量。

影响室内空气质量的因素很多，其中包括室外空气品质、建筑材料的成分、工作人员及其活动情况等。

9.5.2.1 室内空气污染对人体的危害

由于室内相对封闭的环境条件，室内污染物往往比室外更为浓烈，因为它不能像室外污染物那样随时散发，而是紧紧地、严密地包围着我们。从泡沫塑料绝热材料中和胶合板家具胶粘剂中，常常逸出浓重的甲醛气；燃烧煤气炉时，二氧化氮及一氧化碳弥漫着整个室内空间，经久不散；吸烟者周围的空气受到烟尘微粒和苯并［a］芘的严重污染；没有新风装置的空调更是自欺欺人。据美国哈佛公共卫生学校的科学家们测定，每个城市里室内呼吸到的烟尘微粒含量平均比户外多一倍。由建筑材料散发出的放射性氡，又附着在灰尘微粒上，长驱直入人们的肺部。

北京市卫生防疫站曾调查了六家办公场所的室内物理指标及空气质量，其空气采样检测结果表明，除一氧化碳、苯系物外，其余指标均存在超标现象（表9-5）①。

北京六家办公场所室内空气采样化学指标的检测结果　　　　　　　　　　　　　　　　表9-5

检测项目	检测件数	超标件数	超标率（%）
甲醛	38	16	42.11
氨	36	29	80.56
苯系物	22	0	0
一氧化碳	48	0	0
二氧化碳	48	8	16.67
可吸入颗粒物	58	16	27.59
臭氧	12	6	50

① 引自：金宗哲. 室内环境污染探析［J］. 中国建材，2001，6.

中央电视台《经济半小时》曾经报道过一则因家庭装修中使用劣质材料，导致有害物质严重伤害房主身体的消息。报道中的房主在1998年8～10月间，花费10万元请装潢公司装修自己的住宅，装潢结束后经过1个多月的通风，室内依然气味刺鼻，八九个月后，气味非但没有消除，反而更加厉害，在入住的两年中，房主先后得了乳头状瘤和慢性咽炎。2000年11月，经过中国预防医学科学院环境卫生监测所的测定，室内书房空气的甲醛浓度达每立方米2.58mg，而国家标准为0.08mg/m³，也就是说，该住宅在装修结束两年之后，室内空气甲醛浓度依然超出国家标准32倍多，而导致室内空气严重污染的罪魁祸首就是劣质的装修材料。2001年5月间，江苏省疾病预防控制中心环境与放射防护科对南京市20多家新装修的居民住宅进行检测，发现所有人家室内空气中的甲醛含量全部超标，最高超标达20多倍，许多居民因此而患上了多种疾病①。像《室内污染生出首例畸形女》②等类似的报道几乎天天可以见诸报端，可见由于有毒物质含量过高而引起的室内空气质量下降，造成对人体的伤害已经到了十分严重的程度。

目前，多数人对自己的生活和工作空间到底会如何影响自己的身体健康没有足够的认识。而要正确了解环境对健康的影响，就必须首先清楚健康的标准是什么。对于健康，我国1979年版《辞海》的定义是："人体各器官系统发育良好，功能正常，体质健壮，精力充沛并且有良好劳动效能的状态。通常用人体测量、体格检查和各种生理指标来衡量。"1999年新版《辞海》则修改为："人体各器官系统发育良好，功能正常，体质健壮，精力充沛并具备健全的身心和社会适应能力的状态，通常用人体测量、体格检查，各种生理和心理指标来衡量。"而世界卫生组织（WHO）的定义则是"在身体上，精神上，社会上完全处于良好的状态，而不只是没有疾病或虚弱"。由此看来，过去那种仅仅满足于身体没有疾病的观念是非常片面的，健康所要追求的应该是一种整体状态下的完满。

在类似于上面的例子中，室内空气的污染已经造成了明显的身体疾病，因而引起了房主及有关部门的重视，但是一些表面上很难看出但实际上却已经严重伤害或潜在伤害人们健康的例子，往往并没有受到人们的注意和重视。一些失败的建筑方法，以前和现在都一直在威胁着人类的健康。"病态建筑综合症"（Sick Building Syndrome）就是一个典型的例子，据美国的统计资料表明：大约有1/5～1/3的大楼是容易使人患上"病态建筑综合症"的"病态建筑"（Sick Building），其中的工作人员，有20%会感到身体不适③，从而影响员工的工作效率和身心健康，长此以往，甚至会导致病变的发生（表9-6）。

室内常见有害物质对人体健康影响一览表　　　　　　　　　　　表9-6

有害物质名称	有害物质来源	对人体健康的影响
二氧化硫	灶具不完全燃烧	呼吸道功能衰退、慢性呼吸疾病、早亡
一氧化碳	灶具不完全燃烧	窒息死亡
二氧化氮	电炉使用中的电化反应等	肺损害、慢性结膜炎、视神经萎缩
氨气	建筑材料、作为防冻剂的尿素	头昏、不适、黏膜刺激
苯	透明或彩色聚氨酯涂料，过氯乙烯、苯乙烯焦油防潮内墙涂料，密封填料	抑制人体造血功能，造成白细胞、红细胞或血小板减少，对神经系统产生危害，具体表现为头痛、不适、黏膜刺激、发炎、肝损害、不育（二甲苯）

① 参见：《南京晨报》2001年5月30日。

② 参见：《扬子晚报》2001年5月19日。

③ 参见：Thomas Schmitz-Günther, Loren E. Abraham, Thomas A. Fisher. Living Space ［M］. English Edition. Cologne：Könemann，1999.

有害物质名称	有害物质来源	对人体健康的影响
酯	聚醋酸乙烯胶粘剂（白乳胶）、水性10号塑料地板胶、水乳性PAA地板胶	对人体黏膜有刺激性，能引起结膜炎、咽喉炎等疾病
醛	硬质纤维板、木屑纤维板、胶合板、801胶、脲甲醛树脂与木材蚀花板、人造纤维板、强化木地板	对皮肤和黏膜有强烈刺激，会引起皮肤黏膜炎症，引起头痛、乏力、心悸、失眠，对神经系统不利
丙烯腈	丙烯酸系列合成地毯、窗帘	引起结肠癌、肺癌
聚氯乙烯（PVC）聚苯乙烯（PS）	塑料墙纸、塑料地板、地板块，塑料制品、工程塑料护墙板、百叶窗	致癌
五氯苯酚	木制品（防虫剂等）	头昏
呋喃	塑料制品、地板、地毯（阻燃剂、柔软剂等）	致癌
含氯氟烃（CFC）	涂料、胶粘剂等	刺激皮肤，致癌，肝、肾损害
多环芳烃（PAH）	烹调、加热用气（煤）、汽车尾气等	致癌、致畸
苯并（a）芘（BaP）	烹调油烟、灶具燃烧	致癌、致畸
氡气	砖、砂、石材、土壤、陶瓷等	肺癌
真菌、细菌	室内霉斑、螨虫、虱子等小昆虫	过敏，人体内部机体组织尤其是肺损害
电磁雾	通电导线、家用电器、电脑、电热毯、手机等	致癌、白血病、神经疾病、心脏疾病、抑郁症、失眠
空气中的悬浮颗粒	灰尘、粉尘及其他大气污染	肺部疾病等

所以，只有在避免了有毒物质和有害材料的情况下，才有可能获得健康的室内环境。生活在工业化国家中的人们几乎每天都在被迫品尝由无数的化学和人造材料混合而成的"鸡尾酒"，更为糟糕的是，我们目前还很难知道这种"鸡尾酒"对于健康的确切影响。

9.5.2.2 室内环境中常见空气污染物分析

室内环境中空气污染物的构成十分复杂，其对人体的危害机理和危害程度也远没有搞清，在此只能就目前所知常见的主要污染物质作一简单的分析。

1. 二氧化碳（CO_2）

二氧化碳是空气中的自然成分，在自然界中，二氧化碳的产生与消耗会达到自然的平衡，但是在各种人为条件下，这种平衡就有可能被打破，导致空气中二氧化碳成分的增加。由于二氧化碳的增加而造成的温室效应以及全球气候变暖，已经给人类带来了巨大的灾难，如果不加以制止，人类的生存将遭到巨大的威胁。

室内空气中二氧化碳的含量对人体健康有着直接的影响。二氧化碳浓度过高，会造成人们主观上的不良感觉，影响工作状态，降低工作效率，严重时则会造成身体伤害，甚至窒息死亡。在室内，二氧化碳主要是由人的呼吸、灶具的燃烧，以及某些特殊设备所产生的，在产生二氧化碳的同时，氧气也被大量地消耗，从而造成空气质量的下降。

由于二氧化碳超标而造成空气质量下降的情况，多发生于有大量人流集中或者有燃烧加热设备并且密封性能较好的地方，如影剧院、候车室、会议室、通风不良的交通工具以及居住建筑的室内，尤其是厨房间。对于居住建筑，人们每天在其内度过的固定时间多于其他建筑，居住建筑室内的空气品质主要与建筑及装修材料、人的活动以及房间的通风状况有关。在居室内，二氧化碳是人最主要的产出物，另外各种灶具和燃烧型加热设备如煤气热水器等也是二氧化碳的主要源头，二氧化碳的浓度是室内空气品质的重要衡量指标，同时也是室内通风状况的反映。室内空气质量与二氧化碳浓度之间的关系见表9-7。

二氧化碳浓度与空气品质 表 9-7

空气品质	二氧化碳浓度（%）	空气品质	二氧化碳浓度（%）
良	0.07	不良	0.20～0.50
可	0.07～0.10	差	0.50 以上
尚可	0.10～0.20	危险	1.00 以上

金宗哲. 室内环境污染探析 [J]. 中国建材, 2001, 6

美国环保局的工作人员曾对工作单位、工厂车间、商店、拥挤的大街和家庭的各个房间进行全天的检测，让人吃惊的是，污染最严重的地方不是别处，正是家庭的厨房①。在我国，由于居民特殊的烹调习惯，厨房更会遭受严重的油烟污染。增加厨房的通风换气性能是厨房二氧化碳污染保持在较低状态的最简单也是行之有效的方法。我们可以从表 9-8 中看出换气次数与厨房空气质量之间的关系。设计时，应该充分注意这一点。

换气次数与厨房空气质量之间的关系 表 9-8

通风换气次数	<5	5～8	8～12	>12
厨房空气质量	差	中	良	优

2. 二氧化硫（SO₂）和一氧化碳（CO）

室内的二氧化硫和一氧化碳多由灶具的不充分燃烧以及发生火灾时燃烧建材所产生，在家庭中尤其以用煤作为主要燃料的厨房，以及煤气热水器安装在封闭的卫生间中时，情况更为严重。二氧化硫可以导致呼吸道功能衰退、慢性呼吸疾病、早亡。据有关资料记载，在 1952 年 12 月英国伦敦发生的严重大气污染事件——"烟雾事件"中，随着空气中二氧化硫和飘尘浓度的增大，伦敦市民死亡人数剧增，总计有 4000 人左右②。一氧化碳则会导致人员中毒死亡，每年因为煤气热水器产生的一氧化碳而中毒死亡的案例不计其数，因此在室内环境设计时，应该严格按照有关要求，绝对禁止将煤气热水器安装在浴室之内，另外还必须保证热水器排气管道的畅通。

3. 二氧化氮（NO₂）

使用电炉会因"电化反应"产生大量的二氧化氮，它们与人体呼吸道中的碱性物质反应，生成硝酸和亚硝酸。二氧化氮的毒性是一氧化氮的 4 倍，它对人的眼睛有强烈的刺激作用，能引起慢性结膜炎和视神经萎缩等一系列疾病，还可引起肺损害。

4. 氨气

室内空气中的氨气一方面来自于室内装饰材料的挥发，但从检测的场所来看，来自于建筑结构中的氨气也占了很大的比例，除一部分直接来自于材料本身以外，有些则是违规施工而造成的，如某些施工单位在进行冬季施工时，在材料中加入尿素作为防冻剂，投入使用后，随着温度、湿度等环境因素的变化，氨气便会缓慢地散发出来，造成室内空气氨浓度过高。

5. 臭氧

室内空气中臭氧的存在并处于较高的浓度，除主要源自于紫外线的照射，还可来自于电器（电脑、复印机等）的日常使用。

---

① 参见：《南京晨报》2001 年 5 月 30 日。
② 参见：《扬子晚报》2001 年 5 月 19 日。

6. 甲醛（HCHO）

甲醛是醛类的一种，它还有另一个俗称：蚁醛。常温下呈气体状态，有强烈的刺激气味，易溶于水，33%的甲醛水溶液又称福尔马林，是浸制标本的防腐液。甲醛在有机合成工业中是个重要角色，也是生产酚醛胶和三聚氰胺树脂所必需的原料。甲醛分子所具有的不稳定性及反应性，生物学上就表现为它的毒性。它可以破坏蛋白质使其凝固硬化，刺激黏膜发炎，刺激眼睛和呼吸道，使人头痛、恶心，长期置于甲醛浓度较高的环境之中，易诱发严重疾病。急性的甲醛中毒可使人失去知觉甚至导致死亡。

室内空气中甲醛的来源主要有两个：一个是建筑材料、室内装饰材料和生活用品中甲醛的挥发。室内装修中常用的材料，如塑料、化纤制品、各类夹板、细木工板、中密度板、强化木地板等都含有甲醛成分；另一个来源则是燃料和烟叶的不完全燃烧。因此在采用集中供暖和不禁止吸烟的新建办公场所，空气中的甲醛浓度较高，必然对人体产生健康危害。

7. 多环芳烃（PAHs）

在室内，多环芳烃主要来自于居民烹调、加热用气或用煤，在室外则来自于汽车尾气。多环芳烃是环境中广泛存在的一类具有致癌、致畸活性的有机污染物，占所有致癌物质的1/3以上，对环境和人体的危害较大。

苯并［a］芘（BaP）是一种具有强致癌、致畸活性的多环芳烃，研究表明，空气中苯并［a］芘浓度与人体肺癌发病率呈正相关，而且空气中苯并［a］芘浓度与其他多环芳烃浓度之间存在良好的相关性，因此，可将空气中苯并［a］芘的污染浓度作为多环芳烃污染水平的重要指标。

8. 其他挥发性有机化合物（VOCs）

挥发性有机化合物指在一般压力条件下，沸点（或熔点）低于或等于250℃的任何有机化合物。挥发性有机化合物是建筑室内最普通的健康危害源，它们主要来自于胶粘剂、涂料、涂料稀释剂和涂料去除剂中的有机溶剂，包括甲苯、二甲苯、丙酮、甲醇、丁酮、松脂和乙二醇以及含氯氟烃（CFC）等，除了这些以外，还有许多其他的溶剂会对健康构成危害。另有一些溶剂对光化学污染有促进作用，而且当大量吸入时会产生麻醉作用。暴露于这些物质中所产生的症状，轻则感到头痛不适和黏膜刺激、发炎，重则导致人体脏器的损害。例如，甲苯能够导致神经系统损害，可能还会导致肝损害；二甲苯则是一种能够导致不育的强烈致病物质。

含氯氟烃中最危险的是 Dichlorethane，会刺激皮肤，有致癌的作用，尤其是对肝脏和肾脏有强烈的损害。另一种就是 Dichloromethane，也是一种致癌物质。挥发性有机化合物的特点是在施工中大量挥发，在使用中缓慢挥发。含氯氟烃一般用于制冷剂、各种泡沫材料中的发泡剂和罐装喷雾剂中的发射剂。

即使是来自于天然染料的溶剂，也对人体健康有害，但与产自于石油化工工业的溶剂相比，其危害程度要小得多。

9. 氡气

氡是一种人们目前还知之甚少的危险的放射性气体，它是土壤或岩石中的天然铀、镭、钍等放射性元素衰变过程中的产物。最近的研究发现，在以前的联邦德国，每年几乎有2500例肺癌死者是由于暴露于氡气而致病死亡的，仅次于因吸烟而导致的肺癌死亡率[①]。另据法国核安全预防所的研究统计，氡是法国居民遭受自然辐射的最重要因素，占所有日常对人体造成放射性影响因素的34%。从1982年开始法国核安全预防所先后对全国1万多个乡村、市镇进行了

---

① 参见：Thomas Schmitz-Günther, Loren E. Abraham, Thomas A. Fisher. Living Space ［M］. English Edition. Cologne：Könemann, 1999.

居室内氡含量测定，其中有 0.5% 的住房氡含量超过 1000Bq/m³，而国家规定的警戒值是 400 Bq/m³①。有关的辐射防护机构建议对长时期内平均监测数据在 250Bq/m³ 以上的区域进行彻底的净化。在美国，氡气每年导致了大约 2 万人的死亡②。在美国的部分地区，含氡量达到 150Bq/m³ 的建筑必须强制更新③。在美国，人们可以从"美国地质调查地图"来了解某地区铀元素沉积的情况。

室内的的氡气主要来自于花岗石、陶瓷制品、砖、砂、水泥及石膏等建筑与装修材料。1998 年我国国家技术监督局、建材放射性物质监测中心对 61 家企业的 108 种建材产品进行氡气检测，合格率为 73%，福建、广东、广西花岗石超标，辽宁杜鹃绿、杜鹃红品种超标 3~5 倍④。按国标 GB/T16146-1995 规定，现有住房设计水平为 200 Bq/m³，新建住房设计水平为 100 Bq/m³。

在选择上述建筑与室内装修材料时，应格外注意其放射性指标，如有条件，可请有关部门加以检测。专家认为，经常进行室内通风，改善墙壁及其他建筑结构的密封性，是减少居室内氡气放射污染的最好办法。

氡气通常还能在地下室和下层建筑中检测到，其读数也可以用于对建筑所在基地土壤污染程度的评估，在这种情况下，可以采取一些补救措施，如隔离地下室、加强室内空气的流通、采取机械通风等。

对于氡气放射性污染对人体构成的损害，尽管已经媒体多方报道，也有少数居民有所了解，但目前为止，还没有引起我国国民的足够重视，在一般的城市中，市场上目前也很难见到备有有关检测部门放射性检测报告或合格证书的石材供应商。

虽然我们不应谈虎色变，因某些石材或陶瓷制品中含有氡而放弃这类材料的使用，但也绝不能等闲视之，因为氡所引起的危害绝不像某些人所认为的那样是危言耸听，只是我们目前还没有充分意识到，因此有关部门应该加强这方面的研究和宣传。根据我国的有关标准，石材的放射性等级可分为 A、B、C 三类，其中只有 A 类石材才适用于家庭的室内装修，B 类石材可适用于商场等公共空间，而 C 类石材只能用于公路桥梁等设施。

10. 呼吸性微粒与纤维

除了由化学物质所造成的健康危害，各种矿物质纤维和微粒也是人们所关注的一大危害源。一些矿物质纤维（如石棉）可引起包括肺尘病（石棉沉着病）及间皮瘤（肺癌）在内的多种肺病。其他引起人们注意的矿物质纤维还有玻璃纤维和矿棉等。它们对（眼、鼻、喉）黏膜有刺激作用。这些矿物质还会引起皮疹和发痒，特别是在计算机前工作的人中间这种症状更加明显，因为带有电荷的视觉显示装置会吸引这些刺激物质。这些刺激纤维存在于吸声顶棚的面层及可移动的办公室隔断上，并且很可能是某些病态建筑综合症的起因。

在室内环境中，石棉纤维通过自然风化和不当的清洁过程而脱落，即使在一些所谓的洁净区，也记录到每立方米空气中有 50 个石棉纤维，在一些高积聚区，每立方米空气中的石棉纤维含量能够高达 1000 个。石棉在建筑中广泛应用于防火、隔声、管道和锅炉的隔热，以及墙面和顶棚的装饰。1974 年，美国开始禁止石棉在建筑中的应用，1986 年通过了"石棉危害紧急应对条例"，要求所有的学校都要在 1989 年 5 月之前接受检查，并递交整治污染的计划，或者清除石棉污染物。1988 年，美国国家 EPA 估计，全国有 760000 座建筑物含有石棉，也就是说，每 7 座商业和公共建筑中就有一座使用了石棉，其中包括 30000 所学校，这表明了室内环境中空气质

---

① 引自：杨志华. 开放性的室内生态系统与绿色的室内环境［J］. 室内设计与装修，2001，4.
② 参见：金宗哲. 室内环境污染探析［J］. 中国建材，2001，6.
③ 参见：柳孝图，林其标，沈天行. 人与物理环境［M］. 北京：中国建筑工业出版社，1996.
④ 参见：Thomas Schmitz-Günther，Loren E. Abraham，Thomas A. Fisher. Living Space［M］. English Edition. Cologne：Könemann，1999.

量危害的严重程度，而我国目前的状况也不容乐观。据测算，在美国，要从这些建筑中将石棉清除需耗资 500~2000 亿美元，而实际上在 1993 年以前就已经花去了 100 亿美元①。

针对石棉的清除问题，许多人目前持批评的态度。在大多数情况下，清除石棉是没有必要的，因为不恰当的清除会使原来静止的石棉纤维向外扩散，这样反而会增加对健康的危害，所以如果石棉在建筑中还不会马上产生空气中悬浮纤维的污染危害，那么就不应该采取清除的办法，而应将现有的石棉材料封裹起来以防止石棉纤维向空气中释放。

玻璃纤维和矿物纤维，如那些用于隔热和隔声的纤维材料也可能有致癌的危险，不管这些材料是完好的还是已经破损的，都必须更换。在德国，这些隔热材料和产品最近已开始被不会致癌的可生物降解的其他纤维所代替。

11. 尘螨

每克室内灰尘可含有一万个被称为尘螨的极微小的虫体。这些螨虫大约每天吞吃掉从我们人体脱落下来的 5000 万块鳞皮。美国大约有 10%~15% 的人对尘螨（特别是对其在地毯上及其他物体表面上的排泄物）有过敏反应。这些排泄物附着力极强，其潜在的过敏源可在地毯及物体表面滞留数月之久。建筑物内每平方米物体的表面上有 1000~10000 个螨虫。螨虫在湿度低于50% 的情况下无法存活②。因此把气温保持在 21℃，湿度低于 50% 即可有效地抑制螨虫的生长，但是当气温升高时，则应相应地降低湿度以防止螨虫的生长。

12. 真菌和细菌

由螨虫和虱子、跳蚤等带来的霉菌真菌孢子是室内最常见的过敏源。如果免疫系统本来就较弱，就有可能造成对内部机体组织、尤其是肺部的损害，最后导致机体衰弱甚至招致致命疾病。霉菌的真菌孢子一般是由于通风不良、过度潮湿和其他一些建筑缺陷，如不良的隔热、空气和水的滴漏以及热桥等所造成的，地下室由于潮湿问题而成为霉菌孢子最通常的产生源头，任何会产生凝结水的较冷表面也会助长霉菌的孳生。

一些悬浮在空气中的生物污染物，是人类健康的另一种危害源，尤其是对于那些免疫系统较弱的人则更是如此。"军团病"的致病源——臭名昭著的军团细菌就是一个典型的例子。这种病菌在 1976 年美国费城举行"美国军团大会"期间被首次发现。军团细菌在温暖的水中孳生、繁殖，它们在水中时并没有多大的危害，但是如果被污染的水扩散到空气之中，这些细菌就会悬浮在空气中，随着空气而循环，最后，当它们被人吸入体内后，就会引起症状类似于流感的感染，而且能够发展为严重的肺炎。这些生物污染很典型地是借助于机械设施而扩散、传播的，如空气增湿器、维护不良的空调制冷设施，甚至是热水盆。细菌在 30~40℃ 繁殖力最强，但要几天时间才能达到足够的临界数量，所以将不常用的热水管和旧的热水器保持在节能的温度状态就显得十分必要。任何制冷设备都应该仔细维护或及时更换。

13. 病毒

尽管许多病毒在离开人体后就会死亡，但呼吸道病毒（如流感病毒等）仍然是招致每年大量工作日损失的罪魁祸首。人群是室内空气中病毒的主要来源。芬兰近期的一项研究发现，与拥有个人办公室的人相比，那些在有集中空调的建筑物内集体办公的工作人员患感冒的可能性增加了 30%。同样，住在有集中空调设备的营房中的士兵比那些住在窗户可以随意打开及仅用机械式排风设备的营房中的士兵更易患呼吸道疾病。经常性的开窗换气、让房间接纳更多的阳光照射、室内定期的消毒处理、空调设备的仔细维护等都可以减少病毒侵袭的危害。

① 参见：金宗哲. 室内环境污染探析 [J]. 中国建材，2001，6.
② 杨公侠. 建筑·人体·效能——建筑工效学 [M]. 天津：天津科学技术出版社，2000.

14. 电子烟雾

由电力线、电子器件甚至无线电发射台等形成的电磁场（EMF）也能对人的身体健康造成危害，周围环境中的电磁辐射积累起来，就形成了所谓的电子烟雾（Electrosmog）。然而迄今为止，对于电磁辐射对人类身体健康影响的研究还远远不够，因此，对于电子烟雾对人体的危害，至今还没有引起人们的足够重视。但是，事实证明，即使在距离高压输电线 50m 的地方，发生白血病和大脑智力障碍的概率也是其他地方的两倍①。

在我们周围存在着由生命有机体神经系统所产生的自然电磁场（EMF），电磁脉冲以极低的密度刺激并协调生物过程，通过很小的电流调整生物功能。但是这些内在的自然电磁场以及与之相关的灵敏的生物功能正在受到人造设备产生的更为强大的电磁场所干扰，所有运载电流的导线、电动机、电热器以及任何其他用电驱动的设备与家电周围都会产生电磁场。

靠近头部的电磁场，即使强度很弱，也会引起脑电活动的改变。遭受这种影响的病人，其典型的表现为失眠、头痛和疲劳。即使是较小剂量的电磁辐射，对于大脑正常电活动的干扰也可能导致神经系统机能失常，对人们的健康和认知能力有不利的影响。

正如某些人患有化学物质过敏症，会对某些化学物质产生严重过敏一样，最近有报告指出，有些人对电磁辐射也会产生严重过敏，即使是低达 0.5mGs 的很低的电磁辐射也会难以忍受。

9.5.2.3 提高室内环境空气质量的具体措施

室内环境空气质量的保证，必须从建筑与室内环境的设计与建造以及使用者正确的日常使用与维护两个方面来努力。

1. 设计与施工手段

针对上述各种室内污染物在室内的产生与传播特点，在进行建筑与室内环境设计和施工过程中，应该根据建筑所处环境的实际情况以及建筑和室内环境的性质，合理地进行设计和施工。

（1）合理的建筑选址

一旦建筑项目计划已经确定，那么业主与设计师在建筑的初期规划和选址时，就应该对当地的地质、土壤、周围环境等进行认真的调查研究，应该注意避开室外空气污染较为严重的地区，选择自然通风条件较好的地段，不要选择土壤含有放射性污染的基地，注意避开高压输电线路、无线电发射装置等，以免受到先天的电磁污染。

（2）合理的通风、换气设计

改变过去片面注重建筑表面视觉形态而忽视建筑内部环境的做法，合理地进行建筑与室内环境设计。重视建筑物的通风设计，保证建筑室内有良好的通风效果，尤其是在可能大量产生有害物质的空间和有大量人流积聚的场所，如剧场、大型商场等更应该注意通风设计，加大通风量。在进行厨房的通风设计时，应该借助于有关技术产品，保证厨房内的污浊空气能够通过烟道或窗户等及时向外排放，避免户间交叉污染。目前，可供选择的集中排放烟道有变压止回排风道、变压式共用排烟道和 ZR 主支式排烟道等。居民应该选用吸排油烟机作为强制通风的首选设备，严禁使用换气扇直接外排，注意厨房门下应留有进气空隙，保证进气。集中空调设施一定要有新风补给系统，并保证有足够的新风补充到室内。目前，我们还没有什么精确的办法来检测室内的空气质量，以决定当室内空气污染到何种程度时，房间需要换气。表 9-9 汇集了许多学者对于居住建筑换气量的各种建议。

---

① 参见：Thomas Schmitz-Günther, Loren E. Abraham, Thomas A. Fisher. Living Space [M]. English Edition. Cologne：Könemann, 1999：43.

对于居住建筑换气量的各种建议

表 9-9

建议者及所在国家	房间名称	换气量（m³/h）
法国，L. Leclere	起居室，地板面积<15m² 　　　　地板面积>15m²	30 60
斯堪的纳维亚，J. Rydberg	起居室 厨房 浴室	40 80 60
前苏联，Zarivaiskaia	居住	45~60
德国，W. Kruger	起居室 厨房 浴室 厕所	15~25 50 60 30
法国，P. Jardinier J. Simont	一居室公寓 　起居室 　厨房 　浴室 　厕所 二居室公寓 　起居室 　浴室 　厕所 三居室公寓 　起居室 　浴室 　厕所	 60 30 30 15 70 45 15 80 60 15
德国，G. Ende	旅馆客房 地板面积，15m²/人 净高<4m 净高>4m	 30~40 40~60
前苏联，CNR & 1-71	居住建筑 起居室 厨房（供应煤气） 浴室 厕所	 3（每人每平方米地板面积） 2个灶眼：60 3个灶眼：75 4个灶眼：90 25 25
前苏联，M. T. Dmitrieva	厨房（使用电灶）	2个灶眼：84 3个灶眼：126

金宗哲. 室内环境污染探析［J］. 中国建材，2001，6.

（3）绿色的建筑装修材料与室内陈设品

选用环保型的建筑与室内装修材料，是减少室内环境污染的有效手段，所以，在选择建筑与室内装修材料时应该严格把关，尽量引进不含或少含有害成分的建筑与装修材料，严格按照有关规定施工，不以次充好、不违规使用有毒的添加剂。

家具是室内环境中的主要陈设品，在家具材料与家具的制作过程中所用的各种胶粘剂、油漆等是室内有毒物质的主要来源。因此，对于家具生产厂家来说，应该本着对用户负责、对环境负责的态度，在家具制作过程中严格执行国家的有关标准。对于室内设计师和用户来说，则应该提高自身的环境保护和自我保护意识，避免选用和购买不符合国家规定的家具与其他室内陈设品。

（4）合格的室内电器，正确的摆放位置与电力布线

选用合格的室内用品和设备，并严格按照设备要求进行布置、安装和使用，这是保证室内不受或少受电磁污染的必要手段。

离开电器越远，电磁感应作用就会越小，在布置电器时，应该时刻牢记这一点。电磁场的强度随着距离的增大而减小。举例来说，在头部20cm处，一部使用交流电的普通闹钟式收音机所产生的电磁场强度与高压输电线相同，但是，如果将距离增大至90cm，电磁场强度几乎可以降低为零。这一近似于手臂长度的距离可以应用于几乎所有的电器布置。电热器、彩电和保险丝盒所产生感应电场的强度可达到50mGs，但是，只要离开这些设备2m以上，就不会有什么安全问题。

合理地规划布置各类电力线路在室内的走向，尽量避开人经常出现的位置，是设计中另一个应该注意的事项。在卧床周围应划出一个不存在任何导线或电器的无导线区域，如果必须布置电线的话，可以在此部位使用屏蔽电缆。也可以将这一区域设计成一个独立的电路，以保证在切断这一电路以后线路中没有任何电流通过（图9-71）。

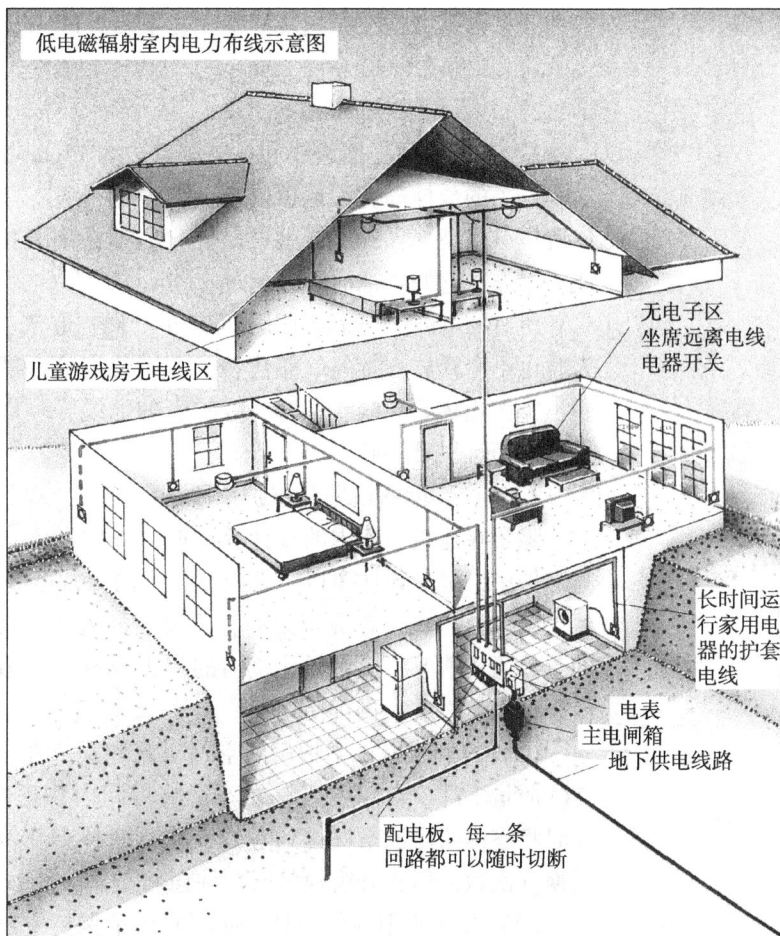

低电磁辐射室内电力布线示意图

无电子区
坐席远离电线
电器开关

儿童游戏房无电线区

长时间运行家用电器的护套电线

电表
主电闸箱
地下供电线路

配电板，每一条
回路都可以随时切断

图9-71 形成独立回路的电路示意图

在室内电路布线之前，预先详细地作好线路的布线计划是绝对有必要的，因为我们必须知道各种电器的具体位置、运行电流强度、运行电压和操作方式，以及哪些电器必须常年通电，哪些电器仅在使用时才需要暂时与电源相连，从而安排适当的线路容量，导线的尺寸规格、插座的类型等等。各种接线盒在墙面和顶棚上的位置都必须在建筑的平面图上标注出来。另外电线的总接入端、电表、主要配电板以及任何二级配电板和低压电器转换器的位置和尺寸等也都应该预先在设计图中标注出来。电器布局设计还应该包括所有现场发电设备，如应急发电系统、光电板及其相关的组件等。

室内的用电设施、灯具等，也应该在室内电器计划中一并完成，这包括它们的位置、所有的开关和控制器等。这样可以避免因为考虑不周而重新铺设额外电线而穿墙挖洞，或者横穿房间加接接线板、电视电缆、电话线等。完善的电器安装计划还包括对房间功能的考虑，因为不同房间的用电需求是不同的，家庭办公室所需的插座就要比儿童房多得多。另外，还可以在今后可能会增加电器的地方预先铺设穿线管道，以备今后万一需要时临时连接。

设置接地线非常重要。所有有接地要求的电器均应与接地线联结，这不仅可以减少出现危险的可能性，而且还可以防止静电的产生，使整个建筑系统的电位达到平衡。在浴室的金属排水管之间安装二级电位平衡器是十分必要的。但在许多现代家庭，这些管子是由人造材料制成的，就不存在这样的问题。

要想保证电线不会在室内装修时碰巧被螺钉等损坏，最好在特别的布线区域内铺设电线和

各种开关插座,这在家庭装修中尤为重要。这一安装区通常为:

1)顶棚以下 40cm;

2)地面以上 40cm;

3)各类墙角、墙边线和各类洞口边缘 15cm[①]。

开关的最佳高度为地板以上 1.2m,在厨房、工作室等房间中,工作面附近的插座和开关的位置应该略高一点,这样就可以使它们不会离工作面太近,但是,为了使开关和其他控制装置便于操作,它们离地面不宜超过 1.4m。

所有的电线一般都应该用 PVC 护套保护起来,如果这些护套埋在抹灰之下,那么即使在失火时也不会释放有毒的二氧化物,否则使用这些塑料制品也是成问题的。现在,新开发出了一些不含卤化物的导线或带有屏蔽护套的电缆,可以将导线的电磁场屏蔽起来,但是其价格十分昂贵,而且很难买到。

2. 室内环境的使用与维护手段

除了在建筑与室内的设计及建造过程中采取适当的措施外,在建筑与室内环境的日常使用与维护中,也应该注意以下几点,使室内保持良好的运行状态。

(1)在室内装修完成之后,不要立即入住或使用,应该打开房间的门窗,在保持房间良好的对外通风情况下,尽量让室内的有害成分向外散发,经过一段时间后,等室内有害成分含量低于标准值之后,再行使用。

(2)人们常常由于怕房间空气对流和损失能量而不愿打开门窗,导致房间通风不良,造成空气质量下降。实际上应该在不影响房间内物理舒适度的情况下,经常保持房间的通风换气,及时将室内的污浊空气排到室外,并不断补充新鲜空气。对于空调房间,也应该保证必要的通风换气次数,但在开窗换气时应注意将空调关闭,以免不必要的能量浪费。

(3)合理使用各种灶具,使用时尽量保持空气流通,防止燃烧时产生的有害物质在室内积聚。不要在房间中尤其是空调房间中吸烟,吸烟不仅直接危害吸烟者本人的身体健康,其对环境造成的污染,会影响其他人的身体健康,据研究,被动吸烟比主动吸烟危害更大。

(4)保持房间的清洁与干燥,降低室内空气中悬浮颗粒的数量,减少室内病毒、细菌、真菌、螨虫等的孳生条件。

(5)不使用各种不符合绿色标准的防虫剂和防霉剂。

(6)不要在人流拥挤、空气污浊的室内环境中长时间停留,其中以车站、大型商场、电影院等场所较为典型。有专家建议,居民在全空调的大型商场中的逛店时间不应超过 2h。在这类百货商场中,由于人流量极大,室内空间的面积也极大,往往造成空调新风补给不足,导致空气中二氧化碳等有害成分激增。另外,多数商场的商品类型和展出与出售方式也经常处于变动之中,局部的重新装修经常不断,但装修区与正常营业区之间往往只有视线上的阻隔,装修中散发出来的各种有害物质直接进入营业区,造成整个商场空气质量的下降,在这样的环境中长时间逗留,势必造成身体的伤害。

(7)减小由电器产生的电磁场污染,这是电器生产厂家义不容辞的责任,但是作为使用者,树立正确的自我保护意识也非常重要。一些主要用于卧室和儿童房中的电器,如电视机、闹钟式收音机等应该有屏幕保护和接地,这些设备中多数与电磁场污染有很大的关系,尤其是当它们靠近头部或身体时情况更为严重。一些必须靠近身体使用的电器,如剃须刀、电吹风、电热毯等等,应该尽可能少用。电剃须刀和电热毯等会直接在人体皮肤上产生非常强大

---

① 参见:Thomas Schmitz-Günther, Loren E. Abraham, Thomas A. Fisher. Living Space [M]. English Edition. Cologne:Könemann, 1999:43.

的电磁场，其强度高达 10000nT（30~40mGs）[1]，这一强度足以点亮普通的插座检测仪。电热毯也许是卧室中最为严重的电磁危害源，这种电热设备根本就不应该使用，普通暖水瓶、热水袋等传统方式永远都是最好的暖床手段。荧光灯和调光开关也会产生强大的磁场（50mGs），用于门铃（100mGs）和低压电灯等低压系统中的变压器也是这样。带有变压器的电器在使用结束后，应该及时拔下插头。其他的电器，如电吹风、电炉灶等周围都会产生极高的磁场强度，但是，由于它们使用的时间一般不长，因此，比那些长时间持续使用的电器所产生的危害要小得多。

在使用较旧的家用电器时，应该记住，它们必须始终保持正确的正负极相位。即电器的相位必须与电缆中的相位相匹配。如果相位相反，电器照样可以运转，但会产生更强的电磁场。研究表明，简单地调转一下插头就可以减少 90% 的磁场强度[2]。许多现代电器插头只能单向插入插座之中，从而消除了这一问题，当然，前提是插座的正负极接线必须准确。

（8）合理利用绿化吸收空气中的有害物质。许多植物都有净化空气的作用，如吊兰、盆竹、鸭跖草等对甲醛有良好的吸收作用，新装修的室内，可以多放置一些，以便加快室内有害气体浓度的降低。但是，室内绿化的使用，也应该因地制宜。并不是所有的地方绿化都越多越好，因为一般的植物在白天进行光合作用时，会吸收二氧化碳、一氧化碳、甲醛等有害气体，释放出氧气。但在晚间，则正好相反，非但不释放氧气，反而会吸收氧气，从而导致室内含氧量的减少。因此，如卧室等晚间使用的房间，就不宜放置过多的植物。另外，许多植物对某些人来讲，可能会成为过敏源，尤其是婴幼儿，对花草（特别是某些花粉）过敏的比例比成年人要高得多，诸如广玉兰、绣球、万年青、迎春花等花草的茎、叶、花都可能引发婴幼儿的皮肤过敏，而仙人掌、仙人球、虎刺梅等带刺的植物，则很容易伤人，因此一般婴幼儿卧室不宜放置。

影响室内空气质量的因素是多方面的，室内空气质量的好坏是各种相关因素共同作用的结果，仅仅关注某些局部的因素是远远不够的。生态建筑与室内环境的设计与使用是一项十分细致的工作，只有一丝不苟地把握好其中的每一个环节，才能使室内达到最佳的生态性能。

过去，在我国物质生活和精神生活水平普遍较低的情况下，人们对于建筑与室内条件的追求，往往仅满足于有足够的面积与齐全的室内用品，随着人们物质生活和精神生活水平的提高，人们开始注意建筑与室内环境的艺术品位，但对于室内空气质量的关注却远远不够。近年来，随着"病态建筑综合症"危害的不断加强以及"亚健康"概念的提出，人们对于"健康"的含义有了新的认识，人们对于室内空气质量的关注逐渐加强，但是，由于室内环境空气质量的提高有赖于建筑各方面的协同作用，其形成机理十分复杂，要想达到绿色标准并非易事，只有在设计和施工过程以及日后的使用与维护两个方面着手，才能达到理想的要求。

9.5.3　室内热舒适程度

尽管从界面的特征来说，室内环境系统相对来讲具有较强的封闭性，但从室内热环境的角度上来讲，则是在室内外能量的交换流动以及室内各部分之间的能量循环来实现动态平衡的。具体来讲，室内外空间通过形成此空间的各种界面元素，如墙体、屋顶、地面、门窗、洞口等进行热量的交换，同时室内的一切包容物，如人体、植物、电器、炉灶等则以各自不同的方式吸收或散发热量，参与室内的能量循环。室内热环境就是在这种能量交换中形成的。

9.5.3.1　室内热舒适环境的影响因素

室内热舒适环境是由温度、湿度、空气流速、换气次数和大气压等条件的综合作用而决定的。

---

[1][2]　参见：Thomas Schmitz-Günther, Loren E. Abraham, Thomas A. Fisher. Living Space［M］. English Edition. Cologne：Könemann, 1999.

1. 温度

温度以人体皮肤感觉为依据。在热的条件下，皮肤的湿润程度是衡量舒适的主要因素，当汗水不能蒸发时，人们就会感到不舒服。在冷的条件下，皮肤的表面温度，是衡量舒适的主要因素。手脚和鼻子感到冷冻，就很不舒服。实际上，房间中的舒适温度，除了与房间的实际温度有关外，还与人在房间中的穿着、人的活动情况以及人在房间中停留的时间等因素有关。

1923~1925 年，霍顿（Houghton）、亚格洛（Yaglou）和米勒（Miller）在英国采暖与通风工程师学会的科学实验室里提出了"有效温度"（Effective Temperature，简写为 ET）的概念，是指人在不同温度、湿度和风速的综合作用下所产生的热感觉指标。它是以气流不动，即风速为 0，而相对湿度为 100% 的条件下使人产生某种热感觉的空气温度，来代表在不同风速，不同相对湿度，不同空气温度条件下使人产生同样的热感觉。之后，又有许多科学家致力于这一方面的研究，并进一步提出了更为全面的衡量标准，其中"标准有效温度"（Standard Effective Temperature，简写为 SET）是由盖奇（Gagge）及其同事们根据生理条件制定的一项合理的热舒适指标，是对以前的评价指标的进一步发展，表 9-10 列出了人对于标准有效温度（SET）的热反应与可能出现的健康状态。

人对于标准有效温度（SET）的热反应　　　　　　　　　　表 9-10

SET（℃）	热感觉	不舒适程度	人体的温度调节	健康状态
		难以忍受	皮肤不能蒸发水分	
40				
	很热	很不舒服		中暑的危险增加
	热	不舒服		
35				
			血管内血流量、排汗量增加	
	暖和	稍不舒服		
30				
			无明显排汗	
	稍暖和			
25				正常健康状态
	中和	舒适	血管收缩	
	稍凉爽			
20				
	凉爽	稍不舒服		口干舌燥
15			行为改变	
	冷			全身循环受到削弱
			开始寒颤	
10	很冷	不舒服		

柳孝图，林其标，沈天行. 人与物理环境［M］. 北京：中国建筑工业出版社，1996.

丹麦学者房格尔（P. O. Fanger）提出的热感觉指标 PMV 以人体热平衡的基本方程式以及心理生理学主观热感觉的等级为出发点，它是迄今为止考虑人体热舒适感诸多有关因素最全面的评价指标。房格尔在人体热平衡方程式的基础上，得出人体的得失热量 Δq 是四个环境参数（气温 t_i、相对湿度 φ_i、环境表面平均温度 θ_i 及气流速度 v）与两个人体参数（新陈代谢率 m、衣服

热阻 R_{cl}）的函数：

$$\Delta q = f\ (t_i,\ \varphi_i,\ \theta_i,\ v,\ m,\ R_{cl})$$

该方程式较全面客观地描述了人与上述六个物理量之间的定量关系。

　　为了在已知室内各种气候参数的情况下确定人体的热感觉，房格尔提出了PMV-PPD评价方法。PMV是Predicted Mean Vote的缩写，意为表决的平均预测值。它是运用实验及统计的办法，得出热感觉与六个物理量之间的定量函数关系，然后把PMV值按人体的热感觉分成七个等级，见表9-11。

PMV值与人体热感觉　　　　　　　　　　　　　　　　　　　　　　　表9-11

PMV值	-3	-2	-1	0	1	2	3
人体热感觉	很冷	冷	稍冷	舒适	稍热	热	很热

　　通过大量的试验，房格尔获得了一定PMV值时对该热环境感到不满意的人数占总人数的比例PPD值。PPD是Predicted Percentage Dissatisfied的缩写，意为预测不满意的百分比PMV与PPD的关系（图9-72）[①]。使用PMV-PPD曲线，可以获得对热环境的评价。国际标准化组织ISO规定，PMV值在-0.5~0.5之间为室内热舒适指标。这一指标，只有舒适性空调建筑才能做到。

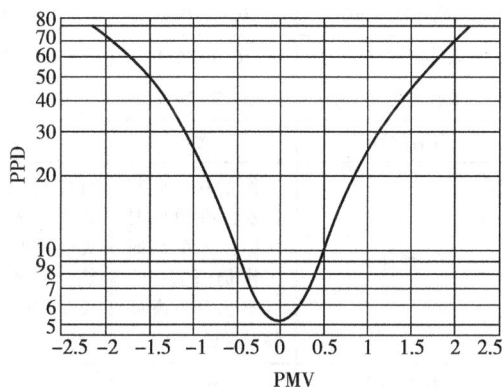

图 9 - 72
PMV - PPD 曲线图

　　在实际设计中，运用上述评价方法是十分复杂的，为此各国都有一个供设计时参考的推荐室内空气温度，美国供暖、制冷及空调工程师协会（ASHRAE），在1981年制定的设计标准，将舒适范围定为：冬季室内空气温度为19.5~25℃，夏季为：23.4~28℃。我国为，冬季：18~22℃，高级建筑及停留时间较长的建筑可取高值，一般建筑及短暂停留的建筑可取低值；夏季：26~28℃，高级建筑及停留时间较长的建筑可取低值，一般建筑及停留时间较短的建筑可取高值[②]。

　　上述推荐温度实际上都具有一定的相对性，具体使用时，应根据室内环境的使用性质、使用具体时间、使用者的个体情况、室外环境温度等条件综合考虑室内空调所应该设定的温度值。但是，在日常生活中我们却常常会遇到许多机械搬运热舒适指标的尴尬局面。在沪宁一带，由于普通家庭、一般场所和公共交通中都没有冬季供热设施，一般居民出行时，通常穿着较厚，但是有些大型商场出于"以热气换人气"的思想，或者由于对室内热舒适指标的机械理解，常按照理论数值来设定空调温度，导致商场室内温度过高，与室外温差过大。顾客进入商场，脱下的厚厚冬装，成为行动的累赘，尤其是带儿童的顾客受害更深，儿童天性好动、忍耐力又差，家长除了要负担他们的衣物，还要忍受他们不停的催促，顾客由此而造成的生理和心理不适，严重影响了他们的购物欲望，因此而提早离店的大有人在。这样做的结果，也造成了能源的巨大浪费，真可谓得不偿失。

　　对于自然通风居室的气候评价指标问题，这里将华南理工大学亚热带建筑研究室提供的室内气候条件对人体舒适感影响的评价分别列于表9-12[③]之中。根据此表，再结合当地气候的具

---

①②　参见：吴硕贤等. 室内环境与设备［M］. 北京：中国建筑工业出版社，1996.
③　参见：柳孝图，林其标，沈天行. 人与物理环境［M］. 北京：中国建筑工业出版社，1996.

体情况，可确定某个地区在一定条件下（如辐射温度、相对湿度、室内风速等）室内气温的下限与上限值。

除了房间内的实际温度以外，太阳辐射对人的热感觉有很大的影响，在同等条件下，增加太阳辐射，会使人增加热感。因此，建筑中的主要房间均应该争取有好的朝向，并且在不影响节能效果的情况下，合理地安排窗户位置和面积，当冬季室内温度较低时，让阳光射进室内，增加辐射热，能使人感觉舒服一些，而且充足的日光照射，有利于人体对钙的摄入。在炎热的夏季，则可以采取适当的遮阳装置，调节阳光的照射程度，防止室内温度过热。

室内气候条件对人体舒适感影响的评价 表 9-12

空气温度（℃）	25.1~27.0	27.1~29.0	29.1~31.0	31.1~32.0	32.1~33.0
黑球温度（℃）	25.6~27.8	27.8~29.7	29.7~32.0	32.5~32.7	33.4~33.5
相对湿度（%）	85~92	84~90	76~80	74~79	74~76
气流速度（m/s）	0.05~0.1	0.05~0.2	0.1~0.2	0.2~0.3	0.2~0.4
人体温度（℃）	36.0~36.4	36.0~36.5	36.2~36.4	36.3~36.6	36.4~36.8
皮肤温度（℃）	29.7~29.9	29.7~32.1	33.1~33.9	33.8~34.6	34.5~35.0
出汗情况	无	无	无	微少	较多
象征	工作愉快，可穿衬衣；有微风时清凉；无微风时工作仍适宜；吃饭不出汗；夜间睡眠舒适	可穿衬衣；有微风时工作舒适；无微风时感到微热，但不出汗；夜间睡眠仍感舒适	感到稍热。有微风时工作尚可；无微风时发出微汗；夜间不易入睡；蒸发散热增加	有风时勉强工作。但较干燥，较热，口渴；有微风时仍出微汗；夜间难睡，主要靠蒸发散热	皮肤出汗；家具表面发热；感觉闷热，工作困难；虽有风，工作仍费劲
生理感觉	凉爽	舒适	稍热	较热	过热
主观评价	愉快	合适	尚可	勉强	难受

注：黑球温度——热辐射温度。

人对周围环境的冷热感，还与周围物体的质感有关，如表面光滑的花岗石、大理石、不锈钢等金属制品、玻璃等会给人以冷感，因此此类材料不宜在与人经常直接接触的地方使用，如家庭中的墙面，尤其是卧室中，这些地方应该尽量采用一些比较柔软、毛糙的织物制品、木制品，如墙布、地毯、木地板等。有些地区出现的在家庭装修中滥用花岗石、大理石、不锈钢等金属制品、玻璃等高档材料的暴发户式的装修风气，实在是有悖于生态建筑室内环境设计原则。

2. 湿度

身体的健康还受到生活环境中相对湿度的影响。相对湿度下降到 30% 以下时，黏膜就会干燥并产生静电。当空气湿度大于 60% 时，人在房间内就会有烦闷的感觉，而且会助长霉菌的生长和螨虫的孳生，因此在那些对空气中的污染物包括霉菌、螨虫的分泌物等比较敏感的地方，建议将相对湿度严格控制在 30%~45%。我国民用及公共建筑室内相对湿度的推荐值为：夏季 40%~60%，一般的或短时间停留的建筑可取偏高值；冬季对一般建筑不作规定，高级建筑应大于 35%。美国供暖、制冷及空调工程师协会在 1981 年制定的设计标准，相对湿度冬季为：28%~78%，夏季为 22.5%~70%[①]。

在一般的家庭和公共空间中，都存在着许多湿度源，如浴室、厨房、人体出汗、水池、花

---

① 参见：吴硕贤等．室内环境与设备 [M]．北京：中国建筑工业出版社，1996；杨士萱．建筑内部空间环境与人类生活 [J]．建筑学报，2000，1．

坛以及来自于地基的湿气等，因此，一些建造质量较好的建筑，由于其气密性较好，室内的相对湿度往往会较高，而一些旧建筑，因其气密性较差，所以在冬天往往相对湿度较低。

尽管一些多孔材料可能使湿度在一定程度上趋向于稳定，但是，依靠建筑材料来控制室内湿度是不切实际的，重要的是建筑应该要有良好的通风，即使这样做会导致能量的损失。

3. 空气平均流速

周围空气的流动速度是影响人体对流散热和水分蒸发散热的主要因素之一。气流速度大时，人体的对流蒸发散热增强，亦即加剧了空气对人体的冷却作用。我国对室内空气平均流速的计算值为：夏季 $0.2 \sim 0.5 \text{m/s}$，冬季 $0.15 \sim 0.3 \text{m/s}$。美国供暖、制冷及空调工程师协会在 1981 年制定的设计标准，空气流动速度为 $0.25 \sim 0.5 \text{m/s}$ （$50 \sim 100 \text{ft/min}$）[1]。

4. 室内各界面的表面温度

周围物体的表面温度，决定了人体辐射散热的强度。在同样的室内空气参数条件下，如果室内各界面的表面温度高，人体会增加热感，表面温度低，则会增加冷感。我国《民用建筑热工设计规范》（GB50176-93）对内表面温度的要求是：冬季，保证内表面最低温度不低于室内空气的露点温度，即保证内表面不结露；夏季，要保证内表面最高温度不高于室外空气计算最高温度。

另外，还应该注意的是，房间中循环空气的温度和房间各界面如墙面、地面、顶棚等的温度差不应该超过 4℃。除此之外，还有一些因素会直接影响人对环境的舒适感，甚至造成对人体的伤害，如：窗户漏风、因外墙隔热性能差而引起的结露等等。科学家们发现，人们感官所能觉察到的温度，介于房间温度和周围界面温度之间。假设一个人希望其所在房间的主观温度为 20℃ （这通常认为是较为舒适的房间温度），当室外温度为 10℃ 时，如果房间砖石墙体的厚度为 24cm，那么，房间的实际温度就必须调节到高于 23℃，在这种情况下，内墙表面温度最高将达到 17℃，20℃ 的感觉温度介于 17~23℃ 之间。然而对于使用者来说，这种温差会令人感到不舒服，他们会觉得房间里面因空气流动过大而无法忍受，因为较冷的外墙与相对较热的室内引起了大量的对流传热。但是如果同样的一座房子，在外墙加上一层 10cm 厚的纤维隔热层，房间中的温度就可以设定在 21℃，因为这时墙体表面的温度可保持在 19℃[2]。

在窗户上装配高效玻璃，大量使用储热性能好、热保持能力强的表面材料，是减少由于对流传热而引起不良空气流动的另一方法。厚实的家具以及砖石、抹灰等类型的墙体以及石材地面有助于减小室内温度的波动幅度。

在室内装修时，应该注意不要破坏建筑围护结构的保温性能。目前，在室内装修时，尤其是家庭装修中，经常有居民为了增加建筑的使用空间和房间的美观，将衣柜、鞋柜或其他物件嵌入墙内，这样做很容易削弱墙体的保温性能，形成热桥，引起热量外流，导致该处内表面温度降低而产生结露，产生霉斑和引起家具变质腐烂，应该引起人们的重视。

9.5.3.2 保证室内环境热舒适质量的具体措施

鉴于上述对室内热舒适质量的影响因素，生态建筑室内环境要求在设计、建造和维护使用等各个环节都采取行之有效的措施，以达到良好的室内热舒适环境。

1. 设计措施

（1）合理地进行建筑设计，为室内环境设计创造良好的前提条件。建筑的围护结构应该根据热工计算来决定其材料的使用与构造方式。

（2）在进行室内环境设计时，不应该破坏或削弱建筑原有围护结构的保温隔热性能。

（3）建筑的顶楼或利用阁楼的建筑，可以在顶楼或阁楼增加吊顶，并在其中填充合适的保

---

① 参见：吴硕贤等. 室内环境与设备 ［M］. 北京：中国建筑工业出版社，1996.

② 参见：Thomas Schmitz-Günther, Loren E. Abraham, Thomas A. Fisher. Living Space ［M］. English Edition. Cologne：Könemann，1999.

温隔热材料。

（4）采用密封性能良好的门窗，并在安装时严格把握安装质量，防止渗漏的发生。

（5）在没有空调的建筑中，合理地采用各种自然力，以被动式或被动结合主动的方式达到保温隔热与通风的要求。

（6）在空调房间中应该根据有关标准或有关的热舒适要求控制房间的有关热舒适指标。

（7）在冬季寒冷地区，尽量争取更多的自然阳光照入室内，增加室内的热辐射的热，在夏季炎热时，则采取恰当的遮阳措施，防止阳光对室内的直射。

（8）在冬季寒冷的地区，室内尽量多采用给人以温暖感的装修材料，不在人体经常接触的地方使用光滑、冰冷给人以冷感的装修材料，如大理石、玻璃、不锈钢等。

（9）合理地采用高储热性能的材料，如传统的砖、石、混凝土等材料，自然调节室内的温度，减少室内的温度波动。

2. 维护与使用措施

（1）夏季炎热时，尽可能地增加室内空气的对流，合理地使用房间的穿堂风。冬季寒冷时，加强房间的密封措施，防止门窗的空气渗漏，但是，为了防止室内空气过于污浊，也应该注意房间的通风换气次数。

（2）在炎热的夏季尽量少使用会产生热量的家用电器，如电视、音响、电脑等，以减少室内环境的得热。

（3）夏季尽可能保持室内空气的干燥，增加人体的舒适度，同时减少螨虫孳生的机会。

（4）利用室内植物和水体来自然调节室内空气的温湿度（图9-73）。

（5）空调房间的温度与室外温度不应相差太大，以防进出时人体不适，引起感冒或其他疾病。

综上所述，室内热舒适环境不仅会给人带来不同的冷暖感觉，还会造成对人的生理和心理的影响。长期处于不舒适的室内环境之中，轻则影响工作效率，重则造成对人体的严重伤害。

图9-73 利用植物和水体调节室内环境温湿度

室内热舒适程度是室内温湿度、空气流速、换气次数和气压条件等综合作用的结果，此外还与使用者的个体差异等因素密切相关，是一个复杂的物理作用过程，需要运用科学的设计方法，借助于各种专业的技术手段、通过精确的热工计算才能实现其良性的发展，建筑与室内设计师再也不可能仅凭单一的知识结构，按照个人的主观臆断来完成这样复杂的任务。因此，室内设计师与暖通工程师等的紧密合作，就成为完成这一环节的关键。就建筑与室内设计师而言，应该尽可能通过一些设计措施，为室内的热工设计提供良好的基础，协同改善室内的热舒适状况。室内热舒适环境还与室内环境的使用有着密切的关系，否则即使是再好的设计，只要使用者使用不当，维护不周，也不可能形成舒适的室内热环境。值得注意的是，室内热舒适环境的创造还必须与总体的能源策略相一致，不应该因为保证了室内的热舒适条件而忽略了节能与环保方面的要求，只有在这两个方面的要求同时得到了满足，才能够认为是成功的。

9.5.4 室内光环境条件

室内光线主要有两个方面的来源，一是来自于室外的自然光，二是室内的各种灯具或其他发光体。从系统能量流动的角度来看，则是室外的自然光能通过门窗、洞口或其他透光设施流入室内，室内的人工照明以及室内各物体由反光、透光、吸收光等特性造成的对光的干扰参与室内各空间相互间光能的流动。

低劣的照明会导致严重的生理危害。大量的研究表明，低劣的照明会导致头疼、腰痛等症状，是病态建筑综合症的主要原因之一。研究发现，有 98% 的工作场所照明条件不符合要求，即使一些明文规定必须符合有关照明规定的办公室和工厂中，情况也不容忽视，家庭中的情况就更差了。

9.5.4.1　室内光环境对人的影响

早在 20 世纪 20 年代，德国著名细菌学家、公共健康的探索先锋罗伯特·科赫（Robert Koch）[①] 对当时十分普遍的、阴暗的经济型公寓提出了批评，这些建筑几乎排斥光线、空气和阳光，从而导致对居住者健康所产生的负面影响。今天，许多人都知道，缺乏日光能够导致一种被称为"季节性情感失调症"（Seasonal Affective Disorder，SAD）的疾病，许多人在冬季、尤其是纬度较高的北方都曾经经历过。人眼所接受的日光刺激不仅使我们能够看到物体，而且还有调整和促进新陈代谢和荷尔蒙的作用，日光中的紫外线可以促进维生素 D 的产生，维生素 D 是人体吸收钙质所必需的物质，因此，建筑中缺乏日光与精神紧张水平的上升以及缺钙有着密切的关系，而缺钙则是导致骨质疏松症的因素之一。日光还可以治疗许多疾病。但是，自从 20 世纪 70 年代的石油危机以来，建筑上的大窗户因为会增加能量的损失而遭到人们的责备，因为大玻璃窗的绝热效果远低于建造良好的墙体或相同面积的屋顶。在美国，现在仍有许多公寓建筑单元只是在北向或东向才能够接受自然光线，这意味着太阳光永远也不可能直接照入室内。有些建筑只是在起居室设置较大的窗户，而厨房和用餐区却只有电灯照明。现在，许多人过于依赖各种各样的电灯泡，误认为人工照明可以取代自然日光，在进行社区、住宅和室内环境设计时，人们注意得较多的是便利的交通和漂亮的外观，而不是对空气和日光的接近。

光是人们接受外界信息最主要的媒介，人们借助于光，才能通过视觉观察到外界事物，人们从外界所获得的信息中，有 87% 来自于视觉。在建筑室内环境中，光照度的大小、亮度的分布、光线的方向、光谱成分等构成了其中的光环境特性，室内光环境质量不仅决定了人们的视物质量、工作效率、室内的安全、舒适和方便，还与室内的美学效果有着直接的关系，人们对光环境的感受，不仅是一个生理过程，也是一个心理过程。它分别从视觉心理、视觉生理等不同方面影响着人们。

9.5.4.2　室内光环境设计

1. 照明方式与照度

室内的照明，一般可分为环境照明、工作照明和气氛照明三种方式。

环境照明是指室内环境中的普通照明，其目的只是为一般室内活动提供基本的照明条件，因此对于照度的要求并不非常严格，如普通的家庭卧室或客厅的日常起居，只需要一只 40~60W 的普通白炽灯或 30~40W 的日光灯就可以了，如果是作为看电视的背景光线或者为了夜间起夜方便，那么，只要有 15W 甚至更小的照明就可以满足要求。环境照明虽然对照度的要求并不高，但要求整个空间内的照度比较均匀，没有死角。

工作照明是指专为某一工作而提供的工作面范围内的局部照明。工作照明虽然范围较小，但对照度、光色、光源方向等的要求却比环境照明要高得多，与被视物体的特征、工作任务的要求、有效自然光的辅助程度、周围环境的影响、甚至使用者的年龄、生理心理特点等都有密

---

① 罗伯特·科赫（1841~1910），德国著名细菌学家，发明细菌纯培养法和染色法，分离出炭疽杆菌和结合杆菌等病菌，提出鉴定某种微生物为相应传染病因的"科赫原则"，获 1905 年诺贝尔医学奖。

切的关系，是一项十分复杂的指标，为此各个国家都有各种场合对于照明的特殊标准。英国照明工程学会1977年制定的规范规定：日常工作如办公、会议等为500lx（50fc），假如周围环境对光反射和对比较弱时，则照度服务标准提高到750lx（75fc）；对于绘图、使用办公仪器等工作，照度要求为750lx（75fc），当光对比和反射较弱时，提高为1000lx（100fc）。美国照明工程学会1981年制定的标准，不是推荐单一的照度水平，而是根据设计时一些较难确定的因素，如作业面的大小、光的对比要求等综合给定一个照度范围。例如将中度对比和较小作业面的照明定为50~750~1000lx。在此照度范围内再根据人们的年龄差别、工作速度或观察精确度的要求和环境对光反射的具体条件，确定特定工作要求的照度。当年龄超过55岁时，环境光反射系数超过70%，工作速度与观察精确度要求较高时，照度为750lx。我国建筑设计规范也对不同用途房间的照明标准作了明确的规定，如办公室、会议室、陈列室、阅览室的照度为100~200lx，计算机室的照度为150~300lx[①]。符合生态要求的工作照明设计，首先应该满足光的照度标准，对于一些有特殊用途的房间，还必须考虑光线对室内物品的损害，如书库、档案库、博物馆的藏品库以及一些贵重展品的展示照明等都应该选用紫外线少的光源或安装过滤紫外线的灯具。

工作照明还与室内工作面的布置有着直接的关系，如书房中电脑桌的位置，一般不宜正对着窗口，而是应该以墙面、隔断等较暗的面为背景，因为室外的亮度比荧光屏要高得多，当人们操作电脑时，人的眼睛不断地在明亮的背景与较暗的荧光屏之间交替移动，由于人眼明适应和暗适应的特性，人眼被迫在这两者之间来回切换，极易造成眼睛疲劳，久而久之甚至会造成对眼睛的伤害。再如，在室内环境设计中，如果工作面的布置与灯具的位置不合适，就会产生眩光和阴影，从而影响正常的工作。最常见的情形，就是写字台的布置，在现实生活中，经常见到将光源布置在使用者的后方或右前方，使使用者的身体或笔头的投影正好落在书写区内而造成对书写效率与质量的影响。

气氛照明的主要目的是室内气氛的营造，因此更注重光的外在表现，如光源位置、投射方向、角度、灯具造型、光色等，而对照度的要求并不是非常严格。关于气氛照明，因主要涉及照明艺术的范畴，在此不作过多的论证。

在大多数照明环境中，最严重的问题是由光源与背景或来自于窗户的光线与周围墙壁之间的亮度对比过大而造成的，因此，在一般的公共区域如家庭中的起居室等都应该主要采用间接照明，这种方式将顶棚和墙面转换成光源，从而消除了刺眼的对比和深深的光影。隐藏的灯具，如嵌入式顶棚灯、枝形吊灯向上打的灯光、壁灯和间接照明的落地灯等是较为合适的照明方式。为了消除眩光对眼睛的伤害和视觉的影响，如果有可能的话，就应该将灯光进行漫反射和过滤处理，并根据不同的工作要求使用合适的照度水平。

工作面或书桌、手工制作面等区域应尽可能采用直接照明，而且必须达到规定的要求。艺术品或重点视觉部位如绘画、植物或家具等一般也宜采用直接照明，但应注意避免眩光的产生，低压石英灯是这类照明的较好选择。

有些非单一功能空间的情形可能会比较复杂一些，如家庭中的起居室等，看电视时，只需要有背景灯就可以了，但如果有亲友来访或在此举行聚会时，也许就需要打开集中照明灯具来重点烘托陈列绘画或精彩的家具。餐厅的餐桌如果在平时用餐时，过于明亮的光线会让人觉得讨厌，但是，如果你想在此玩扑克、做游戏，那么就需要增加亮度。解决这个问题的常用方法是安装可以分别控制的多个灯头，这样既可以避免不必要的电力浪费，又可以达到既定的艺术效果，同时也可以防止对于视觉的危害或不必要的心理干扰。解决这一问题的另一种办法是通过调光器来控制灯光。调光器可以通过调节流经灯泡的电流量来调节灯光的明暗，达到节约的目的。但有一些节能型的灯具是不可能调光的，石英灯的寿命会因为调光幅度太大而减低寿命。另外当光线强度较低时，对于白炽灯来说，灯光会微微发红，而对于荧光灯来说，则光线变得灰暗，感觉较差，设计使用时，应该注意这一点。

为了提高照明的灵活性，不妨在某些地方安装可根据需要调整位置和角度的照明灯具，轨道射灯就是一种很好的选择。当射灯射向墙面或顶棚时，可以提供间接的照明，而当转向艺术品或工作面、书桌时，则又变为局部的重点照明。

2. 自然照明与人工照明

从理论上讲，不管是来自照明器具的人工照明，还是来自于室外的自然光线，只要其在工作面上或整体室内环境的照度达到一定的要求，就可以满足使用要求，但事实上，照明器具发出的人工光的光谱成分比较单一，而且了无变化，而自然光是一种全光谱的光，其光线无论从光色、光度等方面来讲都异常丰富。人是大自然的一部分，亿万年来的进化，人们已经习惯于大自然千变万化的自然光线，除了给人以明暗等物理的视觉感受，自然光还提示人们时间的变化和季节的更迭，更能引起人们强烈的思想感情。此外，光线和视觉的持续变化可刺激视神经系统，使我们更加机敏、更富有创造力。因此，与人工光相比，它已经超越了纯粹的物理特性，具有超凡的表现力。长期工作在人工光源环境下的人们，除了工作效率降低以外，还会失去时间感、方向感，甚至引起头晕、恶心、情绪低落、注意力无法集中等"病态建筑综合症"。因此，从生态和健康的角度来看，房间必须有充足的自然光线。我们在进行建筑与室内环境设计时，应该尽可能地利用自然光，除非某些特殊的场合，一般情况下应该避免全人工照明的室内环境，当然这也是绿色运动中节能和环保的需要。理论上讲，只有在自然光线不足、夜间使用或有特殊光照要求时，才需要增加人工照明。就今天的照明技术而言，如果仅从照度的要求来看，人工光完全可以达到甚至超过自然光所能达到的程度。而且，由于人工光源更易于人工控制，所以其灵活性就更大、更方便，但是由于人工光的光谱组成与天然光有着巨大的差异，如果人们长期工作在人工采光的室内，就会引起不适甚至致病。所以，在使用人工照明时，除应该充分利用一切可利用的自然光以外，一般情况下，人工照明的光色也应该接近天然照明的光色为宜，如对于以阅读、书写为主的房间照明，宜选用日光型的灯具。

考虑天然光的利用，首先应该从建筑设计开始，须根据当地的地理位置、日照特征、建筑物所处环境条件、建筑物的使用特性和建筑物的外形要求等综合起来进行考虑。很重要的一点是，要首先确定建筑各室内空间的使用功能，甚至是日后空间使用的具体方式，而后根据有关的采光规范和特定要求，合理地设计各空间的采光面积与采光设施的位置、形状、方向等重要参数。因此，采取建筑与室内环境的一体化设计，并与照明工程师紧密合作，这在生态建筑室内环境设计中显得尤其重要。

在一些大进深建筑中，仅从常规的门窗设置中，自然光线很难到达建筑的深处，这时就应该采取一些非常规的设计手法，通常的做法为设置侧高窗或天窗，侧高窗或天窗可以使光线穿入室内更深，分布更广、更好（图9-74，图9-75）。中庭是另一种行之有效的做法，舒适的自然光通过顶部的采光窗照入大楼，中庭中配以绿化、水体等自然元素，构成宜人的"自然"风貌，工作之余，在此休息、聊天，自有一种不在自然胜于自然的感觉，因为除了视觉上的"自然"享受，现代的技术、设备以及符合生态原则的热工措施可以保证这里有最佳

图9-74　日本海洋渔业博物馆，1992
（设计：Naito Architect Associates）

图 9-75 日本海洋渔业博物馆天窗

图 9-76 德国 Götz 总部，1993~1995（设计：Webler + Geilsser Architeken BDA）

图 9-77 德国法兰克福商业银行，1997（设计：福斯特合伙人事务所）

的声、光、热环境（图 9-76）。

由福斯特与合伙人建筑事务所设计的德国法兰克福商业银行（Commerzbank Headquarters, Frankfurt, Germany），堪称运用中庭原理来充分利用自然光和自然通风的典范，该建筑打破了常规的中庭概念，将中庭的原理发挥到了极致。这座塔楼是法兰克福市中心商业银行新总部的主体建筑，高度为 298m（977 英尺），共 60 层，是全欧洲最高的建筑，号称为世界上第一座生态型的高层办公大楼（图 9-77）。

建筑平面为一等边三角形，边长 60m（197 英尺），三角形每边均呈弧形向外突出，以获得更多的办公空间（图 9-78）。电梯、楼梯和服务设施则位于三角形的三个角端。除了像采用双层玻璃等具体的生态技术手段以外，建筑在平面与空间形态上的生态策略则主要体现在其中庭的创造性处理上。在这座建筑中，福斯特打破了一般建筑中庭一通到底的传统做法，他将 60 层高的塔楼上下分为五段，三角形建筑的侧边每隔八层便设置一个四层的中庭花园，中庭在平面上按顺时针方向螺旋式上升轮流设置，使建筑中几乎每一个办公室都有直接采光和良好的自然通风。这一巧妙的生态性构思，直接导致了建筑外部螺旋式上升的虚实关系，同时也构成了室内独特的中庭空间效果，中庭花园使得建筑室内自然而富有生机，建筑的每一段都如同一个带有自己自然生态特征的"村落"，五个村落既环环相扣，又各自独立。双层玻璃的采用，保证了建筑良好的保温隔热性能，又使建筑具有极好的透明性（图 9-79）。

所有的窗户都可手动倾斜打开，每一窗户的外边都另外装有一片玻璃，上下都留有空隙以便通风，同时可以阻止风、雨的侵入。当外界气候无法保证自然通风时，中央控制系统会关闭所有的窗户，同时启动中央空调系统。花园的玻璃只有一层，中庭成为内部办公室的通风井。每隔 12 层所设置的水平玻璃隔断可使上升的热空气通过花园排到室外，并能防止过度的向上拔风。

除了利用中庭和透明材料以外，有一些技术上非常先进的方法可用于建筑的日光照明，其中包括用太阳光学透镜片组成的采光装置。有一些特殊的材料和工艺制成的透镜，如用特殊的丙烯酸树脂材料做成的棱镜，能够有效地改变光线的角度（图 9-80）。还有一种光线反射系统，能够追踪光线并将之深深地传播到大型建筑的中心部位。另一种全息衍射光栅系统，能够将光线弯曲到任何希望的状态。利用菲涅尔光学百叶系统（Optical Fresnel Louver System），可以将太阳光导入房间深处或将太阳光引导到房间的顶棚上，造成间接自然照明的效果（图 9-81，图 9-82），根据研究，这种方式可以使日光照射到房间 7~8m 的深处，可以节约 80% 的照明能量。据统计，通过大范围使用日光，如果所节约的能量按 40% 来计算，那么全美国的电力消耗就可以减少 6%~9%，即 146~212TW·h，可以减少数百万吨二氧化碳的释放和其他空气污染[①]。

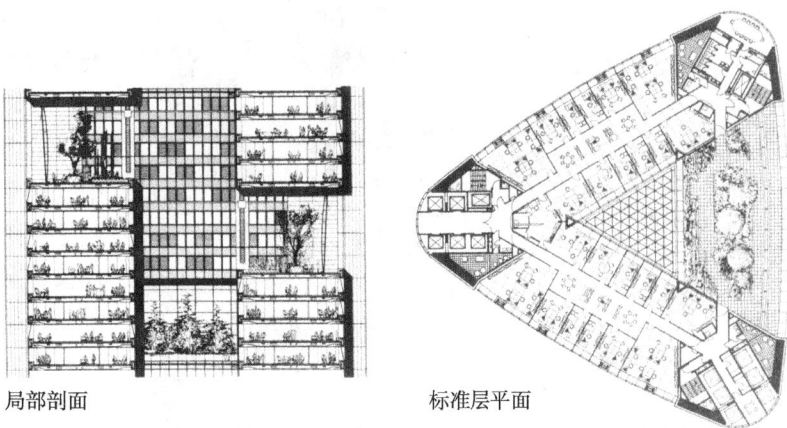

局部剖面　　　　　　　　　　　标准层平面

图 9-78 法兰克福商业银行局部剖面与平面

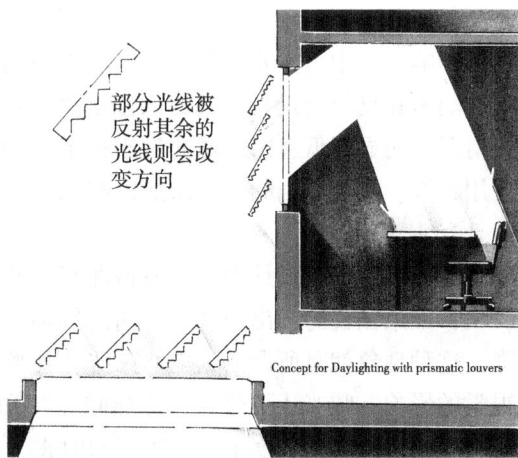

图 9-79 法兰克福商业银行室内环境（左）

部分光线被反射其余的光线则会改变方向

Concept for Daylighting with prismatic louvers

图 9-80 用特殊的棱镜百叶有效改变阳光的照射角度（右）

图 9-81 德国巴特奥因豪森全新节能展览中心，1995（左）（设计：弗兰克·盖里）

图 9-82 德国巴特奥因豪森全新节能展览中心室内（右）

① 参见：Thomas Schmitz-Günther, Loren E. Abraham, Thomas A. Fisher. Living Space [M]. English Edition. Cologne：Könemann, 1999.

图 9－83 美
国华盛顿国家
公用电台
（设计：Burt Hill
Kosar Rittelmann
Associates）

就室内环境设计本身而言，应该根据现有建筑物及各室内空间的条件，尽可能多地将室外光线引入室内。在设计时应尽量避免室内有高大的家具、隔断设施等的遮挡，如果在大空间办公室或其他较大的空间中，因个人空间和私密性等需要而必须设置隔断时，可选用透光而不透视线的材料，如磨砂玻璃等，如果仅仅是通过隔断来分隔空间、阻挡声音的干扰，则可采用透明玻璃或其他的透明材料（图 9－83）。

室内的色彩对室内自然光的质量有很大的影响，浅色的室内主调更有利于光线的反射，提高室内的亮度，因此除了一些特殊的场合如舞厅等，办公室、卧室等一般的室内空间宜以浅色调为主。

对于自然光的运用，有其有利的一面，但是，如果使用不当，也会给生态建筑室内环境的创造带来不利的影响，其中最主要的是夏季室内得热与空调制冷之间的矛盾。为引进自然光而开设的大面积玻璃窗在夏季会接受大量的太阳照射，使室内得热过多，从而引起空调制冷负荷的增加，这一情况会明显降低室内环境的生态性能，为此，设计师应该根据当地的气候条件以及建筑物的使用特性，采取适当的措施来加以解决。

3. 眩光问题

眩光是光环境设计中一个值得注意的现象，它是人在某些条件下对光的一种心理和生理的反映，如果在视野内出现亮度极高的物体或过大的亮度对比，就会引起人眼不舒适或视度的下降，这种现象就是所谓的眩光。眩光是影响光环境质量的重要因素，对视觉有害。根据眩光对视觉的影响，眩光还可分为"失能眩光"和"不舒适眩光"。"失能眩光"会降低物件和背景间的亮度对比，导致视度下降，甚至暂时丧失视力。"不舒适眩光"的存在一般并不明显地降低视度，但会使人感到不舒服，影响注意力的集中，长时间处于这种干扰之中，也会导致人眼疲劳，所以在光环境设计中，除了特殊情况外，都应该避免眩光的产生。

眩光根据其形成途径，可分为直接眩光和反射眩光。人眼直接看到光源所产生的眩光即为直接眩光，如果光源位置较低，就极易产生直接眩光，这时可将光源提高，直至正常工作时，眼睛不能直接看见光源。如果因种种原因而无法提高光源时，可在光源外加灯罩，限制光线的投射。光源下端与灯罩下边缘的连线与水平线的夹角称为保护角（图 9－84），只要眼睛和光源的连线与水平线的夹角小于灯具的保护角，就不会产生直接眩光。避免直接眩光产生的另一个方法，就是降低光源的亮度，如在灯具之外加乳白色灯罩等。直接眩光也可由天然采光所引起，例如，如果将电视机置于窗口之前时，在白天，由于背景是明亮的室外环境或天空，而电视画面则相对较暗，这时明亮的室外就成为进入眼睛的光源，产生的眩光会严重影响人们的观看。如果电视背景是白色的墙壁，当室内光线过强时，明亮的墙面就会产生眩光，同样也会影响观看效果，这就是为什么观看电视时，室内环境光不能太亮的原因，如果不考虑其他因素，一般房间只要有一只 15W 的灯具，暗淡的光线不影响一般的行动和取物就可以了。

图 9－84 灯
具保护角

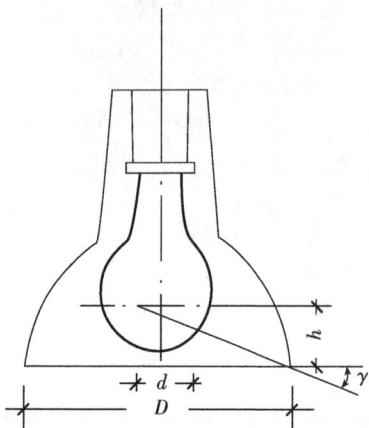

反射眩光是指目标物将光线反射进入观者的眼睛而产生的

眩光。还可分为一次反射眩光和二次反射眩光。当一强光投射到某目标物上，而目标物像镜面一样将此强光反射入人们的眼中，如果光源的亮度超过了所观物体的亮度，则所观物体就会被光源的影像或者是一团亮光所淹没而无法看清，这种现象称为一次反射眩光。当我们观看一幅悬挂于窗户对面墙上的装饰画时，我们往往会在镜框玻璃中看到窗户明亮的影子，此时的镜框内是白茫茫一片，什么也看不清楚，这就是一次反射眩光的典型例子。此类眩光在一些展示陈列空间的设计中尤为常见（图9-85a）。解决的方法之一是，改变反射面（镜框表面）的角度，使反射的光线不进入人眼，另一种解决方法是改变光源（照明灯具）的位置，使反射光不投入观者的眼睛而避免眩光（图9-85b，c）。

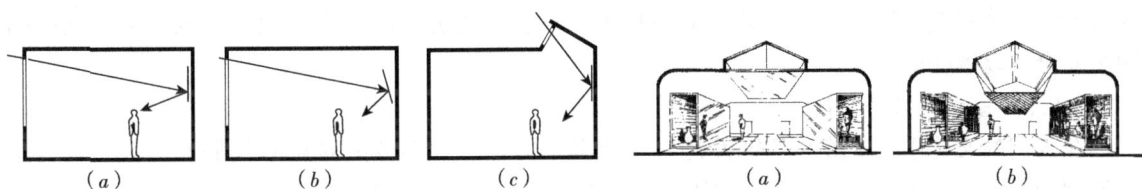

图 9-85 防止一次眩光的方法（左）
(a) 一次眩光产生原理；(b) 消除方法一；(c) 消除方法二

写字台应该布置于靠近窗户的明亮区域，这似乎已是室内布置的一个"常识"，但是事实上这一"常识"往往会招致一次反射眩光的侵扰。如果将写字台直接正对着窗户放置，白天看书时，特别是在中午，当阳光高度角较大、室外光线极为明亮时，白色书页正好将光线反射到阅读者的眼中而产生了光幕反射的眩光，导致人们无法看清页面上的东西，另外黑色的文字与白色的书页形成强烈的对比，长时间受到此种双重刺激，往往会造成对人眼的伤害，如视力下降、出现重影等，这也是一种一次反射眩光。因此，布置工作面时，应该充分注意这一点，出现这种情况时，除了调整工作面的位置，还可以在窗户上增加一层白纱窗帘，使入射光线变得柔和并可适当减少入射光的强度。

图 9-86 消除二次眩光的方法（右）
(a) 陈列柜上有严重的二次反射眩光；(b) 二次反射眩光消除方法

当观者观看玻璃柜中的展品时，如果观者本身的亮度大大超过了陈列品的亮度，那么观者很可能只能看见自己在玻璃中的影子，这种眩光就称为二次反射眩光（图9-86a）。消除此种眩光的办法是降低观者所在位置的亮度，但同时必须保证陈列品上有足够的照度（图9-86b，图9-87），在有些无法降低观者亮度的场合，可通过改变橱窗玻璃的倾角或形状（图9-88），或提高橱窗内展品的亮度来避免二次反射眩光。

过滤日光，使其从周围各种表面得到反射，是利用自然照明时避免各种眩光的有效途径。利用树木、植物、帷幕、屏障或半透明的遮阳以及光线散射玻璃等来使光线软化和漫反射，利用百叶窗、反射板和格栅等将日光反射到浅色顶棚上，再通过顶棚均匀地反射到室内的各个角落。不同的光线反射角度可以防止不希望阴影的出现。

图 9-87 上海博物馆陈列照明

从以上分析可以看出，室内光环境条件的好坏不仅会影响室内艺术气氛的创造，还会直接影响人在室内环境中的视物质量和工作效率，更严重的是，太差的光照条件，往往会造成对人体尤其是眼睛的损伤，甚至还会导致室内事故的发生。因此，提高室内的光环境质量，是生态建筑室内环境设计的一个重要内容。

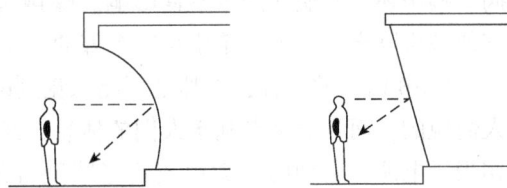

图 9-88 改变橱窗玻璃的倾角及形状以消除眩光

室内光环境设计不仅要在各个部位达到有关的照度标准，还必须考虑实际的视物质量。除了照度以外，眩光是室内照明中最常见的问题，设计师应该采用各种方式合理地解决眩光问题。

自然光是大自然赐予人类的最好照明手段，也是质量最高的一种照明方式，对于自然光的合理运用，不仅可以提高室内环境的光照条件，而且还有利于身体健康，更值得注意的是，这也是节约能源，降低消耗的重要保障，是室内环境设计考虑生态因素的重要措施。因此，生态建筑的室内环境设计应该把自然光的合理应用作为优先考虑的内容，只有在自然光照不能满足室内应有的照明条件或需要运用特殊的照明来强化某种艺术气氛的情况下，才考虑增加适当的人工照明。但是，事物都是一分为二的，引进自然光，有时也会带来一些负面的影响，如室内光线过强而影响人们的休息；夏季自然光引入过多，会增加室内的制冷负荷等。但是，只要设计师能够具体问题具体分析，借助于某些技术手段，采用适当的遮阳、通风形式，那么这些问题是完全可以解决的。

9.5.5　室内声环境状况

在我们的文化中，安静和私密性是一个重要的方面，大多数人希望有他们自己私密的、个人的领域——一个不受外界噪声、讨厌气味干扰的属于自己的、自由自在的领域。

使个人的领域不受外界的侵犯，这是人的一个最基本的权利。尽管这已经是一个最基本的事实，但人们为之所做的努力却太少了，安静和私密似乎已成为乡村别墅的专利，但是，由于工作和经济的原因，能够享受乡村别墅这种宁静生活的人实在是太少了，再者，如果大家都想在乡村占据一块"世外桃源"，那么乡村的这种安宁又能够保持多久呢？所以拥有乡村别墅，这并不是一种以环境为基础的选择。然而通过建筑和室内环境中良好的声环境设计，大多数普通百姓也能够在他们的居住和工作环境中享受到安静和私密。

室内声环境系统的能量流动，是由室内外之间的声能流动以及室内各发声体之间的声能流动而构成的，即室外的声音通过门、窗、建筑围护结构等进入室内，室内的声音同样也经过相同的渠道传播到室外，构成城市噪声的一部分，同时室内的各种声源如人的谈话声、电话铃声、机器发出的振动声等相互传播、融合，形成室内的环境噪声。

从室内声环境能量流动情况，我们可以看出，要想保证室内有良好的声环境质量，首先也必须从建筑设计开始，从建筑的选址、布局、与城市街道的关系、建筑本身的形式、围护结构的材料、构造做法等各个方面来考虑，尽量减少外界噪音对建筑室内的影响。如建筑应尽可能地远离工厂、城市干道、操场、娱乐场所等噪声源，在建筑平面中，需要安静的房间应布置在远离噪声源的一侧，在建筑与噪声源之间设置隔声屏障等。在进行室内功能分配时，将会发出较大噪声的房间如机房、娱乐室等与需要保持安静的房间分开布置，中间以一些过渡性的区域来分隔，以减少噪声的干扰。

9.5.5.1　室内环境中的噪声危害

室内声音主要由背景噪声、干扰噪声和需要听闻的声音等构成。背景噪声是指听者周围的噪声，通常是指房间使用过程中所不可避免的噪声。干扰噪声是指对人们需要听闻的声音产生干扰的其他各种声音的混合。

噪声使人烦恼、精神无法集中，影响工作效率，妨碍休息和睡眠。长期在强噪声下工作的人，除了耳聋外，还有头昏、头痛、神经衰弱、消化不良等症状，往往导致高血压和心血管疾病。噪声还会对胎儿产生不良影响。噪声也是最容易导致邻里间纠纷的一个因素，交通噪声和其他城市噪声成为人们希望移居乡郊的一个主要理由。

10dB 以下的声音，人耳是不能感觉到的，25dB 的声音，如蒙蒙细雨发出的声音，是非常令人愉悦的，而且非常有利于人们的休息，30dB 的噪声在某些情况下开始让人感到烦躁，这大约相当于电冰箱启动的嗡嗡声或者老式闹钟的滴答声。噪声对睡眠的影响大致与声压级成正比，一般室内声压级在 35dB（A）时，仍是比较理想的睡眠环境，当达到 40dB（A），相当于人低声说话时，约有 10%的人会受影响，但一般来说还可以进行一些需要集中精力的工作，但是，当噪声超过 50dB（A）时，相当于居住区的交通噪声时，就会使人烦恼，很难入睡，在 70 dB（A）时，受影响的人数就增加到 50%。一般来说，40~60dB（A）的声环境是比较适合于交谈和轻松的脑力劳动，当超过 60 dB（A）时，相当于 1m 处的吸尘器发出的噪声，噪声几乎无法忍受，人们脑力劳动的效率和交谈的可懂程度就会受到很大的影响。超过 70 dB（A），相当于人们大声说话时，听觉所及范围令人烦躁不安，一旦到达 80 dB（A），如很大的交通噪声，人们根本无法集中注意力，甚至一些简单的事情都很难做好。90 dB（A）的噪声相当于摔门的声音，就会对人的健康造成损害。电锯产生的噪声达到 100dB（A），风钻发出的声音达 110 dB（A），处于这种噪声水平的人们的听觉系统已处于非常危险的境地，更不用说心理健康了，长时间处于高噪声水平时，会使人产生紧张的心理。在强噪声下，还容易掩盖交谈和危险警报信号等需要闻听的声音，分散人们的注意力，甚至发生工伤事故。强噪声还会引起听觉疲劳、听力迟钝，长期影响则可产生不可逆听觉伤害，甚至导致噪声性耳聋，也称职业性耳聋。从表 9-13 可以看出，噪声级在 80 dB（A）以下时，能保证长期工作不至耳聋，在 85 dB（A）的环境中，有 10%的人可能产生噪声性耳聋，在 90 dB（A）的条件下，有 20%的人可能产生噪声性耳聋。在强噪声下，还容易掩盖危险警报信号，分散人的注意力，发生工伤事故。

0~45 年的等效连续 A 声级与听力损害危害率（%）的关系　　　　表 9-13

等效连续 A 声级 dB（A）		年数（即年龄减去 18 岁）									
		0	5	10	15	20	25	30	35	40	45
≤80	危害率%	0	0	0	0	0	0	0	0	0	0
	听力损害者%	1	2	3	5	7	10	14	21	33	50
85	危害率%	0	1	3	5	6	7	8	9	10	7
	听力损害者%	1	3	6	10	13	17	22	30	43	57
90	危害率%	0	4	10	14	16	16	18	20	21	15
	听力损害者%	1	6	13	19	23	26	32	41	54	65
95	危害率%	0	7	17	24	28	29	31	32	29	23
	听力损害者%	1	9	20	29	35	39	45	53	62	73
100	危害率%	0	12	29	37	42	43	44	44	41	33
	听力损害者%	1	14	32	42	49	53	58	65	74	83
105	危害率%	0	18	42	53	58	60	62	61	54	41
	听力损害者%	1	20	45	58	65	70	76	82	87	91
110	危害率%	0	26	55	71	78	78	77	72	62	45
	听力损害者%	1	28	58	76	85	88	91	93	95	95
115	危害率%	0	36	71	83	87	84	97	75	64	47
	听力损害者%	1	38	74	88	94	94	95	96	97	97

（刘天齐主编，黄小林等副主编. 环境保护［M］. 北京：化学工业出版社，1996：139）

我国《民用建筑隔声设计规范》（GBJ 118-1988）包括了住宅、学校、医院及旅馆建筑的室内允许噪声级和隔声标准，按照室内使用的特性和要求，共分为四级，即特级、一级、二级和三级。住宅中卧室的噪声值不得超过 50 dB（A）。

声音对人的干扰程度，除了与声压级直接相关以外，还与声音的持续时间、声音随时间变化的情况、复合声音的频率成分、声音的信息量等有很大的关系。一般来说噪声持续的时间越长，对人的干扰刺激程度就越大，声音出现得越突然，引起的干扰越大，高频率噪声比低频率噪声对人的刺激大，有特定含义的噪声（如看书时旁人的交谈声）比无意义的噪声（如机器发出的噪声）对人的干扰要大得多。

但是有一点值得注意的是，室内环境中的噪声并不是越小越好，一个人如果长时间留在没有任何噪声的环境中，同样也会引起烦躁不安等现象。研究表明，一定范围内的环境噪声有助于工作效率的提高，有益于人的身心健康，如旅馆、商场中的背景音乐，可以起到舒缓旅途紧张、消除旅途疲劳的作用，还可以调节室内艺术气氛。在某些开敞式办公室中，为了保持一定的私密性，使交谈的内容不被不相干的人听清或不影响别人的工作，也需要有一定的背景噪声，来掩盖交谈的语音，这种语言私密性的程度，可以通过计算语言清晰度指数（AI）来衡量，清晰度指数越小，旁听者所能听懂的程度就越小，语言私密性就越强。清晰度指数也可以用来衡量在该环境中交谈时语言遭环境噪声干扰的程度，或者说是语言传播的清晰程度，如某些语音教室、播音室、报告厅等就需要有较高的语言清晰度。通常清晰度指数小于0.3时，被认为是不能保证有良好的语言通信，在0.3~0.5的范围属于临界的限值，0.5~0.7可以说是好的，AI大于0.7就认为是有很好的语言通信条件①。

图 9 – 89 楼板隔声原理示意

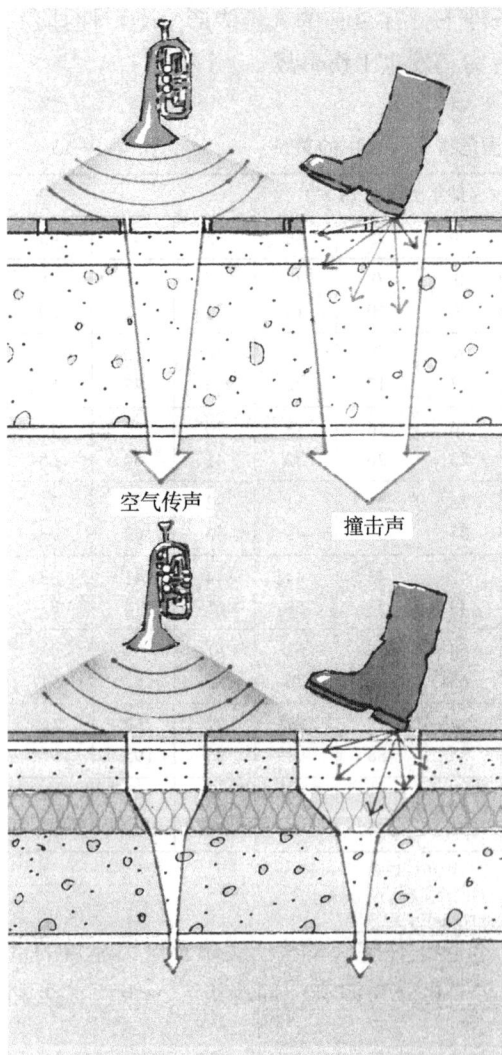

空气传声　撞击声

9.5.5.2 室内环境降噪

不论是住宅还是其他建筑，良好的隔声都是十分重要的，尽力保持安静和私密性总是可取的，尤其是家里有未成年儿童时，更应该注意。

一般来说，室内环境中危害最大的噪声主要可归纳为以下几种：

（1）由空气传播的声音，如说话声、音乐、电话铃声及其他一般噪声等。

（2）由人走过地板、关门产生的碰撞声，水在水管中流动而产生的流水声或振动声，空调噪声等。

（3）外部噪声，指来自建筑外部的噪声，如交通噪声等。

根据噪声传播的不同特点，室内环境设计中的降噪对策也是不同的。

1. 空气传声

建筑厚实的墙体和楼板是防止空气传声最简单、最好的办法。声波到达墙体和楼板时，有一部分会被墙体和楼板所反射，另有一部分声波的能量会被墙体或楼板所吸收，所以不会产生振动，这就是为什么厚实的墙体或楼板具有良好隔声效果的基本原理（图9-89）。此外，地毯、墙体的软质贴面材料、家具面料和吸声顶棚等相对较软的材料同样具有吸收空气传声的作用，在吸声过程中，声波被转换成热能。需要说明的是，一些良好的吸声材料从空气质量的角度来说常常并不十分理想，使用时应加以重视。

① 参见：柳孝图，林其标，沈天行. 人与物理环境 [M]. 北京：中国建筑工业出版社，1996.

2. 撞击声

一般来说，混凝土楼板和其他实体地板都是撞击声的良好导体，阻隔撞击声的方法之一，就是采用软质的纤维材料，如麻丝、椰壳纤维等，这些隔声材料可以吸收声波的能量，从而使声音发生衰减，达到降噪的目的。在这一弹性隔热层之上需要铺设混凝土或灰泥，以增加其耐久性并增加地面的质量。铺设混凝土或灰泥层时，一定要防止混凝土或灰泥与楼板直接相接，否则会形成热桥。混凝土或灰泥层也可用混凝土块或其他干性材料代替，从而减少湿作业量，但在这种情况下，垫层之上还需覆盖一层木纤维板等找平兼隔声层，最后再铺设真正的面层材料。值得注意的是，各层材料以及材料与材料之间的任何空隙都应该用软质隔声材料填实，从而避免空腔产生振动而将声音放大。

在室内设计实践中，常常采用轻钢龙骨石膏板轻质隔墙来分割室内空间，由于较少采用隔声措施，一般隔声效果都达不到规定的要求，于是很多人对轻质隔墙的使用产生误解。其实只要在设计和施工时采用适当的隔声措施，在两层面板之间填充合适的隔声材料，仍然可以达到较好的隔声效果。但是应该注意的是，必须选用不会对室内空气产生污染、对人体无害的隔声材料，如果能够选用回收材料制成的隔声材料如用回收的废纸制成的隔声纤维板等，将会收到更好的环境效益。

对于建筑室内原有隔声较差的墙体或顶棚，也可以通过一定的处理来改善其隔声性能，比如可以在原有墙体之前或顶棚之下再加一层新的墙体或顶棚，在新旧墙体之间填以隔声材料。但使用这种方法时，必须注意，新的墙体或顶棚绝对不能与不希望产生传声作用的构件直接接触，否则就会产生"声桥"而使声音通过这些构件传至其他区域。

建筑室内的各种管道是室内噪声的一个重要来源，要解决这一问题，可选购低噪声的管道装置，另外也可以通过一些相应的降噪措施，来达到降噪的目的，可在管道外用隔声材料包裹起来（图9-90）。空调的风口也是容易产生噪声的地方，应该配以合适的垫圈，并同样用隔声材料包裹起来。

由于隔声材料一般来说皆具有良好的隔热性能，所以在取得良好的隔声效果的同时，也提高了建筑、室内的隔热性能，可谓一举两得。但是，反之则不然，因为某些良好的隔热材料，其隔声效果可能很差，聚苯乙烯就是一个典型的例子。

3. 外界噪声

影响室内声环境质量的室外噪声主要包括交通噪声、工业噪声、施工噪声和室外社会生活噪声等。交通噪声主要是指机动车辆在交通干线上运行时产生的噪声；施工噪声源于建筑施工和市政施工；工业噪声主要是工厂以及工商企业内的固定设备产生的噪声；社会噪声是一个不太稳定的污染源主要来自集贸市场、摊贩、流动商贩的沿街叫卖和卡拉OK、舞厅的音乐演奏和播放；生活噪声指的是多层楼内用户间的相互干扰，如从临近建筑或用户传来的电视机、音响、洗衣机等家用电器发出的声响等。

隔绝室外噪声最为简便有效的办法，应该是安装密封性能良好的高质量窗户。在美国，所有的窗户均必须符合NWWDA Grade 60的标准。当然，对于一些旧的临

图9-90 用隔声材料包裹起来的管道

街建筑，也不一定需要更换所有的窗户，有时，只要在玻璃与窗框之间增添或更换性能良好的密封条，将窗框与墙体之间的缝隙修补填实，就可以较好地改善房间的隔声性能，减少外界噪声对室内的影响。当然，也可以更换窗户的玻璃，采用新型的隔声玻璃，在美国，这种玻璃已被普遍采用，其厚度只要 4mm，即可达到一般的隔声要求①。

在居住建筑中，封闭阳台也是隔绝外界噪声的一个行之有效的方法。封闭阳台等于是在原有窗户之外又增加了一层窗户，白天可将阳台打开，使阳台依然保持原来的效果，休息时将阳台关闭，既可起到隔声的作用，又可防尘。不过，阳台封闭之后，多少改变了原来阳台与室外空间之间的关系，减弱了阳台空间与大自然之间的渗透关系，这可以通过在阳台上增加绿化的办法加以改善。

在室内增加绿色植物，也是室内减噪的有效办法，由 LOG ID 公司的 Dieter Schempp 所设计的德国赫顿图书馆与文化中心（Library and Culure Center，Herten，Germany，1994）堪称利用室内植物达到吸声目的的典范。建筑主要包括图书馆和文化中心两个部分，考虑到图书馆的特殊功能需要，图书馆外墙以实体的钢筋混凝土为主，而文化中心则被安排在一个圆形的玻璃大厅之内。中央大厅为读者提供了交流的场所，同时也具有音乐厅的功能，当在这里演奏音乐的时候，听众可以在图书馆挑向中央大厅的挑台上欣赏音乐。建筑利用玻璃良好的采光性能以及通过太阳能收集装置从太阳获得的足够热量使人们即使在冬季也能充分地享受阳光的恩赐，同时玻璃大厅之中的亚热带植物由于充足的阳光和适宜的温度而枝繁叶茂（图 9-41~图 9-43）。大厅中的亚热带植物既能对室内空气起过滤作用、为室内补充足够的氧气，同时也为室内环境提供了良好的吸声减噪效果，除了大量的室内植物，玻璃大厅中没有使用任何吸声材料，但音响效果良好。

现代建筑中大面积玻璃幕墙的使用，不仅带来了节能方面的问题，同时也造成了隔声方面的缺憾。"双层皮"幕墙系统的开发，为解决这一缺憾带来了福音。由于"双层皮"幕墙的内外两层玻璃以及中间部分的空隙，使得"双层皮"幕墙在达到良好的通风、采光、保温、隔热效果的同时，也具有良好的隔声性能。

以上所述隔声措施，除"双层皮"幕墙技术以外，基本上没有太高的技术含量，实施起来也较为简便，但效果良好，也较经济，值得提倡。其实，对于一般建筑而言，如果能在各个环节都进行深入细致的考虑，并能在实施过程中严格遵循工艺流程，那么要达到一般的隔声效果并不是一件十分困难的事情。

综上所述，在我国，室内声环境质量也许是室内物理质量众多因素中最容易被人忽视的因素，在一般人甚至是大多数建筑师与室内设计师眼里，只有像电影院、礼堂、报告厅等有特殊声学要求的建筑室内，才需要考虑声学设计，进行声学计算。对于办公楼、住宅等一般的建筑物则很少有人关注这一问题，不要说是进行科学的声学计算，就连最起码的隔声减噪措施都不会考虑。即使是在今天，绝大多数新开发的住宅建筑都不会因为位于车水马龙的繁忙街道两旁而采取哪怕一点点"额外的"隔声措施，室内声环境质量的保证将从何谈起？对于恶劣的室内声环境条件，居民的埋怨并不算少，但针对这些埋怨，人们首先想到的并不是建筑本身的隔声减噪性能问题，而是将原因主要归罪于周围的环境噪声。当然，建筑周围环境噪声过高是导致附近建筑室内声环境质量下降的直接原因，这一点是可以肯定的，但是，如果建筑本身设计时就充分考虑了隔声减噪的要求，采取了相应的隔声措施，那么周围环境噪声的小小波动又怎会在室内环境中引起如此之大的"反响"？此外，对于外部声环境的干扰，人们往往会比较敏感，但对于建筑物内部相互之间的噪声干扰，人们似乎早已麻木不仁，无动于衷了。由此可见，在

---

① 参见：Thomas Schmitz-Günther, Loren E. Abraham, Thomas A. Fisher. Living Space [M]. English Edition. Cologne：Könemann，1999.

人们已经普遍关注生活质量的今天，在室内声环境质量的提高方面还存在着许多误区，急需我们深入研究，尽早加以澄清。

对于室内声环境质量的提高，重任首先落在设计师的身上。这里所说的设计师包括建筑师、室内设计师和声学工程师以及其他相关工种的设计人员，只有相互之间紧密合作，才能把这一工作做好。设计师应该根据室内噪声的主要来源和不同传播途径，采取相应的科学对策，才能够使室内声环境质量实现真正的提高，使室内环境的生态性能得到真正的保障。当然，良好的室内声环境质量还必须依靠使用者的自觉维护，每一位使用者都应该遵守公共道德，自觉保持室内环境的安静。

9.5.6 小结

人类营造建筑的最基本目的就是供人们使用，不管建筑如何发展，这都将是一个永恒的主题，人们的使用又主要有赖于建筑的室内空间，高质量的室内环境是保证建筑有效使用的最基本的条件。而室内的使用功能、空气质量、热舒适程度、光环境条件和声环境状况则又是保证室内使用质量的最主要因素。

就室内环境功能设计的一般性原则而言，生态建筑室内环境与普通建筑之间并没有本质的区别，其设计的基本手法也基本相同，但由于生态建筑室内环境本身的性质和特征，使得生态建筑室内环境设计有其自身的特点，主要体现在"灵活性与长效性"以及"人性化"等两个主要方面。"灵活性与长效性"是指生态建筑室内环境必须适应室内使用需求动态变化的要求，使室内环境具有更强的适应性和使用寿命。"人性化"是指生态建筑的室内环境设计必须处处体现对使用者的人性关怀，使使用者无论在物质上还是精神上都能得到最好的满足，为此设计师应该采取积极的措施来寻找相应的解决办法。

室内环境的空气质量，热舒适程度、光环境条件和声环境状况等往往都是容易被人忽视的因素，但实际上这些物理因素却是衡量室内环境生态特性的主要指标，这些问题处理不好，将会直接影响到人们的正常使用，甚至会给人们的身心健康带来严重的危害。对于这些问题的解决，需要依靠很强的专业技能，因此，必须借助于现代科技的力量。此外，除建筑师与室内设计师必须要有广泛的知识面以外，还需要有相应的专家共同参与。

提高室内环境的物理质量，首先必须从建筑设计与室内设计着手，运用相应的设计手段与技术手段，为取得高质量的室内物理环境品质创造良好的物质前提。但是，生态建筑室内环境的运行与维护，除建筑与室内本身所提供的硬件条件以外，还与建筑的管理、日常的使用和维护等软件因素有着不可分割的联系，只有达到了硬件和软件的完美结合，才有室内环境的高品质与高效能可言，因此设计师在进行建筑与室内环境设计时，就应该对此问题有充分的预见性，为今后室内环境的高质量运行打下良好的基础。生态室内环境的这一新特点，也对建筑的使用者提出了更高的要求，使用者必须具有良好的生态意识，掌握一定的生态管理知识，使自己的一举一动都能纳入到生态发展的轨道上，以积极主动的姿态来经营自己的工作和生活环境。

9.6 生态建筑室内环境的艺术质量

建筑与室内环境的艺术性，是人类审美发展过程中的一个永久的主题。远至古希腊、古罗马，近到后现代主义、解构主义，不管是历史上的什么流派，也不管审美观念上的传统与反传统，以及对艺术质量采用什么样的评价标准，但有一点却几乎是一成不变的，这就是对建筑的评判依据，实际上主要是以其艺术性或者说是建筑的美与不美为中心内容。尽管理性主义建筑提出了"形式服从功能"，功能第一的主张，但实际上，当人们评论一座建筑或一个室内环境时，即使是功能的问题，最后也会变相地以建筑的"美学问题"呈现出来。这一点，只要翻看一下代表我国建筑界主流思想的高等院校建筑学专业的建筑史教材就可以明显地体会到，无论是论及古代的历史建筑或是当代的最新作品，最后的焦点几乎都落在建筑的美学因素上，具体地说，就是建筑的视觉形态以及由视觉形态而引起的种种深层内涵。

但是，生态建筑与以往的任何一种建筑都不同，它既不是一种风格、一种思潮，更不可能是某个人一夜之间的突发奇想，它是以人类对几千年来的建筑营造活动给人类的生存环境带来巨大危害的反省为契机，以创造舒适宜人的人为环境为当前目标，以人类自身的永续生存为最高理想的一种新的建筑伦理观。

当然，室内环境，作为一种人为的建造物，作为建筑的主要内容，它离不开人们对其美与丑的评价；作为人们生活、工作的场所，它更不可能脱离人们生理与心理对它的感受，所以应该说，生态建筑室内环境，一方面，它最直接关心的是人们在其中生活与工作的舒适程度以及它对人类赖以生存的自然环境所造成的影响，因此无须有什么固定的风格，但另一方面，它依然必须遵循人类美学评价的普遍法则，应该是艺术性与生态性的高度统一。

9.6.1 艺术性与生态性的完美统一

生态建筑，作为一种考虑了人类未来永续发展的崭新的建筑思维方式，超越了以往任何一个时期人类营造活动所包括的内在涵义。在建筑营造史上，这是人类第一次真正地"委屈"自己，自觉地克制自己的力量和占有本能，将自己的地位放置在环境保护和人类未来发展的命运之下，在这一前提之下，一切有悖于这一人类永续发展总体目标的思想与活动都是应该被摒弃的、不被允许的。生态建筑的艺术性也不例外，一座建筑的好与坏，美与丑，只有在首先满足其生态性的前提下才有可能得到准确的评论。因此，生态建筑室内环境设计应该兼顾室内的艺术质量和生态质量，达到艺术性与生态性的完美统一。

实际上，建筑与室内环境的艺术性与生态原则之间并没有直接的冲突，这完全是人们在探讨建筑与室内环境生态因素的过程中所出现的一个小小的误解。比如，在人们探讨建筑节能的过程中，往往机械地考虑各种技术的措施而忽视了建筑与室内环境的艺术因素，从而出现了早期这类建筑僵死、呆板、千篇一律的局面。然而随着人们生态思想的进一步明晰，人们逐渐地认识到了在生态建筑室内环境中保持高度艺术性的重要性，同时随着技术的进一步发展以及人们处理生态因素经验的不断丰富，艺术性与生态性之间的结合也越来越紧密，人们对艺术性与生态性之间关系的误解也必将成为生态设计发展史中一段有趣的插曲。

生态建筑室内环境中艺术性与生态性的完美统一，主要通过两种方式表达出来：一种是在实现生态目标时，相应的生态设计措施与手法所产生的新的艺术美感，表现出艺术性与生态性的关联特征。另一种则是在生态建筑室内环境设计中，在遵循生态原则的前提下，运用普遍的美学法则来体现建筑与室内环境的高度艺术性，表现出艺术性与生态性表面上分离的一面。

9.6.1.1 艺术性与生态性的关联特征

艺术性与生态性同为生态建筑室内环境设计中的两个重要属性。但是，生态建筑室内环境设计所关心的不仅仅是技术问题，也不仅仅是艺术问题，而是更深层次的文化问题、哲学问题和伦理问题。生态建筑室内环境设计以保护地球生态环境为己任，它不再像以前的建筑那样在征服自然的目标下创造出"漂亮的"建筑环境，而是在有利于生态保护的前提下，创造出"舒适、漂亮的"建筑环境。在这里，艺术性服从于生态性，如果艺术性与生态性两者之间出现冲突，那么首先必须满足生态性的要求。

英国赫特福德郡嘎斯顿的 BRE 未来办公楼（BRE Office of the Future, Garston, Hertford-shire, UK, 设计：Feilden Clegg Architects, 1996）的屋顶上"意外地"出现了六个烟囱般的装置，如果仅从立面构图的角度来看，似乎这几个"烟囱"有点多余，在视觉上也过于抢眼，但是，正是这几个"烟囱"，使得建筑能够保证良好的空气流通效果（图9-39、图9-91、图9-92），它们与建筑的其他生态措施共同协作，使得建筑室内环境空间在平时基本上达到了100%的自然通风，只有在个别特殊的天气条件下才需要采用机械通风，因此用于机械通风的能耗仅为 0.5kWh/（m² · a）。

不过，类似于上述"烟囱"的"例外"其实根本不能算是例外，而是保证建筑与室内环境生态性的一种具体的直观表现，是建筑与室内环境生态性的一种有机反映，我们不能也无法仅仅从常规的视觉标准来判断该建筑的美与丑。因此从这一角度来讲，建筑与室内环境的生态美，就不能只由表面的视觉元素来确定，而是应该同时从生态和视觉的总体角度来加以评判。

生态的建筑与室内环境，总是把对于生态的考虑放在首要的位置，以满足建筑物室内环境的生态性作为最基本的目标。为保证建筑与室内环境的生态性而采取的具体措施，往往会产生一些一般建筑中不会或很难出现的元素，从而带来建筑视觉形象上的变化，有些变化甚至是革命性的，如前面提到过的全部利用回收材料建造的"个人住宅"（图9-58），其形式几乎已经完全脱离了普通住宅的常规表现。建筑的布局、体积、构图等完全是根据回收材料的特定属性以及建筑的能源策略来确定的，呈现出一种全新的视觉形象。在这个例子中，建筑形式的取得，其依据已经不是传统的构图原理，因此，对于这种形式好与坏、美与丑的评判，也就不应该也不可能再用传统的审美方式来评判。就这一点而言，与解构主义建筑的审美方式有着非常类似的地方。

由建筑或室内环境中的生态因素而产生特殊的视觉形式，这无论在国内或国外、过去或现在都不乏其例。我国西南少数民族的干阑式建筑，就是适应当地炎热多雨，虫兽肆虐的自然条件而形成的（图9-93）。俄罗斯传统的帐篷顶式建筑也是在当地寒冷多雪而又盛产木材的自然条件下，从充分利用当地材料、保温隔热、及时排除积雪等多方面因素出发，形成了其特殊的室内外空间形态（图9-94），这种原木房屋是粗糙的，内部空间也很简单，但具有良好的保暖性能。当地居民在建造这种房屋时，考虑得最多的也许并不是什么"构图"、"对比"、"韵律"，而是对自然条件的适应以及在当时的技术条件下达到最大程度的室内环境舒适度，这种生于自然，长于自然的建筑以及由此而形成的室内环境，难道你能说它不美吗？

建筑对于生态因素的考虑，不管是采用被动方式还是主动方式、低技术还是高技术，它们都会或多或少地反映在建筑的外在形象上。

图9-91 英国赫特福德BRE未来办公室，1996
（设计：Feilden Clegg Architects）

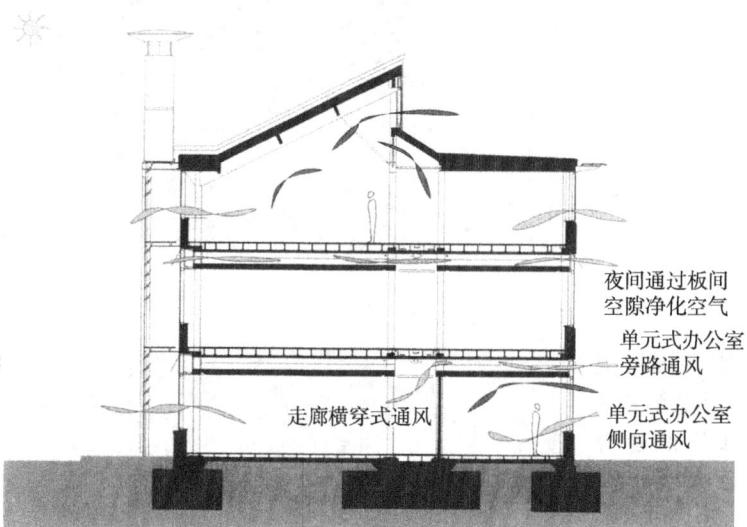

图9-92 BRE未来办公室剖面及空气流动示意图

夜间通过板间空隙净化空气
单元式办公室旁路通风
走廊横穿式通风
单元式办公室侧向通风

外观

图9-93 景颇族的干阑式建筑

BRE 未来办公楼办公空间中波浪形的顶棚形式就是其室内生态策略的直接反映。办公楼层高3.7m，大大超过了普通的办公室，波形的混凝土楼板上另覆面板，面板下面藏有管道等服务设施，两层板之间留有大面积的低阻力空隙，便于空气的流动。室外空气通过大楼管理系统（BMS）调节窗户来加以控制，室外空气可以直接进入室内或进入结构中的空隙。这些措施与南面屋顶上的五个通风孔一起，共同保证了室内环境良好的生态特征。

当代建筑区别于传统建筑的一个重要方面，就是现代技术在创造生态建筑室内环境中的重要作用，生态建筑室内环境设计则更是离不开现代技术。太阳能接收技术、光电池、现代计算机控制系统等，无不为生态建筑室内环境的创造插上了飞跃的翅膀。人类这些最先进的技术的运用，必然会在建筑与室内环境的形态上有所体现。有时甚至成为空间形态的最直接依据。

美国华盛顿特区郊外的赫吉住宅（Hoagie House，Suburban Washington，D.C，USA，设计：Jersey Devil），其最显眼的视觉元素——"旋转罩"（Roto-lid），就是由吉姆·亚当森（Jim Adamson）发明的一种由计算机控制的遮光天窗，它能随季节或一天当中时间的变化而自动转动（图9-95，图9-96）。旋转罩以等边三角形为基形，这使其隔热旋转面板可以有3种不同的位置，它始终围绕东西向主轴转动。在冬季的白天，面板面向北方导入温暖的阳光，到了晚上，面板旋转到下方堵住连通室内的三角形通道，阻止热量

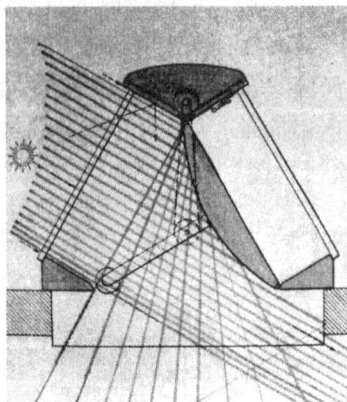

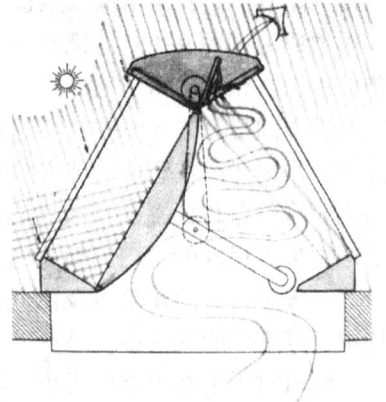

冬季白天的 "旋转罩" 位置　　　　冬季晚上 "旋转罩" 位置　　　　夏季白天 "旋转罩" 位置

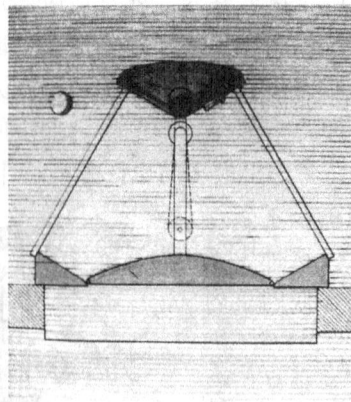

散失。在夏季的白天，面板朝向南方，挡住南面的阳光，从而在接受北面光线，满足照明的同时使室内获得的热量减到最少。这种3英寸的隔热电镀铝面板，具有极好的平衡性，只需要极小的力就能使它们旋转（图9-97）。

同旋转罩相对应，建筑也是直线形的，有细长的南北展开面。在室内，旋转罩通过丰富的光线变幻而令建筑充满生气。这座建筑的"绿色"特征，还包括为室内植物景观提供灌溉的滴灌系统，这些室内植物景观保证了室内健康的空气质量。建筑北侧的泥土护坡自然地隔绝了冬季寒风的侵扰。为了增大热容量，使之能够在白天收集太阳热量，到夜间再把热量辐射出来，混凝土上还另外铺有一层石板地面（图9-98）。

我们可以清楚地看到，这座以考虑生态性著称的建筑，无论是外部形态和室内空间环境，都是在"旋转罩"这一高科技手段的控制下所形成的，是建筑与室内环境考虑生态因素的直接结果。"旋转罩"成为建筑与室内空间的视觉焦点。

生态因素直接影响建筑与室内环境艺术特征的另外一个例子是美国加利福尼亚州费尔费尔德的光电池制造厂（Photovoltaic Manufacturing Facility, Fairfield, California, USA。设计：Kiss Cathcart Anders Architects）。该超级光电系统（APS）制造厂是一个空前的设计，建筑安装了世界上最大的超薄光电池（PV）生产线。所生产的光电板可用于从日常消费品、建筑产品到实用发电等广泛的应用领域。这座70000平方英尺的不锈钢和混凝土建筑，是整个设计的一期工程，总体工程还将包括一个培训与技术中心。

制造厂的流水生产线，利用了先进的机器人技术，每年能生产200万平方英尺的光电池板，其所生产的单片集成电路光电池模块也是全美国最大的。模块的模数使之能够广泛适用于包括建筑在内的各种应用领域。

工厂建筑本身就是应用光电建造技术的范例（图9-99）。在艺术形象上，光电玻璃幕墙覆盖的立方体控制中心和由光电板与不锈钢材料组成的入口雨棚成为建筑最为突出的特征之一（图9-100），通过光电玻璃幕墙所产生的丰富的光影变化，也使建筑的室内空间环境变得更有趣味（图9-101）。

图9-97 赫吉住宅"旋转罩"室内效果

图9-98 赫吉住宅壁炉

图9-99 美国加利福尼亚费尔费尔德光电池制造
（设计：Kiss Cathcart Anders Architects）

图 9-100 光电池制造厂的入口雨篷（左）

图 9-100 光
电池制造厂的
入口雨篷（左）

图 9-101 光
电池制造厂光
电玻璃幕墙所
产生的光影效
果（右）

在当代生态建筑的实践中，建筑的艺术性有时可能完全由建筑的生态性来控制。1997 年，在西班牙的马塔罗（Mataró）建起了庞佩·法布拉图书馆（Pompeu Fabra Library），设计师为米切尔·布鲁莱特（Miquel Brullet），与众不同的是，其立面和屋顶上均安装了大面积的太阳能光电板（大小均为 0.3m²），建筑内部在不影响公共图书馆使用要求的情况下，采用了一套电能和热能的发生系统，并在能量、舒适、室内照明、美学和经济因素中寻求最佳的平衡。立面为"双层皮"的玻璃幕墙，双层皮之间为多功能的太阳能板，由与电力系统相连的太阳能电池构成，被称为"生产能量的立面"。各种不同的太阳能板的安排根据立面对于透明、半透明的不同要求来确定，特别的是，建筑本身也是以太阳能板的尺寸为模数的。生态技术成为该建筑最显著的特征之一，"在这里，建筑不是作为一种技术的载体，而是技术的标志"①，建筑立面的视觉效果完全由太阳能电池板所控制（图 9-102）。

图书馆的室内空间特点也是由其立面和屋顶上的太阳能板所决定的，各楼层均可通过窗户和天窗自然采光，室内所有的公共区域：门厅、接待区、等待室、走廊和坡道都有着宽敞明亮的自然照明效果，阅览室内的光线还可以调节，以避免眩光的出现（图 9-103）。

图 9-102 西
班牙马塔罗的
庞佩·法布拉
图书馆，1997
（左）
（设 计：Miquel
Brullet）

图 9-103 庞
佩·法布拉图
书馆室内（右）

以上所举实例，所反映的基本上都是生态因素在建筑或室内总体形象上的体现，实际上，对于生态因素的考虑还常常会反映在建筑与室内环境的细部处理上，从而使建筑更加细腻，视

① （西班牙）帕高·阿森西奥编著. 生态建筑 [M]. 侯正华，宋晔皓译. 南京：江苏科学技术出版社，2001.

觉形象更为丰富。从众多的参赛作品中脱颖而出，后来成为让·诺维尔（Jean Nouvel）代表作的法国巴黎阿拉伯世界研究所（Institut du Monde Arabe，1987），就是一个这样的杰出例子。

　　为增进法国与阿拉伯国家在文化、科技方面的联系，加深彼此在语言、历史、社会现实方面的交流，从 1980 年开始，法国与一些阿拉伯国家共同筹建阿拉伯世界研究所。诺维尔在此建筑中所采用的全新的采光照明策略，使建筑同时获得了非凡的艺术表现力。在建筑的南立面，诺维尔在 242 个遮阳板上安装了 27000 块光电控制的铝片瓣膜，这一装置就像是照相机镜头中的光圈，能够随着室外光线的强弱变化而相应地自动缩小和放大，从而调节室内的采光量。这一独特的采光形式使得建筑立面呈现出异常独特的视觉形象，"光圈"组成的图案效果，使人联想起丰富多彩的阿拉伯图案，起到了良好的隐喻作用。光线透过"光圈"射入室内，随着时间和光线强弱的变化而变化、移动，形成了梦幻般的效果。光影落在地上、洒在人们的身上，时刻都在变化着图案，在这里，时间的维度被发挥得淋漓尽致，大大增强了室内空间的艺术感染力。

9.6.1.2　艺术性与生态性的分离特征

　　生态建筑并不是一种主义或者一种风格，其最为关心的也不是建筑或室内呈现什么样的视觉形态，而是建筑对于自然环境的影响以及室内空间环境对人的直接作用效果。但是生态建筑归根到底还是一种建筑，因此，它不可能脱离建筑的固有属性。作为一种供人直接使用的人造物，它永远都是人们的一个审美对象。所以说，它虽然不可能具有固定的"风格"，但它仍然被包括在建筑艺术的范畴，仍然需要给人以美的享受。因此，在保证建筑与室内环境的高生态性的同时，设计师可以利用一切艺术手段来提高建筑的审美价值。高生态本身必须同时具有高情感。

　　美国北卡罗莱纳州拉莱的布朗赛尔住宅（Brunsell Residence Raleigh，North Carolina，USA，设计：Obie Bowman），除了考虑通风、采光、节能、雨水处理等生态因素，其室内设计突出地运用了自然材料，表达了自然的生命演化过程：室内的柱子是一株垂死的老桉树，回收的陶渣砖熔结后重新用于壁炉装饰，充分展现了主人的个性；书房倾斜的玻璃窗，使室内空间突出于周围主体建筑墙体，融于周围自然景观之中（图 9-104~图 9-107）。

图 9-104　美国北卡罗莱纳州布朗赛尔住宅
（设计：Obie Bowman）

图 9-105　布朗赛尔住宅客厅的老桉树

图 9-106　布朗赛尔住宅中熔结后重新用于装饰的陶渣砖

图 9-107 布朗赛尔住宅书房

由詹姆斯·卡特勒建筑师事务所（James Cutler Architects）设计的美国西雅图市郊的贵宾房（Guest House Suburban Seattle, Washington, USA），很好地兼顾了建筑与室内环境的艺术性与生态性之间的关系。建筑表述了恒久的混凝土墙和有机生长自该墙的木构建筑之间的一段动人故事（图 9-108）。

基地坐落在长长的林间小径南端的一块自然洼地上，小径的北端是基地主人原有的住宅。整个基地处于茂密的冷杉和铁杉林中，林中长满了本地土生土长的常绿灌木和蕨类植物。基地主人想要建一座 1800 平方英尺的贵宾用房，在视觉上要求同现有的住宅分割开来，为此建筑师将贵宾用房布置在草地边缘低洼的树林之中。除了要有厨房和卧室等必要的房间外，主人还要求建筑室内空间能展示其一部分艺术收藏。设计师对混凝土挡土墙和住所之间的关系进行了深入的推敲，作了细致的处理。为了区分建筑中的公共区域和私密区域，建筑的木构部分在平面上扭转了一个角度，同混凝土墙之间产生了一个斜角，从而也扩大了入口（图 9-109）。这一处理手法也进一步强调了暂时性的木构建筑与相对永久的混凝土墙之间的区别。由于贵宾房与混凝土墙之间的偏转角度，而混凝土壁炉的轴线与混凝土墙体平行，使混凝土的"基本结构"与木构部分在平面上形成鲜明的对照。混凝土壁炉的侧墙故意做成不修边幅的样子，与旁边细腻的木质书架形成强烈的对比（图 9-110）。贵宾用房与混凝土挡土墙之间的偏转，使通向卧室等私密空间的走廊逐渐缩小，形成了由公共向私密的过渡。阳光通过半透明的有机玻璃天窗射入走廊，在建筑与混凝土墙之间形成了一道由光组成的过渡带（图 9-111）。

在室内的色彩设计上，灰绿色的混凝土与细致的道格拉斯冷杉木家具形成鲜明的对比。大面积的落地玻璃窗保证了整个建筑前部的光照，与天空相一致的灰色调使建筑与天空融为一体。

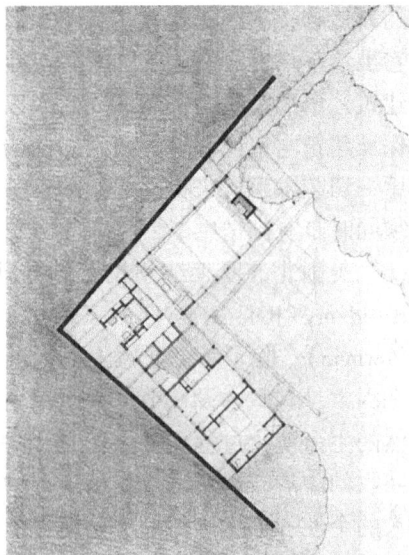

图 9-110　贵宾房的壁炉与书架（左）

图 9-111　贵宾房入口门廊（右）

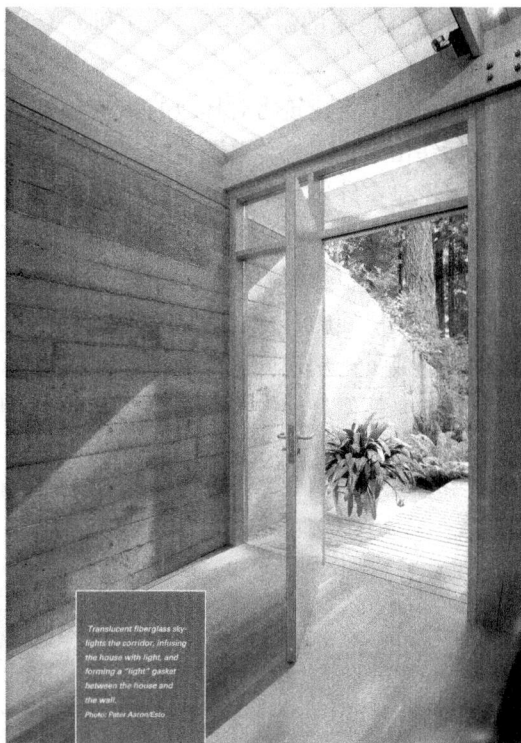

建筑规模虽然不大，但建筑师在正确处理建筑与周围自然环境之间关系的同时，通过平面布局、空间构成、材质选择、光影变化、色彩处理等不同的方面，恰当地运用了虚与实、粗糙与细腻、偏与正的对比，取得了良好的艺术质量。

由詹姆斯·卡特勒建筑师事务所设计的另一座小建筑——坐落于美国班布里奇岛的弗吉尼亚·梅利尔·布罗代尔教育中心（Virginia Merrill Bloedel Education Centre, Bainbridge, Washington, USA）采取了与上述贵宾房非常类似的手法，同样达到了良好的艺术效果。

这处地产现在是一片半公开的植物保护区，89 岁高龄的主人决定在此修建一座临时家园，在那儿他可以亲近他六十岁时去世的妻子，她安静地睡在这块祖传地产中池塘的尽端。一旦主人去世，便将和妻子埋葬在一起，这里即成为小型的教育中心和游览区（图 9-112）。

建筑坐落在靠近草地的冷杉林中，草地上便是那波光粼粼的池塘。观赏步行道经过入口小桥，穿过建筑物延伸到和墓碑同在一条轴线上的观景平台，轴线进一步延伸直抵水池尽端的墓地（图 9-113）。建筑物本身被划分成包括起居室、餐厅、厨房的中心区域（将来的演讲中心）和

图 9-112　美国班布里奇岛弗吉尼亚·梅利尔·布罗代尔教育中心（设计：James Cutler Architects）

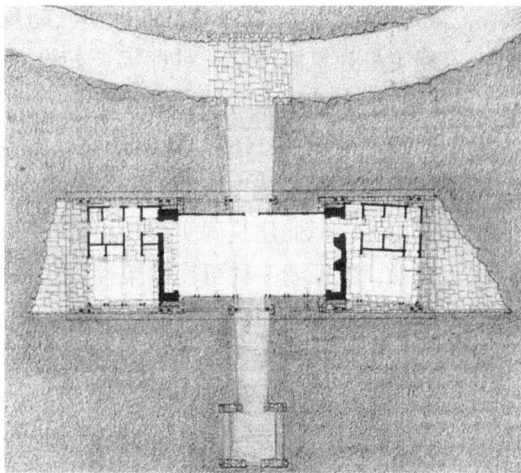

图 9-113　布罗代尔教育中心总平面图

两套卧室（将来的游客客房）。主卧室套间在方案中被旋转了一个角度，使主人的卧床也能对着墓碑。

设计方案将建筑物对林地的影响减到了最低限度。设计之前，基地每一棵树的位置都被精确地标注出来，通过对总图布局的精心调整，最终仅有极少量的树木被砍伐。

无论是室外还是室内，建筑的细部处理也颇为精到。屋顶木椽由周界的横梁支撑，横梁则与支柱和斜撑绑扎在一起。建筑的整个木质部分由石墩支撑着，这些石墩加强了建筑的轴线。石头元素的使用意在表现主人和妻子之间永恒不变的感情。大厅里的家具形式与建筑的风格相一致，粗糙坚硬的石材与细腻柔软的木材形成对比（图9-114）。最耐人寻味的是，每个与此工程相关的成员都从现场选择一件有生命的物体（如树叶）形象，以喷沙雕刻的方式刻在石头上，使其看起来就像是一件人造化石，记录着世事的沧桑和生命的循环（图9-115）。

图 9-114 布罗代尔教育中心客厅（左）

图 9-115 布罗代尔教育中心装饰细部（右）

从上面的两个实例，我们还可以得到另外一个启示，那就是，尽管有时建筑的生态性与艺术性之间并不一定存在着直接的关联，反映出建筑与室内环境之间相互分离的一面，但是，一定的艺术处理手段可以突出建筑与室内环境的生态主题，使环境更好地表达出设计师与业主的生态意识，从而更加强了建筑与室内环境的艺术感染力。

在生态建筑实践中，也不乏寓意深刻的建筑实例。由尤希达—芬德雷合伙人事务所（Ushida-Findlay Partnership）设计的日本筑波市索夫特与哈里住宅（Soft and Hairy House, Tsukuba City, Japan, 1994），设计者试图证明其超现实的感觉力以及为建筑注入城市外部文脉元素的思想。该建筑是为筑波市的一对青年夫妇设计的。这座住宅建筑的生态特征主要包括一个巨大的屋顶花园，它既能装点居住者的生活环境，提高生活质量，又能提供良好的隔热性能，保证室内温度的稳定（图9-116）。建筑形态是在室内空间形式的基础上发展而成的，反映了一种建筑师所谓的"放荡的潜能"。虽然人们更多关注于主人"性潜力"的评论，而不是集中在建筑真正的医学作用上，但此建筑确实表现出某些有机形态在感官上的冲击力，这些有机形态相互融合、缠绕、变形，象征着一种可变的柔性膜，一只生命的摇篮，一个使人产生爱慕之情的建筑环境。顶棚不确定地流入地面，暗示着生命的孕育，也是一种女性的隐喻（图9-117）。

由尤希达—芬德雷合伙人事务所设计的另外一所住宅——特拉斯沃尔住宅（支架式墙体住宅，Truss Wall House, Tsurukawa, Machida-City, Japan, 1991~1993），建筑师利用极其大胆夸张的手法有机地组织着建筑的各部分。建筑通过曲线形的混凝土墙体来获得一种"通过人在建筑

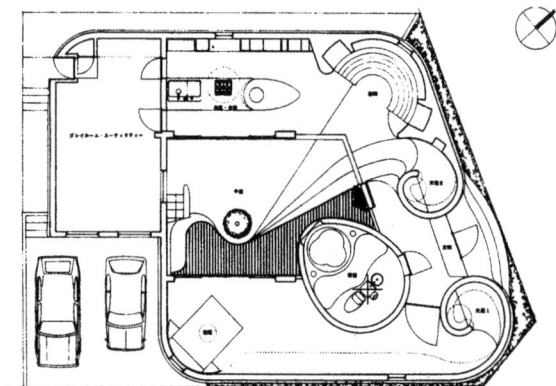

图 9-116　日本筑波市索夫特与哈里住宅,1994(左)（设计：Ushida-Findlay Partnership）

图 9-117　索夫特与哈里住宅平面图与透视图（右）

空间中的运动而体会到的感觉上的连贯的流动性和实体上的隐喻性"。建筑的四周都是日本传统的二层或三层的住宅形式。这座白色而极具雕塑感的建筑就好像是一个外星人的飞碟临时着陆在这里，但随后又决定停留下来，向该地区的居民预示一种未来的生活模式（图 9-118）。这座建筑的作用在于给人以"生活在戏剧情节中"的感觉，就像是一个具有工艺、空间和热力学功能的活生生的人体器官。墙体之间形成的具有持久传统文化特征的室内空间是其生态特色之一（图 9-119）。建筑还吸取了当地传统的种植方式，在屋顶上开辟了一小块田地，为居住者提供了一个从事农艺的机会，他们可以在此种植自己的草药和蔬菜。

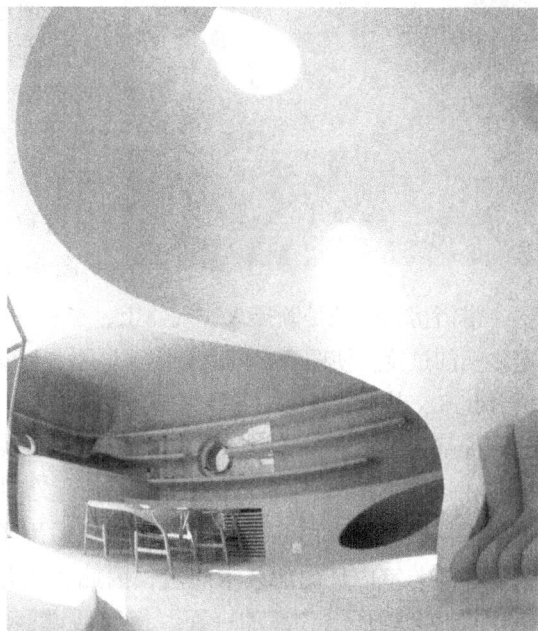

图 9-118　日本町田市特拉斯沃尔住宅,1991~1993(左)（设计：Ushida-Findlay Partnership）

图 9-119　特拉斯沃尔住宅室内（右）

　　在尤希达—芬德雷所设计的建筑中，室内外的联系一般都是十分鲜明的，其创造性的建筑形态也是非常引人注目的。他们声称特拉斯沃尔住宅在居住空间和周围环境之间架起了一座物质的和隐喻的桥梁，但实际上这一点并不明显。

　　欧比·鲍曼（Obie Bowman）在美国加利福尼亚州马林县肯特费尔德的卧室和浴室改造工程中（Case Bedroom/Bath Remodel, Kentfield, Marin County, California, USA）更是不失时机地利用了地坪的变化、材料的象征、虚实的对比、内外的交融等艺术处理手法，使建筑内外在视觉形象上丰富多变，在空间内涵上寓意深刻。

图 9-120 美国加利福尼亚马林县肯特费尔德的卧室与浴室改造（左）
（设计：Obie Bowman）

图 9-121 卧室与浴室之间用通透的壁炉相联系（右）

图 9-122 浴室中的蛮石、天窗与水笼头

这座占地一英亩的住宅原建于 20 世纪 50 年代，已经历了几十年的沧桑岁月，它掩映在绿树之中，显得格外幽静。主人希望对原有住宅进行改造或扩建，以增强与周围环境的交流，并从日常生活的沐浴和睡眠中享受无穷的乐趣。

为扩大卧室，新的设计拆除了原有的浴室，此外，为布置新浴室而进行的扩建又增加了 430 平方英尺的面积。扩建部分低于原有建筑，其间以台阶相连，屋面则低于原有的屋顶轮廓线（图 9-120）。

通透的壁炉把卧室和浴室连接在一起，从卧室透过壁炉与淋浴房可以看到庭院的景色（图 9-121），巨大的拱形天窗与较低的顶棚形成对比，透过天窗可以将视线引向室外，看到上方的许多松树枝，淋浴喷头不加掩饰地直接从天窗悬挂下来。取自于当地采石场的蛮石清晰地划分出淋浴和矿泉浴各自的空间，同时又将室内外联系在一起（图 9-122）。

淋浴房的主题是颂扬火、气、土、水——亚里士多德学说的四种基本元素，壁炉成为卧室与浴室之间的过渡，使两者之间既分隔又联系，壁炉还是住宅中最具特色的部分，它与浴室空间有机地结合起来，其构成材料（壁炉中的火焰、空气、石头、浴池中的水）分别代表着火、气、土、水这四种基本的元素，这些具体的材料被隐喻为热、冷、干、湿等四种不同的感觉特性。

在这些实例中，设计师在紧紧抓住生态性这一主题的同时，并没有忘记赋予建筑与室内环境更深层次的艺术内涵，他们都很好地运用了普遍的美学规律，运用各种艺术修辞的手段，来强化建筑与室内环境的艺术质量，因此，从艺术手段与生态性的关系来讲，建筑的艺术性与生态性有时会表现出分离的一面。换句话说，建筑与室内环境的艺术质量可以运用不同的手段、通过不同的风格来实现。但是，不管建筑发展到何种程度，建筑的艺术质量永远都是人们最为关心的主题之一。

建筑与室内环境的艺术质量直接影响到人们的生理与心理感受，而人们对于建筑与室内环境生理与心理感受的满意与否是评价建筑与室内环境舒适性的一个重要标准，因此建筑的艺术质量也是建筑生态质量的一个重要的衡量维度。可以说，只要艺术性对生态性不构成什么危害，就可以运用任何艺术设计手法来提高其艺术质量。

9.6.2 生态建筑室内环境艺术建构中的"顺"与"迎"

从生态的角度来讲，室内环境要想获得良好的艺术质量，除了遵循普遍的美学原则，还应该遵从"顺—迎"的设计手法。所谓的"顺"即"适合"、"顺从","迎"即"面对"。"顺—迎"手法既适用于室内空间的处理，也适用于对于自然条件的态度上。

9.6.2.1　对建筑建成空间的"顺—迎"

"顺—迎"手法之于空间处理上的含义，主要指处理室内空间时，应该充分顺应原有建筑结构与建筑总体空间形式，这一情形在旧建筑新装修或者先有建筑后有装修、建筑与室内装修设计不同步的情况下尤为常见。

建筑师在进行设计的最初构思阶段，是研究如何利用顶棚、地面及墙面等界面，以宜人的尺度、恰当的比例，从自然界的无限离心空间中，限定出与人有更多联系的有限的向心空间。此时构成的雏形空间，被感知到的仅是粗糙的界面而已，它与人们行为功能的要求尚有一定距离，有待室内设计师根据人的行为特点，合理运用空间分隔、灯光色彩、材料质感、陈设造型、自然景色的因借、室内物理环境的调节等手法，使空旷而粗糙的雏形空间得到合情合理的提炼和收缩，成为与人的生理、心理有着密切联系的室内环境。室内环境设计的本质不但是为人们创造一个理想的物质环境，同时要创造一个怡情悦性的精神环境。

工业时代给人们带来的是程式化的、规范的、千篇一律的既定室内空间，这种情况在中国尤为突出，其原因主要有以下几个：一是由于现代社会的深度发展，各工种、各专业的划分越来越细，专业化程度越来越高。在建筑行业中，原先的建筑师承担着从建筑设计到建筑室内外环境设计的整个环节，但是，随着现代装修业的发展，专职室内设计师（或称室内建筑师）的出现，使得建筑设计与室内环境设计出现明确的分工。在中国，受商品经济以及一些不良人为因素的影响，建筑设计院的建筑师们在进行建筑设计时已经不再负责室内环境设计，图纸上一句"室内具体做法由二次装修设计决定"，将建筑师的责任心抛到了九霄云外，甚至连建筑师与室内设计师协作探讨的过程都被取消了，除了建筑的外壳，其余似乎统统与己无关，随心所欲地"勾画"室内空间，也不管自己所随意"勾画"的空间是否符合未来的使用需求，更不用说该为将来的室内环境设计提供良好的前提空间而精雕细凿了。由于建筑设计没有考虑将来室内空间的实际使用要求，室内设计师接手的很可能是一个完全没有室内空间使用依据的建筑壳体，因此，室内设计师必须在建筑师限定的并不合理的范围内考虑室内空间，来最大限度地满足人们对室内空间的使用需求。

造成这一结果的另一个原因是大量旧建筑的重新装修使用。随着时代的发展，生活节奏的加快，建筑室内装修使用的时间跨距越来越短，在我国，对于公共空间，正常的装修使用期限已缩短至3年左右，甚至更短，如果遇到建筑"改朝换代"，更换用途，那么，装修的使用期限基本上没有时间的限制，在现实生活中，经常会出现某个场所新装修开业不久，就因经营不善或其他原因而关门大吉、另谋新就的情况。

造成这种状况的第三个原因是结构与经济的限制。复杂的或特殊的室内形态往往会使结构与构造复杂化，从而导致设计难度的加大与材料使用的增加，增加建筑成本，这种情况导致的结果是：建筑空间四平八稳，了无变化——一个由上下、左右、前后六个面围合成的简单的立方体，室内设计师必须在这个封闭的六面体中做文章，所谓"螺蛳壳里做道场"，一点也不假。

上述种种原因所产生的既定空间，对于现代人多元化的心理、生理要求以及室内不同的使用要求往往是大相径庭的。

人类生存的空间既是无限的，又是有限的。对室内设计师来讲既定的室内空间是有限的，但可以运用各种物化转换、分割等手法，使这些有限空间呈现为无限的多层次空间，或使这些既定的局限空间更好地为人们的需求服务。所以室内环境设计应该使既定空间与人们的心理、生理需求相吻合，只有这样，才能使室内空间真正"绿色化"，要做到这一点，虽然不是那么容易，但也不是无规律可循。而"顺—迎"的手法，则是这种规律的极好体现。

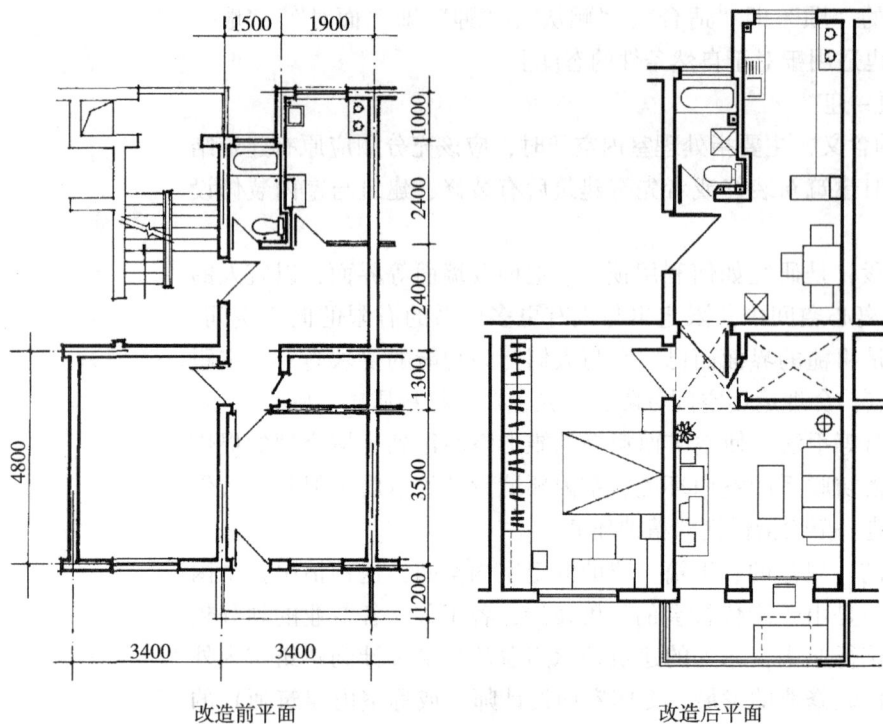

改造前平面 改造后平面

图 9-123 卫生间改造实例-1

图 9-124 卫生间改造实例-1

改造后的情形

"顺—迎"有着双重含义：第一层含义为"顺"，即"适合"、"适应"、"顺从"，是从对既定的室内空间的谦让态度来讲的，第二层含义为"迎"，即合理"面对"，是从针对既定空间的先天不足，如何采取必要的措施来"补缺"这一方面来讲的。也就是说，这里所说的顺应、面对，绝非刻板僵死的"循规蹈矩"，这里更强调顺应、面对的意匠态度。

面对一个较为理想的既定室内空间，首要的是空间的充分利用，即利用空间的现有条件，充分挖掘空间的现有潜能，本着绿色的基本手法，尽量少伤筋动骨地进行改造，以充分体现既定空间的基形特色，这正是"顺"、"迎"两字涵义的真谛。通过室内的二次构成以及陈设用品的二次分割所划分出的各个子空间中的各种元素，如橱柜的高矮、位置，桌椅的位置、采光，饰物的种类、造型、色彩，灯具的类型、位置与建筑结构酿造的室内空间基形的壁面、门窗等理应相得益彰，空间的利用率也应最高，最终的母、子空间与围合空间的建筑结构以及周围界面将形成一种皮与肉的关系。这里我们不妨借用服装业的一句术语——"量体裁衣"，稍作修改成为"量体裁器"来比喻室内空间的定位、分割与塑造，这里的"器"，即指建筑的室内空间，但这里"量"的意匠筹度还有更深一层的涵义，就是"立体裁剪"。在这既定的立体中如何"裁"，如何"剪"，不仅仅是用和谐、协调等几个词所能表述得了的，关键还在于如何理解"顺—迎"二字的内在涵义，如何从"顺—迎"的广义上思考一系列有关问题，如"裁剪"形式的内在统一，既定空间功能的充分发挥，物品与建筑结构的彼此映衬等。

"顺—迎"手法适合于各类建筑的室内环境设计与改造，尤其是在空间和面积限制极大的居住建筑中更有价值。下面是某住宅装修中运用"顺—迎"手法进行卫生间改造的例子（图9-123）。该住宅中原有的卫生间面积较小，且入口右侧的角落里还有粗细两根上下水管，在浴缸的旁边还有一根粗管道，且都不可能移动。为了卫生间的整洁与美观，设计师首先肯定，必须将管子封起来，但为了充分利用空间，设计师不是简单地将管子包住了事，而是利用两根立管之间的空间做了一个悬空的储藏柜，又利用原建筑马桶后面的凹入墙面，在水箱上面做了一个架空的储藏柜，这样一来，那些本来杂乱无章的角落就变得井然有序，而且还增加了不少储藏面积，卫生间中的一些常用物品都可以放入柜中，整个空间整洁雅致，使人很难想象出装修以前的情景（图9-124）。

再举另一个卫生间改造过程中运用"顺—迎"手法充分利用空间的例子。原先的卫生间比较狭小，主人为了将其改造得宽敞舒适一些，拟将卫生间向外扩大，但美中不足的是，这样一来，原先入口右侧墙边的两根水管就跑到了卫生间的中间，很不是地方。为了解决这个矛盾，设计师将洗脸池嵌入到扩大后的空间中，并配上大理石的台板，将两根立管包起来，利用立管后面的空间做了一个搁架，放置化装、护肤用品，水管的另一侧，则做了一个储藏柜。浴缸和马桶也作了相应的调整，并加大了浴缸的长度，这下这个卫生间就显得既现代化又舒适了（图9-125、图9-126）。

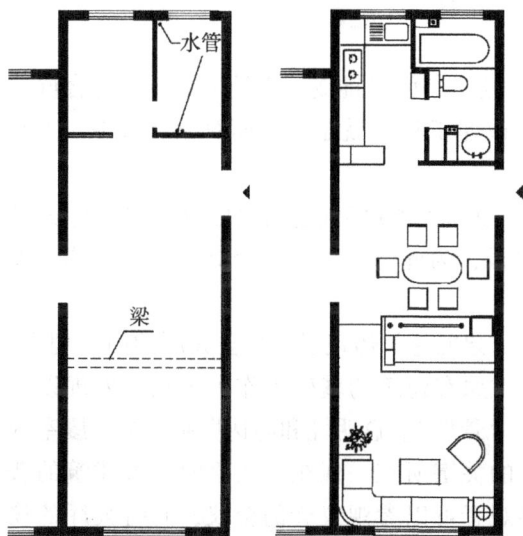

改造后平面

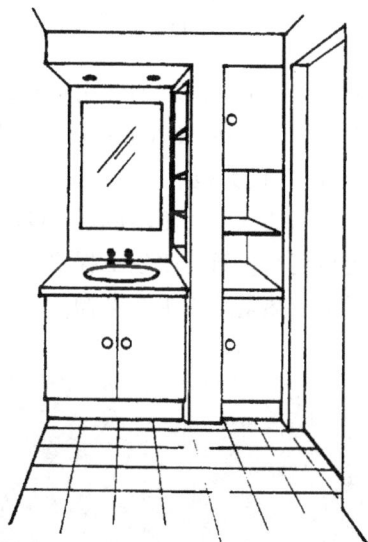

改造后的情形

图9-125 卫生间改造实例-2（左）

图9-126 卫生间改造实例-2（右）

　　也许对于有些人来说，上面的两个例子实在是微不足道，大有"雕虫小技"之嫌，那么，我们再来看看一些堪称为"大作"的作品是如何运用这一手法的。

　　希腊雅典的中心市场（Central Market of Athens）堪称旧建筑改造中施行"顺—迎"手法的典范。这个中心市场始建于19世纪，是当时建筑业辉煌发展的象征，也是构成城市社会经济生活的重要部分，它主要适合于一些低收入的市民，自从建成以来一直都在使用之中。1995年，当局决定重新整修该建筑，所采用的方案综合地、系统地体现了环境意识，并最大限度地"顺应"了原有建筑的结构和空间（图9-127、图9-128）。

　　原有建筑四角的四座塔楼被改造成提供新鲜空气和抽排室内污浊废气的通风井，井口设置了废气余热回收装置。该建筑最主要的绿色措施在于其屋顶的改造，设计师充分利用了屋顶的原有结构和形态，在屋顶新设置了太阳能控制玻璃，在室内获得更多日光照射的同时，夏天仍可以减少热量的获得，防止室内温度的上升。

　　针对原有现状进行的绿色改造，使得建筑物重新开放时，当初那些冬季漏风、夏季闷热、污染严重的空间已不复存在，进而变成了常年均保持卫生清洁、光照良好、舒适、经济节约的崭新市场。

　　但是，在现实条件下，完全的"顺"往往是不太可能的，面对着一个条件过于限制的既定室内空间，有时仅用顺的手法已不能

图9-127 希腊雅典中心市场改造，1995（设计：N. Fintikakis-Synthesis and Research Ltd）

图 9-128 希
腊雅典中心市
场改造生态策
略示意图

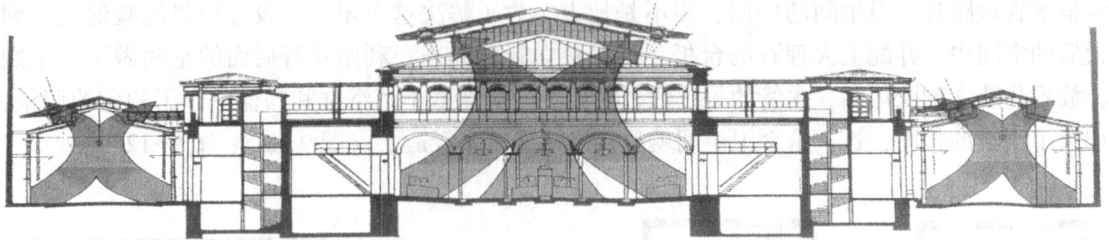

创造出我们所要求的使用空间，这时，就应该大胆地"迎"，面对挑战。诺曼·福斯特与合伙人事务所（Foster & Partners）所设计的"德国国会大厦改建工程"就是一个面对原有条件，大胆"迎战"的典范。

旧的国会大厦落成于 1894 年，1945 年遭到摧毁，20 世纪 60 年代进行过修复，1995 年又被包裹起来。新的改建工程要求改进建筑室内的环境质量，为此必须设计一个高效能的结构，可以自供热量并减少污染物的排放。

图 9-129 德
国柏林国会大
厦改造，1999
（设计：福斯特与
合伙人事务所）

重建的建筑体现了原国会大厦的简洁理念。方案在原有建筑的基础上作了重点的处理以体现其"骨架"。透明性和易达性是国会大厦室内重建的关键所在。现在，从西面进入建筑的普通参观者可以参观议会的会议，同时大厅的议员也能看见他们。新建的玻璃穹顶是室内环境设计的焦点，它除了在体形上创造了一种前所未有的视觉形象外，还造就了一种满足节能和自然采光要求的基本构件，穹顶成为名副其实的天窗，使室内向景观和自然光线敞开。穹顶的"核心"部分是一个覆盖着各种角度镜子的锥体，可以反射水平射入室内的光线，还有一个可移动的保护装置按照太阳运行的轨道运转，以防止过热和眩光。穹顶还包含了科学合理的自然通风系统，保证室内的空气循环（图 9-129~图 9-131）。

图 9-130 德
国国会大厦大
厅（左）

图 9-131 德
国国会大厦大
厅（右）

在这里，设计师勇敢地面对现实，以积极的姿态"迎战"现实，创造出了前所未有的极具视觉冲击力的空间形态，但这种形态却又是自原有建筑的固有形态中脱胎而来的，以全新的方

式与材料去表达。

9.6.2.2　对自然环境条件的"顺—迎"

室外自然条件是复杂的，具体的地点、周围环境的变化，都会造成建筑所在位置室外条件的不同。其所涉及的因素包括：建筑所在位置的地形、地貌、日照、主导风向、周围小气候、植被、物种类型、传统文脉等各个方面，处理这些因素，首先采用的，也应该是"顺—迎"的手法。

回顾全球生态环境恶化的过程，我们可以看出，不顾事物发展的自然规律，过分强调人类征服自然、改造自然的能力，是造成当今生态环境遭到严重破坏的直接原因。近代以来，西方文化以其开放的、进取的力量在征服世界的道路上已走得很远，可是无数事实表明，它那无限扩张的趋势也可能会给人类带来不可持续的、万劫不复的厄运。

"可持续发展"看起来是一个新的话题，其实这个词的内涵在以前是不言而喻的，至少在前工业社会中是这样的，那时，不管是当权者还是平民百姓，不管是做什么事情，都会不自觉地考虑可持续的问题。在前工业社会中，"可持续"的观念是根深蒂固的，它渗入到人类生活中的各个领域，如社会信仰、行为规范、生产实践和对人类生活环境的设计之中。那时的人们把"可持续发展"当作是"神圣的"和"宗教性的"观念，于是就有所谓"天不变，道亦不变"之说，中国古代讲究"天人合一"，也很好地说明了这种"顺—迎"自然的、可持续的环境观。

中国人自古以来过着自给自足的田园生活，人们依赖自然、亲和自然，在思想领域中始终受儒道思想的影响。孔子曰："仁者乐山，智者乐水"，把人的品格与自然的属性联系在一起。《老子》的"人法地、地法天、天法道、道法自然"即是把人与自然的关系看成是有序的统一体，从而凝聚为中国传统的人与自然统一和谐的观念。这种朴素的哲学思想同样也影响着中国传统建筑室内外空间的塑造。

西方的建筑，不管是否采用集中式的形制，但一般都向着高度方向发展，追求挺拔高大的形体。而中国古典建筑在观念、情感、形式上都受儒道思想的影响，具有人神同在的倾向，建筑总是与现实的人世生活环境紧密相连。在空间尺度上，中国建筑不追求过大，也不追求过高，房屋不求高大，只能在平面中寻求多变和多样。所以中国古建筑群落多以庭院为基本单元，沿纵横向轴线扩展，建筑单体的进深不会太大，这样既有利于室内的自然采光，庭院所产生的"烟囱效应"也有助于室内良好的自然通风。

中国古代建筑的室内与室外环境总是能够相映生辉。类似于框架式的木构架建筑，墙壁是实实在在的填充墙，可有可无、可实可虚。室内空间通过隔扇、罩、屏风等进行划分，可分可合，再在天花、藻井或精心修饰的屋架构件的配合以及室内陈设绿化的衬托下，产生如自然般的灵动与活跃感，同时，室内空间通过门窗与室外沟通，将"天地之大美"悄然引入，而亭子和一些特殊的厅堂，如"四面厅"等则通过直接向室外敞开，使室内小空间与大自然融合在一起。"窗含西岭千秋雪，门泊东吴万里船"，"枕上见千里，窗中窥万室"（杜甫诗），"轩盈高爽，窗户虚邻，纳千顷之汪洋，收四时之烂漫"（《园冶》），这些语句都是中国古代建筑与自然相互交融，相互顺应的真实写照。

中国云南的丽江纳西族民居堪称是充分利用当地自然条件的典范，雪山融水流经丽江大严镇的各家各户，达到了夏季降温的作用，也保证了日常便利的生活用水（图 9-132）。

但是，西方工业革命之后，农业社会的这种"可持续发展"观念被打破了，工业社会中科学技术引发的强大生产力大潮挟带着商品、市场滚滚而来，冲刷着地球的各个角落。人们开始接受一种新的观念，希望永远"进步"，以前的环境观念也就成了"保守、落后、消极"的标志之一。人们因初次驾驭如此巨大的自然力而欣喜不已，以为占有了阿拉丁的神灯，以为"人定胜天"！直到 20 世纪初工业化在全球铺开，人们才发现，在进行大规模工业活动的同时，我们人类的生态环境已经被破坏得差不多了。

图 9-132 云南丽江民居。雪山融水流经每一居民家中（左）

图 9-133 美国旧金山"海特摄政"旅馆中庭，1973（右）
（设计：约翰·波特曼）

今天，"从终点又回到起点"，人们开始重新认识"可持续发展"的观念。但今天的"可持续发展"观完全不同于前工业社会不自觉的"可持续发展"观。今天人们所说的"可持续发展"，是人们在认识了人与自然的关系之后，有意识地来平衡人与自然的关系，使人与自然的关系更加和谐的一种自觉行动。

随着环境意识的增强，传统的"天人合一"的观点越来越得到人们的重视。室内环境是建筑环境的一部分，应该与环境紧紧相扣。建筑大师赖特无疑是我们当代人的先行者。他视《老子》为师，主张"建筑应是自然设计出的，要成为自然的一部分"，因此创造出了流水别墅的神话。贝聿铭先生同样也是强调建筑应融合自然，他的作品多用内庭串联内外空间，如香山饭店的常春厅。而波特曼的共享空间，其高大宏敞的特征，使得室内空间犹如一个小小的"天地"，自然与空间紧密结合，室内空间变化万端（图9-133）。

印度建筑师查尔斯·M·柯里亚（Charles M. Correa）从古老的建筑中建筑对气候有"调节能力"的建筑形式，设计出了能利用当地主导风向和在解决日照方面有独到之处的建筑，并由此提出了一个新的设计概念，即把建筑分割成许多既分离又互补的空间——形成多中心的平面设计，用最经济的办法解决当地气候给居民带来的问题，是建筑与室内环境设计中既"顺"又"迎"的众多成功例证之一。

在柯里亚的设计中，经常可以看到一种"开口空间（open-to-sky space）"，这实际上是一种有植物覆盖的中庭和枝繁叶茂的大树树荫下凉爽的院子（图9-134、图

图 9-134 印度班加洛尔 Koramangala 住宅平面，1985~1988
（设计：查尔斯·M·柯里亚）

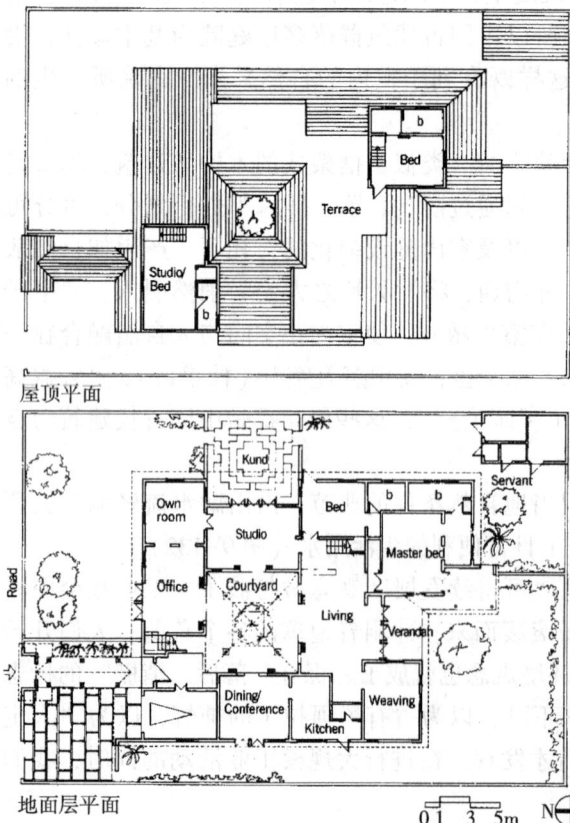

屋顶平面

地面层平面

9-135)。他说从家中通过走廊来到中庭，就感到微妙光线的移动和周围充满空气的变化，这种充满诗情画意的气氛和知觉体验，即是从印度建筑浸出的精华。对柯里亚而言，"开口空间"是从严酷的印度气候风土中派生出来的重要范例，他在贝拉普住宅区中（Belapur Housing，1983 ~ 1986，New Bombay）成功地运用了"开口空间"这一概念（图9-136、图9-137）。他在1983年完成的印度孟买康昌君嘎（Kanchanjunga）公寓，同样采用了"开口空间"的概念（图9-138、图9-139）。在孟买，建筑物必须朝东西向布置，以便能够获得相应的海风，同时具有最佳的城市景观视野，但这样的朝向布局同时也会遭致酷烈的阳光和强烈的季候雨的侵袭。传统的解决办法就是在主要

图 9-135　柯里亚设计的"开口"空间

的起居空间周围设立走廊作为保护过渡空间。柯里亚将这一做法恰当地运用到了这座28层的高层建筑中。公寓拥有3~6间卧室一套的住户共32户，通过建筑外观上支撑悬臂的剪力墙可以看出各种不同户型之间的关系。大厦部分转角的墙面被挖去，形成两层高的阳台，暗示出大厦内部居住空间的组织结构。阳台起到了传统住宅中走廊的作用，还可供居民种植绿化，也是居民纳凉观景的好地方（图9-140、图9-141）。由于建筑的良好朝向，使得室内空间常年都能获得良好的穿堂风。

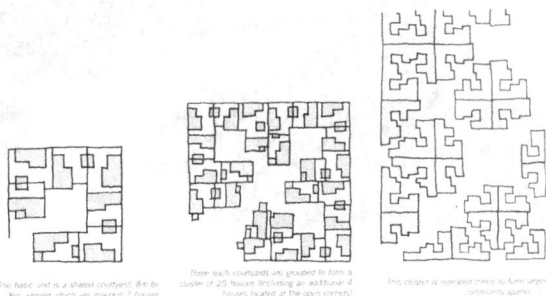

图 9-136　印度 Belapur 住宅区，1983 ~ 1986（左上）（设计：查尔斯·M·柯里亚）

图 9 - 137　Belapur 住宅的平面扩展形式（左下）

图 9-138　印度孟买的 Kanchanjunga 公寓，1983（右下）（设计：查尔斯·M·柯里亚）

图 9-139
Kanchanjunga
公寓平面图

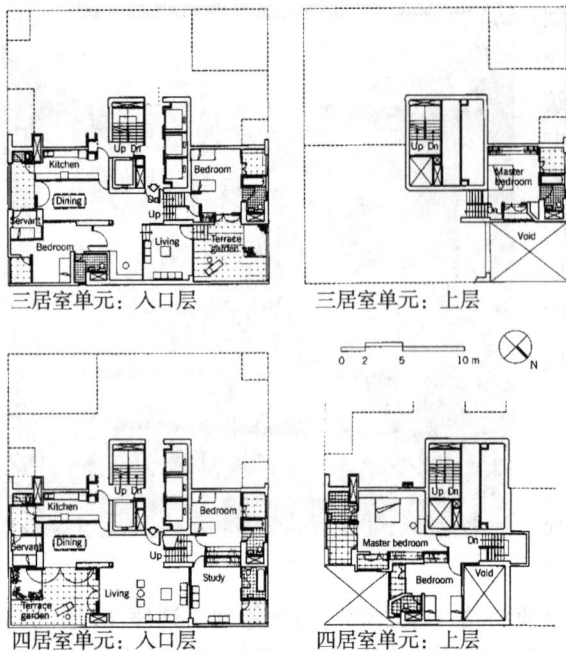

三居室单元：入口层　　　三居室单元：上层

四居室单元：入口层　　　四居室单元：上层

图 9-140
Kanchanjunga
公寓阳台

图 9-141
Kanchanjunga 阳
台与室内之间
的遮阳帘（左）

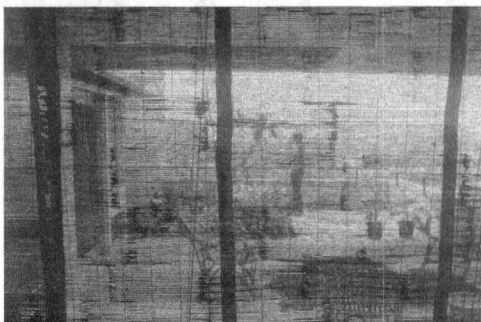

图 9-142　管
子住宅，1962
（右）

（设计：查尔斯·
M·柯里亚）

柯里亚的作品中还有一个非常著名的例子，那就是 1962 年开发的"管子住宅"（Tube House）。该住宅开间 3.6m，进深 18.2m。在剖面上具有两面倾斜的屋面，用对流方式进行自然通风。在空调不如意的国度里，这是一种考虑节省能源并意在自然换气的住宅模式（图 9-142~图 9-144）。柯里亚在初期的 20 年里，把"管子住宅"和"开口空间"的概念主要应用于集合住宅并开展了创造性的活动。

我们不仅要亲和自然，还要了解并保护自然。设计师应更多地把自己看作一位园丁，园丁会根据每棵树的土壤能承受的气候环境，并根据每棵植物的特性去研究它，料理它。当代社会，能源消耗严重，环境受到损伤，我们的建筑、室内环境设计应本着"节约能源、保护环境"的目的，发展智能型、可持续、低能耗的室内环境设计。我们应从室内造型、空间、材料等多方面研究如何少依赖那些无法更新的能源如石油、煤、天然气等，而多利用可更新的能源如风、阳光、水土等。因此，我们的设计既不能忽视传统的被动式环境控制方法，同时也应采用一些其他领域的先进成果，使室内环境与自然更好地和谐共处。

现代仿生建筑的发展是建筑师效法自然的又一蹊径。据考证，自然界许多小生命的巢穴属智能型空间，如蚂蚁、海狸、蜜蜂等的巢穴，抵御风雨、适应环境冷暖变化的能力非常强。仿生学吸收了动物、植物的生长机理以及一切自然生态的规律，结合建筑的自身特点来适应新的环境，无疑是最具生命力的。西班牙建筑师圣地亚哥·卡拉特拉瓦（Santiago Kalatrava）1987 年在瑞士巴塞尔市一座中世纪古建筑的改建中，将咖啡厅上的顶棚钢梁架做成仿动物骨架的自由曲线，既符合受力特性，又有着新颖的视觉效果[①]。瑞士帝亚迪康的半穴居住宅（Nine Houses,

----

① 刘先觉. 仿生建筑文化的新趋势 [J]. 世界建筑, 1996, 4.

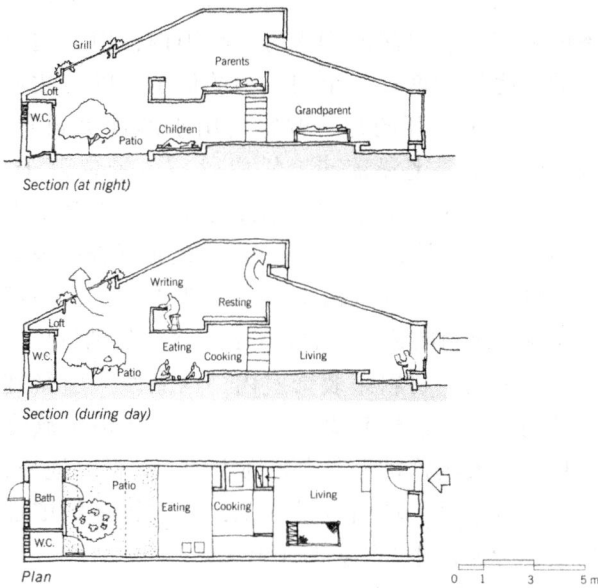

图 9-143 管子住宅剖面、平面图（左）

图 9-144 管子住宅室内外过渡空间（右）

Dietikon，Switzerland，1993。设计：Peter Vetsch），其半穴居的形式以及地道般的室内设计灵感就源自于那些善掘地洞的动物① （图 9-145），取得了良好的保温性能。

　　人本自然之子，热爱自然乃人之本性。一棵树、一丛草、一堆石、一池水、一盆花，都可使人产生惬意快感。生活在大都市的人们，享受不到山林野趣，也观赏不到田园风光，从心理上感到失去了平衡，于是纷纷效法古代的帝王，"移天缩地于君怀"。一种追溯自然、模仿自然的思潮在室内环境设计中颇为盛行，在室内，尤其在公共建筑的大堂门厅，垒石、堆山、凿地、

图 9-145 瑞士帝亚迪康的半穴居住宅，1993

（设计：Peter Vet-sch）

① James Wines. Green Architecture［M］. Taschen，2000.

图 9-146 广
州白天鹅宾馆
中庭

栽花、植树乃是司空见惯的手法。波特曼主张在室内要有水、自然的阳光等。在国内,白天鹅宾馆的中庭设计就是一个很成功的例子。以"故乡水"为主题展开的是一幅室内山水的优美画卷,灰瓦、亭子、飞瀑流泉,凭栏眺望,景象万千。室外阳光透过玻璃采光天棚漫射室内,更显出人工山水的天然情趣(图9-146)。在北京香山饭店中,贝聿铭先生刻意构思了一个四季厅,目的都是企图把来自喧嚣都市的人带到一个自然的世界。

用天然的材料来装饰室内,也能使人感受到自然的情趣。福建武夷山庄、三亚亚龙湾民族度假村,以天然竹材为室内装饰主调。天棚、地板、墙面及至家具,均用竹子加工,使人领略到浓郁的山林野趣,感受扑鼻的泥土气息。

"天人合一"的环境观影响了中国的古典建筑,同样也对当今的室内外建筑设计起着积极的作用。不管其首倡者的出发点是什么,其中所蕴含的人与自然要和谐相处的思想,在今天看来是非常贴切地表达了"可持续发展"这一概念的。

现代的"天人合一"观,指的是可以通过人们已经取得的对自然界的认识和通过已经掌握的科学技术,来设计建造适合人类生存的日常生活环境,以求得人与自然的和谐共处。当代设计师,应一手紧紧抓住优秀的传统文化,另一手紧扣时代,使当代室内环境设计能够更好地循着生态的方向发展。

9.6.3 小结

生态建筑虽然十分注重室内环境的使用质量,提倡节约,反对过度的表面视觉处理,但是,作为建筑,生态建筑也具有一般建筑所拥有的一切艺术属性,也肩负着为人类创造美,为人们带来美的享受的艺术使命。生态建筑并不是一种风格或者形式的改变,而是一种建筑伦理观的真正革命,生态建筑生态性能的好坏与建筑本身的风格并没有直接的关系,就形式而言,一座真正的生态建筑,可以是现代主义的,也可以是后现代的或者解构主义的,只要室内环境在健康、高效、节能、环保等方面确实达到了生态建筑所应该达到的相应目标。因此普遍的美学法则,只要和建筑与室内环境的生态性之间没有冲突,就将仍然适用,从而表现出艺术性与生态性相分离的一面。

但是,生态建筑的室内环境设计,就艺术性和生态性之间的从属关系来讲,生态性无疑将是第一位的,艺术性从属于生态性之下,因为生态建筑最为关心的并不是建筑或室内在视觉上的漂亮或不漂亮,而是建筑与室内环境是否确实为人们提供了舒适、健康的生活和工作场所,是否确实对环境友好。

生态建筑室内环境设计总是把对于生态的考虑放在首位,在设计中采用一切可以采用的手段来保证室内环境达到最高的生态标准。新的或者特殊的生态设计措施的使用,为室内环境中视觉元素的丰富与出新带来了良好的契机,使室内环境的艺术性由于生态的考虑而更加丰富,甚至产生一种全新的视觉效果,从这一点上来讲,生态建筑室内环境设计又表现出相互关联的一面。

生态建筑室内环境设计应该达到艺术性和生态性的完美统一,要想做到这一点,在生态建筑室内环境的艺术建构中必须遵循"顺——迎"的法则。室内设计中的"顺"与"迎"可以从两个方面来理解，首先是"顺"，即对建筑原有结构和空间的顺应，指室内设计根据建筑原有的条件，因地制宜地进行设计；第二个方面是"迎"，即在原有建筑所提供的条件先天不足，或与当前的设计要求有巨大冲突时，设计师不应该"循规蹈矩"、缩手缩脚，而应该在不破坏建筑原有结构，不影响建筑生态特性的前提下，积极迎战、大胆创新。

"顺——迎"法则也适用于建筑与室内环境和自然之间关系的处理上，建筑与室内环境应该从属于自然，室内环境应该为自然增光添彩，而不应该给环境抹黑，给环境加重负担，中国传统的"天人合一"思想就是这一法则的贴切反映。

9.7　生态建筑室内环境的技术质量

技术的发展会促进建筑的发展，这是人类历史发展早已证明了的事实。尽管生态建筑的革新更多地是体现在建筑伦理观的变化而不是技术的发展上，而且充分合理地利用一些传统的低技术手法，同样可以提高建筑与室内环境的生态质量，但是，当代建筑无论在体量上、功能上还是对艺术性的追求上，都比传统的建筑要复杂得多，因此仅仅依靠传统的建造技术，已经无法满足当今建筑的发展。有人认为，当今人类所面临的生态危机，其罪魁祸首正是迅猛发展的高新技术，从而对高新技术产生怀疑，甚至有意排斥。事实上任何一种新生事物都会有其正反两个方面，关键在于如何适度把握。其实技术本身并没有对与错之分，错就错在人们对它的错误运用，错在人们将技术作为征服自然的王牌，并因为拥有这张王牌而忘乎所以。因此，只要我们在设计中牢固地树立生态思想，合理地利用现代技术，那么现代技术就一定会对提高建筑与室内环境的生态质量发挥巨大的作用。正如著名高技派建筑师诺曼·福斯特所说，高新技术是人类文明的一小部分，反对它就如同向建筑即文明本身宣战一样站不住脚[①]。

9.7.1　技术与建筑、室内的关系

9.7.1.1　技术是建筑与室内发展的主要动力

纵观建筑与室内的发展历史，技术在其中起着至关重要的作用。正如现代建筑大师密斯·凡·德·罗在美国伊利诺斯州工学院成立大会上发表的演讲"建筑与技术"中所说的那样："建筑扎根于过去，主宰着现在，伸向未来……当技术实现了它的真正使命，它就升华为建筑艺术。建筑依赖于自己的时代，它是时代内在结构的结晶，显示出时代的面貌。这就是技术与建筑紧密结合的原因。"[②]

古埃及的金字塔，虽有雄伟的外部艺术形象，但由于没有足够发达的建筑技术的支撑，所以几乎无"室内空间"可言。古希腊建筑虽为欧洲建筑的始祖，但由于受建筑技术的限制，其室内空间也并不发达，工匠们不得不把全部热情投入到建筑的实体方面，因此有人将古希腊建筑称为"放大了的雕塑"，而无法成为纯粹的建筑[③]。而古罗马人借助于光辉的券拱技术，运用筒形拱、穹隆顶、十字拱、拱顶系列等一整套结构技术体系，创造出了万神庙雄伟的单一空间以及卡瑞卡拉浴场那流转多变的复合空间。拜占庭人依赖帆拱体系，给我们留下了圣·索菲亚大教堂那集中式的建筑形体以及既集中统一又曲折多变的延展的室内空间。而中世纪哥特式建筑挺拔向上、直指上苍的艺术形象，则完全凭借其卓越的结构技术——骨架券、二圆心尖券和飞扶壁。

---

①　转引自：邓浩. 生态高技建筑 [J]. 新建筑，2000，3：18.

②　引自：吴焕加. 论现代西方建筑 [M]. 北京：中国建筑工业出版社，1997：168.

③　参见：刘松茯. 建筑中技术的"建设力"与"破坏力"[J]. 建筑学报，2001，3.

18 世纪以来，人类文明发生的变化超过了以往人类历史两百多万年中变化的总和。在建筑上，钢和混凝土的使用，又造就了伦敦水晶宫、巴黎埃菲尔铁塔、芝加哥的摩天大楼以及各种跨度超过 100m 的大跨度建筑。

20 世纪以来，以现代主义为代表的现代建筑，极力倡导以技术为基础的工业文明。建筑材料与建筑结构的革命，给建筑界带来了前所未有的冲击。钢材、玻璃、水泥以及各种复合材料代替了传统的竹、木、土、石、砖、瓦、灰、砂，产生了人类历史上前所未有的建筑奇迹。

电的发明，不仅给人类带来了光明，各种设备与家用电器的发明，也使人类的生活越加便利。空调的出现，又使人类第一次能够控制自己的生活环境。

计算机的出现、因特网的使用、信息高速公路的建立则使人类进入了一个更为崭新的时代——信息时代，使人们真正体会到了咫尺天涯的真正含义。

……

由此看来，建筑发展的任何一个飞跃都离不开技术的支持。于是人们开始认为，借助于技术，人类似乎已经无所不能！在技术面前，人们开始忘乎所以，似乎只要有了足够发达的技术，就可以随心所欲地驾驭自然、征服自然，但是事实证明，人类的这种想法大错特错了！

9.7.1.2 技术是把双刃剑

技术的革命，为建筑的发展带来了强大的动力，造就了无数的建筑奇迹，它甚至改变了人们的审美价值观念，人们运用各种技术来实现自己的设计理念，提升人们的生活质量，将新技术的运用融入到建筑艺术的塑造中去，使技术与艺术高度地统一起来，最终完成"将技术升华为艺术"的目标。

但是，就在人们沉浸在技术给我们带来的利益中沾沾自喜之时，人们却忽略了技术的另一个重要方面，那就是技术的负面效应。它是一把双刃剑，既有"建设力"，又有很大的"破坏力"。正如吴良镛先生在第 20 届"国际建协"大会上通过的《北京宪章》中所说的那样："技术的建设力和破坏力在同时增加。然而，我们还不能够对其能量和潜力驾轻就熟。技术改变了人类生活，改变了人与自然的关系，进而向固有的价值观念发起挑战"。[①]

对于技术的负面效应，我们可以从以下三个方面进行分析：一是技术发展与特色化之间的矛盾。二是高技术与高情感之间的矛盾。三是技术发展与环境危机之间的矛盾。

1. 技术发展与特色化

技术是没有国界的，它可以通过各种途径向各个地方传播，尤其是进入信息时代的今天，技术的传播速度与广度是以往任何时候都无法比拟的。技术的全球化带来了严重的特色危机。就如吴良镛先生在第 20 届"国际建协"大会的主旨报告中所指出的："技术和生产方式的全球化，带来了人与传统地域空间的分离，地域文化的特色渐趋衰微；标准化的商品生产，致使建筑环境趋同、设计平庸，建筑文化的多样性遭到扼杀"[②]。这是对不同地区民族文化的严峻挑战，使各地区原有的地域特色渐趋消失，破坏了现代文明所更应具有的多元化色彩。

为此，我们应该在充分肯定高技术的前提下，努力发展具有民族性、地域性的高技术建筑，为丰富世界建筑文化作出应有的贡献。"民族的也就是世界的"，发展具有民族性、地域性的高技术建筑，是在继承传统的同时积极创新的有效手段。我们应该从传统建筑文化中寻求适合新技术的形式，达到技术与形式的高度统一。

发展具有民族性、地域性的高技术建筑，是消解技术全球化引起的建筑文化趋同的有力武器，也是继承传统文化的又一契机。应该努力寻求适应当地特定气候、地理条件、自然环境的

① 引自："国际建协"《北京宪章》[J]. 世界建筑，2001，1：17.
② 引自：吴良镛. 世纪之交展望建筑学的未来 [J]. 建筑学报，1999，8：6.

高技术，使高技术与地域性建筑在建筑形式和内容上紧密结合起来，创造出具有地区特色的高技术建筑，走一条符合绿色生态建筑原则的、可持续发展的技术之路。

法国建筑师让·诺维尔设计的阿拉伯世界研究所在这方面进行了成功的尝试。该建筑是一座典型的高技术建筑，着力表现钢和玻璃这两种现代材料以及相应的建造技术在建筑中的应用。但该建筑打破了早期高技派对于建筑结构和工艺"自然表现"的法则，它除了表现现代建筑最新的科技成果以及建筑结构和工艺的新成就以外，还极力在高技术中体现阿拉伯文化的传统特征。其南立面的"光圈"装置，不仅是一种采光方面的技术措施，也是阿拉伯文化的极好隐喻，"光圈"排列组成的图案，让人很容易联想起具有强烈民族特色的阿拉伯图案（图9-147、图9-148）。建筑北立面玻璃面上的电脑画，描绘着典型的巴黎传统建筑轮廓，它一方面体现了现代科技在建筑上的运用，一方面又把阿拉伯建筑代表性的"全装饰构图"和这种先进的建筑技术融为一体，表达了当今高科技建筑的发展趋势，即"传统的美学法则或传统的建筑手法寓于现代建筑科技之中"①。

图9-147　法国巴黎阿拉伯世界研究所，1990
（设计：让·诺维尔）

图9-148　阿拉伯世界研究所
（"光圈"产生了丰富的光影变化）

发展民族性、地域性的高技术应该从当地现有的技术水平出发，不能盲目引进西方的高技术建筑形式，而应该发展自己的高技术建筑。诺曼·福斯特认为，当设计者决定采用某些技术时，应根据本地和地区条件来判定，而不论其是否"先进"。我国建筑结构多采用钢筋混凝土结构体系，盲目地用钢筋混凝土结构体系模仿钢结构形式，是不符合材料本身的特性的，因此也是不合适的。

2. 高技术与高情感

随着人类文明进入更高级的阶段，人们对于物质文化的追求也必将进入更为高级的阶段，现代生活的快节奏，促使人们更加注重对高情感的追求。但是，技术的高深化以及人们对于高技术的过分依赖，使得建筑与产品过多地烙上了技术的印记，高技术建筑与室内作为建筑中科学与理性的代表，往往技术味有余而人情味不足，充满了冷冰冰的感觉。现代主义建筑中以密斯为代表的技术至上主义的千篇一律的钢和玻璃的方盒子，就因其缺乏人性、了无情感而遭到了人们的批判。因此，在倡导"绿色设计"的今天，更应该注意运用高技术来满足人们对于高情感的追求。人类的发展需要高技术，但高技术不等于低情感或无情感，要高技术，更要高情感，高技术应该服务于高情感。对此，一些高技派的设计师已经充分认识到了这一点。伦佐·皮阿诺就是一个典型代表，他和罗杰斯设计的巴黎蓬皮杜文化中心，就因为枯燥、缺乏情感而成为人们争论的焦点，但是，他后来设计的新卡里多尼亚吉芭欧文化中心，却充分体现了"既

---

① 参见：陈永昌. 阿拉伯世界研究所 [J]. 室内设计与装修，1993，3.

图9-149 新卡里多尼亚让·玛丽·吉芭欧文化中心，1998
（设计：伦佐·皮阿诺）

图9-150 吉芭欧文化中心室内

要高技术，又要高情感"的设计宗旨，同时它又是高技术与地方性、特色化紧密结合的优秀作品，他对当地文化传统与地域情感的尊重，在此建筑中得到了淋漓尽致的表现。其村落式的总体规划、由传统木材和现代不锈钢材料所组合构造成的"棚屋"形式、形似未编织完的竹篓的独特外形，都使人们联想起当地特有的建筑与文化传统，其水天一色的总体效果，更是引起人们无限的遐想。该作品被美国《时代》周刊评为1998年十佳设计是当之无愧的（图9-149、图9-150）。

3. 技术发展与环境危机

建立在高度工业化基础之上的高技术的高代价已经给人类带来了环境的危机，对高度工业化的追求导致了地球资源的巨大消耗，资源的过度消耗将带来生态危机、环境危机的严重后果。为此，我们应该积极倡导符合生态时代的绿色技术，使新技术能够对资源与能源实现更有效的利用。但是，技术的有效性和技术的不完善性在技术进步的过程中实际上是共存的，技术的不完善性极可能对人类未来的生存形成威胁，有时甚至可能是致命的。另外，任何一种新技术的发明，在为该技术领域带来利益的同时，极有可能给另外的领域带来破坏或干扰，所以新技术只是在有限的范围内减少了未知性和不可预见性，但同时又增加了更多领域相互作用的不可知性和不可预见性。空调的发明及其后的发展就是一个典型的例子。当时的发明者们可能根本就没有想到，这种造福于人类，使人类能够控制周围物理环境的发明，竟然会成为各类病菌传播的帮凶，导致臭名昭著的"军团病"以及其他"病态建筑综合症"的发生；当时的发明者们也没有想到，空调所消耗的能量会给地球资源造成如此大的负担，用于空调制冷的氟里昂会破坏大气中的臭氧层，而给人类带来灾难性的后果。因此，在开发利用新技术的同时，应该充分研究其可能存在的负面影响，并尽可能采取相应措施，力争将这些负面影响减至最小。

9.7.2 生态建筑室内环境设计中的高技术

注重生态的建筑设计研究，主要存在两种不同的倾向：一种是乡村类型的生态建筑理论与实践，另一种是城市类型的生态建筑理论与实践，他们恰恰分别代表了其理论发展演变初期的两种倾向，从二者设计的基本出发点分析，乡村类型同所谓的"生态决定论"的观点存在着某些一致的地方，而城市类型则同所谓的"技术决定论"的观点有着许多不谋而合的地方①。依据什科连科的定义，所谓的"技术决定论""是指从技术主义和科学主义的立场来对待社会和自然界相互作用的调整任务"②，根据这个原则，一切问题，包括社会问题在内，都要用技术和技术科学的方法加以解决③。这一思想明显受到巴克明斯特·富勒"少费多用"思想的影响，即用较少的物质和能量，追求更加出色的表现。从整体性原则出发，"技术决定论"的城市型生态建筑具有两个主要特点，一是贯彻"少费多用"的思想，力争使用较少的原材料、能量和时间

① 参见：宋晔皓. 城市类型注重生态的建筑设计 [J]. 世界建筑，2001，4.
② IO·A·什科连科著，哲学·生态学·宇航学. 范习新译. 沈阳：辽宁人民出版社，1987：53. 转引自宋晔皓. 城市类型注重生态的建筑设计 [J]. 世界建筑，2001，4.
③ 参见：宋晔皓. 城市类型注重生态的建筑设计 [J]. 世界建筑，2001，4.

等，通过技术的发展和设计者的创造性劳动，创造出高效利用能量和物质材料的建筑；二是具有一定的反地域倾向。在体现技术的发展、对能量和物质材料的高效利用以及对地域的关注方面，他们对前者表现出更多的关注。不过，他们却并没有因此而放弃对于特定设计地段气候条件的关注，但对于气候与人体生物气候感受之间的矛盾的调节却还是通过技术手段，最终获得舒适的室内环境。

"技术决定论"与"高技派"有着十分密切的联系，"高技派"（High-Tech）"是指那些不仅在建筑中坚持采用新技术，而且在美学上极力鼓吹表现新技术的倾向。广义来说，它包括第二次世界大战后'现代建筑'在设计方法中所有'重理'的方面，特别是以密斯为代表的讲求技术精美的倾向和以勒·柯布西耶为代表的'粗野主义'倾向；较确切地是指那些在20世纪50年代末才活跃起来的，把注意力集中在创新地采用与表现预制的装配化标准构件方面的倾向"[①]。显然，在建筑中利用高技术这一方面，两者的观点是一致的。"少费多用"的思想，常令人想起密斯·凡·德·罗的名言"少就是多"，但是，密斯是对美学内涵的表现形式的阐述，而富勒面对的则是严谨的科学和工程技术的简化论。他的发明创造和建筑设计都是经过几何分析、精确计算和对所用材料的模拟想象，以尽量少的资源耗费制造、装配和完成的。他所创作的装配式球形短线穹隆（geodesic dome）以材料省、重量轻的组合覆盖空间结构而著称于世。1967年加拿大蒙特利尔世界博览会上的美国馆就是这种球形架组成的多面体短线穹隆。富勒曾试图以这种结构形式覆盖整个城市或其他气候不利地区，以控制环境和提供适合人类生存的小环境。事实上，"少费多用"的思想对诺曼·福斯特、里查德·罗杰斯、伦佐·皮阿诺等高技派代表人物都有着重大的影响。

"高技派"中最为轰动的作品是1976年在法国巴黎建造的、由伦佐·皮阿诺与罗杰斯所设计的蓬皮杜国家艺术与文化中心，在该建筑的建造过程中和建成之后，就因为其"直截了当地贯穿传统文化惯例的极限"、过于注重表现技术、缺乏情感而一直是人们争论的焦点；20世纪80年代伦敦劳埃德大厦建成后，也遭到了包括查尔斯王子在内的众多人士的非议（图9-151）。在人们的概念中，高技术建筑破坏环境、耗费能源、经济浪费，似乎永远是一种与生态原则格格不入的设计潮流。曾几何时，有人因为高技术的这些弊病而断言，凡是高技术的东西，都是高人为的东西，而高人为的东西就是非生态的。但是，事实上，在人们的非议中经历了多年的风风雨雨之后，高

图9-151　英国伦敦劳埃德大厦，1979~1986
（设计：里查德·罗杰斯）

技派正在悄悄地发生变化。由于受到生态学家们或者生态思想的影响，高技派建筑已经从过去那种孤傲的、与传统及地域环境格格不入的状态转变为重视环境、注重传统与生态平衡的崭新局面。2000年的汉诺威世界博览会，则更是明确提出了"高生态即高技术"（High-bio is High-Tech）的口号，这充分表明：生态建筑离不开高技术的支持，高技术将成为现代生态建筑发展的强大动力。

德国柏林国会大厦的改建，充分体现了高技派的这种转变，使它成为一座名副其实的生态

---

　① 引自：同济大学，清华大学，南京工学院，天津大学. 外国近现代建筑史［M］. 北京：中国建筑工业出版社，1979：257.

建筑，同时也是德国民主的极好象征。柏林国会大厦的改建，从自然光源的利用、自然通风系统、能源与环保、地下蓄水层的利用等多方面的精心考虑，改变了过去人们对于高技派的传统印象。

早在 20 世纪 80 年代，伦佐·皮阿诺就开始探索高科技与传统文化和环境的结合，它所设计的美国休斯敦曼尼尔博物馆（Menil Museum），因其在总体布局、建筑色调、室内外尺度等方面与当地环境的紧密结合，而受到人们的好评，被称为"村庄博物馆"。除此之外，该建筑还以一种由钢筋

图 9−152 美国休斯敦曼尼尔博物馆，1981～1986（设计：伦佐·皮阿诺）

图 9−153 曼尼尔博物馆的室内照明设计（左）

图 9−154 曼尼尔博物馆的折光叶片与轻钢屋架（右）

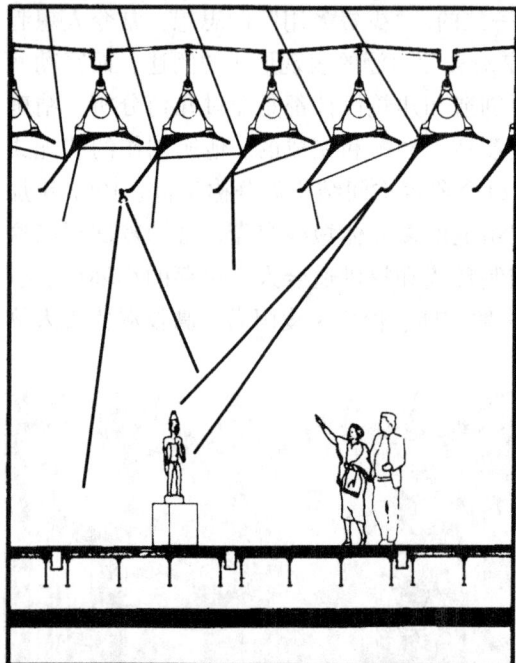

混凝土折光叶片与轻钢屋架共同构成的新的结构体系，综合解决了采光、通风、承重、屋顶排水等功能与工程技术问题（图 9-152～图 9-154）。

高技术的生态建筑与室内环境，具有绿色化、数字化、智能化、仿生化等新型特征[1]。

生态高技术建筑能够将绿色生态体系"移植"到建筑的室内环境之中，"既可以借助与自然景观价值'软化'建筑的硬技术味，在视觉上与周围环境取得和谐，达到共生，同时又能协同机械调控系统，使建筑内部有良好的室内气候条件和较强的生物气候调节能力，创造出田园般的舒适环境"[2]。

生态建筑十分重视建筑室内的物理环境，同时也将降低建筑物的耗能特性作为设计的主要目标。建筑室内的物理环境主要是通过声、光、热等物理参数来控制的，现代计算机技术使对这些参数的精确和自动控制成为可能，同时还可以通过虚拟现实的方法，模拟室内环境的运行情况，从而使人们可以在设计阶段就对未来的室内环境有一个较为准确的评估。现代计算机技术也使得室内环境的运行可以实现全面的自动化，使建筑成为一个具有反应能力和自我调控能力的智能型生态体系。

---

①② 参见：邓浩. 生态高技建筑［J］. 新建筑，2000，3.

生态高技术的仿生，主要是技术层面上的仿生，这与以往视觉层面上的仿生有所不同。通过在技术层面上模拟生物体在自然进化过程中所形成的科学、合理的结构或其他生理性能和生态规律，使建筑具有某些"生物特性"，从而有效地实现高技术建筑的生态活性。

从以上的分析可以看出，高技术与生态精神并没有实质上的冲突，高技术完全可以被用来为人类生活质量的提高服务，高技术也并不一定与破坏环境、浪费能源等非生态结果相联系，问题的关键在于设计师有没有保护人类生存环境的责任心，是否始终将为人们提供高情感的建筑室内外环境作为设计的最终目的。在生态时代已经到来的今天，技术的内涵已经发生了巨大的变化，它不再是人们一味征服自然的毁灭性武器，而应该是我们追求生态精神的好帮手、好工具，应该是生态的高技术。

9.7.3　生态建筑室内环境设计中的低技术

低技术是相对于高技术而言的。建筑中低技术的运用，从开始起，就一直伴随着人类的建筑活动。人们在长期的建筑实践中，总结出了许多有益的经验，借助于各种自然力，来达到自己所要追求的建筑目标，它不影响周围的自然环境，可以用最少的人力、物力、财力而达到一定的目的，因此，也始终是人类建筑技术中的主要内容。

建造一个遮风避雨、抵御蛇虫猛兽的庇护所，这是人类营建建筑的最初动机。如《韩非子·五蠹》中就有记载："上古之世，人民少而禽兽众，人民不胜禽兽虫蛇，有圣人作，构木为巢，以避群害。"先民们常常就地取材，由于各地气候条件、地理状况的因素，建造方式也各不相同。

时至今日，在世界各地依然保留着大量较为原始的建筑聚落。建筑大师路易斯·康从非洲回来后就曾说起："我看到很多土人的茅屋，它们全一样，也全都好用，而在那里没有建筑师。我很感动，人类竟可以如此聪明地解决太阳、风雨的问题。"[1] 正是在这些传统的乡土建筑中，蕴涵着许多朴素的科学原理，但与现代科学不同的是，这些原理只需要用很简单的手段就可以实现，有效地为人类的居住和生活环境提供安全、舒适的保障。中东地区的风塔，使得当地民居能够在酷热的环境条件下获得凉爽、舒适的室内环境（图9-155）：风塔的开口总是面向当地的主导风向，风压使得空气经过风塔灌入风道，建筑材料凭借其巨大的热容量不断吸收空气中的热量，使空气温度经过风道时逐渐下降，最后到达室内空间，凉爽的空气经过室内时，吸收室内的热量，因"烟囱效应"而通过内庭院上升回到室外。建筑中没有任何机械通风装置，仅仅运用自然力、依靠传统的低技术，就达到了良好的通风、降温效果。摩洛哥沙漠中的Kasbah民居，也有着异曲同工的效果（图9-156、图9-157），而处于严寒条件的西伯利亚与阿拉斯加的Tundra与Taiga民居，则将建筑建在地下，以减少建筑的承风面，减少室内的热损失。室内的火塘使室内保持温暖，上部的开口使烟雾可以顺利地排出室外（图9-158）。

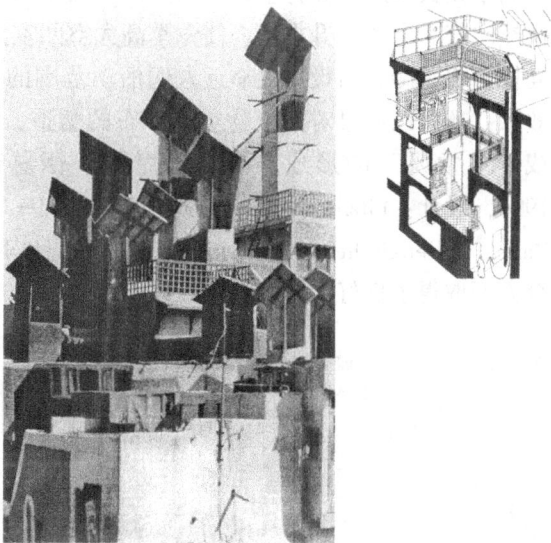

图 9-155　中东地区的风塔

---

① 引自：荆其敏，张丽安. 世界传统民居——生态家屋 [M]. 天津：天津科学技术出版社，1996：3.

图 9-156 摩洛哥沙漠中的 Kasbah 民居（左）

图 9-157 沙漠民居剖面及自然通风示意图（右）

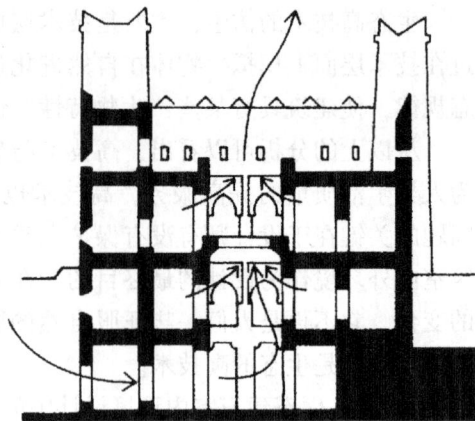

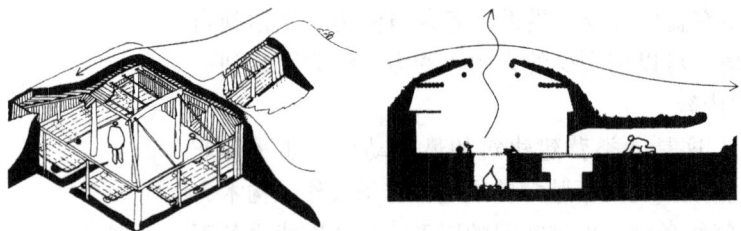

图 9-158 西伯利亚与阿拉斯加的 Tundra 与 Taiga 民居

时至今日，人类社会虽然已经进入了高科技的信息化时代，但这些看似原始的低技术却仍在发挥着积极的作用，尤其是在倡导可持续发展的今天，这种经济、便利、与自然协调、又带有明显地方特色的低技术，正受到人们越来越多的关注。生态建筑室内环境设计不应该只注重高科技的追求，排斥低技术的运用，而应该在运用高科技的同时，充分发挥低技术的作用，从而使人类的建筑活动对环境的破坏减到最小，同时又能尽可能地减小建筑的经济代价。

事实上，在现代建筑的实践中，优秀的建筑师总能够在借助于现代高技术的同时，合理地运用传统的低技术手段，从而提高建筑与室内环境的生态特性。这些手段包括：利用材料本身的蓄热性能来储存来自于太阳的热量，再在需要的时候使其释放出来，以节约能源并防止室内温度随室外环境温度变化的影响而出现太大的波动；利用"热空气上升，冷空气下降"的原理，合理地安排空调风口，有效地提高空调的制冷和供热效率，这一点在上部无人到达的高大建筑空间中尤其实用，如将空调的供热风口置于靠近地面的高度，依靠热空气吹出风口时的速度以及热空气本身的上升力量，使冬季高大空间室内的供热范围仅限于人们活动所涉及的高度范围。同样可将制冷风口设立在靠近人们活动范围的上方，使下沉的冷空气能够最有效地达到制冷的效果；还可以通过对建筑物空间形态的塑造，使之形成一定的空间通道，以利于"烟囱效应"或"穿堂风"的形成。英国巴克雷卡德总部（Barclaycard Headquarters, Northampton, UK, 1996，设计：Fitzroy Robinson Limited）（图 9-159、图 9-160）、德国盖尔森基兴科技园（Science Park, Gelsenkirchen, Germany, 1995，设计：Kiessler + Partner）等都在高科技与低技术紧密结合方面取得了良好的效果。

图 9-159 英国北安普敦巴克雷卡德总部（设计：Fitzroy Robinson Limited）

1989 年德国北莱茵威斯特伐利亚兰德政府制定了环境改善的十年计划，盖尔森基兴科技园即是该计划中由埃姆什（Emscher）公园保奥斯特隆（Bauausstellung）国际组织（IBA）发起的极富创造性的项目之一。它形成了雷纳尔伯科技园（Rheinelbe Science Park）的轴线，在一个废弃的钢铁厂旧址上建起了技术革新中心，同时该地段经清理整治后，又开挖了一个湖泊，既美化了环境又可作为雨水蓄留池。

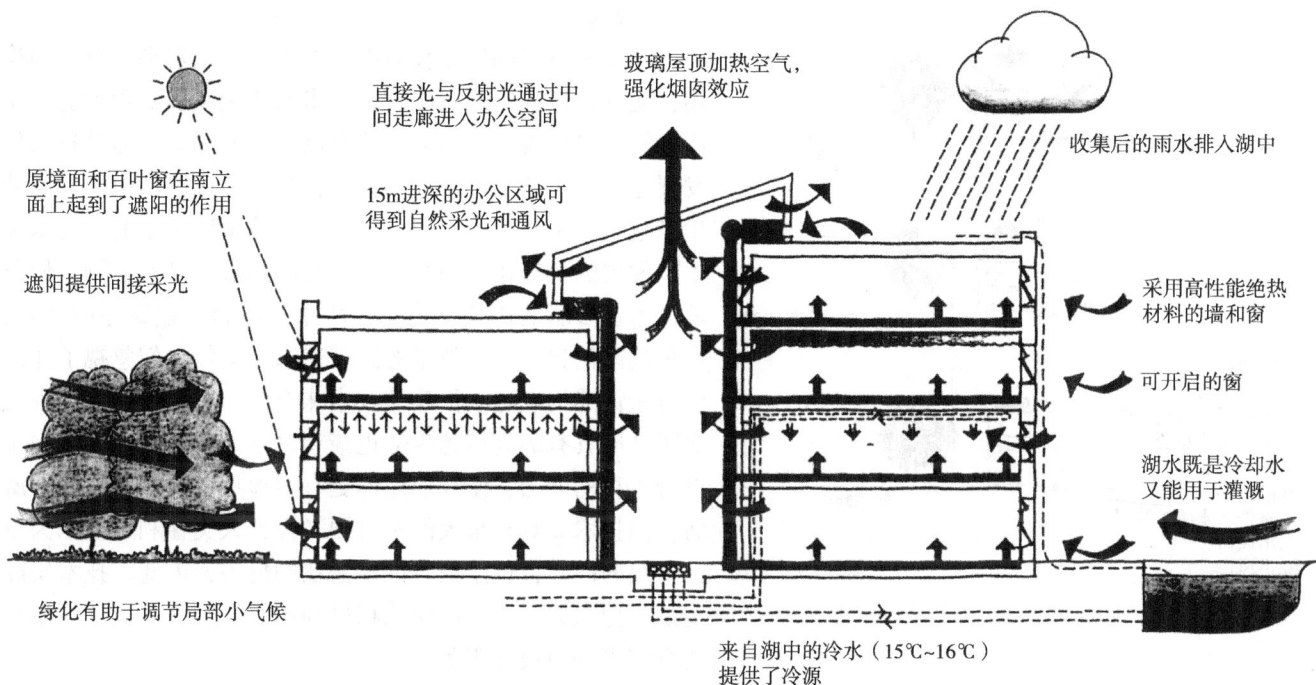

图 9-160
1996 巴克雷卡
德总部生态策
略示意图

沿建筑主体的东面分别排列着 9 个研究用房，进入地下停车场的入口也在这一边。西面是长约 300m 的"拱廊"，这是一处设有商店和咖啡馆的公共场所，"拱廊"高三层，外侧为倾斜的玻璃墙面，在走廊中人们可以俯瞰整个湖泊。

在这座建筑中，"拱廊"既是建筑内外空间的主要视觉控制元素，也是紧缩投资和运行成本基础上的节能管理策略的核心（图 9-161）。"拱廊"的灵感来自于 19 世纪的园艺建筑和工业建筑的巨大空间。10m 宽的内部通道成为与后部建筑的良好过渡（图 9-162）。建筑正面安装 Thermoplus 隔热玻璃，其开启状态可随季节变化而自由调节。在冬季，可将低处的挡板关闭，在夏季可将它们滑向上方，就像是大型的上下推拉窗，这样做主要是为了获得自然通风（图 9-163），并且可以使人们感受到临水而居的感觉，同时地板下的室温调节系统有助于室内降温，调节过程中被热空气加温的水可以进一步加以利用。建筑还设有一个室外雨棚，避免了拱廊地面在夏天出现过热的现象。

图 9-161 德
国盖尔森基兴
科技园，1995
（左）
（设计：Kiessler +
Partner）

图 9-162 盖
尔森基兴科技
园拱廊（右）

与高技术相比，低技术似乎只能算是"雕虫小技"，但正是这些"小技"与高技的谦逊结合，使得上述建筑显现出极佳的节能效益，同时也使建筑的内外环境呈现出非凡的活力。

低技术，其生命力永存！

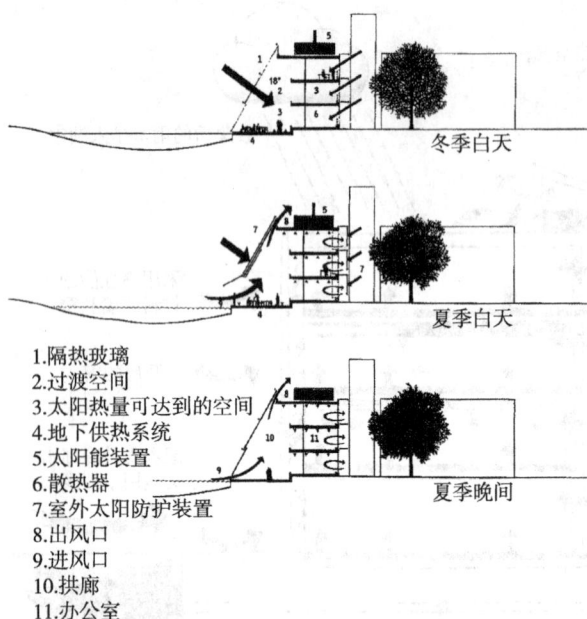

1. 隔热玻璃
2. 过渡空间
3. 太阳热量可达到的空间
4. 地下供热系统
5. 太阳能装置
6. 散热器
7. 室外太阳防护装置
8. 出风口
9. 进风口
10. 拱廊
11. 办公室

图 9-163 盖尔森基兴科技园自然通风原理示意

9.7.4 小结

在建筑发展的历史长河中，技术始终起着举足轻重的作用，尤其是进入近现代以来，技术对建筑发展的贡献更是功不可没，可以说，技术是建筑发展的主要动力。但是技术的发展也给人类带来了巨大的灾难，当今全球范围内所发生的生态危机，主要是由飞速发展的高新技术所带来的。技术和生产发展的全球化，使全球文化趋同的现象日益加剧，使各地区丰富多彩的传统文化受到严重的威胁，建筑趋向平庸，特色逐渐消失。对于技术的高度追求，又使人们忽视了建筑中对于情感的表达，使建筑技术味有余而人情味不足，现代文明理应具有的高情感生活也渐趋衰落。技术使我们增强了自身生存的能力，使我们能够更有效地抵抗自然对人类的威胁，但技术又具有很大的不可预知性，人类在利用技术为自己造福的同时，也隐藏着许多潜在的危害，因此，技术实际上是一把双刃剑，我们应该积极利用其有利的一面，为生态建筑室内环境设计服务。

生态建筑与室内环境中的技术有高技术和低技术之分。生态建筑设计研究主要存在着两种不同的类型，即主张"生态决定论"的乡村类型和主张"技术决定论"的城市类型，"技术决定论"早期以巴克明斯特·富勒为代表，"少费多用"是这一思想的集中体现，此外它还有一定的反地域倾向。"技术决定论"与"高技派"有着密切的联系，富勒的"少费多用"思想对"高技派"的许多建筑师都产生过一定的影响。早期的"高技派"建筑由于过于渲染技术在建筑中的表现，忽视了技术对于环境的影响，也忽视了建筑对传统、对地域、对人的情感因素的考虑而成为人们批评的焦点。但是，经过不断的思索，同时也受到生态思想的影响，"高技派"建筑师们正在努力改变自己的形象，使高技术为生态建筑与室内环境的理论与实践服务。经过他们的努力，已经产生了一批既高度反映传统文化、地域精神，又充分利用现代技术实现生态目标的生态型建筑。

绿色化、数字化、智能化、仿生化是现代高技术生态建筑与室内环境的新特点。

与高技术相比，低技术具有经济、便利、与自然协调、地域特征强烈的特点，许多传统的乡土建筑中都蕴涵着丰富的低技术成分，那些看似原始的低技术至今仍然在发挥着十分重要的作用。虽然高技术已成为现代生态建筑室内环境中不可或缺的主要手段，但低技术同样是生态建筑室内环境技术的有效补充，传统低技术与现代高技术的良好结合，是提高建筑室内环境生态质量的有效保证。

室内环境设计中的高生态，必须依靠具体的技术对策才能实现，而技术对策的科学性是保证其发挥最大作用的必要前提。

9.8　生态建筑室内环境的安全性

建筑室内环境是建筑中人所借以活动的主体场所，是直接作用于人的"场"，室内环境设计中的安全问题也是应该受到人们普遍关注的问题。生态建筑室内环境设计是"以人为本"的设计，其中的一切都应该是为人的永续发展服务的，这里所说的人，是广义的人，包括现在的人、将来的人；单个的人、群体的人；男人与女人；老人与儿童；健全的人与残疾的人……

生态建筑室内环境设计的安全问题，主要可以从"室内无障碍设计"与"室内防灾减灾设计"两个方面来考虑。

9.8.1 生态建筑室内环境中的无障碍设计

老年人和伤残人的居住和生活问题，是当今世界所普遍关注的社会问题，特别是由于人口控制的成功，更加剧了人口老龄化的趋势。目前人口老龄化问题已成为我国社会发展的一个重要问题，据 2000 年全国第五次人口普查最新快速汇总数据，江苏省 65 岁以上老年人口已达 651.34 万，占总人口的 8.76%，与 1990 年第四次全国人口普查相比，老年人口平均每年增长 3.52%，比重上升了 1.97 个百分点。伤残人问题也面临着极为严峻的形势，据统计，仅江苏省目前就有残疾人 300 多万人，约占全省总人口的 4.8%左右①。

考虑到伤残人的固有比例，国际上早在 20 世纪 60 年代就把为老年人和残疾人提供物质环境及便利条件的建筑设计称为"无障碍环境设计"。1969 年国际康复协会制定了著名的"国际标示牌"（图 9-164），它标志着无障碍设计的科学人道主义精神正式开始为世界所承认和理解。我国的助残活动，到 2002 年，也已进入第十二个年头。无

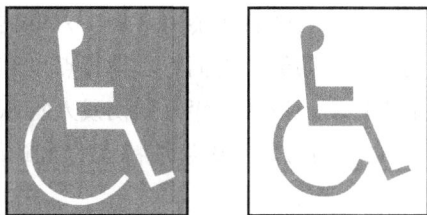

图 9-164 残疾人专用标志

障碍设计一直是建筑与室内环境设计中的重要内容，在提倡生态建筑室内环境设计的今天，这更是设计师所必须考虑的主要内容之一。但是，作为设计师，却又有几个人正在考虑室内环境设计中的助残问题呢？

室内环境设计是为所有人的设计，无论是什么人——包括残疾人和行动不便的老人，都有安全、便利地使用的权利，设计师必须为他们提供相同的使用可能，而且应该对此付出更多的注意，以体现对他们的关注。

应该看到，目前我国的室内环境设计，其设计的出发点虽然也考虑到了使用者的方便与舒适，但考虑的却多为常人意义上的舒适、方便或者可行，长期以来的设计标准也没有考虑到老年人、残疾人的心理和生理的特殊需要。设计中有些看似合情合理的做法，对于老年人、残疾人来说却都可能成为不利的障碍。比如现有住宅设计规范中八层以下住宅楼可以不设电梯的规定，这对一般健全人来讲基本没有问题，但对老年人和残疾人来说，却成为生活中最大的问题，他们普遍的第一安全感及无障碍心理需求往往不能满足，同时也意味着他们享受高处开阔视野和充足阳光的权力被完全剥夺，可能永远只能在阴暗潮湿的底楼度过余生，这对他们本来就不健全的身体来说不啻是雪上加霜。这些事实不可避免地扩大了由历史赋予建筑师的多方面综合责任。

逐步提高建筑与室内的无障碍特性，既是国际《建筑师华沙宣言》的要求，也是具有战略意义的课题。1993 年由美国国家公园出版社出版的《可持续设计指导原则》（Guiding Principles of Sustainable Design）一书，提出了可持续建筑设计的九个设计目标，无障碍设计就是其中之一。清华大学教授吴良镛先生在《21 世纪建筑发展的五项原则》中也提出了"关怀最广大的人民群众，重视社会发展的整体利益"，包括：建设良好的物质环境，推动"人人拥有适宜的住房"的贯彻与实施；为幼儿、青少年、成年人、老年人、残疾人备有多种多样的能满足不同需要的室内外生活和游憩空间②。

老年人和伤残人问题正日益受到社会的关注，无障碍室内环境设计也应该提到议事日程上来，尽可能为他们创造安全、方便、舒适的生活环境。

目前，公共建筑中的残疾人问题，已受到一定的重视，倒是与老人和伤残人关系最密切的住宅中，无论是从建筑设计还是室内环境设计上，都几乎没有考虑他们的需要。这种不顾及老

---

① 参见：我省将建残疾人数据库［N］. 扬子晚报，2001-5-15.
② 参见：西安建筑科技大学绿色建筑研究中心编. 绿色建筑［M］. 北京：中国计划出版社，1999.

人和残疾人的设计现象目前极为普遍，好像不是老人、伤残人聚居的地方，就没有必要考虑。这与我国尊老的传统是不相符的，也是与绿色原则相悖的。我们还应该看到，尽管有些住宅中老人、残疾人的比例并不大，但从发展的角度来看，人总是要老的，现在的青年、中年，若干年后就会进入老年阶段。还有一些错误的认识，认为老年人和残疾人都会有儿孙照顾，因此无须考虑无障碍设计。其实有些活动，即使亲人也是无法随时随地照顾的。儿女上班，孙儿、孙女上学，老人、伤残人单独在家的现象是极其普遍的。再者，我国实行的计划生育政策，使得赡养和照顾老年人的问题已经开始显现出来，一对年轻夫妻往往要担负起照顾夫妻双方两家的四个老人，同时还要照顾自己的孩子，其负担之重是可想而知的。

老年人随着年龄的增加，人体器官也开始衰退，他们和残疾人的活动不可能像健康人一样的灵巧、稳健，他们的心理特点也和健全人有所不同。因此，创造安全、方便、舒适的无障碍室内环境，应从老年人和伤残人特殊的生理、心理两方面特点来考虑。

9.8.1.1 考虑生理特点的无障碍室内环境设计

1. 老年人

按照自然规律，人老以后无论肢体或感官、智力都将会有不同程度的衰退和残疾。老年人几乎所有组织的弹性均会下降，导致腿部活动障碍的增加；头脑对于环境的反应能力下降，感觉迟钝，所有的定向功能变得迟缓，警觉丧失，记忆力衰退，思考问题的能力也会降低，精神力量普遍下降；眼病增加，视力衰退甚至完全丧失；体弱多病，肌体抵御外界侵扰的能力衰退，各关节出现炎症的概率大大增加，关节炎症导致行走、弯腰、伸手等活动出现困难。由于这些原因，从行动和思维能力上来讲，许多老年人都可以算作是残疾人。

进入老年后，由于生理上的变化，各项人体测量的数据均比正常人减少许多。例如一般妇女的身高60岁时比40岁矮4cm，70岁时比40岁矮9cm[①]。因此进行室内环境设计，尤其是在设计室内家具及其他操作空间时，一定要考虑老年人的这些特点。

2. 残疾人

残疾人的情况比较复杂，根据残疾的特征可以分为视力残疾、肢体残疾、听力及语言残疾、智力和精神残疾，以及综合残疾等。表9-14为我国抽样调查中各类残疾人的构成情况。各种残疾人的动作特点见表9-15。

我国抽样调查人口中各类残疾人数及构成   表 9-14

残疾类别	残疾人数				占残疾人总数的比重（%）		
	合计	男	女	性别比（女=100）	合计	男	女
总计	77345	38694	38651	100.11	100.00	50.03	49.97
视力残疾	11300	4270	7030	60.74	14.61	5.52	9.09
听力语言残疾	26518	13815	12703	108.75	34.29	17.86	16.42
其中，单纯语言障碍	1002	652	350	186.29	1.30	0.84	0.45
智力残疾	15235	7961	7274	109.44	19.70	10.29	9.40
肢体残疾	11305	6717	4588	146.40	14.62	8.68	5.93
精神病残疾	2907	1289	1618	79.67	3.76	1.67	2.09
综合残疾	10080	4642	5438	85.36	13.03	6.00	7.03

（引自：杨公侠. 建筑·人体·效能——建筑工效学 [M]. 天津：天津科学技术出版社，2000）

---

① 参见：杨公侠. 建筑·人体·效能——建筑工效学 [M]. 天津：天津科学技术出版社，2000.

由于老年人与残疾人需要借助于辅助器材才能完成各种动作，其活动所需要的范围就比常人要大得多，表9-16列出了使用辅助器材时，活动范围与健全人之间的比较。

各类残疾人行动特点一览表　　　　　　　　　　　　　　表9-15

残疾类型		行动特点
视力残疾	盲人	不能通过视觉信息定向、定位地从事活动，需借助其他感官功能了解环境、定向、定位地从事各种活动
	低视力	较难通过形象大小、色彩对比及照度强弱等方面辨认物体，有时需借助于其他感官功能进行各种活动
肢体残疾	上肢残疾	手的活动范围小于正常人，难以完成双手并用的动作以及各种精巧的动作，持续力差
	偏瘫	半身行动不便或无法行动，有些需依靠轮椅行动。由于对正常侧的依赖，动作总有方向性
	下肢残疾独立乘坐轮椅	需要占用较大的空间才能使轮椅行动快速灵活，且各项设施的高度均受轮椅尺寸的限制。需依靠支持物才能使用卫生设备
	下肢残疾拄拐杖	无法完成攀登动作，水平推力差，行动缓慢，不适应常规的运动节奏，拄双杖者行走时幅度可达950mm，且只能在坐姿时，才能较自由地使用双手。需依靠支持物才能使用卫生设备
听力及语言残疾	听力残疾	耳聋者需借助于视觉和其他感官功能才能与人进行交流。听力低下者需借助助听器等增音设备才能与人交流
	语言残疾	需借助于肢体语言或文字书写等表达自己的思想
	听力及语言双重残疾	一般需借助于增音设备、视觉信号、振动信号、肢体语言等进行交流

使用辅助器材者与健全人活动范围的比较　　　　　　　表9-16

类别	健全人	乘轮椅者	拄双杖者	拄盲杖者
身高（mm）	1700	1200	1600	
面宽（mm）	450	650~700	900~1200	600~1000
侧宽（mm）	300	1100	700~1000	700~900
眼高（mm）	1600	1100	1500	
水平移动（m/s）	1	1.5~2.0	0.7~1.0	0.7~1.0
180°转向（mm）	600×600	φ1500	φ1200	φ1500

（引自：杨公侠.建筑·人体·效能——建筑工效学［M］.天津：天津科学技术出版社，2000.）

从上述对老年人和残疾人生理和行动特点的分析，我们可以看出，老年人和残疾人在许多方面都有相似的特征，所以进行室内环境设计时，有些原则和手法是共通的，但有些方面则需要视使用者的具体情况区别对待。

（1）肢体残疾者的室内无障碍设计

肢体残疾者有各种类型，但以上下肢动作不便和身体平衡能力下降为主，针对这一情况，应该在建筑与室内环境设计中寻求相应的解决办法，比如室内不应该有门槛，不宜采用螺旋楼梯和没有平台的直跑楼梯，楼梯的坡度应该较为平坦，踏步高度不应大于17cm，深度应界于27~35cm之间，踏级不可突出，以免老人绊倒。楼梯扶手应较常规略低，以75~80cm为宜，且沿墙一侧也应设扶手。床、座椅和马桶的高度不能太低，以防老人坐下后无法站起，床垫不能太硬或太软。室内应采用防滑的铺地材料。室内家具的尺度应考虑老年人的人体尺寸，各种设施应考虑肢体伸展的角度和距离，表9-17为欧洲资料中考虑老年人生理特点的各种装置的高度建议。考虑肢体残疾者时，浴室、卫生间所需的支持物见表9-18。

欧洲资料中考虑老年人生理特点的各种装置的高度建议　　　　　表 9-17

装置名称		建议高度（cm）
厨房中立姿工作高度	工作面	80~85
	水盆（上缘）	80~85
	灶	80~85
坐姿工作高度		65~70
厨房中最高的搁板（下侧无底柜）		160
厨房中最高的搁板（下侧有底柜）		140
厨房中最低的搁板		30
浴缸的上缘		50
厕所的上缘		45
盥洗盆离地板的高度		85

（引自：杨公侠. 建筑·人体·效能——建筑工效学 [M]. 天津：天津科学技术出版社，2000.）

不同情况下浴室、卫生间需要的支持物　　　　　表 9-18

	乘轮椅者	挂杖者	偏瘫者	支持物类型
小便器		√	√	支架、抓杆
坐便器	√	√	√	固定抓杆、转动抓杆、吊环、吊梯
女用坐浴器	√	√	√	固定抓杆
洗面盆		√	√	支架

（引自：杨公侠. 建筑·人体·效能——建筑工效学 [M]. 天津：天津科学技术出版社，2000.）

（2）视觉残疾者的室内无障碍设计

供视觉有残疾的人使用的房间，应该保证有足够的亮度，使他们能够较容易地辨别室内物件和各种控制开关，为此室内装修材料应选择浅色为宜。房间的各个界面之间应该有较大的颜色及质感对比，各类操作面的边缘轮廓最好也用颜色对比较大的材料加以强调，楼梯的起讫处应该有示警的地面做法，如地灯光、不同的地面色彩等。室内的各类控制开关（电灯开关、坐便器冲水按钮等）应选用几何尺寸较大者，使它们更容易被识别。室内橱柜的门最好使用推拉门的方式，以防止平开门伤害盲人或开门时残疾人必须向后移动位置而造成的麻烦。另外，橱柜最好应做成圆角，防止残疾人磕碰受伤引起以外。

（3）听觉残疾者的室内无障碍设计

首先应该保证室内有一个尽可能安静的声环境，应采取必要的措施来提高室内的语音清晰度指数（AI），为此在选择室内表面装饰材料时，应该减少花岗石、金属、木材等低吸声系数材料的使用，而优先选择地毯、软包、墙纸等吸声系数较高的材料。对于重听或耳聋者，门铃应同时带有灯光指示或者采用闭路电视。室内的报警装置也应该同时具有声音和指示等两种报警方式。

（4）使用轮椅者的室内无障碍设计

靠轮椅活动的伤残人，由于他们在使用家具时都是坐在轮椅上进行的，其活动尺度较为特殊。因此在室内环境设计和家具设计时应充分考虑这一点。首先室内不应该设置太大的高差，如果高差无法避免，应该设置残疾人轮椅坡道，室内所有的通道应该满足轮椅的通行和回转要求（图 9-165）。一般伤残人坐在轮椅上手取东西的最高高度为 1.37m 左右（图 9-166），为此所有的电器开关、各种把手的高度都应在此范围之内，最好在 0.60~1.2m 之间，适合伤残人坐在轮椅上使用的台、桌面高度应为 0.75～0.85m，所有操作台面底下应该为轮椅留出必要的空间（图 9-167）。房间的门最好为推拉门，平开门最好为双扇门，并能向正反两个方向开启。轮椅使用者应该有专用的卫生间设施，坐便器、小便池、浴缸、淋浴器等都应有合适的抓杆（图 9-168，图 9-169）①。

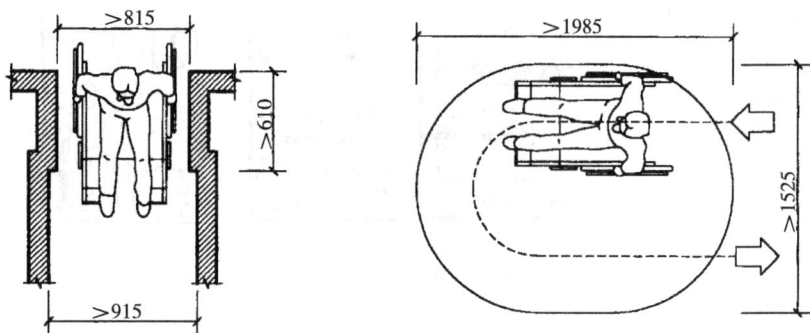

图 9-165 轮椅的通行和回转要求

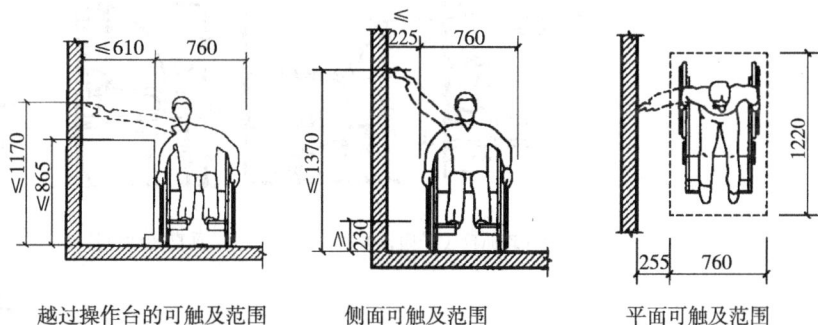

越过操作台的可触及范围　　侧面可触及范围　　平面可触及范围

图 9-166 乘坐轮椅者可触及的范围

对于老年人和残疾人的无障碍设计，还应考虑的是空间组织合理，家具布置顺畅，因为安全、方便是无障碍室内环境设计中空间组织和家具布置的基本要求。从人体工效学出发，无障碍设计更强调室内布置应尽量避免和减少不方便因素，避免或减少他们的困难动作，尽量防止对他们造成危害。这不仅是建筑师的任务，也是家具设计师、家用电器工程师们共同的任务。

老年人、残疾人动作中的失误高于健全人，在公共场所可以立即得到救护，而在家中无人或发生问题未能及时发现时就处于极其不利的地位。所以健全人感到满意的住宅私密性原则，对老年人来说就可能不能适应，而开放性原则是无障碍室内环境设计的特殊点，所以他们所使用的房间，除了考虑其必要的私密性要求外，还应该考虑便于家人的随时监看，不应过于封闭、隐蔽。

室内物理环境也是无障碍室内环境设计中需要考虑的问题，大多数老年人患有疾病，如关节炎、支气管炎等，因此，要求室内温暖、舒适、有较高的照明度等，为此老年人经常活动的房间应该布置

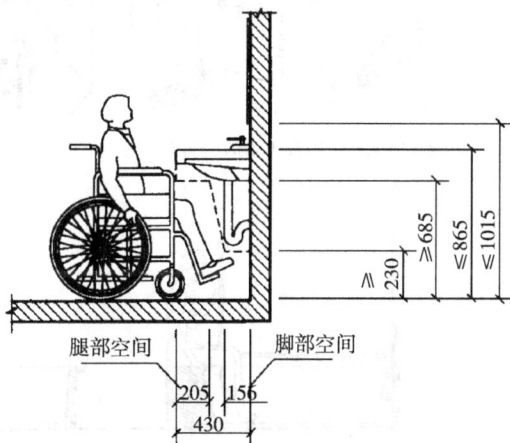

图 9-167 操作台面底下为轮椅留出的空间

在南向的房间。良好的通风也是老年人生活环境中应该重视的问题，这一点在浴室、卫生间中特别重要，因为浴室、厕所是老年人最容易晕倒的地方，通风良好，可减少事故的发生。据国外统计，老年人和残疾人在卫生间中的事故高于其他一切地方，是事故性死亡的多发区域，其次是厨房。目前国内住宅在这两方面存在的弊端最多，应该受到人们的高度重视。老年人睡眠少，特别容易惊醒，因此，在室内环境设计上应特别注意隔声，防止噪声，避免有强光照射，为此老年人使用的房间都应该设有遮光效果良好且操作方便的窗帘。创造安静的环境，是保证老年人休息好的基本条件。

关于无障碍室内环境设计的具体事项，可参见附录 D。

---

① 引自：杨公侠. 建筑·人体·效能——建筑工效学 [M]. 天津：天津科学技术出版社，2000.

图 9-168 卫生间各类安全抓杆-1

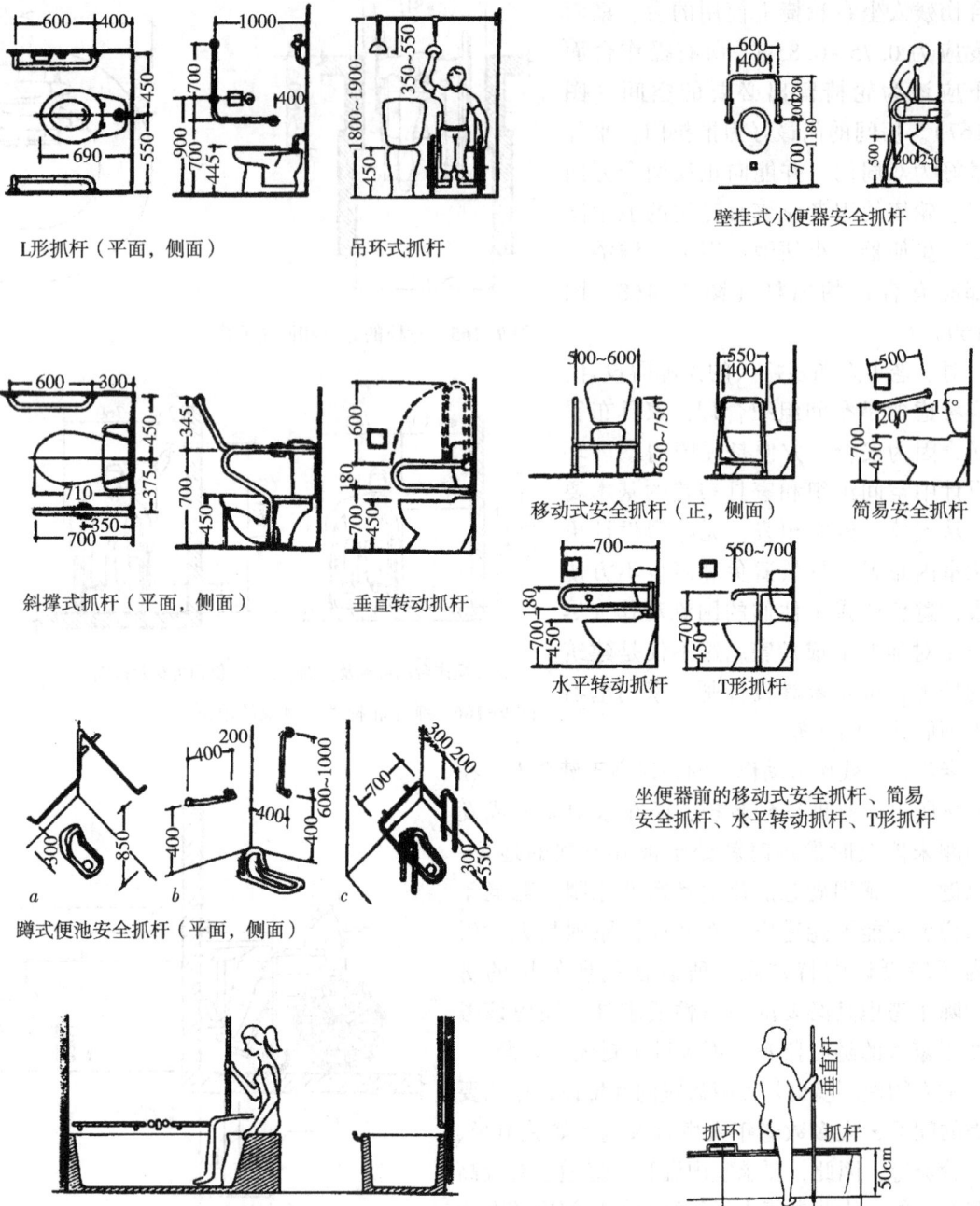

L形抓杆（平面，侧面）   吊环式抓杆

壁挂式小便器安全抓杆

斜撑式抓杆（平面，侧面）   垂直转动抓杆

移动式安全抓杆（正，侧面）   简易安全抓杆

水平转动抓杆   T形抓杆

坐便器前的移动式安全抓杆、简易安全抓杆、水平转动抓杆、T形抓杆

蹲式便池安全抓杆（平面，侧面）

乘轮椅者使用的浴缸，设置固定的洗浴坐台，除了垂直抓杆外最好还有一根水平抓杆，90cm高

老年人和残疾人使用的安全抓杆

9.8.1.2 考虑老年人和残疾人心理特点的无障碍设计

人的个体发展进入老年期后，他们的心理意识活动的特点在很大程度上与其生理机能的衰退有关。这时，老年人有其独特的心理特点。伤残人由于生理上的缺陷，心理活动也与常人不同。

"我们对阳光有着特殊的感情，希望居住的房屋能保证足够的阳光……"这是来自老年人和残疾人的呼声，是健全人以至行家也想不到的。大家知道建筑环境中的"光"，不仅仅具有重要的实用功能，而且具有美学功能和精神功能，而注重建筑视觉环境的质量及效果恰恰可以提高室内环境设计的无障碍性能。"光"作为室内环境设计的重要内容，将影响室内环境气氛，不同的光线效果能产生不同的心理效应。室内阳光充足，也是保持老人、伤残人心情舒畅的基本条件。他们行动多有不便，很难像健康人一样很容易地到室外活动，因此，在进行室内环境设计时，如何充分接纳阳光、接近大自然便显得十分重要。窗户应尽可能大，在保证安全的前提下，窗台宜比常规的低，使室内有充足的阳光射入，同时也使他们能够更方便地眺望室外景物。老年人或残疾人的房间最好设有阳台，使他们可以随时享受大自然的赐予。根据老人的心理特点，他们的居室色彩不宜过于强烈，而以柔和、明快的色调更为合适。过分强烈的色彩和光线易于引起疲劳感，对于创造舒适的环境是不利的。应该防止强烈的光线给人以过分的兴奋与刺激，同时也不至于过于暗淡而引起压抑心理，产生沉闷和忧伤的气氛。

老人和残疾人同健全人一样，需要有自己独立的不受他人干扰的天地，即有一定的私密性要求。因此在房间平面布局时，应该在保证家庭成员对他们正常监护和室内布局不至于影响他们的活动而具有一定的开放性的前提下，尽可能避免相互干扰的布局形式，应考虑一间门户较为独立的居室，供家中老年人或伤残人居住。但是，保证一定的私密性时也应该充分注意老年人和残疾人在家庭中的地位，他们的居室，不应该随意放在家庭的某个角落，而应像"顶梁柱"一样，布置在家里最方便、最重要的地方。如果是二层的住宅，最好设在一楼，如果是单层的住宅，最好设置在中心位置，靠近大门、起居室、饭厅、厨房、卫生间、等生活不可缺少的地方，这样，不管是多么繁忙的家庭，至少在儿孙上下班、上下学时间问好，去卫生间时也可以打个招呼。如果是专用的老年人住宅，则可考虑整个室内空间较为开敞，以适应老年人的生活。图9-170所示为日本某老人住宅平面图。该设计将起居室和卧室安排在一个大空间内，并且与入口直接相连。这种较为开敞的空间，对于防止老年人出现意外比较有利。窗户较多且大，室内阳光充足，床铺设在房间一凹角处，既在开敞空间内，又有一定的私密性，如果考虑偶尔来客和子女回家居住，那么在住宅平面设计时可增设一间独立的卧室以满足要求。如何在各种不同的情况下，合理地解决"开放性"和"私密性"两者之间的矛盾，这是一个值得进一步探讨的问题。

图9-169 卫生间各类安全抓杆-2

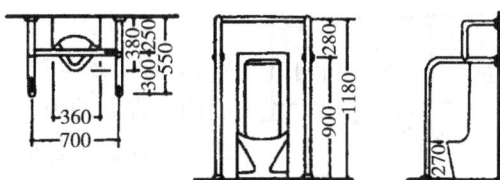

适用于各类残疾人的立式小便器及安全抓杆（平、立、侧面）

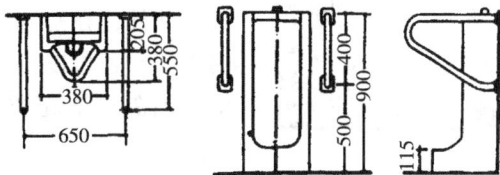

乘轮椅者适用立式小便器及安全抓杆（平、立、侧面）

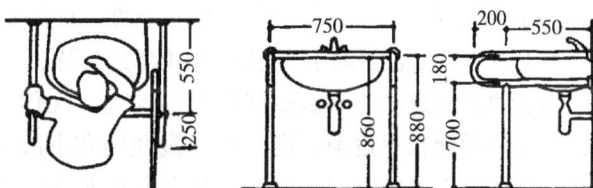

挂杖者使用洗脸盆的安全抓杆（平、立、侧面）

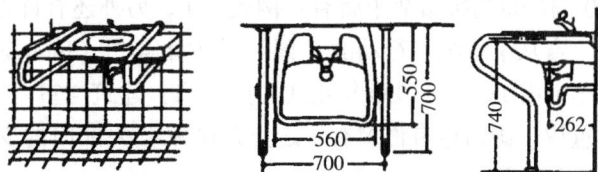

挂杖者安全抓杆　　　　轮椅使用安全抓杆（平、侧面）

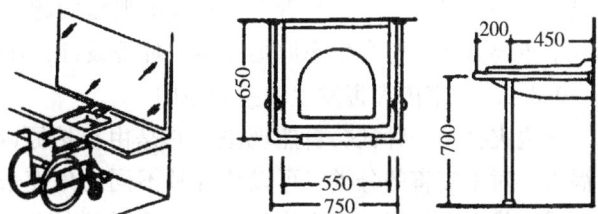

台式洗脸盆　　　　轮椅使用安全抓杆（平、侧面）

图 9-170 日本某老年人住宅平面图

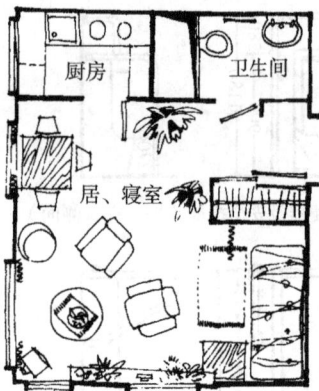

与健全人一样，老年人和残疾人不仅有天然的需要（物质需要），而且还有社会需要（精神需要）。老年人和伤残人由于生理、心理等方面的因素而普遍拘于较小的生活圈子，但这实在是无奈的选择，而并不是他们的真正愿望，事实上他们也希望与人交往。因此可考虑在住宅的中部楼层设置一些活动室，为他们提供一个交流活动的场所，但其位置和设计必须考虑他们能够很便捷地到达。

此外，在室内多布置一些绿色植物、花卉盆景等，以增添室内的生气。还可以安置一些供他们挂鸟笼、养金鱼、吊挂植物等的设施，创造鸟语花香的环境，使他们在室内也能感受到大自然的气息。

老年人和残疾人问题需要全社会的关心，我们不应该把考虑老年人和残疾人的无障碍设计看成是一种额外的负担，而应该当作自己的一种社会责任，无论是建筑师、室内设计师还是建筑业主都应该担当起这一责任。事实上，考虑老年人和残疾人的无障碍设计，同时也会惠及普通人的生活便利，这对改善我们的生活条件、提高我们的生活质量将是十分有益的。

9.8.2 生态建筑室内环境设计中的防灾减灾

随着科技的进步、疾病控制能力的提高，现代工业化国家中导致死亡的原因较以前有所改变，传染病的死亡率逐渐下降，各种慢性病和事故的死亡率却大大增加，而事故则成为因心血管和癌症死亡以外的第三大原因，其中家庭事故导致的死亡人数占所有事故死亡人数的1/3。据美国健康部、教育部和福利部统计，在各类事故中，家庭中发生的事故最多，一般估计每150~200例严重伤害事故中就有一例死亡[①]。另外还有许多事故是在建筑的室内环境中发生的。

自从全球统一行动的"国际减灾十年"（International Decade for Natural Disaster Reduction，简称 IDNDR）于 1990 年正式开始以来，建筑与室内环境设计中的防灾减灾已受到世界各国的广泛重视。国内也有许多有识之士在国家有关部门的支持下开展了有关方面的研究，并已取得了初步的成果。

室内防灾对城市系统而言，虽是侧面问题，但它代表并反映出城市建设中某些本质缺陷及隐患，是一类量大面广，有着普遍意义的典型问题，也是生态建筑室内环境设计中 Reduce 原则的一个重要方面。符合生态原则的室内环境设计，在防灾减灾方面也应该得到充分的体现。

9.8.2.1 室内灾害发生的主要原因

室内灾害是一种社会自然现象，它是由自然原因、人为原因或二者兼有的原因给人们造成的祸害。对于灾害的分类，可以从各种不同的角度来确定（表 9-19），如果我们从更广义的角度来看现代灾害的涵义，也应该包括社会性道德沦丧、动乱、社会失控等方面，但这里仅探讨室内自然灾害以及人为失误、技术、决策、管理失当所引起或诱发的室内灾害问题。

室内灾害分类　　　　　　　　　　　　　　　　　　　　　　表 9-19

分类依据	灾害类型
灾害起源分布	自然灾害
	社会人文灾害
灾害机理	物理灾害
	化学灾害

---

① 参见：杨公侠. 建筑·人体·效能——建筑工效学 [M]. 天津：天津科学技术出版社，2000.

续表

分类依据	灾害类型
灾害现象	显在的灾害
	潜在的灾害
灾害状态	静态收敛型灾害
	动态发散型灾害
灾害出现概率	可避免的灾害
	不可避免的灾害

提起室内灾害，人们首先想到的可能就是一些外在表现非常明显的灾难，如火灾、电击、室内物件倒塌砸压、煤气等有毒气体泄漏等，其实，除此以外，还有许多隐性的灾害，由于很难预料，或者慢性发作、持续时间过长，或者很难将其与室内环境设计直接挂钩等原因而往往被人们所忽视，如室内装修中有毒材料的使用导致有害物质挥发而形成室内污染，造成对人体的伤害；家用电器放置位置不合理，造成人体接受过多的电磁辐射而出现的各种不适或疾病等。因此，室内灾害多数是一种潜在的灾害，有些甚至是迄今还未明确的"人为性建设"破坏。

确实，从几乎每天都能听见的消防车的警笛声以及急救车的呼啸声，都可以体会到这些灾害的频繁性以及对人民生命财产造成的危害。如果再注意一下每天的新闻报道，就更可以发现问题的严重性——多少原本是人们生活、休闲、娱乐、购物的"天堂"顷刻之间被化为灰烬、成为废墟，多少冤魂在"地狱"里怨叫、煎熬。而许多室内灾难，只要当初设计师多给予一点关注、多画几根线条、多加几句说明，施工者多用一点良心、多添一份细心，使用者的心中多一点防灾意识，原本是完全可以避免的。

室内灾害类型很多，各种类型灾害发生的原因、所导致的结果也各不相同，但概括起来，常见的室内灾害主要有以下几种：火灾，电击，构件、物品的坠落、倒塌与飞溅，有毒气体泄漏，有毒、有害物质释放以及机械伤害等。

1. 火灾

火灾是室内常见的主要灾害，据有关方面提供的数据表明，我国每年发生火灾在3万起以上，仅1989年全国就发生火灾3.2万余起，除了一些人为造成的火灾，其中有很大一部分则与建筑室内电器、电路的故障有关，占当年火灾总次数的15%~20%。而据有关统计资料，1976年电器设备火灾仅占全国火灾总次数的4.9%，1980年为7.3%，1985年为14.9%，1988年为38.6%，1993年超过40%，比1976年上升了近10倍①。电热设备是造成室内电器火灾的最主要原因，其次是配电软线，插座类配电器材等。由于电器安装和线路敷设不符合规范或者电路老化不及时更换，常常成为引发室内火灾的直接原因，另外，按日本东京消防厅1986年统计分析，电冰箱、电风扇、空调器、彩电等家电产品，也是引发室内火灾的原因之一，而这正是国内迄今尚未认识到的潜在灾害源。另外，在1995年1月17日日本阪神淡路大地震中，有10%的罹难者是因火灾而死亡的，同时100多公顷的繁华闹市和居民区变成废墟和焦土②。

2. 电击

电击（俗称触电），也是主要的室内灾害之一。常见的电击事故，多为照明设备、家用电器等使用过程中发生的，原因之一是电器使用不当，原因之二是电器本身的质量问题而造成的漏

---

① 参见：金磊. 室内灾害及防灾设计要点初探 [J]. 室内设计与装修，1990，4；黄白. 建筑装饰与电器设备防火 [J]. 室内设计与装修，1994，3.

② 参见：胡剑虹. 当代室内设计与次生灾害防御 [J]. 室内设计与装修. 2001，7.

电等。但是，还有一些电击事故则完全是因为建筑与室内电器、电路安置设计不当而造成的。

家用电器的普及无疑使人们在日常起居、工作学习、信息获得等方面得到了前所未有的方便，极大地提升了人类的物质文明和精神文明，但不容忽视的是，家用电器的使用及故障运行，确给大量的"外行"操作者带来危害。据西欧国家统计，在诸多"室内事故"中，因家用电器致灾并伤人的占 60% 以上[①]。

3. 构件、物品的坠落、倒塌与飞溅

此种情况一般发生在地震、洪水、飓风、爆炸及其他自然或人为灾害所引发的次生灾害中。在这些灾害发生时，除了直接受灾害力破坏而导致人员伤亡外，有许多人是被灾害引起的建筑、室内坠落和倒塌物如楼板、房梁、砖石、吊顶、家具、玻璃碎片等的砸压、飞溅而导致伤亡的。在 1995 年 4 月美国俄克拉荷马市联邦办公大楼爆炸案中，518 个伤者中有 200 多人为玻璃碎片所伤[②]。为打破这种"破坏——再破坏——破坏"的多米诺骨牌效应，提高建筑与室内设施的坚固性和稳定性，综合构造设计、材料选用和设备控制等技术因素进行全面考虑，就成为防止和减少此类事故发生的重要手段。

4. 有毒、易燃气体泄露

煤气等有毒易燃气体泄露，常常是引发室内灾害的重要原因。引起室内有毒、易燃气体泄露的原因主要有两个方面，一是储、供气设备在遭受其他灾害如地震、火灾、轰炸时导致毁损。二是储、供气设备在额外外力作用下引起毁损，典型的如重物砸压、冲击、其他设施施工时意外碰伤等而造成的毁损。三是储、供气设施本身的质量或老化问题如开裂、生锈等而引起泄露。日本阪神淡路大地震时，多处天然气管道破裂，引起煤气爆炸和火灾，尽管当时室内环境设计时每户所设的燃气自动关闭闸门起了作用，但有些地漏压力设计不足，使燃气外管道泄露的煤气经水道进入厕所和厨房。其中供气管道的泄露起火有 33% 发生在低压管的螺纹接口处，再加上给水管也没有采取柔性接口，破裂后无水源灭火，使神户有四个区在震后 12 小时仍陷于火海之中[③]。

5. 有毒、有害物质的释放

提起防灾，人们首先想到的往往是火灾、触电等重大显性灾害，但是对于发生在周围室内环境中的隐形灾害却常常熟视无睹，从而导致不必要的人身伤害或财产损失。由于装修时所用材料有毒、有害物质的持续释放、日常生活中炊事、取暖、吸烟以及其他生活内容所产生的污染产物，使得室内空气的污染物质浓度通常远远高于室外。如传统的生活燃煤，由于其低空排放、挥发物排放量大、排放的开放性、缓慢性等特点，再加上室内外通风换气量少，室内污染物积蓄增多。实测表明，厨房燃煤中二氧化硫 100% 超过居民区大气标准，最大超标 9.1 倍；一氧化碳最低超过 1.9 倍，最大超标 6.7 倍；氮氧化物有 83.3% 超标，最大者为 10.7 倍；致癌物苯并（a）芘最大超标达 47 倍之多[④]；随着近年来室内装修热的不断升温，这一问题更有强劲上升的趋势，我们应该从室内的设计、选材、施工、日常维护使用等各个环节，来有效地减少有毒、有害物质的释放，防止灾害的发生。

6. 机械伤害

随着人类科学技术的发展，室内机械设备的使用也达到了空前的程度，但是，就在这些机械设备给人们的工作生活带来便利的同时，也给人们的安全埋下了许多隐患。公共建筑中自动

① 参见：金磊. 室内灾害及防灾设计要点初探 [J]. 室内设计与装修. 1990, 4.
② 参见：刘晖. 有关栖居安全的思考 [J]. 新建筑, 2001, 2.
③ 参见：胡剑虹. 当代室内设计与次生灾害防御 [J]. 室内设计与装修, 2001, 7.
④ 参见：金磊. 室内灾害及防灾设计要点初探 [J]. 室内设计与装修, 1990, 4.

扶梯夹伤顾客，高楼中电梯故障困住使用者甚至电梯坠落造成人员伤亡等，早已不是什么新鲜的事了。此外，在工厂车间中人身伤害事故的发生也不在少数，造成这些灾害的原因，除机械设备本身的原因以外，有相当一部分是由于设备安置或防护措施不当而造成的，周围操作环境设计不合理、不符合人体工学要求、视觉等物理环境恶劣也是一个重要原因。所以，在进行室内环境设计时，除应该严格把握好机械设备的选用之外，还应该严格按照设备的使用要求，合理地设计设备周围的操作环境。

9.8.2.2　室内防灾、减灾对策分析

从上面的分析可知，室内致灾原因是多样的，形成机制也十分复杂，但是只要我们认真研究分析，还是可以找出一些基本的规律，从而为室内安全环境的营造提供必要的依据。室内的防灾、减灾，首先要立足于防患于未然，尽可能地防止室内灾害的发生，其次是在一旦灾害发生的情况下，如何来减轻灾害的危害程度。

防止室内灾害的发生，首先必须堵住灾害的源头。

1. 选择质量优良的电器设备、保证合理的电路设计

室内电器、电路故障是室内灾害发生的一个重要根源，因此首先必须保证各类室内电器设备具有合格的质量，其次在室内电器线路的设计与施工上，应该严格遵守有关规范。通常情况下，应该保证操作者不接触有效值超过5mA的电流、直流电压超过30V以上的电压；传统的接地做法，是防止设备漏电造成触电的有效手段，但是在许多场合下，这一简便有效的方式也被忽视或干脆省略了，例如，目前市场上常见的转换插座就是一个典型的例子，这一小小的发明确实给人们带来了诸多方便，但同时也埋下了危险的隐患，许多家用电器在使用时需要有良好的接地，但是转换插座却人为地省去了原有的接地端，一旦漏电，就无法提供必要的保护。还有许多人将用电安全完全寄托于漏电开关上。确实，家用漏电开关是用于低压电网保护人体免受电击的"革命"性装置，但事实上国产漏电开关质量的可靠性水准仍然偏低，综合故障概率值（误动作与拒动作总称）偏高为5~10次/（月·台）。比国外同类产品故障率高1~2个数量级，据此数据测算国内已经投入运行的数百万台漏电开关，每年至少有上千台处于带故障运行状态①。漏电开关频繁误动将增加室内断电次数，极易造成电器损坏；漏电开关拒动作将造成人员伤亡，导致更为严重的事故。

除了日常生活中严格选用合格的电器和照明产品，严格按照规程谨慎操作各类电器以外，在室内各种配电设施的设计和施工中，应该充分考虑各种电器的用电荷载，防止输配电路的过载运行，这就要求在室内环境设计阶段就应该充分了解各类用电终端的用电特征，经过严格的计算，确定输配电设备、材料的规格和布置方式，严格按照电器的安装说明进行施工安装，例如一般的家用电器，尤其是冰箱、空调等均应该有必要的散热空间，否则极易因过热而引起起火、爆炸等室内灾害。因此，过去那种仅凭直观经验确定用电荷载的做法，在室内电荷载越来越高、室内电器越来越复杂的今天，显然已经不能适应了。以前在装修中普遍采用的将电线直接埋在墙体抹灰层之内，而没有任何穿线管的做法，显然是不合适的，这样做，一是电线产生的热量无法及时散发，容易引起绝缘层因温度过高而老化、漏电或短路，二是电线无法及时更换，机动性大大降低，三是由于线路位置不可能非常精确，日后室内再次施工时，极易遭到电钻、钢钉等的破坏，造成电击等人身伤害事故。

2. 提高室内整体环境的阻燃性能

提高室内整体环境的阻燃性能，是防止室内火灾的重要措施，这包括了各种建筑和装修材料以及室内用具和设施的选用，应充分考虑室内物品自燃、明火引燃、闪燃、能量引燃、电流

---

① 参见：金磊. 室内灾害及防灾设计要点初探［J］. 室内设计与装修，1990，4.

引燃以及静电引燃等各种可能性，采取各种措施，增加其阻燃性能。以室内软垫类家具的火灾危险性为例，美国标准局特别从阻燃性能、火灾蔓延速率、软垫家具燃烧产烟量、热释放率、燃烧速率等方面研究其火灾规律，采取相关的措施，这一点值得我们借鉴。此外，在室内装修中，可以通过使用防火材料、在易燃材料上涂刷防火涂料等措施，来提高材料的防火性能。

研究表明，室内火灾的致亡原因，除了被火直接烧死之外，最主要的还是被各种材料燃烧时所释放出的有毒气体和浓烟毒害或窒息而死。因此，在室内环境设计时，应该充分考虑室内装修材料的燃烧特点，尽量避免使用燃烧时能释放出大量浓烟和有毒成分的材料，如泡沫塑料等。

3. 提高建筑与室内的抗震与抗外力能力

建筑因震动、额外的外力作用而发生构件坠落、设施倾倒等，是导致室内灾害发生的又一原因，要防止此类灾害的发生，首先必须保证建筑有良好的抗震、抗爆、抗风能力，建筑与装修的构造合理，各种构件的连接坚固、牢靠，这就要求设计师在设计时"精打细算"，在结构与构造上考虑到每一个细部的构造与强度，施工人员在施工时"精雕细琢"，决不偷工减料，"短斤缺两"，严格按图施工，绝对保证建筑与装修质量。在设计室内物品时，应该注意这些物品的稳定性，防止它们在受到震动等外力作用时发生倾倒，室内家具中较大的独立柜体，应该受到足够的重视，其重力作用线不应偏离支承面中心太多，座椅应该少用三条腿的，因为三条腿最易倾倒，尤其是一些带脚轮的椅子，在重心偏离时，更会加速翻倒。对于一些大型的座椅，用五点着地基座会更加稳定。另外，对于大型的家具与设施，最好采用轻质材料制作，这样即使翻倒砸人，也不会造成太大的伤害。

图 9-171 法国里尔美术馆玻璃幕墙节点构造

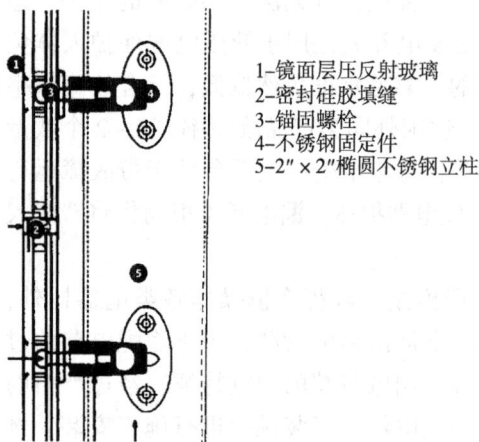

1-镜面层压反射玻璃
2-密封硅胶填缝
3-锚固螺栓
4-不锈钢固定件
5-2″×2″椭圆不锈钢立柱

减少室内玻璃装饰的使用，是减少灾害发生时室内玻璃碎片飞溅伤人事故的有效途径。另外，在人员经常走动、容易磕碰的地方尽量不使用玻璃，也是减少日常生活中玻璃伤人的有效方法。目前，层压玻璃、夹丝玻璃、钢化玻璃等高强、安全玻璃已成为传统玻璃的替代产品。层压玻璃的发展已趋多功能化，集防盗、防爆、防震、防电子窃听、防龙卷风于一体，可以有效地减少室内灾害的发生。法国里尔美术馆扩建设计，通过减少硅胶接缝、改进构造接点，成功地运用了安全层压玻璃，从而获得了1998年玻璃材料创新奖（图9-171）①。

4. 提高各种管道的安全性能

提高各类给水、输气管道的安全性能，是防止管道破裂引起室内水灾以及有毒、易燃气体泄漏而引发灾难的必要措施，要做到这一点，首先必须保证管道设施有足够的抗冲击、抗变形、耐腐蚀生锈能力。新型材料的开发是解决这一问题的出路之一。现今我国开始普遍使用的铝塑复合管，经日本阪神淡路地震的验证，其刚度、抗压强度极佳，气体渗透率为零，且采用柔性接口技术，在长期超载或地震时能有相对位移而不影响使用。现在日本各大城市供气、供水管道等生命线工程均已决定采用塑铝复合管②。

其次，在室内环境设计中，应严格按照有关规范要求设置与布置储、供气设施。在家庭装修中，严禁这些有毒、易燃气体管道横穿客厅、卧室等区域。室内装修施工中私自拆移改装煤

① 参见：刘晖. 有关栖居安全的思考 [J]. 新建筑，2001，2.
② 参见：胡剑虹. 当代室内设计与次生灾害防御 [J]. 室内设计与装修，2001，7.

气表、煤气管道等，使管道的转弯和接头增多，且作业不规范，往往直接导致煤气泄漏，造成煤气中毒或引起爆炸。有些住户在室内装修时为求外表美观，而将管道埋入墙体或封闭于柜体之中，在水泥干缩变形时很容易使管道受到损害，而且一旦发生泄漏事故，很难检查确切部位，难以检修。因此，擅自拆、移、改燃气设施，无异于在家中埋下了"定时炸弹"，若遇确实需要改动的，应先向有关部门提出申请，经专业人员现场勘察后，再根据具体条件进行改动。

在室内施工中，也应该严格按图施工，规范施工，文明施工，不偷工减料、以次充好。另外，即使在家庭装修中，所有的管道，尤其是暗管也都应该有竣工图，以便日后在发生问题时方便查找，在今后的改动性施工中避开这些管道。

5. 研究开发新的防灾、减灾产品

目前，许多科学家们正在研制一些可以增强室内防火能力的装置和施工做法，通过它们，可以有效地减少室内灾害的发生。例如，在日本阪神淡路大地震中，许多火灾是由电源插头走火造成的，由此，国外设计了装有微型感震器的电源插头，在感觉地震时，它便会从插座自动脱落。

国外自20世纪80年代末期开始推出无公害防灾类家电产品，如日本电气硝子公司首先重视电视机荧光屏玻璃的改进，以减少电视机X射线对人体的伤害。有些发达国家已停止生产和使用塑料扇叶的电风扇，其原因是塑料制成的电风扇在旋转过程中会产生大量的静电风。

如果能在建筑与室内环境设计中以及使用者的日常使用中严格地把握上述要点，室内灾害的发生率就可以大大降低。但是，要想彻底杜绝室内灾害的发生显然是不太可能的，那么如何在室内灾害一旦发生时，减轻室内灾害的危害程度，这是室内环境设计中防灾减灾的一个重大课题。

研究表明，在室内灾害发生时，许多人是因为无法及时逃离灾害现场而导致伤亡的。因此，在室内灾害发生时，及时有效地疏散人流，是室内环境设计防灾减灾的一个重要手段，对此，国家有关建筑与内部装修规范都有明确的规定，设计师应该严格遵守这些规范进行建筑与室内环境设计。

疏散口的合理设置，是室内防灾减灾的关键之一，室内任何一个地方，都应该设有符合规范的疏散口。此外，疏散口的具体形式和做法也是保证疏散口能够真正发挥作用的关键问题。发生室内灾害时，疏散口的门无法及时打开常常导致悲剧的进一步加剧，在我国唐山发生的震惊世界的大地震中，很多人就是因为打不开门而无法逃生，因此设计师应该十分重视疏散门乃至普通门窗的设计。

首先，应该保证各类门窗有足够的坚固性，以保证灾难发生时不会因为震动、撞击、挤压等而造成门窗变形而无法打开。一般来说，移门的安全性比平开门要好，移门开关时不离开本体，重心不至偏移，具有较好的结构稳定性，移门在受到地震等震动时，可以在自身惯性作用下滑动，使上下层之间产生相对滑移，减少地震力的纵向传递，从而达到减震的目的，改变了仅靠增强结构强度来抗震的传统做法。在日本，还采用了一种带有感震器的金属门，当有五级以上地震时，门会在一秒钟内自动开启，而平时亦可当防盗门或普通门使用。

疏散口的日常维护和管理，也是室内防灾减灾的重要措施。目前，在许多公共场所中，虽然也按规定设置了疏散口，但不是常年挂锁，就是被杂物所遮挡，一旦发生灾难，根本无法开启，疏散口形同虚设。另外在靠近疏散口处不应设置门槛、台阶等障碍，以防疏散时人们在惊慌之中绊倒或踏空而跌倒，后面的人流往前挤冲而继续跌倒叠压，这种情形造成的后果，一方面是跌倒的人将出口堵塞而导致疏散口失去作用，另一方面是先前跌倒的人被后面的人流踩踏、挤压而造成伤亡。近年来我国各地发生的多起重大火灾事故，几乎都是因为疏散不畅而导致惨重的人员伤亡。鉴于上述原因，在疏散通道的任何地方，都不应该设置门槛等障碍物，也不应该设置少于三步的踏步。

建筑室内应该严格按照有关规范设置自动报警和喷淋系统，公共场所应配备应急灯，以便突然停电时使用。室内电器或楼宇电器必须设置自备电源，以提高本楼的生命维持系统的作用。

在危险区域设置醒目的警示标志或警示语，在建筑的主要部位设置应急疏散方向指示牌，可以起到提醒人们注意安全和指示逃生路线的作用，这也是减少室内灾害的有效途径之一，作为设计师，也应该将此作为室内环境设计不可或缺的一个主要内容。警示标志或指示牌必须与一般的指向牌或导购牌明显区别开来，标志的设置位置与密度应该保证使用者在通常情况下就能较容易地看到。

当然室内防灾的关键贵在安全技术的套配及系统化，贵在环境的无障碍性，即强调人与室内环境（热、听觉、视觉、人机接口及界面技术、建筑安全色等）的协调、合理与优化。它同时要求建筑师、室内设计师、机电工程师、安全工程师、系统工程师的共同努力及总体协调。过去那种"艺术性"控制一切，建筑师独霸一面的局面，在现代建筑追求高生态的今天已经再也行不通了，小组合作、集体参与的开放式设计组织方式必将显现其更多的优越性。

安全性能是衡量室内环境健康性的重要方面，如果室内环境不能保证使用者的身心健康，"以人为本"又从何谈起！室内环境的安全性可以从室内环境的无障碍设计和室内环境设计中的防灾减灾两个方面来考虑。

人口老龄化已经成为一个全球性的趋势，伤残人问题也是当前一个极为严峻的问题。老年人和伤残人无论在生理上还是心理上，都有许多不同于常人的地方，他们或身体虚弱，或行动不便，给他们的生活造成了极大的影响。作为弱势群体，他们更渴望得到人们的关怀，这种关怀应该很好地体现在室内环境设计的每一个细节之中，室内无障碍设计就是体现这种关怀的具体表现。老年人和残疾人在许多方面都有着相似的表现，其残疾类型可概括为：视力残疾、听力与语言残疾、智力残疾、精神残疾、肢体残疾和综合残疾等多种。各种残疾所表现出的行动和心理特点也各不相同，设计师应该根据老年人和残疾人的不同残疾类型，在设计中采取相应的措施，来保证他们特殊的生理和心理需求。

意外事故是当今人类致残和致亡的主要原因之一，在各类事故中，有很大一部分发生在室内，而导致室内灾害性事故发生的最大原因则是室内环境设计的不合理。常见的室内灾害主要包括：火灾，电击，构件、物品的坠落、倒塌与飞溅，有毒气体的泄漏，有毒、有害物质的释放，机械伤害等。各种灾害发生的机理、特征与造成的后果也有着很大的差异，设计师应该对此加以认真的研究，找出相应的设计对策，将室内灾害控制在最低的限度。室内灾害的预防涉及多个学科，设计师与相应专家的紧密合作是保证室内防灾减灾的必要途径。

9.9 结 语

生态建筑学的崛起，是人类建筑营造史上一次真正的革命，人类第一次面对自己过去的行为和自身的生存环境作出了自觉而深刻的反省，对于人类的未来生存与发展具有深刻的意义。

人类营造建筑的目的，首先就是要获得适合于自己生活、生存的庇护所，从这一点上来说，人与其他动物并没有太大的区别。但是，人类又是不同于其他生物的高等动物，人类的自身智慧又使人类应该而且能够比其他的地球生物过得更为舒适、自在，人类营造建筑的真正目的也正在于此。就建筑本身而言，室内空间才是其真正的主角。室内空间环境在整个生态系统中所处的亚层次地位以及其自身的形成和发展特征，又使室内空间环境的设计与运行具有与其他层次的生态子系统之间有着巨大的区别。其微观性与封闭性特征，使得室内空间环境的生态因素具有更强的人为调控性，人们可以凭借自己的高度智慧，通过已经掌握的各种技术，使室内空间环境达到自身内部之间的平衡。在这种情况下，人们往往会忽略其与自然之间的关系，会因为其处于整个生态系统的"细胞层次"而忽略其对于整个地球生命肌体的重要作用。这就好比人们会因为伤了手脚而立即就医，而对身体中某些细微部分的病变或损伤，却往往会掉以轻心，直到病变不断扩张，最后影响到整个生命肌体的生存，甚至病入膏肓，此时再行医治，则为时晚矣。所以说，正是人类这种高于其他生物的智慧，使人类对于自身暂时的舒适追求渐渐地超越了应有的限度，开始为了自身的暂时利益而过度地消耗地球资源，侵犯其他生物的利益，致使地球的生物链逐渐遭到人为的破坏而最终出现了令人担忧的局面，整个地球生态系统面临着彻底崩溃的危险。

因此，人类的建筑营造活动，应该在满足自己欲望的同时，时时不忘对于地球自然环境的考虑，对于地球其他生物的考虑，归根到底就是对于人类永续生存的考虑。人类只有确立了这样一种高尚的环境伦理观，才有可能自觉地将自己的建筑营造活动纳入到整个地球的自然进程之中。

就目前而言，在生态思想尚未完全确立，生态观念在民众心目中尚未完全成为一种自觉意识的时候，如何从设计师开始，首先在民众的意识中树立一种生态的伦理观，这比生态技术的探索与掌握更为重要。正如前文所述，其实，对于一座建筑究竟达到什么样的标准才能说是生态的，这一点很难有绝对的量化指标，在建筑与室内环境的设计、建造与运行中，究竟应该采用什么样的技术，这也是很难从某个单一的角度来衡量的。在具体的实践中，建筑与室内环境生态原则的体现，并非一定要通过多高的技术手段才能实现，有些传统的建筑手法就具有很高的生态性。此外，一些适用于生态建筑的技术手段也早在生态建筑学出现之前就已经为人们所掌握，并在以往的建筑实践中被广泛采用，只不过对于这些技术手段，人们以往并未将其置于生态设计的高度之上来加以对待，其运用是散点式的，缺乏系统性，因而，不可能最大限度地发挥其积极作用。这一情形，犹如在哥特式建筑出现之前，哥特建筑的技术精髓——骨架券、二圆心尖券、飞扶壁等技术手段早已散见于欧洲各地，直到法国人自觉地将这些技术手段系统地集中运用于哥特式建筑之中，才发挥出了巨大的协同作用，创造出了伟大的哥特式建筑一样。因此在当前，只要人们能够在建筑室内环境的设计、营造与日常运行中自觉地将生态目标置于首要的考虑地位，尽可能地利用各种已经掌握的手段，或者通过探索新的技术手段来达到这一目标，尽管其努力所达到的最后效果需要通过完整的评价体系来加以评估，但这种自觉的行为就应该得到鼓励和肯定。当然，生态建筑与哥特建筑之间只能是一种表面形式上的类比，因为生态建筑并不是某种技术或风格上的革命，而是一种建筑伦理观念的变革，如果没有自觉而明确的生态目标，那么再高的技术也是盲目的，有时甚至还会走向生态的反面，过去玻璃幕墙的盲目使用，造成严重的视觉污染与能源浪费，就是一个典型的例子。

但是，生态建筑学崛起于技术高度发展的今天，可以也应该凭借当今最先进的生产力水平来实现自己的理想目标。再者，生态建筑的目标本身就是保护环境，实现人类的永续发展，在这一目标指引下的建筑实践必然又会使得人类的建筑活动向着这一目标靠近，这是一个良性循环的过程，其生命是永恒的，绝不会像哥特建筑那样短暂。

建筑与室内环境之间是包容与被包容的关系，它们犹如蛋壳与蛋黄，没有蛋壳的保护焉有蛋黄的生存？室内空间环境永远不可能离开建筑而独立存在。尽管室内环境处于比建筑更低的层次，但室内环境的形成与变化在很大程度上取决于建筑。因此，生态建筑的室内环境，应该属于生态建筑的一个重要组成部分，而不是一个游离于建筑之外的独立学科，离开建筑谈室内环境，将是毫无意义的。

相对于整个城市的生态体系，生态建筑室内环境处于微观层次，具有更高的封闭性和人为控制性，可控制的范围包括室内的物理环境、艺术形象、技术措施、能源使用、废物排放等，因此，它们也是衡量建筑室内环境生态特性的主要因素。由于生态建筑室内环境虽然所处层次较低，而且相对封闭，范围有限，但是作为生态系统的一个子系统，其内部各部分、各要素之间，其与整个地球生态系统的其他子系统之间仍然有着十分紧密的联系，相互之间是一种协同共存的作用。因此，对于生态建筑室内环境的评价，如果只是单独地考虑上述范围中的某一个因素，那将是不全面的。对于这些因素的评估必须依赖于一套科学完整的评价体系。但是，由于生态建筑已经完全摆脱了过去仅从功能性和艺术性来评价建筑的传统模式，而转向一种同时考虑建筑和室内环境本身以及整个地球环境永续发展的思维和评价模式，对于生态建筑室内环境的评价，再也不可能像以前的任何一种建筑那样单纯。因此，要建立一套完整的生态建筑室内环境的评价体系，在目前来说还是非常困难的。何况生态体系的发展是动态的，其评价体系也必须是动态的，这就更增加了其建立的难度。这将是一个复杂的系统工程，仅靠建筑师或室内设计师的力量是远远不够的，需要各方面的人才共同参与。但是，困难并不等于没有可能，要想真正实现建筑与室内环境的生态化设计，最终必须要有一套科学完整的评价体系，这一点是毋庸置疑的。目前，已经有许多人士和机构正在从事这方面的研究，并已取得了初步的成效①。

为使天空永远湛蓝，大地永远葱绿，人类赖以生存的自然环境永不颓败，人类的生活永远美好，我们应该立即行动起来，从一点一滴做起，保护地球的生态环境，这也包括人类最大的人为活动——建筑室内环境的设计、营造与运行。

本章参考文献

[1] Michael J. Crosbie. Green Architecture——A Guide to Sustainable Design [M]. Rockport Publishers, 1994.

[2] David Lloyd Jones. Architecture and the Environment——Bioclimatic Building Design [M]. The Overlook Press, 1998.

[3] Thomas Schmitz-Günther, Loren E. Abraham, Thomas A. Fisher. Living Space [M]. English edition. Cologne: Könemann, 1999.

[4] Sydney and Joan Baggs. The Healthy House [M]. London: Thames and Hudson, 1996.

[5] John Farmer. Green Shift——Changing Attitudes in Architecture to Natural World (Second Edition) [M]. Architectural Press, 1999.

[6] I. L. McHarg. Design with Nature [M]. Natural History Press, 1969.

[7] David Pearson. The Nature House [M]. Coran Octopus Limited, 1989.

[8] Gideon S. Golany. Earth-sheltered Habitat [M]. Van Nostrond Reinhold Company Inc., 1983.

[9] Chareles G. Woods. Natural Architecture [M]. Van Nostrond Reinhold Company Inc., 1983.

[10] A. L. Gore. Earth in the Balance [M]. Penguin Books USA Inc., 1993.

[11] Wood in Culture Association. Renzo Piano——Spirit of nature, Wood architecture award 2000 [M]. Building Information Ltd., 2000.

[12] James Wines. Green Architecture [M]. Taschen, 2000.

[13] Klaus Daniels. The Technology of Ecological Building [M]. Birkhäuser Verlag, 1997.

[14] Klaus Daniels. Low-Tech Light-Tech High-Tech: Building in the Information Age [M]. Birkhäuser Publishers, 2000.

[15] Ken Yeang. Design with Nature: The Ecological Basis for Architectural Design [M]. New York: McGraw-hill Inc., 1995.

---

① 《绿色建筑技术手册——设计·建造·运行》一书中提到的绿色建筑评价系统包括：1.（美国）建筑科学研究院环境评价方法（BREE-AM）；2.（加拿大）建筑物环境性能评价规则（BEPAC）；3.（国际标准化组织）ISO 14000；4.（美国绿色建筑委员会）全国商业环境评估系统草案。参见 Public Technology Inc. US Green Building Council 编，王长庆等译．中国建筑工业出版社，1999. 第25章．

［16］ J. t. Lyle. Design for Human Ecosystem ［M］. St. Martin's Press，1982.

［17］ Frederick Steiner. The Living Landscape ［M］. New York：McGraw-Hill，1991.

［18］ Charles J. Kibert. Reshaping the Built Environment：Ecology, Ethics and Economics ［M］. Island Press，1999.

［19］ Richard L. Crowther. Sun/Earth——Alternative Energy Design for Architecture ［M］. New York，1976.

［20］ G. Z. Brown. Sun，Wind and Light——Architectural Design Strategies ［M］. New York，1985.

［21］ Hasan-Uddin Khan，Charles Correa. A Mimar Book ［M］. New York，1987.

［22］ James Steele. Architecture for a Changing World ［M］. London. 1992.

［23］ Bill Holdsworth，Antony Senley. Healthy Buildings——A Design Primer for a Living Environment ［M］. Longman Group UK Limited，1992.

［24］ Claude L. Robbins. Daylighting——Design and Analysis ［M］. Van Nostrond Reinhold Company Inc. ，1986.

［25］ A. J. Aronin. Climate and Architecture ［M］. New York：Recnhold Publishing Corporation，1953.

［26］ The Architecture of Ecology ［J］. Architectural Design，1997，67（1/2）

［27］ E. P. Odum. Strategy of Ecosystem Development ［J］. Journal of Ecology，1970，40（4）.

［28］ Wendy Talarico. The Nature of Green Architecture ［J］. Architectural Record，1998，4.

［29］ Michael Hopkins，Partners. Research into Sustainable Architecture ［J］. Architecture，1997，1.

［30］ Pilatowicz Grazyna. Eco-Interior：A guide to Environmentally Conscious Interior Design ［M］. New York：John Wiley and Sons，1995.

［31］ Hawken，Paul. The Ecology of Commerce：A Declaration of Sustainability ［M］. New York：Harpers Collins Publishers，1993.

［32］ Stone，Michelle. On Site / On Energy ［M］. New York：Distributed by Charles Scribner's Sons，1974.

［33］ Mills，Stephanie. Whatever Happened to Ecology? ［M］. San Francisco：Sierra Club Books，1989.

［34］ Steger Will. Saving the Earth：A Citizen's Guide To Environmental Action ［M］. New York：Alfred A. Knopf，1990.

［35］ Wall Derek. Green History：A reader in Environmental Literature，Philosophy and Politics ［M］. London：Routledge，1994.

［36］ Roodman David. Building Revolution——How Ecology And Health Concerns Are Transforming Construction ［M］. New York：Worldwatch Paper # 124，March，1995.

［37］ ［西班牙］帕高·阿森西奥编著. 生态建筑 ［M］. 侯正华，宋晔皓译. 南京：百通集团、江苏科学技术出版社，2001.

［38］ 人体尺度与室内空间 ［M］. 龚锦编译. 天津：天津科学技术出版社，1987.

［39］ ［英］A·麦肯齐，A.S. 鲍尔，S.R. 弗迪著，生态学 ［M］. 孙儒泳等译. 北京：科学出版社，2000.

［40］ 史坦利·亚伯克隆比著. 室内设计哲学 ［M］. 赵梦琳译. 台湾：建筑情报季刊杂志社，1999.

［41］ 西安建筑科技大学绿色建筑研究中心编. 绿色建筑 ［M］. 北京：中国计划出版社，1999.

［42］ 周浩明，张晓东. 生态建筑——面向未来的建筑 ［M］. 南京：东南大学出版社，2001.

［43］ 马银龙. 干旱地区建筑及其天然光环境设计综合研究 ［D］. 重庆：重庆建筑大学，1998.

［44］ 贾倍思. 长效住宅——现代建宅新思维 ［M］. 南京：东南大学出版社，1993.

［45］ 王祥荣. 生态与环境——城市可持续发展与生态环境调控新论 ［M］. 南京：东南大学出版社，2000.

［46］ 张月. 室内人体工程学 ［M］. 北京：中国建筑工业出版社，1999.

［47］ 杨公侠. 建筑·人体·效能——建筑工效学 ［M］. 天津：天津科学技术出版社，2000.

［48］ 朱祖祥主编. 人类工效学 ［M］. 杭州：浙江教育出版社，1994.

［49］ 杜异. 照明系统设计 ［M］. 北京：中国建筑工业出版社，1999.

［50］ 詹庆旋. 建筑光环境 ［M］. 北京：清华大学出版社，1988.

［51］ 吴硕贤等. 室内环境与设备 ［M］. 北京：中国建筑工业出版社，1996.

［52］ 来增祥，陆震纬. 室内设计原理 ［M］. 北京：中国建筑工业出版社，1999.

［53］ 刘盛璜. 人体工程学与室内设计 ［M］. 北京：中国建筑工业出版社，1997.

［54］ 常怀生. 环境心理学与室内设计 ［M］. 北京：中国建筑工业出版社，2000.

［55］金岚主编. 环境生态学 ［M］. 北京：高等教育出版社，1992.

［56］顾国维主编. 何澄副主编. 绿色技术及其应用 ［M］. 上海：同济大学出版社，1999.

［57］杨士萱. 建筑内部空间环境与人类生活 ［J］. 建筑学报，2000，1.

［58］杨经文. 设计的生态（绿色）方法（摘要）［J］. 建筑学报，1999，1.

［59］陈六汀. 环境伦理：环境艺术设计新视觉 ［J］. 装饰，2001，1.

［60］袁镔，邹瑚莹. 室内生态设计探讨 ［J］. 室内设计与装修，1999，5.

［61］赵毓玲. 节能住宅（日）［J］. 室内设计与装修，1993，3.

［62］沈三陵. 建筑与自然光 ［J］. 室内设计与装修，1999，5.

第10章 生态建筑的地域性与科学性

10.1 气候条件下建筑生态的探索

10.1.1 气候建筑的实质：能流控制

10.1.1.1 全球能流与气候的形成

气候（climate）一词在希腊语和拉丁语中分别为"klima"和"clima"意即"slope"——倾斜、斜度，暗示太阳投射角对环境条件的控制，这一来自希腊古典时期的学术信念后来鼓舞了托勒密（Ptolemy）这位公元2世纪的天文学和地理学家，将地球划分为气候"climate"或地带"zones"，用于对应被认为由太阳高度角导致的气温模式。如热带——赤道周围的炎热地带，在正午时太阳通常垂直于头顶上方，温带则是太阳中天时无论南北半球都具有适中投射角的地带；极地周围的寒冷地带，太阳入射角低，甚至在一年中，部分时间没有太阳[1]。人们对气候的体验一直与观察太阳密不可分，古代的知识多来自经验，现代的科学可以明确地解释许多气候现象。

地球系统是由于太阳能量的不断辐射、地球每24小时绕地轴自转一周与每12个月绕日公转一周而形成的。因此，在太阳系内辐射与行星的运动乃是地球的质量系统与能流系统的原动力[2]。地球以$173×10^{15}W$的功率接收来自太阳的辐射能[3]（地球的投影面积＝$(6.3×10^6)^2×3.14＝124×10^{12}m^2$，太阳常数＝$1395W/m^2$，因此$124×10^{12}×1395＝173×10^{15}W$）。太阳向地球投射的辐射能中，约有30%以原来的波长反射回去，47%左右的太阳辐射能被大气层和地球表面所吸收，使温度升高，然后重新辐射回空间。只有剩下的23%的太阳辐射能到达地球表面，成为风、气流、水波的原动力，形成气候。

到达地表面的辐射能中仅有0.02%通过植物和其他"生产者"的光合作用进入生物系统。那么整个地球的能流可以如图10-1所示。其中，作为化学能贮存在动植物机体内的能量，在有利的地理条件下经过数百万年积聚成煤和矿物油，构成石油燃料贮备——即"资本"的积累。而这一部分能量与到达地表的总体量相比是很小的一部分，所以，开发这巨大的太阳能，重新安排这部分的能流，使之在反射回空间之前为我们作功，不仅可以避免石油燃料的消耗，而且是永续不竭和干净卫生的。

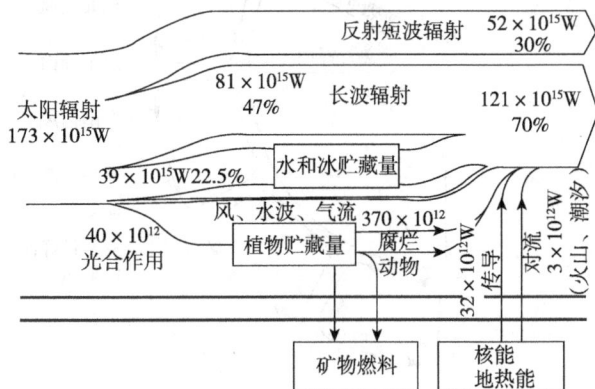

图10-1 地球的能流
（来源 [英] S·V·索克莱《太阳能与建筑》）

---

① P. Oliver. Encyclopedia of Vernacular Architecture of the World [M]. London：Cambridge University Press，1997.

② [英] T·A·马克斯，E·N·莫里斯. 建筑物·气候·能量 [M]. 陈士驎译. 北京：中国建筑工业出版社，1990：122.

③ [英] S·V·索克莱. 太阳能与建筑 [M]. 陈成木，顾馥保译. 北京：中国建筑工业出版社，1980：9.

进一步考察太阳辐射与全球气候的关系，显示出复杂的地域差异。大量资料表明，反射回大气中的辐射量取决于地表面的反射性——根据水、植被、雪、冰等表面层的变化有很大差异。地表通过长波辐射、对流换热以及海陆水分蒸发与植物的蒸发转换而散热，所得的热和热损失的方式造成地表上的净热平衡状况如图10-2如示。地球表面随纬度而变化的太阳辐射平衡值之差值是大气环流的主要成因之一。如果没有地球的自转效应，大气环流将取一种简单的形式，即在赤道上空为上升型，在两极上空为下降型。而实际上地球自转引起了空气热对流的压力作用，逐渐形成如图10-3所示的全球风型。

图 10-2 地表——大气系统全年净辐射平衡值的地理分布图
（来源：[英] T·A·马克斯，E·N·莫里斯《建筑物·气候·能量》，P123）

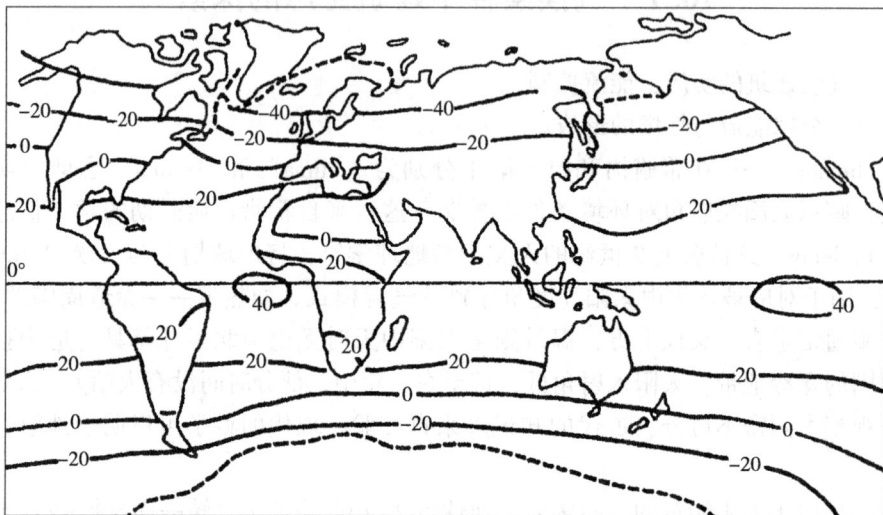

图 10-3 全球风型
（来源：T·A·马克斯，E·N·莫里斯《建筑物·气候·能量》，P124）

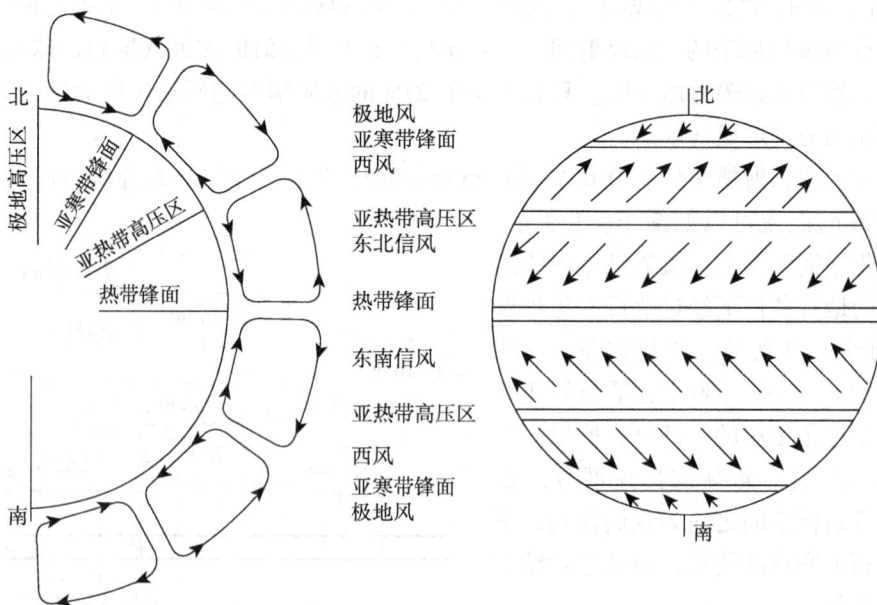

当然，昼夜交替，地形与地貌等因素都会造成风型在空间与时间上巨大的地区性变化，这里没有必要逐一罗列，本文更关注与建筑物关系密切的几项气候要素，如太阳运动所产生的辐射能变化，光影关系，空气温度以及气流的作用。同时，还要探讨一些有关微气候对建筑设计的影响。

1. 太阳运动与光照环境

太阳在天空中的视动是地球绕自轴每 24h 旋转一周的结果，太阳全天路径的逐日变动则是地球绕太阳每 365 日公转一周的结果。为了设计的需要，必须了解太阳在特定日期，特定时刻的位置。知道了太阳的位置便可预测建筑物的哪一面能受到日照，因而该表面能受到直接辐射，能确定投射至建筑物四周的影子；计算落在地面或墙面上影子的日照区块大小并能求出太阳高度角与方位角；后者是计算太阳辐射程度所需要的两项参数。

图 10-4 表示出一稍呈椭圆形的地球绕公转轨道。地球赤道平面与公转轨道平面（"黄道"即同时通过地心与太阳中心的平面）的夹角为 23.5°这种倾斜就造成太阳辐射量，白天长度与气候的季节变化。

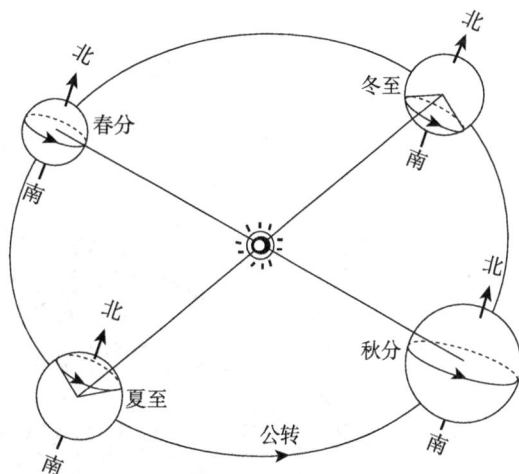

图 10-4 地球绕日公转图（来源：[英] T·A·马克斯，E·N·莫里斯《建筑物·气候·能量》，P125）

通过多种图解法，可以求得某地区在某时的太阳角度，如图 10-5 所示。利用量角器还可以画出遮蔽特性图，用以表示任何物体的遮挡效果。图 10-6 为若干遮阳设施的效果实例。

2. 太阳辐射

射至地球表面一定区域上的太阳能量之日变型及年变型，取决于太阳辐射的强度及持续时间。太阳辐射的可能强度取决于日光需穿透的大气层的厚度，后者又是由地球自转、公转以及地轴与黄道之夹角这样一些可以精确计算的条件所确定的。即某一点空气层的厚度，取决于太阳高度角和该点的海拔高度。太阳的高度角随地理纬度而异，最大值在热带区，向南北两极逐渐减小。但随着纬度的增加，夏季的日照时间增多，冬季则减少。这样，高纬度地区的夏季，较长的白天对较低的日光角度可部分地予以补偿。

真正到达地面的太阳辐射量还取决于云量状况和大气的透明度①，湿度和云量状况与纬度有一定关系，从年平均值看，夏季的最大太阳辐射强度出现在亚热带干燥地区而不是热带。大气的成分影响太阳辐射通过大气时的衰减量，在洁净大气中，吸收和扩散太阳辐射的主要成分是水蒸气、水珠及臭氧；另外，大气中的悬浮物如灰尘、砂粒、绿化地面上空的浮游物等也会造成辐射的扩散，这种特性有的资料以"混浊度"来表示②。曾称为"雾都"的伦敦在工业革命初期，由于工厂烟尘的无限制排放，造成空气混浊，能见度低，加之潮湿，故而频繁起雾，这样太阳辐射大为减小，致使气候阴冷。

3. 空气温度

空气温度取决于地球表面加热或冷却的速率。空气层与温暖的地表接触，由于导热的作用而被加热；这些热量靠对流作用转移至上层空气。如此，气流和风带着空气团不断与地表接触而被加热。

了解空气温度是十分重要的，因为温度是决定热舒适条件的最重要参数。在设计房屋形式和选取用材时，对照人体的热舒适范围采取防护或利导措施；在设计供暖或制冷设备时，要应用极端温度值；计算能耗量，应了解气温平均值和室内外温度的累积温差；计算与建筑物热量以及间歇供暖或制冷有关的室内热状态的峰值，还需研究温度的波动振幅。

---

① B·吉沃尼. 人·气候·建筑 [M]. 陈士辚译. 王建湖校. 北京：中国建筑工业出版社，1982：2.
② [英] T·A·马克斯，E·N·莫里斯. 建筑物·气候·能量 [M]. 陈士辚译. 北京：中国建筑工业出版社，1990：137.

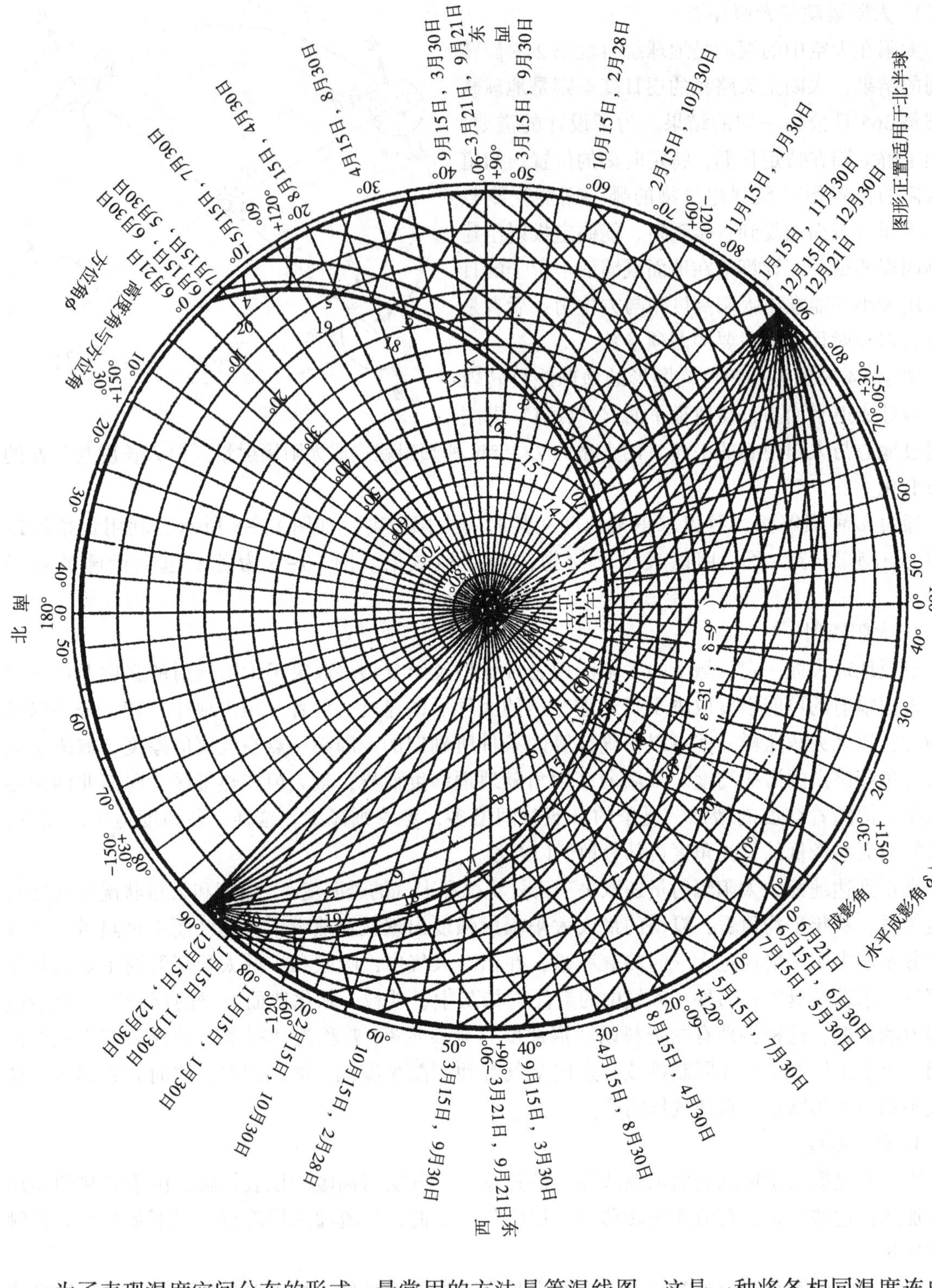

图 10-5 太阳轨道与太阳高度角覆盖图之叠合

（来源：T·A·马克斯，E·N·莫里斯《建筑物·气候·能量》，P130）

为了表现温度空间分布的形式，最常用的方法是等温线图。这是一种将各相同温度连成曲线的图形，可以用任何时间为单位——每小时、每日、每月的平均值或极端值。

4. 风

风速和风向从两方面来影响建筑物的热状态，它决定建筑物外表面的热阻大小因而决定了建筑物外围护结构的隔热；影响通过开口的换气量，从而影响建筑物总的热平衡。

在一地区内，风的分布与特征取决于若干全球性和地区性的因素，包括气压的季节性的全

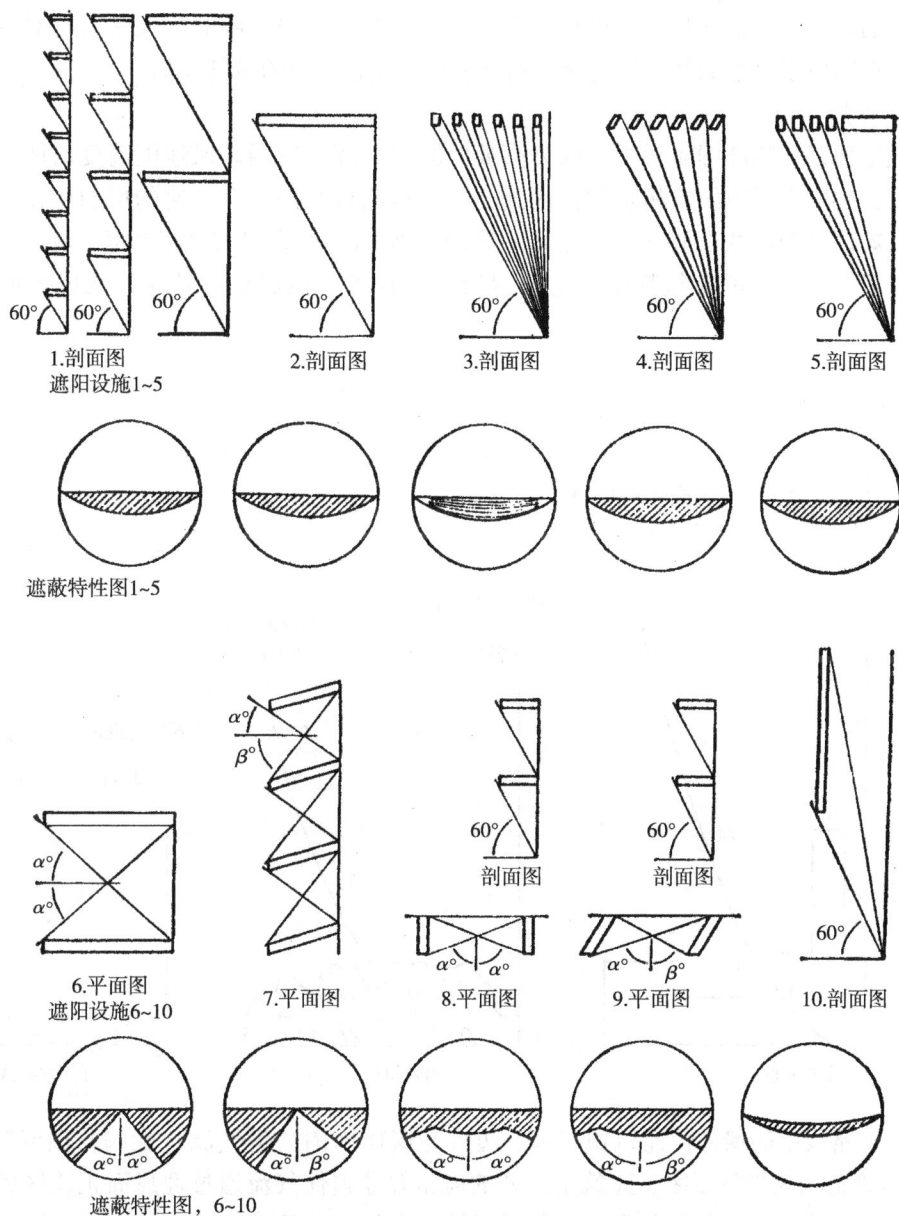

图 10-6　水平遮阳板及其他遮阳设施的遮蔽特性图

(来源:[英] T·A·马克斯,E·N·莫里斯《建筑物·气候·能量》,P131)

1.剖面图
遮阳设施1~5　　2.剖面图　　3.剖面图　　4.剖面图　　5.剖面图

遮蔽特性图1~5

6.平面图
遮阳设施6~10　　7.平面图　　8.平面图　　9.平面图　　10.剖面图

剖面图　　剖面图

遮蔽特性图,6~10

球分布,地球自转,陆、海加热和冷却的日变化以及该地区的地形与其周围的环境①。

显然,风与前面几项要素一样是各地不同的气候要素,它是太阳运动、空气温度差异的主要后果,同时它还涉及到小范围地域的地面情况,即与微气候环境有密切关系。

10.1.1.2　微气候对建筑的影响

在设计中,与建筑物两边或通过外围护结构的传热有关以及与确定热感觉有重大关系的气候条件是一种特定的局部气候,通常将之归于"微气候"的范畴。微气候是指在建筑物周围地面上及屋面、墙面、窗台等特定地点的风、阳光、辐射、气温与温度条件②,亦有称"小气候"的,指各种有关人为因素,包括人为空间环境对建筑的影响③。建筑物本身以其高大的墙面而成为一种风障并在地面和其他建筑物上投下影子,从而改变该处的微气候。

①　B·吉沃尼. 人·气候·建筑 [M]. 陈士驎译. 王建湖校. 北京:中国建筑工业出版社,1982:7.

②　[英] T·A·马克斯,E·N·莫里斯. 建筑物·气候·能量 [M]. 陈士驎译. 北京:中国建筑工业出版社,1990:158.

③　董卫,王建国. 可持续发展的城市与建筑设计 [M]. 南京:东南大学出版社,1999:77.

　　建筑师的任务之一，亦是生态设计的步骤之一，便是根据一般的气候常识与对该地区微气候的了解来推断位于该地的某一特定建筑物是怎样改变着当地的微气候的。

　　1. 风的作用

　　风速随地面以上的高程而增加，因为高处的摩擦力逐渐减弱。风速随高度而增加的速度称为风速梯度，它取决于地面的粗糙度。因此，在平地面或水面上，风速的增加比在森林上空以及有各种高矮建筑物的城市上空增加得快。图10-7所示三种典型的风速梯度，可见在同一高度上，位于平坦开阔地面的建筑物受到的风速较有树林或其他建筑物环绕的建成环境中的风速大些。

图 10 - 7　三种典型的风速梯度
（来源：[英] T·A·马克斯，E·N·莫里斯《建筑物·气候·能量》，P159）

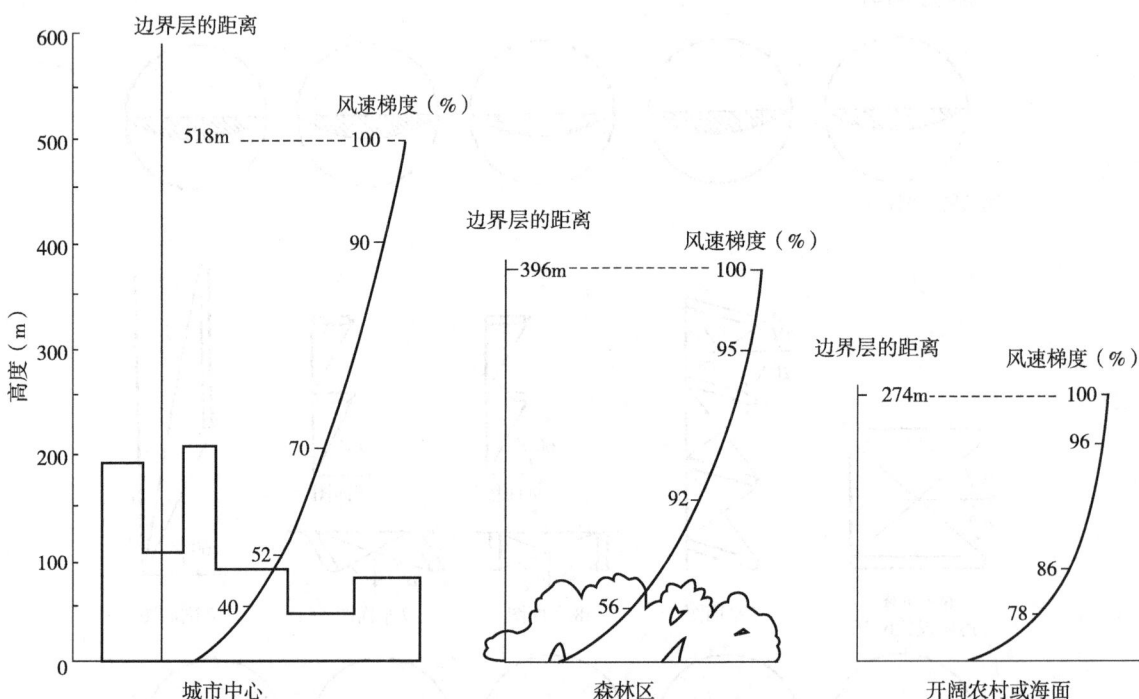

位于气流路线中的墙体使建筑物底部、边脊与屋面周围产生气流"翻腾与湍流"（图10-8），从而形成正压区与负压区。建筑室内外的风压并非迫使气流通过迎风面正压区的开口、缝隙、孔洞、门窗等进入室内而由背风面负压区排出室外。这种气流是造成室内热损失的原因之一（如室外气温高于室内，则造成室内得热）。在温热气候区，如开口设计是为了使室内得到最大换气次数与风速，那么开口相对于风向的位置以及开口的相邻墙面或相对墙面上的位置与大小都决定了自然通风的效率。图10-9表明，对于大小不等的开口，最大风速出现在靠近小开口的地方，不论它是进气口还是排气口；但如果要得到最大气流量，则两个开口的大小应相等。图上还示出，开口附近实心墙的好处在于能阻挡气流并使一部分气流偏转流向开口。因此，在建筑物顶层窗户以上砌筑实心的女儿墙与在同一窗户上挑出屋檐相比，前者可以增加通过窗户的气流量。窗口前的水平板及百叶片能减少气流量并改变其流向。

　　竖向温度梯度在微气候范围内受土壤反射率与其密度的影响，还受着夜间辐射、气流型以及土壤受到建筑物或种植物遮挡情况的影响。图10-10表示草地与混凝土地面上典型的温度变化值与靠近墙面处温度所受的影响。[①]

① [英] T·A·马克斯，E·N·莫里斯. 建筑物·气候·能量 [M]. 陈士轔译. 北京：中国建筑工业出版社，1990：161.

风廊

中庭　办公室

←–1　+1→
Scale Cp

风对建筑所形成的压力

图 10 - 8 风
与建筑的关系

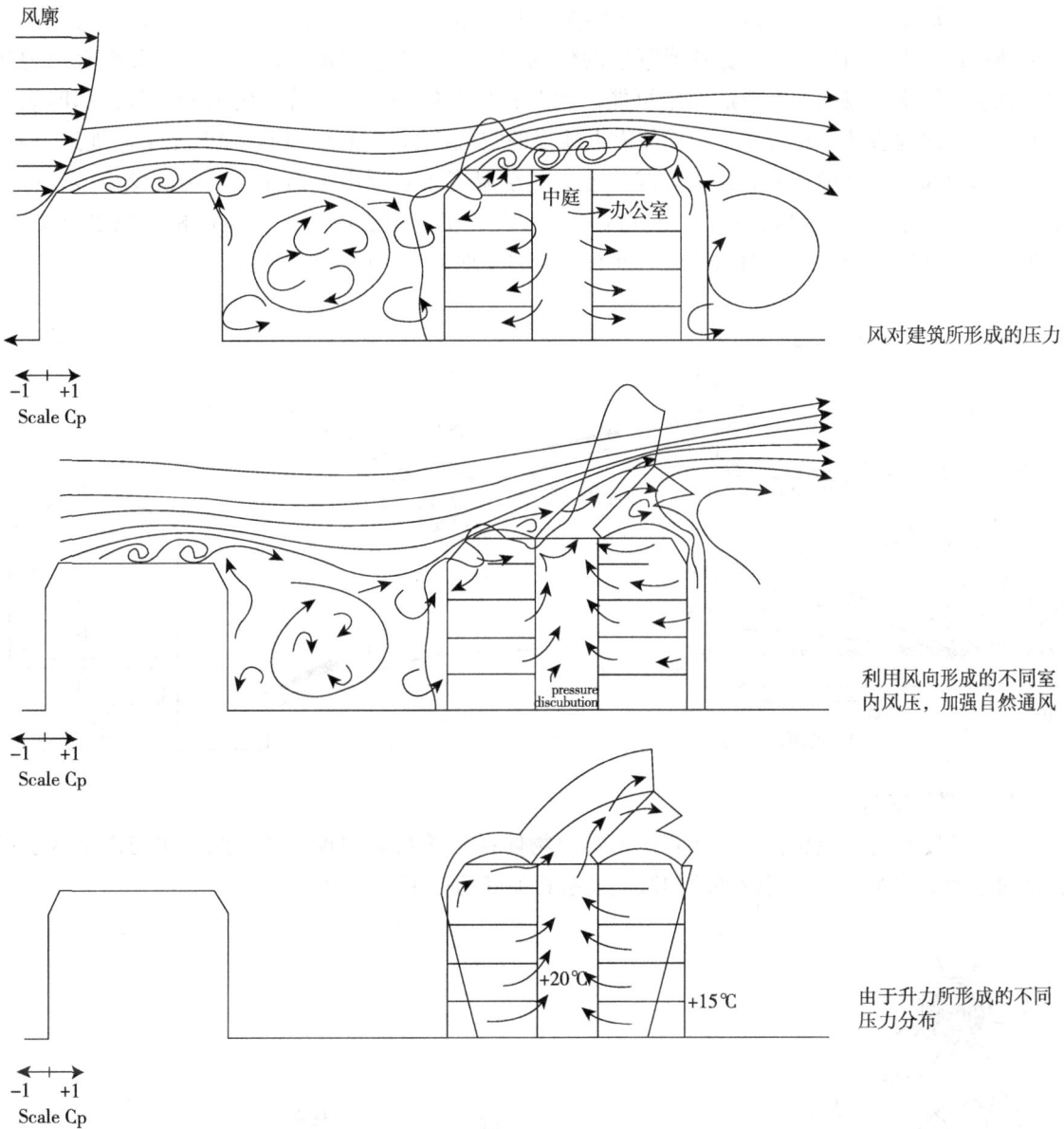

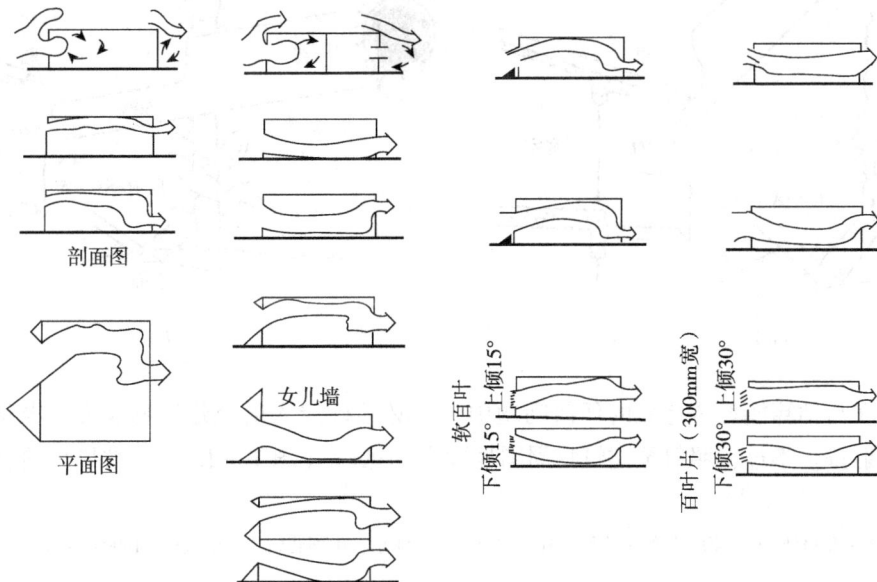

pressure
discubution

←–1　+1→
Scale Cp

利用风向形成的不同室
内风压，加强自然通风

+20℃

+15℃

←–1　+1→
Scale Cp

由于升力所形成的不同
压力分布

剖面图

平面图

女儿墙

软百叶

上倾15°

下倾15°

百叶片（300mm宽）

上倾30°

下倾30°

图 10 - 9 通
过开口的气流
型（图中气流
束变窄处表示
气流速度增大）

图 10-10 混凝土地面与草坪的过渡气候（左）

图 10-11 对建筑物的"霜洞"效应(右)

温度的局部倒置现象在微气候范围内的极端形式称为"霜洞"效应（图 10-11）。冷气流沉降至地形最低处，当遇到墙、栅栏或篱笆的包围或流入山谷、洼地、沟底时，只要没有风力扰动，就会如池水一般积聚在一起。最可能出现此种现象的条件是寒冷、晴朗的夜晚；那时天空的低温会加速地表的冷却过程，因而使靠近地表的空气冷却；而这种现象通常是平静地进行着，故不会形成风。在这种地方的建筑物或住宅里冬季温度较其周围平地面上的温度低得多，特别是夜间；因此总的温差便大些，而使室内保持系统的特定温度所需要的能量相应地也要多些。在建筑物底层或位于一般地面以下而室外有凹坑的半地下室，情况与上述相同。

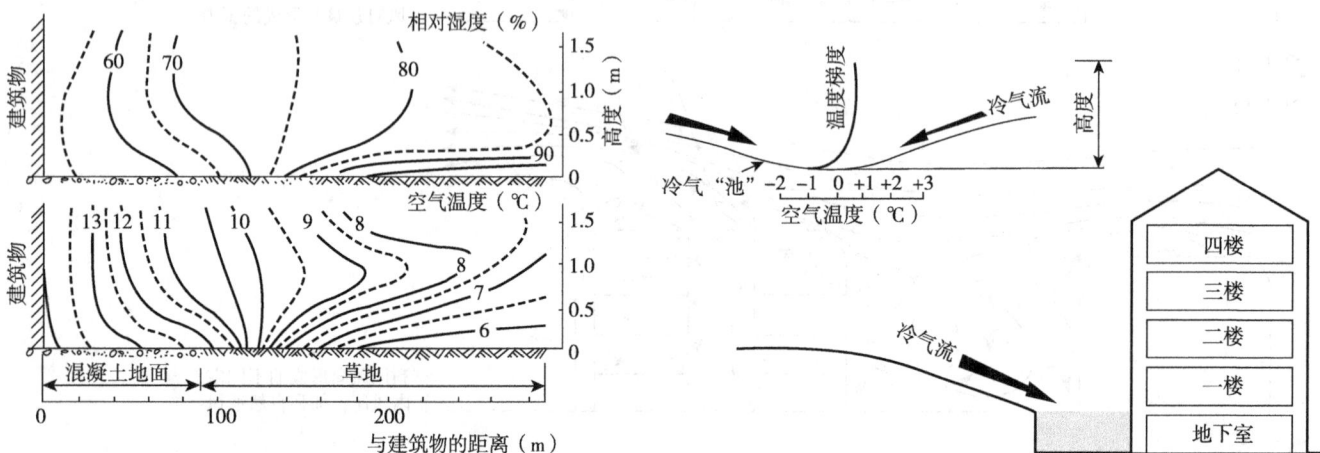

2. 日照与遮荫

由建筑物本身及地貌，树木或其他不透明物体在建筑物周围投射的日照区块与影子区块的移动对于改变建筑物及其附近环境的微气候起着关键的作用（图 10-12）。

图 10-12 微气候分析

(a) 落叶树夏季时可遮挡阳光；
(b) 落叶树冬季时对阳光照射影响不大

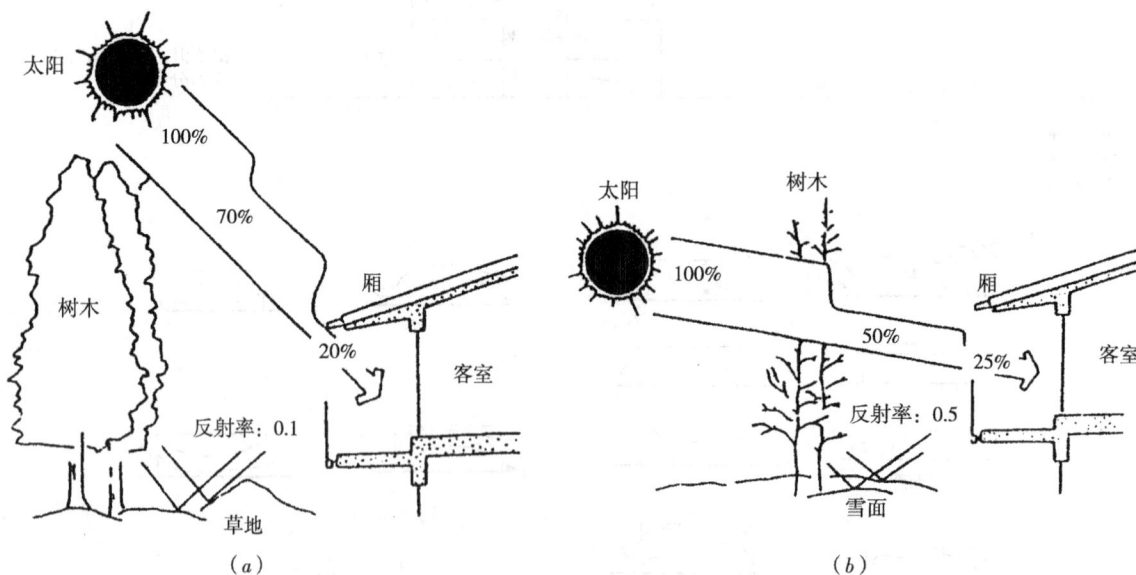

显然，在与估算能耗量有关的任何问题中，都必须确定入射至建筑物表面上及透过窗户的阳光直接辐射量。不过，照射至建筑物周围地面上的区域（图 10-13）[①]。北欧的许多房屋设计

[①] ［英］T·A·马克斯，E·N·莫里斯. 建筑物·气候·能量 [M]. 陈士辚译. 北京：中国建筑工业出版社，1990：164.

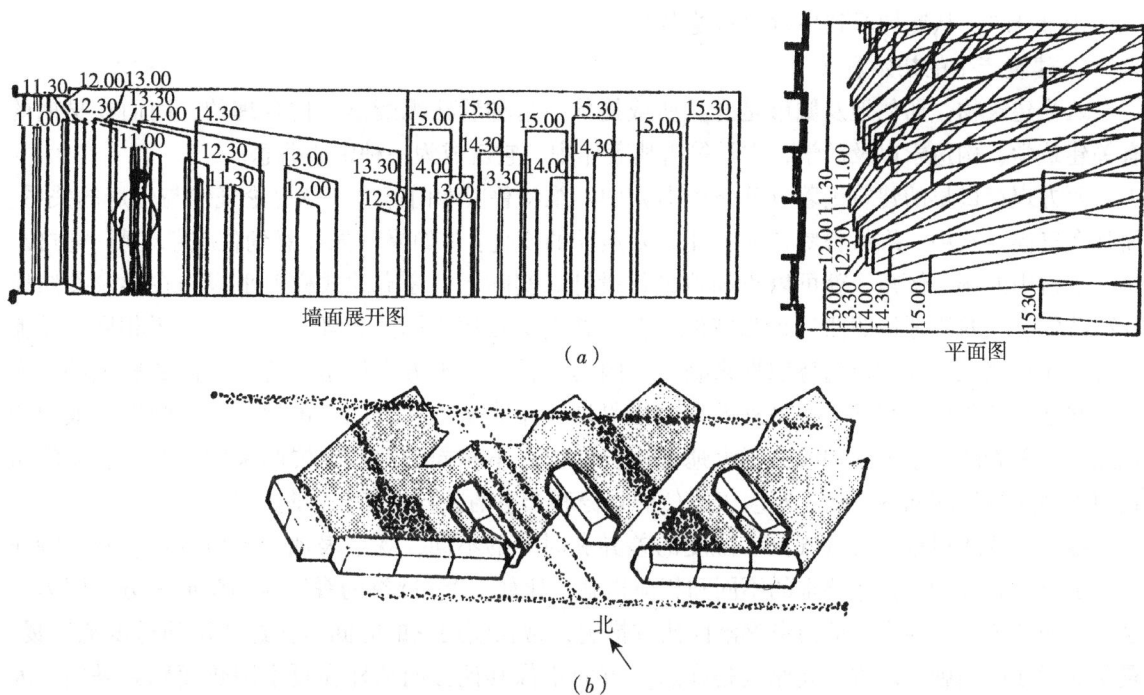

图 10-13 房屋日照与遮荫

方案中，住宅或公寓楼的造型与朝向都进行了审慎的规划以确保阳光（特别是冬季阳光）能最大量地入射室内①。因为在北欧，建筑表面所获得的日照通常低于 900W/（m² · y），但在南欧就有可能达到 2000 W/（m² · a）以上。日照对建筑的影响很大，在我国南方，夏季日照范围可达 240°，高度角达 80°；冬季日照范围在 150°左右，高度角为 35°左右。在北方地区，夏季日照范围达 270°，高度角为 60°；冬季日照范围为 100°，高度角为 12°左右。这种情况就决定了建筑的最佳自然朝向。很显然，一座建筑所获得的日照强度和它与太阳光的角度有关（图 10-14）②。

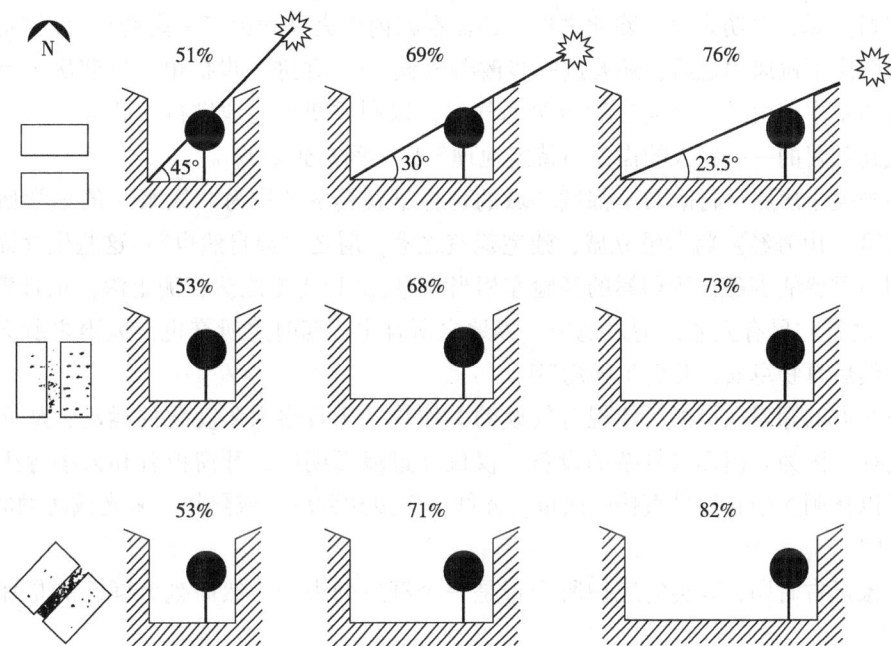

图 10-14 北纬 44°时建筑朝向、间距与日照率的关系

---

① ［英］T·A·马克斯，E·N·莫里斯. 建筑物·气候·能量［M］. 陈士鳞译. 北京：中国建筑工业出版社，1990：163-164.

② 董卫，王建国. 可持续发展的城市与建筑设计［M］. 南京：东南大学出版社，1999：78.

10.1.1.3　从庇护所到环境"过滤器"

1. 建筑产生的初始意义

认为建筑物、居住地及城市是庇护所或掩体，这种看法无疑是合情合理的，因而在早期的有关建筑学、构造学以及医学、文学等古典著作中，它就成为一种中心概念。

西方现存最早的建筑论著《建筑十书》中，维特鲁威专门辟出一章讨论气候与住房的关系。而且在气候要素中，维特鲁威首先关注太阳运动的变化："如果首先注意到住宅朝着哪一方位，位于宇宙中的哪一倾角，就可以正确地进行设计。实际上，住宅的式样似乎应当在埃及按照埃及独特的，在西班牙按照西班牙独特的，在庞托斯又按照不同的式样，在罗马也不相同，其他地方更应按照土地和方位的特殊性来确定。因为在某一些地方大地是接近于太阳的轨道的，在另一些地方却距离它很远，在另外的地方则是取其中来平均。因此，正如星座的圆周和太阳的轨道是倾斜着的，宇宙的构成对于大地是由自然以各不相同的性质布置起来的一样，房屋的布置似乎也应当用相同的方法，对应于方位的划分和天空的差异来确定方向。"①

维特鲁威还根据南北方气温、湿度的差异和时令的不同，观察表现在土地特性、种族特征以及由此而导致的对住宅要求的不同和相应措施。比如，"春秋季的餐厅应当朝向东方。因为在这一方向开窗，对面太阳的力量逐渐向西方推进，常在使用它的时间里使这些房间适度地温暖。夏季的餐厅应当朝向北方。其原因是在这一方向不像其他方向那样在夏季因热而感到暑闷。因为它和太阳轨道相背常常受冷，所以对于健康相宜而且舒适。"②

在探索房屋的起源时，维特鲁威将地域林材和气候作为重要的决定因素加以阐述，比如在森林地区用木材构筑棚屋或干阑式房屋，为了防雨和防热而用芦苇和树叶盖顶，用泥块做成的三角形山墙可以抵挡冬季的风雨；而少林的平原地区，人们选择山丘挖洞穴，覆以木构草顶堆土，而成为冬暖夏凉的覆土式房屋。

勃罗德彭特所提出的四种设计方法之一，实效性设计，是总结最早期设计者利用最不令人注意的材料，如石块、木干、骨头、兽皮之类建造房屋。他用猛犸象狩猎人帐篷证明狩猎人建造帐篷"以避风暴，并防走兽。除此之外，还需在帐内生火（找到三个火塘），以御荒原气候的严寒，即在解决了避风雨之后，还要进一步改善气候"③。并进一步指出，早期房屋有多方面的启示，建房的基本理由是改变大自然所给的气候，以利方便舒适地进行一些人类活动。所有建筑终须完成此项目的——在人的需要与特定地理气候之间达到协调。

古代中国关于房屋、村落乃至都城疆域的选择早就具备了称为"风水"的地学研究。公认的地理学古籍《山海经》将营邑立城，建宅筑室之术，谓之"数自然也"；这些生存知识在汉代及先秦是相当重要的事务，所积累的经验亦相当丰厚，"以土圭之法，测土深，正日景，以求地中"，"日至之景，尺有五寸，谓之地中，天地之所合也，四时之所交也，风雨之所会也，阴阳之所合也。然后百物阜安，乃建王国焉"④。

无论东西方的探索在早期所体现对气候的关注均始于观察太阳变化的运动，从而导致对建筑方位的选择。因为人们无需复杂的设备，仅仅通过墙面朝向，开窗位置和大小等少量要素的调整，就可以从阳光中获得最直接的热量，光线，赖以达到取暖或隔热、采光或防晒的目的。

2. 庇护所

难以想象远古时期，人类的庇护所会否是一个舒适的去处，然而毫无疑问的是那些看上去

①　维特鲁威. 建筑十书［M］. 高履泰译. 北京：中国建筑工业出版社，1986：131.
②　维特鲁威. 建筑十书［M］. 高履泰译. 北京：中国建筑工业出版社，1986：139.
③　［英］G. 勃罗德彭特. 建筑设计与人文科学［M］. 张韦译. 北京：中国建筑工业出版社，1990：28.
④　引自《周礼·地官司徒弟三》，转引自史箴. 风水典故考略［M］. //王其亨主编. 风水理论研究. 天津：天津大学出版社，1992：24.

简陋的房屋为人们在恶劣气候条件下创造了至少可以生存的空间。我不能随意猜度原始住宅的情形，但爱斯基摩人的冰屋完全可以提供作为庇护所的充分证据。

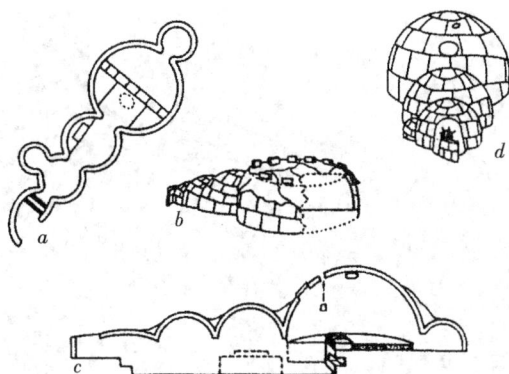

图 10-15　爱斯基摩人的小屋

在北极圈冰原地带生活的爱斯基摩人为抵御严寒，就地取材用雪块砌成半穴状圆顶小舍 "iglu"（图 10-15），将房屋表面积减至最低，配以入口分级处理等构造措施，可使室温在零度以上。这样的室温虽远远达不到工业文明所要求的室内舒适度，但仅用雪作材料控制小气候已经提供了生存线以上的水平，不能不说这种建筑对严酷气候的极强适应性[①]。图 10-16 为圆顶小屋室内顶棚、床（睡台）、地面等高度处温度日变化曲线及室外气温日变化曲线之比较。小屋内部被人体放热及若干油灯所加热（或照明）。在地板高度处，室温超过室外气温达 26℃ 之多。用干雪砌成、厚度为 500mm 的墙体可提供较好的保温性能。位于房间中心处很小的辐射热源也能使整个室内均匀加热；加上人体放热，便可使墙体内表面融化而形成一层冰玻璃。这层冰玻璃不但可封闭住多孔的雪砖，还

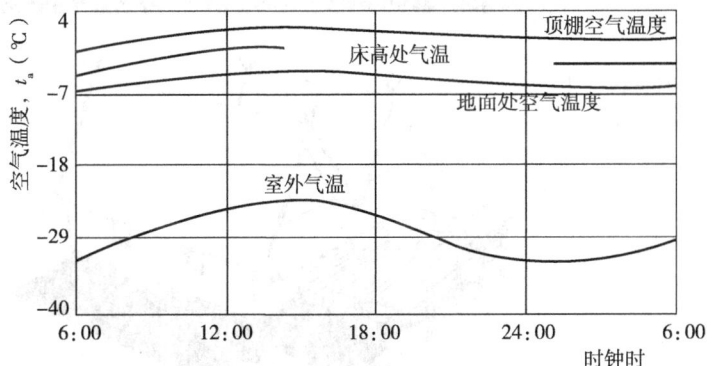

可在一定程度上起反射作用。球形内表面及地面上通常覆盖动物毛皮，这就增加了一层轻质的、热反应迅速的构造层，它不仅增加了房屋的保温性能，还可提供较高的表面温度，因而减少了人体的辐射散热量。靠近圆穹顶处背向主导风的小孔可提供少量通风。[②]

图 10-16　圆顶小屋温度日变化曲线

愈是恶劣的气候地区，流行于其间的建筑愈有一致的特征，因为它们要对付的环境特点如同二次方数字方程一样的明确。例如，沙漠干旱地区的建筑，面临的首要问题是强烈的太阳辐射，加之地表植被少，导致近地表面的蓄热量小，昼夜温差大。出太阳时酷热，太阳落山后气温急速下降。所以房屋不仅要防晒隔热，又要保暖，并且利于防风沙。对于这类气候北非、阿富汗及我国新疆等地的民居积累了不少经验，包括采用生土、石材这种蓄热量大的墙体材料，砌筑时可厚达 50cm，洞口处设遮阳设施，窄小的内院、街道利于阻挡热沙尘风。而且在聚落布局上的 "地毯式规划" 使房屋相互靠近（图 10-17），便于相互遮阳和防风沙。在土耳其、伊朗的传统住宅中还采用捕风塔促使自然通风及增湿的办法（图 10-18）。

湿热地区往往是物产丰富的地区，相应的也是生态复杂的地区。来自于巢居形式的干阑建筑便是人类在这类地区庇护自身的产物（图 10-19）。一般而言，架起的房屋利于通风防潮，当然其最初的目的恐怕来自安全的需要。因为，比较起北极冰原上对人类有威胁的北极熊、北极狼几种少量动物外，湿热地区来自动物的威胁则远远超过冰原上的。当然聚居的发展使建筑形式趋于成熟，其适应气候改善室内环境，接近地面便于生活的特征逐渐超过早期高栖树端的巢居雏形。特别在多雨的季节和大片水域的地方，干阑更显优势，例如西双版纳的竹楼可以不畏澜沧江的洪水，"竹楼的竹篾多空隙，且系绑于梁上，洪水泛滥时，可将其取下减少浮力，俟洪

①　朱馥艺, 刘先觉. 生态原点——气候建筑 [J]. 新建筑, 2000, 3.
②　[英] T·A·马克斯, E·N·莫里斯. 建筑物·气候·能量 [M]. 陈士驎译. 北京: 中国建筑工业出版社, 1990: 121.

图 **10-17**
"地毯式规划"
(左)

图 **10-18** 中
东地区住房中
的捕风塔（右）

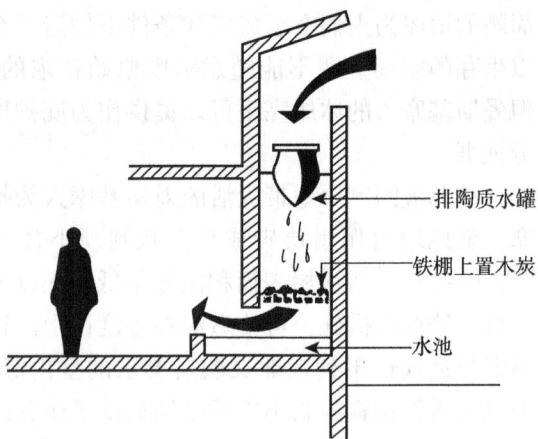

排陶质水罐

铁棚上置木炭

水池

图 **10-19** 干
阑建筑

水退后再铺上"①；瑞士纳沙泰尔湖（Neuchatel）
新石器时代的湖居，将栖居空间置于易守难攻的
水面上，在农业社会中此法还可保护耕地；干阑
在山地中更是吊脚无常，变化多端，我国西南山
区侗族木楼就是成熟的代表。干阑建筑在全世界
均有广泛的分布，因为潮湿的地方滋养树木，所
以北至俄罗斯，南到东南亚、北非等赤道地带，
干阑均有用武之地。

3. 环境"过滤器"

建筑是环境"过滤器"（filter）的观点从人类早期建筑庇护所的行为来看，人们至少已把建
筑看成是调节气候的一种设施，看成是外部环境与人之间的"过滤器"，把气候调节到让使用者
觉得舒适。爱斯基摩人的冰屋便是在极端气候下的高效"过滤器"。而且世界许多地方的民居形
式，每一种特定的建筑方式均有效地利用手头建筑材料，如石、木、毛皮等，以达到对特定气
候进行某些修正调节。比如，在寒冷的地区要保暖，湿热的地区需开敞通风等等。

勃罗德彭特指出，在一定的地点和时间，建筑物是从环境"过滤器"开始的。当然近几十
年来的许多建筑物，如幕墙办公楼，完全依赖空调等设备，因而失去了建筑初始的功能，将人
与外部环境隔绝开来。②

总的说来，建筑物作为环境"过滤器"的概念，作为环境系统与人的系统之间的中介系统，
极易导致一种保守倾向。因为房屋是为人而建，为了提供舒适的条件，而舒适是由各人感受和
经历的。记得 1999 年 6 月在北京人民大会堂开"建协"大会时，同伴们提醒我穿长袖去，因为
会场的空调开得太足，而不少外国人却怕热，穿得很少。可见不同人觉得舒适的标准是有明显
差异的，尤其在生活习惯相去甚远的不同人群中。所以，这涉及将建筑标准定位在某种固定的
数值和设备控制中，提供较恒定的室内环境，是忽略了人的自身调节能力，也许仅仅通过穿着
的调整就可以降低采暖的标准，而大大节约能源。

所以，与舒适所匹配的建筑标准可能很不相同，而且可以是模糊的，现代高技术的智能建
筑采取实时监控，随机调整便是出于这样的考虑。但不管怎样，环境"过滤器"的观点明确指
出建筑改善外部气候的认识无疑反映了建筑的实质。

---

① 朱馥艺. 干阑——中国西南传统民居初探 [D]. 华中理工大学，1997：15，转引自云南省设计院《云南民居》编写组. 云南民居 [M]. 北
京：中国建筑工业出版社，1986.

② ［英］G. 勃罗德彭特. 建筑设计与人文科学 [M]. 张韦译. 北京：中国建筑工业出版社，1990：9.

10.1.1.4　能流控制下建筑结合气候的设计方法

无论是庇护所，还是环境"过滤器"，房屋所封闭的空间内提供的温度范围就是人们得以避开寒冷和酷热，进行日常生活的地方。这个舒适的范围介乎 15~26℃ 之间，当然不同的湿度下会有所不同，而且不同的使用者所承受的范围也相应有差距。不管怎样，既然热是能量，那么维持一定的舒适范围其核心就是控制能量的流动。

简而言之，因势利导，引入有利的气候，抵挡不利的天气，必要时采用相应的设备。

1. 单体建筑形式与能流

从庇护所的层面而言，房屋是太阳和大地之间的中介。设计庇护所就是塑造能量流动。这个过程实际上是全球热平衡和气候模式的反映，包括各种材料反射、吸收和放热，以及由气压差和温差引起的空气运动。然而，创造可以导引能流的形式尤其适于建筑形式。

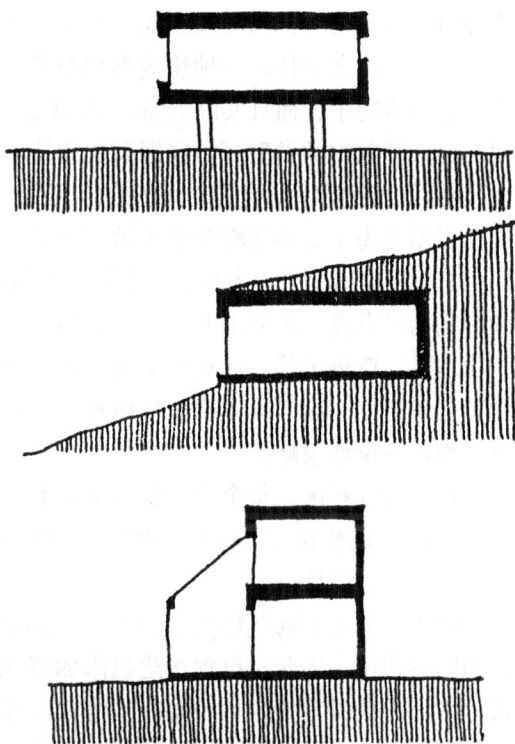

图 10-20　庇护空间的类型

控制一幢建筑的热平衡即是导引反射、吸收、散热以及空气流动，简而言之，有三种截然不同的方式引导能流可以形成三种基本的建筑形式。可以视之为在能流下作为庇护所的三种建筑类型，其中每一种都是为创建某类特殊气候条件下的生活空间而发展出的反馈形式。当然，它们代表的是意义宽广的手段，用以控制庇护空间的能流（图 10-20）。首先是指一种被抬起的结构，或架起的房屋，在民居研究中称为"干阑"。第二种形式是覆土结构，通过掘入地下而成为大地的一部分，由此获得大地的温度平衡。第三种形式可称为"阳光空间"（Sunspace），它指的是一幢房屋的一个部分，用以收集和贮存太阳辐射能。[1]

（1）架起的房屋可以使空气流动穿行于结构周围。被架起的结构还提供了底部凉爽的阴影区，这样有利于楼板的散热，且开辟一个户外活动的空间。这种形式所致的空气流动还能防止热空气的滞留，因而通常可以使房屋较周围环境凉快。而且架起的房屋往往有宽阔的悬挑，可以扩大阴影区，这同样能促使双向通风。所以，架空结构的室内在湿热气候所创造的阴凉非常有效，因而多见于热带地区。

（2）覆土结构以生土作为一种温度调控器。因为地面以下一定深度是相对恒温的，大约在 12~15℃ 之间。比如我国的黄土高原，地面以下 6m，土体的温度基本稳定，10m 以下保持恒定[2]。覆土结构可以通过传导的方式，当室内过热时向土体散热，或过冷时从中吸热。如此生土承担了隔绝温度极值的作用。因而覆土结构在气候严酷的地区非常有用，如炎热、酷寒或两者兼而有之的地区，美国西南部的沙漠印第安人普遍建造覆土的村庄，这可能是受沙漠穴居的动物启发，因为深坑里很凉快，与外面的温差幅度可达 100°F。

（3）阳光间的道理如同温室，而且实际上它常常就是温室。它有一定面积的南向玻璃面，在需要供暖的时候可以接受太阳的短波辐射能。通常阳光间有遮阳措施，如每年落叶的树木或葡萄藤，用以遮挡不需要的热量。当然可以容许的是，短波辐射要么被表面所吸收，要么像长

---

① J. T. Lyle. Regenerative Design for Sustainable Development [M]. New York: John Wiley & sons Inc., 1994: 105.

② 西安建筑科技大学绿色建筑研究中心编. 绿色建筑 [M]. 北京: 中国计划出版社, 1999: 244.

波辐射一样被反射，因为长波辐射不易穿入透明的表面而进入室内。

总之，这之中任何一种建筑类型都代表着控制能流的极不相同的方法，它们可以组合运用于一个建筑物中，而且实际上常常是如此。比如一幢房子既可以是覆土的，又可以作享用阳光间。这三种基本的类型可以根据需要和技术条件加以灵活地组合运用。

2. 全球气候区划下的空间组合形式

以温度为主要参数将全球大致可分为四个主要气候区：寒带、温带、干燥地带和热带（图10-21、图10-22）[①]。当然，如果加上湿度的影响，还会有许多类型。例如 P. Oliver 以建筑分布的影响为出发点，区分出九种气候类型，除热、寒带和干旱地带外，还包括沿海地带，季风区、高山地带、亚热带等。针对某个地点作设计，需要考虑的除地区气候外，还有地形因素，微气候特征等条件，应当具体事情具体对待。这里仅对具有宏观，总体影响的全球几个主要气候区，阐述相应的设计策略。

这四大气候区，每个的气候特征对其地域中传统的建筑形式和各种典型的建筑要素均有深刻的影响。如图10-23所示，为获得最佳的舒适度和节能效果，建筑的空间组织应根据不同的气候特征进行设计。

图中 a 表示不同气候区中交通空间的理想位置。在干燥地带和热带，交通部分往往可起到降温阻热作用，因此常设置在建筑南侧或北侧以阻止强烈的阳光进入主要空间。但在寒带及温带地区，为获得宝贵的日照就应当将其设置在建筑北侧或中部。

图中 b 表示阳光直接照射区，这在寒带及温带地区为南向。在干燥地带和热带阳光主要来自东西向，故这些地方应有有效的遮阳措施。可以看出，在各气候区对大部分建筑来说南向均为主要房间的最佳朝向，但在寒带及温带气候区，这样做是为了获得阳光，而在干燥地带和热带则是为了避免过多日照。

图中 c 显示中庭的理想位置。在寒带和温带地区，中庭的设置是为了采光及采暖；干燥地区的中庭可用于降温，而热带地区的中庭则是为了加强通风。

图中 d 表示不同气候区中室外空间的可利用程度。在干燥地带和热带室外空间的可利用程度较高，而在寒带及温带地区则较低，但后者可以用"缓冲空间"（buffer space）方式将自然空间纳入人工控制范围之内。

另外，建筑体量和朝向也应有相应的措施，如图10-24所示。

图中 a 表示不同气候区中最佳建筑宽厚比、最佳朝向和建筑实体部分的理想位置。从图中可以看到，纬度较低地区的建筑需要较为扁宽的平面比例以减少东西向面积，如热带地区建筑东西向面宽与南北向比例以 1：3 左右较为合适，而纬度越高这一比例就越小，寒带地区就以 1：1 左右为佳，例如使用圆柱体形式，这样可以最大限度地获取日照，且表面积小有利于保温。

图 b 表示建筑的理想朝向。朝向是"生物气候学的城市规划"原则中的一个重要因素，因为朝向有助于建筑获得所需的日照或避免过度日照。

图 c 显示建筑实体的理想位置。在热带地区，围合或封闭起来的建筑实体及核心部分应置于建筑东西向，并保证有良好的遮阳设施以避免低角度的日照。在干燥地带建筑实体部分同样应当置于东西向，遮阳设施主要用于防止夏季日照。在温带，最好将建筑的实体部分置于北侧，使其南侧能够获得足够的阳光。为获得更多阳光，寒带地区建筑应有开放型的轮廓以最大限度地接受阳光与热量，而实体部分应置于中心用以获取日照及蓄热。

---

① K. Danies. The Technology of Ecological Building：Basic Principles，Examples and Ideas［M］. Basel：Birkhauser, 1997：29.

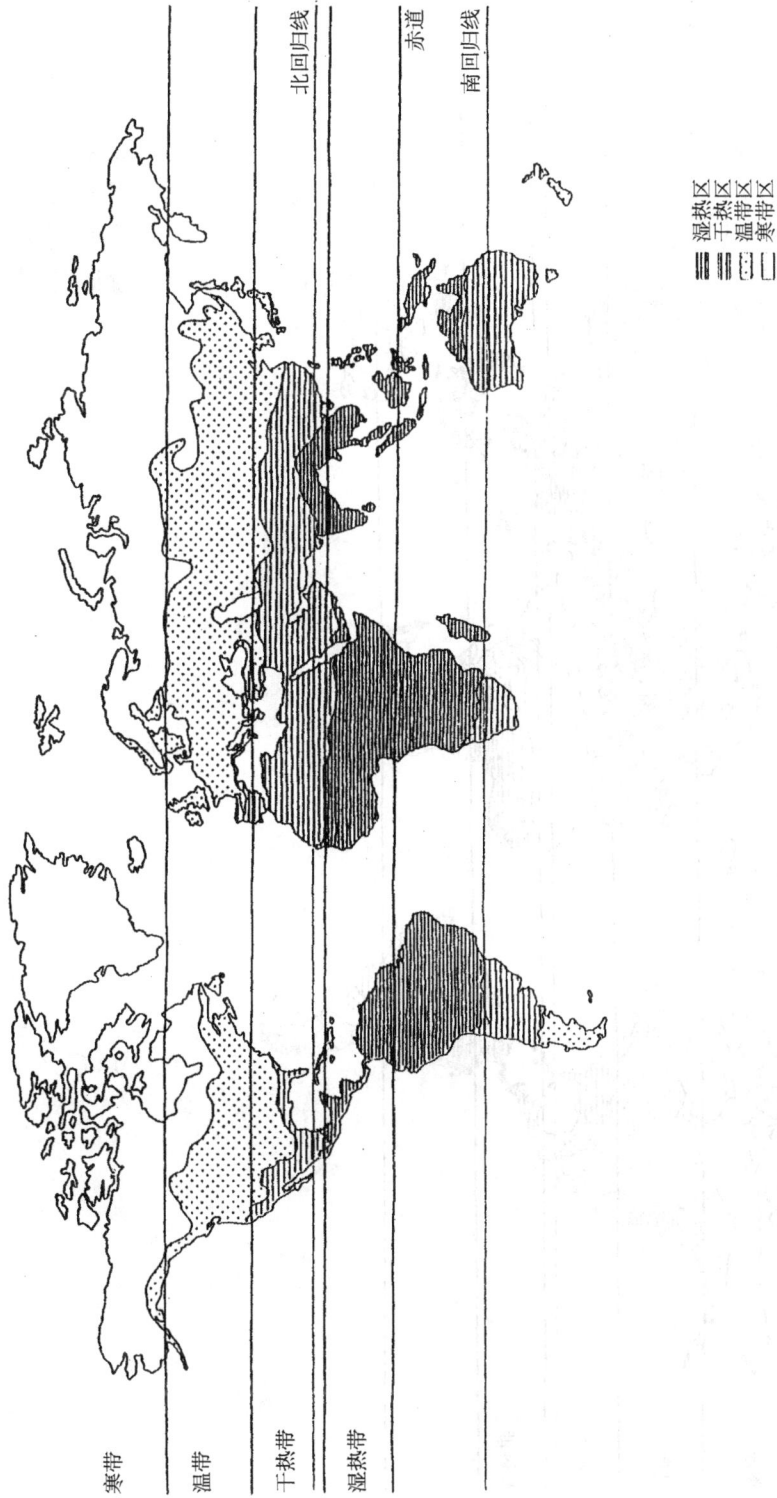

图10-21 全球四个主要气候区

寒带

温带

干热带

湿热带

北回归线

赤道

南回归线

湿热区
干热区
温带区
寒带区

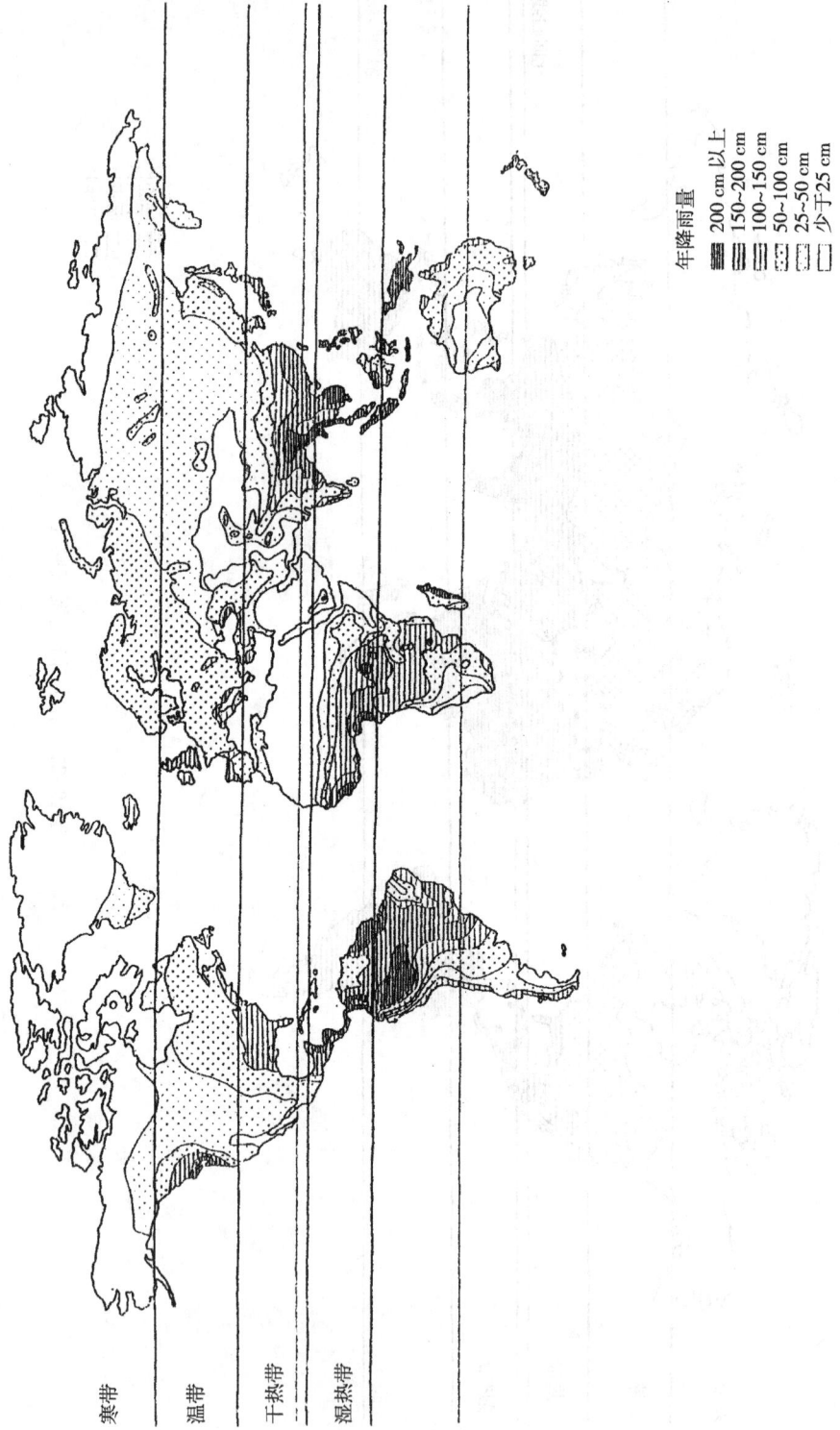

图10-22 全球四个主要气候区降水分布图

对于普遍低矮的传统民居而言，每个气候区都有较为独特的建筑形式和屋顶类型，如图 10-25 所示①。

图 a 所示寒带多见的井干式木构，厚重、密实的外墙具有高度蓄热性，利于冬季吸收太阳辐射。而且缓坡屋顶所承担的积雪层可以起到保暖防风的作用。

图 b 所示的中等坡度，密封性好的屋顶便于排除雨水，并建立一种根据季节性热吸收、辐射量和对流影响下的增减平衡。

图 c 中的平屋顶既可以遮阳，又是一个雨水的接收器。而且建筑形式本身可以依据辐射量控制热平衡，减少传导，增进凉爽的湿气。

图 d 所示的热带房屋，开敞的特征和高陡的坡屋顶有利于排水和通风，减低热传导和辐射能，通过散发湿气获得凉爽。这些正是干阑建筑的特征。

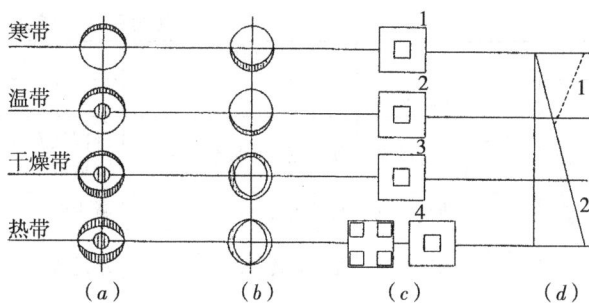

图 10-23 不同气候区的空间组织

(a) 交通空间的位置；(b) 日照范围 在干燥及热带这些地方应有遮阳处理；(c) 1—中庭位置位于建筑中心：采光和采暖；2—中庭位置位于建筑中心：采光和采暖；3—中庭位置位于建筑中心：遮阳；4—提供良好的通风；(d) 室外空间的可利用程度 1—以中庭作为集热空间；2—以中庭作为降温空间

(来源：董卫，王建国编著. 可持续发展的城市与建筑设计 [M]. 南京：东南大学出版社，1999：74)

3. 气候建筑的启示

从典型气候区的典型传统建筑特征中，启示我们建筑在经历长期的实验和革新后所发展出的适应特定气候条件的种种措施，实际上是在尽可能匹配人类生理温度的需要的最佳选择，表现出的形式可以千变万化，研究者切入的角度，案例的范围可以各有千秋，然而总体上说，适应气候的设计目标总是一致的，即引入有利的，而防止有害的气候，并在适宜的技术经济等前提下创造最便利的居住环境，达到最佳的能量控制和节省。

所以，关注以热能形式为核心的气候要素，气候设计的原则在以利用自然气候为主要手段下，又可以简化为表 10-1 所示的几项方针：②

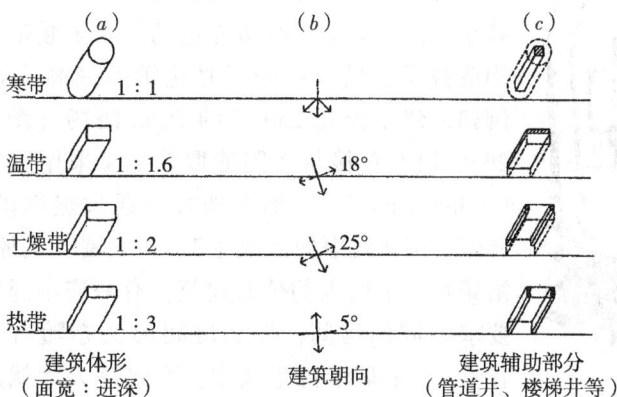

图 10-24 建筑体量和朝向与气候的关系

(来源：董卫，王建国编著. 可持续发展的城市与建筑设计 [M]. 南京：东南大学出版社，1999：75)

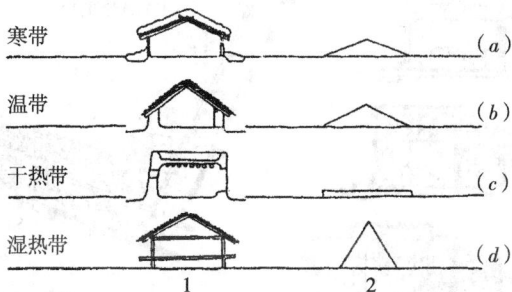

图 10-25 民居屋顶形式与气候的关系

---

① K. Danies. The Technology of Ecological Building：Basic Principles，Examples and Ideas [M]. Basel：Birkhauser，1997：30.

② J. T. Lyle. Regenerative Design for Sustainable Development [M]. New York：John Wiley & sons Inc.，1994：5.

利用自然气候为主的设计原则　　　　　　　　表 10-1

控制策略		传导	对流	辐射	蒸发
冬天	增进获取			加强太阳能的获取（6）	
	防止散失	使热流传导最小化（1）	外部气流最小化（3）渗透最小化（4）		
夏天	防止获取	使热流传导最小化	减少渗透	避免太阳能的接收（7）	
	增进散失	增强地冷（2）	增进通风（5）	加强辐射散热（长波）（8）	增进蒸发制冷（9）

（1）采取隔绝的方法和其他技术保持室内热度或阻挡室外热量；

（2）利用土体作为蓄热体；

（3）减弱冬天的冷风和寒气作用；

（4）通过降低不利气流的渗透来减少热损失；

（5）尽可能组织自然通风的降温；

（6）利用太阳能的热效应和转化太阳能的相关技术；

（7）采取遮阳和防晒等措施；

（8）在夜间向天空通过开敞、暴露的方式给结构或庭院降温；

（9）制造水蒸气，降低气流和建筑表面的温度。

10.1.2　历史上探索建筑设计结合气候的印迹

10.1.2.1　古代建筑地域性的重要体现——气候设计特征

气候设计如同建筑行业和建筑艺术一样古老，早在现代以前，建筑师和工匠师只能依靠地方材料，自然资源和他们本身的智慧，在宽广的气候范围内，为人们提供舒适健康的房屋。所以必须充分理解当地的气候条件，创造多种方法利用太阳能，设置阴影，疏导通风，从而形成地方建筑风格的常规要素，诸如中部的火塘和壁炉、阳光间、门廊和阳台、庭院，遮阳花格栅和百叶窗等。

图 10-26　Os-tia 浴场平面

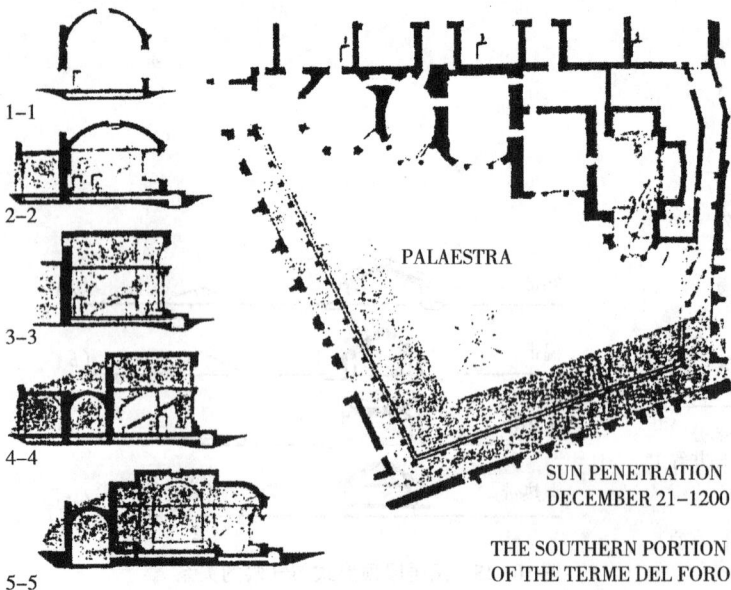

1. 古罗马的成就

古罗马帝国时期的浴场是当时很重要的公共建筑，它集中当时最先进的复杂采暖措施和构造技术，足以代表当时建筑的最高成就[1]。例如，建于公元 250 年的 Ostia 浴场（图 10-26），既有直接从太阳能取热，又采用热气炕（"hypocaust"），即在地板下通过热汽供热，类似中国建筑中的"火地"、"火墙"的原理。浴场是一个巨大的公共建筑，有一连串温湿度要求不同的房间，那么房间形式亦随需要变化[2]。在卡瑞卡拉浴场中，冷水浴大厅就是个敞院，充分利用地中海温和的气候。温水浴大厅高大开敞，连接四面八方，而热水浴大厅几乎是个封闭的筒体，穹隆底部开一圈小窗排出雾

---

① 陈志华. 外国建筑史（十九世纪末叶以前）[M]. 北京：中国建筑工业出版社，1979：57.

② D. Watson. Three Perspectives on Energy [M]. // F. Walter, J. R. Wagner. AIA Energy-efficient Building. New York：McGrow-Hill Book Company, 1980：3.

汽并采光。这种通过火炉供暖，用于墙体、地板结构的做法无疑是早期利用辐射热的典型。

2. 卡宏城的宏观气候设计

建于公元前 1900 年的卡宏城（kahun）是古埃及城市的象征，教科书上的描述侧重于等级划分促成的布局形式："全城内外有砖砌城墙数道，设防严密。城中用厚墙划分为东西两区，西区奴隶居住区，拥挤简陋；东区大道以北是王宫贵族院宅，宽敞豪华，大道以南是商人、手工业者、小官吏等城市生产阶层的住宅。二区分隔明确，对比鲜明，反映了奴隶制社会阶级分化的景观。"①

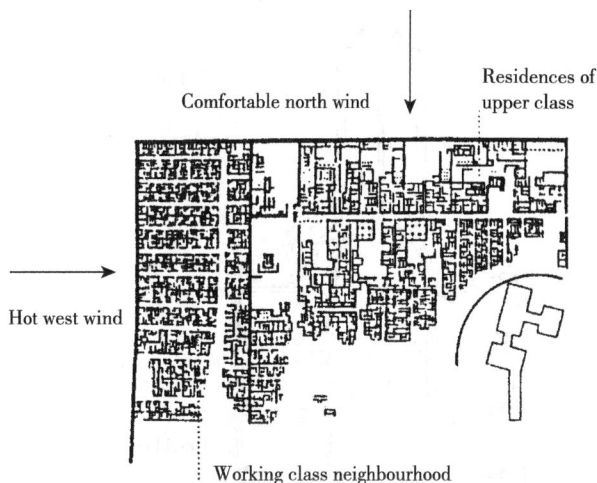

图 10-27 卡宏城

如果从气候设计的角度考察，发现北区王宫上层社区的布置是占据了最好的地势（图 10-27），因为其西面的奴隶住宅区阻挡了来自沙漠的热尘风沙，而充分迎取了北面和煦凉爽的微风②。所以这充满等级差别的分区布局亦慎重考虑了气候的影响，不能不说在宏观上是气候设计的体现。

10.1.2.2 近代建筑气候设计的线索

1. 从壁炉供热到通风设备的发展

罗马帝国的衰落和中纪欧洲的沉沦使过去的许多经验不得不重新学习，壁炉的发展可以代表建筑能流控制的这段历史。

人们最开始是在房间中心明火取暖，但这导致大量的烟气从门洞和屋顶排出，那么在多层的封建堡垒中，需要在墙体内埋设烟道，最早的例子是 1090 年建于英格兰柯尔切斯特（Colchester）的城堡。用砖块砌成的火炉于 1490 年最早出现于欧洲的阿尔萨斯（Alsace）。渐渐地有专门的金属和砖瓦壁炉，使用木柴和煤作燃料，伴以壁炉墙体内迷宫般复杂的烟道。所以整个墙体被高温的烟道所加热而成为辐射热源。这种来自于德国和俄罗斯先民的烟道做法，其尺寸大小曾是 18 世纪中叶瑞典科学家 C. J. Cronstedt 和 F. Wrede 的研究课题。③

而后，壁炉和火炉发展为不仅是供热的设备工程，同时又是通风工程。铁炉可以批量生产，早在 1642 年马萨诸塞州的里昂（Lynn）就首次生产出生铁火炉。经 B·弗兰克林（Franklin）在 1744 年介绍的"宾夕法尼亚炉"（Pennsylvania Stove），这项技术得到大力发展。其副手 Runford 伯爵在伦敦和殖民地实践并改善了壁炉设计。他们在努力减少房间中的烟气时发现了一种远在 500 年前就高效解决这一问题的传统工具，可以使燃烧更完全。但直到 1748 年由 J·瓦特（Watt）的蒸汽给办公室供热，才迟迟地传播开来。整个文艺复兴期间的项目均使用管道热水供热，管道的应用使设计师得以将火力传送至较远的位置。

经过若干代人的努力以及机械工程行业的产生，推动了集中采暖和通风系统的发展。煤，作为 19 世纪的主要燃料，决定了供热技术和房屋设计间的关系，并实质上影响着人们的聚居方式。比如煤燃烧工厂附近自然不能提供可接受的生活条件，甚至商业区也不行。所以分散化，工作与居住分离必然导致城市隔离带的产生。

---

① 陈志华. 外国建筑史（十九世纪末叶以前）[M]. 北京：中国建筑工业出版社，1979：13.

② K. Danies. The Technology of Ecological Building：Basic Principles，Examples and Ideas [M]. Basel：Birkhauser，1997：68.

③ Watson D. Three Perspectives on Energy//Walter F，Wagner J R，AIA Energy-efficient Building，New York：McGrow-Hill Book Company，1980：2.

图 10-28 监
狱的通风设计

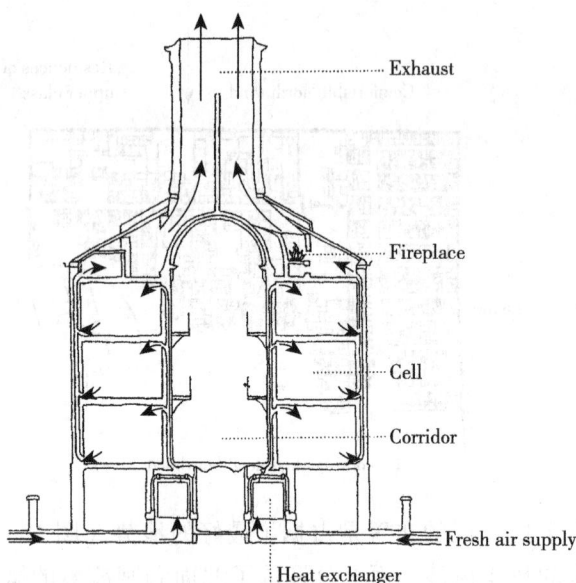

- Exhaust
- Fireplace
- Cell
- Corridor
- Fresh air supply
- Heat exchanger

石油和天然气的使用比用煤要清洁得多，而且易于运输和储存。它们的利用模式使能量转化和运输更易控制，这样热量从生产地可以便利地转移至使用地点。因而建筑围护本身的能量运作可以被重新衡量。最终导致化石燃料成为建筑对气候反馈的替代品。

这就是近代建筑在气候设计方面的主流，主动供暖设备的发展促进了房屋内部能流控制的强度，同时更加依赖于设备技术，相形之下建筑设计本身对自然气候的因势利导作用有所下降。

2. 供热结合通风的设计

1844 年由 J. Jebb 设计的一座英格兰监狱，完全靠自然升力，创造了高速率的换风（图 10-28）①。而这之前大型建筑的换风是听其自然的，这座监狱的设计采取了一系列的抽风措施：足够高的拔风井和相当大的开口，分别位于屋顶和接近地面的地方，并且利用热空气的自然升力加速室内换风，同时给予供热。在屋顶风井底部设置一处火炉，加大风井负压，促使底层空气上抽。

同期建于伦敦的议会厅（House of Commons）的通风系统是十分著名的，它是由化学家 D. B. Reid 运用烟囱效应所采取的合理解决办法（图 10-29）②。大厅所产生的废气由顶棚的天窗收入上部气室，再通过管道进入高耸的烟囱排出。而新鲜空气则通过多种途径补充到大厅里，包括墙体里的管道、地板下的气室等。

图 10-29 伦
敦议会厅的通
风设计

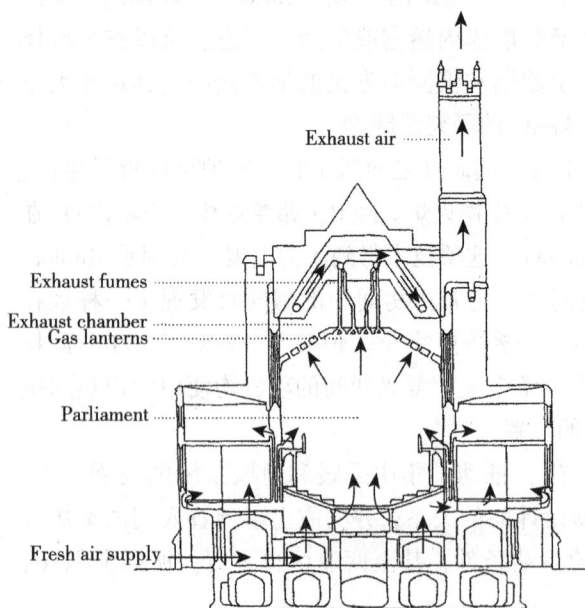

- Exhaust air
- Exhaust fumes
- Exhaust chamber
- Gas lanterns
- Parliament
- Fresh air supply

随着工业化而来，大型的建筑要求通风供暖的高效性能，这促进了近代的技术发展。但 1858 年，M. Joseph von Pettenkofer 的研究，改变了以往的许多认识，他指出一个人的最少新风需求量是每小时 60m³。那么，自然通风的原则就变得极为局限。因此，研究的焦点转向了机械换风系统，高效的技术设施得以发展，这种局限一直维持到 20 世纪，至今这一套方法仍然是应用得最广泛，也是能源危机出现前几无争议的。但是，高瞻远瞩的建筑师仍然没有放弃气候设计的智慧，在现代建筑的探索中我们可以找到不少思想的火花和实践的尝试。

10.1.2.3 适应气候的原则对现代建筑先驱的影响

1. 格罗皮乌斯的观念和实践

W·格罗皮乌斯（Gropius）认为气候是

①② K. Danies. The Technology of Ecological Building: Basic Principles, Examples and Ideas [M]. Basel: Birkhauser, 1997: 69.

设计基本概念中的首要因素："通过感情的或形式上加以模仿的手法把古老的格式或当地昙花一现的最流行式样加以拼凑，是不能得到真正的地区性建筑特征的。但是，如果建筑师把完全不同的室内室外关系作为设计构思的核心问题加以应用，那么，只要抓住气候条件影响建筑设计而造成的基本区别……就可以获得表现手法上的多样性……"①

格罗皮乌斯的许多住宅设计和规划方案都是以太阳照射角度的选择为设计准则的（图 10-30）。这些图示表明在矩形的建筑地盘上，高度不同的，由单层到 10 层的平行行列式公寓住宅

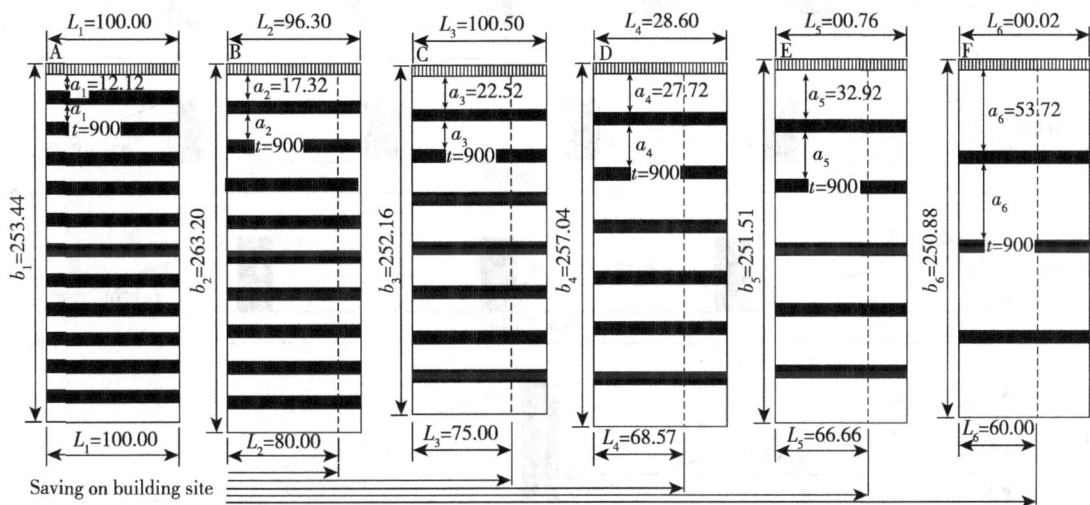

图 10-30　格罗皮乌斯根据太阳照射角确定的布局原则
(a) 设建筑地盘面积与日光照射角不变，则房间数量随层数而增加；(b) 设太阳照射角及房间数量不变，则建筑地盘面积随层数增加而减少

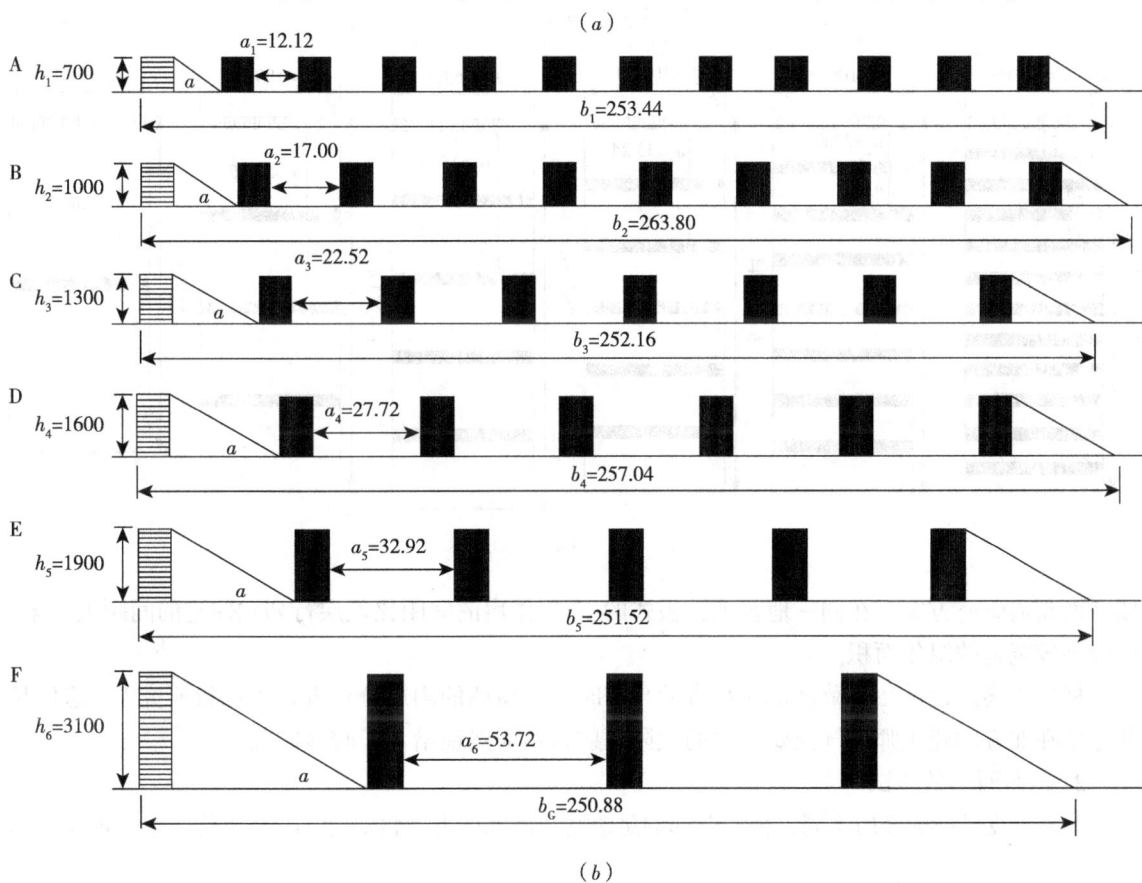

(a)

(b)

---

①　转引自［英］T·A·马克斯，E·N·莫里斯. 建筑物·气候·能量［M］. 陈士驎译. 北京：中国建筑工业出版社，1990：7.

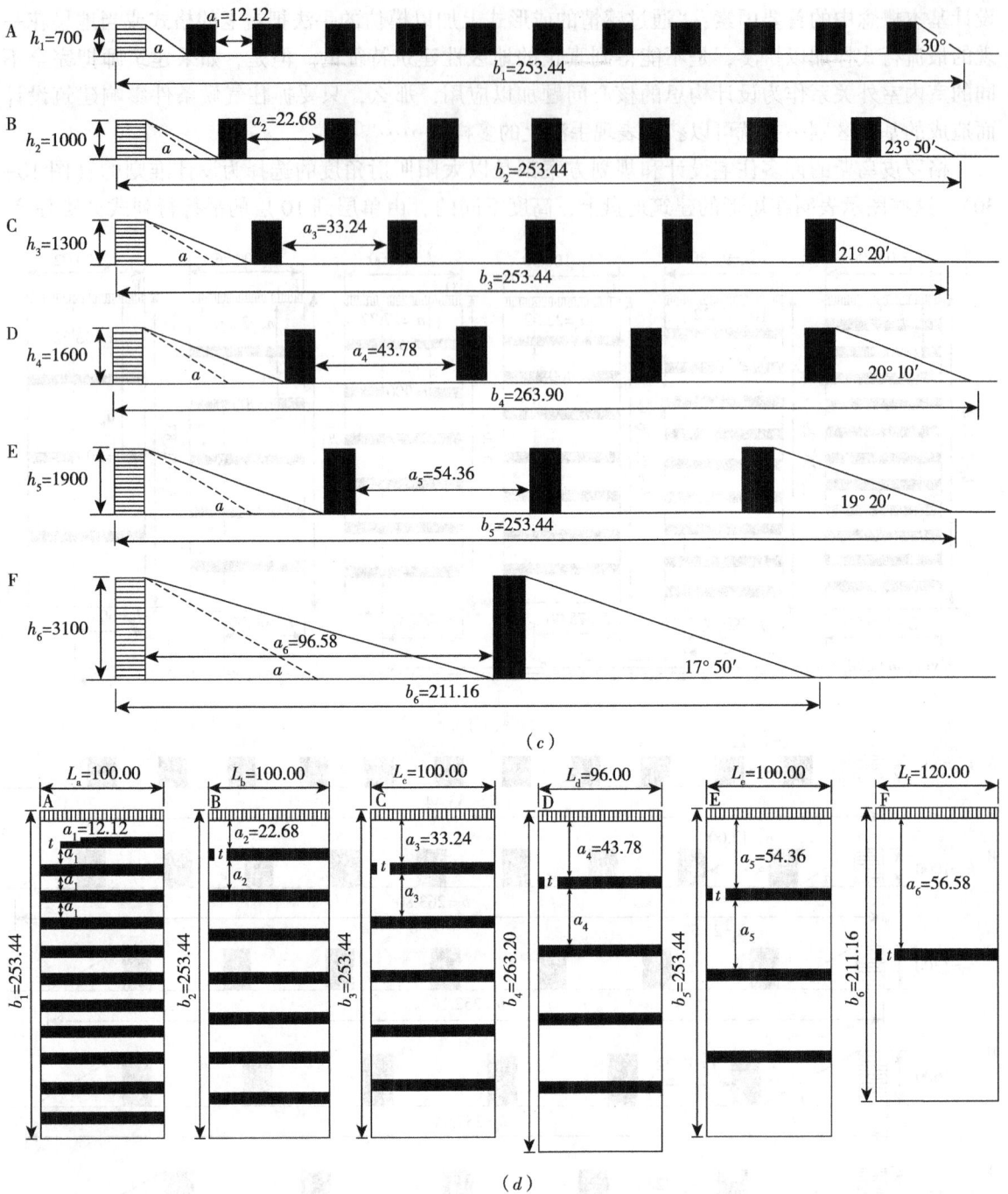

图 10-30 格罗皮乌斯根据太阳照射角确定的布局原则（续）
(c) 设建筑地盘面积及房间数量不变，则随着楼层数的增加，太阳照射角减小，日照条件改善；(d) 图 (c) 的平面布置示意图

楼平面布局研究方案；在同一地盘上，板式的 10 层楼房的间距比低层行列式住宅的间距大得多，可得到较宽阔的绿化面积。

格罗皮乌斯设计在马萨诸塞州林肯的自宅时，对窗墙的阴影分析进行了比较研究[1]。这位长期生活在北方的建筑师对气候要素中的太阳辐射自然而然地给予了较多的关注。

2. 柯布西耶的尝试

与格罗皮马斯的经历不同，柯布西耶的足迹遍布南北四方。自 20 世纪 20 年代以来，柯布西耶

① D. Watson. Three Perspectives on Energy [M]. // F. Walter, J. R. Wagner. AIA Energy-efficient Building. New York：McGrow-Hill Book Company，1980：5.

在其设计创作与著作中非常关心风和太阳对城市规划的影响。不过，当时关于气候对于建筑设计产生影响的观点尚未形成。1922 年在他所设计的"当代城市"规划方案中所展示的十字形塔式大楼。其构思并未表现出有意调整建筑物高度和进行日照控制。1929 年，他对于未来办公大楼的描述为：

"一片玻璃与三面隔墙即可构成一理想的办公室；要是有上千幢这种类型的构筑物就好了。果真如此的话，这种新型城市办公楼的外表面上，自顶至底连成一气，形成一整片玻璃墙……这些半透明的棱镜体就像离开地面，飘浮在空中一样——在夏季阳光照耀下熠熠发光，在冬季灰暗的天空中轻轻闪烁；每当夜幕降临时，更显得光芒四射，奇丽夺目——这就是一幢巨大的办公大楼。"①

20 世纪 30 年代柯布西耶所作的阿尔及尔市的"奥布斯"规划俨然是一个辉煌的理想：绵长的多层建筑，巨大的鸡腿柱举起的城市，反映出他在 1925 年"新建筑五点"中的底层架空，其初衷是保证绿地通畅。奥布斯规划中的复式路网体系，减少道路占用的土地面积，仍然维持大片绿地。这个理想直到柯布西耶后期的少量几个大型公寓中急迫地表现出来，即使是在温和的马赛和寒冷的德国。

虽然柯布西耶也模糊地认识到，这种理想实际上难以实现，但从 20 世纪 40 代后期起，这种抽象的设想却被成百上千平凡的建筑师牢牢掌握，所以世界上各大城市里，现已有了不少这一类在气候上无法控制的"祸害"幕墙建筑。

柯布西耶本人认识到，在夏季应该反对"让灾难性的阳光进入室内"。至 1928 年，他已在迦太基的住宅设计中试用了遮阳设施；1936 年，他给 O·尼迈耶（Niemeyer）等人为里约热内卢国家教育与公共卫生大楼的设计提出采用百叶遮阳的建议。这种遮阳构件正像他的大部分创作一样风靡一时，在各种气候地区不论纬度是多少，房屋朝向又如何，也不考虑遮阳原理。一律附着于建筑物上。这种风尚为时长达 1/4 世纪之久。柯布西耶自己对日照方面的研究往往很简单——通常只有几个草图，或是在特定朝向的立面上标注出夏至日或冬至日的中午太阳高度角（图 10-31），或如他设计的奈穆尔（Nemoure）方案，在图纸上写明他所构想的"排除太阳热量"方案②。1933 年

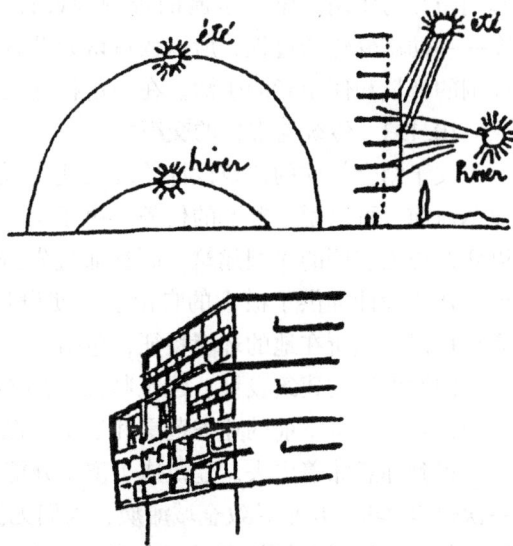

图 10-31
"遮阳构架"
的构思草图

在雅典召开的国际新建筑会议（CIAM）采纳了他的下列原则："按照次序与层次区分，城市规划的诸要素为：阳光、空间、绿化、钢材混凝土。"

在 W. J. R. Curtis 看来，气候是 20 世纪 30 年代国际现代建筑语言的重要修饰语，其间柯布西耶在地中海区域的作品发展了一套原则，将工业化利用与乡野、古朴的资源适度结合起来，诸如突尼斯拱券民居的形式集合成古罗马市场的结构再现。他于 1942 年为北非 cherchell 设计的农业产地项目，使用了低矮的拱券、厚墙、庭院和水渠，好比一个"高墙封闭的有数个以阿拉伯方式灌溉的花园"（图 10-32）。柯布西耶解释说，他本身是反对被动的，怀旧的地方性，但这个项目创造了一个虚实光影的潜在交织，这是现代的同时又基于地中海传统的最基本式样。③

---

①　转引自［英］T·A·马克斯，E·N·莫里斯. 建筑物·气候·能量［M］. 陈士驎译. 北京：中国建筑工业出版社，1990：10.
②　［英］T·A·马克斯，E·N·莫里斯. 建筑物·气候·能量［M］. 陈士驎译. 北京：中国建筑工业出版社，1990：10.
③　W. J. R. Curtis. Modern Architecture since 1900［M］. Third edition. London：Phaidon Press Limited，1996：377.

图 10-32
cherchell 农业
产地项目

柯布西耶总结自己在第二次世界大战后的方向，宣称"一个人以现代的方式建造，会发现景观、气候与传统的和谐"。

3. 赖特对气候的关注

F. L·赖特（Wright）所倡导的"有机建筑"其核心思想就是重视环境，强调建筑与环境的结合。在其《建筑的未来》中，他说"我努力使住宅具有一种协调的感觉，一种结合的感觉，使之成为环境的一部分，如果成功，那么这所住宅除了在它的所在地点之外，不能设想放在任何别的地方"，"有机建筑应该是自然的建筑，自然界是有机的。建筑师应该从中得到启示。房屋应当像植物一样，是地面上的一个基本的，和谐的要素，从属于环境，从地里长出来迎着太阳"。

赖特在他设计的许多住宅中利用了太阳几何学，其中著名的例子是洛杉矶的斯特奇斯住宅（Sturges House），该住室各个方向立面上不同进深的挑檐都与太阳入射角有关。

他在亚利桑那州的塔里埃森学园亦充分考虑了干燥气候的影响。例如画图室的帆布顶棚，白天遮阳，晚上可掀开散热；厚重的矮墙虽然是出于选用当地石材和美观的考虑，但确实可以起到防热的作用。整个学园的规划和设计始终处于不断地调整，这也反映赖特对待设计的态度——动态变化的过程，所以赖特认为没有一座建筑是"已经完成了的设计"。建筑始终影响着周围的环境和使用者的生活。在一定程度上，反映出有机理论的生态倾向。

10.1.3 传统与现代的交织

关于结合气候的建筑设计始终是建筑设计的内容，从建筑产生之初的掩体特征直至近代工业革命前，可以说是首要的任务。由于工业化大发展所带来的一系列发明创造，使人类不仅可以建造史无前例的大型建筑，而且通过先进的设备和技术创造舒适的室内环境。这在一定程度上为建筑设计提供了极大的自由度，使设计师得以依赖这些设备技术肆意地构想并实施方案，完全可以不顾所在地的环境特征，包括气候、地形、文化等方面。

同时引发的建筑设计，建筑师几乎用不着实地考察，凭着一手文本资料就能着手设计，这也使建筑业获得空前的业务范围和远距离操作的可能。

得到亦意味着失去。建筑成了离不开能源（特别是电能）的物质环境：20 世纪 70 年代纽约一次停电 24h，几乎导致全城瘫痪，人们无法工作，全部跑上街头，房屋、街区乃至全城如同死了一般。断绝了电能的房屋好比废品，不能住人，人也待不住。这就是"容器"的效应，建筑是个封闭的盒子，与外界的来往仅限于满足绝对舒适所提供的各项服务——大量的输入和高额的输出。这是时代的现象，也是时代的症结。

但这并不是全部，摩天楼、钢筋混凝土玻璃幕墙的丛林在全球蔓延的时候，仍有一部分人在默默地探索另外一条路。这些探索似乎游离于所谓"现代化"的世界，自发地先出现在那些发达社会影响难以或较少触及的落后地区，哥斯达黎加建筑师 B. Stagno 的一番道理颇具代表性：要抛弃"智能"建筑所展示的建筑迷信，控制气候和保障安全的电力器械把建筑与其环境隔离开来，而且它们对发展中国家过于昂贵，与其采用这些电子产品，不如选择傻瓜的或率直自然的地方建筑，它们在其场所更适宜和可认知①。而后当发达国家本身意识到以往的模式要维持下去所带来的问题时，他们也将眼光关注起那些另类探索中的成绩。将 1983 年的国际建协金奖，颁给一名埃及建筑师 H·法赛（Fathy）就是证明，这意味着一个极具赞赏的新开端。

---

① ［哥斯达黎加］ B. Stagno. 热带地方建筑 ［J］. 建筑学报，1994，1.

以下选取几位具有代表性的建筑师，他们的思想和作品在挖掘传统文化的同时，对环境特别是气候给予了充分的关注。

10.1.3.1 在乡土文化间徜徉的哈桑·法赛

这位 Baux-art 体系教育下的世纪同龄人，没有随现代建筑运动之波，因而长期不入流。因为他执着探索的是"欧洲中心论"之外的地方建筑，具有浓郁乡土气息的穷人住宅。他一生致力于挖掘埃及乡土建筑的根，表达"文化的真实性"——"只有植根于当地地理、文化环境中的本土建筑才是一个社会建筑的真实表达"[①]。尝试发展本土的语汇，探索本民族特有的经验和技术。法赛以科学的、客观的手段衡量技术的适应性，如最终效益、造价、能效、材料及空间，体量的协调性等。他曾对七种以不同技术建筑的小宅舍进行实验，来确定它们对当地气候条件的适应性。

1. 重新评价埃及传统建筑的气候设计策略

虽然一再重申西方思维方式的异己性，法赛也注意到有生命力的文化必须保持对外开放。为了科学地评价传统建筑技术和方法的作用，法赛引入多学科的研究成果，如农学、空气动力学等。他的结论是：与一些现代技术手段相比，传统设计策略往往能够同人体的生物舒适要求相协调，同生命环境保持协调。

具体的设计步骤是：

（1）在发明和采用新的设备之前，借助于现代物理学和人体科学的成果，如材料技术、物理学、空气动力学、气象学和生理学，充分评价传统建筑解决上述两个问题的设计策略；

（2）采用、修改或发展这些策略，保证它们适合于现代的需要。

法赛从建筑影响微气候的 7 个方面：建筑的形态、建筑定位、空间的设计、建筑材料、建筑外表面的材料肌理、材料颜色和开敞空间的设计（街道、庭院、花园和广场等），分别对传统建筑设计策略进行了评价，并提出了发展后的设计策略。

例如从建筑材料研究的角度出发，法赛重新评价了土坯砖的价值。[②]

2. 建筑细部设计的优势之一：木板帘

对于生活在干热地区的人而言，防止过度的太阳辐射是十分重要的，法赛对干热地区的研究自然而然集中于此点。建筑群体的遮阳，可以通过街道上加建屋顶获得，这样的做法在北非一些古老的绿洲村落和城市中经常可以发现。

对于单体建筑而言，附加的阳台、有顶的凉廊或开敞的走廊、游廊都可以起到遮阳的作用。

而建筑细部则可以采用百叶窗、遮阳构架和传统的木板帘（图 10-33、图 10-34）。

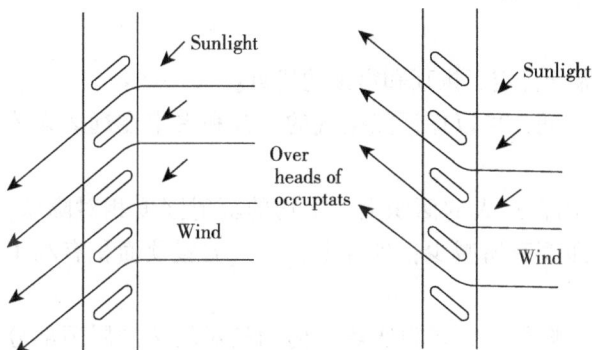

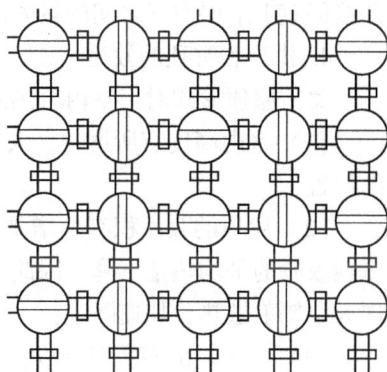

图 10-33 百叶窗遮阳与通风的关系（左）

图 10-34 木板帘细部（右）

① 林南. 在神秘的面纱背后——埃及建筑师哈桑·法赛评析 [J]. 世界建筑，1992，6：67-72.

② H. Fathy. Natural Energy and Vernacular Architecture：Principles and Examples with Reference to Hot Arid Climates [M]. Chicago：The University of Chicago Press，1986.

法赛深入比较分析了三者的特点（表10-2）。

3. 建筑细部设计的优势之二：捕风窗

捕风窗（malqaf）是干热地区的发明，这种捕风装置是一种垂直方向的塔，故又称捕风塔。塔顶设进风口，出风口设置在靠近室内地板处。上部进风口的朝向能够捕捉到盛行风并将冷空气引向下部室内空间，从而起降温作用。

法赛对百叶窗、遮阳构架和木板帘的比较 表10-2

	百叶窗	遮阳构架	木板帘
功能	1. 遮阳 2. 通风	遮阳	1. 控制光线的射入； 2. 控制空气的流动； 3. 降温加湿； 4. 保证私密性
特点	板帘有一定的遮阳和导风的作用，但有时难以获得令人满意的调整辐射和导风的效果。例如：如果为了遮阳，那么会将气流导向屋顶；如果将气流导向人体所在区域，那么阳光会射入室内（图10-33）	正确设计的遮阳构架最多可以将由于阳光入射而产生的蓄热量减少至原来的1/3左右，这种效果还不够。 遮阳构架的另外一个不利之处是遮挡视线	细小的格子有两个特点：1. 反射直射阳光，漫射部分阳光；2. 遮挡外部视线的同时，不影响室内观察室外；3. 木板帘采用的木头，可以吸收、保持和释放一定数量的水分（图10-34）

图10-35 别墅的捕风塔通风效应

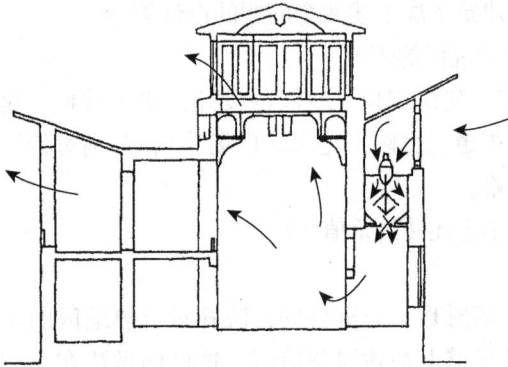

捕风塔一方面可以避免近地面的沙尘进入，同时在风道里设置过滤装置去除；另一方面，解决了密集建筑群由于相互遮挡，普通窗的通风作用降低的情况，因为相对于建筑体量，捕风塔的尺寸要小得多，高出建设主体的捕风塔容易调整高度不致相互遮挡（参见图9-155）。

法赛将埃及农村中使用的这套古老的蒸发冷却系统通过自己的设计介绍给外界。它的基本原理如同一座功能正好相反的烟囱，屋顶主导风被诱导向下进入风塔时，经过装满水的陶罐和潮湿的木炭格栅层使气流冷却（图10-18）[①]。法赛将之与木板帘一并运用于一幢现代别墅中（图10-35）：捕风塔将凉爽湿润的空气引入中部的男宾接待室，室顶是装有木板帘的塔亭，既可采光又起抽出热空气的作用；其他没有木板帘窗户的房面围绕接待布置，缓冲外部气温的压力，保证接待室上下层空气之间的最大温差，促进室内空气循环。

4. 拱顶和穹顶的效用

关于屋顶形式对于室内散热的影响，法赛部分肯定了拱顶和穹顶的优点：

（1）室内高度有所增加，人们头顶富裕的空间，可以保证热空气的上升和聚集在远离人体的位置；

（2）屋顶的表面积有所增加，太阳辐射作用在扩大的面积上，平均的辐射强度相对降低，屋顶吸收的平均热量下降，因此对室内的辐射强度有所减少；到晚上，扩大的屋顶面积有利于向天空辐射散热，加速降温；

（3）在一天的多数时间段，一部分屋顶处于阴影区，可以吸收室内和相对较热的屋顶部分的热量，将其辐射到阴影区内温度较低的空气中。最后一种作用对于穹顶屋顶来说，效果最为

---

① 马银龙. 干旱地区建筑及其天然光环境设计综合研究 [D]. 重庆：重庆建筑大学，1998：31.

明显。

法赛在著名的新高纳村（Gourna Village）等项目中普遍使用了这一手法。

5. 庭院的降温作用

庭院的降温作用主要是：

（1）当夜幕降临时，庭院内的空气由于白天直接受到太阳辐射加热，间接受到建筑的加热而上升，被上空的冷空气所替代。冷空气积聚在庭院中，形成空气的层流。并逐渐渗透到周围的房间中，发挥冷却作用。

（2）早晨由于四周墙壁遮挡日照，庭院中的空气和周围的房间升温较缓慢。因此庭院上空的热空气不能进入庭院，只是在庭院中生成涡流。这样庭院被视为"蓄冷的水库"。

大的庭院所起的作用是"蓄冷的水库"，狭小曲折的街道所发挥的作用同庭院基本相同。正因为狭窄曲折，不仅遮挡了阳光，而且可以保持温度较低的空气。因此法赛的规划设计偏重于外部街道广场、开敞庭院、内部庭院的设计元素体系。

为了保证对流空气的稳定，法赛对庭院概念进行了修正，引入了传统建筑中的凉廊。这是一种位于地面层的有顶室外休息空间，位于庭院和后花园之间。完全向庭院开敞，与后花园之间隔着一层木板帘。由于后花园较大，而且开敞没有遮挡，因此随着后花园热空气的上升，从较为凉爽的庭院中引入空气，创造了冷气流。

10.1.3.2 "形式追随气候"

印度著名建筑师 C·柯里亚认为创造建筑形式需要对四个方面的影响深思熟虑，即文化、渴望、气候和技术。文化就像一个巨大的水库静而连续，多年才有些许文化；渴望则不同，它是动态、易变的，而且常常是短暂的；气候则是一个基本不变的因素……对气候的透彻理解必须超越简单的实用主义。从深层结构而言，气候制约文化并限定其表达方式和礼仪。在印度，气候本身正是神话的根源，印度文化中露天空间的抽象实质。建筑中的流行技术几乎十年一变，每次变革都引发虚构景象和价值的再现。[①]

如果了解柯里亚的作品和思想，不难发现他创造的建筑形式是遵循当地气候的，柯里亚的思想核心亦常常围绕着对气候因素的关注。

1. 气候的根本影响

柯里亚认为，气候在根本上影响着我们的建筑物和我们的城市。首先是直接影响，建筑物外表是由阳光照射的角度，遮阳设施，能量节约问题等决定的，其次是间接影响，通过文化影响，由于气候对任何社会的礼节，礼仪以及生活方式等起着决定性的作用[②]。

同时柯里亚对来自发达国家的"玻璃盒子"持批判态度。"我们盲目地接受那些从迥然不同的气候和文化产生的毫不相干的（通常甚至已被丢弃的）象征和偶像，必然会促使我们历来所居住的城市的衰亡。"[③]尤其是"生活在第三世界，就要考虑当地气候。简单地说，我们负担不起热带阳光照射下玻璃盒式高楼所需的空调能源消耗……这意味着必须创造出为使用者所需要的，对气候有'调节能力'的建筑形式"[④]。简单言之，控制建筑的照度，气流和温度，就是要为使用者创造小气候，而"要在利用气候上有创造性，就必须在生活方式上有所创造"[⑤]。

因而，气候影响人们的生活方式，进而形成相对稳定的文化习俗，采取通行的建筑形式，这就是传统建筑对于人们经验积累的表达。所以，要深刻理解气候及其对建筑的影响，不仅是

① W. J. R. Curtis. Modern Architecture since 1900 [M]. Third edition. London：Phaidon Press Limited. 1996：650.
②③ 查尔斯·柯里亚. 热带滨海城市：零件与机器 [M]. //韦湘民，罗小未. 椰风海韵——热带滨海城市设计. 北京：中国建筑工业出版社，1994：45.
④ C·M·科里亚，建筑形式遵循气候——一份来自印度的报告 [J]. 李孝美，杨淑蓉译. 高亦兰，孙凤歧校. 世界建筑，1982，1：54.
⑤ 董卫，王建国. 可持续发展的城市与建筑设计 [M]. 南京：东南大学出版社，1999：58.

考察建筑形式，而且要领悟生活于其中的人们的生活——即文化。

2. 文化·传统形式·现代设计的沟通

柯里亚指出，"调节气候决不仅仅是日照角度和气窗的问题，它与建筑平面、外形、剖面和内部布置都有关系。"①

柯里亚常常列举历史上著名的阿尔汗布拉宫，"凉快的、有遮阳的庭院和喷水池不只是一套景色优美的上镜头的景象。他们是对在格拉纳达干热气候下建筑挑战的直接反应——是建筑创造力的最深刻的、最丰饶的源泉所产生的反应。"② 如果说20世纪50年代开始在西方富裕国家，由机械工程师们承担结构物降温或供暖的任务，导致惊人的能量浪费，也许"真正的灾难是：建筑师把他的责任让给了机械工程师的同时，也大大削弱了他自己想象力的进程——而这个进程在整个历史阶段对他是有用的"③。历史上许多优秀的作品都是调节气候的范例，而基本的原理很简单，在干热气候，把温热空气堵住并使之湿润，这个过程降低它的温度。伊朗、巴基斯坦的民居利用捕风塔就是卓越的例子。像阿尔汗布拉宫这样的豪华建筑群，决不仅仅是想创造一种在古典观念上的杰作（尺度、比例、轮廓、材料），同时力求创造出比周围环境至少低10℃的小气候。于是，产生了把开敞的亭廊布置在有喷水池和流水的庭园的格局。

又如印度南端的特里凡得琅是炎热潮湿地区，有着千年历史的帕德马纳巴普兰宫，在利用当地主导风向和解决日照方面有独到之处。其大殿坡顶瓦屋面与金字塔形台座的体形相呼应就是例证：国王坐在台座顶上，大臣们围绕着他坐在逐级而降的台座。这种基本造型有两大优点：第一，它不需要任何封闭的墙壁防日晒雨淋；第二，在大殿内的座位上，视线向下可看到四周草地。在酷热的日子里，凉爽的鲜绿色本身就令人心旷神怡！

图10-36 科瓦拉姆开发区的旅馆的通风设计

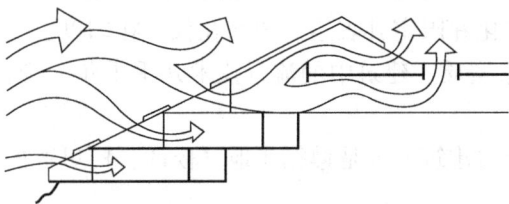

柯里亚将这个原理用于许多工程，如科瓦拉姆开发区。开发区距帕德马纳巴普兰宫只有几英里，气候条件一致。开发区的一期工程是一组娱乐性建筑群，为保护自然环境，建筑嵌在小山坡上，每个房间都有私用露台供休息和日光浴。建筑为当地乡土式样，白粉墙，红瓦顶，屋面坡度平行于自然山坡，使主导风向能穿过建筑物（图10-36）。人们的视线可以避开炎热的天空、俯瞰到那点缀着棕榈树的海滩。

3. 露天空间（open-to-sky space）

露天空间在干热和湿热两种气候中都极为重要。首先，对居住单元来讲，它有非常实际的好处：露天的庭院或露天平台事实上就等于多了一间房间，而且不用花钱，一年中有八九个月可以用来睡觉、娱乐、晾晒谷物等。这可以对住宅的适居性有着决定性的作用，不仅对最贫苦的人家，而且对高收入的家庭也一样。

然而这种露天空间不仅具有实用的优点，而且也有抽象的优点。作为教育的标志在气候寒冷的北美洲一直是一座小小的红校舍，对印度人来说，那是真正的启蒙象征。因此，从伊朗到印度尼西亚，伊斯兰教的清真寺只是露天的庭院（周围有一列柱廊，这一建筑形式足以使人感觉到是在一个建筑物内）④。换言之，刚好有足够的结构物质使人感觉到是在一个"人工环境"中，而实际上是在开敞的天空下。

① C·M·科里亚. 建筑形式遵循气候——一份来自印度的报告 [J]. 李孝美，杨淑蓉译. 高亦兰，孙凤歧校. 世界建筑，1982，1：54.

②③ 查尔斯·柯里亚. 热带滨海城市：零件与机器 [M]. //韦湘民，罗小未. 椰风海韵——热带滨海城市设计. 北京：中国建筑工业出版社，1994：43.

④ 查尔斯·柯里亚. 热带滨海城市：零件与机器 [M]. //（加）韦湘民，罗小未. 椰风海韵——热带滨海城市设计. 北京：中国建筑工业出版社，1994：44.

所以，1977 年在孟买建造的萨尔瓦科教堂，柯里亚设计了一系列相互连通的院子和有顶的空间，在这里人们可以看天气决定在院子或在有顶盖的地方举行活动。用混凝土壳体覆盖的空间像个大烟道：热气上升，通过顶部的通风口排出，并从四周庭院补充进新鲜空气。教堂各部分在水平面上是连通的，因此空间也是流动的，微风流动穿过整个地段。

另一个完全不同的例子是孟买的干城章嘉高层公寓。这是一座平面为 21m×21m，高 85m 的塔楼。由于当地的主导风向来自西边的阿拉伯海，因而各单元必须朝西。但这个朝向也有一些不利因素，如午后的烈日、季风等等。为了解决这个矛盾，在居住单元与外界之间，创造了一个缓冲地带，建了一个双倍于居住层高的露台花园。在白天适当的时候，这些布置在东边或西边的花园，成为居住单元的主要的 "生活空间"。这种东西贯通的单元不仅保证了每户都有穿堂风，而且便于观赏城市的两个主要风景面。

4. 多中心的平面设计

多中心的平面设计可以为房主人创造一个 "游牧式的生活方式"，以此来调节气候。一天的某一特定时间可以使用某一特定的空间。这是一种可随一年季节的变化而改变的建筑类型。例如，阿格拉红寨，夏天清晨在天井上部撑开天鹅绒帘子，把夜间的凉空气封在低处房间内，作为白天的活动场所，晚上拉开帘子，人们来到与露台同一标高的凉爽的楼阁及花园中。在寒冷而有阳光的冬季，情况就颠倒过来，白天使用露台花园而夜晚则使用天井及底层的房间（图 10-37）。

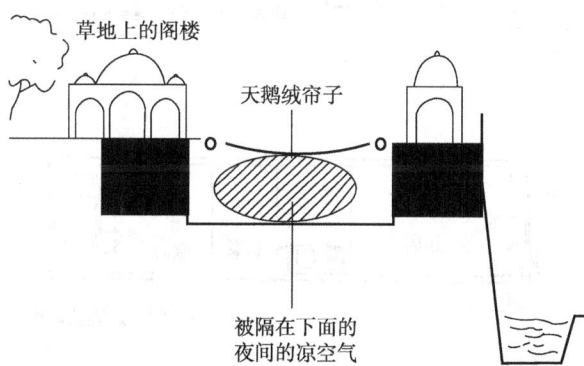

图 10-37 阿格拉的红寨

柯里亚运用这种手法的著名例子是阿黑达巴德（Ahmedabad）的帕雷克（Parekh）住宅。这所住宅由承重砖墙划分为三个平行的空间，中间下部为 "夏季区"，这是一个与天空分隔开的金字塔形的室内空间，这样减少室外太阳热辐射对室内的直接影响。而且西边的服务区，包括通道、盥洗室厨房等可以遮挡西晒；东边的 "冬季区"，是一个倒金字塔形的开敞空间，形成一系列的露台充分接受室外的太阳辐射，可以供冬季或夏季夜晚使用。

通过时间的转换调整平面中心的方法实际上提供了这样一个概念：把建筑分割成许多既分离而又互补的空间（图 10-38）。甘地纪念博物馆是运用这个概念的案例，它以 6m×6m 为基本单元，以曲折的形式围绕着庭院和水池组合而成。这些空间依据功能的不同，与视觉休息的空间形成对偶布置。参观者能在视觉休息时冥思遐想。建筑物任何地方都没有玻璃，而是由可运转的木制百叶窗获得光线及通风。这组建筑是个 "活结构"，可以扩建①。当然，并非一个项目只体现一条原则，从甘地纪念馆中，可以体会前面所述的手法，如露天空间。

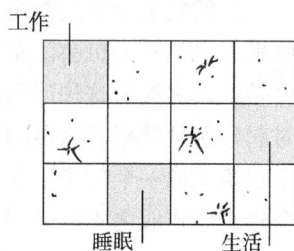

图 10-38 多中心的平面设计

5. 建筑小气候的创造

以创造一个具有独特小气候中心区为出发点，海得拉巴的 ECIL 电子公司行政中心从一开始就考虑了这个想法。海得拉巴是位于巴基斯坦德干高原上的干热城市，办公楼的委托人要求形式要有灵活性，以便加建，再则希望不用机械通风和制冷系统，就能创造一个特有的建筑小气

---

① C·M·科里亚，建筑形式遵循气候——一份来自印度的报告 [J]. 李孝美，杨淑蓉译. 高亦兰，孙凤歧校. 世界建筑，1982，1：57-58.

图 10-39 管状住宅（Tube House）

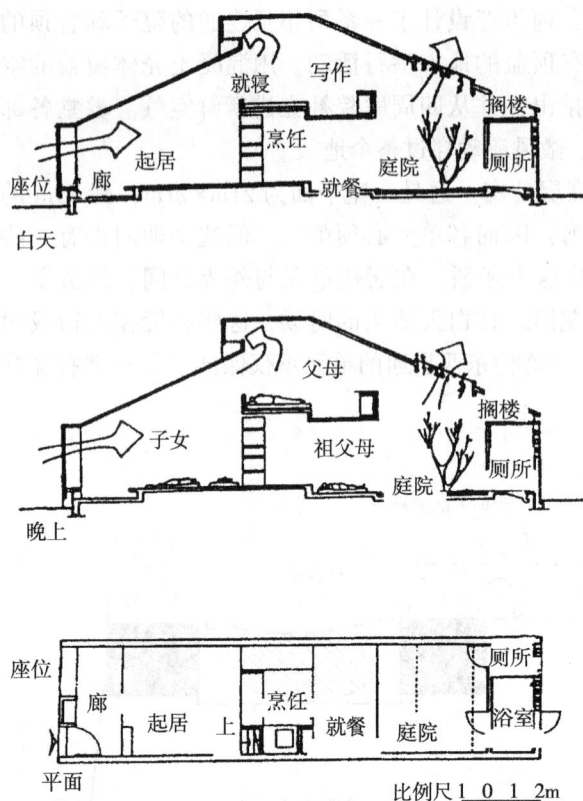

图 10-39 管状住宅（Tube House）

候。柯里亚采用一系列标准单元围绕着中心区布置的形式，通过中心区的主要环行坡道及架空桥将各标准单元联系起来。这种布置方案使其有可能在需要时进行扩建。建筑物的一部分屋顶采用格片遮阳，一部分用100mm 厚的水层反射热量与阳光。由于城镇在西边，于是在建筑的西面设置了一个大格板结构，形成风景的画框并避免西晒。它像一个筛网，使穿过的微风变得湿润些。东面无门窗，以防日晒，其他三面是带形玻璃窗。

与其对应是另外一类小型的住宅设计——管状住宅（Tube House），如图 10-39 所示。

这个在 1961 年获印度低收入住宅竞赛一等奖的设计，其特点是热空气沿倾斜的顶棚上升，从顶部的通风口排出，同时通过窗户补充自然通风，只要调节窗户上百叶的位置，就能控制房间的换气次数。住宅中除浴室外，室内所有位置未设门窗，仅利用高差变化营造住宅的空间分划，既减低造价，又使其突出的通风特点得以畅通无阻。简易的方法便于在城镇中推广，而后在拉费斯坦的科塔镇住宅设计中，扩大了管状住宅的类型。

6. 气候是创作的源泉

正如在此段一开始所提出的，气候与文化、技术等的关系，柯里亚根据多年的实践总结为：要在利用气候上有创造性，就必须在生活方式上有所创造。同是皇宫，阿尔汗布拉宫与凡尔赛宫的形式截然不同，而美国新奥尔良州附近的大农庄住宅，逐渐形成的空间处理与生活方式就有很大的差异。

新的建筑及规划都是与交替变更的生活方式这一概念相关联的。这是现代能源危机现实的后果，也是一个机会。企图把建筑这样宏大的挑战减小到只是在外貌和材料上变个花样，那纯粹是欺人之谈。这种严重的近视症正是近十年或二十年中建筑师的症结所在。这就是说，从那时起建筑师就把那么多的正当责任交给了其他设备工程师。这是我们想起 L·沙里文的警句：一个建筑就像一个句子，它不能只由一些形容词和感叹词符号组成，它必须要有句法。气候，这个建筑创作取之不尽的源泉，将提供我们所需的深层结构。

10.1.4 生态方法的气候建筑探索

20 世纪 50 年代后，随着现代科学的基础自然科学快速发展，现代生态学进入了崭新的发展时期，奠定现代生态学的经典著作相继问世，其中最著名的当属 E.P·奥德姆的《基础生态学》。在 20 世纪 60 年代到 70 年代初的十年中，该书连续再版三次，就是这一时期，基于现代生态学的其他学科与其交叉发展，其中建筑学方面的研究，当推 V·奥戈雅（Olgyay）的《设计结合气候：建筑地方主义的生物气候研究》一书。它首次系统地将设计与气候，地域和人体生物舒适感受结合起来，提出了生物气候设计原则。

在具体介绍生物气候设计前，有必要了解一下几种主要的研究人体对气候的生物反应的热指标。

10.1.4.1　人体对气候的生物反应的热指标

很久以来，人们已经认识到：把人对于热环境的反应表达为单一的环境因素如空气温度、湿度及气流速度的函数是不可能的，因为这些因素同时对人体施加着影响，且任一因素的影响又取决于其他因素的水平。[①]

因此，评价环境因素对于人体的生理反应及感觉反映的综合影响，将各因素综合于单一公式之中，即所谓的热指标。

关于热指标的研究经历了一个逐步完善的过程。开始时，热指标的目的仅限于评价空气温度、湿度及气流速度对于人们在休息或坐着工作时的主观热感觉（或舒适感）的综合影响。以后，人们及时地认识到辐射温度的重要性，特别是它在工厂及住宅建筑中的重要性。随后，又进一步考虑到新陈代谢率、衣着以及最终还考虑到太阳辐射的作用。由于这些努力的结果，遂提出了多种的热指标。最初的热指标主要是与热感觉有关的，而近来发展的一些则在于评价人们在各种气候因素与活动的综合作用下的生理反应[②]。一般而言，主要的几种热指标包括有效温度，合成温度、热应力指标。

吉沃尼指出在对热指标的应用范围进行比较时，应在指标所包括的条件范围内与保持着生理意义的区域之间划出一条界线。吉沃尼认为，有效温度指标并不可靠；合成温度仅适用于人体休息或进行伏案工作时的反应；热应力指标（H．S．I）适合于分析造成热应力的各种因素之间的相互作用，但是难以预测热应力的生理反应；他自己提出了一个热应力指标（I．T．S），对一定的新陈代谢条件内的各种场合均合适。

表 10-3 概括了每一种指标所包括的环境因素的额定范围。

在概括各种热指标的可靠性方面，从各指标所预测的结果与所进行的生理检验的实验结果二者的对应关系中，可得出以上的结论。

各种热指标的范围　　　　　　　　　　　　　　　　　　　　　　表 10-3

指标	新陈代谢率（kcal/h）	干球温度（℃）	湿球温度（℃）	气流速度（m/s）
有效温度指标（E．T．I）	仅适用休息时	1～43	1～43	0.1～3.5
合成温度指标（R．T．I）	仅适用休息时	18～45	18～45	0.1～3.0
预测的四小时排汗率（P_4．S．R）	100～350	27～54	16～38	0.05～2.5
热应力指标（H．S．I）	100～500	21～60	21～60	0.25～10.0
热应力指标（I．T．S）	100～600	20～50	15～35	0.10～3.5

10.1.4.2　生物气候设计方法

生物气候设计的基本原则是通过建筑设计和构造设计，控制一些气候要素对建筑的影响，这些要素包括：建筑物所吸收的以及透入房间内的太阳辐射量，室内的空气温度，室内的气流速度以及水蒸气压力等。

奥戈雅认为设计的出发点是人体生物舒适要求以及特定设计地段的气候条件，应该按照上述二者的特点进行适应气候的建筑设计。通过设计，以自然的而不是机械空调的方式满足人们的生物舒适感觉。具体内涵详见第 5 章 5.1.1.1 生物气候设计方法。

10.1.4.3　实践中的领悟：杨经文生态高层设计的探索

马来西亚建筑师杨经文早年在剑桥大学攻读博士学位时就开始了生态设计的研究，多年的

[①][②]　B·吉沃尼. 人·气候·建筑 [M]. 陈士驎译. 王建湖校. 北京：中国建筑工业出版社，1982：68.

实践经验使他总结出一套有实际意义的方法。^①

1. 生物气候学设计与生态设计及其他的比较

杨经文指出，生物气候学的设计与生态设计是不同的，前者是后者的一部分，当然它们都与其他的设计方法有明显的差别（表10-4）。

生物气候学方法在解决建筑运营阶段主动式和被动式的能源保护问题起重要作用，所以摩天楼在设计之初的规划十分重要。因为尽管主动式的节能设备能降低能耗，但摩天楼从一开始就要在外形设计上有利于采用被动式的节能方法。换言之，后设的主动式机电设备只能更利于提高能源的工作性能，却无法改变已有的过失（如建筑外形不利于节能或材料的错误使用）。

设计方法（生物气候学设计/生态设计/其他）比较 表10-4

	生物气候学设计	生态设计	其他
建筑构形	受气候影响	受环境影响	其他影响
建筑朝向	极重要	极重要	相对不重要
立面/开窗	与气候相关	与环境相关	其他影响
能量来源	常规的/周围环境的	常规的/周围环境的/当地的	常规的
能源损耗	极重要	极重要/再利用	相对不重要
环境控制	机电控制/人工控制 人工/自然	机电控制/人工控制 人工/自然	机电控制 人工
舒适度	可变的/恒定的	可变的/恒定的	恒定的
低能耗的方式	直接用自然能源/机电供能	直接用自然能源/机电供能	机电供能
能量消费	低能耗	低能耗	一般是高能耗
材料来源	相对不重要	减小对环境影响	相对不重要
材料输出	相对不重要	再利用/再循环/再重组（3R）	相对不重要
场址的生态	重要	极重要	相对不重要
景观设计	气候的重要性	生态的重要性	美观的重要性

2. 设计策略

（1）建筑平面形状的选择

选择平面形式要根据当地纬度的太阳运动轨迹来考虑，例如在热带，为减少大面积日晒、建筑平面宜是长轴东西向布置的矩形，一般窗户应该面向直接日晒最小的方向（除非要保护特别重要的视觉走廊）。还有一个关键问题是确定摩天楼服务核（即楼、电梯和卫生间）的位置，其定位能起"遮阳与挡风"的作用。比如它们布置在建筑的东端、西端或东西两端，可遮挡日晒，其中后者能节省空调负荷达20%。在寒冷和温和地区，服务核能作挡风的屏障。

图10-40 服务核位置的三种类型

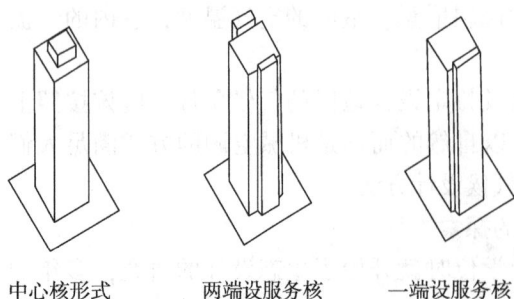

中心核形式　　两端设服务核　　一端设服务核

在三种服务核的可能布置方式中（即"中心核"、"双核"与"单面核"），双核的布置形式是最优的（图10-40）。将服务核布置在周边的优点是：

1）不需要防火的压力管道，从而降低初始费用和运营费。

2）使用者有良好的视线景观，从而增强其场所感。

① ［马来西亚］杨经文. 绿色摩天楼的设计与规划［J］. 单军摘译. 世界建筑，1999：23.

3）能使电梯间获得自然通风。

4）能使楼电梯间获得自然采光。

5）在建筑的整个动力系统出现故障时更安全。

6）具有遮阳和挡风的作用。

通过采用上述的原则，生态气候的摩天楼设计已经在形式上与一般的中心筒式的摩天楼类型有很大的差异了。

展现高层建筑的能量特性，和比较不同的建筑类型与结构的一个有用的指标是"总体热交换值"指数（OTTV index）。由于高层建筑的屋顶面积相对很小，所以就其而言，它的立面需要接近这一指标。图 8-14 是通过计算的、不同的服务核位置的 OTTV 值。当双核分别位于东西两端、南北两向开窗时，空调负荷最小；相反，当采用中心核、主要采光口位于东南和西北两侧时，空调负荷最大。综上所述，若不考虑建筑的类型，摩天楼沿南北向长轴布置时的空调负荷，是沿东西向长轴布置时的 1.5 倍。

方形的楼层平面因为具有较小的周边面积，故而与外部空气的接触面更小，空调的负荷也相对最少。研究表明，实际上圆形的楼层平面具有最小的表面积。但尽管如此，矩形的形状却有利于对太阳能的控制。

（2）立面设计

摩天楼的外墙应该被视为一种环境的过滤器来设计，它像一种"过滤装置"而不是一个"密闭的表皮"。它应该有可以调节的"开口"，能作为"有可变部件的过滤器"加以操作。立面在设计中应该是多功能的：如能获得自然通风；能控制飘雨的侵袭；解决大雨时的排水问题；能屏蔽噪声；以及具有夏季遮阳和寒冷季节的御寒作用等；此外，它还能增加建筑的美观。针对这些要求，可以总结出一系列的方法：

1）太阳能控制的最有效形式是在玻璃外部加遮阳装置。因为玻璃能使室内外视线直接贯通，并使室内与外部自然有更直接的联系，所以，它常常被运用于建筑的外立面，但其设计的前提是要了解当地的太阳运动规律。

2）有色玻璃不能替代遮阳。有色玻璃的最大效果是能减少大约 20% 的热量传递，但在日射量达 $500 \sim 1000 W/m^2$ 的炎热气候或温热地区的夏季是无效的。此外，有色玻璃降低了日光的质量，影响室内自然采光的效果。

3）建筑外墙的防护措施，尤其在炎热条件下，是选择具有吸收和辐射性能的材料。这些材料首先要对热辐射的反射大于吸收，而吸收的热量又能迅速地以热辐射方式释放出去，以降低室内温度。立面设计既可获得日照，又能隔绝热量，所以要详细了解玻璃的各种特性。直接被太阳照射的外墙面应该是隔热的，并且要注意其时间延迟的影响，或者设计成"双层的"通风空间。

4）在不同的气候条件下，窗墙比很重要。例如，在湿热气候下，窗墙比不应大于 50%。

（3）第五立面的设计

摩天楼的屋顶要作为建筑的第五立面考虑。与低层建筑相比，摩天楼的屋顶在热性能方面是不太重要的，因为与其外墙总面积相比，屋顶的面积不大。通常，屋顶由蓄热能力低的材料构成，而在没有遮阳的地方设有反射力强的外表面材料。屋顶应优先采用双层结构，上层的表面可以很好地反射阳光。

（4）关于自然通风的考虑

一栋生物气候设计或生态设计的建筑物的服务核，都应该是自然通风的和自然采光的，同时应尽可能获得向外的良好视野。关于自然通风的意义和方法可总结如下：

1）自然通风对可持续发展的设计而言是有价值的，因为它能依靠自然的空气流动，并通过减少机械通风和空调的需求，节省那些重要的、不可再生能源的使用。它解决了对建筑的两个基本的要求：排除室内污浊的空气和湿气，增强人的热舒适感。

在室外空气污染严重的城市中，利用自然通风是有问题的。因此空气需要经过空调系统的有效过滤才能进入室内，以保证内部环境的质量；室外交通的噪声也不利于开窗，除非有适当的声障设施。摩天楼的空中庭院也需要有可以调节的屏障作为挡风装置。

2）自然通风只在高层建筑的某些部位适用。在温和与寒冷的气候下，设计的关键是要限制进入室内的空气量，使其能满足人们对新鲜空气的最小需求，同时又不导致室内变冷和过多的热损耗。即使在冬季温和无风的状况下，室内外空气的温差常常也能产生足够的烟囱效应，以吸进新鲜的空气。在温和气候下一种惯常对策，是将随季节变化的自然通风（或电扇辅助通风）与少量经过调节或冷却的机械通风结合使用。

3）平面形状上应最大限度地面向所需要的（夏季）风向展开，并设计成进深相对较浅的平面（如外墙到外墙 14m 的进深），使流动的空气易于穿过建筑，形成穿堂风。太阳能建筑尤其要注意在日照和通风两方面都能充分利用。理想状况为太阳光的方向和风向相一致。

4）自然通风可以通过在建筑表面形成风压差而获得。其基本原则是，由于外墙的挡风作用，需要在建筑的迎风和背风两面形成风压差。在立面突出的悬挑楼层或墙体处，风力差能获得 1.4 倍的动压。当墙体开洞占整个墙面的 15%～20% 时，穿过墙洞的平均风速可比当地风速高 18%。

5）在湿热地区或气候温和地区的夏季，高层建筑的底层最好能作为一个自然通风空间向外全部开敞，作为建筑与外部的一个有效的"转换空间"。但要注意这些空间应能避免飘雨和大风的紊流。

（5）竖向景观的降温与生态效用

将有机物引入到在一小块土地上拔起的、高密度的无机体中，是竖向景观设计的重点。因为高层的立面外表面积可达到用地面积的 4～5 倍或更多。假设整个立面覆以植物，其起到的降温作用将是巨大的，它同时对减少城市的热岛效应有着重要的意义。在室外，植物能使其周围的城市温度降低约 1℃；而能遮荫的树木，其树底下的温度又能比周围温度再低 2℃。植物的优点是多方面的，包括美学、生态学和能源保护等，可概括如下：

1）植物能对室内空间和建筑外墙起遮阳作用，同时减少外部的热反射和眩光进入室内。

2）植物的蒸发作用使其成为立面有效的冷却装置，并改善建筑外表的微气候。在温和气候地区的夏季，立面绿化能使建筑的外表面比街道处的环境温度降低 5℃ 之多；冬季的热量损失能减少 30%。蒸发作用还可改善环境的湿度。一棵大树每天能蒸发 450L 的水（相当于要耗用 23 万 kcal 的能量），如果使用机械设备来达到一棵树的蒸发量，就需要 5 台每小时耗能 2500 kcal 的空调机，每天连续工作 19h 才能完成。

3）植物还能吸收室内产生的二氧化碳，释放氧气，同时能清除甲醛、苯和空气中的细菌等有害物质，形成健康的室内环境。

植物间的连续性对于物种多样性的获得是重要的。为获得城市建筑"竖向景观"中植物的连续性，系统中植物应该是相互连接的（如在建筑立面上通过阶梯状的花池形成"连续的植物区"）。它们能允许一定范围内植物物种之间的相互作用与迁移，并与地面的生态系统联为一体。另一种方式是将植物分隔地种植在不联系的花池中，但这种方式会导致植物种类的单一性，它需要外部的输入（如人类的经常维护）来保持生态系统的稳定。

3. 一个实例：雪兰莪州 IBM 大厦

位于热带的马来西亚日照强烈，湿度大，杨经文受到当地骑楼、平台、通风屋面等做法的启发，结合生态学原理和高科技手段，运用于高层设计中，位于吉隆坡的 IBM 大厦（图 10-41）

可以说集中了杨经文生态高层设计方法的主要内容：

（1）在建筑表面和中间的开敞空间中进行绿化，大量植物覆盖减少所在地区的热岛效应。这些绿化平台呈螺旋状布置在大厦外表面，像一条绿带围绕着建筑物。

（2）将服务核置于日晒最强烈的南面，并根据日照状况设置遮阳窗格。

（3）在屋顶设置遮阳格片，根据太阳的运行轨迹，做成不同的角度以控制阳光进入的多少，并且使屋面空间成为良好的活动场所。

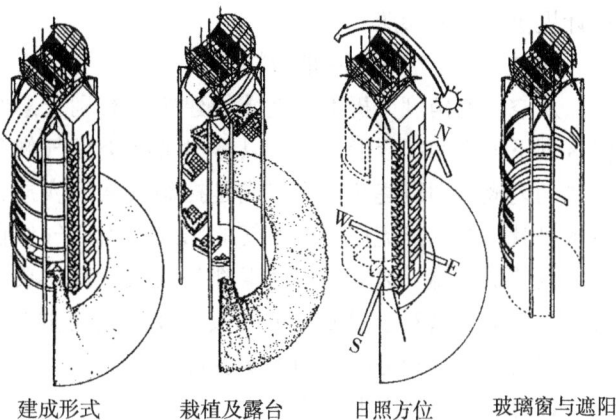

图 10-41 雪兰莪州 IBM 大厦生态设计示意

建成形式　　栽植及露台　　日照方位　　玻璃窗与遮阳

4. 小结

综合历史，除了地理条件之外，气候是自然环境中唯一最具地方特征的因素了。社会、经济、政治以及人们的视觉品味都在变化，但气候条件几乎没有大的变化，因此，注重气候的建筑更能适应它的环境和文脉。

注意外部环境的意识，为使用者提供机会直接体验室外的自然环境，感受当地不同季节和每天不同时刻的气候变化。它改变了在一个人工的封闭单一环境中工作一整天的那种枯燥乏味的生活。

总而言之，摩天楼的生物气候设计以及涵盖更广的生态设计，是为了创造在高空中与地面相似、适于居住的自然条件，由此建造一种更舒适和大众化的，具有生态意义的建筑类型。

10.1.5　生态原点——气候建筑

建筑关注气候古已有之，无论是原始的穴居和巢居，还是文明时代的乡土建筑都表现出适应气候的要求和特征。它在"自力更生"最大限度庇护人类的同时，也保护了人类生存的环境，以此视为生态建筑的原点。[①]

对建筑而言，气候作为重要的环境因素，不仅直接刺激了居住"庇护所"的产生，而且深深影响了地域文化。气候因素在建筑设计上的反映实质上是地域问题，世界各地多种多样的乡土建筑就是对当地气候的真实反映。虽然从横向比较来看，有不少同一地区而建筑形式不同的例子，这通常是文化因素对建筑起了更大的作用，但不同文化背景的乡土建筑在相同气候地域下的特征通常是一致的。而且气候特征越典型，如干热地区、湿热地区，则建筑特征愈接近，仅在细部和装饰上显示出文化背景的不同。

10.1.5.1　时间——历史表象

从历史的角度在时间轴上看以往的建筑，无疑可以得出结论：特定地区的气候条件，是各地传统建筑的最重要决定因素。不同的气候条件就有不同的庇护方式，在这个意义上可以说是气候造就了建筑。如果在一个地点上考察建筑的发展，房屋设计所注重的方面有相当一部分几乎是不变的，这一部分正是关于气候的适应性设计。因为气候因素相对于文化、经济等方面是较稳定的外在条件，气候大变迁在人类发展史上是极为少见的，如此适应气候的设计作为长期经验的积累是能长久传承的，那么针对气候的设计便成为传统建筑的重要特征。由此剖析历史经验，即分析传统建筑可以帮助理解建筑气候设计的流传，为同一地区或相似地域的现代建筑

---

① 朱馥艺，刘先觉. 生态原点——气候建筑［J］. 新建筑，2000，3：69.

设计提供良好的参照。

10.1.5.2　空间——地域特征

从空间的角度分析不同地域的建筑，有利于总结有代表性的规律。以生态视角考察全球气候区划下的空间组合形式，可以得出某些类型气候条件下的建筑设计规律，当然这里涉及一个重要的内涵，即以建筑适应甚或是控制气候的实质性方法在于控制能流，导引能流。而气候形成本身就是全球能流作用于大气的结果，因而气候设计首先要关注太阳运动和光照环境，由太阳能致使的气温、风等环境因素都是气候设计的要素。在体现具体场地的特性时，还要考虑微气候的影响，这对于房屋密集的城市环境尤为重要。所以，无论从宏观还是微观，由气候赋予的形式特征都是地方特色的本质表现。

10.1.5.3　建立生态梯度

从时间、空间，纵横两方面回顾人及其活动与自然之间的关系，显然它不是截然对立的，而是柔性的，渐变的，有层次的。这种有层次的关系表现在建筑上最突出的是适应气候。人为了基本生存需要与周围环境之间有若干层过渡空间保护自己，严寒时我们穿多层衣服保暖，酷暑时也许穿一件宽大的衣衫遮阴，或者借助扇子排汗，那么这些衣服和扇子就构成了人与环境之间的一种梯度变化。而房屋作为人类技术进步的代表扩展了人的机体功能，从生态角度可视为人的"第三层皮肤"抑或"衣服"，那么人与大自然间形成了更易调控的复杂梯度。

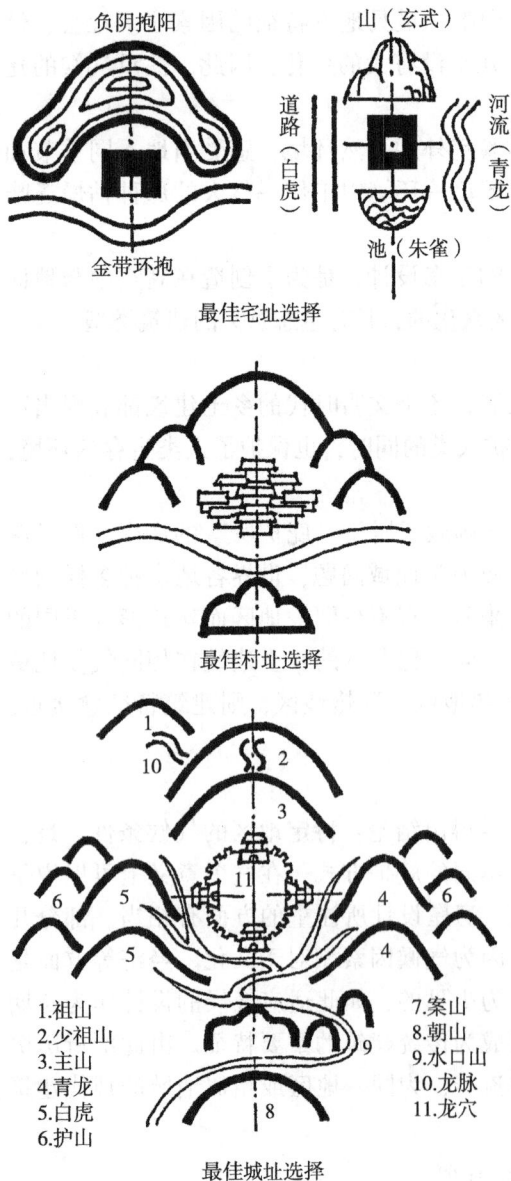

图 10-42　风水观念中聚落的理想格局

负阴抱阳

金带环抱

最佳宅址选择

山（玄武）

道路（白虎）　　河流（青龙）

池（朱雀）

最佳村址选择

1.祖山　　7.案山
2.少祖山　8.朝山
3.主山　　9.水口山
4.青龙　　10.龙脉
5.白虎　　11.龙穴
6.护山

最佳城址选择

这里提出生态梯度的概念是基于其适应特定环境的结果，比如在热带的傣族聚居区，木楼室内外空间的渐进便是一个生态梯度：高大的棕榈树、阔叶树及灌木丛为房屋创造了一个荫翳的微气候，为人提供了凉爽的视觉感受；干阑式的房屋底层架空，扩大了居住空间的外表面积，利于散热和通风去湿，且防洪及驱虫；楼层的晒台、外廊、起居间至卧室构成了一系列的空间过渡，从开敞、明亮和湿热的环境到封闭、幽暗和阴凉的居室，形成自然梯度，而且木材本身也发挥着"自然呼吸"的功能，帮助吸湿和蒸发潮气。又如广东民居中的趟栊门、天井和通道、敞厅和漏窗等也是适应气候的自然梯度，它创造了一个有层次的、可通风的小环境。

在聚落环境上，中国风水观的普遍原则——负阴抱阳，背山面水，实际上也包含了生态梯度观念的运用。具体说来，理想的风水格局具备如图 10-42 所示的小环境。显然，背山可以阻挡北面的寒风，面水以迎接夏日的南风，朝阳争取日照，近水便于用水运输及养殖，缓坡可以避洪涝，植被能保持水土，调节小气候，经济林还可有收益（图 10-43）。相应的在村口设置公共建筑和开敞的场地，以及"后排屋要高出前排屋"都是引

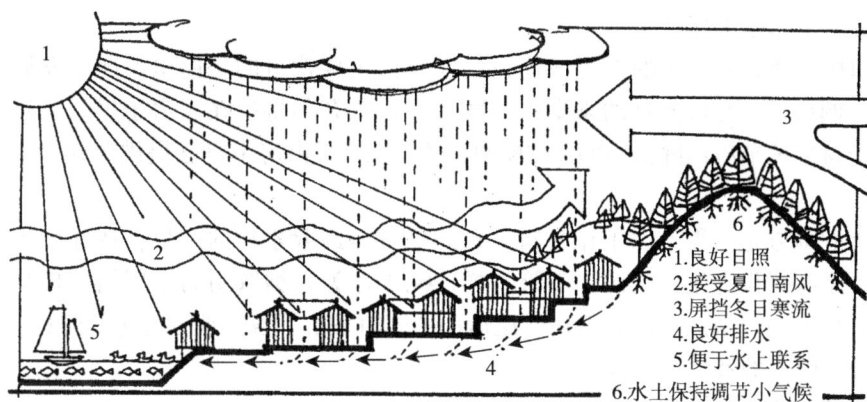

图 10-43　聚落的生态梯度关系

1.良好日照
2.接受夏日南风
3.屏挡冬日寒流
4.良好排水
5.便于水上联系
6.水土保持调节小气候

导风流的措施，宅前的水池不仅是水道枢纽又可防火，这些方法都是为建立生态梯度，创造宜人的居住环境。

建筑的生态梯度同时也适合文化的需要，解决私密空间到公共空间的层次渐进。一方风土，一方文化，气候反映在建筑中的自然梯度在一定程度上决定了人们的交往模式，比如开放的堂屋和骑楼提供了南国都市的户外生活，形成人们乐于聚集、聊天的交往方式；威尼斯的圣马可广场被誉为"欧洲最美丽的客厅"充分反映了南欧人频繁的户外生活，温暖的气候使广场在那里成为替代巴黎沙龙的聚会场所。因而从根本因素上说，气候是生态建筑设计的起始点，是科学的依据。

建立良好生态梯度对于在宏观上保护环境和提高居住品质意义重大。麦克哈格认为在选择城市用地上要考虑 8 个因素：地表水（江河湖等）、洪泛平原、沼泽地、地下水回灌区、含水层、坡地、森林和林地、没有森林的土地。这一序列梯度表明大量建设应集中在空旷的高地上，良好的城市用地是能承受高密度建设的非耕地。如果颠倒了这一自然梯度，在盆地和平原上建设城市，将无法避免空气污染、洪水威胁、地表水下降等危机；倘若推平高地，围湖建设，使土地失去蓄洪和泄洪能力，遭遇特大水灾时，则只能束手就擒。再则为解决城市逆温现象，麦克哈格提出建立"空气库"的主张，即种植有制造氧气的森林用地。空气库应根据逆温期间预期的那些方向延伸到城市污染源以外，城市则在空气库走廊之间的空隙中发展，最好能创造出农村腹地楔入城市的手指状的开放空间。要达到这样的生态梯度，我国长江三角洲和珠江三角洲的城市群蔓延必须加以控制和引导，如逆温现象严重的广州需建立大面积的林地。

总之，气候条件作为重要的地域要素不仅必然，而且需要反映在设计中，尊重自然，适应气候的生态设计应当为设计师们认真关注和研究。

10.2　特定地理因素下建筑材料的生态选择

使用地方材料建房历来是世界各地居民的选择，它为建筑增添了天然的地域特色。当现代材料出现后，情况有所变化，传统依然存在，同时亦有创新。

在前面讨论了生态学的重要观点——物质循环模式，指出在地球资源有限的情况下，通过回收利用、再生设计创造再循环的过程。对于由来自地壳和周围环境的资源构筑起的建成环境而言，保护其赖以生存的生态圈，避免生态系统的退化，是建筑生态设计的重要内容。在循环规律启示下的再生设计主要探索的是建筑过程中的材料问题，它作为建成环境的物质组成部分，运行过程明确，形式类别清晰。在探讨地理因素影响下的建筑地域特征时，从材料的特性方面加以评析，也可为生态方法的选择取用提供依据。

10.2.1 泥土与生土建筑

世界人口中，将近有一半的人仍旧住在以泥土为主要建材的房屋里。即使发展中国家人们的购买力按比例增长，在可预见的未来，多数人十之八九仍将住在泥房子里。一座普通的生土房屋可能由于材料的节省而降低10%~15%的造价[①]，如果由房主自己提供劳动力时，成本更会大大减少。

当然，有的地方是不得不以土作材料，有的地方是经验累积的结果，选择生土作为主要材料，有的甚至是特意设计生土建筑。不管怎样，泥土作为人类取用的最原始的也是最悠久的建筑材料，具有显著的优缺点，使人们在广泛运用的同时发展了各具地方特色的防护措施。

10.2.1.1 泥土的特性

在投资建造前应仔细考察土的特性，它包括以下方面[②]：

(1) 结构与组成及由此决定的内部压力；

(2) 水的情况：杂质的可能性、高峰季地下水的影响；

(3) 导热性、可能有的收缩和膨胀性、温度增减等；

(4) 种树植草的效果；

图10-44 不同深度地下房屋得热情况示意

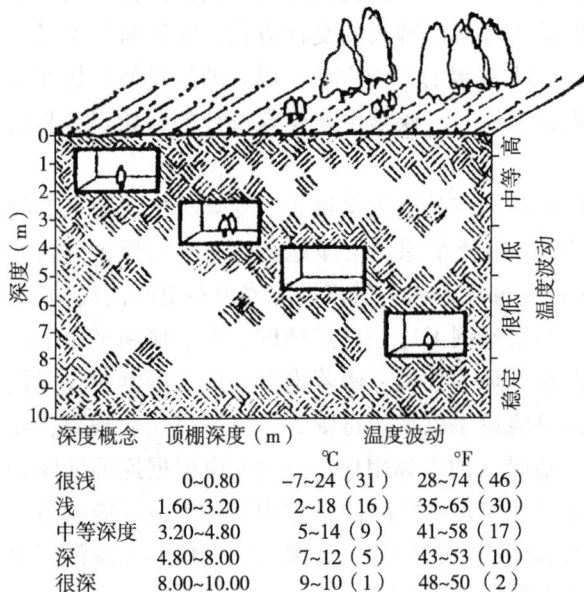

深度概念	顶棚深度（m）	温度波动	
		℃	℉
很浅	0~0.80	−7~24（31）	28~74（46）
浅	1.60~3.20	2~18（16）	35~65（30）
中等深度	3.20~4.80	5~14（9）	41~58（17）
深	4.80~8.00	7~12（5）	43~53（10）
很深	8.00~10.00	9~10（1）	48~50（2）

(5) 抗震能力、裂隙、断层等情况。

甚至在其他次要因素还不至于使造价过高的情况下，研究土的温度也很重要。因为这对于得热、失热的计算以及确定采用的绝热程度和类型都是至关重要的。图10-44表示土层深度与月平均温度的关系，从中可以分析土的热工特性：

(1) 土体季温在深度为8~10m的范围内波动，在此以下，温度变为稳定状态。3m深处的温度接近地上年平均温度。季稳定温度常在9℃左右，取决于气候与土层含水量。

(2) 土壤温度波动随地上季温而变，一般规律是：建筑物位于地下愈深（从地表到8m范围内），温度波动愈小；位置越浅则波动越大。

(3) 土壤越深，则土壤温度趋近空气温度之间的时间延迟越长，越浅则时间延迟越短。

(4) 土壤内日温度波动较为有限，其深度延伸范围是10~30cm。

土壤季节性的得热和失热主要取决于空气温度的变化，但季节性降雨也是引起变化的原因。

土作为建材的方式包括夯土、土坯砖、晒干砖等，现有的资料显示，它们的导热性"K"以及全部空气对空气传热系数"U"，都比烧制的砖和混凝土好（表10-5、表10-6）[③]。也有报道说土壤的导热性受其湿度影响，一个饱和的样品其传导性可能是干样品的几倍。当然作为建材在构造措施下不会容忍产生这样的情况。土坯的能量——这一巨大优点，在极冷极热地区是十分有利的。在中东，住宅为了冷却对能量的需求很大，例如科威特在仲夏时有66%的电力装置仅仅用于降

[①] 阿尼尔·阿卡瓦. 研究：泥土作为传统的建筑材料 [M]. //变化中的农村居住建设. 阿卡·汗建筑奖. 第一卷：实例研究. 新加坡：Concept Media 私人有限公司，1982：134.

[②] ［美］吉·戈兰尼. 掩土建筑：历史、建筑与城镇设计 [M]. 夏云译. 张似赞、李永盛校. 北京：中国建筑工业出版社，1987：96.

[③] 阿尼尔·阿卡瓦. 研究：泥土作为传统的建筑材料 [M]. //变化中的农村居住建设. 阿卡·汗建筑奖. 第一卷：实例研究. 新加坡：Concept Media 私人有限公司，1982：133.

温，导致发电量供不应求，所以不得不考虑节能的计划。在美国生土建筑正迅速增加。

筑墙材料的导热性　　　　　　　　　　　　　　　　　　　　　　表 10-5

材料	导热性 "K"	来源
	每平方英尺 B. Th. U. ＊，每小时每度（华氏），每一英寸厚的差异	
夯土	4.7	萨斯喀彻温大学
压制砖或方块	4.7	假定
土坯块	3.50	美国加利福尼亚大学
风干土坯——晒制砖	3.58	美国加利福尼亚大学
稳定土坯砖	4.00	美国加利福尼亚大学
一般黏土砖	8.00	英国建筑研究站
石灰石	10.60	英国国家物理实验室
密实混凝土	7.00	英国国家物理实验室

注：＊英国热量单位，等于 252cal。

总的传热系数（空气对空气）"U"　　　　　　　　　　　　　表 10-6

墙壁类型	总的传热系数 "U" B. Th. U. ＊，平方英尺，华氏近……度，墙壁厚度差异					
	6″	9″	10″	12″	14″	18″
压制砖或方块	0.41	0.32	0.31	0.28	0.26	0.22
施工现场夯筑土块	0.41	0.32	0.31	0.28	0.26	0.22
土坯砖或方块	0.34	0.27	0.26	0.22	0.20	0.16
稳定风干土坯	0.38	0.30	0.27	0.24	0.22	0.18
普通砖		0.44		0.35		
混凝土（密实）	0.50	0.42	0.39			

注：＊英国热量单位，等于 0.252kcal 或 1055.06J。

那么，从节能的角度看，生土材料有相当的优越性，不仅表现在材料成品上，而且其生产过程也是节能的，还可以大量吸收当地的劳动力。另外，采用便宜的工具、利用太阳能的自然风干作用无疑是节约不可替代能源的。另外，从物质循环的规律看，生土是可以返还大自然的材料，在一般气候条件下，如温湿度变化、风的影响，不会改变生土的成分，所以可以回收利用生土，有的甚至可以直接使用。

泥土作建筑材料的主要缺点是：

（1）易被水侵蚀，吸水后变重。下雨时支承很重泥顶的木梁会下垂；

（2）拉力弱，难用泥土做屋顶（古代努比亚人用拱顶的方法除外）；

（3）泥与木头难以紧密相粘，因此木门和埋入泥墙中的木窗周围，常有缝隙出现；

（4）对机械损伤敏感，比如，啮齿动物很容易在泥墙上啃洞。

泥土建筑受雨水的影响，只要根据当地的气候和降雨的条件，采取各种设计和构造的预防措施，就能大大降低。

10.2.1.2　泥土构造物的气候特征

不同地区由于气候的不同，泥土建筑的构造和设计重点自然就不一样。通常的原则是保护墙壁，如果气候潮湿，还要保护地基。在降雨量多的地区，需要有出挑的屋面保护墙壁。

英国的天气很潮湿，但它有建造泥土建筑的古老传统。在康沃尔（Cornwall），有一句俗语关于这类建筑："草房所需要的只是一顶好帽子和一双好靴子"[①]，这里指挑出屋面和对地基的保护。

---

① 阿尼尔·阿卡瓦. 研究：泥土作为传统的建筑材料 [M]. //变化中的农村居住建设. 阿卡·汗建筑奖. 第一卷：实例研究. 新加坡：Concept Media 私人有限公司，1982：128.

表 10-7 概述了一系列的预防措施，针对不同气候和降雨条件下泥土房屋的常见问题。

不同气候条件下的预防措施　　　　　　　　　　　　　　　　　表 10-7

气候条件	常见毛病	预防措施
年降雨量少于 10in (2.54m) 的沙漠和半干旱地区	1. 沉陷和收缩裂缝，但不大； 2. 墙壁受风沙侵蚀； 3. 机械损害	1. 选择好土——粉质黏土或砾质壤土或砾石黏土。 2. 准备像贫混凝土灰泥之类的非侵蚀抹灰。 3. 平面布置。 4. 改进手艺。 5. 供预防措施用的现金或实物贷款计划
年降雨量在 10~30in (2.54~7.62m) 的干燥地区	1. 沉陷和收缩裂缝； 2. 风雨对墙壁的侵蚀； 3. 机械损害	1. 选择好土壤——粉质黏土或黏质壤土或砾石黏土。 2. 准备像贫混凝土灰泥或水泥及土灰泥之类的非侵蚀抹灰。 3. 有良好排水设备的平面布置。 4. 盖好屋顶及突出来的长屋檐。 5. 改进手艺。 6. 供预防措施用的现金或实物贷款计划
降雨量在 30~50in (7.62~12.7m) 之间的潮湿地区	1. 沉陷和收缩裂缝——很大； 2. 墙壁和基础的侵蚀； 3. 基础冲刷； 4. 机械损害	1. 选择好土壤——粉质黏土或黏质壤土或砾石黏土。 2. 有良好排水设备的平面布置。 3. 混凝土护墙和房屋四周的站台。 4. 垂直而下的排水管和檐沟。 5. 盖好屋顶，以及突出来的屋檐或游廊。 6. 准备防水和非侵蚀抹灰。 7. 改进手艺。 8. 供预防措施用的现金或实物贷款计划
降雨量超过 50in（约 12.7m）的极潮湿的地区	1. 严重沉陷和收缩裂缝； 2. 墙壁和基础的侵蚀； 3. 基础冲刷； 4. 机械损害	1. 选择好土——粉质黏土或砾质壤土或砾石黏土。 2. 有良好排水设备的平面布置。 3. 混凝土底脚，混凝土方块，水泥及土和石头基础。在年降雨量为 80in（20.32m）或以上的地区，理想的基础高度最少在地平面以上 2ft（0.6096m）处。 4. 防潮层。 5. 房屋周围有混凝土站台和护墙。 6. 垂直而下的排水管和檐沟。 7. 有地板的游廊，要设计成这样，仿佛是将倾盆大雨倒掉一样；对经常有倾盆大雨的地区较理想。 8. 盖好屋顶，屋檐突出。 9. 准备防水和非侵蚀抹灰。 10. 供预防措施用的现金或实物贷款计划

10.2.1.3　泥土加工的方法

1. 土的分级

土壤的选择很重要。单纯的黏土或沙土都不合适，因为黏土有湿涨干缩的倾向，易形成裂缝，而沙土又易碎，所以，最好是一定配比的混合物。

例如，在彭迪切利，当地村民用夯土建新村。夯土用四成黏土（包括壤土和淤泥），六成沙土（不要大砾石）混合而成。同时他们使用一个简单的办法，用以判别是否制造出合适的土。其方法如下：①

第一步：将六成沙土和四成黏土混合起来，加水（不要太多，不应黏手）用两手在锹背面小心翼翼地弄一个对称的卷状物，长约 20cm。

第二步：将它小心地拿在手里，让一端伸出，直到它断裂为止。

第三步：断裂部分掉落下来。如果它有 8~12cm，就宜于做夯土。

---

① 阿尼尔·阿卡瓦. 研究：泥土作为传统的建筑材料［M］. //变化中的农村居住建设. 阿卡·汗建筑奖. 第一卷：实例研究. 新加坡：Concept Media 私人有限公司，1982：128-130.

第四步：如果它超过 12cm 长，再加沙土。

第五步：如果它不足 8cm，再加黏土。

这套简便易行的办法十分适合没有先进设备进行成分检测，也无需多少工序加以细致判定的农村地区，就地利用现有的工具，凭明显的现象就可以直观判断。

美国对土质的分级是按砂、黏土和矿岩三者含量的比例来分析确定的，如图 10-45 所示。

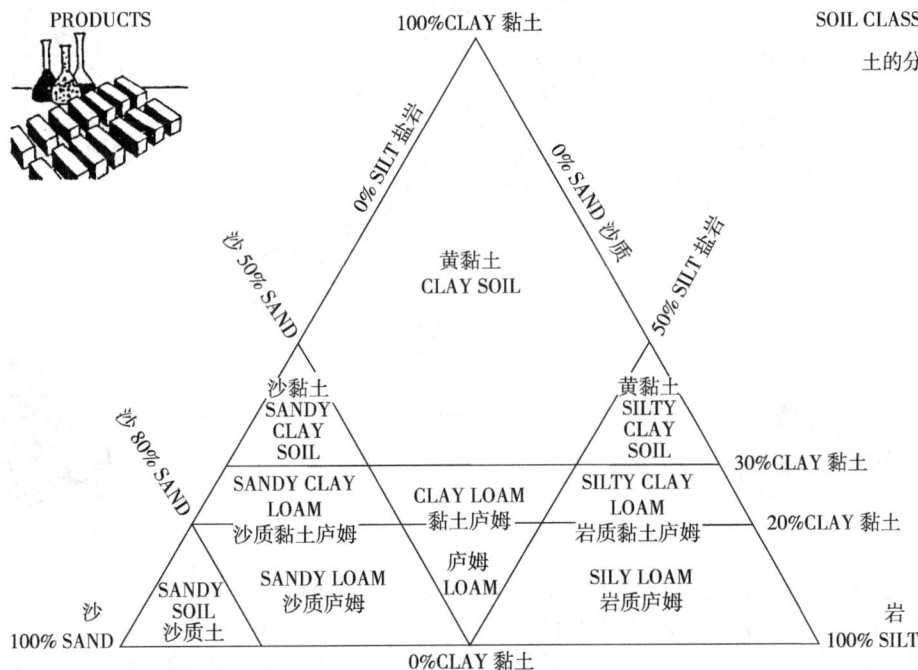

图 10-45 美国的土质分级

2. 简易施工的绿色技术

土质材料的施工技术一般分为夯土、土坯和烧制砖的技术。

夯土技术通常用于不高于 4m 的墙体砌筑，土体两边设 V 形支撑，约 2m 长分为一段，从底到顶逐渐收分。两侧的棍模用绳子捆在一起，或用木板作模。将土填入模板之间加以夯打拍实，并每 2m 长分段施工。夯土技术在各地有不同的习惯和方法，它是生土建筑和土木施工的基本技术。如今，世界上有不少研究机构结合传统方法加以革新，研制出新材料和新技术，如法国的生土研究中心 CRATERRE 发明的夯土和制坯机械，在秘鲁广泛使用（图 10-46）。这比靠日晒干燥、费时占地的手工制坯要大大提高了质量和生产效率，而且土坯砖预留的孔洞可用于加筋，如木棍和钢筋（图 10-47）。①

20 世纪 50 年代发明的 CINVA 夯机是土块制造器，它便宜简单，易于携带，CINVA 夯机可以就地生产，就地消耗，无需材料的长途运输。所以很快在许多发展中国家普及开来。这种机器运用水泥与土的混合料，制造砖块，或是土与其他配料如石灰的混合物。在 20 世纪 60 年代末的几年间，孟加拉国有两万多新房屋运用 CINVA 夯机迅速建造起来。

3. 土壤稳定技术

往某些土壤中加入少量的沥青，制成一种经久耐用，结构上优越的建筑材料，早在公元前3000 多年就在巴比伦运用开来，近几十年这种材料在美国南部已成为重要的工业。用煤焦油和其他一些石油副产品，也能制造沥青稳定砖。

---

① 荆其敏. 覆土建筑［M］. 天津：天津科学技术出版社，1988：177.

图 10-46
CRATERRE 发
明的夯土机械

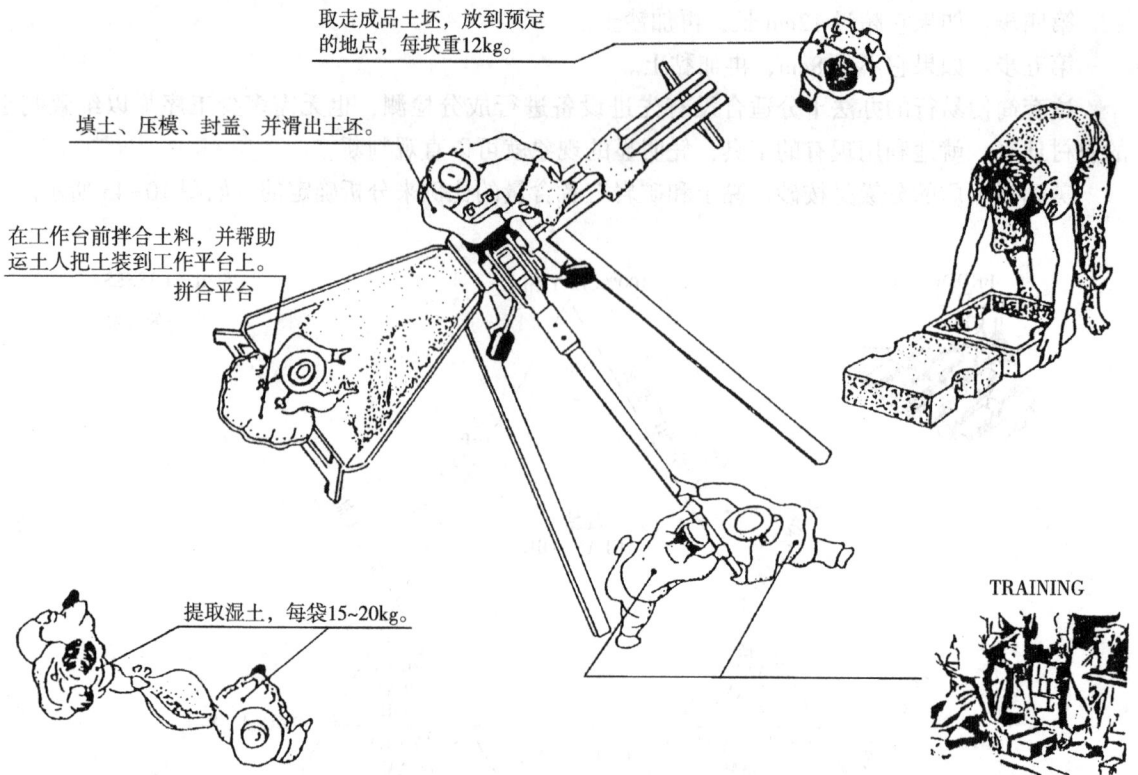

取走成品土坯，放到预定
的地点，每块重12kg。

填土、压模、封盖、并滑出土坯。

在工作台前拌合土料，并帮助
运土人把土装到工作平台上。
拌合平台

提取湿土，每袋15~20kg。

TRAINING

图 10-47 新
型土坯砖（预
留的孔洞可用
于加筋）

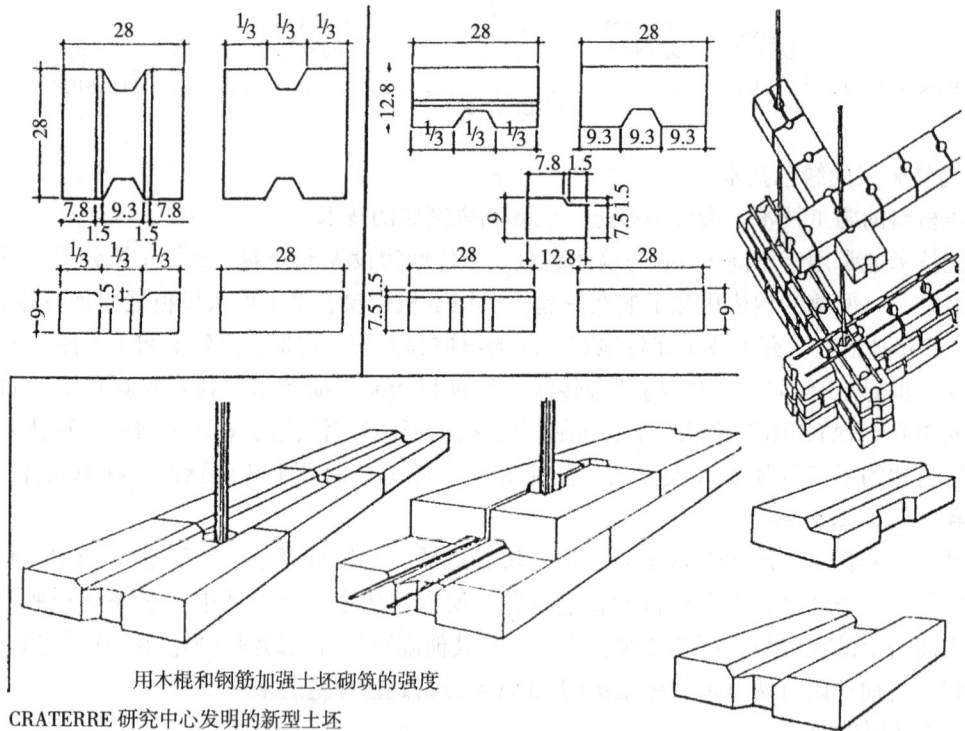

用木棍和钢筋加强土坯砌筑的强度

CRATERRE 研究中心发明的新型土坯

　　沥青土坯技术中有几个因素起决定作用。沥青稳定使土壤不必烘烧而更加持久耐用；获得
更大的对应力和抗压力，同时却减少维修的需要；使土壤防虫、防雨，不受侵害。除了比未加
处理的土坯具有更大的结构力量以外，晒干的沥青土坯几乎不怕潮，实际上能长时间没在水中
不会侵蚀，或失去其承重的能力。由于它内部干燥，沥青土坯才不生寄生虫，不生细菌、不生
昆虫，所以是一种极卫生的介质，供家庭使用，或用来建造农产品仓库。同样由于内部干燥的

结果，沥青土坯具有极佳的热量特点，它的导热性比浇灌混凝土、混凝土块或烧制的砖头都小。对屋顶、地板、门窗和其他散热或获热的根源详加考察，沥青土坯房屋具有很理想的传热特征。一般沥青土坯墙通过蓄热和热消耗单位，来保护热平衡，是节能设计在低技术要求下的较佳选择。①

一般沥青土坯的混合比最好如表 10-8 所列：

沥青土坯最佳配合比　　　　　　　　　　　　　　表 10-8

土壤成分	沥青
含沙量高	4%～6%
含沙量中	7%～12%
含黏土量高	13%～20%

美国的波特兰水泥协会曾经研究水泥与土的混合料，它作为贫民窟改建计划中升级的建材，受到推广。其混合配比在尽量节省水泥用量时，要考虑黏土含量，见表 10-9 所列。

土坯配合比　　　　　　　　　　　　　　　　　表 10-9

土壤成分		所需水泥
沙	黏土	
70%	30%	8%
60%	40%	12%
50%	50%	15%

这种水泥与水的混合料用 CINVA 夯机制成块砖目前是普遍运用的方式。

关于土壤稳定的方法在传统乡土建筑中有不少的地方做法。通过混入有机物使泥土稳定，甚至具有一定的拉力和强度。它们经济实用，而且有极强的地域色彩。例如在加纳北部，煮过的香蕉经提取后，同红土混合；在上沃尔特和加纳北部一种当地称为"阿姆"（am）的植物，提炼后当清漆用，用它来将墙涂成红色；在尼日利亚使用"拉索"（laso），一种当地称为"大发拉"（dafara）的蔓藤（vine Vits pallida）提炼而成和"马库巴"（makuba，用槐树的果荚做成）用来涂墙防水；牛粪和黏土混合，印度、西藏到处都用；在苏丹，"加洛斯"（jaloos）房屋要加"直布拉"（zibla），当地一种用牛粪或马粪做成的防水物质；麦秆跟泥掺和一起，从基督时代起就广为使用，特别是在西亚。在埃塞俄比亚，黍秆（当地称 chid）跟"chika"或泥浆混在一起使用。②

10.2.1.4　土壤资源评价的生态意义

现代加工方法在实施前，有一点很重要：即对当地可能有的资源作出评价，并确定一系列选择，供当地居民选用。古巴比伦采用沥青技术是与这种特产的地理条件相结合的，在现代低造价、便于推广的技术应当遵循地产地销的原则，直接转化当地较丰富的资源。这样不仅可以节约运输的费用，而且优良的技术使本地资源迅速升值成为产品，助益于当地居民，形成良性循环。而且许多简易技术只需在建造现场实时加工，无需专门的工厂和额外的设备、专职人员，

---

① 阿尼尔·阿卡瓦. 研究：泥土作为传统的建筑材料［M］.//变化中的农村居住建设. 阿卡·汗建筑奖. 第一卷：实例研究. 新加坡：Concept Media 私人有限公司，1982：130.
② 阿尼尔·阿卡瓦. 研究：泥土作为传统的建筑材料［M］.//变化中的农村居住建设. 阿卡·汗建筑奖. 第一卷：实例研究. 新加坡：Concept Media 私人有限公司，1982：131.

或只要求少量的外卖成品，或一定的场地用于晾晒存放。这样产销一体，配合居民的自建自助，可以大大降低建房的成本。当然这一过程要遵循的前提如前面所提到的，是必须对当地资源作出评价后，在不损害景观环境，不增加污染（特别是无法自然降解的废弃物、水体污染等），保护良田和有价值的植被的情况下，取用泥土。

10.2.1.5 生土建筑及其生态效益

生土建筑主要是用未焙烧而仅作简单加工的原状土为材料营造主体结构的建筑[①]。生土建筑始于人工凿穴，已有悠久的历史，从古代留存的烽火台、墓葬和城池遗址中，可以看到古代生土建筑的情况。生土建筑分布广泛，几乎遍及全球。1981 年在法国巴黎蓬皮杜艺术和文化中心举办的世界生土建筑展览中，显示现在世界上有 1/3 的人口居住在生土建筑中，中国黄土高原 64 万 km^2 范围内的居民仍旧生活在窑洞及其他生土建筑中。[②]

1. 分布地区及特点

掩土居所是最早的一种住宅形式，在某些区域使用了几千年，世界上有三个地区存在较集中的地下住宅和村社，它们是：[③]

（1）中国北部的黄土地区，那里至今仍有三四千万人口居住在地下。

（2）土耳其中部的卡帕多西亚（Cappadocia），近 4000 年中那里出现过 40 多个地下村社。这一地处土耳其中部的高原地区，气候极为恶劣——夏季炎热，冬季寒冷，全年干燥。圆锥形的地势完全不能耕作，但能承受悬崖地下居所的建造。

（3）位于撒哈拉沙漠北端的突尼斯南部，那里的玛特玛塔（Matamata）高原约有 20 个地下村社，1500 年以来一直在使用。这些地下居所有些成凹形，有些则位于悬崖的正面，类似陕北的靠山窑。

其他还有分散的地下居所和小型的村社，如西班牙、意大利南部和亚洲某些地区具有传统风格的地下住宅等。

掩土或地下建筑特别适合于恶劣气候区域，即白天温度很低或很高的地区，日温差很大，极少甚至没有降雨。干热区、干冷区（例如干旱地区和大陆性气候的高原区）和湿冷区（例如多雪的北方地区）均属恶劣气候区。

恶劣气候地区的居民需要解决一系列的问题。在大多数情况下，采用传统的方法制冷或采暖都要消耗大量的能量，而掩土建筑创造了有益的经验，尤其是这些经验是通过历史的实践发展形成的，它们可以概括为三点：

（1）在地下生活是对付严酷气候条件的有效方法。地下可提供舒适的微气候与便利。

（2）可采用被动式通风，这不仅有利于健康还可节约能源，特别是与其他节能系统结合使用更为有利。

（3）蒸发制冷是改变周围气候能立即见效的方法，如中东地区的民居所采用的增湿系统。

2. 现代地下建筑的生态效益

到地下居住的主要障碍是心理上的偏见。人们一想到无窗的地下生活，显然存在一种否定的印象，总要联想到墓穴和原始的文化。的确，在我们这个时代，总易把地下住宅与贫困相联系，如北非、伊朗、土耳其，而且还与低下的社会经济状态及孤立闭塞相联系。再如中国黄土高原地区，人们仅使用最简单的工具、极少量的财力就能营造窑洞，因此，长期以来窑洞充当

① 中国大百科全书编委会. 中国大百科全书（建筑 园林 城市规划）［M］. 北京，上海：中国大百科全书出版社，1988：379.
② 对于生土建筑有许多不同的称呼，如 G·戈兰尼称其为掩土建筑或地下建筑，荆其敏在其著作中称覆土建筑，还有泥土建筑等。它们的外延虽有不同，但主体都是指以土为主要材料和以土体为建筑界面的房屋，这也是本文所强调的重点。在此作一说明，文中不必一一指出。
③ ［美］吉·戈兰尼. 掩土建筑：历史、建筑与城镇设计［M］. 夏云译. 张似赞，李永盛校. 北京：中国建筑工业出版社，1987：5.

了社会最贫困阶层的栖身之所，故有"寒窑"之称①。居住在简陋的土窑洞里在以往被认为是贫寒的象征，这样的社会背景往往使人忽视了窑洞居所的诸多优点。

而实际上许多研究表明，生土或地下建筑在气候防护、耗能、建造、维护、土地利用等方面有相当的优势，从表 10-10 中可得到以下结论：

地下建筑的生态效益　　　　　　　　　　　　　　表 10-10

	优势方面	存在的问题
对气候的防护	• 防御恶劣气候：如太阳辐射、冷热气温、风尘、干燥等 • 温度波动：减小日温波动，使室内温度稳定 • 舒适性和调节性：能创造一种终年舒适的微气候 • 存活条件：在极冷的天气发生断电时能继续维护生存	沙土掩埋：建在沙漠区或沙土地带的地下建筑，若未考虑专门的设计措施，在尘暴发生时可能被沙土掩埋
耗能费用	• 能耗：全天及冬季可不要空调并减少采暖耗能，这可省近 50%~80% 或更多的能量 • 失热：地下建筑较少窗户等外围护失热，可降低室内温度的波动，故总体得热和失热极少，因而节约电费 • 制冷：需要的制冷能耗很少	照明：白天和晚上照明需较多能量 通风：直接对外开口越少则需机械通风的耗能越多
建造费用	• 土地费用：土地上下可充分地双重使用，因此节约土地费 • 设计：相对简单而费用较小 • 建筑材料：无需外粉刷，窗户和环境处理均用料少 • 地板荷载：地下建筑地板比地上建筑的地板可承受更高的荷载	爆破：当遇到岩石或地下开挖需用爆破时，费用将增高；大规模施工可使上述情况在工程造价和使用上得到改善 开挖：大面积开挖可能要对地面整修以用作农业或其他 地质图：需要详细的地质图和土壤研究
维修费	• 维修：外部没有油漆、修理、改装、窗户或屋顶翻修等工作，因而维修很少或没有 • 耐久性：由于大大减少了气候对其围护物的影响，故其耐久性长 • 房屋清扫：室外尘土很少进入，故任务轻	公用设施修理：费用高
土地使用	• 节约用地：有可能使地面保留为空地或作其他用途 • 节约空间：能提供大量的绿化地带和地面空间 • 紧凑：使土地使用紧凑，因而可节约运输耗能 • 公用设施：用地紧凑的特点，可缩短公用设施的长度 • 景观：可保持自然景观 • 社会作用：土地利用的紧凑促进人们接近，并鼓励步行	密度：可能增加住房的密度
环境影响	• 私密性 • 环境影响：对干旱区的环境和生态系统的影响很少 • 噪声：可以防声，使邻近飞机场的土地也能使用，并防止道路等振动传入室内 • 生产率：安静良好的环境有利于劳动和创作 • 风的影响：减至最小	地下水位：地下水位高的场地要进行特别处理 运输振动：铁路系统和其他重型运输的强振动能在土层中传播很远
安全性	• 防护：可以对破坏者、噪声、空气污染起防护作用，也对放射性物质降落起防护作用（如果需考虑的话），同时防止自身污染扩散到外界（如核电站） • 掩护：地下大空间在战时或自然灾害时可容纳大量人口 • 防冻：不会发生管子冻结 • 火灾：对火灾的阻力很大，故保险费低。火势增长可限制在一定的范围，减少火灾蔓延的危险	防火疏散：发生火灾时疏散可能有问题 水灾：给排水设施不好时，可能遭受水患 断层：位于地质断层位置就可能出危险
健康	• 修养：舒适的室内气候，独立安静的环境，对健康有利 • 安静：能激发创造性，特别是对作家和艺术家。安静的环境可以促进精神健康 • 潮湿：在干旱地区提供较湿润的环境	充分通风：需要经常的专门通风以获得新鲜空气 潮湿：土体水分多时室内会潮湿 幽闭恐惧症：有些人可能会对封闭空间产生一种病理学的幽闭恐惧症，特别是老年人

---

① 侯继尧，王军. 中国窑洞 [M]. 郑州：河南科学技术出版社，1999：58.

图 10-48 不同深度土壤月平均温度变化

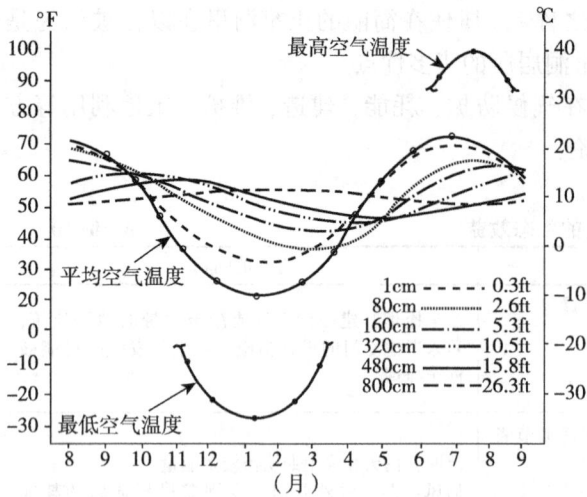

°F ℃

最高空气温度

平均空气温度

最低空气温度

1cm ------ 0.3ft
80cm 2.6ft
160cm -·-·- 5.3ft
320cm ---- 10.5ft
480cm —— 15.8ft
800cm - - - 26.3ft

（月）

（1）地下建筑不以外部气候为转移，它有其自己的微气候；

（2）其微气候按一天和一季为准几乎都是稳定的；

（3）微气候的稳定性主要取决于入土深度（图10-48），而受外部气候的影响极小；

（4）地下建筑在室外气候条件严酷时可节约大量的能量（图10-49）。

3. 生土建筑的意义

回顾历史和现代的生土建筑，可总结几条经验以明确其意义：

（1）在生土和地下建筑中居住是对所在环境的极好调节，是适当应用本地资源、建筑材料的范例，对自然环境、景观、生态系统的损害都远比一般的地上建筑少。

（2）建造生土建筑要使其满足现代规范和标准的要求，就必须结合各种知识、先进技术、适当的生理环境条件，并正确理解古代文化提供的解决办法。

（3）最重要的是生土和地下建筑全年发挥作用的最有效、最理想的条件是在气候恶劣区，特别是干冷或干热地区。

总之，选用怎样的材料和技术需要研究所处环境的条件，以上对泥土及以之为主要材料的生土建筑作了一个概括的分析。

图 10-49 不同房屋的能量散失比较

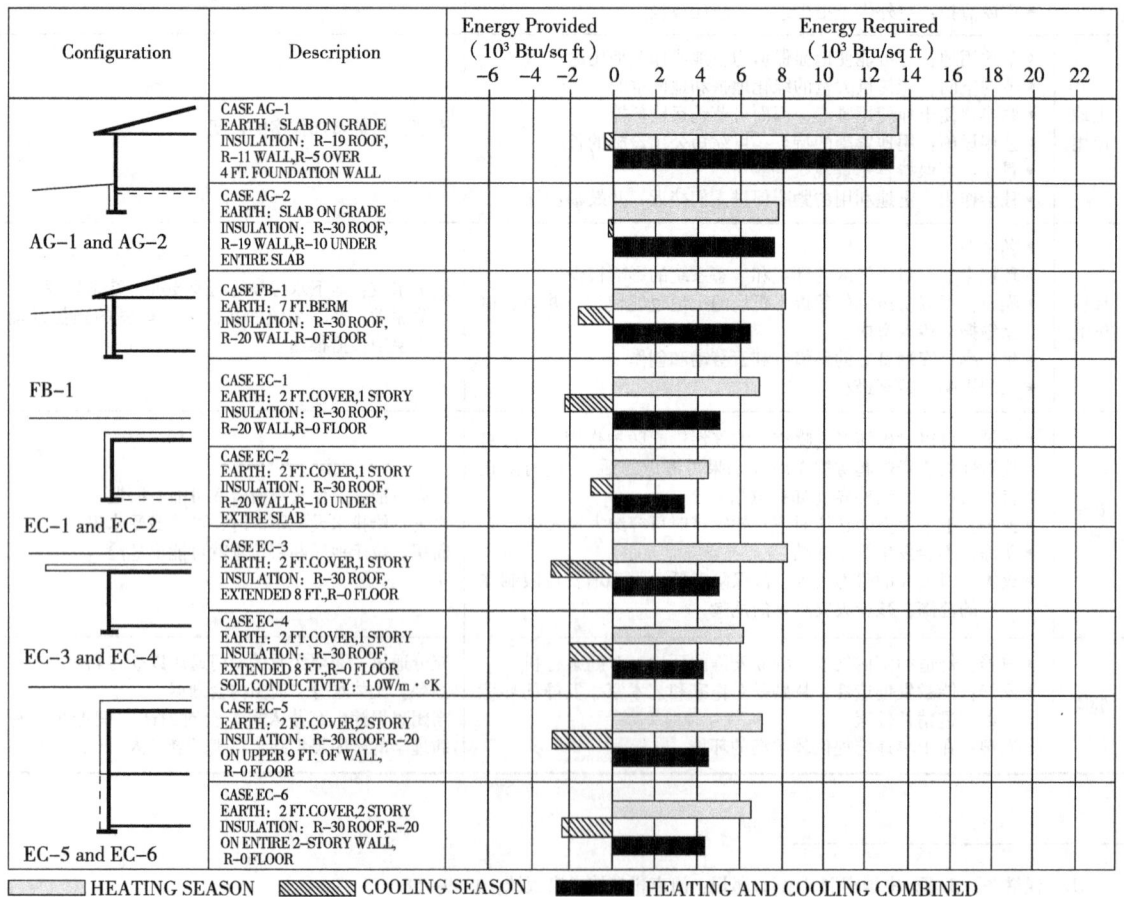

HEATING SEASON   COOLING SEASON   HEATING AND COOLING COMBINED

10.2.2　木材与干阑建筑

木材是植物产品，属于可替代的和可调整的资源。当环境条件合适，自然新陈代谢良好，木材产量可以维持一定的水平。如果环境损伤则导致生产力下降，甚至丧失。这种改变由多种因素决定，其中人类的介入是重要的环节。我国古代的阿房宫，规模巨大，华丽无比，而且是在数年内迅速建成的，庞大的木构体系需求的木材量空前，所以后人有"蜀山兀，阿房出"的词句，吟诵一处繁华的背后是一处衰落，可谓是古代一次典型的由建造过程导致的环境的损伤。

木材作为可更新的天然材料，不仅历史悠久，目前仍是建筑业的重要材料。

木构建筑在世界各地亦十分普遍，尤其是温润多林地区，例如中国古代建筑就是以木构为主的体系。

10.2.2.1　木材的可持续特性

木材的使用在全世界都十分普遍，只要有树木、有人的地方，就会取用。木材以其易于加工，便于获取和人工运输的实用性很早就用于构筑掩体。树干做构件，树枝还可以他用，诸如盖顶、编墙体，或者当柴烧，树的浑身都是宝。而且在环境养护得当的情况下，森林可以生生不息，源源不断地供应木材。木材本身的使用年限同人的寿命相仿，代代更新住房，代代培育新林，前辈人种下的树长成时，正好下辈人用，如此循环更迭，在人口压力不超出环境承载力时是可以维持

图 10-50　树木与文化环境

良性循环的。中国古代许多地方有习俗在人死后或择几个有意义的日子，种植林木，造福子孙。直到今天，在南方的乡村考察时，凡有大树的地方必有村庄，有历史文化的地方必有大树，尤其在村庄的公共活动地带，如学校、祠堂、大门等地，树木被保护得最好（图 10-50）。

木材还有几个重要的优点。如弹性和韧性好，故而在冲击或动力荷载作用下，能吸收较大的能量，这使木结构房屋的抗震性能好。我国古代的房屋以木构承重，砖石围护，所以有"墙倒屋不塌"的说法。历时 900 年的应县木塔，经过数次大地震的考验，仍然完好。1998 年底丽江的大地震毁掉了大量房屋，特别是近几十年新建的砖石建筑，然而废墟中仍可见老式的木构架支撑在残垣断壁间。中国大片地区处于地震活动带，在古代社会人口密度低的情况下，木构房屋无疑提供了安全的保证。

再则，木材的热工性能良好（见表 10-11）。导热系数小于 0.15W/（m·K）的材料，可称为绝热材料[1]。表中松木几乎可视为绝热材料。在寒冷地区，无论南北方都有"井干式"房屋，如云南、四川的彝族、纳西族、普米族等民居，而东北林区的居民们亦广泛采用此法，今天仍可在阿尔卑斯山麓瑞士等地看到传统民居的式样是井干加干阑的结合体。井干壁体通过圆木或方木层层累叠而成，故而密实保温，山坡雪原上建房往往架起一定高度，防止地板潮湿，下面堆放杂物，作圈栏，当然四周亦封闭起来以挡风雪。这在云南怒江一带的怒族、独龙族民居中称"垛木房"，实际上就是井干壁体的干阑式房屋。

---

① 西安冶金建筑学院，重庆建筑工程学院，华南工学院，合肥工业大学，华中工学院合编.建筑材料（高等学校试用教材）[M].北京：中国建筑工业出版社，1986：11.

几种典型材料的热工性质指标　　　　　　　表 10-11

材料	导热系数 [W/（m·K）]	比热 [J/（g·K）]	材料	导热系数 [W/（m·K）]	比热 [J/（g·K）]
铜	370	0.38	绝热用纤维板	0.05	1.46
钢	55	0.46	玻璃棉板	0.04	0.88
花岗石	2.9	0.80	泡沫塑料	0.03	1.30
普通混凝土	1.8	0.88	冰	2.20	2.05
普通黏土砖	0.55	0.84	水	0.60	4.19
松木（横纹）	0.15	1.63	密闭空气	0.025	1.00

图 10-51 新建的传统木屋

另外，木材易于加工，接合构造简单的特点利于保护环境。因为施工过程往往会给环境带来冲击，现代化城市建筑最为显而易见。在西南地区的侗族、壮族、傣族等干阑民居考察显示，一幢普遍木楼房的工期不过十天半月，通常是在亲友邻里十来个男子的帮助下完成。有的民居较讲究，如侗族在黔东南等地，需请工匠指导，建设较有规章计划。施工过程无需大型设备和场地，梁架拼装好后一榀榀用绳索拉起立好穿枋，盖上瓦后就可室内施工。所以常见大片青屋间插一两幢浅色的木框架，便知将起新楼（图 10-51）。高密度的聚落，连机耕路也没有，在乡村传统技术下，恐怕只有木构才能担当得起这样苛刻条件下建房的责任。在云南边境佤族地区，建房更是简易，全村一起干，一天建好公共房屋，而后分头建住宅，三四天便建成，其中木材的功劳很大。

10.2.2.2　竹木共用

竹多产于气候湿热、雨量充沛的地区。我国西南大部地区在这样的气候特征下，自然而然孕育了以竹木为主的先天建筑材料。以竹作为建筑材料在这一地域有着悠久的历史。在清代沈日霖的《粤西琐记》中就有："不瓦而盖，盖以竹；不砖而墙，墙以竹；不板而门，门以竹，其余若椽、若楞、若窗牖、若承壁，莫非竹者，衙署上房，亦竹屋"的记载。到近代傣族、佤族、景颇族、怒族、布朗族、德昂族、基诺族、拉祜族、傈僳族等民族的房屋建造仍大量使用竹，有的民族，如佤族，其生活器具、生产工具也多是竹制品，还以竹搭桥，体现出湿热地带使用竹的普遍性[①]。

这一方面是因为竹子质轻，加工极为简便，连接方式以绑扎为主，主要受力构件采用穿斗，一把弓形扁刀就可以完成所有加工。所以竹屋可以较木屋更迅速地建起来，常常几天便可完成。而且竹子的生长期短，一年成材，故而原料的选择面和量相当宽裕，这在更新周期方面要优于木材，一般树木长到可用于建筑材料需 20 年以上的时间。当然，利弊相辅，竹子的耐久性和坚固方面不如木材，因而竹屋的维修和更迭要频繁得多，对于临时建屋更适合。

另一方面竹子的加工工艺使竹制构件具有利于通风的功能。因为竹子是圆筒体，中空，除了整体用作柱梁等构件外，还可将竹篾编成壁板或楼板。编织的篾网有缝隙，自然利于空气流通。铺于楼面上的竹簧："竹楼的竹篾多空隙，且系绑于梁上，洪水泛滥时，另将其取下减少浮

① 朱馥艺. 干阑——中国西南传统民居初探 [D]. 武汉：华中理工大学，1997：15；田晓岫主编. 中华民族 [M]. 北京：华夏出版社，1991.

力，俟洪水退后再铺上"还另有功用①。而且竹的肤感凉爽光滑，酷暑时用之极佳。

早期的竹楼、木屋以茅草编成草排作屋盖，一年一换。在侗族地区，仍可见少量小型房顶以杉树皮为顶（图 10-52）。在傣族地区的集市还可看到出售编好的草排。由此可见建筑材料在民居建造活动中主要取决于当地资源和可利用的程度，也是建筑所表现的地域差异的重要因素。而人们对环境的适应在长期的经验积累后形成较固定的习俗，作为文化的一部分代代相传。所以同样湿热多雨产林区，傣族的竹楼迥异于南美洲土著居民的简易竹屋。现代人们又重视起天然材料的运用，表现地方特色，如山东荣成的北斗山庄。

图 10-52　杉树皮小屋

10.2.2.3　木材的间接运用及生态效益

直接用于建房的木材是将原木切割而成的方整木材，这一加工过程产生大量的边皮、碎料、刨花、木屑等废料，为了尽量节约木材，提高木材的利用率，将这些废料进行加工处理制成板材，在建筑装修上用途广泛，这对于即便是可再生资源有极大的意义，因为木头长成材需要几十年的时间，这种更新的过程对于人们取用的速度而言是很缓慢的，加之保护植被的重要性，节约木材和提高其使用效益是非常重要的。

利用废料进行加工处理制成的板材，如纤维板，将板皮、刨花、树枝等废料经破碎、浸泡、研磨成木浆，再经热压成型、干燥处理等工序制成。又如刨花板，木丝板和木屑板是利用刨花碎片、短小废料加工刨制的木丝、木屑等，经过干燥，加胶粘剂拌合，经压制而成的板材。所用的胶粘剂可为植物胶、合成树脂、水泥、菱苦土等。这种板材常用于代替木材，作为建筑物的一般装修，如隔断板，顶棚、屋面板、封檐板、绝热板以及制作家具等。②

还有完全利用原木加工而成的胶合板，木材利用率高。它是将原木沿年轮旋切成大张薄片，经干燥涂胶，按纹理交错重叠，在热压机上压制而成。所以胶合板材质均匀，避免木材干缩后翘曲变形。而且可以通过层叠数量，生产不同厚度，因而强度不同的板材，如三合板、五合板、七合板等，故而在建筑中应用广泛。

从珍视木材资源的角度看，这些复合板确实提高了木材的使用效率，甚至变废为宝，但不能忽视加工复合板是一个十分复杂的过程，它要耗费相当的能量，并使用多种化学物质。例如，生产胶合板一开始的原木软化处理，生产胶合剂，要经过化学处理，去皮、旋切、干燥，热冲压均要求大量的能量供应，其中光干燥这一个步骤，干燥器所需的热量要求燃烧温度高达 5000℉，而燃料多为天然气，木屑③。所以，建筑师在选用材料时，应了解材料的生产过程，这对于考虑可持续性是很重要的，而不仅仅只是关心它的实用效果。只有具备了这种关心环境的意识，设计师在选用材料时才会更为慎重。

10.2.2.4　木构干阑建筑

所谓干阑建筑，是对"人处其上，畜产居下"的居住建筑类型的通称。"干阑"一词的来源也可反映此类建筑对于生态环境的适应。

---

①　朱馥艺. 干阑——中国西南传统民居初探 [D]. 武汉：华中理工大学，1997：15；云南省设计院《云南民居》编写组. 云南民居 [M]. 北京：中国建筑工业出版社，1986.

②　西安冶金建筑学院，重庆建筑工程学院，华南工学院，合肥工业大学，华中工学院合编. 建筑材料（高等学校试用教材）[M]. 北京：中国建筑工业出版社，1986：92.

③　J. Steele. Sustainable Architecture：Principles，Paradigms，and Case Studies [M]. New York：McGraw-Hill Companies, Inc.，1997：220.

图 10-53 干
阑词源演变

Kam¹（原生）——

音变： K $\lnot$ m　Kuη²　Koη²
大义：　鱼窝　　鸟巢　　侗楼
位置：　居水　　居树　　居陆

1. "干阑"一词的来源

干阑一词，最早见于魏、晋时期的汉文古籍，原是对少数民族"房屋"一词的音译名称。

关于该词的来源，不妨从民族学的资料上作一番考察。侗族自称 kam¹ 和 kɐm¹，少数读音为 $\lnot$ əm¹ 和 $\lnot$ ɐm¹。其含义指用树枝、荆棘等物遮掩通向自己居住地的路口。在部分地方有鱼窝的意思，即用树枝、杂草堆于河畔、溪边、池塘水中，供鱼生息。侗语"鸟巢"读作 kuη¹，是 k $\lnot$ m¹ 的演变。侗居 jan²koη² 的 koη² 即楼的意思，koη² 又是 kuη¹ 巢的音变，有的地方尚称之为 jən²k $\lnot$ m¹。图 10-53 说明其关系：

让我们考察一下汉语"干阑"，其上古音为 kanlan。干 kan 与侗语 k $\lnot$ m¹、kam¹ 同声母 k，韵腹 a 和 ɐ 同根，韵尾 n，据《古音概说》云：约在明代，原来读"m"的字变为读"n"，说明 n 和 m 的变易关系。阑 lan 与侗语 jan，声母虽不同，但韵母及声母相同，同是 an 韵和平声调，读音甚近，在听感上差别不大，以汉字记少数民族方言，音有微差是常有的①。故此，干阑一词作为房屋的称谓是壮侗语族诸民族所共有的特征，事实证明这些民族是早就使用干阑的民族。以上的考察，我们可以发现干阑和 jan²koη² 很可能是古代"架木为巢"发展而来的，在语音上仍然保留了原生词根和词义。在史籍中不乏干阑的记载，如《北史·蛮獠传》所谓"依树积木，以居其上，名曰干阑；干阑大小，随家口之数"，后来逐渐向楼的形式发展。《唐韦·南蛮传》云："人楼居，梯而上，各为干栏"。干阑也作干栏，或称麻栏，宋人周云非在《岭外代答》云："民编竹苫茅为两重，上以自处，下居鸡豚，谓之麻栏。"②

2. 干阑分布的环境特征

干阑建筑起源于巢居，巢居是把住所建造于自然原生木上"构木为巢"，若鸟巢状。既是有鸟的地方，必定林木繁多。从音变关系中，鸟巢即居树，鱼窝即居水，可见干阑出现于有树有水的地方。当然有树有水的地方必定生态多样，环境复杂。

恩格斯在《家庭·私有制和国家的起源》一书中对原始居住用了这样的论述："人还住在自己最初居住的地方，即住在热带的或亚热带的森林中。他们至少部分地住在树上，只有这样才可说明，为什么他们在大猛兽中间还能生存。"类似记载还见于韩非《五蠹》："上古之世，人民少而禽兽众，人民不胜禽兽虫蛇，有圣人作，构木为巢，以避群兽，而民悦之，使王天下，号之曰'有巢氏'。"从这些记述中可以看出，巢居是在当时环境条件下人民赖以生存的居住形式。

促使干阑建筑产生的因素很多，台湾学者林会承先生研究中国早期居住建筑指出，"长江沿岸和其支流附近的洪水泛滥；太湖水域的陆沉导致土地沼化；满布杂草，丛林的南华地区，地面不易清理，同时难以防御虫蛇、猛兽；炎热多雨的天气，使山谷产生瘴气，同时大部分的土地潮湿，不适于居住；地形过于起伏变化，平坦地区比例过小，不利于营建；湖泊、池沼过多，使群居不方便，而在水中或沼泽中的住屋，可防止敌人、猛兽的侵扰等等，都是原因之一。当然原始宗教和生活习惯也是不能排除的原因之一，只是尚缺乏资料的证实。而最重要的前提是，这些地区有丰富的林木。"③ 发掘有干阑建筑遗迹的瑞士的湖居，中国河姆渡新石器遗址都表明水域林地是干阑建筑的基本条件。

从现在发现的干阑建筑看，潮湿气候下的多林地区，在全球范围内均有分布。如热带的贝宁湖居（图 10-54），巴西雨林的土著棚屋，亚热带的中国西南少数民族房屋如傣族、侗族木

---

① 张民. 探侗族自称的来源和内涵［J］. 贵州民族研究，1995，1.

② 朱馥艺. 干阑——中国西南传统民居初探［D］. 武汉：华中理工大学，1997：16-17.

③ 引自林会承. 先秦时期中国居住建筑［M］. 台北：台湾六合出版社，1984. 转载于杨昌鸣. 东南亚与中国西南少数民族建筑文化探析［M］. ∥郭湖生主编. 东方建筑研究. 下册. 天津：天津大学出版社，1992.

楼，巴基斯坦的水边民居（图 10-55），以及温带和寒带，如朝鲜的高床建筑，我国东北地区鄂伦春人的"奥伦"（即仓房），阿尔卑斯山麓的大木房等等。可见无论冷热气候带，山地、平原或湖网地区，适合树木生长的湿润地区，人们倾向于采用干阑式房屋，这不仅是对潮湿气候的适应，而且当地资源的便宜程度和可用性直接促成了建筑材料的选择。

例如，我国的西南大部地区气候湿热，雨量充沛，竹木茂盛，因而在建筑材料运用上自然而然地形成了以竹木为主，土石为辅的格局。故而其主要的建筑类型是干阑建筑。

图 10-55 巴基斯坦的水边民居

西南地区地理环境的主要特点是：从高原地带向平原地带急剧过渡，这种过渡沿着若干主要河流流域展开，由此而形成山地、河谷及平原三种主要地形特征。西部的高原和横断山区，地势北高南低，海拔从四五千米降到近 2000m。中部的云贵高原多在一两千米，到广西一带 500m 以下的丘陵山地分布最为普遍，四川盆地内部某些地方仅两三百米。由于西南整个地势西北高、东南低，太平洋和印度洋的水汽都能沿着地势爬坡而上，多数地方年降水量超过 1000mm。该区的河流也主要向东、南和东南三面呈扇形分流。许多大河源远流长，水力资源很富饶，如长江的支流乌江、岷江，长江上游金沙江，还有流经横断山区的澜沧江、怒江，发源于云南乌蒙山的南盘江，其后发展成珠江水系的主干西江。仅云、贵、川三省的水力资源就超过全国总量的 1/3（图 10-56）。

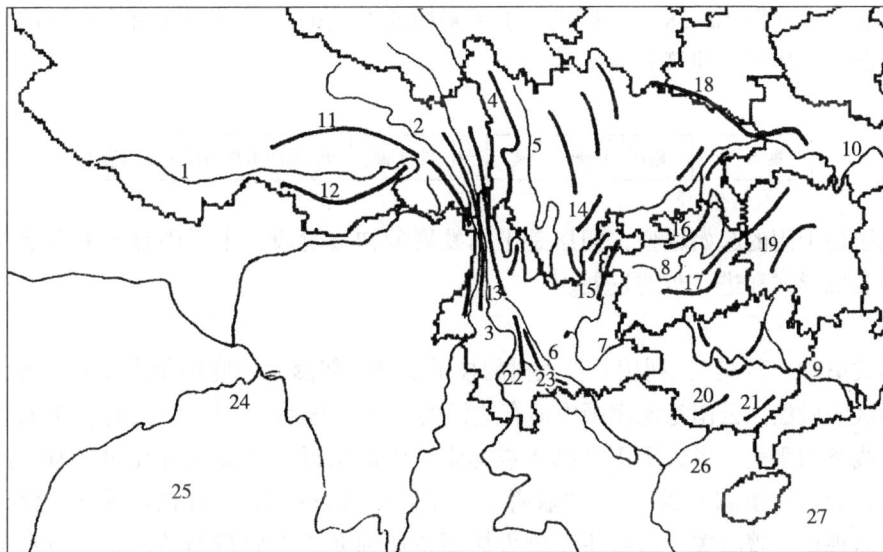

图 10-56 西南主要山河分布示意图

1—雅鲁藏布江；2—怒江；3—澜沧江；4—金沙江；5—雅砻江；6—沅江；7—南盘江；8—乌江；9—西江；10—长江；11—念青唐古拉山脉；12—喜马拉雅山脉；13—横断山脉；14—大凉山；15—乌蒙江；16—大娄山；17—苗岭；18—大巴山脉；19—雪峰山；20—十万大山；21—云开大山；22—无量山；23—哀牢山；24—孟加拉湾；25—印度洋；26—北部湾；27—南海

图 10-57 西南年降水量示意图
1—年降水量在1000mm以上区域；2—▥年降水量在1500mm以上区域

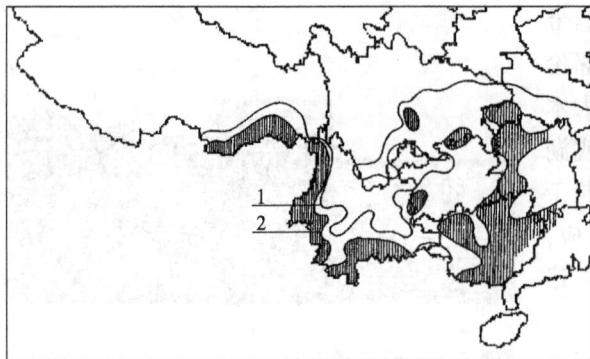

西南大部地区位于亚热带和热带，主要受来自太平洋的东南季风和印度洋的西南季风影响。夏季，两洋的湿润气流带来丰富的降水，一般在1000mm左右（图10-57）。各地气候差异不大。冬季，约以东经104°为界，东部气候和西部气候有所不同。冬半年，由四川、贵州来的冷空气，受到云贵高原和横断山脉的层层阻挡，使冷锋面在贵阳和昆明之间处于静止状态，这叫昆明静止锋。昆明静止锋以东，云雾笼罩，多阴雨冷湿的天气；以西，碧空如洗，多晴朗湿暖的天气。横断山区地形复杂，山岭与河谷之间气候差别很大，在一些高山峡谷区，从山下的热带气候到高山的亚寒带气候，垂直分带非常明显，当地人民俗称其为"一山有四季，十里不同天"，特殊的气候使植物种类繁多，这里还保有大量的森林，是我国的林区之一。云南、广西南部属热带季风气候，四季不明显，干湿季节分明，有着热带动植物生长的良好环境。①

无怪乎《山海经·海内经》卷十八云："西南黑水之间，有都广之野，后稷葬焉。爰有膏菽、膏稻、膏黍、膏稷，百谷自生，冬夏播琴。鸾鸟自歌，凤鸟自舞，灵寿实华，草木所聚。爰有百兽相群爰处。"得天独厚的生态条件，富有变化的地利地貌和气候特点，在西南地区的干阑建筑上真实地反映出来。

10.2.2.5 干阑的构筑方式

干阑的构筑方式随地域而异。

当代自然科学家提出以下见解："有一类参数，由于发展不平衡，处于同一历史横断面上分布在空间不同点的数据或属性，具有时代（或年代）的特征。"②

从现有干阑建筑的空间分布，可以读取建筑历史上所出现的属于干阑式的住居形式，这样排列成的发展序列（图10-58）往往代表了干阑构筑方式的发展进程和由简而繁的规律，亦是人与自然的谐调，体现在建筑上的反应。

图 10-58 干阑的发展序列

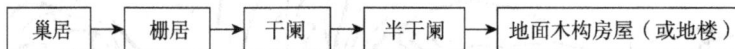

巢居 → 栅居 → 干阑 → 半干阑 → 地面木构房屋（或地楼）

其中巢居是干阑的起始原型，栅居是干阑发展的初级阶段，半干阑是干阑向地面建筑过渡的一种山地表现形式和进一步的发展。③

1. 巢居

巢居形式史称"曾巢"，利用一株大树的枝丫搭设类似窝棚的庇护所为独木曾巢，这是典型热带森林地区的做法。云南沧源崖画中即有这样的"树上房屋"（图10-59），画面上树屋旁边那根弯折的线条似乎表示供人上下的梯子或绳索。沧源附近早已无这种住居，但守护庄稼房屋仍有此形式，天启《滇志》孟艮府："农者于树梢结草楼以护禾。"在西南地区，仅独龙族至清末叶还有巢居现象，曾有关于蓄奴主砍倒大树而迫使独龙族下树被掳的传说。独木巢居在现今的东南亚、非洲、南美洲等一些热带森林地区仍可以找到实例（图10-60）。

① 朱馥艺. 干阑——中国西南传统民居初探 [D]. 华中理工大学，1997：4-5.
② 陈赫. 理工科大学生的文学艺术修养 [M]. //中国大学人文启思录. 第二卷. 武汉：华中理工大学出版社，1998：246.
③ 李先逵. 论干栏式建筑的起源与发展 [J]. 四川建筑，1989，2.

利用几株相邻的树木搭建居所，称为多木构巢，它可以争取较大的空间，且更为稳固、安全，它是营造技术提高的表现，同时满足了人口增殖的需要。在四川出土的一件商代青铜镦上刻画着一种象形文字（图 10-61），表示两木之间夹一悬空房屋，可谓是多木构巢的写照。现代较典型的实例有我国东北地区鄂伦春人的"奥伦"（仓房）。

图 10-59 云南沧源崖画中的"树上房屋"（左）
图 10-60 新几内亚树屋图（中）
图 10-61 象形文字表示的巢居（右）

2. 栅居（桩居）

利用天然生长的树木来架设巢居，毕竟要受到客观条件的限制，当客观条件不能满足人们的需要时，他们就会创造条件来满足自己的需要。在缺少理想的天然树木的场合，人们采用了在地上埋设木桩的方法来代替天然树木支撑巢居的底座，这时的巢居就发生了性质上的变化，成为所说的"栅居"。它标志着人类的营造活动最终摆脱了自然条件的支配，获得了相对的自由。这时人们的活动范围已经不再局限于森林或树木繁茂地带，而可以向着更为广阔的地域发展。

考古学证据表明，大约在新石器时代早期就已出现了栅居形式。最具代表性的当属浙江河姆渡遗址中，第四、第三文化层发掘的干阑建筑遗迹（图 10-62），说明"河姆渡古人的居住形式系以桩木（圆桩与排桩）和承重柱为基础，上架大小横梁后，再铺上板材作地板，形成架空的建筑基座；然后在立柱上构筑梁架及屋顶"①。还有浙江吴兴钱山漾遗址，江苏丹阳香草河遗址，云南剑门海门口遗址等，有的建造技术已达到惊人的程度。

类似河姆渡干阑的桩基类型的栅居，在云南傈僳族的"千脚落地屋"也属此类，"这种竹木结构的楼，建筑时，先在地基上打入数十棵木桩为基础，桩打好后，除选用几棵高大的作为整个房间的支柱外，其余的通通砍平，在上面铺以木板作为楼板，屋顶用茅草覆盖，或用一尺见方的木瓦片覆盖，房屋四周以竹篱笆作墙壁。"② 与之类似的还

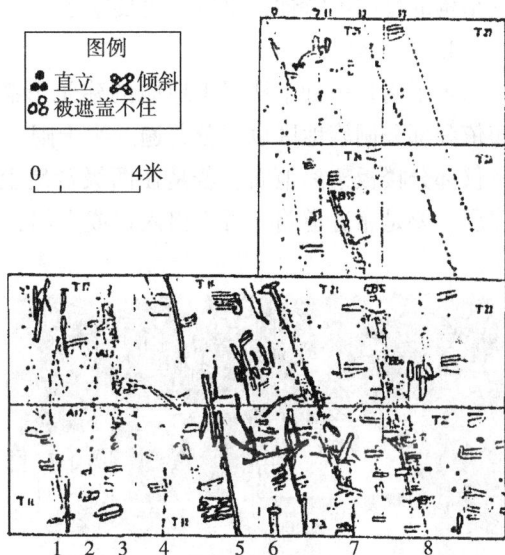

图例
- 直立 ⚏ 倾斜 ⚎ 被遮盖不住

0   4米

图 10-62 河姆渡遗址中第四第三文化层发掘的干阑建筑遗迹

---

① 林华东. 河姆渡文化初探［M］. 杭州：浙江人民出版社，1992.
② 李绍明. 民族学讲座（九）［J］. 贵州民族研究，1984，1.

有云南沧源的佤族住宅等。

在栅居中还用多根不到顶的短柱来支承上部结构，这些短柱直接搁置在地面或础石上，偶尔也有浅埋在地表下的。在现今黔东南的某些侗族和苗族木楼，其"下层排柱每根长（高）约七至九尺许，上部凿四面榫眼，用枋穿连成排，再将几排串接竖立，形成平顶短木架，再铺上木板形成一个平顶楼台之后，放在楼台上竖起第二层；上层外柱基部凿有榫眼穿入下层的穿枋"，使上下两层合为一高楼房架。这种方式通常称为"接柱建竖"，又称"折合建竖"，一般建在清理平整的地面上，也有在鱼塘内安放基石作柱础的。此类栅居在侗区已渐趋消失，仅在某些山区还有遗存。

3. 干阑

到青铜时代，由于金属工具的使用，木构技术长足进步，干阑形制发展已基本成熟，表现出共同的特征。这一时期的考古资料呈现出大量的典型例证，如四川成都十二桥的商代干阑遗址，湖北蕲春西周干阑遗址，云南晋宁石寨山青铜器干阑模型等。尤其是源于新石器时代的"长脊短檐"式屋顶，十分普遍，成为当时干阑的重要特证。后逐渐消失，仅云南景颇族干阑尚存此古风。此外，在东南亚土著民居中仍盛行。

发展成熟的干阑在结构上是以贯通上下的长柱取代栅居的下层短柱，使房屋上下成一整体框架，其形式当以侗族的"整柱建竖"为完备。"整柱建竖"是对应于前文所说的"接柱建竖"，即"在每根长柱上分别凿穿上榫眼，中榫眼和地脚孔，以枋穿连将柱竖起，上榫眼和木枋穿连处正是顶棚部位；中榫眼部位为铺楼板处，柱子下端的地脚孔是安上木枋或圆形木做的'地脚'，以嵌楼下壁板。将三或五根柱穿连起来为一排，每排的正中间柱最高，两边次之，前后柱最矮，矮柱与高柱之间再加以小柱穿连架梁，将二或三、五排穿连的柱竖起用枋"斗"起来，便成了整个房屋的架子"[①]。这样联结的框架，由于在水平方向上都有穿枋和斗枋互相联系，具有很好的整体性，因而抗震效果好。加之对多种地形条件都能适应，可以大大减少工程土方量，节约人力财力，施工进度自然也随之加快，是一种十分经济实用的建筑方式。

除了侗族木楼大多在柱脚之间设置水平联结构件使框架上下部形成稳固整体之外，其他一些民族的木楼，如傣族木楼，只在上半部有良好的水平联系，但对两层高度的整幢木楼而言，其结构的稳固等特性已足以满足要求了。

4. 半干阑

半干阑是一种半楼居半地居的建筑形态，土家族的"吊脚楼"便是它的典型代表，在苗、布依和部分侗族地区也十分普遍。半干阑，或称"吊脚楼"，即是建筑在两级台地或斜坡上，房屋仅部分楼板架离地面。若是在两级台地上，楼板水平面往往与高一级台地齐平，该层仍为居住层，要是靠近道路，可设出入口或大门，底层作牲畜圈或储物，若底层靠近道路，则出入口设于底层。若是建在坡地上，楼下视地面大小，有的平整场地作围栏，有的则不利用，任草丛生长，入口多设在居住层。苗、侗等民族常见的单幢木楼为以上情况，土家族的吊脚楼由于受汉文化"合院"形制的影响，出现了围合和明显的地楼方式。其最基本形式即三开间"一"字形的房屋（图10-63），中间为堂屋，必定落地，两头的两间视地形或落地或吊脚架起；最多见的是"L"

图 10-63 土家族"一"字形楼房

---

① 张贵元. 侗族的建筑艺术 [J]. 贵州文史丛刊, 1987, 4.

形房屋布局，即在"一"形的基础上加一间转角和厢房，多半正屋三间落地，厢房吊脚；还有"凹形"或称"三合水"房屋，和"回"形的天井房屋，均是前述基本型发展而来。

半干阑应用于坡地的独特方式，同时体现出干阑无论是单体还是群体建筑，在高差大的坡地上的优良适应性，而且解决了全干阑与地面联系不便的问题，争取了较大的活动自由度。这是干阑的必然发展趋势。

干阑建筑最后的演变，终于从空中降至地面，楼居为地居所取代。

10.2.2.6 干阑的前景

古中国的建筑领域曾是木构的世界，除了井干式结构在早期占一定地位，而今仅见于高原寒冷地区以井干壁体防寒外，干阑曾经占据中国大部地区，尤其是潮湿多林的南中国，并随着民族迁移传播至北方。

干阑建筑的环境效益通过底层架空和框架体系来实现，传统干阑在木材构筑方式下完全可以满足低密度，人口少的乡村聚落要求，这也是当今中国西南乡村仍然流行传统干阑的原因之一，包括从选材、建筑形式到建筑方法。

从黔东南，桂北和湘南考察侗族、苗族建筑中，发现当时老百姓仍然热衷于建老式的木楼，文化的因素自然有强烈的引导作用，但这片富产林木并以之作为经济支柱的地区，现产现用无疑提供了极大的便利和经济可行性，而从外地拖运水泥、砖石则是难以承受的开销。于情于理干阑都可以在这一带扎根，我询问多户人家，老人们都说木屋比砖房住得舒服，同样的情况也出现在西双版纳勐遮乡的考察。从居民的经验看，木材的干湿调节、热容性，韧性以及视觉、触感，比砖石房屋要优越，木楼对于湿热地区人们着衣单薄，甚至赤足的习惯是相宜的，包括使用火塘、火铺的习俗。所以，乡村民房多以木材构筑，维持原有的面貌，这不仅是文化的传承，一定程度上亦是经济需求所致。从这一点上看，与早期建筑就地取材庇护居所是一个道理。同时，与大量采伐以换取低廉的经济收入相比，直接投入当地建设是有益的，利于环境的再生循环。

如果回到支撑干阑环境效应的两点：架空和框架结构，木材的构筑特点促成它们的产生，而维持这两点现在可以被其他材料所取代，如钢筋混凝土或钢结构。这种替换在高密度，建设量大的城镇地区是可行的，木头的再生周期特点使之难以满足现代社会人口高出古代社会无数倍的使用要求，但干阑作为成功应付所处地域的气候、地理条件的建筑形式，仍然是良好的范本和经验。[①]

10.2.3 混凝土材料及其环境效益

10.2.3.1 原材料——石材

天然石材是最古老的建筑材料之一，世界上许多著名的古建筑是由天然石材建造而成的。屹立了 5000 年之久的古埃及金字塔，古罗马帝国时期的那些宏伟巨构，若不是得益于石头的坚固耐久，便无法传送先人创造的灿烂文化。这也是天然材料中，石材较之土、木可以长期保存文化信息的优点。所以建筑史又称"石头的史书"。石材凭借坚固牢靠，抗压耐久，虽然开采、加工和运输较困难，而建成后则可以经百年之久，甚至更长。从生命周期的角度而言，用天然石材建房在早期的准备，施工阶段虽投入较大，而使用阶段长，改造少。再则废弃后的石料构件往往可以重复利用，这在历史上已屡见不鲜，后人挪用古罗马建筑废墟上的石柱便是例子。

石材本身的多样性为建筑的特色增添光彩，而多样性又来自于产地的差异，这在以使用当地资源为主的早期建筑和现在大量的乡土建筑上尤为明显。黔西南镇宁的布依族民居以石灰石加工成石板覆于屋顶，鱼鳞瓦一般层叠有秩（图 10-64）；羌族的村寨，"垒石为碉以居，如浮图数重"[②]，

---

① 朱馥艺. 干阑——传统生态建筑的时代思考 [J]. 华中建筑, 1999, 3.

② 引自顾炎武的《天下郡国利病书》。

图 10-64 布
依族民居的石
质屋顶

又是一番景象；苍山大理石，黑白相间的纹理无疑令人想起大理白族民居的三坊一照壁，这反映出直接运用地方材料所必然形成的地方特色，进而发展成一套地方建筑的语言。

但是，石头毕竟是不可再生的资源，而且开掘石材往往会破坏自然景观，损伤地表。所以，取用石材需要根据当地资源条件和必要程度，尽量节约使用，在开采后应恢复植被，避免裸土裸石。若地形改变，应考虑地段内整体环境效应的变化，减少不良影响。

10.2.3.2 混凝土

混凝土的可塑性在古罗马时期就发现了它的优点，帝国雄伟的大型公共建筑都离不开混凝土结构。当时没有水泥，但意大利赐予了古罗马人丰富的火山灰资源，人们用它拌以不同石料和水浇筑成巨大的穹隆。万神庙一直统领古代世界建筑最大跨度近 1800 年，而且当时的人们已经懂得不同骨料种类的分配可以获得强度不同的混凝土，万神庙穹隆底部配以坚实的凝灰岩，牢固抗压，顶部是以轻质的浮石作骨料，减轻穹隆自重的压力，而且厚度渐薄符合受力特征。罗马大角斗场底层的异形筒拱同样是得益于混凝土的可塑性，若以石材砌筑，不仅块材加工困难，因为拱体一头大且高一头小而矮，筒拱上的石块没有一块一样的，施工拼装更是非常麻烦。采用混凝土解决了这些问题，而且不受大块石材开采的限制，不会像古埃及中王国时期的法老们为石材所限，将陵墓建于尼罗河上游的峡谷，倚仗山势取石。

当然，强大的生产力和无限多的劳力才能保证在古代社会起用如此沉重坚固的材料和结构，一旦帝国衰落，便不再有这些鸿篇巨制。

现代意义的混凝土是在现代水泥产生后，利用机械化手段，构筑现代结构的支柱材料，它也是现代社会应用最广泛的材料，包括在建筑、水利工程诸多方面，从发达国家到第三世界均很普及。

10.2.3.3 水泥生产的能耗

混凝土由水泥、水、砂和骨料组成。其中水泥在混合物中占 10%~20%，亦是生产中能耗最大的成分。

水泥是由石灰石与黏土经煅烧，加入石膏而成。煅烧过程中要将原料逐步加热至 1480℃，通过水合作用使原料在炉内拌合发生化学反应。水是一次加入的，一般会有一个干燥过程，使石灰石煅烧成氧化钙，同时产生二氧化碳[1]。因此水泥在生产过程中所需的能耗很大（表 10-12）。

混凝土生产的能耗 表 10-12

	重量（%）	原料（t）	运输（t）	浇筑（t）	比例（%）
水泥	12	5792000	504000	157400	94.0
砂	34	5000	37000	29000	1.7
碎石	48	46670	53000	100000	5.9
水	6	0	0	0	0
混凝土	100	6400000			100

[1] J. Steele. Sustainable Architecture: principles, paradigms, and case studies [M]. New York: McGraw-Hill Companies, Inc., 1997: 221.

加热煅烧炉需要烧煤，产生大量的二氧化碳以及氧化氮、硫磺等有害物质。每生产 1t 水泥要燃烧差不多 250kg 的煤或 187m³ 的天然气。

A·威尔森（Wilson）在《环境建筑消息》上指出，混凝土工业前景发展中最大的问题就是二氧化碳的排放和能耗，1992 年"美国能耗总数的 0.6%，折合成美元计算，是用于水泥生产的，而水泥仅占全国产品的 0.06%，这样水泥产品在能量密集上相当于平均产品的十倍。而一些第三世界国家，水泥生产占总计能耗的 2/3"。[①]

10.2.3.4 混凝土生产的环境效应

从工业上改善二氧化碳排放量是微乎其微的，工业界人士指出混凝土有一些独特的优点，如高储热量，较少的维护要求和生命周期总体费用，低发射率，抗火以及建造速度。而且其能耗和二氧化碳排放量只是钢生产的 1/60，这些优点足以证明混凝土是"绿色"的。由于混凝土可用多种方法建造，诸如当地拼装，预制构件，加之结构系统多样，所以很难精确评估混凝土的生命周期耗费。然而，储热量这一项是有争议的。尤其富有说服力的是埃及建筑师 H·法赛，他是黏土砖构造的坚决拥护者。

法赛曾激烈地批评 20 世纪 60 年代用混凝土构筑努比亚新居民点项目，这项工程是阿斯旺水坝的产物，水坝迫使原来住在泥砖房的难民迁离家园。法赛引证有大量婴儿死于新造混凝土房屋的高温，谴责设计者选用的材料不适合新处的环境，因为它不能"呼吸"，还需要使用昂贵的进口配料。而无视脚下提供的自由，获得时间验证的东西。虽然他的指责有个人色彩，客观讲建筑师的短视倾向专门运用一种材料仅仅是因为它的可塑性，可以强调创造性，同时又是西方化进程的标志，所以少有考虑经济和微气候的影响。J·斯蒂尔（Steele）列举出柯布西耶在昌迪加尔的作品，尼迈耶（Neimeyer）在巴西利亚（Brasilia）的表现以及 L·康（Kahn）在（Bangladesh）的作品，指出对混凝土这种材料的一致要求就像国际式风格一样不再是一成不变的了，它们曾经是相互联系的，而今条件变化了，地域间的相互作用增强起来。

10.2.3.5 混凝土环保技术

生产混凝土需要诸多原料，改善原料的利用率，运用循环再生的概念，仍有不少措施可为。其中最显著的方法是以粉煤灰替代矾土或砂，甚至构成水泥本身的一部分，这样既免去生产中的大量固体废弃物，而且削减了能耗。

因为天然生成的砂，如岸边的沙，显然不能作混凝土胶结材料。砂必须经过采掘，分类、筛选和冲洗后才能使用。而粉煤灰是炉煤燃烧后的残余物，只要稍作处理便可替代砂，这也适合煤的循环利用。这样一来，粉煤灰也可替代水泥中 15%～35% 的成分，这种新型的混合物正在欧洲开发试用。在水化作用的化学反应后石灰与粉煤灰发生反应形成的硅酸钙与水泥固化时所形成的相似。有杂志验证这一价值，称"粉煤灰可以提高混凝土的强度，改善抗硫酸盐的能力，降低渗透性，减少使用水的比例以及增强混凝土的可操作性和泵吸能力。"[②]

水资源的使用是全人类十分关注的基本话题，节水的作用是很具前景的。同时，粉煤灰的使用减轻了混凝土自重，这意味着以后房屋的基础部分可以缩减尺寸，这样尽量减少侵入地表的土体。

另外，混凝土结构废弃后回收利用率很低，一般用其砌块填塞基础，而金属材料可以

① A. Wilson. Using Concrete Wisely, Environmental Building New [J]. 1993 (3/4)：12, 转载于 J. Steele. Sustainable Architecture：Principles, paradigms, and Case Studies [M]. New York：McGraw-Hill Companies, Inc., 1997, 214.

② J. Steele. Sustainable Architecture：Principles, Paradigms, and Case Studies [M]. New York：McGraw-Hill Companies, Inc., 1997：216.

回炉重铸，所以混凝土再循环的潜力受限制，现在正发展相关技术回收钢筋混凝土中的金属。

10.2.4　金属材料与钢结构建筑

金属材料用于建筑很早就有，但在结构上采用金属材料，则是近代的事。从生铁建筑发展为现代钢结构，使用金属改变了以往小构件的次要地位，而代以整栋结构，金属材料史无前例地在现代建筑史占据重要的地位。

10.2.4.1　金属材料在循环再生方面的机能

金属材料包括黑色金属和有色金属两大类。黑色金属指以铁元素为主要成分的金属及其合金。有色金属是黑色金属以外的，如铝、铜、镁、铅、锌等金属及其合金[①]。

金属材料涵盖的内容较多，各种金属及合金的品质差异很大，这里着重从其生产过程的规律考察金属材料对环境的影响，综合评述金属材料在循环再生方面的机能。

首先，生产金属的原料以粗矿石形式存在于地球表面，矿石通常是从露天矿或深井采掘。在露天矿中最普遍的工具是电铲和卡车，这种工作过程导致大量的垃圾，因为采掘出来的原料比实际要提炼的矿石多几倍，如铁矿采掘量多出五倍。露天矿还会引发侵蚀、有毒物质的排放、灰尘，并且消耗大量的能量。

其次，矿石加工是一个复杂的过程。在现代化的加工厂，要经过筛选，淘洗，混合相应配料，熔炼等一系列处理，显然这是极其耗费能量的。由于高炉熔炼需要烧煤，所以导致大量的烟尘，这往往是此类工厂的环境特点，烟囱林立，浓烟滚滚（如果不经环保处理）。

金属材料如果不是出现腐蚀损坏，往往比房屋的寿命更持久。在发展中国家，房屋拆除后还可将金属制品的构件回收使用。如果是废件，金属制品可以回炉重新铸造，较之混凝土，金属材料的一大优点便是再循环的效率高。有研究表明，建筑的蕴能量与其体积大小有关。总的趋势是建筑的体积越小，其材料与设备中的蕴能量总值就越低。预应力混凝土框架结构几乎和钢结构的蕴能量相当，但当其使用寿命结束后，却不如钢材能再循环利用。结构钢材一般能像其初始使用那样进行再循环和再利用，但混凝土只能在低一级的形式中二次利用（例如混凝土只能作为碎石，而不能作为结构再循环使用）。

再循环使用的意义不仅节约物质材料的损耗，而且可以降低能耗。例如，铝材的初始能量值要比钢材高，然而，当结束其使用寿命时，如果要循环利用，铝材比钢材需耗费较少的能源。循环使用铝材比从头制造它要少消耗90%的能源，同时减少95%的空气污染。使用循环利用的玻璃与重新生产玻璃相比可减少32%的能耗、20%的空气污染和50%的水污染[②]。

这对保护环境和节约地球矿物资源是极有意义的。当然矿产毕竟是不可替代的资源，虽然金属可以循环再生，但再次的损耗是绝对的。从保护地球不可再生资源的角度而言，节约使用金属材料依然是建筑生态设计的重要原则。

1. 铝

铝作为建筑进步观念的象征得力于现代建筑运动先驱诸如 O·瓦格纳（Wagner），B·富勒（Fuller）等人的推动。例如瓦格纳的作品，用铝件销拴建筑的大理石薄板代表一种新颖的真实的材料处理，出现在斯塔霍芬（Steinhof）教堂和维也纳邮政储蓄所中，同样表现在他的讲义中，那些未来派的、独立的铝制采暖构件，远远超出当时的标准，用在有玻璃顶棚的邮政储蓄所大厅中仍然表现这种真实性。

---

①　西安冶金建筑学院，重庆建筑工程学院，华南工学院，合肥工业大学，华中工学院合编. 建筑材料（高等学校试用教材）[M]. 北京：中国建筑工业出版社，1986：76.

②　[马来西亚] 杨经文. 绿色摩天楼的设计与规划 [M]. 单军摘译. 世界建筑，1999：28.

然而，进一步考察铝的生产可以说它代表了一处资源滥用的极端[1]。生产铝的原材料铝土矿在全球的储量约 24 亿 t，除了其中的 4.44 亿 t 分布在澳大利亚，其余分布在发展中国家，主要是几内亚（5.6 亿 t），牙买加（2.0 亿 t），印度（1.0 亿 t）和巴西（2.8 亿 t）。铝土矿主要是露天采掘，这必然导致景观破坏和环境混乱，例如在牙买加北岸，人们在主要旅游地的背面采矿，砍伐了海边坡地的大量森林。矿石采掘后要经碾碎、混合烧碱，在炉内加热至 2000°F 的高温，显然这需要大量的能量消耗。这个过程产生的氧化铝可以加工成金属铝。全过程需每磅 85000~103500BTUs 的能量，而且每 6lb 的铝土矿只能生产 2lb 的氧化铝或 1lb 的金属铝。将铝从氧化铝中分离出来需要耗费大量电能，之后需经过多道工序、各种技术才能加工成所需的成品。

与高耗能的熔炼过程相对的是铝制品的高回收率，80% 的废铝能够进入再循环，而且铝的熔点很低。美国铝制品消费总量的 30% 来源于废铝的回收，不过从废弃房屋中回收的铝不超过废铝总量的 20%，但这仍是一个有效的再循环系统。当然即使再循环也不是没有问题的，当重新熔炼时各种铸造方法最典型的是导致杂质，铝的纯度受影响，且其间的垃圾亦是需处理的潜在问题。

2. 钢

与铝不同，铝在用于建筑之外尚有许多用处，建筑业却是钢产品的最大消费者。钢具有强度高，塑性好，品质均匀等多项优点，所以与混凝土一样都是重要的建筑材料。

铁矿的全球蕴藏量大约有 65 亿 t[2]。目前发现的矿藏主要分布在发达国家，加拿大 4.6 亿 t，美国 3.8 亿 t，南非 2.5 亿 t，瑞典 1.6 亿 t，澳大利亚 10.2 亿 t，另外有相当一部分在发展中地区：巴西 6.5 亿 t，委内瑞拉 1.2 亿 t，中国 3.5 亿 t 以及印度 3.3 亿 t。1896 年发明的酸性转炉法推进大规模经济生产，使钢成为建筑技术的新成员。钢的生产制造逐渐成为工业国家经济实力最重要的指标之一。钢生产中的基本成分——铁矿、石灰石和煤——每一样都需要复杂的过程，这使钢成为所有建筑材料中最耗能的。

10.2.4.2 生态时代的钢结构趋势

1851 年伦敦海德公园内的世界博览会展馆落成时，创造了建筑史上空前的成绩：最快的施工速度——这也是方案中标的原因，最轻的结构——铸铁框架，最敞亮的空间。而后 1889 年法国世博会的埃菲尔铁塔和机械设备展馆创下了最高、最大跨度的记录。20 世纪美国高层建筑的发展可以说是钢结构进步的历史，钢作为坚固高强的代表将建筑领域从地面推向空中，可以说，钢结构演绎了现代建筑高科技的进程。

上述资料表明全球钢储量的相当一部分在发达国家，较早开发的实践为他们积累了丰富的经验和技术，自然环境结合社会环境促成钢结构的大力发展，尤其在注重实效的"新"大陆——美国。没有历史文化的限制，新型、高效的建筑结构很受欢迎，同时迅速膨胀的经济势头大大刺激了高层办公建筑的兴起，钢结构高层建筑于 19 世纪末开始普及。一个世纪来的发展使钢结构的性能朝着更轻、更强、更方便施工的方向长足迈进，钢本身的生产也有不少改进，除了广泛应用于公共建筑和工程外，先进的钢结构技术正开拓新的市场——住宅等小型构筑物。这里结合新材料、新技术从生态的角度探讨钢结构建筑。

1. 轻钢结构

20 世纪 90 年代初美国缅因州奥杜奔社团（Audubon Society）准备在一块木林、池塘环绕的地段上建一座研究中心，他们希望建筑是"绿色"的，并且便于维修、能效高，由可再生的材

---

① J. Steele. Sustainable Architecture: Principles, Paradigms, and Case Studies [M]. New York: McGraw-Hill Companies, Inc., 1997: 209.
② J. Steele. Sustainable Architecture: Principles, Paradigms, and Case Studies [M]. New York: McGraw-Hill Companies, Inc., 1997: 226.

料建造，同时对环境的压力最小。开始他们计划用木结构，而最终选择了钢结构。

是什么原因促使他们为达到环保目的去选择钢结构，这来自于轻钢结构的一系列优势。轻钢（Light-gage Steel）结构与普通木结构的建造比较，在整个房屋生命周期中的能效要高①。这种材料比其他材料轻，是木结构重的 25%~33%，可以再循环而且更耐久，特别是对于有地震、飓风、火险等其他灾害的地区尤为有用。至于翘曲和白蚁的危害，轻钢结构更具优势。因而轻钢结构代替木构将来会成为首选，在夏威夷 30% 的家庭采用了这种结构。

根据高级住宅财团（Consortium for Advanced Residential Buildings［CARB］的测试），对于用不同材料建造 1448ft^2（约 134.5m^2）的城镇住宅，在四个月中，其用于采暖，制冷以及器具的耗电量，钢结构房屋仅比木结构的多出 60kW·h 电。而且两种材料均比传统木结构房屋节省约 1/3 的电量。如果将木材从再生木料等混合物加工处理的高额消耗计算在内，钢的能效与之相差无几。

甚至，建设集团（Construction Group）的生命周期协会（Life Cycle Assessment）主席 I·考克斯（Cox）称，在钢结构房屋的设计寿命内，用于生产钢的所谓蕴能量与运营整个建设所需的能量相比是可忽略的。虽然，木材加工业强调木材的生产较之钢宜于环境，而钢不会翘曲，即意味着钢能够提供更坚固的墙，更方正的转角，并且适当的绝缘可以使之在整个生命周期比木材更利于能量保护。高级住宅财团（CARB）集合了美国能源部、钢材生产商、住宅发展商及相关工业，致力于设计运营耗能少的住宅，并运用系统工程方法进行设计和建造，环境质量理事会的主席 D·贝瑞（Berry）称，在政府努力下有 20 多个代理处正联合研究关于减少垃圾，提高能效和保护资源的方法。

最显著的是，钢结构的装配速度：5h 内装配一幢小住宅。相形之下，常规木屋至少要两倍以上的时间。这大大得益于钢结构房屋的构件可以预制。

当然，相辅相成的是钢结构施工需要专门的工具和专业训练，这需要付出高于木结构施工的支出，大约每位工人 1500 美元的培训费。还有承包商和二手承包商，也要教会他们钢结构的细微差异。

2. 钢结构环保技术几则

轻钢结构以往采用射钉枪操作梁之间的连接，紧钳（clincher）的发明大大改善了节点的性能。需手握的紧钳通过夹紧两片钢来创造一个坚固、类似铆钉的节点，这一过程无需操作部位的任何热压力，而能得到一个格外完好能抗热疲劳或火烧的节点。节点依靠材料本身获得这一特点，不必有赖于添加其他部分或别的材料。同时，采用紧钳的钢结构使再循环过程更为简便直接。

瑞典钢结构协会研究降低楼板、墙壁以及顶棚的噪声传播，使钢结构更适于公寓楼房。其中最普遍有效的办法是分开安装相邻的楼板和顶棚，使框架各自脱开，以形成住户间的声屏。由于轻钢结构相对较轻，营造商可以采用隔声的结构，这一举动仍然可以保持与木材、混凝土在材料费用方面的竞争力。

英国已研制出利用现有钢结构和绝缘技术使房屋更具热效应的方法，从而降低空调费用。这一技术提高了结构在可能暴露下的热容量性能，可以使房屋白天得热、夜晚放热。但这类房屋在温和气候下比在热带更有作用。

10.2.5　材料的生态选择及地域特征

从作为庇护所的建筑产生的起源考察，人们总是先考虑利用现有的材料，只要能用于建造

---

① C. Woker. Selling Steel for Green Construction［J］. New Steel, 1998, 5.

的都可以充当建筑材料。如猛犸人用象牙和兽皮搭帐篷[①]，爱斯基摩人用雪块砌小屋，河姆渡的先民用木头建楼，马丘比丘的石头城，巴比伦的乌尔城无不显示出早期人类建造房屋的基本条件受限于当地的物产。当生产力发达后，出现地区的交流、贸易甚至战争，物质的区域流动才成为可能。外来的材料建造房屋往往不过是贵族富有人家猎奇、奢侈的举动，大量的建设仍然依靠当地材料，土、木、石始终是古代世界建筑材料的主流。由于人口总数少，建设活动在相应地区一般能得到满足，像"蜀山兀，阿房出"这样严重的生态破坏是由于政治局势要求超出寻常的享受所致，并不常见。自然经济下的生活以有机农业为主，保护土地和生活环境是人们生活的基础，因而整个社会物质流动维持一个相对封闭的循环。

在近代工业革命后，生产力空前发展，距离阻碍不了生产的选择。尤其在第二次世界大战以后全球经济贸易的发达，从材料到形式都能传播开去，建筑材料的选择不局限于当地物产，在技术可行经济支撑的情况下外来材料或新型材料可以在全球范围内普及，混凝土的广泛应用正是一个显著的例子。

然而，建筑工业作为耗费和投资巨大的产业，总体上仍然依靠本地或本国的资源，从大量性建筑的角度看，地理条件仍然有制约作用，科技发展和经济往来又可以弥补相对的不足，因而材料选择显示出新的地域特征，它既保留着传统社会朴实的材料选择，如土、木、石，又融合了时代科技发展特征的印迹，呈现出多元、开放的面貌。

10.2.5.1　短线循环-生态消费模式

地球生物圈是一个平衡的物质系统，在前面论述了建筑对地球资源的依赖性，而有限的资源显然对于现在持续增长的人类消费有限制。除了能源外，建筑需要集中大量的构筑材料，当各类资源的压力增长，人们不得不使用次等的资源时，暂时解决资源消耗问题只能靠扩大污染和生态系统退化。问题的焦点在于人类本身，而早先关注的是技术的限制，有些资源（如金属）消耗没有好好管理，因为对之需求产生相应的价值，这最终决定它可能回收的潜质。随着时间和空间的转换，发现新的物质或者提取和回收的技术更新，也可以影响资源供应。

资源的使用价值在任何时代都是自然与人们需求大小等方面相作用的结果，包括资源的物理位置，提取、生产和回收的经济成本。这多少与人们的生活标准和需求程度相关，实际上体现了消费观念和模式的问题。工业社会的发展速度大大超出以往任何社会，这得力于技术的飞跃，而技术的发展推动工业社会的进程是建立在使旧的贬值换取新的能够适应市场的需要来不断地制造"贫乏"和"短缺"，如此拉动消费，推行新的需要。比如富裕社会的人们购买冬装，不仅仅是为了御寒和美观，时尚成为重要的消费因素，这促成一种流行的社会行为，一种风气。E·P·舒马赫曾以"佛教经济学"的观点列举服装制造所代表的消费方式，"衣着的目的既是御寒和美观，那么，任务就应该是花费尽可能少的力量来实现这个目的，即每年耗费最少量的布匹，采用投入劳力最少的款式……比如说，将一块没有裁剪的衣料做成精巧的皱折，可以给人以美得多的感受时，却像现代化西方那样去追求复杂的裁制，那就很不经济了。极其愚蠢的做法是把衣料缝成易于很快磨损的样式。"[②] 那么最佳的消费方式应是通过适度使用资源来满足人们的需要，而不是大量耗费资源。由此对待建筑，同样的理想是"用地方资源生产来满足地方需要，是最合理的经济方式，而依靠远地进口，从而也需要为输出给遥远的陌生人而生产，是非常不经济的，只有

---

① 参考［英］G.勃罗德彭特. 建筑设计与人文科学［M］. 张韦译. 北京：中国建筑工业出版社，1990.

② E·F·舒马赫. 小的是美好的［M］. 虞鸿钧，郑关林译. 刘静华校. 北京：商务印书馆，1984：34.

在特殊情况下有理由小规模地进行这类生产"①。这也反映了生态系统的观点，维护本地区的能流和物流平衡，而且要十分珍惜不可再生资源的使用，尽量在必不可缺的情况下才使用。

不管怎样现在广泛接受的观点是有必要以某种形式在设计中体现保护。为调节使用的潜在选择，需要创造理智的消费模式以利于保护资源和提供将来使用的灵活性。建成环境本身不是个静态的系统，如果要保证稳定，必须要降低资源的耗费，减少垃圾，优化使用，并且更多地使用那些可更新的和可回收的东西。

这里提出的"短线循环"是相对通常所说的"3R"原则，并针对建设面最广泛的乡村地区。3R 原则即 Reduce（减少消耗）、Reuse（重复使用）、Recycle（循环利用），这是对所有行业的通行原则，而建筑有自己独特的规律。建筑不是简单的物品，可以大幅度地裁减、压缩或延期使用，它是有关人民生活和财产安全的生产活动，其产品并且要存在相当长的时间，因而在前两个 R——即减少消耗和重复使用方面有较大的限制。如前文所举的例子，曾经在东北地区建造 24cm 厚的砖墙房屋，以期节约材料降低造价，结果造成后期使用阶段的供暖大幅度增加，整个生命周期的费用远超出一般房屋。再则，建筑的重复使用要求一定的条件，现在较多见的再利用项目出现于大空间的房屋，如厂房、旧火车站等公共建筑，这类建筑无论是以大改大，变换功能，还是以大改小，都提供了可能。而小型建筑如住宅，不是相似功能和要求的项目较难再利用。对于整幢房屋而言如此，对其拆毁后的建筑构件则需视其材料的再利用程度分类处理。故建筑的再循环过程更在于建筑材料本身的可循环素质，如果在其使用期后即废弃后能够自行进入循环进程，无疑会大大减弱对环境的冲击，减少集中处理的压力。

短线循环就是基于这样的考虑，针对农村地区小规模地分散建房，相对耗材多而难以整体重复使用的情况下提出的。短线循环着重材料的循环功能，在有条件使用可再生资源地区尽量考虑采用可再生资源，能采用可循环材料则优先考虑使用。例如鄂西咸丰县是全国生态百强县，森林覆盖率达 47%，木材输出是其重要产业，但交通不便和原材料加工程度低，使其经济效益十分低。这个县同时又是土家族聚居区，当地普遍沿用传统的木构房屋，三四立方米木材就可以建造一幢相当宽敞的宅子（大约 150m²），而且环境保护好使木材的质量上乘，一般房屋可以使用一代以上，百年老屋也很常见。如果从外地运输现代建筑材料反而成本高，当地老百姓承受不了，所以无论从经济、文化还是生态的角度，木材都适合当地的住房建设。传统的材料促成熟见的形式，现成的供应加之成熟的技术，人们更乐于接受习以为常的木屋。在人口压力较小的情况下，完全可以推行木构建筑，现在咸丰县政府已重视这个问题，采用一定方式补助使用木材建房的住户。再如黄土高原的窑洞民居，以土为材，向土体索取空间，解放了地面等于保护了自然环境，而生土可以直接反还大自然，是循环性能良好的建筑材料。对于使用窑洞的几千万人口改善新居，采用何种材料建房的问题至关重要，如果统一建造砖瓦房，原本脆弱的环境可能不堪重负，借鉴窑洞的做法以土为本，可以解决一系列的问题，从材料到室内小气候等诸多方面，西安建筑科技大学研究的加以改造和采用现代技术配备的窑居无疑为绿色住居作出典范。

但是不得不注意到材料使用所反映的消费观念问题，我国的大部分乡村在现代化进程中表现出盲目追随外来文化。在木构干阑地区的考察中，时常看到零星的砖瓦房，一问方知住的是村中最富裕的居民，住"城里人"的房子成为时髦、富裕的象征。新房子有的尚且保持传统的

① E·F·舒马赫. 小的是美好的 [M]. 虞鸿钧，郑关林译. 刘静华校. 北京：商务印书馆，1984：35.

样式，有的干脆放弃，甚至在多雨地区盖平屋顶，所以材料的选用紧紧联系着消费观念，没有一个全面的生态消费观念就不可避免地导致不适应气候、地理特性的房屋产生。建筑作为大投入的产品特别是对于普通家庭不能轻易以试错法来取得经验，而大量的建设需要更加慎重地选择，短线循环的思路在一定程度上可以提供有益的帮助。

总之，设计应当关心资源，为将来的用度确保潜力和自由度。

10.2.5.2 材料的新地域特征

材料的生态选取表现出不同于以往的地域特征：

1. 传统乡土材料与现代工业材料将长期并存使用

传统的自然材料不管是自发的乡土民居，还是自觉的生态住宅，都将是最具规模的、最普及的建设所采用的材料，如生土、木材、石材，它们具备的短线循环功能使之能助益于现代生态房屋的建设。工业材料中以金属材料、玻璃等较具短线循环能力，还有一些利用废渣等制造的合成材料，作为整体生态循环中的一个环节有利于环境的保护。但我们也注意到这些材料往往在不具生态意识的情况下使用，许多大城市充斥着钢与玻璃的高楼，却创造不了"绿色"的小气候和生态运营模式，所以，涉及下一个特征。

2. 材料所反映的地域性弱化，相似材料的运用在适应气候上表现出更多的特征

例如钢结构的运用，从热带到寒带都有市场，北欧的法兰克福银行和马来西亚的 IBM 大厦就是例证。同是生态高层，引入绿化的方法就可反映气候的不同，法兰克福银行用双层玻璃调节外部气候的取舍，办公单元和绿化庭院分几大块垂直分布，这样减少外墙面积以保暖；而 IBM 大厦的绿化则自然开敞，沿外立面螺旋布置台面，均匀分布绿化，完全一派热带风光。在现代材料方面这一特征尤为明显，对于传统自然材料则呈现另一番局面。

3. 传统自然材料在两种极端上发展

一类存在于落后地区的民居建筑，由于条件限制，呈现出自生自灭的原始状况。这些地区的材料选择在一定程度上是必然的，只能采用地方材料，人们没有能力购买外来材料。沿用传统的技术和形式，驾轻就熟两相宜。当然，生活情况仍旧保持较低的状况。这种情况需要外来力量的帮助，提供技术支持、经济援助和长期的跟踪服务，扶持有推广价值的改造项目。对于人口占多数的广大乡村，在物质支援（包括技术）的同时，引导相应的生态消费模式非常重要。

另一类是在发达地区，运用高科技加工自然材料和新构造，创造新形式的建筑。挪威奥斯陆的冬运会会馆，一百多米的大跨度空间采用的是木构架，选用挪威特产的黑松木及品质极佳的寒带木材，经过特殊加工和构造，整个场馆清爽质朴而又富时代感。它不仅是挪威人的骄傲，同时展示了传统木材业的新面貌。又如澳大利亚中部斯科特兰（Scotland）的佛教徒修行中心采用生土建造，利用地冷、采光井等先进手段创造生态智能空间。再如 R·皮阿诺设计的"JM 吉巴欧"文化中心，取形于当地的圆锥形芦苇棚屋，将外墙设计成层层木肋，类似芦苇编织的肌理。双层木肋围护的空间形成一簇簇招展的"风帆"，对应于所处的太平洋小岛的自然环境和传统文化。以钢缆加固的双层木肋间的空腔起"烟囱"作用，它与百叶窗、双层屋顶一同担负着自然通风的任务（图 10-65）。这同时体现了上述两个特征，适应气候的设计为建筑塑造了更强烈的地域特征，而文化中心通过材料表现地域特点已十分突出。

在技术成就易于推广、经济发展迅速的今天，材料的选择不再是地理条件决定的结果，物质流通、信息扩散为建筑的全球化提供了条件，而注重生态、维护人类长期利益需要有绿色意识，保护环境应当始终是设计遵循的原则，通过设计升华早期由材料体现地域特征，需要设计师新的创造。

图 10-65
"JM 吉巴欧"
文化中心

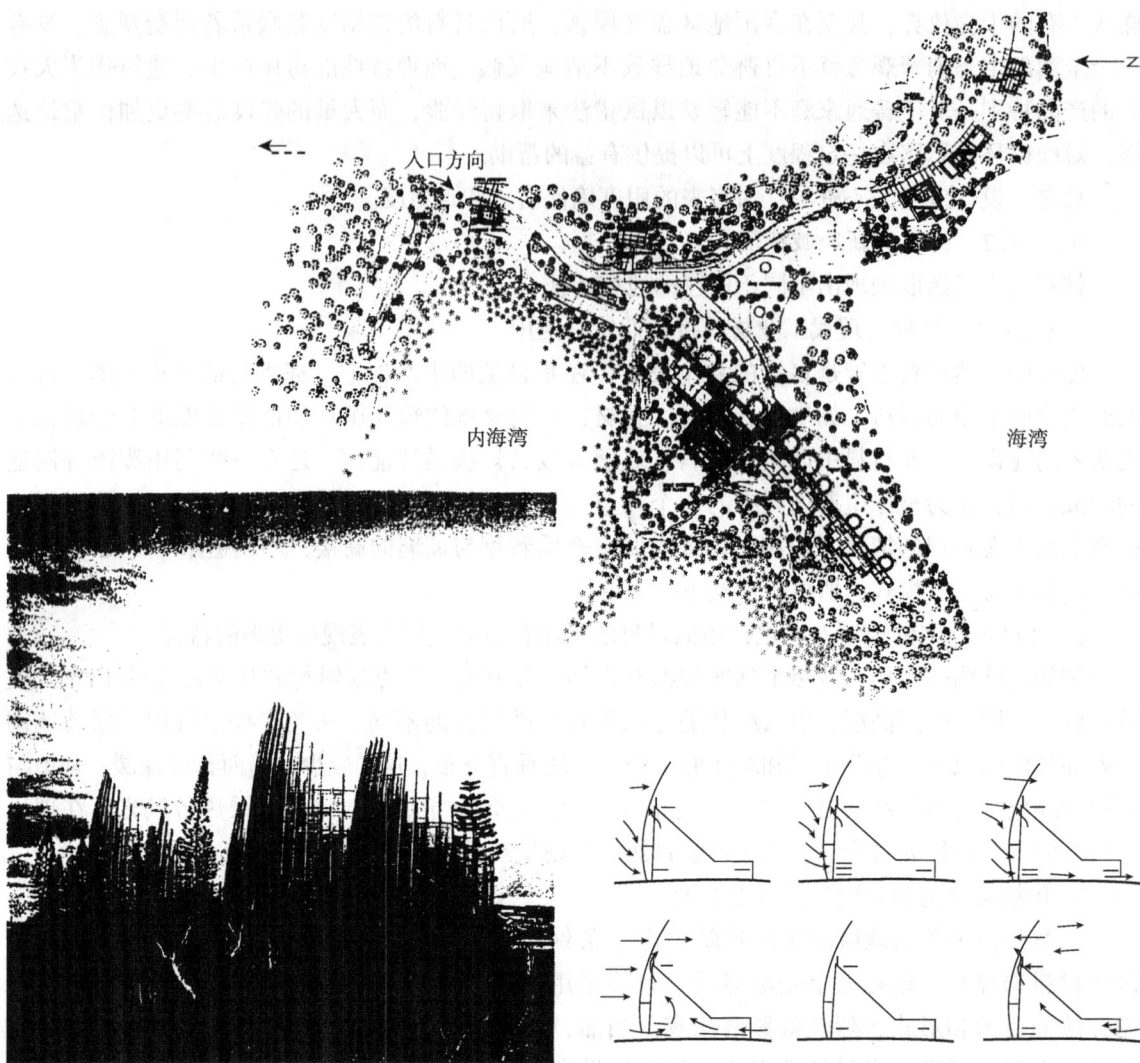

内海湾　　　　　　　　　海湾

10.3　区域文化影响下生态空间的建筑形态

　　"文化"的概念从不同的角度有多种理解，关于建筑与文化亦有许多的探讨，本节试图从生态的角度分析文化与建筑的关系。

10.3.1　关于文化

　　文化是行为、思想和情感的模式，这种模式是习得的，并作为民族群体的特征。行为意味着活动，而思想和情感则是内部的认知和感情的经验。换句话说，文化是一特定民族群体整个社会获得的生活方式或生活类型。

　　当确定文化是由行为、认知以及感情的模式组成的时候，也就是在追随由爱德华·伯内特·泰勒爵士（Sir Edward Burnett Tylor，人类学的奠基者）早先提出的理论。"从广泛的民族学的意义上说，文化或者文明就是由作为社会成员的人所获得的，包括知识、信念、艺术、道德法则、法律、风俗以及其他能力和习惯的复杂整体。从一般意义上说，在不同社会中的文化条件是一个适于对人类思想和活动法则进行研究的主题。"①

---

① 转引自［美］马文·哈里斯. 文化·人·自然——普通人类学导引［M］. 顾建光，高云霞译. 杭州：浙江人民出版社，1992：136.

10.3.1.1 文化适应机制

一特定人群的文化贮存和其跨世代的复制之间的相互独立性是由所谓文化适应机制普遍作用所造成的。正是通过文化适应——一种广泛的意识和无意识学习的过程——老的一代引导年轻的一代去接受他们群体自己的文化储存。例如，中国儿童使用筷子而不是叉子，在他的音素区分中采取音调变化，认为茶里加糖的混合饮料是难喝的，这些都是因为他们适应了中国文化而不是美国文化。文化适应是以长辈对儿童的赏罚控制为基础的。每个世代不仅复制先前的世代的行为，而且将复制那些复制。每个世代学会对那些符合它自己文化经验模式的行为作出奖赏；对不那么符合这种模式的行为作出惩罚，至少不作奖赏。

在现今的世界，谁也不能否认文化适应能对现存社会群体的行为库作相当大的解释。显然，从一个世代到下一个世代的文化模式的复制决不能是完备的。继起的世代不会总是忠实地重复旧的模式，会不断地加上一些新的模式。而且这两者的比例在今天看来变得越来越大。

即使从复制模式的方面来说，文化适应的机制也有着重要的限制。许多重复的模式是继起的世代对类似的社会生活条件所作反应的结果。被接受的程序也许甚至与实际的模式不尽相同。如傣族的房屋一直是竹楼，当经济环境改善和外界对生活方式的影响使人们有条件建造更坚固的住所时，人们都愿意选择以木材建造，同时保持原有的形式，而木楼在以前只有土司才用得起，到20世纪90年代有些人家采用砖石却仍然模仿木楼的式样。傣族木楼的室内设置火塘是传统生活的需要，人们在这里烹饪、聚合以及祭祖，现在搭了灶台，火塘依然保留着，自然不再起煮饭的作用。包括席居制被桌椅等家具所取代，而卧室保持席居，这些说明文化适应过程对于复制与改变的环境是有关的。

任何社会都选择人类行为弧的某些弧段，就其达到的整合而言，其各种习俗趋向于促进它所选择的弧段的表现，并且阻止相反表现。但这些对立表现仍是文化载体的某种性质的类似反映[①]。文化的演变、境遇和功能的复制，这些现象表明，说一个模式得到了文化适应，也就是说存在着某种适于复制而不是适于演变的功能情况。在这个不断流变的世界上，仅仅是问某些事情为什么改变了，这是没有什么现实意义的；我们必须还得问，为什么没有发生变化。可以肯定的是文化适应是一种普遍的原因，存在于所有的文化现象中。[②]

10.3.1.2 社会文化系统的生态模式

英国人类学家拉德克利夫一布朗（Radcliffe-Brown）提出，整个社会系统有三个适应性的方面：①生态，或社会系统适应自然环境的方式；②社会结构，或"秩序社会生活通过它来得以维持的配置"；③使人们适于其社会结构和其生态的精神特性。[③]

其中，生态模式是文化系统的基础。每一个社会文化系统的基础有工具、机器、技术以及把社会生活与特殊聚居地的物质条件联系起来的实践。生态模式由文化上给定的能量获得、转换和分配的技术所组成。这些技术类型与自然居住条件相互作用，产生出表现为食物、燃料和其他可供使用的能量供给形式的能量产品表征水平。技术的发明与实践也为每个人群抵御食肉动物、疾病、气候异常以及一些邻居人群（这些人群也被看作是环境的组成部分）提供了保护。另外一些技术发明和实践则从空间、大气以及其他自然资源的关系中对人口的规模进行调节。所有这些技术环境处理形成了生态模式的组成部分。可是，同样具有根本意义的是人口的数目和密度、与资源有关的分布模式、人口增长比率以及年龄和性别组成所有这些统计学要素都对社会文化系统和其环境之间的关系作出修正。

---

① 参阅 ［美］露丝·本尼迪克. 文化模式 ［M］. 何锡章，黄欢译. 北京：华夏出版社，1987.
② 参阅 ［美］马文·哈里斯. 文化·人·自然——普通人类学导引 ［M］. 顾建光，高云霞译. 杭州：浙江人民出版社，1992：141.
③ 参阅 ［美］马文·哈里斯. 文化·人·自然——普通人类学导引 ［M］. 顾建光，高云霞译. 杭州：浙江人民出版社，1992：145.

10.3.1.3　文化的进化

社会文化系统通常沿着发散的、会聚的或者平行的路线进化。

发散的进化就是两个或更多社会文化系统之间差异日益增多的表现，这是由变化的不同速度和方向造成的。会聚的进化表现为两个以及更多的社会文化系统之间差异日益减少。平行的进化是指这样一种情况，其中两个以上的系统在某些方面以大致相同的速度经历着相似的转变。所有的社会文化差异和相似都是由发散的、会聚的或者平行的进化所造成的。

文化进化与生物进化有显著的不同。在生物进化中所包含的"特质"或"单位"——即基因和有机体——复制自身的方式与文化模式的复制很不相同。生物的再生产是通过形成子基因造成的，这种子基因支配着新的有机体的成长。因而生物进化对于创新的采纳与个体的再生产的速度相关。而文化特质能够在一个世代的时间内从一个个体传播到另一个个体的能力，是文化适应模式胜过生物适应模式的巨大优点，它不限于迅速传播。由于迅速传播、一个创新可以在一特定的人群中传播并得以巩固。文化创新与遗传突变不同，它也可以在不同人群中传播。被称为扩散的这一过程是如此常见，以至在任何社会文化系统中，占压倒多数的特质会引起其他社会的同样的改变。举例来说，在美国的宗教生活、政治组织以及食物技术中有许多已服务于一些边远的人群。产生于中东的犹太基督教的实践与思想形式在美国人中间得到了扩散；而国会民主制度是西欧的创造；由美洲农民培植的生产粮食的植物在中东、在地中海沿岸、在中美洲、在东南亚、在西非的一些主要作物中心都得到了栽培。

在生物形式中，由扩散所表现的再生产，把一个群体内的适应性生物创新从一个群体传布到另外一个群体。但是，在群体之间的基因传播却戏剧性地遭到了物种的限制。在文化和生物进化机制之间的根本不同也许恰恰在于：在文化的领域内没有什么与物种相应的东西。不管两种文化之间的差异是多么地大，它们之间的接触都将不可避免地导致某些文化特质的交换。比方说，爱斯基摩人的文化与加拿大皮货商的文化就其内容、范围以及组织来说都是极为不同的。但这并不能阻碍爱斯基摩人采纳基督教、罐头食品、来复枪，也不能阻碍加拿大人采纳狗拉雪橇、毛皮大衣以及雪鞋。

然而，会聚的过程也是显著的。在不同社会文化系统间的进化的会聚的概率是与地理上的近似性相联系的。一般说来，两个社会相互越是靠近，它们之间的相似之处也越多。但不能把这些相似之处看作是由所有的文化特质都会扩散这一自动的倾向所造成的。地理环境接近的两个社会有可能分享类似的自然环境。从而，在一些社会中的会聚和平行的发展可以部分地通过对相同的环境条件的相同反应来加说明。比如滇南西双版纳生活着傣族、基诺族、佤族等多个少数民族，但他们普遍地采用竹木结构的干阑建筑，这无疑是对湿热多林地带的适应。可是，也有许多这样的例子，即一些社会之间有着密切的接触，但却保持着极为不同的生活方式。有关的一个例子是南美洲的印加人与邻近的热带丛林、村落组织的人民。又如黔东南、桂北以及湘南一带地区，同县而且相距不远的村寨由于民族不同而生活方式迥异，表现在建筑和聚落布局上亦明显不同。如苗族的寨子在中心设一块空地作鼓坪，而侗族的寨子围绕高大的鼓楼建造，并伴有华美的风雨桥。但我们也看到有些紧邻侗寨的苗族村落建起了鼓楼，及简易的风雨桥。这也许显示出扩散的力量。

在人类进化的早期，文化的进化与学习能力的进化是紧密相关的。自然选择总是钟爱那些神经组织能够把握合乎语法的话语的个体，总是钟爱那些能够很快获得由社会条件造成的适应性反应库的个体。由于文化包含着日益增长的、以语言为中介的知识，以及复杂的反应模式，人的神经组织就变得更加复杂了。但是，在生物学意义上的学习能力的进化与文化的进化之间的这种反馈只是文化进化的最为原始阶段的特征。在量和质两方面发生的文化改变的速度中，以及在文化进化速度中很早时期发生的那个起飞开始超过了生物进化的速度。如果把世界作为一个单位来看，那么，我们就会发现，文化的进步是逐步的，而智力的生物学基础则进化得更慢（如果有这方面的进化的话）。

史前文化起飞之点的存在并不意味着文化可以不受其他现象法则的支配。进化超过了某一个点，人类文化就从它最初的对于大脑的进化的依赖性中摆脱出来，但却并没有摆脱所有生物的和环境的限制。确实，文化进化的途径或者"轨道"应该从与在文化、遗传承受和自然环境相关部分之间的连续相互作用有关的关系中来加以理解。

10.3.1.4　文化多样性与环境的影响

文化多样性的一个主要原因就在于人类居住的环境条件的复杂性。土壤、气候、地形、河流、湖泊、海岸、森林以及自然环境方面的其他一些差异或者推进或者阻碍了技术的发明和扩散，并与这种发明和扩散相互作用。这样，农业显然不会像渗入大河流域或有很好水利条件的平原那样渗入极地或者沙漠环境。种植在有水灌溉的田块上的水稻产量显然要比种植在依赖雨水的干燥土壤中的水稻产量要高。换句话说，任何技术都必须与特殊的自然环境相互作用。因而，在不同环境中的相似的技术也许会产生很不相同的生产力并需要不同质量的劳动。而这些转过来又会影响社会结构和经济管理体系。当把玉米种植在热带的巨大可作焚烧的森林地带时，小规模的、半流动、起核心作用的村庄就可能兴起。当玉米种植在有水灌溉的地方，就会形成完全不同的居住模式；这些模式受灌溉形式的影响，这种模式又会根据水供应的量的大小和可赖性、平坦地形的可利用性、水中矿物质的量以及其他的条件而变化。

与新技术发明和扩散有关的多样性的其他原因也绝不应忽视。与整个政治、经济组织有联系的非环境因素在工业技术中变得尤为重要。另外，技术装备的分化传播和发展受到了以前存在的生产方式的影响。至少，从短时间来看，对于一个习惯于以马犁地的民族要去采取机械化的农业形式要比一个游牧民族采取机械化的农业形式容易得多。先已存在的人口条件对于决定将来技术发展的方向来说也是十分重要的。比方说，在印度，与众多人口相联系的组织问题使提高生产力的努力大大复杂化。

在工业社会中，从短期来看，环境的影响是从属于由生产的模式以及由人口、政治和意识形态的因素造成的影响的。必须把这一陈述与另一个经常重复但危险而又不正确的信念仔细地区分开来。这个信念就是，工业社会已把它们自己从环境的影响下面解放出来了，或者说，具有技术的人现在统治了自然，从而，在技术和环境之间的相互作用已不再能说明文化的异同了。确实，美国的工业社会模式已被建到了沙特阿拉伯的沙漠中，建到了阿拉斯加，而且有可能建到月球上面去。但是我们看到，使这种努力得以成功的能量和材料来自于技术和环境的相互作用。这种相互作用是整个美国以及世界其他地方的矿山、工厂和农场上进行的。不可替代的石油、水、土地、森林和矿藏贮存的消耗殆尽的速度，在部分意义上，仍然是这些作为在特定时间和地点的自然"赠予"资源的可利用性的一个函数。同样的，在现代技术抽取和加工自然资源的任何地方，或者，在以任何形式进行工业建设和生产的地方，都有着处理工业废料、污染和其他生物学意义有害的副产品的不同能力的问题。最近，对于工业化带来的生态污染物的问题已引起了广泛的公众注意。在一些工业国家中，人们也正在作出努力来减少空气和水的污染，并防止环境的进一步退化。这些努力所付出的代价对于技术环境的相互作用来说仍然具有重要意义。这些代价将会继续上升，"因为我们尚处于工业时代的开始阶段。在未来的几个世纪中，一些地区的居民将为工业化付出的代价还无法计算。我们将对生产、社会结构和文化的其他方面进行约束，以防止那些长远的不良后果。在这方面，由于狩猎而使美洲的野马绝灭，由于马铃薯引进爱尔兰而产生的严重后果，都给我们以深刻的印象。"[1]

---

① 引自［美］马文·哈里斯. 文化·人·自然——普通人类学导引［M］. 顾建光，高云霞译. 杭州：浙江人民出版社，1992：199.

　　生态学家和人类学家用生态系统这个词来表示包括人的行为在内的全套相互作用，这为我们理解文化与环境之间的复杂关系提供了一个科学的范畴。一如在所有的生态关系中一样，在人群与其环境之间的重要的事情就是去获得为新陈代谢、生长、活动所必需一定量的能量[①]。人类这种对于能量的占用和消耗的方式在很大程度上是由与特定的环境相互作用形成粮食生产的技术所决定的。可是，在达到对任何一个具体的生态系统的能量获得的理解以前，我们还必须考虑其他一些变项。这些变项包括了人口规模、生长速度以及年龄和性别特征。对于经济的变项，如：劳动模式、生产模式、分配以及货物的消费和服务，也须加以考虑。

　　任何生存着的人群的食物能量圈都有着下列的特征：必须把每年的粮食供应中的一部分扣除下来以满足粮食供应本身的需要。投入粮食生产的能量与用于其他活动的能量之间的比例是最为重要的文化变项之一。

　　从史前的情况来看，在长时期内，与用于全体人口的食物能量相比的用于粮食生产的能量呈不断减少的趋势。换句话说，粮食生产变得更为有效了。由当代的狩猎者和采集者投资于寻找食物热量所能生产的热量要比中国人投资于水稻生产的热量所能生产的热量要少得多。消耗在粮食生产上的食物能量与获得的食物总能量之间比例的差异，在很大程度上，是由"节省劳动"的工具、家养动物、栽培植物以及生产过程与适宜的环境的相互作用所造成的。当然在特殊情况下尚有许多另外因素的影响，将在下面进行讨论。

10.3.1.5　生态文化下的建筑层级

　　从历史的长河看，人类在绝大多数场合下是聚而居之的。从原始时代的树巢土穴到后来的村镇和城市，都可以看到聚居的存在和重要[②]。要相对完整地探讨建筑与文化的关系，不能忽视聚落这一建筑发展方向，尤其是聚落的发展往往伴随着文化的演进，其中城市是典型的例子。

　　从生态文化的观点看，城市是一种以人为主体的复合生态系统，通常包括陆地生态系统（诸如平原生态系统、丘陵生态系统、山地生态系统、草原生态系统、森林生态系统等）和水域生态系统（诸如河流生态系统、湖泊生态系统、海洋生态系统等）。因此，城市坐落的地方通常是两种或多种生态系统交接重合的边缘地带。这种地带存在着一种边缘效应，正是这种边缘效应深刻地影响着城市的发生、发展和兴衰。

　　现代生态科学所论及的边缘效应（edge effect）是指这样一种现象。在两种或多种生态系统交接重合的地带通常生物群落结构复杂，某些物种特别活跃，出现不同生态环境的生物种类共生的现象，种群密度也有显著的变化，竞争激烈性和繁殖力也相对更强。例如，许多鸟类在乡村、居民点、城郊、校园等自然和人工生态系统邻接处，其种类、密度和活跃程度都远比在人迹罕至的荒野、草原或草林森林更多更大；森林生态系统的林缘地带植物种类更丰富，花繁草茂的程度远甚于森林内部；一些野生动物更频繁地出没于植物镶嵌度大的边缘栖境；水产品的高产区都集中在海洋同陆地、岛屿交接的地方或河口海湾地区。

　　边缘效应非但在自然生态系统中普遍存在，也是人类社会生态系统中普遍存在的现实。人类社会及其文明本身就是从沿河、沿海和沿湖等水陆交界地带产生、繁衍、昌盛起来的。古老悠久的华夏文化、印度文化、埃及文化就是从黄河流域、印度河—恒河流域、尼罗河流域孕育、诞生和发展起来的。世界上第一批"城市"（或称城市的胚胎）也是6000年前首先出现于这几条河流以及地中海沿岸，它们都是水陆生态系统交接重合的边缘地带。现在世界上所有最发达的地区无一不是某种边缘，几乎所有最繁荣、最有生命力的城市都坐落在水陆边缘，尤其以河

---

①　参阅［美］E·P·奥德姆. 生态学基础［M］. 孙儒泳等译. 北京：人民教育出版社，1981.

②　参阅吴良镛. 广义建筑学［M］. 北京：清华大学出版社，1989：7.

流入海的口岸（河流、陆地、海洋生态系统交接重合的边缘地带）为建立和发展城市最优越的地方。上海地处长江口，杭州地处钱塘江口，广州地处珠江口，天津地处海河河口。国外情况亦然，在亚洲，加尔各答地处恒河河口，卡拉奇地处印度河河口；在欧洲，伦敦地处泰晤士河河口，鹿特丹地处莱茵河河口，里斯本地处特茹河河口，罗马地处台伯河河口，汉堡地处易北河河口，圣彼得堡地处涅瓦河河口；在美洲，纽约地处哈得逊河河口，新奥尔良地处密西西比河河口，休斯敦地处腊索斯河河口；在拉丁美洲，布宜诺斯艾利斯地处巴拉那河河口；在非洲，开罗地处尼罗河河口……世界上海边、河边的城市数不胜数，仅以我国为例，海边城市有大连、营口、秦皇岛、威海、烟台、青岛、连云港、宁波、温州、福州、泉州、厦门、深圳、湛江、海口等。据统计，世界上水边城市的数量是内陆城市的 3 倍以上。事实表明，人类文明的发展实际上也同时是人类不断开拓、利用、占领和调控各种边缘地带的过程。①

生态科学认为，每一个物种、每一个生物个体都在多维的生态空间里占有一定的生态位，然而鉴于所处环境条件的局限，它们实际占有的生态位同理想生态位总是存在着或大或小的距离。这种距离就使得每一个物种、每一个个体都潜在着一种从实际生态位向理想生态位靠拢的趋势，而边缘地带的异质环境却为它们改善自己的生态位提供了可能。通常生物对一种生态因素的利用程度不是孤立和封闭的，而是同其他生态因素的状况密切相关的②。例如，在营养供给水平相同的情况下，经常活动锻炼的人总比不活动不锻炼的人更健康，动水中的鱼总比静水中的鱼长得快而好，其间能量、物质并没有增加，变化的是环境的信息和生物机体吸取能量、物质的方式。

生物一旦与边缘地带异质环境适宜的生态位相谐振，各生态因素之间就会发生强烈的协同作用和相干效应。由于不同性质的生态系统的交接与重合，边缘地带存在着多种"应力"的交互作用，异质性强，信息量丰富，情况复杂多变，因而对非边缘地带中那些信息需求高的种群和个体具有较强的吸引力，从而促使它们向边缘地带集结靠拢。生态系统演替的"目的"无非是通过来自环境的能量、物质、信息的不断输入、输出，不断抵消系统的增熵趋势，排除内部的无序以维持和改善系统的功能。由于边缘地带异质性、不稳定性和来自外系统的干扰、影响，这种有序化趋势和控制强度是从系统中心向系统边缘逐次递减的。因此，边缘地带自由度较大，选择余地较广。

不同性质的生态系统之间相互交接重合地带的边缘效应，正是从生态文化角度认识城市发生发展机制的一把钥匙。一座城市为什么建造在这里，而不是在那里；何以某些地域城市众多，人口密集，生产发达，经济繁荣，文化昌盛，而某些地域就城市稀少，人烟寥寂，经济、文化、科学、技术皆不发达，一方面受着某种客观规律的影响和支配，特别是在人类历史的早期，同时取决于经由文化所表现出来的人的意志和行政力量。

10.3.2　生态空间与场所行为

10.3.2.1　空间与行为

人要在生理上、技术上适应物质世界，要同其他民族进行交涉，必须要掌握抽象的现实，即要掌握"意义"，而意义是为交流产生的，用各种语言来传达的。人面对各种对象的定位都是以建立人与环境之间的动态平衡为目标。T·帕森在《社会》一书中曾这样阐述："人类形成具有一定意义的志向，其成功的程度有所差别，所谓行为，就是在具体情况下令该志向起作用时，从亲自动手的结构或过程中成立的"③。诺伯格·舒尔兹指出，定位的对象是按内与外、远与近、

---

① 参阅陈敏豪，城市：人与环境协调相处、同步发展的重要环节——生态文化的城市观 ［M］. //陈敏豪. 生态文化与文明前景. 武汉：武汉出版社，1995：193.

② 参阅 ［美］E·P·奥德姆. 生态学基础 ［M］. 孙儒泳等译. 北京：人民教育出版社，1981.

③ 引自 T. Parsons. Societies, 1966 ［M］. // ［挪威］诺伯格·舒尔兹. 存在·空间·建筑. 尹培桐译. 北京：中国建筑工业出版社，1990：1.

分离与结合、连续与非连续之类关系排列的，根据这个意义，人的行为都具有空间性的一面。人要了解实现自己的志向，就必须了解空间的各种关系，把它统一在一个"空间概念"之中。诺伯格·舒尔兹进一步认为，"人之对空间感兴趣，其根源在于存在（Existence）。它是由于人抓住了在环境中生活的关系，要为充满事件和行为的世界提出意义或秩序的要求而产生的。"[①]

心理学家 J·皮亚杰（Piaget）指出，人们的"空间意识"是基于操作的图式（Scheme），亦即基于事物的体验。所谓图式，它和通过个人与环境的相互作用而实现的精神发达是平行形成的，由于这一过程，人的各个行为（即"操作"）逐渐形成紧密的统一体。皮亚杰用"同化"与"调节"来说明这一过程。同化是指有机体对其周围对象所起作用，调节则是指相反状态，即有机体不只被动地从属于环境，而在本身的某一结构强加于环境的同时也修正了环境。故而图式是由文化决定的，它要求对环境感情性地定位。

人类自古以来，不仅在空间中发生行为，而且思考空间，为了作为现实的世界形象表现自己世界的结构，还在创造空间。所创造的空间包括了建筑空间。从某种意义上说，凡是为了营建目的而在环境中选择一个场所者，均为建筑空间的创造者。此时，他将环境同化于自己的目的，同时对环境所给予的条件进行调节，因而为自己的环境带来意义。

至此，通过空间和行为关系的探讨，对于建筑和文化之间建立了普遍的联系。而且关于空间的认识常常成为讨论人与环境、文化等方面的基础。

10.3.2.2 生态空间论

生态学最基本的定义是研究生物与环境之间关系的科学。从 ecology 的希腊词根 oikos 中显示其原意是关于生物住所或生境的学说。这表明，生态学早就把生物与环境的关系与特定生态空间联系在一起。对于生态空间的认识，在生态学自身的发展过程中，形成了三类主要观点。

1. 三类主要观点

（1）空间效应观点

这一观点的奠基人是 18 世纪德国著名地理学家亚历山大·洪堡德。他通过野外调查对生物种群、群落的空间分布格局作了精辟的描述，后来形成的植物地理学在研究植物群落、植被的空间地带性与非地带性分异规律中又有了长足的进展。由于对植物群落的解释和定义不同，分裂出若干学派，无论何种学派。都把生态空间看作一种背景，一种生物要素与环境要素相互作用与活动变化的舞台。生物群落的空间分异现象，正是各种生物与环境要素在特定空间效应作用下的产物。[②]

时空耦合作为生态空间研究的一个领域，其特点是把生物群落的空间分布格局作为一种过程来看待，并发展成生态演替理论。以群落交错区（ecotone）为对象的研究领域，在生态空间连续带分析中兴起，并在此基础上提出了边缘效应（edge effect）理论。边缘效应主要存在于生态空间效应的"特异区"，原指不同群落交会处，种群变化和密度增大的趋势，现在这一概念广延到城市生态领域。20 世纪 70 年代兴起的景观生态学（Landscape ecology）研究小空间效应作用下景观单元的结构与功能、多样性与稳定性的关系，以及各景观单元之间相关联的空间集散特征。从某种意义上说，景观生态学把生态空间的研究，从生物与环境要素集合在生态空间表现特征的描述，提高到空间效应对各景观要素作用机理的研究阶段。

（2）空间功能观点

与空间效应观点不同，空间功能将生态空间看作一种可被分割、占有和利用的资源，可以构成某一特定的环境要素作用于生物个体或群体。空间功能观点最早可以追溯到 Grinnell 的生态

---

① 引自 ［挪威］ 诺伯格·舒尔兹. 存在·空间·建筑 ［M］. 尹培桐译. 北京：中国建筑工业出版社，1990：1.
② 参阅宗跃光. 生态空间的研究方法 ［M］. //马世骏主编. 现代生态学透视. 北京：科学出版社，1990.

第10章 生态建筑的地域性与科学性

位（niche）理论。他在考察生物在其生境中分布特征中发现，每个种在生境中都要占有一特定空间，维持其生存与发展的最小空间单位，称之为生态位。

所谓"生态位"（niche）固然含有生存空间的意思，但它更着重强调的是生物机体在群落或生态系统中的作用地位，以及和其他物种的营养关系。它既意味着生物物种的"住址"，也意味着生物物种在生态系统中的"职能"。生态位是一个多维的概念，包含着空间维度，也包含着营养、食性、信息、资源、机遇、自由度、选择性的维度。生态位与竞争是相互联系的，由于任何物种的行为与活动都会受到竞争者的制约与阻碍，因而任何物种都难以利用它的全部生态位。[①]

经过后人的研究，空间功能及空间资源化的观点，已经扩展了具体生态空间的内涵，把生态空间描述为某种抽象空间，这种空间与特定环境要素相结合，就构成生物可利用的"资源"。生物在分割、占有和利用这一资源过程中，也将自身同化进去，加强了空间异质性现象。

（3）空间行为观点

如果说，空间效应与空间功能观点的研究侧重于生态空间中的空间要素，空间行为观点则将生物自身的空间活动作为研究主体。最引人注目的生物空间行为是动物和人类，前者是动物生态学的重要内容，后者是人类生态学的研究领域。

人类生态学的奠基者美国芝加哥学派始终把生态空间作为其重要研究内容。他们以大城市为主要研究对象，提出人类特定生活环境——社区（Community）的概念，即占据在一块被或多或少明确地限定了地域上的人群的汇集，这一群体形成相互独立又相互依存的共生关系，处于某种动态平衡之中。Burgess在1923年首次提出城市地域结构的同心圆理论，总结出由于城市人口流动引起的地域空间分异的5种力。后来，针对城市地域空间分异现象，又产生Hoyt（1939年）的扇形学说，Ullman（1945年）的多核学说，Whittle Sey（1954年）的结节地域概念。城市地域的空间分异之所以引人注目，不仅在于城市集中地体现了人工要素与自然要素相结合而产生的空间异质性特征，而且在于人类不同于一般生物，他们有意识的空间行为能动性，在局部空间形成一种以强大正反馈机制为特征的空间引力场，各种生态流（人口、物质、能量、信息等）在此力场的作用下高度集散的结果，形成特有的城市景观。

从上述三类观点中不难看出，生态学家一直从各种角度来解释生态空间的异质性现象。空间效应观点侧重于空间形态、空间分布的现象与规律的研究；空间功能观点试图揭示生态空间的分割占有过程；空间行为观点侧重于从动因的角度来解释生态空间异质性。所以，生态空间是与生命现象（这里更关注的人类行为、文化模式方面）密切关联的特殊物理空间。

2. 生态空间现象

空间现象研究的重点在于解释生物与环境要素集合（以下简称要素集合）的空间分布特征与分布格局，包括形态与形状、梯度与排序、聚集与辐射、镶嵌与交错等各种要素集合空间分布秩序或规律。

（1）形状与形态

就人类的感性认识而言，三维空间最直观，二维空间最易表达。人类对生态空间异质性的认识首先从要素集合的空间形态中获得。

（2）梯度与排序

梯度与排序的基本思想来源于对宏观生态空间异质性规律的认识，忽略突变现象与随机分布的某些细节。其目的在于揭示要素集合在生态空间的分异规律。

---

① 参阅陈敏豪. 城市：人与环境协调相处、同步发展的重要环节——生态文化的城市观［M］.//陈敏豪, 生态文化与文明前景. 武汉：武汉出版社, 1995.

（3）聚集与辐射

生态空间要素集合的凝聚现象集中表现了空间异质性特征。中国有句古语"物以类聚，人以群分"也是对这种凝聚现象的一种描述。植物生态学很早就注意到植物种群或群落的空间聚集现象，发展了多种聚类分析方法，都偏重于分析要素集合的空间凝聚特征。美国地理学家Whittle Sey（1954年）深入到集合的凝聚强度及其空间分布上。他对城市空间结构研究中发现，城市地域中某些地段对人口流动和物能交换所产生特殊的聚焦作用，称为结节点，其有效服务半径的空间区域称为吸引区，二者组合称为结节地域。

辐射过程是要素集合在空间异质区发展到一定阶段的产物。在生态空间中，辐射现象以人文要素与自然要素的集合体——城市景观表现得最为明显。为防止特大城市过度膨胀，避免产生阿利氏效应①，早在19世纪英国霍华德（Howard，1898年）就提出田园城市理论，对各国大城市的卫星城建设产生深远影响，由于卫星城对大城市人口疏散能力十分有限，有人又提出反磁力中心（Henning，1981年）、分散集团式、多层向心城镇体系（杨吾扬，1986年）等多种城市空间辐射模式。

3. 生态空间过程

生态空间过程的研究着眼于要素集合时空耦合的动态发展过程，研究它们沿时序轴的空间发生、发展、增长、扩散、演替以及自组织过程。如果我们能把握住这种空间变化趋势及变化规律，则可以预测要素集合未来的变化，在评价的基础上为人工合理调控提供依据。

（1）空间演替

如果说空间现象侧重于从静态角度研究要素集合的空间特征，空间演替则着重于动态角度。生物群落的空间演替现象很早就引起人们的注意。景观生态学家Burrough（1983年）认为，形成空间异质性在本质上由两种主要成分所组成，即有规律的结构性成分和无规律的随机成分。这两种成分的交互作用，形成特定区域的生态景观。从这一观点出发，可以认为原生演替是在规律性成分为主导的生态空间中进行，次生演替产生于随机成分干扰的生态空间。

（2）空间增长

空间演替研究侧重于长期变化过程，空间增长则着重研究要素集合在生态空间的快速变化过程。早在20世纪50年代，法国经济学家佩尔鲁克斯（1955年）根据城市发展和工业布局提出生长极核理论，他认为增长核首先产生在资源、交通、经济、技术、劳力等条件优越的生态空间特异区，然后像结晶过程一样不断增长，在强大空间引力场作用下产生极化效应，新兴城市由此产生。后人在此基础上提出发展轴理论，增长极与发展轴交织构成空间增长网络，使生态空间特异区由点向面延伸。

4. 生态空间联系

空间联系研究着眼于要素集合之间的空间关系，如竞争与共生、吸引与排斥、供给与需求等多种生态关系。这些关系通过各种可见与不可见的网络（人工的与自然的）、力场（引力、斥力、优势）等作用而相互影响。

（1）空间竞争与共生

生存空间对于任何生物都是至关重要的。生态学家很早就注意到生物个体及种群在生态空间的共生与竞争行为。一方面，有两种群之间对资源与空间的竞争，另一方面，现实中多种个体与种群共生于同一生存空间的现象是普遍存在的。维持持久共存的种间差异在稳定或变动的生态空间中究竟有多大？有人提出生态位宽度，进而提出生态小生境重叠的概念。Geritz（1988年）进一步发展了这种思想，提出safe-sites模型，指出种间间隔是实现生态空间共存的重要条件。

---

① 由生态学家阿利（Allee）根据实验得出的定律，即种群通过某种社会组织来调节适宜的群聚度，指出过疏与过密对种群都是有害的。

（2）空间场与相互作用理论

在人类生态空间研究中，空间经济学派从经济空间效应出发，先后提出农业区位论、工业区位论、中心地理论。Losch 在 1940 年利用数学推导和经济学理论，提出需求圆锥体的概念，并阐述中心地从圆形转变为六边形的过程。证明在假设条件成立前提下，空间六边形是最佳利用生态空间的有效形状。

（3）空间网络

如果说空间场研究比较抽象，由点和线联结的空间网络则比较具体。某些空间网络可以看作空间场的具体化与形态化。空间网络研究的重要意义在于要素集合的空间分布格局、相互关系、变化趋势及其形成过程。此外可以对要素集合的结构与功能、相关配置及其生态流进行定量分析。

5. 生态空间的意义

对任何空间系统来说，时间与空间是不可分割的统一体。从某种意义上说，空间是时间过程的外在表现形态，时间是空间过程的演变机制。在生态空间中，由于生物能动地参与，加强了生态空间变化速率，从某种意义上看，时间异质性会导致空间异质性。在生态空间中，由于生物能动的空间行为大大加强了生态空间法则的复杂性，特别在人类生态空间中，涉及人类社会、经济、文化等各方面的因素，这使生态空间的研究要回答隐藏在变异过程中的内在规律更具挑战性。

10.3.2.3 生态空间与场所行为

生态空间所探讨的空间现象等内容，以生态空间异质性为核心，空间异质性特征集中体现在生态空间要素集合的凝聚现象上。对于人类社会而言，实际上涉及到社会文化的方面。人类的文化必然产生于人的集合状态下，个体的人只具有个体的经验，不能形成共识。"物以类聚，人以群分"便是对凝聚现象的典型描述，故而生态空间的分析方法有助于对文化的探讨。生态空间的具体化在建筑层面上是本文所关注的，建筑空间和聚落空间与文化的关系，生态空间研究提供了一个视角。在建筑空间的研究方面，前人有大量的论著，其中有关场所的探索结合了人的行为、文化模式等多方面的社会因素。这里将生态空间与场所联合起来，试图以新的眼光发掘建筑与文化的关系。

场所的定义一般是基于格式塔心理学的近接性与闭合性原理。近接性是集中各要素统一成多簇状，就是使体量集中。建筑史上有诸多例子用庞大体量突出场所的倾向，如古埃及的金字塔。而闭合性则是作为某种特殊场所，确定从周边分离的一个空间，如洞窟。[1]

某个体量能起到"中心"作用，则可用"集中性"（Concentration）一词来说明。集中性一般由限定的连续面与对称性所强化，可因孤立化而提高程度。例如，某个体量当其高出周边时，即暗示着垂直轴而组织起周围的空间。雅典卫城孤立于周围的世俗领域之中，不仅强调了它的神圣性，并成为组织该地区整个世界的一个中心。应县木塔突耸于一片平川之上，不仅以其60m的高度，而且在方圆几公里全部平房的范围内，成为视觉的焦点。侗族的鼓楼也是同样的道理，它把人的环境在水平方向停止扩展，把固定点作为人的必须要求，用可见的形象表现出来。

活动场所也有着与集中化体量同样的古老根源。实际上，围护是人为获得环境而最先采用的方法。佤族人建筑村寨的过程可以同时反映出两者的需要：

"首先，当建筑村寨的适当地点选定后，村长便到那地点附近的树林里挑选一棵适合于神栖息的圣木。圣木与村的种类无关，一般挑选粗且直的树，不过，到底选哪一棵则由村长的直觉来定。

挑选完毕后，村长面向圣木请求神降临，祈求允许在本地建筑村寨，祈求村民能受到保护。

---

① 参阅 ［挪威］诺伯格·舒尔兹. 存在·空间·建筑 ［M］. 尹培桐译. 北京：中国建筑工业出版社，1990.

接着，大家把将要成为村民居住地的这一片地域上的杂木砍倒，定出村寨的入口与出口。然后村民们亲手在出入口处搭建起木门，即所谓的村门。

入口与出口的门建成后，村民们便到上述的圣木所在地去参拜，在神木根部搭建神祠，甚至在圣地周围围上竹篱笆。然后献上供品，请求神保佑村民的健康与和平，保佑丰收与富饶。"①

体量——中心，因抽象性而具有理想性格；而闭合亦即围护，则与社会关系较密切。它们基本上集合在一起，表现出为了某种目的而形成圆环。在大多数文化方面，是进行仪式行为或演出活动的围合场所。该场所的重要建筑特性因边界被明确划定而使心理上及物理上的保护得以保证。佤族村寨的圣木就是一个中心，在形象上是体量的中心，在人们心中也是一个中心。在圣木周围建竹篱笆，显然是区分神圣和世俗两个领域，而且在建房之前确定寨子出入口，限定人与外部（常常意味着危险的环境）的不同空间，无疑表现出围合的特征。这两种方法是佤族人确定生存空间的首要步骤，它包含着场所概念中的两个方面——中心性与闭合性。

在古罗马斗兽场中，闭合效果是由几何表现的形体（包含着方向性）和向中心倾斜的观众席所强调。开口部分规则整齐的构图，还体现出作为"社会性"中心的建筑作用。闽西客家土楼也具有相似的效果，尤其是圆楼。闭合的单一空间与集中化的体量相得益彰，而整个闭合的营建地段则相当于以接近的间距排列的房屋群。这样的营建地段的边界，既有以自然物限定的，也有以人工物限定的。然而，无论哪种情况，内侧与外侧加以明确区别，这在场所的性格上乃是不可缺少的。同闭合性一样，在许多场合也可以看到稠密性，这是由于它可以进一步达到强烈的同一性。②

10.3.3 民族建筑形态的意义

前面谈到的文化适应机制和社会文化形态的生态模式，对于每一个相对独立的社会文化系统都是不同的。地域的差异为不同的社会文化系统提供了不同的空间条件，而不同的生活模式促使形成相异的习俗和特征。当今，全世界尚有180多个国家，国与国不同；大部分国家由多个民族组成，因而国内亦由诸多差异。

古人认为各种场所具有各种不同的性质，这样的土地性质往往非常强有力，它最终确定了许多民族环境形象的基本特性，一个民族体验同一场所，形成了归属于它的民族感情。

许多资料可以反映这些问题，这里主要根据我的实地考察，对已足够丰富的国内民族建筑的情况作些许探讨。

10.3.3.1 侗族建筑与环境

侗族，是我国西南少数民族中的一支，属古代百越民族活跃在岭南西部的骆越支系，主要分布于黔、桂、湘三省毗连的山区。这里山溪交错，盆地散落其间，历代史籍称之为"溪峒"③。侗区雨水充沛，气候温和，良好的土地和水资源使之成为著名的木材产地。侗族凭借良好的生态环境，在原始"干阑"的基础上形成了自己的建筑体系。

1. 侗族村寨选址与集聚现象

侗族聚族而居，通常一寨一姓，偶尔错杂少数外姓。村寨随人口的发展，分成支寨，或根据村寨发展沿溪流上下游分为上寨、下寨。规模大的村寨可达600~700户，4000多人，小的也有几十户。

人类社会的群聚现象遵循阿利氏定律，群聚程度必须有利于群体的最适增长和生存④。在群

---

① 引自（日）鸟越宪三郎. 倭族之源——云南 [M]. 段晓明译. 昆明：云南人民出版社，1985：63.

② 参阅 [挪威] 诺伯格·舒尔兹. 存在·空间·建筑 [M]. 尹培桐译. 北京：中国建筑工业出版社，1990：67.

③ 参阅侗族简史 [M]. 贵阳：贵州人民出版社.

④ 参阅 [美] E·P·奥德姆. 生态学基础 [M]. 孙儒泳等译. 北京：人民教育出版社，1981.

聚过程中，还存在一种保持隔离的力量，即领域性行为，它同样有利于群体生存。如果把上述行为的空间效应看作某种"力场"，则在引力场作用下导致空间群聚性，在斥力场作用下形成空间领域性，这种相辅相成的两种力是生物及其相关要素空间集散现象的内在动力。①

图 10-66　侗族村落

在丘陵山地中，山谷的平坦地带（俗称平坝）是生态流会聚的地方，这里有溪流可以供应水田的劳作，而且水流带来了信息，因为它也是人货来往的通路。但平坝数量少，面积往往不大，所以十分珍贵。劳动的便利使人们尽量靠近稻田，以农耕为主、林渔为辅的侗乡人要保持关系紧密的大规模聚居，必然形成紧凑的布局，以保证维持生活的田地面积，同时辅以适量梯田。所以，侗族村落是位于山谷平坝上的高密度的聚居区（图 10-66）。

2. 侗族建筑与水

在侗族的生存环境中，水是十分重要的。侗族人民对水的利用和对水环境的创造，尤其表现在与建筑的关系上，同时，它也反映了侗族人解决高密度聚居环境的智慧。②

与侗寨相关的水环境大致可分为三类：首先是溪流，它是线性、流动的，通常成为村寨发展的脉络；其次是堰塘，它是面状、静止的，常是村寨中的重要组成部分；再就是泉井，它是点状分布，是村寨的重要水源。

（1）村寨聚落与溪流

村寨无论大小，其选址多依山傍水，水通常是有一定流量的溪流。作为联络两岸的枢纽——风雨桥，便在村寨聚落中起到重要的作用，如程阳永济桥"序"所说："昔无桥梁，未免病涉水之虞。尤当仲夏之日，洪波滚滚，履足固所难举，即今冬日水消，然寒水彻骨，冯河犹多可畏。"复杂多变的地形造就了侗族村寨与溪流的和谐关系，大致可分为"环"、"穿"、"过"三种基本形式。

"环"式村寨指村寨建立在曲水三面围合的半岛上，"半岛依山三环水，一楼新月万花村"③说明了这种布局情况。广西三江县程阳的马安寨便是典型之例（图 10-67）。"环"式村落布局的特点是村寨周边有三个方向临水，生产、生活取、排水便捷；水岸限定了村寨的空间范围，溪流使村寨与外界有一定的防范距离。"环"式布局还使得聚落集中、紧凑、整齐。由于受到三面水、一面山的空间限定，半岛上有限的地域使村寨发展受到局限，但却能保持本寨的独立性。

风雨桥在"环"式村寨中，是村寨对外交通的枢纽，也是村际交往的重要场所。实际上也兼作了村寨的大门。

"穿"式村寨指溪流穿寨而过，房屋沿溪岸修建。通常这样的溪流甚小，有的不足 10m 宽，两岸由小型风雨桥联接，一般还有数座独木桥辅用（图 10-68）。溪流在"穿"式村寨中起了两重作用，一方面将村寨分割，使临水界面增加一倍；用水方便，房屋密度略可疏缓；另一方面，溪流也是村寨发展的脉络，房屋可沿两岸延伸，桥的联系使村寨布局仍能保持一定的内聚性。"穿"式村寨中的风雨桥，往往也成为村寨中的公共场所，与鼓楼、戏台等传统村寨活动中心保持一定的距离，使之充满生机。

---

① 参阅宗跃光. 生态空间的研究方法［M］.//马世骏主编. 现代生态学透视. 北京：科学出版社，1990.
② 参阅朱馥艺. 侗族建筑与水［J］. 华中建筑，1996，1.
③ 湖南通道县黄土新寨寨门联语.

图 10-67 马安寨平面示意（左）

1—鼓楼及鼓楼坪；2—程阳永济桥；3—平岩桥

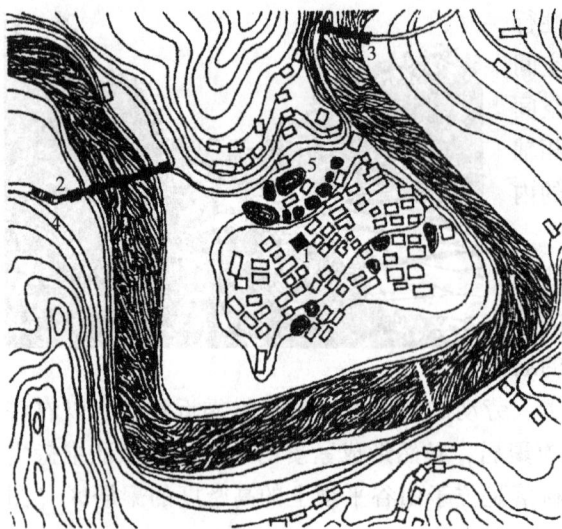

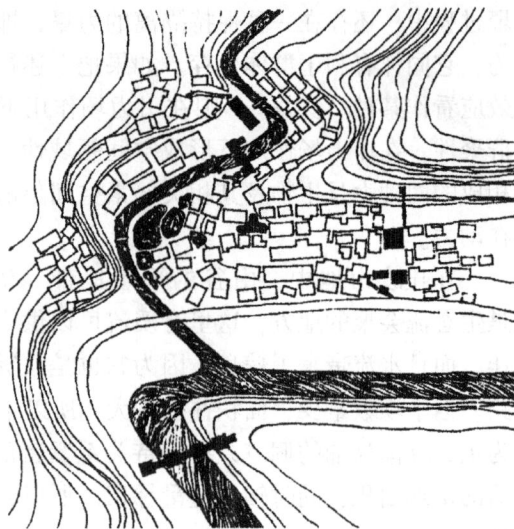

图 10-68 "穿"式村寨平面示意（右）

1—鼓楼及鼓楼坪；2—戏台；3—凉亭；4—寨门；5—风雨桥

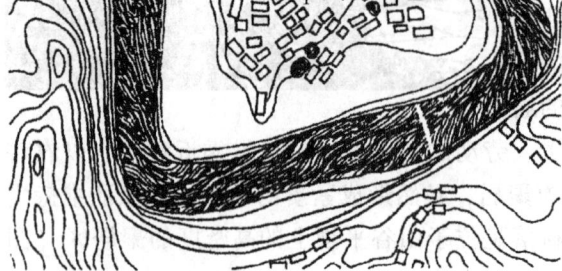

"过"式村寨建于流量甚大、水面甚宽的河流一边的缓坡上，背山面水，房屋朝向河流，幢幢相挨成为线型布局。房屋顺坡向上建的层次不多，大多数房屋能占有水岸线。由于河流较宽，不便架桥，多以舟楫为渡。全寨沿岸常设数个寨门，有的以风水古树代门。"过"式村寨头尾相距较远，多为小规模的自然村寨。贵州省都柳江流域甚多此类村寨，干流沿岸尤为常见（图 10-69）。

村寨的演变循溪流的脉络发展。比如平地的桂湘侗区，溪流量不大的"过"式村寨就可发展成"穿"式布局。如广西三江独峒乡的华炼村（图 10-70），由原来的老寨发展出对岸的一处新寨，以一四亭风雨桥和几座小石桥作为联系，新寨亦建有小鼓楼为中心，这显示出两个生活群体的隔离性。虽然仅一水之隔，通过各自的鼓楼形成自己的中心，划分不同的领域，因而一处山谷两个空间。

图 10-69 "过"式村寨平面示意（左）

1—社堂；2—堰塘；3—水田；4—榕树；5—江面

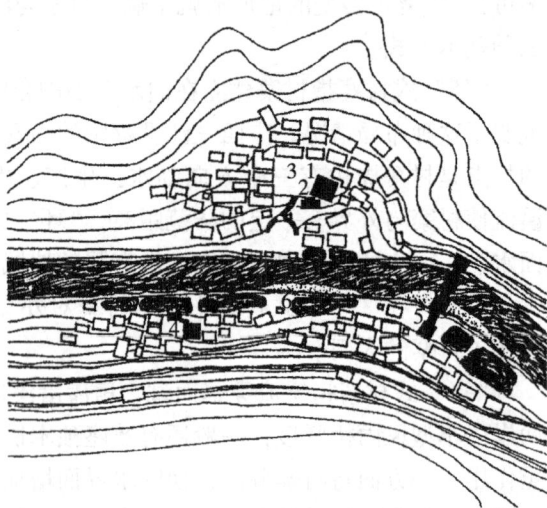

图 10-70 华炼村平面示意（右）

1—大鼓楼及鼓楼坪；2—戏台；3—大鼓楼坪；4—小鼓楼及鼓楼坪；5—培风桥；6—堰塘

（2）村寨聚落与堰塘

侗寨水环境的另一特色是堰塘穿插于房屋之间。塘内养鱼，既调节了小气候，又方便了生活。散落寨中的堰塘使房屋保持了一定间距，有助于采光通风，火灾时亦能提供消防用水。堰塘是静止的水面，更显亲切。因而也出现了一些有特色的塘边建筑。侗乡还善于对水塘进行立体利用。堰塘上常设置架空的小仓房（图 10-71），有的仓房与房宅间有便桥联结。有的则独立设置，有上、下层，下层开敞，存放竹、木材料，让其自然干燥；上层设墙板围护，存放粮食等。既防虫防鼠，又通风防潮、防火。这类仓房距岸约 2m，宛如水阁，取物时只需从岸边搭一木板即可。有的住户也将房屋部分建于池塘上空，下层储物，上搭棚，称"采晾"，用于晾晒谷物干菜。还置架栽植瓜藤，美化环境。村边的堰塘上往往设置架空厕所，人粪入塘，直接提供鱼饵，有利生态循环。

图 10-71　堰塘上架空的小仓房

对水的珍视使得水流沿岸的道路也被尽量利用，出现了通长的骑楼（图 10-72）。既可拓展房屋，使之临近水流，还可为行人遮风避雨，似可称为"风雨水廊"。这种骑楼也发展到穿寨而过的小溪沿岸。这样既保持了水岸线的公共性，又惠及家家户户，深为侗寨人喜爱。

（3）村寨聚落与泉井

侗族不但创造出如此优美的水空间，而且对水资源的质量也十分讲究。饮用水和部分生活用水取自井、泉。丰富的地下水源使侗乡有许多历史悠久的泉井，如贵州从江县的贯洞村有一口 400 年的"牛头井"，泉水从石雕的牛嘴里喷涌而出，甘爽怡人，是全村的饮用水。通常泉井边有池塘或小溪，以供泉水的溢排、蓄积。"牛头井"泉水便是注入一方小池后流向低处的池塘，作为牲畜饮用水。另外还有数口泉井供生活水之用，一村数井较常见。珍视饮水，充分反映侗族人民重视生活质量，有专门的井亭维护泉井，是侗族建筑文化的另一体现。

侗寨中常见的井亭多为木构四柱双坡小亭，泉眼位于亭内一角，亭内备有瓢具、条凳，朴拙而富人情味。村外的泉井则设于主要道路旁，配合凉亭供路人歇息纳凉解渴，此类井亭、凉亭形式多样，规模较寨内的井亭大，标志性亦强，是侗乡一道亲切的景观。

在侗区，还有苗、壮等民族。苗寨分布于黔东南一带，也有建于溪流边的村寨。与侗寨不同的是，苗寨房屋除沿河岸发展外，更多的是在山坡上发展，取水排水较随意，寨内几无水塘。苗寨集中成片，有较强的聚落感。苗寨人注重对山地开发，还有深山苗寨，其水环境不易形成体系。靠近溪流的苗寨在紧邻侗区的影响下，偶用风雨桥，但规模小，结构简单，现多已破败。近年有建水泥石桥的，显然是外来经济的影响。水流在苗寨村落布局中不占主要位置。

壮寨主要位于桂北山区，选址与侗寨有明显差异，或者说生态位不同。壮寨人垦植梯田，村子一般建于山腰坡地，水源来自山涧和井水。由于山涧溪沟规模小，水体效果在壮寨中不明显。寨内几乎没有水塘，饮水井只加掩盖板。壮寨规模不大，往往只是小片散落于山腰坡地上。

考察侗乡，可以看到，他们的生产力不发达，但侗乡有良好的地理气候环境；他们占有良好的水资源，十分爱护自己的生态环境，维护了侗乡长久的利益，且成为传统。应当看到，侗寨聚落密切结合自然条件的布局及对小环境的利用、创造是侗族文化的一种体现。

在改革开放的浪潮中，侗乡也在发展。交通发达起来，新的建筑技术材料不断涌入山村。随着对自然条件依赖性的减少，村寨形态也正在迅速改变，但侗乡的风雨桥等临水建筑为他们所钟情的侗族建筑形式还依然保留。侗族建筑是长久以来和自然（如水环境）形成的和谐关系的产物，它应当具有生命力，且须焕发青春。

3. 桥的意义

凯文·林奇在其著作中总结了城市印象的 5 个要素，其中道路作为组织空间的轴线把多种要素统一起来，与更大的整体联系起来形成一个象征性方向，"这是一种渠道……这是大多数人印象中占控制地位的因素……其他就构成要素沿着它布置并与它相联系"[①]。线状地连接各单位而组织的营建地段，在世界各地的民族传统建筑中均可看到，它们一般是根据工作或传达的特殊形式，同时根据地理原因所决定的。

桥是一种特殊的路线。一条河，可以说既分割陆地，又在其两岸统一了一个共同的空间。这种统一效果，由坡向水面的陆地和作为交通手段的河流所强调。因此，桥使人占有这一"河流——空间"成为可能。由于桥梁，人一方面归属于本来的整体同一性，一方面又在两个不同的领域之间往返运动，可以同时感到在内部和在外部、开敞自由和闭合保护。

图 10-72 水边的骑楼（左）

图 10-73 程阳风雨桥（右）

图 10-74 三江巴团桥平、剖面

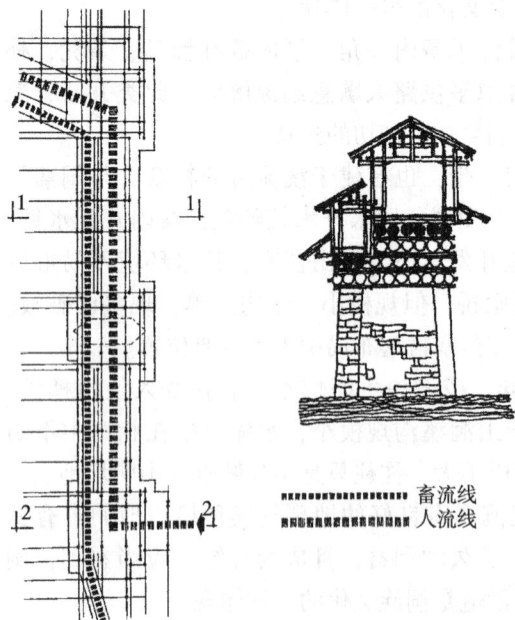

畜流线
人流线

因为溪流在村寨聚落中的重要作用，使侗族人十分重视风雨桥的建设。在"穿"式村寨中，桥显然是一个巧妙的空间结合体，而在"环"式村寨中作为两个不同性质空间的界线标志，在乡野郊外则是一处景观，一座凉亭。侗族风雨桥已形成一套完整的体系。小型风雨桥为单跨的桥廊；大型的则设桥亭。桥梁结构取用大型木料，采用密布式悬臂托架简支梁体系。桥亭造型极为丰富（图 10-73），既在结构上起平衡作用，又取得良好的视觉效果，而且桥亭的富丽程度往往反映出村寨的经济实力，人们都愿意为本寨的建设作贡献，捐钱捐物各显其能。三江巴团桥，有双层桥面桥廊供人、畜分行，且为弧形平面，空间紧凑巧妙，方便卫生，是风雨桥中的优秀之作（图 10-74）。在现今公路交通发达的情况下，侗乡风雨桥的建设势头仍方兴未艾，从建桥的碑文及功德榜上的捐赠录中，就可感受到侗乡人建桥的热心。新桥的建造仍继承传统，式样和材料依然。我在西南其他少数民族地区未见有如此普遍、建造讲究的风雨桥，无疑华丽的风雨桥体现了侗族的民族文化。

---

4. 鼓楼的环境价值

鼓楼是侗族村寨中最具有社会控制意义的公共建筑，它往往处于村寨中心，与鼓楼坪、戏台，有的还与飞山宫（祭山神的庙）或祠堂等一起组成村寨的公共活动中心。鼓楼是一个复杂的建筑综合体，因其高大雄伟而称为"楼"，又因其内部悬挂有牛皮大木鼓，故称为"鼓楼"。鼓楼在侗族村寨的重要地位，使其成为侗寨最具特色的建筑。

（1）空间要素集合的产物

村寨围绕鼓楼建造，有历史的原因，从空间增长的角度看，鼓楼起了一个强大空间引力场的作用。

侗族古老的传统中，"建寨必先建鼓楼，来不及建鼓楼时先植一株杉树为标记定位，鼓楼要建在寨子中心，再围绕鼓楼建造住房。"[1] 有的则在寨子中心插一根杉木来代替鼓楼。由此可以注意到鼓楼的两个重要特征：①大多位于村寨的中心；②必要时可用杉木或杉树代替。树木在人类早期生活中所发挥的重要作用使之在人们心目中占有非同一般的地位，对于生活在盛产杉木地区的侗族群众而言，将杉木树作神树，进而崇杉，在其织锦中就有杉纹。侗族《进寨歌》中也唱道："有一株九抱大的杉树……是保佑寨子的神树。"据林业专家鉴定，早在东晋时代，侗族先民就开始栽培杉树，在湖南城步县岩寨乡金南村即有 38 棵古杉，其中一株"杉树王"，高近 30m，胸围最大 7.5m，材积约 50m³，树基内部已空朽，内可立 7 人，被当地人尊为"神树"。又如湖南通道县马龙寨大田坝中心的千年古杉。

最能说明鼓楼与杉树之间联系的证明可能还是"独木楼"。明代邝露在《赤雅》中描写"罗汉楼"谓"以大木一枝埋地作独脚楼，高百尺，烧五色瓦覆之，望之若锦鳞矣。众男子歌唱饮唉，夜归缘宿其上，以此自豪"。这株大木可能演化成后来的鼓楼，在贵州黎平县岩洞区述洞寨便有一座独木楼（图 10-75）[2]。独木楼以巨杉埋在地里，采用十字形对角穿枋，层层加瓦，四面倒水，在底层的穿枋四端加撑短柱，以减轻独柱的负重，中间独柱直通顶层[3]。据当地老人说，先人来到这里建寨的时候，留下一株古杉，人们在树下置凳歇息议事、娱乐，不知过了多久，杉树老死了，人们便在原古杉生长的地方建起独木楼，以示纪念。

依据生态空间的竞争行为，强势民族总倾向于占据最佳的生态位。高大的杉树显示出优越的生态环境，侗族先民选择有大树的地方建村，是经验的驱使，然而被证明是科学的。建鼓楼处的巨杉代表了资源条件优越的生态空间特异区，人口在这里的聚集相应产生了经济、技术、劳力的集中优势，然后像结晶过程一样不断增长，在强大空间引力场作用下产生极化效应，形成大规模的聚落。这里，鼓楼充当了增长核，起到空间生长的作用。

图 10-75 述洞寨独木楼

---

① 引自张柏如. 侗族服饰艺术探秘（下）[M]. 台北：汉声，70，1994.

② 参阅戴裔煊. 干阑——西南中国原始住宅的研究 [G]. 广州：岭南大学西南社会经济研究所专刊甲集第三种，1948.

③ 参阅张柏如. 侗族服饰艺术探秘（下）[M]. 台北：汉声，70，1994.

然而，自然界中的巨木是少见的，视之神奇进而崇拜，在西南属百越族群的某些少数民族都有立木桩作为寨神化身的习俗，如傣族，它能庇护人畜平安。当人们不仅是被动寻求自然生长的"神树"，而是主动将寨神请进自己的圈子中，设立寨桩或鼓楼，那么对寨神的依赖和敬畏已从不自觉行为发展为自觉行为，进而成世代相传的固定观念。

（2）鼓楼的社会意义

"领域"（Domain）从心理学方面说，是比较缺少结构化的"背景"（Ground）。在这个"背景"上，场所是作为具有较集中特征的"图形"（Figure）表现出来的①。领域在空间中具有某种统一作用，它使形象"充实"，使形象形成一个紧密的空间。自然领域与社会领域相结合，进一步构成复合图。领域具有总体特性，所以是作为诱发人各种活动的有潜力的场所起作用②。要获得有意义的环境，需以场所为手段，将环境结构化，区分不同的领域。鼓楼显然具备这样的作用，它高高地耸立在密集的楼房中心，统领整个领域的空间。如果以开敞的自然山脉林地为背景，那么村寨成为图形；而以密密麻麻的村舍为背景，鼓楼则是图形。可以说鼓楼承担着精神和物质环境两方面的作用。

在经济并不发达的侗族村寨，出现如此华丽壮观的鼓楼这个事实本身就说明了鼓楼在侗族人民生活中所占的重要地位。人们总是将最多的财才和心血倾注到他们心目中最重要的建筑之中，这就是华贵的建筑与简陋的建筑得以同时存在的原因之一。建筑艺术和技术的发展进步，有赖于人们对重要建筑物的刻意经营，这已为建筑发展史所证明，反过来说，凡是人们刻意经营的建筑，也必定具有重要性，否则不可能受到特殊的礼遇。鼓楼的重要性就在于它是村寨的心脏，不仅村寨要围绕它建造，家族也以它为标志，村寨的政治、经济、文化、军事等各种活动都无不与它息息相关。

由于早期的侗族村寨是血缘村寨，以一姓为主，因而村寨鼓楼常常成为某一姓或家族的标志。"在正常的情况下，经过老年人共同商议确定建立村寨地址以后，各家各户先搭临时性简易住房，接着就集体筹建高大的鼓楼，等鼓楼落成后，各户才盖永久性的住房，而且规定所有的私人住房都不准高于鼓楼，藉以维护村寨的尊严和鼓楼的崇高地位。"③ 那么鼓楼的华丽或简朴、高大与否，都直接反映出家族的兴衰。这样便促使各家族竭尽全力去建造自己的鼓楼，并以之作为集体荣誉的象征。故此，当村寨由不同的家族组成时，各家族均建造本家族的鼓楼以示区别，且各家族的主次关系也会通过鼓楼高度的差异表达出来。如贵州从江县高增村，分为三个小寨，最早在此定居的杨姓家族住上寨，鼓楼也最高，称作"父"，来寨时间稍晚的吴姓家族住下寨，鼓楼亦稍低一些，称作"母"；而由上、下寨分离出来的坝寨，鼓楼必须低于其他两座，称为"子"。其间的主次先后便一目了然④。

作为具有集会所性质的公共建筑，鼓楼是"寨老"召集村民商议村寨大事的场所："凡事关规约及奉行政令，或有所兴举，皆鸣鼓集众会议于此，会议时村中之成人皆有发言权，断事悉秉公意，依条款，鲜有把持操纵之弊，决议后，虽赴汤蹈火，无敢违者。"⑤ 凡有与乡规民约严重相违的事件发生，都要在鼓楼召开大会来惩罚肇事者，同时使村民受到教育，达到维持正常社会秩序的目的。

鼓楼又是侗寨经济活动的决策场所，如举行栽秧仪式，兴修水利工程、集体渔猎等都要在

---

① 图形与背景是心理学中的一对概念，不同质的领域在视野内共存时，它们被统一起来体验。例如，当知觉绘在纸上的图形时，通常是一方（图形）比另一方（纸）更醒目，前者为图形，后者为背景．

② 参阅［挪威］诺伯格·舒尔兹. 存在·空间·建筑［M］. 尹培桐译. 北京：中国建筑工业出版社，1990：30.

③ 引自石若屏. 鼓楼史话［J］. 贵州民族研究，1985.

④ 参阅杨昌鸣. 东南亚与中国西南少数民族建筑文化探析［M］. //郭湖生主编. 东方建筑研究（下册）. 天津：天津大学出版社，1992.

⑤ 引自姜玉笙. 三江县志［M］.

鼓楼议定日期安排，对于物价和粮食的调控。村寨公共土地的出售等，也是鼓楼集体讨论的重要内容。在经济方面鼓楼的作用再次表现出其强有力的社会控制意义。

鼓楼同时也是旧时军事的指挥中心。侗族地区古有"合款"组织，它形成于原始社会末期军事民主阶段，是以地域为纽带的村寨联盟的社会组织。通常一二十个相邻的村寨结为"小款"，再由若干小款联合组成"大款"①。在侗区流传的《从前我们做大款》的款词中说"从前我们做大款，头在古州（今贵州榕江县），尾在柳州"。若遇偷盗，即"鸣众集款，不与齿，故里中鲜有敢为盗者"②。以往侗族人民为抗击官府的横征暴敛而发起农民起义，如咸丰年间贵州黎平肇兴乡的陆大汉领导起义，便是以鼓楼为中心，与清政府斗争了21年③。在和平时期，遇火灾等天灾，则击鼓报警，召集众人齐力救助。

当然，在鼓楼中进行得最频繁的活动当属文化生活（图10-76）④。老人在此休息"摆故事"，青年人在此对歌娱乐，节日这里又是迎宾和聚会的场所。全寨的祭扫活动，青年人的成年仪式也都在鼓楼举行。这些平凡又经常的活动，无形中加强了人们对鼓楼的依托感。

图 10-76　鼓楼文化生活

鼓楼之所以能承担诸多重任，关键在于它有强大的凝聚力，它就像是一块巨大的磁石，借助于社会控制的无形力量，将个人行为模式统合于民族行为模式下，以应付复杂多变的生活、生产条件，建立起统一的侗寨社会生活秩序。

（3）鼓楼形式

鼓楼的外观形式多姿多彩，可大致分为三种类型：干阑式、地楼式和厅堂式。前两者最常见，都是高耸的层层屋檐加上攒尖顶组合而成，所不同的是干阑式模仿民居的样式，底层架空，在楼层活动（图10-77）；而地楼式直接落地，在地面活动，基本开敞或围以木栅栏（图10-78）。厅堂式鼓楼则近似普通的厅堂建筑，体形较一般民居宽大，但单层显得低矮，建重檐以示隆重（图10-79）。

前两者的体量——中心作用已阐述过，厅堂式鼓楼往往强调的是集会所的功能，在我考察过程中，这类鼓楼有的同时还担负着小学的教室功能，所以更显示出它在人们心中的精神地位。

图 10-77　干阑式鼓楼

10.3.3.2　闽西客家土楼的环境适应

生土建筑通常出现在干燥地带，因为土怕潮，不经雨。如果从材料的角度看，闽西的土楼让人诧异，因为它们坐落在湿热地区，然而客家人几百年来在这里大规模地建造，发展出多姿多彩的布局形式。

---

① 参阅三江侗族自治县民族事务委员会编. 三江侗族自治县民族志［M］. 南宁：广西人民出版社，1989.

② 引自《柳州府志》卷十一. 清乾隆二十九年.

③ 参阅黄才贵. 侗族住居空间构成的调查报告［R］. 1993.

④ 参阅朱馥艺. 干阑——中国西南传统民居初探［D］. 武汉：华中科技大学. 1997.

生态建筑学

图 10-78 地
楼式鼓楼（左）

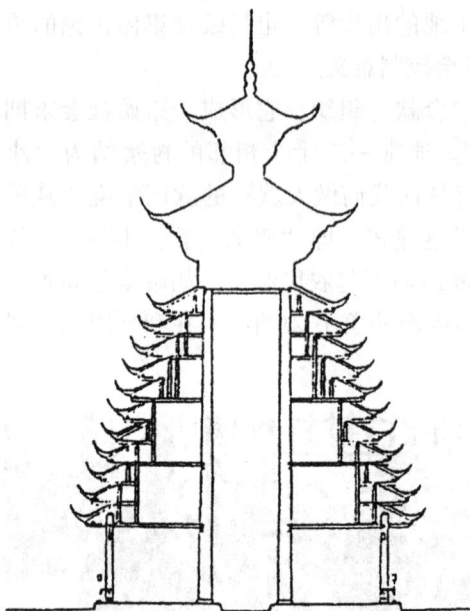

图 10-79 厅
堂式鼓楼（右）

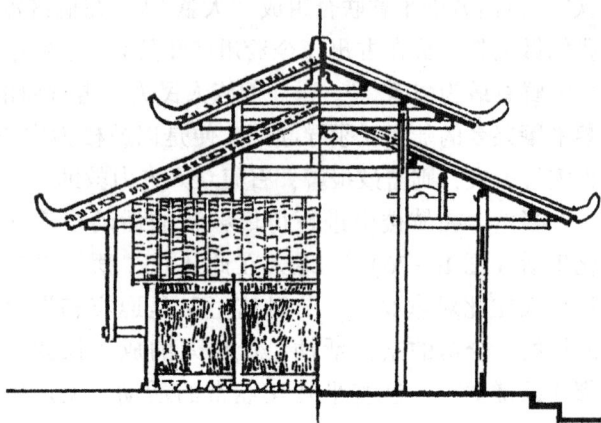

客家人本是中原汉民，晋以后因为逃避战乱和饥荒而南迁。唐宋时期大量汉民从江西越过武夷山进入福建，聚居在以长汀为首府的汀江一带①。数代人不断的迁移形成家族内极强的凝聚力，也只有家族内部的紧密团结才可能在新定居点生存。土楼正是适应这种特点的创造。

图 10-80 承
启楼

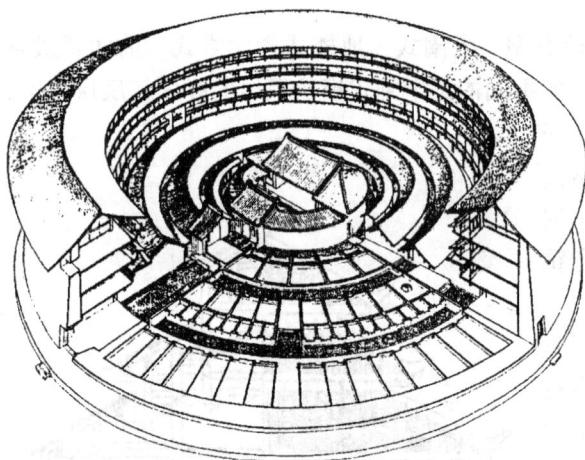

福建永定县客家住宅承启楼剖视图

1. 土楼形式述略

土楼形式有若干式样，从平面布局看主要有两种：通廊式土楼和五凤楼。

通廊式土楼以方楼和圆楼多见。平面外圈是城墙般的住房，四五层高，外墙土夯，开小窗，极具防御性。内核为祠堂，之间为一两环辅助用房，如回廊，水井，大的土楼内圈亦建成住房。通廊式土楼内部住房分配是垂直划分的，每一户占一开间，包括底层的厨房，二层的谷仓和其上部各层的卧房。显然这样的分配方式使户内的联系十分不便，楼上楼下的房间要通过公共楼梯，穿越人家门前的走马廊联系。但客家人习惯这种生活方式，反而觉得相互之间便于照应，在这里小家庭的私密性要求降到最低点，大家族的利益至高无上。通廊式土楼较好地满足了客家人聚族而居的要求，有的一寨就是一个土楼，可以容纳几百号人。其中，圆楼又称"圆寨"，这个称呼便反映出客家人高密度聚居的特点。《中国古代建筑史》一书中收录的"承启楼"是圆楼的典型代表（图

---

① 参阅童庆荣，张鸿祥. 长汀文化史志 [G]. 长汀：长汀地方志编撰委员会，1997.

10-80），它始建于 1709 年，由 4 个同心圆的环楼组成，中心是祖堂和回廊构成的单层圆屋，屋外三环土楼环环相套，外环达 72 开间，外径 62.6m，全楼最盛时住 80 多户 600 多人。

五凤楼以永定县的"大夫第"为典型（图 10-81），平面"三堂两横式"，中轴对称，下堂即门厅，中堂为正厅，是祭祀待客的场所，后堂高四层，是宅中尊长的住所，在总体构图上呈统帅地位，其他辈分较次者分居两侧的"横屋"中。全楼屋顶或歇山或悬山，两边横屋层层跌落。虽是一个宅子，其实是一个建筑群，群体布局主次分明，和谐统一。其外形与通廊式迥异，而拓扑结构一致，外围住人，内核祭祖，层层封闭。

五凤楼的布局显示出强烈的长幼尊卑，礼制次序，是汉文化亲族关系的反映，在这一点通廊式土楼的方楼有类似之处。方形有正反朝向之分，方楼的开门位置为正面，通常在中轴线上，中心乃是祖屋，有的楼正面低于侧面的楼房一层，背面的最高，有的在正立面顶层中部或两端挑出木阳台，总之强调对称的构图和次序感。相形之下，圆楼则方向感弱，从外部看，除门的位置可以表达朝向外，四面八方都是均衡的。楼内数百人聚族而居，不分辈分大小一律均等，同样的居住单元，不论朝向方位，这是与汉文化的宗法等级制度很不同的地方。而且，闽南人也有住圆楼的，但是单元式土楼，由独门独户的单元组合而成，其生活方式与客家人完全不同。

从聚落的角度看，同样是高密度的聚居，闽西客家人的土楼通过封闭紧凑的形式强化了外来汉文化的独立性，建筑向高空发展成公寓式大院，人口平均占地少（图 10-82）；而侗族村落一户一楼，摩肩接踵密排在一起，通过堰塘、溪流调节户外空间，整个村子自然祥和地躺在山谷，显示出原住民的安逸和宁静。不同的社会环境造就了不同的处理方式，然而尽量减少建设用地获得足够的居住空间的目的是一样的。

图 10-81　永定县"大夫第"（左）

图 10-82　闽西客家土楼群（右）

2. 土楼的生土构造

关于在湿热地区用生土建房，闽西土楼恐怕是少见的例子。客家人的夯土技术是卓绝的，这也许与来自北方的经验有关联，现在还不得而知。土楼外墙墙脚用大卵石干砌，卵石小头朝外，压上厚重的土墙便不易从外撬开。土楼令人惊奇的还在于夯土墙居然能建造五六层的高楼。深入调查就明白，福建土楼底层土墙一般厚1m多，最厚的竟达2.5~3m，二三层以上逐层减薄收分。夯土墙的模板和夯具都是专用的，模板高一尺二，长的六尺，闽南人称之为"墙筛"，夯筑一皮为一"筛"，每皮中放置两层"墙筋"（即杉木枝），皮与皮之间夹"墙骨"（即竹筋）拉结。土墙内的配筋大大增加了墙体的整体性。此外，土墙在夯筑过程中，由于向阳面与背阴面干燥快慢不一，在巨大的墙身自重作用下引起压缩变形，土墙会倒向后干的一侧，当地人称"太阳会推墙"，因此施工中他们有意识地将墙倒向向阳一侧，这样土墙夯筑到顶后，墙体会自动调整为垂直①。客家人的施工诀窍让人不能不叹服。

在山区，平地窄小，土楼免不了要在稻田烂泥地中建造，在软土地基上建楼，要保证不开裂倒塌即便现代也是个难题。当地人在实践中摸索了一套用松木垫墙基的办法，俗话说"风吹万年杉，水浸万年松"，松木在水中能万年不烂，他们选用油质饱满的老松木，连排垫底，上砌卵石墙基，这样加宽了基底，有效地避免了土楼墙身的不均匀沉降。

土墙的防雨是个关键问题，一般由瓦屋顶出檐3m多，覆盖上部的墙体，仅顶层出挑木阳台也是这样的考虑。墙基至一层的高度由石材建造，可以防水，再则向内倾斜的墙体有利于排水。

3. 形式的背后

土楼的体量——中心的性格，集合了中心性与闭合性两个方面，统一在一个尺度下的建筑中，咏颂出双重主题。特别是圆楼的一眼天空，内核的一座祖堂或一口泉井，环环相套的围屋，收缩出带有垂直方向的空间为中心，这如实地反映了客家人对根源的要求。

从公共空间中考虑社会活动和社会关系的相互作用，可以发现"物质环境能不同程度地影响居民的社会状态。物质环境自身可以设计成阻碍乃至扼杀所要求的接触形式……相反，物质环境也可以设计来为更广泛的交往机会提供条件。这样，社会关系就能和建筑布局相互协调起来"②。闽西客家人的土楼为聚族而居提供了最紧凑的交往空间，也是共享空间，同时一致的族群心理和社会关系符合这种密集的布局和大体量的建筑形式。

土楼的奇特形式与其中客家人的生活方式是汉文化传统在特殊时空中的变迁与适应。它在充分利用当地资源的同时，尽力维持自身的文化传统，外来的与当地的在摩擦中并存，这既是一种抗拒，又是一种妥协，更体现了客家人处理闽西的自然和社会环境的生态模式。

10.3.3.3 风水与建筑

一般说风水指古代人们积累的关于如何确定阳宅和阴宅的位置、朝向、布局、营建等一系列的主张与方法，大到城池选址，小至室内的桌椅摆放，古人认为都包含了运道。风水产生于农业经济为基础的社会中，是人们渴望把自身和谐统一于自然而采取的一种自我完善的手段，而在缺乏现代地质学、气象学、水文学、建筑学知识的时代，人们只能根据当时的认知水平来理解环境。

如果去除"风水术"的迷信网罩，其内核包含着朴素的科学原理，可以说是中国的古代环境工程学，它流行于中原华夏大地，波及周边的部分少数民族地区。"风水的核心内容是人们对居住环境进行选择和处理的一种学问，其范围包含住宅、宫室、寺观、陵墓、村落、城市诸方面，其中涉及陵墓的称为'阴宅'，涉及其他方面的称为'阳宅'。风水施加于居住环境的影响

① 参阅黄汉民. 福建民居 [M]. //老房子——福建民居. 南京：江苏美术出版社，1994.
② 引自 [丹麦] 杨·盖尔. 交往与空间 [M]. 何人可译. 北京：中国建筑工业出版社，1991：47.

主要表现在三个方面：第一，是对基址的选择即追求一种能在生理上和心理上都得到满足的地形条件；第二，是对居处的布置形态的处理，包括自然环境的利用与改造，房屋的朝向、位置高低大小，出入口，道路，供水，排水等因素的安排；第三，是在上述基础上添加某种符号，以满足人们避凶就吉的心理需求。"①

从上古中国风水被称为"青乌"、"青鸟"可表明其两大特征："仰观天文"与"俯察地理"，而天文、地理是平原地区农业生产的需要，农业民族对土地的关爱，包括对物候的观察所积累的丰富经验，都成为风水的来源。那么，相应的建筑活动也始终与地域息息相关。比如中国古人的大地二维定向观念，源于对太阳运行的实际观察②。在此基础上自然形成了"喜东南厌西北"及"尊左"的习尚，这给中国建筑带来深刻的影响。中国建筑的朝向喜好东或者南，南北朝以前的东向座礼仪表明古人崇东③，之后转为坐北朝南，南门为正门，厅堂殿阁无不以南向为贵。

除建筑朝向的影响外，观水是风水作用于建筑、聚落的重要方面。"背山面水"模式一直为风水所称道，因为有山有水的丘陵地带，背山面水之处的土地最为肥美，利于农业耕作。从生态学角度看，这样的地方具有生态边缘效应。我国考古发现的许多聚落遗址往往是"近水向阳"，如仰韶聚落遗址。而河流沿岸的建筑选址强调"攻位于汭"符合现代科学的水力惯性原理，长期的河水冲击可以在汭位获得较安定的基地（图10-83），如河南安阳殷代遗址均位于河流的凹岸（图10-84）。

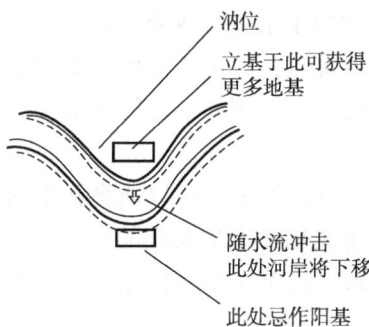

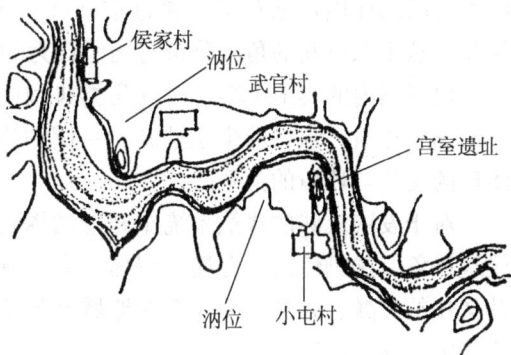

图 **10-83**　汭位（左）

图 **10-84**　河南安阳殷代遗址均位于河流的凹岸（右）

在东南地区，风水理论十分讲究"水口"的位置，一般而言水口指"一方众水所总出处也"。水口的具体位置视山脉的走向而定，多选在山脉的转折或两山夹持的清流左环右绕之处。我国中原地形的特点是西高东低，主要河流多自西向东，故一村之水往往在"龙脉"的东或东南方向流出，因而水口的方位常在村的东南或东方，此位为吉。当然小范围的地形不一定符合上述方位，但水口基本上位于一村最低处的方位。风水认为水即是财富，为留住财气，除选取好的水口位置，还须建桥台楼塔等物，增加锁阴的气势，彻底扼住关口。最常见的是桥，皖南休宁古林，"……东流出水口桥，建亭其上以扼要冲，而下注方塘以入大溪为村中一大水口，桥之东有长堤绵亘里许，上有古松树十株"④，这里建桥时同时辅以堤、树。再如徽州西递水口有文昌阁、魁星楼、风水塔、观音庙等，这类高大建筑物往往成为地标，特殊的性格同强有力的

---

① 引自潘谷西，序. 见：何晓昕，风水探源，南京：东南大学出版社，1990：1.
② 参阅何晓昕. 风水探源 [M]. 南京：东南大学出版社，1990：7.
③ 参阅张良皋. 双开间建筑、东向坐礼仪和符号化圭臬 [J]. 江汉考古，1995，1.
④ 引自徽州休宁古林《黄氏重修族谱》卷首下，转引自何晓昕. 风水探源 [M]. 南京：东南大学出版社，1990：85.

地形条件一并出现，就能创造出林奇所说的"难忘的显著场所"。[①]

同样的风景处理在广大乡村渐为常规，久而久之成为人们心理满足的需要，于是更趋于定式。很明显，清晰的印象便于人们的行动，有秩序的环境就更为便利，它可以成为一个普遍的参照系统，一种行动、信念和信息的组织者。因此，生动综合的物质环境具有清晰的印象，同时它还产生社会作用。它是符号原材料，为群体交往提供一个共同回忆的基础。良好的环境印象给它的拥护者以重要的感情庇护，人们因而能与外部环境相协调。风水正是在这样的精神要求下，从经验科学的成就中走向民间习俗的内容。文化也就是在生活方式的定型中从潜移默化变为外在形式的，风水在这样的过程中影响建造和建筑形态的。

10.3.4　文化性生态空间的启示

文化既是特定群体的生活方式和生活类型，那么该类群体的建造空间必然反映出特定的特征。群体特征是通过习得的行为、思想和情感模式反映出来的，通过文化适应机制、社会文化系统的生态模式的讨论，进而分析文化的进化以及文化的多样性与环境有密切的关系。城市作为典型的聚落正是说明上述观点的例子，通过生态系统的边缘效应概念阐明人类社会生态系统，从生态文化角度认识城市发生发展机制，可以说明文化与环境，包括自然环境和社会环境的密切关系。

人的行为都具有空间性的一面，那么人与环境的相互作用是实现精神和意识的必然，由于这一过程，人的各个行为逐渐形成紧密的统一体。人不仅在空间中发生行为，而且还在创造空间，其中包括建筑空间。人将环境同化于自己的目的，同时对环境所给予的条件进行调节，因而为自己的环境带来意义。通过空间和行为的关系探讨，对于建筑和文化建立了普遍的联系。如此，从生态空间的角度分析与场所行为的关系，能够为许多建筑现象的阐释带来新的眼光。

根据国内的实地考察，选取几类典型的民族建筑用以说明上述观点，包括代表西南木构干阑的侗族建筑，独特的生土建筑——闽西客家土楼，以及汉文化的匠学一则——建筑风水说所体现的文化与环境的关系。

对于发展成熟的建筑系统作相应的探讨，可以论证所提出的观点，但是否可以演绎新生的建筑现象，这仍然是个有趣的课题。尤其在全球化浪潮下，多种亚文化和次生文化的产生，以及文化的交融、叠合，为建筑的地域性带来了纷繁复杂的表现形式，这不仅使人们迷惑并引发建筑师更深的思索。

10.3.4.1　"Glocal"（Global+Local）

"Glocal"一词来源于 Globle（全球的）和 Local（地方的）两个词的组合，表明通过再阐释地域条件同时结合全球的敏感性，建筑师可以获得既保护文化传统又解决同一性的方法和策略。泰国一个建筑师协会今年召开的会议主题就是"Glocal"建筑[②]。"Glocal"尤其体现在大多数建筑师所关注的住宅建筑上，发展中国家经济增长和城市巨变对城市的物理环境和文化方面都有重大的影响，而住宅作为城市中小小的生活单位不得不在全球的和地方的条件中获得平衡，小尺度的转换能够影响城市结构的文脉，这决定了一个城市的特质。通过这种调和，建筑师必须发展出新方法以期在新与旧之间取得平衡，它应是可以在两者的共存中获得生命力。

通过原本矛盾的两个词的结合，为建筑师提供了一个新的思路，它实际上反映了建造必须结合环境的要求，而环境又可以制约同时引导建设。特别是文化因素的作用，人们因为习惯的行为模式自然而然地乐于生活在熟悉的环境中，因而要求传统的建筑；而新生事物的介入带来了先进的、异质的内容，它代表了全球的趋势，技术的普及必然要求同一性。这一对截然不同

---

① 参阅 ［美］凯文·林奇. 城市的印象 ［M］. 项秉仁译. 北京：中国建筑工业出版社，1990.

② P. Kaewlai. New Paradigm in Thai Residential Design ［C］. Shenzhen：1st International Conference on East Asian Architecture Culture, 2000.

的事物十分普遍地存在于社会各行业中，边缘效应告诉我们异质区的交界处将是文化的新兴点，那么即意味着解决好这个矛盾会带来突破和发展。

10.3.4.2　文化性生态空间的表达

生态建筑本身在形式上有很强的表现力，在前面已提到过，而且生态意识应有清楚的视觉表达，不必特意隐藏起来，设计的结果是将环境问题（即意识方面所关注的）转化为形式问题（即美学方面）。生态空间的诸多现象是人的行为结果，它的累积促成了文化活动的特征空间，在工业化以前这些方面是自然结合成一体的，现在人们要返还自然、文化与人的结合，使新的起点上升到更高的层次。

许多建筑师已敏锐地意识到这一点，塞特于 1993 年设计的田纳西州水族馆（TAC）是一个尝试（图 10-85）。水族馆包括多项内容，如展览、研究、图书馆、剧场、健康中心、餐馆等，出于对历史的尊重和对科学、文化及水资源的保护，它尽量与地形融合，整个馆由一系列起伏波动的横向"信息墙"组成，把展览延伸到室外，与坡地、树林相交融。这些墙通过结构工程、自然现象和电子技术向人们展示水和文明的故事，主入口大厅的玻璃穹隆顶下是热带雨林的花园，一线泉流经由室内淌出。通过高科技手段，运用电视、实物、可参与的活动，以及泉水、花园等自然景观共同创造一个叙事性的空间，将建筑的主题纳入在新时代文化的空间布局中。圆形的总平面不仅照应用地状况，同时试图反映对宇宙起源的最初认识。塞特在这个设计中创造性地追求美学与生态环境的统一，他并没有采用生态技术，而着重表达一种艺术。不得不承认这个作品在创造人与自然结合的文化空间的形式表达上非常具有启发性。

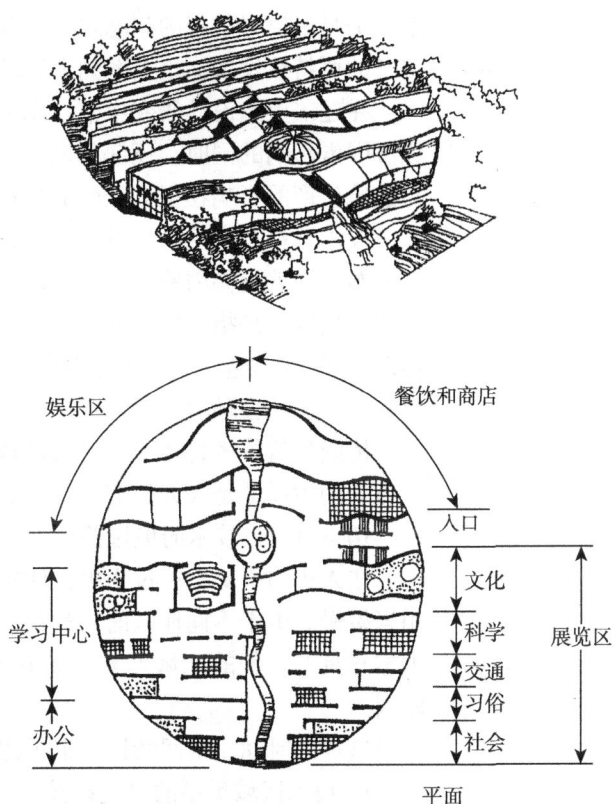

图 10-85　田纳西州水族馆（TAC）

文化性生态空间并非一个单独的类别，它是生态建筑的一个方面，并与其他各要素相辅相成。现代建筑设计的许多尝试可能在某一方面突出，我们不妨从生态角度加以理解，包容更多有益的信息，为生态设计提供宽广的创作思路。

10.4　建筑生态的技术选择

技术的多样性往往是时间与空间交互作用的结果，在环境的影响下，包括自然和社会环境，形成技术多样化的区域类型。本节试图剖析环境对技术多样化方面的影响，技术类型的地域性，并根据中国的现状和实际考察经验，提出建筑发展的可能道路。

10.4.1　建筑生态设计的体现——对环境的技术选择

10.4.1.1　技术选择与环境的关系

几年前我在西南见到的许多民居建筑主要是木构干阑，后来才知道，这种建筑形式和建造方法同秦汉时期西南中国所采用的并无根本性的不同。就像他们的农业一样，千百年来始终保持着普通的犁、锄头和牛耕的方式。当地居民对技术的投入极其有限，年复一年，几乎谈不上什么技术变革。

这实际是一个环境与技术选择的关系问题。其实，这个问题有着重要的现实意义。无论未来经济如何发展，作为第二产业的建筑业仍然是必要的基础。其中，建筑技术选择同环境的关系，仍是最值得重视的问题之一。任何在复杂的环境条件中选择适宜的技术，既关系到建筑业本身的可持续发展，也关系到环境的保护和永续利用。

在建筑生态设计研究中，技术应当是重要的方面之一。因为，建筑生产在受到自然和社会经济因素影响的同时，还深刻地受到技术因素的影响。事实上，自然环境条件和社会经济因素对建筑生产的影响在很大程度上是通过技术方式和技术类型的选择体现出来的。

技术选择与环境的关系问题自建筑产生以来一直存在。从文献记载来看，中国的房屋营建从先秦时期就提倡因地制宜的技术原则，这正是建筑技术选择同环境之间关系的本质所在。早期的因地制宜是指自然环境条件。到宋代人们已将若干社会因素考虑进来，使因地制宜的涵义得以扩展，《营造法式》的编制就是出于形式和技术的选择必须同材料和劳动力资源的配置结合起来，强调社会环境条件在建筑生产中的重要作用。

传统建筑技术将技术选择与环境条件紧密地联系在一起，这可以给我们很多启发，而现代生态学的发展更是大大拓宽了我们的思维空间。

10.4.1.2 技术的地域差异

在人类的历史发展过程中，建筑技术的变化一直存在，尽管在很长的时期中这种变化可能相当缓慢。由于不同地区的建筑生产活动发生于不同的地理环境与社会环境之中，所以建筑技术本身具有显著的地域差异，而它同时也是导致整个建筑经济活动地域差异形成的一个重要原因。

这样的时间、空间特性决定了建筑技术的地域研究涵盖了以下几个主要方面：

1. 技术区域类型的时代差异

历史时期的建筑技术存在着区域类型和演变过程。所有建筑技术都会出现高、中、低三种层级的分野。这三种层级即代表着历史过程的不同阶段，也反映出同一时期中的空间差异。在后来的建筑历史发展中，这种差异不仅没有缩小，反而逐渐扩大了。事实上，在许多国家，几乎可以找到从原始建筑到摩天楼的任何一种技术方式的标本，数千年的发展差异存在于同一时期的不同空间之中。这样一来，我们所见到的就是多样化的建筑技术的区域类型。它是漫长的历史过程的产物，而不同的类型各有其发生、发展与演变的自身进程。

2. 技术发展的区域不平衡性及其空间关系

多样化的区域类型的形成，主要由于不同区域中的建筑技术变革和发展的速度不同，而发展的方向也往往存在着较大的差异。就某一个特定的时期而言，区域类型是发展的结果，而发展的过程集中表现为区域间的动态不平衡。无论从时间角度还是从空间角度来看，建筑技术的区域不平衡性都是非常突出的。以中国西南论，这种不平衡不仅存在于较大的区域之间，而且存在于较小的区域之间。即便在同一个较小的区域之中，河谷与丘陵、山南与山北，往往也存在着较为明显的技术差异。然而技术的不平衡又不是空间分布的截然中断。在不同的技术选择之间总是存在着过渡的形态。这样一来，较大的区域之间的技术差异通常表现为类型的差异，而较小的区域之间的技术差异多数表现为技术方式或者技术环节的差异。

无论如何，技术不平衡的存在意味着必然发生技术的空间相互作用。技术在空间分布上的不平衡是产生相互作用的一个原因，但有时候又是空间相互作用打破了原有的平衡关系。建筑技术的空间相互作用包含两个方面的含义：一是任何层面的区域之间都存在着建筑技术方式的相互依存关系；二是建筑技术选择受到区域间技术传播的影响。从某种意义上说，任何时期的建筑生产过程都是技术空间相互作用的过程，尽管在传统建筑生产中，技术的变革和传播都是极为缓慢的。

3. 技术空间差异的制约要素

不同区域中的建筑技术变革和发展的速度之所以会有所不同，原因在于它们所处的环境是有差异的。这个环境包括自然环境和人文社会环境两个方面。对于建筑生产而言，自然环境条件、社会经济与文化条件以及技术三者都是制约因素，但各自的地位、所起的作用以及作用的方式是不相同的。自然环境是建筑发展的基础，社会经济和文化条件影响建筑发展的方向、速度和资源的利用效率。相对于建筑生产而言，这两者都是外在要素。而技术则是建筑生产的一个内在要素，它是建筑生产活动的方式与手段。它存在于建筑生产活动之中，而不是一个外在条件。既然如此，建筑技术也就像整个建筑生产活动一样，其变革与发展受到自然环境条件和人文社会环境条件的制约。所以，研究建筑技术空间差异的形成过程，必须研究与之相关联的自然环境条件和人文社会环境条件。否则，将无法对建筑技术的地域差异作出正确的解释。

10.4.1.3　技术选择分析的相关方法

建筑技术地域研究所要借助的其他学科的理论和方法，比较重要的是经济学。因为，技术的本质是一种劳动形态，它总是同人的活动直接关联。从某种意义上说，技术行为乃是一种经济行为。如前所述，建筑的地域性受到人文社会环境条件的深刻制约。事实上，建筑技术空间差异也同样深刻地影响着与之相关联的社会经济与文化的发展。这种特性使建筑地域研究要借助经济学的理论和方法，当然，二者的区别显而易见，建筑技术的地域性考察的是一定的经济社会环境中人在技术选择方面的行为对于该地带、区域和景观的影响，而非这种行为所反映的经济关系。

生态学在此的作用一方面是对于理解建筑与环境的关系有所启发，因为生态学的实质是研究事物之间关系的学科①，将建筑置于环境中考察，从整体上认识建筑是其在思想层面上的贡献；再则学科本身的科学原理同样有助于分析技术与环境的相互作用。

10.4.2　原生建筑技术

依据生态学的认识，建筑与环境应一体看待，它们之间的相互作用组成相应的生态系统。探讨技术内容，显然要从建筑和环境的整体来讨论。建筑史表明早期的建筑或初级的房屋通常较依赖自然环境的力量，当地资源可以直接限制建造的方式，即技术的选择，这同样反映在人们的生活方式或文化的生态模式上。②

10.4.2.1　生产模式的生态方法分析

1. 能量和生态系统

为了便于把握在技术与环境之间的复杂的相互关系，可以借助文化行为划定范围进行分析，正如前面所阐述的，文化多样性的一个主要原因在于技术的发明和扩散，而任何技术都必须与特殊的自然环境相互作用，因而直接影响到技术的多样性。若从一定文化的范围考察，可以把繁复的问题理出条理，也有助于探讨的深度。

这样，用生态系统这个词表示包括人的行为在内的全套相互作用，可以把每个人群、它的行为模式看作维持生命相互作用的一种调节系统的组成部分。每个人都参与了一个生态系统，这个生态系统从某些方面来说总是独特的。既然存在着数千个在传统上与不同文化联系在一起的人群，在一定的细节上来描绘全部生态系统的任务就是无限的。为了理解这个领域，必须确定一些支配相关现象的一般原理。借助生态学对于能量的输入和输出的分析有利于达到一定的理解水平。正如所有的生态关系中一样，人与其环境之间的重要事情就是去获得为新陈代谢活动所必需的能量③。人类对于能量的占用和消耗方式在很大程度上是由于特定的环境相互作用形成粮食生产的技术所决定的。

---

① 参阅汉斯·萨克塞. 生态哲学 [M]. 文韬，佩云译. 北京：东方出版社，1991.

② 参阅 10.3.1 的内容.

③ 参阅 [美] E·P·奥德姆. 生态学基础 [M]. 孙儒泳等译. 北京：人民教育出版社，1981.

任何生存着的人群的食物能量圈都有着下列的特征：必须把每年的粮食供应中的一部分扣除下来以满足粮食供应本身的需要。投入粮食生产的能量与用于其他活动的能量之间的比例是最为重要的文化变项之一。[①]

2. 能量和一些生产要素

通过参考一个与粮食生产和能量输出要素有关的一个简单方程式，将能加强对食物能量圈的分析。这个方程式是这样的：用 E 来代表食物能量，或者说一个系统每年生产的热量数，于是，E 就等于粮食生产者数 m 乘以劳动时间小时数 t，乘以每小时消耗的热量 r，再乘以花在粮食生产上的每一卡路里所能生产的食物热量卡路里平均数 e：

$$E = m \times t \times r \times e$$

为了使所生产的能量大于消耗在这种生产上的能量，这个方程式的最后一项 e 的值必须大于 1。这个要素既反映出粮食生产的技术发明，又反映出在一特定环境中对粮食生产问题的技术应用。e 的值越大，粮食生产者在养活他们自己的过程中享受的技术环境"优势"也就越大。

3. 刀耕火种的能量系统

我国西南边境的佤族在 20 世纪中叶仍保持着刀耕火种的生产方式，至 20 世纪 80 年代有日本学者考察那里的民族文化时还可以发现部分地区维持着十分原始的生活。如前所述，生产方式的程度直接关系到人们的其他生活内容，包括聚落组织、建筑生产，这里试图借用有关民族的刀耕火种的能量系统分析，表明促使佤族人建筑技术选择的环境状况，得以体现原生建筑技术。

罗伊·拉帕波特（Roy Rappaport）在 20 世纪 60 年代末曾对切思巴格·马林（Tsembaga Maring）的食物能量系统作了一个著名的详细研究。切思巴格·马林是居住在澳大利亚的新几内亚中部高原北坡的一个民族。

切思巴格的人口大约是 204 人，他们在小田园中种植芋、山药、甘薯、一种冬季甜瓜、甘蔗以及其他一些作物，这种田园是通过刀耕火种的方法清理和肥沃而成的。拉帕波特计算了切思巴格人的技术效率是 18。他也估算了切思巴格人的年粮食能量消费是 1.5 亿 cal。如果把劳动力看作每人十年或更多一点工作时间，那么，m 的值就是 146。代表切思巴格植物粮食能量的完备公式是：

$$\frac{E}{150\,000\,000} = \frac{m}{146} \times \frac{t}{380} \times \frac{r}{150} \times \frac{e}{18}$$

刀耕火种的生产方式使切思巴格人以明显较少的劳动时间投资就可以满足他们所需的热量——在栽培过程中每个粮食生产者每年仅用 380h。刀耕火种技术的高度生产力说明了为什么在现代世界的整个赤道地区这种农业形式仍然具有其重要性，其中佤族就是一个代表。但是，还有另外一些在我们的公式中没有揭示出来的代价。这些数字并不包括在作物收获到村庄上后还必须花费的食物准备的时间和能量，也不包括取得柴火的代价。在像那种冬季甜瓜和芋一类根茎植物的作物情况中，这方面需付的代价尤其高。切思巴格妇女花在食物准备上的时间几乎与花在栽培上头的时间一样多。[②]

一般与刀耕火种栽培阶段的农业相联系的较高水平的技术环境效率是与这么一个事实相关的，这就是，每年只有很少的人均土地被用于粮食生产。这些田园种植得很稠密，并且离村庄很近。这样，在 1962~1963 年，切思巴格村庄只有 52 英亩土地被用于生产切思巴格人的基本卡路里供应。可是，由于大雨的冲刷，在经二三年的使用之后，刀耕火种田园的土壤肥力一般很

① 参阅 ［美］马文·哈里斯. 文化·人·自然——普通人类学导引［M］. 顾建光，高云霞译. 杭州：浙江人民出版社，1992.
② 参阅 ［美］马文·哈里斯. 文化·人·自然——普通人类学导引［M］. 顾建光，高云霞译. 杭州：浙江人民出版社，1992：206.

快地下降。于是，必须去清除另外的土地，以防止技术环境效率的急剧下降。在新树木成长起来以前，被遗弃的田园是不能再加以利用的。这样才能在火耕阶段得到充足的木灰肥料。"火耕——种植——二次成长——火耕"的循环也许在任何地方都需要 12 ~ 20 年，这要看本地的土壤情况和气候条件。所以，从长远来看，刀耕火种的农业是需要相当数量的人均土地的。在这种农业情况下，人口密度显然远达不到灌溉的或工业系统的农业情况下的人口密度。

当然，佤族的刀耕火种农业与切思巴格的肯定不一样，但作为同种类型的生产方式其实质是相同的，那么能量系统都保持相似的水平。借用关于切思巴格的能量系统分析，是想说明刀耕火种的技术环境效率，并为相应的建筑技术选择提供文化背景的参考。

10.4.2.2　佤族建筑技术的环境选择①

居住在中缅边界一带的佤族，生产力发展极不平衡。解放初期在盛行猎头习俗的阿佤山中心区，特别是西盟境内，实行的是刀耕火种的农业生产；阿佤山边缘地区，由于和汉、傣等族杂居，生产方式较为先进。这里要讨论的是处于刀耕火种阶段的佤族，在阿佤山中心区，至新中国成立前夕，氏族制度已基本解体，代之以原始的农村公社②。还有部分佤族生活在缅甸、泰国的山岳地带。

佤族村寨一般百来户，每个村寨都有自己的领地范围，与其他村寨严格划分开来。对外而言，村寨是一个经济整体，有共同的政治、宗教生活，村寨成员有互相帮助和保护的权利和义务，而且对外相当一致。佤族有共同的语言。

1. 轮耕火烧地带来的建筑要求

烧山林造地，在火烧地里种植旱稻，只用烧地的灰作肥料，这样，第二年的庄稼的收获量就会减半。于是只有更换耕地，开辟新的火烧地。也就是说，轮耕对于生活在火烧地地区的他们来说是家常便饭了。因此，耕地越种越远，作为居住地的村寨也就常常跟着搬迁。

每逢由于火烧地的轮耕而要搬迁村寨时，古代是酋长，现在是村长，他们便与长老们一起到自己领域内的山里去寻找适合于建立村寨的地点。如前所述③，在选定寨址后，先确定圣木、建造出入口的寨门，并为之进行宗教性的礼仪，礼仪完毕后便开始建造各自的住房。首先，村长的住房由全体村民共同建筑，然后，各家各户的住房则由村民们以相互协作的方式完成。

这样的建寨过程一方面反映了宗教观念的重要作用，这与原始部族的认知力有关；另一方面，由于频繁的迁徙要求建造过程迅速简洁，全村人必须紧密合作，在两天时间内完成全部的房屋建造，开始新的生产劳动。有的地方认为不能见黑夜，所以一天就建完了④。

2. 材料与工具条件

湿热气候使这一带竹木茂盛，因而在建筑材料上自然而然采用竹木为主的格局。建筑材料的出产情况，直接左右着建筑技术的发展。西盟的佤族使用竹子十分普遍，不仅建筑用竹子，生活器具、生产工具也多是竹制品，如贮藏粮食的粗大竹筒，还以竹搭桥⑤。在建筑上，粗竹子用来作柱子，或弄平后作地板和壁板，细竹子是作支架和椽子的好材料。在竹子较少的地方，人们就用木材。

修葺房顶的材料主要是芭茅，也有用阔叶树的叶片，或是混合使用的。芭茅是自生植物，

①　这里以佤族建筑为主探讨技术与环境的关系，但概括了相关的西南少数民族建筑技术，以及部分东南亚地区的民族建筑情况，因此它们的自然和社会环境处于相似的水平。

②　参阅谢国先. 从神话传说看佤族猎头习俗的起源和演变 [M]. //云南民族学院历史系编. 民族·历史·文化. 昆明：云南大学出版社，1990.

③　参阅 10.3.3 及（日）鸟越宪三郎. 倭族之源——云南 [M]. 段晓明译. 昆明：云南人民出版社，1985.

④　参阅（日）鸟越宪三郎. 倭族之源——云南 [M]. 段晓明译. 昆明：云南人民出版社，1985：78.

⑤　参阅朱馥艺. 干阑——中国西南传统民居初探 [D]. 武汉：华中科技大学，1997.

为得到优质的芭茅，也开辟培育芭茅的耕地。收割完后把地烧一下，烧成的灰作肥料，只要过两个月，苗壮的芭茅幼苗又会破土而出。

作为特殊情况，也有竹房顶和薄木片房顶。其中竹房顶采用的是，将竹子劈成两半，削去中间的节，做成引水竹筒形状，再把这样的竹筒背腹相互重合在一起去修葺房顶的方法，从克伦族的窝棚上可以见到这种修葺方法。薄木片房顶是采用将薄木片重叠起来铺葺的方法，这可以在拉佤族和云南怒族的高床式住房上见到。[①]

总而言之，全部材料都来自附近的大自然，所以，被使用的材料就反映出了地区性和自然环境的特点。

加工工具也是构成技术背景的重要因素。正如生产工具是衡量生产力的重要标准一样，加工工具的发达程度也制约着技术水平的进步。以柱、梁、檩等组成的框架结构，是用简单的榫接方法组合在一起的。榫接操作要用凿子加上厚刃刀来一起作业，而人们"过去只用一把厚刃刀"。这在西南地区十分普遍，我在黔东南考察侗族建筑时，就时常见到腰别一把厚刃刀的乡民，这样一把小刀可以进行几乎所有的手工操作，削、砍、刮、割，无不用它。在佤族竖立柱子的木匠工具，刨木头时当然没有锛类工具，锋利的厚刃刀作为一般工具是很常用的。厚刃刀不仅用来砍木头、劈竹子，而且还用来屠宰家畜，以及割布。

另外，在砍伐树木时，除厚刃刀外还使用斧头，斧头也是劈柴的工具。此外，还有一种镰刀，是用来砍割修葺房顶的材料芭茅，以及做扫帚的材料草的。近年来有使用锯子的情况，显然是从外面传入的。

除了榫接方法，建筑构件有用藤条或篾条来捆束的，但任何一座建筑物上都没有使用钉子。

3. 榫接构造方式

竹子本身并不适于开凿榫卯，在傣族地区可以看到地板梁插入粗大立柱的做法，算是原始的榫卯，较多用绑扎的方式联结。木材的加工也采用简单易行的联结构造，与佤族比邻的克伦族可以只用厚刃刀建造房屋，他们使用的是叉木构造法。中南半岛上某些使用干阑的山地民族，包括佤族、克伦族等，在地板梁与柱的联结上有几种榫接方式[②]（图10-86）：

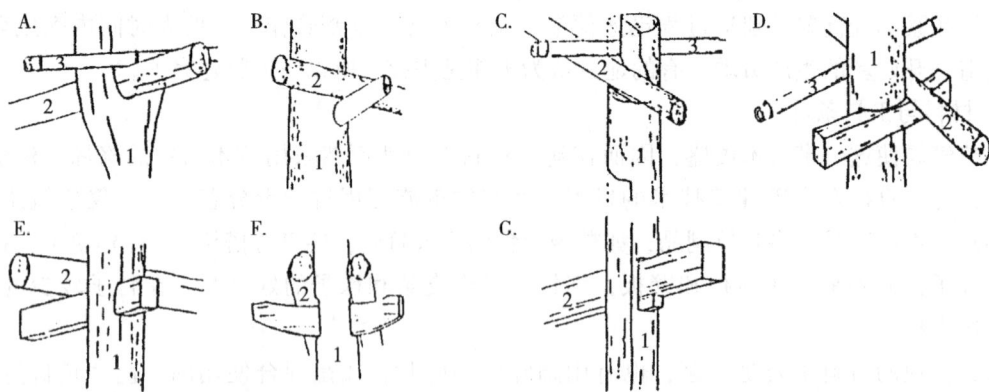

图10-86 地板梁与柱的几种榫接方式
1—柱；2—地板梁；3—龙骨

A. 叉木：克伦族一般利用立柱上保留着的天然树杈来支撑地板梁，这种方式大概是最为原始而又简便易行的联结方式；

B. 在没有适当的天然树杈时，就在立柱上凿洞插入一根树枝来代替叉木；

① 参阅（日）鸟越宪三郎. 倭族之源——云南［M］. 段晓明译. 昆明：云南人民出版社，1985.
② 引自杨昌鸣. 东南亚与中国西南少数民族建筑文化探析［M］.//郭湖生主编. 东方建筑研究（下册）. 天津：天津大学出版社，1992：65.

C. 当柱子较粗时，将柱子上端砍出一台阶状缺口来搁置地板梁，必要时甚至可削去原截面的一半；

D. 也可在粗柱侧面砍出凹槽，嵌上一根树枝来代替叉木；

E. 如果将代替叉木的树枝贯穿立柱，则更为稳固；

F. 将 E 的树枝改换成短木，就成为两肘木，可以同时承载两根梁；

G. 将地板梁完全贯穿立住，这是最稳固的联结方式，但只能用于立柱较粗的场合。

从上述几种方式可以看出，由简单到复杂、由粗糙到精细以及更稳固的发展过程，不同的工程实践的要求产生的技术进步就出现差异，同样是干阑、框架结构，然而构造方式随着资源、居住期限的变化而大大的不同。这实际上表现了技术选择与自然环境和社会环境的密切联系。

4. 特殊的建筑度量方法——人体尺寸法

建筑的度量方法也属于技术的范畴。虽然一般常用的度量方法是标准尺制，但它的出现已是发展到一定水平之后的事情，其应用范围大多是在文化较发达的地区。我国西南及东南亚传统建筑保存的人体尺寸法可能是古老的直观度量方法，它也许在古代各个民族中都普遍存在，而后为标准尺制所取代。因此，可以把人体尺寸法看作是技术发展初级阶段的产物，尽管运用人体尺寸法的人们同样建造出了许多令人叹为观止的伟大建筑物。

在实际运用当中，人体尺寸法与标准尺制之间的差别主要反映在建筑空间的比例及尺度把握上。前者一般是从居住者本身的角度直观地考虑空间的适宜尺寸，每幢住宅的尺寸都是依据其家长的人体尺度来决定的，虽然存在个体的差异，却并不会影响群体的和谐；而后者往往带有更多的理性成分，特别是当某些数字与某种观念或"口彩"发生牵连之后，尺寸的确定已不再是根据实际需要而是根据理想数字，如"床不离五，房不离八"的苗家匠作口诀，就是因为视八为吉祥数字而采用的一种以"八"为尾数的十进位制模数方法①。与法定尺寸相比，和生活有直接联系的、以身体为标准的尺子要自然一些。

所谓的人体尺寸法，系指利用手、肘等人体部位本身的长度作为度量单位的方法（图 10-87）。根据民族和地区的不同，在基准单位的选择上也有所不同，如缅族的最小单位是一根头发的宽度，阿卡、拉祜、傈僳等族则以一指的宽度为最小，依次增加的还有大拇指、一拳（四指）、五指的宽度等等；较长的单位是肘，但也有手指尖端或拳头尖端到肘端的区别；最大的单位是寻，即两臂平伸的长度，同样也有指端或拳端的区别②。有趣的是，建筑物的构造越精细、规模越小的民族，其人体尺寸法的种类也就越少，如克伦族就只用肘这一个度量单位。而且，规模比住房小得多的谷仓，大部分部族都以肘尺为单位建造③。

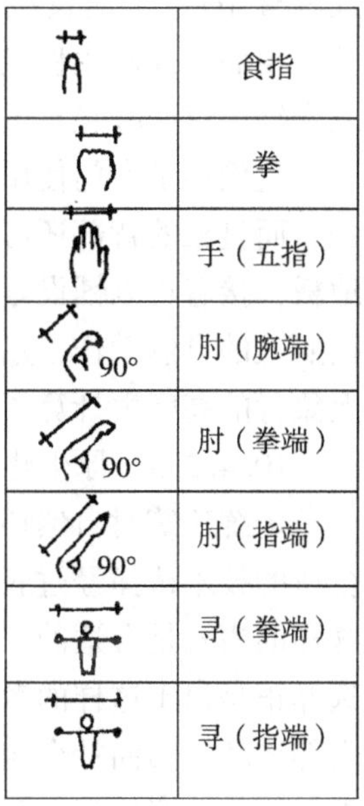

在实际运用中，以人体的"手"、"肘"和"寻"这三种单位最为常用。这三种单位实际上表现为一种模数关系。如果将"手"的宽度定为五指并拢的宽度，我们就可发现一肘的长度约等于四"手"，而一寻的长度也约等于四"肘"。在精度要求不甚严格的场合，用"肘"作为基本模数单位无疑是简便而实用的，施工时操作者可以很直观地

图 10-87　人体尺寸法

	食指
	拳
	手（五指）
	肘（腕端）
	肘（拳端）
	肘（指端）
	寻（拳端）
	寻（指端）

---

① 参阅李先逵. 贵州干栏式苗居研究［D］. 重庆：重庆建工学院，1982.

② 参阅杨昌鸣. 东南亚与中国西南少数民族建筑文化探析［M］. //郭湖生主编. 东方建筑研究（下册）. 天津：天津大学出版社，1992，21.

③ 参阅［日］鸟越宪三郎. 倭族之源——云南［M］. 段晓明译. 昆明：云南人民出版社，1985：124.

确定建筑各个部分的比例关系。

人体尺寸法的优点是可以根据人体所要求的最小活动空间这个原则来确定每一部分的最小尺寸，如像门的宽度以不小于二肘为宜等，由此可以获得以最小的建筑空间去满足最基本的功能要求的效果。这在佤族这样的生产力条件下，可以尽可能地最快、最省、最方便地搭建房屋。可见，人体尺寸法来源于最基本的生活需要，如今在家居设计和室内设计上强调人体工程学，实际上是重新回到人的根本也是适宜的要求上来。而在西南的这些民族建筑中是自然而然产生的，可以说他们的房屋是最亲切、最自然，是地地道道的度身定做。

5. 人体尺寸的施工方法

在建筑中，并不架设临时的作业面，即脚手架。柱子竖起来后，接着便以地面为脚手架去铺装地板，地板完成后，再以地板为脚手架去装配屋架的底梁和檩，然后再以屋架底梁为脚手架去架设大梁。整座房屋就是这样从下到上地分段完成的。铺房顶上的芭茅时也同样是屋檐前端较低的部分以地面和地板为脚手架，接近大梁的较高的地方以屋架为脚手架，从屋内向上铺葺上去。

地板的高度一般由地板梁来决定，其高度最大时为五肘。因为当地基是斜面时，斜面上靠近山的部分与靠近河谷的部分的地板下面的柱子的长度是不同的，所以，以靠近河谷一侧的地板下面的柱子的长度为基准，来决定地板的高度。这段距离（高度）有五肘，因为五肘的高度与人能够在靠近河谷一侧的地面上踮起脚尖儿、伸直手臂去铺装地板架所需要的高度相等。

屋架底梁的高度由地板梁以上的距离来决定。屋架底梁的高度，是以将地板架为脚手架、人踮起脚尖儿伸直手臂后能在柱顶上安装梁和檩的距离为最大高度的。这个高度是人站立着走动时，头不但不会碰着梁，而且还有少许余地的高度。人的身长等于一寻，也就是四肘。于是，从地板架到屋架底梁的距离，就与刚才标记出来的从地面到地板梁的高度相同，最高是五肘了。

另外，在远离村寨的火烧地及水田里搭建起窝棚，作为农忙时节的临时住处在干阑地区很常见，侗族称为"庄屋"。但是，如果水田在河谷底部或者接近河流时，就要建筑地板高过3m、或者有4m以上的窝棚。在这种情况下，柱子也比住房建筑的粗，有的直径超过30cm。不过，柱子粗而让人产生稳定（安全）感的是地板下面，地板上面部分的柱子要切削掉1/3～1/2，使之变细，以使减轻自重，防止倾倒。这种地板下面的柱子特别长的窝棚，主要是克伦族的窝棚。

克伦族是专门使用象来进行木材搬运的部族，所以不管多粗的木材都能够搬运到建筑现场去，而且象的背部还可以作为脚手架来使用。竖好柱子后，就站到放在象背上的座位上去铺设地板，接着再以铺设好了的地板为脚手架去架设屋架底梁，用这样的方法，从高床式地板上就按照人的自然动作去建筑了。这种情况下，最高的地板高度就要以住房建筑的最高地板高度加上象背的高度去计算了。[①]

10.4.2.3 原生建筑技术的多样性和环境适应

传统建筑对自然环境的依赖性较大，自然资源、气候条件等因素直接导致技术的选择，当合适的技术选择经过长期的实践和改进，被人们记忆和通用则成为其文化生态模式的一部分。这样的模式是合适的，文化适应机制可以维持良好运转的生态系统。前文分析佤族的建筑技术选择正是出于这样的考虑，生活在偏远地区的民族，由于外界的干涉少，得以保持相对闭合的内部循环，因而社会构成简单，作用因子明晰，这便于分析的条理和论证的可靠。当然，这种类似理想状态的静态观察有利于某个类型的纵向剖析和分层论述，同时也不能忽视动态的因子，民族间、地区间的往来促进了文化的交融，先进的技术得以传播和演进，这时，社会环境的作

① 参阅 ［日］ 鸟越宪三郎. 倭族之源——云南 ［M］. 段晓明译. 昆明：云南人民出版社，1985：142.

用跃居重要的地位。

从材料的适应性来说，贵州布依族的石质干阑是一个代表。布依族与生活在竹海之中的傣族、在盛产杉木地区生活的侗族同属百越民族，百越民族是中国古老的南方民族，有居住干阑的习俗。干阑本身亦是潮湿多林地区的产物，竹楼、木楼曾是盛行南方的建筑形态，如今仍旧在西南兴旺发达。而黔东南地区，土地贫瘠，土层很薄，地表多石林，树木少，居住在这里的布依族却传承了干阑的居住形式。然而，竹木干阑是不可行的，木材在这里很匮乏，高山的寒气决不能生产竹子，可是石灰岩却非常丰富。布依族充分利用石材，创造了极富特色的石干阑，他们以石灰岩块体砌筑墙体，屋架和正面的门、窗等少量围护用木材，有的房屋在壁体内侧设小柱支撑屋架，屋顶覆以天然石板，有的加工成较规则的方形排列成鱼鳞瓦样式①。在坡地，厚重的石墙一般将房屋架起，如干阑一样，人居楼上，畜产居下，所异的是底层无法开敞，类似半地下室，这是石壁体承重的限制（图10-88）。在平地的房屋往往单层，只是地面抬起三五步，杂务间安排在端头或厢房，这可能是受汉族的影响。以石头作建筑材料磨炼了布依族高超的技艺，传统的干阑居住方式在他们的手里获得了全新的诠释，布依族的石栏可以说是再生的原生技术，或者说是新环境对原生技术的选择和改造。

云南西双版纳的傣族，在解放前多居住于竹楼，仅土司等显贵才住得起木楼，而后经济条件的改善和汉族的影响，人们方采用木楼。锯、刨、凿等木工工具的引进，使傣族木楼的柱、梁等构件的规整程度（图10-89），远远超过邻近的少数民族建筑，他们多半仅以厚刃刀加工木材。佤族房屋的支柱往往在居住层以下仅剥去树皮，上面的构件根据拼接和受力的需要作部分砍削，因而房屋的简陋质朴可想而知。可见，工具的分工程度表明加工细致的可能性，万能的厚刃刀可以满足普通的生产加工，同时有细部精工的局限性，这与佤族人的生产力是相匹配的，人们没有多余的时间去发展建筑艺术。而傣族引进了汉族的水田生产技术，大大提高了生活水平，加之工具的输入，才得以改善其建筑技术和选材，社会环境在这里发挥了巨大的作用。

图10-88 黔东南布依族石屋（左）

图10-89 傣族木楼构架（右）

在建筑度量方面，侗族人发明了一种独特的工具——"香杆"。人体尺寸法对于小尺度的空间十分有效，当测定距离较长时，直接使用人体部位来度量就不太方便，这时就可以利用竹竿或绳子作为辅助工具。竹竿不仅可以用来测量距离，还可以作为建筑的设计图，侗族工匠常用的"香杆"就有这种功能。所谓"香杆"实际是半片毛竹，刮去青皮后，裸露出金黄色的竹质，光滑而不沾墨，既易于书画，又易于涂抹。侗族工匠用一把曲尺、一杆竹笔将一座房子的各种柱子、檩条等图形和尺码都绘制在这竹片上。"香杆"的长度通常与房屋的中柱相当，使用起来，横比竖量，得心应手。此外，侗族工匠还用一种代代相传的独特建筑文字在"香杆"上标注各

---

① 参阅朱馥艺. 干阑——中国西南传统民居初探［D］. 武汉：华中科技大学，1997.

种图形，一般有 26 个字，根据规模大小繁简程度用字可多可少，经常使用的有 13 个：ꝫ（前）、ꝯ（后）、ꝫ（左）、ꜱ（右）、V（上）、Z（下）、ꜰ（中）、天（尺）、土（土）、子（桂）、井（梁）、ꜱ（方）、川（柱）[①]。将繁杂的构件简化为少量的文字，未尝不是标准化程度较高的一种表现。

图 10-90 鄂西土家族房屋的"将军柱"

将军柱

● 落地柱　○ 骑筒

土家族居于古中国西南少数民族与中原接触的前沿，因此土家吊角楼饱含了文化交融信息。它是西南干阑和汉族的合院建筑形式相当成熟的结合。一方面，正屋引进了一明两暗三开间，直接落地，成为座子屋。而且有明显的围合趋势，至少一边厢房，称"钥匙头"，有条件就力争做成"三合水"、"四合水"乃至"两进一抱厅""四合五天井"。一方面，发展了干阑，成为美丽的"龛子"（读 qianzi，当地称呼），作为厢房[②]。这种井院式干阑表现出的结合的完善性，体现的是武陵山区从云贵高原以半岛形伸向华夏，使西南文化与中原文化必然相遇的结合点。在鄂西，土家族匠师发明了复杂的"将军柱"（又称"伞把柱"、"冲天炮"），将正屋和厢房十分完善地联成一体。将军柱是一特殊的构造方式，即在正屋脊线与横屋脊线的交点上立下来的一根柱子（图10-90）。这根柱子十分清晰明确地支承着来自正屋和横屋两方屋盖的荷载。相比之下，

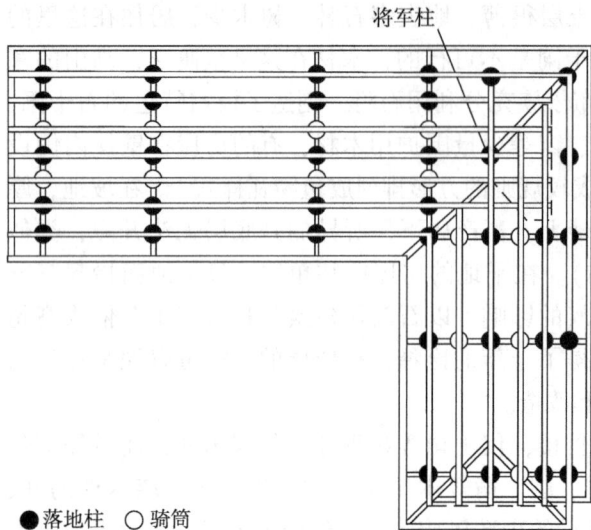

图 10-91 土家村落

其他地区解决屋面转折仅用桁条（或椽子）互相交搭，就未免草率从事。所以尽管土家民居也是一般穿斗架，但转折处显得特别成熟、有章法、一丝不苟。武当山复真观道院的木构奇观"一柱十二梁"，就是土家十分普通的将军柱。合理的构造产生令人满意的外表，密斯·凡·德·罗大师常爱引用圣·奥古斯丁的名言："Beauty is the splendor of truth"（美是真的光彩），土家民居建筑就焕发这种光彩，表现为婀娜多姿的形体美。由于井院围合，高低错落，土家民居也当然出现空间美。建在山坡上的村落，房屋不仅前后纵深配置，而且处于不同标高，因此经常出现层次之美、轮廓之美（图 10-91）。村落每以祠堂庙宇为中心，有其形成的秩序，表现为群体之和谐。市镇邻里，有的以水井为中心，形成既美丽又富于人情味的场所。[③]

总之，传统社会在稳定的情况下，其社会文化系统的功能通常可以保持积极的状态。当发生的变化能够被吸收和容纳，稳定的局面仍会维持。我在西南所见到的村寨大都一幅安宁平静的画面，外界对它们的影响充其量是公路带来的，不通公路的地方便是原来的样子。所以，反映在建筑上，技术是原生的状态，材料、受力、构造和施工方法直接投射在其中，建筑形式较多的与文化相关，同时技术受到一定的影响。对于传统农业经济和当地的自然条件，技术似乎

---

① 参阅吴浩. 巧匠神艺 [M]. //侗乡风情录. 成都：四川民族出版社，1983.

② 参阅 Zhang Lianggao, Zhu Fuyi. Stilt House—A Horizontally Dispersed History of Chinese Architecture [C]. 1st International Conference on East Asian Architecture Culture.

③ 参阅张良皋. 土家吊角楼——井院式干阑的去·来·今 [M]. // 老房子——土家吊角楼，南京：江苏美术出版社，1994.

无非几个方面的选择，这已经足够人们使用，因为没有大变化，技术就用不着革新。也许在我们看来，它们太简陋，但对于它所产生的环境却是合适的，就像环境本身一直维持着相对封闭然而是良性的循环。

10.4.3　高技生态建筑

"高技术"一词出现了很久，但一直未有准确的定义。一般而言，高技术是指那些相对于常规技术又尚未普及的代表时代尖端的技术手段。这种技术手段应当是基于最新科学成就上，具有优异性能的体现。

19 世纪，贝塞麦、马丁、汤麦斯炼钢法的发明和广泛应用使钢铁产量大增，它促进了机器、钢轨、车厢、轮船的制造。在动力工业方面，出现了比旧式蒸汽机更经济、效能更高的蒸汽涡轮机和内燃机，内燃机需要液体燃料，这促进了石油的开采。在机器工业大力发展的同时，也出现了新的工业部门，如化学工业和电气工业。这时的生产既然发展得如此之快，建筑作为物质生产部门的成员，不能不跟上社会的要求，它必须迅速地摆脱旧技术的限制，摸索着新的材料和结构，特别是钢和钢筋混凝土的广泛应用，促使在建筑形式上开始摒弃古典建筑的"永恒范例"，掀起了创新的运动。伦敦水晶宫的建造是英国工业技术成就的典范，随后 1889 年的巴黎世博会是新一轮高新技术作场，埃菲尔铁塔和机械展馆分别创下高度和跨度的世界记录。

其后的一个世纪更是发生翻天覆地的变化，是促使建筑大变革和出现技术频繁更迭的时代。

20 世纪是科学技术发生划时代意义的大跃变的时代。一系列重大而影响深远的科技成果创生于世，其中最引人注目的是电子技术、核技术、生物技术、新材料和新能源。

1942 年，第一个原子能反应堆建成。从此，人类具有了驾驭巨大能量的能力。

1946 年，第一台电子计算机诞生。

1948~1958 年半导体晶体管和集成电路研制成功，并很快发展成为大规模集成电路，是电子产品实现了向微型化、智能化的过渡。它与计算机的微型化、普及化结合，是电子技术渗透到了社会生产和社会生活的各个角落，是人类揭开了电子时代的帷幕。

1957 年，第一颗人造卫星上天。

1969 年，科学家识别出生物生命的遗传密码，排出遗传密码表，揭示了 DNA 分子同氨基酸及蛋白质之间的关系。1971 年，人类第一次把两种不同 DNA 联结在一起，获得了第一个杂种 DNA。

20 世纪 90 年代，人类基因分离、克隆技术取得重大突破。还有合成材料、海洋开发技术、光纤通信技术等共同构成时代的新技术革命，冲击了整个世界。这种冲击比人类以往任何时代的变化都更加迅速和振奋人心，从其数量、范围、时间、空间以及对社会影响之广度和深度来说，都是前所未有的。

现代工业社会是科学技术无所不在的时代。今天的科学技术已超越与一切民族文化之上，成为人类文化的共同特征。科学技术不仅给社会提供了强有力的物质生产手段，改善了人们的物质生活，同时也不可避免地在精神和意识层面上改变了我们的价值取向和审美观。

当高技术作为表现手段来展示设计意图时，便超出了其本身的功能意义和经济上的前瞻优势，而成为一种风格或派别。例如香港汇丰银行采用了全新的悬挂结构，整个建筑悬挂在数个前后三桁架上，形成通透的大空间，垂直交通枢纽布置在两侧的八个筒体上，楼板可以根据需要拆卸和安装以体现对整体和灵活的追求。为了显示力量、坚实和技术精湛，两层高、粗大的桁架将立面分成五段，成为强有力的外观视觉要素。但这个银灰色的桥状结构浪费了 20% 的结构支撑能力，即建筑结构的高技术在这里的运用并未尽其才，而成为表达力量和地位的手段。汇丰银行的造价十分昂贵，其中建筑结构和结构表皮的支出就占了 58.4%。在建筑师看来，所有的建筑问题都可以通过工业设计、工程机械和手工艺化的高技术方法来解决，建筑的每一个细部被当作艺术品来处理，建筑中几乎所有的材料包括设备都是金属和玻璃，从每一个节点到整体都保持同一的灰色。中部一体化的深广空间体现了一种轮船甲板般的"整洁干净的健康感"，冷峻的外表和巨型空间不仅使人生畏，难怪福斯特"要用建筑中人员的移动来丰富乃至升华建筑形象"，不然会给人冰窟的想象。当然，汇丰银行的最后形象是福斯特和业主及香港这一特殊环境共同完成的，因为在香港这个亚洲首屈一指的金融中心，对于其最有地位、发行香港货币的金融集团而言，汇丰银行的要求十分明确："一座世界上最好的建筑"，故此代价不太重要。所以，高技术的表现需要特殊的支撑，然而高技术本身仍是时代先进的代表，如其中的系统化设计，又如计算机控制的阳光收集器可随着光线的变化改变角度，将阳光反射入室内空间，等等。

10.4.3.1　生态高技

以谦和的态度面对大自然，高技术建筑的发展趋势之一是尽量减轻自然环境中的人工痕迹，最大限度地维持环境的原貌。如 R·福斯特设计的巴塞罗那长途通信塔（图 10-92），将所有的部件都做成最小尺寸，塔身核心由三条钢索牵拉，整体结构由安装在山体上的后张应力缆索固定，模数化的楼板构件悬挂于主体结构上，使塔身轻盈、灵秀，体量小则最大限度地减少了对自然环境的改变。福斯特为西班牙圣地亚哥设计的另一个电信通信站，注重植被的保护，整个通信站的主体由两根落地钢结构交通筒体高高地托起于树顶之上，建设中无需砍伐一棵树木。当人们身处景色优美的山岭之中时，基本上看不到建筑物的存在，建筑在这里"消失"了自身。

图 10-92　巴塞罗那长途通信塔

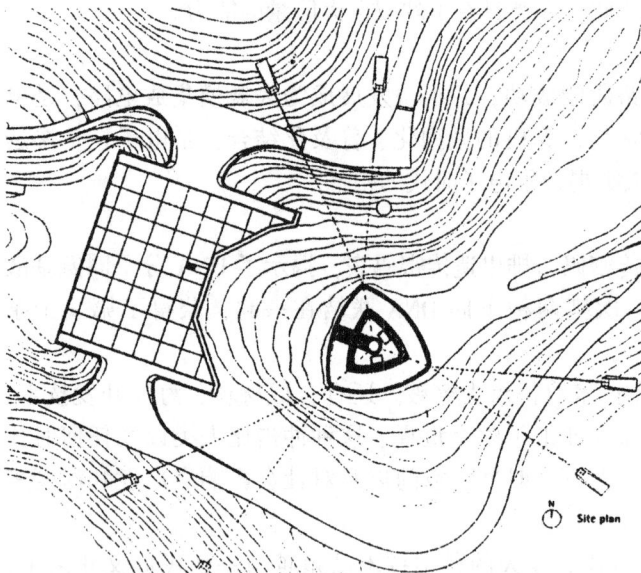

在应对恶劣环境和不利条件时，高技术往往发挥了重要的作用。皮亚诺设计的日本关西国际机场位于大阪湾内填海造地的人工岛上，为抵御这个地区经常遭遇的台风侵袭，设计者结合空气动力学原理和航空工业造型技术，采用"几何轨迹法"借助一组曲线段面的平行移动构成了屋顶的整体造型，使气流能够以最小阻力快速掠过，以此尽量减少风荷载。而美国丹佛国际机场采用张拉膜结构体系，以柔性结构适应这个地震区和强风区的水平应力，无疑是高技术条件下人类与自然的协调。

同时，以高技术方式再造"第二自然"为都市建筑带来了自然的气息。日本关西国际机场的主候机厅在贯通四层的中庭空间中，种植了数十种天然树木，为保证树木成活，屋顶采用了特殊构造的玻璃天棚，使足够的阳光照射进来，并以含水量高的多孔质烧成土代替一般的土壤，保证室内绿化得到足够的养分和水，同时使用与树木同高的喷雾装置喷洒水雾使树木生长旺盛。

1. 形体的意义

生态建筑的形体有别于一般的建筑形体常常归咎于它对某些功能的特殊考虑，如自然通风或接受太阳能的需要。

例如大跨度建筑，要利用空气浮力原理，对屋顶的风压系数进行分析。新风由低处进入，较热的空气上升从屋顶逸出。屋顶形式所造成的负压分布决定了出风口的最佳位置。试验表明，斜的、平缓的圆柱剖面利于自然通风，加速的气流掠过弧形的屋顶，在屋顶上造成负压高峰，同时在迎风面上造成较轻的正压，这种压力差可以为创造自然通风服务。当进风口和出风口位置正确时，它适于以自然通风的方式为大厅降温。

图 10-93 表示一个 2.5 万 m² 的可以自然通风的展览厅，由于经济原因，平面通常是矩形。图中 a 表示根据风向的不同，压力也相应变化，在屋顶表面压力会在某些开口处出现非常不平滑的分布。图中 b 中采用了拱顶，使负压系数分布均匀。图中 c 为一个全新的设计，创造了相当均匀的压力分布。如果在四角和中心开口作为排气口使用，新鲜的空气由底部进入室内空间，在空气浮力作用下上升，沿着屋顶结构在四角和中心的开口处排出。排气口上覆以遮挡。

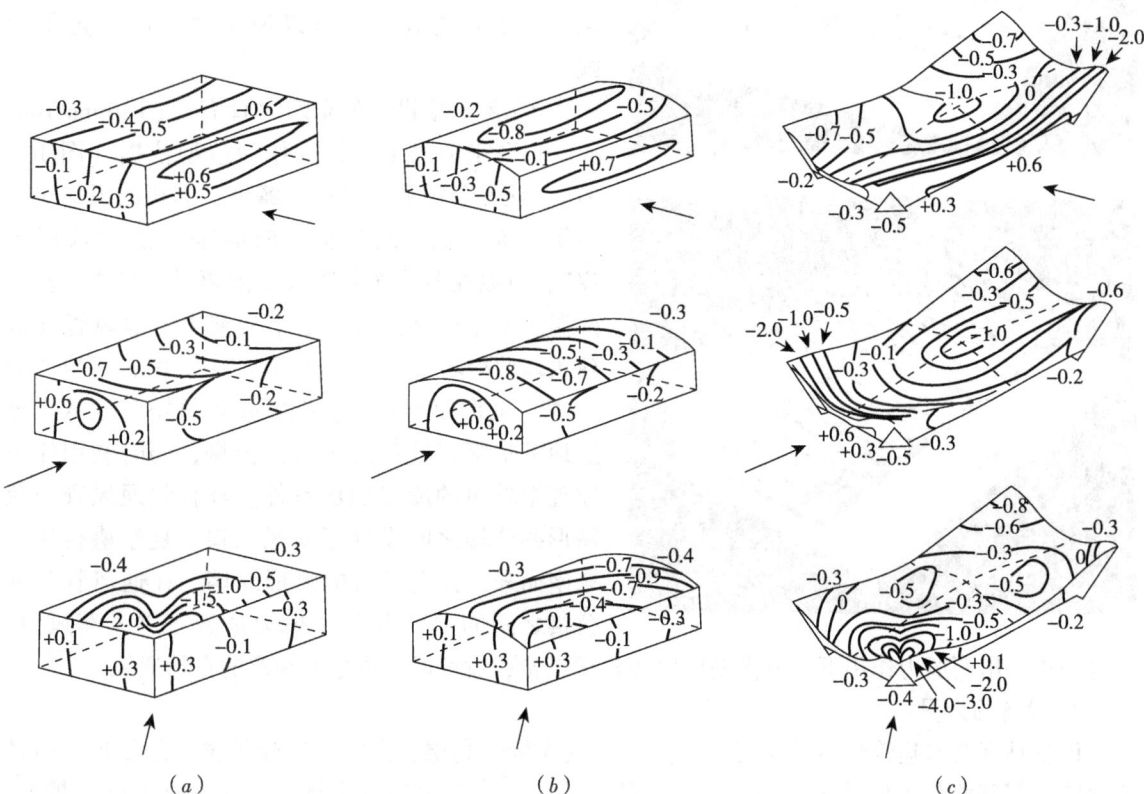

图 10-93　不同屋顶形状的风压分布

(a)　　　　(b)　　　　(c)

对于同样的大厅可以有不同的建筑形式处理，而获得相同的结果。图 10-94 及图 10-95 表明三种屋顶形式所创造的自然通风效果。①

---

① K. Danies. The Technology of Ecological Building：Basic Principles, Examples and Ideas [M]. Basel：Birkhauser Verlag für Architektur, 1997：86.

图 10-94 展
览厅的三种屋
顶形式及其通
风效果（一）

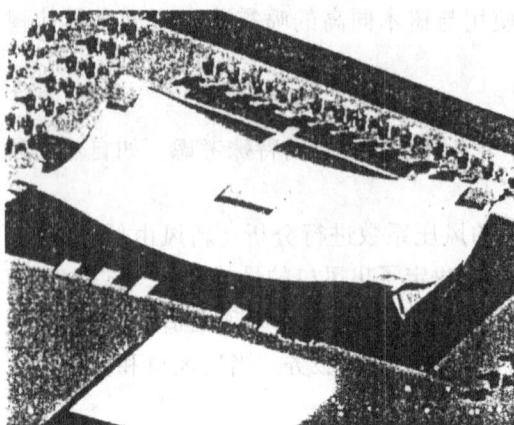

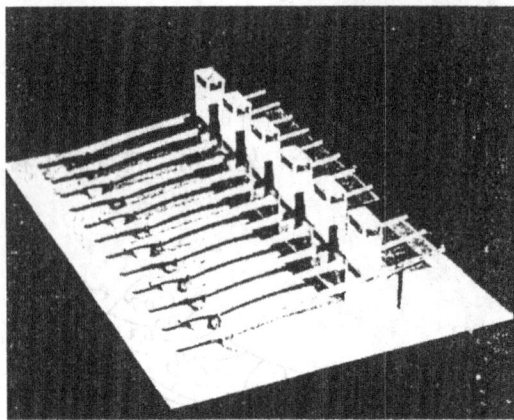

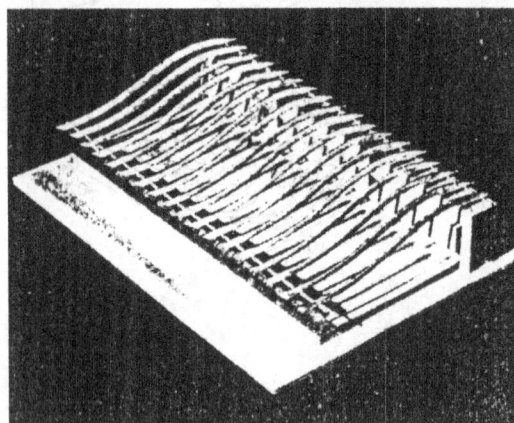

利用通风竖井创造自然通风也为建筑带来新的形式，如德·蒙特福特（De Montfort）工程馆。建筑师 A·肖特（Short）和 B·福特（Ford）在两个观演厅和若干实验室之间设计了一个中央线形"广场"，在这里布置了独具特色的通风竖井（图 10-96）。通过计算模拟试验，发现竖井的开口尺寸、位置是关键所在：因为污浊的热空气层大约 1m 厚，下边高于最高处座位的头顶，上边低于出风口的底边。污浊的空气由高达 13m 的抽风竖井排出，新鲜空气通过一排排座位下安放的通风格栅进入。冬季，格栅下的管子中通入热水加热空气。在竖井中还装有气流调节阀门，由温度传感器控制，室温上升时打开风门，室温下降时关闭。竖井壁以隔热材料构成，防止外部制冷造成竖井中的逆流。整个建筑群的设计目标是要维持 19℃ 的室温，最低为 13℃，最高为 25℃，只在暑期偶尔达到 28℃。一排排的通风竖井在这座建筑中无疑起到了标志作用，可以说是"功能决定了形式"。

R·罗杰斯设计的东京"管塔"（Turbine Tower）几乎完全以生态技术作为造型依据（图 10-97）。该办公楼平面采用鱼鳍形，隔热的弧形实墙封闭了东、西、北三面，南面是一道"双层表皮"，可以在冬季充分吸收太阳辐射。夏季，室内降温主要靠一个在造型上十分突出的通风管（该建筑以此得名）。这个通风管与中亚民居中的"捕风塔"工作原理相近：把室外新鲜空气吸入，经过地下水降温处理后进入办公楼，同时利用浮力原理把较热的废气抽出室外。竖直的通风管与鱼鳍形办公楼之间设计了新风入口，夏季盛行风由东南而来，掠过光滑的弧形北墙，在通风管与办公楼之间的"峡谷"中风力加速，进入新风口。在这一进一出两股力作用下，不借助风扇等机械设备，就可以形成令人满意的自然通风。

2. 设备的力量

设备是高技术建筑必不可少的内容。它不仅支持了高层、大空间等建筑类型的发展，而且使建筑内部环境与人们的需求相适应。设备与建筑的成败关系越来越大，其投资也越来越大。有关资料显示，美国在 1954 年设备投资比重为 30%，高层钢框架结构为 5%~15%，随着要求的不断提高，设备技术的要求越来越高，建筑的空间质量相应地提高。光线的控制是典型的例子，从康的金贝尔美术馆的尝试到努维尔的巴黎阿拉伯中心由计算机控制的光栅，设备对环境的控制能力大大加强。智能化的现代建筑以先进的科技管理空调、照明、电梯以及防灾防盗等系统。与信息时代呼应的办公自动化和通信自动化设备成为高技术建筑不可或缺的内容。建筑的设备使建筑更加安全、高效、舒适、便利和灵活，而其本身也越来越复杂。

通风的大厅空间

空气分配水平　控制中心/机房　水池

机械通风

1 进风
2 出风
3 废气
4 新风
5 混合空气

自然通风

夜间制冷

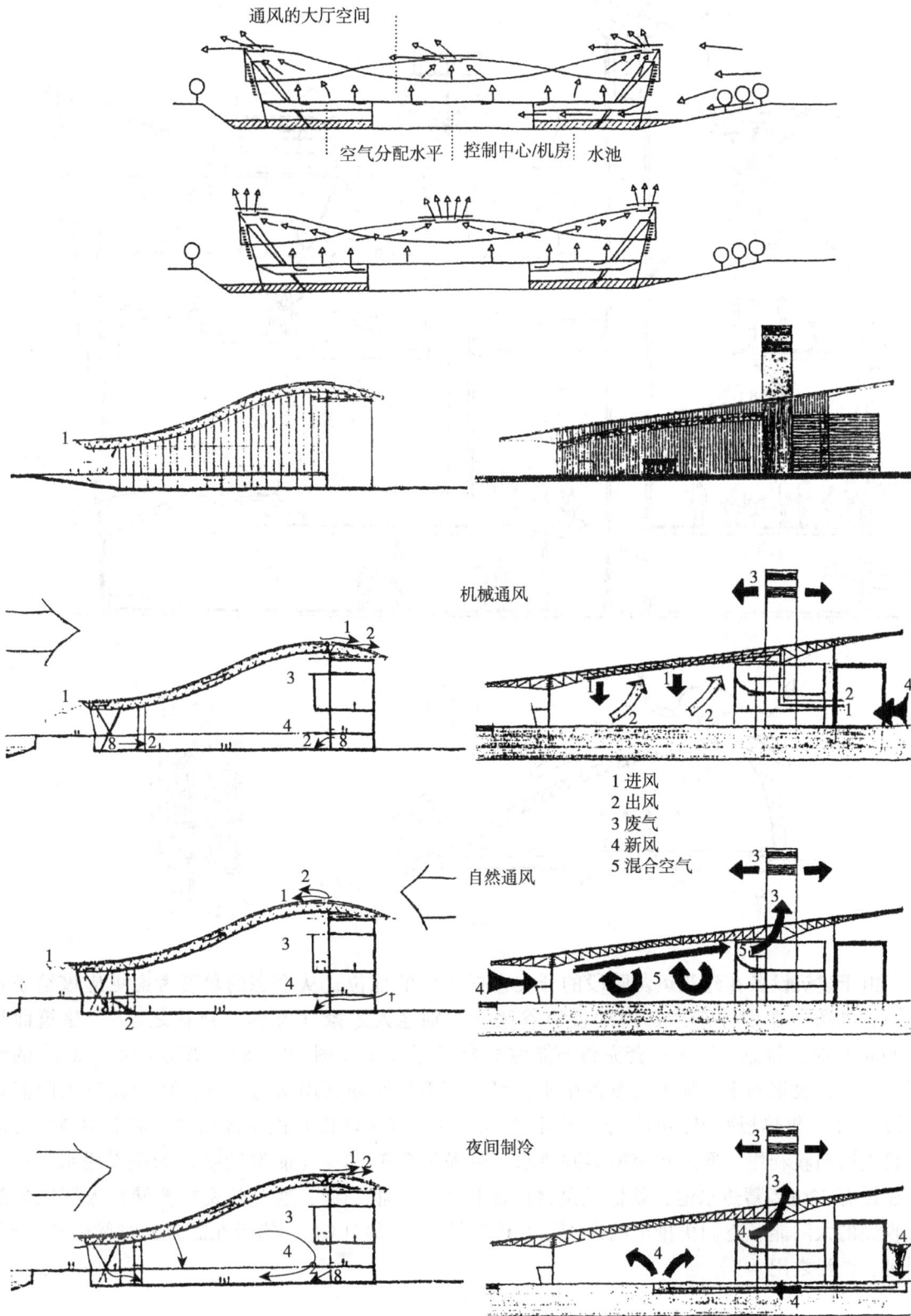

图 10-95　展览厅的三种屋顶形式及其通风效果（二）

图 10-96
德·蒙特福特
工程馆的通风
设计

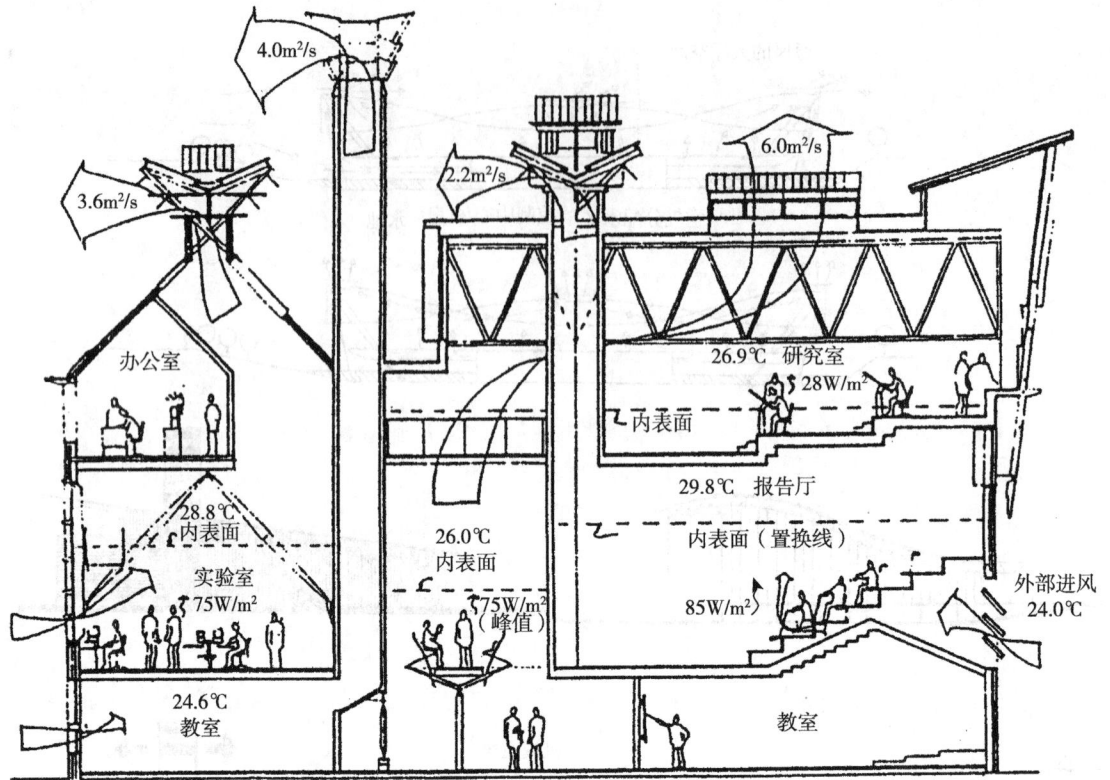

办公室

4.0m²/s

3.6m²/s

2.2m²/s

6.0m²/s

26.9℃ 研究室

28W/m²

内表面

29.8℃ 报告厅

28.8℃
内表面

实验室
75W/m²

26.0℃
内表面

内表面（置换线）

外部进风
24.0℃

75W/m²
（峰值）

85W/m²

24.6℃
教室

教室

图 10-97　日
本 东 京 "管
塔" 方案

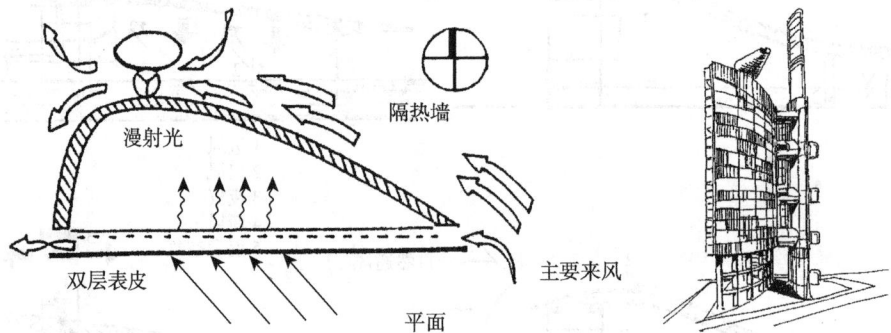

漫射光

隔热墙

双层表皮

主要来风

平面

由于建筑设备在建筑运营阶段的开支占据重要的地位，从生态的角度考虑更应该给予重视。长岛孝一在设计东京都内的世田谷区立特别老人之家（又称"芦花之家"，建筑面积 9400m²）时，特意采用了一套完整的能源综合循环系统（图 10-98）。该系统有 120m² 的地下蓄水池，收集雨水，加上再制的中水，可保证卫生间冲厕用水的 70%。屋顶设有太阳能集热板，50m² 集热板所提供的热水可保证全年 12%（能量转换）的洗澡用水。对空调制冷时的排热进行回收利用，通过热交换器制热水，可提供全年 23%（能量转换）的洗澡用水。建筑中还设有 720m² 蓄热水池，就像是全楼的能量调节中枢一样，通过热交换器储存太阳能集热板收集的太阳能、空调机排出的热能以及价格低廉的深夜电能，然后在需要的时候供给空调、暖房、洗澡之用。[①]

---

① 祁斌. 日本可持续的建筑设计方法与实践 [J]. 世界建筑，1999，2：30.

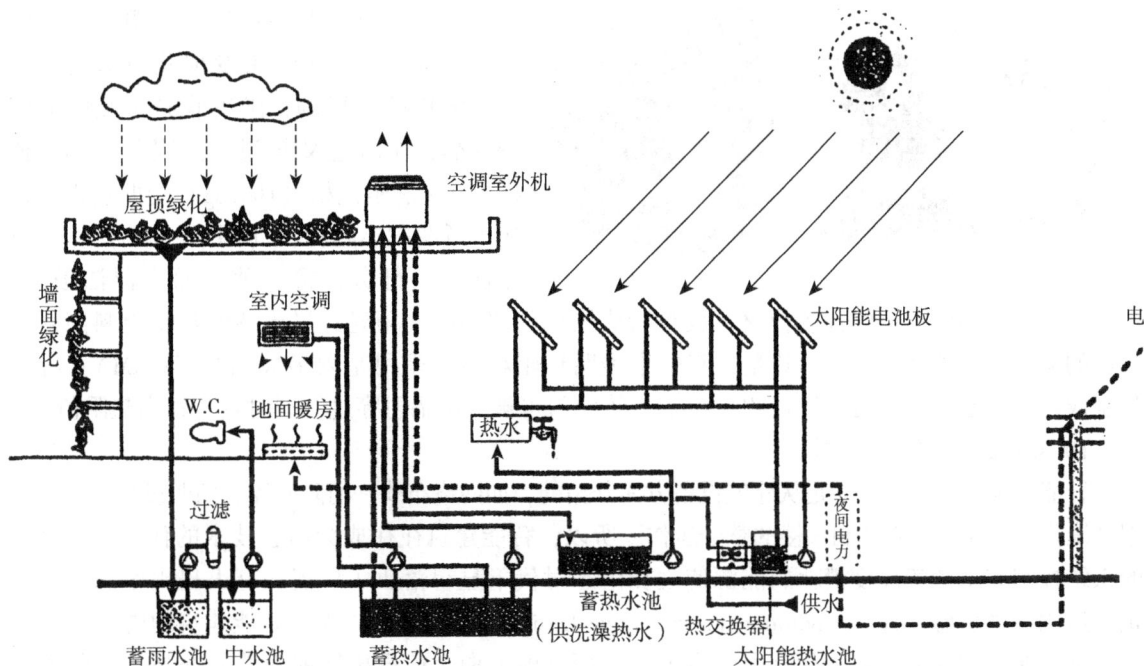

图 10-98
芦花之家的能
源综合循环系
统示意图

3. 材料的选择

高技术的生态建筑除了采用通常的建筑材料外，还使用一些新技术和新材料，仅玻璃一类就有细致的区分，墙体材料从传统的砖石、钢、木等发展到使用织物、植物或特制的合成材料等。

1992 年建成的塞维利亚世界博览会英国馆（图 10-99）是利用高技术达到生态目的的代表。建造英国馆的目的是展出英国的先进技术，它的主题是在尽可能少地使用人工设备的前提下，创造一个清凉的和利于休息的场所。建筑师格雷姆肖在分析了当地的日照情况后，针对不同的立面使用不同的建筑材料。东立面临欧罗巴大街，由一面 65m×18m 的水幕墙构成，是该建筑最为引人入胜之处。建筑结构藏在内部，外面的水贴着玻璃，流下时形成有韵律感的抖动。水由泵抽送至墙顶，通过数以百计的小喷嘴均匀地沿着玻璃表面缓缓流下，聚集于不锈钢沟槽中。这样用降低玻璃表面温度的方法来减少辐射热进入建筑物。格雷姆肖考虑到西立面的墙面将在白天最热的时候接受热量，所以特意采用了比传统的石墙隔热效果更显著的钢质蓄水集装箱作为外墙材料，1.2m 宽的集装箱白天吸热，经过一夜就冷却了，以热飞轮效应调节每天的温度范围。南墙的里层和单层的北墙使用快艇制造技术，由曲面钢桅杆、扩展杆和索具组成。

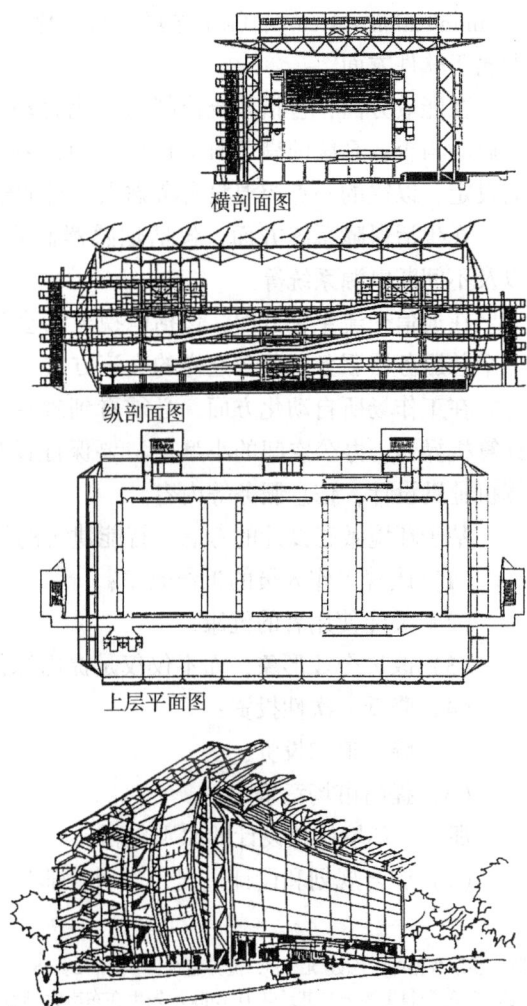

图 10-99
塞维利亚世界
博览会英国馆

横剖面图

纵剖面图

上层平面图

图 10-100
仿照北极熊皮毛制成的墙体

借助生物学类比常常是发明新材料的先机。例如,生物学家发现北极熊白毛覆盖下的皮肤是黑的,黑皮肤易于吸收太阳辐射热,而白毛又起到了热阻的作用。德国的 T·赫尔佐格(Herzog)受此启发,采用半透明的热阻材料(图 10-100)作建筑立面的一部分:将一种两面为浮法玻璃、中间填充有半透明材料的预制板材,放在涂成黑色的墙面外,阳光穿过半透明热阻材料照射在黑色的墙面上,墙面吸收辐射热量,其中半透明热阻材料由聚甲基丙烯酸乙酯(PMMA)等材料制成,具有毛细管结构,管径约 3.5mm,该材料可被太阳辐射穿过,同时具有较高热阻值。[①]

10.4.3.2 生态智能建筑

智能建筑在一开始主要是从建筑设备方面开拓的,如网络布线、消防监控、照明设置等,它依据系统化的计算机中心控制大楼的整个运作。所以,智能建筑往往成为高新技术的代表,但这样的系统控制完全依赖高度消耗的能源使之在生态时代下显得落伍了。现在有人提出生态智能建筑,运用环境敏感设计(Environmental Sensitive Design,简称 ESD)发展智能建筑的内涵。

来自澳大利亚的五合国际公司代表了这一新兴的方向。他提出智能建筑并非技术上保障人的需要,而是满足人的需要;不是从设备角度,而是从设计角度实现智能化[②]。他主张四个方面的配备:①能效(energy efficiency);②生活保障系统(lifesafe system);③通信交流系统(tele-communication system);④工作场所自动化(workplace automation)。前两者属于硬件方面,后两者属于软件方面。

在能效方面,包括系统控制和优化启动控制,如空调的温度探头可以告知实际需要量来决定启动与否;系统的满负荷运转可以使机器的寿命最长,这涉及设备的容量配比;温度设定点的设定,以往的一点控温没有考虑人本身的辐射热;根据实际采光量开启灯具等。

在生活保障系统方面,包括烟感器监测大气污染,电梯的紧急控制用于节能和锁定窃贼,以及不间断电源系统等。

在通信交流系统方面,包括电视电话会议系统,卫星接收系统等。那么,建筑师要适应由一个总服务器服务各分部这样的交流方式,一楼的系统设置要留有足够的空间。

在工作场所自动化方面,必须看到现在工作方式发生了巨大的变化,从以往的手工作业到计算机操作,办公空间的小型化,要保证设计跟上时代步伐,需引入集中化数据设计系统,计算机辅助设计,信息服务等内容。

基于环境敏感设计的考虑,智能建筑的策略应涵盖以下方面:

(1)改善工作人员的工作效率;

(2)关注使用者的健康;

(3)改进企业形象,而不仅仅是提出绿色、环保的口号;

(4)降低一次性投资;

(5)降低追加投资;

(6)提高市场竞争力。

那么,环境敏感设计的原则包括:

(1)综合规划和设计过程,沟通各部门人员和业主的交流;

---

① 日华. 托马斯·赫尔佐格的生态建筑 [J]. 世界建筑,1999,2:18.
② 关于"五合国际"的资料主要来自其总裁 D. Gilbert 先生在东南大学所作的报告.

（2）优化朝向设计；

（3）降低重复设计或预留量的浪费；

（4）提供开放的布局，例如单间办公需要各房间独立的空调系统，造成设备的重复浪费，而有隔断设施的大空间可以提供灵活性和局域控制的可能；

（5）推行材料的标准化和模数化；

（6）节水系统；

（7）群体布局的考虑，包括管网设施的配置等；

（8）雨水系统的管理；

（9）整合的能量设计；

（10）模拟测试。

总之，环境敏感设计的目的是运用高科技达到高能效、经济回报率高且可持续发展的建筑，它不仅具有协调的内部设计，而且也是美观的，适应未来发展的建筑。从生态设计的角度考察，这样的智能建筑在一定程度上符合生态原则，可以视之为发达社会关注环境的建筑趋势。当然，就像本节题目所述，技术反映了环境的选择，如果在社会环境等方面不适合的情况下，"生态"的智能建筑也可能不会是生态的，智能的意义就无从发挥。

10.4.4　建筑生态设计的"适宜技术"

这里所指的"适宜技术"并非一个绝对的概念，它不是介于原生技术和高技术之间的某种技术，而是适宜环境的技术群。它可能是原生的，也可能是高科技，抑或是介于其间的中间技术；对于某一个地区，它还可能是其中两者甚至全部，只要是适宜环境的最佳组合，就可以称之为适宜技术。

吴良镛先生提出，根据我国各地区经济、科学技术、文化发展的不平衡性，地区城市化的不平衡，农村发展水平不一的情况，应当因地制宜，发展"适用技术"（Appropriate technology）的科技政策。"所谓适用技术，简言之即能够适应本国、本地条件，发挥最大效益的多种技术。就我国情况言，适用技术应当理解为既包括先进技术，也包括'中间'技术（intermediate technology），以及稍加改进的传统技术"[1]。

这方面的探索在国外有不少成功的实例。前面提到的 H·法赛，将晒土砖穹隆结构体系用于现代农村建设，就是基于埃及传统技术的创新。杨经文在高层建筑设计中注入现代生态学的思想和方法，无疑是高科技的表现。

在讨论相关的技术之前，有必要先提一提 E·F·舒马赫的论著《小的是美好的》，因为他首次提出了中间技术的概念，这一概念在后来影响了许多学者提出替代技术和适宜技术等概念。

10.4.4.1　"中间技术"

E·F·舒马赫的中间技术概念是建立在对第三世界国家——印度进行的研究基础上的，他认为真正需要的科学技术具有如下的特点：价格低廉，基本上人人可以享有；适合于小规模应用；适应人类的创造需要[2]。这同样是技术使用者对技术的三个要求。

形成小即美的思想之前，舒马赫剖析对比了几种资本，肯定"自然资本"的重要性。

1."自然资本"的重要性

舒马赫所强调的"自然资本"的重要性，是针对生产问题所提出的。他认为自然界所提供的资本远远多于人类自身创造的各种科学、技术、复杂的物质基础和无数先进的设备等人造资本，而"自然资本"例如化石燃料等正以惊人的速度耗尽。之所以污染、环境、生态等词语变

---

① 引自吴良镛. 广义建筑学 [M]. 北京：清华大学出版社，1989：76.

② E·F·舒马赫. 小的是美好的 [M]. 虞鸿钧，郑关林译. 刘静华校. 北京：商务印书馆，1984：17.

得重要起来，一个非常重要的原因是科学家和技术专家已学会合成自然界所不认识的物质，自然界实际上处于无防卫的地位。同时，人类正在迅速地耗尽某些不能更新的固定资产，即仁慈的自然界一直提供的容许储备量。舒马赫认为正是这些容许储备量和人类本身构成了所谓的"自然资本"。

图 10-101

四类商品间的
不可比性
（来源：E·F·
舒马赫，《小的是
美好的》）

```
              "商品"
            /        \
         初级          二级
        /    \        /    \
   非再生    再生   制造品   劳务
```

本着这样的想法，舒马赫反对给每一个产品都标上似乎反映了它们之间真实价值差异的价格，而是强调图 10-101 所示的四类商品间的不可比性。因为舒马赫认为经济学没有考虑自然资源的价值，"经济学方法论的固有特点是忽视人对自然界的依赖性"①。在他看来，空气、水、土壤乃至整个现存的自然环境是不能用通常意义的价格概念来表示的。这体现了舒马赫的立场是倾向于保护自然环境，而这种保护不是建立在技术发展和进步之上的，甚至这些进步所带来的损害同利益相比较，似乎更多一些。

2. 生态消费方式

为了与传统经济学相区别，舒马赫提出了"佛教经济学"的概念，认为佛教经济学的目的是通过最佳使人获得最大限度的满足。

建筑作为遮风避雨的场所，同时又以自身的形式、比例等美学特点吸引着人们的注意，如果遵循《建筑十书》中提出的"建筑还应当保持坚固、适用、美观的原则"②，那么依舒马赫的观点，建筑设计的任务就应该是花费尽可能少的力量来实现这个目的。舒马赫明确指出，既然物质资源有限，人们应该通过适度使用资源来满足自己的需要，而不是大量耗费资源。李道增教授曾提出：西方的物质、能量运作是一种直线型，而传统东方是一种轮回的概念，如果能够二者结合起来，呈现一种螺旋上升的态势，比单纯的"佛教"观点还更加具有积极的意义，而且非常适合于中国这样一个正在飞速发展的国家③。

从佛教经济学的角度看来，用地方资源生产来满足地方需要，是最合理的经济方式，而依靠远地进口，从而也需要为输出给遥远的陌生人而生产，是非常不经济的，只有在特殊情况下有理由小规模地进行这类生产。在后来采用中间技术的许多设计实践中，都注意与地方性联系起来，提倡地方性材料，地方性技术等。

这些设计理论和实践在某种程度上拓展了佛教经济学的观点，逐渐转变为利用生态系统论的观点，从生态系统的地方性特点着手，分析和解释采用地方性材料的优势所在，即维护生态系统内部物流和能流的平衡，减少外来物质的干扰，有助于减少对原有生态系统的破坏。

佛教经济学与现代西方经济学不同的另一个特点是如何对待自然资源的利用。舒马赫认为现代经济学不区分再生与不可再生资源，而从佛教经济学的观点分析，非再生资源如煤和石油，再生资源如木材和水力，二者之间存在着本质的差别：非再生物质只在必不可缺的情况下才使用，而且必须十分爱惜地使用，特别加以重视和保护。舒马赫在书中引用了《增长的极限》中的数据，基本上倾向于赞同研究报告对未来的一些看法。

3. 发展中间技术的途径

舒马赫的中间技术概念是在大众技术的基础上提出的，他引用甘地关于"大量生产"和"大众生产"的论断，指出：这种中间技术与土技术（这种技术往往处于衰退的状况）相比，生产率高得多，与现代工业的资本高度密集的高级技术相比又便宜得多。因为这一概念的提出主

---

① E·F·舒马赫. 小的是美好的 [M]. 虞鸿钧，郑关林译. 刘静华校. 北京：商务印书馆，1984：8.

② 维特鲁威. 建筑十书 [M]. 高履泰译. 北京：中国建筑工业出版社，1986：14.

③ 李道增. 重视生态原则在规划中的运用 [J]. 世界建筑，1982，3：67-73.

要是针对第三世界的发展问题，为解决第三世界的就业问题，舒马赫强调中间技术最终是劳动密集型的。

　　舒马赫并不认为"中间技术"是普遍适用的，他不否认现代工业技术的优势所在，只是"中间技术"有很多适用的场合，诸如建筑材料、服装、家用器具、农具等。另外，中间技术的思想并不意味着简单地历史"倒退"到过时的方法。

　　加吉尔教授总结了三种发展中间技术的途径①：

　　（1）利用先进技术改造传统技术；

　　（2）将先进技术加以改革、调整以满足中间技术的需要；

　　（3）进行实验和研究，直接效力于建立中间技术。

图 10-102
洛基山学会研究中心

　　舒马赫的中间技术观中所贯穿的深刻的生态思想，对全球生态运动产生了重要的影响，包括对绿党的技术主张等。随着 20 世纪 70 年代舒马赫提出中间技术后，使用中间技术的运动也逐渐演化成第三世界倡导和发展利用当地适宜建筑技术和应用基于风能、水能、生物能和太阳能等能源系统的建筑设计。②

　　10.4.4.2　替代能源技术的探索——洛基山学会研究中心

　　20 世纪 70 年代大量研究生态住宅的机构展开了各种实验性项目的研究，其中洛基山学会研究中心是较有影响的项目之一（图 10-102）。

　　洛基山学会位于美国科罗拉多州的斯诺迈斯，这里的冬季严寒而多雪，因而 J·T·Lyle 称之为"对冰雪的厚重反应"③。该研究中心分为居住、研究和温室三部分，为调节小气候，建筑北侧嵌入小山。其墙壁厚度约 400mm，由两层 150mm 厚的石墙中间夹一层 100mm 厚的聚氨酯泡沫塑料隔热层构成。屋顶则厚达 2ft（0.6m），内层是 5/8in（1.6cm）厚的防水蒸气刚性绝缘板和其上 8~12in（20.32~30.48cm）厚的聚亚氨酯绝缘板，再覆以 4in（10.16cm）的砂砾层和一层防水层，最后盖以 8~10in（20.32~25.4cm）厚的土层。卧室完全依赖直接射入的太阳光，人体、灯具等散发的热量和太阳能蓄热器中储存的热量提供采暖。起居室和研究室从中央温室获得太阳辐射的热量，温室北侧的几个圆形小室则利用通风设计引入温室中的热空气，多余的热量储存在小室和温室地板中。除起居室、厨房、卧室南向的窗户可开启外，所有的窗户均为中间充有氩气的双层玻璃构造，两层玻璃间还有一层聚酯薄膜可以将红外线反射进室内，这些措施可使其散失热量仅为单层构造的 19%，可见光透过率达 75%，太阳能透过率为 50%。④

　　即便在漫长、寒冷的冬季，研究中心采暖通过太阳能和保暖措施也可以自给自足，而且它还配备了一组 10 片，每片 24ft²（约 2.2m²）的光伏电池，不仅可以满足自身的使用，多余的电量还可以卖给当地的电网。

　　这个项目在严酷气候下的节能技术无疑是值得借鉴的，它不仅在保温方面节能，而且利用先进的光电技术在其地域范围内收集太阳能，满足自己的使用并供给它用，使建筑本身能够独

---

① 舒马赫在书中引用了浦那的戈凯尔政治经济研究所所长加吉尔教授的论述，表示对其观点的赞同.
② 宋晔皓. 结合自然，整体设计，注重生态的建筑设计研究 [D]. 北京：清华大学，1998：40.
③ J. T. Lyle. Regenerative Design for Sustainable Development [M]. New York：John Wiley & sons Inc.，1994：110.
④ 宋晔皓. 结合自然，整体设计，注重生态的建筑设计研究 [D]. 北京：清华大学，1998：40.

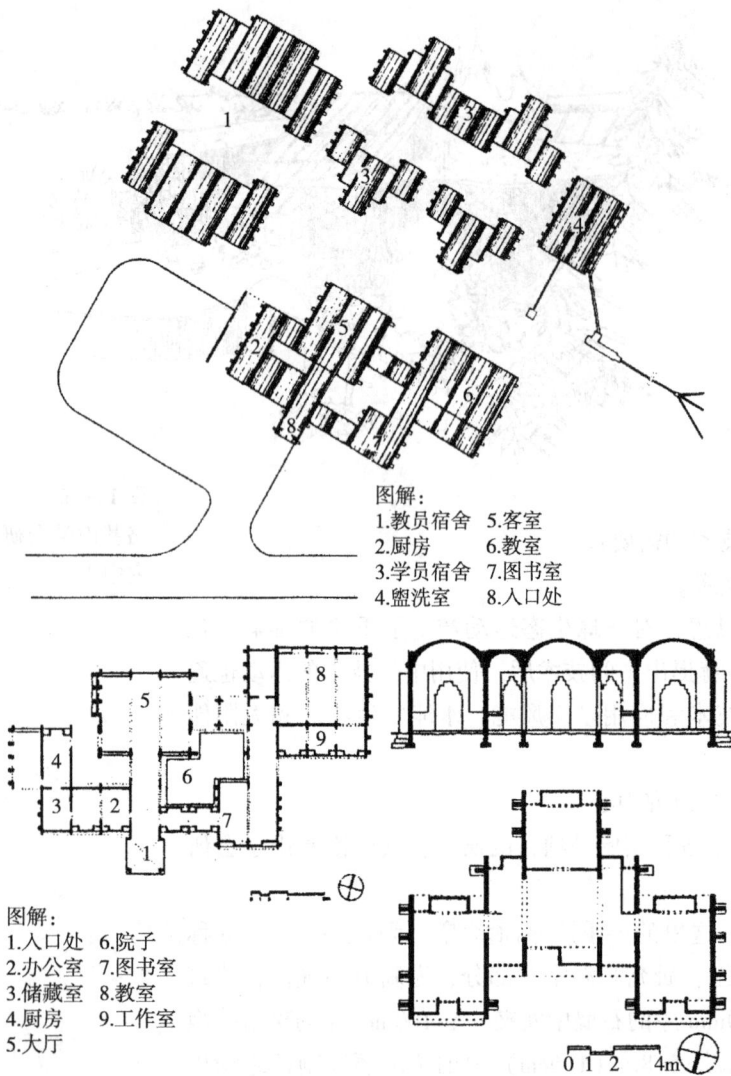

图解：
1.教员宿舍　5.客室
2.厨房　　　6.教室
3.学员宿舍　7.图书室
4.盥洗室　　8.入口处

图解：
1.入口处　6.院子
2.办公室　7.图书室
3.储藏室　8.教室
4.厨房　　9.工作室
5.大厅

0 1 2 　4m

图 10-103
念宁市农业训
练中心平面图

立运作，体现出自足设计的优势。

10.4.4.3　塞内加尔念宁市的实验研究

在许多发展中国家，尤其是非洲国家，人们生活的严迫性使得建筑活动要顾及的方面十分复杂，这不仅涉及气候、材料、文化等因素，还包括施工能力、技能种类、经济承担力、合作情况等诸多方面，因而在这些地区的实践活动更具有对实用性的考验和地域性的忠实表达。

下面选用的例子是一个农业训练中心（图10-103）的研究，这样的教育空间可当作居住空间的延续部分看待，或是一个开放的居住空间。因为他们所处的地区气候条件，舒适衡量标准，建筑方法、材料及技术是大同小异的。所以，这个实例可推广到更多类型的建筑。

1. 建造环境

这里所指的建造环境，包括气候条件、现有的材料和劳工等社会条件。

（1）气候

西非的塞内加尔在撒哈拉大沙漠西面，濒临大西洋，这里气候干燥，炎热。濒海的念宁市较为潮湿，日温差很小，最高温度较低。白天下午三点过后，有凉风从海面吹来；夜间，夹含尘土的热风则从大陆吹向海洋。这里在7~9月有狂风暴雨，全年日晒强烈。

这导致在缺乏机械方法的情况下，需通过气流的控制和遮挡阳光、隔热来提高舒适感。所以，控制开口、确定朝向成为重要的方法。

（2）材料

念宁市附近唯一丰富的材料便是土，它也是最基本的建筑材料。海砂（粒径 0.2~2mm）及丘砂（小于 0.2mm）的产量丰富。海砂取自海滩上部，由于雨水冲刷，含盐量低。丘砂可在场地挖掘，祛除含有大量有机体的表面砂层就可以了。

（3）劳工

劳工是建筑工程中的基本资源，工人的技能主要依靠当地的建筑实践。一般说，塞内加尔的工人缺乏现代化建筑技术所需的熟练技巧和复杂的供应技能。塞内加尔的失业率很严重，现代部门（即代表着资金密集的技术、高酬报和大规模的经营）所提供的工作达到了顶点，因为他们只聘用合格的劳工；传统部门（即劳工密集、小规模经营、传统的工作方法）可以包含相当庞大而生产力低又不被充分雇用的劳动力，因而吸引力很高，而且它也是工人在工作过程中暂时的栖身之所。

（4）一般社会背景

撒哈拉沙漠环境中的生活条件无助于永久住宅的兴建，大自然迫使人口不断迁移。除了根深蒂固的艺术习惯和伊斯兰教的影响外，这里根本没有传统建筑的存在。但非洲社会拥有可贵的社区行动传统，整个非洲大陆正全力追求自力更生的新动力。

目前现代式的房屋通常以水泥方块筑墙，钢筋混凝土作梁柱，以波纹锌板为屋顶。这种房屋不适应该地区的气候，但在当地材料匮乏的情况下，却大门洞开地任其侵入，当作"解放与繁荣的昂贵象征"①。

原有的茅舍虽然内部温度适宜，建筑费用低廉，却也日趋式微。维修费较低的现代房屋由于缺乏现代化建筑所需的技能，结果造成材料和技术的误用。而且不断增长的人口使材料更缺乏。

2. 行动原则

在这些情况下，有必要在有限的条件下建立一个改良的建筑基础。人们应该充分利用需重新发现的传统技术及其表达方式，在采用不当的外来技术与未改良的传统技术的两个极端之间，塑造新建筑，它可以重新综合气候因素，通过利用当地现成的优良材料与劳工品质来表现自己。

那么，可以得出这样的结论：

（1）所选用的材料与技术要为该社区所接受，则必须比现有的水泥方块墙、波纹锌板所建的建筑物性能更好；而且有助于社会的经济发展，它们必须成为进口材料的替代物，对当地的材料给予优惠，为当地劳工创造就业机会。

（2）最好避免采用昂贵的进口材料和钢筋等应用拉力原理的材料。因此，若所采用的材料要承受既定几何形式的压力和提供充足的空间，那么，就意味着尽可能采用拱。

（3）发展劳工密集技术符合当地实情，即发展传统部门在就业方面的重要性。传统部门的工作不需要高水平的技能，至于建筑市场，通过某些训练与指导，可以提高产品质量。

（4）如果要非熟练及半熟练工人掌握建筑技术，它就应该相当简单；必须提供技术指导和实地训练，以提高工人素质；建筑工程宜在农闲时进行。

（5）劳工密集技术的重点在于由熟练泥瓦匠提供现场的人员训练。如下面所介绍的农业训练中心，就是请了一位熟练泥瓦匠监督长达 12 个月的整体建筑工程，从事训练当地人掌握必要的技术。

3. 原型的结构概念

在行动原则的第二条已提到当地材料的选用导致的逻辑结果必然是采用拱结构。因为拱可采用现成的和能够承受压力的材料来填盖空间，如砂、石块及砖块等，而不必依赖应用张力原理的材料。

该结构系统（图 10-104）的特点是：平行承重墙之间的距离短，以及内宽长达 7.2m 与墙呈垂直线的拱。屋顶跨度一般是 3.2m，拱门的跨度可达 8m。当然，拱门中部要保证承重墙的稳定，通常的做法是利用扶垛来抵消外墙所承受的水平力。拱的形状采用圆弧形是处于施工经济的考虑，因为拱需要模板支撑，单圆心的圆弧形是最不复杂的。

拱的跨度取决于：

（1）所需的空间；

（2）所采用的建筑材料的抵抗力；

（3）地基下的土壤情况。

大约 6m 长的跨度就足以提供一间教室的活动空间，实验表明 6.4m 的拱门和两个 2.8m 宽的筒形拱所覆盖的矩形空间可容纳 40 名学生，而且拥有各自的位置。这类空间可以提供富有创

① 卡玛尔·埃尔·贾克. 一个农业训练中心：塞内加尔念宁市的实例研究 [M]. 变化中的农村居住建设，阿卡·汗建筑奖. 第一卷：实例研究. 新加坡：Concept Media 私人有限公司，1982：82.

图 10-104
结构系统图及
原型单位

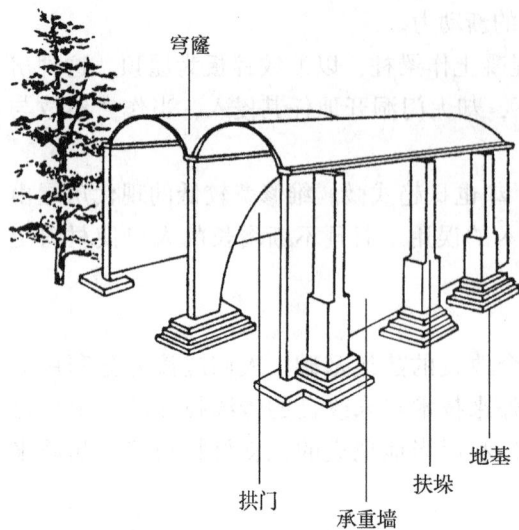

穹窿

拱门　　承重墙　　扶垛　　地基

新性的学习环境，诸如分组活动，绘画、模型制作等，天气恶劣时还可当剧场。这样的空间组合在一起也有相当大的可能性。长至 7.5m 的拱，其所承受的压力不会超过 10kg/cm²，这对所采用的材料来说是可以接受的。土壤的承重量决定拱的跨度，在念宁市细砂构成的土壤会使大跨度的拱出现裂缝，6m 左右的拱一般没有明显的裂缝。

在拱的荷载分布上，对于薄拱可用钢丝网增强稳定性，这对于经济方面而言仍然投入较大，为节省这增强物，念宁市的方法是从拱顶点往支撑部分加厚，这符合拱的荷载分布。

4. 材料选择

材料的选择在这里直接影响着结构的选型，在上面已论述过。

同时，对材料的选择还有着心理与技术上的含义。首先，它表达一种生活方式，人们有追求坚固耐用的建筑物的愿望；必须考虑到有限的财务资源，这可能导致不明智地使用进口或所谓的"现代"材料。

而就地取材和采用简单的技术，在一定程度上比工业化的技术具有更多的优点：

（1）传统材料具有的优良品质有时比现代材料更优越，如耐热性；

（2）廉价且随时随地可得；

（3）其提取、处理及使用可轻易地由充足、技术水平低的劳工来进行；

（4）质量控制容易，并不需要外来的专家。

念宁市的农业训练中心采用的是多种材料的复合结构（图 10-105）。采用当地产量丰富的砂做成的砖砌墙是经济实惠的选择，但砂缺乏凝聚力，需拌合胶粘物方可承受压力。经测验研究发现，由等量海砂和丘砂及 125kg/m³ 的水泥（体积的 9%）搅拌成的砖块，可承受 17kg/m³ 的压力。

复合结构中的黍米茎是地方特色的产物。因为在念宁市黍米不仅是主要粮食，还提供大量的 2m 左右的长茎。这些长茎可供住宅区的篱笆和茅屋所用，同时还可编织成席子作为拱的模板。

薄拱不需要任何钢筋，但需钢丝网增强。而钢丝网比普遍可购得的镀锌网贵三倍，所以该工程鼓励工人在现场自制钢丝网，从而提供就业机会，这也大大降低了它的建造费用，使其只占全部费用的 10%。

念宁市农业训练中心的结构原型是先行在达咯尔的一个试验性地段进行的，整个建筑费用的 47% 是劳工费，这对解决塞内加尔的就业问题无疑有重大的帮助。所以，在念宁市的大规模推广是这样的环境促成的结果，社会环境、经济条件和自然资源条件等因素共同选择了训练中心这样的经过改良的建筑方式，它超出了茅舍的原始状态，又充分尊重了当地的各种条件，结合外来的建筑师队伍的建议和试验研究，可以说是以自力更生为基础，适当借助外来帮助的成功案例，这对发展中国家开展乡村建设提供了一个有益的榜样。

10.4.4.4　中国黄土高原住区的探索

陕西延安市枣园绿色住区是西安建筑科技大学所承担的"九五"重点研究项目的成果①。这里将其作为生态原则下结合中国国情的适宜技术的探索，试作简要讨论。

1. 枣园村概况

陕北黄土高原属高原大陆性气候，这里夏季温热，多雨涝；冬季时间长且寒冷干燥，雨雪少。最大的灾害是干旱，素有"十年九旱"之说。枣园村的建设用地约 10hm²，坐北朝南，北面为高山，南面是西川河及川地，具有典型的黄土高原的地形地貌特征。

枣园村的绝大部分住户一直居住在砖石窑洞中，自然形成的布局使土地浪费严重，排水无组织，生产和生活垃圾乱倒，整体卫生条件极差，可以说居住环境质量低下。

2. 枣园绿色住区的目标

针对枣园村原有的状况和建设示范区的要求，西安建筑科技大学的课题组制定了实施目标：

（1）以区域生态良性循环为指导原则，结合农业、林业等副业对枣园地区的生态系统进行整体的综合分析和评价。

（2）处理好历史遗址的保护与建设的关系。

（3）实施和推广一整套绿色技术，主要包括：可再生自然能源直接利用技术、常规能源再生利用技术、住区建筑室内外物理环境控制技术、废弃物与污染物的资源化处理与再生利用技术、建筑节能节地技术、窑洞民居热工改造及立体绿化技术等。

（4）实施村级整体环境改造，主要包括：供水、排水系统建设和改造，道路系统和绿化系统的整治和改造等。

3. 枣园绿色住区的规划思路

枣园住区的规划思路体现在它的结构布局上（图 10-106），在土地利用、农林各方面的配合以及道路等几个层次的综合考虑：

（1）在满足现代生活所必备的前提下，依山就势，利用坡地，在现有村址上挖潜，以居住生活为主体。

（2）外围山地结合生态农业的实施，打破单一农业种植的局面，退耕还林，全面实现农、林、牧、副、渔的综合发展。建设植被，涵养水源，减少水土流失。

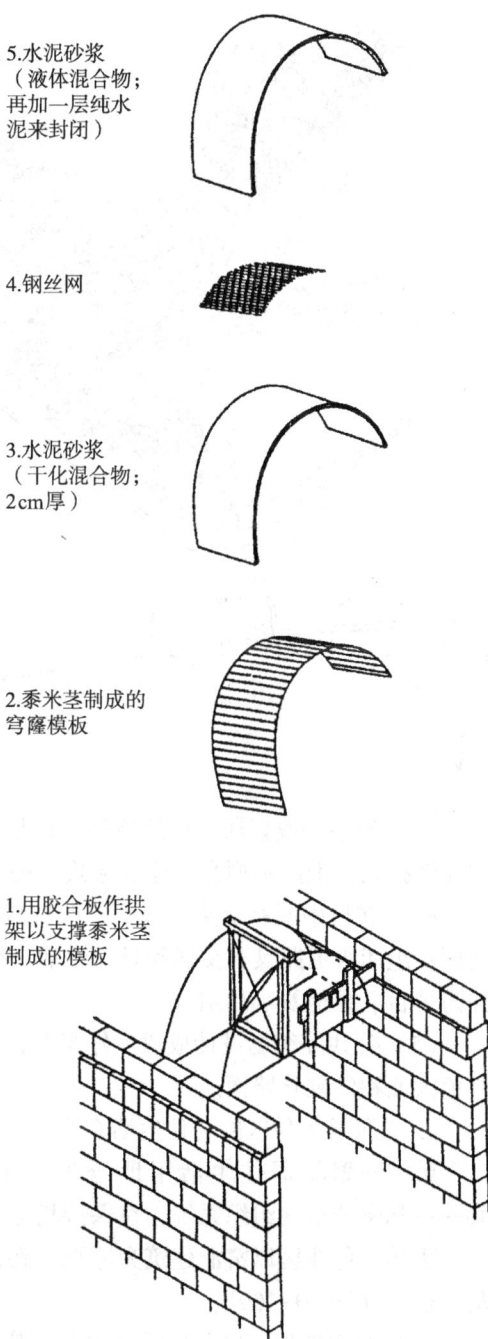

图 10-105 薄拱所采用的各种材料

5.水泥砂浆（液体混合物；再加一层纯水泥来封闭）
4.钢丝网
3.水泥砂浆（干化混合物；2cm厚）
2.黍米茎制成的穹窿模板
1.用胶合板作拱架以支撑黍米茎制成的模板

①　西安建筑科技大学绿色建筑研究中心编. 绿色建筑 [M]. 北京：中国计划出版社，1999：160.

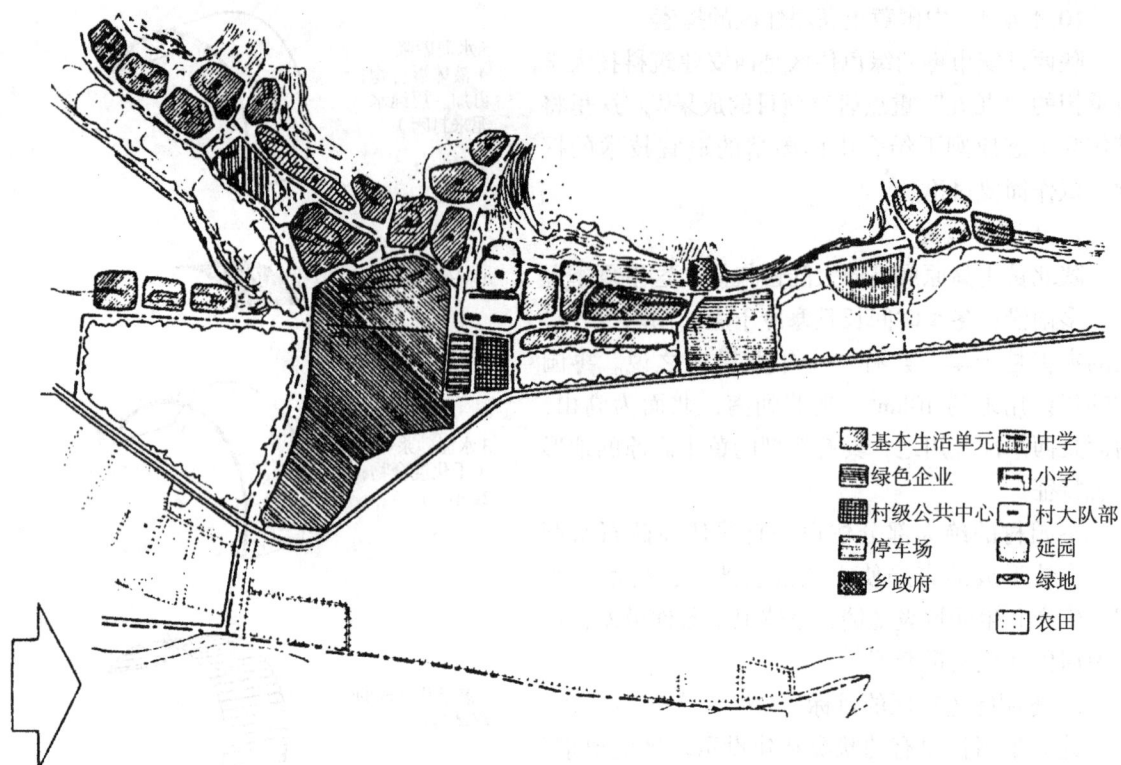

图 10-106
枣园住区总体
规划

基本生活单元　中学
绿色企业　小学
村级公共中心　村大队部
停车场　延园
乡政府　绿地
农田

（3）调整和改善居住用地格局，以居住生活组团的形式紧凑布局，以减少道路及基础设施的经济投入。推广新型窑居建筑形式，提高层数和立体有机开发宅基地的节地模式。

（4）在村中原有道路网基础上改造成村级干道，连接居住组团，路面采用地方石材或炉渣铺面；组团级道路具有交通和日常生活交往的双重性质，原则上机动车辆不进入，可设置踏步，并与平台、绿地及小品结合。

（5）公共停车场设计成树下停车场，协调外部环境，其地面设计成渗透性草石结合的铺面，避免大面积的硬化路面。

4. 枣园绿色住区的居住生活系统

整体规划将居住生活用地分为三个层次：村落——组团——宅院，按照公共——半公共——私密的空间组织系统，在保持相互联系的同时又各自独立完整（图 10-107、图 10-108）。

枣园绿色住区以窑洞建筑为原型，在满足现代生活需求下创造符合绿色原则的新型窑居的基本模式（图 10-109）：

（1）利用坡地，区分生活和生产庭院；

（2）采用主动式与被动式相结合的方法，充分利用太阳能作为取暖、做饭、洗澡的生活用能源；

（3）通过建筑构造措施，利用地沟和光电转换换气设施通风，解决窑居内部自然通风的需求，并净化空气质量；

（4）通过窑居的错层解决后部的采光、通风；

（5）明确划分室内功能，满足现代生活要求，使窑洞这一古老的建筑形式具有"现代品质"；

（6）实施立体庭院经济，顶部种植经济作物，美化环境又兼顾经济收入。

空间再
度收缩

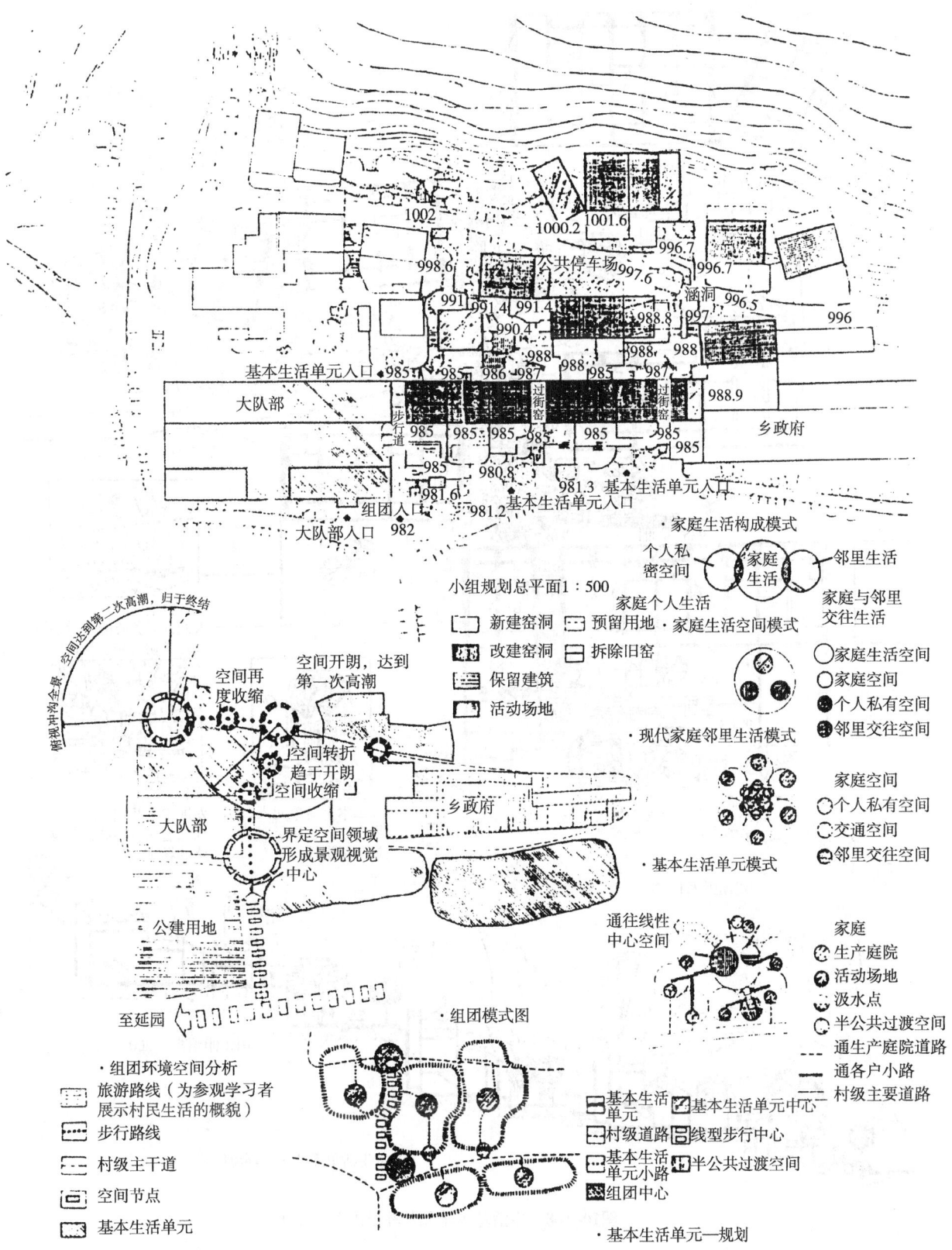

1002　　1000.2　1001.6

998.6　　　公共停车场 997.6　996.7

996.7

991　991.4 991.4　　988.8　　涵洞 996.5

990.4　　　　997　　996

988　988

基本生活单元入口 985　985　986 987 988 985　987

大队部　步行道 985 985 985 985　985 985　乡政府

985　985　980.8　　　981.3 基本生活单元入口　988.9

组团入口 981.2　　基本生活单元入口

大队部入口 982

·家庭生活构成模式

个人私　家庭　邻里生活
密空间　生活

小组规划总平面 1：500　　　家庭与邻里
交往生活

家庭个人生活

□ 新建窑洞　⊞ 预留用地 ·家庭生活空间模式
▨ 改建窑洞　⊟ 拆除旧窑
▥ 保留建筑　　　　○ 家庭生活空间
▢ 活动场地　　　　◌ 家庭空间
　　　　　　　　　　● 个人私有空间
·现代家庭邻里生活模式 ◑ 邻里交往空间

家庭空间

◌ 个人私有空间

◌ 交通空间

◑ 邻里交往空间

·基本生活单元模式

空间达到第二次高潮，归于终结
俯视冲沟全景 空间再度收缩

空间开朗，达到
第一次高潮

空间转折
趋于开朗
空间收缩

大队部

界定空间领域
形成景观视觉
中心

公建用地

通往线性
中心空间

家庭
◔ 生产庭院
◑ 活动场地
◔ 汲水点
◔ 半公共过渡空间
---- 通生产庭院道路
—— 通各户小路
--- 村级主要道路

至延园

·组团模式图

·组团环境空间分析
▨ 旅游路线（为参观学习者
　展示村民生活的概貌）
▨ 步行路线
▨ 村级主干道
▨ 空间节点
▨ 基本生活单元

▢ 基本生活单元　▨ 基本生活单元中心
▨ 村级道路　▨ 线型步行中心
▨ 基本生活单元小路　▨ 半公共过渡空间
■ 组团中心

·基本生活单元—规划

图10-107　生活基本单元及环境配置（一）

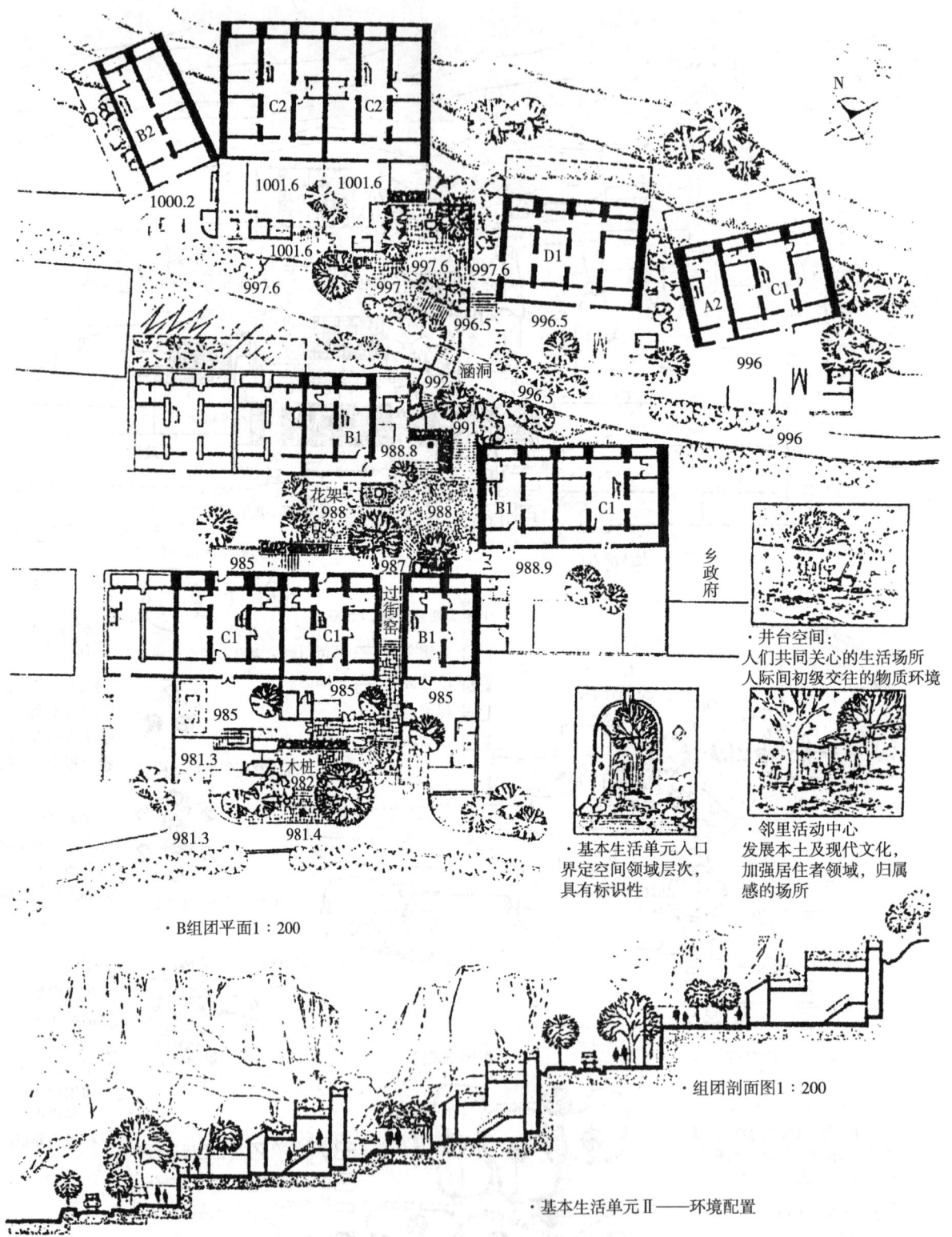

N

C2   C2

B2

1000.2   1001.6   1001.6

1001.6   997.6   997.6   D1

997.6   997   996.5   996.5

涵洞   C1

992   A2

B1   996.5   996

988.8   991   996

花架

988   988   B1   C1   乡政府

985   987   988.9

C1   C1   B1

过街窑居室

985   985   985

981.3

木桩

982

981.3   981.4

·B组团平面1:200

·井台空间:
人们共同关心的生活场所
人际间初级交往的物质环境

·基本生活单元入口
界定空间领域层次,
具有标识性

·邻里活动中心
发展本土及现代文化,
加强居住者领域,归属
感的场所

·组团剖面图1:200

·基本生活单元Ⅱ——环境配置

图10-108 生活基本单元及环境配置(二)

利用屋顶种植，增加耕地面积；
利用山地高差做车库，发挥山地优势；
利用车库顶做院落，减少占用地面积；
灌地水渠铺盖板作路，节省用地面积；
利用竖井改善窑洞采光，通风；
竖井种植，消除心理幽闭感；增加种植面积；
增加窑洞进深，适于山地发展，减少耕地面积的占用。

·节地模式

蓄热墙上部风口150×200，夏季开启，冬季关闭

5.50

玻璃小窗
夏季开启，冬季关闭

土坯墙
隔热窗帘

通风道120×120

·蓄热墙构造1：20

绿色植物，香菜、花椒、麻
种植层
滤水层100厚豆石
隔水层
一毡二油防水层

素土夯实

天沟
白色抹面

集热水箱
太阳能电池
太阳能集热板

热水储热器

保温窗帘

麻纸分隔

可调百叶

阳光间

自然通风
夏季种植爬藤植物遮阳

50厚四季青爬藤种植层
60厚保护层
40厚细土
一毡二油防水层
50~80厚沥青珍珠岩卵石层

通风口内设进风扇
（由屋顶太阳能电池供给）

卵石床

冬季、旱季可存菜类、薯类水窖

·节能模式

深色漆帆布覆盖
草泥360
土坯360×180×120
木方50×70，中距

土坯墙
毛石墙

垫砖
反射保温窗
（铝箔纸反射面木板夹包油纸稻草等保温材料）

卵石
稻草等绝热材料
素土夯实铺油毡

·太阳能炕构造1：10

防水防潮层
空气层50~100
木垫块
弓型木杆，纵向扎
高粱杆
间距100
麻纸

土坯墙裙100~120厚
灰土垫层50~100
防潮层

·防潮夹层构造

240　100　240
53　　　　　53
105　53　105

进风口处纱布包
麻纸40~60厚吸湿层装入铁丝网架
φ50卵石

·地沟进、出气口构造1：10

·新型窑居改造模式

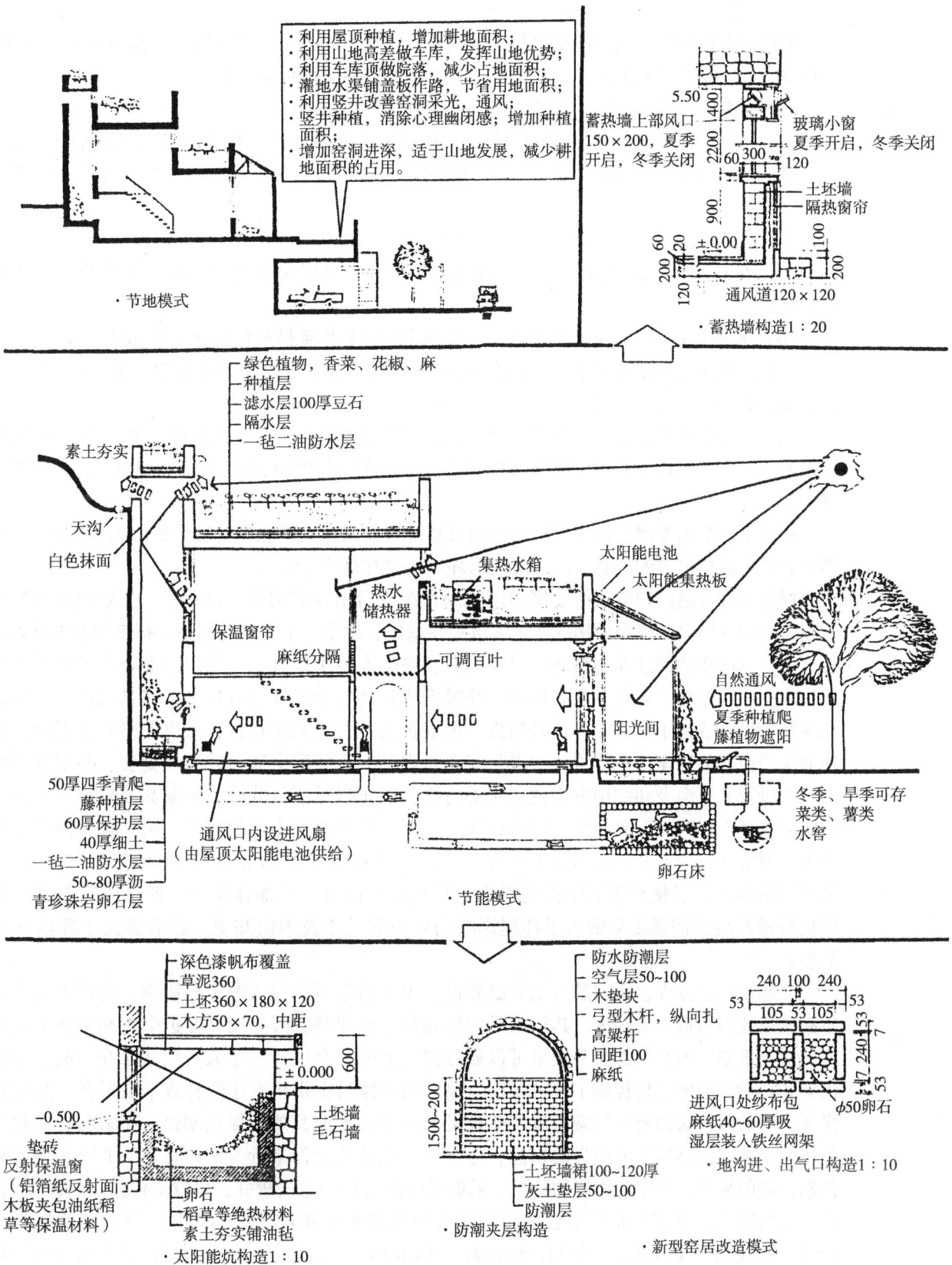

图10-109　新型窑居改造模式（尺寸单位：mm）

（来源：西安建筑科技大学绿色建筑研究中心. 绿色建筑）

5. 预期效果

枣园绿色住区的规划和新型窑洞建筑的设计体现了课题组期望达到的"高品位的生态建筑"的思路，除上述的可见形式外，还提出了一系列的节能节地指标，如：

（1）采暖节能率达 60%，户年均节（标准）煤 720kg/年；

（2）太阳能日均供热水（平均 40℃）100kg/日，户年均节（标准）煤 700kg/年；

（3）窑居住宅节能改造（未采用太阳能采暖）的采暖节能率达 50%，户年均节（标准）煤 600kg/年；

（4）夏季自然空调的户均节电量达 80kW·h/年；

（5）在同等使用面积条件下，合理的组团设计、双层院落及庭院种植可节约土地和宅基地 20%；

（6）多项节能和太阳能利用措施，将使烟尘和二氧化硫排放量减少 50%~60%。

当然，住区的预期效果还有许多值得学习和借鉴的地方，这里将之作为生态技术[1]结合中国国情的代表，以上可以得见一斑。

现代生态学的发展已历经近半个世纪，它与建筑的结合在西方也探索了 30 多年，可以说是硕果累累。全球提倡保护环境的呼吁在 20 世纪 90 年代的中国已得到响应，建筑界自然不能置身事外。

现代生态学的发展与环境危机的触动有紧密的联系，全世界在环境保护方面都付诸了行动，其中有许多值得借鉴的经验，对于中国的环境建设有直接意义。

现在全球普遍的现象是在发展中国家的繁荣背后出现的阴影：机动车、大烟囱和高炉产生的致命的空气污染。仅在中国的 4 个城市——重庆、北京、上海和沈阳——每年都有 1 万人因接触这些污染源排放的悬浮颗粒而过早死亡。在整个发展中世界，这样的污染夺走了成千上万人的生命，严重影响了数百万人的健康。呼吸系统疾病造成了高达数亿个工作日的损失，与此相关的经济损失数达十亿美元。这些损失一度被视为经济发展的代价，可喜的是在发展中，走在环境保护前列的国家已表明这一观点是完全错误的。有的国家通过收取污染费、利用基层社区的压力以及实施命令和控制方面的规定等方法，以可以承受的代价，限制甚至减少了污染。它们的方法各不相同，但有一些共同的认识，就是：开展相关方面的研究、确立减少污染的优先事项、制定具有成本效益的调控手段等。在许多快速实现工业化的地区，随着知识的积累和环境政策的强化，已使环境质量得到稳定，甚至得到改善。在加强认识、深化研究方面，要获得更好的环境还需要更多的关于环境影响的知识和关于技术的知识，也需要关于环境状况的信息。

在保护环境方面，政府的行动是必要的。由于污染对其他人有不利影响，而污染者一般却不必赔偿他们所造成的损失，其结果是污染现象比比皆是，因为没有促进个人和企业去减少污染的适当机制。而有效的公共政策可以通过把污染的社会成本与个人费用联系在一起，为减少污染和自然资源的恶化提供了一种激励手段。法律体系也是将上述两种成本联系在一起的重要保证，有的国家法律要求污染者就某些种类的污染损害向其他人提供赔偿。那么有必要收集有关污染排放或污染所造成损失的信息，建立一些能够监督污染行为的体系，如要求污染者装配控制污染的装置。如果有准确的信息，采取对污染收费的方法较好，可以迫使污染者减少污染。在这种情况下，政府公布污染者的污染排放情况能弥补正规管理的不足。例如印度尼西亚于1995 年实施的污染控制、评估与评级计划（PROPER），以政府对工厂的环境保护状况的评估为基础，给予一个颜色表示等级。这种办法有广泛的效应，表现好的企业可以在市场上获得良好

---

[1] 《绿色建筑》一书中将生态原则作为绿色原则的核心，有明确表述；另在第一章中的最后一节也有关于二者关系的探讨。

的回报；投资者能更为精确地评估企业的环境负债；环境保护的监督人员则把有限的资源用来对付表现最差的企业。

1998/1999 年世界发展报告提出将环境管理与发展结合在一起是一个长期的知识密集型进程。这一进程主要包括几个主要方面：

（1）通过确定环境恶化的根源、后果以及减少环境恶化的代价，将了解环境和了解影响环境的进程作为有效的政策的基础。

（2）为地方性、区域性和国家级决策者开发出一些衡量环境状况的指标。

（3）使用环境信息来改进公共调控管理和私人的决策。

（4）通过以下途径来管理环境知识：培养收集和传播知识的能力，改进私营部门的环境管理，将环境变量纳入公共政策管理模型。

同时，建立有效的环境体制对于解决环境问题十分重要，它可以分四个层次加以保证：

（1）通过以市场为基础的调控手段，如征收污染费和发放污染排放可交易许可证，在适当的时机利用市场来减少对环境的破坏。

（2）为中央和地方政府确定适当的作用，如使用调控手段、监督、执法，确保环境保护的基本标准得到遵守。

（3）使社区和市民社会参与环境管理，尤其要关注环境信息的公布、传统知识的作用以及地方组织机构实施的适当的非正规规章制度。

（4）扩大国际合作的范围，为监督、传播信息和鼓励主权国遵守环保规则作出合理的安排。

从全球的角度而言是如此，在环境保护方面对建筑业也是同样的，当然，具体的行业会有所差别，但设计的方面则基本相同。特别是前面所论述的在管理环境时采用一体化的方法，是知识密集型的，也是为更好地了解社会体系和自然体系的关键。因而专业研究的力度应当要大大加强。

本章参考文献

[1] 刘先觉. 建筑文化的深层课题——生态建筑学探讨 [J]. 华中建筑, 1995, 13.

[2] 刘先觉. 现代城市发展中所面临的生态建筑学新课题 [J]. 建筑学报, 1995, 2.

[3] 童天湘, 林夏水主编. 新自然观 [M]. 北京：中共中央党校出版社, 1998.

[4] [美] N·J·格林伍德, J·M·B·爱德华兹. 人类环境和自然系统 [M]. 第二版. 刘之光等译. 北京：化学工业出版社, 1987.

[5] 维纳. 控制论 [M]. 北京：科学出版社, 1962.

[6] [德] 哈肯. 协同学——自然成功的奥秘 [M]. 戴鸣钟译. 上海：上海科学普及出版社, 1988.

[7] [比] 伊·普里戈金, (法) 伊·斯唐热. 从混沌到有序：人与自然的新对话 [M]. 曾庆宏, 沈小峰译. 上海：上海译文出版社, 1988.

[8] [美] E·P·奥德姆. 生态学基础 [M]. 孙儒泳等译. 北京：人民教育出版社, 1981.

[9] 金岚主编. 环境生态学 [M]. 北京：高等教育出版社, 1992.

[10] C·巴托诺夫. 人类对大自然态度的改变 [J]. 张保罗译. 美术史论, 1989, 31 (3).

[11] [美] I·L·麦克哈格. 设计结合自然 [M]. 芮经纬译. 北京：中国建筑工业出版社, 1992.

[12] [美] J·Q·西蒙兹. 大地景观——环境规划指南 [M]. 程里尧译. 北京：中国建筑工业出版社, 1990.

[13] 徐嵩龄. 环境伦理学进展：评论与阐释 [M]. 北京：社会科学文献出版社, 1999.

[14] [美] 蕾切尔·卡森. 寂静的春天 [M]. 长春：吉林人民出版社, 1997.

[15] 高亦兰. 鲍罗·索勒里和他的阿科桑底城 [J]. 世界建筑, 1985, 5.

[16] 沈克宁. 绿色建筑运动和"可维持设计" [J]. 华中建筑, 1995, 3.

[17] 西安建筑科技大学绿色建筑研究中心. 绿色建筑 [M]. 北京：中国计划出版社, 1999.

[18] 王如松，周启星，胡聘. 城市生态调控方法 [M]. 北京：气象出版社，2000.

[19] [英] T·A·马克斯，E·N·莫里斯. 建筑物·气候·能量 [M]. 陈士辚译. 北京：中国建筑工业出版社，1990.

[20] [英] 史蒂文·维·索克莱. 太阳能与建筑 [M]. 陈成木，顾馥保译. 北京：中国建筑工业出版社，1980.

[21] B·吉沃尼. 人·气候·建筑 [M]. 陈士辚译. 王建湖校. 北京：中国建筑工业出版社，1982.

[22] 王其亨主编. 风水理论研究 [M]. 天津：天津大学出版社，1992.

[23] [哥斯达黎加] B·Stagno. 热带地方建筑 [J]. 建筑学报，1994，1.

[24] 许剑峰，Q. M. Zaman. 水上人家·两栖建筑·漂浮社区 [J]. 建筑师，1998，4.

[25] C·埃布尔. 生态文化、发展与建筑 [J]. 世界建筑，1995，1.

[26] 查尔斯·柯里亚. 热带滨海城市：零件与机器 [M]. // （加）韦湘民，罗小未. 椰风海韵——热带滨海城市设计. 北京：中国建筑工业出版社，1994.

[27] C·M·柯里亚. 建筑形式遵循气候——一份来自印度的报告 [J]. 李孝美，杨淑蓉译. 高亦兰，孙凤歧校. 世界建筑，1982，1.

[28] E·F·舒马赫. 小的是美好的 [M]. 虞鸿钧，郑关林译. 刘静华校. 北京：商务印书馆，1984.

[29] Vale B，Vale R. Green Architecture：Design for an Energy-conscious Future [M]. London：Thames and Hudson，1991.

[30] L. C. Zeither. The Ecology of Architecture [M]. New York：Whitney Library of Design，1996.

[31] J. T. Lyle. Regenerative Design for Sustainable Development [M]. New York：John Wiley & sons Inc.，1994.

[32] C. Schttich. Thoughts on Ecological Building [J]. A+U，1997，5（320）：19.

[33] K. Yeang. Designing with Nature——The Ecological Basis for Architectural Design [M]. New York：McGraw-Hill, Inc.，1995：55.

[34] H. T. Odum. Environment，Power，and Society [M]. New York：John Wiley & Sons, Inc.，1971.

[35] J. Fiksel. Design for Environment [M]. New York：McGraw-Hill，Inc.，1996.

[36] P. Oliver. Encyclopedia of Vernacular Architecture of the World [M]. London：Cambridge University Press，1997.

[37] K. Danies. The Technology of Ecological Building：Basic Principles，Examples and Ideas [M]. Basel：Birkhauser Verlag für Architektur，1997.

[38] H. Fathy. Natural Energy and Vernacular Architecture：Principles and Examples with Reference to Hot Arid Climates [M]. Chicago：The University of Chicago Press，1986.

[39] J. Steele. Sustainable Architecture：Principles，Paradigms，and Case Studies [M]. New York：McGraw-Hill Companies，Inc.，1997.

[40] C. Woker. Selling Steel for Green Construction [J]. New Steel，1998，5.

[41] J. Carmody，R. Sterling. Underground Space Center University of Minnesota，Earth Sheltered Housing Design [M]. Second edition. New York：Van Nostrand Reinhold Company，1985.

[42] C. Slessor，J. Linden. Eco-Tech：Sustainable Architecture and High Technology [M]. London：Thames and Hudson Ltd.，1997.

[43] J. Mcminn. The Fourth Wave [J]. Canadian Architecture，1998，10.

[44] Behling S & S. Sol Power：The Evolution of Solar Architecture [M]. Munich：Prestel-Verlag，1996.

[45] T. O'Riordan. The Meaning of An Earth Charter [M]. //The Prince，Nature and Architecture，1998.

[46] D. Pearce. Economics and Gaia [M]. // The Prince. Nature and Architecture，1998.

[47] B. J. Adams. Sustainable Development of Land and Water Resources [C]. 1997' Regional Sustainable Development Forum，1997.

[48] P. Muray，M. A. Stevens eds. Living Bridges-The Inhabited Bridges，past，present and future [M]. London：Rogal Academy of Arts，1996.

[49] D. Watson，K. Lebs. Climate Design [M]. New York：McGraw-Hill Companies，Inc.，1983.

第11章 生态建筑技术

11.1 生态建筑技术研究的意义

11.1.1 生态建筑技术发展现状与研究的必要性

11.1.1.1 环境危机的出现与环境意识的增强

直到几百年以前人类与其环境之间的关系还是以人类愿意适应环境并与其和谐相处为特征。全球人口很少并且拥有充足的空间，可以从自然中获取生存所需的一切。少量的人口和对能源资源利用的适度需求决定了其采取的技术路线具有低消耗、易循环、可生物降解的功效和不会对环境造成威胁。

然而在最近的几个世纪里，人类在技术的帮助下走上了与过去5500万年发展过程相反的道路。今天，我们正在以200万倍于储备的速度消耗着石油和煤炭资源①。人口的膨胀和相应的对能源需求的增加，使我们赖以生存的地球环境受到严重的威胁。

人口增长对环境的压力不仅是数量问题，同时也关系到人类消耗模式和技术的质量：

人类对环境的影响＝人口×消耗×技术

纵观工业革命以来社会经济发展模式可以清晰地看到，技术的进步使人们的消费模式发生了根本性的变化，空调、冰箱、汽车等都不断增加着人们对能源的需求。从此，人类走向了采伐森林、石油开采、污染环境、核废料等悲剧性的技术发展路线。

全球环境危机关系到人类生存的问题，今天，人类能否走向与地球环境和谐相处的绿色时代，决定于我们能否愿意改变现有的资源消耗模式，以及能否找到全新的对环境友善的技术发展路线。很明显，技术的"质量"关系到人类社会持续生长的能力。

在最近的20多年里，人们的环境意识逐渐增强，资源和能源的利用效率也得到了很大的提高，然而在这方面仍有很大的余地。提高效率只是解决问题的一个方面，要想从根本上解决问题，必须要放弃以消耗化石燃料为核心的所谓"硬技术"，转向使用以生态技术为核心的所谓"软技术"。

11.1.1.2 生态建筑概念的提出与科学化、系统化问题

建筑由于其本身所固有的资源能源消耗性质，在保护环境和实现社会可持续发展目标中扮演着重要的角色。生态建筑概念的提出标志着建筑业为应对环境危机和走向与环境和谐相处的绿色时代进行的一场深刻变革，其核心目标是通过利用可再生资源和能源创造健康舒适的建筑环境。生态建筑概念一经提出，即得到人们的广泛接受和使用。

遗憾的是，生态建筑概念新、内涵复杂广泛，在如何将概念具体化并使其具有可操作性方面，仍有待于做大量的工作。目前有关生态建筑的理论研究和实践当中，存在着严重的表面化、片面化和形式化的倾向。例如将采用节能技术的建筑称为生态建筑，或者将使用了一些天然材料或绿色建材的建筑称为生态建筑，或将拥有较多绿化的住宅小区称为生态住宅区等。有些建

---

① 数据来自 Klaus Daniels. The Technology of Ecological Building：18.

筑师将生态建筑作为一种新的建筑风格来追求。上述问题的出现说明，如何将生态建筑的概念科学化和系统化是亟待解决的课题。

11.1.1.3 生态建筑技术应用中的综合效率与技术整合问题

自 20 世纪 70 年代出现世界性能源危机以来，建筑业在节能技术的开发应用，以及提高设备的运行效率等方面，取得了很大成绩，各种节能、节水、节电设备，智能化控制设备和技术也日趋成熟。随着全社会环保意识的增强，各种环保设备和措施也大量使用，带绿色环保标签的建筑材料和技术设备的使用为环保目标的实现提供了更多机会。对太阳能、风能、地热能等绿色能源的利用技术也得到快速发展。在建筑物如何与当地气候相适应方面的理论研究和实践也取得了丰硕成果，积累了大量的科学数据和经验。

上述各项技术成就的取得主要得益于技术本身的完善与成熟，虽然仍有进一步挖掘的可能，但其空间潜力是有限的，所以要想在技术上取得更大的进步，必须要将上述各项技术的单兵种作战改为集团式作战，也就是说要进行生态技术整合以提高技术的综合效率。

在技术整合与提高综合效率方面，大自然能够给我们很多的启示。大自然中的植物和动物都具有很高的技巧和能力，植物是高效率的太阳能控制器，它通过光合作用将太阳能转换成生物能，植物的表面有一层具有渗透性的膜，能够让阳光进入并吸入二氧化碳和呼出氧气从而为它的细胞创造恰当的舒适条件（图 11-1）。在动物王国里也有无数这样的例子，动物的身体和动物建造的结构物能够高效地利用可再生能源（图 11-2、图 11-3），而不需要像人工环境那样借助电力达到舒适要求。

图 11-1 植物通过光合作用将太阳能转换成生物能（左）
（来源：《Sol Power》，P31）

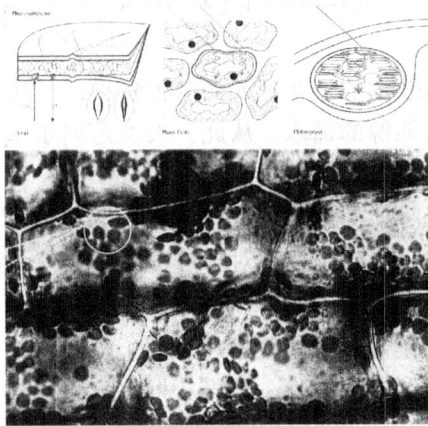

图 11-2 动物的身体和其建造的结构能利用再生资源（右）
（来源：《Sol Power》，P34）

建筑应该向自然结构中学习如何处理环境能源和学习形式如何真正跟随功能。在这方面，通信业以及体育运动业都能够给建筑技术的发展提供有价值的启示。例如飞机的形式和形状产生于其在空气动力学方面的合规律性和实用性。帆板也是一个解决复杂问题的精巧设计，人们利用风变化的力量和方向移动帆板并减轻它的负荷使其速度达到最快，所有部件和形式都以最高效的方式发挥作用（图 11-4）。今天，不仅体育世界为我们提供了令人惊异的高性能的实例，在通信业，无线卫星通信技术的发展改变了需消耗成百上千万吨铜缆的传统通信技术，其所达到的高效和便利是传统通信技术无法想象的。

21 世纪，生态建筑将会创造出最佳的室内外建筑环境，利用高效率的生态建筑技术创造出适宜的形式与结构满足可持续的生活模式。要实现这些目标，我们需要向传统乡土建筑学习，从中找到人类与自然之间相互关系的重要基础（图 11-5），向大自然学习，寻找回人类已失去的"智慧"，向其他领先的产业部门学习，发展出建筑业自己的生态建筑技术路线。

图 11 - 3　动物的身体和其建造的结构对可再生资源的高效利用（左）
（来源：《Sol Power》，P35）

图 11 - 4　帆板高效利用风能的精巧设计（右）
（来源：《Sol Power》，P200）

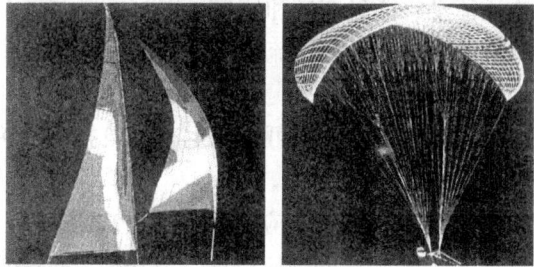

图 11 - 5　传统乡土建筑与现代覆土建筑

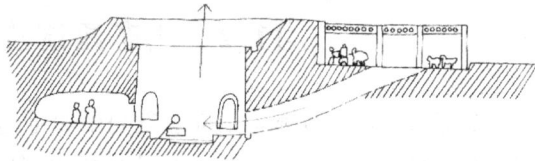

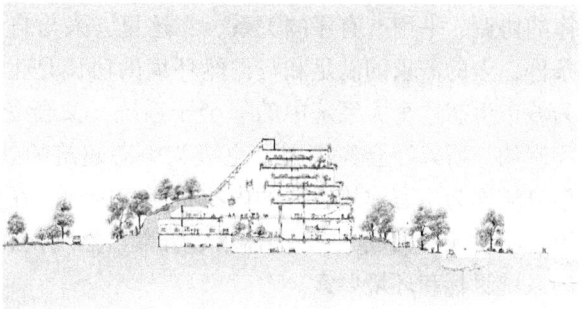

11.1.2　生态建筑技术的研究方法

　　生态建筑概念的提出得益于现代生态学的成就。生态学一词最早是由德国生物学家 E·海克尔于 1869 年提出①。Eco-一词来源于希腊语，意思是"家"或"生活场所"，-logy 的意思是"学问"。海克尔在其动物学著作中定义生态学是：研究动物与其有机及无机环境之间相互关系的科学，特别是动物与其他生物之间的有益和有害关系。后来，在生态学定义中又增加了生态系统的观点，把生物与环境的关系归纳为物质流动及能量交换；20 世纪 70 年代以来则进一步概括为物质流、能量流及信息流。

---

　　①　参见中国大百科全书《生物学》卷：1364.

生态系统概念一经提出，很快为生态学者们普遍接受，并成为现代环境科学的基石。所谓生态系统是指一定空间中的生物群落与其环境组成的系统，其中各成员借助能流和物流循环形成一个有组织的功能复合体。"系统"一词有两层基本含义：一是它由一些相互依赖、相互作用的部分所组成；二是这些部分按照一定的规律组织起来，从而使这个整体具备统一的功能特性。

生态系统的范围可大可小。最大的是生物圈，包括地球上的一切生物；小的如一块草地、一个池塘等。有时根据研究的需要，还可以把任意划定的一个范围当作一个系统，研究有关的生态现象。生态工程就是将生态学原理运用到工程技术领域，模拟自然生态系统中物质、能量转换原理并运用系统方法去分析、设计、规划和调整人工生态系统的结构要素、工艺流程、信息反馈关系及控制机构，以获得尽可能大的经济效益和生态效益。

由此可见，生态建筑的科学定义就是将建筑作为一个人工生态系统，在这一系统中存在着物质流动、能量交换和信息反馈与控制这三个系统要素（或称作三个子系统）。而生态建筑学的基本目标就是研究物流、能流与信息流三个子系统内部及其与周围环境之间的特性与功能关系，提高资源的利用效率，获得最大的经济效益和生态环境效益。

生态建筑的定义可以为生态建筑技术研究提供科学的依据，并顺利建立起生态建筑技术研究方法的框架：

(1) 系统性问题应采用系统方法研究——生态建筑三个子系统概念的提出；

(2) 复杂性问题应以综合方法研究——四个相关环境因素概念的提出；

(3) 生态建筑技术研究中理论分析与技术应用方法并重的技术路线。

11.2 生态建筑技术研究框架的建构

建筑是人类的一项基本活动，其目的是通过对自然的改造为人类自身提供更加适宜的生存环境。建筑作为一个生态系统，在其系统内部以及与外界环境之间会不断进行物质、能量和信息交换，因而是一个开放的人工系统。生态建筑就是要在人与自然之间建立起一种符合生态规律的协调、平衡、有序的关系。在这里，人与自然环境构成了生态建筑存在的前提和外部客观条件，人的需求的满足和与自然环境的协调是生态建筑要实现的两个目标。同时，生态建筑作为城市生态这个大系统中的一个子系统，又会受到城市社会—经济—自然复合生态系统的影响和制约，所以社会经济因素也成为生态建筑的外部制约条件。而生态建筑是通过物流、能流、信息流作为生态建筑运行的内在机制。因此，在生态建筑技术研究中，生态建筑（由物流、能流、信息流所构成）、人的需求、外部自然气候和社会经济技术条件一起共同构成了研究框架中的系统目标和环境要素。

11.2.1 生态建筑技术研究模型框架的建立

11.2.1.1 物流、能流、信息流三个子系统

1. 物流系统

所谓物流系统是指取自外部环境中的物质在有限范围内的反复使用而形成的物质循环。物流系统研究的核心问题是自然界资源与人类需求间的相互关系，也就是如何合理地开发和利用自然资源的问题。

资源一词是带有功利主义色彩的概念，凡属于对人类有用的东西都是资源。在20世纪一提到资源，人们主要想到的是山林矿藏以及虫鱼鸟兽等可供人类直接利用的物质材料。但随着环境认识的增强，人们逐渐认识到全部自然环境都是人类赖以生存必不可少的客观条件，因而自然环境与自然资源两者已经难区分开来。

根据生态学的定义①，自然资源可分为原生性资源（或称持续再生性资源）和后生性资源（或称非持续再生性资源）两大类。原生性资源是指随地球形成及其运动而存在的资源，如阳光、空气、风、气候等，基本上是持续稳定产生和作用的，其质与量随地球表面的时空配置而异。后生性资源是指在地球的自然历史演化过程中某个阶段形成，质与量有限，空间分布不均匀。后生性资源又可分为两种：一种是非再生性资源，或称非更新性资源，如泥岩、煤、石油和非燃料性矿物等；另一种是再生性资源，或称更新性资源，如水、土壤、植物、微生物、动物等。

所谓对资源的合理开发利用包含多层内容。一方面是综合利用，使一种资源中一切对人类有益的性质都得到充分利用。另一方面是合理使用非再生资源，在减少使用和损耗的同时提高回收再利用的技术。在利用再生性资源的同时，应保持自然界的稳定再生能力。

在建筑物从开发建设到使用寿终的过程中，所使用和涉及的物质材料和资源有成百上千种。所以在物流系统的设计和控制过程中，不仅要考虑资源的来源与质量，同时也要考虑物质循环系统在建筑物全寿命过程中（从原材料开采—加工生产—使用—循环）对环境的影响，以及循环使用的经济技术可行性问题。所以在物流循环系统的设计与物质材料选择过程中，必须对以下问题给予充分的考虑：

（1）物质材料的来源问题：可再生资源与不可再生资源；

（2）物质材料的供应量问题：能否与需求量之间取得平衡；

（3）物质材料能否循环使用的问题：能否循环、如何循环以及循环的周期性；

（4）物质循环的经济代价问题：循环的成本与综合经济效益；

（5）物质循环全过程中的能源消耗问题：能否取得建筑物全寿命过程中的能源消耗平衡；

（6）物质使用全寿命过程中的环境影响问题：物质材料从开采、生产、使用、循环利用不同阶段对环境的作用与影响。

2. 能流系统

所谓能流系统是指在生态系统中能量的流动与转化。能流系统研究的是能量在生态建筑系统中的动态规律，研究它如何从一种形式转变为另一种形式，以及它在流动过程中的数量变化和利用效率等。根据热力学第二定律，当能量由一种形式转化为另一种形式时，总有一部分能量转化为热能而耗散。所以在建筑物能流系统的研究中，如何在最少借助外力特别是化石能源和电能等的情况下补偿能量的损失，并达到能量的平衡状态是生态建筑的能流系统中的一项重要指标。

在生态建筑能流系统的研究中，首先要讨论的是能量的来源问题。根据研究角度的不同，我们可以对能源的类型作如下分类：

（1）根据能源利用的状态可划分为天然能源与人工能源。天然能源是指自然界存在的对人类有用的能量资源，它包括了如太阳能、风能、地热能等原生性能源，以及后生性能源，如石油、煤、天然气等非再生性能源和植物、动物、水等再生性能源。人工能源是指经过人工开发生产出的二次能源，主要是指以太阳能、火力、水力、核能、风力、潮汐发电产生的能源。

（2）根据能源的可再生能力可以划分为可再生能源和不可再生能源。太阳能、风能、地热能、水能、动植物能等天然能源及由其产生的人工二次能源均为可再生能源。石油、煤、天然气和其他矿物能源及其产生的人工二次能源为不可再生能源。

---

① 参见中国大百科全书《生物学》卷。

（3）根据能源开发使用过程中对环境的影响状况可分为污染型能源和非污染型能源。非污染型能源又可称为绿色能源，太阳能、风能、地热能、潮汐能等天然能源及其二次能源均可称为绿色能源，在其开发使用过程中对环境不会造成任何影响。其他化石能源及其产生的二次能源均会对环境产生不同程度的影响。所以在生态建筑能流系统设计中，充分利用太阳能、风能、地热能等绿色能源具有重要的环境效益。

在能流系统中，能量的流动一般是一个单向过程。比如太阳能是由光能直接转化为热能后被利用，或由光能转化为化学能或电能再转化为热能和光能被利用和消耗掉。化石能源燃烧后产生热能或电能被利用和消耗，不会再回到化石能源库中。所以在生态建筑能流系统设计中，减少能源的需求量并提高能源利用效率是至关重要的内容。

在建筑物全寿命周期内所使用的物质材料和能源资源，其开采、生产加工、运输、使用、回收利用中所消耗的能量也应纳入生态建筑能流系统的研究范围内。"Embodied Energy"[1] 一词可以翻译为"内含能源"，应该作为能流系统分析中的一项重要指标。比如说为了减少能源消耗可能在建筑物中安装 UPVC 材料制成的塑料双层玻璃窗。从概念上讲这是一项有效的节能措施。然而从"内含能源"的角度分析可能显示在生产和运输这些窗子的过程中所消耗的能源超过了因安装该窗所节省的能源，如果将再回收利用的费用考虑在内，以及考虑处理产品中的有毒物质或需要的环境治理费用的话，使用由当地生产的木质窗可能是更加有利的选择。

3. 信息流系统

信息流系统又称为信息调节与反馈系统，是指生态系统内部所具有的一种抵御环境压力并保持系统平衡状态的能力。在一个成熟的生态系统中，每年的能量收支大致相等，物质循环近于"封闭式"，流失极小，系统能相当长久地保持一定的外观与结构，这都是稳态调节的结果，而生态系统的稳定调节是通过负反馈机制实现的。信息系统调节的目标就是使生态系统运行达到最优化。

生态建筑信息流系统是通过对系统内部的物流和能流系统调节来满足人们的需求并与外部环境因素协调。在建筑物使用过程中人的要求会随时发生改变，自然气候条件也会发生季节性变化，生态建筑是通过对系统内部各子系统的调整来适应变化的要求与条件，从而达到最大限度的利用绿色资源和能源，降低建筑物设备系统的能耗，减少不必要的浪费和损失，实现资源和能源综合利用与效益最大化的目的。智能控制技术是信息流系统进行调节与控制的重要技术手段之一。

信息流系统如同人体的神经系统和感觉器官系统。人体信息系统可以自动对人体内外的条件变化作出适当的反应和调节，从而确保人体核心部分的温度不变。智能控制技术也为生态建筑信息系统提供了各种感官元件（诸如温感器、光感器、流量控制器等）和系统控制装置和技术从而实现对室内外环境进行自动调节的目的。计算机技术的应用也使信息系统控制能力和范围得到更大限度的提高。因此信息流子系统在生态建筑系统中起着无法替代的系统整合作用。

11.2.1.2　影响生态建筑技术系统的其他相关因素

1. 人的基本需求

大自然为人类提供了最基本的生存条件，但是由于地域和气候条件的差异与变化，以及人类适应能力的限制，大自然无法充分满足人类生活的需求。人类从事建筑活动的目的就是通过对大自然的改造，补充大自然无法满足的部分条件，从而获得更加适合人类居住生活的人工环

[1] "Embodied Energy"一词源自，Green Building Handbook：7.

境。所以建筑从它的诞生之日起就介于人与自然之间，必须要协调好其与人和自然的关系，即在满足人的基本需求的同时，尽可能少地影响自然生态环境。因此，生态建筑应该要实现合规律性和合目的性之间的统一。所谓合规律性是指建筑活动要尊重自然法则，按自然生态规律进行人工环境的建设。所谓合目的性就是要满足人的生存需求，并为人类提供更加舒适、愉快、健康的建筑环境。这种协调关系能否取得，首先决定于人类需求的标准与目标。因为要获得什么样的生活条件，直接影响到生态建筑所要采取的技术手段和措施，同时也决定了自然环境将会受到多大程度的影响。而人的需求目标能否顺利实现也会受到社会经济因素的限制和制约。

因此，人的需求目标确立，必须要对下述各种因素进行综合考虑：

（1）人的需求的多样性与复杂性。作为自然的人，需要满足生理上的基本需求；作为社会的人需要满足心理与社会交往的需求；作为精神的人，需要满足审美与精神生活需求。

（2）人的需求的差异性。不同自然气候条件下的人的需求具有差异性；不同时间和季节人的需求也会发生变化；不同年龄、性别、民族和文化背景下的人的需求也会有很大的差异。

（3）人的需求的有限性与合理性。人的需求会受到自然条件、技术条件和社会经济条件的限制，所以应该提倡简约化的生活，并充分发挥人类与生俱来的生理适应和调节能力，确定恰当合理的需求标准。

2. 自然气候条件

如果说人的需求是生态建筑所要履行的人的主观要求的话，自然气候条件就是生态建筑所要面对的外部客观条件。从人与自然的关系来讲，一方面自然与气候为人类生存提供了有利的基本物质条件，使人类无法摆脱大自然独立存在；另一方面是由于地球自然气候条件的差异与变化，又给人类生存造成了一定的不利影响，需要人们通过建筑环境来克服自然气候的不利方面，确保人们获得稳定舒适的生存条件。因此，生态建筑所面对的自然气候条件其有利和不利两个方面同时存在。生态建筑应充分利用自然气候中的有利条件，并通过合理的技术手段克服不利的方面。

自然与气候为生态建筑物流和能流系统提供了必需的物质材料和能源，以及满足人类生存和舒适健康必需的阳光、空气和水等基本条件。同时，自然气候条件的不断变化也是生态建筑信息流系统进行系统调节与控制的重要外部刺激因素和依据。

自然气候条件作为生态建筑的外部环境因素具有以下几个特点：

（1）自然资源的有限性。地球中存在的资源和能源是有限的，不可能满足人类无限的需求，因此需要合理地加以利用。

（2）气候条件的不稳定性。气候条件随地域和季节不同会不断发生变化，这就需要我们所采用的生态技术手段也应具有可变性和适应性。

（3）自然生态系统的脆弱性。自然生态系统是极不稳定的系统，过度的资源消耗会破坏脆弱的生态系统并给人类带来灾难，所以在利用自然气候的同时也要保护自然生态系统的平衡。

（4）自然气候的有规律性。对于一个特定的地区来讲，其自然气候条件的变化具有一定的规律，可以被充分地认识和利用。

3. 技术发展水平

技术发展水平是指目前建筑生产活动中所能够采用的各种技术方法的总体现状水平，它是生态建筑各子系统运行的基本技术手段和条件，也是决定生态建筑系统能否良性运行的技术保障。在最近几个世纪里，人类在技术发展方面取得了很大的成就，但是也深刻地认识到技术发展如同一把双刃剑，在给人们带来短期利益的同时，可能会从根本上损害人们长期的利益和人类可持续生存的基本条件。因此选择适宜的技术方法并引导技术向着合理的方向发展是生态建筑技术应用和研究中面临的重要课题。

在生态建筑中采用的技术应遵循以下原则：

（1）技术高效率的原则；

（2）技术的适宜性原则；

（3）多种技术综合利用的原则。

所谓技术的高效率是指一旦采用了某项技术就应使其效率发挥到最大限度。所谓技术的适宜性是指所采用的技术应该在与人的需求、自然气候条件、技术本身的性能和社会经济条件等各方面都是相适应的。所谓多种技术综合利用是指要实现某一特定目标，不是只靠某一种技术手段，而是在充分发挥原有设备或材料性能的基础上，依靠多种技术手段来共同实现，以达到更加经济合理的目的。

在生态建筑技术应用过程中，选择适宜的技术方案具有非常重要的意义。这里可以用一则印度的故事来说明：

古代印度有位国王，很为他的臣民不得不赤脚踩在光秃坚硬的土地上而烦恼，建议能否在他的领土版图内将所有的土地都覆盖一层软皮。于是一位谋士为他出了一个主意，他说可以用一个更简单的方法来解决这一难题，只要取一张皮把它剪成小片，缚在每个人的脚底上不就可以了吗？这就是凉鞋的由来。

所谓适宜技术就是寻找一种解决之道，以最小的代价来最优化地利用所得到的资源的一种方法。

在生态建筑中所采用的技术有以下几种类型：

（1）物质材料的开采、生产、使用与回收利用的技术；

（2）能源开发、生产、使用与循环利用的技术；

（3）对自然气候条件利用的技术；

（4）各种传感技术、计算机技术、自动控制技术等智能化技术；

（5）防治污染与环保方面的技术；

（6）系统整合的技术

4. 社会经济因素

如果说技术发展水平是决定生态建筑如何运行的技术可能性与物质基础，那么社会经济因素则是决定生态建筑能否顺利运行与实现的社会制约条件。社会经济因素对生态建筑影响主要体现在如何评判生态建筑所带来的社会效益和经济效益方面，其核心内容是社会价值观和经济价值观。

社会经济因素对生态建筑的制约作用主要体现在以下几个方面：

（1）社会环境意识的增强与社会价值取向是否统一。主要体现在国家政策法规与政府市场导向作用，开发商与业主对生态建筑所体现价值观的接受能力等几个方面。

（2）从低效能、粗放型的传统经济模式能否向高效能、集约型的生态经济模式转变。

（3）从投入型经济增长模式向效率型经济增长模式转化。即依靠科技进步、减少不合理浪费、提高利用率等手段实现经济增长。

（4）从追求短期利益向追求与环境友善的长期利益过渡。改变过去传统的急功近利思想，提高生态建筑的市场竞争力。

（5）社会经济价值评价从阶段性评价方式向全寿命周期评价方式转化，并制定出与之相适应的价格核算标准，使生态建筑所蕴涵的长期效益得到现时体现。

11.2.1.3　生态建筑技术系统框架模型的建构

1. 生态建筑内部三个子系统模型

根据前面对生态建筑的物流、能流、信息流三个子系统的提出与分析，得出生态建筑三个子系统模型如图 11-6 所示。

生态建筑是由物流、能流、信息流三个子系统的良性循环与互动构成完整的绿色生态系统。三个子系统均为开放的系统，子系统内部与系统之间均处于一种动态循环与互动过程中。物流与能流之间不仅具有互动关系，有时也存在着相互转化的关系。物流、能流与信息流之间既有互动关系，又存在着调节与控制关系。

由物流、能流、信息流三个子系统构成的生态建筑系统，其系统目标是：

（1）最大限度地减少资源的消耗；

（2）最大限度地减少能源的消耗；

（3）系统内部的最优化控制与最优化管理；

（4）在一定的时间和空间范围内实现物质与能量的周期循环与封闭式流动。

2. 生态建筑技术的整体系统模型

生态建筑作为一个开放的系统，与其系统之外的各种相关因素相互作用并构成了一个完整的生态系统模型（图 11-7）。

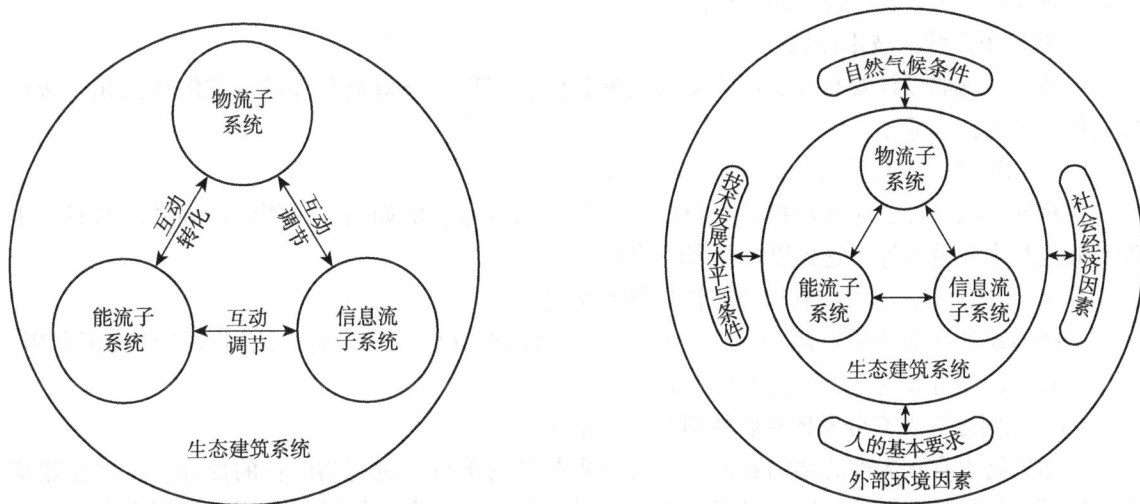

图 11-6　生态建筑三个子系统模型（左）

图 11-7　生态建筑技术的整体系统模型（右）

从前面对生态建筑外部环境因素的提出与分析中我们得知，人的基本需求，自然气候条件、技术发展水平与条件和社会经济因素都会对生态建筑的运行产生直接的作用和影响。人的基本需求的满足是生态建筑要实现的目标，自然气候条件是生态建筑所面对的客观自然条件，而技术条件和社会经济因素是生态建筑得以实现的技术基础和社会经济基础。生态建筑除了要实现其系统内部的目标之外，作为与外部环境因素共同构成的一个完整的生态建筑系统，其所要实现的系统目标是：

（1）充分满足人对舒适、健康的基本需求。

（2）最大限度地实现与自然气候相协调的目标，在不破坏自然生态的前提下充分利用自然气候条件的有利因素，实现生态建筑的良性循环。

（3）在高效与适宜的原则下选择各种技术和材料，通过技术整合实现最优化的目标。

（4）实现社会效益与经济效益最大化的目标。

（5）最终实现保护环境与社会可持续发展的目标。

11.2.2 生态建筑三个子系统的功能与技术原则

11.2.2.1 物流子系统的功能与技术原则

1. 物流子系统的功能

生态建筑物流子系统的基本功能是解决在建筑物全寿命周期内所使用的物质材料的循环问题。要实现物流系统循环的目标，必须要解决以下三个方面的问题：①所采用的物质材料能否循环的问题；②所采用的各种物质材料如何循环的问题；③循环的技术经济可行性问题。

解决物质材料能否循环的问题，首先要对建筑物所使用的物质材料的可循环能力及其相关因素进行评价，根据评价结果对物质材料进行绿色等级的划分，分等级提供可使用的物质材料目录清单，最终为某一具体项目建立一套物流循环的系统方案。

解决物质材料如何循环的问题，首先要确定物质材料的循环周期。有些材料的循环周期与建筑物寿命周期相同（50年或70年），有些材料的循环周期可能只有25年、10年、1年，或者在1年内以季节或每日进行循环。因此在材料选择过程中应该使材料本身的寿命与使用周期循环同步，充分发挥材料的作用，做到物尽其用。其次是根据各种不同材料的循环周期要求为其提供相应的技术方案和构造方法，为物质材料的更换和循环提供便利的条件。

循环的技术经济可行性问题是指物质材料在数量上能否满足需求，技术应用的现实水平与条件能否满足要求以及经济上的可行性。

2. 物流子系统的技术原则

物流子系统的设计要充分发挥物质材料的性能，实现经济效益与环境效益的最大化，必须要遵循以下的技术原则：

（1）原则之一：物质材料的最少使用量原则。

实现同一项目标，应选择物质材料使用量最少的方案。例如通过采用轻质高强的材料、更加高效的技术和设备等，达到以少胜多的结果。

（2）原则之二：尽可能利用地方性材料的原则。

选择当地丰富的物质资源和地方性材料，做到就地取材，使用后就地回收处理或再利用。减少因材料运输造成的不必要损失和资源的浪费。

（3）原则之三：充分发挥材料使用寿命的原则。

在建筑物中有永久性的结构和部件，有半永久性的部件，也有临时性的部件。所以在建筑物不同部件的材料选择中应使材料寿命与使用周期寿命相符合。材料寿命超出使用寿命是对材料的浪费，如果材料寿命达不到使用周期要求也会造成其他材料的浪费。利用著名的"木桶理论"可以对本原则进行充分的诠释。建筑物为了适应人的需求的变化和气候的季节性变化必须要具有调节能力和可改造的潜力，因此就需要对不同使用寿命的材料进行合理搭配，构造处理方案也要具有灵活性和可更换性，使每种材料的寿命能够得到最大限度的利用。

（4）原则之四：充分利用可再生性物质资源和当地储量丰富的不可再生性物质材料的原则。

利用可再生性物质资源是为了减少对环境的影响，但也要与物质材料的可再生能力相协调。对特定地区拥有的丰富的不可再生性物质材料也应给予充分利用。例如在沙漠地区拥有丰富的沙石材料，黄土高原拥有的生土材料都可以进行充分的应用。

（5）原则之五：充分利用宜回收使用的物质材料的原则。

建筑物中使用的一些未经二次加工的天然材料如石材、泥土等都是最佳的生态材料，可以不断地重复利用。在现代建筑材料中，钢材、玻璃等材料虽然其初次开采加工的代价和成本较高，但二次回收利用的代价和成本都较低，属于宜回收利用的现代建材，也可以视为较佳的生态材料。

（6）原则之六：依据绿色评价标准选择物质材料的原则。

在物质材料选择过程中应以绿色等级标准作为依据。在这方面，英国、美国等西方国家提出的绿色建材评价标准具有重要参考价值。

（7）原则之七：物质材料的选择和使用应与能流系统的要求相协调的原则。

建筑物材料的选择与使用应满足能流系统对建筑物保温、隔热等方面的要求，所使用材料的热性能也应与当地自然气候条件相适应。

（8）原则之八：物质材料的使用与构造处理方法与信息流系统的要求相协调的原则。

在建筑物中使用的材料与构造方法应为信息流系统控制与调节创造便利的条件。

（9）原则之九：物质材料的选择和使用应防止环境污染并确保人类健康的原则。

建筑物应选择低污染、低腐蚀性、低辐射性、无毒无味的材料，以减少对环境的破坏和对人体健康的损害。

11.2.2.2　能流子系统的功能与技术原则

1. 能流子系统的功能

能流子系统的基本功能是为建筑物提供能量，建立完善的能源供应系统和循环系统。在能流子系统设计中，涉及以下四个方面的问题：①能量的来源与数量；②能量需求的数量；③能量供应方式与循环方式；④能量循环系统的经济可行性。

确定能量的来源与数量是能流子系统设计规划的基础性工作，也就是要解决给建筑物提供何种能源以及能源数量能否满足需要的问题。在地球上人所能够获得的能源种类很多，但在不同地区能源资源的分布是不均匀的，再加上社会经济发展的不均衡，自然生态条件不同等因素的影响，使得在不同地区所能获得的能源资源种类和数量都是不同和有限的。

能量需求的数量问题由以下三个因素所决定：当地自然气候条件；人的基本需求；建筑构造形式与材料的性能。自然气候条件主要包括不同纬度地区空气温度、湿度、风、降水、太阳辐射强度、地形、地貌与地表植被和地下水位等条件和季节性变化规律。人的基本需求包括生理舒适需求和人们生活工作条件的需求，建筑物室内空间一年四季应保证有适宜的温、湿度条件和日照、采光、通风条件以满足人们的生理舒适，同时还要为人们的生活工作需要提供相应的设备和能源。建筑物的几何形式、建筑物室内外各部件的功能与建筑材料热性能（保温、隔热、透气性、热惰性等），也决定着建筑物能源利用的数量和效率。在决定建筑物能量需求数量方面，上述三个因素之间存在着相互作用和制约的关系，自然气候条件在其中起先导作用，它决定着人的需求满足的难易程度和建筑构造形式的特征。

能量供应方式与循环方式所要解决的是能流子系统运行的技术可行性问题，它是能流子系统设计的主体内容。能流子系统技术方案的确定也是一个系统工程，需要多种技术手段的协同运用。

能流系统的经济可行性分析应该在建筑物全寿命周期的范围内进行，从而更加全面真实地反映能流系统技术方案所产生的经济效益和社会环境效益。国外绿色建筑评价体系中有关能源环境评价方法具有重要参考价值。

2. 能流子系统的技术原则

生态建筑能流子系统设计应遵循以下技术原则：

（1）原则之一：能量的最少使用原则。

通过确定恰当的舒适环境标准，与气候条件相适应的建筑设计方案以及提高建筑物保温、隔热性能等手段最大限度的减少能源需求数量。

（2）原则之二：积极利用可再生能源和绿色能源的原则，其中包括：

1）对太阳能资源的积极利用（主动式或被动式利用）；

2）对风能资源的积极利用（被动式通风或主动式利用）；

3）对地热资源的积极利用（利用地下水的热稳定性和被动式冷却作用）；

4）对化学电池能源的积极利用（利用水中的氧原子和空气中的氢原子产生化学反应后发电）；

5）对其他绿色能源的积极利用（如城市垃圾焚烧产生的热能，海滨城市利用潮汐能等）。

（3）原则之三：能源复合型利用的原则。

采取多种能源利用手段来实现同一个目的。例如在充分利用各种被动式手段免费提供能源的前提下，再采用主动方式提供能源以补充缺口。

（4）原则之四：最大限度地回收建筑物排出的废能量，形成能量循环使用的原则。

（5）原则之五：使用低能耗建筑材料和设备的原则。

采用节能型灯具和设备，提高设备运行效率，使用低能源含量（Embodied Energy）的材料。

（6）原则之六：对能流系统进行优化管理和智能化控制的原则，利用各种信息反馈调节和控制手段减少能源的不必要浪费。

11.2.2.3 信息流子系统的功能与技术原则

1. 信息流子系统的功能

信息流子系统的基本功能是对物流和能流子系统进行调节、控制与优化，并与之共同形成协调的生态建筑系统。同时，信息流子系统还承担着协调生态建筑与人的需求之间的关系，以及生态建筑与自然气候环境之间关系的任务。人对建筑的需求会随季节、时间而不断发生变化，生态建筑系统也应随时适应这种变化，不断进行信息反馈和调整，从而达到资源能源最优化利用的目的。同样，自然气候条件的季节性和每日变化也要求生态建筑系统做出及时的调节，使建筑环境能够以最小的代价从自然中获取最大的利益。为此，生态建筑信息流子系统设计必须首先确定系统控制的目标（也就是解决控制什么的问题），然后再确定采取何种控制手段与技术方案实现控制的目标（即解决如何控制的问题）。

信息流子系统控制的目标主要包括两个方面的内容。一方面是通过对生态建筑物流、能流子系统的控制与调节为人们提供舒适的温度、湿度、光线、通风条件和生活工作中的其他需求；另一方面是通过对生态建筑系统和设备的控制和调节来适应外部自然气候条件和内部使用情况的不断变化。

信息流系统控制技术主要依靠现代信息科技的不断发展和对计算机技术、红外线等传感技术、建筑业高科技产品与技术的广泛应用。各种光感器、温感器、红外线感应器等传感元件与计算机和设备控制系统构成系统网络，对建筑物室内舒适条件、建筑物使用情况和设备运行状况进行信息自动收集和自动控制，各种建筑环境控制设备和部件也应具有很高的自动化程度和调节能力以适应自然气候条件和使用要求的不断变化，使生态建筑真正成为一个"活的生命体"。

2. 信息流子系统的技术原则

根据信息流子系统的基本功能要求，我们提出信息流子系统设计应遵循的技术原则如下：

（1）原则之一：系统应对外部自然气候条件的变化做出及时信息反馈与调整，确保室内环境的舒适和资源、能源优化利用。

（2）原则之二：系统应对人的需求变化和建筑使用情况变化作出及时反馈和调整，在满足人的需求的同时，减少资源能源的浪费。

（3）原则之三：增强建筑设备和建筑物主要部件的智能化程度和自动化程度，为信息流系统控制创造必要的条件。

（4）原则之四：系统应对建筑物室内外的景观要素进行自动控制，使景观要素为室内环境舒适作出尽可能大的贡献。

（5）原则之五：系统应采用系统集成技术和优化控制与管理技术对各信息系统进行系统整合，使生态建筑系统的整体运行达到最佳状态。

11.3　生态建筑技术的设计原则

在生态建筑技术设计中所应遵循的一条重要原则是"技术整合的原则"。所谓技术整合其核心就是将多层次、多方位、多种类的技术进行系统化运用，来共同实现一个"合理的"生态建筑目标。

在生态建筑技术的设计中，首先要确定一个"合理的"目标：即确定人的舒适标准与环境需求。所谓"合理化"是指人的舒适标准不能高于自然与社会经济承受能力，提倡简约化的生活，同时充分发挥人类先天具有的生理适应能力。据有关资料显示，假设地球上的人类都按美国目前平均的生活方式与消费标准生活，必须要有三个地球资源来支持。这显然是不可能的。所以在人的环境需求与舒适标准确定过程中应把握一个"合理化"的尺度。

在生态技术整合中的重要原则是生态技术设计的多层次、多方位、多种类与系统化。所谓多层次是在生态建筑设计从宏观到微观（从城市规划、城市设计到建筑群体与单体设计直至构造设计与材料选择等）不同层次与阶段分别运用与之相应的生态技术方法。多方位是生态技术设计中应充分利用自然与气候、自然景观与人造景观，地形地貌与微气候等各种有利条件。多种类则包含了对阳光、风、水等自然资源利用的各种被动式与主动式方法的集合。系统化就是将上述各项内容纳入生态建筑技术的系统框架中，最终实现生态建筑综合效益最大化的目标。

技术整合的过程也就是对一切可利用（或有价值）的生态技术方法进行综合运用的过程。这里特别要强调发挥多种技术的共同作用（哪怕某一项技术只有1%的贡献率），特别是那些不需要或很少需要资源、能源与资金投入的生态技术手段，从而使生态建筑技术的设计达到最优化的目标。

11.3.1　人的环境需求与舒适标准的确定①

11.3.1.1　人对热环境的反应

人体通过食物的新陈代谢产生热量，这些热量靠对流和辐射（"干"热损失）传递到环境中。当然，当空气或周围表面温度高于皮肤的温度（大约34℃）时，干热交换也可能是正向的（得热）。有些热量通过肺的水分蒸发而损失，并与呼吸率成比例关系，反过来也与新陈代谢率成比例。假如热损失不足以平衡新陈代谢率（特别是当干热交换为正向时），汗就会在皮肤汗腺中出现，而排汗的蒸发能够提供额外的制冷需求。

对流交换有赖于周围的空气温度和空气流速。在室内环境中的辐射交换，有赖于周围表面的平均温度（平均辐射温度）。当然，室外太阳辐射也是辐射得热的主要热源。所有的热交换模式的比率有赖于衣服的特性。

---

① 此处引用的技术数据与研究成果源自《Climate Responsive Building》。

湿度在干热损失中并没有扮演任何角色。它影响从肺中蒸发的比率，但与普通的观念相反，周围的湿度并不会影响汗蒸发的比率，除非在极端条件下。事实上，在高湿度水平时汗蒸发比率不会降低，也许还会增加。其原因是在低湿度的条件下，汗在皮肤毛孔内的蒸发，是通过皮肤表面的一很小的部分进行。当湿度上升、环境的蒸发能力下降时，排汗就扩展到很大的皮肤表面上。通过这种方法所需的蒸发率在更高的湿度条件下能够维持在更大的皮肤表面范围。在高湿度的特定条件下排汗蒸发的制冷效率会下降，因为蒸发潜伏热的一部分是来自于周围空气而不是来自于皮肤。在这种情况下身体会产生并蒸发掉更多的汗（与低湿度相比），从而获得生理上的冷却。

身体热交换的状态也影响着对环境热条件的感觉反应，从而产生一般性的舒服，冷不舒适，热不舒适，以及来自湿润皮肤的不舒适感觉。然而，身体热交换条件和感觉反应之间的关系非常复杂，不适合用一种简单的相互关系来描述。

在人类对热环境的反应方面有两种主要的研究方法能够应用。第一种聚焦于"热舒适"，它由测试者的主观反应来划定，而第二种方法聚焦于对气候因素和物理性行为客观的生理反应，目的是评估热应力的水平。舒适研究通常针对穿着轻质衣服的主体，处于休息或从事坐着工作的状态。对这种方法得出的结论的主要应用是系统的阐述室内气候的数量极限，我们称其为"舒适标准"，用于空调建筑物中，通常为办公和公共建筑。

对热环境的感觉反应包括了冷、一般或地域性的、热感觉，以及（在热、潮湿条件下）来自于皮肤的不舒适。热不舒适和潮湿皮肤的感觉不一定相互关联。

生活在炎热地区并已适应了主导热环境的人们可能更适应较高的温度，并且比生活在寒冷地区的人们遭受更少的热环境影响。

涉及人对热环境反应的生理研究涵盖了人类所能遭遇到的气候条件的整个范围，从极端的寒冷到极端的炎热。对热环境变化主要的生理人体反应是排汗率、心跳率、体内温度，以及皮肤温度。舒适范围被视为在整个热反应范围内一个特定范围。

在休息和坐着工作的条件下，对气候应力的最主要的感觉和生理反应是排汗率，通常以体重损失率的形式测量。

人对热环境的感觉和生理反应在某种程度上是相互关联的。寒冷的感觉与较低的皮肤温度相关联。热感觉，对于休息或坐着的人来讲，也与较高的皮肤温度及高排汗率相关。两种反应都反映出身体较高的热负荷。

1. 热感觉

热感觉，从最冷到最热的总范围，（在舒适研究中）通常依照七个数量级进行分类：
①寒冷；②冷；③微冷；④适中（舒适）；⑤微热；⑥热；⑦炎热。

对感觉热反应的研究证明，一个给定的个体，经过适应以后，在评价他或她的舒适状态或不舒适水平时是完全一致的。人们不仅可以区分前面划分的比例的各种水平，而且能够一致地确定出中间的水平。

2. 冷不舒适

在处理冷不舒适中必须要区分"总的"冷不舒适感觉和"局部的"不舒适（脚、手等）。局部不舒适主要在室外发生，当衣服总的绝热性能合适但在特殊位置不充分，或者身体的一部分暴露出来。局部不舒适也可能在室内出现，例如，当冷空气从大玻璃门或窗上下沉并积聚在地板附近；而上部空气具有较高的温度，脚可能会觉得太冷，但并没有总体上的冷感觉。人坐在靠近玻璃表面的位置时仅在面向玻璃的一边可能会感觉到局部的不舒适。

在主观的冷感觉与皮肤平均温度的生理反应之间存在关联。冷不舒适的"一般"感觉，在稳定状态的气候条件下，为平均皮肤温度低于舒适状态下的最低水平时。对于坐着的人来讲其

经验值是 $32\sim33℃$ 。

在寒冷气候中建筑物中的热舒适包括三个方面：

（1）提供舒适的室内空气和外墙内表面适中的辐射温度。

（2）避免带有方向性的辐射冷却，通常来自大玻璃表面。

（3）防止冷的"穿堂风"：由局部冷空气流产生的不舒适，通常来自于周围窗格之间的缝隙（冷风渗透）。

舒适区的实际水平，特别是冬季，在很大程度上有赖于衣着。通过穿着温暖的衣服，可以明显地降低室内温度而仍保持舒适。夜里可接受的室内温度，在睡眠期间，通常比白天和傍晚几个小时更低。

3. 热不舒适

热不舒适的感觉，在稳定状态的条件下，当平均皮肤温度超过舒适状态下的最高水平时，对于坐着工作的人来讲，大约为 $33\sim34℃$ 。然而，当周围空气温度升高到超过舒适区时，皮肤温度升高的比率远远小于温度降到低于舒适区时下降的比率。其原因是汗的蒸发降低了皮肤温度升高的比例。

4. 可感觉的排汗

热舒适也与皮肤潮湿的中等状态相关联（不存在由湿润皮肤引起的不舒适）。虽然热感觉存在于冷热条件中但出汗的感觉仅存在于舒适区热的一边，与特定的温度、湿度、空气运动、衣着，以及生理活动量相关联。它在湿热气候中特别显著。

这种感觉有两种明显的极限。下极限是当皮肤完全干燥的时候，而上限是当整个身体和衣服都被汗水浸湿的时候。在这两个极限之间有可以完全清晰划分的中间水平。

当蒸发率比汗分泌的速度快很多时，汗在它从皮肤的毛孔中出现时就被蒸发，不会在皮肤上形成水层。皮肤就会感觉"干燥"。

随着排汗率的增加，或者蒸发率的降低，汗会扩散到整个皮肤表面，从而增加蒸发的有效面积。以这种方法身体能够保持蒸发冷却率足以在环境蒸发潜力的很宽范围内保持热平衡。然而主观上潮湿的皮肤仍会引起不舒适，虽然在生理热调节方面它已满足基本的需求。

排汗率是由新陈代谢热产生与通过对流和辐射的热损失之间的平衡所决定的。在湿热条件下排汗的冷却效果降低，因为汗蒸发的一部分是在头发和衣服以上，并且是从周围空气获取能量而不是从身体上获得。排汗率和蒸发就会超过蒸发冷却的需要以补偿冷却效率的降低。

出汗量可以用以下数量级别来表示：

（0）前额和身体完全干燥

（1）皮肤发黏但看不见水分

（2）潮湿可见

（3）前额和身体湿润（汗水覆盖表面，形成水滴）

（4）衣服部分湿润

（5）衣服几乎完全湿润

（6）衣服被浸透

（7）汗水从衣服上掉落

从预测在不同气候条件、衣着和新陈代谢率条件下可感觉的排汗的主观反应数学模型中，可看出皮肤湿润的感觉（根据上述的分类）可以表达为 E/E_{max} 之比率的函数，其中 E 是要求的蒸发冷却，与生理（总新陈代谢和环境）热应力相等，E_{max} 是空气的蒸发能力。

5. 热感觉与感觉排汗之间的关系

这两种不舒适的类型可以同时经历或只经历其中之一。在不同气候类型中一种或另一种不舒适之源会起主要作用。以下的实例将阐明这一情形。

在沙漠中湿度非常低，而风速很高，不舒适就是归因于过热的感觉。皮肤实际上太干燥，尽管排汗量很高。蒸发潜力远远超过了汗分泌的速度，所以汗蒸发是在皮肤毛孔内发生。皮肤的过度干燥本身可能成为不舒适之源。可以通过降低皮肤的风速获得缓和（例如靠关闭洞口），同时，主要靠降低周围的温度。

与沙漠条件相反，湿热地区的不舒适，特别是在静止空气条件下，主要归因于皮肤的过度潮湿。这一地区的空气温度经常低于 26℃，而汗分泌的比率，对于坐着工作的人来讲，也非常低。尽管有很低的排汗率，但由于静止的潮湿空气的蒸发潜力非常低，皮肤还会变得湿润。尽管蒸发潜力更低，生理热平衡仍然保持，因为所要求的蒸发率是通过更大的皮肤潮湿表面获得的。实际上，当空气速度突然增加，寒冷的感觉也可能与潮湿的皮肤的不舒适相伴直到皮肤被充分干燥。

要缓和由皮肤潮湿引起的不舒适的最佳方法（在不除湿的情况下）是通过保持足够高的空气速度，从而使所要求的蒸发能够在较小的潮湿皮肤表面获取。另一种选择是穿着更加通透的衣服（或脱去大部分衣服，如同在海滨所见）。

当然，在许多气候条件下，热不舒适是由热感觉和可感觉的排汗相结合的作用而产生的。较高的室内空气速度能够非常有效地缓和不舒适感，特别是当空气温度低于 33℃ 的情况下。

6. 生理热应力（排汗率）与热感觉之间的相互关系

在热舒适范围的热的一边，排汗率（代表生理应力）和热的感觉两者都是对温度、湿度以及空气速度变化的反应。然而生理和感觉反应在模式上有本质的差别。生理上对高温的反应几乎是直线型上升到可容忍的上限水平，大约为 50℃。另一方面，区分不舒适"水平"差异之间的主观能力，特别是在习惯的比例上，却不是线型的。

11.3.1.2　气候和其他因素对热舒适的影响

如前所述，热不舒适可能包括两个不同的感觉：热的感觉和出汗的感觉。这两种感觉分别受到温度、湿度和风速的不同影响。这些气候元素的影响很大程度上有赖于衣着和生理活动。这些因素中每一种在数量上的影响都依赖于其他因素的水平，所以生理和感觉影响之间具有很强的相互关系。

1. 环境（空气和辐射）温度

空气温度决定皮肤与周围空气之间的对流热交换。在室内环境中平均皮肤温度大约是 33~34℃。空气温度较低时身体会失去热量，而温度较高时会通过对流而得热。对流热交换的比率有赖于空气速度（基本与速度的平方根成比例关系）。它也受到衣服隔热值的极大影响。

周围的平均辐射温度（实际为周围表面的平均温度）决定着皮肤与环境之间的辐射热交换，与空气温度对于对流热交换的影响相似。

建筑物内部的热不舒适主要与环境温度和身体周围的空气速度相关。环境温度表达了空气温度和周围平均辐射温度的共同影响。当空气和平均辐射温度不同时，可以采用球形温度（由球形温度计测得）对环境温度进行恰当的测量。

环境温度对舒适的作用是直接的：升高的温度总会引起热感觉方面相应的变化。湿度条件和空气速度会修正温度影响的数量但不会改变其方向。

2. 湿度对舒适的影响

湿度对人体热平衡和对舒适的影响非常复杂。湿度并不能直接影响热平衡和感觉或生理对热环境的反应，除了在肺里的蒸发以外。湿度所扮演的角色是其对环境蒸发潜力的影响以及身体对蒸发潜力改变的适应方法。空气的蒸发能力（E_{max}）是空气湿度（水蒸气压力）和气流速度的函数。

当干热损失（如肺内蒸发）不足以平衡新陈代谢产热时，身体会通过汗腺蒸发得到所需的额外的降温。因为干热变化是空气和辐射温度及空气速度的函数，这些气候元素的任何变化都会直接影响所要求的蒸发降温——人体对热的感觉和生理热控制机理。

过低的湿度也会引起刺激：皮肤变得太干燥并可能会出现皮肤表皮的开裂（例如嘴唇）。在高湿度的水平下其对人体舒适和生理的影响是间接的，通过其对空气蒸发能力的影响。较高的湿度会使皮肤上一给定的表面范围减低蒸发冷却的潜力，但是身体能够依据这种减少而通过扩大皮肤排汗范围来增加皮肤表面蒸发的部分。这种生理控制机理的结果是使同样的汗蒸发量和蒸发冷却量能够在广泛的湿度范围内取得。

需要认识到皮肤湿润的增加，从生理上讲，是对低蒸发潜力或对需要更高的蒸发冷却的被动适应。然而，主观上，它会引起不舒适。这种不舒适的程度部分依赖于衣着：一个在海滩浴室单元的人在皮肤处于潮湿程度时并不会觉得不舒适，而同样的潮湿程度施加于一商业单元时就会觉得非常不舒服。

3. 空气速度对舒适的影响

确定一个"可接受的"气流速度的标准对于居住建筑和办公建筑来讲可能是不同的。ASHRAE（美国采暖、制冷与工程协会）指南规定了室内气流速度的上限值 0.8m/s（160ft/min），推测上能产生将纸吹飞起来或能够感觉到来自通风系统通风口的冷空气流的冷风。然而，在自然通风的居住建筑中，气流速度的极限可以基于其对舒适的影响。

气流速度对舒适的影响有赖于环境温度和湿度，以及衣着。当温度低于大约 33℃ 时，增加空气的速度能降低热感觉，这归因于来自身体的较高的对流热损失和皮肤温度降低。当温度介于 33~37℃ 之间时，空气速度不会明显地影响热的感觉，虽然它可能会明显地对过度皮肤潮湿产生影响。当温度超过 37℃，增加的空气速度实际上会增加热的感觉，虽然它仍能减轻皮肤潮湿。

若要减轻因皮肤潮湿造成的不舒适，在没有除湿器的情况下，可以通过在身体周围保持足够高的空气速度而有效获得，这样所需的蒸发能够在皮肤较小的潮湿范围内获得。另一种方法是穿着更加透气的服装（或脱去大部分衣服，像在海滨那样）。

1988 年亚利桑那州立大学研究了气流速度对舒适的影响，在三种温度数值但具有同样的31℃"有效温度"的情况下。三种温、湿度结合：干球温度，湿球温度和含水率分别是 31℃、23.3℃、14.5%，32℃、21.7℃、12%，和 33℃、20.6℃、11%。气流速度是由摇头风扇产生，所以距风扇的不同距离就会产生不同的风速，其最大风速分别是 0.25m/s、0.5m/s、1.0m/s 和1.5m/s（50fpm、100fpm、200fpm 和 300fpm）。静止的空气大约是 0.1m/s（20fpm），没有使用风扇，作为一种控制。

有 93 个实验者穿着轻质的夏季服装，所有的人都能适应亚利桑那州干热的夏季气候，参与这项研究的和所有实验者都被要求参与这四种气流速度的测试。热感觉采用 1~9 级别进行记录（1=非常冷，5=舒适，9=非常热）。选择 4（微冷）和 6（微热）之间的范围可以考虑作为设计自然通风建筑物（无空调）可接受的条件。表 11-1 概括了不同测试条件下的平均热感觉。

不同测试条件下的平均热感觉　　　表 11-1

不同测试条件下的平均热感觉　　　表 11-1

速度（m/s）	DBT/WBT/H. R. （gr/kg）		
	31/23. 3/14. 5	32/21. 7/12	33/20. 6/11
0. 1	7. 2±0. 61	7. 1±1. 10	6. 6±2. 20
0. 25	6. 4±0. 97	6. 1±1. 10	6. 2±1. 00
0. 5	6. 4±0. 91	5. 8±1. 00	6. 0±0. 84
1. 0	5. 9±0. 84	5. 7±1. 10	5. 7±1. 00
1. 5	5. 8±0. 87	5. 5±0. 98	5. 6±0. 96

（来源：《Energy Conscious Design》，P177）

图 11 - 8 舒适作为空气速度的函数

（来源：《Energy Conscious Design》，P122）

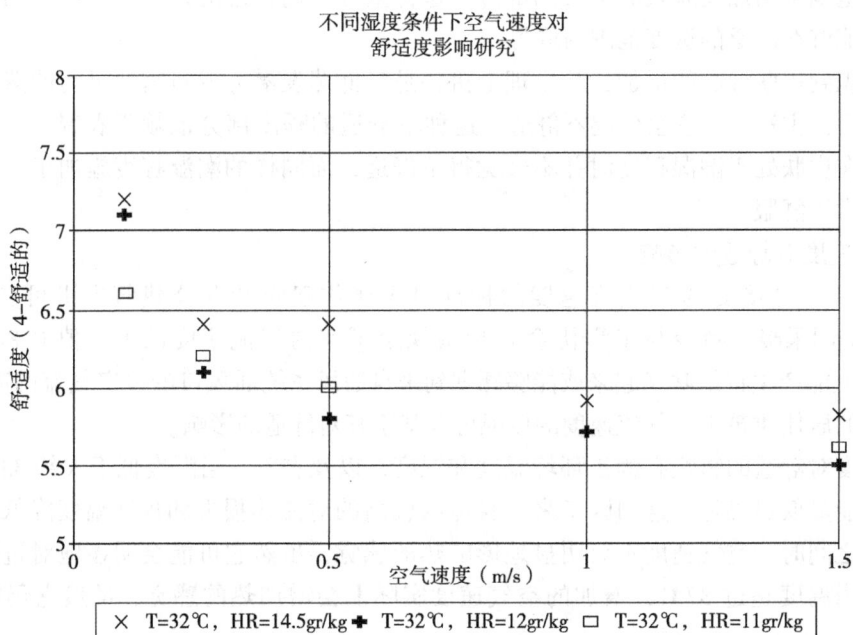

不同湿度条件下空气速度对舒适度影响研究

× T=32℃，HR=14.5gr/kg ╬ T=32℃，HR=12gr/kg □ T=32℃，HR=11gr/kg

图 11-8 阐明了舒适数据作为气流速度的函数，显示了气流速度增高具有减轻不舒适的作用。它同时也间接证明了温度和绝对湿度对舒适的相关影响。相一致的是，在 31℃ 和 14.5gr/kg 的含湿量情况下，实验者会觉得比 32~33℃ 的更高温度但具更低湿度的条件更少舒适感。在静风条件下 （0.1m/s，20fpm） 湿度比温度具有更大的影响，但在气流速度高于 0.25m/s （50fpm） 时，32℃ 和 12gr/hr （0.012lb/lb） 会比 33℃ 和 11gr/hr （0.011lb/lb） 经验更少的不舒适。

在所有温度和湿度的三种组合中，增加气流速度能够有效地减轻热感觉。

在居住建筑中，空气运动一般不会像在办公室中那样成为问题，大约 2m/s （400fpm） 的气流速度是完全可以接受的。因此可以建议在 2m/s 的室内气流速度条件下舒适区范围可以扩展到大约 30℃。对于发展中国家的人们能够适应炎热的气候，其建议的温度上限在 2m/s （400fpm） 气流速度条件下可以更高，大约 32℃。

4. 热适应的作用

人们对热环境的适应程度直接影响到人们对热不舒适感觉的反应程度，例如当一个居住在寒冷地区的人到炎热地区，他会比长期居住在这地区的人感受到更大的热损害。

研究表明，大多数人的热适应周期一般为两星期，其热耐受性的主要表现形式就是习惯于更高的排汗率，以及较低的体内温度和心跳率。

（1）热适应性对热不舒适的作用

大量的研究表明，居住在炎热地区的人们更愿意接受比温带地区的人们所接受的更高的温度，这就说明舒适标准是相对的标准，并且可以作适当的调查。

（2）对白天和夜晚适应条件的考察

在建筑设计方面，保证白天的舒适条件或是夜晚的舒适条件有时会存在冲突。例如，通过提供较高的室内蓄热体和良好的外表绝热层会使白天的室温降低，但同样的设计会引起夜晚室内温度的升高，当发生上述的冲突时，就必须了解白天的热不舒适或晚上的热不舒适对人的心理产生的影响。当然，在大多数情况下，上述矛盾是可以得到解决的。

从心理学的观点看，夜晚的热舒适比白天的热舒适更加重要，当人在晚上能得到良好的休息后，其白天的热承受能力就会不断提高，白天的身体疲劳会在夜间恢复，反之，其身体的疲劳就会不断积累，并在整个夏季引起更为严重的后果。

11.3.1.3　舒适区——室内热环境和光环境的要求

1. 热舒适

对于人们来说建筑物也是环境。在办公环境中，生产力水平是很重要的，而所有的步骤都是为了取得最佳的周围条件和热舒适。

热舒适是当居住者觉得他周围的温度、湿度、空气运动以及热辐射都非常理想而不需要房间空气更热或更冷、更干或更湿的情况下获得的。

房间内的热舒适和空气质量受以下因素影响：

（1）使用者

　　1）活动量；

　　2）衣着；

　　3）房间内花费的时间；

　　4）热和化学浓度；

　　5）使用人数。

（2）房间本身

　　1）表面温度；

　　2）空气温度分布；

　　3）热源；

　　4）污染源。

（3）通风和空调系统

　　1）空气温度；

　　2）空气速度；

　　3）空气湿度；

　　4）换气率；

　　5）空气纯净度；

　　6）空气分布。

空调系统影响建筑物的空气温度、空气速度和相对湿度。建筑物的设计和形式必须能够防止直接太阳辐射，因为通风和空调系统对它无法发挥影响。

影响人的生理与心理舒适的其他重要因素包括声学和光学系统以及房间中的色彩。在人们花费时间较长的区域，人们还必须将空气温度 t_{ou} 与周围表面的辐射温度 t_c 相结合的比率考虑进去。局部温度可以被称为感觉温度 t_0，它在过去没有受到足够的重视。房间的感觉温度可以用下述近似公式计算：

$$t_0 = 0.5 \ (t_{ou} + t_c)$$

感觉温度必须在地板以上 0.1m、1.1m 和 1.7m 的标高计算，如此表面温度和表面系数根据其所属的日照区域，在计算局部辐射温度时成为重要成分。

垂直温度系数是有关热舒适的另外一个重要因素。这一系数在房间高度方向每米不能超过 2K。在地板以上 0.1m 处的房间温度一定不能超过 21℃，否则会感觉不舒适（在脚踝点的热要求）。由于周围表面不均匀的温度造成人体的一边过热或过冷也会引起热不舒适。

房间中的空气流动应保持最大以确保房间空气与进入空气有效交换和最大效力，同时排出污染的和有味的空气。当它被用于清除自然通风房间或通风系统污染物时，通风效率就成为一个关键的因素。

室外空气流的计算，必须与房间内的空气质量取得平衡，根据使用房间的人数、房间的表面，或空间中呈现的空气污染程度。污染可以划分为在生产环境中产生的污染和其他的污染，或划分成工业污染物的污染或气味。必要的室外空气流动率为：

（1）对于办公室大约每人 40~60m³/h；

（2）对于会客室大约每人 20 m³/h；

（3）对于教室大约每人 20~30 m³/h；

（4）对于公共区域大约每人 20~30 m³/h。

2. 视觉舒适

视觉舒适存在于当人的大脑的知觉能力不受任何干扰的情况下。房间中不正确的光强分布、眩光、较差的色彩搭配，以及不适当的室内设计都会抑制知觉。另一方面，当知觉无法抑制时，眼睛的基本感觉，诸如视力、速度以及对比的敏感度，都是最佳的。最佳的工作条件可以通过在工作环境中和谐的光线强度来获得（周围的光线强度），首先是在工作状态（室内区域的光线强度）的光线强度条件。在工作位置的稳定知觉领域对于视力尤为重要（例如，在 PC 机前的工作状态），所以必须将对比感觉能力作为一个判断标准。

视觉舒适也有赖于在视觉聚焦区域内的充足的光线和对直接间接眩光的避开，或者天然光产生的眩光。光线的颜色和温度也是另一个判断标准。光线的色度确定这一光线投射方向颜色的类型，从一般照明目的上可以划分为三组：

（1）色温低于 3300K（暗白色的光线）；

（2）色温在 3300~5000K（中等白色的光线）；

（3）色温在 5000K 以上（天然光一类的白色光线）。

色温低于 3300K 的光线一般由白炽灯、卤素灯、荧光灯和带有较高的红色光线的放电灯产生。色温范围在 3300~5000K 的光线是由日光型荧光灯管和电子放电灯产生。色温在 5000K 以上的光线是由特制的荧光灯和电子放电灯产生。白炽灯和卤素灯一般在低的光线强度中是可以接受的。更高强度（例如在办公室或陈列室）则需要含有更大量蓝色成分的白色色调的灯提供（色温大约 4000K）。

视觉舒适不仅包括了光线、颜色和强度，还包括充足的阴影（增加目标和表面的可塑性和三维空间性）。阴影可以依据圆柱体和水平的照度之间的关系来评估。

11.3.2 与气候相适应的建筑设计一般原则

11.3.2.1 建筑物外部空间环境

1. 气候条件

一般在热带和亚热带地区白天气温高得令人很不舒适，尤其在热季和低纬度地区。然而地区之间的差异也是很大的，这主要决定于其与赤道的距离和海拔高度。

空气湿度也具有重要的意义，它影响着降雨的模式和太阳辐射（达到地球表面）的多少。云层覆盖的影响是很明显的，但是大气中不可见的湿气也改变着辐射的数量。干燥的空气中辐射是强烈和直接的，而湿空气会使强度减弱，但同时也使夜间向天空的再辐射（长波散热）量减少。

2. 设计目标

按照气候进行设计的主要目标是在最少并最有效地利用人工能源的前提下提供舒适的生活条件。这样也可以减少维修和运行费用及其经济损失。

以上所述的是热带和亚热带气候条件的基本框架。对于每一具体的气候区应进行调查，因为各地区的主导气候因素非常不同。所以变化的气候类型需要不同的解决方法。

3. 总体规划

在进行总体规划时许多不同的因素应该考虑。交通工具与道路、水系统、水源供应，可获得的材料和技术手段，基础设施，社会结构及防御方面的考虑等。

从对有害气候及危险的保护的一般性目标观点出发，下列主要标准应给予考虑：

（1）地形、地貌、植被及其对微气候变化方面作用。

（2）朝向，用以优化太阳和风的影响。

（3）风，以获得所需要的通风。

（4）布局与形式，优化它们与建筑物之间的相互影响。

（5）危险，出于安全原因。

4. 地形位置的选择

在选择用地位置的时候，由不同场地地形和地貌特征所引起的微气候方面的利益应给予考虑。

（1）位于山谷中、斜坡和小丘上时

一般而言，平坦的位置是最佳的，高海拔地区会出现较低的温度。海拔高度相差100m，其平均温度就会减小1℃。

（2）阳光——朝向

定居点位于北向坡地是非常好的位置，它可以避免过度的阳光曝晒（利用自然阴影），西向坡应避免利用，在高纬度地区南向坡是非常可取的，可利用其进行被动式采暖。

从地形学的角度来看，山谷底部由于有来自周围斜坡上的太阳辐射反射而被进一步加热。

（3）风——朝向

位于山谷底部的场地是不利的，空气运动在高处会更好。山谷一般只有较低的风速，所以降低了其制冷效果。

（4）空气污染

场地位于山谷更进一步的不利影响是会引起空气污染，特别是有污染的工业与不良的空气流动相结合时。

在一定条件下，山谷中的空气流动可能会因倒置现象而减小，当相对较冷的空气层聚集在山谷底部时就会发生。假如没有具有动力的盛行风，这些冷空气不可能被替换，因为这种现象阻止了依靠热风的空气流动。由于这种静止的空气凹槽的影响，其中空气污染的危害会增加。

（5）靠近水体和绿地的位置

如果可能，建筑用地应设置在靠近大面积水体，诸如湖面的地方——最好是在下风向一边——和绿地边。水体对气候具有稳定作用，因为水体的温度接近一天的平均温度。由于水体所具有的很大的蓄热能力，它可以吸收白天多余的热量并减小晚间的降温。由于其所引起陆地与水面的温差会产生热风，白天风吹向陆地而在夜里吹向水面。绿地依靠阴影和蒸发可以产生降温的作用。

5. 危险

（1）洪水和滑坡

山谷对建筑的威胁是引起洪水和滑坡的危险。虽然很少发生，但在干旱地区急剧降水的发生，会引起急流般的洪流并伴随大量的泥土、砂石和巨石。

（2）风

在多数地区，强烈的风需要可靠的结构。某些地区由飓风和砂暴造成的危害应给予特别的注意。

（3）地震

尽管考虑气候设计的主题中并不包括地震，但居住用地位置的选择应对可能发生的地震危险给予考察并提供安全的结构。它们可能与传统设计或适合于气候的结构要求相矛盾。

6. 都市空间

都市形式主要决定于气候并且随每一气候的不同而设计。最基本的关系是靠相互协调的方法提供遮阳和空气流动。都市形式本身不可能改变地区气候，但却能够改善城市微气候并改进建筑物及其用户的舒适条件。

在传统居住区室外空间中气候的影响在以下实例中得到很好的体现：

干旱气候条件下的居住区，其特征主要是由建筑物相互提供阴影以最有效地防止太阳辐射所形成的，由此而产生了密集型的布局，狭窄的街道和小型广场靠很高的植物提供遮阳。

湿热地区的居住区其布局是要最大限度地利用盛行风。建筑物布置分散，植物布置要提供最大范围的阴影同时不能影响自然通风。

虽然现代要求常与传统模式产生矛盾，但传统的优势应尽可能利用。

7. 建筑物室外空间①

在任何建筑物及其技术装置的设计中，其周围或室外空间都特别重要并必须作为设计阶段的基本部分进行考虑。室外空间——由空气、土地、水和植物组成——在减少机械设备的使用从而节约能源和运行费用方面具有充足的可能性。作为采暖和制冷供应方面的一个主要因素，它形成了作为未来建筑物所希望的这种综合性生态思想的一个组成部分。

（1）风

新鲜空气是开发生态理念的一个重要的起点，这是因为它潜在的风引力和浮力以及风中蕴含的能量。

1）建筑物附近风引导的空气流动原理

按近地面的风为阵风性的：其风速和风向具有趋向大空间和瞬时变化的特性。通常这些风是以高湍流的气流区域为特色，并且可以利用基于时间的风速向量和基于时间的空间每个点的静压力来描述。这些数值看上去似乎是随机的，因此很难用于计算自然通风。如此，将气流区域分离开以利于计算和某些问题的描述是可以接受的和必要的。这样它就处理成一个以时间平均的气流区域和一个基于时间的具有波动偏差的区域相叠加。

----

① 此处引用的实验成果与插图源自《The Technology of Ecological Building》。

A —— 153m
B —— 64m
C —— 12m

$W=\overline{W}-W'$

风速（m/s）

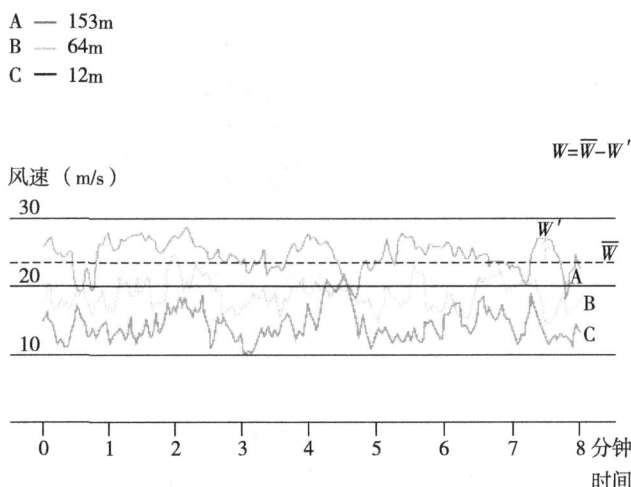

30

20

10

0　1　2　3　4　5　6　7　8 分钟
时间

图 11-9　在三种不同高度风速测试的时间曲线
（来源：《The Technology of Ecological Building》，P48）

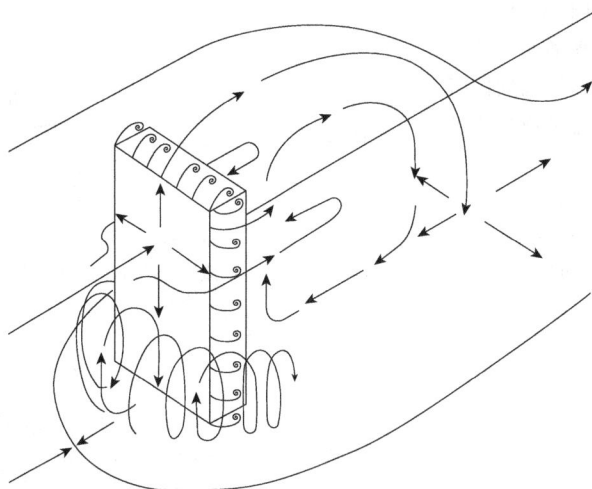

图 11-10　靠近建筑物的湍流气流区域具有非常复杂的结构（很难计算）
（来源：《The Technology of Ecological Building》，P49）

图 11-9 描述了在几分钟内变化的高度上所记录的风速。时间平均值 $\overline{W}$ 和平均值（W'）的时间偏差都被打印在曲线上。在这种分离手段的帮助下，就可以正确突出建筑物周围的一些空气动力学问题，利用风速和风向的平均值和湍流强度。

图 11-10 显示了一个建筑物附近气流区域的实例。图 11-11 从另一方面，将建筑物附近的气流域划分成四个区域，根据这些在风洞中对一机翼剖面或一建筑模型进行气流动力学的实验。这四个区域包括：

A. 无阻挡的气流，它可以用潜能理论的方法进行计算（假设没有任何摩擦影响）；

B. 靠近实体墙的边界层，在这种情况下，人们可以应用边界层理论进行风速分布（断面）的计算；

C. 再循环区域，其范围和结构已经根据经验的方法利用一些几何学原理进行研究（考虑数学的结果在计算这种类型的气流中是必需的）；

D. 自由剪切层，从再循环区域分离未受干扰的周围空气。

箭头代表的是在一给定时间内平均的气流区域的流线。流线在任何给定位置和任何时间情况下都总是指向与气候平行的方向。

在机翼剖面周围空气流动的实例中，气流实际的路线通过划定一即时计算的区域被充分地指明，当应用到建筑物上时，同样的方法可能会引出完全错误的结果。这种偏离的产生在于时间框架包含在了风流过程中。要获得一种稳定的流线图像，人们必须在几分钟的时间内捕捉和评价气流。例如大量的风指示旗安放在建筑物附近，人们必须要利用接近一小时的暴露时间来获得一种可重复的图像。作为例证，图 11-11 包含了一种模拟的图像，它就像一台照相机跟随着主导气流进行记录。

2）自然风（靠近地面处）

空气在大气层中的运动是太阳辐射的结果。在赤道，地球的表面温度最高，被加热的空气上升到大约 18km 高的对流顶层并开始向两极流动。到达赤道的北边和南边，空气再次开始冷却，下沉到地面。在被称为无风带（大约 30°的纬度）的周围，副热带高气压带形成，从这里空气在接近地面层流回到赤道低气压带（图 11-12）。

图 11-11 机
翼剖面或建筑
物模型周围气
流区域分析的
对比

(来源:《The Tech-
nology of Ecological
Building》, P49)

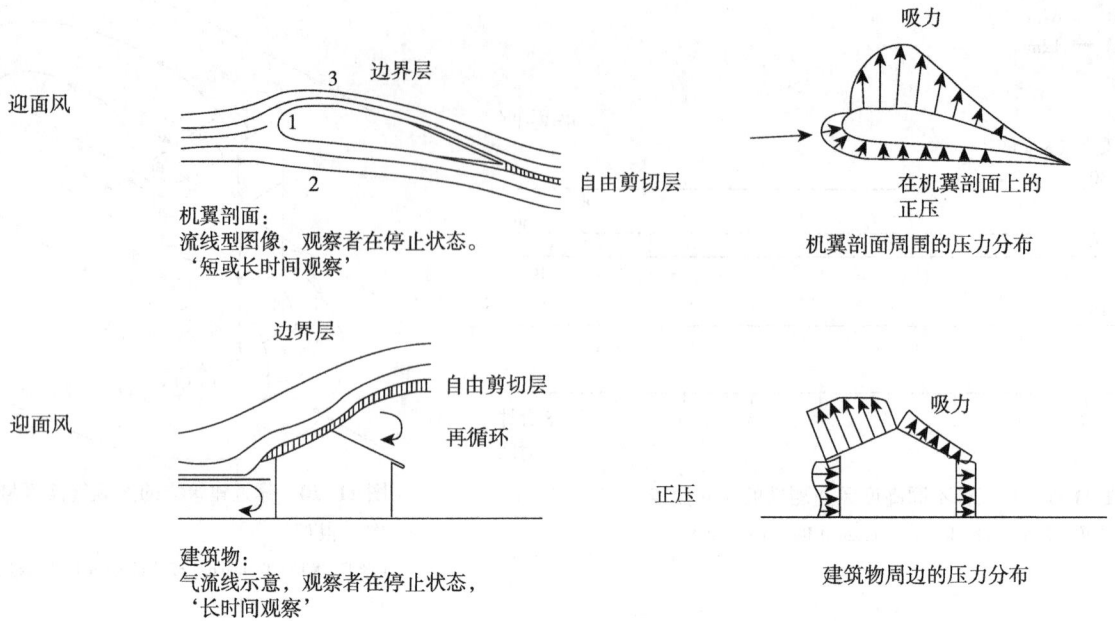

迎面风

3 边界层

机翼剖面:
流线型图像,观察者在停止状态。
'短或长时间观察'

自由剪切层

吸力

在机翼剖面上的
正压

机翼剖面周围的压力分布

迎面风

边界层

自由剪切层

再循环

建筑物:
气流线示意,观察者在停止状态,
'长时间观察'

正压

吸力

建筑物周边的压力分布

∞:主导气流;

1:停滞点:

2:减速气流:

3:加速气流;

柏努利定理适用于:

$$p_\infty + \frac{P}{2} \cdot W_\infty^2 = 恒量$$

沿着流线

气流到达停滞点.
最大压力

$$p_1 = p_\infty + \frac{P}{2} \cdot W_\infty^2$$

$W_2 < W_\infty$.
与周围环境相比
为正压

$$p_2 = p_1 - \frac{P}{2} \cdot W_2^2$$

$W_3 < W_\infty$.
与周围环境相比
为负压

$$p_3 = p_1 - \frac{P}{2} \cdot W_3^2$$

图 11-12 太
阳辐射变化产
生地球表面温
度变化,其结
果产生空气运
动的不同

(来源:《The Tech-
nology of Ecological
Building》, P50)

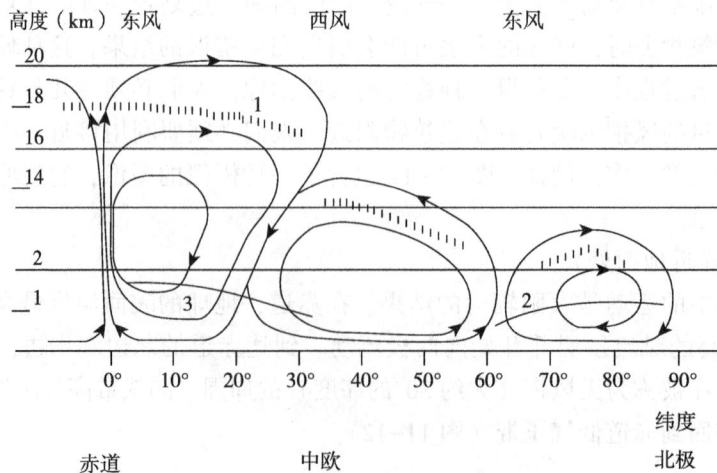

空气在大气层的运动是由压力差驱动，不仅跟随空气压力梯度的方向，它们也受到地球自转偏向力的影响。由于地球转动的影响，它驱动空气沿着南北轴向北半球的右边流动。这样，地转风大约与等压线平行，沿着它的曲线空气压力是稳定的。这种梯度风并不受地表面的直接影响（图11-13）。

可预言的最大风速是风速频率分布的一个结果。在这里，地区与地区之间存在相当大的偏差。据统计，地转风每50年内可达到50m/s的风速，有记录的风速甚至超过100m/s。

3）大气层边界层

通过接近地面，风速会由于表面的摩擦力而降低，同时气流会由于使其破裂的表面干扰而增加。降低出现的边界层有300～1000m厚，其特点是活跃的和垂直的空气能量与能量交换（图11-14）。其摩擦力、惯性、浮力和压力在边界层的综合影响创造了一种复杂的涡流结构，并且出于实际原因，只能通过统计学的方法来描述。

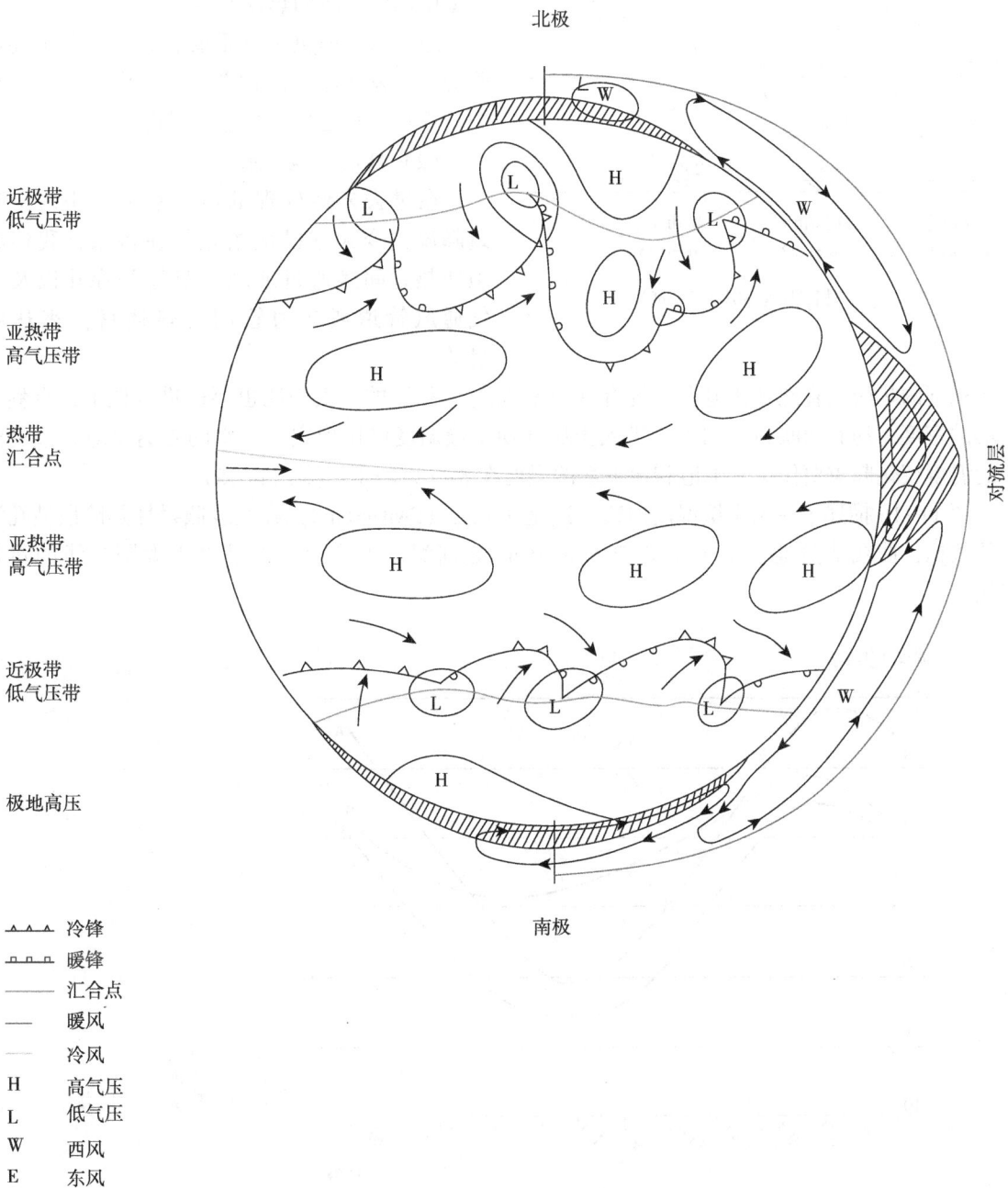

图11-13 典型地表面区域风产生的全球循环模式

（来源：《The Technology of Ecological Building》，P50)

北极

近极带低气压带

亚热带高气压带

热带汇合点

亚热带高气压带

近极带低气压带

极地高压

对流层

南极

冷锋

暖锋

汇合点

暖风

冷风

H　高气压

L　低气压

W　西风

E　东风

海拔高度（m）

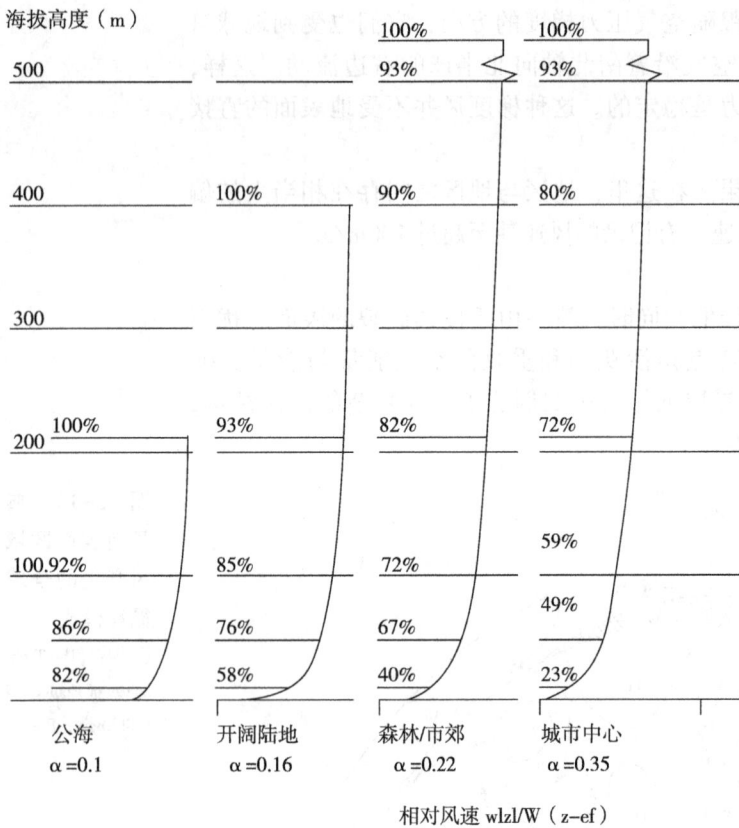

| | 100% | 100% |
| 500 | 93% | 93% |

| | | 100% | 90% | 80% |
| 400 | | | | |

| 300 | | | | |

| | 100% | 93% | 82% | 72% |
| 200 | | | | |

| | | | | 59% |

| 100,92% | 85% | 72% | 49% |

| 86% | 76% | 67% | |

| 82% | 58% | 40% | 23% |

| 公海 | 开阔陆地 | 森林/市郊 | 城市中心 |
| α=0.1 | α=0.16 | α=0.22 | α=0.35 |

相对风速 wlzl/W（z−ef）

4）局地景观对风的影响

景观因素及其相互的结合，诸如海岸和滨岸、山丘、高山与峡谷，城市与乡村都会以许多方式影响风系统，而这里所提到的实例只能涉及很少的几个。

当全球气候系统只能产生很弱的风时，由热引起的局地风系统可以开发。通过对流，大地与海面风可以根据其来自发源地的方向而命名。假如水面上的空气比陆地上的空气更热时，大地风会在晴朗的夜里出现。

下降风和下降的气流（山和谷的微风）是由太阳辐射造成的热差产生的。

地面的粗糙也特别重要，它会引起上述经验的垂直风速轮廓的偏差。空气温度在大气层中的垂直分布是另一个重要因素。

（2）地面与地下水

在过去未经处理的地下水可以用来给建筑降温，今天这已被禁止。在将来，我们必须使热量间接通过地埋式盘管和穿孔以及空气通风管道或热力管网（热迷宫）来达到目的。

图 11-14 风速随海拔高度或比例增加。建筑环境上部速度降低，边界层在更高的高度开始
（来源：《The Technology of Ecological Building》，P51）

地下的热能竖直地到达地表（约有 0.08W/m² ），相反的，太阳能也穿透进入地下，有赖于土壤的密度，约有 70% 以上的光线进入土壤并使土壤温度保持稳定，雨水的渗透也对土壤缝隙中的温度变化起重要作用，土地和地下水的温度在 8～12℃ 之间（图 11-15）。

图 11-16 描述了一条土壤温度曲线，这是在 Elgg（Switzerland）在光线照射加热阶段钻孔测得的数据，曲线清楚地显示了距离地表 0～10m 之间温度的变化，这是由于太阳光线的热量使然。

温度（℃）

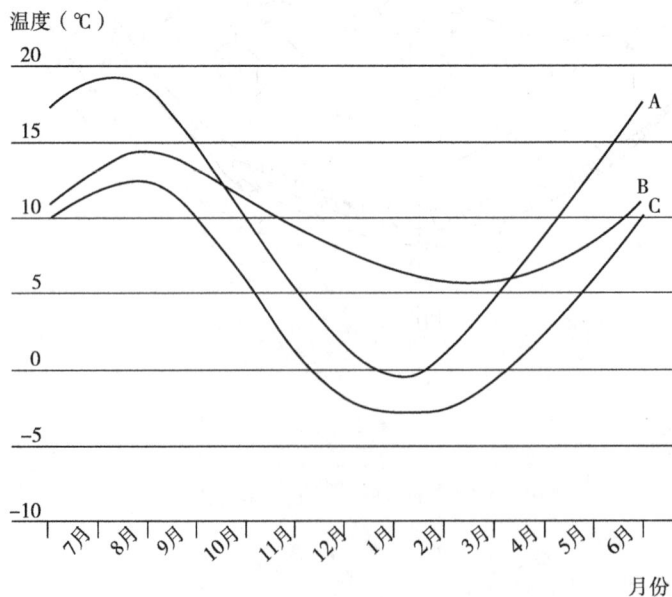

A —— 空气
B —— 未扰动土壤
C —— 热量散发的土壤

月份

图 11-15 在 1.5m 深处的土层温度与空气温度的近似变化过程
（来源：《The Technology of Ecological Building》，P55）

热量进入土壤和在其中的停留是由土壤的密度、特定的蓄热能力和热传导系数决定的，较低的土壤温度可以直接用来给建筑降温，而要获得热量则需要附属的热泵系统。

（3）雨水和地表水

新鲜的水是我们最为宝贵的资源，没有什么可以代替它，水的供应包括相当规模的生产和在严格卫生质量控制下提供给消费者的市场销售，但我们没有意识到这宝贵的水资源正在我们的厕所中白白流走（约占33%），清洗、洗车以及浇灌都消耗大量的饮用水，图11-17 显示了家庭对水的各种需求及需要饮用水的用途领域以及可以用雨水的地方。换句话说约50%的用饮用水的地方可以用雨水来代替，只有3%的饮用水真正用于食物的制作及消耗，雨水用于洗衣被认为是安全、卫生的，而且不需添加那么多清洁剂，因为雨水一般比那些经过杀菌处理的水更安全。于是，只剩下准备食物、洗碗和个人卫生需要饮用水（约占44%），而其他的用水地方均可用雨水代替。

图 11-16　土壤温度变化剖面曲线图（左）（来源：《The Technology of Ecological Building》，P55）

图 11-17　私家住房中的水需求：有 56% 的用水可以由雨水代替（右）（来源：《The Technology of Ecological Building》，P56）

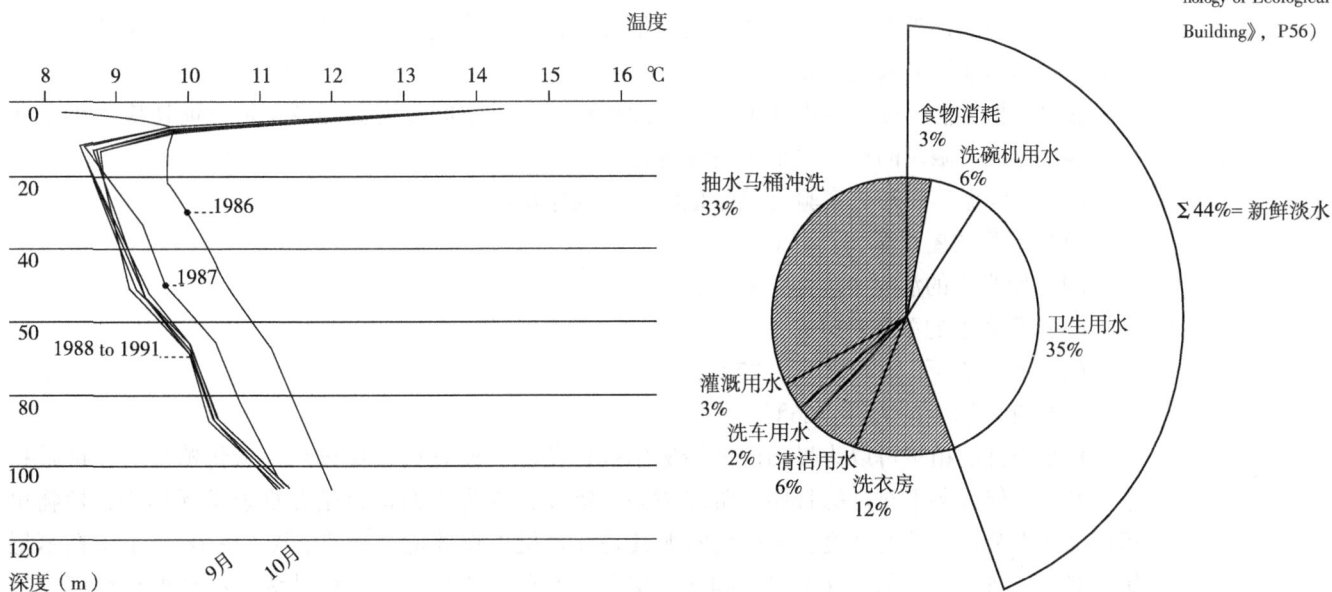

靠近建筑物的水面可以改善建筑的微气候，适当面积的小湖泊或大的水洼都是适当的环境构成，它们可以使建筑物周围凉爽。

利用水及废水的一个成功的例子是在柏林 Kreuzberg 地区。在 20 世纪 80 年代，作为国际建筑展览（IBA）的一个组成部分，Okolnc 设计并建成了一个称为"6 街区——水资源综合理念"的项目，首先是满足了这一地区分散的水网供应，并节省了饮用水资源约50%，对该地区水资源管理提供了一条新的生态尝试。

小区中 106 套公寓都安装了节水的抽水马桶，冲马桶的水量有4L 和6L 两种，卫生装置都设置了水流调节器，冷热水供应都安装有水表以记录消耗，更进一步的是，热水泵的安装可以利用再循环的废弃热水的热量回收以加热新的供应水。废水在水处理厂经过处理（它位于小区的中心绿地）后，可用于冲厕所和浇灌建筑周围的绿地，生态水处理厂四周有雨水集水池收集，建筑物上留下的雨水及水厂屋顶上的雨水用于孩子嬉水游泳，多余的雨水和处理后的废水渗透到地下形成地下水。

8. 在景观布置中对植物的利用

在都市环境中利用植物的设计具有功能性的，美学的以及气候方面的重要性，因为它能够形成吸收太阳辐射的表面，以及其具有的蒸发和遮阳方面的性质。在城市中和周围的植物也具

645

有引导空气流动的作用。

在提供树荫，从而在阴影范围内降低温度，以及减少强烈太阳辐射作用于建筑物墙面和结构方面，植物都是人们所喜欢的，另外，靠树叶形成很厚的屏障，强烈的风速也可以降低。不同类型树木的树叶通过阻挡尘土也能起到过滤和净化大气的作用。

利用植物的景观设计具有许多优点：

（1）它能改善室内外的微气候；

（2）在干旱地区它能控制（减缓）干热并带灰尘的风；

（3）通过树叶的蒸发使温度降低；

（4）它的遮挡降低了白天的温度而在晚上通过散热从而进一步降温，使温度的平衡进一步改善；

（5）它能平衡湿度，在降水过程中大部分多余的水分被吸收而在干旱期间水又被蒸发。

植物长期扮演着廉价的节约能源角色，无论从财政或是经济角度来说。

在干旱地区伴随有限的水资源，耗水量大的植物不太适合，但是植物因其具有调节当地条件的作用而总能够被人们喜爱。

总之，植物能够提高室内外生活空间的价值。室外空间变得更加有价值并能适应一种变化的功能，这在受限制的空间中是无法做到的。

植物的降温作用通过实验（热带地区）得到体现：

（1）曝晒的屋顶温度：43℃；

（2）阳光下的混凝土表面：35℃；

（3）阳光下的草地：31℃；

（4）在阴影下的树叶表面：27℃；

（5）在阴影下的短草：26℃。

仔细设计的植被可以为曝晒的外墙遮阳提供荫凉，使它们避免过热，绿化植物应保证是秋季落叶树，保证冬季充足的日照，常绿树并不需要，因为它们也只是在夏季发挥作用，植物也可以减少办公室外墙的亮度，对办公室尤其是计算机工作环境有必要。图11-18显示了在慕尼黑的联邦储备银行总部，这座建筑物建于交通繁忙的大街边，建筑师认为，高高的玻璃墙可以阻碍噪声污染，其内院设计或浓密的绿化，不仅提供了一个小气候环境，更重要的是，为工作在其中的员工创造一个过渡空间。树木、灌木和地被植物围绕着一个小巧玲珑的亭子形成一个小气候环境，为建筑内部提供了一片天然荫凉（图11-19）。小亭子的基础为桩基，以免破坏建筑的基础及其有80年树龄的大树。

图11-18 慕尼黑的联邦储备银行总部轴测图与内院景观
（来源：《The Technology of Ecological Building》，P59）

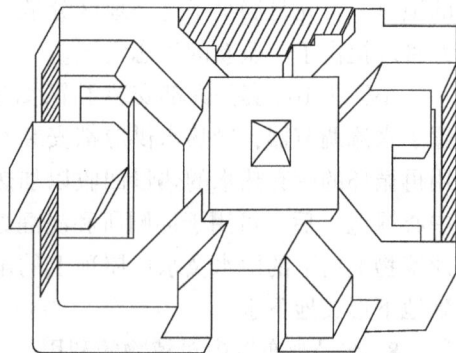

同样就如同上面已经提到的，树木和灌木也可以防风，因而它们不仅能提供荫凉而且可以起到保温墙的作用。图 11-20 分析了风力在树木组成的防风屏障作用下的变化及风力减少的比例，在社区设计中应审慎设计防风林以抵御冬季寒冷的风刮到建筑物上并保证夏季凉爽的风直接吹到建筑物。

9. 景观元素

景观设计的自然元素包括对树木的有效利用，利用植物进行街道布置，地表水管理及对水的降温效果的利用。

（1）树木

乔木和灌木在大尺度上改善气候条件是一种非常有效的手段，它们是为室外空间和建筑物提供遮阳最简单的方法。

选择合适的树种是非常重要的。通过在全年内控制树木的阴影，即利用落叶树木在夏季遮阳，而在冬季允许太阳辐射进入的方法是非常简单而有效的。在选择数种方面另一个有帮助的因素是它的"降温作用性能"，在树木阴影里测试辐射强度过程中可以发现，不同树种的有效性是变化的。

（2）行道树

利用灌木和乔木布置空间，创造一绿色的树冠可以改进微气候和生活质量。

（3）表面水的控制

道路规划者的一个重要目标是设计排水系统，以确保雨水迅速地排放。这些系统由于大部分被道路所覆盖，其缺点是在下雨后很短时间里四周就再次干燥，而水的降温效果也就丧失。进一步讲，排水系统的功能在很大程度上决定于它们的维修情况。阻塞了的排水系统可能会引起雨水泛滥的状况。因为水量的不平衡，在接近河流的位置也可能发生洪水。

（4）利用水的降温作用

一种可供选择的方法是使表面水尽可能保持一段较长的时间。这可以通过保持其表面不被覆盖起来而达到。公共开放空间、街道、广场和公园也是在非常必要的位置加一个盖顶。

另外，排水系统也可以和池塘及人工湖相结合，例如在公园内。其优点非常明显：

1）在空气和泥土中增加的水分能够改善微

图 11-19 利用落叶技术对亭子式建筑进行自然遮阳
（来源：《The Technology of Ecological Building》，P59）

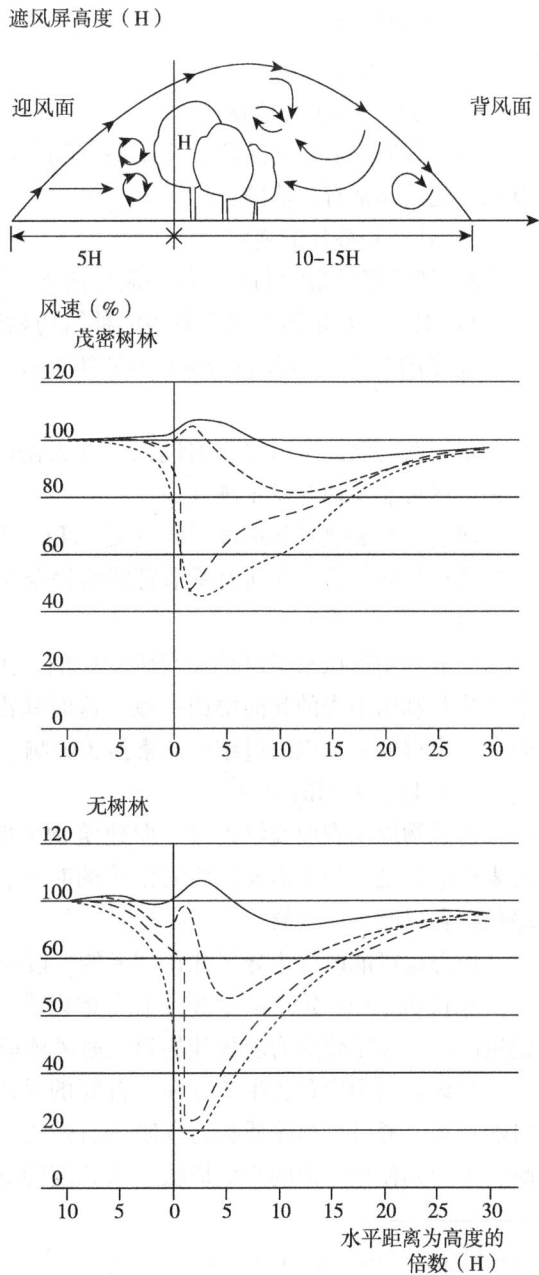

图 11-20 防风带中的气流特征与不同高度风防护的影响
（来源：《The Technology of Ecological Building》，P60）

气候。它也能够供应并促进植物生长，这样就增加了一个对改善微气候更有利的因素；

2）这样的系统也能够提供地下水，而这对水的供应是非常重要的因素；

3）这种排水系统能够设计成具有较小的峰值流动；

4）因排水系统阻塞，引起洪水的可能性减小。

11.3.2.2　建筑设计[①]

建筑设计要点包括以下几方面。

1）朝向与房间布置：有利于捕捉阳光和风；

2）形式：在需要之处提供保护；

3）遮阳：满足需要；

4）通风：排除气候方面不利的影响。

1. 建筑物的朝向

要确定最优化的建筑朝向，有三个因素应该给予考虑：

1）太阳辐射；

2）主导风向；

3）地形、地貌与植物。

当从太阳辐射得热的角度确定最佳朝向时，分析不同朝向表面辐射强度，及其日变化和季节性变化是非常有价值的：

1）什么是最佳的朝向？

2）所希望的最大洞口，最小洞口或不开洞口的位置在哪里？

3）对于一给定的表面应采用何种结构和遮阳装置？

最佳的阳光——朝向选择应在夏季能使辐射减少至最小，而在冬季能接收到适当的辐射。

东、西向墙面可以接收到最强烈的太阳辐射，尤其是在夏季。这些墙面积应该保持尽可能小并且尽可能少地开设小洞口。

通过绘制最热月和最冷月份（夏季和冬季）最大辐射得热的朝向，就可以确定任何给定位置的最佳朝向。为了在所有季节都能获得令人满意的得热量，应采取一些折中的办法。

（1）风——朝向

一般利用通风来降温是人们所希望的，因此建筑物的朝向应有利于获得微风。这一朝向常常无法与利用阳光的朝向协调一致。这时就需要付出更多的注意力于太阳辐射的影响，因为风向在一定程度上可以通过结构元素给予影响。

（2）地形方面的朝向

建筑物周围表面能够贮藏并向建筑物反射太阳辐射——根据其表面与太阳辐射相对的角度及表面的类型。当不需要这些太阳热的时候，建筑物的朝向应该改变，或者周围的表面应该用绿化覆盖以改善微气候。

地形也可能改变主导风并在一天的一段时间里提供阴影。这些元素也应给予考虑。

建筑物布局和定位必须多方面考虑以求全面的生态利益，建筑的形式和方位很重要，因此建筑的结构和定位应力求最佳的建筑通风环境，可以减少保暖和降温的要求。

社区规划中应包含生态方面，首要的是改善社区的通风以免发生过热现象，加强建筑物的自然通风并通过蓄热物质提高夜晚的自然冷却能力。考虑到冬季取暖要求和夏季散热方面的影响，可分别使用不同的平面形状（从长度到宽度各不相同）。图11-21显示了不同的建筑形式对

---

① 此处引用资料源自《Climate Responsive Building》。

热量传递的不同影响。

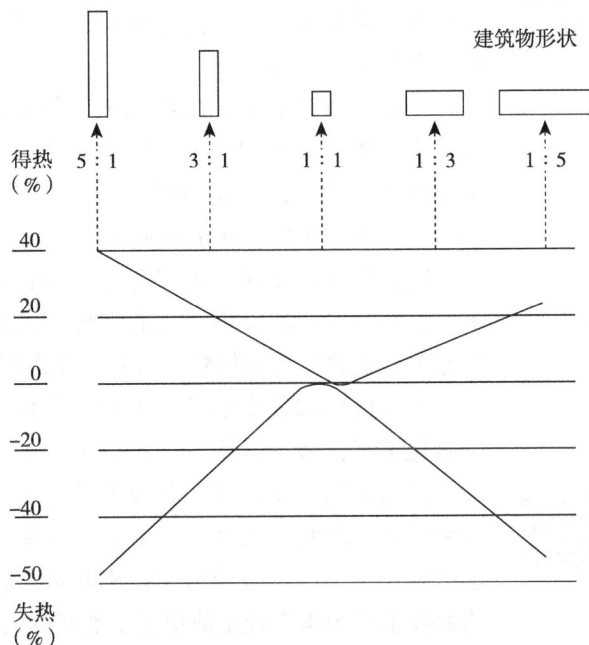

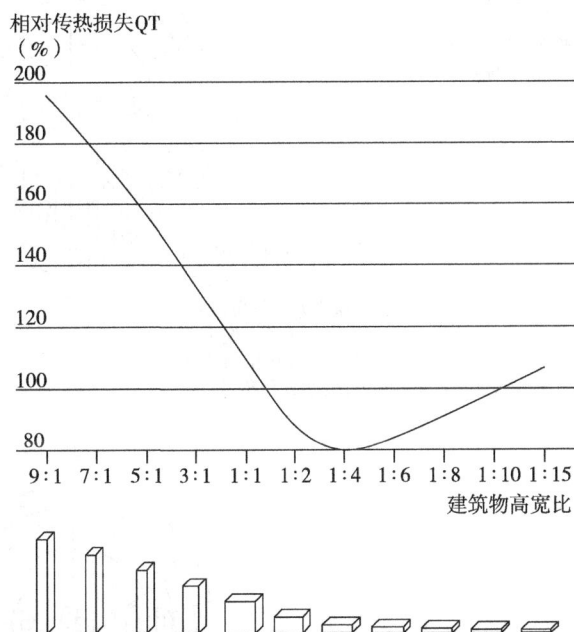

图 11-21 不同建筑形式对热量传递的影响
（来源：《The Technology of Ecological Building》，P62）

2. 形状与体积

建筑物与周围环境之间的热交换在很大程度上决定于其暴露的表面积。一幢密集的建筑在白天只得到很少热量而在夜里也只有很少的热损失。因此，表面积与体积的比例关系（体形系数）是一个重要的因素。

不同建筑单元布置的一个简单模型试验能说明这一规律。有 12 个 7m×7m×3m 的建筑单元以每一幢独立布置，或布置成联排式或组合成一幢三层建筑物。其体积与表面积之比会发生很大变化（表 11-2）。

相同体积，不同布置形式的体形系数　　　表 11-2

	体积（m³）	表面积（m²）	比例
每单元独立分布	1764	1596	1：1
二幢联排分布	1764	1134	1：1.6
一幢三层分布	1764	700	1：2.5

对比具有不同体积的正方体可以得到表 11-3。

不同体积正方体的体形系数　　　表 11-3

	体积（m³）	表面积（m²）	比例
3m×3m×3m 的正方形	1764	1596	1：1
7m×7m×7m 的正方形	1764	1134	1：1.6
20m×20m×20m 的正方形	1764	700	1：2.5

一般，当室内与周围环境之间只希望有很小的热交换时，体形系数应该尽可能小。室内温度将会接近平均室外温度。

图 11-22 建
筑方位与日照
(来源:《The Tech-
nology of Ecological
Building》,P63)

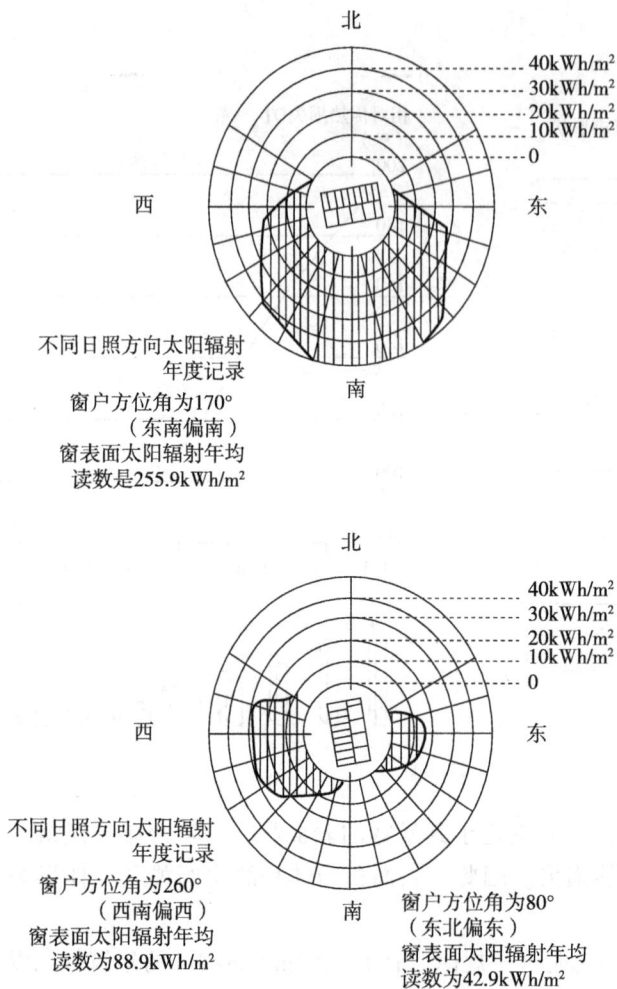

不同日照方向太阳辐射
年度记录
窗户方位角为170°
(东南偏南)
窗表面太阳辐射年均
读数是255.9kWh/m²

不同日照方向太阳辐射
年度记录
窗户方位角为260°
(西南偏西)
窗表面太阳辐射年均
读数为88.9kWh/m²

窗户方位角为80°
(东北偏东)
窗表面太阳辐射年均
读数为42.9kWh/m²

当热交换是人们希望的时候,例如在热—湿地区要获得夜间的冷空气时,其体形系数应该加大。这一点也同样有利于高通风率的要求。

要减低供热需求,应从建筑方位和建筑表面及体积的比例入手。图11-22分析了不同建筑方位使阳光照射的不同,并将利用太阳能的相应的区别表示出来。

减低供热的要求,不仅与建筑方位有关,也与建筑的表面形式和表面体积的比例有关。建筑形式和供热要求的相互作用,在图11-23中以简单的几何形状和立体分析表现出来,考虑这些方面可以节省结构及维护的费用。而窗户形状及方位与每年的采暖要求之间的关系,在图11-24中显示出来。简单地以减少窗面积来减低对供热的要求从根本上说是简单而不能接受的。

3. 建筑物的类型与形式

适合的建筑形式对于各主要气候区来说是非常不同的。传统地区的居住建筑类型非常清楚地说明了这一点。

(1)干旱地区的住房是密集和内向型的。

大体量的墙体和屋顶结构使室内气候摆脱了炎热的白天及寒冷的夜晚这种室外条件。其体形系数保持最小,于是其冷热交换也最小。通风应受到控制:当室外炎热时应减少通风而当室外温度达到舒适水平时又应增加通风。

这种类型一般适合于白天晚上具有较大温差的地区。

(2)热—湿地区的住房应是开敞的,外向型的,独立式的并且常常是架空的。

表面积与体积相比是很大的,因此热能交换量很高。其结果是室内温度接近室外温度。墙体是轻质的,所以最大限度的通风也可以得到满足。悬挑很大的屋顶是很重要的元素。

这种类型建筑很适合于白天、夜里温度接近的地区。

(3)温带地区的建筑介于两个极端(干旱与潮湿)之间。

它是由具有遮阳性质的屋顶以及保护性墙面组成,而很少有像干旱地区一样的厚重构造。

窗户为中等尺寸,提供良好通风的同时能调整太阳得热量。

1)房间布置:为设计建筑的平面时,除了考虑功能布置、房间之间的关系以及私密性要求以外,下列方面也应给予考虑。

2)在一天中什么时间使用这一房间?

3)这个房间是重要的或只是辅助性空间?

重要的房间应该布置在气候方面有利的位置。例如,在热气候区卧室应设置在东边位置才是正确的,因为在晚上它相对比较凉爽,而起居室应布置在北边。辅助性空间应该布置在不利方位,主要位于西边。

具有较高室内热负荷的房间诸如厨房等，应该与主要房间分开布置。

4. 减小室内得热

室内得热，以热量释放的形式来源于人体、家具、做饭和照明，在炎热的夏季可能会成为一个问题而应减小。在寒冷季节作为加热源是受欢迎的。

不太可能避免这些热源，但在建筑物中减少室内温度的一个方面是减少它们的数量和它们对主要房间的影响。这些包括技术手段同时也会涉及到房间布置。

（1）来自人体的得热

在可能的情况下，生活在房屋中的人数应该减少，因而需要提供更多的空间，因此会涉及经济问题。

为了避免过于拥挤的室内区域，其室外空间应该如此设计使许多活动能够在室外进行。

（2）来自照明方面的得热

天然采光应调整到必要的水平，不要过度的采光并且应尽量利用间接光而非直射阳光。

当需要人工照明时，应该采用高效光源以避免产生热量。

不必要的照明应该避免而背景照明应降低至最低水平。

（3）来自设备的得热

在炎热季节，产生热量的设备应该远距离布置，并远离人员活动区域。

当放置这类设备时，主导气流方向应给予考虑。这些设备应设置在主要房间的下风向，如果可能的话应分别通风，将房间分开。在产生热量的设备四周应有良好的通风。

划分白天与夜晚、夏季与冬季使用的范围：白天区域应采用厚重结构以保持夜间所带来的凉爽并朝向西向。夜晚区域采用轻质结构使日落后能迅速降温，并选择朝东方向。同样，应当采用利用夏季时间或冬季时间来变换生活空间的方法，这主要适合于温带区域。

5. 邻近的室外空间

在热带和亚热带地区应积极利用室外空间。社会生活和日常工作中的很大部分内容可在此区域进行。

根据气候条件，各种各样的院落空间，带保护性的走廊和凉亭都普遍被采用。这些元素应认真设计。

植被：树木和其他植物是邻近室外空间非常重要的元素。它们是一些廉价的元素并具有调整和改善气候的作用。同时它们也增加了这些空间的吸引力。

当种植树木时，应该坚持的一些基本原则：

（1）设计遮阳装置时所考虑的内容也基本上适用于种植树木方面。

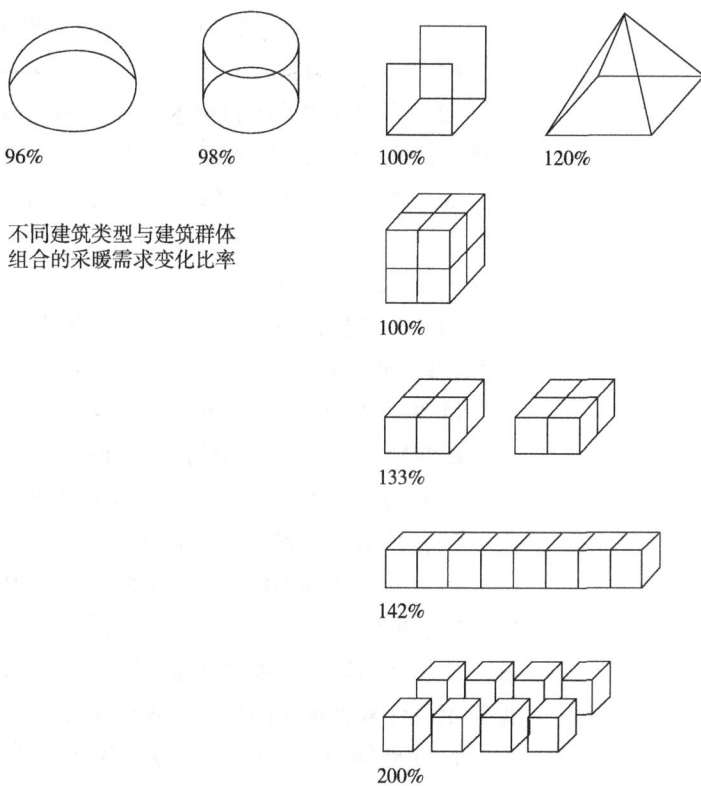

96%　98%　100%　120%

100%

133%

142%

200%

不同建筑类型与建筑群体组合的采暖需求变化比率

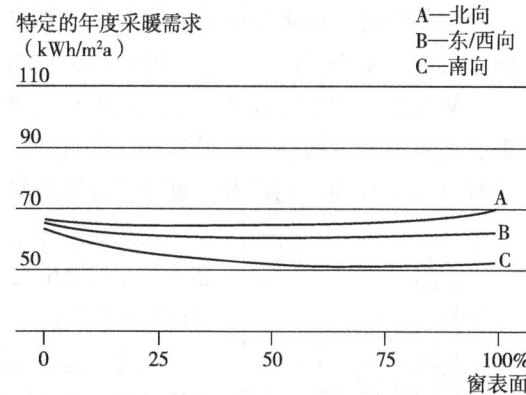

特定的年度采暖需求
（kWh/m²a）

A—北向
B—东/西向
C—南向

110

90

70　　　　　　　　　　　　A

　　　　　　　　　　　　　B

50　　　　　　　　　　　　C

0　　25　　50　　75　　100%
　　　　　　　　　　　窗表面

图11-23 不同建筑类型和建筑体量组合对采暖要求的影响（右上）
（来源：《The Technology of Ecological Building》，P63）

图11-24 完善的窗户设计和各种窗表面与朝向对全年采暖要求的影响（右下）
（来源：《The Technology of Ecological Building》，P62）

1）在一天中何时及一年的何种季节里遮阳是需要的。

2）太阳的运行轨迹。

（2）靠近建筑物种植树木，甚至用树冠覆盖屋顶，以提供对中午强烈阳光的最佳保护，但允许在傍晚的时间里阳光能够进入。

落叶性树木在冬季能够允许获得足够的热量进行被动式采暖和获得天然光。

（3）远离建筑物一定距离种植树木只能在晚上和早晨的一段时间里提供阴影，而不能在中午这一最热时间里提供遮阳。

（4）靠近建筑物种植树木不一定会对树木产生伤害。在成长过程中，树木总是会调整它的形状（根据邻近建筑物的形状）。保持经常性的注意和维修检查也是必要的。包括修剪和去掉一些树干。

11.3.2.3　建筑物各组成部分设计[①]

建筑物各组成部分的设计要点包括：

（1）应注重蓄热量和时间延迟的确定，利用室外温度波动的特点为室内气候提供平衡。

（2）应该注意绝热材料能够防止不希望的得热，但不能阻止剩余热量的散发。

（3）建筑物表面的反射、吸收与再散射，控制着来自和射向天空与周围环境的辐射。

所有的建筑物构成元素应该协同工作形成一个平衡系统以创造舒适的室内气候。地板、墙面、屋顶和洞口的正确设计随不同气候区而有很大变化。所以解决方法也不具普遍性而应该根据特定条件来决定并满足基本的物理规律。

1. 蓄热能力、时间延迟、热绝缘性和反射性、吸收性及发散性，冷凝

（1）蓄热能力与时间延迟

建筑物各组成部分的蓄热能力及其散热性能对室内气候有很重要的控制作用。很高的室内体量会减少室内温度的波动，因此白天室内较凉爽而夜晚比室外暖和。

轻质结构的室内温度与室外温度接近并具有很小的时间延迟。如果没有恰当的太阳辐射反射，其室内温度将会升高并超过室外温度。而重质结构的室内温度保持在室外平均温度水平，并且具有很长的时间延迟。通过结合重质结构与适当的夜间通风可以使白天温度有效降低。

图 11-25　蓄热能力与时间延迟对温度每日波动的作用
（来源：《Climate Responsive Building》，P88）

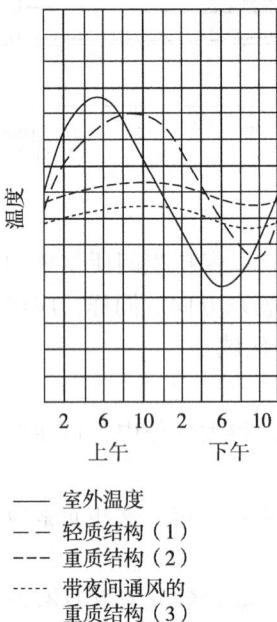

温度

2　6　10　2　6　10
上午　　下午

—— 室外温度
— — 轻质结构（1）
--- 重质结构（2）
⋯⋯ 带夜间通风的重质结构（3）

蓄热能力与时间延迟在室外温度波动很大的条件下的作用可以从图 11-25 中清楚反映出来。如果室外温度波动范围很小，那么高蓄热量与时间延迟的作用就不明显。

因此，高蓄热量的作用只有当室外温度波动很大时并且夜间温度降至低于邻近水平时才存在。在这种条件下，白天可以排除多余的热（或部分的排除），另外，这些热量在夜里是受欢迎的。

（2）积极利用蓄热能力

蓄热量有赖于"有效"的蓄热能力。而整个建筑体量并不能都有效发挥吸热作用。

1）外墙和屋顶。如果利用热绝缘材料，只有内部绝缘材料体量能起到蓄热作用。

2）室内材料：对其利用的数量有赖于积极利用蓄热能力的程度。在直接暴露在直射阳光下的地方其蓄热体厚度为 15～25cm（一般为混凝土等密实材料），而在没有直射太阳辐射的位置其蓄热体厚度为 8～10cm。

---

① 此处引用的成果源自本章作者马银龙的博士论文。

从积极利用蓄热能力的角度来看，直接接受辐射的体量比间接接受辐射的体量更加有效。

时间延迟通过最大热量峰值的时差确定。根据建筑物和房间的功能，建筑物各组成部分通过设计可以获得所希望的效果。

蓄热周期超过两天的只可能是一些具有特殊蓄热能力的元素，例如很大的具有良好吸收性的水桶。

蓄热能力要求的比较见表11-4所列。

蓄热能力要求比较　　　　　　　　　　　　　　　　　　　　表11-4

干热地区	湿热地区	温带地区
具有高蓄热能力的大体量热材料在多数情况下都是需要的，它可以保持白天房间凉爽及获得一个舒适的夜间温度（尽管室外温度很极端）。 在某段时间或季节，当室外夜间温度不能降至低于舒适水平时，建筑体量的散热可以通过通风来获得	由于温度差小，并且夜间无法降至低于舒适温度水平，高蓄热能力的构造应该避免，至少对于那些夜间使用的房间来讲。 在白天使用的房间具有一定蓄热能力是有利的。这时室内温度能够减少几度	介于两个极端要求之间，是合适的。太小的蓄热量会引起夏季温度过高。而太高的蓄热量会使建筑物在冬季无法被加热

（3）时间延迟

室内外表面温度达到峰值之间的时间差称为时间延迟。当室内在夜晚希望得到热量时这一点非常重要。

对于被动式采暖来讲，理想的建筑外壳其时间延迟适合在室外最大得热量与室内希望获得热量之间的时间差值上。

确定需要的时间延迟：依据各建筑表面的朝向，最大的辐射得热时间是变化的，而向室内散热的时间根据需要可能是不变的，或没有分布上的变化。其结果，理想的时间延迟也是变化的。例如，一个办公空间不需要任何得热，故在设计中其结构的时间延迟量应达到下班之后。起居和睡眠空间的时间延迟在设计中应达到室外温度低于舒适水平的时间发挥作用。当建筑物白天需要降温的情况下，其规律也相反。所希望的时间延迟应确定在最大热损失（夜间向天空）和希望的室内降温时间之间段上。

在那些室外温度没有降至舒适水平以下或昼夜温差小的情况下，时间延迟就没有意义。这时具有反射性质的绝热材料，遮阳和通风就成为控制室内气候的主要手段。

（4）热绝缘体

当温度不同时，热能总是从热向冷传递。而保温绝热材料能减少这样的热传递。其结果，它在白天减少进入建筑物内的多余热量，但是也阻碍了夜间建筑物冷却。一般，这种双重功能使热绝缘材料不适合用于建筑物的自然气候控制，而更适合在空调建筑物中采用。

从理论上讲，高绝热性的结构如果没有任何蓄热能力，那么室内温度将会与室外温度总保持完全相同，因为所需要的最小通风将会把与室外温度相同的空气带入室内。

在某些情况下部分热绝缘性能总是必要的，例如在屋顶结构上，由于太阳辐射的作用，白天会出现极端的热量。

（5）保温与蓄热体

假如保温材料与蓄热材料结合使用，蓄热材料应设置在内侧。如果保温材料将蓄热材料与室内分隔开，那么它的效果也就会丧失。蓄热体量应该合适，并能够在晚上提供非常可靠和有效的通风以带走白天蓄热体中获得的多余的热量。

（6）保温材料与主动降温和采暖

在主动式采暖和降温的情况下，保温材料具有明显的优点，并且是不可缺少的。它非常有效地降低了热负荷。

要避免潮湿气的凝结，必须小心地设置保温材料和防潮材料（塑料、金属、铝铂等），在这种情况下防潮材料总是位于保温材料较热的一边。

（7）反射、吸收和散热

建筑所接收的大部分热量都是通过辐射，主要是太阳辐射而获得的。因此对室外表面的处理也就变得非常重要。表面接收辐射热的数量不仅决定于太阳入射角，而且很大程度上决定于其反射性和吸收性。

夜间散热也是非常重要的。它仅向冷表面发射，也就是说主要向夜间晴朗天空发散。辐射热不会向周围建筑表面发散，因为它们的表面温度相同。

因此对于结构和材料来说所需考虑的主要性质包括：辐射热的反射性、辐射热的吸收性、贮存热量的再发散。

1）辐射热的反射：当不希望获得热的时候，一个具有反射性的表面，例如白色或明亮的金属面是合适的。轻质结构一般总具有这样的表面。不光洁的表面诸如很旧的镀锌薄钢板在这方面的性能就很差。

2）辐射热的吸收：如果夜间建筑物希望获得热量，那么吸收表面一般采用黑色和不光洁的。这种表面应该只能用于那些具有高蓄热能力的建筑物中，而只有较低蓄热能力的建筑物会很快变得过热。

在辐射散热是可能的情况下，那么白色表面允许很少的净得热，而如果相对应的表面是热表面，就没有辐射散热发生，所以最好采用铝材作为建筑表面材料。

3）贮存热量的再散发：当希望贮存的热量在夜间向周围的天空再发散时，表面材料最好应具有多孔的性质。石灰表面和砖表面比金属表面更为有效。而与表面的深浅（颜色）没有什么关系。

从反射的观点来看，屋顶表面的性质是非常重要的，因为它比垂直表面吸收更多的太阳辐射，并且比其他表面更容易散射热量（夜间）。因此对其材料的选择应更加小心：假如使用了吸收性材料，那么其时间延迟应至少为 8h。轻质屋顶应结合保温材料来使用反射性表面或采用通风天棚。

在选择建筑材料时，对它们的热性能应进行分析以使材料选择能够适合当地气候条件。当考虑太阳辐射影响下的外壳时，太阳得热系数（SHF）是考虑问题的重要标准，特别是选择屋顶材料时，它比热阻 U 值更为重要。

（8）表面结露

如果建筑内表面层的温度在夜间降低到低于室内空气露点温度的时候，结露就可能发生。这在单层金属外壳的情况下经常发生但可以靠具有通风能力的双层壳体结构抵消。与结露有关的第二个问题是当建筑物内表面保持较冷的情况下，较热的相对潮湿的空气进入后就会出现霉菌生长，这时就必须采取额外的通风。

2. 基础、地下室和地板

基础与地板一般具有较大的蓄热能力，所以能够成为气候调节的因素。其性质既可能是有利的也有可能是不利的。

（1）普通建筑材料、性质与适应性：实体地板、混凝土、石头、烧土砖和瓷砖、土地——良好的蓄热材料有助于平衡室内温度，适用于具有很大昼夜温差的热气候区，不适合于湿热气候（除白天使用的房间）。

（2）具有绝热材料的多层地板：适合于山地气候。

（3）单层板材木地板，与地面接触：适合于湿热气候，可保证夜间舒适。

3. 墙

墙体（室内与室外）具有几种功能：

除了作为结构元素以外；它们还能起到对热、水、风、灰尘和光的保护并可作为划分空间的手段。因此对其材料的选择应根据特定墙体的主要功能决定。

（1）普通建筑物墙体材料、性质与适应性

1）实体墙：土墙、石头、砖——干热地区的良好材料，结合少量洞口并采用浅色的外表面。选择最佳时间延迟，并使热量在夜间散发。在湿热地区仅用于白天使用的房间。

2）黏土砖——具有良好的热阻、具有抗渗透性。蓄热能力居中，具有很好的湿度控制性能。

3）非烧制黏土砖——比烧制砖具有更好的热阻和温度控制性能。抗机械破坏能力差。需要防暴雨和抗湿气的保护。

4）实心混凝土砖——热阻差但有高蓄热能力。

5）空心混凝土砖——蓄热量比实心砖差但改善了保温性能，因此较适合于温带地区。

6）钢筋混凝土——与混凝土性质接近，但由于其厚度缩小而降低了蓄热能力；适合于湿—热气候地区。

7）木材——良好的热阻，很高的蓄热能力和对湿度很好的控制。

8）竹、草、叶子编织墙——湿热地区良好的材料，没有任何蓄热能力，透气，可以进行适当的通风。

（2）保温材料

有各种各样的天然和人工材料可供选择，但应认真选择。它们不仅防止得热，同时也阻止热量散失。对夜间过热的危险应给予认真考虑。

（3）刷白的表面（白石灰表面）

既简单又便宜，并且是使表面具有高反射性的有效方法。其夜间热发散性很高。

（4）中空的（夹层）墙

具有很多优点，特别是在干热地区。夹壁墙上的反射性表面（例如铝板）降低了辐射热传递。空腔中的通风能带走热量并降低传导热量进入室内。

（5）轻质墙、传统编织墙、框架结构填充很薄的嵌板

室内外温度保持相同，应给墙体提供阴影。如果没遮阳，室内温度迅速提高并超过室外温度。适合于湿热气候，应充分利用其夜间温度较低的优势。在干旱地区仅适用于夜间使用的房间。

（6）具有保温性的轻质墙

主要用于空调房间，特别是暴露于太阳辐射之下的墙体。

（7）多层结构

多层结构的应用在许多场合下都属于经济方面的问题。当能够得到这些材料和物资时，它可以被采用，但是，对它的热性能进行认真的评价是很有必要的。

将轻质保温材料放置在大体量墙体或屋顶的外边会比单纯使用大体量材料更好地提高时间延迟和衰减系数。从另一个角度讲，它也阻止了夜间向室外的散热，所以提供夜间室内通风很有必要。

将保温材料放置在内侧将会使室内气候性能与具有高反射性外层的轻质结构的特征相似，因为大体量热体外墙的平衡作用丧失，时间延迟因此很小而室内温度也总是接近室外温度。这种内侧保温对主动式采暖和制冷的建筑物是合适的。

具有通风功能和反射性的外表层是一种有效的降低白天太阳辐射热的方法。夜间散热也比保温层设于外侧更加有效。

降低两层表面之间辐射热传递的一种方法是在外表皮的内侧采用低散发性表面材料（冷表面），例如将铝板外壳面刷白而内侧保持光亮（冷表面），并在天棚顶部采用高反射性表面。光亮的铝板在两种场合下都可发挥其优点。

4. 洞口和窗

洞口的设计在很大程度上受主导气候的影响。一般情况下它可以如下说明：

（1）在干热地区，洞口尺寸应尽可能小或者靠百叶窗调整尺寸，用遮阳装置提供保护，并且视线不应该直接朝向地面，同时要考虑自然采光的可能性。太阳高度角的季节性变化也应给予考虑。洞口应有可能完全关闭。

（2）在湿热地区，洞口应尽可能开大，视野应直接面对草地和树木，利用屋顶挑檐遮挡天空或遮挡阳光。植物不能够阻止空气循环。能完全封闭的构造是不需要的。排气口应设置在较高位置处，热空气在那里聚积。卧室窗户最好安装在床的高度或者利用旋转窗将气流引向睡眠的身体处。百叶窗是一种非常合适组织空气流动的手段。

窗户采用的窗玻璃有各种系列。各种吸热玻璃和热反射玻璃类型都可在市场上买到，但是它们一般仅适用于空调建筑物中。它们中的大多数其有效性是有限的，因为它本身的温度会升高，一方面增加了与室内空间的接触和热辐射，另一方面它们在很大强度上阻挡了光线，而不是热。另外，其适用性和价格也应给予考虑。

密封双层玻璃窗主要用于空调建筑物中。它们价格昂贵并且不易安装。在自然冷却建筑物中它们的优点很少。

5. 屋顶

建筑中最重要的元素就是屋顶。它不仅为建筑物提供防雨，同时也强烈影响到热性能（失热和得热）。屋顶是建筑物中接收太阳辐射最多的部分，并且对其遮挡困难。因此，对这些建筑部件在设计和建造中应给予特别关注。屋顶的热性能在很大程度上有赖于屋顶的遮阳和其表面的结构，而承重结构只有很少影响。

屋顶采用的普通材料、性质和适应性：

（1）泥土——具有良好的保温性能和热发散能力，适合于干旱地区。

（2）烧制泥瓦板——一种至今仍然适用的传统材料，具有相当好的热性能，相对较重，需要可靠的结构支撑；具有中等的蓄热能力。允许空气穿过瓦板之间的夹缝。

（3）混凝土瓦——与泥瓦板的性能接近但热阻有所降低。

（4）纤维混凝土和微形混凝土瓦——性能与混凝土相同而重量较轻，所以蓄热能力减小。

（5）石棉板——具有非常好的热性能，中等反射能力。缺点：强度低，抗破坏能力差，石棉纤维对身体有害。

（6）整体式混凝土板——低热阻和高蓄热能力。由于其大体量在早晨才能冷却，而在晚上和夜间将白天的热量发散至室内。

（7）天然石材（石板、石板瓦）——热性能与混凝土瓦相似，有赖于其厚度和表面亮度。

（8）有机物、植物屋顶材料（竹、树叶、草、木瓦板）——与气候相适应，但耐久性差，一般用在临时性和自建住房中。

（9）沥青屋面——具有运输问题，在强烈太阳辐射下会很快老化。

（10）单层波纹薄钢板瓦板（CGI）——被广泛应用，结构简单，重量轻，可以采用经济的支撑结构。没有明显的热阻，用一段时间后也没有明显的反射性，白天将所吸收的太阳辐射向室内扩散并产生很高的室内扩散温度。夜间迅速冷却并在潮湿气候条件下产生结露。寿命短，下雨时噪声大。

（11）铝板——一种非常贵的材料但具有良好的热反射性和长寿命，比镀锌钢板更可取。由于其低蓄热能力和高反射性减少了热负荷。

（12）一般性保温屋顶——阻止热量穿过屋顶但也阻止了夜间的散热，所以对其使用应给予仔细考虑。

（13）大体量屋顶上加保温层——时间延迟比保温层在内侧高四倍，但也会阻止夜间冷却。

（14）大体量屋顶下面设保温——允许增加蓄热量，而保温层很难给予补偿，屋面板暴露在阳光下能产生非常高的温度差并对结构产生有害作用。

（15）混凝土板带找平层和石棉板天棚——热阻力不足。仅用于白天使用的房间，而不能用于晚上和夜间使用的房间。

（16）具有两个轻质层的双层屋顶——外层表面为内层提供阴影，并尽可能反射太阳辐射。两层之间聚集的热量必须用通风排除。适合于湿热气候，白天降低热负荷而在夜间允许迅速地降温。

（17）双层屋顶——轻质外层和厚重内层并具有高反射表面，适合于干热地区，保持夜间室内温度在高于室外温度的较高水平上。在空腔中的一个反射性表面（例如铝板）能降低辐射热传递。双层之间必须通风以排除热量。

将屋顶与天棚分离是针对湿热气候有效的解决方法。假如因某种原因用于干热地区，屋顶应采用轻质而天棚为重质。通过双层屋顶之间的空气应当避免可能会进入居住空间的情况，因为这里的空气可能会比正常室外空气更热。

11.3.2.4　建筑物被动式采暖与降温①

1. 遮阳装置

建筑物得热中的大部分是通过太阳辐射。这种辐射是以增加空气温度、辐射热和眩光的形式来描述的。适当的遮阳能降低这些强烈的影响。

在一定的气候条件下，一种有限度的太阳辐射得热可能是受欢迎的。这可以通过不同类型的遮阳概念来实现。

对以下问题的考虑提供了基本的遮阳概念：

1）在一年和一天的什么时间太阳辐射热是希望的，而什么时间是不希望的？

2）太阳轨迹与建筑及其立面相关的几何关系是怎样的，它的季节性变化是怎样的。

3）太阳辐射性质如何：强或弱、直射或漫射？

根据气候类型的不同遮阳应该部分或全部覆盖洞口。在极端条件下它也可能覆盖墙体表面。可以采用百叶覆盖整个墙面或者采用双层壳结构。

遮阳也可以利用建筑物形体、双层壳结构、遮阳装置作为相连接的辅助构件，或者利用立面绿化和屋顶花园等手段来提供。

（1）建筑物形体

遮阳可以通过建筑物本身的形状来提供，例如，通过悬挑上部楼板或女儿墙。

在干热气候条件下，在其他各因素（诸如交通、卫生、采光）允许的情况下，遮阳也可以通过将建筑物相互靠近来提供。

（2）双层壳体结构

双层壳结构应具有反射性能以保证建筑物免受直射或漫射辐射的损害。外层壳面应该靠近

---

① 此处引用的成果源自本章作者马银龙的博士论文。

立面安装并且能适当地通风。这种方法主要适合于湿热气候。

（3）作为连接附件的遮阳装置

遮阳的一种普通方法是利用遮阳装置放置在外立面。太阳运行轨迹是设计的主要准则。因此，每个立面都必须单独设计。当设计一个遮阳装置时，与太阳轨迹有关的各种因素都必须考虑。遮阳的效果不仅决定于这一装置的几何形状和朝向，而且也有赖于所使用材料的表面处理和颜色。

影响系数可以根据以下方面确定：

1）几何关系、形状、朝向——70%。

2）材料性质——15%。

3）表面处理、颜色——15%。

4）有效性：不同方法的有效性可以通过表 11-5 初步确定和比较，其中包括辐射传递的影响。

不同遮阳方法的有效性比较 表 11-5

正常的玻璃	1
室内通风窗帘，黑色	0.75
室内通风窗帘，白色	0.5
南向通长的挑檐	0.25
室外通风窗帘，白色	0.15
室外可移动百叶窗	0.15

5）几何形状与形式：一般东向和西向立面的遮阳元素应该采用垂直方向，因为这两个方向的太阳高度很低。

南北立面的遮阳元素应采用水平方向，这里遮阳能够通过提供屋顶挑檐的简单方法实现。遮阳构件的形状应能防止辐射被直接反射进洞口。

（4）遮阳装置的类型

遮阳方法的变化很大而设计者可以有很多选择。当选择遮阳装置的类型时，除了遮阳，其他因素也应该考虑：

1）通过洞口的空气流动应该减少，但不能完全停止。

2）视野不能够被遮挡。

3）天然光不能减少太多。

与建筑物相连接的遮阳元素包括：

1）水平百叶板：水平百叶板对于中、高太阳光是非常有效的，尤其对南北向立面，它可以采用屋顶挑檐的形式，用一块厚板设计，亦可利用固定式或活动式百叶板。

2）垂直百叶板：这些元素对于阻挡低角度阳光非常好，诸如东、西立面。最佳效果可以通过活动式元素获得。垂直百叶板的一种简单形式也可以通过利用百叶窗扇和门来获得。

3）水平—垂直组合式遮阳板：水平与垂直元素的结合可以用于仅利用水平或垂直元素无法提供遮阳的场合。对于东向至东南向和西向至西南向立面还需要提供保护。它可以采用预制混凝土或砖材料，以及木制或其他近似的材料。

4）百叶窗、窗帘：传统的木制格子架或相似的元素如竹制百叶窗等，能提供阳光和眩光方面的保护。任何软质材料窗帘能够很容易地固定在任何门或窗洞口上。

5）花架、阳台、凉廊、门廊、拱廊：花架可以用木头或竹条组成。水平百叶板能够与爬行生长植物组合以达到更佳遮阳效果。阳台和凉廊作为建筑元素能够辅助提供阴影。

当要覆盖较大的水平范围时，以上方法能够为平屋面表面提供非常有效的保护。

（5）遮阳装置的材料

一般推荐使用具有低热性能的材料制作靠近洞口的遮阳装置，从而确保太阳落山后能迅速降温。应使用不会过热的材料。

（6）细部设计指南

1）百叶窗一般应放置在建筑的外边，假如放在玻璃内侧，它只能起到防止眩光的作用。

2）水平遮阳元素应与立面分开，使升起的热空气不会受到阻碍而排除。水平百叶板与立面之间应保留10~20cm的距离。

3）建筑结构与遮阳元素之间的热桥应尽量减少。暴露于太阳辐射中的遮阳元素会被加热。通过实体连接体向建筑物的热流会传入室内并引起室内相当程度的得热。因此，固定支点应该在满足结构的前提下尽可能小。

4）恰当的遮阳装置应能够脱离季节变化的影响。

5）辐射控制玻璃：辐射控制玻璃能够减少直接辐射但是不能提供完全的保护。假如窗子不能开启，必须设置空气调节装置。另外，这些玻璃很昂贵，其寿命不定并且很难替换。

6）立面绿化：用绿化覆盖立面遮挡墙面，以此减少太阳辐射得热。它也能保护墙面免受强风和倾盆大雨的侵害。立面绿化可以从靠近墙面的地面种植或者在较高的建筑物阳台上设置的花池中种植，或插进立面中。

通常要用水浇植物，在水源不足地区应考虑水源供应问题。

植物对屋顶是有损害的，故应小心使用，它可能会损害结构。

7）屋顶花园：在平顶或有轻微倾斜的屋顶上种植植物会产生有效的室内温度稳定使用，因为厚重的泥土覆盖和遮阳会产生以下效果：

A. 太阳辐射热获得量会大大减小；

B. 天棚温度保持在白天与夜间的平均温度水平上；

C. 屋面板的温度也保持不变，对结构的热作用减少；

D. 进一步的优点是其美学价值，除尘和改善微气候。

屋顶花园的不利方面，也应给予考虑：

A. 屋顶结构的负荷加大；

B. 很难获得可靠的屋顶防水；

C. 夜间的散热量降低；

D. 喷水管的阻塞可能时常发生；

E. 在干旱地区使用会消耗大量的水。

2. 自然通风

空气运动是影响室内气候的主要因素，所以在设计和建造中应给予考虑。类似的因素还有太阳辐射，主导风也应协调在设计观念中。

1）利用风降温：有规律的风可以降温。假如循环空气的温度低于室内温度，则降温效果明显。温度稍高的微风也能起到降温作用因为它增加了皮肤的蒸发量。当风的温度超过了人的体温，那么就不会有降温效果。为避免由室内通风引起的不舒适，空气速度不能超过一定的数值。

2）希望的降温：在综合性气候中，当室外空气温度低于所希望的房间温度时，风可能会引起不舒适的降温。在这种情况下，建筑物应建造得完全密封以减小渗透。用挡风装置设计周围环境也是减少这种降温的有效方法。

3）沙尘风：由风引起的沙尘能够引起很大的问题，主要在干旱地区。这种风也能引起立面和其他外露元素的侵蚀，所以需要有特别抵抗力的建筑材料。为了防止沙子进入建筑物和内院，结构细部构造和房间布置需要精心设计。

（1）空气运动基本规律

1）热空气进入建筑中会起加热作用，冷空气会起冷却作用。

2）空气循环经过人体时会提供蒸发制冷，所以在一定的时间和环境中非常受欢迎，而在其他时间不受欢迎。

3）通风只能降低高于室外温度的室内温度。

4）空气循环不能超过一定的速率（例如 1.5m/s 左右）因为这会造成不舒适。

5）从另一角度讲，完全阻挡空气通风也不可能，因为最低限度的空气交换对于呼吸和卫生健康是需要的。

6）一定程度的通风对于防止霉菌生长是必要的。

7）在集会场所（如学校、会议厅等）几乎不可能保持室内空气比室外凉爽。当身体的热输出超过建筑围护体的热吸收比率，空气温度就会增加。当它达到室外空气温度后，进一步的升高就会被充足的通风阻止。

8）夜间充足的通风：如果贮存的热量在夜间需要排除，充足的通风是很有必要的。夜间室内气流应该控制使其穿过最热的室内表面，一般可能是天棚或屋顶的内侧。所以洞口、百叶窗的位置应给予充分考虑。

（2）空气循环的类型

空气循环可以划分为两种类型：

1）室外风：空气循环可以靠室外风产生，它们在建筑物上产生风压，在迎风向产生正压，在背风向产生负压。

2）热循环：空气循环也可以靠热运动产生。任何材料，包括空气在内，受热后都会膨胀。热空气比冷空气轻，故会上升。这就是所谓的"烟囱效应"，并可被用于改善通风条件。

（3）设计观念的确定

在进行有效通风设计时，下列资料应该了解：

1）存在的风型是什么情况（速度、方向、温度）？

2）一天和各个季节过程中这些风的特性变化如何？

3）什么时候需要增加通风以利降温或加温，什么时候不要？

4）什么时间需要空气循环，哪些房间，在哪个区域以及在房间中的什么高度水平？例如在卧室，尤其是在湿热地区，主要的气流应位于卧室床所在的位置而高度略高于床的高度。

（4）控制通风的方法

无论是利用或防止冷风，建筑物中空气流动的模式可以通过以下因素来影响：

A. 建筑外部尺寸和建筑物形状；

B. 与建筑物外壳、洞口、百叶板、窗帘等有关的尺寸；

C. 室内相关尺寸；

D. 通风装置。

1）建筑物的外部尺寸和建筑物形状。有许多引导和阻挡风的可能性，使风转向 90° 也是可能的。在炎热季节，在进入建筑物之前，风不应该通过较热的表面。

A. 建筑物形状对风的影响：每一幢建筑物都能形成风的阻挡区域并且可能使风转向。这一点对于相邻建筑物非常重要。下面一些基本的例子能证明这种空气动力学的现象：

a. 建筑物越宽，其背后的负压风区就越小；

b. 建筑物越高，其背后形成的负压风区就越大；

c. 当一组建筑物并排平行布置并面对主导风向时，为保证有足够的通风，建筑物之间保持足够大的距离是很必要的；

d. 而当建筑物交替布置时，其距离可以缩小；

e. 狭缝效果：风速在通过狭隘过道时会提高；

f. 缝隙效果：在经过门缝的位置时会形成散开的气流；

g. 转向效果可以通过台阶式建筑物产生。

B. 屋顶的朝向：要保持屋顶凉爽，其斜坡应朝向主导风向并且任何可能阻挡气流的构造都应避免。在屋顶上，很高的实体连续女儿墙可能会形成热空气停留的凹地，因此应该避免。

2）建筑物外壳设计、洞口与百叶板。洞口的尺寸和位置影响着空气循环的速率以及在室内的主要线路。

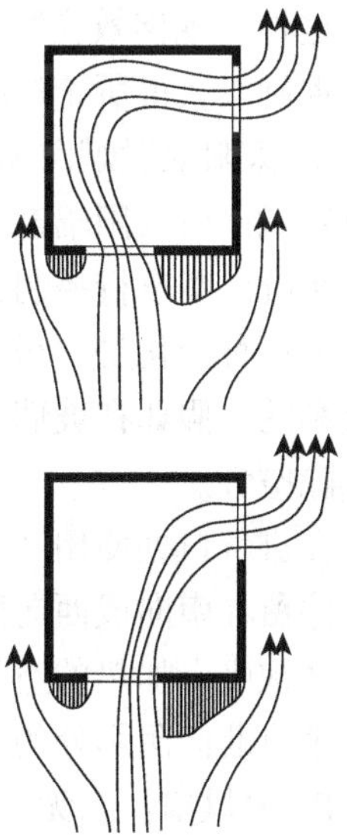

图 11-26　遮阳板对风流的作用与影响（来源：《Climate Responsive Building》，P121）

洞口越大，室内空气速度就越高；但是，只有在进风口和出风口同样增大的情况下才是真实的。当房间洞口尺寸不等而且出风口更大时，就会产生非常高的风速。

一个凉廊背风向敞开，且只有很小的上风洞口，会产生持续的风流经过建筑物：因为气流通过并围绕着它而在它内部产生低风压，所以引导空气以一种稳定的气流通过小的洞口。因此，出风口区域到进风口区域的值越大，通过建筑物的气流就越大。

A. 洞口的布置：洞口的位置能够产生室内空气循环的转向。当洞口在立面上不对称布置，洞口两边不相等的风压会影响空气流动。当窗户在平面不居中布置时，这种效果可以在水平方向观察。在垂直方向也同样道理。当在原有建筑物上增加其他楼层时，这一点非常明显并且会改变立面的构成。

鳍状物和挡板也影响着立面上压力的分布，并且也会改变气流进入建筑物的方向。在这种情况下，气流在垂直和水平两个方向上受到影响。

图例与分析（图 11-26、图 11-27）：

a. 一块羽板位于窗洞的一边会引导气流；

b. 窗户上的挑檐将空气引向下方；

c. 一段分开的挑板（在墙与它之间）能确保向下的气流；

d. 这一点也以通过百叶型遮阳板进一步改善；

e. 气流的方向也受到百叶及其位置的影响。

虽然室内气流模式主要受洞口尺寸和位置的影响，它也可以通过百叶板来影响和控制。通过这种方法，进入的空气可以改变方向至房间所需要的位置和高度水平面上。

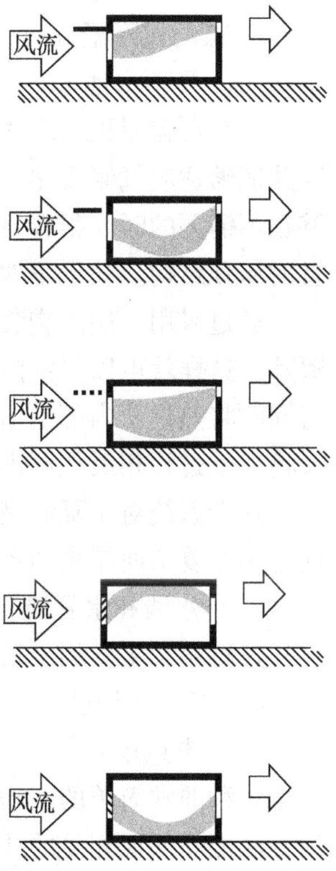

B. 双层屋顶通风：假如采用双层屋顶或将屋顶与天棚分开，那么来自建筑物外部表面向天棚的热传递问题就必须予以考虑。在这里可能存在着部分辐射与部分传导。由于屋顶比天棚要热一些，并且热空气会升到屋顶，这里将没有对流产生。假如屋顶空间是封闭的，那么封闭的空气就会达到非常高的温度，从而提高热传导能力。这可以通过增加屋顶空间的通风来避免。也可能利用通风降低外层内表面的温度来降低辐射热传递并因此降低天棚的温度。在这一空间中设计洞口必须引起注意的是它们与主导风向相关的朝向。即使这种主导风的

图 11-27　百叶板对风流的导向作用（来源：《Climate Responsive Building》，P122）

温度高于舒适水平，屋顶两边的温度也非常高，洞口仍能带走一部分热量。

3）室内设计与特殊装置。要获得可靠的空气循环，建筑物必须设计穿堂风。必须注意由于室内布置不适当而妨碍这种穿堂风。当房间划分成几个部分或几个房间放在一起时，空气会改变方向和通过房间的速度，一般就会降低风速。然而通过创造一种紊流空气在房间的循环运动，可以形成更大范围内的有效通风。

4）通风装置：

A. 利用室外风的装置：利用来自室外风的设备非常简单有效；各种设置在屋顶的装置都能够被采用。

B. 利用"烟囱效果"的装置：通常在没有规律性的风的地区采用。利用太阳辐射和日常温度的波动，能够创造一种"烟囱效应"从而改善通风条件。

这种"烟囱效应"也可以靠将洞口设置在靠近地板和天棚处来产生。它也可以通过窗户百叶来控制以获得所希望的加热和降温效果。

C. 太阳辐射烟囱和诱导口：太阳辐射烟囱利用太阳辐射热增强自然空气流动。一个刷黑的金属管烟囱由太阳辐射加热从而加热内部的空气。加热的空气上升并引起室内空气上升后排出。这个系统，能自行控制，白天越热，空气流动速度就越快。

另一种变化是"玻璃太阳辐射烟囱"，这种烟囱，当朝向西边时，在炎热的下午对通风是非常有利的。假如在玻璃的后面增加一蓄热体，那么这个系统就会在太阳落下后继续靠贮存的热量排除空气。

在进气口处使用"太阳辐射空气斜面"，"带辐射障碍帘的窗"或者"太阳辐射实体墙"。阳光停留在南向或西向面对的玻璃后面，而被加热的空气上升并允许排除至室外。这就引起室内空气被吸入加热的空间并被排除。

来自北向阴影处的空气能够补充建筑物内部排出的空气。

D. 电风扇：当无风或风很小的时候，安装在天棚上的风扇或其他类型的风扇可以采用。但这种方法一般只能提供空气流动而不能产生空气交换。

3. 被动式降温方法

（1）屋顶水池

一个覆盖屋顶的水体的功能类似于覆盖泥土的效果，它可以减小每日温度的变化幅度。它因此能够适应气候变化，使温度保持一天的平均水平并达到舒适要求。它的另一个优点是：能够在不需要的时候很容易的移开。开敞式的屋顶水池很难保持并且要求绝对保证不漏水和很昂贵的屋顶结构。在干旱地区缺水也是一个不利方面。

通过采用一层水袋装水组成一特殊的系统并将其放置在屋顶上并用可移动的保温嵌板将其覆盖，这样就可以将室内温度调节到舒适水平。夏季，嵌板在白天关闭，保护水袋免受太阳辐射同时将热量从内部引出；到了晚上保温层移开，允许水体向夜间天空散发辐射热。而到了冬天将以上过程相反便可进行被动式采暖。

这个系统对于降温是很好的，由于它面对天空，所以不能提供恰当的角度收集热量。但是，这是一个复杂而昂贵的系统并且需要使用者每天关照。

（2）水墙和水管墙

这种系统主要用于采暖，在一定条件下这种系统也能用于夜间通风降温的目的。

4. 主动式降温装置

（1）电风扇

一种非常简单的主动式降温方法就是利用电风扇改善室内气候，在多数情况下，这种普遍的方法能够保证充足的汗水蒸发，使皮肤冷却。

风扇有各种使用方法:

1) 太靠近身体对人体是有害的,尤其是对老年人;

2) 推荐使用旋转式或低速转动的吊扇;

3) 间接和能使空气旋转的位置提供一种持续的微风对健康是有利的;

4) 摇头风扇产生强烈的但间断式的气流,不一定适合每个人。

(2) 强行通风

通过通风扇进行空气循环和空气交换(换气)是另一种降温的可能手段。通风扇可以直接安装在外墙上或者与风管系统结合。

(3) 蒸发降温

降温可以靠潮湿空气获得。水蒸发是一种物理过程,其中要吸收大量热能。这种能量来自于空气,所以使空气温度大幅度下降。这种现象可以用于降温。蒸发降温的可能性决定于空气所能吸收湿气的能力。空气越干燥,降温能力也越大,因为有大量的水被蒸发。这种方法因此非常适合于干热气候地区。一些沿海地区属于湿热气候,其潜力很小,因为空气本身的相对湿度很高。

11.3.3 生态建筑技术的系统整合[①]

11.3.3.1 生态技术设计中可利用的室外条件

在生态技术设计中,建筑物外部环境与条件不仅影响到建筑物舒适条件与能源需求量,同时也可以直接成为建筑物制冷与采暖能源的组成部分,为改善室内外舒适条件,降低能源消耗发挥重要作用。

可利用的室外条件,如图 11-28 所示。

11.3.3.2 生态建筑物技术设计中可利用的技术设备系统

在建筑物热环境设计中可采用的技术设备系统种类很多,按照技术设备系统的特点可以分为主动式系统和被动式系统;按照技术设备所使用的能源和功用可以分为采暖能源系统、制冷能源系统,电力能源系统与供水设备系统。

可选择的生态建筑技术设备系统,如图 11-29 所示。

11.3.3.3 生态建筑中可利用的生态技术要素

在生态建筑技术设计中,一些重要建筑部位和构件发挥着无可替代的重要作用。建筑作为人的第三层皮肤(衣着可作为人的第二层皮肤),直接与外界大自然和气候接触,并且其技术性能的好坏也直接影响建筑物的能耗以及人们的舒适条件。所以,在生态建筑设计中不能忽视任何一个有价值的建筑要素的作用。

生态建筑中可利用的一些重要生态技术要素,如图 11-30 所示。

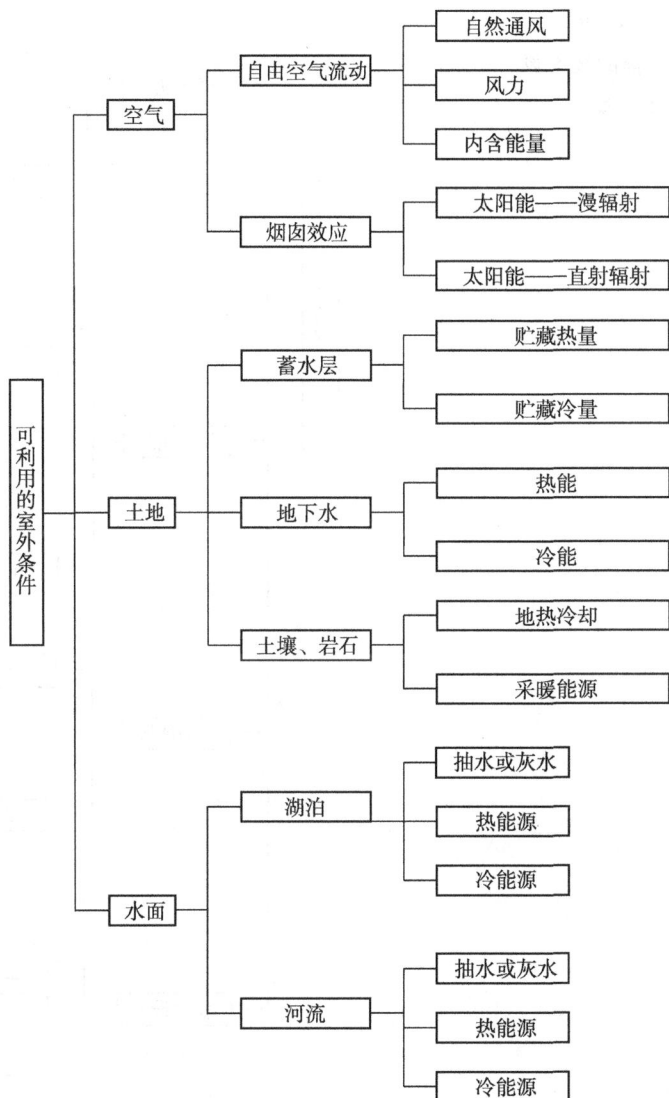

图 11-28 可利用的室外条件的系统简图

---

① 此处引用的图文源自《The Technology of Ecological Building》,P47。

图 11-29 可选择的技术设备系统

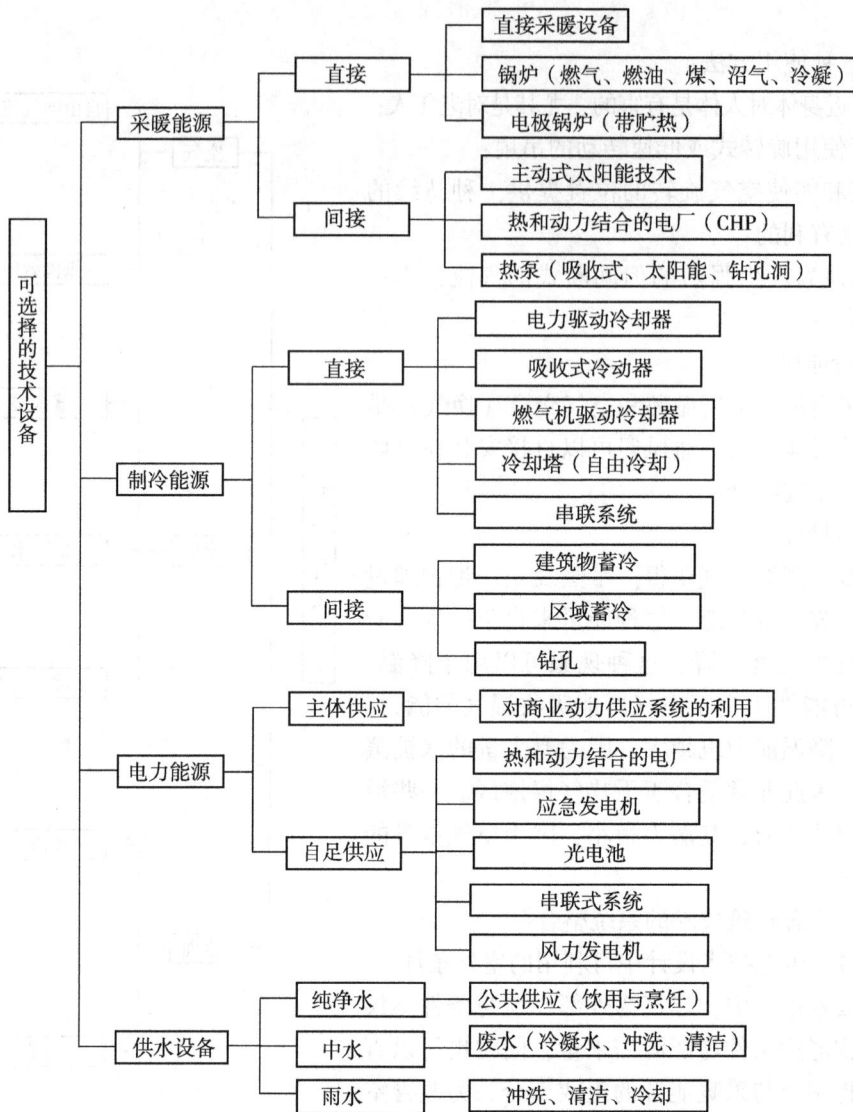

```
                                        ┌─ 直接采暖设备
                              ┌─ 直接 ──┤─ 锅炉（燃气、燃油、煤、沼气、冷凝）
                              │          └─ 电极锅炉（带贮热）
                   采暖能源 ──┤
                              │          ┌─ 主动式太阳能技术
                              └─ 间接 ──┤─ 热和动力结合的电厂（CHP）
                                        └─ 热泵（吸收式、太阳能、钻孔洞）

                                        ┌─ 电力驱动冷却器
                              ┌─ 直接 ──┤─ 吸收式冷动器
                              │          ├─ 燃气机驱动冷却器
                              │          ├─ 冷却塔（自由冷却）
                   制冷能源 ──┤          └─ 串联系统
                              │          ┌─ 建筑物蓄冷
                              └─ 间接 ──┤─ 区域蓄冷
可选择的技术设备 ──┤                    └─ 钻孔

                              ┌─ 主体供应 ── 对商业动力供应系统的利用
                              │          ┌─ 热和动力结合的电厂
                   电力能源 ──┤          ├─ 应急发电机
                              └─ 自足供应┤─ 光电池
                                        ├─ 串联式系统
                                        └─ 风力发电机

                              ┌─ 纯净水 ── 公共供应（饮用与烹饪）
                   供水设备 ──┤─ 中水 ── 废水（冷凝水、冲洗、清洁）
                              └─ 雨水 ── 冲洗、清洁、冷却
```

图 11-30 生态建筑中的技术要素

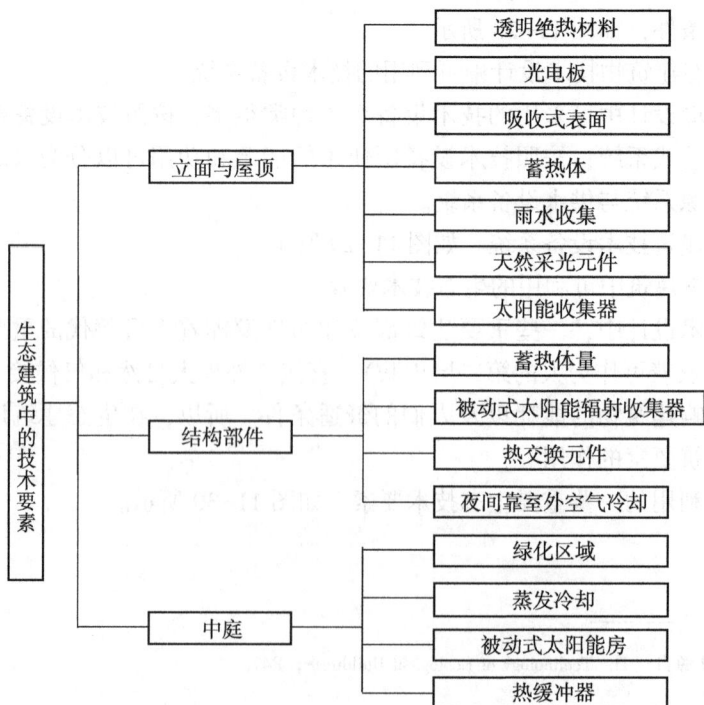

```
                              ┌─ 透明绝热材料
                              ├─ 光电板
                              ├─ 吸收式表面
                   立面与屋顶 ┤─ 蓄热体
                              ├─ 雨水收集
                              ├─ 天然采光元件
                              └─ 太阳能收集器

生态建筑中的技术要素 ──┤      ┌─ 蓄热体量
                   结构部件 ──┤─ 被动式太阳能辐射收集器
                              ├─ 热交换元件
                              └─ 夜间靠室外空气冷却

                              ┌─ 绿化区域
                   中庭 ──────┤─ 蒸发冷却
                              ├─ 被动式太阳能房
                              └─ 热缓冲器
```

11.3.3.4 生态技术设计与系统整合

未来，建筑设计和开发必须将生态循环中所阐明的相互作用和相依性考虑在内（图 11-31）。这就很清楚地指明了至关重要的标题，诸如室外空间、结构构造、技术以及它们各自的标题。其概括性的表述进一步阐明了在节约方面存在着多种选择：技术投资、操作和维护，甚至可能的建造费用方面。然而要获得这些，人们必须要走一条与目前流行的将各种方法加在原有建筑物上的不同道路，即将目标集中在真正的系统整合与一体化上。在规划设计阶段，每个方面都必须给予同等的考虑，例如，空气、土地或大地、水表面、大厅和中庭、结构、立面、屋顶以及各种各样的技术装备和系统。图 11-31 从制冷方面阐明这些内容的相互作用。还有一些诸如自然通风、地下水冷却能源，灰水，湖水，蒸发冷却，周围空气的夜间冷却，立面和结构中的蓄热体等都将一起发挥作用。

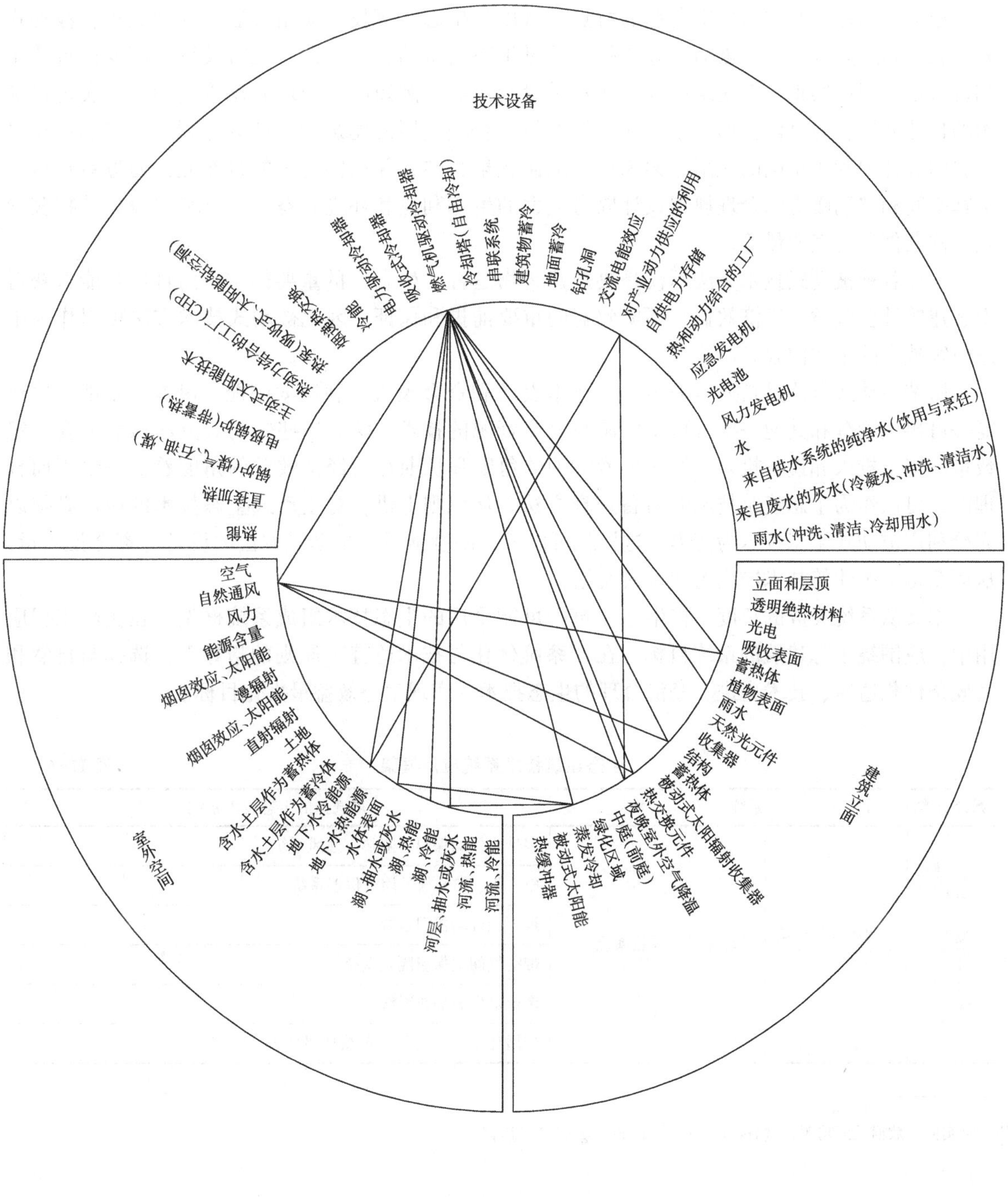

图 11-31 建筑物生态循环与建筑技术整合
（来源:《The Technology of Ecological Building》，P47）

11.4 生态建筑技术的应用方法[①]

本节通过建筑实例来说明生态建筑技术的具体应用方法及其产生的生态效益，在生态建筑技术应用中的一个重要原则是"适宜技术原则"，本文第二节已对"适宜技术"的概念进行了定义和讨论。在生态建筑的具体营造过程中，可以通过以下标准对所采用建筑技术的生态"适宜性"进行判断：

(1) 所采用的技术是否充分利用了可再生资源和自然气候的有利条件；

(2) 是否采用了对能源和资源需求量最少的技术；

(3) 是否采用了对自然环境破坏最小或影响最少的技术；

(4) 是否采用了资金投入最少或投资回报率最高的技术；

(5) 是否"恰当地"满足了人的生活需求和舒适标准。

根据生态建筑利用可再生资源的特点，可以将生态建筑技术应用方法分为两大类：被动式方法和主动式方法。所谓被动式方法就是通过生态建筑的合理设计，无需或较少需要设备使用和资金投入即可实现生态建筑目标的技术手段和方法。例如通过合理的建筑规划设计实现建筑物的自然通风；通过建筑形体布置和蓄热材料的合理应用使建筑物热性能达到最佳状态；在建筑立面设计中利用正确的遮阳方案来调节太阳辐射得热，并提供充足的自然光；通过对建筑物中庭空间和玻璃暖房的合理规划设计取得最大的生态利益和环境效益；以及利用绿化植物改善微气候条件和空气质量等。

上述各种被动式技术方法不仅是决定建筑物是否"生态"的重要标志，而且也是能否获得生态建筑社会效益、经济效益、环境效益的重要前提和保证。因此被动式技术方法可以作为生态建筑技术的主体内容。

所谓主动式方法是指通过采用一些技术设备和资金投入，利用太阳能、风能、水能、地热能等可再生能源和其他一些可再生资源与复合资源的技术方法。这些主动式方法虽然需要一定数量的资金投入和设备投入，但从环境保护的角度和长期社会经济效益的角度看仍是恰当而合理的，可以作为生态建筑技术的后备选择方法。从原则上讲，对主动式生态技术的应用必须以充分利用被动式生态技术为前提，这样就可以最大限度地减少主动式方法的设备与资金投入量，从而获得生态建筑技术应用的利益最大化。

本文从系统集成的角度，将生态建筑中可能采用的生态技术组成系统框架。在实际工程应用中，应围绕生态建筑的系统目标，在"系统优化与技术适宜"原则的指导下，选择与自然和气候条件相适应、技术先进、经济合理的生态技术，实现生态效益最大化目标。

生态建筑技术系统应用框架　　　　　　　　　　　　　　　　　　表 11-6

系统分类	系统框架		可选择的生态技术系统
健康、舒适、安全的室内环境控制系统	室内热环境控制系统	外墙保温、隔热系统	多价式外墙保温、隔热、通风系统
			EPS 板、XPS 板外墙外保温系统
			聚氨酯外墙保温系统
			带空气间层保温隔热系统
			带铝箔保温隔热系统
			带循环水（或空气）蓄热外墙系统

[①] 本节引用的建筑实例、数据及图均源自《The Technology of Ecological Building》。

续表

系统分类	系统框架		可选择的生态技术系统
健康、舒适、安全的室内环境控制系统	室内热环境控制系统	高气密性、低传热系数门窗控制系统	断桥铝合金门窗系统
			双层（或三层）夹胶中空玻璃
			高档五金配件
			框架式幕墙系统
			呼吸式幕墙系统
		高性能屋顶保温隔热系统	倒置式屋面保温隔热系统
			种植式屋面系统
			蓄水式屋面系统
			通风屋面系统
		室内温度控制系统	分体式空调系统
			户式 VRV 中央空调系统
			小型中央冷热源+FCU+PAU（四管制）
			大型中央冷热源+FCU+PAU（四管制）
		室内湿度控制系统	可独立运行的除湿、加湿机械设备系统
			利用相变型材料（或涂料）除湿系统
		太阳辐射控制系统	外墙、屋顶遮阳系统
			门窗外置遮阳系统
			门窗内置遮阳系统
			双层中空玻璃内置遮阳系统
			呼吸式幕墙内置遮阳系统
			外墙、屋顶表面太阳辐射吸收（反射）系数控制
			外墙门窗 Low-E 玻璃（或 Low-E 膜）
	室内声环境控制系统	墙体隔声系统	外墙门窗、洞口隔声系统
			分户门隔声系统
			内分户隔墙隔声系统
			室内隔墙隔声
		楼板隔声系统	浮筑楼板隔声系统
			楼板表面层隔声系统
		设备噪声控制系统	设备机房噪声控制
			设备管道井噪声控制
			电梯井噪声控制
			给排水管道噪声控制
	室内光环境控制系统	智能照明控制系统	声控照明控制系统
			红外线照明控制系统
			室内情景照明控制系统
			住宅家庭影院情景照明控制系统
			室内照度自动补偿照明控制系统
		天然采光控制系统	侧窗采光百叶板（反光板）系统
			采光井（采光塔）系统
			光导管、光导纤维天然采光系统

系统分类	系统框架		可选择的生态技术系统
健康、舒适、安全的室内环境控制系统	健康空气环境控制系统	新风控制系统	带双重过滤、除菌功能与热回收功能的有组织送排风系统
			平衡式有组织新风系统
		住宅高效厨卫排风系统	住宅可独立运行的厨房、卫生间负压排风系统
			住宅自平衡厨卫排风系统
			住宅止溢式烟道系统
		室内有害气体控制系统	负氧离子式室内空气质量控制
			臭氧发生器室内空气质量控制
			室内植物吸收有害气体控制
	室内安全环境控制系统	防火、防盗、安保控制系统	防盗分户门、防盗门锁系统
			窗磁开关报警系统
			室内红外线报警系统
			自动报警信息联动系统
			厨房防火自动报警系统
			室内可视对讲系统
		私密性控制系统	防视线干扰开窗设计
			防视线干扰装置设计
		结构性安全控制系统	楼梯、阳台栏杆安全防护
			落地窗安全防护
	人性化室内住居环境系统	恒压供水系统	龙头恒压供水系统
			户式恒压供水系统
			楼宇恒压供水系统
		中央生活热水系统	户式锅炉生活热水系统
			楼宇式中央生活热水系统
			热电联供生活热水系统
			24h热水循环供给系统
		中央吸尘系统	户式中央吸尘系统
			楼宇式中央吸尘系统
		软水与净水直饮系统	分户式软水、净水直饮水系统
			楼宇式软水、净水直饮水系统
健康、舒适的室外自然环境控制系统	室外热环境控制系统	室外太阳辐射控制系统	室外公共区域地面铺装色彩控制
			室外公共活动区域遮阳设计
			室外建筑立面色彩规划
		室外热环境控制系统	室外公共活动场地渗水地面铺装
			室外沥青渗水路面系统
		室外风环境控制系统	室外夏季、冬季局地风环境控制
			室外公共活动区域冬季防风设施规划
		室外绿化与水景观环境控制系统	利用乔木进行夏季太阳辐射控制
			利用垂直绿化进行夏季太阳辐射控制
			利用高大乔木提供小区公共活动区域遮阳
			利用植物调节小区夏季、冬季风环境条件

续表

系统分类	系统框架		可选择的生态技术系统
健康、舒适的室内自然环境控制系统	室外热环境控制系统	室外绿化与水景观环境控制系统	利用水景观进行小区的微气候调节
	室外噪声环境控制系统	城市、区域交通噪声控制系统	利用植物控制交通噪声
			利用隔声屏障控制交通噪声
		室外设备用房噪声控制系统	利用隔声屏障等建筑方法控制噪声
			利用绿化、坡地景观等方法控制噪声
绿色环保材料与技术应用系统	绿色环保材料与技术	使用地方性建筑材料、设备与技术	使用当地生产的三大建筑材料（钢、水泥、木材）
			使用当地出产的石材等天然装饰材料
			使用当地生产的防火、防水的建筑功能材料
			使用当地生产的建筑设备
		使用绿色环保速生木材制品	使用经济林出产的木材
			使用由经济林木加工的制品
		使用绿色环保建材	使用无化学添加剂的环保建材
			使用无污染（或二次污染）的绿色建材
			使用无放射性的建材
	节水技术应用	采用节水型器具和设备	节水型卫生间器具
			节水型家电设备
		采用喷灌、微灌等高效节水灌溉方式	大型公共绿化采用喷灌方式灌溉
			小型绿化采用微灌方式灌溉
			缺水地区采用微灌方式灌溉
		合理规划地表与屋面雨水径流途径	屋面雨水直接就近收集
			雨水管道流经地表化
		采用雨水回收与回渗技术	设置集中雨水回收利用系统
			硬质地面采用渗水型材料
		再生水处理及回用系统	集中设置再生水处理及回用系统
			分楼宇设置再生水处理及回用系统
	节材技术应用	结构体系优化设计	选择合理的结构形式
			建筑平面的结构合理性优化
			结构体系具有功能改造的可能性
		采用高性能混凝土、高强度钢	使用高标号混凝土
			使用高强度钢材
			高结构性能的特殊型材
		使用可再循环材料	使用可再生建筑材料
			使用可循环使用建筑材料
			使用二次回收、加工方便和能耗低的材料
		采用新型墙体材料	使用功能复合型墙体材料
			使用环保、节材型墙体材料
			使用轻质、高强的建筑材料
		采用节约材料的新工艺、新技术	采用节材、省时的施工工艺
			采用性能优越的新技术产品、新设备

系统分类	系统框架		可选择的生态技术系统
绿色环保材料与技术应用系统	节材技术应用	采用便于更新的构造设计	不同使用寿命的材料可更新设计
			方便更新的设备、管道系统设计
	低维护技术应用	采用工厂化生产构件	工厂化生产的结构性构件
			工厂化生产的整体式外墙构件
			工厂化生产的厨房、卫生间构件
			工厂化生产的阳台、栏杆等构件
			工厂化生产的立面装饰构件
		采用便于建筑保养、修缮的构造技术	采用局部修缮不影响整体使用功能的构造设计
			高层建筑安装立面清理机械设备
	废弃物处理技术应用	垃圾收集、处理系统	楼宇式垃圾分类收集系统
			区域垃圾分类收集系统
			区域垃圾压缩处理系统
		有机垃圾生化处理系统	采用区域集中有机垃圾生化处理设备
			采用楼宇式有机垃圾生化处理设备
			采用分户式有机垃圾生化处理设备
绿色能源应用系统	节能技术应用	高效节能设备与运行控制系统	高效节能型的供电设备系统
			高效节能型的给水设备系统
			高效节能型的排水设备系统
			高效节能型的中央空调设备系统
			高效节能型的户式空调设备系统
			区域热电厂——热、电联供系统
		节能型灯具与照明控制系统	室内采用节能型灯具
			室外照明采用节能型灯具
			照明节能自动控制系统
		带热回收装置的送排风系统	分户式热回收装置
			楼宇式热回收装置
		带热回收装置的给排水系统	分户式热回收装置
			楼宇式热回收装置
	绿色能源应用	被动式太阳能系统	被动式太阳能房一体化设计
			太阳能中庭设计
			冬季阳光房设计
			天然采光与日光照明系统
			太阳能热压通风系统
		太阳能光热系统	分户式太阳能热水系统
			楼宇式太阳能热水系统
			太阳能光热一体化系统
			太阳能"空调——热水"一体化系统
		太阳能光电系统	太阳能庭院灯、草坪灯
			楼宇式太阳能光电系统
			太阳能光电一体化系统

续表

系统分类	系统框架		可选择的生态技术系统
绿色能源应用系统	绿色能源应用	风能利用系统	被动式风能利用系统
			小型风力发电系统
		地源热泵系统	深层地源热泵系统
			中层地源热泵系统
			浅层地源热泵系统
			户式地源热泵系统
			楼宇式地源热泵系统
			区域地源热泵系统
		水源热泵系统	地表水源热泵系统
			地下水源热泵系统
			分户式水源热泵系统
			楼宇式水源热泵系统
			区域水源热泵系统
		空气源热泵系统	分户式空气源热泵系统
			楼宇式空气源热泵系统
			区域空气源热泵系统
信息智能化应用系统	家居智能化系统	家居智能化控制系统	智能灯光控制系统
			电动窗帘（百叶）控制系统
			室内温度、湿度控制与显示系统
			空调、采暖、通风设备智能控制系统
			电器设备远程智能控制系统
			建筑物（家居）智能一体化模块控制系统
	物业管理系统	建筑设备监控系统	给排水设备自动监控系统
			供电设备自动监控系统
			中央空调设备自动监控系统
		物业智能管理系统	建筑物物业智能管理中心
			建筑物物业数字化管理控制平台

11.4.1　积极利用可再生资源的被动式方法

11.4.1.1　建筑物自然通风

对浮力和风的正确利用，可以帮助我们在建筑物中进行自然通风。自然通风并不会限制建筑设计的机会，相反，它可能会引发出有趣的新的解决方案，甚至可能带来新的建筑语言。

对自然的观察和传统建筑物形式的分析说明人类和动物同样是认真地调查它们的生活习惯使其与当地微气候相适应。

草原犬鼠是一个极佳的实例。它们在土丘下面挖出带有两个出口的地洞，本能地使它们与主导风向相配合，并使它能适应由空气浮力而造成的压力差（图11-32）。白蚁采用

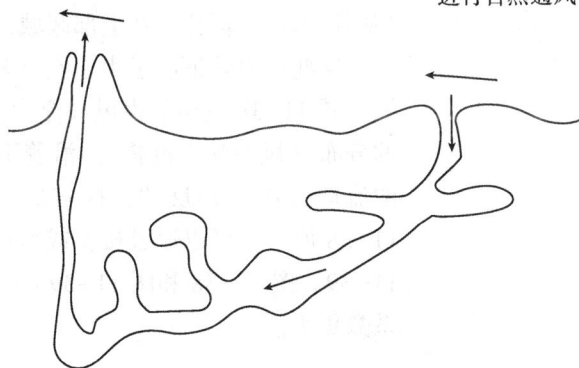

图11-32　草原犬鼠利用风进行自然通风

图 11-33 北
非传统建筑结
合蒸发冷却系
统利用风进行
建筑物冷却

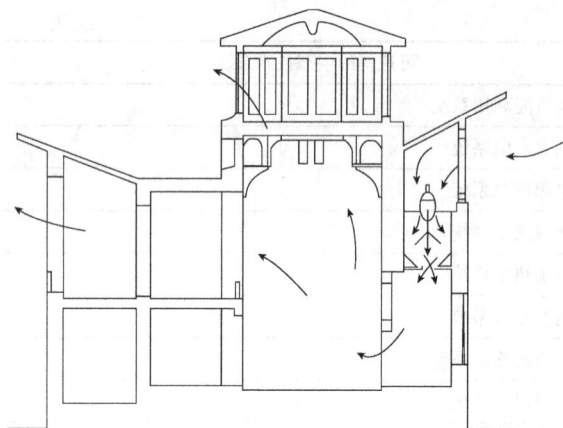

图 11-34 英
格兰某监狱利
用空气浮力达
到 3ac/h 的换
气率

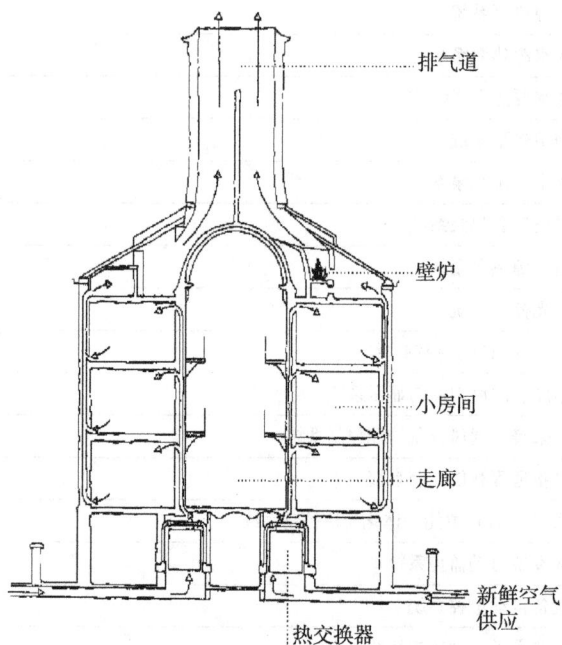

排气道

壁炉

小房间

走廊

新鲜空气
供应

热交换器

完全不同的设计获得了同样的结果。为了更好地保护它们的家以抵抗天敌和不利的气候条件，其掩护体建造得尽可能坚硬和厚重，并限制开口的数量和尺寸。然而，它们栖居的室内有可能变得过热。一方面由于太阳辐射，另一方面由于热血动物所有家庭成员的体热或者成千只的昆虫所造成；另外，它们呼出的湿气也必须排除。为了处理这些复杂的情况，动物发展出了非常巧妙的通风系统。

今天，在北非和亚洲仍然存在着传统建筑形式模仿前面所提到的实例（图 11-33）。其主要的形式是一种实体的结构，它能抵抗暴雨和温度的变化，结合了建筑物中的元素（诸如捕风装置或"风塔"）可以捕获受欢迎的、徐徐的凉风，并形成了对浮力的审慎利用。

维特鲁威曾详细地描述过古罗马最有特色的复杂的采暖与通风系统。经过以自然中实例为基础的调整，他们设计了一个以经验为基础的，依照自然法则或经过证实的规划布置方案。

直到 18 世纪初关于基本通风技术方面一直未出现新发明。大型建筑物如以前常见的设计方式进行建造，所以新鲜空气自然地替换已使用的空气。这就要求有足够的高度和恰当的体积（面积）从而使洞口能靠近地面和接近屋顶（图 11-34）。伦敦下议院的通风系统就是一个非常好的证明（图 11-35）。

图 11-36 是一幢外形为椭圆形的现代建筑物，风引起的压力在其外表上的分布图。在建筑物结构内部标示的线表示正压力，外部标示的线代表负压力。如图所示，无论正压还是负压都是越接近顶部就越大，这归结为风的外形（风速随高度增加呈加速度上升）。

图中也说明，在上部区域（在实例中假设为 70m），存在着一个最大负压力为-40Pa 和一个最大的正压力为 30Pa。类似的数值在建筑内部也可以由浮力达到（图 11-37）。因为室内外温度的不同，可以在建筑内产生 80Pa 的压力差，借此在低压区域的室外表面上的压力影响着室内（从外向内）。同样，在上部区域，压力梯度（理论上）就从内部到外部形成。

这些压力差证明了由于空气从低区（从外向内）到上部区（从内向外）渗透所形成的通风。图 11-38 说明了由风和浮力共同结合的影响，以及压力差在平均风速条件下建筑物外表的分布（风和浮力重叠）。沿着下风边浮力在建筑物边墙增加了负压力，同时在迎风边，外表的流动方向是相反的，换言之，存在着由外向内的渗透，室内与室外相对压力分布如图 11-38 所示，可以通过楼梯或室内井道在屋顶开洞口来降低压力差，其引起的压力分布如图 11-39。图 11-38 和图 11-39 的比较揭示了施加在建筑物室内的力量比施加在外部的负压力系数更大。

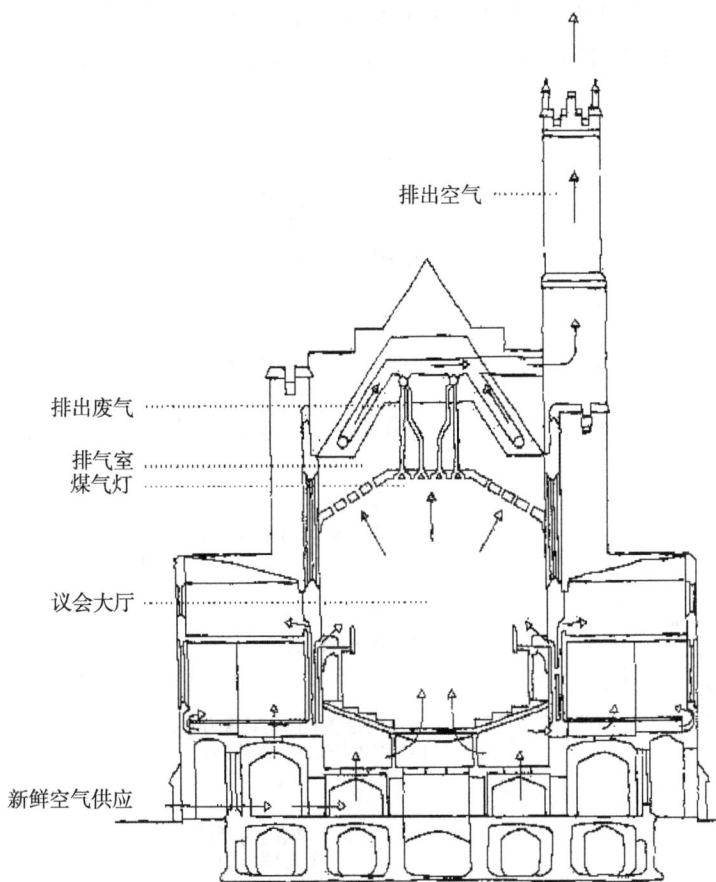

图 11-35 英国下议院利用烟囱效应的通风系统

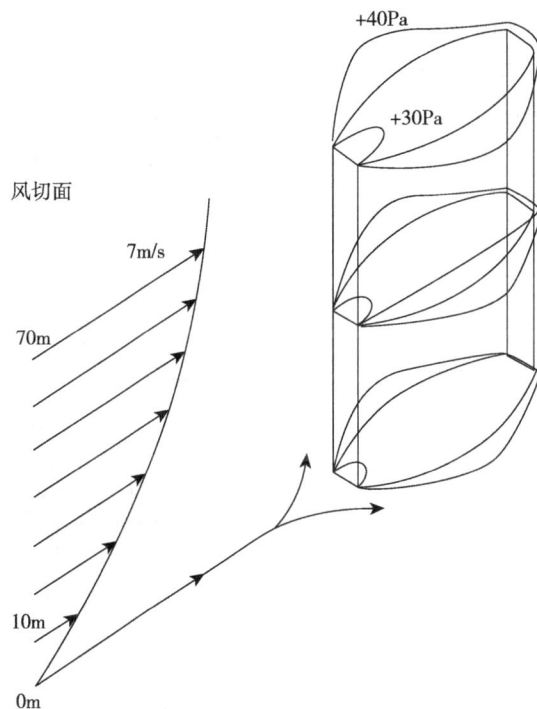

图 11-36 风在立面上产生的压力分布

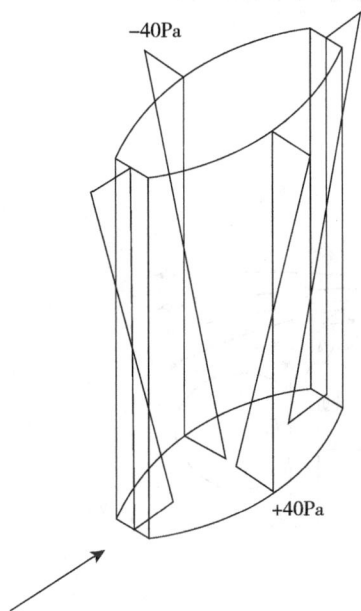

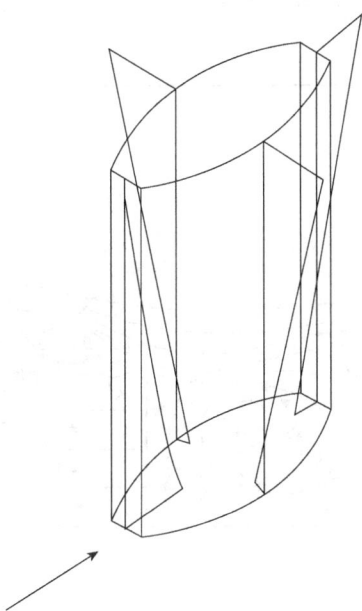

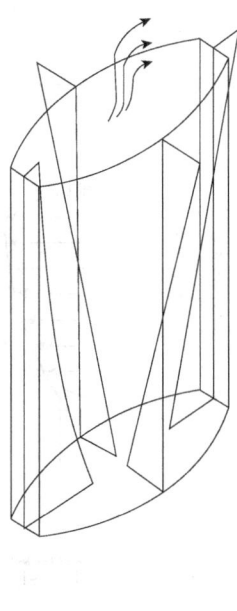

图 11-37 冬季由室内外温度不同产生的压力差（左）

图 11-38 在平均风和浮力作用下的冬季立面上的压力差分布（中）

图 11-39 利用屋顶开口（冬季）减低室内压力（右）

　　在夏季，内部和外部之间的温度差是非常小的，浮力的影响在冬季非常明显。进一步，通过太阳辐射在立面表面的加热会引起外立面或内部双层板立面局部的浮力。

　　建筑物之间的距离以及它们对气流的影响，以一种简单的方式在图 11-40 中显示。图 11-41 所示为一种普通的城市规划设计方案，在建筑物结构上显现了非常一般（差的）压力分布，即非常强大划定的负压力面积和一个非常小的负压力范围。在这种布置方式中，自然通风的作用是非常有限的。如果屋顶形状被修改（图11-42），已知负压力的区域就可能形成，从而改善建筑物的自然通风。

图11-40 由不同建筑布局产生的基本气流变化

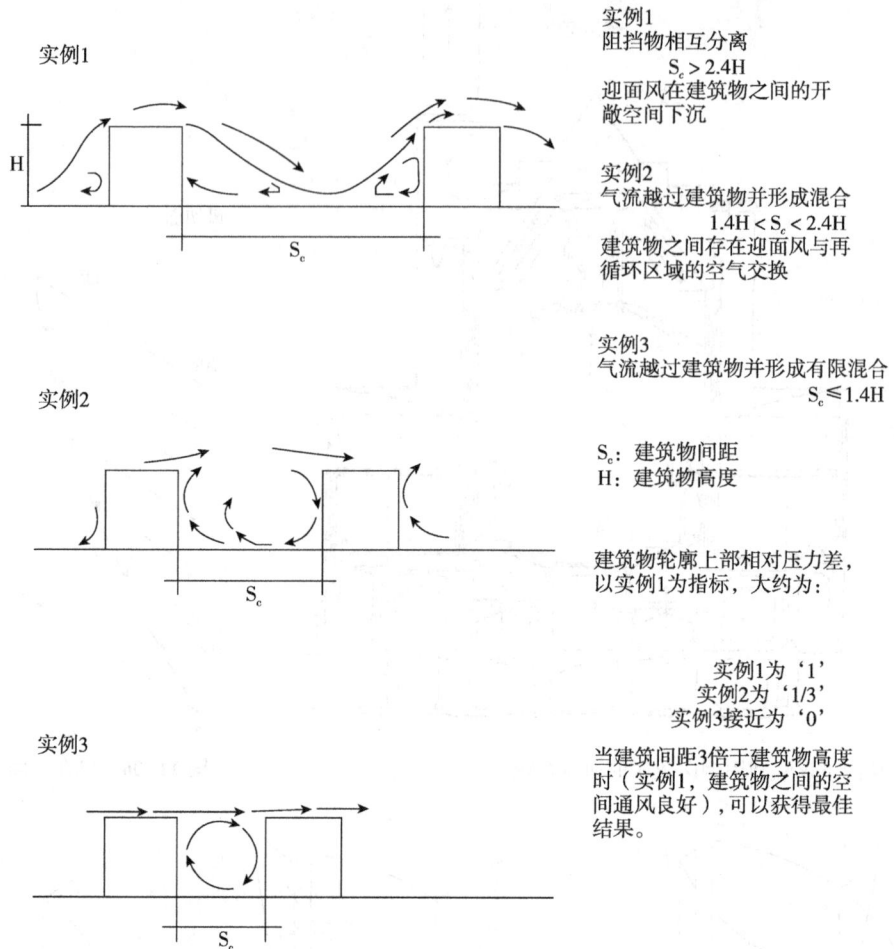

实例1

H

S_c

实例1
阻挡物相互分离
$S_c > 2.4H$
迎面风在建筑物之间的开敞空间下沉

实例2
气流越过建筑物并形成混合
$1.4H < S_c < 2.4H$
建筑物之间存在迎面风与再循环区域的空气交换

实例3
气流越过建筑物并形成有限混合
$S_c \leqslant 1.4H$

S_c：建筑物间距
H：建筑物高度

建筑物轮廓上部相对压力差，以实例1为指标，大约为：

实例1为'1'
实例2为'1/3'
实例3接近为'0'

当建筑间距3倍于建筑物高度时（实例1，建筑物之间的空间通风良好），可以获得最佳结果。

实例2

S_c

实例3

S_c

图11-41 建筑物外表的中性压力分布：对自然通风的有限可能性

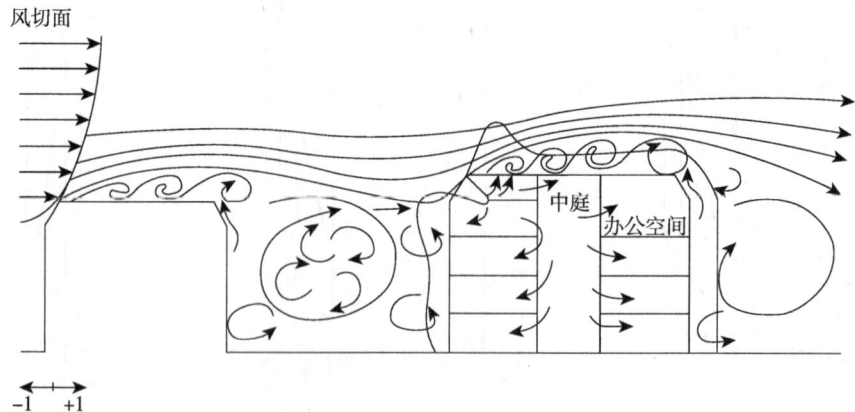

风切面

中庭　办公空间

-1　+1

图11-43是同一建筑物在无风期间的图解，其压力差是由浮力引起。假设室内外温度之差为5K。由于浮力，额外的气流在建筑物附近产生。这些图解显示了如何修改建筑物体量或建筑外壳并可能影响建筑物的空气渗透和通风，例如当洞口被利用时建筑物本身的构造是如何影响自然通风的。这些发现将会在创造性建筑设计中被利用，使自然通风成为可能。

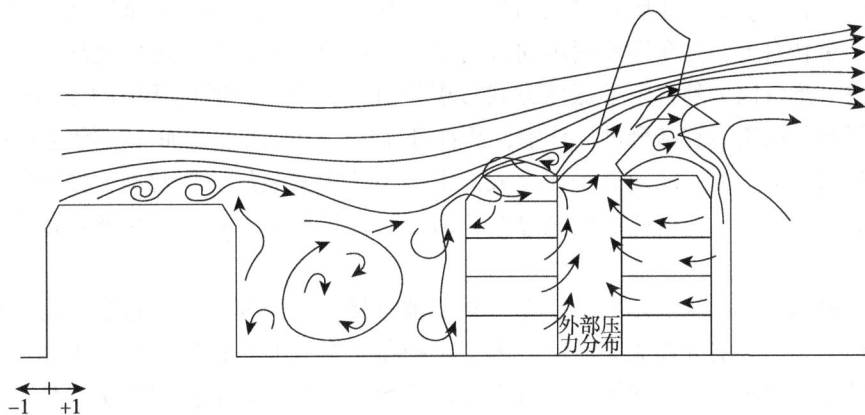

图 11-42 利用主导风创造合适的压力差：通过建筑形式影响压力分布促进浮力作用，实现中庭自然通风

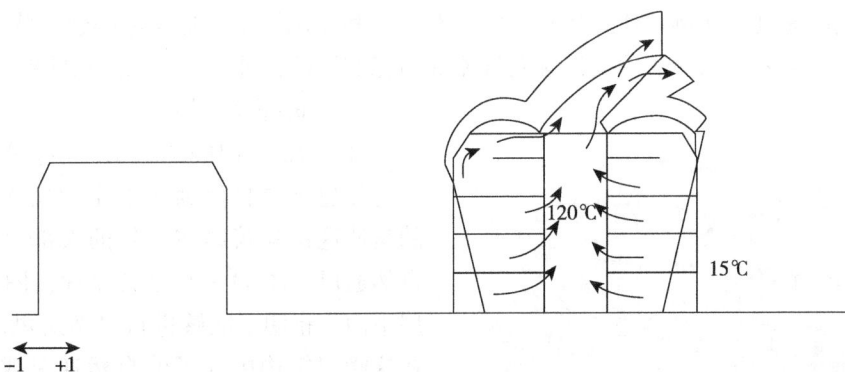

图 11-43 由浮力引起的压力差：压力差造成自然通风

大气边界层风洞是一种用于实际预告风引导气流条件的设备。因为风的模拟包括了它所描述过的所有复杂性条件，所以这类风洞在结构上与用于交通或飞机空气动力学领域实验的普通风洞有非常大的差别，同样也区别于航空学风洞，所以这类风洞在用于研究建筑物空气物理学中是受限制的。

图 11-44 是表示大气边界层风洞的原理图。实验的测试模型被放置在一条长形通道部分的前面，通过这里的空气被可调节的风扇加压。在它内部，靠一些额外的部分诸如气旋发电机或可变化地面粗糙的支撑，形成一个模拟边界层，这个边界层与当地的环境条件相似。顶棚轮廓

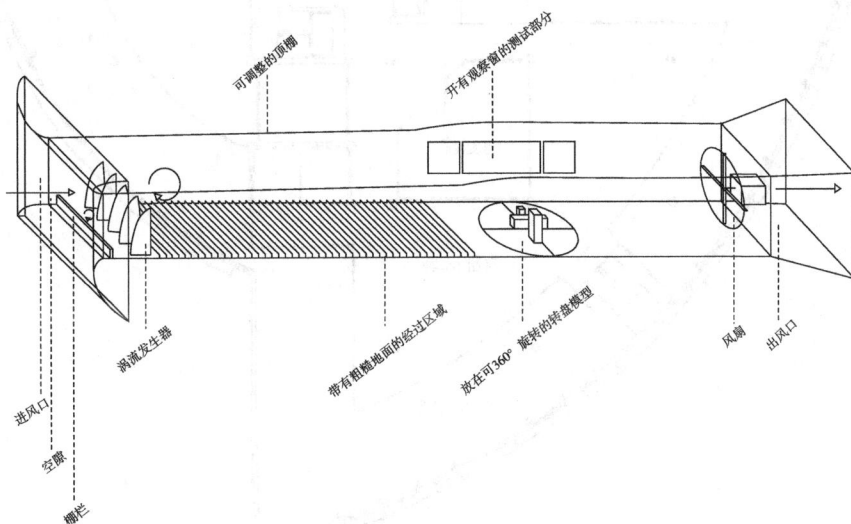

图 11-44 大气边界层风洞的原理图解

也是可调节的并且提供了可能影响测试结果的压力梯度的形式。测试模型以及其周围的建筑环境被放置在一个转台上，并允许不同风向进行研究。利用烟的帮助来形象化地产生一种定性的气流关系印象。烟气以一种自由谐振的方式被引导进气流中，并通过适当的照明使之可见。从这些实验中得到的结论能够结合进设计中，并且可以进一步被用于更加仔细的定量测试方式中。一幢建筑物外表上的压力差的测试是在外表面上的钻孔中安装压力传感器，经过管子和机械扫描设备来计算其平均值。当这些数值经过计算后，其无量纲压力系数结果就可以进入到作为边界条件的模拟程序中。

为了记录局部动力风效果，微型压力传感器被直接安装在模型中。这就使得获取在压力波动中局部光谱分布的真实读数成为可能。为了模拟排出空气并且计算立面上的散发量，在风洞中使用了示踪气体程序。示踪气体担当有害气体的角色。实验结果被用于从卫生学角度决定空气洞口、烟囱和额外排气口的最终位置。

后面的内容是几个实例：建筑物有些已存在，有些在规划中，是大进深建筑物或摩天大楼，它们都可以进行自然通风。这些实例说明气流如何能够被结合进具有生态要求的效果。

图 11-45 汉堡某新办公建筑物外观

1. 大进深建筑物

汉堡 Tchibo Holding AG 新办公建筑是一幢大进深建筑物自然通风的主要实例。设计的目的是使这幢建筑物在一年的大部分时间里能够自然通风。图 11-45 是其立面，图 11-46 是楼层平面，指明了能够进行自然通风的外部区域。在这幢建筑物中为了使自然通风成为可能，设计了一个玻璃覆盖的中心庭院，其屋顶结构部分是由气流实验发展而来的。图 11-47 表示了建筑物的剖面，包括了办公区域和内部采光井。由风产生的气流从西边进入，而带有正负压力

图 11-46 办公建筑的楼层平面需要通风

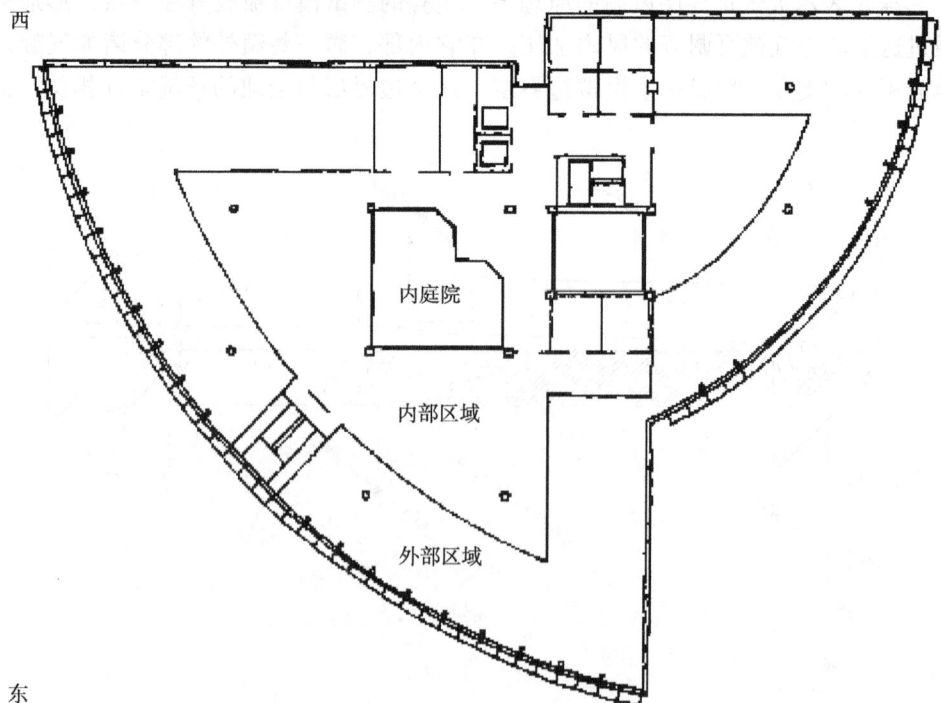

的紊流边界层的形成在图中清楚地标注出来。

理论计算对于详细地设计一幢这类建筑来说是不充分的。必须用建筑模型在风洞中进行试验和分析，尤其是当周围建筑物的散发物作用于自然通风的建筑物时。

要详细研究一幢办公建筑物的通风，有时进行大比例的模型实验是必需的，如图 11-48 所示。在这个模型实验中，模拟立面区域内的正负压力以决定穿堂风，同时在以上基础上，确保穿堂风是自由穿过房间进深。这产生的必要设计参数在图 11-49 中说明，代表了通风或主要风速的相互影响，窗户打开，其主要风向以及空气在建筑物中的变化。

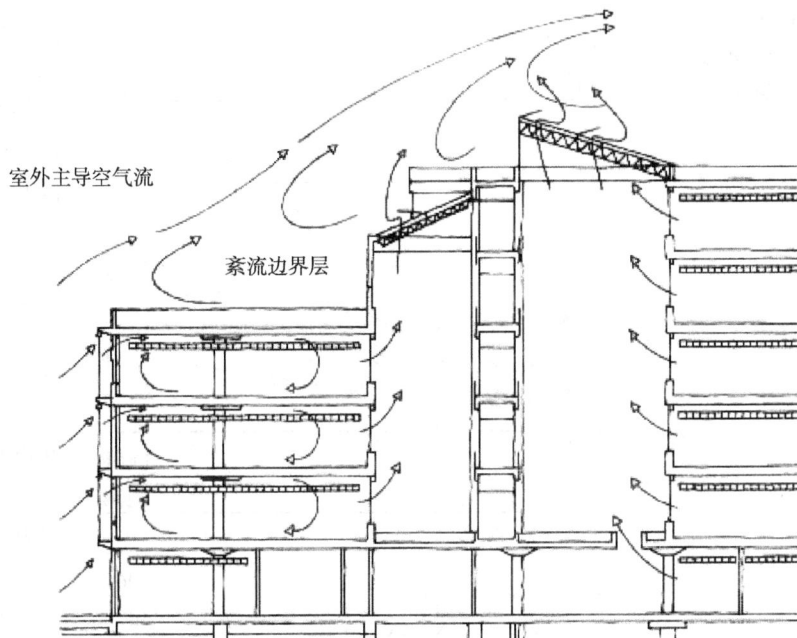

图 11-50 表示了一内景的剖面，在这个区域内有遮阳和通风装置。我们可以清楚地看到上部和底部的开启元素，允许在许多不同的气候条件下自然通风（强烈的迎面风、静风期、静风期内的热空气变化等）。如果迎面风很强，外部空气流被引导进入房间的上部顶棚，在那里它可以扩散到整个空间中使其充满足够的气流。

光井带有简单设计的屋顶结构（图 11-51），可增强分布通风的效果。屋顶元素是可开启的，起着扰流器和获取非常高的负压力系数的作用，并转而从周围办公区域抽出空气。

整个通风系统通过控制板来控制，窗户必须保持关闭，因为较高的室外温度要求使用机械式的空调以防止房间温度过高。Tchibo Holding AG 办公建筑是一幢具有高蓄热能力的建筑物，可以支持通风和降温以及最大限度的自然照明和通风。因此，一方面，它满足了今天的自然通风要求；另一方面，它考虑了最高房间温度以提供夏季明显的舒适条件。这类设计通常只有当客户和建筑师都真正履行生态建筑要求时才是可能的。

图 11-47 建筑物自然空气流图解剖面

2. 大进深低层建筑物

低层大进深建筑物，诸如超市、体育馆、展览馆和博览会厅，或类似的结构，都对自然通风有特殊的要求。在进行具有极大面积范围建筑物的（深度超过 100m 以上）规划设计中，风洞研究是必需的，因为自然通风要求影响着这类特殊建筑，特别是利用屋顶结构来创造表面空气抽力。在这里，浮力、风和靠近屋顶处形成的负压力系数也是非常重要的考虑因素。接下来就是在大房间的较低区域内，额外的空气应该以很低的风速引导入房间中以满足和促使热地板和顶棚间的穿堂风。这类问题如何解决将在下面三个实例中显示（图 11-52）。

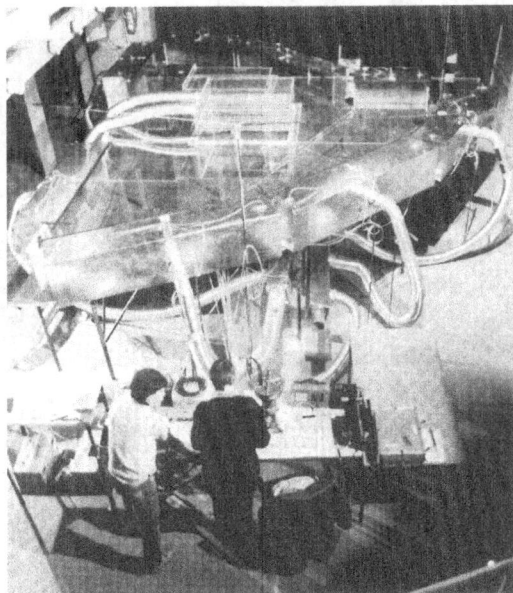

图 11-48 实验室细部模型研究

图 11-49 办公建筑物自然通风图表

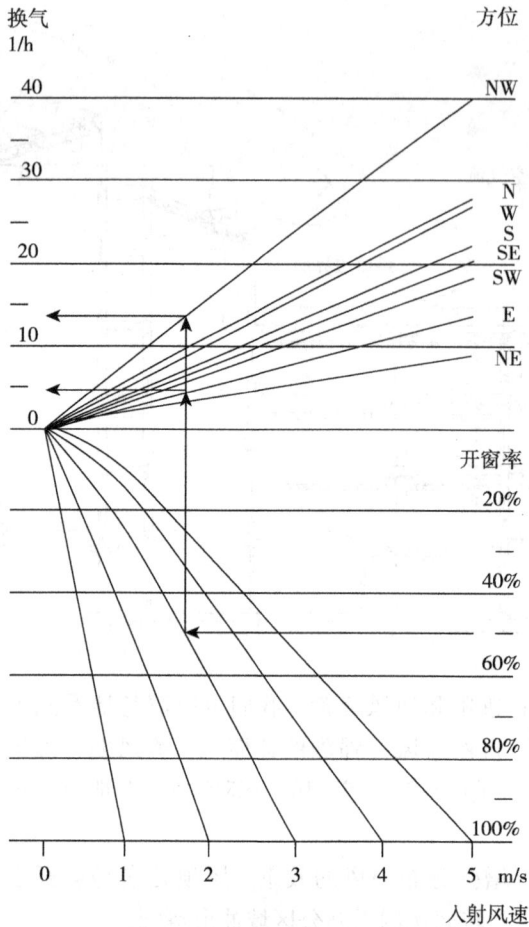

图 11-53 表示一幢 25000m² 大堂模型，考虑进行自然通风。从经济的角度考虑其构造通常采用矩形的形式（图 11-53a）。其压力系数范围从+0.6～-2.0，并且在屋顶上部有一种急剧减少的趋势。换言之，接近屋顶表面的空气排出是非常不均匀的。

图 11-53（b）表示了同一幢建筑物构造带有一拱形屋顶结构。从中可以看到负压力系数更均匀地分布并且位于更高的位置。图 11-53（c）所表示的也是同一大厅，但是具有完全不同的屋顶形状并获得了相对均匀的负压力系数分布。因此我们可以推测，平均分布的屋顶开口和开口设在角落和中心区域的作用其排气效果几乎同样好。

当新鲜空气从下部进入这样的大厅空间，借助浮力通常会有均匀的地板至顶棚穿堂风（图 11-54）。上面提到的通风要求对建筑结构的影响就是出现了一个与众不同的屋顶形式（图 11-52a），出气口设在角落和大厅的中部，并用覆盖物遮挡以保证在雨天仍然允许自然通风。

图 11-50 立面关闭（左）

图 11-51 带有顶棚控制装置的自然通风中庭细部景观（右）

为了证明其他建筑结构能产生同样的结果，图 11-55 系列展示了一个大厅结构，具有特殊的形状和构造，包括技术设备和排气口用在各种条件下（自然通风、机械式通风）提供持续的通风。

图 11-56 系列基于完全不同的屋顶形状设计，其重点集中在创造穿过整个屋顶范围内的表面排风，利用类似双层屋顶（太阳辐射导流板）。这可以通过引导在两屋顶表面之间的主要气流

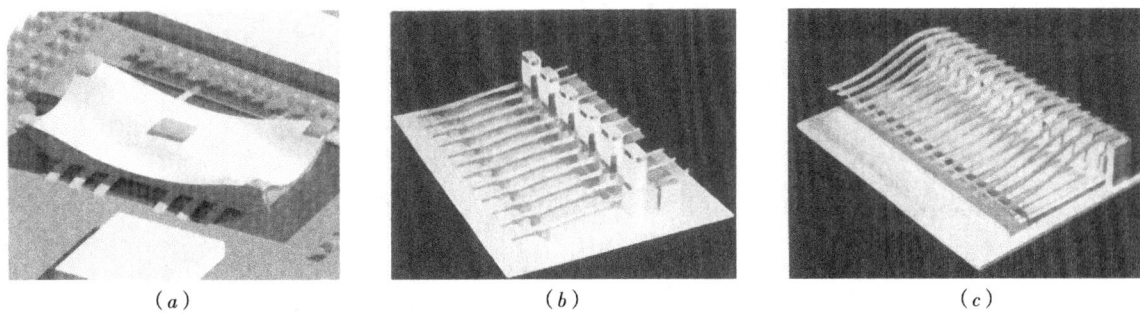

图 11-52 某大进深低层建筑物的三种屋顶形式

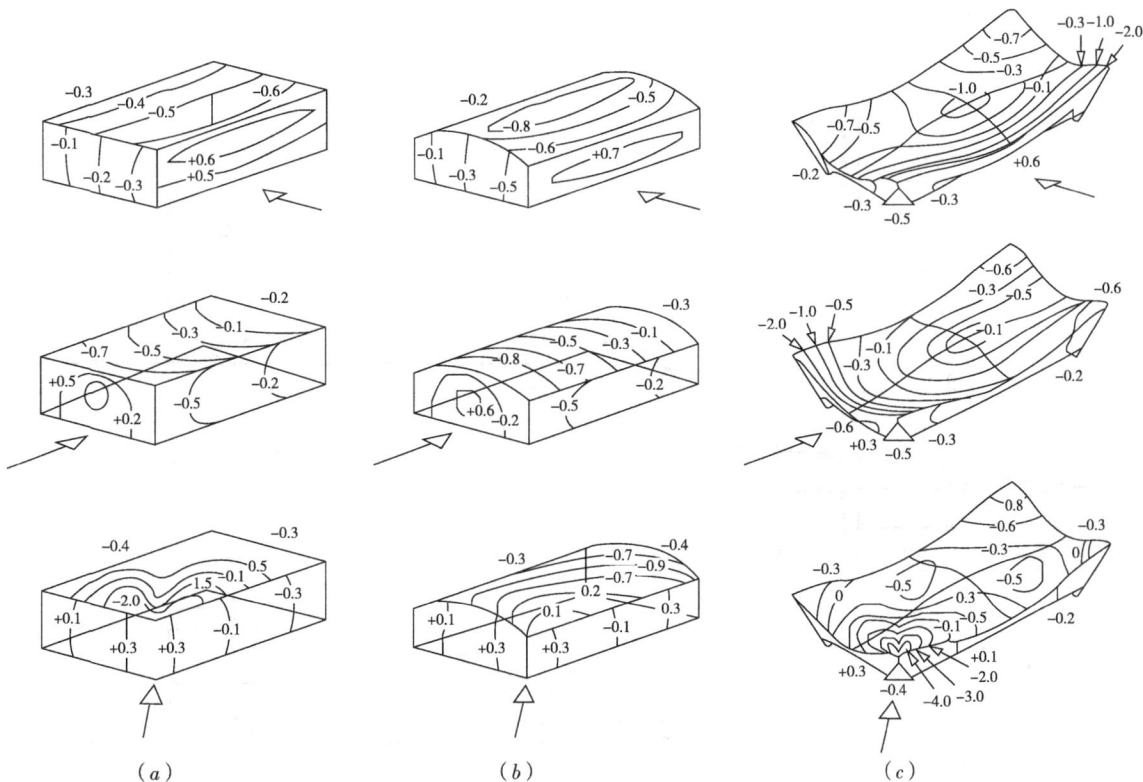

图 11-53 不同建筑形式的压力系数分布

（a）　　　　　（b）　　　　　（c）

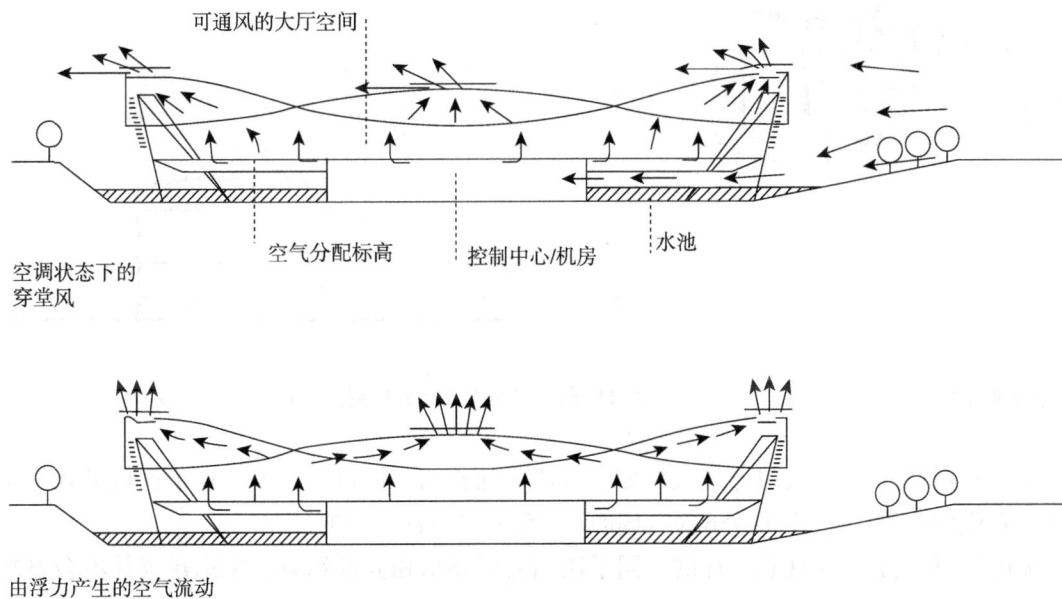

图 11-54 空气流动图解示意

可通风的大厅空间

空调状态下的穿堂风

空气分配标高　控制中心/机房　水池

由浮力产生的空气流动

679

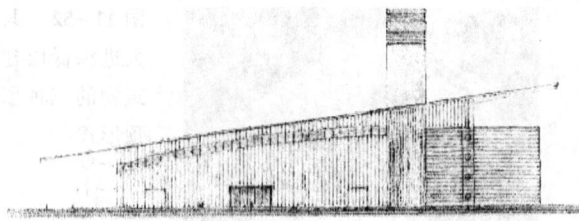

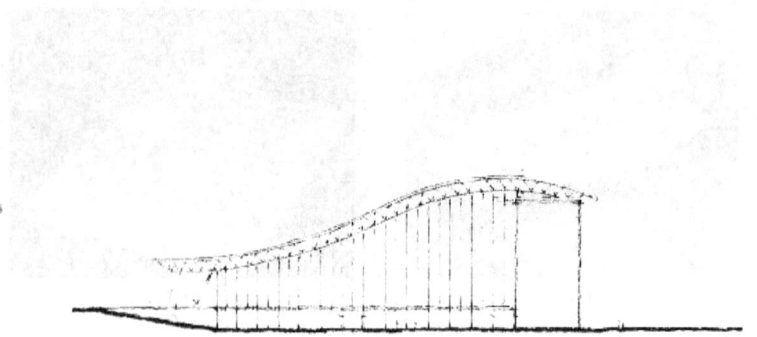

机械通风

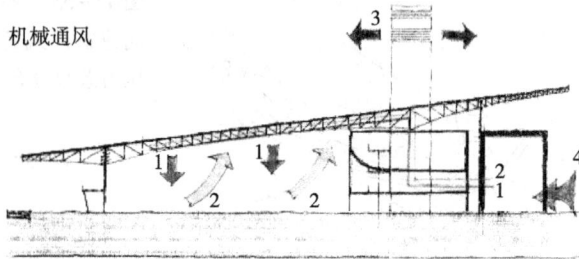

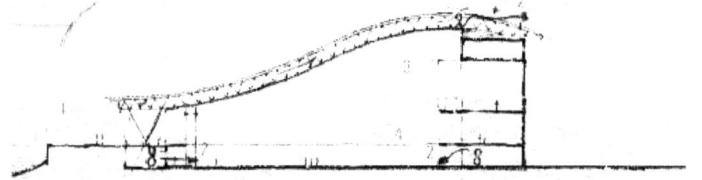

自然通风

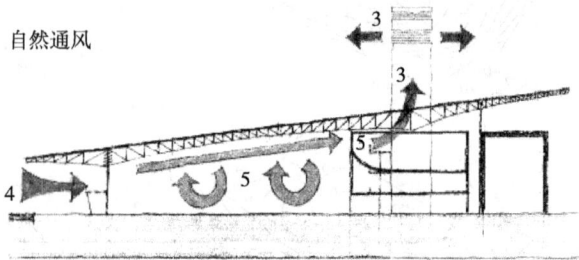

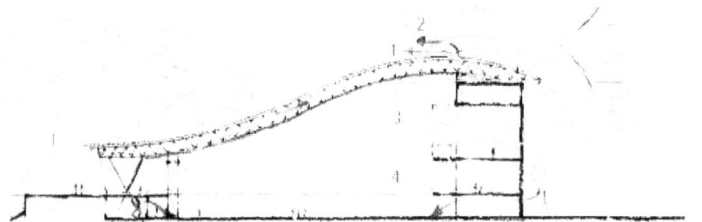

夜间冷却

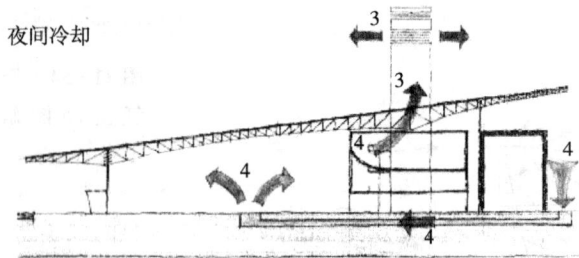

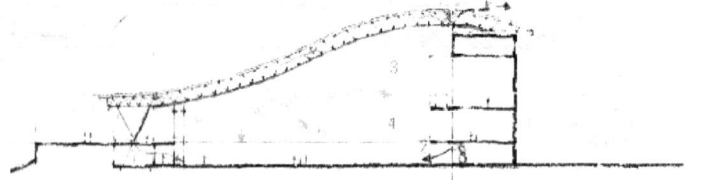

1 供风
2 抽风
3 排风
4 新鲜空气
5 混合空气

图 11-55　建筑物气流分析剖面形式之一　　　图 11-56　建筑物气流分析剖面形式之二

　　来获得，起到将房间内空气引导进入主要空气流中的作用。进口空气沿着地板区域循环，浮力有助于建筑物穿堂通风。图 11-56 系列阐明了气流在各方面的影响。

　　以上三个设计说明了建筑设计的不同手法如何引导出相同的结果，生态建筑并不会限制建筑。相反，结合生态的方面能够在实践中给建筑语言一个很大的提升。

3. 摩天大楼

仔细观察摩天大楼，例如在纽约或芝加哥（图11-57），可以看到无论是新的还是旧的高层建筑通常都安装了可开启的窗户。一般，必须重点注明的是当摩天大楼进行自然通风时，必须采取预防措施以防止过高的风压并确保在大窗户表面的压力和吸力不要妨碍人们开启窗户单元。近几年对自然通风摩天大楼的需要和生态方面的考虑已引发了几幢新的设计。

（1）法兰克福商业银行建筑物

由 Norman Foster 设计的伦敦法兰克福商业银行中，规划有三层高的冬季花园螺旋形围绕建筑物上升布置。图11-58 和图11-59 表示了建筑物立面、平面及其在城市中的位置。这里，我们可以看到建筑物与冬季花园结合的典型平面，后面的庭院以及一张带有交错布置的三层冬季花园建筑物的立面图（概念设计）。它们通过建立一个起始隔栅以抵抗风压或者过量新鲜空气流入而为相邻办公空间提供自然通风。冬季花园提供了与其相关的所有常规利益：获得热、改善微气候、在冬季花园内通过蒸发制冷来降低环境温度。

设计采用一种双叶片状立面使那些办公区域直接位于周边，从而减少这一区域的吸力和压力并使窗户的安装能够向办公空间开启。被动式方法在立面区域应用包括降低建筑物采暖和制冷要求的元素。当然，恰当的遮阳、加热和眩光保护也扮演了一个重要的角色。

采暖要求可以通过在整个建筑上安装传热系数（U 值）为 $1.4 \sim 1.6 \mathrm{W}/(\mathrm{m}^2 \cdot \mathrm{K})$ 的隔绝玻璃来减少。另外，平面布置了一个保护性外衣或外壳，减少对流热在白天传递并在冬季夜间关闭（气流阻尼器）形成一种静态的隔绝空气垫层。冬季花园进一步对被动式得热起有利作用。

制冷要求可以通过红外线反射密封双层玻璃（内充惰性气体）来减小，包括冬季花园和周边办公区域的幕墙。这一设计使得这些室外遮阳方法可行，因为相应的遮阳或百叶安装在玻璃板的后面或者安装在冬季花园内。设计也提供了一种可通风的高蓄热顶棚从而用于建筑物夜间降温（夜间换气为 $3 \sim 4 \mathrm{ac/h}$，未处理的新鲜空气）。

图11-57 纽约某"旧"建筑利用窗户进行自然通风

图11-58 法兰克福商业银行外观与标准平面图

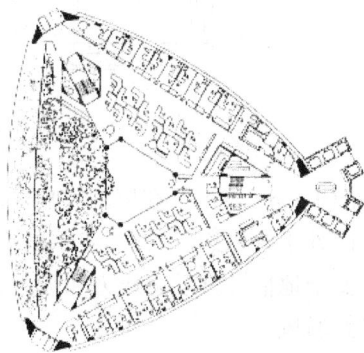

图 11-59 法兰克福商业银行场地布置

热升力（烟囱效应）的利用（图 11-60），可以对正立面的窗洞进行彻底的通风，吸引室外空气从遮阳板后面进入，创造了一种气流。反过来，提供了次一级的房间内循环。通过开启窗户元素，从立面进入房间的气流是热的，并被再次排出。

在直射太阳辐射和无风的日子里，由浮力产生的自然通风是可以明确测量的，因为每层温度的升高大约是 1.5～3K（太阳直接辐射作用下）或在全阴天每层 1K。在无风期通过浮力进行自然通风是不充足的，因为室外温度明显高于室内温度。

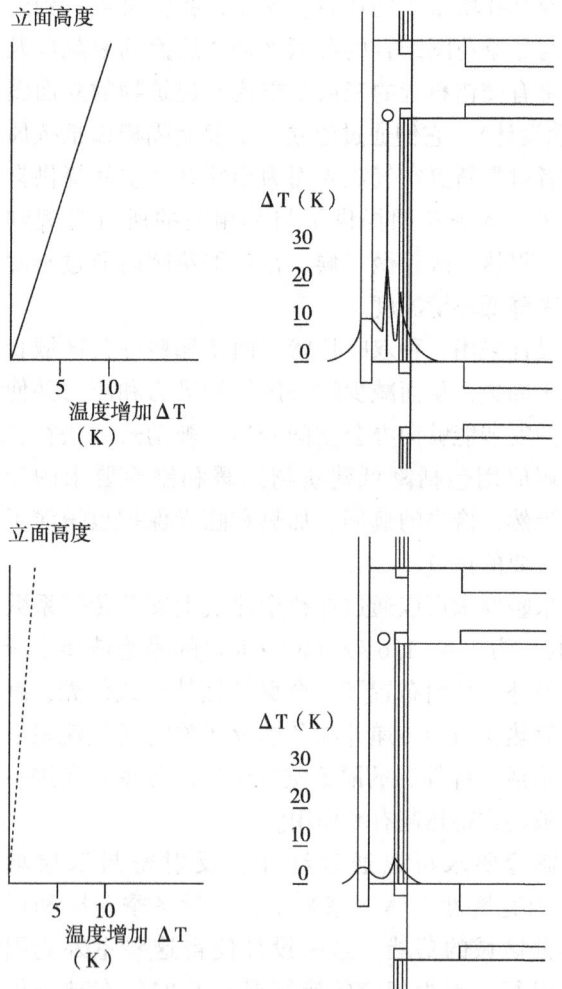

图 11-60 高层利用热浮力自然通风：在直射阳光和全阴天空条件下通风立面上的温度增加

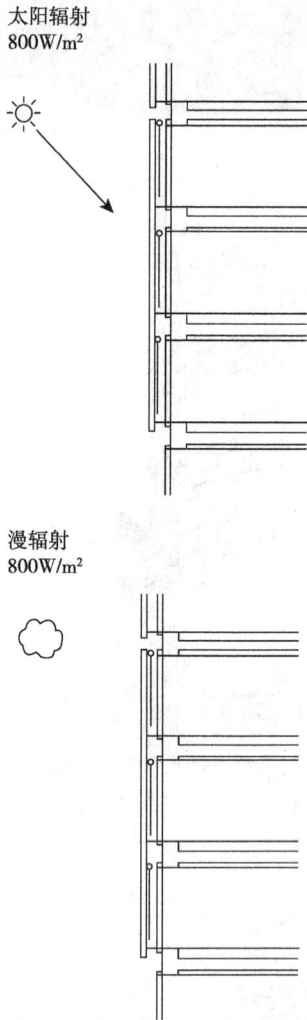

太阳辐射 800W/m²

立面高度

温度增加 ΔT（K）

ΔT（K）
30
20
10
0

漫辐射 800W/m²

立面高度

温度增加 ΔT（K）

ΔT（K）
30
20
10
0

图 11-61 表示了在风的影响下的自然通风（该建筑只有 1/3 的建筑物立面处于迎风边而 2/3 的立面处于背风边）。法兰克福的平均风速大约是 4m/s，并存在着上部和底部建筑剖面处的测量差，安全地估计其动态压力和吸力，如果相关的窗户元素是开启的，将会给建筑物在全年内提供自然通风。

风系数 cp

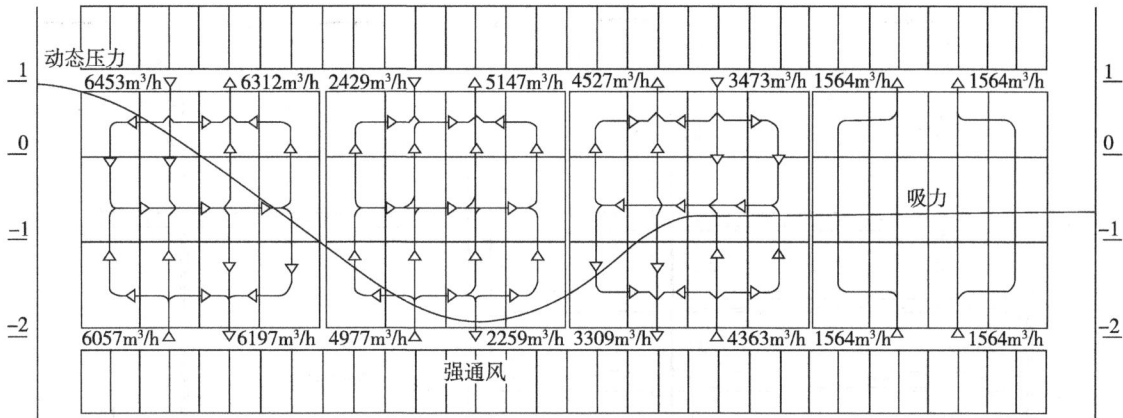

图 11-61　高层利用风条件自然通风：立面层可促使立面洞穴内的气体流动

在冬季，所有周边办公区域估计能够有充足的自然通风，虽然机械式通风可能会节约能量并提供卫生的空气条件同时回收热能。"内部"办公室（与冬季花园相邻）的自然通风和建筑物穿堂风基于冬季花园的位置比周边办公室更佳。冬季花园扮演着热缓冲区的角色，其中直射的或漫射的辐射热能帮助加热整个建筑物。在季节转变期，例如当室外温度范围大约在 +5~+15℃ 之间时，整个建筑物可以像冬季一样地进行运作，虽然在这一期间机械式通风是不必要的，因为这时期周围的温度基本上是舒适的。

当主导风适度和温和的时候，窗户的开启（旋转型窗）是可行的，这些开口能在房间内产生 4~6ac/h 的换气效果。当主导风速很高而室内温度低于 15℃ 时，应该关闭窗户，采取第二套通风或采暖方案（可能也要加湿）。从地板到天棚的通风是最佳的，可创造整个房间的卫生的空气流。当然，在任何房间里的每一位居住者都可以用手工操作方法调节空调和采暖系统并暂时性地开启窗户（新鲜空气涌入）转换成自然通风。

图 11-62 描述了季节转换期间的房间温度。建筑物左边的一半显示的是在自然通风条件下白天的温度和前一夜里的降温，在建筑物后部右边一半温度是采取了夜间的通风，同时将顶棚蓄热效果也考虑在内。夏季无风期时，建筑物必须再一次靠额外的手段通风和降温，因为这段时期房间可能会过热。在这期间，冬季花园可以完全开启以接纳温度大约在 +32℃ 左右的室外空气并通过浓密的室内树叶和蒸发制冷作用将空气温度降低大约 0.5~1K。自然降温的室外空气穿过庭院进入到中央井道区域并继续前进到下一个冬季花园，直到从建筑物中排出。

从图 11-62 中的温度数字可以看出在夜里，按照夏季最热天的预期，建筑物蓄热体被室外空气降温，其范围跨越了整个顶棚区域大约 50%，以确保足够的蓄热能力以维持较低的房间温度（大约 8：00am 21℃ 到 6：00pm 28℃），而不采用空调。

建筑物必须安装通风系统以维持卫生的空气标准。这些系统通过双层楼板将额外空气引入房间以排除污染的空气和气味。机械通风的程度，和用于降温及在白天使用时间可由每个用户决定，通过简单的按动开关或打开窗户进行控制。

自然通风的频率（图 11-63）在一年内以某一位置作为参考点，应达到 70%。只有 9% 的天数有很高的室外温度并会提高房间温度，所以有必要使用空调。

前面提到的研究产生出了以下的建筑物自然通风百分比：

1）利用冷却的空气通风，约为 15%；
2）利用未处理室外空气通风，12%；
3）利用自然通风降温大约为 73%。

图 11-64 对比了采用自然通风房间与采用常规（或机械式）空调的同样空间的能源要求。

生态建筑学

图 11-62 在一天中白天与夜晚办公室室外和房间温度 24h 模拟

A: 夏季（9月1日）
B: 气候转换季节（5月10日）

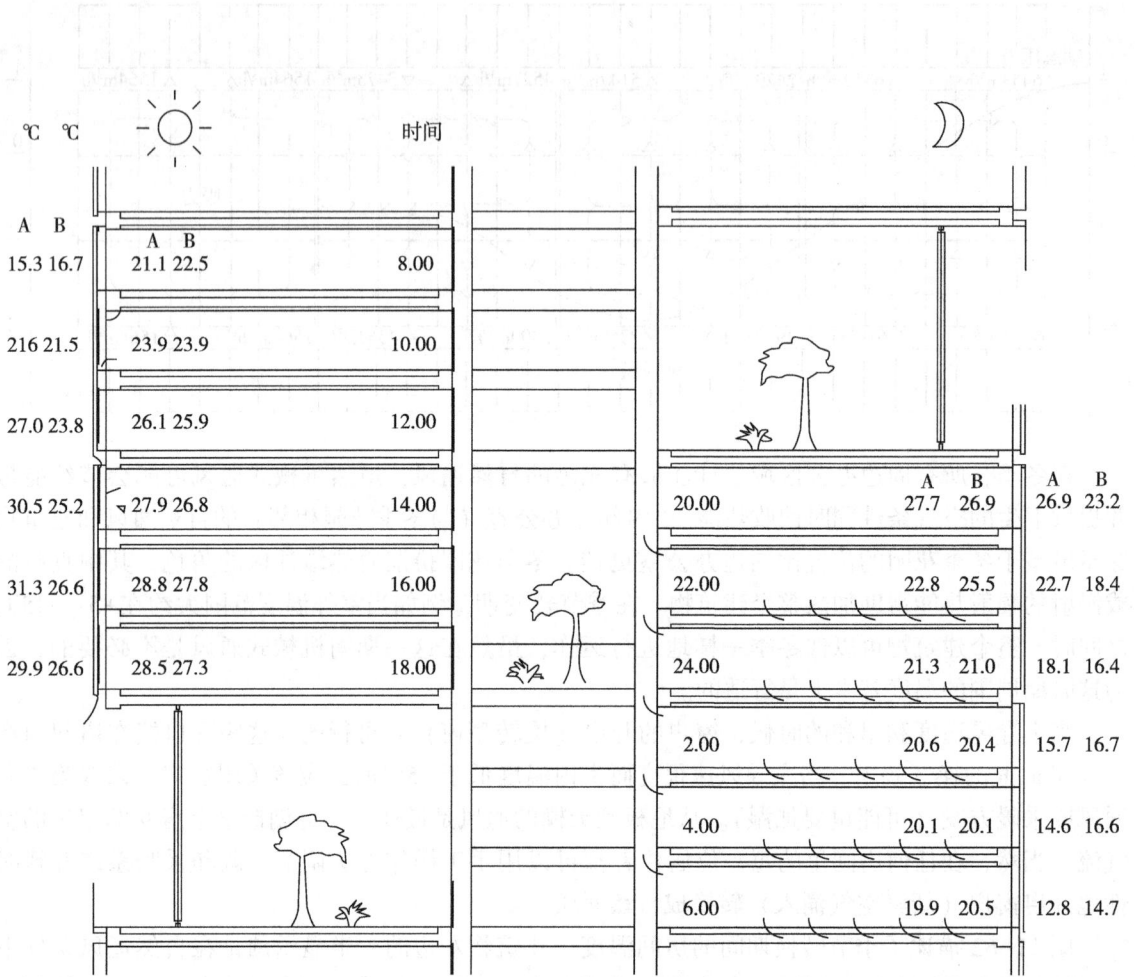

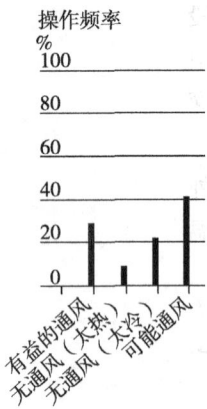

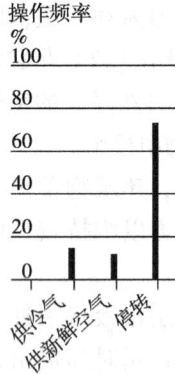

℃ ℃		时间					
A B	A B				A B	A B	
15.3 16.7	21.1 22.5	8.00					
216 21.5	23.9 23.9	10.00					
27.0 23.8	26.1 25.9	12.00					
30.5 25.2	27.9 26.8	14.00	20.00		27.7 26.9	26.9 23.2	
31.3 26.6	28.8 27.8	16.00	22.00		22.8 25.5	22.7 18.4	
29.9 26.6	28.5 27.3	18.00	24.00		21.3 21.0	18.1 16.4	
			2.00		20.6 20.4	15.7 16.7	
			4.00		20.1 20.1	14.6 16.6	
			6.00		19.9 20.5	12.8 14.7	

图 11-63 白天窗户通风和夜晚冷却要求的百分比

图 11-65 是法兰克福商业银行的现状。50 层摩天大楼的楼层平面是三角形，带圆角和柔和的曲线边墙。4 层高冬季花园呈螺旋形地布置在建筑高度上。加起来一共有 9 个冬季花园，根据它们的朝向种植并为相邻的办公室提供自然通风和采光以及城市景观。封闭冬季花园的玻璃墙安装了可开启的单元以确保有新鲜空气的进口。

（2）法兰克福《摩天大楼项目》另一个在开发和设计阶段的项目是如图 11-66 所示的摩天大楼，这幢 52 层的大厦（200m 高）设计为一幢可自然通风的建筑，由一个方形和圆柱形的塔组成，两部分建筑通过过渡区域（电梯核和交通面积）联系。所以，办公区域可以直接从外部进行自然通风而没有任何大的缓冲区域、暖房或类似的结构元素。

原来的设计提出三种窗户的选择（图 11-67）。必须要确定立面能够实现自然通风的任务，在最少的投资下得到最佳的遮阳和眩光控制。立面的选择基本标准如下：

1）场地上风速的频率；

2）场地上的平均风速；

3）场地上风向分布；

4）场地上每年无风期的时间。

对法兰克福风统计资料的引用说明（图 11-68）主导风向是西南和东北；进一步，从平均风速来判断，很明显最高风速来自西向。法兰克福经验中的无风期占全年的 3.4%，值得注明的例外是 7 月和 9 月，分别达到 5.7% 和 5.3%。

建筑物周围的压力系数非常重要，因为他们在（外部）表面建立了压力分布，依据风速和迎面风向。外部表面上的压力和吸力条件形成了进入和离开建筑物的空气流，以及从建筑物压力边向吸力边（迎风面和背风面条件）的穿堂风。

1）立面上的压力系数

图 11-69 显示了建筑物受到来自西南主导风的情况。正负压力系数标注在建筑物的外部，描述了横跨整个建筑物表面的压力分布。来自南—南偏西（225°）的主导风的压力系数，相对于摩天大楼的圆柱形部分，表现出值得注意的差别。

图 11-70 描述了当主导向来自东北向（45°）时压力系数的分布。图 11-70 和图 11-69 的比较很清楚地说明方塔与圆柱形塔相比会引起不太有利的空气流。

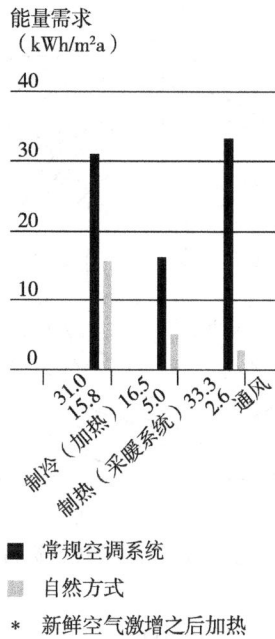

图 11-64　标准房间的能量需求

能量需求（kWh/m²a）

■ 常规空调系统
▨ 自然方式
* 新鲜空气激增之后加热

图 11-65　商业银行总部的城市景观（左）

图 11-66　带有自然通风设计的古典风格的高层建筑模型（右）

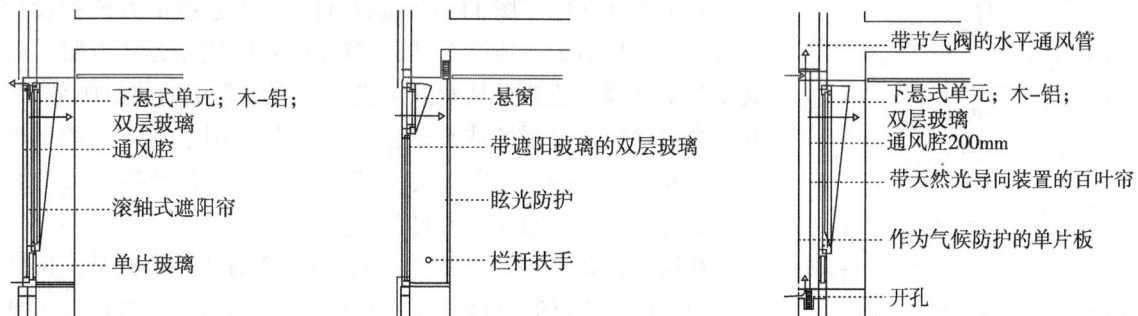

下悬式单元；木-铝；双层玻璃
通风腔
滚轴式遮阳帘
单片玻璃

悬窗
带遮阳玻璃的双层玻璃
眩光防护
栏杆扶手

带节气阀的水平通风管
下悬式单元；木-铝；双层玻璃
通风腔200mm
带天然光导向装置的百叶帘
作为气候防护的单片板
开孔

图 11-67　立面选择

选择 1. 带有太阳辐射保护盒式窗的三层板系统；
选择 2. 单层叶板立面，阳光防护玻璃，绝热玻璃；
选择 3. 带烟囱式通风装置的双层叶板立面

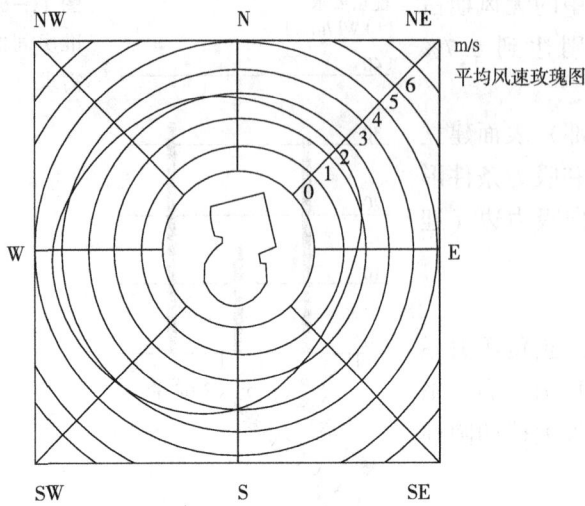

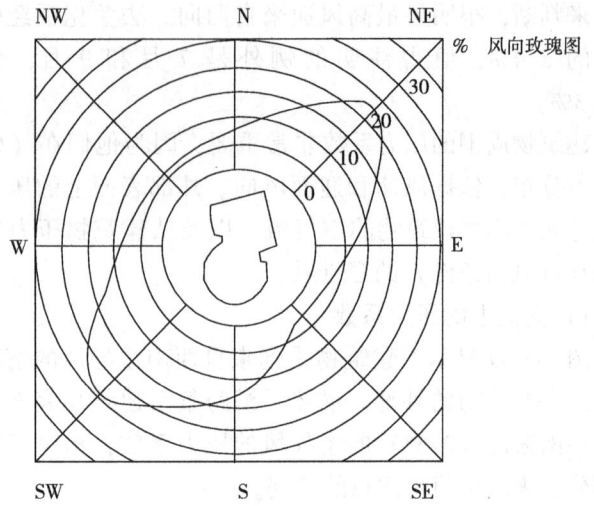

图 11-68 法兰克福常年风的统计资料

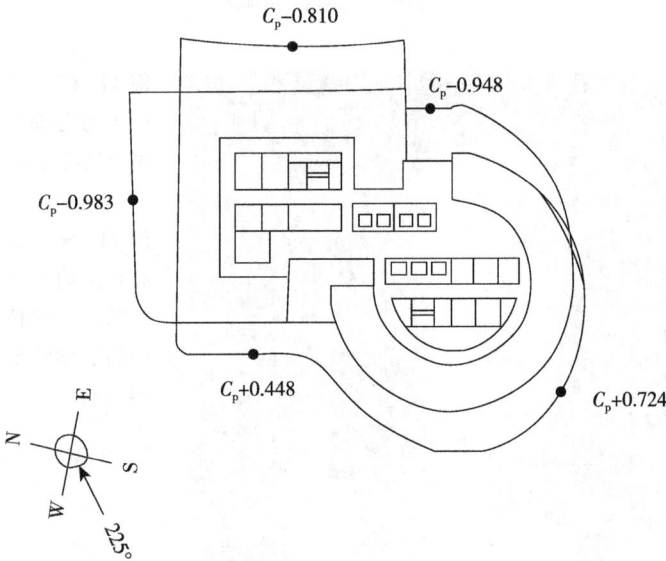

图 11-69 在西南风作用下周边压力系数分布

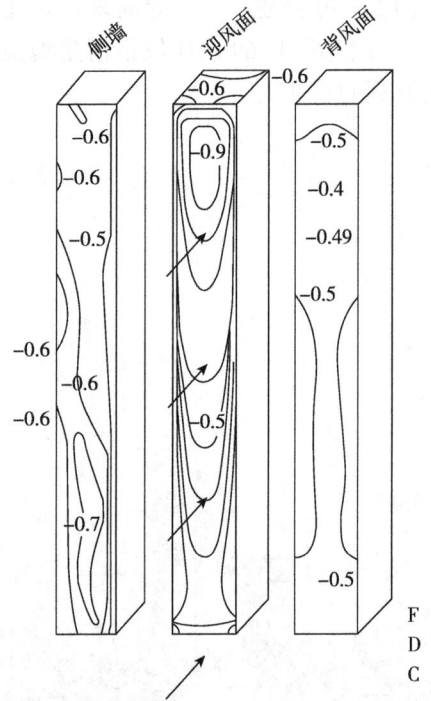

图 11-70 在东北风作用下外围压力系数分布

图 11-71 正方形塔楼的压力系数分布

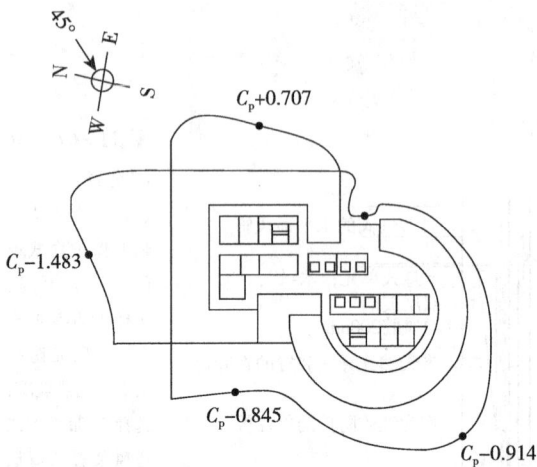

图 11-71 阐明了方形塔的局部风压力系数，包括它的迎风和背风边以及它的边墙，同时还有摩天大楼的高度方向。

2) 浮力和主导风作用于带井道通风的双叶立面上的模拟

对于双叶立面（图 11-67 选择 3），一个连续的井道被设计在每两个轴从第 2 层到第 51 层，靠烟囱效应使靠近井道的"盒式窗"能通风。要获得从盒式窗进入井道所希望的热虹吸效果，井道中的空气（温暖的或加热的空气）与周围空气之间的密度差是必要的。然而烟囱效果也要考虑到井道内侧摩擦阻力的影响，还有来自外部的迎面风的影响。

在这个方案中，新鲜空气在立面的底部进入井道并从上部区域再次排出。这可能会将空气排到上层楼面（在这个高度压力处于中性)，对于那些楼层的居住者来讲这是一种不希望的结果。要将中性区域移到尽可能靠近建筑物屋顶标高处，就必须要延伸井道并在同时使烟囱出口处附近获得很高的负压力，这样才能将空气排出井道。图11-72阐明了这种工作原理。图11-73中屋顶线是一种凸面圆盘状物。为了在烟囱效果的帮助下改进气流条件，采取的另一种措施是将整个通风井划分成三个部分，每一个在靠近屋顶处创造一个中性区域（图11-74）。

这类井道的通风效果在图11-75的图解中所示。基于外部的影响（浮力、压力、吸力），不同的空气体积从建筑物中被排出。窗户和排气井道之间的气流阻力可以进行调节以平衡通风井道中的吸力。

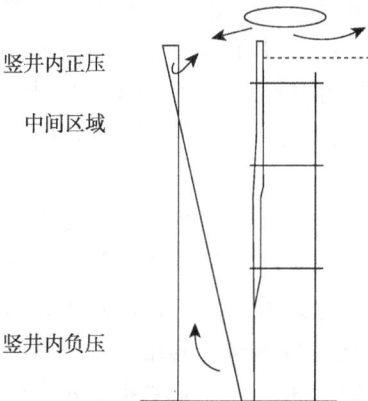

图11-72 由带有直通井道和凸型圆盘的通风烟道产生的压力

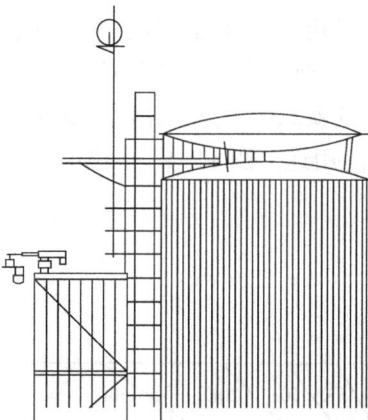

图11-73 圆柱形塔楼的屋顶轮廓线

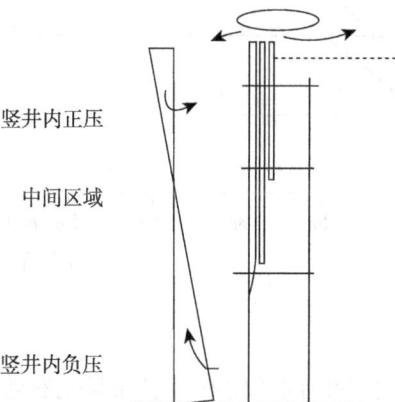

图11-74 立面上分离的井道产生的压力分布

图11-75 井道通风图解分析
(a)由热浮力引起的自然通风；(b)由风力动压力引起的自然通风；(c)由风形成的强吸力产生的自然通风

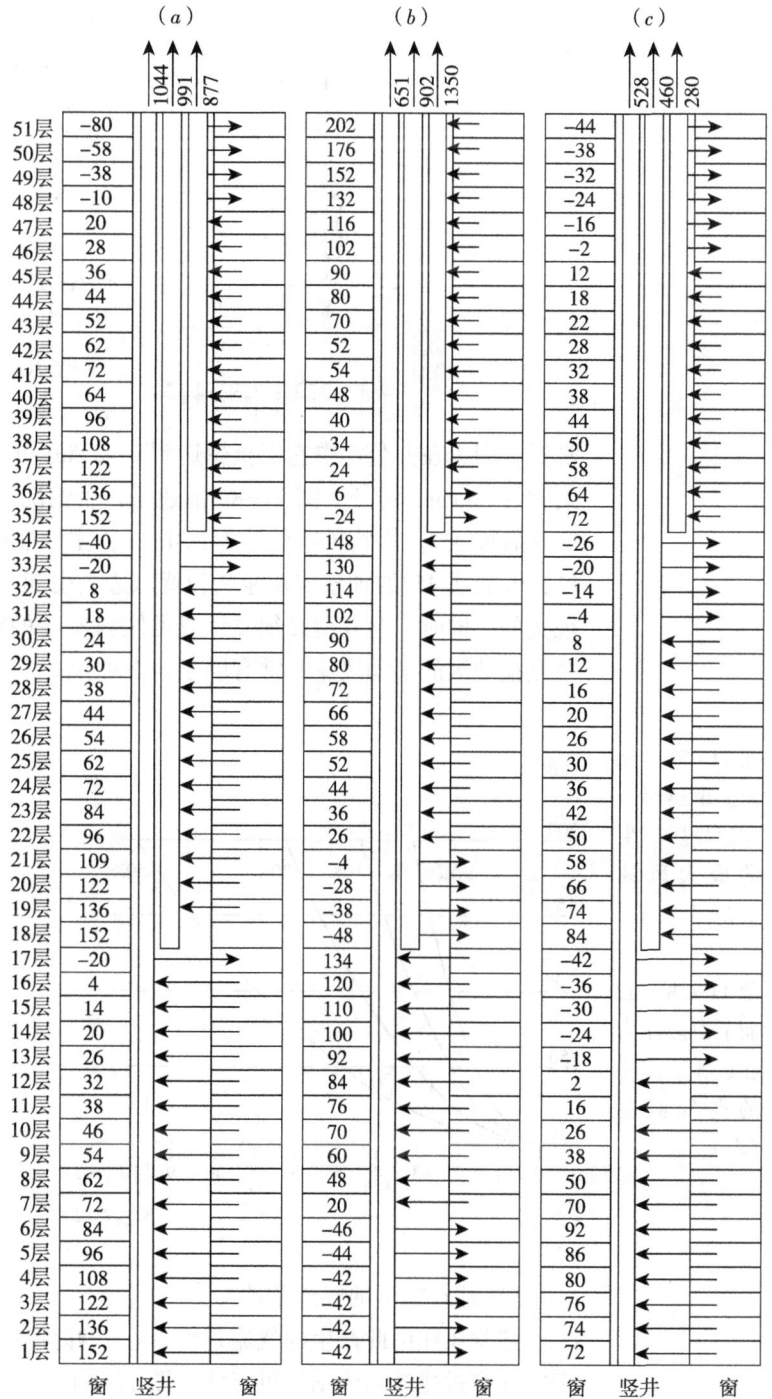

层	(a)	(b)	(c)
	1044 991 877	651 902 1350	528 460 280
51层	-80	202	-44
50层	-58	176	-38
49层	-38	152	-32
48层	-10	132	-24
47层	20	116	-16
46层	28	102	-2
45层	36	90	12
44层	44	80	18
43层	52	70	22
42层	62	52	28
41层	72	54	32
40层	64	48	38
39层	96	40	44
38层	108	34	50
37层	122	24	58
36层	136	6	64
35层	152	-24	72
34层	-40	148	-26
33层	-20	130	-20
32层	8	114	-14
31层	18	102	-4
30层	24	90	8
29层	30	80	12
28层	38	72	16
27层	44	66	20
26层	54	58	26
25层	62	52	30
24层	72	44	36
23层	84	36	42
22层	96	26	50
21层	109	-4	58
20层	122	-28	66
19层	136	-38	74
18层	152	-48	84
17层	-20	134	-42
16层	4	120	-36
15层	14	110	-30
14层	20	100	-24
13层	26	92	-18
12层	32	84	2
11层	38	76	16
10层	46	70	26
9层	54	60	38
8层	62	48	50
7层	72	20	70
6层	84	-46	92
5层	96	-44	86
4层	108	-42	80
3层	122	-42	76
2层	136	-42	74
1层	152	-42	72
	窗 竖井 窗	窗 竖井 窗	窗 竖井 窗

图 11-76 立面上 20K 温度差形成的热浮力，边界层风速轮廓线

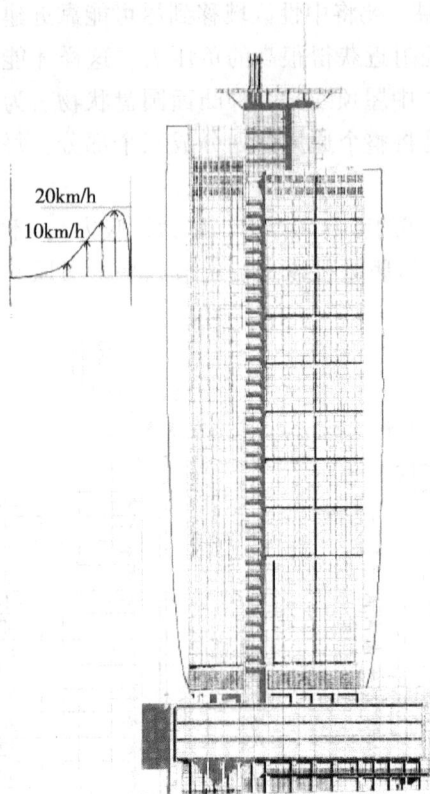

20km/h
10km/h

3）立面的浮力

在无风期，升力或浮力边界层会由立面上的热量产生，这是由于建筑物与周围空气之间有温度差，其原理如图 11-76 所示。建筑物与周围空气之间的温度差在相当程度上受入射辐射和建筑物外表吸收系数的影响。假设建筑物与外部空气之间的最大温度差是 20K，上部楼层的边界层预计可达到 20km/h 的风速。在炎热的夏季无风的日子里，温度差可能会明显高于 20K，在原有大楼中曾有温度差高达 50K 的记录。相应的关系在图 11-77 和图 11-78 中给出。图 11-77 说明了在边界层内最大的空气速度，图 11-78 中空气沿着立面运动，由浮力引导，这有赖于建筑物的高度和边界层与室外空气之间的温度差。

4）通过变化的立面设计在办公区域进行空气交换

在实验室的实验中，一个标准办公室的换气率，根据相应的通风与背风方位，盒式窗的窗户开启角度，以及一种单叶片的立面等分别进行测试，其结果如图 11-79 所示。假设平均迎面风速为 3.4m/s，如数据显示，带有 18mm 边缘接缝的盒式窗在背风面所引起的换气率非常低，因为在办公室中它们至少达到 2~2.5ac/h。这样，要获得可接受的比率，其接缝必须扩大到大约 35mm。另外，图 11-82 描述了一种情况，其中盒式窗完全开启进行自然通风，并且轴悬窗开启成 45°。平均风速估计为 3.4m/s，主导迎面风的方向是西南（迎风边）。如图中记录的那样，开启成 45°的轴悬窗在迎风和背风边会引起非常高的换气率，这就意味着这一角度一般是不现实的。同时，盒式窗必须设计成可倾斜旋转的窗户以利于更多的用途。图 11-80 也说明在法兰克福地区的平均风速非常有助于自然通风。

图 11-77 立面上由热浮力在边界层产生的最大风速（左）

图 11-78 立面上由热浮力在边界层产生的空气流量（右）

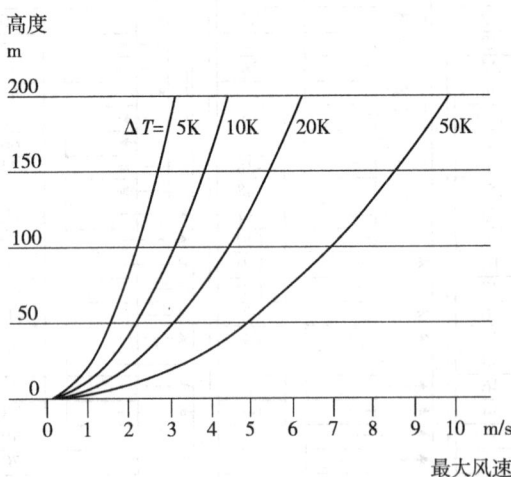

高度 m

ΔT= 5K 10K 20K 50K

最大风速

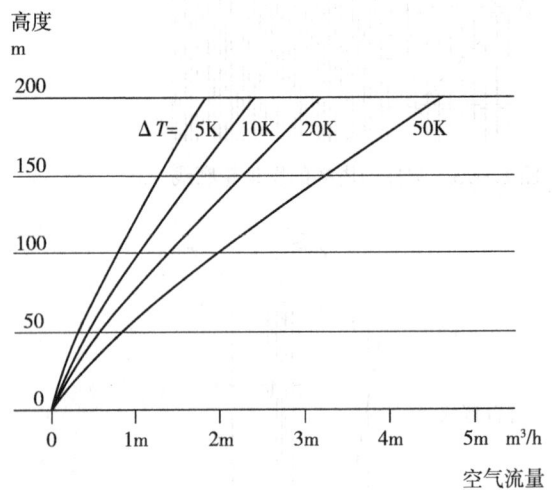

高度 m

ΔT= 5K 10K 20K 50K

空气流量

5）建筑物中的气流条件

穿堂风和由此产生的气流条件，在一幢建筑物中不仅有赖于窗户的关闭和开启而且也有赖于空气穿过建筑物流动的可能性。图 11-81 和 11-82 显示了在各种假设条件下的气流条件。

换气
1/h
8
6
4
2
0
0 10 20 30 40 50 60 70 80 90 度
窗户开启角度

迎风面
—— 悬窗
-- 带18mm间隙的
盒式窗
背风面
—— 悬窗
-- 带18mm间隙的
盒式窗

换气
1/h
16
12
8
4
0
N NE E SE S SW W NW
背风面　迎风面　风向

—— 45°悬窗
-- 盒式窗开启

平均风速
W_m=3.4m/s

低限值：2.51/h

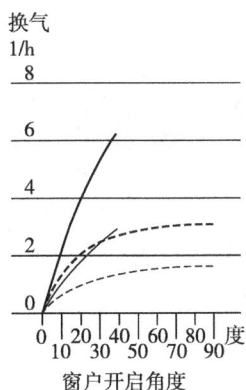

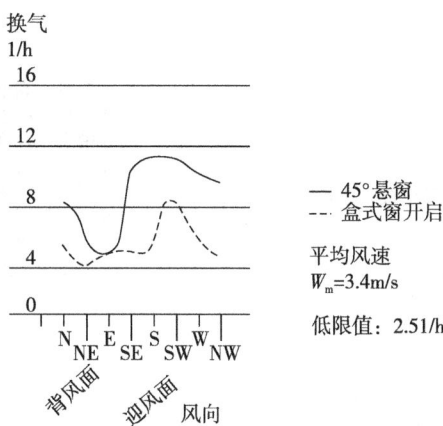

图 11-79 迎风面标准办公室内的空气交换（左）

图 11-80 标准办公室空气交换，盒式窗与倾斜窗对比（右）

当窗户打开，接近立面的气流阻力减少，室外压力成为主导，而室内压力（室内的门）显得更为重要。假设所有办公室和过道门（间隔物）都是完全密封，当一间办公室的门打开时大量气流将从办公室穿过走道到背风边。当引向走廊的办公室门是关闭的，空气流动仅仅能够感觉到（图 11-81*b*）。当办公室的门关闭但走廊门是开启的时候，其条件是相似的（图 11-81*c*）。图 11-82 的图解说明来自东北的迎面风会产生相似的结果。

高风速（风暴）期间打开窗户会引起非常强烈的穿堂风，在关闭的办公室门处的压力差会达到 200～600Pa 之间的水平，并使它们无法打开。如此，窗户在室外空气速度超过 10m/s 时保持关闭是非常重要的，从而避免建筑物操作中的混乱。

开启的窗户和平均风速（大约达到 5m/s）可以创造这样的条件，办公室门应该在大部分时间保持关闭，因为开启门会引起强烈的穿堂风，并且无法靠通风和空洞系统来调节。在平均风速期间保持办公室门关闭会产生较低的压力差和没有问题的环境。在一层楼面上，关闭的防风门能够增加足够的室内阻力以改善穿堂风。因此，室内门也应该安装以利于建筑物中对空气动力的利用。

6）不同比例模型的风洞研究

为了证明理论计算和深入分析，必须在风洞中进行测试，模型比例从 1∶300 到 1∶100。模型比例是由所要研究的城市范围的尺寸（建筑环境）和风洞中所能容纳的尺寸所决定的。

在城市的位置中，比如在法兰克福，大量的摩天大楼相互间会产生相当大的影响，达到几乎无法计算的程度。图 11-83 和图 11-84 显示了一种场地平面的部分和在环境中的要研究的建筑物的位置（比例 1∶100）。

图 11-85 以图解形式说明在建筑物上典型的空气流和下降气流以及空气在街道中的运动，基于风洞研究期间得出的结论。正如这些草图所示，风速在独立的大楼和相邻建筑物构造之间明显地增加，强烈的气流出现在建筑物的背风边。同时，上升或下降的气流可以在立面上观察，依赖于停滞点的位置，同时强烈的气流边界层紊流接近摩天大楼的顶部，伴随着迎风边下降的空气运动。

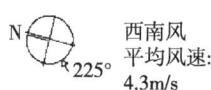

N
西南风
平均风速：
4.3m/s
225°

图 11-81 西南风作用下的建筑物气流条件

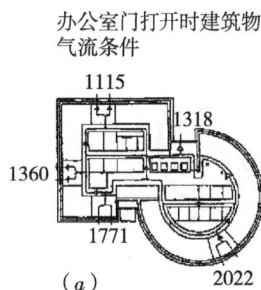

办公室门打开时建筑物气流条件
1115
1318
1360
1771
2022
（*a*）

办公室门关闭时建筑物气流条件
3 7
9
15
6
（*b*）

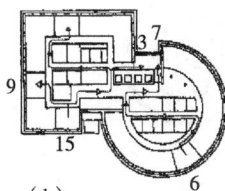

办公室门关闭/走廊门开启时建筑物气流条件
7
9
14
17
（*c*）

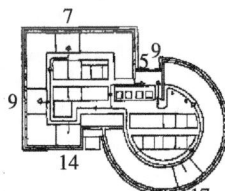

数字表示气流的体积（m³/h）

45°

N 东北风
平均风速：
2.7m/s

办公室门开启时建筑物
气流条件

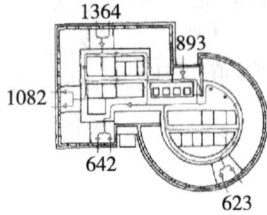

1364
893
1082
642
623

（a）

办公室门关闭时建筑物
气流条件

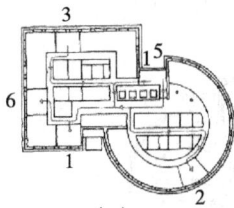

3
5
6
1
2

（b）

办公室门关闭/走廊门开启时
建筑物气流条件

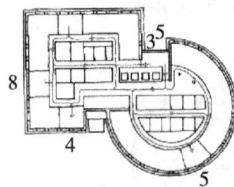

3 5
8
4
5

（c）

数字
表示气流体积（m³/h）

图 11-82 东北风作用下的
建筑物气流条件

1 银行，高度275m
2 银行，高度110m
3 中心，高度102m
4 银行 H1，高度125m
5 高层H2，高度200m
6 建成外围，高度37m
7 保险大厦1，高度37m
8 塔楼，高度90m

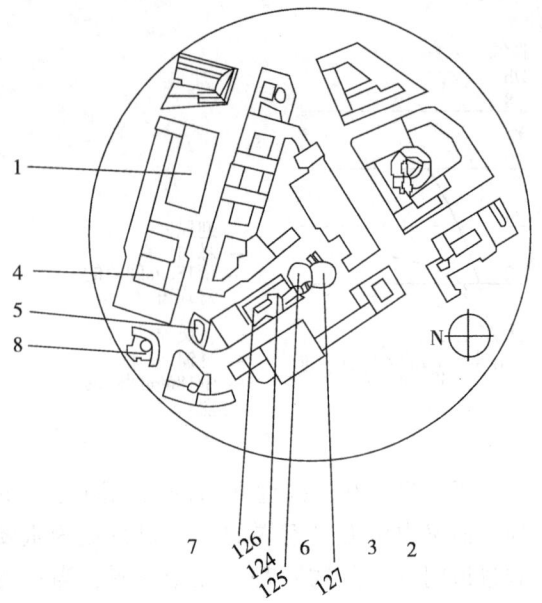

1
4
5
8
N

7 126 124 6 3 2
125 127

图 11-83 建筑物模型转盘平面

图 11-84 模型与城市环境

图 11-85 西
南风作用下典
型的气流模
型、楼层平面
和立面

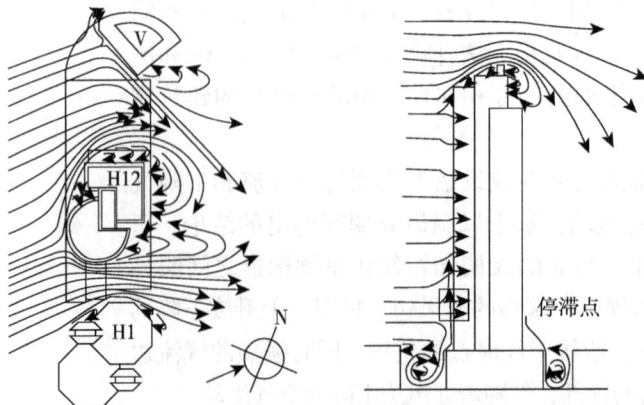

V
H12
H1
N

停滞点

（3）RWE AG Main 办公楼建筑

这幢大楼是德国埃森一个较大的开发项目。在这个项目中，也面临着是单层或双层叶板立面的问题。建筑师选择了在空气动力学方面最有利的形式（圆柱体）。图 11-86 显示了在建成环境中的场地位置，图 11-87 是大楼的夜景。

1）项目概述

建筑模型照片显示的摩天大楼是一幢带有双层叶板立面的 31 层圆柱形塔楼。这种双层叶板立面的目的是为周边办公区域提供良好的自然通风（图 11-88）。立面内侧空间通过进口和排出口百叶的交叉布置，可以提供外部的空气。

当窗户打开，在外表面来自迎面风的压力被带进建筑物室内并可能产生强烈的穿堂风，并产生如下影响：

图 11-86　圆柱型大厦的城市位置

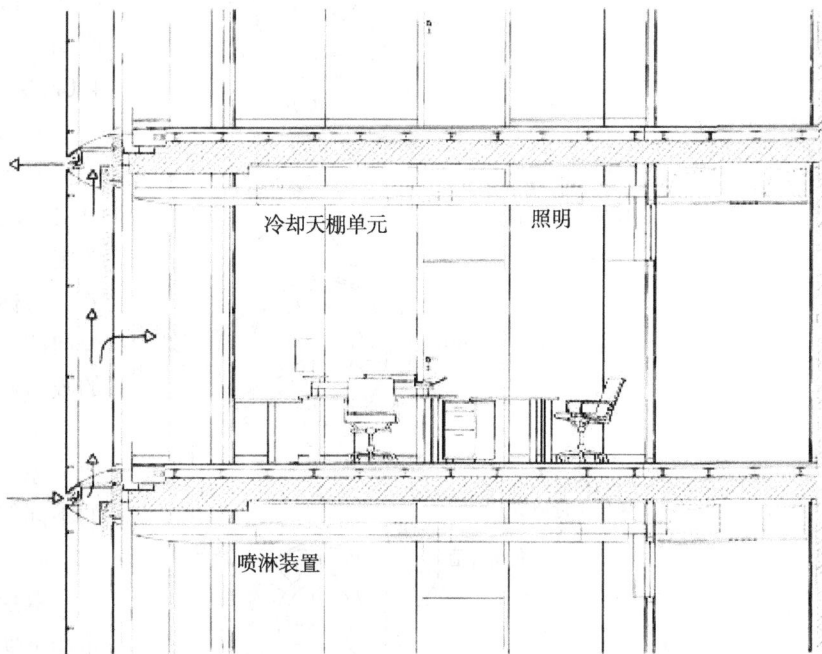

冷却天棚单元　　照明

喷淋装置

A. 开门需要过度的力量；

B. 在办公室和走廊中的气流；

C. 缝隙处的"啸声"。

同时，自然通风可能受如下结构参数的限制和影响：

A. 立面布置；

B. 通风缝隙或百叶板；

C. 窗户和门的气密性；

D. 门的设计（旋转门，开启和关闭机械装置）。

为了限制风在建筑物中的影响，进行了设计比较研究，目的是平衡可循环双层叶板内侧风压，因为它与风压以及带有盒式窗的立面内侧夏季温度的状况分别相关。

图 11-87　摩天大楼外形（左）

图 11-88　大楼细部剖立面（右）

图 11-89 埃森的风统计资料

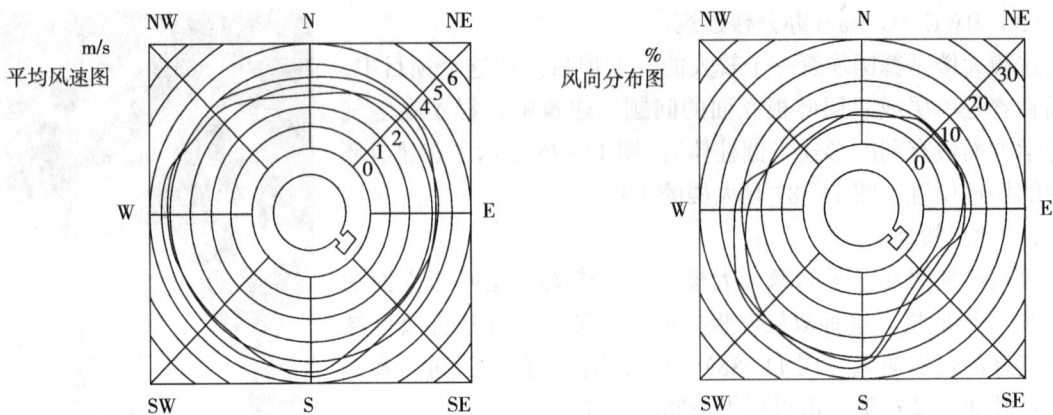

图 11-90 迎风面建筑外壳的压力分布数值

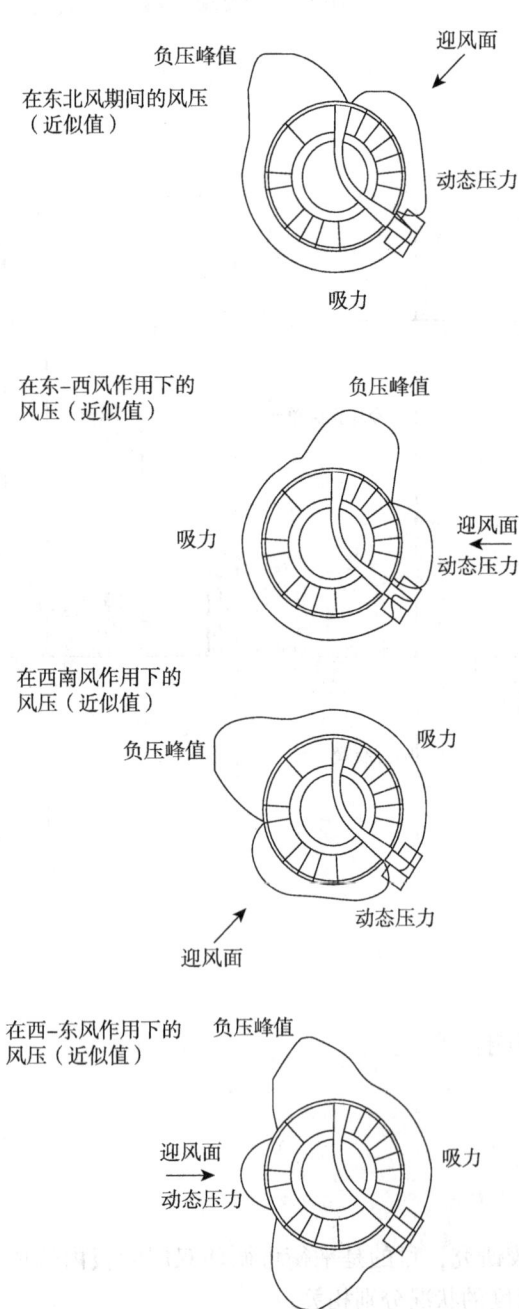

负压峰值

迎风面

在东北风期间的风压（近似值）

动态压力

吸力

在东-西风作用下的风压（近似值）

负压峰值

吸力

迎风面

动态压力

在西南风作用下的风压（近似值）

负压峰值

吸力

迎风面

动态压力

在西-东风作用下的风压（近似值）

负压峰值

迎风面

动态压力

吸力

2）风条件

埃森的主导风条件如图 11-89 中描述。它们是相对比较平稳（温和）的，其最大风速低于 17m/s（大约有 130h 的运行时间超过 10m/s 和大约 230h 超过 8m/s）。风主要来自南向、西南和西向（约占全年总数的 60%），平均风速是 4.0m/s。

3）建筑物空气动力学

通过模拟，风压系数在风洞实验中决定。图 11-90 显示了来自四个不同风向在外表压力分布的定量过程。附属的电梯井道引起压力分布的偏差，与标准的圆柱体有区别。尤其是从东北到西南向的迎面风，不会在靠近电梯井道处引起明显的吸力峰值。

从风洞测试的结果中可以看到圆柱体独特的压力系数分布，其范围从 +1.0~-2.3。压力明显的不同似乎会引起强烈的穿堂风。

4）立面

双层叶板立面的作用是在水平布置间隔板的帮助下使楼层与楼层之间保持分离。外侧表面平均每格子线安装了一低一高的通风百叶。为了防止排出的空气流进低的楼层，排风百叶与进风百叶成对角线关系。

A. 盒式窗：立面垂直分隔物密封了每一个独立的轴线并阻抑了声音在立面洞穴内的传播，其结果产生了盒式窗（图 11-91）。

B. 周边双层叶板立面：当不采用垂直分隔，立面仅仅被两个电梯井划分成分离的部分（东北和西南表面），在这两部分中，通过立面进入的空气能够沿着建筑物的周边流动。

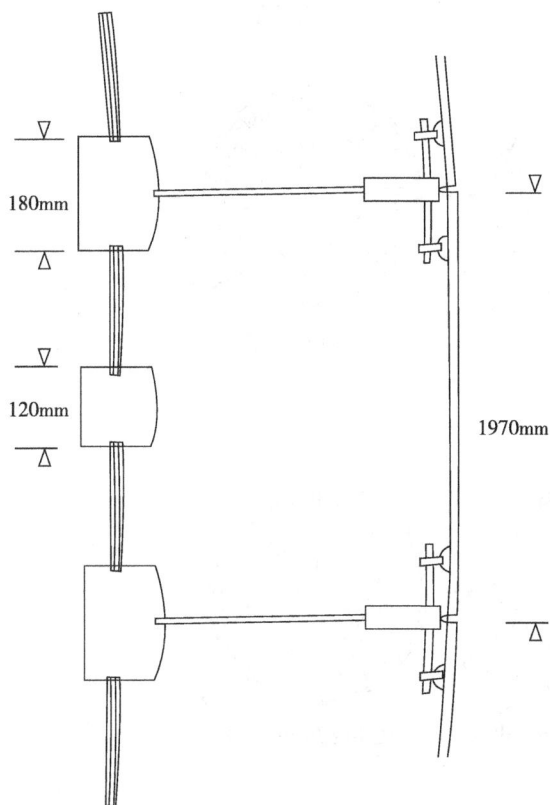

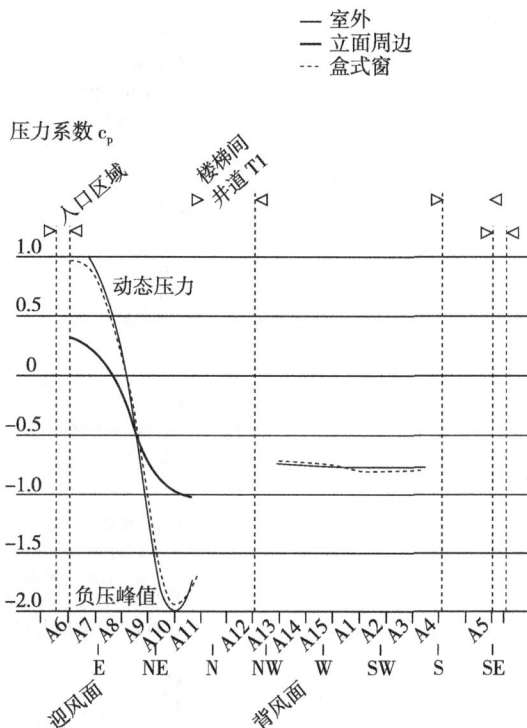

5）风压的减少

没有垂直分隔，风压能够通过自由空气运动（在建筑物双层立面洞穴内的循环）而部分地减少。周边立面内侧的压力基本上可以靠通风百叶的气流阻力和立面穿堂风的关系确定（基于双层叶板立面和内侧立面的结构元素之间的距离）。

图 11-92 描绘了在外层表面和立面洞穴内的压力范围，作为稳定状态条件下气流阻力的结果。这些结果足以精确地评价自然通风。出于其他目的（结构、立面压力等），诸如风系数、场地的气流阻力、风的阵风状态等室外条件，也都应予以评价。很清楚，风压差在洞穴中的作用，穿过两个部分循环，在东风期内能够减少 50%（与盒式窗变化给出的结果相比）。

6）自然穿堂风

最终的模拟是以风洞实验得到的压力系数结论为基础，再现自然穿堂风。由于风压是暂时的平均值，其结论性的计算也就是稳定状态的穿堂风，穿堂风的强度和程度以及基于以下因素可能增加门开启力量：

A. 要打开的窗户和办公室门的位置（情形）；

B. 风向；

C. 风速。

要模拟穿堂风，进行了对以下开口位置的研究，东风平均风速为 4m/s：

A. 在每间办公室开一扇滑动窗；

B. 在两间迎风办公室内（开向东北向立面）和在一间位于负压峰值处的办公室（在东北表面），每间一扇滑动窗；

C. 在一间迎风面办公室（面向东北立面）一扇滑动窗；在负压区域（面向西南立面）三间办公室带有开启的窗户。

图 11-91 立面构造草图（左）

图 11-92 在东风期间标准层典型压力分布（右）

693

图 11-93 平均风速作用下的空气交换

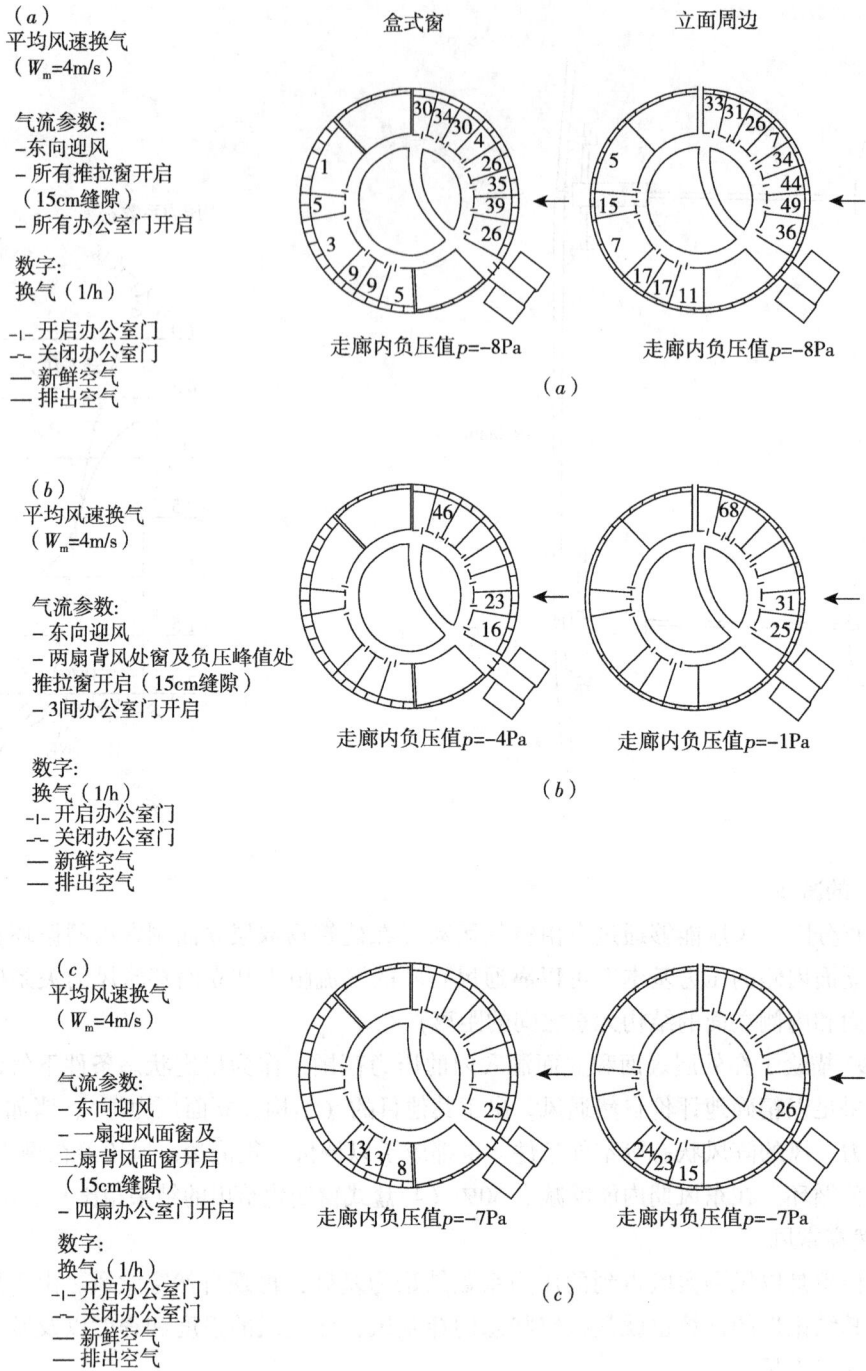

（a）
平均风速换气
（W_m=4m/s）

气流参数：
– 东向迎风
– 所有推拉窗开启（15cm缝隙）
– 所有办公室门开启

数字：
换气（1/h）

-ı- 开启办公室门
～ 关闭办公室门
— 新鲜空气
— 排出空气

盒式窗

立面周边

走廊内负压值 p=-8Pa

走廊内负压值 p=-8Pa

（a）

（b）
平均风速换气
（W_m=4m/s）

气流参数：
– 东向迎风
– 两扇背风处窗及负压峰值处推拉窗开启（15cm缝隙）
– 3间办公室门开启

数字：
换气（1/h）
-ı- 开启办公室门
～ 关闭办公室门
— 新鲜空气
— 排出空气

走廊内负压值 p=-4Pa

走廊内负压值 p=-1Pa

（b）

（c）
平均风速换气
（W_m=4m/s）

气流参数：
– 东向迎风
– 一扇迎风面窗及三扇背风面窗开启（15cm缝隙）
– 四扇办公室门开启

数字：
换气（1/h）
-ı- 开启办公室门
～ 关闭办公室门
— 新鲜空气
— 排出空气

走廊内负压值 p=-7Pa

走廊内负压值 p=-7Pa

（c）

　　假设滑动窗的开启间隙是15cm而办公室门在模拟中完全打开。图11-93对比了在上述情况下的换气功效，通过观察周边立面（双层叶板）和盒式窗变化。图中标识了在楼层平面中办公室门被打开或关闭的状态，数字代表由自然穿堂风引起的每小时换气率。

　　当所有的滑动窗打开（图11-93a左），处在二轴的办公空间换气率高达39ac/h，在大办公室中，这一比率会成比例减小。接近动态压力的办公室和在负压峰值处的都有很强烈的穿堂风。在西—南表面的办公室具有相对较弱的穿堂风，因为正压力差逐渐减少。

　　当处在迎风面和处在负压峰值处的办公室滑动窗被打开（图11-93b左），换气率预测很高（46ac/h），因为这些处在最大风压差的区域发挥了最大效果。

对于第三种开启构造（图11-93c左），其峰值较低，有25ac/h，因为处在东—北表面最大值和西—南表面的负压区之间的压力差无法向迎风地带那样划定。

与盒式类型窗户相比较，在如图11-93a右所示的这个外形中，当所有边侧的窗户都打开，换气率在建筑外表两边都很高，如果进口和出口空气各自独立，在一间办公室中能够通过几个百叶进出。虽然对于盒式窗来讲，因为分隔存在，只有通过在格子线以内打开百叶才可能实现。当只有一部分滑动窗开向内侧立面（图11-93b右），换气率比观察的所有周围滑动窗打开情况更高（最大值为68ac/h），因为外部空气能够更强烈地流动并穿过所有立面空气百叶部分走向窗户。

当在相对外表面的办公室窗户打开时（图11-93c右），房间通风几乎是所观察的使用盒式窗的两倍。两部分之间的强烈的空气交换可以靠关闭办公室门来抵消。

7）办公室中的换气率

图11-94说明了由自然穿堂风引起的换气率高于25ac/h的频率。局部房间气流速度超过0.15m/s，结合高于25ac/h的换气率，感觉是不舒适的。220ac/h的换气率（空气速度大约是1.4m/s，靠近地面）代表了空气运动强烈到足以吹落桌子上的纸片的水平。

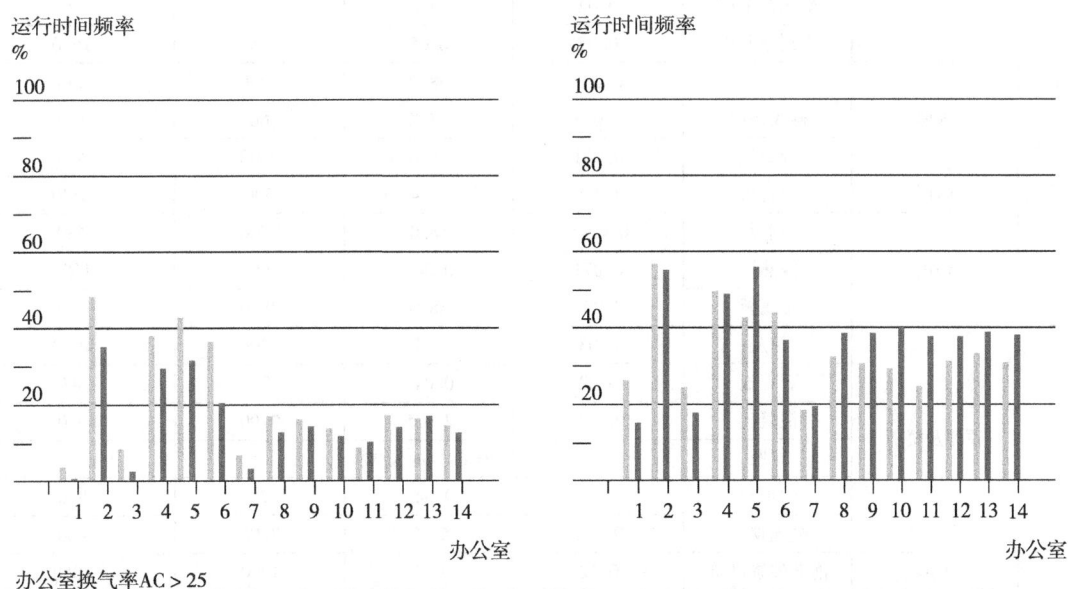

图 11-94 利用自然通风时通过额外的空气交换造成舒适损失的频率

办公室换气率AC>25

一般，盒式窗变化的办公室换气率略低于周边双层叶板立面方案。办公室换气率超过25h⁻¹出现在盒式窗的频率大约为整个使用期的50%（周边双层叶板立面为58%）。这些观测应用于独立式办公室的标准楼层平面上，对于设计办公室来讲，周边式立面会产生更好的结果。

11.4.1.2 建筑物体量中的蓄热

建筑物中有关蓄热性能的实践经验已有超过2000年的历史了，人类一直在气候和降温系统的帮助下来创造舒适的环境。高蓄热建筑物不仅能够改善热舒适，还能够降低能源需要。

在生态建筑设计中，另一个重要的考虑因素是这些项目的蓄热能力，就像前面讨论中指出的，立面设计和表面的正确性。

一幢建筑物的蓄热可能会减少制冷负荷和降低室内温升。为了计算制冷负荷，蓄热可以通过几种方法获得（房间内的蓄热元素、外墙蓄热元素）。

房间作为一个单元，会在室内周围墙面吸收辐射热，通过窗户（漫射和直接太阳辐射）、人工照明、居住者、机械设备等获得热量。辐射热进入墙体或建筑物蓄热成分的深度如何有赖于墙体的设计和辐射的持续时间。

　　1. 蓄热因素，蓄热作用

　　与蓄热能力相关的房间类型见表11-7所列，他们被如下区分：

　　（1）XL——非常低的热体量；

　　（2）L——低热体量；

　　（3）M——中等热体量；

　　（4）S——高热体量。

　　因此，房间可以按如下这些指导分类：

房间类型与蓄热能力指标　　　　　　　　　　表 11-7

房间类型	构造部位	结构	厚度 [m]	λ [W/m²·K]	ρ [kg/m³]	c [J/kg·K]
XL	顶棚及楼板	地毯	0.0045	0.072	—	—
		地毯垫层	0.005	0.047	78	880
		钢筋混凝土	0.1	2.035	2100	920
		气垫	—	$R=0.13\text{m}^2\text{K/W}$	—	—
		矿棉板垫层	0.02	0.047	30	840
		水泥楼面板	0.02	0.05	35	1680
	内墙	金属板	0.001	58.0	7800	480
		硅胶垫层	0.078	0.047	60	840
		金属板	0.001	58.0	7800	480
	内门	胶合板	0.04	0.14	500	2520
	外墙	钢板	0.0015	58.0	7800	480
		隔热层	0.071	0.047	60	1680
		金属板	0.001	58.0	7800	480
L	顶棚及楼板	抹灰	0.03	1.4	2200	1050
		岩棉板	0.02	0.047	75	840
		混凝土	0.12	2.035	2100	920
		气腔	—	$R=0.13\text{m}^2\text{K/W}$	—	—
		岩棉板	0.02	0.047	75	840
		金属顶棚	0.001	58.0	7800	480
	内墙	泡沫砂浆砌筑	0.12	0.4	1200	1050
	内门	胶合板	0.04	0.14	500	2520
	外墙	石板	0.01	0.14	500	2520
		隔热层	0.064	0.047	75	840
		石板	0.01	0.14	500	2520
M	顶棚及楼板	混凝土	0.12	2.035	2100	920
		气腔	—	$R=0.13\text{m}^2\text{K/W}$	—	—
		岩棉板	0.02	0.047	75	840
		金属顶棚	0.001	58.0	7800	480
	内墙	泡沫砂浆砌筑	0.12	0.4	1200	1050
	内门	胶合板	0.04	0.14	500	2520
	外墙	混凝土	0.12	2.035	2100	920
		隔热层	0.06	0.047	75	840
		气腔	—	$R=0.13\text{m}^2\text{K/W}$	—	—
		外墙饰面板	0.025	0.45	1300	1050

续表

房间类型	构造部位	结构	厚度 [m]	λ [W/m²·K]	ρ [kg/m³]	c [J/kg·K]
S	顶棚及楼板	PVC 板	0.002	0.21	1300	1470
		抹灰	0.045	1.4	2200	1050
		岩棉板	0.012	0.06	50	840
		混凝土板	0.15	2.035	2400	1050
	内墙	空心砌块	0.24	0.56	1300	1050
	内门	桦木实木板	0.04	0.14	700	2520
	外墙	混凝土	0.1	2.035	2100	920
		隔热层	0.06	0.047	75	840
		外墙饰面板	0.025	0.45	1300	1050

根据 VDI 2078 所列出的不同房间类型 　典型的房间参数：
具有的不同的蓄热量： 　　　　　　　　窗（双层玻璃，7m²）U=2.1W/（m²·K）
其中：$λ$=热传导系数 　　　　　　　　　外墙（3.5m²）U=0.59W/（m²·K）
　　　$ρ$=密度 　　　　　　　　　　　　外墙及窗的平均 U 值 U_A=1.6W/（m²·K）
　　　c=单位热容量

1）XL：总体量低于 200kg/m² 的楼层。

2）L/M：总体量在 200~600kg/m² 的楼层空间。

A．L：热体量被覆盖（例如墙至墙满铺的地毯，楼层平板下的绝缘体，悬吊顶棚等）；

B．M：热体量部分自由（石头地板、抹灰混凝土顶棚）。

3）S：总体量大于 600kg/m² 的楼层空间。

在这种分类中，可能假设所有房间拥有同样几何形状和热绝缘体，只改变墙体设计和布置，在手工计算期间，房间类型与相当的制冷负荷系数（蓄热系数）相配。然而，必须要留意蓄热计算是基于空调系统的不同操作时间，以确保制冷负荷大部分对建筑物是合适的。由此，计算应该从房间定性对比开始结合房间类型在表中进行研究，使房间经过确认（识别）归入某类中。

下面的对比研究证明蓄热作用在西南房间中的效果，房间的构造布置（选择 1~6）在图 11-95 中系统分析，每种选择房间布置的基本差别如下：

选择 1：轻质到中等蓄热能力的房间安装通高窗玻璃；

选择 2：轻质到中等蓄热能力房间带有窗墙元素（大约 70cm 高）；

选择 3：中等蓄热能力房间带有选择 2 同样的窗墙但是没有悬吊顶棚；

选择 4：高蓄热能力房间带窗墙，没有悬吊顶棚并带有限的蓄热能力地板；

选择 5：高蓄热能力房间带窗墙元素和砖石隔墙；

选择 6：中等蓄热能力房间带窗墙和可拆卸的隔墙（金属）。

图 11-96 的曲线显示出朝南房间在夏季晴朗气候里 5 天后的房间温度。外墙带蓄热因素（选择 2）与全玻璃墙（选择 1）相比可引起大约 1.2K（最大值）的温度下降。这不仅有外墙蓄热能力的作用，特别还有减少太阳辐射的作用，通过减小玻璃面积，选择 2 和 3 之间的比较更有趣。与选择 2 相比，不使用悬吊顶棚（选择 3）而房间温度进一步下降超过大约 1K（最大值）；这一差别完全归因于蓄热能力的增加。

选择 3 和 4 之间的差别大约是 0.2K，因为与中空楼板相比，墙至墙铺地毯的楼板几乎抵消了楼板增加的蓄热能力，明显的改进只能当用石头楼板替代地毯时才能获得。选择 5 显示出最大的不同，与前面提到的所有设计相比，这是由于砖石隔墙最高的蓄热能力造成的。与其他房间选择相比（除选择 1 以外），温度低大约 2~3K。

图 11-95 具有不同围护结构的房间类型

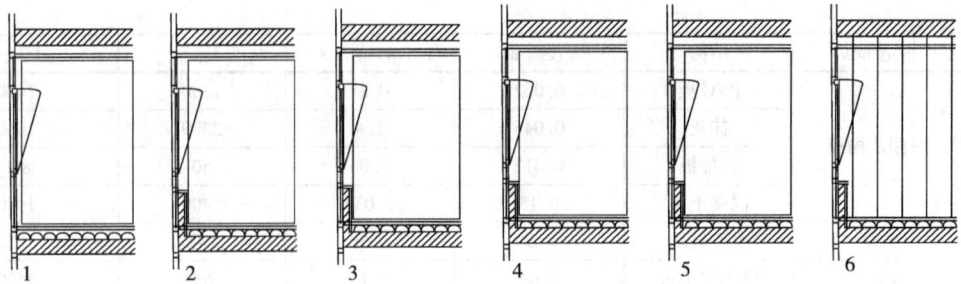

选项	1	2	3	4	5	6
窗	$U=2.0W/m^2k$ $g=62\%$	$U=2.0W/m^2k$ $g=62\%$	$U=2.0W/m^2k$ $g=62\%$	$U=2.0W/m^2k$ $g=62\%$	$U=2.0W/m^2k$ $g=62\%$	$U=2.0W/m^2k$ $g=62\%$
遮阳	外部/g=0.20	外部/g=0.20	外部/g=0.20	外部/g=0.20	外部/g=0.20	外部/g=0.20
栏杆	无	有	有	有	有	有
吊顶、天花	有	有	无	无	无	无
地板	空心楼板	空心楼板	空心楼板	活动地板	空心楼板	空心楼板
边墙部分	墙板	墙板	墙板	墙板	砖砌墙	金属单层板条墙
后墙部分	墙板	墙板	墙板	墙板	砖砌墙	金属单层板条墙
外墙	百叶 0.6cm 隔热层 8.0cm	百叶 0.6cm 隔热层 8.0cm 混凝土板 12.0cm 抹灰 1.5cm	百叶 0.6cm 隔热层 8.0cm 混凝土板 12.0cm 抹灰 1.5cm	百叶 0.6cm 隔热层 8.0cm 混凝土板 12.0cm 抹灰 1.5cm	百叶 0.6cm 隔热层 8.0cm 混凝土板 12.0cm 抹灰 1.5cm	百叶 0.6cm 隔热层 8.0cm 混凝土板 12.0cm 抹灰 1.5cm
天花/地板	吊顶 2.0cm 空气层 13.0cm 混凝土板 25.0cm 空心楼板 15.0cm 地毯 0.5cm	吊顶 2.0cm 空气层 13.0cm 混凝土板 25.0cm 空心楼板 15.0cm 地毯 0.5cm	混凝土板 25.0cm 空心楼板 15.0cm 地毯 0.5cm	混凝土板 25.0cm 隔热层 3.0cm 抹灰层 8.0cm 地毯 0.5cm	混凝土板 25.0cm 空心楼板 15.0cm 地毯 0.5cm	混凝土板 25.0cm 空心楼板 15.0cm 地毯 0.5cm
边墙部分	墙板 1.5cm 隔热层 7.0cm 墙板 1.5cm	墙板 1.5cm 隔热层 7.0cm 墙板 1.5cm	墙板 1.5cm 隔热层 7.0cm 墙板 1.5cm	墙板 1.5cm 隔热层 7.0cm 墙板 1.5cm	抹灰 1.5cm 砖墙 11.5cm 抹灰 1.5cm	金属单层板条墙 0.1cm 隔热层 9.8cm 金属单层板条墙 0.1cm
后墙部分	墙板 1.5cm 隔热层 7.0cm 墙板 1.5cm	墙板 1.5cm 隔热层 7.0cm 墙板 1.5cm	墙板 1.5cm 隔热层 7.0cm 墙板 1.5cm	墙板 1.5cm 隔热层 7.0cm 墙板 1.5cm	抹灰 1.5cm 砖墙 11.5cm 抹灰 1.5cm	金属单层板条墙 0.1cm 隔热层 9.8cm 金属单层板条墙 0.1cm

在选择 6 中，整个作用类似于选择 3，但是略差一些，因为带绝缘的金属龙骨墙比选择 2 的墙有更低的蓄热比率。

从图 11-96 相关曲线来判断，很明显对于一朝南的房间来讲，温度的降低归因于蓄热，并只有在下午 4 点到 6 点才能获得充分的效果，即最大太阳辐射进入房间 4h 以后（室外遮阳）。对于朝东的房间来讲，制冷负荷的最大减少以及由此的房间温度降低，根据观察是在中午 12 点到下午 2 点之间；对于朝西的房间，则在晚上 10 点到 12 点之间。

图 11-97 给出了上述房间和选择布置在夏季几个月（5 月~9 月）的月温度统计资料。因为选择 5 具有最高的蓄热能力，它的温度没有超过 30℃，比如这一房间的温度在没有通风和制冷的大约 20 天里最大温度为 29℃。所有其他选择，除选择 1 以外，在前面的日数展现了相似的行为，在房间温度范围从 22~30℃ 的条件下。选择 1 在温度记录方面显示出最差的性能，虽然如前所述，辐射热的增加是由于大窗户表面在其中扮演重要角色。

房间蓄热能力能够通过利用房间外部空气通风得到明显的改进。图 11-98 反映了在有或没有夜间降温的情况下两个测试房间（选择 2 和 5）的温度状况。在夜间降温的情况下，3ac/h 标准换气率作为假设条件，有和没有夜间降温的曲线对比。如选择 2 所展现的，在轻质和中等蓄热能力的房间，温度降低大约 2~6K，而在选择 5 中，预期的降低数大约为 3~4K。值得注意的是，选择 5 的温度水平比选择 2 大约少 4K 左右。增加的蓄热能力似乎有效果，尤其是在建筑物使用的时间里。最终，这些曲线和它们的对比值证明建筑物在夜间降温与增加蓄热能力同样重要。

因此，减少能源消耗和通风与空调系统投资费用的最佳方法是房间不仅应有高的蓄热能力，同时也应有充分有效的夜间降温以改善蓄热的作用。

2. 带有中等蓄热能力的建筑物

中等蓄热能力的建筑物可以用以下几种方法来划分：它们可以在结构设计中具有很高的蓄热能力但在功能上没有额外的通风手段，或者它们具有中等蓄热能力并在白天和（特别是）夜里进行通风。

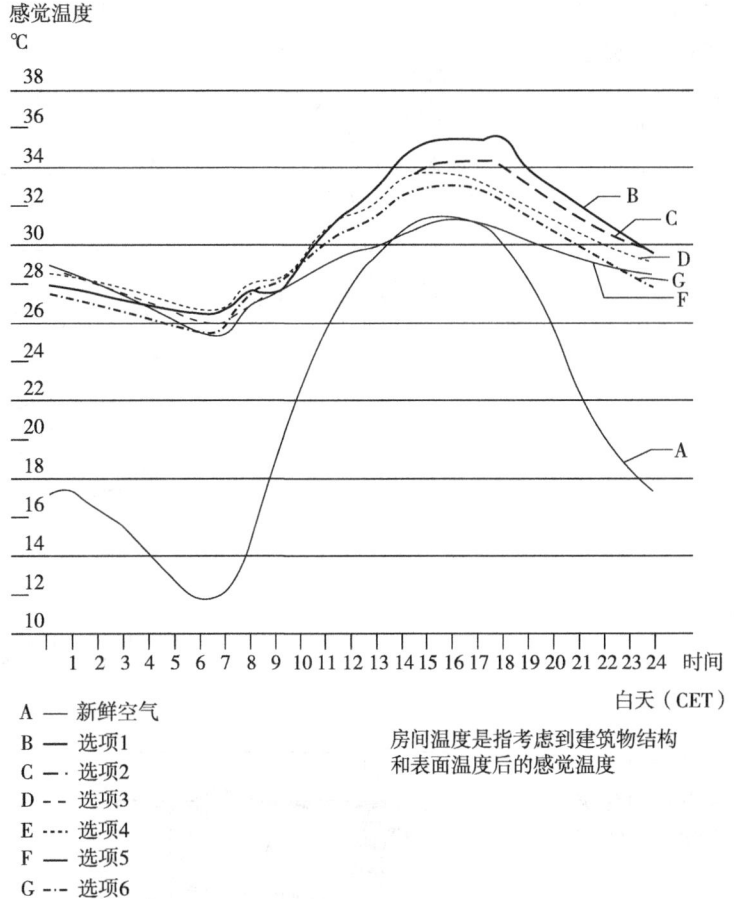

A —— 新鲜空气
B —— 选项1
C -·- 选项2
D -- 选项3
E ···· 选项4
F —— 选项5
G -·- 选项6

房间温度是指考虑到建筑物结构和表面温度后的感觉温度

图 11-96 夏季良好气候条件下 5 天后的房间温度

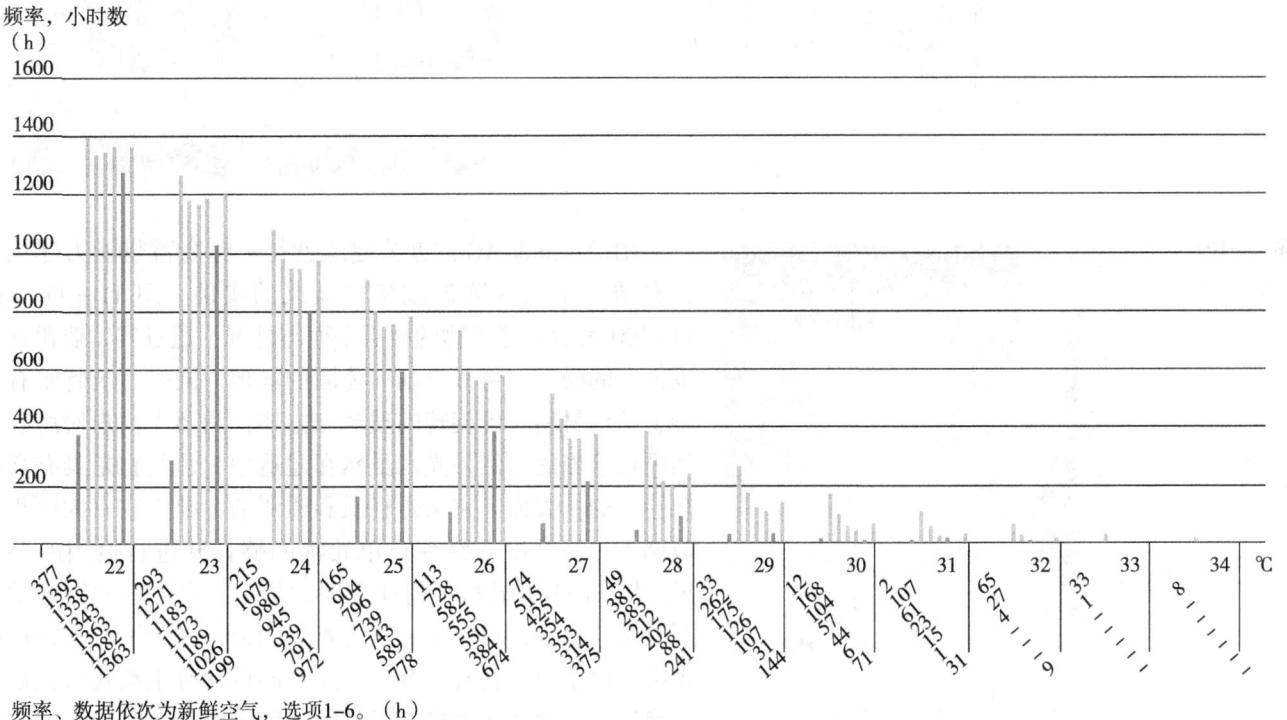

频率、数据依次为新鲜空气，选项1-6。（h）

图 11-97 从 5 月到 9 月房间温度统计资料

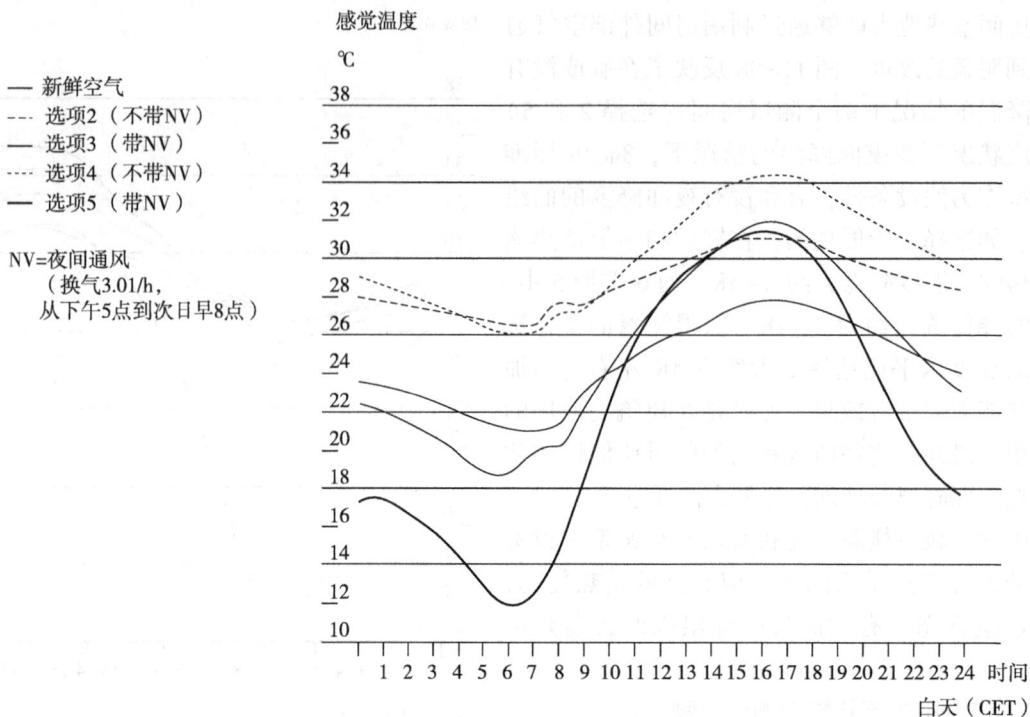

图 11-98 夏季良好气候条件下 5 天后的房间温度，带或不带夜间通风的比较

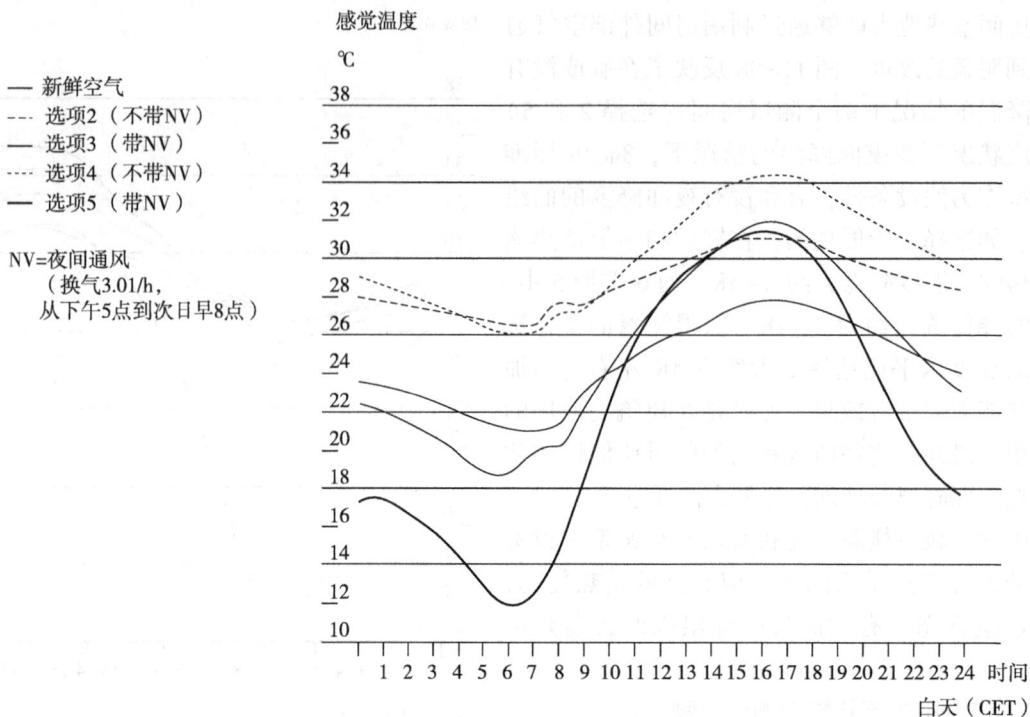

— 新鲜空气
--- 选项2（不带NV）
— 选项3（带NV）
···· 选项4（不带NV）
— 选项5（带NV）

NV=夜间通风
（换气3.01/h，
从下午5点到次日早8点）

感觉温度
℃

时间

白天（CET）

图 11-99 高蓄热能力建筑物实例（左）

图 11-100 西立面（右）

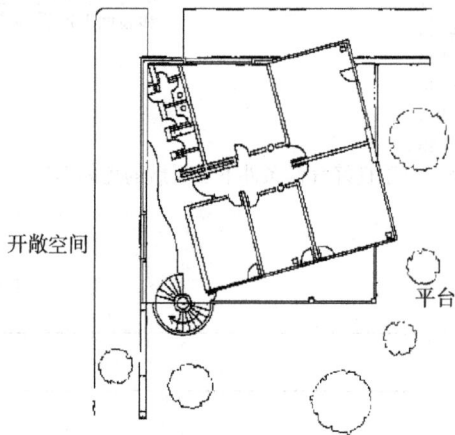

开敞空间

平台

图 11-101 中庭景观

HL-Technik AG 的办公建筑就是一幢高蓄热能力建筑物没有结合主动式降温或机械通风的实例。图 11-99 和图 11-100 表示了建筑物的楼层平面与外观，通过实体墙避开周围街道的噪声，将开口朝向公园的场地，同时建筑物带有混凝土结构材料和可旋转的玻璃立方体，利用大窗户对所有房间进行恰当的自然采光。虽然在建造中，建筑物是具有高蓄热能力的，表面上它又是轻质和透明的，因为它有大面积的玻璃。每一个次一级窗户单元都能够打开进行恰当的穿堂风。图 11-101 显示了门厅内部的景观，它带有大体量的混凝土结构部件，并且为了改进蓄热能力，采用了石头铺设的楼板。由于建筑物既没有主动式降温也没有主动式机械通风或换气，其蓄热能力得到了最大限度的增加，阻止了房间温度在夏季超过室外温度。

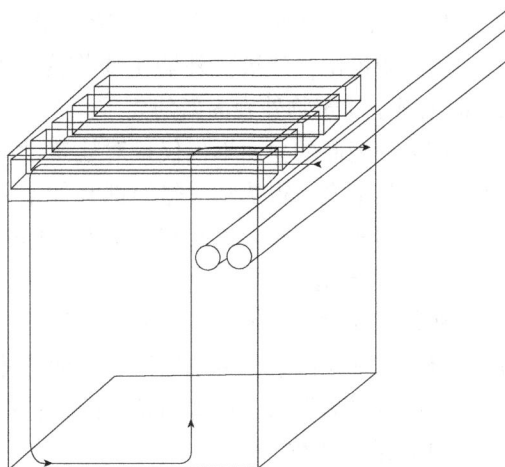

图 11-102
欧洲开发银行
大楼（左）

图 11-103
带有顶棚通风
装置的办公室
楼层剖面（右）

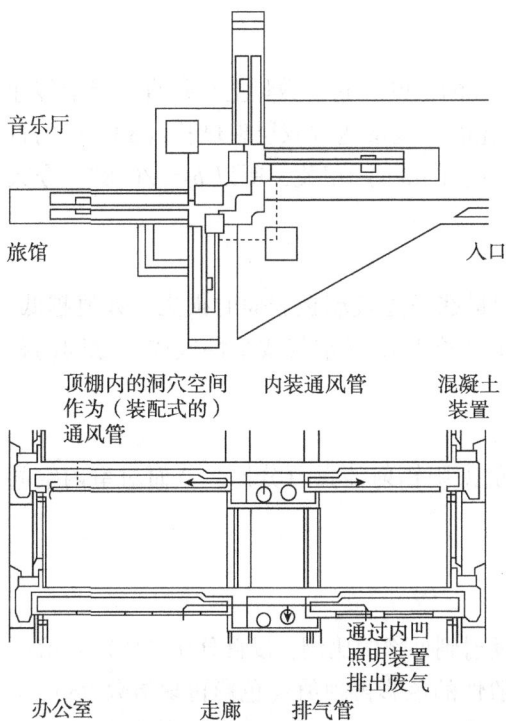

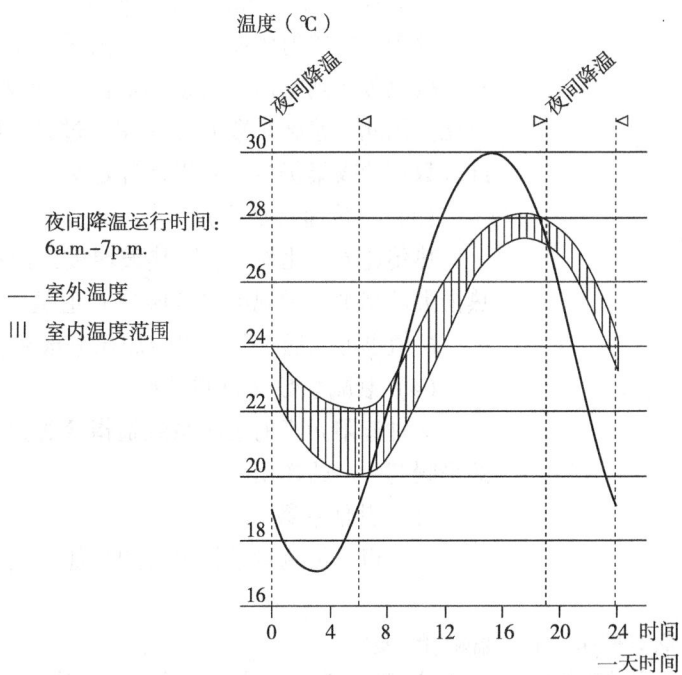

音乐厅

旅馆　　　　　　　　　　　　　入口

顶棚内的洞穴空间　内装通风管　　混凝土
作为（装配式的）　　　　　　　装置
通风管

通过内凹
照明装置
排出废气

办公室　　　走廊　　排气管

温度（℃）

夜间降温运行时间：
6a.m.–7p.m.

—— 室外温度
||| 室内温度范围

一天时间

图 11-104
混凝土顶棚内
的洞穴空间通
风原理（左）

图 11-105
依据室外温度
的 房 间 温 度
（晴天）（右）

3. 高蓄热能力的建筑物

图 11-102～图 11-105 所示是位于卢森堡的欧洲开发银行综合体，其目标是设计一幢高蓄热能力的办公建筑，结合夜间降温并因此可在没有空调系统的情况下运行，夏季房间温度不超过 28℃。图 11-102 提供了建筑物鸟瞰景观和典型的平面规划，办公区域跨过两轴向所有边开放。图 11-103 是某一层楼的剖面，两个格子式办公室在顶棚安装通风设备。我们可以看到，顶棚是洞穴状，某些部分（上部顶棚）用现浇混凝土建造，其他部分为预制单元，房间新鲜空气被引导进混凝土顶棚内的洞穴空间中（图 11-104），这时的室外温度低于房间内的温度（图 11-105）。机械式通风系统确保了夜间降温。它可以用手工设定第二天预期的条件（室外温度、晴天或阴天），中央建筑控制系统对各种朝向的混凝土体量降温（安装传感器）到由相关计算机程序确定的程度，这幢建筑物已经运行超过 14 年，并且已经证明当遮阳物件被正确使用，房间温度不会超过 27℃，类似于带有夜间降温的选择 5 方案。

11.4.1.3 立面——从气候保护到多价墙体

直到中世纪，建筑物外墙主要作为气候保护者，附带的额外功能就是保持室内区域温暖，20世纪赋予建筑物外表面新的要求。

作为外表面的立面不仅仅是对建筑学的挑战，它们也负担了大量的功能并必须给予恰当的解决。天然采光、得热和失热等都是像室外通风口的正确形式一样扮演着重要的角色。迎风和背风位置的压力分布，以及作为最终目标的能源保护都是基于相同的环境选择。

1. 技术数据

在任何针对建筑物玻璃立面的研究中，必须要找出影响光和热入射、热散射和色彩还原性质一定的原则性因素。由于气候和照明专家的工作主要集中在立面上，这些因素在最初的评价中会给出重要的提示。这些原则性因素包括：

（1）采光系数

采光系数是指从室外射入玻璃或窗户面进入室内的天然光的百分比。传递数值是指波长从380~780nm的可见光范围，与人眼的光射感性相关。

（2）整个太阳辐射能传递g值/b系数

整个太阳辐射传递（g值）包括波长为320~2500nm的范围。它在数量上包括直接能量传递和间接热传递到室内（辐射和对流）。遮蔽系数b值描述的是能量透过双层玻璃板（80%）的百分比。因此，遮蔽系数$b=g/0.8$。过去，b值是与单层板（3mm）相关，所以$b=g/0.87$，今天许多数据的收集仍然是基于这种定义。

（3）热传递（U值）

热传递U，比如一块隔热玻璃板，指示出有多少能量在通过玻璃板表面时损失，数值越低，热损失就越少。常规绝热玻璃的U值基本上有赖于板和中介物质（空气或惰性气体）之间的距离。U值也可以通过附加贵金属层来改善。

（4）衰减系数（折减系数）

一种遮阳元素的衰减系数是指穿过遮阳元素的入射太阳辐射能量百分比，从而对室内空间的采暖起一定的作用。

（5）其他系数

在对窗户板测量进行评价的其他系数包括：

1）光反射到外部的比例，以百分比（%）表示；

2）一般性的色彩再现值（色彩再现指数Ra）；

3）波长范围在280~380nm之间的紫外线透过率，以百分比（%）表示；

4）选择性系数S，代表光传递与整个太阳辐射能传递的相互关系。

图11-106提供的是标准窗玻璃的太阳辐射传递性能。大玻璃表面在高温差的情况下，会增加冷凝的危险并进而使附近的窗框生锈。在冬季，房间和走廊内的大玻璃墙，当房间的空气变冷，就会出现冷空气在玻璃表面堆积。避免冷空气流的方法就是充分增加表面温度，房间空气与内侧玻璃表面的温度差不能超过4~5K。

图11-107显示了决定整个太阳能传递g值的物理关系。在图11-108中，其图形反映出特殊玻璃表

图11-106 标准窗玻璃的辐射传递

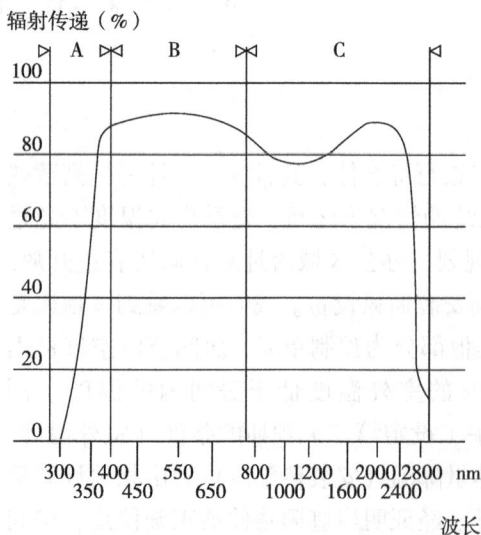

辐射传递（%）

面典型的传递、吸收和反射的范围，并且指出了入射天然光渗透进室内的百分比。

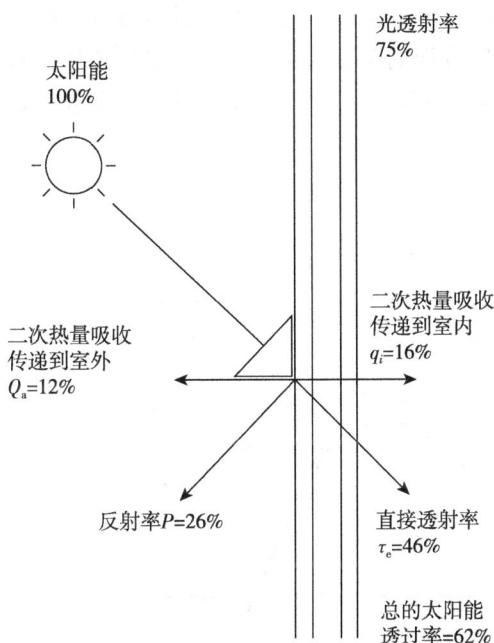

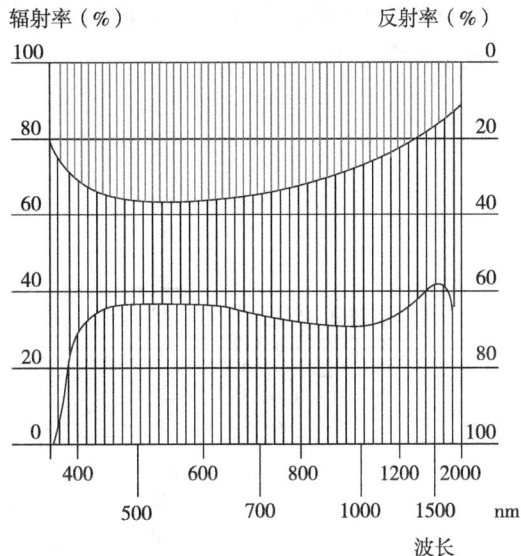

图 11-107
总的太阳能传递与入射能量分布（左）

图 11-108
玻璃面传递、吸收与反射性能（右）

2. 遮阳对室内温度的影响

下面是一项关于阳光保护元素总的遮阳系数和绝热玻璃对于房间的制冷负荷和温度的综合影响的研究。图 11-109 显示安装了各种类型遮阳装置的房间（选择 2），其选择如下：

（1）选择 2*a*，室外百叶；

（2）选择 2*b*，关闭的室外百叶（高反射性）；

（3）选择 2*c*，开敞式遮篷；

（4）选择 2*d*，室内遮阳和眩光保护。

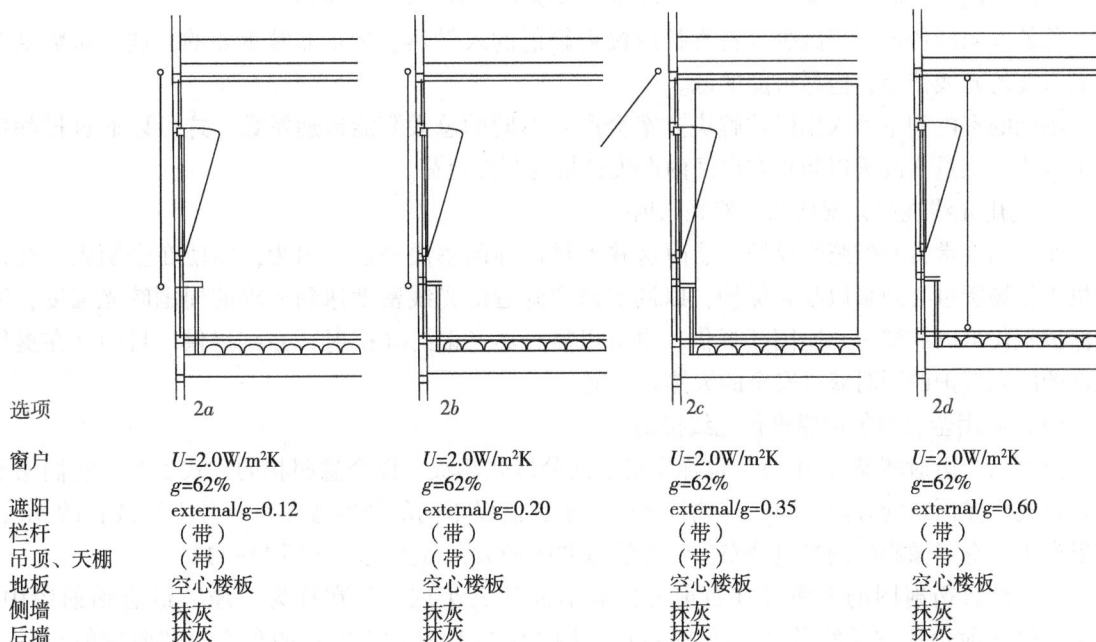

选项	2a	2b	2c	2d
窗户	U=2.0W/m²K g=62%	U=2.0W/m²K g=62%	U=2.0W/m²K g=62%	U=2.0W/m²K g=62%
遮阳	external/g=0.12	external/g=0.20	external/g=0.35	external/g=0.60
栏杆	（带）	（带）	（带）	（带）
吊顶、天棚				
地板	空心楼板	空心楼板	空心楼板	空心楼板
侧墙	抹灰	抹灰	抹灰	抹灰
后墙	抹灰	抹灰	抹灰	抹灰

图 11-109
遮阳选择

图 11-110 所示曲线代表的是一间具有中等蓄热能力的朝南向房间在炎热夏季根据总太阳能传递系数的变化而预测的房间温度。我们可以看到，最有效的遮阳（最低的总太阳能传递）和最无效的遮阳（室内垂直遮帘或百叶窗帘）之间的差别是值得考虑的。这些遮阳类型所产生的最大温差可能高达 10K，并会在一个房间内引起热舒适感方面的明显变化。此外，必须要注意通风和空调系统是根据晴天气候期间的"峰值"温度决定其型号的，所以它可能引起较高或较低的技术投资费用。

图 11-110

夏季 5 天平均气候条件下的房间温度

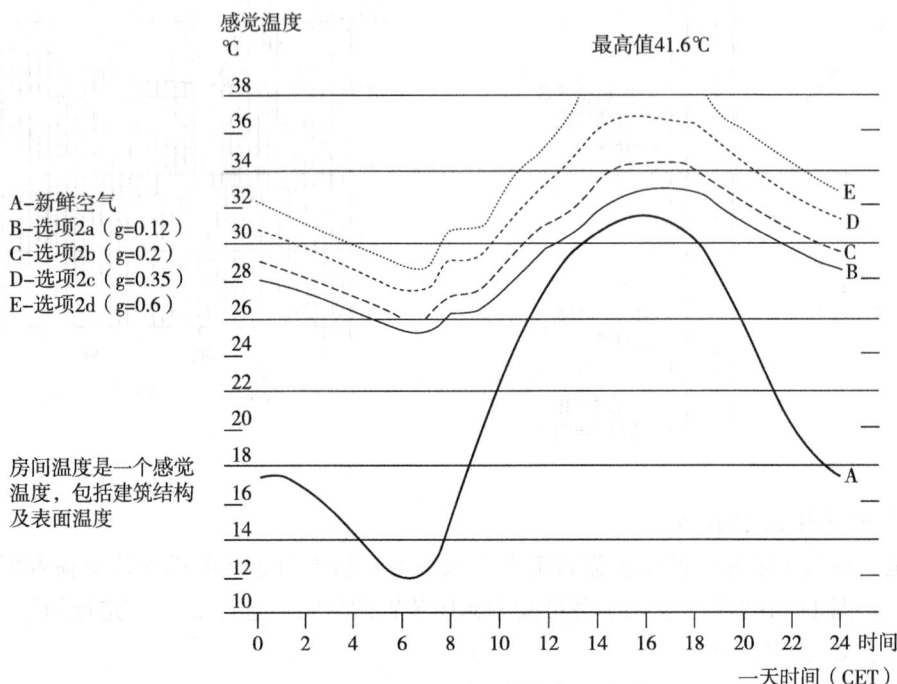

感觉温度 ℃

最高值41.6℃

A-新鲜空气
B-选项2a（g=0.12）
C-选项2b（g=0.2）
D-选项2c（g=0.35）
E-选项2d（g=0.6）

房间温度是一个感觉温度，包括建筑结构及表面温度

一天时间（CET）

3. 天然光入射（角）和总的太阳能传递

为了减小室外制冷负荷，最基本的就是要将窗户和屋顶表面的入射辐射大幅度减少以降低额外的能源消耗。同时，天然光也应尽可能进入房间以减少人工照明的使用。

总的太阳能传递对于减少来自直接或漫射辐射的入射热能量是非常重要的。这一系数结合最大限度的光线传递，应尽可能的低。

不同的室内和室外太阳保护解决方案会产生不同的总太阳能传递系数。这可以通过排除房间中吸收的热量来改善以防止在房间内产生过量的制冷负荷。

4. 利用光线挠射元素增加天然光入射

遮阳元素常常兼作眩光保护，然而这并不是最佳的解决办法。因为，即使在全阴天，在计算机工作场所也必须采取眩光保护，以调节窗户附近的光线密度达到要求的周围眩光强度，眩光保护不仅可以靠窗帘和遮阳蓬提供，也可以靠天然光偏射（挠射）系统提供，目的是在提供充足的眩光保护的同时获得安全的天然光入射。

（1）利用全息衍射薄膜进行光线挠射

全息综合衍射薄膜（HDS），也称作格子或分区式镶板，以全息照相的方式生产。它们用于使入射光线在预定的方向弯曲，其独特之处在于它们以不同的角度弯曲每一种不同波长的光线。结果产生了有点像彩虹的光线分布，红光线弯曲的最大，蓝光最小（图 11-111）。

一个综合衍射图的效率（在折射方向）有赖于几个因素，在称为"原"综合衍射图中，效率要受入射角和波长的影响（图 11-112、图 11-113）。对于特定的角度，转向辐射与总入射的比例可能为零，例如没有衍射，当这些元素被使用，必须要留心避免建筑物室内产生眩光。

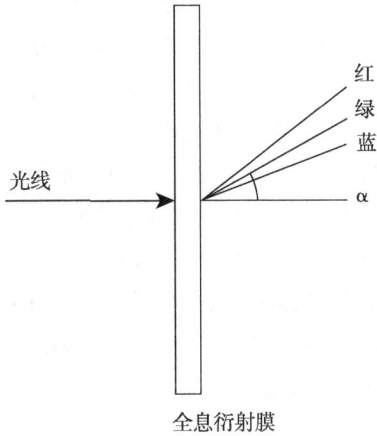

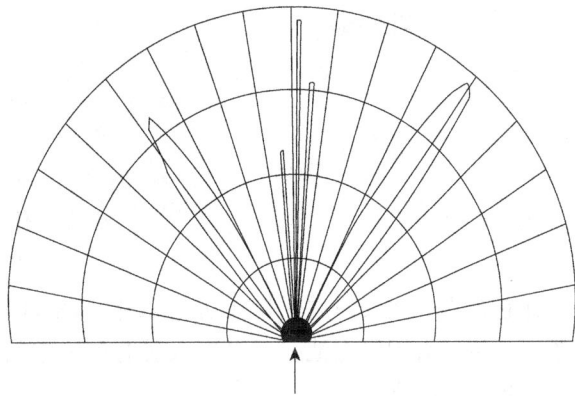

图 11-111
漫射光栅或全息衍射膜对可见光方向的作用（左）

图 11-112
全息综合衍射膜的折射特性，在全部波长范围内和垂直入射角（右）

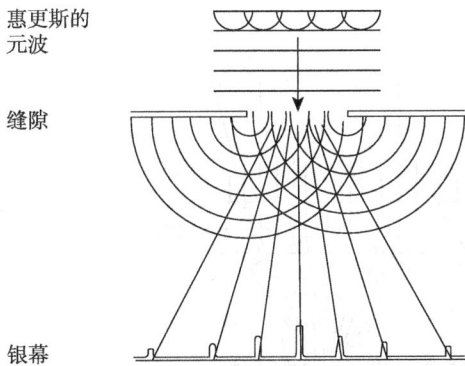

图 11-113
缝隙处的衍射作用（左）

图 11-114
建筑物主要立面（右）

建筑师黑格（Manfred Hegger）教授针对这一课题写道："这一项课题的目标是使南向立面有利于太阳能和光线利用的技术成为现实。太阳温暖并照亮房间。多条的太阳能，经内具有综合衍射的透明的遮阳单元捕获并转化为电能。"

这一事实呼唤着一种"智慧型的"立面，例如一个建筑物外表能够调整或适应变化的气候条件。要合理地完成这一任务，几种立面单元应结合。在某一幢居住建筑中（图 11-114），冬季花园区域向南偏东旋转 16°，安装有玻璃覆盖层，固定在与水平呈 50°、朝东 4° 的倾斜横竖骨架上。不同的遮阳单元（一些是固定，一些是可移动的）改善了建筑物的微气候条件和能量平衡。即使在遮阳部分，也几乎是室外无视线遮挡（图 11-115）并且能够天然采光（图 11-116）以及最有效地利用太阳能采暖、降温和产生太阳能电流。

图 11-115
立面室内景观

图 11-116
立面室内景观

顶部的一排倾斜的玻璃立面单元装备有 PV 组件（从一种化合物结合隔热玻璃制造并与多晶太阳能电池进行一体化）。它们可以为凹进的居住区域提供季节性的遮阳（类似于屋顶悬挑所提供的），结合太阳运行轨迹，PV 组件有 35% 的透明度，并可以提供每年 1300kW·h 的能源（η = 11.5%），大约能满足建筑物 2/3 的电力需求。

立面下面的部分在每幢建筑物大约有 30m² 的表面上安装了遮阳百叶，并跟踪太阳方位角的变化。这些遮阳百叶上安装了综合衍射格子，可以将入射光线集中到其后 11mm 处的丝网屏幕条上，由此它被再一次反射并保持在房间以外（图 11-117）。在三幢建筑物的其中一幢中，丝网屏幕条上安装了太阳能电池，可以将入射的和集中的太阳光进行光电转换传递，并像 PV 组件一样，供应到建筑物中。

图 11-117
全息摄影光电元素的剖面

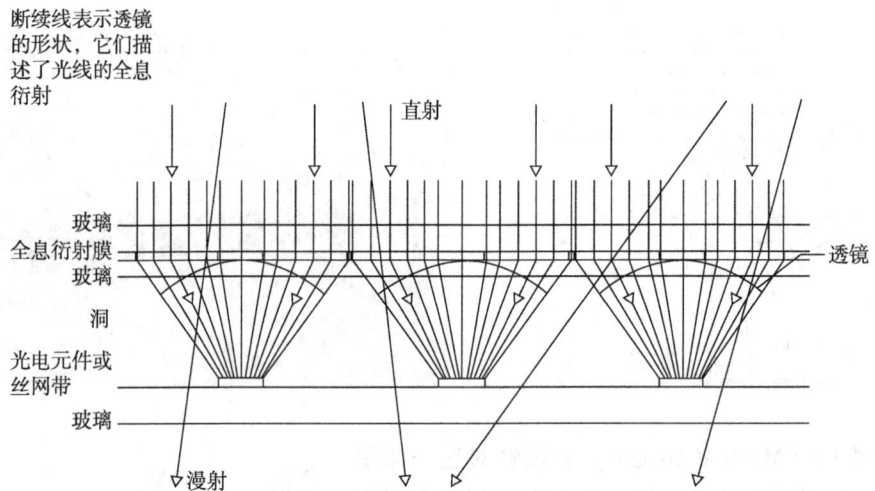

（2）利用镜面和棱镜进行天然光折射

天然光折射不仅可以减少必须使用人工照明的时间而且可以减少运行费用，它也可以为使用者创造出更愿意接受的视觉环境，因为人的视觉感觉更适应天然光。天然光在季节和全年的波动使得在一定的时期（夜里、暴风雨期间等）必须使用人工照明。因此，照明系统也必须设计，在必要时用以补充天然光，并在房间内创造良好的照明环境。

对于白天照明的改善所需要的额外措施有一些基本的判断标准：

1）充足数量的天然光；
2）改善的亮度分布；
3）改进的视觉感受（光线密度比率）；
4）改进的与外界的视觉接触，同时主动的遮阳；
5）改进的遮阳；
6）改善的能量平衡。

当房间从侧边采光时，天然光的数量及在房间的分布由侧边洞口的几何形状及窗户和它组成构件的类型决定，图 11-118 显示了侧向采光的房间典型的天然光分布情况。亮度分布情况是在靠近窗户处有大量的天然光，但随着在房间内的后退会迅速地下降，假设在工作位置所要求的照度是 500lx，那么在这类房间中只有在 1~1.5m 处能够满足要求。

为了改善这种条件，天然光必须要重新分布。这种重新分布可以靠各种技术来获得，诸如：室内镜面反射单元（图 11-119）、室外和室内镜面反射单元（图 11-120）、室内镜面反射板条（图 11-121）、通过玻璃三棱镜改变天然光方向（图 11-122、图 11-123）。

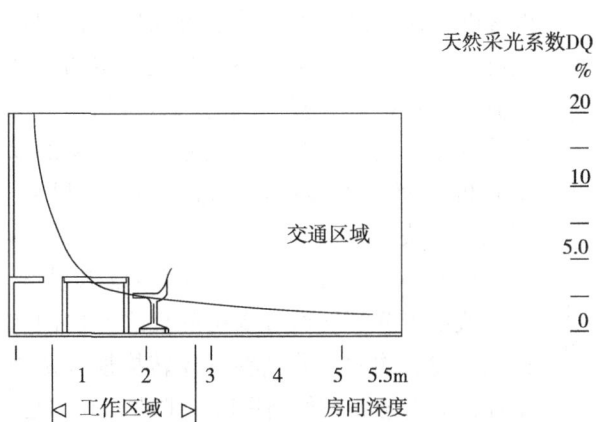

图 11-118　典型办公室工作区域的充足天然光

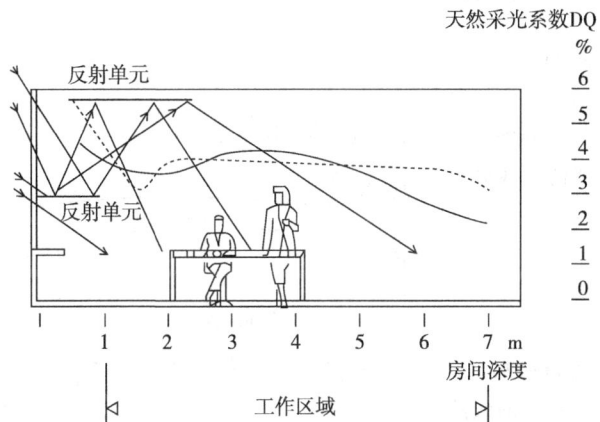

图 11-119　带镜面反射单元的室内天然光分布

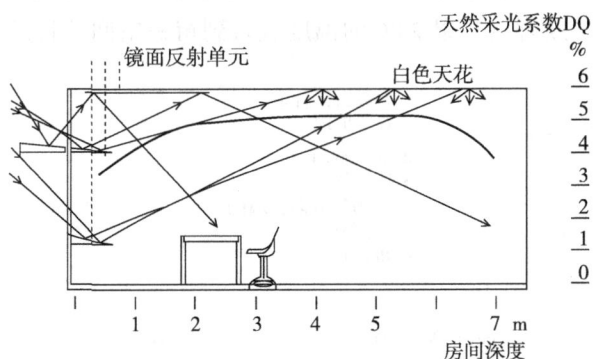

图 11-120　带有室内外镜面反射单元的室内天然光线分布

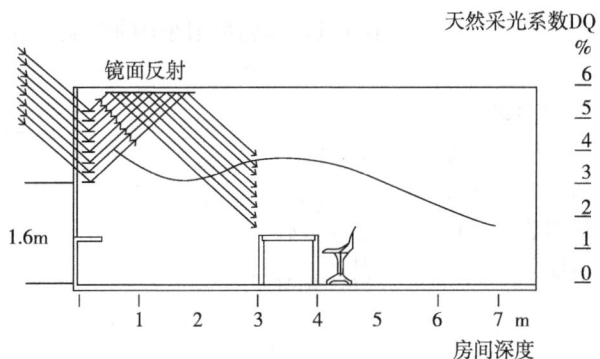

图 11-121　仅带室内镜面反射板条的天然光分布

图 11-122 显示了天然光经过一棱柱形板改变方向的情况。图 11-123 是各种各样板面位置在不同顶棚结构的情况。如图 11-124 所示，天然光的比率明显地增加。从每种变化天然光重新分布的结果中可以看到明确的改善。

这一系统安装通常能够允许最大数量的光线和能量在冬季进入建筑物中，从而获得被动式的太阳能利用。在夏季，由于直射辐射大部分被反射，仅有漫射辐射允许进入到建筑物中。

我们可以看到所有的光反射元素都必须结合在建筑中而不能成为异质的客体。在每个实例中，都要进行研究以确定投资是否值得以及系统的优点是否能超过投资的增加（最初的投资）。

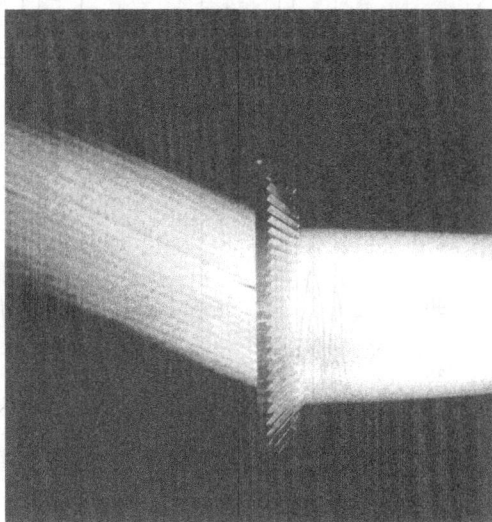

图 11-122　棱镜技术使光线转折和重新分布成为可能

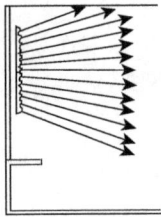

白色，平滑的天棚

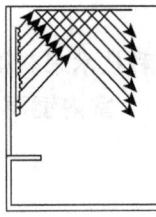

镜面铝板

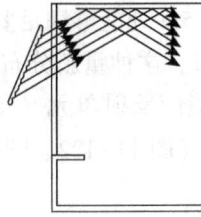

镜面铝板

图 11-123
不同板面位置
与天棚条件形
成的光线分布
变化

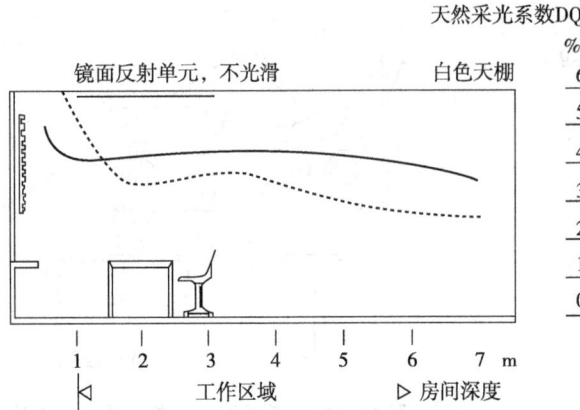

镜面反射单元，不光滑　　　　白色天棚

天然采光系数DQ
%
6
5
4
3
2
1
0

1　2　3　4　5　6　7 m

工作区域　　　　　▷ 房间深度

图 11-124 不
同系统的天然
光数量曲线

5. 双层叶板立面的使用

双层叶板立面的使用目前是一种时尚并且通常是通过最初明显的高投资作为代价的。双层叶板立面的造价，远远超过具有良好绝缘的单层叶板立面。而能源的节省常常只有额外投资的大约 1.5%～2%。为此，非常值得考虑是否仅仅为了能源节省而应该使用双层叶板立面，或者是否还有其他基本的方面为其使用辩护。这些可能的因素包括声音保护或在摩天大楼上高风压的减少。典型的双层叶板立面建筑形式是：盒式窗、通风窗、第二层皮肤立面。

（1）双层叶板——通风立面的温度曲线

假设新鲜空气通过双层叶板之间的洞穴进入到建筑物中，尤其在气候转换期以及当个体使用者想要自然通风时，非常重要的是，不会在窗户板之间的洞穴内出现过高的温度

增加，因为已被加热的室外空气会进一步加重房间温度负担。图 11-125 系列对比了不同类型的遮阳在这一转换空间中的温度。在这一实例中，新鲜空气以 25℃ 的温度进入到窗板空间并且已

图 11-125
在双层叶板通
风立面中不同
遮阳装置下的
温度分布

室外温度
T_{ou}=25℃
入射辐射
q_r=800W/m²
通风
V/A=50m³/hm²

—— 诱导通风温度
—— 由浮力产生的通风温度
　　（静风期）

1 上悬窗铝合金
　双层玻璃
2 通风洞口
3 阴影区
4 作为气候防护墙的
　单层板
5 进风口

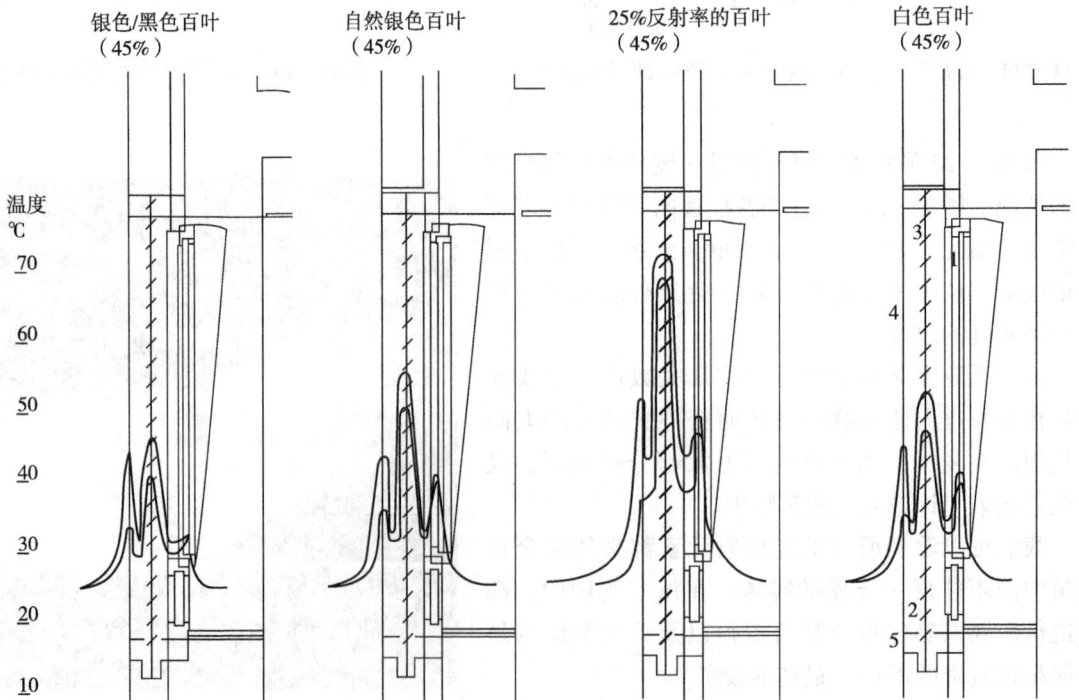

银色/黑色百叶
（45%）

自然银色百叶
（45%）

25%反射率的百叶
（45%）

白色百叶
（45%）

温度
℃
70
60
50
40
30
20
10

经在外层玻璃板的边界层区域被加热。在它通过双层板之间的洞穴过程中，温度进一步升高。在这一空间中由于反射，特别是由于光线的吸收而产生的温度升高可能变化很大并且达到70℃的最高温度。然而这种极端温度，当内侧玻璃为密封状态时对房间的影响很小，但是当内侧玻璃单元为打开的而外部空气以很高的温度进入房间时就会变得非常不舒适。

一旦安装百叶后，它的反射系数会随着时间和污染而发生变化，所以必须要研究它对渗透能量系数的影响。当反射系数减小（被污染），总的能量传递也减少时，因为只有很少的辐射传递，因此对相邻房间的热作用方面是有利的。从另一角度讲，光线质量可能会受到影响。

（2）双层叶板——通风立面的能量平衡

有关辐射传递比率（τ_e），间接热传递（q_i）以及总的太阳辐射传递的能量平衡如图11-126所示。经过在双层叶板通风立面中对不同遮阳方法的对比证明，总的太阳能传递根据不同类型的遮阳而发生相当大的变化。

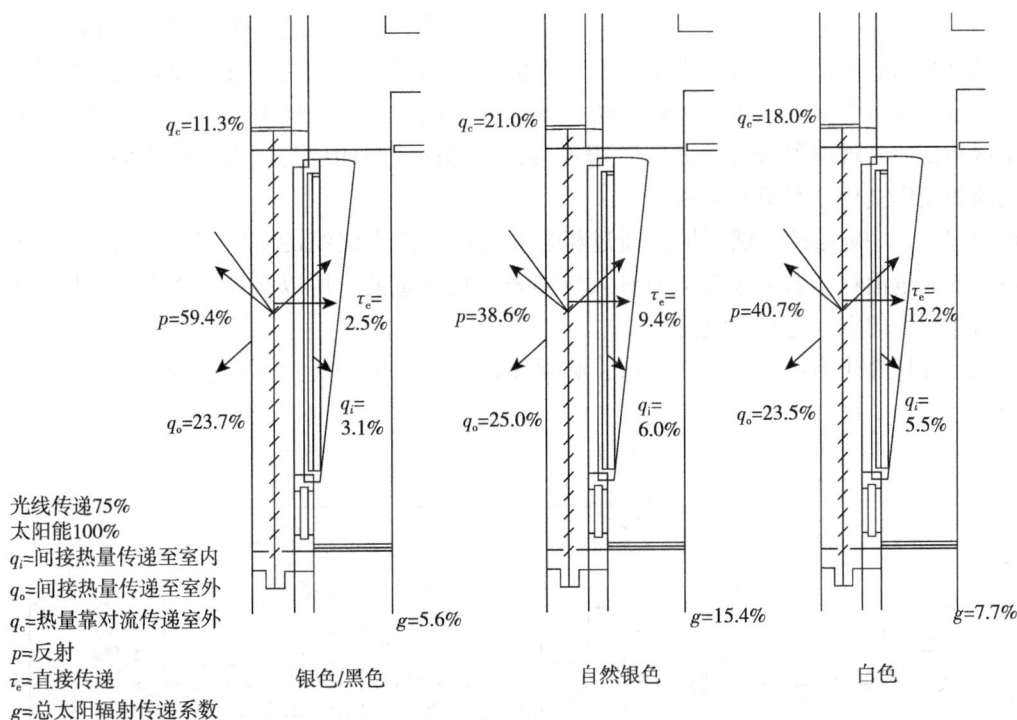

图 11-126 双层叶板通风立面的能量平衡

$q_c=11.3\%$ $q_c=21.0\%$ $q_c=18.0\%$

$p=59.4\%$ $\tau_e=2.5\%$ $p=38.6\%$ $\tau_e=9.4\%$ $p=40.7\%$ $\tau_e=12.2\%$

$q_o=23.7\%$ $q_i=3.1\%$ $q_o=25.0\%$ $q_i=6.0\%$ $q_o=23.5\%$ $q_i=5.5\%$

光线传递75%
太阳能100%
q_i=间接热量传递至室内
q_o=间接热量传递至室外
q_c=热量靠对流传递室外
p=反射
τ_e=直接传递
g=总太阳辐射传递系数

$g=5.6\%$ $g=15.4\%$ $g=7.7\%$

银色/黑色 自然银色 白色

遮阳百叶角度控制的正确形式（计算机辅助）是最优化立面的关键，因为办公室区域的直接辐射在一年中很长一段时间都必须避免，同时还要保持高的天然光利用（辐射传递）。根据季节和一天的时间不同，对百叶角度的控制要以在最少得热的同时获得最佳的天然光入射。"智慧型立面"可以通过自动角度控制操作进行调节，依据入射辐射和室外空气温度，在不希望有室外得热的时期，百叶被调节到相对陡的角度，而在希望得到被动式采暖以减少采暖所需能源费用的时期则相反。

角度控制因此很明显地成为有关总太阳能传递的重要因素。另一个因素是在室内空间和与室外分离的空气层之间所使用的玻璃。如果内侧绝缘玻璃具有热保护性能，那么对于完整的遮阳系统可渗透的总能量系数就会减少。

6. 多价墙的概念

立面不会是"智慧型"的，但是可以一种智慧的方式设计以满足所有未来使用者要求，同

图 11-127
多价墙的构造
组成

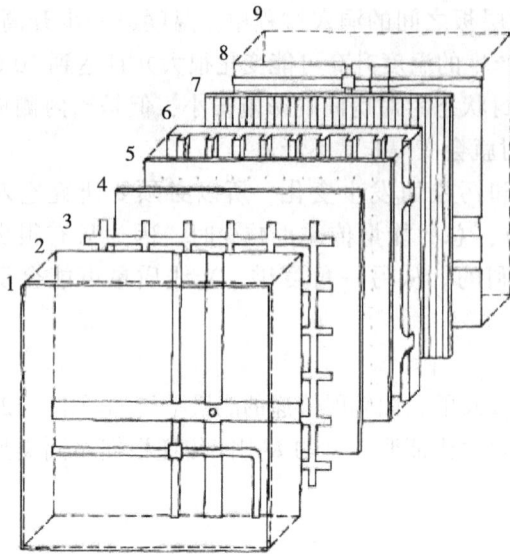

时利用环境资源与使用者的需要相和谐，图 11-127 显示了适合于多功能墙体的玻璃安装构造。这种多价墙应该这样设计，它可以根据使用者的要求和季节，发挥遮阳或绝热的功能，反射热能于建筑物外部或将热能带进建筑物，并自动地开启和关闭它自身。图 11-128 是一张流程表，显示了多价墙如何操作并阐明了一个"智慧型"立面所要实现的目标以及满足热量、通风、光线和制冷一幢建筑物的要求，以尽可能少的技术来帮助解决能源消耗的问题。

11.4.1.4　玻璃下面的房间——服务于不同要求的最优化建筑物

在追求改善都市区域环境的过程中，带有中庭、室内林荫路、光井等的设计得到了复兴。20 世纪 70 年代末 80 年代初重新发现了在玻璃下面的房间的特色之处，它可以作为会客空间、大厅、气候缓冲区以及微气候调节和噪声防护等多种功用。根据特殊要求，它们可以不同的方案服务于这些目标。玻璃覆盖的"太阳"房不会比普通的或封闭的房间费用高太多，但是可以在节约能源和操作费用上有很大贡献。

在原理上，中庭必须自然通风或通过相邻办公区域的有组织的空气流动通风，以保持建筑系统最小的能量消耗。温度作为动力对大玻璃表面特别重要，所以必须给予考虑，因为它们可能由热引起较大的空气运动和气流。

如果中庭打算作为休息或工作区域，必须在设计中确保冷表面不会造成冷空气循环，并使

图 11-128
多价墙系统和
主动式、技术
型建筑设备操
作流程表

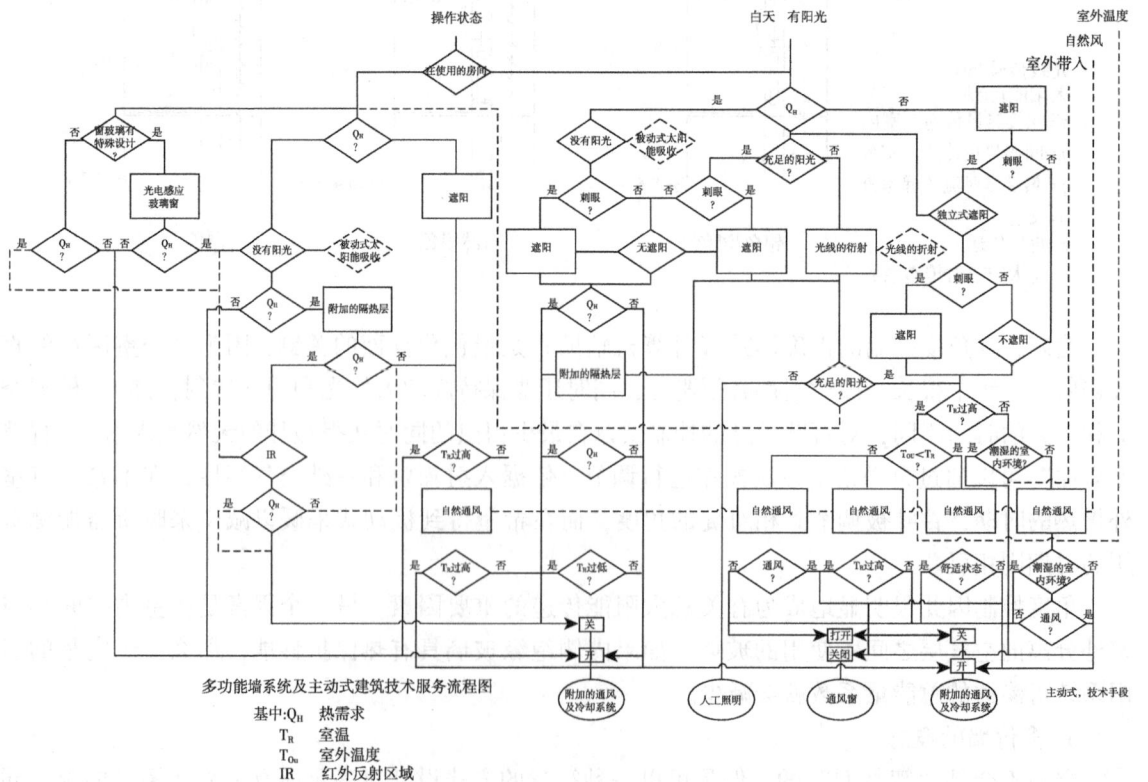

多功能墙系统及主动式建筑技术服务流程图

基中：Q_H　　热需求
　　　T_R　　室温
　　　T_{Ou}　　室外温度
　　　IR　　红外反射区域

感觉温度处在舒适范围内。在冬季，房间温度（在中庭中的温度）和玻璃表面温度之间的温差可能超过4K，引起通风，其风速又在楼板方向造成冷空气流。只有当温差低于4K时气流才能避免。玻璃表面的温度控制（水平和垂直）可以用直接或间接方式。直接控制可以采用：

（1）框架利用电阻加热；

（2）框架利用水循环加热；

（3）利用热空气流加热玻璃表面。

在大堂中另一个基本的细节是遮阳，有许多不同的解决方案，在大堂的规划和设计中对空间内的热特性和层次进行细致的研究（建筑物气候研究）非常重要。除遮阳以外，蓄热能力和表面色彩扮演着重要的角色，当大堂周围的区域被恰当的设计，遮阳可能成为多余的，唯一必要的是在沿着空间边缘立面内侧安装太阳和眩光保护装置（例如办公区域、商业区域等），基于房间的空间和使用者的要求，有多种夏季减少热辐射的选择，其中热通风（利用烟囱效应）应该给予特别的关注。

1. 中央大厅

图11-129所示为New Leipzig博览会建筑物的中央大厅（由vonGerkan，Marg+Partners设计），图11-130所示为展览大厅的入口区域（250m长、80m宽、35m高）和主要结构特色，拱形玻璃大厅具有一层由管式金属格架支撑的可调式安全玻璃板表面。图11-131提供了进入室内的视野，充满了天然光，计算是基于以下的选择：

（1）悬浮玻璃VSG（层压安全玻璃）20mm，总太阳辐射传递73%，光传递84%；

（2）白色玻璃VSG（层压安全玻璃）20mm，带有绢网模式（B型），总太阳辐射传递52%~67%，光传递62%。

图11-129
玻璃大厅模型
照片（左）

图11-130
拱形玻璃大厅
入口区域和结
构特色（右）

玻璃大厅暴露的骨架结构可以减少大约30%的附带的绝缘体。在对透明和着色玻璃进行对比后可以看出，着色玻璃具有遮阳的效果，同时也可以从地面到屋顶重新分布吸收的辐射。两种玻璃变体的能量分布确实相同。当用透明玻璃代替着色玻璃用于单层玻璃中，那么就要在建筑物体量中增加蓄热（能力）同时减少热量向室外释放，与透明玻璃相比，在大厅中的感觉温度采用着色玻璃时大约会降低1K（图11-132）。

图11-131
建造中的大厅
室内景观

透明单层玻璃

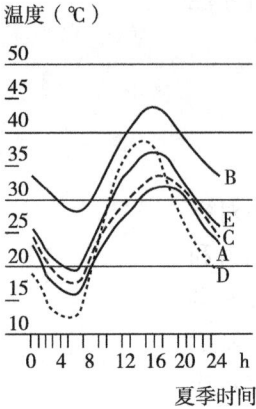

温度（℃）

着色单层玻璃

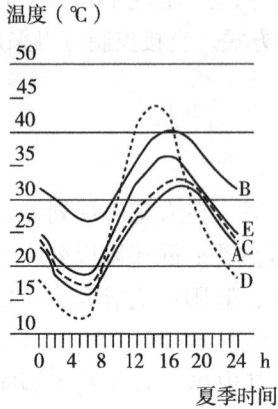

温度（℃）

A-室外空气
B-地板
C-室内空气
D-屋顶
E-感觉温度

图 11-132 不同玻璃类型自然通风的温度

着色玻璃带地板
冷却的能量分布

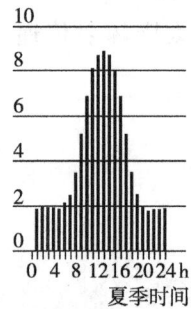

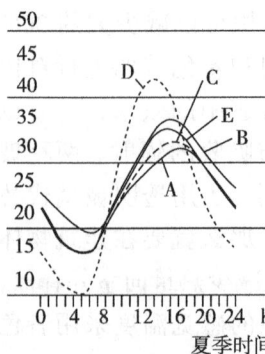

着色玻璃带50%
喷淋表面的能量分布

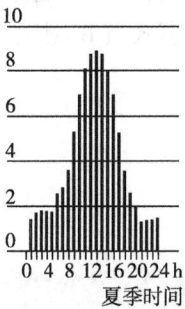

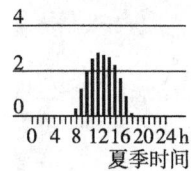

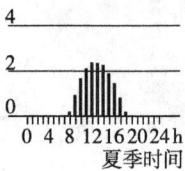

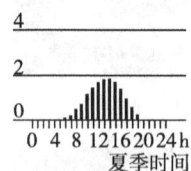

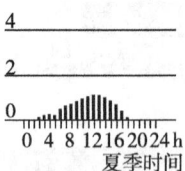

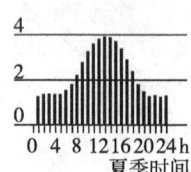

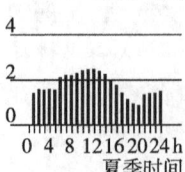

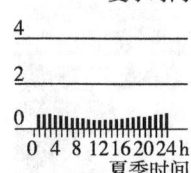

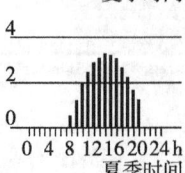

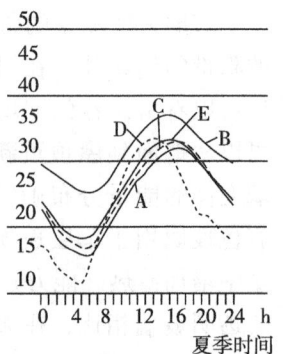

图 11-133

不同冷却系统
自然通风的能
量分析

地面处理利用自然的岩石和具有良好蓄热能力的地板找平层，要减小房间的感觉温度，可以结合进来一套地板冷却系统（管径 25mm，管间空隙 300mm，安装深度在 100mm，冷水温度大约 18℃）。为进行选择，应对带有喷水的玻璃屋顶表面的温度特性和能量流动进行研究。图 11-133 和图 11-134 显示了相应的能量流动以及每种主动式的额外，（或间接的）技术手段对应的空气和建筑物部件温度。

对于大部分恰当的技术选择（玻璃、地板和喷淋选择）的一项重要准则是年温度曲线，图 11-135～图 11-137 显示了不同玻璃选择、楼板结构和喷淋屋顶范围空气温度，以及感觉温度。

在这一对比中，着色玻璃结合喷淋或湿润玻璃表面，提供了最有利的数值，其感觉温度比最差的情况大约少 4K，蒸发性能（制冷性能）大约是 3MW，相应的水蒸发量大约是 5m³/h，如果平均地湿润玻璃屋顶，会消耗比必要的喷洒更大数量的水。这样，相应管线的面积必须基于最大的 25m³/h 的体量。

图 11-138 显示了带有喷淋屋顶面积的大厅的纵剖面，扇形窗依中心布置，利用浮力和穿堂风进行自然通风。图 11-139 阐明了喷淋系统的细部。喷洒的水可以直接取自饮用水，或能取自雨水槽则更好，因为从长期角度看可能更可取并且对生态有利。

2. 玻璃下部的公共和交通区域

图 11-140 显示的项目是由 Spaltenstein 建筑师小组开发和设计。开发商为这个项目提出了以下目标：

（1）高水平的交通；

（2）材料和非材料的生态价值；

（3）部分市民空间、一部分社会空间；

（4）作为开敞的象征的透明度；

（5）一幢"智慧型"的房屋。

着色玻璃带
地板冷却

温度（℃）

着色玻璃带50%
喷淋表面

温度（℃）

图 11-134 不同冷却系统自然通风的温度

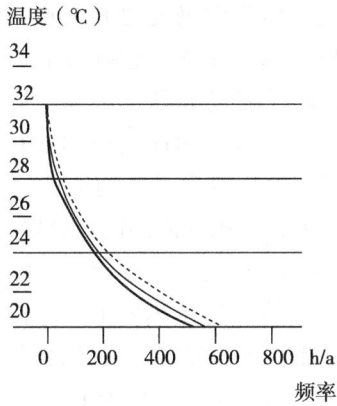
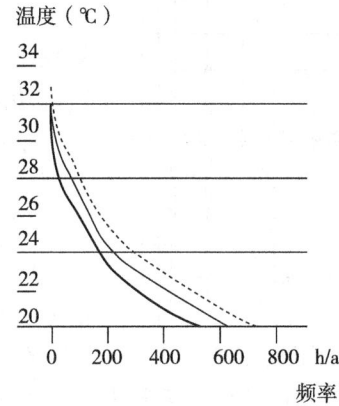

图 11-135

不同玻璃类型每年的感觉温度

靠近地板处温度

温度（℃）

感觉温度

温度（℃）

上午9点到下午7点之间的频率

—— 室外空气
----- 透明单层玻璃
—— 着色单层玻璃

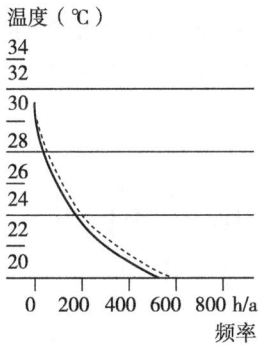
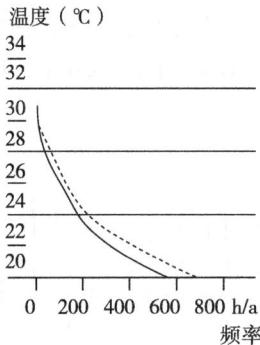

图 11-136

不同类型楼板每年的温度

靠近地板处温度

温度（℃）

感觉温度

温度（℃）

上午9点到下午7点之间的频率

室外温度
绝热地板
实心地板
地板冷却

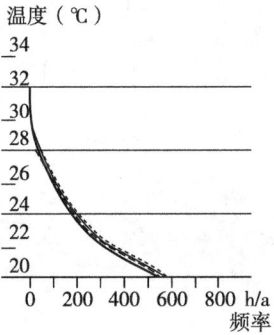
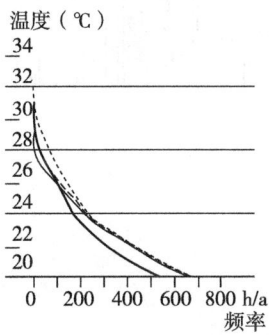

图 11-137

室外表面喷洒的不同强度与每年的温度

靠近地板处温度

温度（℃）

感觉温度

温度（℃）

上午9点至下午7点之间的频率

—— 室外空气
----- 0%喷洒屋面面积
---- 20%喷洒屋面面积
—— 50%喷洒屋面面积

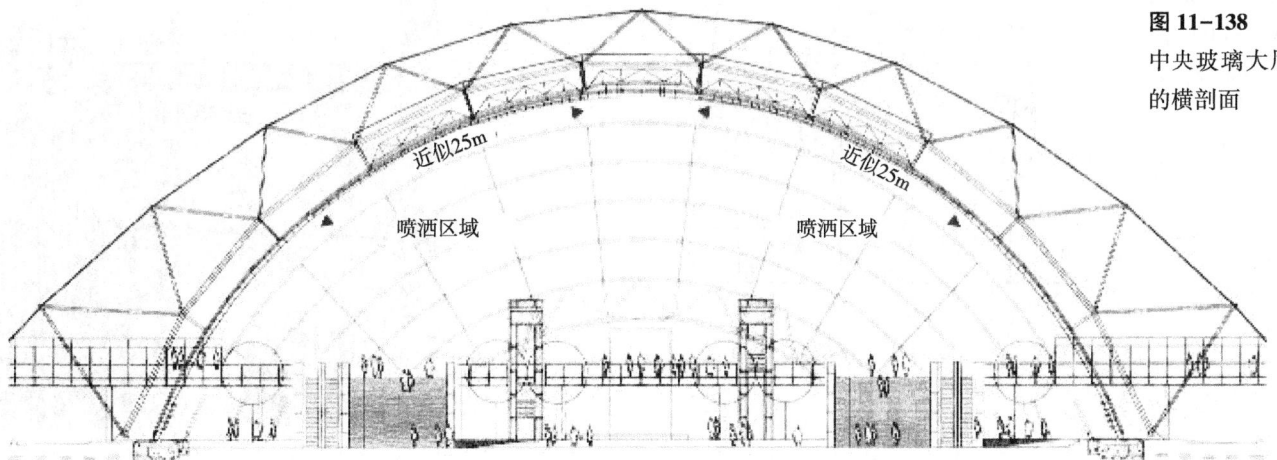

图 11-138

中央玻璃大厅的横剖面

近似25m 近似25m

喷洒区域 喷洒区域

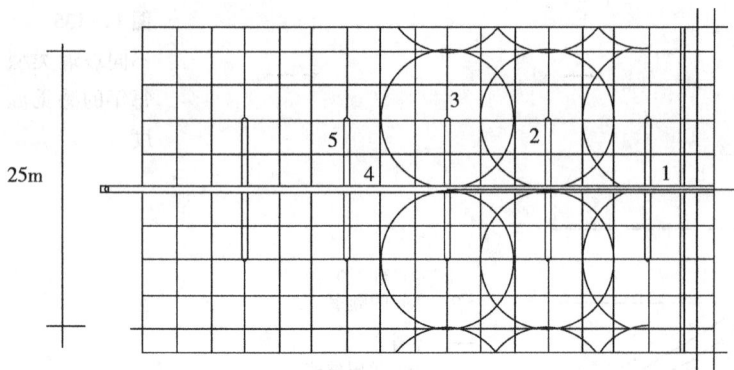

图 11-139
玻璃顶表面带有喷嘴的轨道（半径 6.4m）

中庭是建筑物的焦点，如图 11-141 中所见。它不仅被作为中央通道和交通区域，而且被赋予各种特殊的用途，包括饭店、音乐厅和剧院功能，以及时尚和艺术展览。因此，中央大厅是一个具有多重用途的空间，并且作为一个整体在建筑中具有很重要的位置。图 11-142 是一幅中厅内景和东立面的高玻璃墙。

图 11-143（选择 1）描绘出了与庭院相邻的办公室和公共空间在热要求方面的波动，没有将中庭考虑在内。图形显示了典型的要求，1 月份的峰值大约在 50MW·h。到 7 月份达到最低值约 5MW·h。在这一研究中的热传递系数为：墙体 0.35W/m²·K，窗户为 1.8W/m²·K。

为了有助于夏季时间中庭中的制冷，选择 2.1W/（m²·K）（图 11-143）的热传递系数在接近窗户内侧增加到 2.8W/（m²·K），设置在办公室和中庭之间。玻璃屋顶和垂直玻璃围墙的热传递系数为 3.1W/（m²·K）。很明显对于可比较的办公室来讲，在冬季几个月的热需求是相似的；对于中庭本身还有额外的热需求。在 5 月到 9 月的夏季几个月里，热需求几乎为零，可以通过辐射而得热。

图 11-140
建筑物主要立面

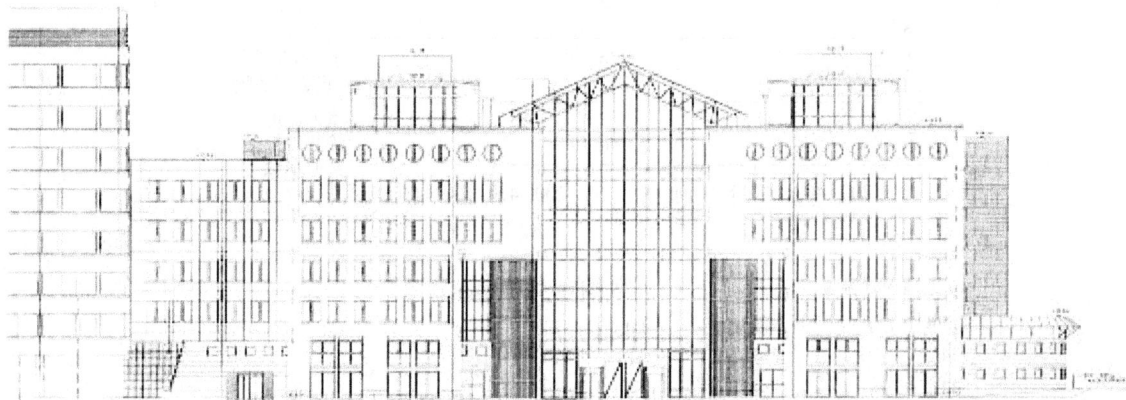

图 11-141
建筑物楼层平面（左）

图 11-142
建筑物中庭内景（右）

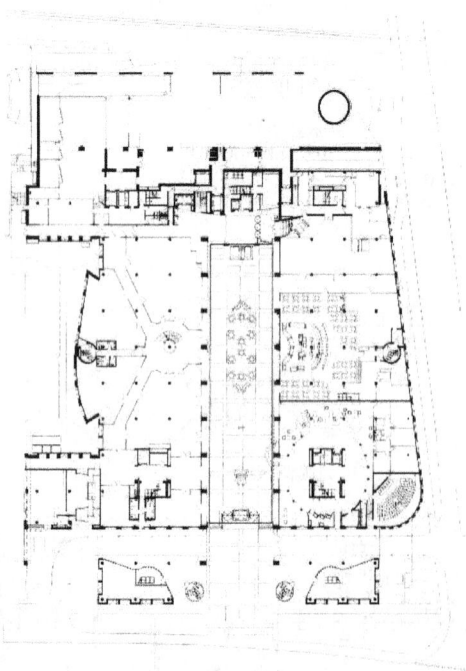

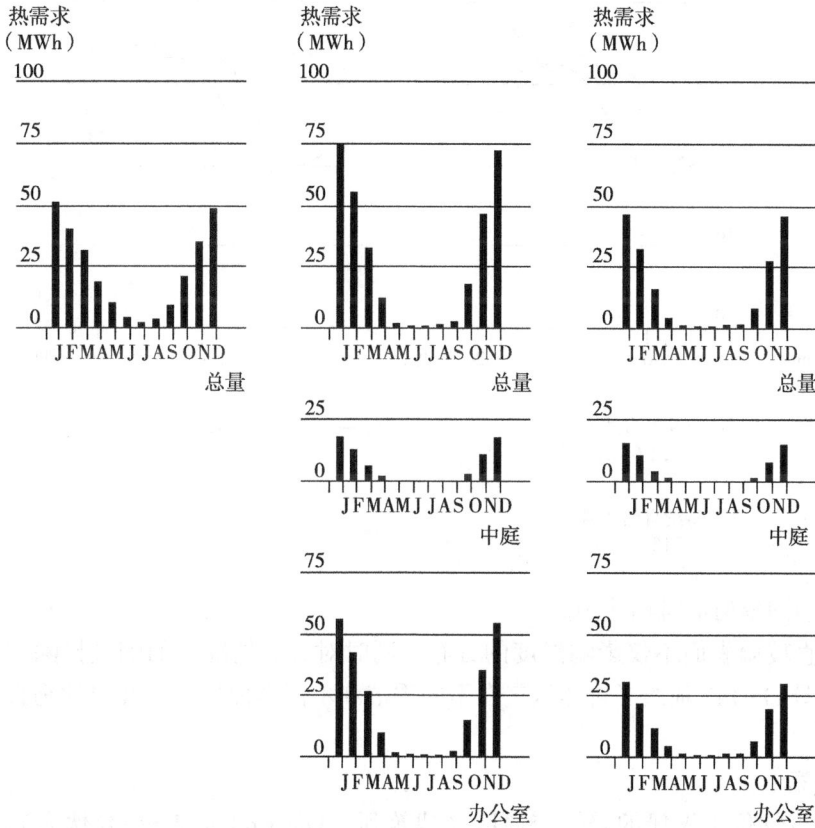

选择1
办公室靠近庭院，
不考虑中庭因素

选择2.1
办公室靠近庭院，
中庭带双层隔热玻璃

选择2.2
办公室靠近庭院，
中庭带双层吸热玻璃

图 11-143
办公室的热需
求

选择 2.2 （图 11-143） 的热传递系数如下划定：室内窗户的 U 值大约是 2.8W/ （$m^2 \cdot K$），玻璃屋顶和大的垂直玻璃表面的 U 值是 1.8W/ （$m^2 \cdot K$）。选择 1 和 2.2 的比较说明对于办公空间热需求被切除近一半，并且在 4 月到 9 月所确定的得热足以补偿热损失。粗略的指标，中庭可以削减与其相邻区域一半的热需求。图 11-144、图 11-145 所示的图表是基于经验的数据，两张图表描绘了基于中庭长边和短边室外迎面风的空气速度的换气率。它们有助于建立中庭在不同室外空气速度情况下的可能的换气率。

图 11-146 显示的是靠近中庭地面（公共）标高处在周期性的和持续自然通风条件下的温度和各种换气率。如预料的那样，相对较小的换气率（1ac/h）和确定的操作时间（中庭屋顶的开启时间）在接近地面标高处会引起很高的房间温度（大约 40℃），这能够被自然的和持续的通风所抵消。在夏季，所有屋顶表面保持开敞以允许浮力通风，所以中庭空间不会过热，正如随后的操作期间所证明的那样，要确保在夏季有稳定的温度，在 Galleria 项目中的水平玻璃表

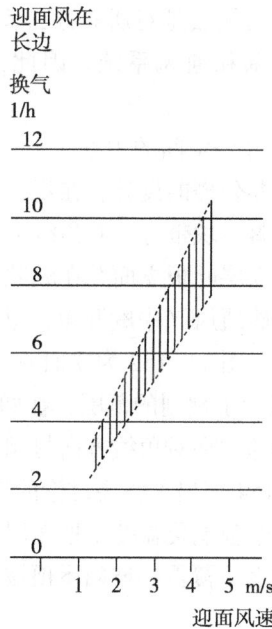

图 11-144
依据室外气流速度的
换气率（长边）

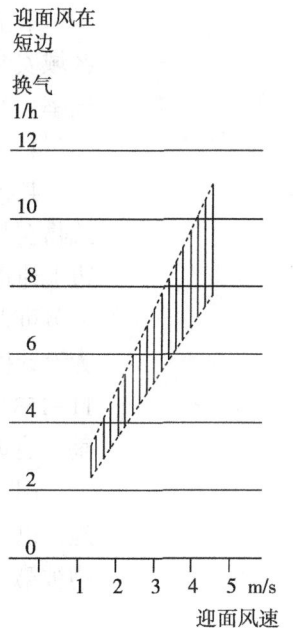

图 11-145
依据室外气流速度的
换气率（短边）

图 11-146
在周期性和持续自然通风条件下靠近中庭地面的温度

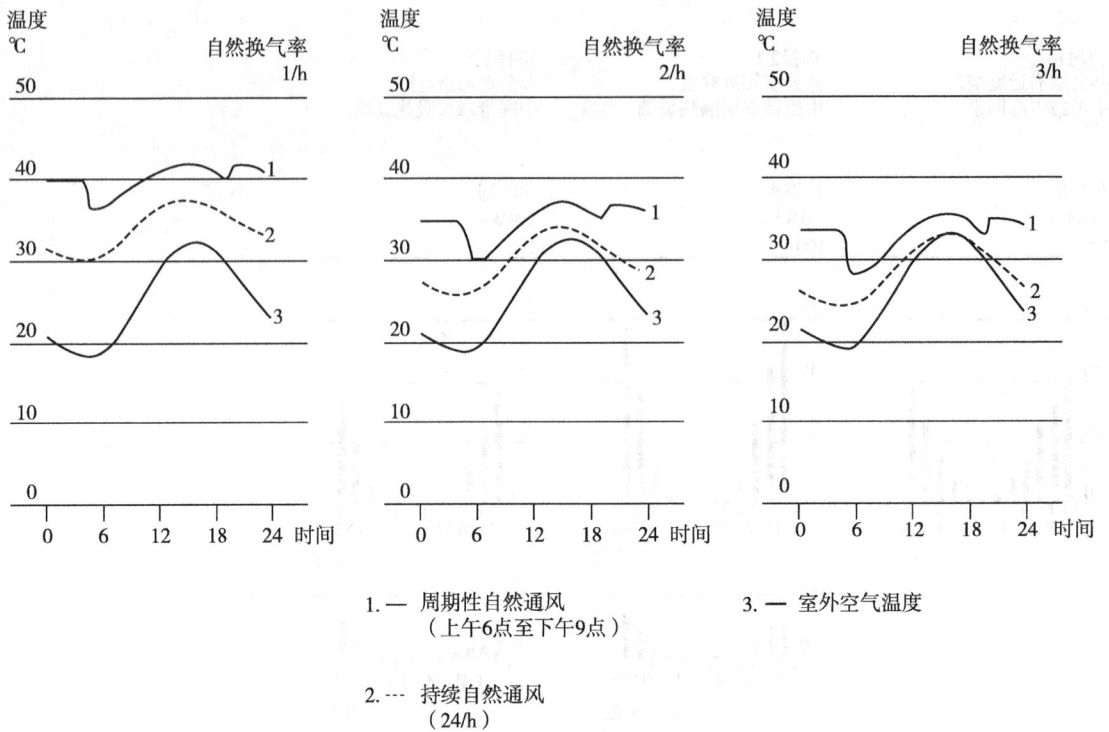

1. — 周期性自然通风	3. — 室外空气温度
（上午6点至下午9点）	
2. --- 持续自然通风	
（24/h）	

面装备了简单的遮阳篷，在强烈辐射的时期使用。

在中庭中开启水平和垂直玻璃表面不仅影响温度的分布，同时对火灾情况下的烟气排除和烟气通风也是非常重要的。图 11-147 描绘了自然烟气在不同季节和不同迎面风向从开启的垂直或水平玻璃表面排出的情况。

3. 作为噪声缓冲区的中庭

苏黎世保险的新办公建筑物位于汉堡的繁忙交通区（建筑师：Von Gorkm Marg+合伙人），是一个梳状形的建筑物。综合体结合了两个大的中庭，周围有成组布置的办公室，中庭是隔绝噪声的缓冲区。图 11-148 是建筑物外立面的景象，图 11-149 是中庭的内景，图 11-150 是沿着大厅通道的内景，穿过办公区域进入中庭。

最基本的想法是对所有办公室进行自然通风，建筑物未来的使用者可能会在建筑物的各区域安装空调和通风系统。因此，需要经验的数据以决定中庭和相邻办公室之间合适的换气率。

4. 作为办公空间的中庭

某行政办公楼的设计，在规划阶段，解决了一个有趣的问题，讨论集中在是否建立一幢建筑物在其角落一块带有一对角线的翼或将整个建筑物放置在玻璃盒子下面，例如在面对道路的边上建造一双层叶板立面并在庭院边将建筑物封闭在 5 层高的玻璃盒子内。中庭在夏季和转换季节可以自然通风（中庭开敞）并在冬季封闭，利用太阳能对整个建筑物加热，图 11-151 所示为设计模型，图 11-152 为立面效果，其中可以看到双层叶板立面（部分透明）。底层平面（图11-153）显示了规划的范围，在两个建筑物夹角之间的空间作为中庭利用，并在上层楼板处被垂直建筑物部件在对角线方向封闭。

图 11-154 列出了将要讨论的选择，传统的方案（选择 1）有良好的隔绝外表和外部遮阳设施，以及一个玻璃覆盖整个地面层，在它上部，有一个自然通风的庭院。选择 2 中，整个建筑物被第二层表面覆盖，玻璃屋顶被设置在建筑物 5 层部分的区域（中庭）。

静风（w<0.5m/s）
边界层<1m

微风（w=0.5-2.0m/s）
边界层1-3m

强风（w>2.0m/s）
边界层>3m

冬季
Tou=-12℃-+5℃

可能由来自地面的
热空气形成的浮力

靠近屋面的负压形成
轻微有利条件

靠近屋面的负压形成
非常有利的条件

过渡季节（1）
Tou=+5℃-+18℃

可能由来自地面的
热空气形成的浮力

靠近屋面的负压形成
轻微有利条件

靠近屋面的负压形成
非常有利的条件

过渡季节（2）
Tou=+18℃-+23℃

可能由来自地面的
热空气形成的浮力

可能由来自地面的
热空气形成的浮力

靠近屋面的负压形成
非常有利的条件

夏季
Tou=+23℃-+23℃

可能由来自地面的
热空气形成的浮力

可能由来自地面的
热空气形成的浮力

靠近屋面的负压形成
非常有利的条件

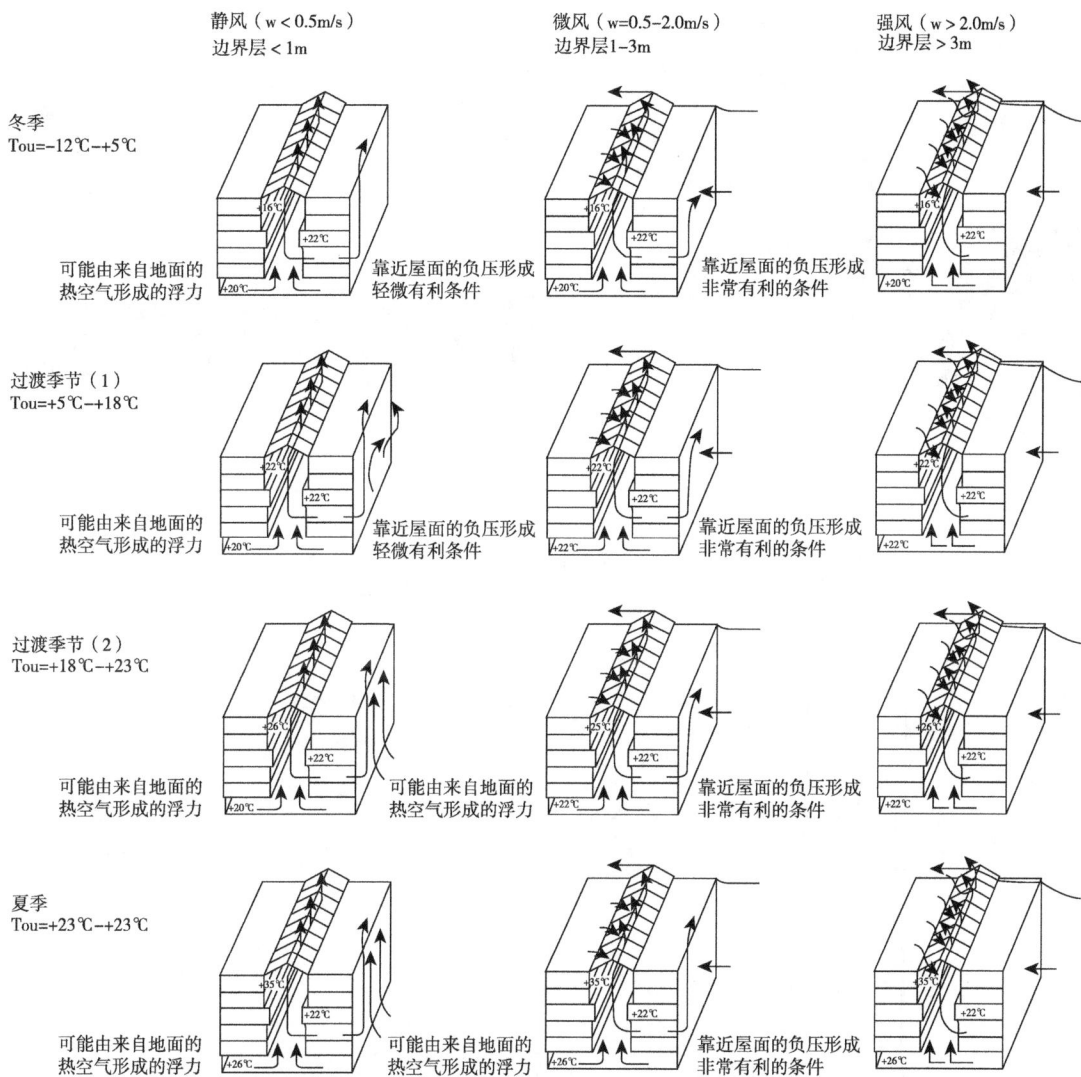

图 11-147　烟
气体抽出的不
同类型

图 11-148
建筑物主要立
面（左下）

图 11-149
中庭景观（中）

图 11-150
走向中庭的走
廊（右下）

图 11-151
建筑物设计模
型（左）

图 11-152
带有双层叶板
立面的建筑物
透视（右）

图 11-153
建筑物底层平
面

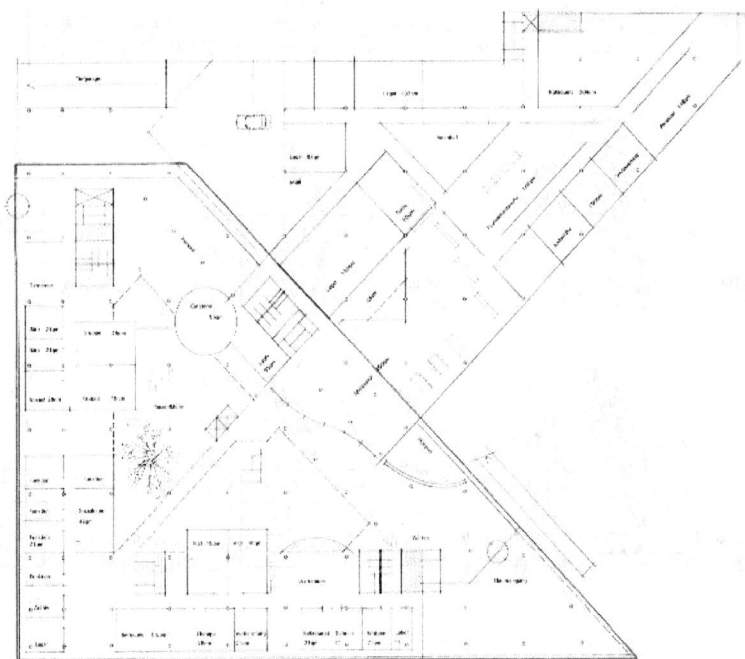

图 11-154
立面选择

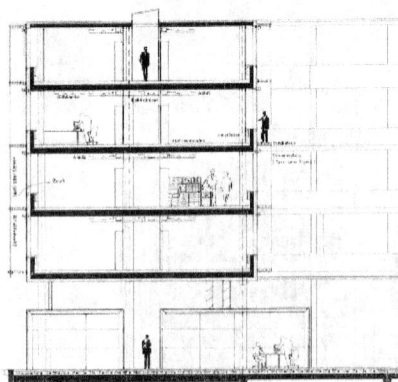

选择1
传统解决办法
（玻璃覆盖一层）

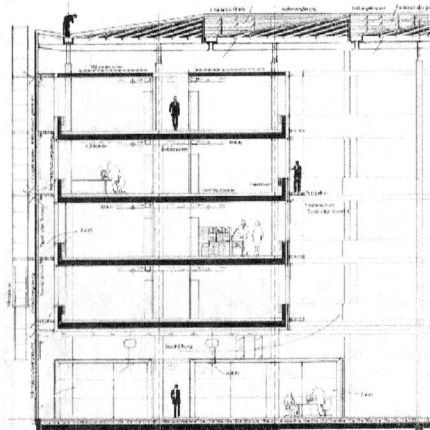

选择2
玻璃覆盖整个住宅
（双层叶板立面和5层高中庭）

图 11-155 列出了两种变体特殊的能源费用，费用被分成不同的能源消耗系数（泵、照明、加湿、制冷、加热和空气运动），图 11-156 显示了能源费用，包括维护和修理技术设备的费用。最后，图 11-157 显示了每平方米每年总费用，并证明选择 2 的总节省与选择 1 相比大约为每年 40DM/m²，当这一数量加上双层叶板立面和大玻璃屋顶较高的初期投资费用大约是 500~600DM/m²，仍然可以获得足够的分摊率，特别是当上涨的能源价格也作为考虑的因素时。

特殊能源费用
德国马克（每m²使用空间/每年）
总量 / 泵 / 加湿 / 照明 / 空调 / 采暖 / 通风

特殊能源费用
德国马克（每m²使用空间/每年）
总量 / 维护-修理 / 能源费用

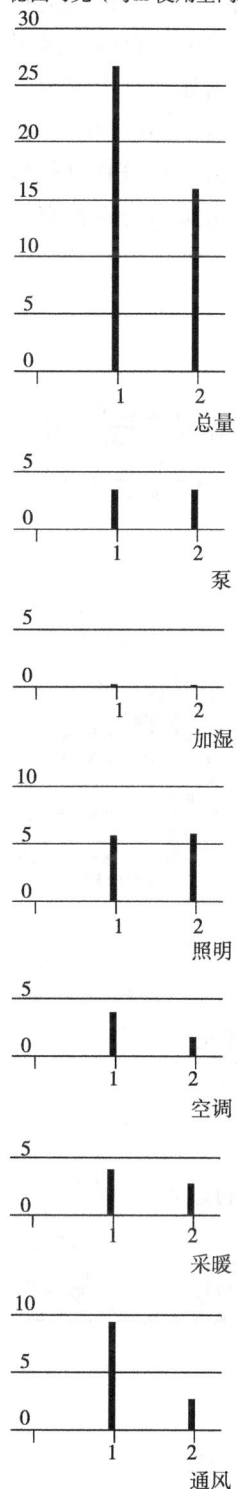

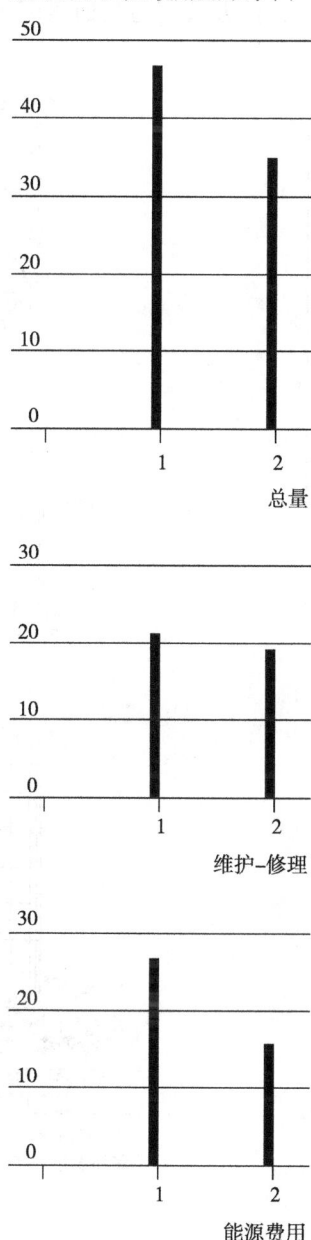

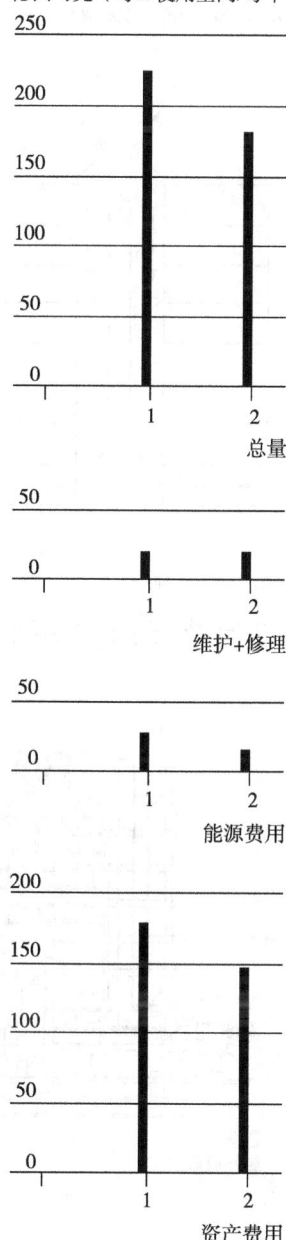

特殊能源总费用
德国马克（每m²使用空间/每年）
总量 / 维护+修理 / 能源费用 / 资产费用

图 11-155
两种选择的能源费用：建筑设备注明（左）

图 11-156
两种选择的运行费用说明（中）

图 11-157
两种选择的总费用说明（右）

这里，作为双层叶板立面，必须要注意特定的中庭和双层叶板方案必须像设计一样在经济上也是可行的，从而开发和创造一种生态有效的建筑物。

5. 作为热塔的中庭

带有高顶棚中庭和井道的建筑物特别适合于由浮力引起的自然通风，移动的空气流通过建筑物并排出了热能以及污染物和气味。

如图 11-158 所示，从原理上，上升气流在动力通风和摩擦损失之间的相互作用抵消后形成浮力。图 11-159 阐明了在中庭的内部得热形成浮力的原理，并证明了计算由浮力引起的气流量的基本要点以及进、出口的风速。由浮力产生的自然通风在一定程度上会受到由来自迎面风形成的正负压力的制约。由浮力本身产生的自然通风仅可能出现在无风期。无论如何，由浮力产生的通风对于大玻璃的内部区域来讲特别重要，并在中庭、玻璃覆盖的大厅中扮演着一个角色。图 11-160 显示了一幢摩天大楼的设计模型。这幢大厦中有一中庭用于利用浮力对建筑物进行自然通风，建筑物的右边与热塔（办公室）相邻朝北，而办公室在左边朝南。北向办公室带有双层玻璃立面，以减少自然通风。同时，使办公室与交通噪声相隔绝。

图 11-158
井道中的上升气流（左）

图 11-159
在房间得热期间的浮力原理（右）

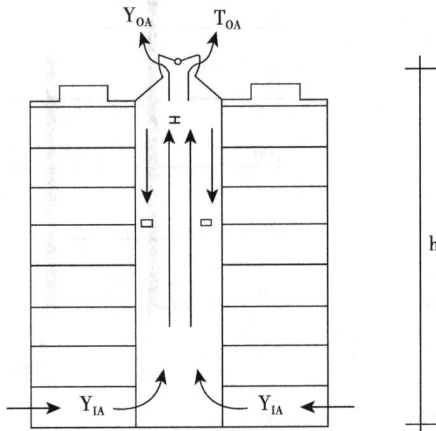

$$H_B=浮力（理论上）$$

$$H_B=273+h\left(\frac{Y_{IA}}{273+T_{IA}}-\frac{Y_{OA}}{273+T_{OA}}\right)\frac{b}{760}$$

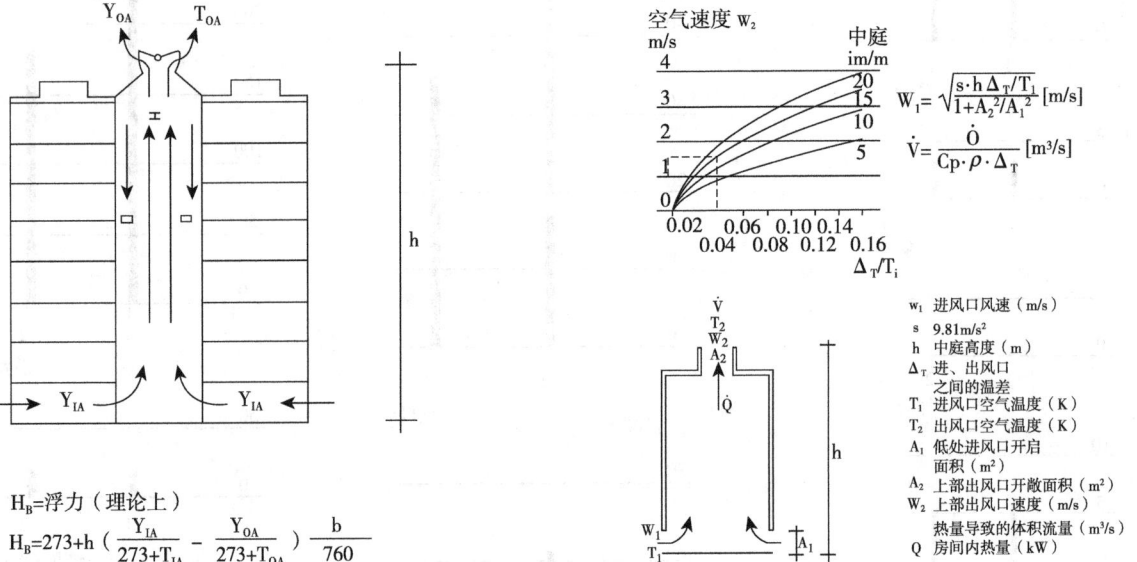

$$W_1=\sqrt{\frac{s\cdot h\,\Delta_T/T_1}{1+A_2^2/A_1^2}}\ [m/s]$$

$$\dot{V}=\frac{\dot{O}}{C_P\cdot\rho\cdot\Delta_T}\ [m^3/s]$$

w_1 进风口风速（m/s）
s 9.81m/s²
h 中庭高度（m）
Δ_T 进、出风口之间的温差
T_1 进风口空气温度（K）
T_2 出风口空气温度（K）
A_1 低处进风口开启面积（m²）
A_2 上部出风口开敞面积（m²）
W_2 上部出风口速度（m/s）
热量导致的体积流量（m³/s）
Q 房间内热量（kW）

图 11-160
带有中庭的高层设计依靠浮力的自然通风

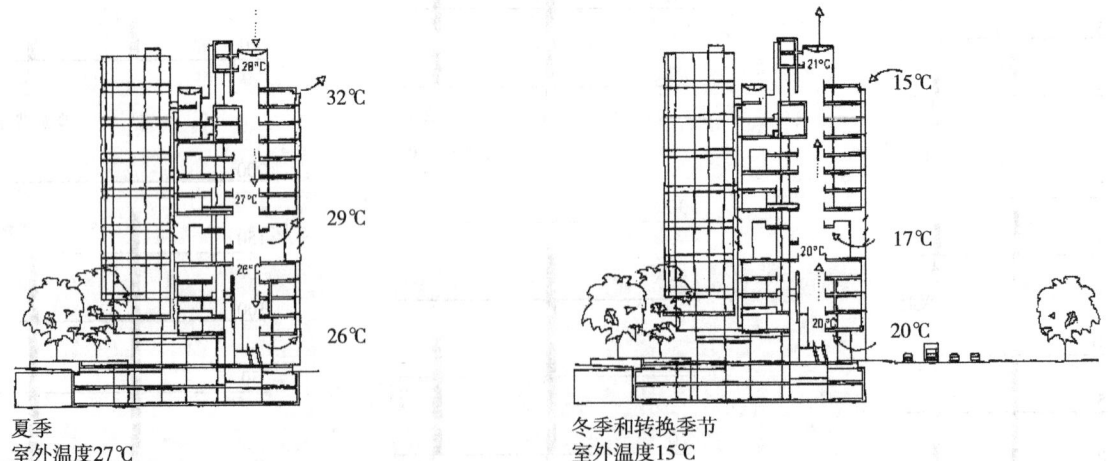

夏季
室外温度27℃

冬季和转换季节
室外温度15℃

在夏季，新鲜空气通过玻璃屋顶被带进中庭，并被周围的冷体量冷却。空气逐渐从顶部向地面下沉，穿过开敞区域到达北立面（双层叶板立面），并在这里再次升高（因为在办公室得热），因此在北立面，一股向上的气流形成并通过办公室穿过。当办公室向内侧（朝向中庭）的窗户打开，新鲜空气可以通过它们从双层叶板立面进入。

在冬季和季节转换时期，例如当室外温度低于房间温度，新鲜空气通过北面双层叶板立面进入并从顶部向地面流动，为了防止双层叶板立面过度的冷却，从外部带进的空气在与中庭相联的热回收设备的帮助下被加热到大约+15℃。然后室外空气通过双层叶板立面流动，同时从办公室和漫射辐射获取更大的热量（热流从内部向外）。如图表中所示，室外温度在中庭地板标高处达到大约20℃并因吸力而在热塔内部升高（负压力系数与中庭中开启的窗户单元相互作用），由此它在经过循环热回收设备冷却后再次被排出。这样，在冬季靠近北立面存在着从屋顶到地面的循环。与双层叶板立面相邻的办公室开启的窗户单元能够允许新鲜空气进入公共区域。图 11-161 显示了夏季和冬季相关办公房间的条件。

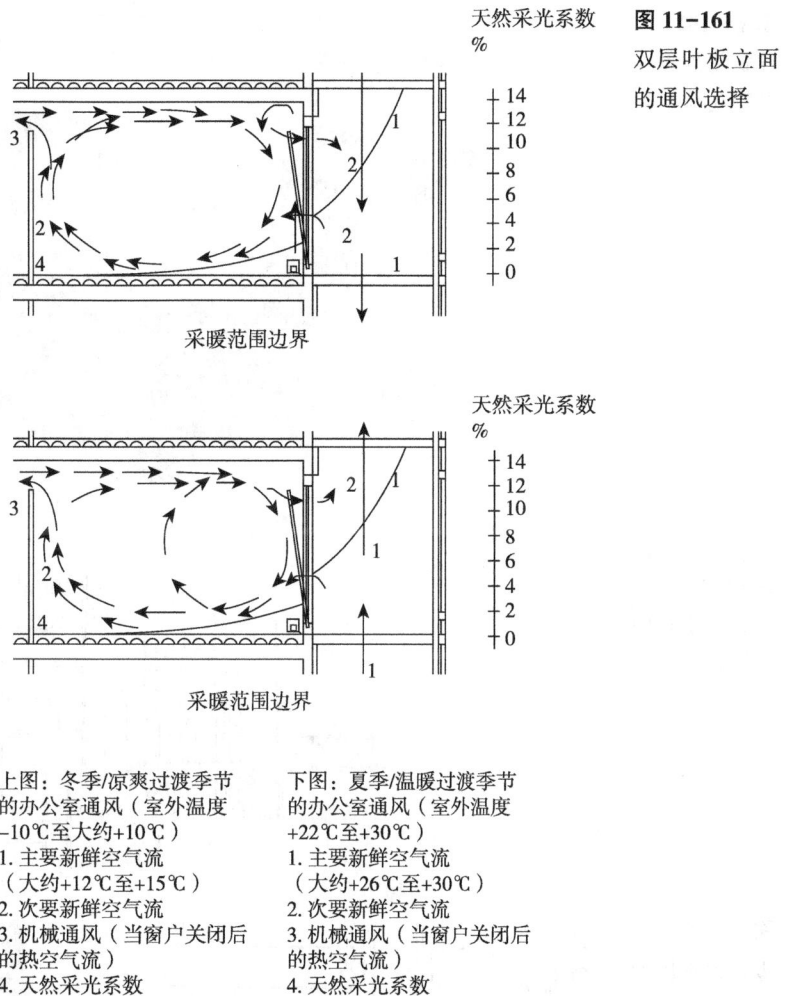

图 11-161
双层叶板立面
的通风选择

天然采光系数
%

采暖范围边界

天然采光系数
%

采暖范围边界

上图：冬季/凉爽过渡季节的办公室通风（室外温度 -10℃至大约+10℃）
1. 主要新鲜空气流（大约+12℃至+15℃）
2. 次要新鲜空气流
3. 机械通风（当窗户关闭后的热空气流）
4. 天然采光系数

下图：夏季/温暖过渡季节的办公室通风（室外温度 +22℃至+30℃）
1. 主要新鲜空气流（大约+26℃至+30℃）
2. 次要新鲜空气流
3. 机械通风（当窗户关闭后的热空气流）
4. 天然采光系数

当依靠浮力或风压的自然通风不可行时，建筑物就要利用机械通风和降温或靠间接系统加湿。补充的空调系统可能需要运行建筑物总运行时间的大约 15%~20%，以实现利用自然资源达到节能的要求。

6. 作为冬季种植花园的中庭

DAK 建筑物（德国公薪阶层健康保险基金）位于汉堡，设计成为一幢结合冬季花园的梳子状形式。像苏黎世保险建筑一样，这一结构设计的目的是保护办公区域于过度的噪声扩散，同时在建筑物中为改善微气候作出贡献。图 11-162 是建筑物综合体的鸟瞰（模型），图 11-163 和图 11-164 分别给出了平面布置和冬季花园剖面。该设计所面临的特殊困难是冬季花园的自然通风问题，因为建筑物实体结构之间的凹形玻璃屋顶被四层高建筑物部分所紧紧围抱。因此很早就在进行风洞研究，以确定屋顶开口的最佳位置以及在冬季花园较低处的开口位置。图 11-165 和图 11-166 表示了冬季花园的剖面和它内部及（相邻）办公室的主要的和次要的空气流动。由于通过冬季花园的空气运动具有相对低速的性质，所以在上述情况下，当室外迎风空气运动水平穿过特定的冬季花园时，良好的次要边通风对于办公室是需要的。替代了通常采用的倾斜旋转窗，其他带有旋轴叶板的窗被使用以切实地将空气从冬季花园引进办公室中。

图 11–162
建筑物外景与
冬季花园内景

图 11–163
带有冬季花园
的剖面

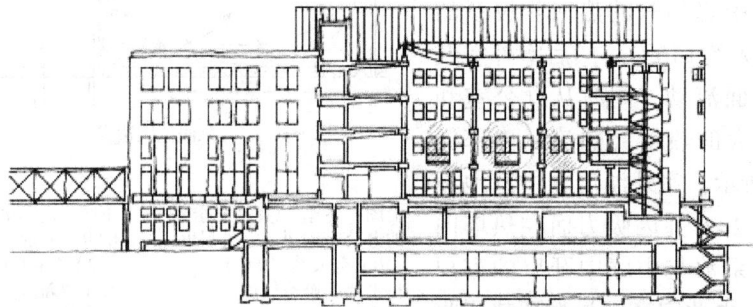

图 11–164
带有植物区域
的建筑物平面
（左）

图 11–165
气流水平穿过
冬季花园的风
洞实验（右）

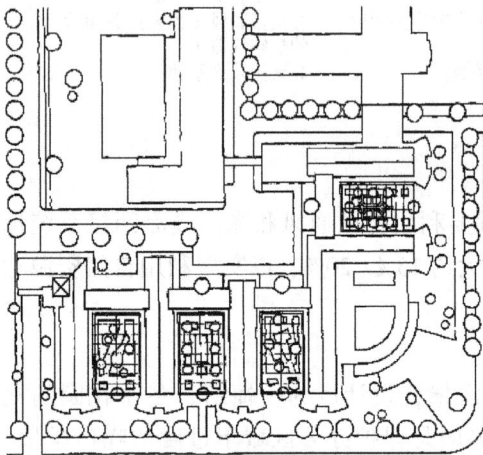

图 11–166
办公室通过冬
季花园自然通
风的图解

1. 在静风期立面上的新鲜
   空气开启面积约15m²
   （阴影表示）
2. 废气排出口/进风口开
   启约45m²
3. 废气排出口/进风口开
   启约40m²
4. 轴转窗排出的自然空
   气流

冬季室外温度为-12℃时
中庭花园内温度保持在
+7℃

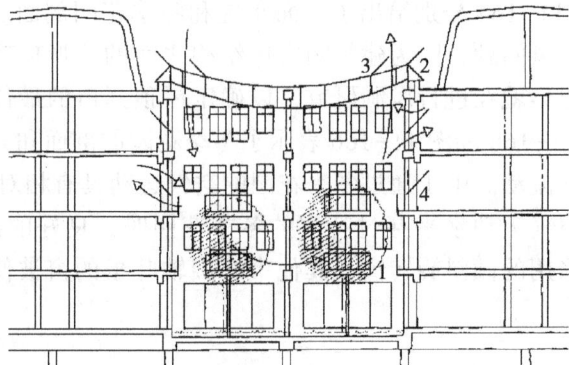

当大厅或中庭安装凹形屋顶，特别是大厅在这一实例中是或多或少封闭的（在建筑物结构上），它对于满足额外"排气系统"以获得安全可靠的通风来讲就没有什么特别之处。在每个实例中都特别涉及到进行风洞研究，以评价整个方案并避免局部的设计错误。

景观建筑师所发展出的一种设计是利用常绿植物来改善微气候，然而到目前为止，还很难有针对室内观叶植物降低温度的正确研究结果，虽然这明显是一个非常重要的课题。在带有室内植物的封闭大厅空间中如何改善微气候方面仍有许多东西要学习。

7. 玻璃下的建筑物

若办公房间前的中庭只有几米宽，其结果就形成了如橘园温室般效果的结构。图 11-167 为新巴伐利亚州法院建筑物的西立面，一幢带有两翼并与原有军事博物馆相连的综合体。图 11-168 显示了带有通风口的橘园温室的纵剖面，遮阳单元在其上部区域，是带有办公室和大厅区域的室内建筑。

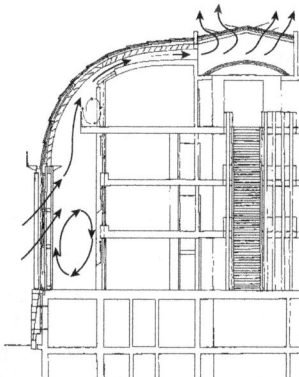

图 11-167
巴伐利亚州法院办公建筑与橘园温室（左）

图 11-168
橘园温室内的遮阳单元（右）

橘园温室完全是自然通风的并在冬季关闭，其功能是作为办公建筑的热（太阳辐射得热）缓冲区域。在夏季，辐射在百叶遮阳系统的帮助下被减小到在办公区域最小的得热、额外的遮阳棚可由每位使用者调节，在每个办公室减少制冷负荷，并在同时起到眩光保护的作用。在第二层平面，一些垂直的、可旋转的玻璃三棱镜元素被用于作为遮阳单元。

这样布置的橘园温室，事实上完全等同于多价墙的模型，适应较大变化的使用功能，能够在整年里进行适应环境的操作，抵抗热流进入或流失。

由于橘园温室本身在某种程度上也是一个工作和休息区域并且顶部的安全室位于第四层楼面，所以额外的细部研究以 1：5 的比例进行。这些研究，一方面，证明了一定的计算方法，另一方面，确定了由橘园产生的热负荷而引起的换气率。

由热引起的空气运动和换气率的图形（图 11-169）对未来的设计可能是非常有应用价值的。而且，计算机模拟和模型研究的进行可以进一步确定在无风期由于橘园温室的得热而产生的空气运动和空气温度（图 11-170）的结果。图中所包含的数据也有助于对其他建筑物作出结论，特别是涉及在双层叶板立面中由于得热而产生的很高的温度增加的情况。图 11-171 显示了在温室中和没有制冷的办公室区域各种遮阳位置可能的空气温度。这些是：室外遮阳、安装在内侧立面（室内）的遮阳单元以及在建筑物上的（墙壁凹处）遮阳元素。

图 11-172 提供了在全年内各种遮阳方法最终的评价以及所产生的温度及这些温度所占的小时数。如同预测的那样，室外遮阳具有最佳的结果（例如 30℃，100h/a），因此在理论上是最值得推荐的，然而，从建筑技术和美学角度可能会提倡内侧和凹进式（隐蔽式）遮阳。

图 11-169
由热引起的空气流动造成的橘园热负荷（左）

图 11-170
在橘园温室内不同热负荷造成的空气温度（右）

—— 计算
—— 模型实验

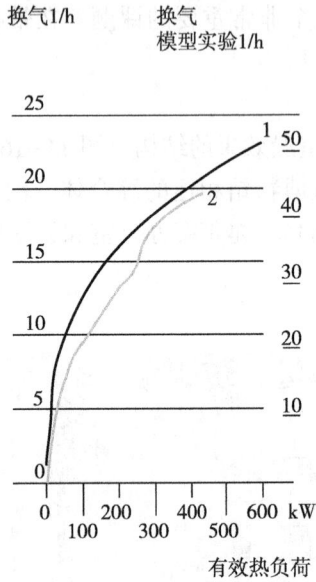

换气1/h　　换气模型实验1/h

计算：
—— 二层
- - - 五层
……… 废气排出
—— 模型实验

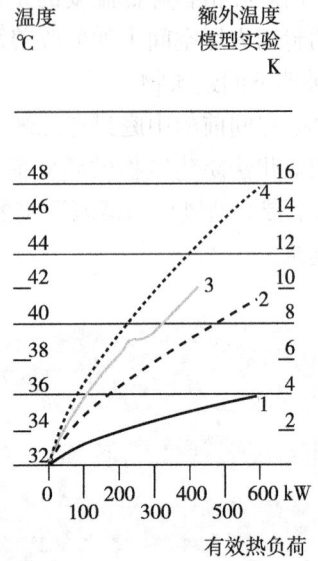

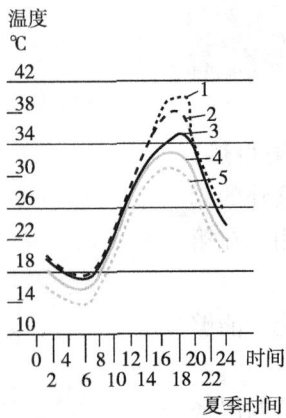

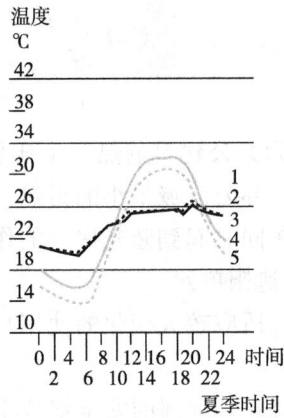

温度 ℃　　额外温度模型实验 K

25　　50　　　　　　　　　　　48　　16
20　　40　　　　　　　　　　　46　　14
15　　30　　　　　　　　　　　44　　12
10　　20　　　　　　　　　　　42　　10
5　　10　　　　　　　　　　　　40　　8
0　　　　　　　　　　　　　　　38　　6
　　　　　　　　　　　　　　　36　　4
　　　　　　　　　　　　　　　34　　2
　　　　　　　　　　　　　　　32

0　100　200　300　400　500　600 kW
有效热负荷

0　100　200　300　400　500　600 kW
有效热负荷

温度 ℃　　　　温度 ℃　　　　温度 ℃

42　　　　　　42　　　　　　40
38　　　　　　38　　　　　　38
34　　　　　　34　　　　　　36
30　　　　　　30　　　　　　34
26　　　　　　26　　　　　　32
22　　　　　　22　　　　　　30
18　　　　　　18　　　　　　28
14　　　　　　14　　　　　　26
10　　　　　　10　　　　　　24
　　　　　　　　　　　　　　22
　　　　　　　　　　　　　　20

0 4 8 12 16 20 24 时间
  2 6 10 14 18 22
夏季时间

0 4 8 12 16 20 24 时间
  2 6 10 14 18 22
夏季时间

阴影部分：
1 ……… 凹进处
2 - - - 室内
3 —— 室外
4 —— 城市中心
5 ……… 气象站

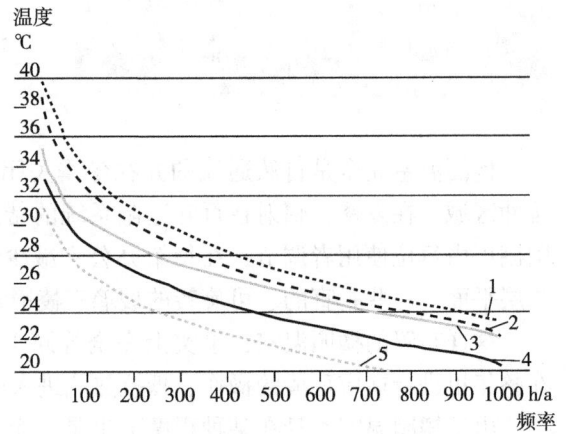

100 200 300 400 500 600 700 800 900 1000 h/a
频率

图 11-171
橘园温室中、办公室的空气温度（左）

图 11-172
橘园温室中的温度升高的全年频率（右）

11.4.1.5　通过室内植物提高空气质量

在介绍生态建筑的文章中，理想的生态建筑应是有舒适的室内温度和湿度，通过室内植物而不依赖其他技术和机械手段来清除污染，植物蒸发制冷，产生氧气及吸走废物，扮演了非常重要的角色。

植物排废方面的研究，是研究它们对甲醛、苯、三氯乙烯的吸收情况，表 11-8 显示了吸收的速率，用百分比的形式，时间是 24h。值得注意的是最初的吸收速率很快，约 2h 后就慢下来。从表 11-8 中得出，有一些植物特别适合吸收废气。比如，办公室中的常春藤一天内可吸收香烟、人造纤维、颜料和塑料中释放出的 90% 的苯，芦荟、香蕉树吸收苯，吸收胶中释放出的三氯乙烯的最佳植物是雏菊和大丁草。

绿色植物过滤器 24h 后污染物排除百分比

表 11-8

植　物	甲　醛	苯	三氯乙烯
香蕉	89	—	—
麻	—	53	13
雏菊	61	54	41
芦荟	90	—	—
常春藤	—	90	11
佛焰苞花	—	80	23
蔓生长毛大戟属植物	67	—	—
无花果	—	—	11
大丁草	50	68	35
中国绿	—	48	—
南天竹	86	—	—

可以确定的是植物能吸收有害物质的部分是根茎和与根茎共生的微生物而不是植物上部。

对于湿度问题，植物比加湿器和空调更有利，因为植物不会像加湿器一样为细菌提供繁殖的温床。图 11-173 显示了研究中植物释放的湿气。植物是否适合种植在办公室或家里要看它们的环境温度、湿度和光线亮度，植物湿气的释放与光线亮度有关，比如在较亮的房间，植物释放的湿气会多一些，室内温度高也会增加植物湿气的释放，而环境湿度的多少，对植物湿气释放的影响很小，可以忽略。图中湿气体是相应的每平方米叶面的水的体积，为了更好地评价其中的尺度，想像一下平均一间办公室墙面的 5%对应于 $1m^2$ 的绿叶面积。植物蒸发的水汽的数量各不相同，最高值为纸莎草，约 1.5m 高的一棵植株一天可蒸发约 2000g 的水。

总之，植物只可以在夏季带来降温作用，因此，在建筑中摆放植物在将来亦应予重视，因为植物的作用都毫无疑问是主动的，特别是居住建筑中的绿色植物所带来的心理影响。然而植物的生存必须有环境能提供最低的生存条件（比如，在光合作用和呼吸作用的平衡点），可以通过选择最佳植物和植物组合使之寿命延长，光合作用需要光线，植物需要明亮的自然光环境，比如冬天花园前庭开放的办公室玻璃墙边等等，当光照条件很差时，植物的合成和分解（生长和衰败）速度是一样的（到了平衡点）。当植物生长环境低于这个平衡点时，它们只能吸收极少的光线，逐渐枯萎而最终死亡。

11.4.2　利用可再生资源的主动式方法

11.4.2.1　太阳能

在寻找新能源资源的过程中，人们都将太阳能作为取之不尽、用之不竭的能源资源。太阳能从古代就在阳光充足地区被用来采暖，因此，利用太阳能并不是什么新的想法。

1. 原理

太阳每年所传递的能量大约是全世界每年能量消耗的 5000 倍，大气层的太阳辐射大约是 $1300W/m^2$，其中大约 $1000W/m^2$ 能够达到地球的表面。

太阳辐射包括了直射和漫射辐射：

直射辐射是指阳光没有分散直接落在地球表面的那部分，并且是太阳能技术的主要设计参数。

漫射辐射是指直接辐射在穿过大气层的过程中被灰尘、烟雾等扩散的那部分，它从各个方

图 11-173

植物释放的湿
气有赖于周围
温度和湿度以
及光线强度

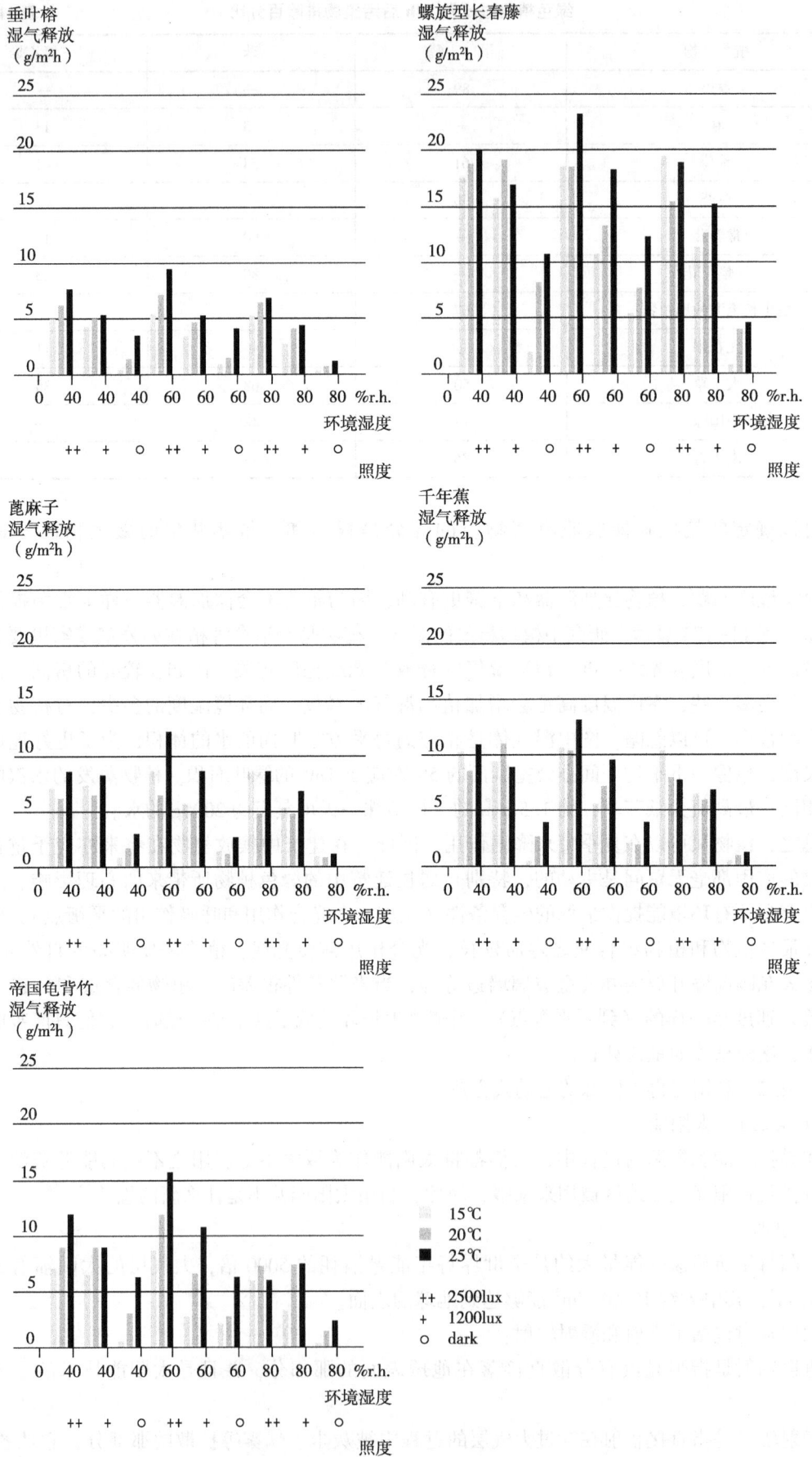

垂叶榕
湿气释放
（g/m²h）

螺旋型长春藤
湿气释放
（g/m²h）

蓖麻子
湿气释放
（g/m²h）

千年蕉
湿气释放
（g/m²h）

帝国龟背竹
湿气释放
（g/m²h）

环境湿度

照度

15℃
20℃
25℃

++　2500lux
+　　1200lux
○　　dark

向到达地球表面，并且比直射辐射要弱得多。除了太阳辐射以外，还有来自地面较高处的反射辐射，例如在建筑环境表面等。

在确定太阳能设备的尺寸中（光热和光电系统），日照小时的总数量和在相应位置的总辐射是最重要的。

黑色表面吸收阳光特别好并可将其转化成热。因入射的可见光以光子的形式搅动，在分子链中每个个体原子或原子组开始振动，热就产生了。入射光的振动越强烈，产生的温度就越高，具有很高温度的黑体，反过来又以辐射的形式放射多余的热量，辐射强度是相关辐射能量的光谱的（波长）函数，反过来，又决定它的温度。这样，对于光热转换来讲，入射的光波（范围从 $0.4 \sim 0.7\mu m$）被转换成长波热辐射（红外辐射 $>2\mu m$）。

为了使入射辐射能以热的形式利用，要安装辐射转换器。它们可能是百叶窗、热吸收的活动百叶窗，热吸收表面或热收集器。

与光热过程不同，光电过程直接将入射的光能转换成电能，硅太阳能电池可用于这种转换。在单晶硅太阳能电池中所发现的结构是对光电池元素功能特性的良好的阐释。

以硅为基础的太阳能电池的功能是基于这一原理——电荷通过光分离，虽然在不同的技术方案中，不同的半导体特性扮演着相当重要的角色。

2. 窗式收集板

窗式收集板是安装玻璃的盒子元素，在其中太阳能被转变为热并以热空气的形式传递至建筑物内侧的蓄热单元。在收集器（盒式元素）和蓄热单元之间，加热的空气完全与房间内的空气分开。窗式收集器为一朝南的立面单元，当辐射强烈时空气被加热到 $30 \sim 70℃$（图 11-174）。在盒式元素中被加热的空气通过空气管传递到蓄热单元（利用风扇引导）。

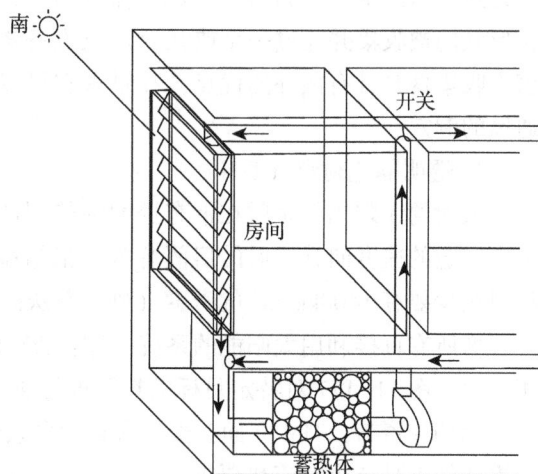

图 11-174
窗式收集器工作原理

朝南的窗户收集器一般在内侧和外侧装备了高隔绝性能的玻璃，以避免通过板条吸收的热能直射向外部或向室内过高的热辐射。当不需要热过程时，吸热板条就升起，日射被作为直接的得热，在夜里板条再次降下并关闭，以减少从室内向室外的热损失。在夏季，建议以板条或遮阳蓬的形式安装额外的室外遮阳装置。

蓄热单元可以水平放置在基础内。天然的石头通常是放置在基础内或地下室内作为蓄热体的选择，因为它所具有的高密度使它能够吸收大量的热能。水平蓄热体布置最大的优点是在一层楼的平面规划中对其干扰最少。垂直蓄热单元位于建筑物的中心，它有助于热空气向南和北立面的传递，并且能够同时对一幢建筑物的几个楼层加热。

窗式收集器（大约占立面表面的1/3）能够节约10%的热能，其数值与冬季花园所产生的数值相似。窗户收集器对于低层的单一或多家庭住宅是一种理想的方案，并且在白天太阳辐射很高但温度在夜里急剧下降的地方得到了最普遍的采用。

3. 空气收集板

当太阳能被利用时，空气收集板是一种投资效率很高的热空气加热附加系统。比如在中庭中进入的空气可以通过空气收集器直接加热（在相应的辐射期间），然后吹进中庭。图 11-175描绘了空气收集器的工作原理，图 11-176 是收集板的详细外形，大堂或中庭的构造本身可以贮存能量。

图 11-175
空气收集器工作原理（左）

图 11-176
空气收集器（右）

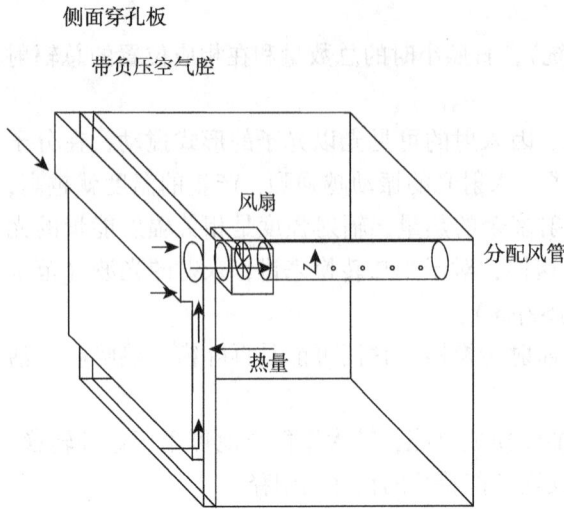

侧面穿孔板

带负压空气腔

风扇

分配风管

热量

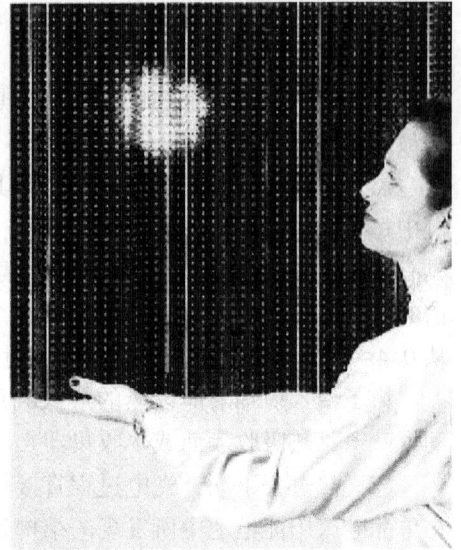

　　立面上最重要的元素是洞口的铝外形板，它的黑色的外表能够在晴天和阴天将太阳辐射转化为热。新鲜空气在洞口中通过洞流到后面的风扇，并在那里被加热。在上部区域，空气在一长形穴内被收集并通过一个或几个通风设备送到中庭或大堂中。空气收集器在效果上，类似于窗户收集器并且有额外的优点，在夏季它可以减少制冷负荷，因为这些立面在效果上相当于可通风的洞穴。

图 11-177
TIM 墙不规则的得热（左）

图 11-178
无水循环的TIM 立面（中）

图 11-179
有水循环的TIM 立面（右）

4. 透明隔绝材料（TIM）

　　入射的太阳辐射照射在带有透明绝热层的涂成黑色的吸收墙上。这片墙经过加热后，将热量以一定的速度向其背后的房间释放，根据墙体的材料和强度，要获得很高的效率系数，墙体材料至少要有 1400kg/m³ 的密度（砂—石灰砖、片石、天然石或混凝土）。

　　像所有直接利用太阳能的系统一样，TIM 的弱点是最大得热的时间无法与最大热损失的时间相一致。图 11-177 对特定目标的热要求与通过 TIM 立面的得热进行了对比。从 6 月到 9 月，除非被遮挡或覆盖，TIM 立面会聚集大量的多余热量，只有在那个季节的阴天里，朝南立面的 TIM 元素能够满足整个对流热要求。

　　图 11-178 显示了没有水循环（对流系统）的 TIM 立面，图 11-179 为带有水循环的立面。通过它，在转换性季节，来自朝南立面的热能可以传递到板式热交换器上，使其他立面区域也

外墙表面热流
（W/m²）

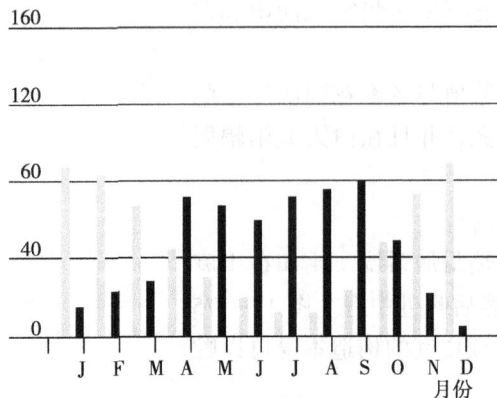

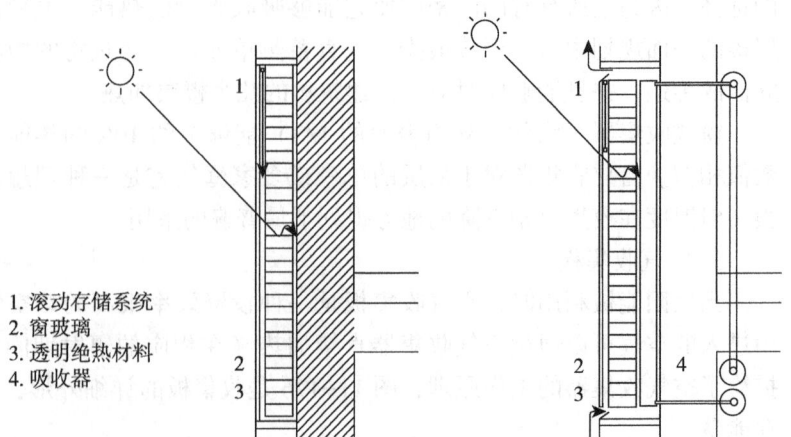

1. 滚动存储系统
2. 窗玻璃
3. 透明绝热材料
4. 吸收器

能获得热能。对于一南向立面来讲，每年所能获得的最大能量是 $100kW \cdot h/m^2$（没有水循环）和 $135kW \cdot h/m^2$（带水循环）。

TIM 立面的造价大约 $900 \sim 1200DM/m^2$ 立面面积（不带水循环）或 $1300 \sim 1600DM/m^2$ 立面面积（带水循环），与节能的经济利益不具有正向关系，因为不能产生合理的偿还率。因此，当仅考虑逐渐偿还时，TIM 立面很难受到推荐，然而当考虑全球节能和环境保护时，鉴于其产生的积极效果而可以推荐安装。

5. 太阳能吸收器

太阳能吸收器是一种简单的吸收垫，它由铸造在扩散的收集管上的高等级橡胶组成，能够保持清洁，并可以承受-50℃~+120℃的温度。它们也具有长久的弹性并在寒冷中保持伸缩性。太阳能吸收器（图 11-180）可以被安装在屋顶表面和大面积的地表面上，可以产生高达 50℃ 的热水。一般可用于对游泳池的加热（图 11-181），吸收器垫的表面积必须要相当于 50%~80% 被加热的水表面积。当然，太阳能吸收器也可以用于加热家庭用水。在这种情况下，吸收器垫和游泳池之间的常用的循环系统必须用一套带贮水罐的系统替代。

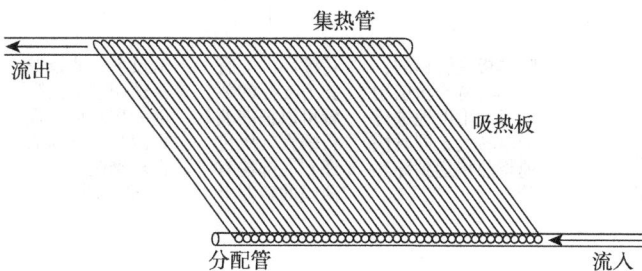

集热管

流出

吸热板

分配管 流入

图 11-180
太阳能吸收器
的结构（左）

图 11-181
带有 $300m^2$ 吸
收表面的游泳
池太阳能吸收
器（右）

6. 平板式感光金属板接收器

在热太阳能接收器中，入射的能量被转成热，所以增加了辐射吸收器的温度。温度可以通过释放热（在液体热媒的帮助下）来调节。

太阳能接收器所遭受的损失是：光损失（反射）、热损失（根据系统）。

为了保持损失在最小程度，太阳能收集器由一层高光线通过率的玻璃覆盖（光传递系数 ≥ 92%，收集器用于吸收太阳辐射的外层，具有很高的吸收性和低的放射率。收集器的覆盖层通常由 4mm 厚、预应力低于铁的安全太阳能玻璃组成，并具有非常低的反射性能。

由收集器获得的热能被传递到靠水循环的贮水池中，整个系统必须进行防冻和防腐蚀处理。系统通过测量温度差来控制和调节，图 11-182 描绘了一套平板式感光金属板接收器系统在一天中测得的温度和辐射强度。辐射强度和收集器温度之间的关系在图中可以很容易看到。图 11-183 所示为一真空平板式感光金属板收集器，由于是真空的，所以比普通平板式感光金属收集器具有更高的绝热效率。

为了从太阳能系统中获得最佳的效率系数，收集器必须朝南。从这一理想朝向的任何偏差所引起的较差的效率系数，有时可以通过安装更大的收集表面积而得到补偿。图 11-184 显示了在 180° 方位角的偏差内最大效率系数的减少。所以，当采用角度不恰当时，收集器的效率系数就会减小。

图 11-182
平板式收集器
一天中的能量
曲线（左）

图 11-183
真空管平板式
收集器构造
（右）

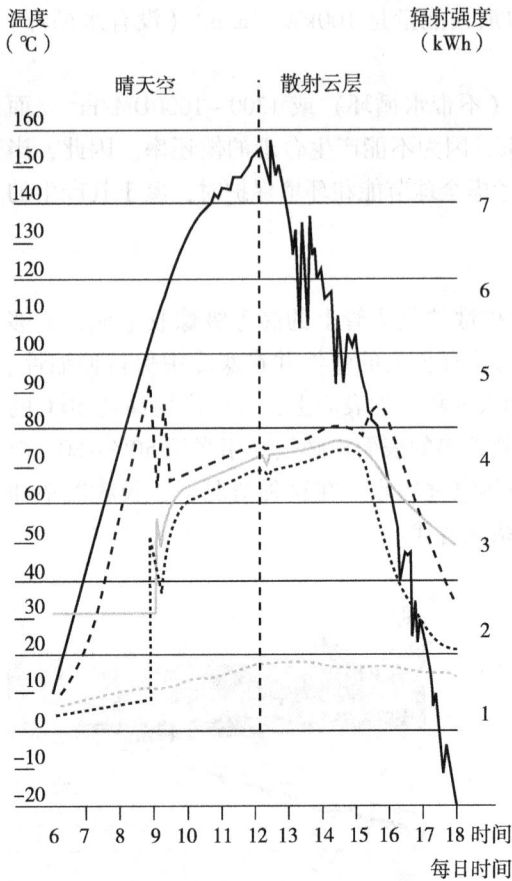

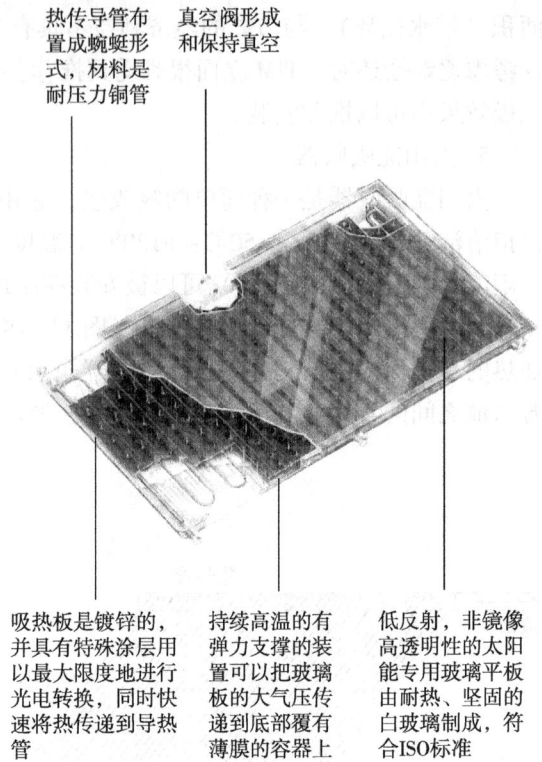

温度
（℃）

辐射强度
（kWh）

晴天空　　　散射云层

160
150
140
130
120
110
100
90
80
70
60
50
40
30
20
10
0
−10
−20

7
6
5
4
3
2
1

6　7　8　9　10　11　12　13　14　15　16　17　18　时间

每日时间

热传导管布
置成蜿蜒形
式，材料是
耐压力铜管

真空阀形成
和保持真空

吸热板是镀锌的，
并具有特殊涂层用
以最大限度地进行
光电转换，同时快
速将热传递到导热
管

持续高温的有
弹力支撑的装
置可以把玻璃
板的大气压传
递到底部覆有
薄膜的容器上

低反射，非镜像
高透明性的太阳
能专用玻璃平板
由耐热、坚固的
白玻璃制成，符
合ISO标准

7. 真空管收集器

真空管收集器像平板式感光金属收集器一样，将入射的太阳能转换为热能。太阳辐射渗透到玻璃真空管中并照射到管内侧的吸收表面上，在这里它转化成热量。吸收表面的高等级选择性外表和它的真空性几乎完全防止了对周围的热损失。在吸收器表面上收集的热能可以被传递到热管中（位于吸收器的下面）。在热传递期间，热管中的液体蒸发以蒸汽的形式到达冷凝器中。在冷凝器中，热能转换成水蒸气，冷凝后返回到热管中进行再次蒸发（利用热辐射）。图11-185和图11-186显示了一种典型的真空管收集器和它的工作原理，与平板式感光金属收集器采用同样的布置方案（正确的方位角/倾斜角）。

相应的收集器的效率系数在图11-187中给出。它显示出当温差很高（平均收集器温度/室外）时，真空管收集器比平板式感光金属收集器具有更好的效率系数。

图11-188显示了一种典型的系统安装图，其中太阳能所提供的能量不仅可以用于加热，同时也可用于制冷系统。然而，有可以替代前面提到的收集系统（平板式感光金属原理）的是，一种线型集中的系统将会被安装以获得超过100℃的温度。这种设想中的系统方案具有明确的优点，即在太阳辐射很强的时期里，也具有很高的制冷负荷，而用于吸收式制冷系统中的必需的热能通常可以获得。所以，换句话讲，能源费用将会很低。通过热能和太阳能产生的热能进行空气降温的另一种过程是一种解吸收过程。例如，通过吸附式除湿的断热冷却手段制冷。

8. 光电池

光电元素包括不同类型的具有不同效率系数的电池，典型的类型包括：

（1）单晶矽电池，效率系数14%，直接电压大约0.48V，直接电流大约2.9A；

（2）多晶矽电池，效率系数12%，直接电压大约0.46V，直接电流大约2.7A；

图 11–184

在不利位置时可调节的收集装置

N

方位角

S

收集器角度

效率系数（%）

100
90
80
70
60

90 120 150 180 210 240 270
E   SE   S   SW   W
方位

效率系数（%）

100
90
80
70
60

0 20 40 60 80
 10 30 50 70 90   度数
角度

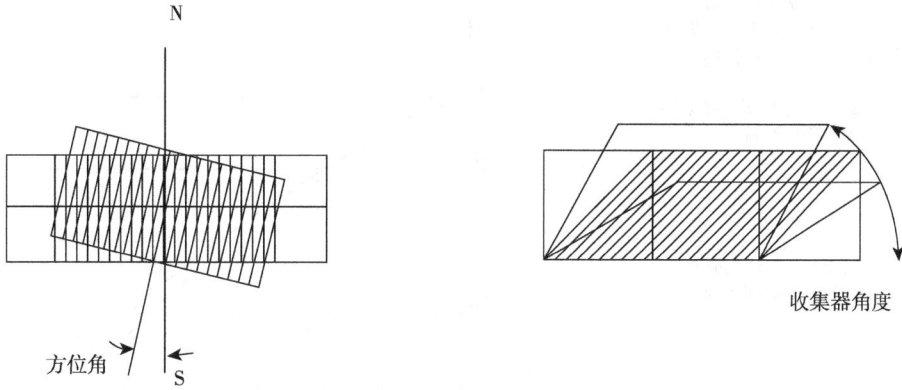

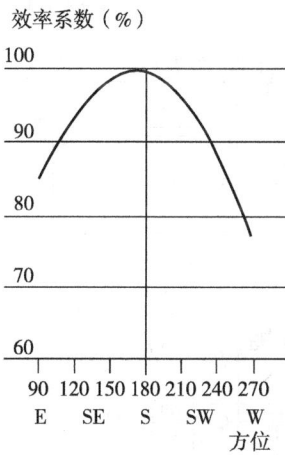

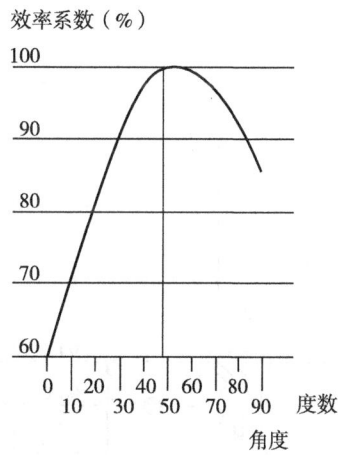

有效工作时间	最佳角度
1月–10月（全年）	30–50°
4月–9月（季节性）	25–45°
5月–8月（季节性）	20–40°
9月–4月（采暖期）	50–70°

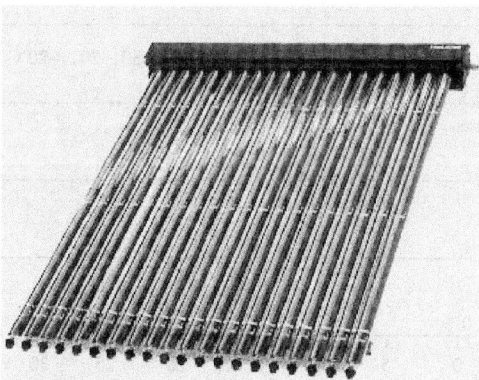

图 11–185
抽空管式收集器（左）

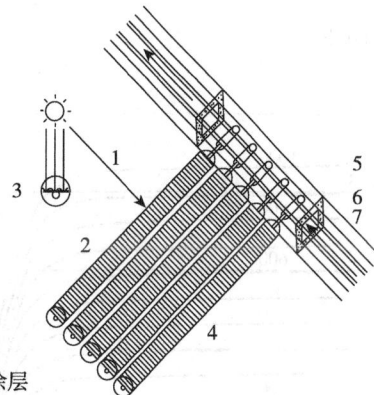

图 11–186
抽空管式收集器的原理（右）

1. 热辐射
2. 玻璃管
3. 灌注的传导管
4. 收集器，选择性涂层
5. 冷凝器
6. 热绝缘体
7. 换热管

图 11-187
平板式收集器/真空平板式收集器和抽空管式收集器的效率系数

1 -- 平板式收集器
2 — 真空平板式收集器
3 — 真空管式收集器

ΔT=环境温度与收集器温度之间的温差

室内测量；
风速4m/s，辐射强度分别为730W/m²和750W/m²

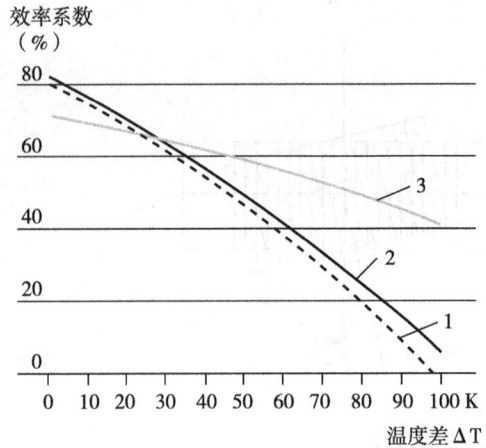

图 11-188
太阳能加热和冷却装置

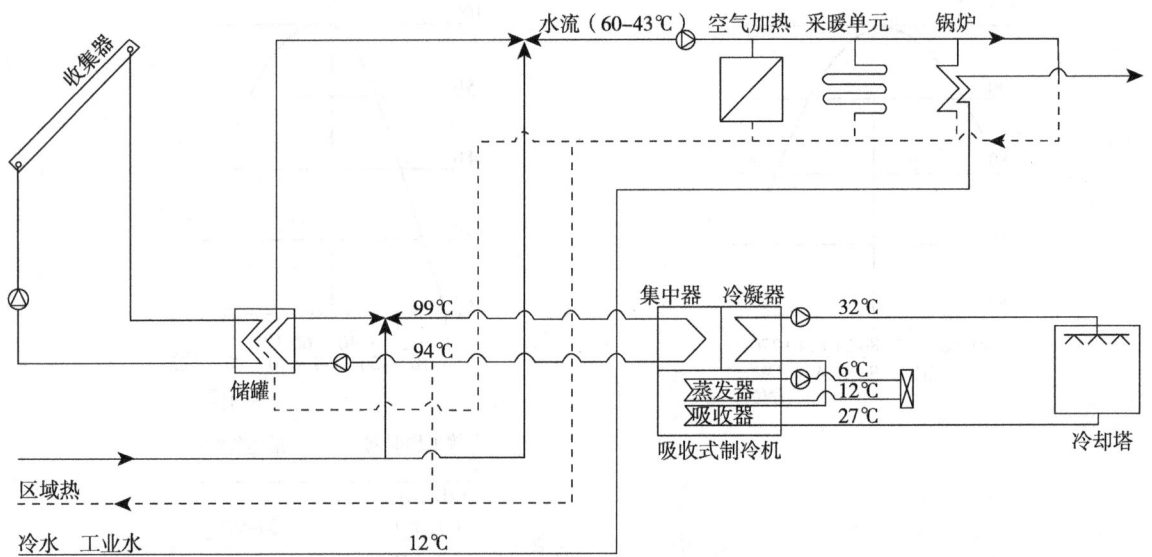

（3）非结晶型太阳能电池——电镀在支撑实体上（不透明组件）的矽，效率系数5%，直接电压大约63V，直接电流大约0.43A；

（4）非结晶形的太阳能电池——半透明，效率系数大约4%，直接电压大约63V，直接电流大约0.37A。

图11-189和图11-190所示为组件针对不同入射太阳能的电压特性，例如不同组件温度，太

图 11-189
不同太阳入射能量下的单晶光电组件的电压特性（左）

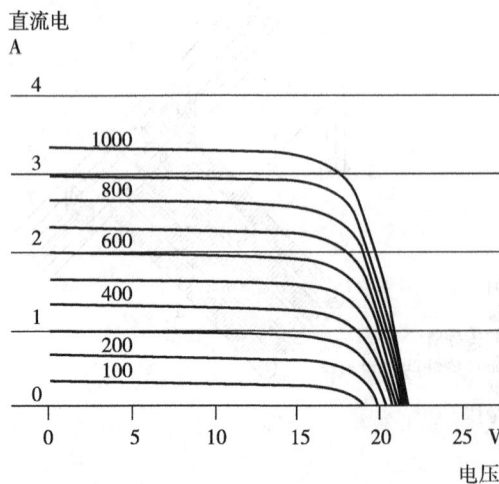

图 11-190
入射太阳能1000W/m²时对于不同组件温度下的单晶光电组件的电压特性（右）

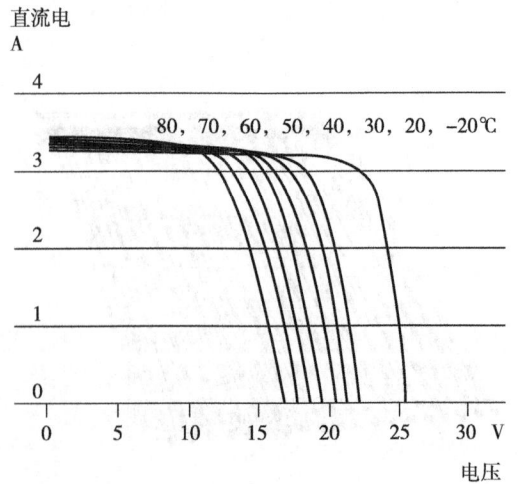

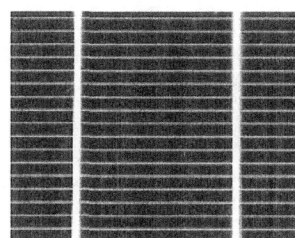

单晶硅太阳能电池

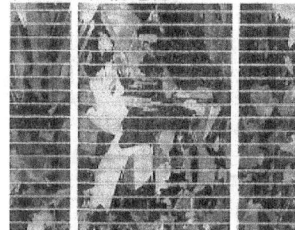

多晶硅太阳能电池

半透明非晶硅太阳能电池

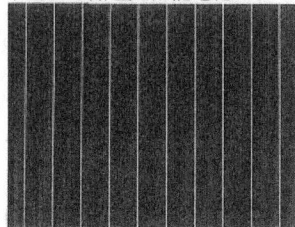

不透明非晶硅太阳能电池

回火安全玻璃
白玻璃
高透明度的化学
钢化玻璃

EVA薄膜

夹层玻璃或
浮法玻璃或
回火安全玻
璃

间隙层

密封

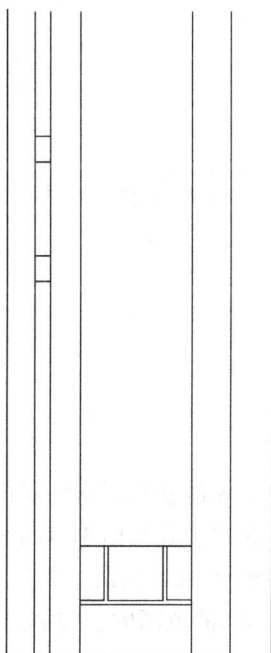

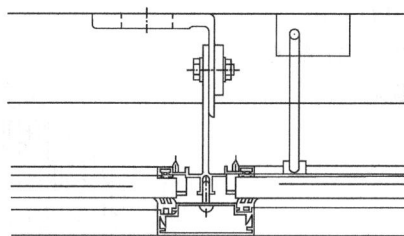

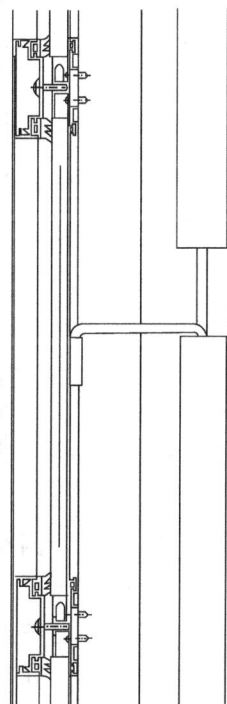

阳能电池的外层表面如图11-191所示，相应的太阳能组件通常被埋入两层玻璃板的超透明薄膜之间以保护它们免受其他元素影响（图11-192）。

　　结晶组件（单晶和多晶电池）基于其基本材料有很高的效率系数，并能提供许多的设计选择，然而他们与非结晶的组件（其效率系数大约是5%）相比非常昂贵。而且，后者还具有相当高的初始电压的优点，从而可以简化系统设计。对光电元素的使用（光电发电机）的唯一理由是建筑物的那些部分能接收到直接阳光。建筑物立面或屋顶的这些部分发出最大数量的能量，所以即使由于漫射辐射获得很小的太阳辐射得热，并且在非常低的效率系数条件下，但也是相当可观的。光电元素必须尽可能利用直射和漫射辐射。这样，有效的表面应朝向东南或西南。

　　图11-193显示了一个带有"不透明"组件的冷立面的实例，图11-194阐明了以电的形式获得的能量是如何收集并经由一个传输器传递到一幢住宅的电能单元中。由于光电系统在充满太阳辐射（>800W/m²）的情况下只能够产生大约1.0~1.5W的电力并由于每平方米只能获得大约100kW的电能，在这一点上它们还不具备经济上的竞争力（逐渐偿还周期太长）。

　　要获得良好的投资回报，正在研究以发展出一种适合光电元素的新的建筑形式。其中一种较有希望的技术被称为表面技术，在这里有5个很细的层被放置在通常为玻璃的下层表面上。这些是室外接触层（例如锌或锌氧化物），一个P粘着区域，一个具有很高阻力的中间区域，一个n粘着区域和一个由铝或锌氧化物制成的接触层。电池和线管可以靠丝网构造，利用镭射蚀刻或摄影技术。表面技术目前仍受到长期稳定性和研究室生产向大批量生产转化等一些问题的

图11-191
光电组件（左）

图11-192
在组件中吸热
玻璃的图解
（中）

图11-193
带有"不透
明"组件的冷
立面系统（右）

图 11-194 光
电装置配电
图解

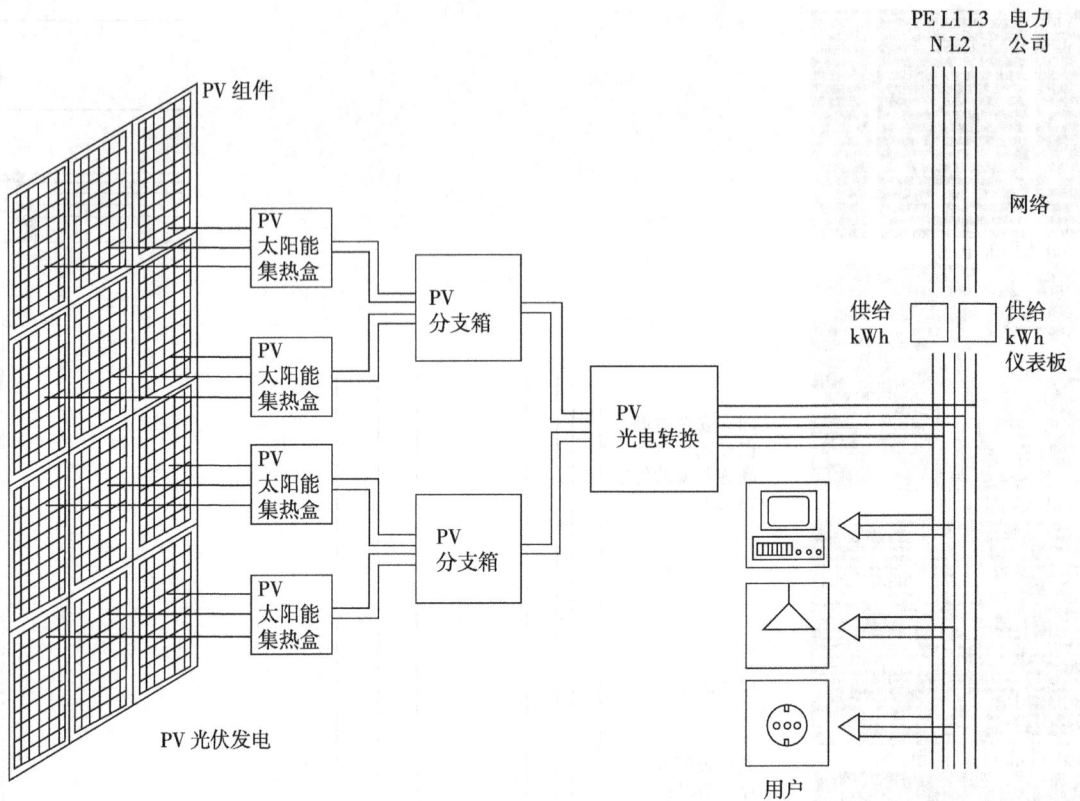

困扰，只有当这些问题得到解决，才能使利用这些新组件的光电系统的投资费用得到减少。

在光电领域另一项未来技术是过去几年由 M. Gratzel 教授在洛桑技术大学研发的。它不是以矽为基础处理光电元素而是以半导体的氧化钛（TiO_2），允许它们模拟光合作用（图 11-195）。在实验室中所产生的效率系数在 7% 的范围内，与非结晶形的太阳能电池相同，由于过程简单和大约只有以矽为基础的电池的 1/10 的低生产费用，使这些电池受到特别关注。

图 11-196 显示了一幢瑞士苏黎世州立学校太阳辐射遮蔽屋顶，以及在一幢新的市政办公建筑物上的太阳辐射遮蔽屋顶。

图 11-195
钛氧电池的图
解（左）

图 11-196 西
班牙塞维利亚
博览会英国馆
太阳辐射屋顶
（右）

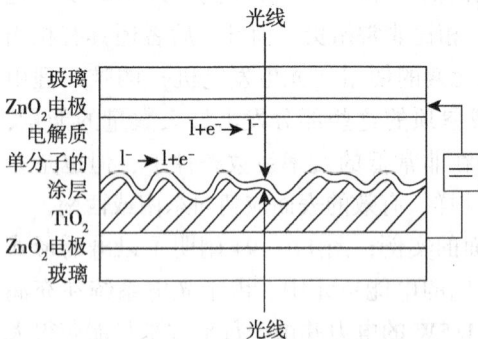

11.4.2.2 风能

建筑技术中对风能的利用主要是直接应用的问题。当然，还可以利用风车将风能转化为电能。

如同风速和测试数据所指出的那样，风能转化系统不太适合在都市空间中使用或直接应用在建筑物开发中。

11.4.2.3 雨水作为中水利用

新鲜水是我们最宝贵的资源，因为它是无法替代的，未来水费的明显上涨是不可避免的，而对雨水的利用将提到日程上来。

然而，无论是专家还是公众都反对对雨水的利用，反对它的主要争论点是：

（1）雨水贮水池潜在的污染；

（2）在雨水与饮用水之间连接的情况下产生污染饮用水的危险；

（3）由于设备安装技术不精造成问题；

（4）低节约潜力和高成本，特别是对于家庭；

（5）水的缺乏几乎无人知晓。

1. 雨水作为灰水的利用

雨水利用必须限制在从屋顶流出的雨水，以确保流进雨水循环中的水不会被严重污染。种植屋顶可以在相当程度上改善其效果，因为它们能够过滤掉重金属、煤烟和灰尘。雨水通常被收集在贮水池中，在它被汇集在最终的承水槽之前，经过泥土清理和紫外线照射。这是实际的贮水池，从这里雨水被提供给消费者，在承水槽中的水在配药装置中被迅速地过滤和处理，直到达到必要的硬度。再利用泵将水分送到每个消费者处，灰水一般是通过一分离的灰水系统引导（局部系统），并且绝对不能与饮用水系统合并循环。图 11-197 显示了一套带有灰水系统的雨水处理站的示意图。对于一个标准的办公建筑规划，雨水一般能够满足大约 50%~60% 的用水要求，用于冲洗厕所、小便器以及建筑物附近的水景，也就意味着剩余的 40%~50% 要用饮用水来供应。

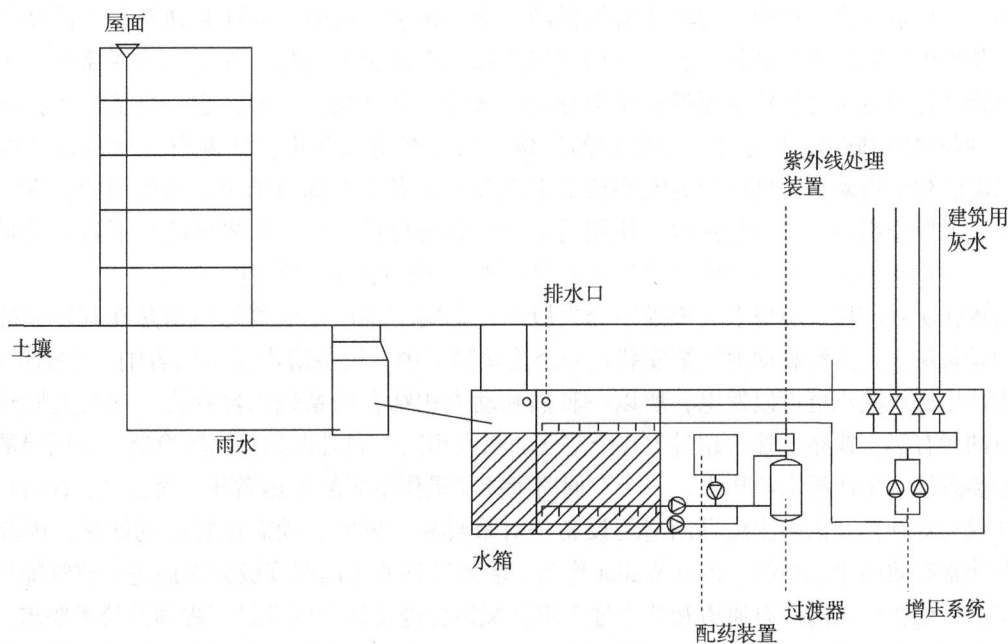

图 11-197
雨水处理设备的图解

2. 降温的利用

灰水可以各种方式用于降温，这里将以几个实例的形式进行介绍和讨论。一种是对建筑物外表的降温，以及建筑物构件的间接降温和建筑物附近的蒸发降温。

（1）建筑物外表降温

新莱比锡交易会中庭，其建筑外表就是利用饮用水或雨水来降温。另一个类似的设计是德国国会（柏林）改造的设计竞赛中所提出的，高技术进入到历史性建筑物的旧设计中。德国国会大厦原有的中央空调系统非常先进，即使在今天也非常值得参考，类似于"罗马式"火坑供暖系统。建筑物元素被用于能量的贮存，关键之处是 5 个供、排风扇，安装在全体会议厅的下面，通过砖砌的通道（其尺寸大到足以容纳一个人）传导空气到国会大厦建筑物的所有地方，并且从这里直接或者通过分离开的可控制的次一级采暖房间达到独立的房间和办公室。

与地窖通道相连的热和冷空气井道与我们今天所熟知的"双重管道"系统类型非常相似。房间根据需要分别与冷空气提升口相连，与可控制的热空气提升口相连，或同时连接两个提升口。这就使得每个房间可能很容易调整空气供应而不会因混合而受到损失。现代采用的被包围的金属管道是无法获得靠大体量砖墙的方法提供夏季冷却的优势的。

用地周边区域的房间具有传递热的要求，有一个热水加热系统作为整个建筑物的主要加热系统。这样，所有建筑物组成部分都能为每个房间提供快速和独立的控制。由于有精致的木制窗框和家具的原因，室外空气在最初加热中被湿润。

最初的空气制冷和采暖系统的大小可以从一些尺寸中推断：

1）2 个预热房间，6.5m 宽和 7.5m 高；

2）用于过渡的迎风气流区域 48m²；

3）4 个大的轴流风扇直径 2m；

4）在全体会议厅下面的楼板用于从地板到顶棚（仅在房间制冷时使用）通风，带有一个 2.5m 高的房间。

在另一个重要特色中，新鲜空气的进口是通过两个西边的开口角塔被影响，而空气是通过位于东边的另外两个角塔排出，从而防止了在主导风条件下新鲜空气与排出空气的混合（主导风为西风）。将通风与采暖系统联结到建筑物大的蓄热体上在减少能源费用方面具有非常大的帮助。另一个优点是由通道的巨大尺寸所提供的，由于在它里面的低风速和通常很小的摩擦阻力损失，从而保持电能费用最低。在冬季的空气传递也靠浮力的支持。在老的会见室中，可控制的空气运动是通过从建筑物主要设备从中分离出来的一套系统来实现，它是当代工程技巧中以及工程师与建筑师合作中的另一个卓越的实例。当会客室被使用，新鲜空气就从顶部以大约 18℃ 的温度被带进来，并且从会客室座椅的下面和来访者的走廊被抽出。未使用的会客室也能从下面通风以排出污染并进行预冷。使用过的空气利用自然手段（非机械的）通过玻璃顶棚上部的大圆顶被排出到室外并因此促成玻璃天棚下部的被加热空间的冷却。

与现代实践相比，历史上的德国国会大厦的设备间不是设在建筑物内而是在其后面的一个独立的设备房中。蒸汽和动力线被安装在一个连接隧道中。设备房本身可以容纳 8 个锅炉设备，不仅能产生低压蒸汽也可以发电，所以一种热和动力相结合的系统已经存在。国会大厦建筑物地下室的所有蒸汽线路直接与超过 100 个空气加热室相连，同时也到蒸汽转换器，在同等的重力循环加热系统中生产温水和热水。一个双回路管能够操作不同的加热循环。简言之，David Grove 的设计成功地补偿了依顾主意思制造的设备中对采暖和通风的自动温度控制的缺乏，因此创造了一套非常有效的生态系统。Paul Wallot 作为一名建筑师的正确态度极大地促进了建筑师与工程师的结合。他将巨大的砖石通道和整个地下室区域结合进设计中以满足工程师的技术要求。

在 1894 年 12 月 1 日国会大厦开设庆典上，Paul Wallot 在回答何为建筑、绘画、雕刻艺术时做了如下陈述：

"今天有些人称其为'三姐妹艺术'，但是在我的世界里还有第 4 种艺术在这里结合，它就是工程的艺术。蒸汽机，以我的观点看，是最高的艺术成就，它的目的和手段的结合达到完美。在所有艺术的协调合作中，我一定要包括工程的艺术，我提议为四种艺术的动人结合而干杯，祝它们和谐。"

在这个实例中生态设计包括了所有可能的被动式手段以减少热消耗，在冬季产生太阳辐射得热，而在夏季减少热量。建筑物应该是对环境（太阳、水、温度等）、室外、外表区域以及室内都敏感的，并与自然环境条件相协调，同时在不同的季节满足使用者的需要。技术设计聚焦于对风能的利用以满足建筑物结构本身的自然通风（图 11-198 和图 11-199）以及自然采光和热体量的利用（利用建筑体量降温）。

　　另一个值得研究的重要方面是大厅中和圆屋顶区域玻璃表面的恰当构造（图 11-200）。最后，可以发现玻璃屋顶和圆屋顶的冷却（利用灰水）提供了最佳的方案，包括费用的考虑。

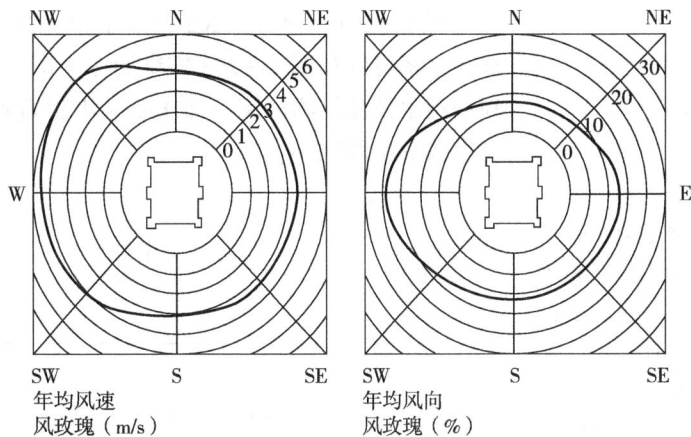

年均风速
风玫瑰（m/s）

年均风向
风玫瑰（%）

图 11-198　柏林风统计资料

迎面风

图 11-199
迎风面建筑物
压力分布

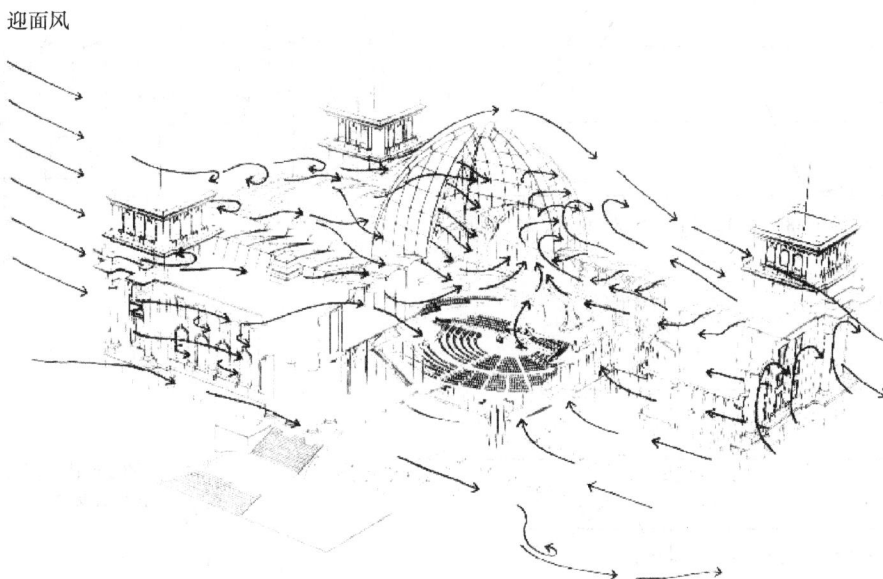

有遮阳装置的
隔热玻璃

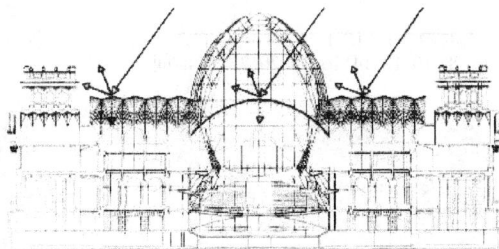

有光伏电池的
防晒玻璃
（半透明）

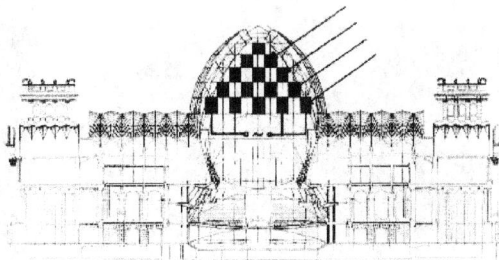

图 11-200　玻璃变化的示意图

图 11-201 及图 11-202 描绘了建筑物上部区域在夏季和秋季利用水喷洒后每日的房间温度。这一方案可以和图 11-203 塞维丽亚英国"亭"的"建筑物外表制冷"进行对比，图 11-204 为利用雨水使建筑物外表冷却从而减小建筑物制冷负荷的设计草图，其电能需求在这一设计中也可靠以下手段减小：

图 11-201

建筑物上部剖面房间温度的每日测试：绝热玻璃带水喷洒在夏季良好季节

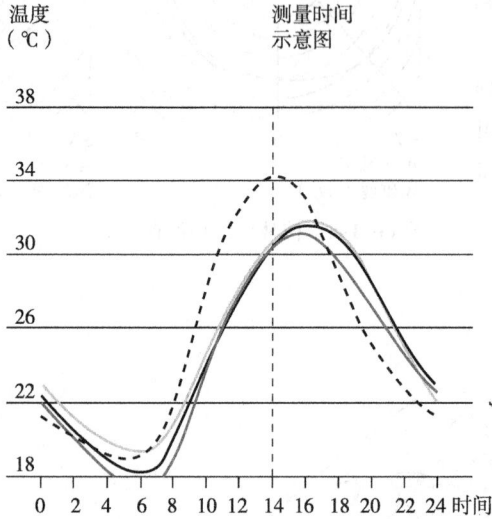

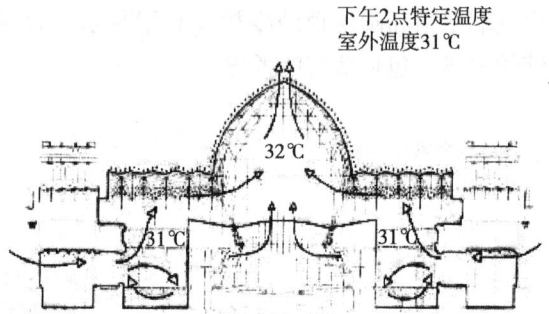

图 11-202

建筑物上部剖面房间温度的每日测试：绝热玻璃带水喷洒在秋季和季节转换期

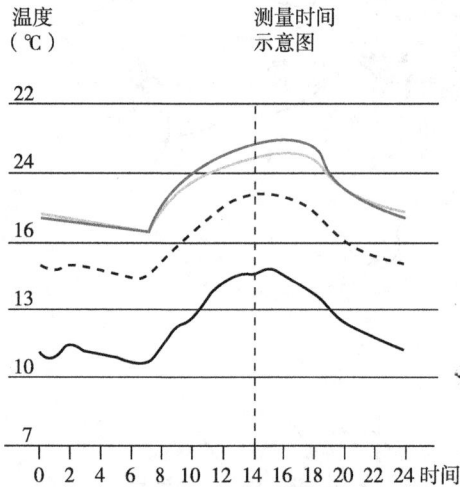

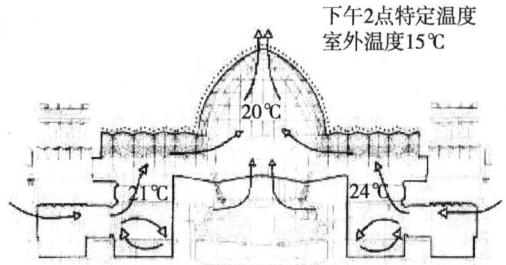

图 11-203

"外墙冷却"的实例

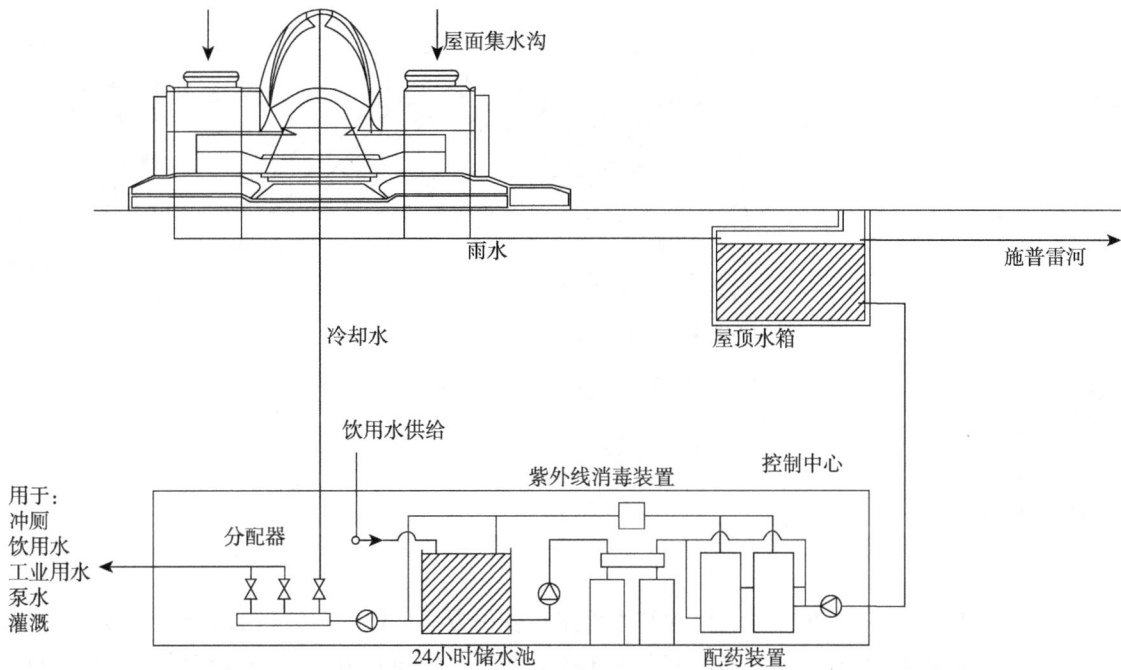

图 11-204
利用雨水进行
外壳冷却减少
制冷负荷

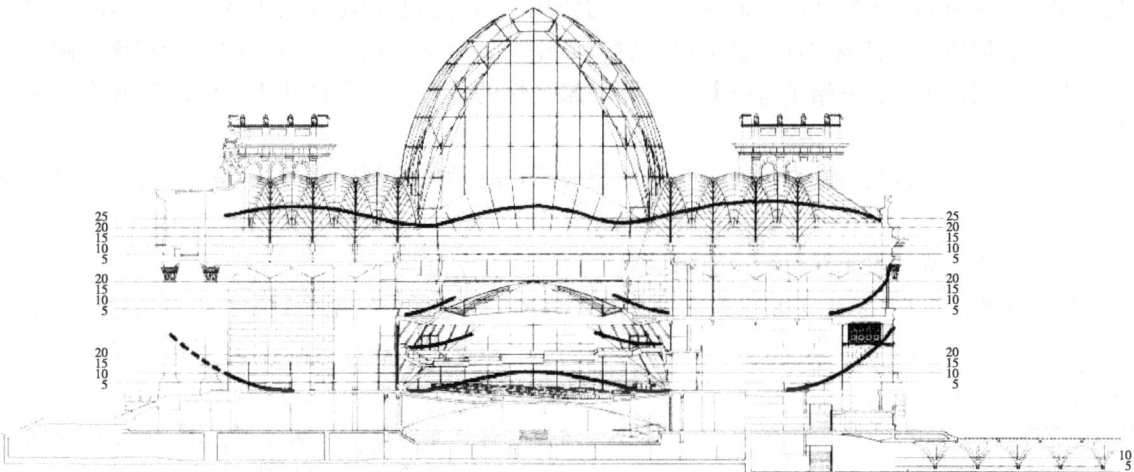

图 11-205
天然采光系数
与分布

1）利用水进行建筑物和外表降温而减小制冷负荷；

2）最大限度地利用自然通风来减小机械通风的操作时间；

3）利用上部玻璃表面最有效地利用天然光采光
以减少电能的要求。

图 11-205 显示了建筑物纵剖面的天然采光系数曲
线，建筑物中许多地方的天然采光系数都超过 10%。这
一项目是证明如何利用可再生能源和自然资源的极佳实
例，最重要的是恰当地恢复已有建筑体量的活力。

（2）建筑物组成部分的降温

图 11-206 所示的模型为德国 Nürllbesy 的一幢行
政管理建筑，它获得设计竞赛一等奖，并计划分几个
阶段建设。

图 11-206
带有人工湖的
建筑综合体实
现蒸发冷却

生态建筑学

遮阳
衰减系数=0.15

隔热玻璃
传热系数
U=1.7W/m²K
透光率
τ=76%
太阳能总传递系数
g=54%
玻璃表面占全部表
面积比率65%

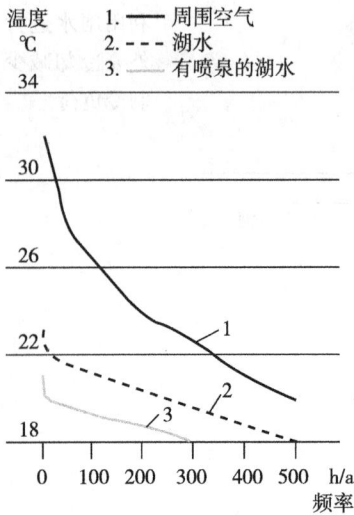

图 11-207
中庭内年空气
和水温度变化
（左）

图 11-208
带有冷却顶棚
的 自 然 通 风
（右）

图 11-209
间接冷却系统
的层结构（下）

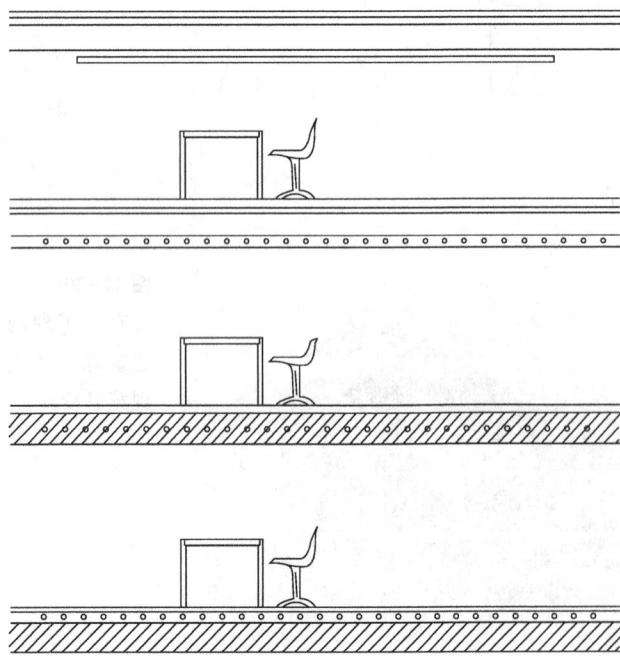

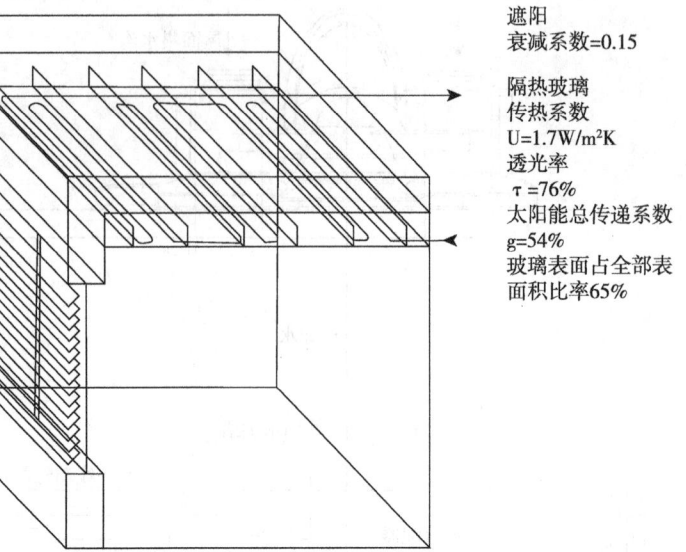

建筑师（Dürschinger 和 Biefang）的基本思路是：一方面，作一个完整的正方形；另一方面，中央设一个宽敞的开放空间。高层设在进口道路交叉点上的布置方案对于城市设计是非常重要的。街区的边界没有作任何限制，相反它设置了自由形式的作为游玩处理的台阶，并可以分别起到对东、南边高速道路和地铁的噪声保护的作用。通过向北边敞开的街区，设计适应了原有的地形。它创造一个有趣的景观和进口位置直到中央的开敞空间，与最大的水景相连，确定了这一开放空间的价值，并给予这幢新建筑物一象征性的价值。一个自助式餐厅设计成为"湖中岛屿"。

开发商希望它成为一幢自然通风为主的建筑物，它的峰值制冷必须限制所有房间的最大夏季温度为27~28℃。由于有大面积水体规划，这个设计的一个目标是恰当地利用这一水体，创造一种高效能并靠蒸发来获得制冷能源。

图 11-207 指出了从上午 8 点到下午 5 点之间这一位置的空气温度频率，以及通过喷泉部分蒸发之前和之后产生的湖水温度。图 11-208 显示了一间办公室的原理性草图，其上有立面的基本技术数据，图 11-209 阐明了一幢典型办公室其建筑物各组成部分的间接冷却系统各种可能的分层结构（利用水冷却）。

草图阐明了如何安装部分冷却顶棚单元：从混凝土顶棚上悬吊，或作为管子整合进顶棚的混凝土中。然而也可以设想，在降低效率的情况下，将水管盘管安装成为一个冷却屏壁。

对于西南朝向立面这一典型的制冷负荷位置，负荷的补偿（制冷）可以靠自然通风和制冷元素来获得。图 11-210 的图表显示了空气和建筑物构件温度以及感觉温度。

部分天花系统

冷却天棚

砼天棚内埋管

隔音绝缘层

水盘管装置
（冷却砂浆层）

740

制冷负荷可以靠来自湖里的分散和蒸发的水来补偿从而确保没有蒸发的水体仍能冷却建筑物。图 11-211～图 11-213 指出了可能的选择。图 11-211 显示了一个间接对建筑物部件冷却的实例。表面型的冷却盘管设在混凝土顶棚中，通过它将湖水用泵打入，从而提供最大限度的冷却负荷补偿，其所产生的温度如图 11-210 所示。

另一种选择是，负荷也可以通过额外的空气引入（换气率 2ac/h，替代通风）或通过建筑物部件的冷却来补偿，其中所有的冷却单元再一次被从湖水靠近喷泉处取水供应。

如图 11-213 所示，作为一种选择，建筑物构件的冷却可以通过利用凉爽的湖水代替通风实现。建筑物前面的水盆（大约 1～1.5m 深）可以作为冷却风贮水池，喷泉可以如此布置，使喷出的水能够收集在一特殊的装置中。将喷泉放置在水盆的中部以增强蒸发效果从而使湖水温度降低。在夏季同样的效果也可通过冷却塔得到。水体表面与喷泉结合，事实上是一种蓄冷与蒸发制冷结合的系统——像一个自由冷却的蓄冷体。水体冷却效果的模拟是以测试相关年份气象数据为基础的，包括室外温度、太阳辐射、室外湿度和表面的蒸发。图 11-207 所示的温度曲线（有和没有喷泉）被用于典型年份数据的比较，其中对喷泉的计算是以 5 倍水体表面尺寸为依据的，从这里所需的喷泉数量和布置被确定。

1 —— 窗
2 ……… 墙
3 —— 地板/天棚
4 ……… 室内空气
5 —— 感觉温度
6 —— 室外温度

根据DIN1946/2确定的舒适范围

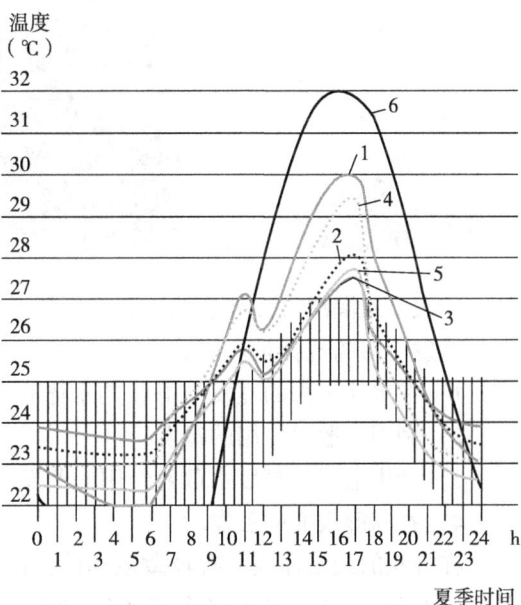

图 11-210
空气与建筑物构件的温度

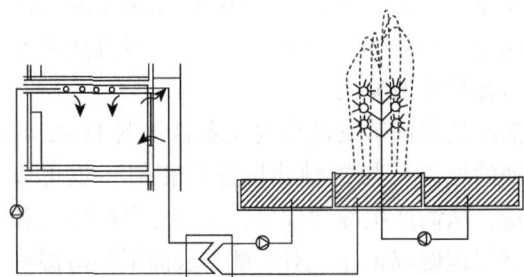

表面水的断热冷却（通过喷泉增加蒸发或类似装置）在实践中有许多项目在应用，并且当大玻璃表面需要冷却时也成为一个考虑因素。

（3）建筑物附近的蒸发冷却

在夏季很高的周围温度结合相对较低的湿度条件下，要自然通风一幢建筑物，对建筑物附近空间的降温可以代替对建筑物的直接降温。降低建筑物附近的温度可以通过断热冷却实现。例如，水从表面蒸发或者经喷洒蒸发，当水温在 100℃ 以下时水

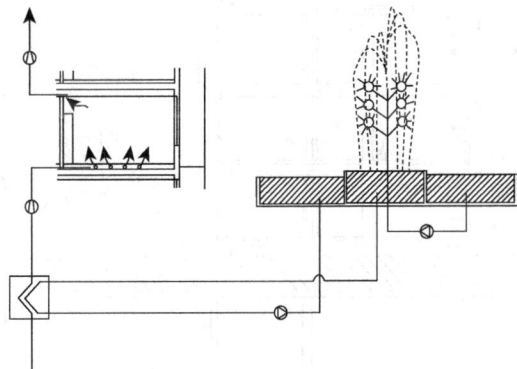

图 11-211
带有间接冷却建筑构件的自然通风示意图（左）

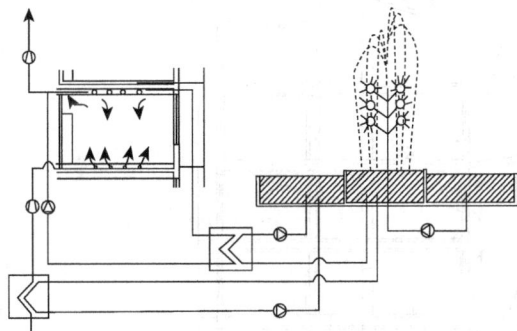

图 11-212
带有新风和建筑物构件冷却的机械通风示意图（右）

图 11-213
带有间接新风冷却的机械通风示意图

图 11-214 由
靠近建筑物潮
湿表面产生的
蒸发冷却

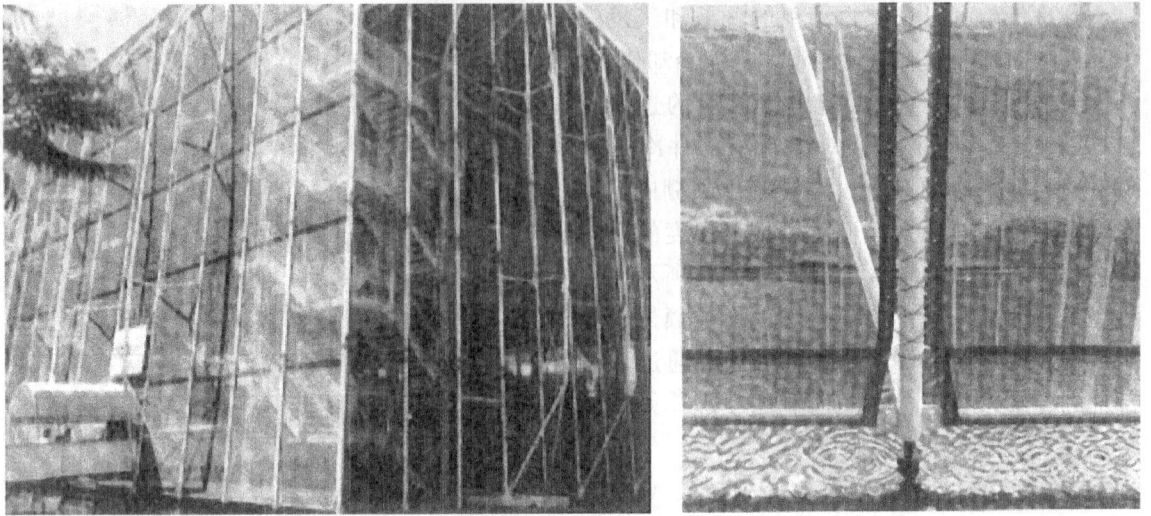

从水体表面或潮湿表面被蒸发，蒸发量的增加与水和空气温度以及气流速度成正比。

蒸发冷却的选择是：

1）在水体表面的蒸发（静止的水体）；

2）利用水散射作用的蒸发；

3）利用空气压缩后水散射作用的蒸发；

4）在潮湿表面的蒸发。

图 11-215
办公室自然通
风，室外靠蒸
发冷却

在静止的或水体表面有轻微运动的情况下，夏季的蒸发能力大约是 0.1~0.2kg/（m²·h），其产生的蒸发热损失范围大约为 65~135W/m²，当可用于蒸发的表面通过恰当的水散射手段增加时，热量与表面之间的交换会比静止表面更大，其蒸发热损失可能会比静止水面的数值大几倍，而其制冷效果也相应地会很高。

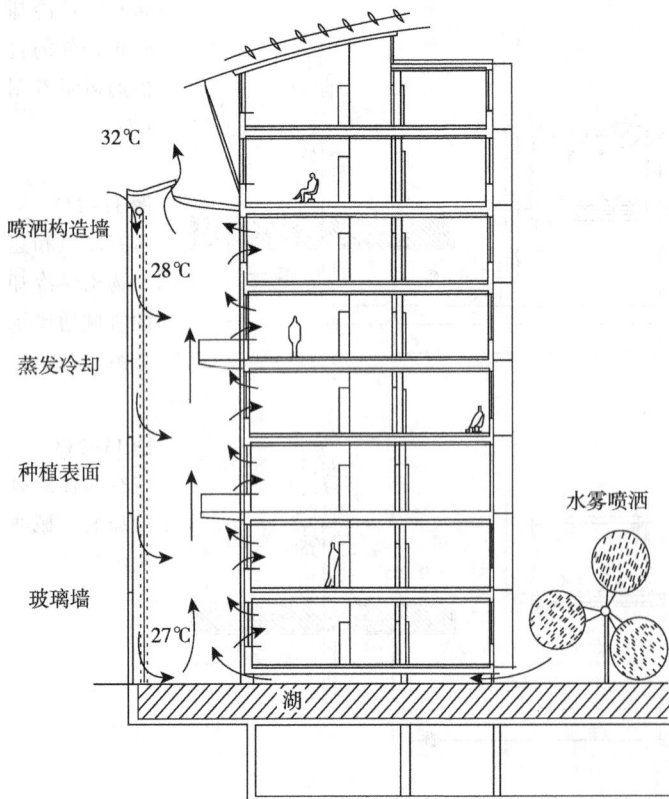

利用压缩空气进行水喷洒会进一步增加制冷效果。压缩空气产生的喷雾几乎无水滴并且在室外空气中蒸发得非常快。在空气压力为 0.5~1.5Pa 的情况下，空气速度大约是 300~500m/s，水被吸进压缩空气流中然后像烟雾般喷出。

通过潮湿的表面蒸发进行空气降温（图 11-214，空气—水逆的原理，与接触式增湿器相似）也可以增加蒸发量，从而产生冷却效果，并与更高的空气和水温以及空气速度成正比，对于潮湿表面下相对湿度评价的结果有赖于其表面本身，以及上面提到的因素，并可达到 60% 的最大值。

在这个特定目标的实例中，一种冷却的选择（图 11-215）也可以这样一种方式发展，像是在南向反射玻璃墙后面的一种构造，将水从顶部向底部喷洒（制冷类似于接触式增湿器）。在全年过程中由蒸发冷却产生的空气温度结果如图 11-216 所示，还有迎面的周围空气的温度。良好的空气流和大范围扩散喷洒极细微的水穿过构造本身，对于利用其蒸发效果是非常必要的。

图 11-217 所示为在建筑物附近通过蒸发装置进行额外蒸发冷却，蒸发装置采用一种类似喷泉的形式。室外空气的冷却，像图 11-217 所示那样。在这种外部空间中通过蒸发冷却，通过建筑物前面的管子被分散为很细微的水滴，以断热的方式冷却迎面的室外空气。这一系统的限制和效率主要依赖于原来的室外湿度和温度，并可能因建筑物所在位置的高温度和高湿度受到相当程度的减少。断热冷却，如图 11-217 中所示的实例，一方面温度可以大约降低 5K，同时也会增加大约 40%~62% 的相对空气湿度，相对湿度仍维持在热舒适的范围内。很高的室外空气湿度（暴风雨条件下）会严重地限制蒸发冷却，但也可减少其必要性，因为室外的负荷与室外温度都同时降低。

11.4.2.4　深层和浅层地热

有无法想像其数量的能源贮藏在地球内，连续不断地热量从地球中央向表面流动。这种能源大约 30% 是源自于原始的热能，例如，源自大约 450 万年前地球形成时期，剩余的 70% 是由自然的腐烂、放射性同位素产生。其产生的热温度每增加 100m 深度温度增加大约为 3%（图 11-218）。

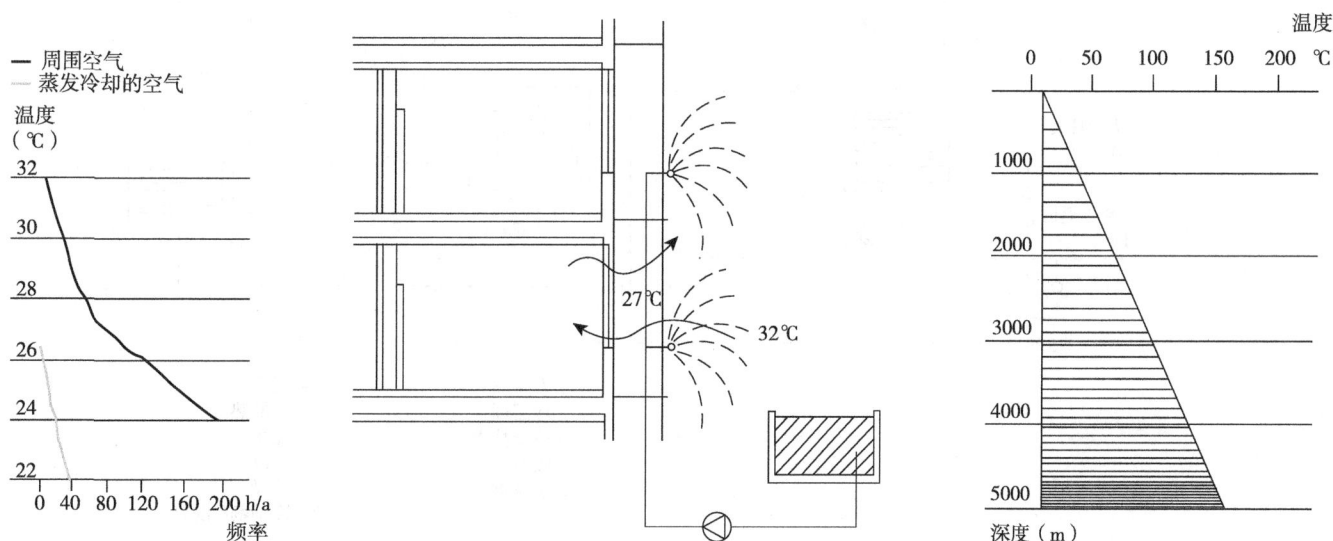

对地热能源的利用不仅可以只提供给某一幢独立的建筑物，还可以供应相邻建筑群甚至整个居住区，以及工业、农业、园艺等部门，地热也可以用于电力生产。热、冷能在土地中的贮存也是利用地热非常重要的方法，因此，在利用地热方面应具有更广阔的空间。

热液型地热系统利用其从温到热的深层水直接向整个城市和居住区供热（例如热水浴，热能在冰岛的利用等）。与大地相连的热泵系统利用浅层地热（地埋式盘管、热迷宫网）。钻孔可以利用地面下大约 150m 的热能。在干热岩石中，热能来自于深埋的热岩石以产生电力（蒸汽或水蒸气涡轮机）和热能。

地热是一种能保证无限制的提供和获得的技术。它不会产生任何放射物或废物，是对环境最友善和气候学上最安全的方法。其非常低的运行费用（几乎是免费的热能）可以抵消对其的投资费用，但必须在每一个项目上进行经济可行性研究以确定出最佳的投资效益比。虽然地热现在还没有成为主导能源资源，但它在区域采暖和热泵系统方面已有实际的应用。环境问题的出现使地热显得更加重要并且应该给予它比过去更重要的角色。地热有助于解决未来的能源供应问题，因为在区域供热地方的地热汲取实际上不会对环境造成任何负担和任何污染。要改善相应设备的经济可行性，地热系统提供了利用热水或传递深层水的选择。

1. 地热电站（深层地热）

图 11-216
蒸发冷却的年空气温度（左）

图 11-217
有"蒸发墙体"断热冷却的图解变化（中）

图 11-218
岩石圈的温度变化剖面（右）

钻孔是一种相对较新的进步，最早实施是在欧洲的瑞士，钻孔深度2000~3000m，安装有一个生产和一个绝缘的传输管。在这一装置中循环的水在地下被加热并常常作为热泵的资源，当在特定位置达到或超过100℃的温度，其能量可以直接利用而不需要额外的热泵（通过板式或管式热交换器进行热交换）。

图11-219显示一套利用地热的热泵技术装置，吸收式热泵被设计成为具有两级"单一效果"的吸收式热泵（两级蒸发/吸收）。

图11-219
地热型热泵设备的图解

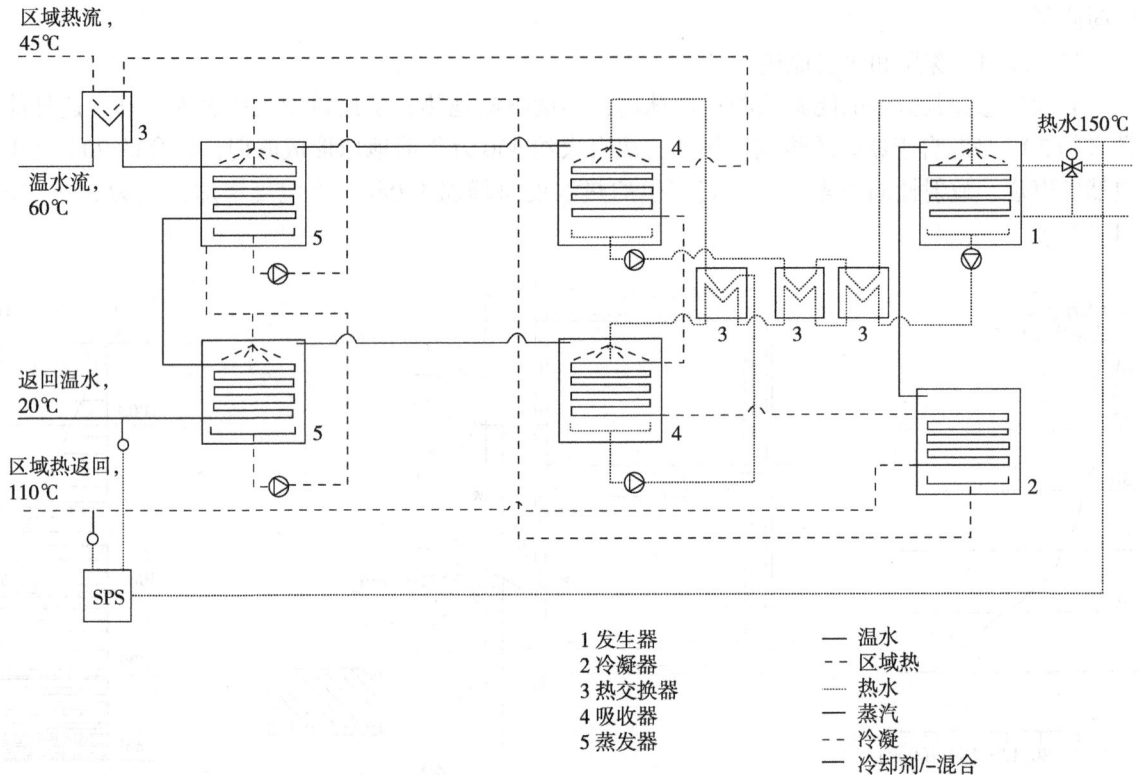

1 发生器	—— 温水
2 冷凝器	- - 区域热
3 热交换器	...... 热水
4 吸收器	—— 蒸汽
5 蒸发器	- - 冷凝
	—— 冷却剂/-混合

有两个蒸发器，在其经过两级蒸发成蒸馏水过程中热水被冷却到20℃。在蒸发器中产生的低温气流被一集中的锂溴化物溶液在分离的吸收器中吸收。要获得一封闭式的循环，溶液在一发生器中以150℃的温度被持续地更新，产生纯蒸汽，并在区域供暖中被冷却，吸收式热泵安装了两个室内热交换器以改进制冷率，在其从吸收器到热发生器的路程中，液体在交换器中被加热，并在其回程中被冷却。

区域热网的总产量是热交换器产量的总和，热泵的制冷功能和发生器的功能减去任何热损失因素。输出量的变化因素是区域热体量的流出和其返回温度，决定了在吸收式热泵上传递的区域热的出口温度，热泵系统必须进行防护以避免接触到过高的进口温度（即区域供热系统的返回温度）。

吸收式热泵的产量可以通过区域供热水的出口温度进行调节（最小65℃，最大80℃）。在发生器中一个调节器的作用是根据需要调节其产量，蒸发器的制冷功能（从热水中吸取热），以及发生器的产量及热传递，都是成正比的。换言之，从热泵中传递的热越多，吸收的热也越多。通过热水体量流动的变化可以调节出口温度，其参数和效率曲线如图11-220、图11-221所示。

温度
（℃）

温水和区域热水量
（m³/h）

250

250

200

200

150

150

100

100

50

50

0

0

−16　−12　−8　−4　　0　　4　　8　　12　16
　−14　−10　−6　−2　　2　　6　　10　14　18　℃

室外温度

产量
（1000kW）

10

8

6

4

2

0

−16　−12　−8　−4　　0　　4　　8　　12　16
　−14　−10　−6　−2　　2　　6　　10　14　18　℃

室外温度

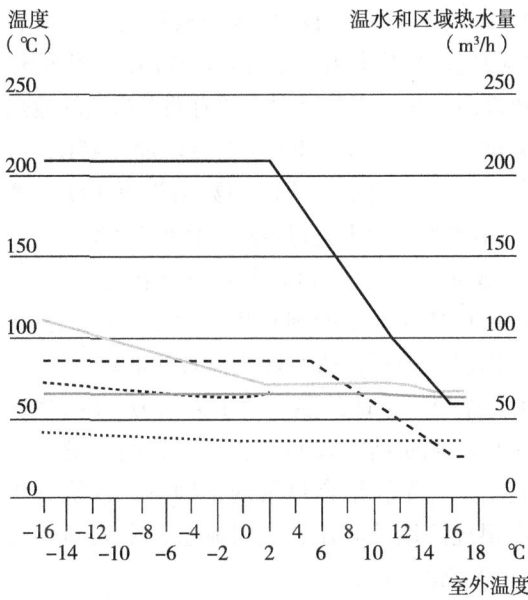

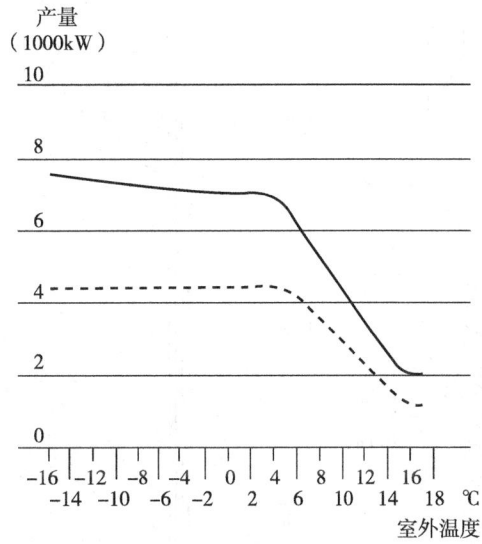

图 11-220
地热型热泵中的温度和体量变化参数、年读数（左）

图 11-221
地热型热泵设备的效率曲线、年读数（右）

图 11-222 显示了在 Erding 以利用地热为基础的区域热供应的一年的产量特征。地热在向区域热网输出热的比例是 53%，常用热占 35%，峰值锅炉占 12%。图 11-223 给出了这一系统的理想尺寸。

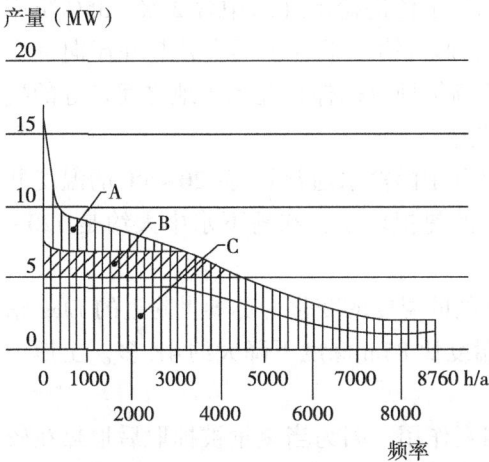

产量（MW）

20

15

10

5

0

0　1000　　3000　　5000　　7000　8760 h/a
　　2000　　4000　　6000　　8000

频率

A=产量HE+HP
　+Generator+HP

B=产量HE+HP
　+Generator

C=产量HE+HP

HE　　　　=热交换器
　　　　　　（地热）

HP　　　　=热泵

Generator　=热水

PB　　　　=高峰锅炉

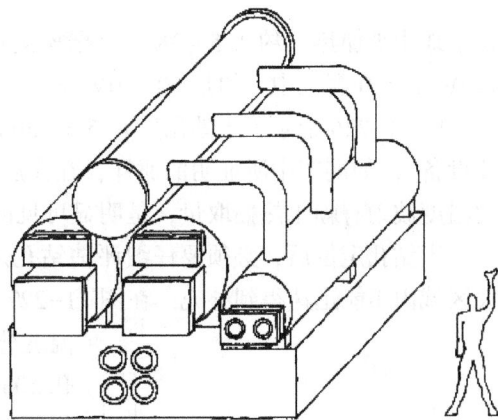

图 11-222
区域供热的年输出特性（左）

图 11-223
地热吸收式热泵的相应尺寸（右）

深层地热的另一选择方案，是应用 200～1000m 深度，是由瑞士 Geocalor AG 开发的一套系统。这一开敞式系统使用双层壁的管子（直径大约 150mm）插入钻孔中，然后充满石英沙砾，当这一系统被使用时，深度大约为 500m，一台泵安装在 200m 分界线周围，并从深处传递水。在这里，水靠热泵冷却然后通过两渐次排水管返回到地面（例如，排水装置大约在 170m 深），在钻孔内的石英沙砾中，水以非常慢的速度下沉，在其下沉途中加热并到达钻孔的底部，从这里迅速地泵回表面（图 11-224）。在瑞士有大量的设备被装配在这一系统中，其功能范围在 10～240kW。这一系统的一个特征是双壁中央管子，从而可以在热水与周围的沙砾之间形成隔绝

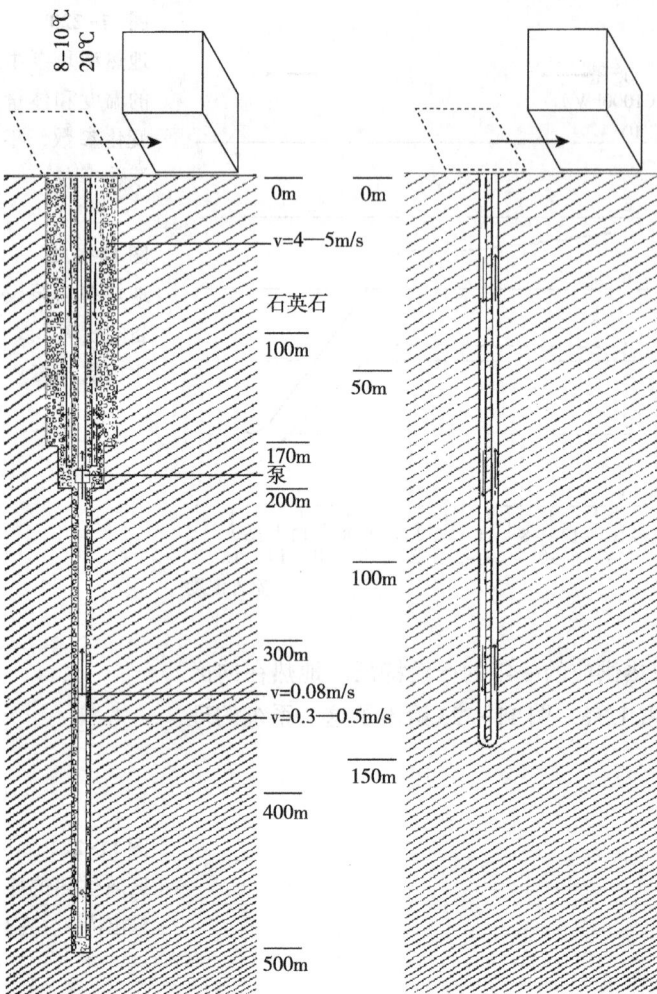

图 11-224
开放式系统钻孔洞的构造

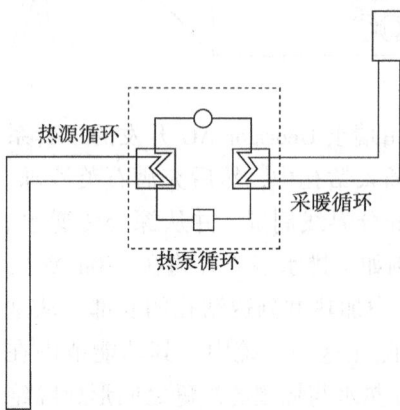

图 11-225
带有循环热源钻孔装置构造

层，以防止水回到表面的过程中经由较冷的泥土或岩石造成的热损失。地热潜力被最有效地利用，产生的热泵效率系数极高，其特定的潜力系数有赖于当地的地热条件。经验显示，花岗岩每 100m 温度增加 4~5K，可以提供最好的条件。耐水沙或泥的数值为每 100m³ 增加 3.5K，而不耐水的泥土为每 100m² 增加 2.5K。

2. 钻孔或地埋式盘管（浅层或表面地热）

较小型的设备和个别的项目更适合于浅层或表面地热利用，即以一种钻孔或地埋式盘管的形式。

在 100m 深处，土地的温度范围大约为 10~14℃，根据不同区域和地面结构及坚实程度，这些热量可用于加热建筑物，在钻孔结合热泵的帮助下，也就意味着钻孔可以很经济地被利用，同时制造出令人满意的使用指标（深度最大可达 150m）。

图 11-225 显示了带有各种循环（热源、冷却动力，采暖循环）钻孔装置的原理。一般情况，一个 U 形的聚乙烯管最大长度 150m，直径 3~10m，通过一个钻孔被插入到地面中。管子的功能是作为一个热源。在通过钻孔中的封闭式循环空间（热源循环）依靠深入地下的管子传递盐水（水中含 25%~35% 防冻剂）。从这里它通过第二根管子再次升起并流向蒸发器。钻孔被重新填埋以确保钻孔和土地之间良好的接触并增加热传递。

在热源循环中的盐水通常具有 -20~5℃ 的温度并在土地中被加热大约 1.5~3K，根据探测的长度，最大的热提取是：在地下水中大约是 120~140W/m；在泥土中大约是 50~70W/m。

图 11-226 记录了土地温度在 5m、50m 和 85m 深度处的温度的变化（苏黎世附近的 Elgg 钻孔设备）。如同图中所证明的那样，在浅层深度的土地温度比 85m 深度下降大约 4K 多。土地中的温度波动有赖于热抽取量，是明显可见的。

当钻孔定位后，必须要仔细评估钻孔之间温度的相互作用，因为当热量被抽取后地热在较大区域内不能迅速得到补充。在图 11-227 中，钻孔附近的凹陷圆锥体显示出孔洞周围的放射状温度分布。紧靠下一个钻孔，泥土被冷却大约 8K，在距钻孔 50m 距离，冷却下降大约 4K，而在大约 2.5m 距离，冷却下降少于 1K。当热泵关闭，凹陷的圆锥体被补充，虽然温度不可能如期望的那样在采暖期间恢复到正常水平。从图 11-227 中可以推断钻孔间距离至少为 6m，以防止不利的干扰。图 11-228 列出了支持性数据并显示了平均资源温度的降低（土地温度），有赖于两个钻孔间的距离。在德国埃森由 RWE Energin 研究的另一个项目，通过增加抽取量后显示，在一个钻孔中安装两根环状管是最佳的解决方案，而在每个钻孔中安装四个环状管时不会产生任何改进。

另一个对钻孔可能的应用是直接产生冷能（在地下冷却热水），相应的系统方案可以如前所述用于直接和间接的冷却建筑物部件。

保证相关冷却循环的供应温度不低于18℃而返回温度不高于22℃是非常重要的。利用大地冷却也就意味着拒绝热量从建筑物向泥土释放。因此，必须要确保每年的能量流动是非常平衡的，例如返回到土地中的热能在温暖季节与寒冷季节是平衡的。假设空间热能流在地下是0.065W/m²，钻孔间平均距离是6m，得出的探查能源产出大约是30W/m，最大的钻探深度不超过100m。另外，投资费用非常高。图11-229和图11-230分别显示了钻孔的布置用于在一建筑物内区域冷却和原理性的冷却循环草图。

图 11-226
5m，50m，85m深处的土地温度变化

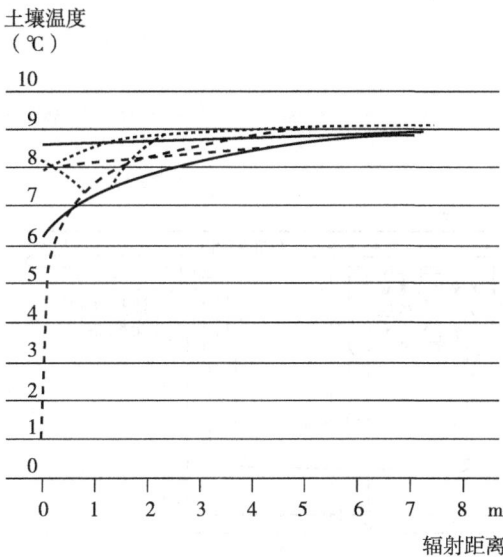

另一种热抽取形式是使用地埋式收集器（地埋式盘管，地面以下水平管盘绕），图11-231显示了能源利用系统的原理，安装有水平布置的地下热交换器，能否成功利用这一方法的重要判断标准是地面的热传导系数，它的密度和适合于热抽取的特殊的热能力，从而获得很高的效率系数。经验显示了潮湿的成分在热抽取中的直接比例（越潮湿，抽取率越高）。在水平布置的情况下，相应的地埋式收集器布置在大约1~2m深处，根据泥土或地面的成分，每千瓦的热能大约需要20~40m²的土地面积（含石灰的泥土比碎石或沙土更好）。每平方米的居住空间大约需要2m²的地表面积（在单一操作情况下，单独靠地埋式热泵加热建筑物），由于大面积表面常常是无法获得的，水平地埋式收集器或盘管可以由钻孔替代。

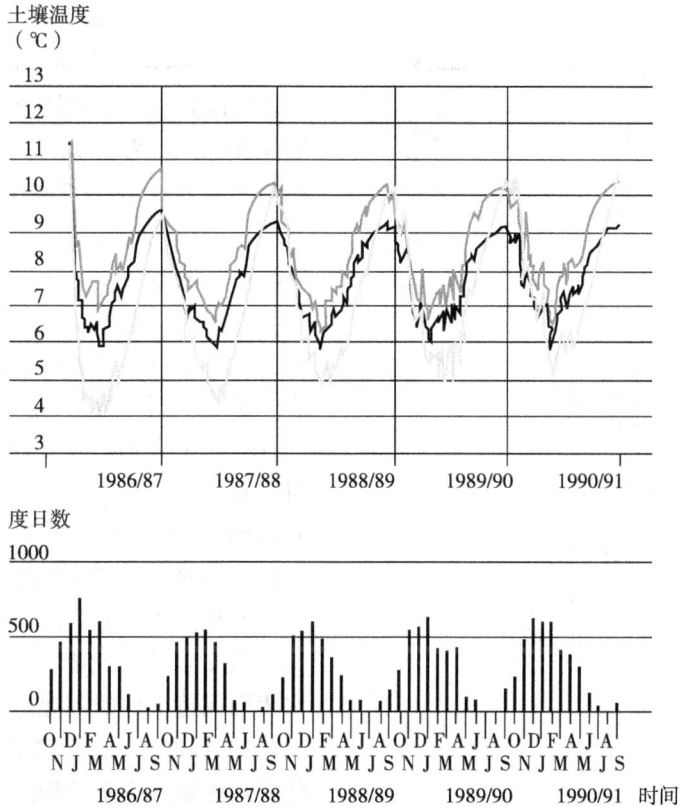

图 11-227
钻孔周围的放射状温度分布图（左）

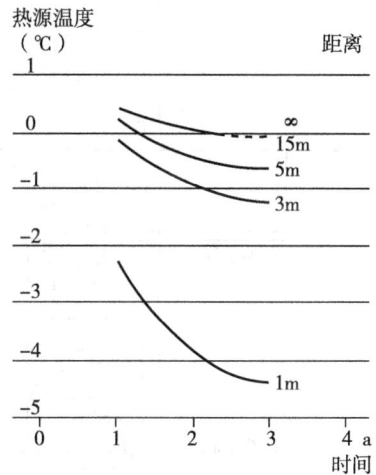

图 11-228
钻孔间距对土地温度的影响（右）

图 11-229

钻孔冷却的概念

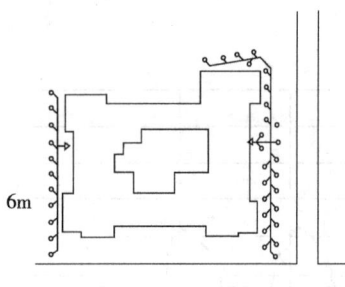

图 11-230

钻孔冷却循环原理

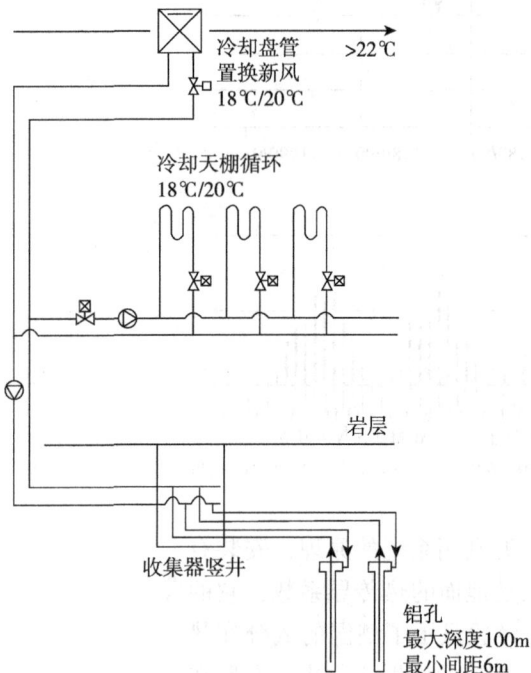

3. 蓄水层水池

如图 11-231 所示,除了地埋式热交换器以外,还有一蓄水层水池以其基本形式结合进一个完整的加热系统中。泥土和蓄水层能够轮流作为贮水池。在这种情况下,在采暖期间地埋式热交换器或含水土层在热泵的帮助下从泥土中抽出热能(图 11-232)。当热泵进行制冷运行(例如冷却一幢建筑物)时,凝结的热贮存在泥土中。

在冬季运行期间,特别是在转换季节,热能从泥土中被抽出,使泥土进一步被冷却,而冷却的泥土可以在整个夏季和转换季节里提供用于冷却建筑物的潜在能源。在制冷期间,热传递媒介(盐水混合物)从地埋式热交换器中被泵出,其所带出的冷量可以直接用于冷却空气。当泥土再次被加热(因为冷量被抽出),并达到这样的程度即它不再能作为制冷能源,热泵中的冷循环被反转,同时,冷却装置能够向泥土传递它凝结的热量,产生与冷却操作相同的热贮存。

当安装了人工蓄水层时,可以靠在地埋式热交换器附近创造水表面保持土地的潮湿。然而必须要认真计算以确保水表面不会过热并且发生高的蒸发率。将过多的热能引向蓄水层并贮存它,使其只能达到有限的程度。

在每一位置热量以低温形式经济和高效率的贮存可以通过使蓄水层水池的设计能够适应场地上可得到的土壤而获得。蓄水层水池选择如图 11-233~图 11-235 所示。热分别贮存在潮湿的碎石床和耐水层中,对于更大容量的无压力容器蓄水池来讲是一种经济的选择。仅从经济角度来讲,大的蓄热设备应尽可能与消费

图 11-231

带有土壤和蓄水层蓄热的能量利用图解

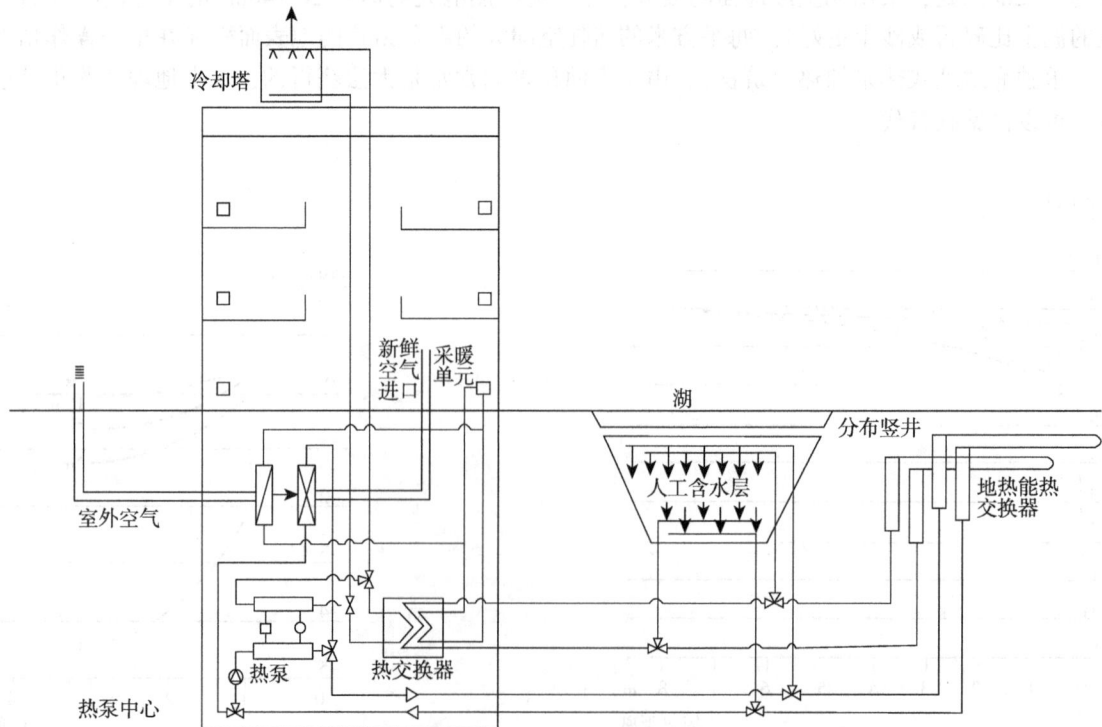

者接近。然而这在实际上往往会造成更多的困难，因为在密集的建筑环境中很大的开放表面常常是无法获得的，而这里的能量需求也是最高的。通常只有在建筑物之间可以获得开敞的表面范围，可以相应地加以利用。

当建造蓄水层时，出于健康原因和避免厌氧条件，相关的贮水池必须保持在有氧水中运行。由空气渗透进入到循环水中的细菌无法靠杀虫剂消毒，但必须在旁道循环中过滤掉。有机物质必须要避免且不能与循环水进行接触，从而避免为细菌提供可滋养的表面。围绕蓄水层的地下水只能被加热几度。同时，贮水池通过上部绝热层的热散射必须保持最小，以防止对都市气候或建筑物附近微气候产生相当的影响。

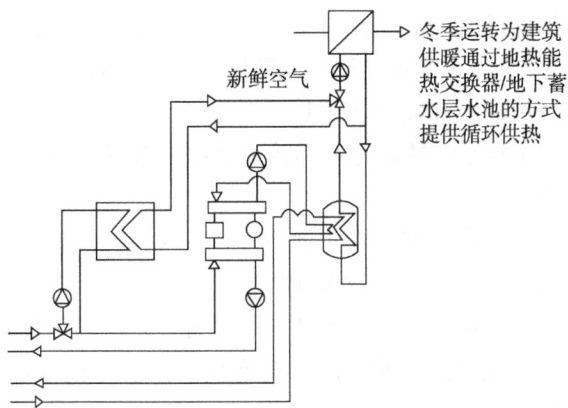

图 11-232
热泵设备的图解

新鲜空气

冬季运转为建筑供暖通过地热能热交换器/地下蓄水层水池的方式提供循环供热

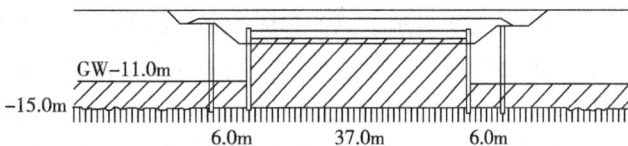

图 11-233
在自然地表面中的蓄水层水池

GW-11.0m
-15.0m
6.0m 37.0m 6.0m

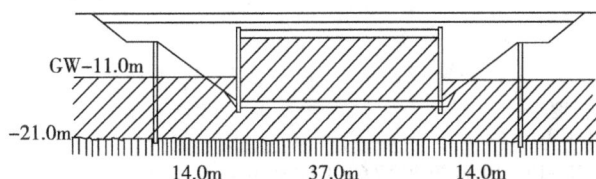

GW-11.0m
-21.0m
14.0m 37.0m 14.0m

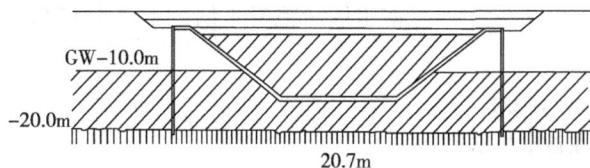

GW-10.0m
-20.0m
20.7m

根据建造形式，蓄水层水池能够朝水平或垂直方向变换温度。一种垂直流动在水池中是占优势的。在抽取期间，温水被传递到上部系统而同样数量的冷水同时在下部系统部分中被取出。浮力对温度分布具有稳定的效果（水的速度大约是温度前进速度的 3 倍），对于自由对流利用的判断标准是岩石结构的可渗透系数（渗透系数 K_F），热扩散系数 b 和水池与上部抽取系统之间的温度差 ΔT。从图 11-236 中可以看出在渗透系数低于 10^{-4} m/s 的未受干扰的泥土中的自由对流几乎不被注意。垂直贮存只有在没有对流出现的情况下才可能。

一个蓄水层水池的抽取特性由地面和过滤表面的渗透性所决定（蓄热表面和抽取系统），稳定的水平温度分布可以通过选择过滤速度低到足以平衡由流动引起的压力下降的浮力来确保。对于 -35K 的温度扩散来讲，由水的密度差所产生的浮力大约是 10^{-2} mws/m。在这一扩散条件下最大允许抽取或贮存性能 Q 可用下式确定：

$$Q = 10^{-2} K_F \cdot F$$

式中　Q——传送的水体积（m^3/s）；

　　　F——过滤表面积（m^2）；

　　　K_F——渗透系数（m/s）。

对于应用蓄热效率的过滤表面必须尽量减少通过热和冷贮存水之间热传递层时的体量效用损失。

在贮存和贮存体量的有效利用方面的平均逆流可以靠贮藏和抽取系统的设计来创造，出于资金原因，管子不是平均分布于大面积区域，而是以平行的或星形的形式分布（图 11-237）。

图 11-234
带有特定设备的蓄水层水池形式（左）

图 11-235
利用地表材料装备的蓄水层水池（右）

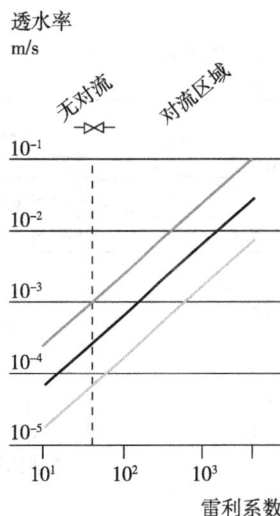

透水率
m/s

无对流　对流区域

10^{-1}
10^{-2}
10^{-3}
10^{-4}
10^{-5}

10^1　10^2　10^3

雷利系数

图 11-236
对各种运行温度自由对流的利用

如前所述，通过表面覆盖层的热损失必须减小，并推荐了一定的覆盖层。作为一个实例，图 11-238 显示了覆盖层中的温度曲线（U 值=0.2W／（m²·k）），同样方法也应用在分隔蓄水层与其周围的地板和墙面上。

蓄水层水池的能源利用效率是以贮存的热能与利用的能量之间的比率来确定的，它有赖于几个因素：

（1）贮存的热量在水池中停留的时间；

（2）与体积相关的表面积；

（3）分隔墙的水渗透能力和沥青碎石层的蒸发渗透能力；

（4）场地的地质条件（地下水位，地下水流速，地面材料的传导和蒸发渗透能力，耐水层的厚度）。

图 11-239 显示了以蓄热体积和持续时间为指数的能量利用系数，蓄水层和一些细节的布置如图 11-240 所示。除了前面描述的蓄水层水池是安装在自然或特意准备的自然地面上以外，还可以将一加强的混凝土容器安装在地下作为蓄热层水池（图 11-241）。

对蓄水层水池和其他蓄热选择的投资效益分析显示，合理的、无压力容器水池低于 3000m³ 会比蓄水层或表面下层混凝土水池要便宜。3000m³ 以上的自然蓄水层水池和 30000m³（与水等价）的建造蓄水层水池比地面上容器蓄热更有效率。地表以下混凝土容器水池比建造的地面上蓄水层水池贵 4 倍，不考虑它们的蓄热体积。

图 11-237 在蓄水层水池中靠近表面处采用水平的喷泉系统的流动（左上）

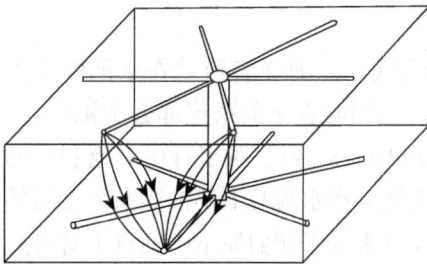

图 11-238 在稳定热传递和变化的外部温度情况下覆盖层的温度曲线（右）

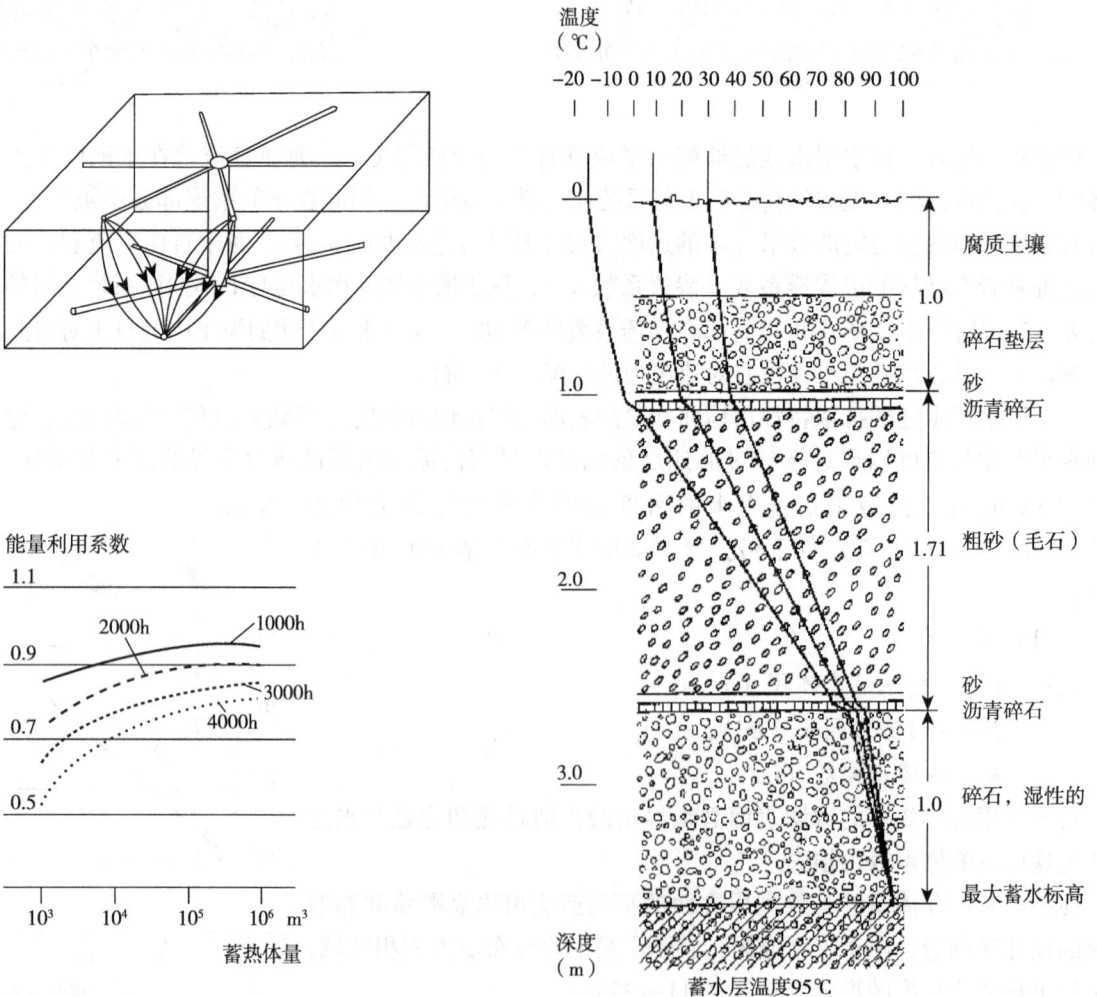

图 11-239 能量利用系数是蓄热体量和持续时间的函数（左下）

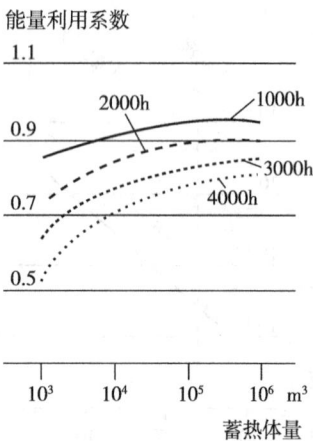

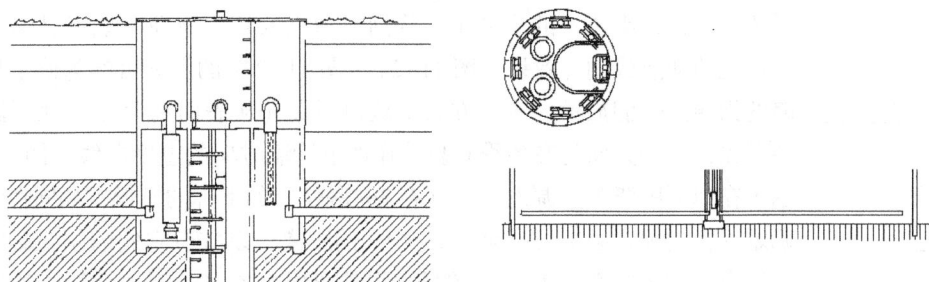

图 11-240
自然蓄水池的剖面与细部构造

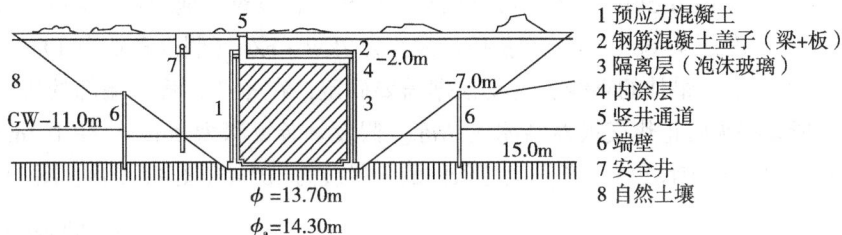

1 预应力混凝土
2 钢筋混凝土盖子（梁+板）
3 隔离层（泡沫玻璃）
4 内涂层
5 竖井通道
6 端壁
7 安全井
8 自然土壤

$\phi = 13.70m$
$\phi_a = 14.30m$

图 11-241
预应力混凝土容器作为蓄水层水池

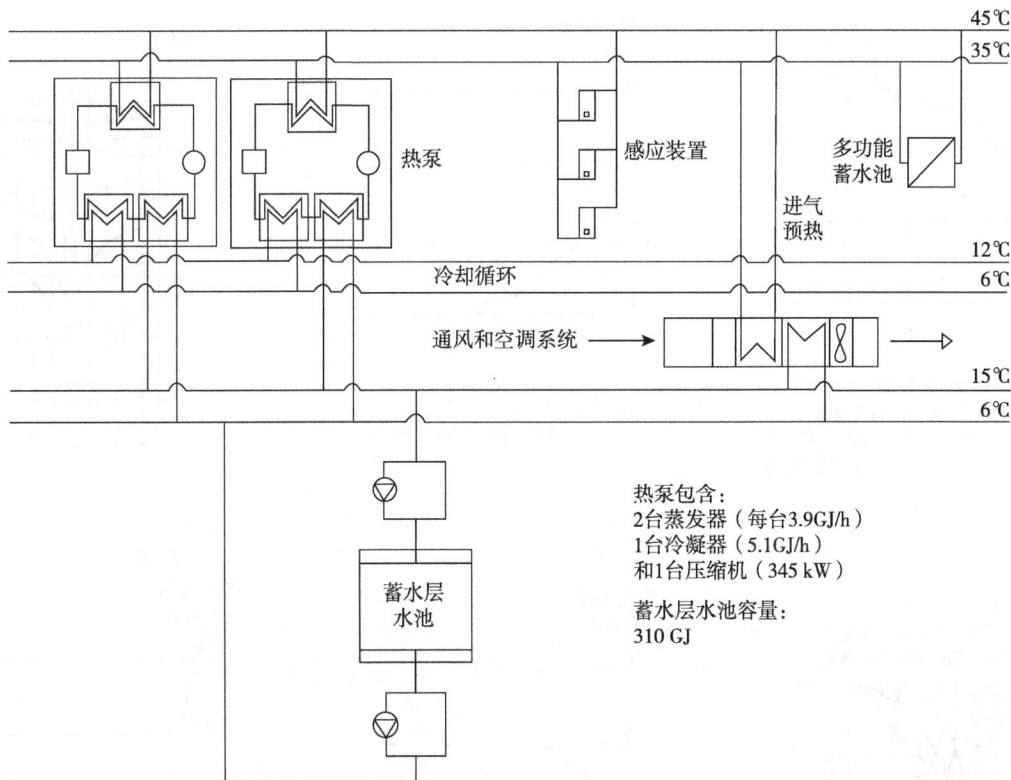

热泵包含：
2台蒸发器（每台3.9GJ/h）
1台冷凝器（5.1GJ/h）
和1台压缩机（345 kW）

蓄水层水池容量：
310 GJ

图 11-242
蓄水层水池与热回收设备组合成一个更大的热泵系统

最后，图 11-242 显示了将一蓄水层水池与一大型热泵系统的热回收装置结合在一起的方案，图 11-243 显示了在整个七天内可利用的热能与循环的情况。

4. 热涵洞和热迷宫洞

为了在新鲜空气进入建筑物之前将其冷却（夏季）和将其加湿或加热（冬季），可以将新鲜空气引进地下管道或建筑物本身的混凝土地下迷宫中，这是由工程师 P. Grove 在柏林国会大厦建造工作中提出的。

（1）热涵洞（地埋式管线）

对于一些空气需求量较小的住宅建筑来说，可以将直径较小的管子（例如陶瓷、混凝土或塑料管）安装在地下，管子必须要与建筑物有一段距离，因为从建筑物到管子的热传递要足以满足降

一 加载
一 释放

加载和释放数量
GJ
400

300

200

100

0

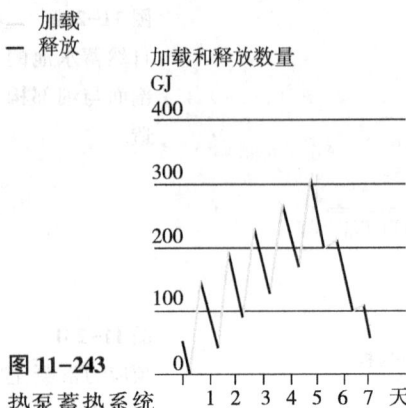

图 11-243
热泵蓄热系统
对可利用的热
输出的装载与
释放数量

1 2 3 4 5 6 7 天

温要求。在这类装置的规划中，管网或独立的管道应埋在地下足够深以创造出最佳的加热或制冷效果。图 11-244~图 11-247 的图表可作为确定尺寸的粗略的指导。它们显示出，一方面是从顶到底（从表面到深处）地下温度的漏斗现象，另一方面是在冬季和夏季在地下管墙方向的温度曲线。图 11-246 显示了在地下围绕一空调地下管（在 3m 深处）的下降的锥形，如同在钻孔中所确定的，地埋管必须要有至少 8~10m 的距离，以减少它们的相互影响。地表下管道（地埋式热交换器）的最大得热可以在 4~6m 深处获得，测试的得热是 6~6.5kW·h/m³ 传导的空气体积。在夏季，地埋式热交换器管子的最佳深度是 4~6m，其冷能获得量大约为 7kW·h/a（假设管长为 40m）。

最佳的管线长度要根据需要确定，在冬季，管子端部的进口空气温度可能会低于 0℃，所以必须防止热交换器结冰或结冻。假设一装置深为 3m，管径 127mm，空气体积流量为 140m³/h（地面如前设定），产生稳定条件的分界线为 100m（图 11-248、图 11-249）。

图 11-244
冬季在土地管
墙方向的温度
变化（左）

图 11-245
夏季在土地管
墙方向的温度
变化（中）

图 11-246
在土层陶瓷管
材周围的下降
的锥形等温
线（右）

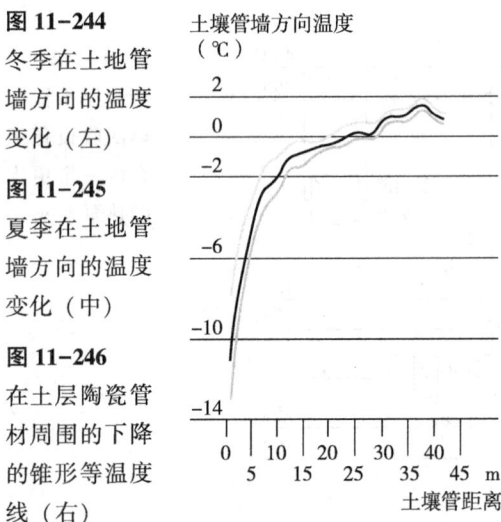

土壤管墙方向温度
（℃）

土壤管距离

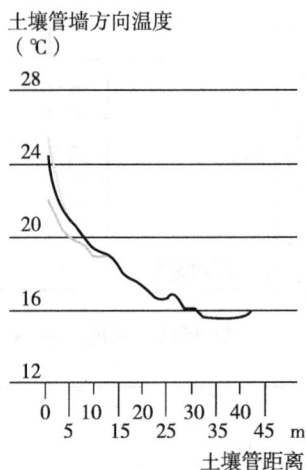

土壤管墙方向温度
（℃）

土壤管距离

地表温度：0℃
管表温度：4.5℃

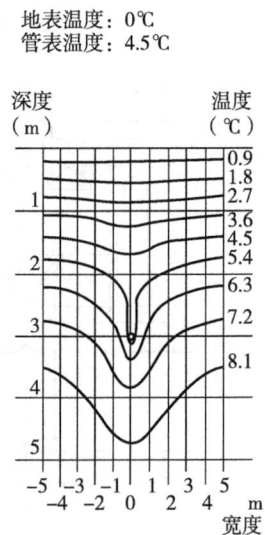

深度（m）　温度（℃）

宽度

图 11-247
土层温度（左）

图 11-248
陶瓷管方向
（冬季）3m 深
处的空气温度
与室外不同温
度（中）

图 11-249
陶瓷管方向
（夏季）3m 深
处的空气温度
与室外不同温
度（右）

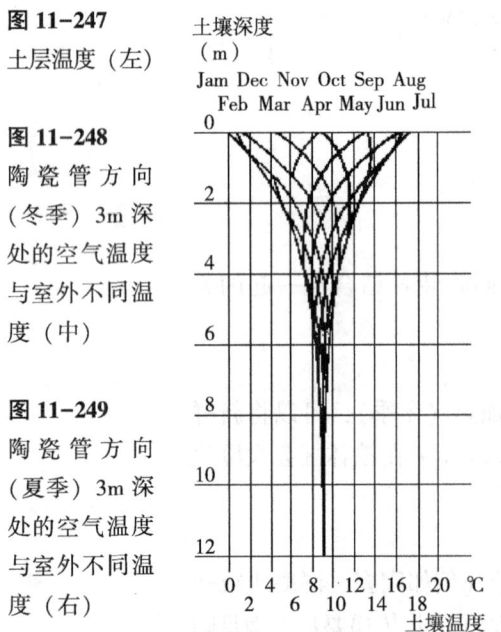

土壤深度
（m）

Jam Dec Nov Oct Sep Aug
Feb Mar Apr May Jun Jul

土壤温度

—— 0℃
---- -20℃

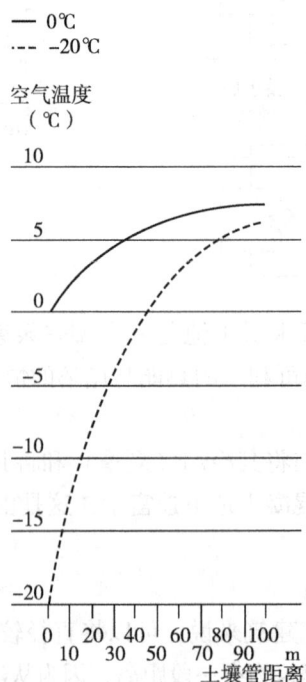

空气温度
（℃）

土壤管距离

—— 35℃
---- 17.6℃

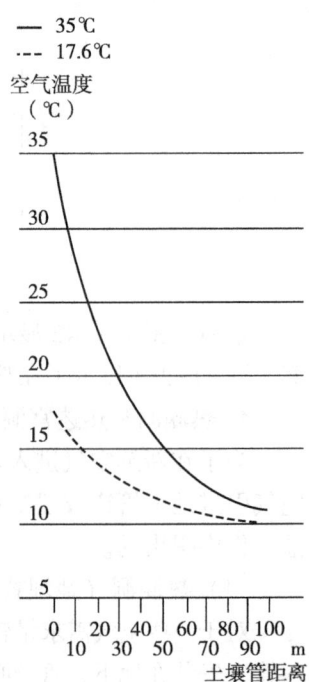

空气温度
（℃）

土壤管距离

图 11-250
Heilbronn 市立剧场外观（左）

图 11-251
新市立剧场地下热迷宫到达空调系统的图解（右）

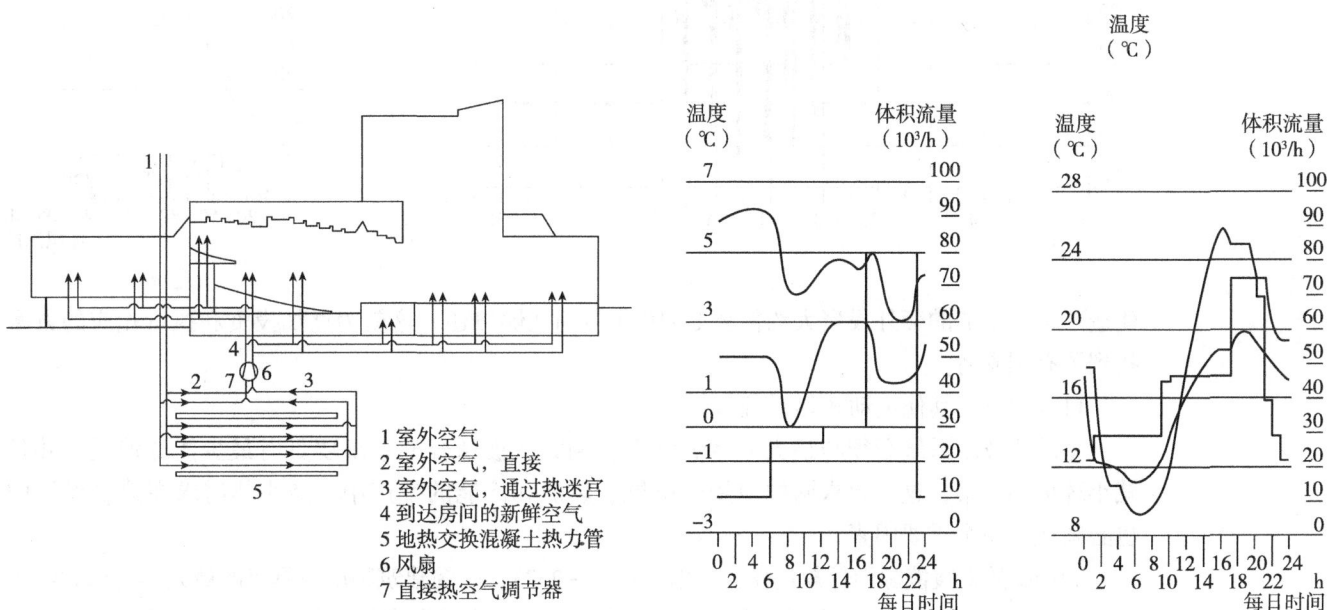

温度
（℃）

1 室外空气
2 室外空气，直接
3 室外空气，通过热迷宫
4 到达房间的新鲜空气
5 地热交换混凝土热力管
6 风扇
7 直接热空气调节器

每日时间

图 11-252
室外气流以直接的方式或经过热迷宫到达空调系统的图解（左）

图 11-253
冬季某天记录温度与分析（中）

图 11-254
1983 年 5 月某天记录温度与分析（右）

（2）热迷宫

这里从一研究项目中摘录一实例。一热迷宫由 140m 长的混凝土地道组成，安装在 Heilbronn 市剧场地板下。新鲜空气被引进这些地道中，通过建筑物下面系统的引导，在冬季被加热，在夏季被冷却。图 11-250 所示为新建的剧场建筑，图 11-251 为基础部分的热迷宫建造过程（有手绘的空气流动线），图 11-252 为带有室外空气流动设计的纵剖面，直接或通过迷宫的方法与空调或采暖系统相连接。

如前面的图形阐明的，新鲜空气通过地下涵洞和迷宫引导直接进入建筑物。混凝土涵洞的表面作为热交换器，从利用地热能源的角度并不一定是最有效方案。但在任何情况下，这一系统能产生明显的采暖和制冷效果（图 11-253，图 11-254）。在冬季，室外空气在热涵洞中被加热大约 2~4K，而在夏季，可以冷却大约 1~8K。

图 11-255 显示了三年期的能量平衡，也显示了所需的能量（热能和冷能）和热涵洞本身产生的节约的潜力。很明显，热涵洞的最大优点在于节约制冷能源上。然而，由于它的使用周期短，它在节约能源方面只有部分的效率。特别大的地道传递比率如图 11-256 所示，它与体积流量有关，并且在剧院建筑中自然波动很大。由于其使用和时间方面的特点，特别巨大的地道传递率是由每日地洞传递率与有效传递表面产生的结果。当计算这项目的资金摊还时，可以发现

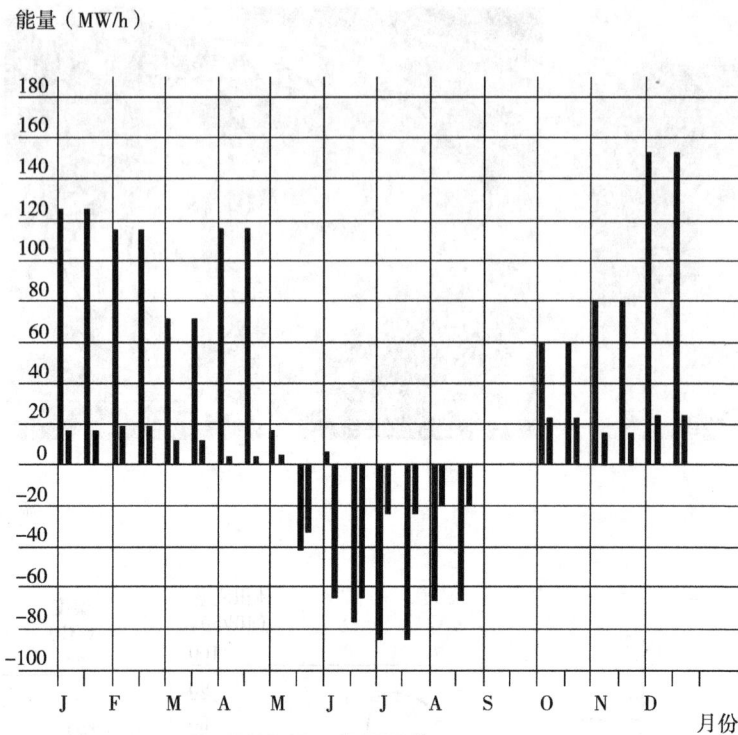

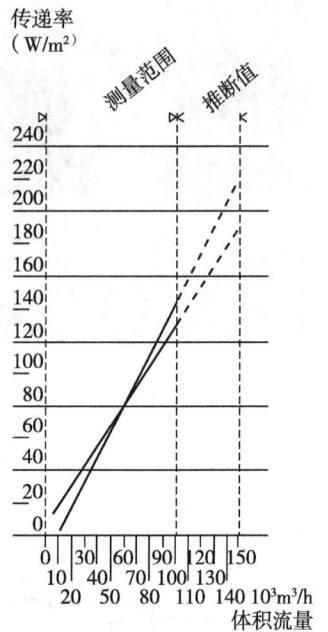

建造热迷宫增加的额外投资大约需要 8~10 年时间能够摊还。这就为增加投资和执行相应的方案找到了有利支持。

11.4.2.5　其他主动式热系统

主动式技术系统必须与最大效率相结合，例如，被结合的系统要具有最少能源消耗，并且减小环境的污染，这一要求同样应用于电能、热能和冷能的生产中，减小热需求在建筑设计中也必须成为一个重要因素。

利用新的采暖能源消耗规定作为指南（图 11-257），一幢建筑物所应具有的最大热需求大约为 $50~100kW \cdot h/m^2$，对应于所要求的大约 $30~50W/m^2$ 的热损失或每个封闭空间 $8~15W/m^3$。当这一数值应用到一幢仅带周边采暖的建筑物中，其所有的墙和玻璃表面产生的综合热传递系数大约是 $1.8~1.9W/(m^2 \cdot K)$。对于在冬季采用机械式空调和采暖系统的建筑物来讲，上面提及的热传递系数对于墙和窗户表面会削减近一半，达到大约 $0.9W/(m^2 \cdot K)$。然而，这最后的测试结果包括了一幢建筑物内的得热，例如来自居住者、照明、办公设备等。在未来，建筑物表面的热传递系数（墙和窗户）大约为 $0.8~1.0W/(m^2 \cdot K)$。

采暖需求通过一种综合的方案将会大幅度减少，在夏季和气候转换季节避免过度隔绝，而是提供一种可变换的绝热方案，使其能够在需要时保留住热而在需要降温时允许将热量排出建筑物。因而，热传递系数最好是可变的，比如立面设计必须允许可变化的热传递系数，使用高隔绝性窗户单元可能会产生相反的结果。同时，减小建筑物上的玻璃表面并不能满足最大限度的采光要求。在设计立面时必须要草拟一个总的能量平衡内容表，以避免不正确或不恰当的方案。

1. 冷凝和催化剂技术

在"少就是多"口号下对石油资源的任何利用都必须确保最小的环境污染，同时提供良好投资效益的解决方案。图 11-258 显示了 1976~1990 年天然气和石油燃烧释放的氮氧化物（NO_X）的变化情况。在德国氮氧化物释放量的持续增加靠空气纯净行动得到控制并且通过冷凝和催化剂

图 11-257
新的采暖系统
能源消耗规定
要求的流程表

新建筑？ —否→ 扩建（扩建部分有效使用面积及附加面积超过10m²）—（改造）→ 超过20%的外表面经过更换

扩建部分 —是→

超过20%的外表面经过更换 —是→ 建筑各部分需求
$U_w \le 1.8 \, W/(m^2 \cdot K)$
$U_{wall} \le 0.5/0.4 \, W/(m^2 \cdot K)$
$U_r \le 0.3 \, W/(m^2 \cdot K)$
$U_G \le 0.5 \, W/(m^2 \cdot K)$

超过20%的外表面经过更换 —否→ 建筑需要降温措施

室温≥19℃

室温介于12℃—19℃之间
常年需要供热时间为4个月

年均热交换量
$Q_T^3 \le 3.0 + 16 \, (A/V)$
每kWh/（m³a）

建筑需要降温措施 —是→ $g_w \cdot s \le 0.25$

建筑需要降温措施 —否→ $g_w \cdot s \le 0.25$

$g_w \cdot s \le 0.25$ → 使用隔热过双层玻璃

建筑通风良好或窗户面积与外墙面面积比超过50% —是→ 更进一步的需求：
$g_w \cdot s \le 0.25$
$g_w = g - glazing - diminution - shading$

建筑通风良好... —否→

建筑为独立式？ —是→ 更进一步的需求：
$U_{a.wall+w} \le 1.0 \, W/(m^2 \cdot K)$

建筑为独立式？ —否→

每立方米的有效建筑空间
每年的热需求介于17.3-32.0kWh

$Q'_H \le 13.82 + 17.32 \, (A/V)$
$Q''_H \le Q'_H / 0.32$
（房间高度≤2.60m）
$Q'_H \, Q''_H \, A/V$单位均为kWh/m³ 建筑空间（m³a）

是否是预制的建筑？ —是→ 所有的门窗都是东西朝向

是否是预制的建筑？ —否→

建筑层数是否超过两层？

建筑综合需求：
$U_{Aeq.w} \le 0.7 \, W/(m^2 \cdot K)$
$U_{wall} \le 0.5 \, W/(m^2 \cdot K)$
$U_r \le 0.22 \, W/(m^2 \cdot K)$
$U_G \le 0.35 \, W/(m^2 \cdot K)$

（提示：对于汉堡，汉森及NRW联邦州有特殊的要求）

居住单元是否超过三个？ —否→

居住单元是否超过三个？ —是→

太阳能的获得（$U_{eq.w}$）只在窗面积与建筑外墙面积比超过60%且只考虑窗2/3高度以上的面积为有效面积时才计入

附加 → 热源正对于窗户的正前方
则$U_w \le 1.5 \, W/(m^2 \cdot K)$

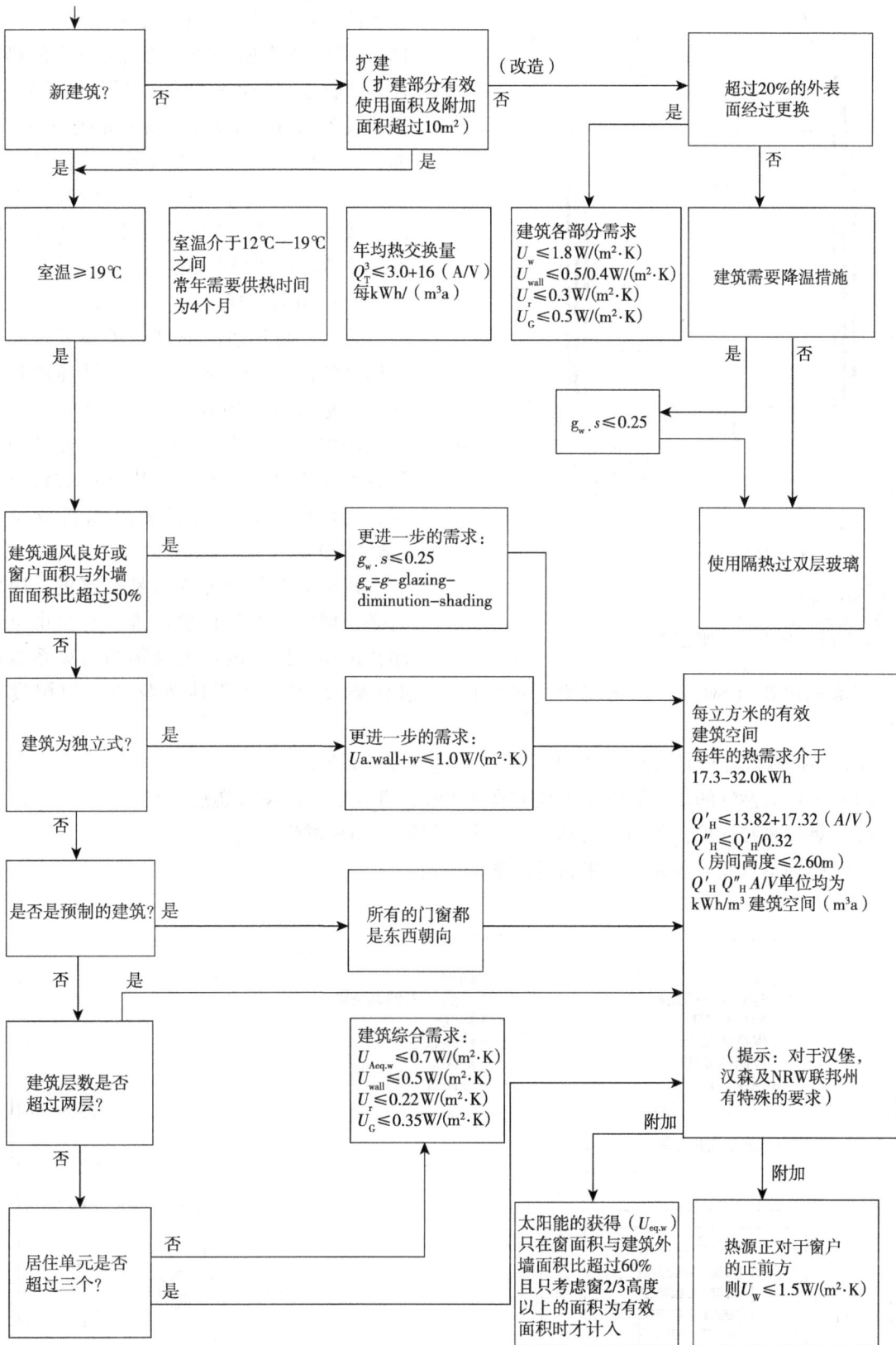

新型供热系统能源消耗所需条件流程图
其中：U_r —— 有效屋面U值；　　　　　U_{wall} —— 有效墙面U值；　　　　　U_G —— 接地处墙面U值；
　　　U_w —— 有效窗面U值；　　　　　U_A —— 平均U值。

图 11-258
天然气及石油
燃烧释放 NOx
的变化

一氧化氮，附加的
NO_2及$3\%O_2$.mg/m³

一氧化氮，附加的
NO_2及$3\%O_2$.mg/m³

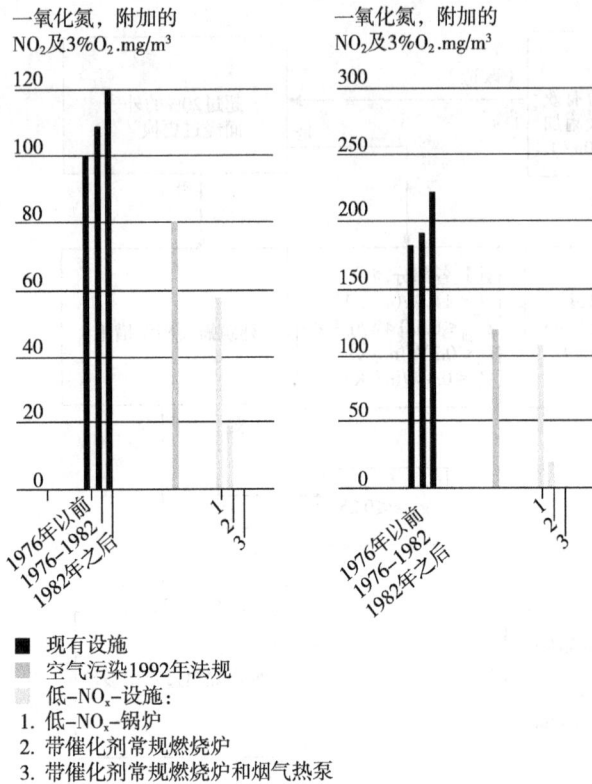

■ 现有设施
■ 空气污染1992年法规
■ 低-NOx-设施：
1. 低-NOx-锅炉
2. 带催化剂常规燃烧炉
3. 带催化剂常规燃烧炉和烟气热泵

技术的使用得到了相当程度的减少。后者在图 11-259 中有所解释。利用煤气中的热能对建筑物采暖是很重要的（燃烧技术）。汽锅炉设备的财务开支比传统的系统更高。然而，必须要理解在未来承诺环境保护的投资。利用主要能源（石油、天然气）方面的高效率，与其相应的使用设备的非常高的效率系数都是值得考虑的内容。

2. 热电站的释放物

热电厂与环境间的良好关系要依照判断标准的内容来评估，而空气纯净度肯定为判别标准首项内容，主要能源消耗，所需能源生产中产生的 CO_2 排放，在其中扮演着重要的角色，要计算热电厂的污染排放，电厂的能源消耗量要乘以排放系数（表 11-9）。

并不是所有的排放都是有害的，因此有必要增加额外的评价标准，它是由空气净化运动所提出的：污染物的污染系数越高，其硫氧化物（SO_2）、氮氧化物（NO_X）、一氧化碳（CO）和固体废物的排放限度就越低。

在几种技术可与它们的环境质量相结合，这些主要的系统是：

（1）使用天然气的凝结锅炉（年利用效率90%，带有很低的 NO_X 燃烧炉）；

（2）燃油采暖锅炉（年利用效率85%，带有很低的 NOx 燃烧炉）；

（3）燃油蒸汽或采暖锅炉（年利用效率85%）；

图 11-259
将催化剂与烟
道天然系统混
合

催化剂

1 SO_2中和
2 过氧化氢酶元素
3 NH_3注射剂
4 保持高温
5 控制和监测
6 绝缘材料

冷凝锅炉

1 锅炉
2 天然气/石油燃烧器
3 烟气
4 热回收
5 烟囱
6 分流管

*依靠系统和布局

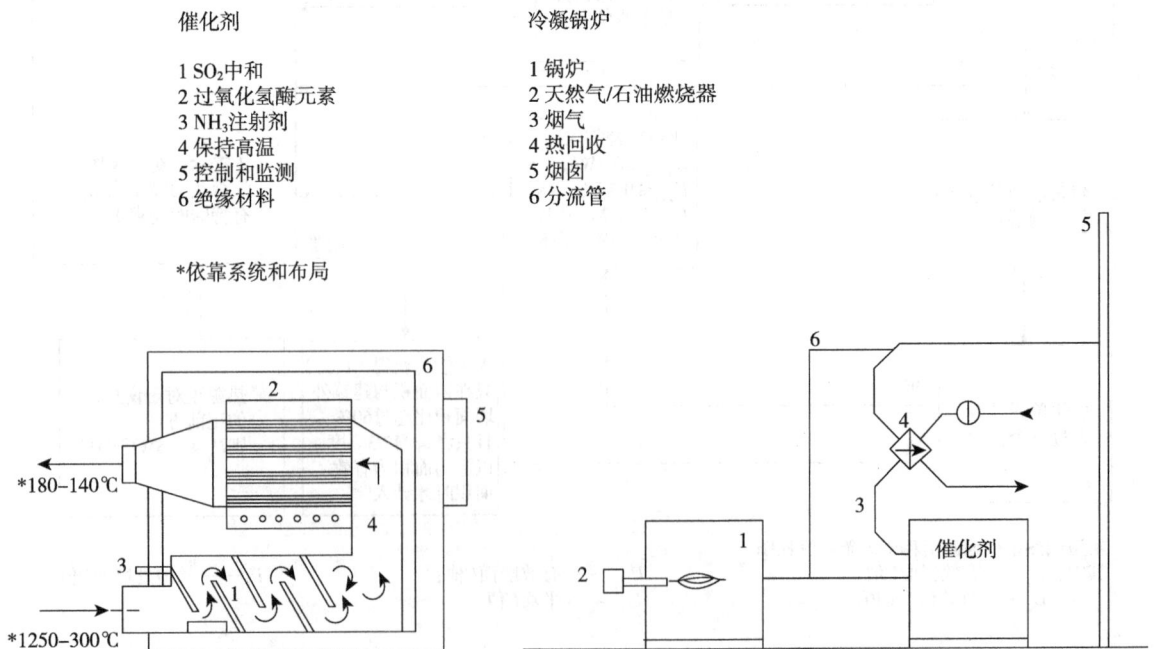

不同热生产系统的释放因数   表 11-9

系统	燃料	NO_X (g/GJ)	CO (g/GJ)	HC^2 (g/GJ)	CO_2 (kg/GJ)	SO_2 (g/GJ)	$Solids^4$ (g/GJ)
天然气汽车	天然气	10	30	8^5	60	0^6	0^6
锅炉	天然气	45	30	2^5	60	0	0
锅炉	石油	55	50	15^3	74	94	4
锅炉 低-NO_X^7	天然气	20	30	2^5	60	0	0
锅炉 低-NO_X^7	石油	30	50	15^3	74	94	4
天然气涡轮	天然气	30	50	5^5	60	0	0

（4）燃气电动机 CHP（年利用效率 90%，三路催化剂，供应燃烧炉或热泵从电动机中回收热）；

（5）燃气涡轮机（年使用频率 85%，用氨或尿素进行二次氮清除）。

图 11-260 所示的排放评价是基于生产 10GW·h 的热能进行的，它考虑了燃气电动机具有更高的特殊排放率，例如，与低氮氧化物燃气锅炉相比，但它在生产电力的同时也产生了热能，因此与锅炉系统相比具有更好的总体能量平衡（电能/热能）。

在任何情况下，采暖和制冷，以及电力，都应通过系统结合来提供以求得投资费用、能源消耗和污染物释放等方面的良好结果。

3. 热泵——吸收体表面

当立面被用于得热时，将吸收表面与热泵结合是一种好的选择，来自蒸发器中的冷水流过立面上的吸收表面，以利用环境能源然后在热泵中被升到一个很高的温度。图 11-261 对热要求与通过吸收表面和热泵从环境的得热之间进行了比较，它假设从 6 月到 9 月间最小的热要求可以这种方式提供而不会有任何困难，吸收表面——与 TIM 立面形成对照——可以从建筑物的所有边界回收能量，因为它们所利用的环境能源不仅来自太阳辐射而且也来自雨和风。只有在 12 月和 1 月吸收表面的效率系数为零，除非吸收表面使用盐水运行以在温度低于 0℃ 的情况下仍能持续回收能量，图 11-262 显示了与热泵相联的吸收表面的工作原理。

4. 静态冷却、自由冷却、冰蓄冷设备

要在不除湿的条件下冷却室外空气和在房间中通过冷却顶棚来吸收制冷负荷，就需要能量，它可以通过带有替代冷冻剂的制冷机（H-CFC 或更好的氨）提供，或者通过热能（吸收或冷却机械），或者利用自由冷却，或者利用来自地下的制冷能源。

图 11-263 列出了静态冷却的主要类型，例如依靠重力操作的冷却系统和依靠房间中经由对流和辐射吸收热能来操作的冷却系统。这些系统中主要的冷却媒介是水。冷却的水，如图 11-264 所示，既可以在制冷机中也可以在冷却塔中冷却产生，通过蒸发（自由冷却）可能产生 14℃ 左右的水。

要保持制冷站相对较小并且白天的功率很低，建议使用冰蓄冷设备，其负荷放在整个夜间而在白天将贮存的冷能传递到组合系统中。这一过程有助于减小白天的峰值负荷，反过来减轻供电部门的负担并相应地减少使用者的税费。这种组合的系统如图 11-264 所示，标准的总的制冷能源要求可以减少大约 50%（供应制冷机的电力）并且也可减少初期投资费用。

5. 解吸收作用过程

解吸收作用或通过吸附式除湿和断热冷却方法进行空气冷却都是借助热能创造冷却能源的一种系统类型。图 11-265 和图 11-266 显示了这种系统的组合，指出了对于一种特定的测试条件的温度和湿度和图表中的相关图形。

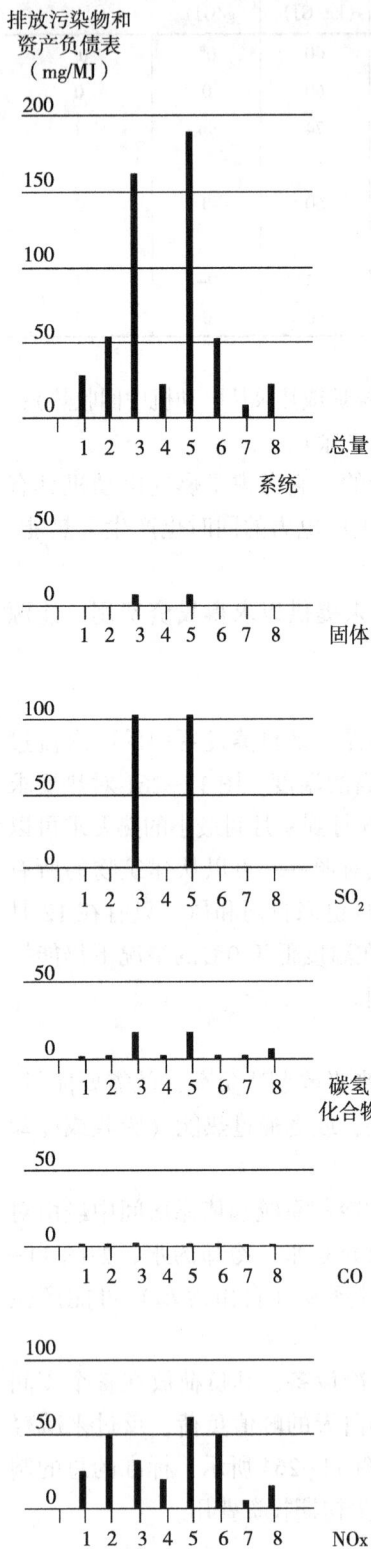

图 11-260
各种成分的释放平衡清单(计算数据主要能源和能源取得)

排放污染物和资产负债表
（mg/MJ）

总量
系统
固体
SO_2
碳氢化合物
CO
NOx

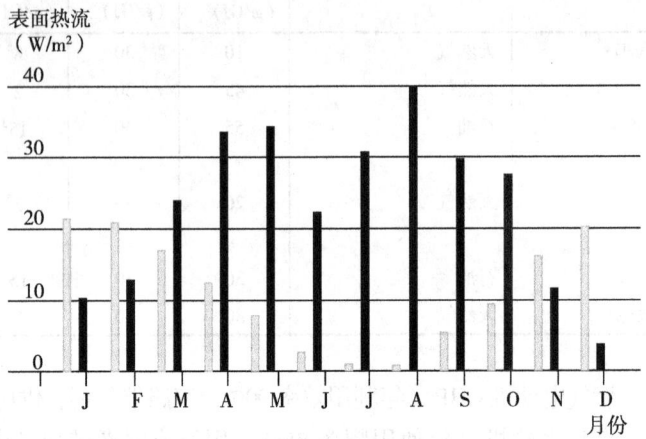

表面热流
（W/m²）

月份

图 11-261 经由典型表面吸收器的得热

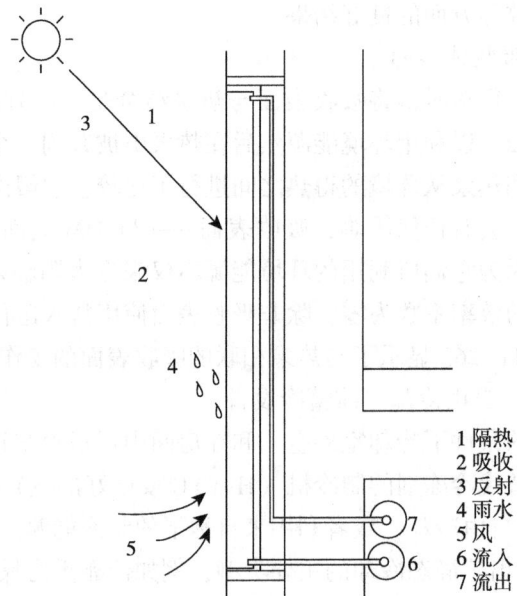

1 隔热
2 吸收
3 反射
4 雨水
5 风
6 流入
7 流出

图 11-262 吸收表面与热泵相连接

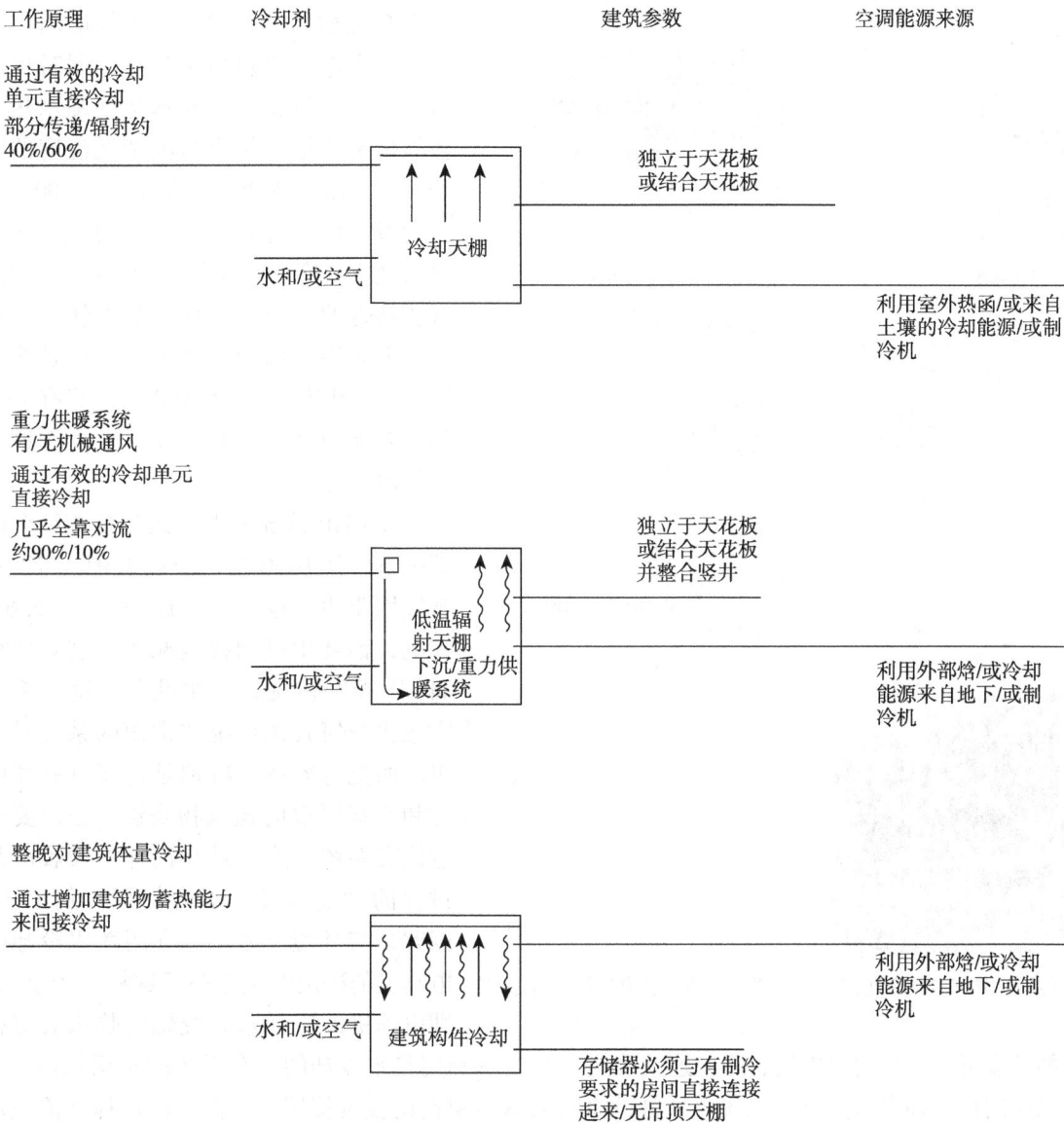

| 工作原理 | 冷却剂 | 建筑参数 | 空调能源来源 | 图 11-263 |

通过有效的冷却
单元直接冷却
部分传递/辐射约
40%/60%

水和/或空气

冷却天棚

独立于天花板
或结合天花板

利用室外热函/或来自
土壤的冷却能源/或制
冷机

重力供暖系统
有/无机械通风

通过有效的冷却单元
直接冷却

几乎全靠对流
约90%/10%

水和/或空气

低温辐射天棚
下沉/重力供暖系统

独立于天花板
或结合天花板
并整合竖井

利用外部熵/或冷却
能源来自地下/或制
冷机

整晚对建筑体量冷却

通过增加建筑物蓄热能力
来间接冷却

水和/或空气

建筑构件冷却

利用外部熵/或冷却
能源来自地下/或制
冷机

存储器必须与有制冷
要求的房间直接连接
起来/无吊顶天棚

　　通过吸附式除湿和断热冷却的方法进行空气冷却在通常感觉上并不需要冷却机房（在不要求除湿的情况下）。制冷，例如利用燃气电动机驱动的热泵，当室外空气需要进行冷却和除湿的情况下就成为必需的。这种制冷系统既不需要 H-CFC 也不需要氨或盐水循环。相反，它是通过向空气喷洒冷水实现，如此创造一种断热交换并在同时进行冷却和增湿。室外空气在最初被除湿，因为被加热的干燥回转子（吸湿的矽土乳胶体）的包装只能容下非常少的潮湿，因此能够从室外气流中吸收水蒸气。另外，室外空气在热回收单元中被冷却，进一步的断热冷却可以通过在室外气流中喷洒冷水而形成，而后蒸发并降低供应的空气温度并增加潮湿的容量。类似的过程也可以如此实现，即当利用生产过程中的多余热量或者当热能在收集器设备中形成时，因为可以假设当很高的室外温度与很高的热辐射一致时也需要最大的制冷能源。

　　6. CHP——热和动力相结合的系统

　　热和动力相结合的系统（CHPS）经常是燃气电动机驱动的装置，其在生产热能的同时产生电力，并在冬季通过"高温度线路"供应热量消费同时在夏季为制冷机房（吸收式冷却机）提供能量。图 11-267 显示了这种装置的简化水力网图，与热和动力站、冷却塔、热交换器、泵和

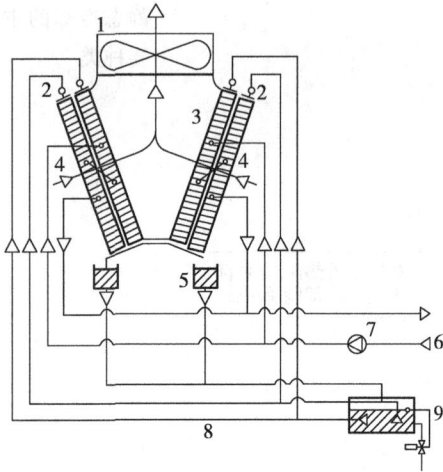

自由冷却（混合制冷）空气被风扇吹入倾斜。制冷机百叶，其上用水喷湿，水在空气流作用下蒸发。蒸发所需热量从制冷机中吸收，其中的介质——通常是水/乙二醇共混——因此被冷却

由于对空气和水体合理优化配置，因此喷雾水的排放和泄露都可以避免

1. 风扇
2. 喷洒水
3. 冷凝器单位
4. 空气
5. 水收集
6. 热源
7. 主要冷却周期
8. 二次冷却周期（喷洒水）
9. 带过滤器和自动灌满功能的水容器

图 11-264　带有机械式及自由冷却的冷冻顶棚（额外的冰蓄冷设备也是可能的）

图 11-265
靠吸附式除湿器和与不同热源结合的断热冷却手段进行空气冷却

消费系统相结合而组成。燃气电动机驱动一台发电机进行电力生产，同时也通过管道燃气热交换器和马达冷却水热交换器传递热量以供应高温和低温度的消费者。高温消费者是指温度超过100℃的消费者（例如用于做饭），而低温消费者是指吸收式冷却器（如图中所示）。在这些相结合的系统中主要能源的转化率对于电力来讲大约为32%，而54%是作为"废"热用以采暖和制冷机房。只有14%的主要能源（例如燃气和石油）在这一系统内损失。

在CHP系统和吸收式装置相结合的情况下，其100%的主要能源中，32%被直接用于生产电力，而进一步的12.6%在电力消耗中被间接地减少。这就使得44%不能在传统系统中获得。这一系统方案比任何其他传统和常规的系统具有更高的能源效率，特别是对于具有高电力和冷却要求的建筑物来讲。必须要注意这套系统，除了具有极佳的吸收冷却过程的性能以外，不会使用任何CFC，因此是与环境友善的。利用热水冷却的电动机的决定性优点在于这样一个事实，即电动机的冷却水和废燃气热因其有很高的温度可以在年周期内被利用。这就改进了在夏季利用热水冷却的一套系统的费用效益，并可以应用许多种方法。CHP系统比常规的系统要求有更高的投资费用，在作任何选择之前应对逐渐偿还率进行计算。正确地确定这一系统的尺寸并适应一幢特定建筑物特殊的电力需要，额外的投资费用总是非常恰当的，并且摊还期可能只有很短的2~5年时间。

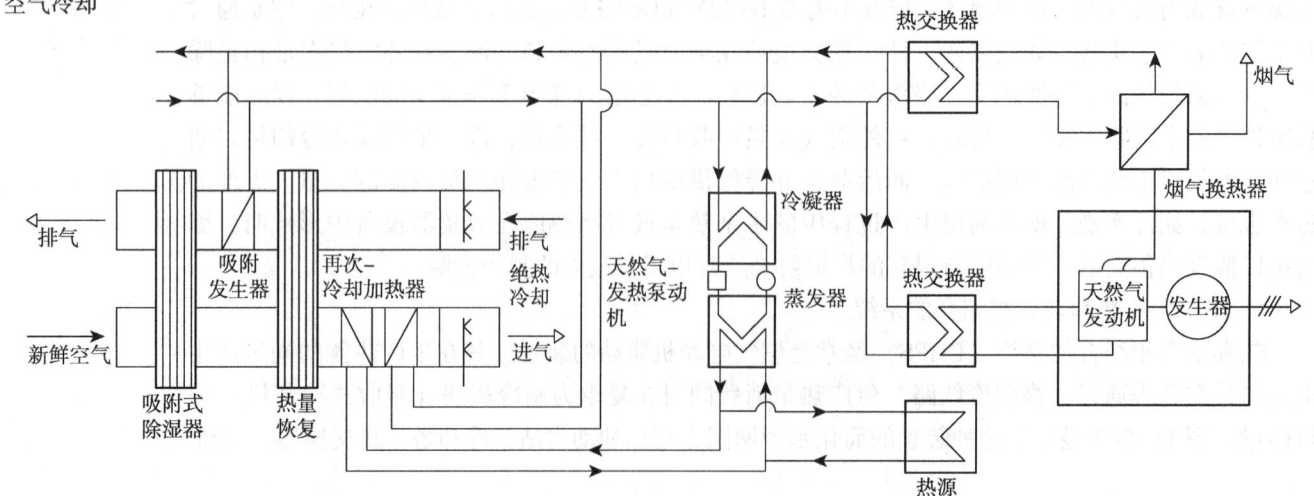

7. 木屑燃烧

过去木块在一开敞的烟囱或旧式的木头燃烧炉中燃烧，如今出于环境的原因而采用了木屑形式燃烧，同时，大型系统要求较高的自动化控制水平。低的污染水平很大程度上有赖于在非常高温度下的充分燃烧和延长煤气在燃烧区域的停留时间。这就要求煤气与燃烧空间充分的混合。现在的木屑燃烧系统，将气体燃烧和热利用相分离，如图 11-268 所示。

新鲜空气
1. 室外空气条件
2. 除湿后的空气条件
3. 热交换后的空气条件
4. 绝热冷却后空气条件

返回空气
5. 房间空气条件
6. 绝热冷却后
7. 热交换后
8. 额外得热后
9. 吸附式发生器后

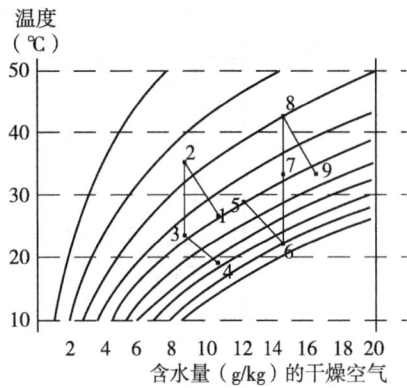

图 11-266
吸附式除湿和断热冷却的空气测试曲线

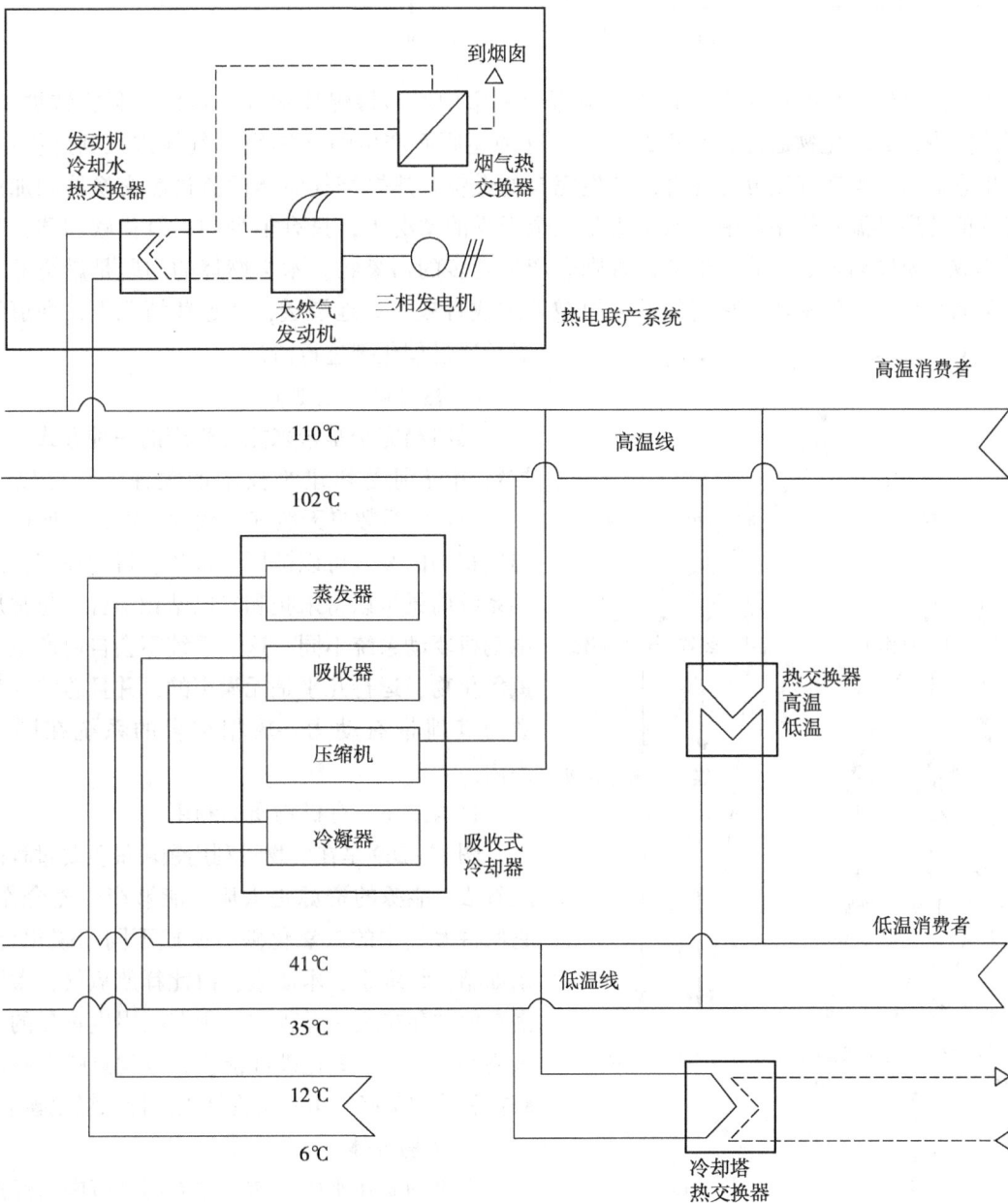

图 11-267
采暖与电力制冷相结合的系统

图 11-268
木屑燃烧设备
图解

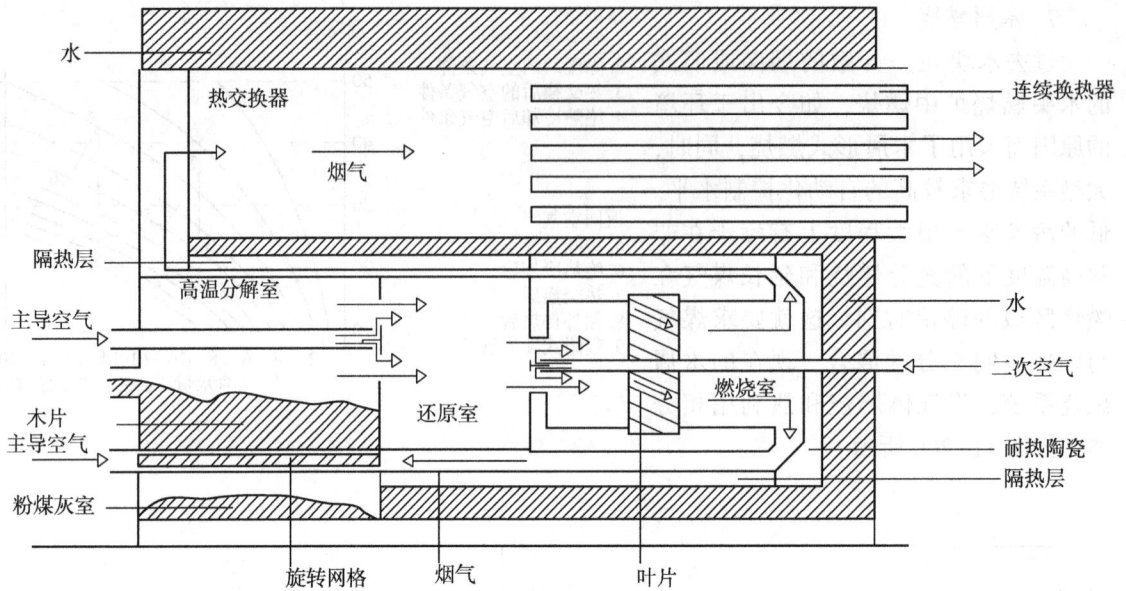

木屑通过螺旋形的传送带被传送到高温分解室中然后慢慢地被进一步传送到旋转炉架上。在还原室中，氮氧化物通过预热而减少。由这种还原而产生的（燃烧）气体进入到燃烧室中，在这里它们与新鲜空气充分地混合以产生完全的燃烧。热燃烧气体然后流过热交换器和加温器并将热能传递到温水热循环中。当木头是完全干燥的情况下，只有很少的一氧化碳和碳氢化合物被释放。温度增加必须非常迅速，否则会产生更多的污染物。木头燃烧的问题是燃烧的不是新木头而是相当老的木块。它们常常需要被处理或者被充分地浸透，在这些情况下，烟道气体必须通过催化剂进行清洁。

图 11-269
生物量的利用

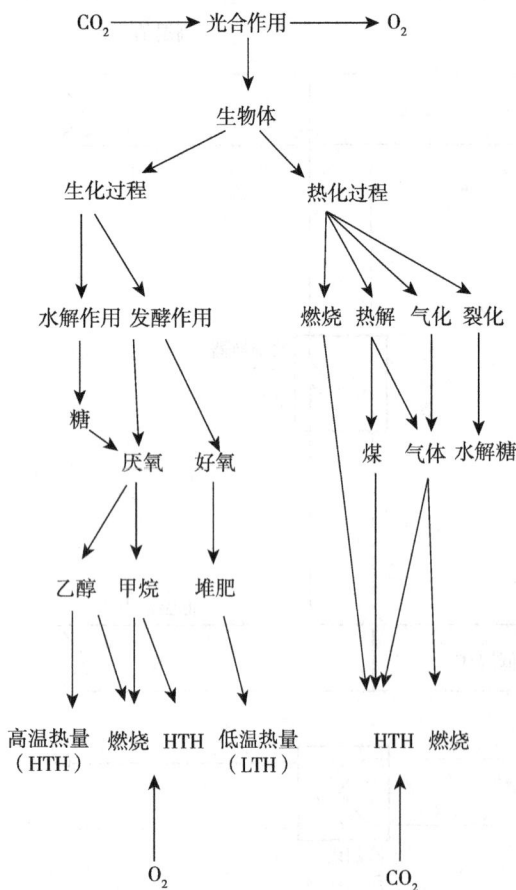

8. 燃料箱（电池）

燃料箱完全是未来能源生产的一种方式。高温燃料箱特别受到建筑技术的关注。它可以大于50%的效率系数将天然气转化为电能，其所产生的温度很高的废气可以被用于采暖。目前在实验阶段的系统前景可以将采暖和发电站相结合。与常规的电动机驱动系统不同，这一系统不会自由产生任何氮氧化物，运行几乎是无噪声的，并且总的效率系数与其他带有动力—热相结合的系统在同一范围内。

11.4.2.6 有机物质的利用

图 11-269 是在生物量利用领域最重要过程的一般看法，能源的资源是太阳，能够产生光合作用，它们将大气中的二氧化碳转换成不同的碳化合物，诸如糖、纤维素、木质素，由此释放氧气，太阳能潜在地贮存在这一过程中。所有利用生物量的过程最终都会产生二氧化碳和能量，也就意味着材料的获得和使用都必须再一次设计以保持二氧化碳平衡。

1. 生物气体

有机物质在水中和 20~55℃ 温度范围内经过细

菌、厌氧的分解（腐烂）即会产生生物气体，它是不同成分的可燃物，借助氧气，生物气体大部分是从农业废料和畜牧业中产生，它的沼气含量在 50%～75% 之间波动。因此，它可以被用于生产热或与燃气电动机结合，进行电力—热的生产。为了补偿短时期的波动，生物气体贮存在低的或中等压力贮存器中。一些特定的锅炉或燃气驱动设备能够利用生物气体，还有天然气，作为第二种能源媒介以确保供应的安全。

图 11-270
德国 Herford 覆盖垃圾的充气屋顶外观

2. 甲烷气体（沼气）

有机物质在残羹剩饭倾倒池中发酵，会产生有机弃物通过细菌进行无法控制的分解，这一过程就会产生甲烷气体，升到倾倒池的顶层，并经常在倾倒池位置周围的大气中扩散，其最明显的缺点是产生很坏的味道，对植物有害，并可能会自行燃烧，所有这些不利方面都可以通过抽出沼气并贮存起来而防止。来自残羹剩饭倾倒池中的沼气是由甲烷和二氧化碳组成，像生物气体一样，可以被用于采暖或产生电能。由于残羹剩饭的废杂性质，实际的成分和沼气数量各地有很大的差别。氢硫化物，很高的碳氢和氯化的碳氢化合物在沼气中的含量使得对其利用造成某些问题。它可以被收集在充气体的屋顶下面（类似于玻璃穹顶）并从这里抽出并放到恰当的大容器中贮藏。图 11-270 显示了目前正在施工中的覆盖垃圾的屋顶，这个项目提供了气体超级结构的技术可行性，并在一定的限制条件下，用于容纳有机废料的场地。

3. 下水道气体

污水处理站作为副产品所产生的材料也可部分地通过细菌在厌氧过程中而分解。这就会产生下水道淤泥和下水道气体，其沼气含量大约达到 65%。下水道气体经常用在电—热相结合的电站中，提供大部分的电力以满足污水处理站运行的需要。其产生的热量同时也可以用于加热化粪池。

4. 生物量的燃烧

生物量的燃烧（大部分为木材）是用于能源生产的燃烧过程，在当今的设备中已大大地被保证，为了使燃烧的供应和灼热达到很高的燃烧温度（生物量的热量值波动很大），天然气或家用加热油被使用，除了木材和木屑以外，垃圾和稻草也被用于燃烧。在未来迅速成长的"能源站"形式将被考虑。

5. 生物量向燃气的转化

将生物量转化为燃气是一种热化学过程，在这一过程中产生带有一氧化碳和氢等燃烧元素的燃气。除此以外，另一种操作步骤还可以产生酒精等，并反过来用于能源的生产，生物量在高温厌氧微生物的分解作用下产生了燃气，用于电动机发电和热能生产。

11.5　结　语

生态建筑、绿色建筑、可持续发展的建筑是目前建筑学界最频繁使用的词汇，并逐渐成为学术界和建筑师关注的焦点。在谈论生态建筑、绿色建筑的过程中人们会逐渐认识到它并不像过去谈论后现代、解构主义、民族性等词汇那么容易，因为生态建筑并不是建筑风格的问题，从本质上讲生态建筑是科学问题，其核心内容是科学态度与科学方法。生态建筑是以人类可持续发展为目标，以生态学作为科学基础的一场建筑革命。它需要建筑界和全社会所有人的共同参与，而并不是仅仅属于某一些学术巨子的科研课题。生态建筑的复兴使得"科学化"这一个人类努力了近一个世纪的理想在建筑学界生根、开花，同时也是建筑学这门古老学科走向科学化时代的标志，它拥有着全新的价值标准、科学标准和美学标准。

本文涉及的生态建筑技术研究就是建立在"生态学"的科学规律和系统理论的基础上，将生态学的系统观、层次观等科学思想和方法运用于生态建筑技术的研究中。本文清晰明确地提出生态建筑的系统观，目的在于指出生态建筑是由物流循环系统、能流循环系统和信息流循环系统三个子系统构成的一个生态系统的科学观点，并对这三个子系统的特性与相互关系进行了定性分析。同时也明确提出将人的需求、自然与气候条件、社会经济与技术发展水平作为生态建筑系统的外在影响因素，并与生态建筑三个子系统共同构成了生态建筑完整的系统框架。本文也明确提出了在生态建筑技术的设计与应用中应坚持的"技术整合原则"和"适宜技术原则"，并对其概念与科学内容进行界定。

生态技术成果的重要价值是为人们从事生态建筑的营造和生态技术的应用提供了一个科学的坐标和判断的标准。目前在有关生态建筑的理论研究与实践中存在的最大问题就是对生态建筑缺乏正确的认识和评判标准。人们常常将使用了一些绿色建材的建筑称为"生态建筑"，或者将采用了某种保温隔热措施的建筑，以及利用太阳能（光电池发电或热水器）技术的建筑称为"生态建筑"，造成这些认识性错误的原因就是对生态建筑概念缺乏科学界定。既然生态建筑是一门系统性的科学，那么对其理解和判断也必须要用系统化的方法。根据本文提出的生态建筑的系统框架，判断建筑物是否为"生态型"的核心应该是建筑物是否经过了物流、能流、信息流这三个生态子系统的技术整合，是否将人的需求，自然与气候条件、社会经济与技术条件纳入到生态建筑技术设计中，所采用的技术方法是否坚持了"技术整合原则"和"适宜技术的原则"。

这些看似复杂的判别标准在实际运用中并不困难。本文对生态建筑概念较为全面的认识来自于对新疆维吾尔传统民居的研究。维吾尔民居的主要特点是采用生土建造，外壳厚重而封闭，采用内院式空间布局，内院中有绿化和水井，室内充满色彩，大多数民居都有地下室。用生态建筑的标准对它进行判断可称为完美。从物流循环系统的角度来看，建筑物使用的主要材料是生土，一种原生态的材料，因在建造中土的性质没有发生任何变化（如果经过燃制后就永远不能恢复原状），所以可以永远重复使用。从能流循环系统来看，建筑物厚重的生土墙和屋顶具有很好的蓄热能力，能够在白天贮存大量的太阳辐射能量，满足居民采暖需求。从信息流角度来看，建筑物外壳能够以不变应万变的形式适应干旱气候昼夜温差很大的特点自动调节室内热环境，实现人与自然之间信息互动，建筑屋顶刷白的表面（使用石灰浆）能够在夏季进行有效的夜间长波散热自动调节室内温度。从适应气候的角度看，生土建筑很好地适应了干旱地区雨量少（生土建筑不宜破坏），干热的风沙（内院式布局），空气干燥（内院植物、水井可以进行有效的蒸发冷却），昼夜温差大（白天遮阳，墙体的热惰性、地下室利用地热），阳光强烈与环境贫瘠（室内充满色彩来改善视觉条件）的自然气候特点。从社会、经济技术条件上看，生土建筑能就地取材，手工制作、造价低廉，很好地适应了当地的社会经济技术条件。因此维吾尔民居可以作为生态建筑设计的启示。

综上所述，我们可以看出：

（1）生态建筑技术是保障可持续发展的重要手段；

（2）生态建筑技术应考虑因地制宜的适用技术；

（3）生态建筑技术应不断创新，朝着科学化与绿色建筑的标准迈进。

只要我们建立起科学的生态建筑观念，通过正确的运用各种生态建筑技术手段，就能够创造出优秀的绿色生态建筑作品，实现社会可持续发展和保护环境的目标，为我们的子孙后代留下一个美丽的地球。

本章参考文献

[1] 西安建筑科技大学绿色建筑研究中心. 绿草建筑 ［M］. 北京：中国计划出版社，1999.

[2] ［美］Public Technology Inc. US Green Building Council 编著. 绿色建筑技术手册 ［M］. 张庆等译. 北京：中国建筑工业出版社，1999.

[3] 董卫，王建国编著. 可持续发展的城市与建筑设计 ［M］. 南京：东南大学出版社，1999.

[4] ［美］I. L. 麦克哈格. 设计结合自然 ［M］. 芮经纬译. 北京：中国建筑工业出版社，1992.

[5] 涂逢祥等编著. 建筑节能技术 ［M］. 北京：中国计划出版社，1996.

[6] 华东建筑设计院编著. 智能建筑设计技术 ［M］. 上海：同济大学出版社，1996.

[7] 沈清基编著. 城市生态与城市环境 ［M］. 上海：同济大学出版社，1998.

[8] 吴良镛. 人居环境科学导论 ［M］. 北京：中国建筑工业出版社，2001.

[9] 清华大学建筑学院编著. 建筑设计的生态策略 ［M］. 北京：中国计划出版社，2001.

[10] Klaus Daniels. The Technology of Ecological Building——Basic Principles and Measures, Examples and Ideas ［M］. Birkhauser，1997.

[11] Sophia and Stefan Behling. Sol Power ——The Evolution of Solar Architecture ［M］. Prestel - Verlag，1996.

[12] Paul Gut. Climate Responsive Building —— Appropriate Building Construction in Tropical and Subtropical Regions ［M］. Fislisbach. SKAT，1993.

[13] Tom Woolley, Sam Kimmins, Paul Harrison. Green Building Handbook —— A Guide to Building Products and Their Impact on the Environment ［M］. E&FN SPON，1997.

[14] Edward L. Harkness. Solar Radiation Control in Buildings ［M］. Applied Science Publishers Ltd. 1994.

[15] High-Rise RWE AG Essen. Ingenhoven Overdiek und Partner. Birkhauser，2000.

[16] John R etal. Energy Conscious Design —— A Primer for Architects. Goulding ［M］. Brussels：Commission of the European Communities，1992.

第12章 生态建筑学的拓展——建筑仿生学

12.1 研究建筑仿生学的意义

12.1.1 建筑仿生学的历史与发展

近几十年，世界各地不断出现了人们有意识地模仿生物的建筑造型，也有人专门研究生物的有机构成与建筑之间的内在联系，例如塑造海贝、花瓣、甲壳及折叠的植物叶子等。其实人类自发展以来就"有意识地生活在他们的建筑艺术活动中或无意识地受到自然环境影响"[1]。一方面人类在长期为生存而斗争的过程中，不断从自然界中获取知识、探求自然法则；另一方面也感觉到外部世界的物体和根据它们的外表而创造的图像之间存在着一种自然的关系。"生物，特别是人的发展既受到环境的制约也剧烈地改变着环境。"[2]

生物学家已经证明，"自然的结构"能最好地满足功能和最佳地适应其存在的环境[3]。经过千百万年的进化，生物体完善了自身各部分的结构和功能，从而适应它们的生长条件和自然对它们的侵蚀。

与此同时，生物为自身的生存而不断奋斗。从有本能以来就不断创造条件以适应自身的发展，如鸟巢、蜂巢、野兽的洞穴等等。原始人的住处在形式和构思上也很类似于动物的巢穴。在千万年的发展过程中，我们的祖先又从自然中认识到蔓草的压而不折，把它们编成绳索而得到缆索吊桥；从动物的皮出发而认识到面材的作用，从而制成帆船及帐篷的罩；从岩石中认识到块材的作用，石柱和石板组成蘑菇状结构从而产生了梁柱体系。

从埃及的太阳神庙中的石柱、古希腊罗马神庙中的梁柱，以及哥特式的框架体系，至意大利文艺复兴时期伯鲁乃列斯基把鸡蛋的外形创造性地用到圣·玛利亚教堂顶部，以及俄罗斯民间老式乡村木教堂的攒尖式顶子的结束部位反映出与冷杉球果形式的类比。此外，还有印度建筑的洋葱顶、中国古代建筑的屋面举折的悬链线型[4]等无不留下模仿自然的痕迹。

到19世纪与20世纪更易之际，威廉·莫里斯开创了英国的工艺美术运动。随后是新艺术运动和青年派。自然界中的构成原理被应用到新的建筑形式中从而形成了"风格派"的新艺术特征，正如西班牙建筑师安托尼奥·高迪所阐明的那样。从20世纪50年代初起，建筑师和工程师就对生物的构成不断增加兴趣，他们开始系统地研究土壤环境及自然规律和原理。

首先，生物学与技术科学在解决各自所面临问题的过程中，产生了加强相互之间联系和交流的迫切需要；其次，各学科所遇到的各种边缘性问题亟待解决；最后，正是在20世纪中期，在生物有机体功能和结构的研究领域形成了系统的理论和经验，确定了基本的研究方法[5]。以上

---

① 参见 J. S. Lebedew. Architektur Und Bionik [M]. Berlin：Veb Verlag Fur Bauwesen, 1983：7.

② 见鲍为均. 具有生命的建筑和城市——我们的理想与未来 [J]. 世界建筑, 1992, 6：58.

③ 参见 J. S. Lebedew. Architektur Und Bionik [M]. Berlin：Veb Verlag Fur Bauwesen, 1983：7.

④ 悬链线：即一链条两端固定时之悬垂形态，一如在链条上之链环，因其本身重量而下垂时所形成之曲线，此曲线全部仅受张应力。见柯特·基格尔. 现代建筑之结构造型 [M]. 钟英光译. 台北：台隆书店, 1980：164.

⑤ 见吕富洵. 走向21世纪——建筑仿生的过去和未来 [J]. 建筑学报, 1995, 6：14- 17.

三因素促成了"仿生学"（Bionics）这门边缘学科的正式形成。1960 年在美国俄亥俄州召开了第一届仿生学讨论会。会议上产生了正式的仿生学概念。

"仿生学"（Bionics）的名称来自于希腊语，意即"生动的要素"。仿生学是模仿生物系统的原理来建造技术系统，或者使人造系统具有或类似于生物系统特征的一门科学。广义的仿生学研究生物界各种各样的特征，作为模拟对象，用来改善现代技术设备并创造新的工艺技术。

与"仿生学"发展并行，在建筑领域内也出现探索生物体的功能、结构和形象，使之"在建筑方面，在与生态环境问题相关联的狭隘的建筑环境方面"① 得以更好地利用。这就是建筑仿生学。

人类在技术发展过程中遇到的许多难题，生物界早在亿万年之前就已经遇到，并且早已圆满解决了。生物体在千万年的进化之后完善了其自身的功能和结构，使其具有高效低能、感觉敏锐、控制调节、能量转换及力学应变等生物系统。人和动物机体新陈代谢活动的正常进行，对内外环境变化的适应，以及机体完整统一性的保持，都是依靠生物自动控制系统来实现的。

自然界是一完整统一的有机整体。自然界中的一切物质"在生存和进化中，是统一在一起的。他们完全保持自己的特性和依赖性；为获得生存、成长、繁衍、发展，他们渴望在系统中得到平衡、相互支持和相互需要而编织在一起。""没有一个有机体能单独存在"②。当然这也包括人类。人是属于自然的并且处于自然之中。人类与自然是共生存的关系，有权力认识和正确运用动、植物的规律，当然也有义务保护自然界及其后代。

建筑作为人与自然界的中介，作为改善人体的物理气候的"皮肤"，一方面应适应人的需求；另一方面当然应与自然环境有机结合在一起，"使人类之居根植于自然"③。所谓的有机结合意即适应性和整体性。"完善的相互关系、整体性才是生命……它不只是一种集合，最要紧的是作为统一性和整体性。整体性意味着，任何事物的每一部分本身并不具有价值，除非它是和谐整体的一个结合部分"④。自然中的一切动、植物，它们之所以存在就在于它们在坚持自我特性的同时与环境是适应的。这正是建筑仿生学的出发点。建筑仿生学的目的在于探讨动、植物中内在实质性的"自然法则"，使之转换应用到建筑学中。

自然技术和人类技术存在着相类似的情况。卡尔·马克思在其"资本论"中说："达尔文引导了收集有关自然技术历史的兴趣，也就是说动植物为了生存而作为生产工具的动植物的器官形成了。人类社会的生产组织，每一特殊的社会机构应该得到历史的不同注意⑤。从这观点出发，建筑环境作为改善人的社会环境"气候"的"第三皮肤"，它也应是基于自然的客观生长规律之上的，同环境相适应与和谐。作为建筑环境一部分的建筑学首先是社会发展支配下的规律，如埃及的宗教建筑和哥特式建筑等，但建筑仿生学既不在建筑学上直接反映社会发展进程，也不在社会一级上反映出来自它的生物上的发展规律。更确切地说，所谓为功能服务的建筑仿生学的特殊性在于在建筑环境中创造性地转换自然形式、建造和生长原则⑥。另一方面，考虑到作为建筑学的社会内容的初步表达方式，作为建筑学的人文主义目标的基本要素，建筑仿生学的一个基本任务就是引导它从自然原理提高至其性质本身的利用。大自然为建筑形式与建筑构成关系的模式提供了无限的资源。

当我们在有机自然和已知的建筑环境中的生长规律之间作了广泛的分析之后，会发现，现

---

① 参见 J. S. Lebedew. Architektur Und Bionik [M]. Berlin：Veb Verlag Fur Bauwesen, 1983：11.
② 见 J·S·麦克哈格. 设计结合自然 [M]. 芮经纬译. 北京：中国建筑工业出版社, 1992：146, 174.
③ 林媛. 根植于自然——哈里斯的"自然符号"与莱特的"自然之居" [J]. 世界建筑, 1992, 3：60.
④ 见项秉仁, 赖特 [M]. 北京：中国建筑工业出版社, 1992：195.
⑤ 参见 J. S. Lebedew. Architektur Und Bionik [M]. Berlin：Veb Verlag Fur Bauwesen, 1983：15.
⑥ 参见 J. S. Lebedew. Architektur Und Bionik [M]. Berlin：Veb Verlag Fur Bauwesen, 1983：19.

代真正的形式和功能原理仅仅是出现在自然环境中的茎秆、折叠、甲壳、绳索和薄膜结构中的转换。

建筑仿生学思想并不是突然形成的，它是来自哲学家、艺术家、建筑师和工程师的认识，在几千年的漫长岁月里形成了对自然环境的多种理解：古希腊罗马文化中的维特鲁威、文艺复兴时期阿尔伯蒂对比例的研究和米开朗琪罗对动植物结构的理解。

19 世纪出现了新的支承结构和新建筑材料的先导，如钢铁、钢筋混凝土和玻璃，都是利用了已知的自然生长规律并进行了创造性的转换。L·H·沙利文首先在"有机建筑"观念下提出实用与美观之间的关系问题。随后他的学生 F·L·赖特继承并进一步发展了他的观点。赖特说，有机结构不仅必须以一种统一体出现，而且这种统一体还必须以个性化的方式出现。有机体，只有在所有都是局部对整体就像整体对局部一样时，我们才会说这种有机体是活的，这种在任何动植物之中可以发现的相互关系是有机建筑的生命，与任何其他生命一样。接近自然、模拟自然、忠于自然材料、适应自然气候这四方面正是赖特对外部自然的认识在建筑创作中的充分体现①。

科学工作者们对有机组织中关于"建造原理"的形式构成和实用规律的认识对发展建筑仿生学有着极其重要的作用。如约翰·沃尔夫冈（Johann Wolfgang）通过对自然生长的深入研究，提出了关于"自然形式的实用和美观"的深刻观点，D'阿西·汤普森（D'Arcy Thompson）于 1948 年和 1956 年发表了关于"生长和形式"的研究。在其中，他对极其小的有机体的形式构成进行了深入研究并接受和发展了有机体的形式构成问题。基于他的观点，放射虫形式作为建筑仿生上的一项应用形式目前已在探讨之列。

随着对已知自然界和建筑环境中相类似情况的进一步研究，有机体的"建造原理"在基于有机系统的承重结构和构造上的工程技术理论，从建筑角度逐渐被推导出来。如从 17 世纪伽利略已经靠研究植物茎中力学作用引导出一些梁的静力学计算公式起，一直到 19 世纪中叶才发现了它在工程建设上的应用。

许多生物学家们除了对纯粹的生物学进行分析研究外还进行了对灵活的有机体在功能技术特性方面的功能分析。这样在 19 世纪就形成了一个新的科学方向"植物建筑学"，即来自植物界的承重结构和形式构成的理论②。它的创立者瑞士植物学家 S·施婉德那（Schwendener）认识到在谷物支撑中，支承力和弯曲强度形成了相类似的支承元素可以达到的最大程度。我们可以把它应用到在相同条件下同时接受压力和拉力的塔式建筑中。

在随后的几十年中国际上众多的科学工作者特别是生物学家们探讨了自然中具有力学"建造原理"的方面，也就是生物静力学。这些生物静力学知识使 R·H·福朗斯（R. H. France）补充了有机自然中和在更发达的生物力学概念下进行关于结构力学的更进一步的研究。

为了建筑仿生学的进一步发展和适应社会发展进程，获取科学技术新知识是必不可少的条件。具有完美的生产资料和调用新的高强建筑材料如钢和铝合金的可能性使轻型结构原理即已知的在有机自然中发挥作用的东西得以应用。因此得以实现在最少的轻型材料消耗下保持更进一步张力的支承结构。

这样在一高质量转换下，生物学思想逐渐形成了具有新特征的建筑仿生学基础，使建筑达到从功能上、形式构成和支承结构上直至生态学上及艺术上的审美标准③。

建筑仿生学只是把建筑环境中的相似转化成如形式构成过程或一定的轻型建造原理的认识

① 见项秉仁，赖特［M］．北京：中国建筑工业出版社，1992：200.
② 参见 J. S. Lebedew. Architektur Und Bionik［M］．Berlin：Veb Verlag Fur Bauwesen, 1983：23.
③ 参见 J. S. Lebedew. Architektur Und Bionik［M］．Berlin：Veb Verlag Fur Bauwesen, 1983：24.

过程。当我们真正理解它时，建筑环境就会适应地球的生物圈。建筑形体构成同样也需考虑气候条件及环境保护。在生物学-建筑学-技术这样复杂的系统中，建筑仿生学必须是综合的，这就意味着一个原则性的建筑仿生学方向和适应经常活动变化的新要求①。

12.1.2　研究建筑仿生学的方法

对于建筑仿生学，我们首先面临的问题便是：自然形式为什么总是显得很完美？这种美的形式能够转借到建筑界吗？在形式和功能之间哪一个是直接关系？

自然在我们面前显现出多种多样的形式。为了找寻答案，也为了在本质上抓住这多种形式，从而转化为建筑上的应用，要从其形式本身所处的具体的内在条件和外部环境出发来考虑和分析。目前建筑仿生学常用的方法有三种。

12.1.2.1　从自然形式转化到建筑中的方法

正如前面已经指出的，有机体存在于世本身就证明了它是适应于环境的。因此对有机体的功能、生长过程和生命机能进行评定时，一个综合统一构成的特殊功能和形式始终意味着对环境所作出的最佳反应。

在把自然形式转化到建筑中时，首先要通过对照参照物的机能形式和建筑的理想形式从而找出它们内在的结合点。建筑学体现了社会实践的多方面学科。使材料与精神文化相结合，将艺术溶于其中。由于寻找艺术上的表达方式，人们自古就把目光转向自然界，把感兴趣的素材应用至建筑上，使其和谐，这就是古代的建筑思想。各时期的建筑思想都包含有对自然的模仿和研究。因此，可以说建筑仿生学能容纳各种观点下的美学问题。

当把自然形式转化应用到建筑上时，还需考虑的一个重要方面就是除了舒适和美观外的技术因素和经济因素。技术的观点亦即理性问题，建筑的发展始终依赖于技术的发展。在建筑仿生学范围内，技术问题反映了空间组织以及美学特点的自然形式构成原理和组合原理。另一方面，经济因素也应成为美学价值尺度之一。"经济"并非单指省钱，而是代表一种原则，即以最小的支出以期获得广泛的道德原则（包括感知、美学及物质方面的）的最大效果②。

12.1.2.2　系统—结构分析方法

建筑仿生学方法的特点导致了建筑学与生物学的结合。因此，在整个建筑仿生学范围内，还应考虑社会的和人文主义的要求。

而在所有要考虑的因素中，最首要的任务就是"克服"自然环境与建筑环境间的差异。因为建筑环境是人工的，是以人为中心的，肯定与自然环境有很大的差异。在自然界中适应的自然形式原封不动地照搬到建筑中肯定会出现诸多问题。自然形式对外在环境的良好适应正在于它内部各种因素及外在诸因素的有机统一。而建筑学的特性也要求在一种状态下力求理想的状况。因此要接受仿生学方法中"有机的"性质而采用系统—结构分析方法。

系统方法是用科学方法解决复杂问题的一种技术。它的注意力集中在分析、设计与其成分或部分截然不同的整体。它坚持全面地看问题，考虑所有的侧面和一切可变因素，并且把问题的社会方面与技术方面联系起来③。系统方法使我们有可能考虑到需要考虑的极其大量的、往往互相矛盾的因素。此处的结构系指加在每种被构筑或被装配的物品之上的秩序。

A·博格达能（A. Bogdanow）和 L·凡·博达伦菲（L. Von Bertallanfi）靠研究自然中的规律表述了系统—结构的分析方法，同时突出两方面：①建筑学和自然都符合抽象出的具体的、类似的和显然的特征。②把生长发展中的功能和结构造型看作是统一的。

---

① 参见 J. S. Lebedew. Architektur Und Bionik [M]. Berlin：Veb Verlag Fur Bauwesen, 1983：35.
② 见柯特·基格尔. 现代建筑之结构造型 [M]. 钟英光译. 台北：台隆书店, 1980：7.
③ 见 [美] 小拉尔夫·弗·迈尔斯主编. 系统思想 [M]. 杨志信, 葛明浩译. 成都：四川人民出版社, 1986：26.

图 12-1 波多黎各的饭店

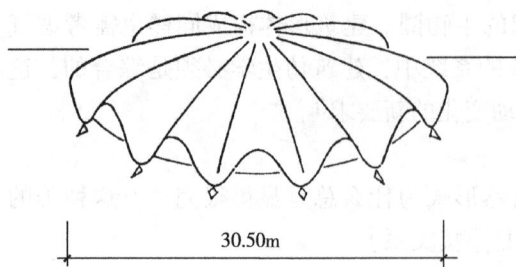

30.50m

这些认识问题表明了分析时需要一定程度的抽象，并且在分析所挑选的对象时需要以相同性质的评价标准为基本，如各方面的互换性、弹性、动力等。

正如在有机自然中一样，具体形式也存在于建筑学中。在把自然形式传播或转换到建筑形式时，需要在研究自然界和建筑环境中的具体的多种形式情况下得出普遍性的特性。唯物辩证法认为，普遍性寓于具体的多种形式之中，不可能脱离个性而单独存在；另一方面也不可能有没有共性的个体。因此，普遍性体现了个别的、独特的资源。建筑仿生学形式的成功实例始终显示出一定程度的对普遍性的抽象。这里需注意的是，相同的性质产生相同的形式，但相同的形式并不意味着相同的性质，这是不可逆的。这方面突出的例子就是一个海洋饭店（图 12-1）的波形外壳和出自奈尔维的展览大厅的对比。虽然两者的外在形式有相似之处，但所应用的组合原理却不尽相同。

12.1.3 类比方法

运用类比方法揭开建筑与自然界之间的联系是必不可少的，用生物学上的术语说即各不相同的机体在长期从事类似功能的结果中产生了具体结构上的相似。类比方法不是一个来自现象的、肤浅的对照方法，而是一个来自形式、力学和功能相似的认识方法，在相同条件下产生本质上的相同①。类比方法是在它的具体形象中的普遍生长规律的表示方法。

长期以来，人们不仅在一定的认识历程上而且在哲学思辨方面努力寻求对这些类推的解释。自然规律转化到建筑学上的其他具体化原理都是相类似的。相似的概念来自于希腊语并且同样意味着"协调"。从建筑仿生学的观点来看，类似意味着在起源基础上揭示相像性。类似起源于在探求人类的建造活动与生物有机体之间的历史关系基础上的相似性原理。

当类似作为根本特性相协调的理由而服务于各种不同对象时，为了与以前同种事物特性的"类似"相区别，就叫类推。这样，在有规律的协调中我们不仅在有联系的同族有机体中调整"形式构成"过程的相似之处，而且也可在完全不同的系统中具有形式构成过程的相似之处。

例如，从生物机体的反馈作用出发而类推出控制论，虽然此二者表面上没有联系，但却存在着本质上的相像性。用生物上的反应过程来描述控制论的基本机理就是，"体内恒定机制需要许多互相联系的组成部分，按某种方式运行。先必须有一种器官（接收器）能感觉环境内的改变，把适当的信息传给大脑（控制中心）；大脑决定怎么做，再把行动信息传递至其他器官（受控器），以便采取适当行动；执行后大脑还必须知道已执行的情况，以便机体达到'正常'状态时受控器能得到指令而停止行动。"②控制论为工程师与生物学家找到彼此理解的语言，这正是控制论的力量所在。

建筑学的形式构成过程首先反映了社会联系和人类活动的生物学方面，因此人类的行为要素受社会有机组织因素和人的生理因素所限制。在这观点下，就可以许多人类行为因素和其他生物的行为因素的相似性为基础来揭示生物自身，如来自光照的影响、颜色的影响、材料的影响、物质间相互作用的影响和出自支承结构的影响。我们也可以借助于类推原理认识到，在现阶段的有机自然演变中哪个能使我们揭开不同生物组织系统的相似性。

因此，采用系统—结构的分析方法就可以全面考虑诸多影响因素，用类推和相似性原理抽象出普遍性规律，从而综合应用至具体的形式构成中而创造出有个性的统一，即完成普遍性具

① 参见 J. S. Lebedew. Architektur Und Bionik [M]. Berlin：Veb Verlag Fur Bauwesen, 1983：27.
② 见 G·勃罗德彭特. 建筑设计与人文科学 [M]. 张韦译. 北京：中国建筑工业出版社, 1990：379.

体的过程。

当说到形式和功能之间相互作用规律的普遍例子时，这是一个抽象的种类；当我们转向证实这些相互作用的例子时，就必须应用具体分析原理、类推和相似原理。由此得出，一个巨大的变化是，在转换相互联系的有机自然的形式构成原理时，抽象出不变的自然规律。

在建筑仿生学过程中我们常常应用相联系的单方面的抽象原理或具体化原理，这样也就容易产生理性主义的第一条道路和经验主义的第二条道路。极端的唯理者在建筑设计中只考虑人类从自然中早已熟练抽象出的、自相一致的几何关系，而对作用于使用人的感官方面兴趣很少。这方面，18 世纪中叶的理论家陆吉埃（Laugier）就是代表。他确信建筑主要是由梁、柱、山尖屋面组成，其余门窗、墙等配件不过是所谓"破格"之物，而应尽量避免。由陆吉埃及其同代人经 19 世纪初期新古典主义建筑师辛克尔（V. F. Schinkel）等人直到现在，这种观点一脉相承，20 世纪现代建筑的奠基人从本性上似乎也是理性主义的，密斯最为突出，他们在自己日常洞察事物的基础上建立起自相一致的系统，甚至想阐述自认的真理，如密斯的"少就是多"、赖特的"内部空间乃建筑之本"等。

与此相反，经验主义者认为人类知识来源于自然的感觉经验，舍此无它。我们常易指责他们这种只考虑感官上的欢娱而不考虑使用上的方便的态度是不负责任的。

建筑历史上这两种倾向常常在各时期建筑风格中显露出来，然而最成功的就是把这两种倾向巧妙结合到一起的自然主义。如赖特、阿尔托等的作品都倾向于在一定的法则下与感官、功能和自然有机的结合。

因此建筑风格的方向表明，它不仅反映了建筑学普遍的和基本的形式构成规律的统一，而且也反映了各个建筑形式的多种具体的模范表达方法。

在建筑仿生学中对有机自然的组合原理和形式构成规律的认识过程应该并行，并且建筑形式中创造性地理解"转换"应得到大大发展，其结果就会从自由形式发展到"奇异"建筑。如图 12-2 所示，在近两千多年的艰苦奋斗中，人类对于大空间和建筑结构不断提出挑战，同时在自然中获取灵感和力量，从而得到建筑技术的进步和建筑材料的更新以及建筑形式的解放。

建筑仿生学允许产生众多美学上的和出自艺术上的问题。要解答这些问题不仅要精通自然界中的和谐规律而且要掌握在建筑环境中普遍行之有效的和谐手段。自然环境的和谐规律常被视为对称和非对称，以及比例+韵律+出自光和彩色环境和功能上的结构，它常会唤起人们的某种感情。因此在有客观感受的建筑环境中相应地转换移植自然形式的这些特点，得到的作品就会激发起人们的生活乐趣、轻便、透明度、精神上的安全感等丰富的精神体验。

从表面上看，爬行的蠕虫、树干、花瓣等与建筑相去甚远，如果仅仅肤浅地从外形上去模仿，常常会使人生厌，也就会使人对建筑仿生学产生误解。如果我们注意如从蠕虫的活动原理中关于灵活的支承结构的想象，在花瓣中看到其几何形表面在动能上的平衡有益于建筑的结构，如果以这种方式来理解自然形式间的关系及处理问题，我们就会处在自然和建筑物之间所建立起自然的合乎逻辑的关系的环境中①。

如果我们把房屋的外壳不仅作为建筑物体，而且作为人类有机体的一部分，在一定程度上作为更广阔的有机体来发展，这房屋因此不仅达到了外壳的功能，而且起到人类与它的环境之间的媒介功能，它充当防御和联系的双重作用。在这观点下，人类的房屋实现了合乎规律的生理功能。我们可以把自然—人类—房屋作为一联合体来理解。

---

① 参见 J. S. Lebedew. Architektur Und Bionik [M]. Berlin：Veb Verlag Fur Bauwesen, 1983：34.

图 12 - 2 随着建筑技术的发展，建筑无论在规模上，还是施工合理性上都大大加强，且建筑形式更加自由

规模的扩大　　施工合理性　　形态的自由度

BC14C
1916
1905
1939
120
1949
1935
1935
1929
1954
1947
1964
1933
1957
1955
1956
1960
1959 IASS
1958
1958
1962
1967
1958
1957
1956
0　10　20m
1967
1967
1965
1964
1889
1968
1976
1779
1974
1975

12.2　仿生建筑理论的渊源

12.2.1　形式构成的基本特点

12.2.1.1　形式与功能的统一

从某种程度上说，建筑发展同有机自然中所产生的发展规律具有性质相同的原理。达尔文已经说明了他的进化论，即在自然进化过程中，在长时期的环境影响变化的情况下最佳适应已使形式得以完善，并且还会发展出新形式。

发展趋势的研究向我们提供出生物学上关于组合方式上的功能交织的认识，它是对不同影响因素的反映的综合。它不仅仅是通过单一功能元素的相加。在一系统中，我们认识到作为多功能发展过程的结果，而涉及一个较高发展阶段的新特性。因此，我们可以把这些对生物体的多重功能的认识运用到建筑上，从而概括出有关美学上的形式评定。

建筑形式现在被认为是趋向简化，而同时人们对建筑内容的需求却越来越复杂，这就存在个问题即怎样才能使完美形式与复杂性理论趋于协调？通过有关相似性我们认识到在自然的有机环境中生物形式和生物系统的关系可以为我们提供帮助。建筑业中当代存在的特性是趋向于发展密集型建筑，随处可见的摩天大楼、多功能建筑等作为行政机关、商业交易或工业等用。这些建筑就好像是在一个简化造型的庞大盒子中复杂地分化成垂直和水平的多种不同功能的部分，这就要求我们在一个有限的空间内安排组织好多重复杂的功能需求及技术设备需求。

过去的希腊神庙、哥特式建筑等由于其单一的功能和结构而使我们一目了然，现代的多用途建筑常常是功能的复合及结构的完全遮盖，这种情况下光靠直觉就不能完全理解它。

在比较过去的城市和现代大城市时会得出类似的结果。过去的城市在单一功能范围内分成若干部分，能直接看出街坊的作用。现代城市的特点常常是非常多的各不相同的功能交织在一起。斯宾塞就把大城市比作一复杂的有机体，把交通比成血液循环，把信息传递比作神经系统等。

自然中不同的特性在演化过程中是由于不同的影响因素而造成的。而许多信息是看不到的——排除在视觉之外，或在有机体内隐藏起来，或者只是包含在表明群体相互作用的看不见的种种发展过程中。我们只有对其转化过程有一充分认识后，在建筑环境中才能运用自如。

如圆锥体原理，在所有的树干、树枝、嫩芽、草茎及树冠、贝壳和蘑菇等形式中我们都发现了它的存在。如图12-3所示，下面的圆锥体模仿大直径的树干和草茎的根基逐渐向上缩小，以应对渐小的重力和水平风荷载。下面的圆锥体尖作为最初生长出的一个点即嫩芽尖而在空间上生长从而长成为上面的圆锥体，结果它在自然中遵循两个原则：①稳定性，②生长。在自然中也具有上面丰满硕大的圆锥体的生长形式，如蘑菇。建筑所利用的根据是它整体的稳定性。从冷却塔形式及其他塔式建筑中可以发现它的应用。这里冷却塔的外在形式与其结构是统一的。

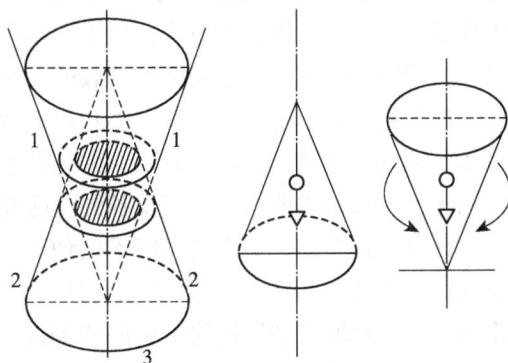

图12-3 圆锥体原理，圆锥体间的生长过程：1—生长的圆锥；2—引起生长的圆锥；3—引力

再如无论在宏观世界还是在微观世界我们都能看到被称为生命的基本形状的螺旋形，如反刍动物头上的螺旋状弯角、田螺蜗牛之类的外壳、许多植物的螺旋状排列的叶子、藤本植物的螺旋形须蔓，以及许多螺旋形结构的分子等。螺旋线原理象征着有机自然中的密集型的生长发展。基于此可应用至建筑上成为轻型结构原理，即用最少的材料可以达到最大的稳定性。它分为等同螺旋线（archimedische）和对数螺旋线，螺旋线中半径相同，螺纹平行地倾斜盘旋的叫等同螺旋线，而对数螺旋线是在旋转时最大限度地放大圆的半径时形成的。如果我们能够充分理解这些形式就可在建筑中运用自如。20世纪初英国城市规划师T·弗里奇（T. Fritsch）把对数螺旋线应用到城市结构发展中（图12-4）。它使当时所传播的密集型特性得以保持，在当时的交通观点下，在发展迅猛的工业城市中从市中心到郊区的距离是合理的。这里，规划师成功地把城市功能与螺旋线形式完美地结合在一起，使其形式反应了城市密集型特性。再如把螺旋线形式应用至学校中。这种形式符合学校管理的目的，由此寻求一个可实施的从普遍到特殊的教学计划间相互关系的一个持续过程的根据，更进一步能保证学时的弹性，此外还能提高授课质

量和实验计划的实施。在这学校中不会有固定的分级。由此在校舍中的空间序列上转换螺旋线原理能积极影响教与学的过程（图 12-5）。

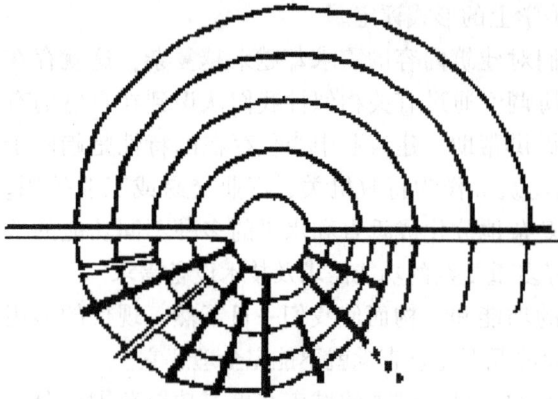

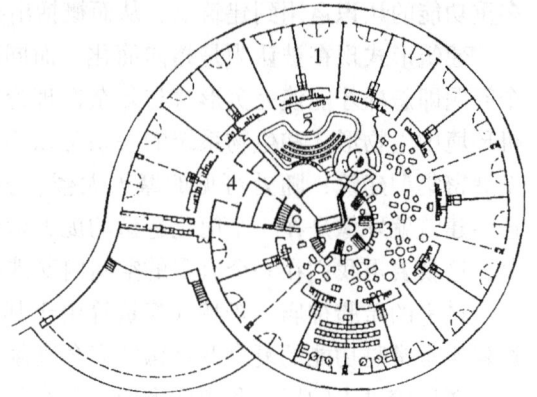

12.2.1.2　区分和综合

通过区分和综合，大自然更加完美了其自身对环境的适应和生长原理。20 世纪 30 年代原苏维埃学会会员 I·W·少托斯基（I. W. sholtowski）进行了杆结构及外观间的类似性研究。他认为，相似种类在生长的漫长时间里在与不同环境的适应与选择过程中产生了轻微的不同形式，如不可能找到完全一样的两棵树，也不存在完全一样的两个人。I·W·少托斯基称这生长倾向为"区分生长规律"。这规律引导我们到有机体的生长规律及所受的影响中，如地心引力、水平风荷载、温度、湿度、土质等，探索适应在什么地方和表现形式又是什么。形式反映了进化的过程。植物界中不同的形式是风荷载的反应。

区分是生态学的基本要素，不仅考虑到物理的，而且也考虑到自然中生理的平衡。由此有机体是为它的环境"怎样工作"，也是麦克哈格所说的自然界中的"利他主义"。我们从叶脉的结构中、人和动物的血管中以及各种鸟的嘴、爪和翅膀中都能见到"区分"的作用。

区分特性在建筑界中的应用不仅使力学规律在支承结构中得以更好地发挥，使建筑更好地满足不同地域、不同内容的功能要求从而产生适合于所在物理环境和人文环境的有个性的建筑作品，而且在城市结构规划中也同样如此。目前我国在大力提倡建设有特色的城市，这从实质上就是找出各城市地形地貌和人文背景的特殊性，以期与其他城市区分，使城市市民有归属感和亲切感，真正成为市民自己的城市。

自然中区分是综合的结果，它是自然统一的基础。综合依赖于所有的相似，即功能和形式要素的同一性，此外还依赖于一致的功能系统中的功能要素的和谐。比如人和动物的肢体，它的皮肤、肌肉和骨骼都和谐地组合在一起以便共同完成各种所需的动作。

在演变和发展过程中，在形式的不断完善过程中，产生了功能、形式和结构之间的相互作用。在环境影响下持续的相互作用解决了刺激和引导出的反映，因此就发展为一个较高阶段的形式。这种相互作用具有周期性的特征：发展进程中的各种各样的偏离而导向阻碍、恢复和更进一步的发展。

自然界中的综合原理从功能+形式+结构上起作用。在生存和与环境的相互关系上，有机体中出现的任何"偶然性"都可能产生出新特点，但并不一定作为功能而显示出来，整个系统仅仅产生于它的有特点的结构和形式之中。当我们仅分析有机体的表面形式时，就不能推断其外部结构是否与内部结构相符合。

有机体的复杂的系统分析使我们明白了应从具有独特遗传学进程的形式+功能+特性到探讨

环境影响和生存条件的统一。这种来自有机自然中的形式和功能的统一已被恩格斯描写为："整个有机自然就是连续的形式和内容的统一和不可分割的证明。"形态和生理现象、形式与功能互为条件，正如细胞形式的区别取决于肌肉、皮肤、骨和表皮等中的物质的不同并且这物质的不同又取决于不同的形式①。

因此建筑仿生学的研究在于使自然界与建筑界中的类似功能相对照，同时研究建筑学上的功能和形式间的相互关系，从而产生某种功能造型的表达方法。由此在建筑设计的起始阶段，就应注意功能与性质相似的造型间的关系的和谐，这取决于我们在仿生认识上的深度。

12.2.1.3　自我调节

有机自然中内部结构是在设定目标的基础上对生长和发育过程的反应，在生长+发育+自我调节中材料变化达到最小限度的材料支出和最大限度的功能能力。如细胞构造，它是作为一具有导向的从内到外逐渐的转变：①与外部影响相比的防卫功能；②水和气体交换关系中一定的温度和湿度范围内的自我调节。把它与住宅建筑相比有类似的功能。但目前住宅的室内都较易受外界的影响，从寒冷至阳光照射的温度变化造成了室内温度的剧烈变动。

自然中到处可见这种具有自我调节能力的物质，如微生物、虫茧、花的果实及许多种子。种子能坚持很宽的忍受温度幅度并在极冰冻的条件下还能保持发芽能力。一些微生物和病毒有更大限度的忍耐幅度，它们甚至在临近绝对零度的温度情况下也不毁坏。

12.2.2　形式构成的基本元素的分类

12.2.2.1　"标准化"因素

在自然中我们发现了大量非常"标准化"的元素，类似于我们在建筑技术的装配过程中所应用的预制、统一或标准规范化的元素。在与建筑技术元素相对立的这些过程中，有机体是一定综合的有生存能力的元素或器官。有机体的基本元素是细胞，有比喻说它是"来自植物体系所建立的砖瓦"②。

很多细胞形式都被人们分析而作为有特点的"标准形式"。六边形作为元素的基本形式不仅在微观领域而且在宏观领域已被证实。我们在苍蝇眼睛的结构中、在植物脉管的横断面和龟的甲壳上发现了六边形的存在。

在基本范围内，标准化形式为自然界提供了一个形式词汇表，产生了自然中"结合艺术"的成果。自然界因此开设了无限的形式资源，它在建筑环境中作为榜样服务于具有工业预制建筑元素的建筑。自然形式的探讨是认识复杂结构的途径。

完全理想、有规律的立体——对称的几何形，特别在微观领域大量存在于自然形式中，如放射虫，它的立体支架限定了外表面的多面结构，构成三角形、四角形、六角形和八角形。

我们现以六边形为例来分析有机体中标准元素与机体功能的统一。六边形构成了六棱柱的底面，这在蜜蜂蜂房和显微镜下所看见的植物脉管系统都可以发现。作为一规定底面内的围护元素，六棱柱相对于其他围护元素来说，在隔墙的材料用量方面是最理想的情况（图12-6）。这里我们认识到了自然中经济的轻质结构原理，植物中脉管细胞的

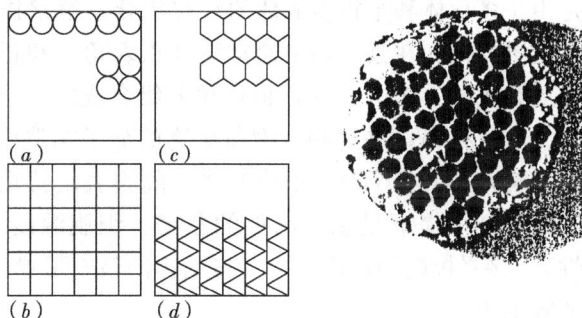

图 12-6　在相同面积下的平面结构对比（左）与六边形的蜂巢（右）（a）圆形；（b）正方形；（c）六角形；（d）三角形

① 参见 J. S. Lebedew. Architektur Und Bionik [M]. Berlin：Veb Verlag Fur Bauwesen, 1983：55.

② 参见 J. S. Lebedew. Architektur Und Bionik [M]. Berlin：Veb Verlag Fur Bauwesen, 1983：60.

六边形形式通过隔膜而分开，不仅在内部细胞中，而且对于附近细胞都极大限度地满足了各不相同的压力环境下的相互作用的功能要求。

从少量的实验建筑中至今还没发现六角形在工业住宅建筑中有很广泛的应用，这与百年以来住房环境的习惯和仅仅在"方形"空间的功能和装配工艺上的定位不无关系。把正方形空间和有 3m 长墙面的六边形平面图相比较就会显示出六边形空间的优点：

（1）在 36 个空间的情况下节省 14m 墙面。

（2）在 400 个空间的情况下节省 160m 的墙面，按墙高 2.7m，墙厚 20cm 计，总共节省约 84m³ 的混凝土。

（3）通过缩减墙面能节省热能。

（4）改善了空间功能。

（5）减少了对接头，与四个互相对接的墙面情况下的交叉对接相比，具有相似空间总和的蜂房仅有 3 个接头。

（6）形式和空间的不同可能性增大了，墙角中心允许它适应轻型情况。

它可应用到许多建筑工程中，如多用途大厅、商场、运动馆，此外还有用六边形作为基本网格的仓库和制造车间。

自然界中形式和功能是统一的。在这观点下六边形作为形式元素是具有一定生存功能的最佳状况。因此在建筑中，我们在各种对比情况下，基于功能的和创造性的观点要分析研究各种形式，如正方形、长方形、圆形或六边形，并注意整个一系列更深远的因素，如经验、现有材料、投资方法、可能的装配技术、劳动力和工期等等。

在这种观点下抽象出任何几何的基本形式的特点是在基于功能和建筑技术前提下对转换的非常关键的评价。

自然中除六边形外也存在其他形和基本立体，如圆形和圆锥体、三角形和三棱柱，此外还有正六面体。在某个有机体内部，它的特殊功能、它与邻近细胞形式的综合和相互关系是完全独特的。

12.2.2.2　多面体结构

当我们在显微镜下观察微观的有机或无机世界时，常常会看到一些极规则的多面体组合成各种不同的形式。目前，国外对微观世界的关注和随着把这些作为观察手段开发的进展而日益明显。特别对于正十二面体和正二十面体，它们在无机物世界中很少见，却在给予生命的有机物中普遍存在（图 12-7）。在太平洋底常会有正十二面体组成的物质；在日本南海和竹富岛的海滨可以发现星形的砂子，这些星形砂是海洋微生物有孔虫的骨片。

雪的结晶和浮游生物的魅力是它们具有正多面体的对称性图案。病毒、酵素和核酸等都是由正多面体和半正多面体的纯粹组合。酵素作为接触媒促进生物体的物质变化而存在于所有生物体内，在其结晶中通常看到正六角柱和正六角锥（图 12-8）。又如，生物体内的基本物质是核酸，DNA 是正四面体单元组合成的二重螺旋，这在建筑师和几何学家眼里特别有魅力（图 12-9）。在这些生物和矿物的分子构造中，这些多面体是有规则的结合，能量的分布也是均匀的。各个面所形成的薄的隔膜表面就是它的结构。这种结构鉴于以下情况在细胞生长的最佳前提下呈现出高度的紧密：细胞温度、表面与空间体积的相互关系、灵活性（弹性）、接受极端的内部张力。多面体的最密配置应该表现为压缩构件的扩散力和抗拉构件外部的收缩力[①]。

---

① 参见宫崎兴二. 多面体と建筑 [M]. 株式会社彰图社，1979：63.

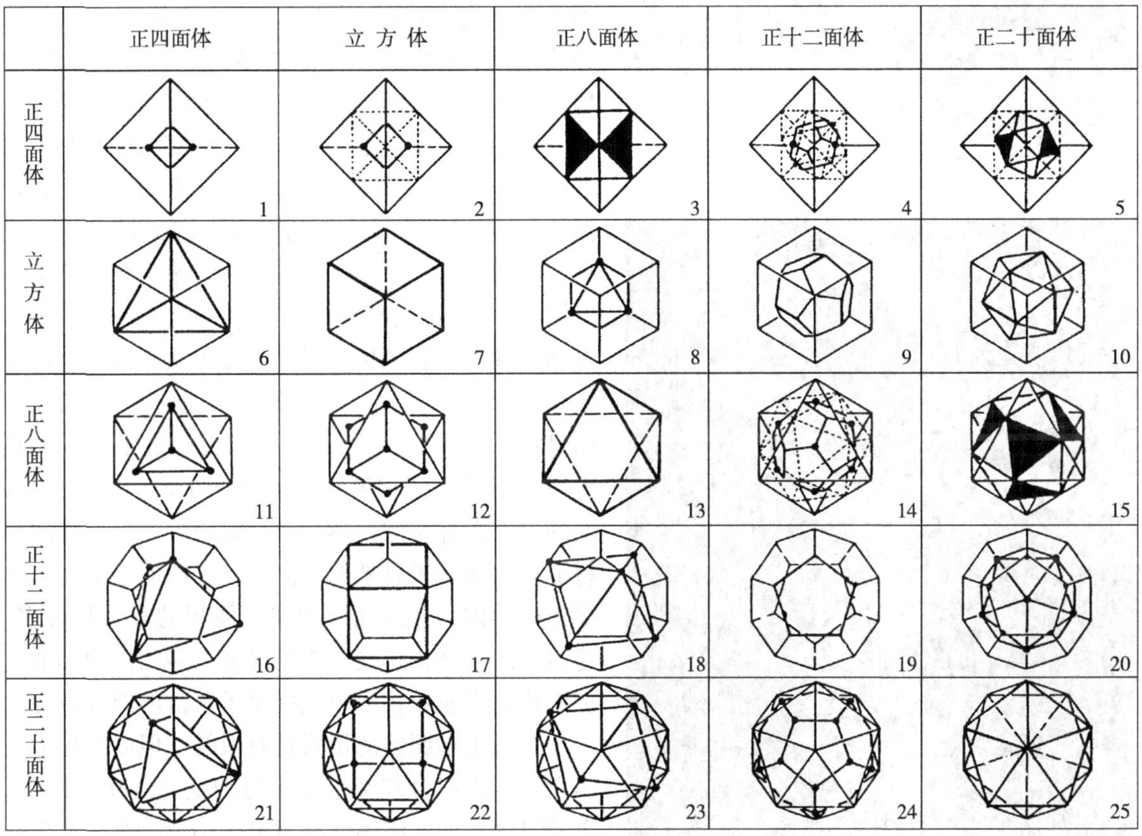

	正四面体	立 方 体	正八面体	正十二面体	正二十面体
正四面体	1	2	3	4	5
立方体	6	7	8	9	10
正八面体	11	12	13	14	15
正十二面体	16	17	18	19	20
正二十面体	21	22	23	24	25

（a）

图 12-7 多边形与多面体
(a) 正多边形的相互关系；(b) 多面体的空间组合

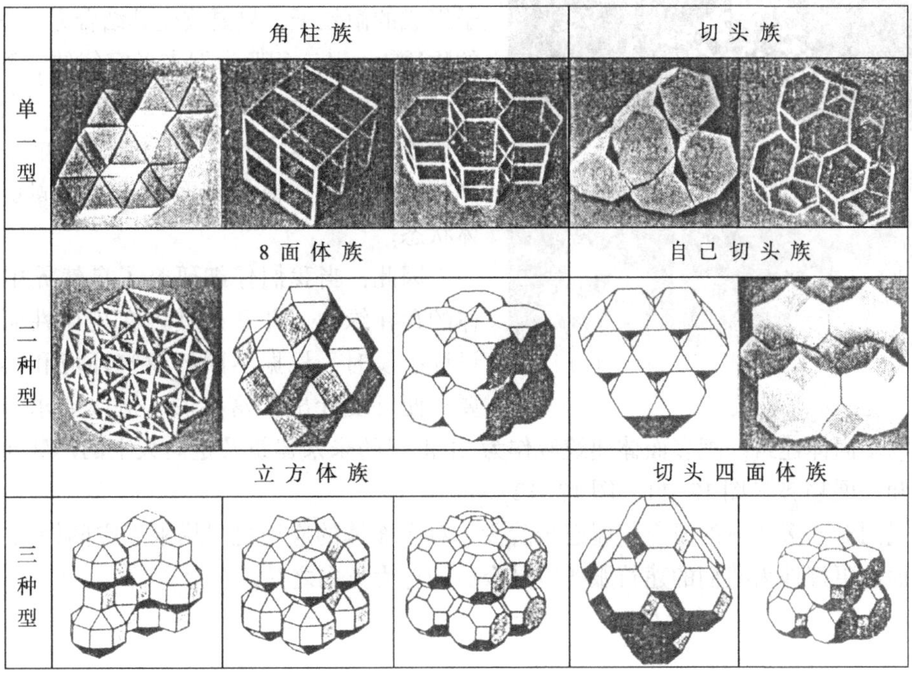

	角 柱 族			切 头 族	
单一型					
	8 面 体 族			自 己 切 头 族	
二种型					
	立 方 体 族			切 头 四 面 体 族	
三种型					

（b）

图 12-8 酵素或接触媒的结晶，常为正六角柱和正六角锥

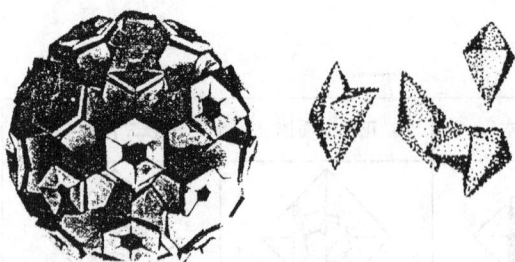

图 12-9 DNA 结构模型由正四面体单元组合的二重螺旋

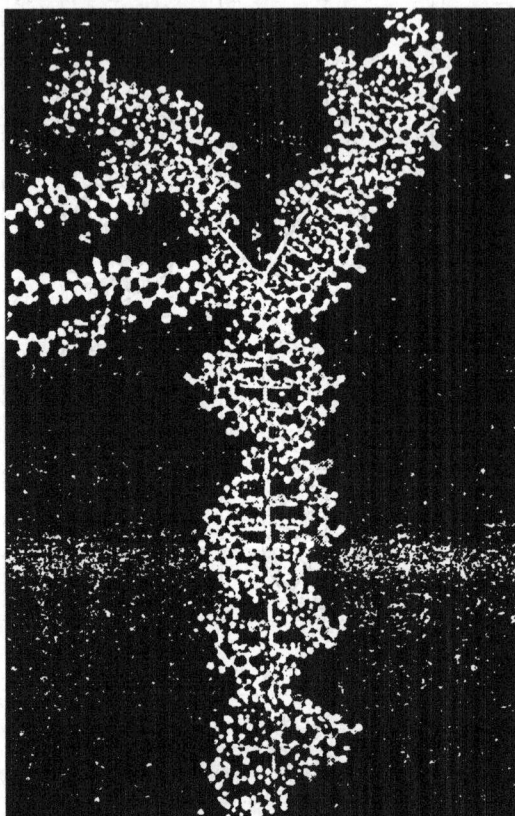

图 12-10 以三角形为例来形容气态、液态和固态

(a) 气态；(b) 液态；(c) 固态

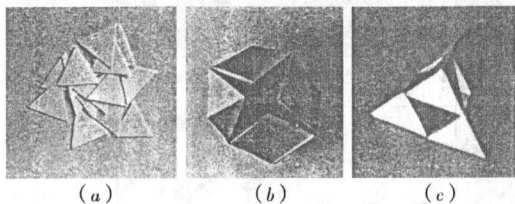

(a)　(b)　(c)

国外建筑界尤其是美国早在 20 世纪 20 年代就开始了对多面体建筑的探讨，最有代表性的要数美国的理查德·白可米司脱·甫拉。他创立了"综合能量几何学"，并把他的多面体传播到世界各地。他认为"从宇宙所有的原子结构到银河系，都存在数学的几何学基础，其中的部分综合起来向全体起作用"；"建筑物并不是说越大越好，必须保持适当的规模。"[①] 他的后来者们继承了他的思想并发展为"几何学的建筑形态论"，他们认为"建筑和自然界的现象是同一水平的，必须抓住形态学，即可以看到生物形态的发生从小的细胞向大的个体变化、集合。对建筑而言也同样，而对艺术而言将存在更高的美"；"为了更好地了解，必须重视几何学，把它消化成为设计手段。"[②] 他们共同的出发点都是向自然学习，以最少、最经济的材料消耗而获得最有效的空间和最少的能量消耗。例如正四面体，在多面体中单位体积的表面积最多，建筑费用最小，接受太阳能最多。多面体为标准而多样化的工业化住宅单元提供了丰富的形式资源。

虽然正多面体的形式是有限的，但以它作为基本元素加以组合却会带来无穷的变化（图 12-7）。自然界中同样的细胞，有时诞生小鸡，有时产生蝴蝶，关键在于它们内部组合方式的不同。原子和分子组成的微粒子，只要改变其结合方式就成为不同的物质[③]。以三角形为例来形容气体、液体、固体三种状态的配置方法（图 12-10），三角形七零八落放置的为气体状态；顶点和棱连接能移动的是液体状态；顶点和棱及侧面都连接而固定化的是固体状态。

因此，当我们仔细研究了自然界中各种多面体的存在缘由，并掌握其内在规律性而作为建筑设计手段时，根据不同的建筑环境和具体的功能要求便可设计出丰富多彩、适应要求、经济而又效用最大的多面体建筑。把多面体建筑看作为 21 世纪的未来建筑及走向太空的产物正说明了它的科学性和发展趋势（图 12-11、图 12-12）。

目前我国对于多面体的研究仅属起步阶段，对多面体的应用也只局限于空间桁架上的组合，怎样使多面体更好地为我们的建筑服务应是今后的努力方向之一。

---

① 参见宫崎兴二：多面体ど建筑［M］. 株式会社彰图社，1979：93.
② 参见宫崎兴二：多面体ど建筑［M］. 株式会社彰图社，1979：96.
③ 参见宫崎兴二：多面体ど建筑［M］. 株式会社彰图社，1979：112.

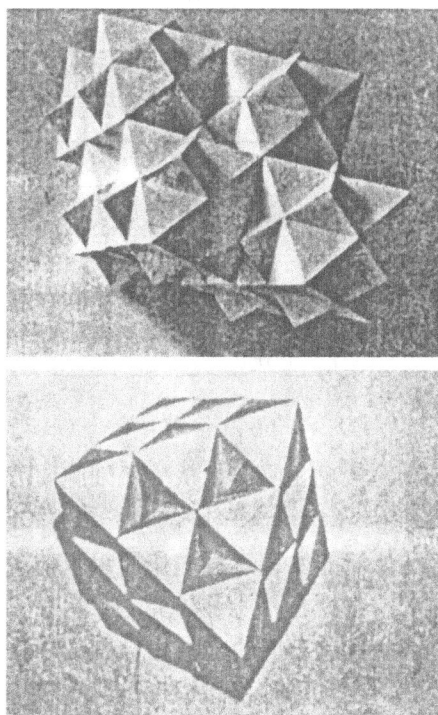

图 12-11　立方体与正八面体的组合（上）正八面体的构成（折纸，下）（左）

图 12-12　蒙特利尔博览会上的抽斗式住宅(1967)（右）

12.3　生物结构的规律与对建筑创作的启示

自然界中的生物都是由形式和功能相结合而成为有生命过程的有机整体。他们的构成原则必须准确地遵循物理规律，生物器官不仅仅要进行必要的新陈代谢作用，而且要承受水平和垂直的荷载，例如在哺乳动物中是由骨骼承受重量，而在植物中则是通过树枝、主干和根部来抵抗水平风力和垂直荷载的。

树枝和叶片以及载有果实的树枝必须呈现出有弹性的弯曲特性。我们的手臂在承受重量时就表现出可以看得到的弹性和聚成一束的肌肉反应能力。同样一个圆锥体形的树干为我们表现出了直立稳定性能的原理。

这一有关形式和构成原则的关系，在自然界中是极重要的发展规律。应用到建筑环境中的构成原则的改变将使支承结构和建筑结构形状的生存质量得到提高。不单在自然界而且在建筑界中"建筑材料"的影响对形式构成都起着极为重要的作用。在自然界中随处都贯彻着选择原则：用最少的材料和最合理的形式取得最大的效果。

12.3.1　自然界中的生物构成

目前许多科学家已把自然界中的一些构成材料作为研究对象以揭示出它们的复合特性，如弹性和强度、供应能力的传导能力、导热能力等等。特别重要的是通过综合试验获得了他们在大气层中对诸如温度、冰冻、潮湿以及风等应力所产生的抵抗能力，还有对这些材料的自重、强度和形态结构相互之间的变换关系进行检验。从这些检验中所获得的知识已在早期使得构架建设易于实施，并对多层次的墙体元素，如具有不同的防风化和绝缘性能的镶嵌板（Paneel）施加影响，多层次的墙体元素如同昆虫的蜂巢一样，即使在强大的气候起伏下，仍能保证具有高蓄热能量和极为完善的防风化功能。

另一例子，我们可在植物中了解到兼具载重和生存功能的材料的变化。在野芝麻和百合花上，它们的嫩枝主轴是载着叶片和花朵的元素，也可使人了解其每一细胞组织在结构和功能间的不同关系（表12-1）。

细胞组织结构与功能的关系 表 12-1

细胞组织	构造	功能
茎秆表皮	具有增强外壁的单层细胞层	缔结，防护
基本组织	多角形直至球形的细胞，常具备叶绿素	储存，光合作用
传导组织	伸长细胞，圆管形体制，有导管部件的容器，有筛网元件的筛管	材料输送
紧固组织	活性的或死亡的伸长的细胞，其细胞壁是加强了的	紧固
髓部	不能光合作用的基本组织	储存

（此表选自《Architektur und Bionik》P79）

这些分类肯定与生命活动中所需的劳动分工的组合和流动的情况相吻合。从生长细胞向力学需要的和外壁细胞的转变过程经常在进行着。

一切器官细胞都是微薄膜，很像可以变形的充水气球。在他们的发育过程中按照组织功能的作用变化成各种不同的符合力学要求的细胞结构。它们的可荷载性在核心和外壳上，从只受拉力的纤维一直到受压或经受碰撞的石化了的细胞壁，所有这些具有不同功能的微细胞结构就按照力学上的区别来分配它们的内部压力和内部拉力。

我们可把植物中细纤维的巨大受拉强度特性与钢铁比较。自 19 世纪以来前人已作了不少的研究并写出了很多论文。植物中的细纤维可与混凝土中的钢筋布置相比拟。同钢筋一样木质纤维共同担负拉应力。在植物中这些与巨大弹性连在一起的张力特性得到极大的应用。混凝土中的钢筋在 0.01% 的相应延伸情况下就将扯裂。而植物纤维，特别是草中的纤维，却保持有很大的挠曲特性，所以植物有一个较高的抗裂强度，例如亚麻的挠曲度约为第三类建筑钢的 2 倍。

植物在它的自然环境中承受着来自各方面的应力，如狂风、阵雨和雪的重量，它的内部力学的抵抗作用实际上全部和外部荷载相适应。细胞物质的韧性和弹性是它们的优异本质。

约翰·高登（John Gorden）曾详细地研究了材料的物理方面特性，关于材料特性发表如下观点："用作结构的材料其最严重的缺点并不是缺乏强度或硬度，而是缺乏韧度，虽然强度或硬度是绝对必要的。换句话说一个较差的韧性抵抗力将造成裂痕的形成。"[①]

强的或高强的材料有一个结晶的原子结构，例如钢，有它的缺点，即在它结构内分布着用显微镜才能看到的细如发丝的裂纹。那是因为存在着均质的原子链的破裂。在有外部荷载情况下，丝状裂纹受集中应力的作用便迅速扩展开来，内部力学上的抗力被破坏，材料变脆，于是就发生断裂。

所以在 20 世纪的最初年代使用多碳素铸铁来作为建筑材料危险性就很大，直到新型钢材有了进一步的研究发展并经过科学的钢材分析，有关金属的缺点才可作出计算并将这些缺点予以排除。

在植物、树干和草茎内或者在嫩枝的中轴上，因为它们有着特有的细胞结构和稳固组织的弹性，裂纹就不能伸展到整个横断面上。组织结构的纤维愈细，则裂纹出现的可能性就愈小。这个自然规律在发展人造纤维材料时已为人们所认识，如极薄的超强纤维中的玻璃纤维，玻璃纤维的强度总是要超过第三类建筑钢材的强度 20~30 倍。

由于这一原因，建筑材料的研究就发展为用超强的人工材料与其他材料相结合，以制造和应用新的既坚固又轻巧的建筑材料。在考虑到推广应用时必须要注意一些经济因素如按照安全

---

① 参见 J. S. Lebedew. Architektur Und Bionik [M]. Berlin：Veb Verlag Fur Bauwesen，1983：81.

需要的观点能长期使用、防火，注意材料老化和材料的价格。

在动物器官的生长过程中，骨骼和肌肉是对压拉和扭转等应力产生内部物理抗力的支架。它们在各方面的相互配合就保证了器官具有能动性和生命力。通过对多种器官和它们的"建筑材料"的分析表明，这些建筑材料按其特有的类别明显地形成为运动元素和防护元素，呈现出它们对环境条件的依赖性。如在水中的海洋动物，其体表具有必需的弹性，这正与陆上动物相反。因为它们在其生活环境内受着完全另一种的应力，所以其外形和体表呈现出圆形。

现代的建筑业呈现出一种趋势，即分析生物工程并把其研究成果移用过来，如对待支承结构与材料配备之间的关系持严格化的态度，所以建造大厅除了用钢材和钢筋混凝土外还采用充气室支承大厅（Traglupchallen）。在充气室支承大厅中，桁架和充气室外壳组成一体。外壳起着膜片的作用，它的材料是一个两面涂有塑料的纤维组织，它的形状常使人想起长圆形的面包。膜片的稳定性是通过内部空气超压而达到的。有弹性的轻型钢索网使人想起一个巨大的编织网，它在大面积的空室超载下，比所有已知的钢桁架和钢筋混凝土桁架显得更有效。但也不是说，传统的建筑材料如钢、钢筋混凝土、墙砖等在将来将丧失它们的重要性，这些材料仍然是组成我们建筑的现实基础。

12.3.2　高层房屋与植物茎

目前由于人口的急剧膨胀和城市中心的用地紧张，高层及超高层建筑已成为城市发展的一种趋势。对于高层建筑，我们所面临的最大问题便是它的支承结构。为此早在 1969 年美国在设计和建造芝加哥的 100 层、340m 高的汉考克大厦时就摆脱了传统的建筑方案。为了使这个建筑物有抵抗巨大风压的坚固性，由立柱和斜杆组成的支承骨架编排为在外面可见的。这种支承骨架不但减轻了建筑物的重量，而且还减少了建筑物的造价。在自然界中我们在昆虫的甲壳掩盖的外部骨骼上可以找到这一原则。

这一超高的塔式建筑物极大地充实和丰富了新的多功能的平面设计方案、建筑物形体和构架方案。而这些发展和实现是与事物品质、效率和经济的观点相适应的。

我们发现在自然环境中的草本、树干上有同建筑环境极多的相似之处。我们从支柱、立柱、悬臂以及建筑外壳上就可看到模仿思路，在一个生物器官中，汇集了所有维护个体生命的功能。在亿万年间，在无法想象的各时期中，生命功能、支架和形体构造等过程为了种类的存活以最理想的方式汇集完成。而建筑最多也才只有 5000 年。形状、功能和支承结构常在一定的时间内遵循某种需求，这种需求是与当时的知识水准和生产力的发展程度相关联的。因此自然界就成为我们建筑的榜样。

此外，草茎树干则遵循着与超高塔式建筑完全不同的另外一种的荷载、弹性和稳定等条件。

瑞士生物学家施婉德勒（Schwendener）早在 20 世纪就已作出了对谷类植物茎秆的分析。图 12-13 是谷类植物茎秆和烟囱两者在形状和功能方面的比较。

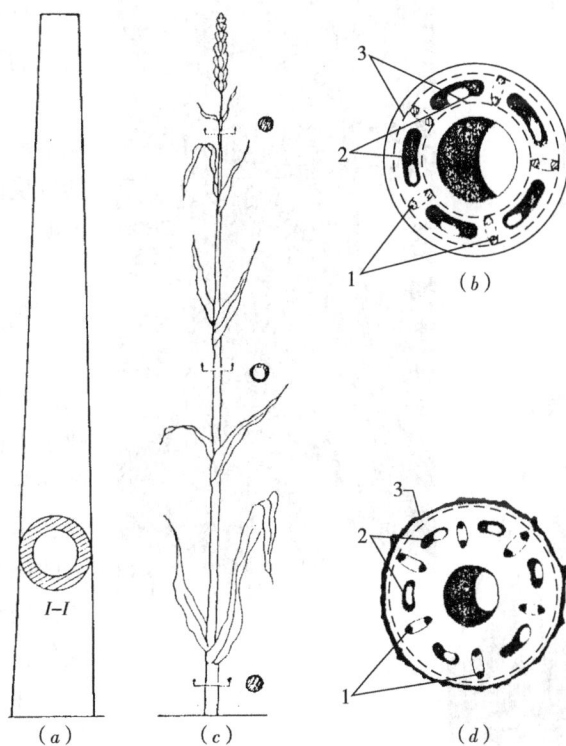

图 12-13　烟囱横断面和植物茎横断面的功能分析
(a) 烟囱和其 1-1 横断面；(b) 放大后烟囱横断面；1—纵向钢筋布置；2—空穴；3—水平方向的拉应力钢筋；(c) 植物茎；(d) 放大后的横断面
1—硬化蛋白细胞受拉纤维；2—空腔；3—在形成层下面的拉应力组织

正如谷类植物的茎秆一样，烟囱也有一个中空的横断面作排气用。在图上可看到烟囱的外壁上有用以减轻重量的空穴，这也与植物相似。烟囱的拉应力是由螺旋形钢筋围绕的垂直钢柱承受的。从谷类茎秆的横断面上可看出，纵长形的硬化蛋白细胞与圆管管壁一起承担着同样的功能。

分析植物的茎和树干并移用于建筑物，为达此目的，就要了解下列课题：

(1) 细胞结构在作用后的变异；

(2) 在纵断面和横断面上的形状变化；

(3) 缓冲力学和弹性力学。

人们发现，在最初生长阶段的树干结构不仅像夹在土壤中受了应力的悬臂在起作用，而可更深入地认为是一个空间上多变化的杆状结构。

植物的弹性是各种不同的细胞成长所产生的结果。髓细胞与外部细胞要生长得快，由此而产生的内部压力就在外部范围造成延性和弹性，这样就与预应力混凝土的原理相似。

树干的外部形状与支承自重、水平风力和万有引力所需的功能有着强烈的关系。一般情况下，树干是从土壤中的巨大根部横断面上生长出来的，它赋予树干最大的稳固性。树干则由抛物线形式转为圆锥体的形式。

植物的茎显示出十分不同的横断面形状，按照植物分类我们将其分为圆形的、卵形的、多角形的和近似正方形的等等形状。此外在不同的横截面的平面上堆着凸或凹的槽如锯齿状。由此就有光滑的、粗糙的表面，植物主干在受强风吹袭地区显示出一种特性，即在主要风向的轴线上，其断面采用卵形，按照静力学的法则对着风轴的大直径树干就可以提高抗挠曲的强度。

在树干的底部除了有较大的面积外也有了由此而产生的抵抗风荷载的较大抗应力。

此外它还有大量的木质细胞，这些细胞在树干底部又可在受挠曲时对集合的压应力发生较大的阻抗。上部靠顶端方向的细胞较富弹性，这个弹性使树干的顶端具有较强的挠度。增高了的抗挠能力能阻止和减弱风的撞击，因此就可降低树干在较高的风荷载时发生断裂的危险。如果在自然界中没有这个弹性，根系就不能把极度的风荷载传导到土地底层，这个分层次的抗挠曲能力也正是自然界中轻型建筑原则的一个证明。

从人类的脊椎骨和植物的干茎的功能及支承结构中，我们就可想到已知晓的建筑原理。

每一个人都已注意到草茎和树干在风的作用下是如何作弹性倾斜的。这一直向悬臂原理已在超高塔式建筑中得到了应用。顶端的挠曲力矩在实际上为0，此处就无因挠曲而发生变形的危险，而根部则与之相反，由于水平的风力荷载，在夹紧的位置上就发生最大的挠曲力矩，此处的破裂危险性就成为最大，因为风力经常是水平方向起作用并与高度的平方成比例地变化，所以力矩曲线呈抛物线形。

在莫斯科电视塔（图12-14）的根部和前苏联的另一个电视塔的圆锥形中（图12-15），抛物线是圆

图 12-14 莫斯科电视塔与树干根部的比较

锥外表面所形成的，可以看到它在建筑造型上增大了站立宽度以及底部的站立安全程度。

当然在数千年前人们已能用各种材料和支承架在建筑界中实现了棱锥体和圆锥形的原理，最著名的就是埃及的金字塔。

圆锥形建筑物其高度愈高，所需的建筑底面积就愈大，这样的耗费，植物当然不能办到，它们在底面积方面有节约的办法，遍地集体生长的草类植物巧妙地解决了风荷载的抗力问题。

多数草类有纺锤形的茎秆，像希腊神庙中的立柱那样在高度的约一半处有一个隆起，即卷杀。这卷杀增高了茎秆对水平风荷载的抵抗能力。在希腊的柱子上，卷杀可使人有一个视觉印象，即来自屋顶梁架的压力把柱子压粗了。

但草茎对风荷载的抗挠曲能力却要通过一个分层次的周边分布和挠曲力矩在结节范围内的减弱而决定的。

这个周边分布和减弱是根据一个原则，G·沙肯亚姆（G. Sarknjam）对该原则作了深入的分析。为了领会这一原则先作如下比喻：一个自由立着的石柱在极高的水平荷载下可能分裂成 4 个

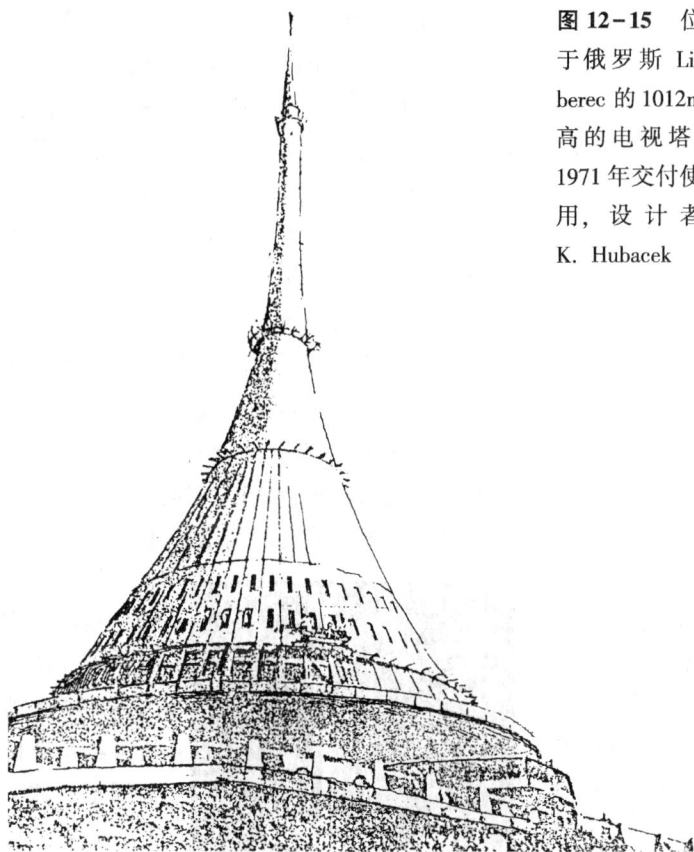

图 12-15 位于俄罗斯 Liberec 的 1012m 高的电视塔，1971 年交付使用，设 计 者 K. Hubacek

不同高度的段落，每一段落的大小如图 12-16 是与该段落的力矩面的高度大约相等。在自然界，这个杰出的原则赋予各种庄稼有延续的机会，它们的茎秆在一定的间距时就生长出带叶鞘的结节。

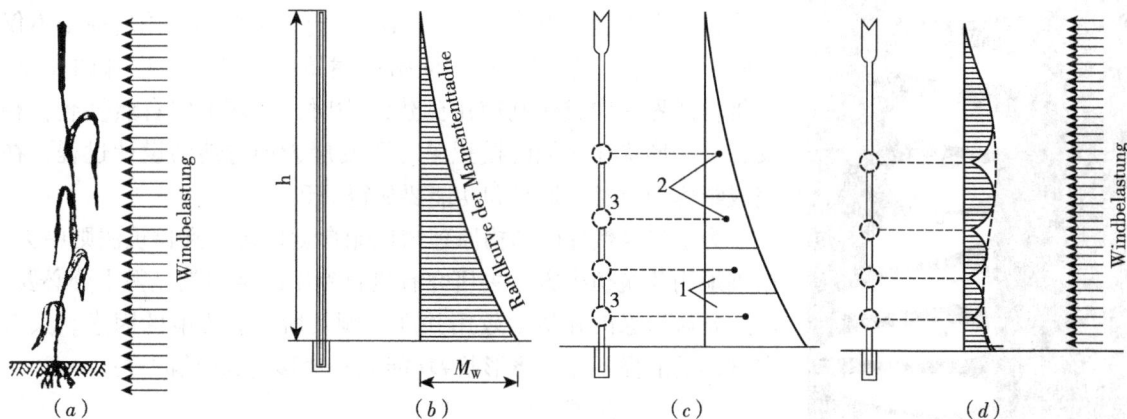

图 12-16 草茎受力分析

（a）具有阻尼结节叶鞘的草茎，茎梗处的加厚部分；（b）静力体系：在一受力矩平面的重心夹紧作用的直杆上，其顶点是活动的，支点受风荷载后其弯曲力矩为：$M_w = \dfrac{W \cdot h^2}{2}$；（c）草茎自下而上各叶鞘间间距逐步增大的原则是按照挠曲力矩平面内各相等面积的重心位置而相吻合的。1—同等大小的挠曲力矩平面；2—同等大小挠曲；3—茎秆结节；（d）在风荷载下，麦秆的挠曲力矩曲线的分布情况，此曲线是由于叶鞘具弹性的铰链作用而生成的

那坚硬的叶鞘在一定程度上可说是"铰式减震器"。它减弱弯曲，包住向上继续生长的延伸部分并同时使之巩固。这一力学装置同有弹性的茎秆一起就可使结节处的力矩能压缩和复原。

与直向悬臂不同，此处的挠曲力矩的减少必须要十分予以重视。根据这个事实产生了"材料经济"和能量节省，特别是在茎的下部。中空的茎秆随着高度的升高，圆管横截面减小，其弹性却加大。茎秆外皮凹槽增加了茎秆的抗拉强度。硬化的蛋白细胞圈的强度由底部向顶端逐渐减弱。除了结节的缓冲机制外，茎秆的弹性和强度是通过细胞的"强"和"柔"共同作用而完成的，这也是压分力和拉分力的联合作用。在根部为了平衡相对减少的横断面面积，它的浓缩度就呈现出最大。

在结节的范围内，随着横断面相对的缩减，硬化蛋白细胞的强度也变小直到结节的中部。

此外叶鞘对重新扶正被折曲了的谷物茎秆起着一个极重要的作用。通过在结节下面的细胞延伸，又通过细胞构造组织，由于细胞的分布和延伸位于屈折点下面，茎秆就像流体那样又被压迫成垂直的位置，所以当风把整片谷物都吹折后，农民也不必担忧。

这个原则能节约超高塔式建筑所需的基底面积，所以早就被加以考虑。

图 12-17 一个借圆盘和绳作固定的组合体的模型，其圆盘为椭圆形并能扭动，其周边用绳索强力地锁定

（设计者：J.S.L）

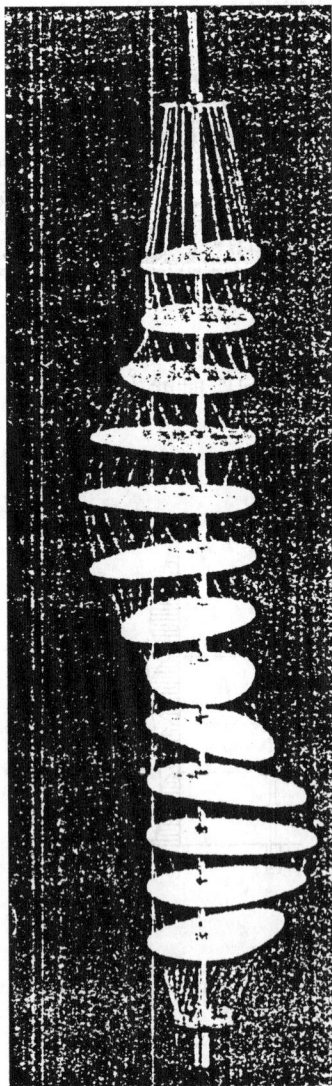

绝对刚性的塔式建筑按照经济观点是办不到的。总是在一定的界限内，在一定的公差范围内，必须考虑振盈和它的每 1m 的振幅才可完成该项工程。在按刚性构思的塔式建筑中预先设想的振盈不应导致毁坏，所以构架设计就当然要把振盈考虑进去。为了长久维持莫斯科电视塔一类的建筑，人们把出现的拉力引入到张力绳上，这些张力绳分别在塔体的四周，并锚固在圆筒形的石块上，我们在树干和草茎上都可看到这个同样的原则。

图 12-17 是一个借圆盘和绳作固定的组合体的立视模型，其圆盘为椭圆形并能扭动，其周边用绳索强力地锁定。

以有结节的茎秆作为自然界的榜样，前苏联建筑师 A·L·L 设计出一个构架，用于多功能用途的超高塔式建筑①。模仿禾科植物的茎秆结节，他在这个构架上按一定的间距安设阻滞振盈的结构，减少了挠曲力矩（图 12-18）。树干和草茎的构造原则不仅只限于在生物工程的观点方面引起建筑师和结构工程师的注意。当将自然界的构成法则应用到建筑中时，必须不向自然抄袭，相反，一个形状和功能的模拟单元要发展为创造性的设计过程，在完成结构细节时，形状和功能要显得一致。

为了将自然界的结构原理知识能自觉地运用到建筑法则中去，精确地用建筑仿生方法去研究有机自然中的结构就显得十分必要。对此要认识缘由和仿生效用并准确顾及所有有影响的因素。只有在这样的前提下才能将形状+功能完美地移用到建筑中去。

12.3.3 薄膜与外壳

自然界中柔性弯曲的薄膜是组成全部细胞结构的基础，它将细胞互相隔离，在各种种类所特有的生长阶段中通过钙化、木质化或石化而组成软骨和骨骼。

在静力学上，薄膜的挠曲是柔性的，所以它不承受压力，但

---

① 参见 J. S. Lebedew. Architektur Und Bionik [M]. Berlin：Veb Verlag Fur Bauwesen, 1983：104.

可承受拉力。将一个薄膜容器充水就成为水滴形，薄膜吹以空气就成为气球形。

当薄膜表面经过钙化而成为坚硬的薄壳时，我们便能感受到它的两个基本特性即表面的"弯曲"和其材料的"刚固"。原则上薄壳的厚度对跨度而言必须非常薄，如同薄膜一样，所有力量均与表面成正切。

自然界中薄壳形式多不胜举，如多种贝壳形式，树叶形式等，树叶在空间上有一个复杂的结构，这个结构将承载功能和叶片的供应合为一体。在树叶上，自然界在演化和筛选过程中是用最小的增长值，即最小的能量消耗和材料消耗而在抵抗能力上发展为最大的。这个构造和生长原则对于比较长的树叶来说尤其需要。为了提高稳定性，一些树叶底面有不规则的折皱；还有一些树叶卷曲成杆状的管形结构；还有一些植物的叶子在纵向上扭转成螺旋形。

由索勒里（P. Soleri）设计的一个预应力混凝土桥使人想起卷起的叶缘（图 12-19）。由奈尔维设计的罗马世运会体育馆自然地引起人们对贝壳的联想。这些例子可以说明，在建筑项目上应用仿生形式主要是为了在形式上保证它的可靠性并且不超过材料的强度。后一个目标可以容易达到，而前一个目标却要经过较大的努力方可取得①。

从自然生物中凝练而来的具重大意义的结构造型，是由自然法则而定的。我们可以看到在一些领域尤其是在土地上、在水中或在空中的不同生物的特别形状总是以最高经济效率而达到目的。建筑物的形状为了达到最高效率就要向一个典型的形状靠近，这个典型形状是与自然规律完全一致的。

对形式和自然因素或自然规律之间的组合，只要我们理解它，就有了创造新风格的可能，以达到支承结构和形式溶为一整体，正如 E·托瑞亚（E. Torroja）所表达的"形式的逻辑"。

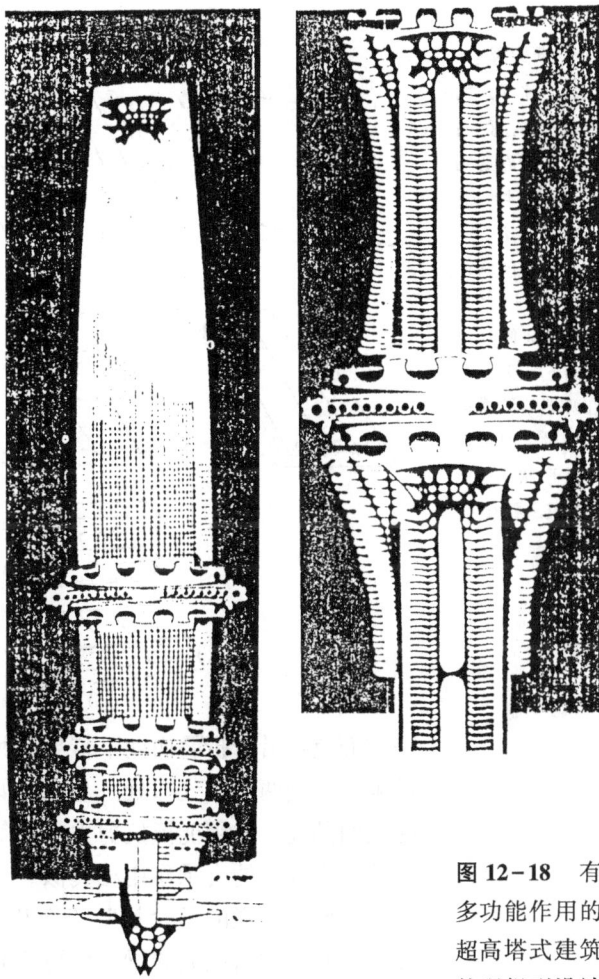

图 12-18　有多功能作用的超高塔式建筑的理想型设计（居住＋工作＋疗养），加有铰式减振器，仿草茎结构

图 12-19　模拟一个卷状叶片的形状和功能而获得承载力，长 1200m 的桥，设计者 P. Soleri（美国），完成于 20 世纪 50 年代

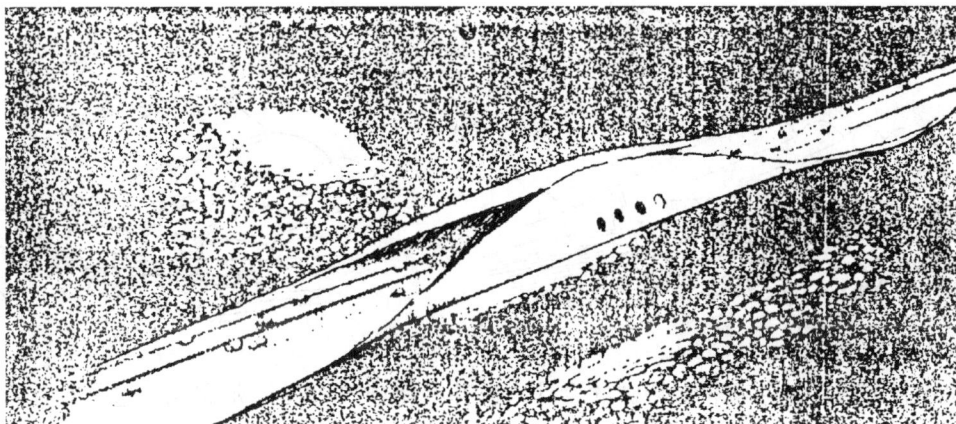

---

① 参见 J. S. Lebedew. Architektur Und Bionik [M]. Berlin：Veb Verlag Fur Bauwesen，1983：110.

图 12-20 圆
筒壳纸模型：
(*a*) 一张平坦的
纸毫无抗弯力；
(*b*) 将纸卷起则
其 刚 度 增 加；
(*c*) 与 (*d*) 一
连串刚固的圆筒
片段；(*e*) 超负
荷时，圆筒片段
即向下坍毁；(*f*)
在两端粘结横向
加强件，即可保
持其形状，并能
增进其承载力

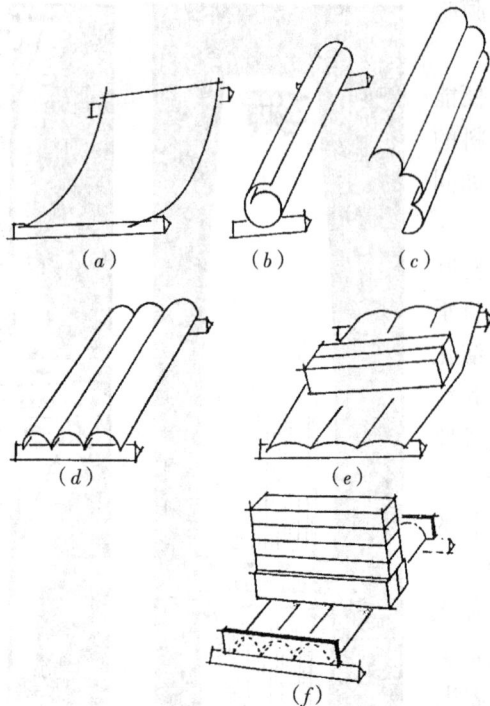

前人在探索结构形式上走过了漫长的道路，把它应用到建筑上就有一客观问题，即此形式必须是可构筑的。从这一意义上说，它必须具备一种易于处理的几何形，它决不能超过工厂的正常设备所能及的范围。因此，分析薄壳并计算应力的数学家对于个别的、可顺从数学处理的结构造型甚为关心。按照力学分析我们大致可分为：圆筒壳、圆锥壳、旋转壳、双曲抛物面壳和自由形态几种。

12.3.3.1 圆筒壳

我们常常见到的草茎和竹子即为此形态。柯特·基格尔在其《现代建筑之结构造型》中利用一纸模型对圆筒壳作了一直观表述。我们都知道一张平展的纸是无法承受弯力的，但若使之卷起弯曲则变得较为刚固。如果我们把纸卷为一连串的圆筒，并在其两端用纸板固定使其不宜变形，则承受力的能力会更强（图 12-20）。圆筒壳的受力情况犹如由许多非常窄而薄的条板所组成的折板构造，一方面负荷沿着折叠而向下传导；另一方面它不断地被分解为与相邻条板相切的几个分力，最后被会集到两端的支撑处。总之，圆筒壳必须用加强件保持其形状的不变，而且加强件与圆筒壳之间的连接必须能抵抗剪力，圆筒壳才能发生作用，如果将圆筒壳视作一封闭系统，则可明确看出它与梁的支承作用相类似。

在此需注意的是"长"筒壳和"短"筒壳的受力情形的不同，其受支撑部位也不同。长筒壳受力及支撑情况如同梁，而短筒壳的受力及支撑情况如同拱构。长筒壳的弯曲方向与其跨度方向成直角，此横向曲率并无拱结构作用，其弯曲形状与压力线无关。然而，短薄壳的曲率方向与其跨度方向相同，所以每隔一很短距离就需加肋条，以使薄壳加强。在此情况下，压力线即变为一极重要因素，如果将短薄壳的弯曲方向的两端直接支撑于基础上时，其力量将沿最短的途径进入支承之中，如同拱结构一样。

当薄壳的曲率及其惊人的薄度被充分表露时，其轻盈与优美也最为显著。如汉诺威及卡塔基纳的运动场（图 12-21、图 12-22）。

图 12-21 德
国汉诺威运动
场看台应用圆
筒壳构造（左）

图 12-22 哥
伦比亚卡塔基
纳运动场看台
（右）

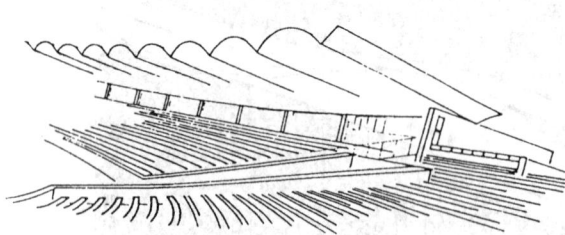

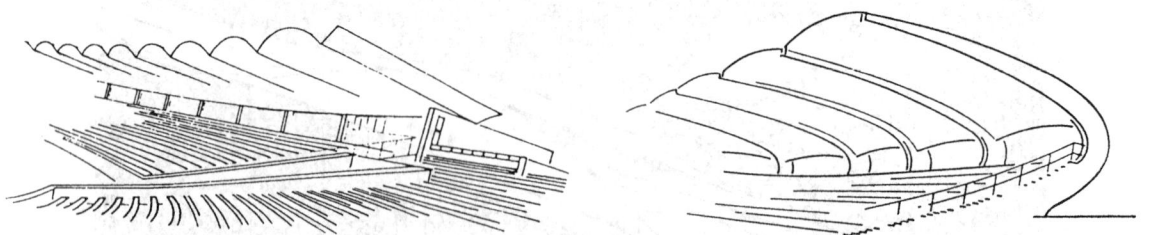

多伦多新市政厅是一项非常特殊的设计，由芬兰籍建筑师勒维尔完成。这个设计首次应用垂直设立的圆筒片段作为高层建筑的构架。由于高层建筑的主要荷载之一是水平向的风力，所以对于横向刚性的设计尤为重要。此结构在横向上是按一薄壳来设计的，一方面连续的圆筒壳墙体有一定的刚性；另一方面形体本身的固有曲率也使其更能抵抗水平荷载的袭击。36 层的楼板以悬臂方式伸出墙面，它们在这里充当着加强件的机能而使其不变形（图 12-23）。

屈山第（Tressanti）市场方案是以一系列相交叉的圆筒片段组合而成的一富有生气而活泼的建筑造型（图12-24）。

单纯圆筒壳的壳面只有一个方向弯曲，而另一方向是直的，其基本形式无论如何变化，如何组合，如同屈山第市场方案，它的受力情况本质上还是薄壳表面的力的作用。就圆筒壳而言，隔板和加强件是必不可少的，它能抵抗圆筒壳的变形而增加其强度。

12.3.3.2 旋转壳

所有旋转壳，除圆筒与圆锥形薄壳外，其余都具有双曲率。完全对称的典型旋转壳为球体。自然界中的球体到处可见，如星球、肥皂泡等，双曲率壳由于其壳面有两度的弯曲，即纵向和横向均有，使其形成一自然刚性很强的薄壳，如同一片橘子皮，虽然很软，但若将里面翻转出来并不容易。

图12-23 加拿大多伦多市政厅

用半球体来说明双曲率薄壳的作用，如图12-25所示，假如自半球面上切下一窄条，该窄条单独受力时类似于拱结构，在仅承受其自重情况下，上部有下陷变形趋势，而下部有外张变形趋势。无数窄条所组成的半球壳面内的力便彼此作用，从而形成一坚实壳体。在半球壳上部，所有力量均为压应力，其作用方向与壳面正切，在其下部，凡依子午线方向作用的应力均为压力，凡依水平方向作用的应力均为张力。这些力量的合力均按薄壳表面本身的方向而作用，即与表面相切。薄壳的受力情况同"薄膜理论"一样。半球薄壳在自重情况下的变形趋势与水滴形非常相像，如图12-25所示。水滴形之所以达到如此形状正在于它只有在此种状态下才能保持平衡，即达到水滴表面各部分的力量相等。它的形状充分说明了球形薄壳的变形趋势。

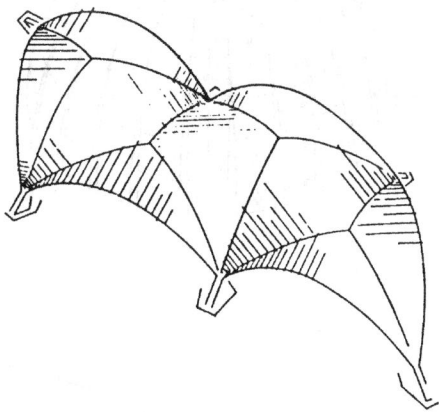

图12-24 屈山第市场

奈尔维在罗马世运会小体育宫设计中应用了部分球面形薄壳。依上述的受力分析，其壳体应力必与壳边缘相切，故奈尔维在此应用Y形支柱沿其切线方向支承，保持了稳定性，并在视觉上达到了合理的力学逻辑。边缘的波浪有助于防止支承之间薄壳边缘的挠曲（图12-26）。

12.3.3.3 圆锥壳

圆锥面，也是双曲面，它是在一直线与一曲线之间平行移动另一直线得到的曲面，所以它能全部以直线来构筑，故在本质上它便于设计及施工。

圆锥壳成直线部分的一边因无曲率而成为薄壳刚性最薄弱的一点。为防止这种情况常将此直线设计成波浪状，同时此等波浪沿拱构曲线的另一端逐渐消退。这种造型的力学分析充分说明了贝壳这类自然形态是完全依据自然法则而形成的（图12-27）。

12.3.3.4 双曲抛物面壳

双曲抛物面如图12-28所示，是沿一向上抛物线平行移动与其垂直的向下抛物线，也可以想像为在两个向上的抛物线之间悬吊一系列相同的抛物线。最后所形成的面即成鞍形。

双曲抛物面也可由两系列相交的直线构成，因此在鞍形面上的任何开口，均可由四条直线组构成一扭曲的四边形。若在相对的两边上，以同等的比例分割，再将各分割点以直线连接，则这些直线即成为鞍形面内的动线。

图 12-25 半球体具有双曲率薄壳的作用

(a) 由半球体相对两侧所切下的两窄条形成拱构；

(b) 半圆形窄拱构，其冠顶有下陷之倾向，而其两侧则有向外凸出的趋势，其挠曲的多寡与方向依拱构与压力线间之偏差而定；

(c) 由拱构窄条所连续拼合而成的半球体，其具有下陷趋势的部分，因压力作用而压挤在一起，而具有外凸趋势的部分则因张力而拉紧在一起；

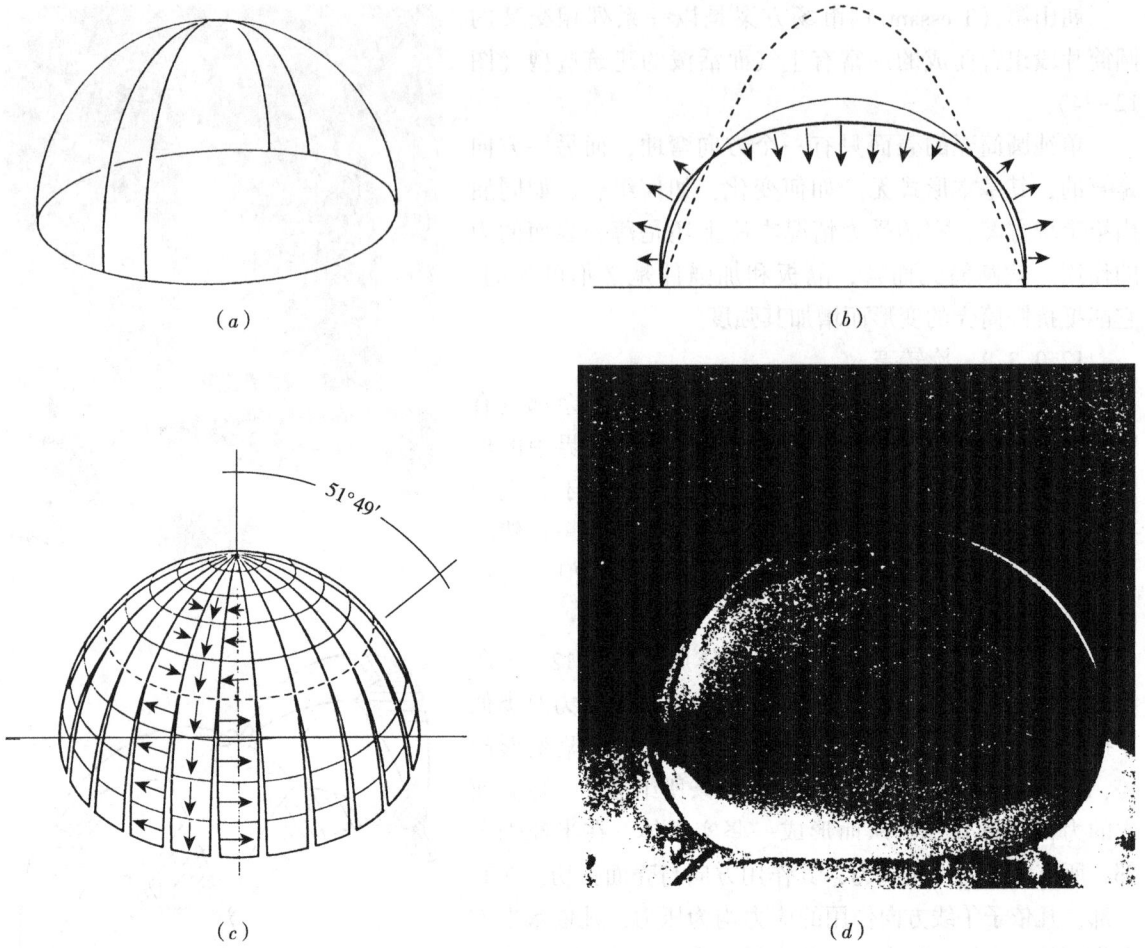

(d) 一滴水的形式

(a)

(b)

(c)

(d)

图 12-26 罗马运动会小体育宫（奈尔维设计）

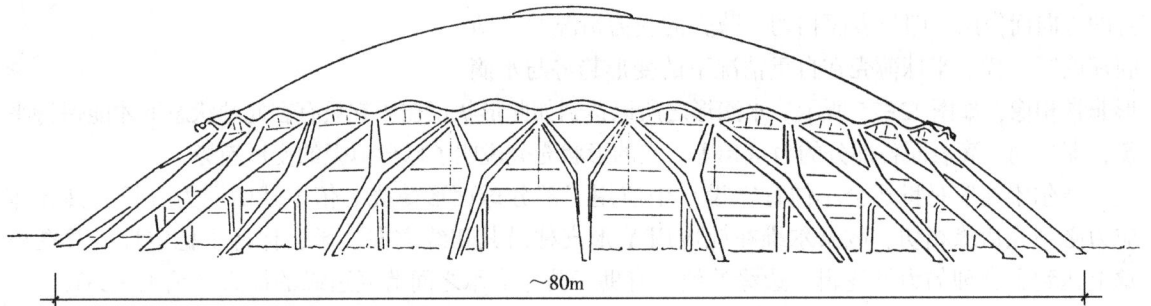

~80m

图 12-27 圆锥壳及其建筑

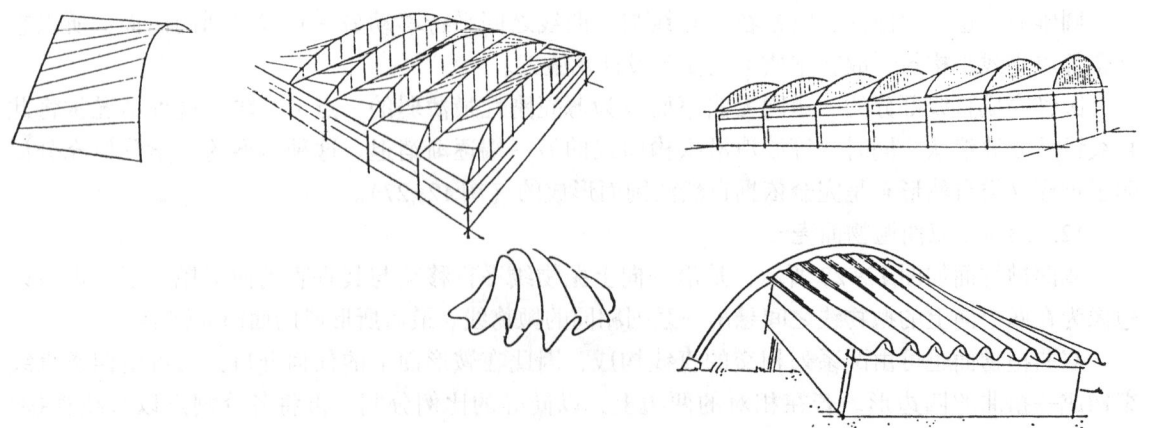

在鞍形面中央按直线边缘挖出来的基本形态是对称的，其双反向曲率强调了张力与压力之间的相互作用，而在此相互作用中，所有应力均按最经济的方式保持其平衡状态。经过妥当配置钢筋的薄壳，任一点均能按曲面切线的任一方向吸收张力与压力，最下方的两点很明显地是设置在支承点的最佳位置处，结构本身的静荷载通常是此一类屋顶的最大负荷，可借悬吊抛物线方向的张力与拱构抛物线方向的压力分别来支承。这种抛物线与均布负荷时的压力线即垂链线相当接近，故在开始时，各种力量偏离薄壳抛物线曲率的倾向是极轻微的。

如图 12-28 所示，假定作用于双曲抛物面上任一点的力沿向下抛物线传至边缘时的力 D，可分解为沿向上抛物线的张力分力 Z 和沿边缘的压分力 D_r。张力分力 Z 使抛物面拉紧，并减轻其他的拱构作用。两边缘上的压分力 D 在最低点会合抵消掉一部分作用后而成为力 R，力 R 在此处与抛物面相切，此处的支撑成为最合理处。在双曲抛物面中，曲面上任一部分若有脱离曲线的趋势时，将被另一按反向曲率方向作用的力量所抑止。

柯布西耶为比利时首都布鲁塞尔 1958 年举办的世界博览会所设计的菲利浦馆也是利用了鞍形面的法则，而达到其自由形态。其扭曲的屋面与墙面均由肋条和屋脊所支承，并把荷载传导至细支座上。错综贯穿的各个双曲抛物面从属于一个多轴向，非对称且重复的系统之中（图 12-29）。

假如将扭曲四边形基本形态的一个边缘在平面投影上旋转一个角度，则在立面上即呈现出曲线形式，曲线的弯曲方向依转动方向的不同而呈下垂形或上凸形。结果就形成有曲边缘的屋顶，但在平面上仍为直线边缘。这些曲线的形状实际上是抛物线。曲边缘比直边缘更感柔和，它由于自身具有曲率而增加边缘的刚性，从而减轻边缘发生挠曲。

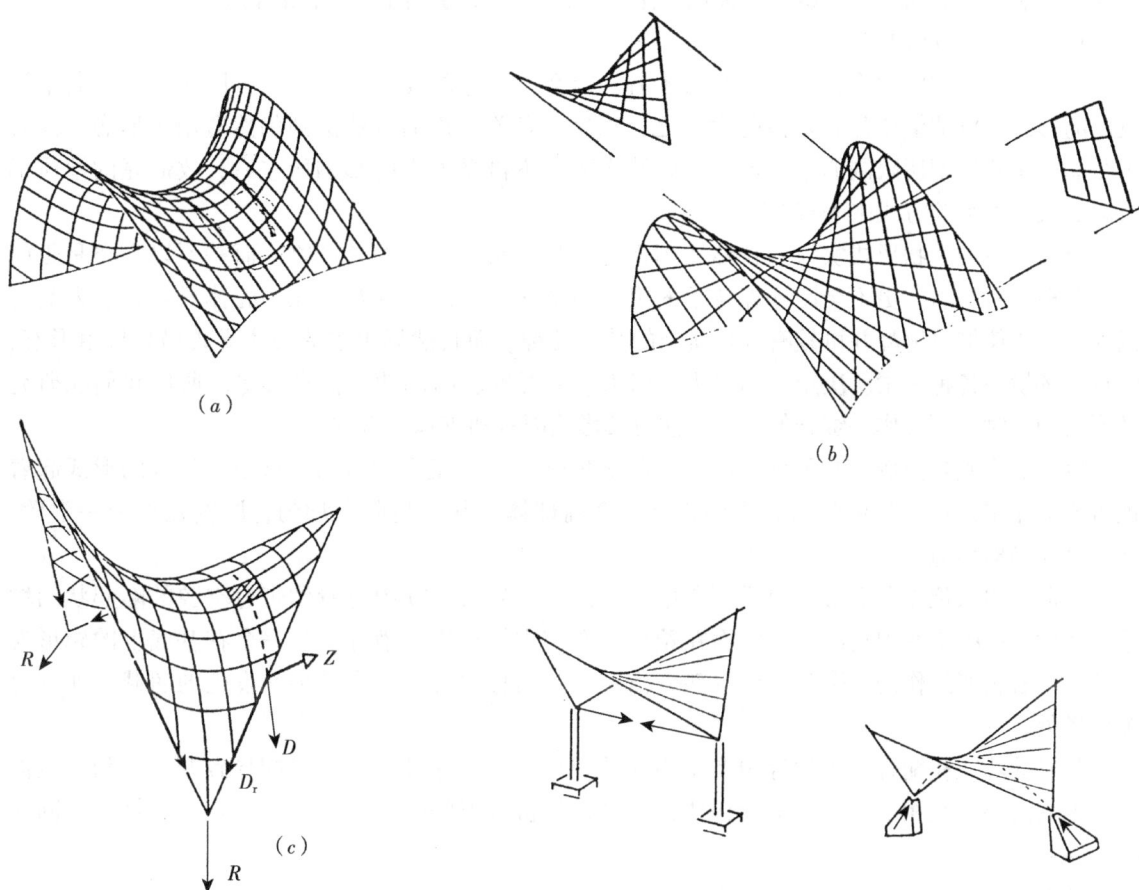

(a)

(b)

(c)

图 12-28 双曲抛物面
(a) 鞍形面可由两组方向相反的抛物线组成；(b) 鞍形面也可由直动线组成，从中可挖出扭曲四边形；(c) 支承均布垂直荷载时的结构原则：载荷 D 可分解为平行于边缘的压力 D_r 和与另一悬吊抛物线相切的张力 Z

图 12-29　布
鲁赛尔博览会

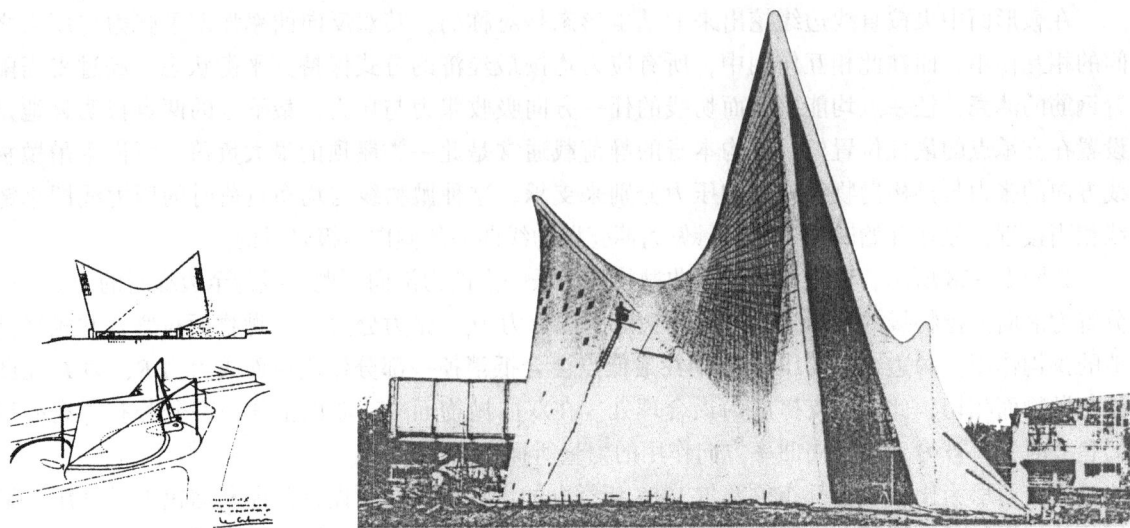

　　直边缘因受其本身重量的影响，必然易产生弯曲应力，但曲边缘却能以最经济的断面依其自身形式，把自重传至支撑处并消除弯曲应力，并且曲边缘也增加了其动人的效果，故曲边缘使几何型提高了结构形态的水准，"其形态本身几乎是一个图解，可以表现出它本身是如何来抵制应力的"①。自然界中的许多花瓣便是利用此等双向曲率来通过形式本身的刚性以求得稳定。

　　例如康迪拉创作的墨西哥索奇密尔考饭店，即由向心的八片曲边缘鞍形屋面所组成，其切取方式是使内侧斜边缘会聚于中心，而其曲边缘则形成屋面的外侧，相邻各片会合而成一具有刚性的谷肋，各曲面所受荷载便沿曲面传至谷沟，再沿谷沟方向会聚至支撑点。

　　12.3.3.5　自由形态

　　我们这个所谓的"自由形态是相对于有一定数学规律的几何形态而言，即从几何限制中解放出的形态。所谓解放并非是指随意为之，相反，有关结构的自然法则仍然适用于形态，同时不受非结构几何型所限制的意义也只是说结构造型不再受外来的影响所左右，故薄壳的性质仍可以更大地以纯粹方式来表现"②。

　　自然界中的生物形式实为依自然法则而定，是自然环境的综合产物，而并不以人类是否能实现其模仿所左右，更不会因计算技术的限制而变化，前面所论及的几种壳体只是目前人类可以几何学规律加以解释并可较有效地实施的其中几种。而自然界更多的壳体形式仍为自由形态，由自然环境的各种因素所决定，如风力、引力、潮湿度、内部功能需求等等。所以我们在研究其形式的同时，更应作一综合的思考，注意其影响因素和支承荷载部分。

　　以人的头颅骨为例，它可靠地防护人脑对付外界可能发生的袭击。这里，头骨的形式起着极重要的作用，在人的中年时，头颅骨是一个扁球体形状，其曲率均匀，厚度几乎为一常数，与一个壳结构相似。

　　骨骼结构从顶点向额弓及向后颈变化着，我们从图 12-30 中可看到带有空腔的隆起状的增厚。在额弓部的空腔中充满了空气而在颈顶的空腔中侧充满了液体。与一个在基底上的碗形支座的拉环有相似的作用，隆起的增厚部分稳定了头颅骨并且又能承受突然发生的超载并使其分配到各处。

　　与它的功能相配合，头颅骨中产生不同的弹性变形，这种变形有可能导致开裂。脑壳表面是由不同大小的互相啮合的骨板所构成，骨平板的折线形啮合使脑壳得到一定的弹性，但同时

---

① 见柯特·基格尔. 现代建筑之结构造型 [M]. 钟英光译. 台北：台隆书店，1980：265.
② 见柯特·基格尔. 现代建筑之结构造型 [M]. 钟英光译. 台北：台隆书店，1980：272.

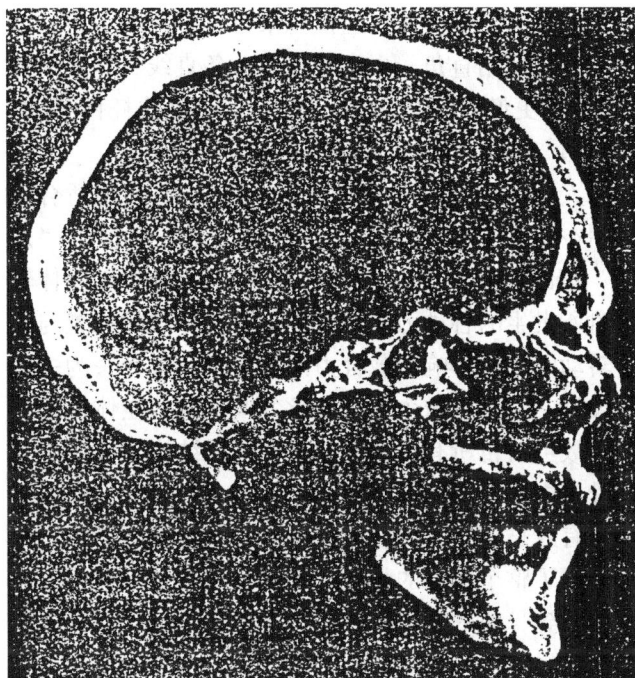

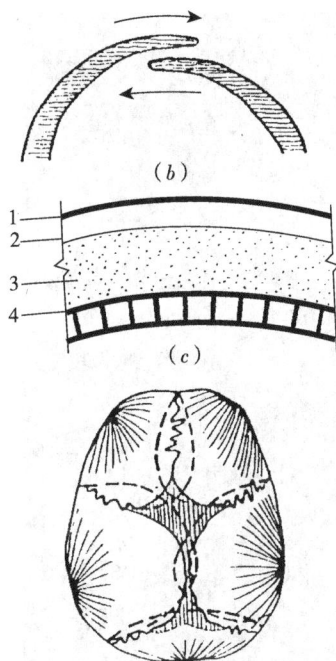

(a)

(b)

(c)

(d)

图 12-30 人的头盖骨分析
(a) 头盖骨的纵切面；(b) 头盖骨剖视图；(c) 骨片横断面；(d) 新生儿头盖骨横断面及俯视图，还开着口的有影线的平面在生长期逐渐愈合；1—皮；2—骨膜；3—骨骼组织；4—有气孔的内骨壳

图 12-31 纽约环球航空公司航站楼

也给予了所需要的稳定性。其啮合曲线的走向并非是任意的，而是按应力分布所决定的。骨缝也可称之为自然裂缝，这在龟鳖的甲壳上也可发现。人们可将这裂缝与混凝土墙上连续的接缝相比较，它可以在受到本来要导致开裂的重大撞击时使冲击力沿着即定裂缝而自我消解，不致扩展为更大裂缝。

头颅骨的形式说明了尽管各种形式组合可以是自由的，但形态不是因空想而决定的，它必须由明显的结构秩序所决定。现在让我们来看看沙利宁的环球航空公司航空站（图 12-31），它的"自由结构"形态令世人所瞩目，设计完全依据薄壳构造的本质。其造型没有一处是受几何形所束缚，根本看不到圆、直角或抛物线。但每一条曲线，每一个细部都表现了力所遵循的秩序。屋顶由双向曲率的大曲面所组成。屋顶边缘肋条断面随负荷的增加而向支承方向增大，同时使薄壳得以加强而不会变形。其支柱形式也是根据其受力的合力情形而完成的。我们可以把之比作一飞翔的雄鹰，但它形态的每一根线条与雄鹰相比又似是而非。这同时说明了唯有结合艺术感觉与工程知识才能组构出如此的杰作。

12.3.4 空间骨架

12.3.4.1 立体杆系结构

在生物自然界内众多的支承结构中，网格或杆系支承结构是作为轻型组合原则而存在的，在建筑中采用网格或立体杆系支承可以用很少的材料覆盖大跨度空间，立体杆系结构反映了一个物质构造的普遍原则即在不断的适应各种静力与动力荷载的变化中，一切事物均作有机的发展。这里有一很好的例子：骨头结构并非仅在单一平面内作用，而是具有融通性。根据身体不同

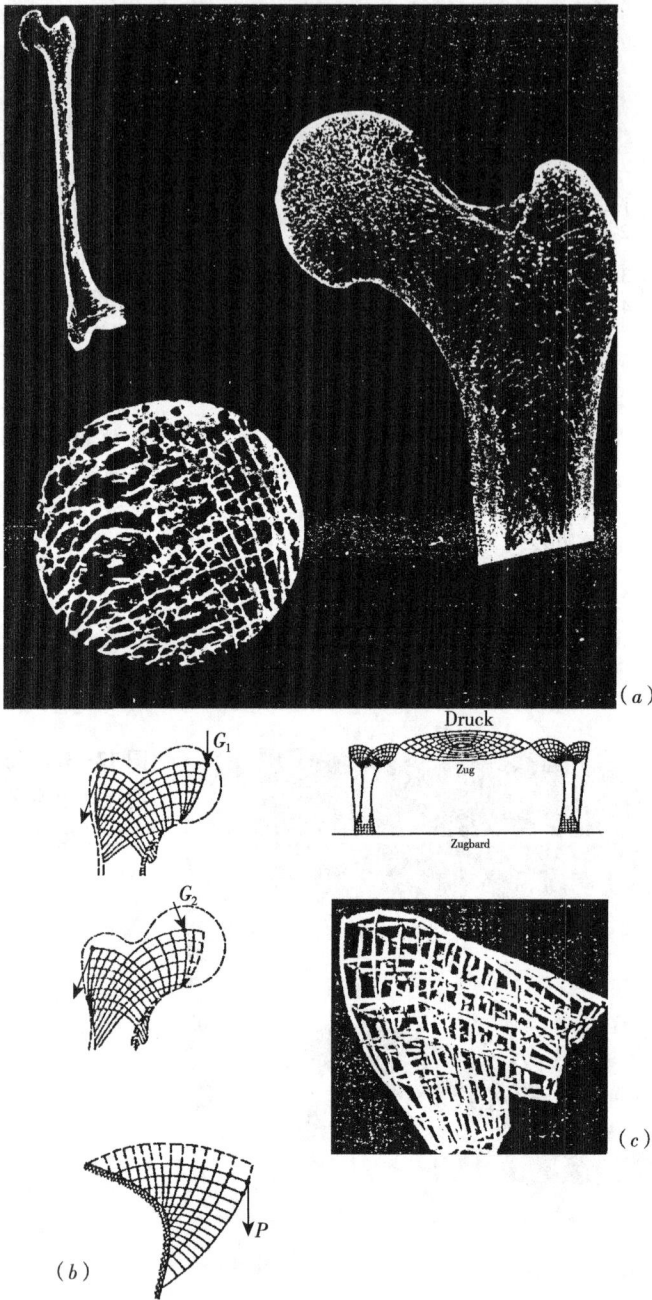

图12-32 人的大腿骨分析

(a) 骨质详图；(b) 倾斜作用于骨上荷载的应力类似于有机的桁架。自由作用的外部荷载 G_1 和 G_2 在髋骨内产生积极的有机抵抗，牵引力 P（腱）类似于一绳索符合其反作用力；(c) 结构在荷载的影响下的内部应力分布模型

的姿势和移动情况而适应抵抗来自各方向的力量。因此它并未使用直角，也未曾使用一条直线。骨头中的"肢体"更像硬化的角膜，与空间网架的杆件相比，可找出与基本作用原理的相似之处。

人类大腿骨的结构（图12-32），显然很适合于说明空间构架作用方式。身体的重量，由位于"悬臂"端的圆头所支持，作用与大腿骨上的力随身体转动时所发生的各种力量而变化不定。身体的位置与关节转动的程度影响荷载合力的方向。此根骨头为一绝妙设计，因其就像个能够支承各式荷载的立体杆系构架，故可对付所有的移动。这种杆系结构融合在单一的骨头内，各杆结构彼此相互贯通，减短了各单独肢体的有效长度，并使彼此加强且吸收其部分荷载，因而增进了整个单位的强度。臂关节上的骨小梁将载重再传导到骨架的支撑元件上。上腿骨呈管状，它也符合自然界中的轻型组合原则。在静力学上它就像上下均有铰链的承重的摆支撑，当然管状骨骼在较高的撞击荷载时是容易碎裂的。

立体杆系结构正像骨头一样，具有能使它本身适应各种类型及不同方向的荷载的优点。某一地方若受过大的应力作用，其邻接的部分将予以支承，此种结构贮藏有额外的强度，当局部发生超荷载时，可依其额外强度来支持。如图12-33所示，为根据杆系骨架原理，把巴黎工业展览中心的支撑结构变异为四方体杆网工程。

立体杆系结构常常模仿分子或晶格的立体网格，既达到了力学上的要求，同时也满足了高度的审美要求。由于杆原件的结节原件在工业上可以大量生产，以及能简易安装，所以立体的杆装置就具备了对其他支承结构竞争的条件。

在这方面，法国工程师勒·瑞克兰（Le Ricolain）、美国的甫拉及富勒（Buckminster Fuller）等人作出了重要贡献。瑞克兰在20世纪90年代中期对海洋小生物体即放射虫的骨骼结构完成了微观的基础研究，使之可移用于大型结构之中。他所作的有关标准化和装配工艺的综合论断在今天对我们还十分有意义。甫拉则通过研究微观世界的结晶或原子分子的组合结构而致力于对多面体的几何构成，并应用至空间构架中使之达到力学与美学的完美统一。富勒则把空间构架原则应用至他们的具体设计之中并得到了惊人的效果。

12.3.4.2 肋骨架

肋结构也是应用动植物骨架的轻型组合原理的一种结构，可以在平面上或曲面上按需要情况布置在主要应力线的方向上，它的横断面受材料的影响。肋有承担荷载和转移荷载的作用，如植物叶片中的叶脉（图12-34）结构、鸟类的翅骨及鱼的腹骨等。所以建筑师把对它们的认识从解剖学搬用过来也就不足为奇了。

人类自古以来就对肋骨架在力学上的作用有了充分地认识并在建筑中发挥了效力。10世纪罗马风时期曾为保持圆拱的刚性及减少圆拱厚度就采用了拱肋以承载及传导荷载。哥特时期把拱肋结构大大地向前发展了一步，终于使建筑能摆脱沉重的厚墙而只有拱肋及柱的支承，达到内外空间的交流。通过光对彩色玻璃的投影以追求象征天国世界的光明。可以说，如果没有拱肋结构，就没有轻盈而直向云霄的哥特风格和内部明亮的厅内环境。文艺复兴初期，伯鲁乃列斯基创造性地把拱肋应用至佛罗伦萨大教堂的穹隆上，使其减轻自重而解决了100多年的结构难题。

进入20世纪，钢筋混凝土的应用给肋骨架的利用带来了更大的范围。最具代表性的当属意大利建筑大师奈尔维的作品。他应用肋骨结构，充分发挥钢筋混凝土的性能，在施工便利、用料最少、自重最轻的情况下建造了大跨度的空间建筑，并获得了很强的艺术表现力。例如他在罗马迦蒂羊毛厂设计中使楼板板肋按主弯矩等应力线布置，这样既减小了楼板厚度，又增加了它的刚性，且达到了一种韵律（图12-35）。在都灵展览馆的阿勒利大厅设计中，用预制V形元件在现场组合予以加固，成为统一的肋拱结构，使其跨度达到94m，其肋间光带使内部空间获得了一种丰富多变的视觉印象和轻巧感。

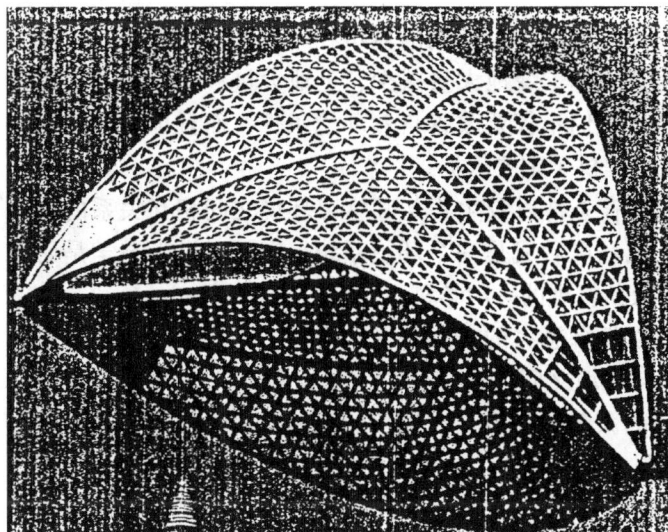

图12-33 巴黎工业展览中心支承结构变异体：用四方体杆网工程代替原来的圆筒壳（左）

图12-34 植物叶片上有韧性的肋结构（右）

图12-35 罗马迦蒂羊毛厂，板肋按应力主线布置，建于1951年，奈维尔设计
（a）板肋俯视图；（b）板肋透视

（a）　　　　　　　　　　　　　（b）

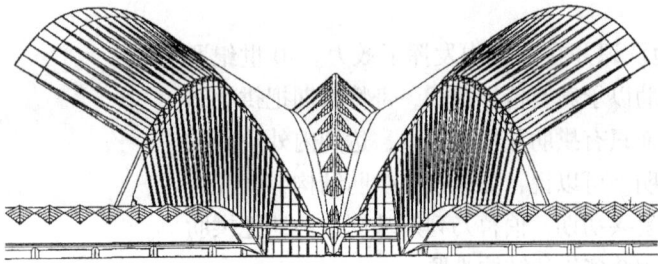

图 12-36 圣
地亚哥·卡拉
特拉瓦设计的
法国萨托斯飞
机场的高速铁
路车站

现在我们再来看看西班牙建筑师圣地亚哥·卡拉特拉瓦（Santiago Calatrava）的设计。他受他的先辈高迪的启发，把目光转向自然，以求回归自然，像自然中的生物一样给建筑以生命。他的作品多带有浪漫主义色彩，但本质上又严格遵守自然法则或力学规律。他在 1994 年建成的法国萨托斯飞机场的高速铁路车站（Railway Station at Satolas Airport, Lyon, Rhone—Alpes）设计中（图 12-36），把中央大厅设计成一振翅欲飞的鸟俯在铁路线上的样子。这是继沙里宁的环球航空公司航空站后又一形似飞鸟的建筑。但卡拉特拉瓦的飞鸟显得更有活力，更为轻巧。这种生动的效果是通过他对鸟的宽大翅膀的精心设计而获得的。这里他应用肋骨结构并使其完全暴露以支撑鸟的羽翼，就好似鸟的翅骨。薄薄的壳面与锐利的肋骨共同成为我们很好的联想基础。

12.4　建筑仿生学在生态学方面的应用

当前随着科学技术的高度发展和人口的急剧增加，我们的城市在不可抑制地增长，出现了一些诸如环境污染、能源危机、生态平衡被破坏、绿地大量减少、土地大量沙化，以及癌症等死亡率提高的社会问题。作为建筑工作者，我们不仅要改善自然环境条件，而且也要改善建筑环境，生态学理论就为解决上述综合性问题提供了重要依据。

生态学具有多学科性，是研究生物的生存条件以及生物与其生存环境之间相互关系的一门学科。如果把生物看成是一个生命系统，把环境看成是一个环境系统，则可以说生态学是研究生命系统与环境系统之间相互作用的规律及其机理的一门学科。

人自有本能以来就不断改造生存环境以抵御恶劣的自然环境的侵袭，古代巢穴的存在对于人类而言意味着生与死。建筑从而成为人与环境之间可以接受的"滤波器"[1]。人类从被动地受环境气候的影响发展到如今，创造一适宜的微气候环境。在很长的发展过程中，人类不断借鉴自然而获取技术，但同时由于工业的发展，我们的城市空气中已被证实存在大量有害的气体。技术的发展一方面给我们带来了大量便利的合成建筑材料，但同时它们也释放出大量有毒物和放射性物质，对我们的健康造成威胁。所以，怎样根据生态学的研究成果，应用仿生学技术来为建筑服务成为关注的问题。

12.4.1　建筑仿生学在调节微气候方面的应用

在住宅建筑中所应用的板式构造在热保护和吸声方面都不尽如人意，薄的钢筋混凝土护墙板的储热能力也非常差，它在受热迅速变暖的同时，也迅速放出储存的热量，这就造成了室内温度随室外温度的波动而波动。我们期望在外墙的建筑物理性能组合上能解决一些问题。为此，国内外都进行了大量的研究和实验以了解外部温度波动、空气湿度、气流速度对建筑材料的影响。对这些问题的考虑迫使我们想到自然界中的生物，它们在气候波动的外部影响下如何保持持久的适宜温度。

太阳热是有机体的能量给予者，生物外壳的功能之一就是防止受太阳热的蒸发作用而变干并且同时调整它体内的应有湿度。对于外部气候环境的影响有机体具有在自动抵抗的技术官能中调节自身的能力[2]。对这些变化的研究就是建筑仿生学的任务。对它的认识有助于制定自然界

---

[1] 见 G·勃罗德彭特. 建筑设计与人文科学 [M]. 张韦译. 北京：中国建筑工业出版社，1990：391.

[2] 参见 J. S. Lebedew. Architektur Und Bionik [M]. Berlin：Veb Verlag Fur Bauwesen, 1983.

和建筑之间和谐的相互关系。建筑师和工程师期望从中发现，怎样才能在预制的情况下来改善建筑物的室内微气候环境以及墙面和顶棚的建筑物理特性。

12.4.1.1　被动地保持室内微气候

有生命的自然为我们提供了大量的"研究对象"，对于保持适宜的生存环境，或者是被动地采用或者是本能而主动地改造，这方面昆虫为我们做出了很好的榜样，如蚂蚁窝和蜜蜂蜂房。在这些窝中有一稳定的微气候，它完全独立于外部温度。

再如动物孵蛋用的"垒窝"，它是由动物在秋天时搜集大量湿润的簇叶在特殊的坑中堆积起一小山包而成的，内部温度经常被控制在+33℃。沙土作为温度调节器而加以消化：白天充当吸热器吸收太阳热；夜晚外部温度下降时再释放出热量，类似的作品在我们人类的建造活动中早已有之。

人类从古老的穴居至今日的覆土建筑的进化过程中，有意识地开发利用和改造自然而创造出适宜的生存环境，从而把自己的活动领域从热带、温带扩展到寒带以至极地。因而建筑也就带有明显的地域特征，如北极爱斯基摩人的冰屋、黄土高原的窑洞、寒冷地区带火炕火墙的居室等。

窑洞是直接组织于大自然之中的穴居形式，在温度、气候、隔声、减少污染等物理环境质量方面具有天然的优越性。

窑洞具有冬暖夏凉、节约能源的优点，这是由于土具有隔热与蓄热双重功能而造成的。土的覆盖使夏季室内温度低于室外气温，同时土体又吸收室内热量，故十分凉爽；而冬季窑洞内温度高于室外气温，生土窑体又向室内散发热量。但是由于具有吸湿性，特别是每年夏季降雨季节，地表雨水向下渗透，地下水受毛细管作用而上升，使土体内的水分处于饱和状态；植物的根毛扎于土层内，当大气降水过量时，根毛细胞自行关闭不再吸水。有些乔木和灌木根扎得较深，地表水也易顺根渗入土内，造成窑洞内潮湿。此外，每年夏秋季节，窑洞外面空气的含湿量和温度均高于洞内壁面附近空气的含湿量和温度。当室外空气进入窑洞后，由于热湿交换，入洞空气温度逐渐降低，而相对湿度相应提高，直到温度下降至使相对湿度达到饱和，于是窑洞壁面开始结露，所以在室外湿度过高时，大量通风反而使窑洞壁面更加潮湿。窑洞民居的潮湿、通风和采光等不良因素是相互联系的，因此改善窑洞内部的物理环境，必须全面考虑。

科学家经研究得出结论：窑洞的生活方式对人类的长寿有很多益处，人最适合的生活环境温度是10~22℃，相对湿度是30%~75%，就温度和相对湿度的稳定性来说，窑洞具有最合适的生活环境，噪声小，受大气中放射物质的影响少，长期生活在窑洞中，哮喘、支气管炎等呼吸道病、风湿病和皮肤病就会减少，因此前苏联从20世纪60年末就开始研究"山洞疗法"，以其安静而稳定的生活环境治疗疾病。

在大力提倡保护自然环境、节约能源、维持生态平衡的今天，窑洞建筑更应有发展的必要（图12~37）。

12.4.1.2　主动地调节室内微气候

自然中，如在微生物硅藻中，在花的果实中或在种子中，在一定的外界温度变化情况下，它们始终能保持其自身的生命力而不被损坏，这得力于它们内部的自我调节能力，我们都知道种子和微生物能在一定温度湿度范围内不受外界的影响而依然保持其旺盛的生命力。人在忍受限度内，对于外界温度的变化，身体也会自动作出相应的调节反应从而保持体内温度在36℃左右。

生物的外皮细胞充当着双重功能：一方面形成了有机体的结束部分；另一方面，它保护有机体不受有害的气候波动的损坏，同时调节机体的湿度。调节产生了气孔，这在技术意义上与空调装置中自我调节气体和湿度的机械装置的途径是相似的。

图 12-37 美
国明尼苏达大
学土木及采矿
馆剖视图

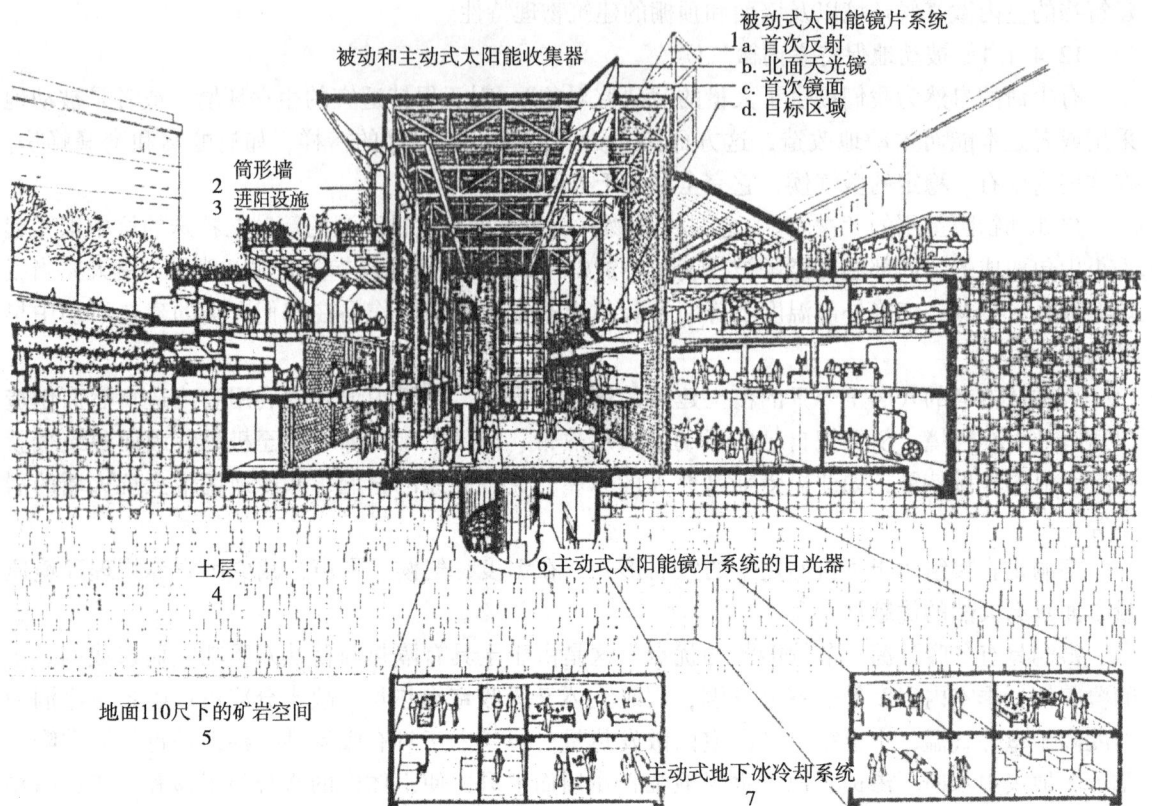

被动和主动式太阳能收集器

被动式太阳能镜片系统
a. 首次反射
b. 北面天光镜
c. 首次镜面
d. 目标区域

筒形墙
进阳设施
2
3

土层
4

6 主动式太阳能镜片系统的日光器

地面110尺下的矿岩空间
5

主动式地下冰冷却系统
7

　　人类最适宜的生活温度是+18~28℃，这就要求作为人类第三皮肤①的建筑物能够有空气交换和温度调节的装置。不同的室内功能有不同的室内空气交换要求，在极热或极冷地区，这种设备装置对人的生活环境显得尤为重要。

　　但是这里必须提及建筑的健康问题，第二次世界大战后，国外建筑的室内环境包括照明、加热、冷却和通风等的控制逐步采用了在密封的高大建筑中主动的机械系统控制。但围护用的混合材料、阻燃材料、防污材料等一大批新产品都向环境放出大量气体，有些已被证实有毒或致癌，越来越多的电子设备大大改变了室内的电磁场和静电环境，很多办公室和工厂的工人以及学生把很多时间花在计算机和微电影屏幕前，这些系统对使用者的健康和内脏功能产生的影响已引起相当的关注。

　　加利福尼亚大学伯克莱分校的环境设计学院的哈尔·莱维（H. Levin）通过对一些建筑的调查分析得出：很多严重的健康危害都源于空气污染的集中，很多污染物是由建筑物自身产生的，有些是由居住者产生的，还有一些如细菌与外部病菌有关。这些污染物中有很多被建筑物自身集中、繁殖或加强。

　　例如1980年9月新建成的奥克兰德（Oakland）高中，教职工和学生搬入后都说眼睛刺痛、呼吸困难，有些人还抱怨严重的头痛、皮肤瘙痒、恶心。经调查，装在新的储藏室里的放物品的隔板被怀疑会放出甲醛 Cal-OSHA。研究人员发现在学校空气中含有 1.2~1.6ppm 的甲醛，而大部分人在甲醛集中超过 1ppm 时就会觉得眼睛、皮肤、鼻子或喉咙痛。

　　再如1978年秋季建成的赢得了设计奖的旧金山社会服务大厦总部。雇员们刚搬入不久，就

---

　　① 第三皮肤：根据：F. Khoda. Baubiologie und Gips [J]. Deutsche Bauzeitscher, 1985, 12：1625-1630, 皮肤、服装被认为是人的第一、二皮肤，把建筑则喻为第三皮肤。

抱怨眼睛和皮肤刺痛、头痛以及呼吸问题，缺勤率明显升高。经过检查空气样品，表明其中有很多含量较高的有机化学物质，其中包括一些常用的毒性很大的工业溶剂。

还有 1965 年 8 月华盛顿特区的圣·伊丽莎白医院有 81 人患肺炎。经查是由于当年挖掘土层时扬起的被污染的灰尘进入了建筑的空调冷却塔，从而传播到建筑内的各处，这证明了某种形式的空气细菌过滤的重要性。

与旧的建筑相比，新建筑是完全封闭的，由机械系统对建筑进行通风、加热和冷却，因此对于减少和去除有毒物质，以及其他污染形式，通过通风、自然光线、声音控制和其他设计策略来控制污染程度就显得尤为重要。如同一个生物体，它在保持自身体内温度一定的情况下，与外界进行不断的物质交流，而不可能为一完全封闭的机体。哈尔·莱维为此制定了一套预先的指导方法：①在任何可能的地方用使用者控制的方法，最大限度地使用自然通风、冷却、加热和太阳控制。②多样化并小心地选定进气源和扩散口。③使用空气过滤器。在机械提供空气的地方，清洁并加热交换器。④避免使用需要经常油漆或经常需化学处理的材料。⑤在为计划考虑选用材料时，向生产者要产品的化学数据清单，尽可能选择无毒产品。

哈尔·莱维的这些指导方法保证了建筑作为一有机整体而不断保持一动态平衡的基本需要，使有害物质不断被排除，所需物质不断被循环。有机体的生命机能就在于对环境是开放的，与外部环境不断地交换，而大多数无生命的机械装置对外部环境则是封闭的①。

12.4.2 不同的环境影响产生出不同的形式

植物形式因它的生存条件而产生了决定性的对生存环境的适应。沼泽植物在外观形式上根本区别于沙漠地带的植物，同样也区别于寒带的植物形式。因此自然提供了具有多种湿度的理想生存条件。作为人类第三皮肤的建筑理应对不同的环境条件作出反应，正如同不同的环境产生出千姿百态的植物一样，不同的气候环境也应产生出不同形式的建筑。

在太阳光照射的影响下，一些有机体形式的结构在生长过程中就会变化。观察树木就最能体会变化：树枝萌芽的形成、长成大树枝、长出叶子、开花到结出果实，都体现出对环境、对气候、对阳光变化的适应，植物根据其自身所处的环境而本能地采取相应措施以利于其生长发育。K. A. 提米亚索（K. A. Timirjasew）说，叶子绿的表面都能预告确定截取阳光的多少，第一眼看过去叶子的分布仅呈现出纯粹的巧合，但深入地分析其结构就会认识到它非凡的合理性②。

热带森林中的矮小植物是在很少的太阳照射下生长的，为争取最大限度的阳光，叶子的排列状况是多路错开的。受自然界中的这一原理启发，在罗马的索塔·玛里瑞拉（Sauta Marinella）住宅区的一栋 13 层住宅建筑中通过移动住宅的排列来改善个别室内的采光（图 12-38）。

细长的、柳叶刀形的棕榈叶被非洲人称为是"喜爱的太阳"的标志。他们比喻其为"在上帝游泳的火焰中，脚部陷入冰冷的水中"。最小叶表面原理是热带地区对持续的阳光照射的适应。棕榈却在生存环境中具有改善它的大叶子的光照、湿度及温度条件和改变它的形式的能力③。

目前在建筑设计中，为了在中午时保护墙体不受强烈的太阳光照射已创造了一种机械叶子，它把叶脉轴完全朝向南方，以使

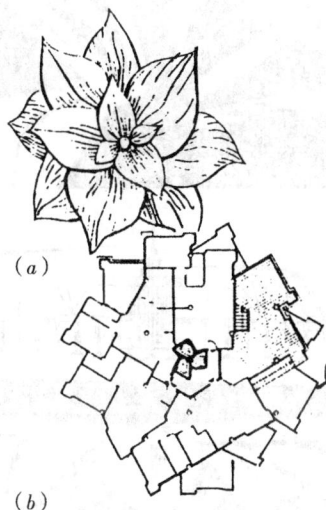

图 12-38 叶子的排列与可移动住宅

(a) 矮小植物为争取最大限度的阳光，叶子的排列呈多路错开

(b) 罗马的 Sauta Marinella 受启发而作的一栋 13 层住宅，通过移动住宅的排列来改善室内采光

---

① 见 G·勃罗德彭特. 建筑设计与人文科学 [M]. 张韦译. 北京：中国建筑工业出版社，1990：380.

② 参见 J. S. Lebedew. Architektur Und Bionik [M]. Berlin：Veb Verlag Fur Bauwesen，1983：193.

③ 参见 J. S. Lebedew. Architektur Und Bionik [M]. Berlin：Veb Verlag Fur Bauwesen，1983：195.

最少量的墙表面有阳光照射。

12.4.3 自我调节微气候与运动建筑学的关系

图 12-39 形似反扣花瓣的结构形式，可使屋顶折叠元素抬起或下降（设计者 A. Mutnjakowitsch）

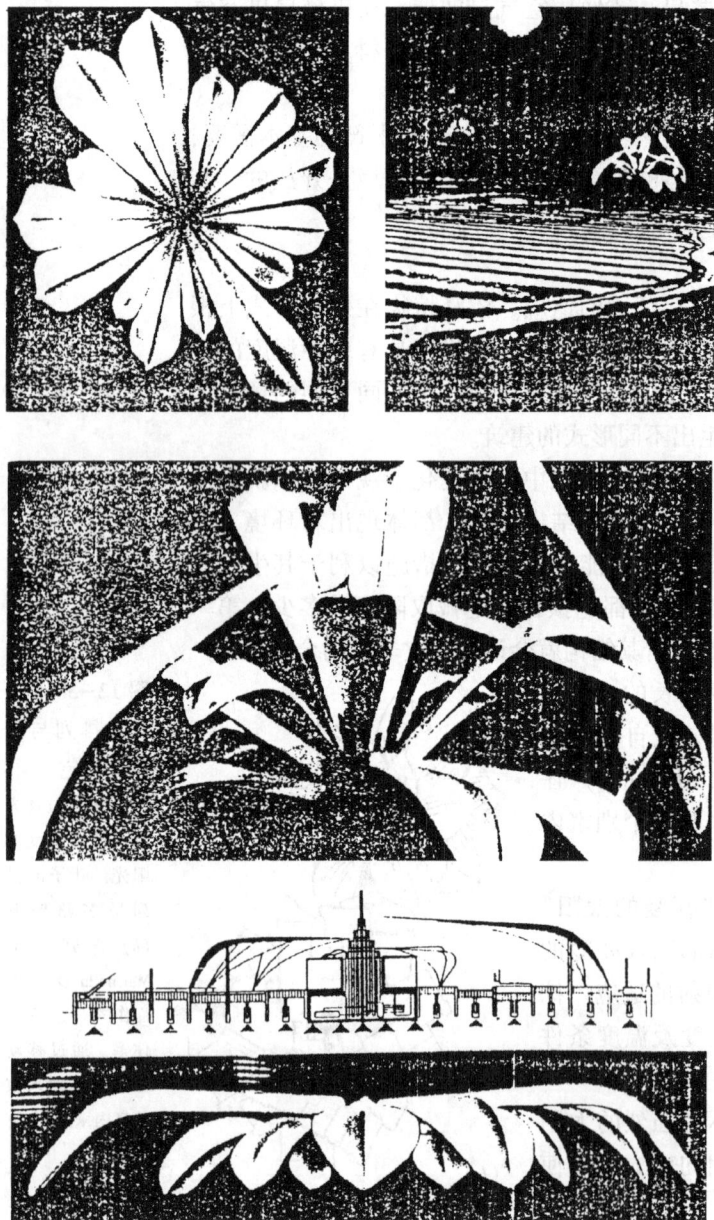

自然中的自我调节过程是对外界气候变化所作的全自动调节自身的过程，也是引起它的形式变化的直接方法。有机体在一定的忍受范围内对温度和湿度的波动反应很敏感，有机体内的生物钟主动决定白天黑夜并向"内部机械装置"发出命令，从而引起外在形式的相应运动。这种运动是可逆的①。例如我们常看到开花植物的花萼在早晨张开，在晚上又关闭起来。

再如，叶子在干燥天气就卷曲在一起以减少它的表面蒸发作用，在下雨天再伸展开来；花在太阳光的长时间照射下为生存而俯下身去以减少受光面。导致这些变化的不仅仅是对气候因素的反应，同时也存在着一种生物力学作用的"力学装置"以产生调节变化。

例如国外有一种白槐虽然有大量的叶子，但在中午却被认为不宜作为避荫处，因它随着太阳照射角而不断调整叶子的方向，为吸取早晨的阳光，叶表面转动到朝着太阳的方向；而到中午时分则转动叶面与阳光平行，避开强烈光线的损害；傍晚时分叶子则向下悬挂给人以疲惫劳累的感觉。

自我调节作为调节的最高形式是整个有机体所特有的，它是生活和生长过程的规则原理，是由于有机体与环境间的相互作用而产生的。在我们的建筑活动中，人们正尝试着把生物的自动调节方法转换应用到建筑中，使研究中得到的有关生长的认识转换成可活动的灵活建筑学形式，这就有可能是程序控制的转动过程。

在好莱坞，南斯拉夫建筑师 A·穆拿柯维迟（A. Mutnjakowitsch）设计了一个亭子，它的结构形式使人想起一个反扣的花瓣，在望远镜的帮助下可使单一的折叠元素抬起或下降，屋顶表面因此可根据每种气候条件而张开或关闭（图 12-39）。在来自柯龙（Kiew）、莫斯考（Moskau）和查柯（Charkow）的建筑与土木工程师组合的设计小组设计的能容纳 20000 名旅客的车站中一个能完全折起的放射形屋顶使幻想变成了现实。

气候变化常常会引起叶细胞和花细胞中运动力学的气压和液压（气体力学和流体静力学）②。例如当人们对某些花瓣轻轻吹气，在热影响下螺旋形的花就打开了（图 12-40）。海玫瑰（Seerose）被认为是非常热敏性的，在早晨太阳使它变热时，它就打开自己，在晚上变凉时再

---

① 参见 J. S. Lebedew. Architektur Und Bionik [M]. Berlin：Veb Verlag Fur Bauwesen, 1983：197.

② 参见 J. S. Lebedew. Architektur Und Bionik [M]. Berlin：Veb Verlag Fur Bauwesen, 1983：202.

"自动地"关闭花瓣，采取这种预防方法能达到既不被过高的温度损伤又不让雾侵入花中。这样海玫瑰就保持了它的生长和生活过程中良好的微气候。

K·麦尔尼克（K. Melnikow）在 1925 年世界博览会上设计的苏联馆，应用仿生学原理做了一个似叶子覆盖的顶棚，它能很好地防雨，而空气和阳光却可不受阻拦地透过。而来自 Jerewan 的 O·沃塔尼安（O. Wartanjan）发展了一个具有可移动的屋顶和转变因素的研究，根据一定的运动周期而能打开和关闭（图 12-41）。

当前，霍伯曼（Hoberman）正在对空间中的运动→空间变化→节省型建筑学进行研究，这成为未来可移动式顶棚发展的基础。

西班牙建筑师圣地亚哥·卡拉特拉瓦在这方面已率先作了诸多尝试。如他在世界博览会科威特馆中设计了一个独特展厅，引起参观者的注意，达到在全球范围内传达科威特的重要地位及它和其他国家尤其是第三世界的团结的目的。由于展区也需在晚上以不同方式吸引参观者，故应用活动屋顶，其下为展览平台。屋顶白天遮阳，晚上则打开以便室外放映和展览。

在苏黎世中心区小岛的室外餐厅（图 12-42）设计中，圣地亚哥再次用了活动屋顶。由于小岛四周均为茂密的树林，故他在此设计了 9 个可折叠的树形单元的组合体，以与周围环境协调。天气晴朗时树形单元折叠起来以使进餐者充分享受树林的气息；天气不好时则平展开来，为人们提供一遮风避雨之地。

图 12-40　植物夹竹桃（Phloxes）的花在受热时便张开其螺旋形花瓣（左上四图）

图 12-41　可移动屋顶的建筑，沃塔尼安设计（左下二图）

图 12-42　苏黎世中心区小岛上的室外餐厅（右图）
(a) 打开时的树形支柱模型；(b) 折叠时的支柱模型；(c) 餐厅平面；(d) 剖面图

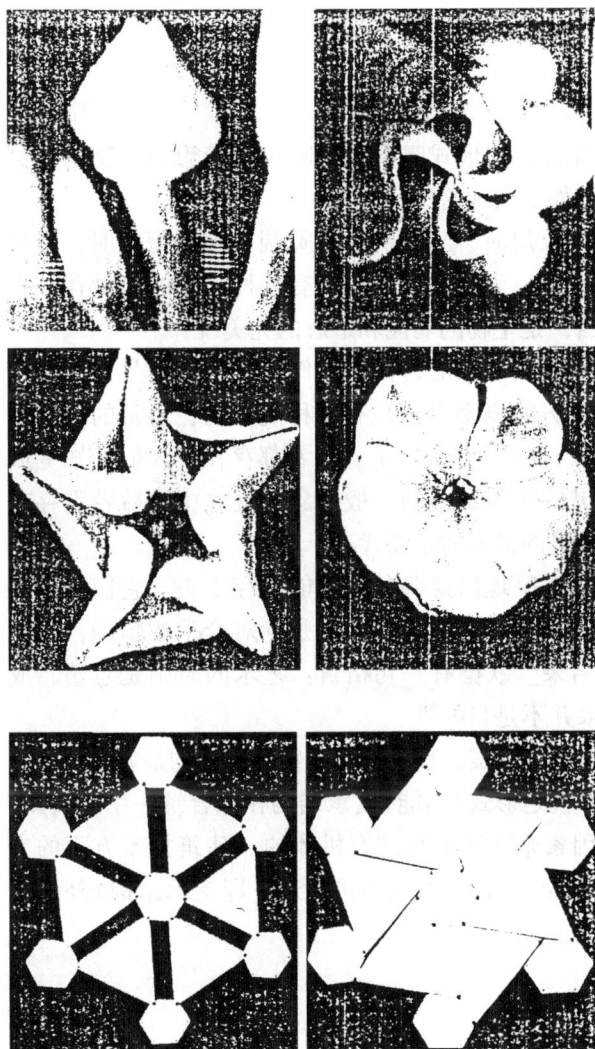

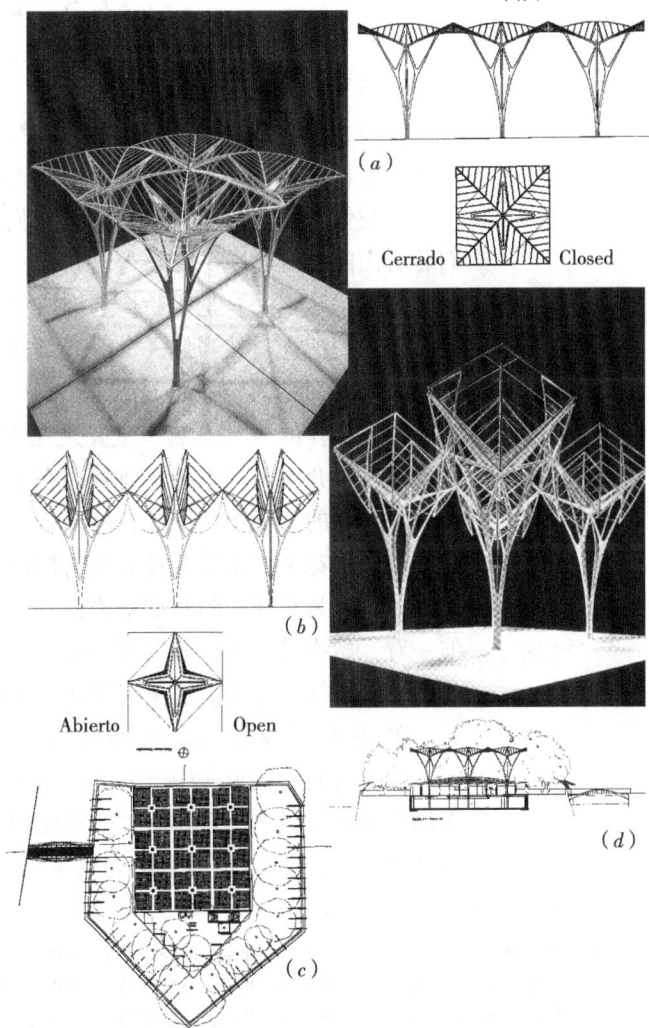

奥托（Otto）在他的张力结构实验中，弹性支柱原型来源于动物脊柱的实质：通过张力的不同而变化弯曲角度。

可见自然中结构形式都是与其功能相结合而绝不是相互孤立的。20世纪对这方面的诸多研究已证实了这点，并且正试图应用到建筑中，这是未来建筑的发展方向之一。

新加坡大学建筑学院教授约瑟夫·李姆（Joseph Lim）已预见到仿生建筑的发展趋势，现在在建筑学课程中增加了对自然中的结构结合功能的介绍，为了使学生更好地理解结构和建筑之间的关系。他们采取了三个步骤的方法：①确定自然中有特点的物理运动的来源；②把运动用结构原型来表达出来；③把这原型发展为雕塑结构（Sculptural Strujctural）基础上的或以特殊功能的应用为基础的空间形式设计，这就被称为建筑原型。分析动植物的焦点集中于：①是什么支撑着它；②它是怎样活动的；③它是怎么适应环境的。动植物要适应于自然环境，应用到建筑上就是要考虑物理环境包括光和空间。在指导学生做结构原型时，主要分为三类：动物的运动特点、动物的结构系统、与动物的形式相关的形象化方面。学生们自己动手，用一些垂手可得的木棒、钢丝、弹簧等材料形象化地把他们对动物如乌龟、海蛰、龙虾、青蛙、蟑螂等的理解表达出来。经过这一过程，学生们不仅仅学会从整体出发来考虑外在形式，更知道功能和技术的重要性，理解了自然中的动物都是在尽可能简化的形式和结构中使整体运动起来，这种思想对未来建筑师是必要的。

12.5　建筑仿生学的美学问题

12.5.1　自然美与建筑艺术

涉及仿生学领域时，我们在为自然界中千奇百怪的形式叹服的同时也不禁想到生物的完美形式是怎样表达出来的？怎样才能在建筑学领域得以实现这些？

当我们漫步于林间小道时，当我们领略名山大川时，当我们面对宽阔无垠的海面时，当我们聆听山间小溪时……无不为这自然的造化所感动，为之神往。似乎有某种神奇的力量存在于其中。这是什么呢？是生命！是构成活力的东西，是生物的功能和形态的完美统一。

当我们把大自然当作一个美的领域而同艺术区别开来的时候，我们的意思并不是说事物具有不以人的知觉为转移的美，在我们所谓的自然美的概念中暗含有某种规范的、通常的审美欣赏能力，这样的"大自然"主要是在程度上和"艺术"有所区别。两者都存在于人们的知觉或想像这一媒介中，只不过，前者存在于通常心灵的转瞬即逝的一般表象或观念中，后者则存在于天才人物的直觉中。因此，可以说美的艺术是美的世界的主要代表①。

鸟儿和花朵之所以美是因为它们的目的是只有呈现出这些色彩才能生存下去，它们的结果是美的，因为对我们的知觉来说，它们是引人注目或和谐的。自然界是绝对合乎逻辑的，因此乍一看，始终是美的，所以美不是目的，而是结果。歌德有一句格言：艺术的原则是意蕴，成功的处理的结果是美。这里需要注意的是：结果并不是目的②。

美是向感官表达出来的合理性的结果，艺术不追求美，而追求某一特定内容的最好表现③。

在所有的有机形式中，为生存而斗争的结果就是形式+功能+支承结构在综合统一中的实用。人们在长期对自然的观察研究中总结出用数学因素来表述通行的有机体的"建筑技术方面的支承结构"。在隔膜、折叠或薄壳的平面支承结构情况下它能发展得更深远，即支承结构+外壳构

① 见鲍桑葵. 美学史 [M]. 张令译. 北京：商务印书馆，1985：7.
② 见鲍桑葵. 美学史 [M]. 张令译. 北京：商务印书馆，1985：550.
③ 见鲍桑葵. 美学史 [M]. 张令译. 北京：商务印书馆，1985：549.

成了一个功能统一的较高的建筑艺术特点。

建筑工程中的支承结构同活的有机体一样要有充足而完全具体的功能。当支承结构在所有它的静力学的和构造上的元素中"起作用"，并且所使用的建筑材料是充分利用其相应的合理的特性时，即使是一个普通的支承结构也满足它的美学功能。

自然很经济地充分利用它的建造材料。有机体的支承结构本身就体现了形式构造的完美以及材料方面的充分利用。这正是在建筑环境中需要塑造的典型。在遵守一个经济的材料投入情况下，支承结构的解决首先形成了必不可少的结构美学前提及有个性的建筑的前提。按照 E·托瑞亚（E. Torroja）的看法，一个支承结构必须是技术完美，同时也充满着感情①。通过考虑支承结构的技术、大量的构造，通过遵守比率和清楚明白的结构构成才能取得建筑个性。

12.5.2　抄袭自然或创造性地转换

到目前为止，关于建筑环境中有机的形式构成规律和它的转换间的相互关系的认识存在着两种不同的倾向：

第一个倾向推行仿生原理的一个创造性的转换和在一定的方法下选择适合出现的自然形式和特性，这种选择在某些方面也决定于社会需要。

第二个倾向相比之下是在建筑形式中或多或少地竭力模仿或传达自然形式的特征。黑格尔把简单的模仿给予我们的快感归因于"心灵产品给人的满足"，他认为这是心灵的正当的自豪感，而这种自豪感的产生是因为心灵能够用它自己所选择的一种简单材料就取得大自然费了很大的和多种多样的实际力量才完成的东西的精华。这样模仿出来的对象所以能令我们愉快，并不是因为它们是自然的，而是因为它们制作得很自然。因此，纯粹模仿的根本缺点在于它是形式的，而把它所再现的东西的富于个性的材料或意义置之不顾。而只有抓住这一材料或意义并对可以知觉的再现形象赋予一种普遍性，我们就达到了美的艺术的真正本质。艺术家模仿自然，并不是因为自然造就了这样或那样的东西，而是因为自然把它造得很正确。艺术永远有义务坚持有力量的、本质的、有特色的东西②。

建筑仿生学方向所要考虑的因素不仅仅是外在形式上的模仿，更为主要的是考虑有机形式的内在本质与建筑中的相似之处，要考虑到清晰的支承结构、经济的材料消耗和明确的功能划分，以及社会需求和真正的建筑艺术思想内容。

建筑仿生学形式发展的最初阶段中的缺陷自然会引向形式主义的失败。但这不应得出普遍的结论也不能被视为建筑仿生学形式的标准。

对于这一建筑学方向，西班牙建筑师 A·高迪（Antonio Gaudi）在 20 世纪初首先开始了探索。我们可以把 A·高迪视为 20 世纪建筑学中进行有机形式的真正创始人。石质或砖瓦的自然植物形式，模仿棕榈杆的支柱，塑造成盘旋向上的花的线条的楼梯栏杆或树冠形的顶棚是他形式意向的一些典型特征。80 年后我们从 A·高迪的取自自然形式的建筑创作中认识到一些积极的特点。他至少是第一位用钢筋混凝土和玻璃转换可塑形式的建筑师。他在世纪之交已经实现了支承结构的进一步发展。他对有机自然的结构分析和有机形式的应用使他渐近符合逻辑的合理的主体支承结构原理。在这一点上，他取得了公认的功绩。他的建筑风格与非常风格化的自然植物形式关系密切（图 12-43、图 12-44）。他的后继者卡拉特拉瓦的作品也有异曲同工之妙。

具有独特"创造力"的自然主义特征目前已成为国外众多建筑师的努力目标。例如 P·格瑞劳特（P. Grillot）用一个强有力的叶脉结构的抽象图来表达城市结构。

① 参见 J. S. Lebedew. Architektur Und Bionik [M]. Berlin：Veb Verlag Fur Bauwesen, 1983：214.
② 见鲍桑葵. 美学史 [M]. 张令译. 北京：商务印书馆, 1985：438.

图 12-43 巴塞罗那的卡萨·巴特洛住宅(1905~1907)(左)

图 12-44 巴塞罗那的米拉公寓（右）

图 12-45 Dakar 的戏院

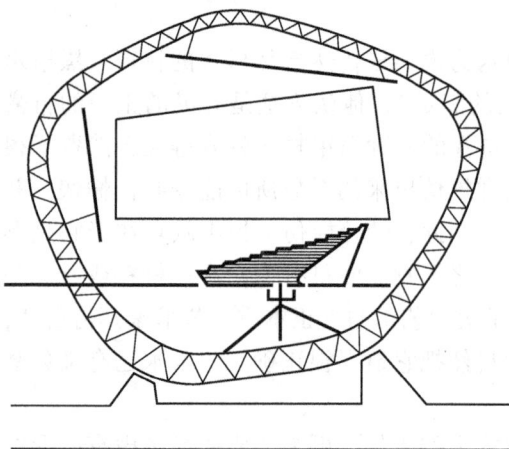

蛋形是 S·贺豪斯（S. Hochauser）设计一海滨的平房别墅的蓝本。虽然独特，但这巨型蛋却没有建筑的辐射力。感觉上这是不稳定的外壳，人们猜想，这外壳随时都会滚动而离开或由于负荷而裂开。

与这实例相反，达卡（Dakar）的一个戏院，它的支承结构和根基符合建筑仿生学原理（图12-45）。实际上它仅从蛋形外壳中吸收了密集形式。承载能力和双层外壳形式通过一双重弯曲的立体杆系结构而得以实现。

以上这些例子已使我们明白，仿生学的形式问题上的创造性在设计过程中扮演了角色，从而实现一个各方面都令人满意的，功能、支承结构和形式相协调的结果。

这种基于科学的建筑仿生学认识之上的创造性使我们能够达到一个较高层次上的建筑艺术表达。在建筑学中如果不加评判地接受自然界的形式是一个严重的倒退，会把建筑学引向绝路。

12.5.3　心理感受与审美在建筑仿生学方面的影响

当我们在建筑学中应用仿生学元素时，应该想到有可能会遭到人们的拒绝。建筑作为一门艺术是人们所感受的对象，只有当人们从建筑中获得"乐趣"时才会接受它。而人们审视一座建筑时是依赖于长期对自然形式所形成的一定的行为方式和思维方式。因此我们在应用仿生建筑观点时也必须考虑到心理感受对它的影响。

在历史发展进程中我们在植物的多种形式影响下形成了对自然界的态度，形成了对自然形式如比例、大小和色调的知识进展，逐渐建立起一种模式。正因为在我们大脑中有这种模式，我们才能对外界活动作出适当的反映和解释。当某种形式符合我们头脑中的概念时，我们便会接受它、亲近它、喜爱它，直至认为它是美的；反之，当某种形式与我们有关美的概念不相符时，我们便会认为它是不符合逻辑的，违反规律的，于是就疏远而不接受，认为其是丑的。这说明我们的感情与一定的形式是有联系的。

在我们面对一幢建筑时，常常会产生肃穆、庄重、轻快、明朗等感觉，那是因为我们富于想像力。当建筑中的某种形式与我们概念中的某种东西相似时，便会与深藏着的幻想发生联系，而所幻想的内容相应地唤起了我们的某种感情。因此"就建筑的感受而论，我们不是被动的，它只是作为注意力某种外表的结果而产生的①"。也就是说，虽然我们面前的建筑是固定不动的，但我们的想象却是自由的。在我们获得与建筑产生共鸣的感情时，我们也就从中得到了乐趣。

我们对建筑的感受不仅与感情有关，更是建立在理解的基础之上的。我们之所以欣赏一座建筑正在于它恰当地表达了自身的含义。思想上的变化可以产生对建筑感受的变化。这如同对诗和音乐的感受一样。当我们理解了李白的诗中含义后，才能领略到他的气势磅礴，同时油然而生一种敬意和美感；当理解了剧中情节及所表达的思想时，才能与戏剧同悲欢而达到忘我的境界；当理解了音乐及歌曲的含义后才会产生感情上的共鸣。

对建筑的正确理解包括对其功能的认识（即了解它的用途）、对其结构的视觉感受和对主题思想的正确联想，即达到托瑞亚所说的"形式的逻辑"。这要依赖于视觉因素，如形式的比例及形式各部分间的相互关系、材料质感、韵律等等。只有当这些因素有机联系时才能产生明确的理解和联想。这就要求我们不仅在建筑形式上使仿生的抽象形式的主题与建筑主题一致，而且在视觉上使结构合乎逻辑。

如保加利亚建筑师马特耶夫（M. Matejev）在保加利亚展览馆设计竞赛中受国花玫瑰的启示而在建筑艺术形式的表达中塑造了一玫瑰形，使人看到后不禁与祖国联想到一起，激发出爱国热情。

在印度宗教中把荷花作为最神圣最美的花，因此被誉为真善美的母亲庙（Mother Temple）就采用了此种形式，好似水池中一朵圣洁欲放的花蕾。

视觉上的结构合理性在建筑审美中也是相当重要的。如果一座建筑的外在形式不能使我们正确感受到其受力情形，便会对建筑的理解发生障碍从而陷入困惑之中。比较一下法国罗阳（Royan）市场及罗马尼亚布卡斯特（Bukarest）的马戏场中心建筑，我们便会体会到结构外在表现形式对我们审美的影响（图12-46、图12-47）。

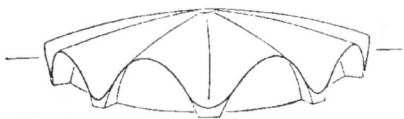

图12-46 法国罗阳市场，1955年建成

两座建筑的支承结构非常相似，均是波浪形放射状的薄壳结构。虽然两屋顶都很像坚固的贝壳，但罗阳市场更让人心动。它由于直接扎根在水平地面上而形成与有生命的自然非常相似的表达方式，在视觉逻辑上与马戏场不同。这是怎样形成的呢？罗阳市场的形式特征、比例和直接

图12-47 罗马尼亚布卡斯特（Bukarest）的马戏场，1960年建成

的扎根地面立刻使我们产生与自然同源的逻辑：一种在我们的感觉中产生灵巧的贝壳形式的扎根和安全感，那每一个地面与外壳间的微小间隔非常清晰地突出了外壳轮廓。而在马戏场建筑中，形式没有完全满足逻辑要求。这印象是通过支撑柱以及支撑柱间的环梁而产生的。我们再

---

① 见罗杰·斯克鲁登. 建筑美学［M］. 刘先觉译. 北京：中国建筑工业出版社，1992：96.

把它与罗马世运会小体育馆中的支柱相比较就会明显感到，后者倾斜的 Y 形支柱更顺应力学规律和仿生要求。

建筑形式美不仅可借鉴仿生的规律，而且更需要考虑抽象和升华，使建筑形式美能达到理性与浪漫情怀的结合，这样才能更符合人类智能的需要。在这一方面，在古代以来，历代的建筑技师都曾在建筑中用他们的智慧向人们传达着自然形式升华后的表达方式，如古希腊罗马神庙中的多立克柱式使人感觉到男人的刚毅，而爱奥尼克柱式和科林斯柱式则使人感受到女人的柔美。柱身的卷杀形式使我们把它与人体四肢的肌肉联系起来，从而感受到柱子承重时内在的弹性。虽然它们都没有直接表现出对人体的模仿，但那柱式的线条和细部却使我们联想到人体的曲线。这就说明，建筑艺术对自然界的"仿生"是追求内在本质上的相似性，是从自然中提炼出的抽象形式，意即中国画崇尚的"神似"，而不是仅停留在模仿外形上。罗杰·斯克鲁登说，建筑表现只有当"被模仿东西的知识是真正建筑理解的一个基本部分时才有可能①"成为表现艺术。

所以，从自然形式到建筑学上的形式的创造性转换需要支承结构的变化以及比例的部分变化，要与建筑构造上的特殊限制相联系。在采用建筑仿生元素时，有时虽然综合了有机体内的功能联系，但应用到建筑上还是不能保证设计上的功能要求。问题的根源在于它是不客观的功能分析，而仅仅是形式分析。这方面最突出的表现就是对有机形式的机械性增大，我们要把有机形式应用到诸如建筑和城市规划等宏观结构方面时势必存在着尺度的变化。例如城市规划设计中吸取树叶或带分叉的肺叶形式，如果错误地理解有机形式的增大，势必不能在城市规划中实现"有机运作"的初衷。伽利略就曾描绘道，当我们把鸽子的所有部位都增大相同的比例时，鸽子就不能飞了。

这里还应涉及的一个问题便是，是否建筑仿生学对建筑学的民族特性有消极影响？建筑学的民族特性是扎根于它的自然和社会环境的，是在自然界影响下所采纳的形式。这本身就说明了它是与自然环境有机结合的结果。一定区域内的自然环境恰好有助于一个民族的建筑风格的充实。建筑仿生学通过对有生命的自然的局部形式和地方性形式的特殊组合会使民族特殊性更加丰富。

12.6　仿生建筑文化的新趋向

建筑仿生是一个老课题，也是一种最新的科研趋向，它愈来愈引起人们的注意，因为人类文化从蒙昧时代进入文明时代就是在模仿自然和适应自然界规律的基础上不断发展起来的，直到近现代时期，特别是飞机和潜水艇的发明也都是仿生的科研成果，它们从飞鸟和鱼类的特性中获得启发，取得了史无前例的新成就。建筑同样如此，古代从巢居穴居到各类建筑的出现，无不留下了模仿自然的痕迹。但是，随着工业化的高速发展，人类的文明发生了异化，反过来破坏了自己的生存环境，也使自己的创作囿困于僵化的机器制品，束缚了创造性，这就是为什么在近几十年来人类重新对仿生学开始重视的原因。

仿生原理在现代科学技术上的应用是非常广泛的，于是就促使了仿生学（Bionics）这门新兴交叉科学的出现。

在建筑领域方面，仿生的倾向在近几十年来也在不断发展，它的研究意义既是为了建筑应用类比的方法从自然界中吸取灵感进行创新，同时也是为了与自然生态环境相协调，保持生态平衡。自然界是人类最好的老师，人们无时无刻不在从自然界中获得启发而进行有益的创造。

---

①　见罗杰·斯克鲁登. 建筑美学 ［M］. 刘先觉译. 北京：中国建筑工业出版社，1992：180.

仿生并不是单纯地模仿照抄，它是吸收动物、植物的生长肌理以及一切自然生态的规律，结合建筑的自身特点而适应新环境的一种创作方法，它无疑是最具有生命力的，也是可持续发展的保证。1983年德国人勒伯多（J. S. Lebedew）出版了一本著作，名为《建筑与仿生学》（Ar-chitektur and Bionik），系统阐明了建筑仿生学的意义，建筑学应用仿生理论的方法，建筑仿生学与生态学的关系，建筑仿生学与美学的关系等等，正式为建筑仿生学奠定了理论基础。加上在此前后，许多有创见的建筑师进行了有关建筑仿生的实践，使建筑仿生学已逐渐形成为一种时代潮流。

其实，人类在建筑技术上所遇到的许多难题，自然界中早已有了类似的解答，因为生物在千万年进化的过程中，为了适应自然界的规律需要不断完善自身的性能与组织，它需要获得高效低耗、自觉应变、新陈代谢、肌体完整的保障系统，从而生物才能得以生存与繁衍。只有这样，自然界才能成为一个整体，才能保持生物链的平衡与延续。当然，人也是大自然中的一员，人类为了生存与发展不仅需要建筑，而建筑也需要适应自然界的规律，否则不仅会破坏自然环境，而且也会毁灭人类自身。

从人与自然界的关系来说，建筑可谓是人的第三层皮肤，它是人与自然界之间的中介，如何使建筑能适应环境的自然规律，又能适合人类不断发展的需要，这的确是现代文明所提出的新课题。正因为如此，有效寻找和利用自然界生物的成长规律来适应人类社会发展对建筑的需要，就是建筑仿生学的主要任务。

建筑仿生学的表现与应用方法，归纳起来大致有四个方面：城市环境仿生，使用功能仿生，建筑形式仿生、组织结构仿生。当然，往往也会出现综合性的仿生应用，形成一种城市与建筑的仿生整体。

在城市环境仿生方面，比较有代表性的例子可以在巴黎的改建规划中明显地看到。早在1853年时，巴黎塞纳区行政长官欧思曼（G. E. Haussmann）为了执行法国皇帝拿破仑三世的巴黎建设计划，曾对巴黎市区进行了大规模的改建，它不仅要表示对帝国首都的赞美，而且要在城市结构功能上进行改善，使城市交通、环境绿化、居住水平都达到一个新的境界。为了实现

图12-48　巴黎改建规划图，1853

这一理想，他的巴黎改建规划在某种程度上就是模拟了人的生态系统而进行规划设计的（图12-48）。例如当时在巴黎东、西郊规划建设的两座森林公园，东郊维星斯公园和西郊布伦公园的巨大绿化面积，就象征着人的两肺，环形绿化带与塞纳河就像是人的呼吸管道，这样就使新鲜空气可以输入城市的各个区域。市区内环形加放射的各种主干与次要道路网就像是人的血管系统，使血流能够循环畅通。这种城市环境仿生思想，不仅在当时已起到了积极的作用，解决了困扰巴黎的城市交通与环境美化问题，使巴黎在世界上成为城市改建的成功范例，而且城市环境仿生理论今后仍然值得借鉴和完善。

1954年欧洲"十次小组"（Team 10）在荷兰召开预备会时，英国建筑师史密森曾提出一种新的城市形态，称之为"簇群城市"（Cluster City，图12-49），这也是仿生的成果，它是根据植物生长变化的规律而提出的一种新城市布局思想。他们设想把这种城市主干道设计成三叉形的道路系统，象征着植物"干茎"，使交通流量得以均匀分布。同时把城市"干茎"设计成自由弯曲的分叉系统，并且带有多触角的蔓延扩展的子系统，就像树枝分叉一样，也兼有蛛网状的连接。这样既可避免车流泛滥，也可有利于各区之间的区分与连接。他们预言，这种城市布局一方面能保持现代城市功能的需要，又能重新获得昔日传统城市的自然气息。同时，这种城市是

不断生长变化的，也可使城市与建筑物的分布获得有机的组合。目前许多小区的规划设计与"簇群城市"规划思想颇有异曲同工之处。

图 12-49 簇群城市干茎图，1954（左）

图 12-50 德国不莱梅高层公寓平面图，1958~1962(右)

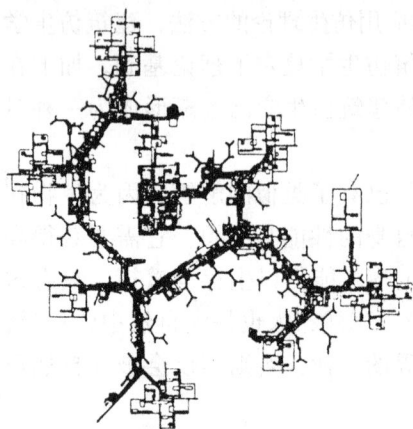

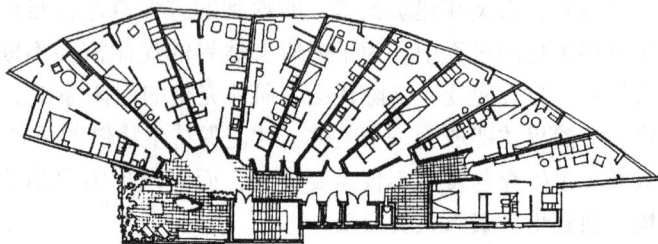

图 12-51 法国朗香教堂剖面透视，1950~1955

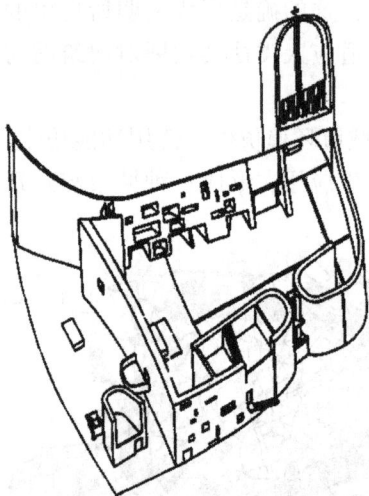

在建筑使用功能方面的仿生，应用也很普遍，不过表现的形式是多种多样的，只要善于应用类推的方法，就可以从自然界中吸取无穷的灵感，使建筑的空间布局更具有新意。例如芬兰著名建筑师阿尔托设计的德国不莱梅的高层公富（1958~1962）的平面就是仿自蝴蝶的原型（图 12-50），他把建筑的服务部分与卧室部分比作蝶身与翅膀，不仅造成内部空间布局新颖，而且也使建筑的造型变得更为丰富。又如勒·柯布西耶在 1950~1955 年间设计建造的法国朗香教堂的平面就是模拟人的耳朵（图 12-51），象征着上帝可以倾听信徒的祈祷。正是因其平面具有超现实的功能，以致在造型上也相应获得了奇异神秘的效果。类似的情况还有许多，比较著名的如 1960~1963 年夏朗（Hans Scharoun）在柏林设计建造的爱乐音乐厅内部空间则是仿自乐器内部空间共鸣的效果而建造的复杂奇特的形体。1966 年由丹下健三在日本山梨县建成的文化会馆是一座新陈代谢派的著名作品（图 12-52），它的平面组合就是仿照植物新陈代谢的功能，设计了一个个垂直的圆形交通塔，内为电梯、楼梯与各种服务设施，所有办公空间则建立其间，这样可以根据需要不断扩建或减少。

建筑的功能往往是错综复杂的，如何有机组织各种功能成为一种综合的整体，在自然界中的生物也为我们提供了有机组合的范例，它不仅仅是单一功能元素的相加，而且是多功能发展过程的综合，因此产生了一个较高发展阶段的新特性。例如人的嘴，不仅能吃饭，又能说话唱歌，还能品尝甜酸苦辣。这种原理应该使建筑师在建筑功能组织中有所启发。当代集中式的建筑倾向已使巨型高层建筑与多功能建筑随处可见，这就要求我们在有限的空间内要高效低耗地组织好各部分的关系，使得这些空间可以适应多种功能。建筑师没有理由在复杂的功能组合中浪费空间和材料，也没有理由不向大自然这位老师学习。

建筑形式的仿生则最为常见，它不仅可以取得新颖的造型，而且往往也能为发挥新结构体系的作用创造出非凡的效果。最早应用仿生形式的近代建筑师是西班牙人高迪（Antonio Gaudi），他在巴塞罗那设计了许多带有明显动物骨骼形式的公寓建筑，隐喻着这座海滨城市战胜蛟龙的古老传说。例如 1904~1906 年建的巴特洛公寓和 1910 年建的米拉公寓均是如此。埃罗·萨里宁

（Eero Saarinen）于1958年所作的美国耶鲁大学冰球馆形如海龟（图12-53），1961年所作的纽约环球航空公司航站楼形如飞鸟（图12-54），也都是举世瞩目的例子。1964年丹下健三在东京建造的奥运会游泳馆与球类比赛馆（图12-55），利用悬索结构仿贝壳体形，使功能、结构与造型达到有机结合，令人耳目一新，成为建筑艺术作品的优秀范例。赖特是一位善于结合自然环境的建筑师，他在1944年设计建造的威斯康星州雅可布斯别墅（Herbert Jacobs House，图12-56），就是把住宅仿照地面菌菇类植物进行设计的，给人以自然的形态，达到和环境融为一体的境界。此外，又如萨巴（Fariburz Sahba）在1975~1987年建成的印度德里的母亲庙（Mother Temple）则是仿自一朵荷花的造型（图12-57），它表达了圣洁与优美的形象，成为周围环境的主要标志。

图12-52　日本山梨县文化会馆,1966（左）

图12-53　美国耶鲁大学冰球馆,1958（右）

图12-54　纽约环球航空公司航站楼,1961（左）

图12-55　东京代代木奥运会体育馆,1964（右）

图12-56　美国雅可布斯别墅,1944（左）

图12-57　印度德里母亲庙,1975—1987（右）

建筑形式的仿生是创新的一种有效方法，它是通过研究生物千姿百态的规律后而探讨在建筑上应用的可能性，这不仅要使功能、结构与新形式有机融合，而且还应是超越模仿而升华为创造的一种过程。上述建筑师的作品无疑是值得在建筑创作中借鉴的，只要我们善于观察和吸收自然界中千变万化现象的内在规律，我们就能有取之不尽的源泉。遗憾的是也经常会出现一些简单模仿某一形象的作品，如1974年建的京都人脸住宅，还有美国的许多"热狗"快餐店的具象广告式建筑，这些都已背离了建筑仿生的意义，只是一种单纯追求新奇噱头的效果，它既无创新的价值，也不能与周围生态环境取得协调，是一种建筑文化的糟粕，这是需要引以为戒的。

在结构仿生方面，先进的工程师们在近几十年来已取得了非凡的成就，他们比建筑师更善于观察自然界的一切生成规律，已应用现代技术创造了一系列崭新的仿生结构体系。从一滴水珠和一个蛋壳看到了其自由抛物线型曲面的张力与薄壁高强的性能；从一片树叶的叶脉发现了其交叉网状的支撑组织肌理，这些对建筑结构的创新设计都是十分有益的启示。

1947~1949年意大利结构工程师奈尔维和建筑师巴托利（Nervi and Bartoli）设计的意大利都灵展览馆的巨型拱顶（图12-58）就是仿叶脉肌理而建造起来的，混凝土骨架和玻璃格组成的拱顶宽93.6m，长75m。奈尔维和维特罗西（A. Vitelozzi）于1957年建造的罗马奥运会小体育馆（图12-59），半圆形穹顶直径60m，内部采用了钢筋混凝土网格的结构系统，就是受葵花的启发，不仅用材经济，受力合理，而且创造了内部装饰新颖的效果。小体育馆的外部则从人类腿骨的受力分析中得到启示，创造了一圈Y形支撑体系，使空间结构与建筑艺术形式的虚实结合达到了完美的统一。1960年奈尔维又建成了罗马奥运会的大体育馆，半圆形穹顶直径达到98.4m，可容纳16000观众，内部采用放射形拱肋的构造形式支撑着上部的混凝土穹顶，顶厚只有6cm。内部看去既像一朵花，也像是密密麻麻的叶脉网，成功地使现代技术与使用功能、装饰艺术达到有机的结合。对比公元120~124年建成的罗马万神庙，半圆形穹顶直径为43.2m，混凝土厚度则为1.2m，这充分说明了建筑技术运用仿生原理所取得的巨大进步。奈尔维既是一位闻名遐迩的结构工程师，也是一位卓越的建筑师，他的创造性在很大程度上就是得益于向自然界学习。

图 12-58 意大利都灵展览馆内部，1947~1949（左）

图 12-59 罗马小体育馆内部，1957（右）

美国结构工程师富勒（Buckminster Fuller）是另一位有创造性的人物。他从自然界中的结晶体与蜂窝的菱形结构中获得启示，创造了一系列惊人的大空间结构作品。1958年他在美国巴吞鲁日（Baton Rouge, LA）建造的联合油罐车公司的巨大穹顶（图12-60），直径达115.2m，就是应用晶体结构的原理建造的。1967年富勒和塞道（Fuller and Sadao）一起建造的加拿大蒙特利尔国际博览会的美国馆（图12-61），是一座球体建筑，在当时展览会上极为引人注目。他很

图 12-60　美国巴吞鲁日的联合油罐车公司的巨大穹顶，1958（左）

图 12-61　蒙特利尔博览会美国馆，1967（右）

可能是模拟一种深海鱼类的网状骨骼（图 12-62）和放射虫的组织结构，创造了立体网架的短线穹隆，高度达 60m，直径为 76.2m，穹隆外部用塑料敷贴，并可启闭，夜间灯光照亮，通体透明，犹如星球落地。

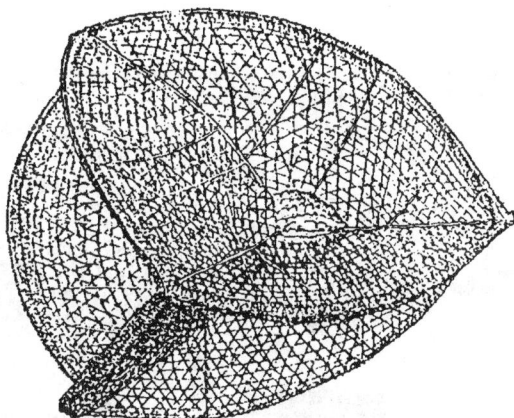

图 12-62　深海鱼的网状骨骼

纽约环球航空公司航站楼不仅是外形仿生的著名作品，而且埃罗·萨里宁还和威廉·加德纳（William Gardner）在结构上建造四瓣组合式薄壳，中间有缝隙采光，四瓣薄壳则由下部的 Y 形柱支撑，这与人的头盖骨的拼合极为相似（图 12-63、图 12-64）。航站楼应用这种结构肌理不仅解决了自由曲线造型的难点，而且在结构与形式上又能达到有机的融合，这是值得建筑师们注意的。为了建筑的某种造型并不一定要牺牲结构的合理性，相反，有机的结构与新颖的形式可以相互共生。

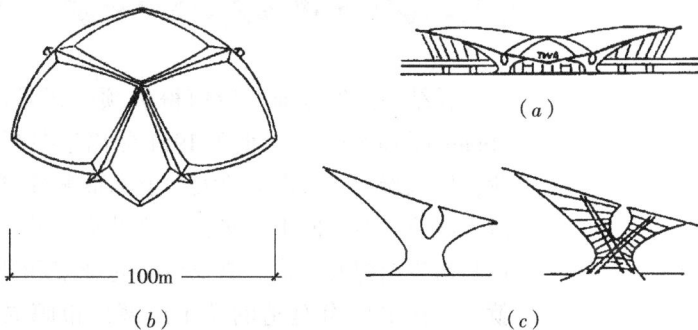

德国结构工程师奥托（Frei Otto）于 1967 年在加拿大蒙特利尔国际博览会上建造的德国馆，像一群帐篷式的建筑物，这是用网索结构仿蜘蛛网形的支撑体系（图 12-65），上面用塑料面层覆盖，造型非常特殊，它可以有利于作为临时性建筑的装卸。1972 年的慕尼黑奥运会的体育场馆也运用了这一结构形式。由于他善于使用这种结构类型，因此也有人称他为"蜘蛛人"。这种蛛网形的网索结构后来还发展为帆布张力结构系统，与帐篷形式更为接近。

（a）

（b）　100m　（c）

图 12-63　纽约环球航空公司航站楼的屋顶结构分析图
（a）正立面；
（b）屋顶平面图；（c）符合推力方向而自由模制的支柱

其实，建筑师中也不乏在结构上应用仿生的例子。勒·柯布西耶早年大量使用的鸡腿柱和框架悬挑的结构系统无疑是从动物腿骨支撑所得到的启示。1931 年他在巴黎附近波依西（Poissy）建造的萨伏伊别墅（Villa Savoye）就是这种结构系统的体现，至今仍被人们所称颂。

赖特是众所周知的建筑大师，他早年曾攻读过结构专业，因此能在建筑造型与结构体系的融合方面运用自如。1950 年他设计建造的威斯康星州约翰逊制蜡公司试验楼（Helio Laboratory and Research Tower, Racine, Wisc.）就是仿树状结构特点，把主要支承结构放在建筑中央，四周楼板悬挑，外表形成幕墙，取得了新颖效果。应用同样原理，赖特在 1956 年还大胆设想了 1 英里高的摩天楼方案。

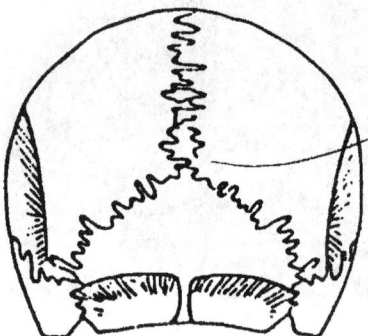

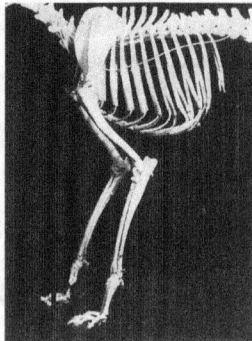

图 12-64 人的头盖骨分析图（左）

图 12-65 蒙特利尔国际博览会德国馆，1967（中）

图 12-66 狗的骨架（右）

图 12-67 瑞士巴塞尔的一座中世纪建筑改造后的梁架，1986～1987（左）

图 12-68 多伦多的 BCE 广场大厦内部，1987（右）

在结构仿生方面，最值得称颂的还是后起之秀——西班牙建筑师圣地亚哥·卡拉特拉瓦（Santiago Calatrava）。他于 1951 年出生在西班牙的巴伦西亚，曾在当地的建筑学院建筑学专业毕业，后入瑞士苏黎世工业大学土木系学习结构工程，毕业后又于 1981 年获该校建筑系技术科学博士学位。他的博士论文题是"结构的可折叠性"。毕业后他留居瑞士开业，继续致力于折叠结构与仿生结构的实践，他观察狗的骨架和腿的活动支撑（图 12-66），已获得了许多可喜的成就。他在 1983 年建造的瑞士卢塞恩市邮局前的大雨棚就是最早应用活动关节的实践。1986～1987 年他在巴塞尔市一座中世纪古建筑的改建中，将咖啡厅上的顶棚钢梁架做成仿动物骨架的自由曲线（图 12-67），既有着新颖的观赏效果，又能符合受力的特性，是一种大胆的尝试。此后，他在 1987 年为加拿大多伦多市建造的 BCE 文化广场大厦（BCE Place，图 12-68），创造性地模仿了树干分叉的生长肌理，设计了两边的支柱与顶棚的弧形肋架，取得了非凡的艺术效果。1991～1992 年他在西班牙的塞维利亚 1992 年国际博览会为科威特设计的展览馆（图 12-69、图 12-70），其屋顶是可自由启闭的结构，模拟着动物关节的自由运动。夜间屋顶肋架敞开，下面平台上便可进行露天的各种活动，它不仅在结构与功能上能够有机结合，而且也给人以无限的遐想。1989～1993 年他在为法国里昂塞托拉斯机场（Satolas Airport）附近的铁路车站设计建造中，完全应用了动物骨架的结构原理，充分发挥了节省材料提高效能的特性，并且造型新颖。此外，他还为 1992 年巴塞罗纳奥运会设计建造最有标志性的电讯塔，也是吸取了植物干茎自由平衡的形态而获得新颖构思的。

图 12-69　西班牙塞维利亚博览会科威特馆屋顶关闭，1991~1992（左）

图 12-70　西班牙塞维利亚博览会科威特馆屋顶开启，1991~1992（右）

　　总之，建筑仿生可以是多方面的，也可以是综合性的，如能成功应用仿生原理，就能创造出新颖和适应环境生态的建筑形式。同时仿生建筑学也给人们暗示着必须遵循和注意许多自然界的规律，它告诉我们建筑仿生应该注意环境生态、经济效益与形式新颖的有机结合，仿生创新更需要学习和发挥新科技的特点，要做到这一点，建筑师必须善于应用类推的方法，从自然界中观察吸收一切有用的因素作为创作灵感，同时学习生物科学的肌理并结合现代建筑技术来为建筑创新服务。建筑仿生学是新时代的一种潮流，今后也仍然会成为建筑创新的源泉和保证环境生态平衡的重要手段。

本章参考文献

[1]　[意] P·L·奈尔维. 建筑的艺术与技术 [M]. 黄运升译. 北京：中国建筑工业出版社，1981.

[2]　荆其敏. 覆土建筑 [M]. 天津：天津科学技术出版社，1988.

[3]　项秉仁. 赖特 [M]. 北京：中国建筑工业出版社，1992.

[4]　[美] I·L·麦克哈格. 设计结合自然 [M]. 芮经纬译. 北京：中国建筑工业出版社，1992.

[5]　[英] 罗杰·斯克鲁登. 建筑美学 [M]. 刘先觉译. 北京：中国建筑工业出版社，1992.

[6]　[英] G·勃罗德彭特. 建筑设计与人文科学 [M]. 张韦译. 北京：中国建筑工业出版社，1990.

[7]　[英] 鲍桑葵. 美学史 [M]. 张今译. 北京：商务印书馆，1985.

[8]　[美] 小拉尔夫·弗·迈尔斯主编. 系统思想 [M]. 杨志信，葛明浩译. 成都：四川人民出版社.

[9]　[德] 柯特·基格尔. 现代建筑之结构造型 [M]. 钟英光译. 台北：台隆书店，1980.

[10]　吕富洵. 走向 21 世纪——建筑仿生的过去和未来 [J]. 建筑学报，1995 (6).

[11]　林媛：根植于自然——哈里斯的"自然符号"与莱特的"自然之居"[J]. 世界建筑，1992 (3).

[12]　鲍为钧. 具有生命的建筑和城市——我们的理想和未来 [J]. 世界建筑，1992 (6).

[13]　[德] F. Khoda. Baubiologie und Gips [J]. Deutsche Bauzeitscher，1985 (12).

[14]　[英] Levin. H. Architectural Ecology [J]. Progressive Architecture，1981 (4).

[15]　[英] Joseph Lim. Moving Mechanisms from Nature [J]. The Singapore Architect，1994，3/4.

[16]　[德] J. S. Lebedew. Architektur Und Blonik [M]. Berlin：VEB Verlag Fur Bauwesen，1983.

[17]　[日] 宫崎兴二. 多面体ど建筑 [M]. 株式会社彰图社，1979.

[18]　[美] Dennis Sharp. Twentieth Century Architecture — A Visual History [M]. New York：Facts on File，1991.

[19]　[西] R. C. Levene，Y F. M. Cecilia. Santiago Calatrava [M]. El Croquis，1994.

[20]　刘先觉. 仿生建筑文化的新趋向 [J]. 世界建筑，1996 (4).

附录 A 生态决定因素[①]

1. 自然地理（自然的形式、力、变化过程）

（1）地质（土地的自然史和它的土、石构成）

1）基岩层：断面和露头

2）面层地质：土壤类型和分类

3）承载能力

4）土壤稳定性：对断层、滑动、侵蚀和下沉的敏感性

5）土壤生产力：构成和条件

（2）水文（涉及地面水和大气水的发生，循环和分布）

1）河流和水体

2）洪水：潮汐和洪泛

3）地面水排泄

4）侵蚀

5）淤积

（3）气候（一般占优势的天气条件）

1）温度

2）湿度

3）雨量

4）日照和云盖

5）盛行风和微风

6）风景及其影响范围

（4）生态（对生命和活动物质的研究）

1）生态群落

2）植物

3）鸟类

4）兽类

5）鱼类和水生物

6）昆虫

7）生态系统：价值、变化和控制

2. 地形（地面形状和特征）

（1）地面形态

1）水—陆的轮廓

2）地势的起伏

3）坡度分析

---

① 生态决定因素，对一个水—陆地区生态单元的规划或活动方式产生影响的社会，自然地理或其他因素。

（2）自然特征

1）陆地

2）水面

3）植被

4）地形价值

5）自然景色的价值

（3）人工的特征

1）分界标志和边界

2）交通道路

3）基址改良

4）公用事业

3. 文化（社会、政治和经济因素）

（1）社会影响

1）社区的资源

2）社区的思想倾向和需要

3）邻地的使用

4）历史的价值

（2）政治和法律约束

1）政治管辖范围

2）功能分区

3）筑路权和在他人土地上的通行权

4）土地再划分规定

5）环境质量标准

6）政府的其他控制

（3）经济因素

1）地价

2）税款结构和估价

3）区域发展的潜力

4）基址外的改良需要

5）基址内的开发投资

6）投资—利润比率

附录 B 开放空间的分类

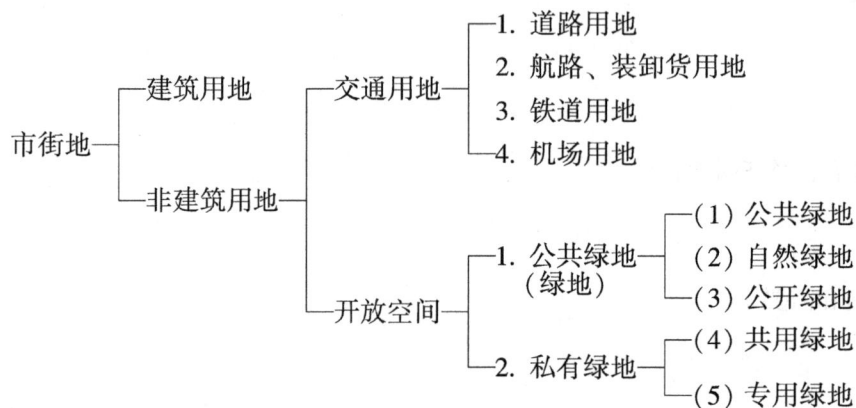

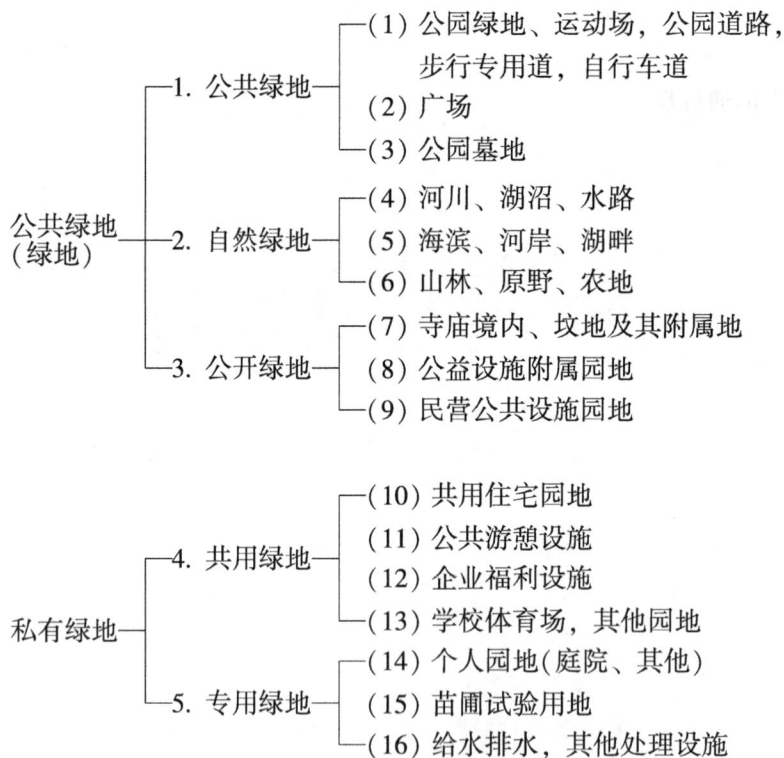

```
市街地 ─┬─ 建筑用地 ─┬─ 交通用地 ─┬─ 1. 道路用地
        │            │            ├─ 2. 航路、装卸货用地
        │            │            ├─ 3. 铁道用地
        │            │            └─ 4. 机场用地
        └─ 非建筑用地 ─┘
                      └─ 开放空间 ─┬─ 1. 公共绿地 ─┬─ （1）公共绿地
                                   │   （绿地）     ├─ （2）自然绿地
                                   │               └─ （3）公开绿地
                                   └─ 2. 私有绿地 ─┬─ （4）共用绿地
                                                   └─ （5）专用绿地
```

```
公共绿地 ─┬─ 1. 公共绿地 ─┬─ （1）公园绿地、运动场，公园道路，
（绿地）   │                │       步行专用道，自行车道
          │                ├─ （2）广场
          │                └─ （3）公园墓地
          ├─ 2. 自然绿地 ─┬─ （4）河川、湖沼、水路
          │                ├─ （5）海滨、河岸、湖畔
          │                └─ （6）山林、原野、农地
          └─ 3. 公开绿地 ─┬─ （7）寺庙境内、坟地及其附属地
                           ├─ （8）公益设施附属园地
                           └─ （9）民营公共设施园地
```

```
私有绿地 ─┬─ 4. 共用绿地 ─┬─ （10）共用住宅园地
          │                ├─ （11）公共游憩设施
          │                ├─ （12）企业福利设施
          │                └─ （13）学校体育场，其他园地
          └─ 5. 专用绿地 ─┬─ （14）个人园地（庭院、其他）
                           ├─ （15）苗圃试验用地
                           └─ （16）给水排水，其他处理设施
```

附录 C 一个绿色建筑分级系统[①]
——能源与环境设计指导

LEED 绿色建筑分级系统是美国绿色建筑委员会（以下简称委员会）的一个优先项目。它是一个自愿的、基于意见一致和市场驱动的建筑分级系统，该系统利用现有技术，从总体建筑的角度来评估建筑的全生命周期的环境表现。LEED™ 试图确定一个标准，来指明何为"绿色建筑"。

美国绿色建筑委员会的绿色建筑分级系统，基于可接受的能源和环境原则，并重视已知有成效的实践与不断涌现的新概念之间的合理的平衡。不同于现存的其他分级系统，本系统是一个公共开放系统，并吸收了实际上所有建筑工业相关部门的参与，这其中包括：建筑产品生产部门，环境组织，建筑业主，建筑用户，州及地方政府，研究机构，专业社团，高等院校等。

本系统还是一个用于对新建和已建的工、商业和快速增长的住宅建筑进行分级的自我认证系统。它是一个面向未来的系统，按不同的标准进行评分。对满足所有必要条件并获得总分 2/3 分数的申请项目颁给不同的绿色建筑等级。本系统在建筑领域内具有广泛性并不失其简单的可操作性。

分级机构（The Rating Body）

一、职责

美国绿色建筑委员会将负责建立和管理这一分级机构。它的首要任务是建立和复查 LEED™ 建筑分级系统标准，解决争执，开发操作、管理策略。

二、机构组成和服务项目

该机构负责每三年，或当技术法律条件改变时复查和更新程序标准。同时还设立一个分级机构（分委员会）负责解决认证方面的争执。委员会的一致表决将批准操作指南及系统和程序的更改。该分级机构还负责委员间的协调工作。该机构由 15 名有投票权的成员组成，并努力使以下机构至少有一名代表参与：

(1) 产品生产商；

(2) 建筑控制与服务承包商；

(3) 公共服务（水、电……）公司；

(4) 房地产专业人员（管理者、房产主、用户及其他）；

(5) 专业社团；

(6) 环境组织；

(7) 地方、州和联邦政府；

(8) 专业公司；

(9) 建筑承包商、施工单位；

(10) 金融部门（投资人、保险单位及其他）；

(11) 大学及研究机构。

---

① 译自："US green Building Council"的网站：www. US GBC. ORG.

所有感兴趣的单位团体皆可参加本机构的会议及在会议上发言，但只有机构成员有表决权。本机构亦可向非委员的专家咨询技术和管理经验。这些咨询领域包括：能源、室内空气质量、建筑管理使用、操作和维护、可持续性设计和环境材料等。

三、程序管理

由一个指定的分级系统小组负责管理日常程序，包括发布、复查申请项目，确认分级符合情况，维护记录，反馈需求信息和投诉，发布新闻及其他事务。

四、认证

对本分级标准的符合情况的认证，将授权给专业工程师或建筑师。他们被要求签署申请报告，并提交一份报告，以他们的专业观点阐明该建筑项目符合 LEED™ 的程序标准。所有认证的建筑项目皆由分级程序小组负责复查和确认。

五、认证文件夹

所有认证文件皆由美国绿色建筑委员会实地公开复查。所需文件包括完整的申请书和认证表格及一套完整的建筑审批文件。

六、否定认证

分级程序小组定期复查认证申请，其中包括已获得认证的建筑。如果存在问题，或分级程序小组存有疑问，则项目申请者必须向小组澄清情况。

七、终止认证

所有下列情况中的建筑项目都可以在任何时候不受处罚地终止它的 LEED™ 绿色建筑认证。（以下略）

分级系统标准

一、分级申请对象

所有由标准建筑代码定义的民用建筑都可以成为 LEED™ 建筑，其中包括（不仅限于这些）：办公楼、零售店和服务性建筑物、机构建筑（如图书馆、学校、博物馆、教堂等）、旅馆和超过 4 个单元的住宅。

二、标准

对 LEED™ 建筑分类来说，申请项目必须满足所有的必要条件和获得一定的分值以获得不同的 LEED™ 建筑分级认证，在满足基本的必要条件的前提下，申请项目根据其满足下列评分系统分值（按百分比计）的情况来确定其分级。

LEED™ 建筑分类系统总共有 44 个分值和 2 个附加的奖励分值。

得分值高于 81%（36 分），获 LEED™ 绿色建筑白金认证；

得分值高于 71%~80%（31~35 分），获 LEED™ 绿色建筑黄金认证；

得分值高于 61%~70%（27~30 分），获 LEED™ 绿色建筑银认证；

得分值高于 50%~60%（22~26 分），获 LEED™ 绿色建筑铜认证。

另外，一年内得分最高者还将获得"年度绿色建筑奖"，USGBC 委员会还为申请分级认证的已建项目颁发"LEED 先锋"称号。

三、等价分

在特定情况下，可以根据绿色建筑的概念（精神）采取某些措施，虽然这些措施并未在所需遵从的标准中列出，但申请者只要能表明采取这些措施在本质上与标准所要求的分值条件本质上等效，即可获得等价分数。实质性等价声明，必须清楚地载明在申请书上，并提供相应的支持文件，等价分数只能针对某些特定的分数点，而每份申请也仅限于不超过 3 分。

四、参考标准的适用性

除了为了服从地方建筑法规要求的特殊标准外，从 1998 年 1 月 1 日起，LEED 分级系统每 3 年修订一次。

五、标准符合帮助

（略）

分级系统必要条件

一、石棉

对所有的建筑，业主的首席设计师（建筑师或工程师）必须提交一份声明，说明该建筑满足条件：①没有使用石棉的材料；②遵从 OSHA 法案中关于石棉的 1926 条款。

二、建筑代理

对于居住面积大于 50000 平方英尺的建筑，应根据 "GSA 模式委托计划与指导细则" 进行委托代理。

三、能源效率

遵从州或地方法规的节能条例，或 ASHRAE 90.1-1981 法规及以后版本中要求更严的条款。

四、室内空气质量

遵从 ASHRAE 62-1989 标准。对周围空气质量的要求是对指某个场所而非某个区域（如在新鲜空气摄取点附近的空气质量）。

建筑物新鲜空气摄取点应远离装载区、建筑排风扇、冷却塔及其他污染源。

五、臭氧阻拦层/CFC（氟碳化物）

对新建筑不允许使用 CFC 制冷剂和 CFC 灭火系统。

对旧建筑的翻修而言，必须有 CFC 和 HALON（卤素）管理及 5 年淘汰计划。

六、禁止吸烟

建筑物的所有区域都应当禁止吸烟。

七、存放和收集可回收废物

在建筑底层提供一个集中收集、存放废弃物的空间，对废弃物能按回收要求进行分离。这些废弃物包括：报纸、玻璃、金属、塑料、有机废物及干废料等。

八、湿度舒适性

遵从 ASHRAE 55-1992 标准。

九、节水

遵从 1992 年《固定管理要求的能源政策法案》。

十、水质量（铅）

遵从 1994 年 EPA #812-B-94-002 标准的描述："学校和非居住建筑饮水中含铅量" 的规定。

分级系统的分值

（本系统共具有 44 个分值和额外的 4 个奖励分值。奖励分值在认证审核中可计算在内。）

一、建筑材料（7 分）

1. 使用低 VOC 材料（1~2 分）

（VOC——volatile organic compounds 挥发性有机化合物）

满足下列 1 或 2 个条件得 1 分；

满足下列全部 3 个条件得 2 分。

条件：a）胶粘剂中的 VOC 含量的限制；

b）建筑用密封剂中 VOC 含量的限制；

c）涂料和油漆中的 VOC 含量的限制。

2. 使用本地材料（1 分）

除了机械、电子、管道、劳力、管理费外，使用了材料总价值 20% 的本地材料（指 300 英里以内生产的材料）。

3. 资源的重复使用（1 分）

建材总值的 5% 使用了重用材料。

4. 先进的材料重复使用（1 分）

建材总值的 10% 使用了可回收重用材料。

5. 使用至少 20% 的再生材料（1 分）

其中的 20% 为旧消费品再生材料，40% 为旧工业废料再生材料。

6. 大量使用再生材料（1 分）

使用材料总值 50% 的再生材料，其中 20% 消费品再生材料，40% 工业品再生材料。

二、建筑废弃物管理（2 分）

1. 有管理计划（1 分）

该计划应包括分离出可回收材料，并指出回收代价和捡出频度。该计划至少还应该能够回收纸板、金属、水泥、石基、柏油、土壤碎片和饮料罐。

2. 有先进的管理计划（1 分）

该计划除了达到第 1 条的要求外，还应当能回收木块、塑料、玻璃、石膏板和毛毯。并评估在回收硬性发泡绝缘材料、工程用木制品和其他材料时的费效比。

三、能源（10 分）

1. 能源效率（7 分）

对 5 个不同的能源效率分配 1~5 分，另外对采用自然空调和热回收有 2 分的奖励分。

a）

1 分级：满足 EPA 的绿色照明计划要求，或满足 "California's Title 24" 照明要求。

2 分级：满足 EPA/DOE "能源之量" 计划要求或超过 ASHRAE/IES 90. 1-1989 规定 20% 以上。

3 分级：超过 ASHRAE/IES 90. 1—1989 标准 30% 以上。

4 分级：超过 ASHRAE/IES 90. 1—1989 标准 40% 以上。

5 分级：超过 ASHRAE/IES 90. 1—1989 标准 50% 以上。

b）采用自然通风，取暖和降温（1 分）

每年至少有 8 个月采用自然通风和被动能源设计来满足所有的取暖和降温需求。

c）采用热回收系统（1 分）

该系统应能回收至少 20% 的废热，并用以预热水和进入室内的空气。

2. 再生能源和可替换能源的应用（3 分）

1 分级：使用建筑集成的或直结联结的可更新能源系统，该系统能提供全部能源需求的 10%。

2 分级：使用建筑集成的或直接联结的可更新能源系统，该系统能提供全部能源需求的 20%。

3 分级：使用建筑集成的或直接联结的可更新能源系统，该系统能提供全部能源需求的 30%。

四、旧建筑翻新改造（2 分）

1 分级：保留 75% 的原建筑结构的同时进行广泛的旧结构翻新（1 分）。

2 分级：保留 100% 的原建筑结构的同时进行广泛的旧结构翻新（1 分）。

五、室内环境质量（IAQ）（3 分）

1. 有建筑 IAQ 计划（1 分）

施工过程中制定并实施了 IAQ 管理计划。该计划应以实现下列要求为目的：

- 保护通风系统的部件（设备、通风管道等）不受污染。
- 在建筑完工后，居民入住前，应预先清洁施工过程暴露在污染中的通风系统部件。

2. 具有更高级的施工 IAQ 管理计划（1 分）

该计划除了满足第 1 条的条件外，且满足下述额外条件：

- 减少入住前的施工污染（如：粉尘、碎屑、水的渗透性污染、VOC_s 污染等）
- 如在施工中采用了空气循环系统，则必须提供至少 85% 过滤。

3. 具有永久性空气监测系统（1 分）

- 系统应能监视空气的供给和回送，以及新鲜空气进气口附近的 CO、CO_2、VOC（$TVOC_s$）和微尘的含量。

六、景观与外部设计（3 分）

1. 具有侵蚀控制（1 分）

2. 减少热岛效应（1~2 分）：

符合 1~2 个条件得 1 分；符合全部 3 个条件得 2 分。

条件：

a) 建筑场所的每 1000 平方英尺不透性地表（如停车场、便道、广场等）至少植一棵树，并能对 60% 的不透性表面提供自然的或人工的遮盖（如树或带盖的走道等）。

b) 80% 的建筑物屋顶材料使用浅色（高光或反光材料）且这些材料的光反射不低于 0.5。

c) 80% 的建筑场所的非停车场不透性地表覆以高光材料，且材料的光反射度不低于 0.5。

室外停车场不透性地表应覆以亮色聚合物，并不应在最后涂覆黑色外层。涂覆物反光度不低于 0.4。

七、认证设计师（1 个奖励分）

设计队伍中至少有 1 名主设计师具有 LEED 认证资格，该设计师应曾完成 LEED™铜级认证训练课程。

八、住宅废弃物回收设施

对具有 4 个单元以上的多单元建筑，设有一个机械系统，该系统能传送并分捡废报纸、玻璃、金属、塑料、有机废物（食物、污纸等）及干性废物，并分别存放在底楼的容器里以便于回收再生。对不足 3 个单元的住宅，应安装有能将全楼 75% 废弃物按回收分类要求压扁、打包收集的装置。

九、操作与管理设施（2 分）

1. 设有化学品存储区（1 分）

对日用品设计有化学品存储区和混合储存区。

2. 建筑物入口设计（1 分）

在建筑物入口设计有地面栅格，以防止尘粒被带入建筑物内。

十、臭氧阻挡层/ CFC$_S$（2 分）

1. 不在机械系统中使用 CFC、HCHC 和 HALON 卤素等（1 分）

楼内的制冷设备不使用 CFC$_S$，并使用不含 HALON 的灭火系统。

2. 建筑材料中不使用 CFC$_S$ 和 HCF$_S$（1 分）

在所用的建材中不使用 CFC$_S$ 和 HCF$_S$ 作为发泡剂。

十一、选址（3 分和 1 个奖励分）

1. 新建建筑建在一个开发密度已达 100000 平方码/英亩以上的区域内，或仅对旧建筑翻新改造。（1 分）

2. 减少对环境的干扰（1 分）

对每个区域的开发占地（包括建筑、公共设施、道路、停车场等）都有超过 25% 的所需开放空间，或仅对旧建筑进行翻修改造（如果翻修所增加的建筑面积超过原建筑占地面积的 50%，则第一条款仍需满足）。

3. 建址区域的保护与恢复（1 分）

实施表土和树木的保护计划，且限制施工干扰，使土石方作业、施工管线和地表堆积物限制在施工建筑物周边 59 英尺以内。另外还应使至少 50% 的施工破坏区域得到恢复。

4. 遵守 EPA 指南的 BRONNFIELD 开发规则（奖励分 1 分）

十二、交通（3 分和 1 个奖励分）

1. 使用替代能源交通设施（1~2 分）

满足 1~2 个条件得 1 分，满足全部 3 个条件得 2 分。

条件：

a）对至少 5% 的居民提供安全的骑自行车的便利。

b）为骑车者提供冲洗和零配件更换服务。

c）提供便利的体力交通连接到大流量交通站点。比如，提供内部的或带盖的通道连接到铁路、公共汽车或地轨电车站，或向"交替开车"的参与者提供专门的停车位。

2. 高效率的建筑物位置（1 分）

建筑物位于固定铁路车站（通勤铁路、轻轨铁路或地铁）1/2 英里之内，或位于离 2 路以上的公共汽车线路 1/4 英里以内。

3. 设有替代燃料交通设施（1 分奖励分）

对采用替代燃料的交通工具设置有燃料补充设备，比如电、天然气或甲醇等。液体或气体燃料补充设备应当分开通风或安放在室外。

十三、节水（4 分）

1. 节水设施（1 分）

安装有比"Energy Poling Act of 1992"法案要求节水 20% 的节水设施。

2. 水还原系统（1 分）

安装有还原非污废水的灰色水处理系统或安装利用屋顶或地表雨水的集水系统或从池泵还原地表雨水。

3. 节水冷却塔（1 分）

安装的冷却塔，设计有一个水面定界器以减少水的溢出与蒸发。

4. 节水景观设计（1 分）

100% 的外部绿化采用了能适应气候，土壤和自然供水变化的植物，并且在工程完成的一段时间后不再依靠市政供水系统。

十四、水质（3 分和 1 个奖励分）

1. 使用地表水流过滤器（2 分）

安装油、砂分离器或设置处理水池来预处理引自停车场地面的水流。

2. 减少地表径流（1 分）

对至少 50% 的非景观区域，除了建筑占地外（如道路、地面停车场、广场、小路等），使用透水性铺面材料。

3. 生物废物处理（1 个奖励分）

安装现场生物废水处理系统，该系统应能够处理"灰水"和"黑水"，并使之达到当地普通健康用水标准。

附录 D　无障碍建筑与室内环境设计事项一览[①]

一、一般事项

1. 所有的建筑策划及设计要贯穿"老弱病残者优先的原则"。

2. 注意任何人、在任何地方均可以使用。

3. 每一个单体建筑当然应该如此，围绕整个建筑的环境更应注意其系统性。特别是附属部分比较容易被遗忘。

4. 重要的功能部分应注意尽可能集中布置在中心的位置。

5. 步行线路的设计应注意容易找到其位置。

6. 应尽量注意将建筑或房间按直角系统布置。同时设置易识别的标志或导向标志。

7. 即使是出现使用错误，也要保证人身安全，注意设置两道、三道的安全设施。

二、外部环境的无障碍设计

1. 人行道、入口、大门周围

(1) 道路应设置有防护设施等安全的人车分离形式。

(2) 电线杆、渗井盖、耸立式标志牌等应尽量不要设置在人行道上，或者将其规划好，使其不成为阻碍人行的要素。

(3) 从道路至建筑物出入口的通路部分应做成水平面或者平缓的斜面。

(4) 人行道或出入口的通路部分不应设置有高低差的台阶，在非设不可的情况下，要特别注意考虑其安全性。

(5) 人行道或出入口的通路部分的路面应平坦且不打滑。

(6) 人行道或过道的宽度应为120cm。

(7) 室外坡道的坡度应在1/12以下。较长的坡道或容易打滑的坡道其坡度为1/20以下为宜。

(8) 大门口或入口的前面需要设置轮椅可以停止或回转的空间。

(9) 门前应设置遮阳雨篷。

2. 停车场、车库

(1) 应在建筑物的主要出入口附近设置残疾人专用停车场。

(2) 残疾人专用停车空间的面积应在330cm×500cm以上。

(3) 残疾人专用停车车位的坡度应为1/50以下的水平面，不应有高低差。

(4) 从残疾人专用停车车位到建筑物内部的通路应该铺设安全的路面。

(5) 残疾人专用停车车位应明显地标示出其用途。

3. 屋顶、平台、阳台

(1) 屋顶平台、阳台也应设计成残疾人可用的空间。

(2) 其面积不应小于残疾人轮椅可以回转的范围。

---

① [日]荒木兵一郎，藤本尚久，田中直人. 国外建筑设计详图图集3：无障碍建筑［M］. 章俊华，白林译. 北京：中国建筑工业出版社，2000.

（3）室内外的结合部应设计成便于轮椅通行。开口部分的有效宽度应在 80cm 以上，高低差应在 2cm 以下。

（4）栏杆和扶手，应特别注意防护的设计。特别是注意幼儿的事故。

4. 公园、游乐场

（1）出入口的幅宽应在 120cm 以上。

（2）出入口不设台阶，如有高低差时应设置斜面坡道。

（3）游园路应该至少有一条可以使用轮椅。

（4）游园路上的排水沟、集水槽应加盖。

（5）游乐设施往往会伴有危险，应有大人或管理人员监护为宜。

（6）公园的椅凳，桌子、饮水器等应设计成便于轮椅者使用，同时，应注意不要阻碍视觉障碍者的通行。

（7）使轮椅使用者坐在轮椅上也可以玩土，玩沙。

三、室内无障碍设计

1. 入口大厅

（1）残疾人进入建筑物内的入口应为主要入口。

（2）从入口进入时，可以看到建筑物内的主要部分，特别是楼梯电梯等垂直交通设施。

（3）在一般人经常出入的建筑物入口大厅应设置内部信息板（人）。

（4）建筑物内部信息板等应该也能便于视觉障碍者使用。

2. 走廊、过道

（1）注意不要设计像迷宫一样的走廊。

（2）非常时的避难通道应尽可能的缩短，并且应便于轮椅通行。

（3）走廊的拐角应做成斜面处理或曲面处理。

（4）有效幅宽原则上应在 120cm 以上。

（5）不设台阶。

（6）净高应大于 220cm。楼梯下部的过道（净高）容易出现问题。

（7）临走廊的门要注意不要妨碍通行。

（8）最好能在走廊的两侧设置扶手。

（9）注意走廊、过道的地面防滑处理。

（10）层数或房间名等标志应该同时便于视觉障碍者使用。

3. 坡道

（1）出现高低差时应以坡道处理。

（2）坡道较长的话，应以楼梯、电梯等配合使用。

（3）主要坡道应做成直线。

（4）有效宽度应设计为 150cm 以上。

（5）最大坡度应为 1/12，露天坡道应为 1/20 以下。

（6）水平距离每 10m、或每有一次回折（拐弯）应设置水平休息平台。

（7）在坡道的起始或终端应设置可供轮椅回转的水平空间。

（8）至少在单面设置连续的扶手。扶手的标准高度为 80cm。扶手的起始或终端部分应水平延长 30cm 以上，扶手的端头形状不应是尖头等危险形状。

（9）如果坡道的一侧没有墙壁时，坡道的边缘应设计 5cm 以上的边缘石。

（10）注意路面的防滑设计。

4. 楼梯

（1）主要楼梯不要设计成螺旋形。

（2）注意避免踢脚板漏空的设计或踏面过于突出的设计。

（3）有效宽度应为 120cm 以上。

（4）踏步高 10cm 以上，16cm 以下。踏面宽 30cm 以上、35cm 以下。

（5）同一楼梯不得改变其踏步高和踏面宽的尺寸。

（6）注意楼梯的防滑设计。

（7）如果没有侧墙时，应设置边缘石。

（8）至少在单面设置连续的扶手，扶手的做法与坡道相同。如果允许，可同时设置幼儿用的低扶手。

5. 扶手

（1）在坡道、楼梯、走廊、厕所、浴室等处，为以下目的设置扶手：

1）为了支持身体，防上跌倒或方便移动。

2）避开接近危险物。

3）连续设置扶手，起到导向作用。

（2）扶手应设计成容易抓握的形状。

（3）扶手的方向与身体的移动方向并行为宜。

（4）因为要承受体重，所以要安装牢固，特别是车站或观览席这样人群集散的设施更应该注意。

6. 出入口周围

（1）在门前应确保进深 150cm 以上的水平面，在其他门的前后应确保轮椅可回转的空间。

（2）方便残疾人使用的门为推拉门。旋转式门不便使用。

（3）设置自动门为最好，如果设置开关式门，出口与入口以分设为宜。

（4）门的最低有效宽度为 80cm。

（5）门下方应设置踢脚板。

（6）自由开启式门上应设置可窗。

（7）门把手应便于使用。拉杆式比圆形攥握式容易使用。

（8）门槛或擦鞋垫的高度应在 2cm 以下，最好与地板面同高。

（9）开合式门的合叶一侧注意设计成不要夹手的形式。

（10）在设计防火门时，防火门的自动关闭部分，应设计成关闭后仍可以使轮椅使用者通行的形式。

7. 窗户周围

（1）视觉障碍者使用的建筑也应该设置窗户，而且应该更需要明亮的采光。

（2）推拉式窗户容易使用。旋转式窗户容易撞伤视觉障碍者。

（3）玻璃窗应考虑容易擦拭。

（4）注意铝合金等尖角刃状的细部处理。

（5）遮阳板、百叶窗、窗帘等的控制应该方便乘坐轮椅者的操作。

8. 厨房、开水房

（1）轮椅不便横向移动，因此厨房设备应布置成 L 形或 U 字形为宜，如设计成一字形时需要考虑轮椅能够横向挪动的空间。

（2）坐轮椅能够操作的操作台的高度应在 75~85cm。操作台和洗碗洗菜池的下边应该有可以使操作者膝盖伸进去的空间。

（3）煤气灶的控制开关应设置在前面。控制阀调节火候应便于观察。

（4）碗橱柜等收藏空间的设置应考虑轮椅使用者伸手可及的范围。

（5）在使用煤气等危险物时，注意必须设置自动灭火装置或保险丝等安全装置。

9. 厕所、洗脸间

（1）无论什么建筑物必须分别设置男女轮椅使用者可使用的厕位、洗面器等卫生器具各一处以上。

（2）厕所出入口的有效宽度应为 80cm 以上，内外高差应在 2cm 以下。

（3）厕所中应有可以保证轮椅回转的空间。

（4）残疾人可以使用的厕位应设置坐便器，同时应设置扶手等支撑物。

（5）小便器中至少有一个落地式的，并应设置扶手等支撑物。

（6）轮椅使用者可使用的洗面器的下面，应设计成有能将膝盖伸进入的空间。

（7）大便器或小便器的冲洗装置以及洗面器的水龙头等应设置成上肢残疾者也便于操作的形状。

（8）洗面器的供热水管应注意使用保温材料保温。

（9）洗面器上方应设置轮椅使用者可使用的镜面。

（10）擦手巾、滚动式擦手巾等应便于轮椅使用者使用。

（11）残疾人使用的厕位应设置意外事态发生时使用的呼救警铃。

10. 浴室、淋浴间

（1）浴室中应确保轮椅可以回转的空间。

（2）浴盆、淋浴器具等应设计成方便残疾人使用的形状。

（3）设置扶手、攀握棒等。

四、家具、器具、设备

1. 家具、器具

（1）接待处的柜台应注意方便轮椅使用者、视觉障碍者、听觉障碍者等的使用。

（2）家具类的设置应充分考虑残疾人伸手可及的范围。应设计成方便整理，分开使用的形状。

（3）电话机如有若干台的话，应设置方便轮椅使用者、视觉障碍者、听觉障碍者等使用的电话机。并且，应该有明显的标志。

（4）饮水器注意轮椅使用者也能使用。

（5）各种控制开关应设置在轮椅使用者伸手可及的范围之内，其高度在 60~120cm 为宜。

（6）建筑物的入口附近应设置建筑内的平面图及触摸式地图（视觉障碍者使用的导向图）。

2. 电梯

（1）电梯的位置应设置在从主要通道容易看到的地方。

（2）电梯间的尺寸在入口处的有效宽度为 80cm、内部宽应 140cm、进深 135cm 以上。

（3）电梯外部及内部的操作盘应注意设置在轮椅使用者伸手可及的范围之内。操作按钮一侧应用点字盲文标志出层数。

（4）门上应设置安全装置。

（5）电梯间的地面和各层地板之间的缝隙不应超过 1.5cm，此外，进出电梯时电梯内外高差应在同一水平面上。

3. 自动扶梯

（1）自动扶梯梯阶的有效宽度应在 80cm 以上。

（2）梯阶从水平到达规定高差期间，应设置 5 级左右的过渡梯阶。

（3）在上下口处，接续移动扶手延长设置 1m 左右的固定扶手为宜。

（4）在上下口处，为了方便轮椅使用者能够转弯，从扶手的顶端应设置150cm以上的水平空间。

（5）在上下口处的接口板应尽可能薄，使得轮椅的小轮子也容易通过，注意不要在接口板与梯阶之间留有缝隙，以免鞋尖部分被挤进去。

4. 其他升降设备

除电梯、自动扶梯外，已开发出为残疾人使用的各种移动设备。当然采用安全、方便、高效的设备是很好的，但是，这些也只不过是辅助手段。希望尽可能地不使用这些设备，而通过建筑物的设计本身来解决方便残疾人行动的问题。